GESTÃO DE BACIAS HIDROGRÁFICAS E SUSTENTABILIDADE

GESTÃO DE BACIAS HIDROGRÁFICAS E SUSTENTABILIDADE

ARLINDO PHILIPPI JR
MARIA DO CARMO SOBRAL

EDITORES

Manole

SECRETARIA EDITORIAL
Soraia Fernandes

APOIO TÉCNICO E EDITORIAL
Amanda Silveira Carbone (USP); Carlos Alberto Cioce Sampaio (Furb); Marcos Buckeridge (USP); Mary Lobas de Castro (USP); Tatiana Tucunduva Philippi Cortese (Uninove); Valdir Fernandes (UTFPR)

REVISÃO BIBLIOGRÁFICA
Vanda Lúcia Garbin

PROJETO GRÁFICO E CAPA
Nelson Mielnik e Sylvia Mielnik

EDITORAÇÃO ELETRÔNICA
Acqua Estúdio Gráfico

FOTOS DA CAPA
Ana Maria S. Hosaka e Opção Brasil Imagens

PRODUÇÃO E REALIZAÇÃO
USP Cidades Globais (IEA/USP)
Departamento de Saúde Ambiental (FSP/USP)
Interdisciplinary Climate Investigation Center (Incline), Núcleo de Apoio à Pesquisa – Mudanças Climáticas (IAG/USP)
Programa de Pós-Graduação Ambiente, Saúde e Sustentabilidade (FSP/USP)
Programa de Pós-Graduação Saúde Global e Sustentabilidade (FSP/USP)
Programa de Pós-Graduação Saúde Pública (FSP/USP)
Programa de Pós-Graduação Engenharia Civil (UFPE)
Programa de Pós-Graduação Desenvolvimento e Meio Ambiente (UFPE)
Programa de Pós-Graduação em Rede Nacional Gestão e Regulação de Recursos Hídricos (UFPE)

PRODUÇÃO EDITORIAL
Editora Manole

CIP-BRASIL. CATALOGAÇÃO-NA-FONTE
SINDICATO NACIONAL DOS EDITORES DE LIVROS, RJ.

G333

Gestão de bacias hidrográficas e sustentabilidade / editores Arlindo Philippi Jr, Maria do Carmo Sobral. – 1. ed. - Barueri, [SP] : Manole, 2019
1136p. ; 23 cm. (Ambiental; 25)

Inclui bibliografia
ISBN 9788520441152

1. Bacias hidrográficas - Aspectos ambientais. 2. Desenvolvimento de recursos hídricos - Aspectos ambientais. 3. Gestão ambiental. 4. Desenvolvimento sustentável. I. Philippi Jr, Arlindo. II. Sobral, Maria do Carmo. III. Série.

19-56009 CDD-333.91
CDU-599 18

Leandra Felix da Cruz - Bibliotecária - CRB-7/6135
21/03/2019 22/03/2019

1ª edição – 2019

Editora Manole Ltda.
Avenida Ceci, 672 – Tamboré
06460-120 – Barueri – SP – Brasil
Tel.: (11) 4196-6000
www.manole.com.br
info@manole.com.br

Impresso no Brasil
Printed in Brazil

EDITORES
Arlindo Philippi Jr
Maria do Carmo Sobral

AUTORES

Adilson Pinheiro
Universidade Regional de Blumenau, Furb

Alcides Leite de Amorim
Universidade Federal da Paraíba, UFPB e MP-PB

Alejandra Daniela Mendizábal Cortes
Consultora Ambiental

Alejandro Dorado
Instituto de Estudos Avançados em Gestão Ambiental, Igambiental

Alessandra Maciel de Lima Barros
Operador Nacional do Sistema Elétrico, ONS

Ana Cristina Petry
Universidade Federal do Rio de Janeiro, UFRJ

Ana Lucia Gerardi Spínola
Instituto de Energia e Ambiente, USP

Ana Paula Justi
Universidade Positivo, UP

Antonio Donato Nobre
Instituto Nacional de Pesquisas da Amazônia, Inpa, e Instituto Nacional de Pesquisas Espaciais, Inpe

Ariane Silva Cardoso
Universidade do Estado da Bahia, Uneb

Arlindo Philippi Jr
Instituto de Estudos Avançados e Faculdade de Saúde Pública, USP

Bruna Lopes Coêlho
Universidade Federal do Triângulo Mineiro, UFTM, e Escola de Engenharia de São Carlos, USP

Carlos Alberto Cioce Sampaio
Universidade Positivo, UP, e Universidade Regional de Blumenau, Furb

Carlos Alberto Perdigão Pessoa
Agência Nacional de Águas, ANA

Carlos Eduardo Menezes da Silva
Instituto Federal de Pernambuco, IFPE

Celina Maria Lopes Ferreira
Agência Nacional de Águas, ANA

Charles Carneiro
Instituto Superior de Administração e Economia do Mercosul, Isae, e Companhia de Saneamento do Paraná, Sanepar

Claudia Ricardo de Oliveira
Universidade Federal de Pernambuco, UFPE

Cleverson V. Andreoli
Andreoli Eng. Associados e Instituto Superior de Administração e Economia do Mercosul, Isae

Cyntya Eustáquio de Sousa
Universidade Federal da Paraíba, UFPB

Demian da Silveira Barcellos
Pontifícia Universidade Católica do Paraná, PUC-PR

Denise Lemke Carletto
Universidade da Região de Joinville, Univille

Denise Taffarello
Escola de Engenharia de São Carlos, USP

Edgar Gaya Banks Machado
Agência Nacional de Águas, ANA

Eduardo Mario Mendiondo
Escola de Engenharia de São Carlos, USP

Elaine Cristine Scheunemann Fischer
Comitê de Gerenciamento das Bacias Hidrográficas dos Rios Cubatão e Cachoeira, SC

Érica Pellegrini Caramaschi
Universidade Federal do Rio de Janeiro, UFRJ

Érika Alves Tavares Marques
Universidade Federal de Pernambuco, UFPE

Fabiana De Nadai Andreoli
Pontifícia Universidade Católica do Paraná, PUC-PR

Felipe Alcantara de Albuquerque
Instituto Federal de Pernambuco, IFPE

Flavia Carneiro da Cunha Oliveira
Agência Nacional de Águas, ANA

Francisco de Assis de Souza Filho
Universidade Federal do Ceará, UFC

Francisco de Assis Esteves
Universidade Federal do Rio de Janeiro, UFRJ

Frank Jaspers
IHE Delft para Educação em Água, Holanda

Fred F. Hattermann
Potsdam Institute for Climate Impact Research, PIK, Alemanha

Gerald Norbert Souza da Silva
Universidade Federal de Campina Grande, UFCG

Gérsica Moraes Nogueira da Silva
Universidade Federal de Pernambuco, UFPE

Gonzalo Álvaro Vázquez Fernandez
Agência Nacional de Águas, ANA

Günter Gunkel
Universidade Técnica de Berlim, TUB, Alemanha

Hagen Koch
Potsdam Institute for Climate Impact Research, PIK, Alemanha

Harry Alberto Bollmann
Pontifícia Universidade Católica do Paraná, PUC-PR

Inga Jacobs-Mata
Council for Scientific and Industrial Research, CSIR, África do Sul

Jana Rangel Silveira
Universidade Federal do Rio de Janeiro, UFRJ

Janaina Maria Oliveira de Assis
Universidade Federal de Pernambuco, UFPE

Johann Köppel
Universidade Técnica de Berlim, TUB, Alemanha

José Antônio Aleixo da Silva
Universidade Federal Rural de Pernambuco, UFRPE

José Gomes Ferreira
Universidade de Lisboa e Universidade Federal do Rio Grande do Norte, UFRN

José Roberto Gonçalves de Azevedo
Universidade Federal de Pernambuco, UFPE

Josivan Cardoso Moreno
Instituto de Gestão das Águas do Estado do Rio Grande do Norte, IGARN e Associação Brasileira de Engenharia Sanitária e Ambiental, Abes-RN

Jussara Cabral Cruz
Universidade Federal de Santa Maria, UFSM

Larissa Gischewski Guimarães
Universidade Federal do Rio de Janeiro, UFRJ

Lia T. Vasconcelos
Universidade Nova de Lisboa, UNL, Portugal

Ligie Elena Dall'Agnol Acevedo
Universidade Positivo, UP

Luana Ferreira Gomes de Paiva
Operador Nacional do Sistema Elétrico, ONS

Luciana Aparecida Zago de Andrade
Agência Nacional de Águas, ANA

Luís Eduardo G. Grisotto
Cia Brasileira de Projetos e Empreendimentos, Cobrape, e Associação Brasileira de Engenharia Sanitária e Ambiental, Abes

Luísa Schmidt
Universidade de Lisboa, Portugal

Márcia Maria Guedes Alcoforado de Moraes
Universidade Federal de Pernambuco, UFPE

Márcia Maria Rios Ribeiro
Universidade Federal de Campina Grande, UFCG

Márcio de Araújo Silva
Agência Nacional de Águas, ANA

Marcos José Nogueira de Souza
Universidade Federal do Ceará, UFC

Maria Carmen Lemos
Universidade de Michigan, UM, EUA

Maria Cristina Basílio Crispim da Silva
Universidade Federal da Paraíba, UFPB

Maria do Carmo Sobral
Universidade Federal de Pernambuco, UFPE

Marianna Siegmund-Schultze
Universidade Técnica de Berlim, TUB, Alemanha

Marília Regina Costa Castro
Instituto Federal de Pernambuco, IFPE

Marisete Dantas de Aquino
Universidade Federal do Ceará, UFC

Maurício Dziedzic
Universidade Positivo, UP

Mauricio Mussi Molisani
Universidade Federal do Rio de Janeiro, UFRJ

Miguel Mansur Aisse
Universidade Federal do Paraná, UFPR

Ngowenani Nohayi
Council for Scientific and Industrial Research, CSIR, África do Sul

Nikki Funke
Council for Scientific and Industrial Research, CSIR, África do Sul

Pablo Rodrigues Gonçalves
Universidade Federal do Rio de Janeiro, UFRJ

Patrícia Bilotta
Universidade Positivo, UP

Pedro Caetano Sanches Mancuso
Faculdade de Saúde Pública, USP

Pedro Roberto Jacobi
Instituto de Energia e Ambiente, USP

Rafael Kopschitz Xavier Bastos
Universidade Federal de Viçosa, UFV

Rebecca Moreira Dziedzic
Aecom Canada

Renata Maria Caminha Mendes de Oliveira Carvalho
Instituto Federal de Pernambuco, IFPE

Roberto Nascimento de Farias
Universidade Federal do Rio de Janeiro, UFRJ

Rodrigo Martins Moreira
Escola de Engenharia de São Carlos, USP

Rosa Maria Formiga-Johnsson
Universidade do Estado do Rio de Janeiro, UERJ

Rosana Mendes Evangelista
Agência Nacional de Águas, ANA

Roseane Maria Garcia Lopes de Souza
Centro de Referência em Segurança da Água, Cersa

Saulo José Nascimento Cisneiros
Operador Nacional do Sistema Elétrico, ONS

Sérgio Rodrigues Ayrimoraes Soares
Agência Nacional de Águas, ANA

Suetônio Mota
Universidade Federal do Ceará, UFC

Suzana Maria Gico Lima Montenegro
Universidade Federal de Pernambuco, UFPE

Taciana Neto Leme
Agência Nacional de Águas, ANA

Tadeu Fabrício Malheiros
Escola de Engenharia de São Carlos, USP

Talitha Grahl Stortz
Universidade do Estado de Santa Catarina, Udesc

Therezinha Maria Novais de Oliveira
Universidade da Região de Joinville, Univille

Úrsula Caser
Universidade Nova de Lisboa, UNL, Portugal

Virgínia Grace Barros
Universidade do Estado de Santa Catarina, Udesc

Vládia Pinto Vidal de Oliveira
Universidade Federal do Ceará, UFC

Werônica Meira de Souza
Universidade Federal Rural de Pernambuco, UFRPE

William Bonino Rauen
Universidade Federal do Paraná, UFPR

William Severi
Universidade Federal Rural de Pernambuco, UFRPE

William T. Stringfellow
Universidade do Pacífico, EUA

Sumário

Prefácio

Os desafios relacionados ao uso sustentável e conservação dos recursos hídricos, englobando o controle e conflitos pelos múltiplos usos da água estão cada vez mais atuais. A Política Nacional de Recursos Hídricos, instituída pela Lei Federal n. 9.433, de janeiro de 1997, representou um marco integrador, criando as bases para a institucionalização legal da gestão integrada, com visão interdisciplinar e participativa dos recursos hídricos. Os principais elementos desta política são: os seus *objetivos* de assegurar à atual e às futuras gerações a disponibilidade de água, em padrões de qualidade adequados aos respectivos usos, além da prevenção aos eventos extremos; na bacia hidrográfica como *unidade de planejamento*; nos *instrumentos* outorga (quantidade) e enquadramento (qualidade), faltando ainda estabelecer o instrumento de gestão de eventos extremos, que consta dos seus objetivos; e nos *meios* que são os planos Nacional, Estadual e de bacia hidrográfica, entre outros. Além disso, a Política Nacional de Meio Ambiente, instituída pela Lei Federal n. 6938 de 1981 institui instrumentos de gestão ambiental, que complementam o arcabouço jurídico a ser implementado no processo de gestão de bacias hidrográficas.

Este livro, *Gestão de Bacias Hidrográficas e Sustentabilidade*, liderado pelos professores Arlindo Philippi Jr e Maria do Carmo Martins Sobral, traz o acervo abrangente de um quadro de especialistas com resultados de pesquisas e de experiências inter e transdisciplinares. A publicação está estruturada em cinco partes, abordando marcos teórico-conceituais e relevantes marcos legais da gestão integrada de bacias; planejamento e ordenamento territorial integrado; mudanças climáticas e serviços ambientais; atividades produtivas e uso sustentável de recursos naturais; completando com um enfoque de governança, contribuindo para consolidar competências em gestão integrada e sustentável de bacias hidrográficas no ambiente acadêmico e profissional.

O livro contribui com conhecimentos teóricos e aplicados, contando com uma atraente diversidade de autores acadêmicos e profissionais com diferentes formações e de várias regiões, oriundos de instituições de ensino superior, profissionais, governamentais e empresariais, com responsabilidades sobre usos múltiplos da água e suas interfaces. A obra é uma contribuição do esforço da comunidade para caracterizar problemas, identificar caminhos, analisar e refletir sobre iniciativas que contribuam para avanços com relação a processos voltados à sustentabilidade de bacias hidrográficas.

As abordagens desenvolvidas na publicação, alicerçadas em estudos, pesquisas, experiências e práticas no Brasil e em outros países, oferecem aos estudiosos, profissionais, e demais interessados nesta relevante área do conhecimento, denso e rico material para reflexão, compreensão e aplicação.

Os editores e autores esperam que este vasto conteúdo contribua para o conhecimento técnico e para o desenvolvimento de práticas sustentáveis em recursos hídricos e na gestão de bacias hidrográficas no Brasil e em outros países.

Carlos Eduardo Morelli Tucci
Universidade Federal do Rio Grande do Sul, UFRGS.
Rhama Consultoria Ambiental.

Apresentação

A bacia hidrográfica como unidade de planejamento propõe uma visão abrangente, visando otimização de recursos naturais e garantia dos múltiplos usos da água, incluindo, em seu plano, participação de usuários, instituições do poder público, de pesquisa e organizações não-governamentais. A relevância da bacia hidrográfica como unidade de planejamento está no fato de que a mesma é um sistema natural, de delimitação geográfica, com fenômenos integrados, sendo uma unidade espacial de simples reconhecimento e caracterização.

A presente publicação é fruto de experiências, estudos e pesquisas voltados à gestão sustentável de bacias hidrográficas e engloba cinco partes.

A parte I, intitulada *Marcos da gestão integrada de bacia hidrográfica*, traz a questão da água à luz da discussão das bases para sustentabilidade da gestão; a qualidade, contaminação e monitoramento da água no contexto hidrográfico, incluindo serviços ecossistêmicos e tecnologias avançadas no manejo; a gestão sustentável de bacias na ótica da Política Nacional de Recursos Hídricos e arranjos legais com relação a conflitos e cooperação na gestão de bacias transfronteiriças.

A parte II aborda o *Planejamento e ordenamento territorial integrado*, contemplando o planejamento ambiental e ordenamento territorial; a questão da água no contexto urbano; fragmentação na gestão das águas urbanas; enfoque geoambiental no ordenamento territorial; planos de recursos hídricos em bacias interestaduais; desafios da proteção da biodiversidade a partir de uma gestão costeira integrada; a relação, no meio urbano-rural, entre o Código Florestal e a proteção dos recursos hídricos e adoção de ferramenta de diagnóstico na recuperação de rios.

Na parte III, referente a *Mudanças climáticas e serviços ambientais*, são discutidas soluções resilientes com serviços ambientais para segurança hídrica; capacidade adaptativa urbana e metropolitana; assim como a gestão de bacias hidrográficas em tempos de mudanças climáticas. É trazida análise espaço-temporal da variabilidade da precipitação no semiárido; gestão da mobilidade humana e serviços ambientais com relação à mudança do clima.

Com relação à parte IV, *Atividades produtivas e uso sustentável dos recursos naturais*, são abordados planejamento e gestão de águas subterrâneas como recursos sustentáveis; a conexão do reúso de água com produtividade agrícola e sustentabilidade; experiência internacional e brasileira com relação a fármacos e gestão de micropoluentes em rios urbanos; uso sustentável de recursos naturais e a piscicultura; atendimento energético e gestão de usos múltiplos da água na bacia do rio São Francisco; questionamentos relacionados ao saneamento básico na gestão de bacias e o papel da economia na sustentabilidade de bacias hidrográficas.

No que se refere à parte V, *Gestão Integrada e Governança*, são abordados aspectos institucionais da governança da água; dificuldades na gestão de reservatórios e estratégias para governança; desenvolvimento de indicadores de sustentabilidade na gestão de recursos hídricos; pegada ecológica como ferramenta de gestão sustentável; arenas de governança multiníveis; estratégias para alocação negociada de água no contexto de gestão participativa; ampliação da participação de atores na co-gestão da água; consensos na resolução de conflitos em bacias compartilhadas e capacitação de comitês de bacias com base no modelo de competências.

Direcionado a professores, pesquisadores e profissionais interessados e com responsabilidades e atuação na área, a obra caracteriza a perspectiva inter e transdisciplinar inerente ao entendimento, planejamento e gestão integrada e participativa de bacias hidrográficas, no pressuposto da utilização racional dos múltiplos recursos naturais no contexto da sustentabilidade.

Trata-se, portanto, de disponibilizar à sociedade o conhecimento científico resultante das experiências, estudos e pesquisas desenvolvidos pelas instituições que têm compromisso com aperfeiçoamento das condições econômicas, sociais, ambientais e culturais, contribuindo para melhoria da qualidade de vida da sociedade.

Arlindo Philippi Jr
Maria do Carmo Sobral
Editores

PARTE I

Marcos da Gestão Integrada de Bacia Hidrográfica

Bacia hidrográfica no contexto da sustentabilidade

1

Arlindo Philippi Jr.
Engenheiro civil, Instituto de Estudos Avançados, IEA, e Faculdade de Saúde Pública, FSP-USP

Maria do Carmo Sobral
Engenheira civil, Universidade Federal de Pernambuco, UFPE

Renata Maria Caminha Mendes de Oliveira Carvalho
Engenheira agrônoma, Instituto Federal de Pernambuco, IFPE

INTRODUÇÃO

A Política Nacional de Recursos Hídricos (PNHR) institucionalizou a gestão integrada, participativa e descentralizada dos recursos hídricos, tendo a bacia hidrográfica como unidade de planejamento e considerando a água bem de uso comum e de valor econômico.

Sua implementação requer um avanço institucional na direção de uma gestão multinível que integre as instituições públicas municipais, estaduais e federais juntamente com empresas privadas, organizações não governamentais e sociedade civil.

Os Objetivos de Desenvolvimento Sustentável, estabelecidos na Agenda 2030, em particular o que visa a assegurar disponibilidade e gestão sustentável da água e saneamento para todos, requer uma ação conjunta, construção de parcerias que garantam esforços e recursos necessários para alcance das metas estabelecidas para 2030.

A implementação dos instrumentos de gestão de recursos hídricos estabelecidos na legislação, em particular o planejamento de bacias, é fundamental para auxiliar na busca do desenvolvimento sustentável. Este capítulo apresenta o tema de modo a contribuir com o avanço do conhecimento e aprimoramento da gestão de bacias hidrográficas sob a ótica da sustentabilidade.

BASES PARA A SUSTENTABILIDADE

A Declaração dos Direitos Humanos, em 1948, estabeleceu no artigo 25 que "toda pessoa tem direito a um padrão de vida capaz de assegurar a si e a sua família saúde e bem-estar". As normas internacionais de direitos humanos determinam que os serviços de abastecimento de água e saneamento devem ser acessíveis e disponíveis em quantidade e qualidade adequadas. As desigualdades de atendimento devem ser progressivamente eliminadas, de modo que todos tenham acesso à informação e possam participar no processo de tomada de decisões, fortalecendo o controle social (Castro, Heller e Morais, 2015).

A definição mais conhecida é apresentada no Relatório Brundtland de 1983, também conhecido como Nosso Futuro Comum, da Comissão Mundial da Organização das Nações Unidas sobre Meio Ambiente e Desenvolvimento (*United Nations World Commission on Environment and Development*), onde desenvolvimento sustentável significa "atender às necessidades do presente sem comprometer a capacidade das gerações futuras de atender suas próprias necessidades". Além dos problemas ambientais, o Relatório Brundtland fez prova da consciência internacional de uma "deterioração da condição humana", especialmente em termos da extrema pobreza e desigualdade.

Para Van Bellen (2005), essas definições contêm dois conceitos-chave: a necessidade, referindo-se particularmente às necessidades dos países subdesenvolvidos, e a ideia de limitação, imposta pelo estado de tecnologia e de organização social para atender às necessidades do presente e do futuro. O autor cita Dahl (1997) que ressalta que essa definição se apresenta de forma geral e não implica responsabilidade específica a respeito das dimensões do desenvolvimento sustentável e nem em relação às gerações futuras.

O desenvolvimento sustentável deve, assim, ser considerado e alicerçado sob uma ótica multidisciplinar, com modelos mentais mesclados, a fim de se otimizarem os estudos e avaliações do processo de desenvolvimento de um determinado local, segundo dimensões diferentes (social, ambiental, econômica, espacial e cultural), mas interdependentes (Silva e Mendes, 2005).

As dimensões da sustentabilidade propostas por Sachs (1997) para planejar o desenvolvimento de uma sociedade rumo à sustentabilidade são: social, econômica, ecológica, cultural e a percepção espacial ou geográfica. Para Silva e Mendes (2005) a sustentabilidade geográfica diz respeito ao estabelecimento da real dinâmica do espaço considerado (município, região e outros) a fim de que se possam definir os objetivos e recursos existentes na localidade e refletir sobre a interação com os demais meios. Para atingir esse objetivo, "deve-se procurar uma configuração rural-urbana mais adequada para proteger a diversidade biológica, ao mesmo tempo que se melhora a qualidade de vida das pessoas" (Van Bellen, 2005, p.38).

O tripé "ambiental, social e econômico" foi aceito e formalizado pela Conferência da Organização das Nações Unidas (ONU) sobre o Meio Ambiente e Desenvolvimento (Rio 92), realizada em 1992, no Rio de Janeiro, apresentando em seu documento final, Agenda 21 Global, a sustentabilidade idealizada por um tripé em cujos ápices estão as questões ecológicas, econômicas e sociais. Entretanto, existe certo questionamento quanto à possibilidade de equilibrar essas três dimensões, o que significa que não é possível satisfazer totalmente as três dimensões ao mesmo tempo.

Em junho de 2012, na Conferência das Nações Unidas sobre Desenvolvimento Sustentável (Rio+20), reuniram se no Rio de Janeiro representantes de 193 Estados-membros da ONU e milhares de participantes dos mais variados setores da sociedade civil, governamental, empresarial e acadêmico. O objetivo da Rio+20 foi a renovação dos compromissos internacionais com o desenvolvimento sustentável, por meio da avaliação do progresso, compromissos e lacunas na implementação das decisões adotadas internacionalmente pelas principais cúpulas das Nações Unidas sobre o tema, desde a realização da Rio 92.

Algumas conferências organizadas pela ONU, que foram realizadas após 2012, estabeleceram compromissos, programas e diretrizes para orientar as ações de seus países-membros que trataram de questões relacionadas ao desenvolvimento sustentável, mudanças climáticas, erradicação da pobreza, combate ao desemprego e enfrentamento da desigualdade de gênero.

Objetivos de Desenvolvimento Sustentável

A Agenda 2030 representa um plano abrangente de ação mundial para inclusão social, sustentabilidade ambiental e desenvolvimento econômico. Essa agenda procura obter avanços nas metas não alcançadas, buscando assegurar os direitos humanos de todos e alcançar a igualdade de gênero e o empoderamento de mulheres e meninas. São integrados e indivisíveis, e mesclam, de forma equilibrada, as dimensões do desenvolvimento sustentável. O cumprimento dos ODS em 2030 necessitará uma cooperação sem precedentes e colaboração entre os governos, organizações não governamentais, parceiros de desenvolvimento, setor privado e comunidades. A implementação desses objetivos exigirá, de todos os setores e partes interessadas, a sua incorporação em suas próprias práticas e operações.

Os desafios principais de implementação correspondem à operacionalização de 4 princípios da Agenda 2030 (ONU, 2015):

- Inclusão – Garantir diversidade de perspectivas e participação social.
- Integração – Romper com a compartimentalização das instituições.

- Regionalização – Executar a implementação em níveis locais já sobrecarregados e desfalcados de recursos (humanos, técnicos e financeiros).
- Prioridade – Institucionalizar e implementar uma agenda de longo prazo que resista às flutuações políticas.

O documento "Transformando o nosso mundo: Agenda 2030 para o Desenvolvimento Sustentável", que foi aprovado pelos 193 Estados-membros da ONU em 2015, inclui um conjunto de 17 Objetivos de Desenvolvimento Sustentável (ODS) e 169 metas para 2015-2030, dando continuidade, assim, aos Objetivos de Desenvolvimento do Milênio (ODM) que cobriram o período de 2000-2015, conforme Figura 1 e Quadro 1.

Figura 1 – Objetivos de Desenvolvimento Sustentável.
Fonte: ONU (2015).

Quadro 1 – Descrição dos Objetivos de Desenvolvimento Sustentável (ODS)

Objetivos	Características
1	Acabar com a pobreza em todas as suas formas, em todos os lugares
2	Acabar com a fome, alcançar a segurança alimentar e melhoria da nutrição e promover a agricultura sustentável
3	Assegurar uma vida saudável e promover o bem-estar para todos, em todas as idades
4	Assegurar a educação inclusiva, equitativa e de qualidade, bem como promover oportunidades de aprendizagem ao longo da vida para todos
5	Alcançar a igualdade de gênero e empoderar todas as mulheres e meninas
6	Assegurar a disponibilidade e gestão sustentável da água e saneamento para todos
7	Assegurar o acesso confiável, sustentável, moderno e a preço acessível à energia para todos
8	Promover o crescimento econômico sustentado, inclusivo e sustentável, emprego pleno e produtivo e trabalho decente para todos

(continua)

Quadro 1 – Descrição dos Objetivos de Desenvolvimento Sustentável (ODS) (*continuação*)

Objetivos	Características
9	Construir infraestruturas resilientes, promover a industrialização inclusiva e sustentável e fomentar a inovação
10	Reduzir a desigualdade dentro dos países e entre eles
11	Tornar as cidades e os assentamentos humanos inclusivos, seguros, resilientes e sustentáveis
12	Assegurar padrões de produção e de consumo sustentáveis
13	Tomar medidas urgentes para combater a mudança do clima e seus impactos
14	Conservação e uso sustentável dos oceanos, dos mares e dos recursos marinhos para o desenvolvimento sustentável
15	Proteger, recuperar e promover o uso sustentável dos ecossistemas terrestres, gerir de forma sustentável as florestas, combater a desertificação, deter e reverter a degradação da terra e deter a perda de biodiversidade
16	Promover sociedades pacíficas e inclusivas para o desenvolvimento sustentável, proporcionar o acesso à justiça para todos e construir instituições eficazes, responsáveis e inclusivas em todos os níveis
17	Fortalecer os meios de implementação e revitalizar a parceria global para o desenvolvimento sustentável

Fonte: ONU (2015).

Acesso, disponibilidade e gestão sustentável da água e saneamento – ODS 6

A inclusão do acesso à água entre os direitos humanos vem demandando estratégias inovadoras no processo de tomada de decisão que propiciem uma gestão sustentável de bacias hidrográficas, garantindo os usos múltiplos e manutenção do equilíbrio ecológico. O acesso universal à água distribuída pelo serviço de abastecimento, em quantidade e qualidade satisfatória, deve ser prioritário e inserido nas políticas públicas, de modo a garantir esse direito a todos os cidadãos, contribuindo para o desenvolvimento social e econômico de uma região. Entretanto, a escassez hídrica vem aumentando significativamente por conta do aumento da população e do processo de mudanças climáticas, sobretudo nas regiões semiáridas e áridas.

A gestão sustentável de bacia hidrográfica está diretamente vinculada ao Objetivo de Desenvolvimento Sustentável 6 (ODS 6) ao estabelecer que, até 2030, sejam assegurados o acesso, a disponibilidade e a gestão sustentável da água e saneamento para todos e todas, por meio das seguintes metas:

- Até 2030, alcançar o acesso universal e equitativo a água potável e segura para todos.
- Até 2030, alcançar o acesso a saneamento e higiene adequados e equitativos para todos, e acabar com a defecação a céu aberto, com especial atenção para as necessidades das mulheres e meninas e daqueles em situação de vulnerabilidade.
- Até 2030, melhorar a qualidade da água, reduzindo a poluição, eliminando despejo e minimizando a liberação de produtos químicos e materiais perigosos, reduzindo à metade a proporção de águas residuais não tratadas e aumentando substancialmente a reciclagem e reutilização segura globalmente.
- Até 2030, aumentar substancialmente a eficiência do uso da água em todos os setores e assegurar retiradas sustentáveis e o abastecimento de água doce para enfrentar a escassez de água, e reduzir substancialmente o número de pessoas que sofrem com a escassez de água.
- Até 2030, implementar a gestão integrada dos recursos hídricos em todos os níveis, inclusive via cooperação transfronteiriça, conforme apropriado.
- Até 2020, proteger e restaurar ecossistemas relacionados com a água, incluindo montanhas, florestas, zonas úmidas, rios, aquíferos e lagos:
  - até 2030, ampliar a cooperação internacional e o apoio à capacitação para os países em desenvolvimento em atividades e programas relacionados à água e saneamento, incluindo a coleta de água, a dessalinização, a eficiência no uso da água, o tratamento de efluentes, a reciclagem e as tecnologias de reúso;
  - apoiar e fortalecer a participação das comunidades locais, para melhorar a gestão da água e do saneamento.

A implementação das metas desse ODS 6, somadas aos instrumentos de planejamento ambiental e de recursos hídricos, requer a criação de estruturas de governança, que irão protagonizar o processo para implementação da Agenda 2030 em todo o território nacional, trabalhadas em nível de bacias hidrográficas. Seu efeito se reflete na melhoria das condições de vida das populações mais pobres, no que diz respeito à disponibilidade e acesso à água potável e saneamento básico para toda a população. Neste contexto, é fundamental que a sociedade esteja atenta para a necessidade de uma ação articulada que possibilite enfrentar os desafios atuais e futuros.

MARCO LEGAL, INSTITUCIONAL E CONCEITUAL NA GESTÃO DE BACIAS

O aparato normativo brasileiro possui diversos instrumentos legais que podem ser aplicados para aperfeiçoamento da gestão de bacias hidrográficas. Além da Política Nacional de Meio Ambiente (PNMA) e da PNRH, existem mecanismos em outras legislações que, respeitando-se as realidades locais, podem ser aplicados para otimizar a gestão de bacias hidrográficas.

A PNMA, estabelecida pela Lei Federal 6.938/1981, tem como objetivo regulamentar as várias atividades que envolvam o meio ambiente, para que haja preservação, melhoria e recuperação da qualidade ambiental, tornando favorável a vida, assegurando à população condições propícias para seu desenvolvimento social e econômico. Entre os princípios, fundamentais na busca da proteção ambiental, previstos no artigo 2º do PNMA, necessários ao alcance dos seus objetivos, ressaltam-se a racionalização do uso do solo, do subsolo, da água e do ar; planejamento e fiscalização do uso dos recursos ambientais, proteção dos ecossistemas, com a preservação de áreas representativas; e educação ambiental a todos os níveis de ensino, inclusive a educação da comunidade, objetivando capacitá-la para participação ativa na defesa do meio ambiente, entre outros.

A PNRH, estabelecida pela Lei Federal n. 9.433/1997 promulgou os princípios e diretrizes básicos da gestão dos recursos hídricos no Brasil, trazendo importantes reformas direcionadas a uma gestão integrada, participativa e descentralizada, entre os quais: a água é um bem de domínio público, recurso natural limitado, dotado de valor econômico, que, em situações de escassez, o uso prioritário dos recursos hídricos é o consumo humano e a dessedentação de animais. Além disso, a gestão dos recursos hídricos deve sempre proporcionar o uso múltiplo das águas, tendo a bacia hidrográfica como unidade territorial para implementação da PNRH, devendo ser descentralizada e contar com a participação do poder público, usuários e comunidades.

Antes da aprovação da atual Lei da Água de 1997, o setor elétrico brasileiro controlava o uso prioritário da água para geração hidrelétrica. Essa nova lei mudou esse panorama, uma vez que reconheceu os usos múltiplos da água.

A gestão de recursos hídricos funciona no nível federal, para as bacias hidrográficas que ultrapassam os limites estaduais e nacional, e no nível estadual, para as bacias hidrográficas inseridas apenas em um estado. No nível municipal não foi estabelecida estrutura institucional específica, mas apenas com representação nos comitês de bacias hidrográficas.

Bacia hidrográfica como unidade de planejamento

Um conceito de bacia hidrográfica muito simples é o apresentado por Tucci (2001, p. 40), de fácil entendimento, o que justifica a divisão como unidade legal, que traz a bacia hidrográfica como a área de captação natural da água da precipitação que faz convergir os escoamentos para um único ponto de saída, seu exutório. A bacia hidrográfica compõe-se basicamente de um conjunto de superfícies vertentes e de uma rede de drenagem formada por cursos de água que confluem ate resultar um leito único no exutório.

A PNRH trouxe um marco diferencial para a gestão ambiental no Brasil com novos paradigmas que não tinham sido abarcados na PNMA, entretanto, a Resolução Conama 001/1986 que estabelece a exigência de elaboração de estudo de impacto ambiental (EIA) já incorporava nas suas diretrizes a bacia hidrográfica onde o empreendimento está localizado, bem como a análise dos planos, programas e projetos existentes na área. Uma das inovações para implementação da PNRH é a consideração da bacia hidrográfica como instrumento central de ordenamento territorial com foco nos recursos hídricos.

A bacia hidrográfica é a unidade de gestão de recursos hídricos definida pela PNRH. Por isso, para fins de aplicação dos instrumentos de gestão e da atuação de comitês de bacias hidrográficas e agências de água, é esse território que transpassa os limites políticos estaduais e federais que deve ser considerado. Diferentes recortes territoriais para a gestão podem ser definidos a partir da delimitação de bacias, podendo englobar critérios hidrológicos, ambientais, socioeconômicos, políticos e institucionais (ANA, 2017).

O Conselho Nacional de Recursos Hídricos (CNRH), na Resolução n. 32/2003, instituiu a Divisão Hidrográfica Nacional em doze regiões hidrográficas, com a finalidade de orientar, fundamentar e implementar o Plano Nacional de Recursos Hídricos, e estabelece como região hidrográfica "o espaço territorial brasileiro compreendido por uma bacia, grupo de bacias ou sub-bacias hidrográficas contíguas com características naturais, sociais e econômicas homogêneas ou similares, com vistas a orientar o planejamento e gerenciamento dos recursos hídricos".

Para Porto e Porto (2008) a divisão num primeiro nível de macrodivisão hidrográfica, regiões hidrográficas, é justificada pelas especificidades locais, tanto no que se refere aos ecossistemas como, também, diferenças econômicas, sociais e culturais, estabelecendo uma gestão dos recursos hídricos a partir da configuração física e características locais.

O território brasileiro compreende oito bacias hidrográficas caracterizadas pelas regiões que abrangem um curso d'água principal e seus afluentes:

Bacia do rio Amazonas; Bacia dos rios Tocantins e Araguaia; Bacia do Atlântico Norte e Nordeste; Bacia do São Francisco; Bacia do Atlântico Leste; Bacia dos rios Paraná e Paraguai; Bacia do rio Uruguai; e Bacia do Atlântico Sul e Sudeste.

Essa unidade de análise e planejamento ressalta a importância das características locais dos recursos e necessidade de integração dos diversos atores com o público em geral, permitindo uma abordagem participativa e integrada em uma mesma unidade física. Nesse sentido, a gestão de bacias hidrográficas requer a compreensão de que a utilização do território pelas diferentes atividades humanas tem consequências sobre o equilíbrio hidrológico, afetando os recursos naturais.

No contexto da PNRH, a bacia hidrográfica tem um papel importante por ser a unidade regional de planejamento e gerenciamento das águas, tanto em nível rural como urbano, resultando na delimitação de unidades de gerenciamento de recursos hídricos. Esses espaços estão intrinsecamente relacionados, devendo ser trabalhados de forma diferenciada, pois as pressões nos recursos naturais são de caráter distinto.

A pressão proveniente do aumento do consumo da água para abastecimento humano, juntamente com a demanda da água para as atividades econômicas, deve ser analisada no contexto da gestão dos recursos hídricos, uma vez que o uso da água em determinadas bacias e regiões hidrográficas pode estar mais diretamente relacionado ao tipo de uso do solo e fatores de produção do que ao consumo direto da população que nela vive.

Bacias hidrográficas urbanas

As bacias hidrográficas localizadas no espaço urbano vêm sofrendo pressões crescentes por conta da intensificação da urbanização e crescimento populacional, além da ausência de políticas públicas adequadas de uso e ocupação do solo, causando diversos impactos relacionados à insuficiência de infraestrutura urbana, provocando processo de erosão, assoreamento, inundações, poluição das águas e perda de vegetação.

Tucci (2018, p. 480-481) apresenta que em relação ao gerenciamento das águas urbanas:

- A gestão integrada encontra-se desintegrada, com pouco foco no conjunto da cidade, atuando sempre sobre problemas pontuais e nunca desenvolvendo um planejamento preventivo e indutivo.
- A visão profissional tem se mostrado pouco integradora e muito limitada.

- A visão moderna envolve o planejamento integrado da água na cidade e incorporado ao plano de desenvolvimento urbano, em que os componentes de manancial, esgotamento sanitário, resíduo sólido, drenagem urbana e inundação ribeirinha são vistos dentro de um mesmo conjunto e relacionados à causa principal, que é a ocupação do solo urbano.

Um grande avanço na política urbana brasileira foi a aprovação do Estatuto da Cidade por meio da Lei Federal 10.257/2001. Nos espaços urbanos, o plano diretor municipal é um dos principais instrumentos de gestão territorial, onde são estabelecidos parâmetros para garantir a função social e sustentabilidade das cidades como um ambiente sadio e de boa qualidade de vida. Para isso, os instrumentos de controle do uso e ocupação do solo urbano devem se articular de forma complementar com os demais instrumentos de gestão do meio ambiente e dos recursos hídricos, bem como deve ser assegurada a geração de recursos para ações de manutenção dos sistemas de saneamento (abastecimento de água, esgotamento sanitário, gestão de resíduos sólidos e drenagem urbana).

Peres e Da Silva (2013) argumentam que, na prática, isso não vem ocorrendo de modo satisfatório, com pouca interface da gestão de recursos hídricos com as políticas urbanas, refletindo na pouca legitimação do planejamento e gestão das cidades brasileiras.

Bacias hidrográficas rurais

No ambiente rural, os impactos provenientes das atividades agropecuárias provocam grave degradação da qualidade da água e do solo por conta do desmatamento, uso de técnicas agrícolas inadequadas, emprego descontrolado de agroquímicos. A agricultura é um importante pilar da economia brasileira em virtude da geração de empregos no campo e distribuição de renda, mas por outro lado é o maior consumidor de água.

O Código Florestal estabelece que margens de rios e açudes, topos de morros e áreas com declividade maior que 45° são áreas de proteção permanente e *non aedificandi*. Entretanto, na prática, essas áreas vêm sendo continuamente ocupadas ilegalmente, tanto pela população de baixa renda como pelas construções de médio e alto padrões. As áreas onde estão inseridos os mananciais de abastecimento humano devem ser protegidas. Nesse sentido, a Região Metropolitana de São Paulo foi inovadora ao instituir na década de 1980 a Lei de Proteção dos Mananciais, que foi referência para a criação da mesma lei na região Metropolitana do Recife em 1986. Ambas as leis estabeleceram tipos de uso do solo na área a montante das bacias de contribuição. Entretanto, o poder governamental não logrou êxito em controlar a ocupação ilegal dessas áreas e os reservatórios se encontram poluídos e em processo de degradação.

Instrumentos de gestão de recursos hídricos

Uma gestão sustentável dos recursos hídricos necessita de um conjunto mínimo de instrumentos principais: base de dados e informações socialmente acessíveis, definição clara dos direitos de uso, controle dos impactos sobre os sistemas hídricos e processo de tomada de decisão. Entre as principais inovações introduzidas pela PNRH está o estabelecimento dos seguintes instrumentos de gestão: planos de recursos hídricos; enquadramento dos corpos de água em classes, segundo os usos preponderantes da água; outorga dos direitos de uso de recursos hídricos; cobrança pelo uso de recursos hídricos; compensação a municípios; e sistema de informações sobre recursos hídricos.

Segundo a PNRH, os planos de recursos hídricos são planos diretores de longo prazo, com horizonte de planejamento compatível com o período de implantação de seus programas e projetos, e visam a fundamentar e orientar a implementação dessa política e o gerenciamento dos recursos hídricos. Os planos de recursos hídricos devem ser elaborados em três níveis: Plano Nacional de Recursos Hídricos, Planos Estaduais de Recursos Hídricos, e Planos de Bacia Hidrográfica. De acordo Porto e Porto (2008), o plano de recursos hídricos e o enquadramento de recursos hídricos são instrumentos que ampliam as possibilidades do planejamento participativo por meio da construção de consensos, nos processos de negociação com representantes governamentais, sociedade civil e agentes econômicos. Os planos de recursos hídricos, definidos e aprovados no âmbito de comitês de bacia hidrográfica, constituem bons exemplos dos processos de negociação social.

O enquadramento dos corpos de água em classes de usos preponderantes possibilita uma maior aproximação entre os usuários da água, as metas de qualidade a serem atingidas e a distribuição dos custos de investimentos para atingir as metas. Esse instrumento objetiva assegurar às águas qualidade compatível com os usos mais exigentes a que forem destinadas e diminuir os custos de combate à poluição das águas, mediante ações preventivas e corretivas. As classes dos corpos d'água são estabelecidas pela Resolução Conama n. 357/2005, alterada e complementada pelas Resoluções 410/2009 e pela 430/2011. Este instrumento, juntamente com os planos de recursos hídricos, é relevante para promover a integração da gestão de recursos hídricos com a gestão territorial, que deverão ser elaborados de forma participativa e aprovados pelos respectivos comitês de bacia.

A outorga de uso de recursos hídricos tem como objetivo assegurar o controle quantitativo e qualitativo dos usos das águas. Entre os direitos de uso dos recursos hídricos sujeitos à outorga, tem-se: derivações ou captações para abastecimento, irrigação e processos industriais, extrações de água de aquíferos, lançamentos de efluentes em corpos d'água para fins de diluição, transporte ou disposição final e aproveitamento dos potenciais hidroelétricos, excluindo-se os usos insignificantes. Esse instrumento caracteriza-se como uma autorização do poder público ao usuário de recursos hídricos que deve considerar o balanço entre disponibilidade e demanda hídrica, objetivando assegurar o controle quantitativo e qualitativo dos usos da água e o efetivo exercício dos direitos de acesso à água.

A cobrança pelo uso de recursos hídricos objetiva o reconhecimento da água como bem econômico e oferece ao usuário uma indicação de seu real valor; o incentivo à racionalização de seu uso e obtenção de recursos financeiros para financiamento dos programas e intervenções contemplados nos planos de recursos hídricos. O processo de cobrança pelo uso da água ainda não está consolidado no país, uma vez que apenas alguns estados têm esse instrumento implementado.

A compensação a municípios teve alguns de seus artigos vetados na PNRH, mas não foi extinta da legislação e ainda é pouco explorada. Contudo, esse instrumento econômico pode facilitar a relação da gestão de bacia hidrográfica e da gestão de uso do solo, por meio de incentivos financeiros aos municípios.

O Sistema Nacional de Informações de Recursos Hídricos é um sistema de coleta, tratamento, armazenamento e recuperação de informações sobre recursos hídricos e fatores intervenientes em sua gestão. A OECD (2015) destaca a importância de produzir, atualizar e compartilhar dados e informações oportunas, coerentes, politicamente relevantes e relacionados com a água. A Agência Nacional de Águas (ANA) esclarece que as informações disponíveis nesse sistema, disponível à sociedade por meio eletrônico, estão estruturadas em: divisão hidrográfica; quantidade, qualidade e usos das águas; disponibilidade hídrica; eventos hidrológicos críticos; planos de recursos hídricos; regulação e fiscalização dos recursos hídricos e programas voltados à conservação e gestão dos recursos hídricos. Esse sistema de informações reúne dados produzidos por diversos órgãos em uma base de dados única a fim de facilitar o acesso da população e subsidiar o processo de tomada de decisão na gestão de recursos hídricos.

Integração e participação social

O estabelecimento da PNRH representou um avanço, tanto no sentido conceitual como também na institucionalização da gestão integrada, participativa e descentralizada, com a integração entre os órgãos gestores, usuários e outras instituições. A implementação da PNRH vem demandando uma atuação multi e interdisciplinar dos agentes responsáveis, tanto no poder executivo como nos colegiados (Sobral et al., 2017). Contudo, "a reforma da gestão dos recursos hídricos não está completa; existem ainda muitas lacunas de governança que precisam ser corrigidas" (OECD, 2015, p. 20).

A transição de um sistema de gestão setorial emergencial para um sistema integrado e preventivo dos recursos hídricos deve ser fundamentada na adoção de ações que assegurem a participação dos diversos usuários no processo de tomada de decisão.

O alcance da gestão sustentável requer uma abordagem abrangente e interdisciplinar, incorporando a dimensão social, econômica e político-institucional aos aspectos do uso sustentável da água e demais recursos ambientais existentes na bacia hidrográfica. Essa nova visão de gestão sistêmica trata a água como um bem de uso comum e disponível para todos, que deve ser gerenciado respeitando-se o seu ciclo hidrológico. Tundisi (2015) ressalta que esse novo modelo de gestão possibilita a integração dos usos múltiplos atuais e preditivos, contribuindo para a resolução dos conflitos socioambientais.

A governança surge como um mecanismo de democratização e avanço da gestão compartilhada, minimizando os conflitos entre os múltiplos usuários. É fundamental garantir a articulação entre representantes do legislativo, de instituições públicas responsáveis pela implementação de políticas, pesquisadores e lideranças da sociedade civil para construção conjunta de parcerias e alternativas negociadas.

O Programa das Nações Unidas para o Desenvolvimento (PNUD) definiu governança da água como:

> [...] um conjunto de sistemas políticos, sociais, econômicos e administrativos que permitem o desenvolvimento e gestão de recursos hídricos, tal como a sua distribuição e que inclui uma série de tópicos diretamente ligados com a água, tal como: saúde, segurança alimentar, desenvolvimento econômico, utilização da terra e preservação do sistema ecológico do qual os recursos hídricos dependem. (PNUD, 2015)

A adoção da bacia hidrográfica resultou na delimitação de unidades de gerenciamento de recursos hídricos, cujos órgãos consultivos e deliberativos de gerenciamento são os Comitês de Bacias Hidrográficas. O sistema é baseado na descentralização, participação e integração, considerando aspectos da qualidade e quantidade das águas por meio de ações que promovam os usos múltiplos dos recursos hídricos. (Jacobi, 2012)

Nesse sentido, a participação social é um dos pilares fundamentais para a prática da governança, garantindo uma gestão integrada e participativa dos recursos hídricos, sendo os comitês de bacias hidrográficas espaços institucionalizados pela PNRH. Apesar de o modelo de gestão de recursos hídricos brasileiro ser descentralizado, na prática os conflitos são evidenciados, pois as instâncias que deveriam garantir a participação popular, como as agências e comitês de bacia hidrográfica, ainda são pouco eficientes. (Sousa Júnior et al., 2016)

De acordo com o autor, os comitês de bacias foram concebidos como espaços decisórios inovadores, caracterizados por ter a bacia hidrográfica como espaço territorial natural e incorporar representantes da sociedade civil, usuários de água e instituições governamentais. Os comitês têm por competência: promover debates, mediar conflitos sobre questões relacionadas a recursos hídricos, aprovar planos de bacias hidrográficas e discutir a implementação de instrumentos de gestão, entre outros.

CONSIDERAÇÕES FINAIS

O desafio que se coloca para o futuro é a transição, de um sistema de gestão setorial dos diversos sistemas usuários da água e do solo para um sistema integrado e preventivo, fundamentado na adoção de ações que assegurem os direitos humanos de acesso à água em quantidade e qualidade satisfatórias, estabelecendo prioridades entre os múltiplos usos.

Ainda que nos processos de planejamento haja elaboração de diversos planos de bacias, muitas das ações propostas não são executadas, desvirtuando o próprio planejamento realizado e comprometendo o alcance dos objetivos estabelecidos.

A gestão integrada de bacias hidrográficas significa mudança de paradigma, requerendo uma efetiva participação dos usuários e representantes da sociedade civil organizada. Nesse contexto, verifica-se que do ponto de vista institucional o Brasil possui políticas definidas, mas ainda há desarticulação entre as instituições responsáveis, associada à fragilidade da participação social no processo de tomada de decisão.

Assim, a gestão participativa de bacias hidrográfica faz-se necessária por envolver variáveis que estão estreitamente interligadas. Nesse contexto, é necessário capacitar os membros da sociedade civil e representantes dos órgãos públicos participantes de instâncias de decisão colegiada, de modo a promover efetividade as ações propostas. Essas ações requerem abordagem sistêmica, que considere a água como um bem de uso comum e disponível para todos, respeitando-se o seu ciclo hidrológico e seus múltiplos usos.

Ressalta-se a necessidade de incremento da articulação interinstitucional, entre os órgãos gestores federais e estaduais do sistema de recursos hídricos com outras políticas setoriais em conjunto com a sociedade civil, de modo a garantir a governança da água.

Os problemas atuais relacionados ao uso sustentável, conservação de recursos hídricos, bem como a previsão e o controle de eventos extremos de precipitação que podem causar enchentes, inundações e secas representam grandes desafios para a definição de medidas de adaptação e mitigação das mudanças climáticas.

Registra-se a necessidade de se repensar o pacto federativo, levando em consideração os usos múltiplos da água. Os serviços públicos de interesse comum, em particular os relacionados ao sistema de saneamento ambiental, são de competência municipal, devendo ser tratados de modo a não se sobrepor aos interesses maiores da sociedade, cabendo identificar a subordinação/articulação necessária entre as instituições municipais com as estaduais e federais, de modo a garantir planejamento e gestão integrada.

Existem condições legais, instrumentos e conhecimentos técnicos de interação e integração que, se forem efetivamente adotados, há possibilidades de se ter avanços consideráveis na sustentabilidade do sistema de gestao de bacia hidrográfica. Entretanto, é necessária decisão política para garantir a efetiva participação social, de forma que a sociedade seja corresponsável pelo seu próprio futuro. Nesse sentido, é relevante o papel da academia e das empresas públicas e privadas para a capacitação e formação de uma sociedade sustentável.

REFERÊNCIAS

[ANA] AGÊNCIA NACIONAL DE ÁGUAS. *Conjuntura dos recursos hídricos no Brasil 2017*. Brasília: ANA, 2017 (Relatório pleno).

CASTRO, J.E.; HELLER, L.; MORAIS, M.P. (eds.). *O direito à água como política pública na América Latina: uma exploração teórica e empírica*. Brasília: Ipea, 2015.

JACOBI, P.R.; RACALANZA, A.P.F. Comitês de bacias hidrográficas no Brasil: desafios de fortalecimento da gestão compartilhada e participativa. *Desenvolvimento e meio ambiente*, n. 11-12, p. 41-49, jan./dez. 2005. Editora UFPR.

MARCUZZO, F.F.N. Bacias hidrográficas e regiões hidrográficas do Brasil: cálculo de áreas, diferenças e considerações. In: Simpósio Brasileiro de Recursos Hídricos. 2017, Florianópolis – SC, Anais ... Florianópolis – SC:ABRH, 2017.

[OECD] ORGANIZAÇÃO PARA A COOPERAÇÃO E DESENVOLVIMENTO ECONÔMICO. *Governança dos Recursos Hídricos no Brasil.* Paris: OECD Publishing, 2015. Disponível em: http://dx.doi.org/10.1787/9789264238169-pt. Acesso em: 24 fev. 2018.

[ONU] ORGANIZAÇÃO DAS NAÇÕES UNIDAS. *Transformando Nosso Mundo: a Agenda 2030 para o desenvolvimento sustentável.* Nova York: ONU, 2015. Disponível em: https://nacoesunidas.org/wp-content/uploads/2015/10/agenda2030-pt-br.pdf. Acesso em: 16 fev. 2018.

PERES, R.B.; DA SILVA, R.S. Interfaces da gestão ambiental urbana e gestão regional: análise da relação entre Planos Diretores Municipais e Planos de Bacia Hidrográfica. *Revista Brasileira de Gestão Urbana* (Brazilian Journal of Urban Management), v. 5, n. 2, p. 13-25, jul./dez. 2013.

PORTO, M.F.A.; PORTO, R.L.L. Gestão de bacias hidrográficas. *Estudos avançados* [online], v. 22, n. 63, p.43-60, 2008.

SACHS, I. Desenvolvimento sustentável, bio-industrialização descentralizada e novas configurações rural-urbana. Os casos da Índia e do Brasil. In: VIEIRA, P.F.; WEBER, J. (orgs.). *Gestão de Recursos Naturais Renováveis e Desenvolvimento*: Novos Desafios para a Pesquisa Ambiental. São Paulo: Cortez, 1997.

SILVA, C.L.; MENDES, J.T.G. (orgs). *Reflexões sobre o desenvolvimento sustentável: agentes e interações sob a ótica multidisciplinar.* Petrópolis: Vozes, 2005.

SOBRAL, M.C.; MONTENEGRO, S.M.G.; CARVALHO, R.M.C.M.O. et al. Institucionalidade da interdisciplinaridade na gestão de recursos hídricos no Brasil. In: Philippi Jr, A.; Fernandes, V.; Pacheco, R.C.S. *Ensino, Pesquisa e Inovação: desenvolvendo a interdisciplinaridade.* Barueri, SP: Manole, 2017.

SOUSA JÚNIOR, W.; BALDWIN, C.; CAMKIN, J. et al. Water: Drought, Crisis and Governance in Australia and Brazil. *Water. 2016.* 8:493.

TUCCI, C.E.M. Águas urbanas: interface no gerenciamento. In: PHILIPPI JR., A. *Saneamento, Saúde e Ambiente: fundamentos para um desenvolvimento sustentável.* 2.ed. Barueri: Manole, 2018. (Coleção Ambiental)

______. *Hidrologia: Ciência e Aplicação.* 2.ed. Editora da UFRG/ABRH, 2001. (Coleção ABRH de Recursos Hídricos)

TUNDISI, J.G. *Disponibilidade de recursos hídricos, qualidade e governança da água: análises estratégicas e perspectivas para o Brasil.* São Paulo: Instituto Jatobás, 2015. Disponível em: http://www.tdtsustentabilidade.org/. Acesso em: 3 mar. 2018.

[UNDP] UNITED NATIONS DEVELOPMENT PROGRAM. *Water Governance Facility at the Stockholm International Water Institute.* Sweden: PNUD, 2015. Disponível em: http://www.watergovernance.org. Acesso em: 14 abr. 2018.

VAN BELLEN, H.M. *Indicadores de sustentabilidade: uma análise comparativa.* Rio de Janeiro: Fundação Getulio Vargas, 2005.

Bases para a gestão de bacias hidrográficas | 2

Adilson Pinheiro
Engenheiro civil, Fundação Universidade Regional de Blumenau, Furb

Jussara Cabral Cruz
Engenheira civil, Universidade Federal de Santa Maria, UFSM

INTRODUÇÃO

A proteção dos recursos hídricos constitui importante desafio, uma vez que a escassez da água é um dos principais problemas que o homem está enfrentando no século XXI. É necessário suprir água a uma demanda crescente de múltiplos usos e, ao mesmo tempo, manter a capacidade de preservar água para o futuro. A gestão sustentável dos recursos hídricos, essencial para uma boa qualidade de vida, exige atenção a aspectos físicos, bióticos, sociais, econômicos e legais.

Neste capítulo, são abordados os princípios que norteiam a gestão dos recursos hídricos segundo a política nacional brasileira. Tem-se como foco os instrumentos da gestão e respectivas bases técnicas necessárias para viabilizar o uso deste recurso natural, em especial aspectos físicos e químicos, relacionando-os à evolução temporal e espacial do regime hídrico gerado na bacia hidrográfica e da qualidade da água, em função das atividades antrópicas na bacia.

Com o objetivo de instituir uma gestão que garanta a sustentabilidade dos recursos hídricos brasileiros, a construção de soluções para conflitos resultantes do uso intensivo da água, a conservação e a recuperação dos ambientes degradados e que evite impactos danosos na qualidade dos recursos hídricos, o legislador aprovou a Lei n. 9433/97 (Brasil, 1997), que definiu a Política Nacional de Recursos Hídricos (PNRH) e criou o Sistema Nacional de Gerenciamento de Recursos Hídricos (Singreh). A PNRH baseia-se nos fundamentos de que a água é um recurso natural de domínio público, finito e dotado de valor econômico, que a bacia hidrográfica deve ser considerada a unidade territorial para a implementação da política e que a gestão deve ter visão sistêmica, integrada e firmada nos princípios da descentralização e da participação da sociedade no processo decisório. Para isso, também estabeleceu um conjunto de instrumentos que visam induzir e fomentar o uso sustentado da água para o desenvolvimento integrado das regiões.

Esse marco legal trouxe avanços para a gestão. No entanto, são muitos os desafios a serem superados para a plena implementação da política, considerando que a integração implica em abordagem conjunta das águas superficiais e subterrâneas e considerando o ambiente de dupla dominialidade instituída pela Constituição Federal (Brasil, 1988). Essa característica do sistema brasileiro impõe o desenvolvimento de estratégias para integração institucional, entre eles, o desenvolvimento de bases técnicas que dão suporte à implementação dos instrumentos e, portanto, à tomada de decisão.

A PNRH instituiu cinco instrumentos para a gestão: os Planos de Recursos Hídricos, o enquadramento dos corpos de água em classes segundo seus usos preponderantes (que também é uma forma de planejamento), a outorga dos direitos de uso dos recursos hídricos, a cobrança pelo seu uso e o Sistema de Informações sobre Recursos Hídricos.

O caráter integrativo da norma se apresenta na implementação desses instrumentos e se formaliza na medida em que os planos cumprem suas funções de apresentar o diagnóstico dos recursos hídricos, os prognósticos de atividades produtivas (cenários futuros identificados em função de projeções que levam em conta planos de desenvolvimento regionais), a identificação de conflitos potenciais, as metas de racionalização de uso e de qualidade (esta última é o instrumento de enquadramento), programas de ações, prioridades para outorga de direitos de uso, diretrizes e critérios para a cobrança pelo seu uso e critérios para uso dos recursos arrecadados, enquanto o Sistema de Informações dá o suporte ao próprio plano e aos demais instrumentos.

A outorga de direito de uso dos recursos hídricos é o principal instrumento regulador do sistema, instrumento de disciplinamento do uso das águas públicas (princípio constitucional), e consiste em uma licença emitida pelo Estado para que o usuário possa usar determinados volumes de água para atender suas necessidades. Deve ser implementada a partir de um estudo de quantificação da disponibilidade hídrica dos mananciais, além do levantamento das quantidades e respectiva qualidade de água demandadas em cada caso, a fim de que se alcance o objetivo principal de utilização racional dos recursos hídricos por meio de balanço hídrico. O uso da água pode ser por derivação, com ou sem devolução de parte ou toda a água (usos consuntivos e não consuntivos) ou por reserva de volume para diluição de poluentes a ser mantido no manancial, de acordo com o enquadramento do mesmo.

A cobrança pelo uso da água tem a finalidade de dar suporte financeiro à gestão, às ações previstas nos planos, bem como sinalizar o valor econômico da água e induzir ao uso racional. A implementação da cobrança deve atender também ao princípio de participação da sociedade, a quem está atribuída a função de aprovar ou reprovar a metodologia adotada e a definição dos valores a serem cobrados. A relação da integração da cobrança com a outorga está na determinação de que são os usos outorgados os que estão sujeitos à cobrança.

O enquadramento, que é um plano, visa definir um objetivo de qualidade para os recursos hídricos, e o mesmo passa pela participação social em sua definição. Esse objetivo deve ser atingido em um determinado horizonte temporal, em etapas (metas). Para atingir esses objetivos, ações devem ser previstas nos planos de recursos hídricos e estas ações demandam recursos financeiros, que em parte devem ser cobertos pelos recursos da cobrança, que são oriundos dos outorgados. Para os estudos dos cenários que apoiam a decisão da sociedade em definir os objetivos de qualidade, são necessárias informações, bem como modelos de simulação de qualidade de água.

Existe, portanto, uma interdependência entre os instrumentos apoiada pelo sistema de informações (5º instrumento), que fornece as condições para as simulações dos diferentes cenários (planos) atuais e futuros, considerando diferentes critérios e situações para outorga, para cobrança e de metas de enquadramento.

Salienta-se que a PNRH instituiu a participação social no sistema com a criação de instâncias colegiadas, comitês de bacia e conselhos de recursos hídricos. Cabe a eles a articulação entre planejamentos de diferentes níveis (bacia, estadual e nacional), aprovar e acompanhar a execução dos planos e do enquadramento, arbitrar conflitos, estabelecer critérios de outorga e cobrança, bem como os critérios e a promoção do rateio de custo das obras de uso múltiplo, de interesse comum ou coletivo. Porém, para que os colegiados exerçam sua função de forma satisfatória, é necessário que tenham acesso a estudos técnicos de suporte à decisão, cuja qualidade está vinculada à qualidade das informações técnicas disponíveis. Da qualidade dos planos e dos critérios contidos neles, depende a atuação dos gestores que implementam a outorga e a cobrança, bem como o resultado final refletido na situação dos recursos hídricos, em termos de qualidade e quantidade.

A seguir são apresentadas algumas bases técnicas de apoio à implementação dos instrumentos do SINGREH: disponibilidade hídrica, que dados são necessários e como defini-la; balanço hídrico em nível de bacia hidrográfica e ferramentas para ampliar as informações básicas para o balanço e para a gestão.

DISPONIBILIDADE HÍDRICA PARA OUTORGA

A disponibilidade hídrica para outorga, informação básica e fundamental da gestão, é a quantidade de água alocável para os múltiplos usos da bacia associada a uma garantia de atendimento ou probabilidade de falha, compatível com a responsabilidade intrínseca do poder outorgante, frente aos direitos concedidos aos usuários junto à outorga. A necessidade de associar-se uma garantia deve-se ao fato de que a distribuição da água, no tempo e no espaço, é significativamente variável e aleatória, com manifestação de variações devido à sazonalidade do clima e também da variabilidade interanual climática, que implica em anos com grande oferta hídrica e outros não. A disponibilidade hídrica, portanto, não corresponde ao total escoado.

Além dessas incertezas advindas do processo aleatório da natureza, existem outros fatores que influenciam as quantidades outorgáveis. Um primeiro fator é a necessidade de prever uma reserva ambiental, também chamada vazão ambiental, para a preservação do ecossistema aquático. Outro fator que influencia na definição de vazão outorgável (disponível para outorga) diz respeito às incertezas referentes à inexistência ou às poucas informações tanto de vazões históricas como sobre os usos históricos e seus volumes. Esta carência exige o uso de estratégias diferenciadas que utilizem ao máximo as poucas informações existentes. Ainda, outro fator que influencia a disponibilidade refere-se às condições relativas aos parâmetros qualitativos, que podem indicar maior ou menor capacidade de diluição e de autodepuração de poluentes, pois mesmo que haja uma vazão ou volume razoável para suprir as necessidades quantitativas dos usuários, essas quantidades não podem ser utilizadas sem que as condições de qualidade do manancial se agravem a níveis incompatíveis com a sustentabilidade e com o enquadramento dos recursos hídricos da bacia (Cruz, 2001).

Considerando a necessidade do conhecimento da disponibilidade hídrica para o uso na gestão, nos itens a seguir tem-se uma visão geral do ciclo hidrológico no contexto da bacia hidrográfica, com o monitoramento de dados hidrológicos, bem como são abordados conceitos e métodos para a definição de vazões de referência e vazões ambientais.

Ciclo hidrológico na bacia hidrográfica

O regime hídrico resulta da interação dos fenômenos do ciclo hidrológico no espaço da bacia hidrográfica contribuinte a uma seção fluviométrica de interesse. As magnitudes e as frequências de ocorrência dos componentes do ciclo hidrológico são influenciadas pelas características naturais, como solo e relevo, e pelas ações antrópicas desenvolvidas, como uso e ocupação e práticas de manejo do solo.

A formação e a ocorrência dos escoamentos, medidos na forma de vazão fluvial, constituem os fenômenos de interesse para a gestão sustentável dos recursos hídricos. Ela é produzida nas vertentes da bacia hidrográfica a partir da ocorrência da precipitação pluviométrica, a qual se movimenta entre a atmosfera, a superfície do solo e a matriz porosa do solo. Os fenômenos do ciclo hidrológico atuam no processo de transformação da precipitação em vazão fluvial, compreendendo interceptação, retenção superficial, infiltração de água no solo, percolação, absorção de água pelas plantas, ascensão capilar, evaporação, transpiração, escoamento superficial, escoamento subsuperficial e escoamento subterrâneo (ou subsuperficial profundo ou de base).

A vazão fluvial é composta pela contribuição do escoamento superficial, escoamento subsuperficial e escoamento subterrâneo. Os dois primeiros escoamentos podem ser considerados de forma conjunta, sendo identificados apenas como escoamento superficial. Eles ocorrem durante e, imediatamente, após a ocorrência de chuvas intensas e/ou prolongadas. Escoamentos superficiais ocorrem em curtos intervalos de tempo, gerando elevação do nível de água no rio, podendo provocar efeitos danosos, como erosão do solo (desagregação e transporte de partículas do solo), transporte e dispersão de poluentes e formação de enchentes. As enchentes, por sua vez, podem provocar inundações de áreas suscetíveis, quando a vazão fluvial é superior à capacidade de escoamento do canal principal, ou seja, parte do escoamento da vazão da enchente escoa pelo canal secundário do rio.

O escoamento superficial pode ser considerado o componente mais crítico do ciclo hidrológico. Seus efeitos são potencialmente prejudiciais em casos de eventos de chuvas intensas, de curta duração, podendo gerar cheias com consequências de prejuízos materiais e até de vidas humanas. Assim, é recomendável analisar a geração de escoamento superficial em cada local e trabalhar uma gestão que promova, quando possível, a redução da sua ocorrência ou sua transferência para a jusante da área de geração.

De forma simplificada, pode-se dizer que o escoamento superficial é gerado quando a capacidade de infiltração de água no solo é superada pela intensidade da chuva. Isto implica que a geração do escoamento superficial é controlada pela capacidade de infiltração de água no solo. A alteração em fatores que influenciam a infiltração de água no solo, como compactação do solo e implantação de superfície com reduzida permeabilidade (caso da urbanização) afeta a geração de escoamento superficial, aumentando ou reduzindo a sua magnitude e os efeitos deletérios.

A infiltração de água no solo é responsável pela recarga do conteúdo de água na camada não saturada do solo e dos aquíferos. A água infiltrada no solo alimenta as raízes das plantas e os corpos de água superficiais através da interação entre aquífero e rio e entre aquífero e nascente. O efeito da alimentação ocorre por período de tempo longo, em condições de ausência ou de reduzida ocorrência de precipitação. A maioria dos efeitos da infiltração de água no solo é benéfica, portanto, sua ocorrência deve ser maximizada. Em áreas urbanizadas, a infiltração de água no solo pode ser ampliada através da implantação de medidas compensatórias, que visam o controle na fonte do escoamento superficial. Em áreas rurais, técnicas conservacionistas como plantio em curva de nível, terraceamento, implantação de patamares, plantio direto e barraginhas em estradas vicinais, mantêm a umidade no solo, melhoram a infiltração e garantem a perenidade dos cursos de água. Estas medidas contemplam o princípio da gestão integrada. Elas induzem a uma ampliação do tempo de formação da onda de cheia em um sistema fluvial (e por consequência da redução das vazões máximas), contribuindo com a minimização dos riscos de danos à sociedade e ao meio ambiente, retendo o excedente de escoamento superficial e promovendo a manutenção das funções hidrológicas, por meio da infiltração da água no solo.

Diferentes estruturas para controle dos excessos de escoamento provocado pela redução da capacidade de infiltração de água no solo têm sido propostas para ambientes urbanos, como reservatório de retenção, trincheiras de infiltração, pavimentos permeáveis (ver NBR 16416/2015 editada pela ABNT), entre outros.

Zonta et al. (2012) descrevem práticas de conservação de solo e água em meio rural. Estas práticas visam o controle da erosão do solo, constituída das etapas de desagregação, transporte e deposição. Elas compreendem práticas de caráter edáfico (controle de queimadas, adubação verde, adubação química, orgânica e calagem), práticas de caráter vegetativo (florestamento e reflorestamento, pastagem, plantas de cobertura, cultivo em contorno ou curvas de nível, cultivos em faixas, cordões de vegetação permanente, barreiras vivas ou faixas de retenção, ceifas das plantas daninhas, alternância de capina, cobertura morta, rotação de culturas, plantio direto) e práticas mecânicas (terraceamento, locação de estradas e carreadores, bacias de captação de água). As práticas de caráter vegetativo utilizam a vegetação para defender o solo contra a erosão. A densidade da cobertura vegetal influencia a proteção que se oferece ao solo, preservando sua integridade. As práticas edáficas visam o controle da erosão, manutenção e melhoria da fertilidade do solo. As práticas mecânicas empregam estruturas artificiais, com a finalidade de reduzir a velocidade do escoamento da água, facilitando sua infiltração no solo.

Monitoramento fluviométrico e de qualidade da água

O escoamento fluvial é variável ao longo da bacia e ao longo do tempo, sendo controlado pela distribuição espacial e temporal da precipitação. O seu monitoramento é realizado nas estações fluviométricas, cujo interesse é a medição da vazão. A medição da vazão em uma seção fluviométrica envolve recursos humanos e materiais expressivos, como o uso de molinete fluviométrico ou ADCP (Acoustic Doppler Current Profile ou correntômetro acústico por efeito Doppler), barco, entre outros. Isto limita a sua realização para intervalos de tempo longos. Nas estações fluviométricas do sistema nacional de monitoramento hidrológico da Agência Nacional de Águas, são realizadas de 3 a 4 medições de vazões anuais.

Assim, para a determinação da vazão horária ou diária, é realizada a medida da cota fluviométrica. Para isto é preciso estabelecer uma relação entre a cota fluviométrica e a vazão, denominada curva chave, com medidas periódicas. Tendo-se medições para diferentes valores de cotas, estabelece-se a curva chave que permitirá a transformação da cota fluviométrica em vazão. É importante ressaltar que a curva chave sofre os efeitos de alteração nas características da seção de medida da vazão, como erosão da margem ou sedimentação, necessitando ser revista periodicamente.

Nas estações fluviométricas convencionais, a cota fluviométrica é lida na régua fluviométrica por um observador, às 7 e às 17h. Com estas leituras, é determinada a vazão média diária. Nos últimos anos, com a popularização e redução dos custos dos equipamentos, a medição da cota fluviométrica tem sido realizada de forma automática, com o emprego de sensores de nível, como sensor de pressão, sensor de boia e sensor ultrassônico. Neste caso, a leitura do nível pode ser realizada para diferentes intervalos de tempo, como minutos ou horas. Os dados podem ser transmitidos on-line ou armazenados em *datalogger*, para posterior coleta das informações. A redução do intervalo de tempo de leitura da cota fluviométrica consiste em importante vantagem da medição automática, em especial em bacias pequenas, cuja resposta do escoamento superficial é muito rápida e a onda de cheia pode acontecer entre um intervalo de medida e outro, sem ser observada nas leituras manuais. No entanto, os dispositivos eletrônicos são sensíveis a diferentes fatores ambientais e apresentam vida útil relativamente curta, requerendo manutenção preventiva e corretiva sistemática. Isto envolve calibração dos sensores, substituição de componentes ou equipamentos completos, requerendo previsão orçamentária para este tipo de despesa, cujos valores, em geral, são elevados.

Se o objetivo do monitoramento é o estudo das cheias e a gestão das mesmas, a leitura em intervalos de tempo menores é importante para avaliar o processo do escoamento superficial. Porém, se o objetivo do monitoramento é conhecer as disponibilidades hídricas, estudos demonstram que, mesmo com uma leitura diária, mesmo em pequenas bacias (Silveira et al. 1998), os valores são suficientes para a caracterização da disponibilidade.

Além da medição da vazão, é importante a realização do monitoramento de variáveis descritoras da qualidade das águas, conhecidos como parâmetros de qualidade das águas. Eles representam a presença de espécies físicas, químicas e biológicas na água. A medida, geralmente, é expressa em termos de concentração, que quantifica a relação entre a massa presente em um volume estabelecido de água, como miligrama de nitrato em um litro de amostra de água. A massa encontra-se distribuída no volume do líquido e pode variar em função da vazão. Por isso, é importante a quantificação do fluxo de massa, obtida pelo produto entre a concentração e a vazão do escoamento fluvial.

A legislação federal e estadual estabelece valores limites aceitáveis para as variáveis indicadoras da qualidade das águas, conhecidas como "padrões de qualidade". A Resolução do Conama (Conselho Nacional do Meio Ambiente) n. 357/2005, alterada pela Resolução Conama n. 397/2008 e complementada pela Resolução Conama 430/2011, estabelece os padrões de qualidade para a classificação da qualidade de corpos de águas superficiais em função do uso preponderante estabelecido para o recurso hídrico. A Resolução Conama n. 396/2008 dispõe sobre a classificação e as diretrizes ambientais para enquadramento das águas subterrâneas.

De forma equivocada, em várias ocasiões, os padrões de qualidade estabelecidos nestas resoluções para a classificação dos recursos hídricos superficiais e subterrâneos são considerados na definição da potabilidade da água. O padrão de potabilidade, definido pela Portaria do Ministério da Saúde n. 2914/2011, é requerido em água para consumo humano, de modo que não ofereça risco à saúde. Águas naturais não atendem, necessariamente, aos padrões de potabilidade.

Os padrões de qualidade são estabelecidos em termos de concentrações máximas. No entanto, na análise do lançamento de efluentes, o balanço de massa deve ser realizado para a condição da vazão de referência. Esta análise somente pode ser desenvolvida a partir do conhecimento da vazão escoada no rio.

Em resumo, no processo de monitoramento visando a gestão sustentável dos recursos hídricos, as variáveis qualitativas (parâmetros de qualidade) devem ser medidas simultaneamente com a vazão. Por sua vez, a medição da vazão implica na leitura da cota fluviométrica. Estas duas vinculações impõem a necessidade de instalação de uma seção fluviométrica, com estabelecimento de referencial de nível (zero da régua) e construção de uma curva chave, atualizada periodicamente. ANA (2012a,b) apresenta os protocolos para instalação pluviométrica, fluviométrica e sedimentométrica e coleta e análise de consistência dos dados.

Os dados hidrológicos são disponibilizados na plataforma SNIRH, no Sistema Hidroweb[1], gerenciada pela Agência Nacional de Águas. As séries de dados são disponibilizadas para a escala de tempo diário e mensal. São disponibilizadas as séries pluviométricas, cotas e vazões fluviométricas, medições de descarga, medição de sedimentos e de qualidade das águas. Estão cadastradas as estações pluviométricas e fluviométricas pertencentes ao sistema nacional de monitoramento hidrológico, redes estaduais e, dos concessionários e autorizados de geração de energia hidrelétrica, em atendimento à Resolução Conjunta Aneel/ANA n. 03/2010. O acesso é livre e gratuito.

Vazão de referência

A aplicação dos instrumentos da Política Nacional de Recursos Hídricos tem por base o estabelecimento de vazão referência para a seção fluviométrica de interesse. O valor adotado deve representar uma condição mais desfavorável, valor mínimo, ou máximo aproveitável, valor médio. Em geral, essa vazão de referência é um valor de vazão que passa a representar o limite superior de utilização da água em um curso de água (Ribeiro, 2000), já que as alocações para derivações devem ter como base um pequeno risco de falha.

A determinação deste valor depende do histórico de medições de vazões realizadas ao longo do monitoramento fluviométrico ou geradas por processo de transformação da precipitação em vazão. Por outro lado, as vazões medidas podem requerer a reconstituição de valores ditos naturais, quando

[1] O sistema pode ser acessado em:< http://www.snirh.gov.br/hidroweb/>.

há usos consuntivos (nos quais ocorre perda de volume de água entre a captação e o seu retorno ao corpo receptor, provocando redução da disponibilidade hídrica) expressivos ou tem-se a existência de estruturas que alteram o regime hídrico, como barragem de regularização de vazão, ao longo da bacia de drenagem contribuinte. Ainda, quando a sazonalidade do regime hidrológico é significativa, ela pode tornar-se um fator importante a ser considerado para a definição da vazão outorgável, com a vantagem evidente da possibilidade de outorga de maiores valores em épocas mais úmidas (Cruz, 2001). No Brasil, a ideia de considerar esse aspecto da sazonalidade do regime hidrológico, através da estimativa de uma curva de permanência para cada mês do ano, foi sugerida por Ribeiro (2000), entre outros.

Os processos hidrológicos são aleatórios, descritos por variáveis aleatórias, como, por exemplo, a vazão. A aleatoriedade das variáveis hidrológicas supõe que não se pode prever o valor exato da variável para instantes de tempo futuro. As variáveis devem ser descritas por estatísticas amostrais. Neste contexto, as séries históricas de vazões médias diárias medidas, geradas ou reconstituídas são tratadas de modo a obter os valores de referência.

Diferentes índices de vazões podem ser determinados para representar valores de referência. No Brasil, dois índices têm sido empregados na definição das vazões de referência (Tabela 1). O primeiro é obtido pela aplicação de uma função densidade de probabilidade de extremos à série histórica de vazões mínimas. Neste caso, a vazão mínima média, de sete dias de duração e com 10 anos período de retorno tem sido adotada. O segundo índice é calculado por meio de uma função de frequência de superação do valor desejado. Diferentes frequências são consideradas: 80, 90, 95 ou 98%. A função densidade de probabilidade é aplicada para séries parciais de mínimos anuais, podendo ser usadas diferentes durações na determinação da vazão mínima média, como sete dias. Obtém-se um valor representativo da variabilidade hídrica anual. Para regiões com ano hidrológico bem definido, o valor mínimo pode representar o período seco. Para situações onde a variável sazonal é importante, como a demanda de água para a irrigação de culturas temporárias, como a rizicultura na região sul do Brasil, ou demanda para abastecimento público de água potável em períodos de elevado fluxo turístico, a vazão mínima obtida com base em uma informação anual pode não ser adequada. Neste caso, é possível utilizar séries de mínimos considerando apenas um determinado mês ou grupo de meses (Cruz, 2001).

A função densidade de probabilidade de extremos do tipo I, conhecida como distribuição de Gumbel, tem sido adotada, em geral, para a determinação da vazão mínima, para determinado período de retorno. Conhecidos os valores da média (x) e do desvio padrão (s) da série de mínimos anuais, são calculados os parâmetros da distribuição de probabilidade α (escala) e μ (locação) por meio das expressões $\alpha=1,2826/s$ (eq. 1) e $\mu=x+0,451s$ (eq. 2), os quais são usados no cálculo da vazão com período de retorno *TR*, expressa por $Q_{TR}=\mu+1/\alpha(ln(-ln(1-1/TR)))$ (eq. 3). A aplicação da função densidade de probabilidade requer séries históricas de vazões longas, preferencialmente com período de medição superior a 25 anos.

Tabela 1 – Vazão de referência, vazão outorgável e vazão remanescente nos rios de domínios da união e dos estados.

Domínio	Vazão de referência	Vazão máxima outorgável	Vazão remanescente
União	$Q_{95\%}$	70% da $Q_{95\%}$	30% da $Q_{95\%}$
Alagoas	Q_{90reg}	90% da Q_{90reg}	10% da Q_{90reg}
Bahia	$Q_{90\%}$	80% da $Q_{90\%}$	20% da $Q_{90\%}$
Ceará	Q_{90reg}	90% da Q_{90reg}	10% da Q_{90reg}
Distrito Federal	$Q_{7,10}$, Q_{90} ou Q_{ml}	80% da $Q_{7,10}$, Q_{90} ou Q_{ml}	20% da $Q_{7,10}$, Q_{90} ou Q_{ml}
Espirito Santo	$Q_{7,10}$	50% da $Q_{7,10}$	50% da $Q_{7,10}$
Goiás	Q_{95}	70% da Q_{95}	30% da Q_{95}
Maranhão	Q_{90}	20% da Q_{90}	80% da Q_{90}
Mato Grosso	Q_{95}	70% da Q_{95}	30% da Q_{95}
Mato Grosso do Sul	Q_{95}	70% da Q_{95}	30% da Q_{95}
Minas Gerais	$Q_{7,10}$	30% da $Q_{7,10}$	70% da $Q_{7,10}$
Pará	Q_{95}	70% da Q_{95}	30% da Q_{95}
Paraíba	Q_{90reg}	90% da Q_{90reg}	10% da Q_{90reg}
Paraná	Q_{95}	50% da Q_{95}	50% da Q_{95}
Pernambuco	Q_{90}	80% da Q_{90}	20% da Q_{90}
Piauí	Q_{95}	80% da Q_{95}	20% da Q_{95}
Rio de Janeiro	$Q_{7,10}$	50% da $Q_{7,10}$	50% da $Q_{7,10}$
Rio Grande do Norte	Q_{90reg}	90% da Q_{90reg}	10% da Q_{90reg}
Rio Grande do Sul	Q_{90}	75% da Q_{90}	25% da Q_{90}
Roraima	$Q_{7,10}$, Q_{90} ou Q_{mlp}	80% da $Q_{7,10}$, Q_{90} ou Q_{mlp}	20% da $Q_{7,10}$, Q_{90} ou Q_{mlp}
Santa Catarina	Q_{98}	50% da Q_{98}	50% da Q_{98}
São Paulo	$Q_{7,10}$	50% da $Q_{7,10}$	50% da $Q_{7,10}$
Sergipe	Q_{90}	90% da Q_{90}	10% da Q_{90}
Tocantins	Q_{90}	75% da Q_{90}	25% da Q_{90}

Fonte: Adaptado de Pinto et al. (2016).

A curva de permanência de vazões, também conhecida como curva de duração das vazões, relaciona a vazão e o percentual do tempo em que determinado valor de vazão é igualado ou superado, ao longo do período de medição (Figura 1). A vazão nominada como $Q_{p\%}$ ou Q_p indica que este valor é superado em *(p)%* do tempo. Assim, para a vazão $Q_{95\%}$, tem-se que em *95%* do tempo o valor da vazão é igualado ou superado.

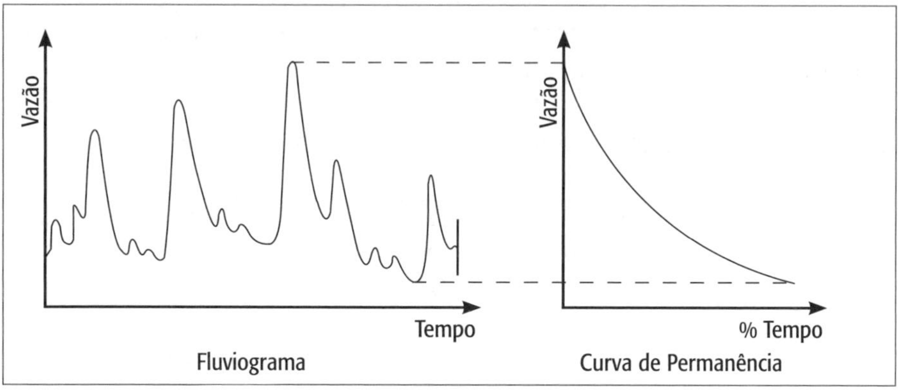

Figura 1 – Representação esquemática do fluviograma e a respectiva curva de permanência.
Fonte: Adaptado de Cruz (2001).

A técnica de construção da curva de permanência também pode ser empregada para descrever a frequência de não superação de uma determinada classe de qualidade das águas. Os valores adotados podem ser referenciados aos padrões das classes de enquadramento dos cursos de água (Cruz e Silveira, 2007b), ou seja, qual percentagem do tempo permanece em uma determinada classe ou classe inferior a ela (melhor qualidade). No exemplo da Figura 2, em cerca de 55% do tempo, a microbacia ME permanece com parâmetro *Escherichia coli* compatível com classe 2 ou menor, enquanto a MC apenas 5% do tempo. Essa abordagem fornece informações de apoio à decisão para o processo de enquadramento dos corpos hídricos.

A curva de permanência pode ser estabelecida para diferentes intervalos de tempo (diário, semanal, mensal, trimestral ou anual), considerando a totalidade ou parte da série histórica de vazões. A Figura 3 mostra a curva de permanência para valores mensais e a mesma curva para valores diários. Como parte da série, pode-se estabelecer a curva de permanência para meses ou estações do ano. Esta abordagem permite considerar a sazonalidade, ao determinar uma curva para cada mês do ano (ou para cada estação) a partir dos dados de todos os anos da série (Cruz e Tucci, 2008). Da mesma forma, é possível avaliar o comportamento hidrológico interanual, em função da ocorrência de anos secos e úmidos ao longo do tempo, e tratar estatisticamente a curva de permanência. Para isso, constrói-se a curva de permanência por meio do critério "ano a ano". Neste caso, para cada ano é definida uma curva de permanência para depois analisar estatisticamente o feixe de curvas.

A permanência de uma vazão representa a probabilidade de excedência dessa vazão no tempo, probabilidade de ocorrência da vazão ser maior ou igual a um determinado valor, no período de sua amostra. Ela é expressa por $p=1-P(Q \leq q)$ (eq. 4) ou $p=1-F(q)$ (eq. 5), onde p é a frequência de excedência; q é a vazão; P é a função de probabilidade e $F(q)$ é a função densidade cumulativa de probabilidade das vazões.

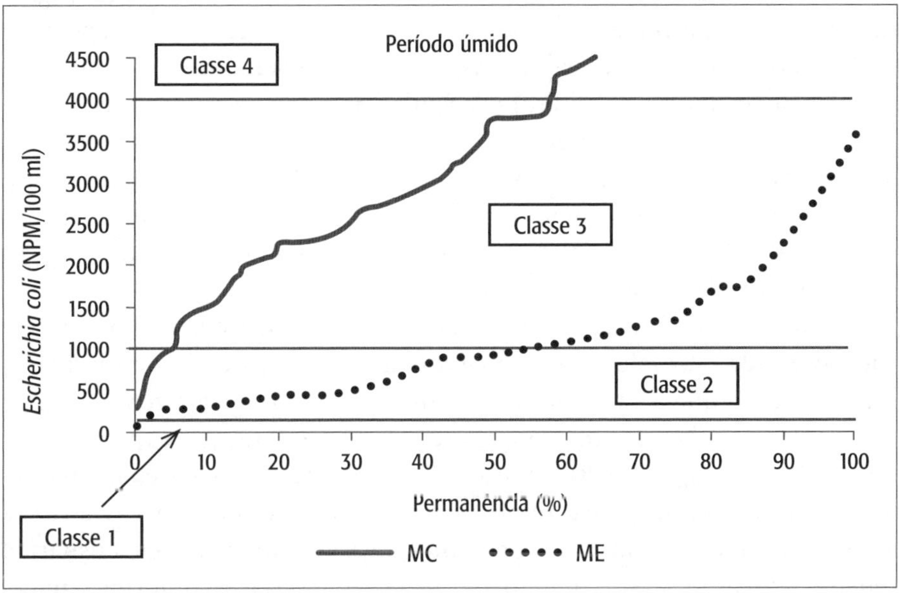

Figura 2 – Exemplo da permanência de variáveis de qualidade da água em cada classe da Resolução Conama 357 de 2005, em microbacias de usos campo nativo (MC) e uso eucalipto (ME) em Rosário do Sul.
Fonte: Valente et al. (2016).

A construção da curva de permanência a partir da série de dados é relativamente simples, podendo ser obtida pelo ordenamento das vazões em ordem decrescente (Detzel et al., 2016) e determinação da frequência de excedência de cada valor, através da relação entre a ordem m e o tamanho da amostra $(n+1)$. Ou seja, sendo i o número de ordem do iésimo valor ordenado de vazão q_i, e n o número de dados ordenados, tem-se que a probabilidade de excedência p_i de q_i é dada por $p_i=1-F_Q(q_i)$ (Cruz, 2001) (eq. 6), em que a posição de plotagem de Weibull correspondente é dada por $p_i=i/(n+1)$ (eq. 7).

O maior valor medido da vazão terá mínima frequência de excedência, enquanto que o menor valor da vazão será excedido em cerca de 100% do tempo. A vazão com frequência de 50% corresponde ao valor da mediana da série histórica, enquanto que a média histórica apresenta frequência de excedência inferior a 50%, sendo, geralmente, entre 30 e 40%.

Em bacias hidrográficas que possuem reservatórios com elevada capacidade de armazenamento de água, a vazão regularizada pode ser utilizada na aplicação dos instrumentos da Política Nacional de Recursos Hídricos. A vazão escoada a jusante da barragem depende das estruturas hidráulicas instaladas e de suas operações. Reservatórios instalados em bacias hidrográficas podem regularizar até a vazão média. No entanto, perdas por evaporação da água no reservatório e evapotranspiração na bacia reduzem a capacidade máxima de regularização. A altura de água evaporada em reservatórios pode superar a altura da precipitação da região. De acordo com Silans (2003), a lâmina de água evaporada em reservatórios do nordeste brasileiro varia entre 2100 e 2700 mm/ano. No entanto, é importante notar que ela acontece apenas ao longo da área superficial do reservatório, enquanto que a precipitação ocorre na área da bacia de drenagem.

O método da simulação para o cálculo do balanço hídrico em um reservatório, a cada intervalo de tempo Dt, é dado pela equação da continuidade, que considera que a variação do volume armazenado é a diferença entre o que entra e o que sai de água no reservatório. Pode ser expresso por: $\Delta S/\Delta t = Q - D - Q_{ambiental}$ (eq. 8), em que ΔS é a variação do armazenamento de água no reservatório; Δt é o intervalo de tempo de simulação; Q é a vazão afluente ao reservatório; D é a demanda, a vazão requerida pelos usuários (energia, irrigação, abastecimento, indústria, etc.), variável conforme o intervalo de tempo de simulação e $Q_{ambiental}$ é a demanda para preservação ambiental, a qual também pode variar ao longo do ano. ANA (2013) descreve procedimentos para determinação da vazão requerida por diferentes usuários.

A curva de permanência sofre efeito das estruturas hidráulicas implantadas na bacia. A regularização das vazões de um curso de água promove o aumento das mínimas e a redução das máximas (Figura 3). O desvio de água para a produção hidrelétrica também altera a curva de permanência no trecho entre a captação e o canal de retorno, tendo efeito significativo de redução das permanências das vazões médias e altas.

O dimensionamento de barragem para a regularização de vazão deve considerar a aplicação do balanço hídrico, transporte e deposição de sedimentos e balanço de massa de poluentes no reservatório. As condições de transporte de sedimentos são reduzidas em reservatórios, provocando sua deposição. A deposição de material particulado proporciona a remoção da massa líquida de espécies químicas aderidas às partículas, como o fósforo, compostos orgânicos e metais pesados. Reservatórios apresentam a tendência da ocorrência do fenômeno de eutrofização, com enriquecimento de nutrientes e consequente aumento da produção de biomassa.

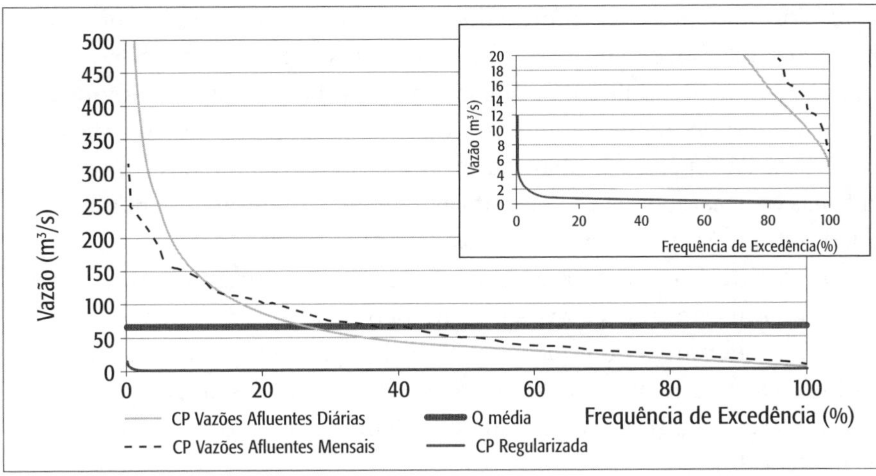

Figura 3 – Curvas de permanência mensal, diária e diária com efeito de hidrelétrica.

Vazão ambiental

Na distribuição da vazão aos diversos usos dos recursos hídricos, deve ser assegurada a manutenção e conservação dos ecossistemas aquáticos naturais, por meio da vazão ambiental. Esta vazão deve permitir a manutenção das funções dos ecossistemas que compõem o rio e seu entorno, preservando as condições de pulso hidrológico, transporte de sedimentos e nutrientes, sincronicidade com o ciclo da vida das espécies silvestres, da fauna, da flora e taxas de perturbação necessárias à renovação e funcionamento dos ecossistemas associados ao corpo de água (Cruz, 2005).

É importante compreender que os rios são ecossistemas abertos, com interação entre atmosfera, água e terra, tendo componentes de entrada (vazão de entrada, escoamento lateral, precipitação, infiltração e os rios efluentes) e de saída (vazão escoada; evaporação, transpiração e o fluxo nos rios influentes), os quais compõem as principais situações de movimento da água associado ao escoamento nos períodos chuvosos e de estiagem (Medeiros et al., 2011). Eles apresentam fluxo e heterogeneidade longitudinal, produzindo zonas ao longo da direção de escoamento, com funções ecossistêmicas variáveis espacial e temporalmente. Estas variabilidades estão integradas formando um contínuo no rio, e uma descontinuidade na escala de trechos de rios. É importante notar, ainda, que os rios também são influenciados por aspectos socioeconômicos, sofrendo os efeitos das ações antrópicas sobre os recursos hídricos (Pinto et al., 2016).

A biota aquática e do entorno dos corpos de água superficial apresentam requerimentos específicos para cada espécie. Os organismos tendem a selecionar as condições ambientais que lhe são mais favoráveis, correspondendo a cada variável de micro-habitat, como velocidade, profundidade, substrato e cobertura. As espécies de plantas e de animais estão adaptadas para viverem em zonas com características específicas, como correntes mais lentas ou mais rápidas das seções transversais de rios.

O estabelecimento da vazão ambiental deve levar em consideração as interações atuantes no ecossistema aquático e as comunidades ou espécies presentes. Diferentes metodologias têm sido recomendadas, as quais são classificadas em quatro grupos: hidrológicas, hidráulicas, de habitat e holísticas (Pinto et al., 2016). Esta classificação tem por base os fatores considerados na metodologia.

As metodologias hidrológicas levam em consideração dados das séries históricas de vazão. Foram as primeiras metodologias apresentadas. A vazão ambiental é definida como uma proporção de um índice estatístico da série histórica ou uma combinação de índices, representativo de pulsos produzidos ao longo do tempo. O valor ou valores definidos não apresentam relação com os requerimentos da biota aquática ou do entorno do sistema fluvial.

No Brasil, três índices hidrológicos são correntemente empregados: vazão média mínima $Q_{7,10}$, vazão de permanência $Q_{90\%}$ ou outro valor de permanência e vazão regularizada (Tabela 1). As legislações têm apresentado a vazão outorgável, de modo que a vazão ambiental pode ser obtida pelo complemento deste valor. Assim, se a vazão outorgável é 50% da $Q_{98\%}$, a outra parte (50%) desta vazão de referência será considerada como ambiental. Outros métodos são apresentados, como Método Tennant/Montana, Método da Vazão Aquática de Base, Método da Mediana das Vazões Mensais, Método da Área de Drenagem.

Garcia e Andreazza (2004) estabeleceram como princípios para a definição da vazão ambiental: i) deve ser um valor variável no tempo, que permita manter o pulso natural do rio, com suas variações intra e interanuais; ii) deve ser menor ou igual à vazão afluente, de forma a preservar os usos múltiplos previstos para o aproveitamento, bem como sua viabilidade técnico-

-econômica; iii) deve ser proporcional à vazão afluente, ou seja, quanto maior a disponibilidade hídrica, maior a vazão que pode ser direcionada para atender a demanda ambiental; iv) a relação entre vazão ecológica e vazão afluente deve ser tanto maior quanto menor a disponibilidade hídrica, ou seja, em período de seca, a parcela relativa direcionada para atender à vazão ambiental será maior do que em períodos de cheias e, v) existe um limite de vazão para cada período ou mês do ano, acima do qual os incrementos de vazão não trazem benefícios ambientais incrementais significativos. A aplicação destes princípios resulta em: $Qamb = \alpha_i.Q_{afl} + Q_{oi}$ (eq. 9), em que Q_{amb} é vazão ambiental ou vazão efluente mínima, Q_{afl} é vazão afluente, a_i e Q_{oi} são respectivamente a inclinação e a interceptação da reta para o mês j. Os parâmetros da reta podem ser obtidos por: $\alpha_i = (Ks.Qas_i - Ki.Qai_i)/(Qs_i - Qi_i)$ (eq.10) e $Qo_i = (Ki - \alpha_i)Qi_i$ (eq. 11), onde *Qi* é a vazão afluente inferior, *Qs* a vazão afluente superior, *Qai* é a vazão ambiental inferior e *Qsi* é a vazão ambiental superior; *Ki* e *Ks* são os coeficientes de sustentabilidade hidroambiental.

Os métodos hidráulicos relacionam a vazão ambiental com características hidráulicas do escoamento na seção transversal, as quais são consideradas fatores limitantes aos habitats. As relações são estabelecidas a partir de levantamentos batimétricos e aplicações de funções hidráulicas, permitindo obter relações entre a vazão e uma ou mais característica hidráulica, como relação entre perímetro molhado e vazão, largura e vazão, entre outras. Estes métodos não consideram as necessidades ecossistêmicas do ambiente aquático.

Cruz (2005) estruturou uma proposta para a definição de vazão ambiental baseada na análise do regime de pulsos hidrológicos, em busca da identificação da intensidade e da temporalidade dos componentes previsíveis dos hidrogramas. Ele propôs que as prescrições das vazões ambientais deveriam conservar ao máximo as características de variabilidade intra e interanual (pulsos) dos componentes previsíveis do hidrograma, cujo intervalo de variação (filtrado com a ferramenta Fltsint em Cruz, 2005) foi chamado de franja de tensão. A ideia posta é que a distribuição das espécies vegetais mantém correlação com a frequência de inundações que estão sujeitas à variabilidade das vazões, sendo então proposta a correlação da franja de tensão com a distribuição vertical de características funcionais de plantas nas margens dos cursos de água.

Silveira et al. (2010), com base na proposta de Cruz (2005), aplicaram a abordagem da proposta do hidrograma ecológico para trechos de vazão alterada (TVA) por hidrelétricas, em especial aqueles em que há trechos com redução da vazão em função de desvios para turbinas para aproveitar maior desnível do terreno. Os autores propuseram uma forma de mitigar estes efeitos partindo do pressuposto de que a franja de tensão das vazões pode ser mantida em diferentes faixas de cotas (Figura 4). A proposta visa fazer uma prescrição que mantenha as características da franja de tensão em níveis mais baixos de cotas, permitindo, em longo prazo, que os processos de sucessão ecológica resultem em uma migração da comunidade inteira para cotas mais baixas. Esta proposta implica que esta maneabilidade tem limites, em função de fatores como geologia e viabilidade de migração de peixes, e possibilita estabelecer o limite inferior da franja de tensão em vários valores, permitindo-se ajustar outros objetivos, como a geração de energia, manutenção do enquadramento, navegação, migração de ictiofauna, níveis de desborde de ecossistemas ribeirinhos para garantir a conectividade transversal, entre outros.

Os métodos de habitat incorporam as condições abióticas requeridas pelos organismos aquáticos para sua sobrevivência e persistência. Os organismos tendem a selecionar condições abióticas adequadas para seu habitat. Estas condições influenciam na composição e na abundância de espécies dos

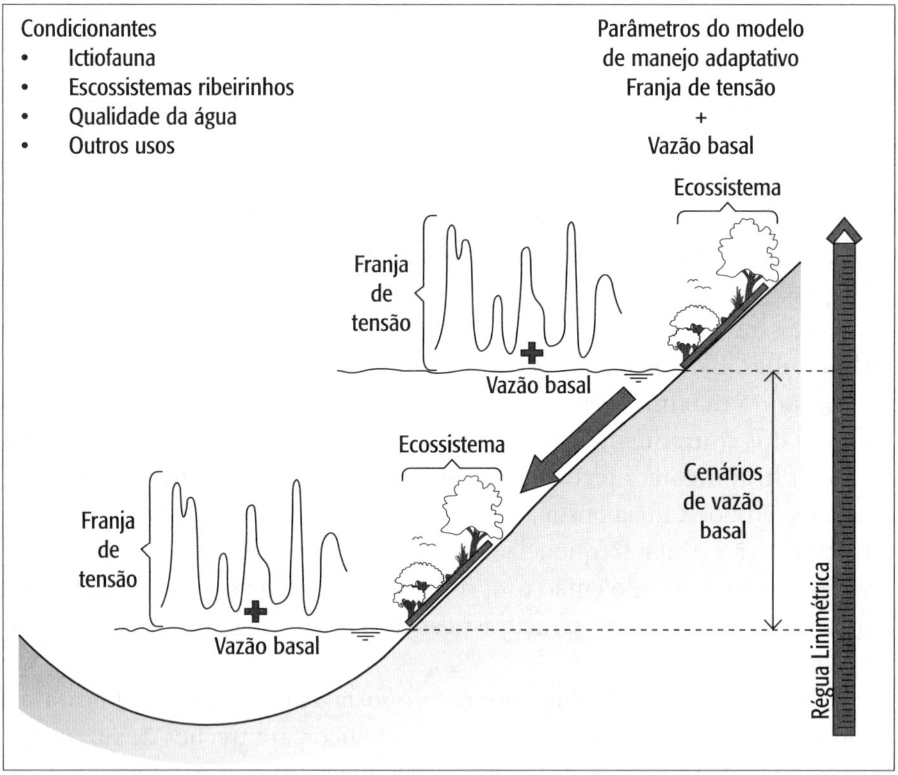

Figura 4 – Proposta de rebaixamento da franja de tensão sobre diferentes vazões basais e resultado esperado sobre o processo de sucessão ecológica ao longo do tempo. *Fonte:* Silveira et al. (2010).

organismos. A profundidade da lâmina de água, a velocidade do escoamento, a cobertura e a composição do substrato constituem variáveis físicas importantes ao habitat para organismos aquáticos (Ahmadi-Nedushan et al., 2006).

A metodologia Instream Flow Incremental Methodology (IFIM)(Bovee et al., 1998) é largamente utilizada para a avaliação do efeito da alteração do fluxo de água sobre o habitat, permitindo a determinação da vazão ambiental em função de condições físicas do sistema. A metodologia IFIM baseia-se no princípio de que a distribuição dos organismos lóticos, em particular os peixes, é determinada, entre outros fatores, pelas características hidráulicas, estruturais e morfológicas dos cursos de água. Cada organismo tende a selecionar no rio as condições que lhe são mais favoráveis, correspondendo a cada variável ambiental um grau de preferência que é proporcional à aptidão do valor da variável para a espécie, representado pelos Índices de Aptidão de Habitat.

A variável de decisão gerada pelo IFIM é a área de habitat disponível para as espécies piscícolas, definida em função da vazão, na qual são estimadas as alterações na área de habitat físico disponível em face das alterações no regime hidrológico do curso d'água. As principais variáveis de habitat físico utilizadas são a geomorfologia do leito, a profundidade e a velocidade do escoamento. Dentre as características geomorfológicas do leito, a composição granulométrica do material aluvionar (substrato) e a cobertura das margens e leito (vegetação submersa ou aérea) são as que mais se destacam (Bovee et al., 1998). Diferentes programas computacionais estão disponíveis, como Physical Habitat Simulation (PHABSIM)(Milhous e Waddle, 2012) e Casimir Computer-Aided Simulation Model for Instream Flow Requirements 1D/2D (Schneider et al., 2010).

Índices têm sido estabelecidos para correlacionar variáveis físicas adequadas aos habitats das espécies aquáticas. Eles podem ser estabelecidos a partir da experiência profissional, do uso de habitat ou da preferência de habitat (Ahmadi-Nedushan et al., 2006).

Os métodos holísticos incorporam as necessidades dos ecossistemas aquáticos de maneira global, não privilegiando espécies alvos particulares. As metodologias requerem conhecimentos multidisciplinares em termos de hidrologia, condições hidráulicas dos habitats, geomorfologia, qualidade da água e de ecossistema (vegetação aquática e ciliar, macroinvertebrados, peixes e outros invertebrados). Elas se apoiam na opinião dos especialistas ou na modelização.

O Building Block Methodology (BBM)(Arthington et al., 1992) é uma das principais metodologias holísticas. Ela está baseada em três hipóteses:

(i) a biota do ecossistema fluvial pode competir com condições naturais de vazão baixa que ocorrem habitualmente, podendo necessitar de condições de vazão específicas, sazonais e vazões altas, mas condições de vazões atípicas constituem uma perturbação e podem causar mudanças fundamentais no comportamento dessa biota; (ii) a identificação dos componentes mais importantes do regime natural de vazões e a sua incorporação no regime modificado podem contribuir para a manutenção da biota natural e funções ecossistêmicas; e (iii) vazões que possuem uma influência muito grande na geomorfologia do canal devem ser incluídas no regime modificado de vazões para auxiliar na manutenção da estrutura natural do canal e na diversidade de biótopos físicos.

A metodologia BBM enfoca ecossistemas em lugar de espécies, podendo ser aplicada onde as disponibilidades de informações e tempo são limitadas (King e Louw, 1998). O regime de vazões é identificado e descrito em termos de tempo de ocorrência, duração e magnitude. São considerados blocos de vazões, considerando vazão de base em período de estiagem, vazões de base em períodos de chuvas, enchentes nas estações chuvosas, pulsos de curta duração e vazões subsuperficiais na estação seca. Os mínimos volumes de água para cada bloco são determinados por meio da definição de um regime de vazões para manter os ecossistemas aquáticos.

BALANÇO HÍDRICO

Balanço de massa

Uma bacia hidrográfica consiste em sistema aberto, com limites bem-estabelecidos, tendo como saída uma vazão que varia temporalmente, além de também variar espacialmente dentro da mesma, como função das variáveis de entrada (hidrológicas, demandas, prioridades entre usuários, qualidade da água) e das variáveis de saída (volumes outorgados, vazões remanescentes, qualidade da água). Neste sistema, é fundamental a realização do balanço de massa, seja para água, conhecido como balanço hídrico, seja para constituintes, como poluentes específicos (ex.: matéria orgânica medida pela Demanda Bioquímica de Oxigênio – DBO). O balanço hídrico permite avaliar a disponibilidade hídrica a partir da condição de uso consuntivo da água na bacia. O balanço de massa associado a poluentes permite estabelecer condições de sustentabilidade ambiental da bacia. O balanço hídrico pode ser realizado para a totalidade ou parte da bacia ou do sistema de drenagem.

O balanço de massa é realizado em sistema fechado, real (ex.: bacia hidrográfica, reservatório) ou fictício (ex.: sub-bacia, trecho intermediário de rio), no qual ocorre fluxo nas suas fronteiras e variação de armazenamento no seu interior. No caso da bacia hidrográfica, o sistema é limitado pelo divisor de águas superficial e subterrâneo, tendo como fluxo a precipitação que ocorre na área de drenagem, a perda de água através do fenômeno de evaporação da água da atmosfera, interceptada pela vegetação, armazenada na superficial (depressões, rios, lagos, reservatórios) e a água na camada superior do solo (umidade do solo) e, de transpiração pelos processos metabólicos das plantas, a vazão de saída no exutório da bacia, a vazão de transposição entre bacias e/ou a vazão de uso consuntivo (diferença entre a captação e o lançamento).

O armazenamento de água em estruturas artificiais ou naturais consiste em informação importante à disponibilidade hídrica, em sistema onde a regularização de vazão é necessária. Esta regularização de vazão permite maximizar o uso dos recursos hídricos, sobretudo em bacias hidrográficas onde a demanda é elevada ou a precipitação é reduzida ou mal distribuída ao longo do tempo.

A diferença entre os fluxos de entrada e de saída nas fronteiras do sistema, ao longo de um intervalo de tempo, representa a variação de armazenamento no seu interior. Para o caso de poluentes, além destas componentes, é preciso adicionar os fluxos gerados por fenômenos de produção (ex.: reações químicas ou bioquímicas) ou de consumo (ex.: absorção de nutrientes para crescimento de biomassa), conhecido como sumidouro no interior do sistema. O balanço de massa de poluente é realizado para cada composto ou constituinte físico, químico ou biológico. O comportamento do composto no meio ambiente deve ser representado na sua totalidade ou de forma simplificada. Como exemplo tem-se os ciclos biogeoquímicos de alguns elementos como carbono, nitrogênio e fósforo, entre outros. O balanço pode ser feito para a totalidade do elemento ou forma específica à qual o elemento está ligado. Pode-se citar o balanço de nitrogênio em uma bacia hidrográfica ou trecho do rio, ou o mesmo balanço realizado para o nitrogênio na forma de nitrato (NO_3^-).

O balanço hídrico em uma bacia hidrográfica, expresso em altura de lâmina de água, ao longo de um intervalo de tempo Δt (ex.: intervalo mensal, considerando o primeiro e o último dia do mês), pode ser descrito por $P-ET-Q=\Delta S$ (eq. 12), onde P é a altura de precipitação, ET é a altura de lâmina de água evaporada e transpirada, conhecida por evapotranspiração; Q é a soma de vazões de saída da bacia, composta pela vazão no exutório da bacia e transportada para outras bacias; e ΔS é a variação de armazenamento da água contida na bacia, considerando rios, lagos, reservatórios, umidade do solo, entre outros compartimentos.

O balanço de massa de constituintes físicos, químicos ou biológico em um trecho de rio é expresso pela taxa de variação temporal, como $\Delta M/\Delta t = Me - Ms + Mp - Mc$ (eq. 13), onde *Me* é a massa de entrada do trecho (ex.: massa transportada pelo rio, obtida pelo produto da vazão, da concentração e do intervalo de tempo, ou massa lançada por despejos ao longo do trecho), *Ms* é a massa de saída (ex.: massa transportada pela vazão fluvial, calculada por $Q.C.\Delta t$ ou a massa retirada no trecho pela captação de água), *Mp* é a massa produzida no trecho (ex.: transformação bioquímica de nitrogênio orgânico em nitrato, se o constituinte for o nitrato) e *Mc* é a massa consumida no trecho (ex.: adsorção de nitrato como nutriente pelo fitoplâncton).

Balanço hídrico para outorga – alocação de água

Para realizar uma outorga justa e sustentável, a ferramenta de simulação de alocação de água entre usuários tem por finalidade identificar conflitos de uso e necessidades de racionamentos.

O problema da alocação consiste em distribuir água ao todo da bacia, considerando que a disponibilidade é diferente em cada seção e que cada usuário de jusante é também usuário da água de montante e vice-versa. Explicando, se um usuário da jusante tiver outorga de uma certa quantidade de água, ela não pode distribuída para usuários de montante, precisa ficar livre no rio até que chegue ao usuário outorgado. Da mesma forma, um usuário de montante outorgado reduz a disponibilidade para os usuários de jusante.

Para simular a alocação de água para subsidiar a outorga, realiza-se o balanço hídrico em cada seção de um rio tendo a bacia hidrográfica como espaço de planejamento. Preferencialmente, é interessante incorporar algoritmos de otimização para o balanço hídrico, de modo que consiga distribuir da forma mais equitativa entre seções de rios e entre tipos de usuários em cada seção. Neste processo de alocação existem limitantes: não é possível alocar além da disponibilidade, não é permitido alocar e prejudicar a vazão ambiental, a menos que seja em situações previstas na lei de abastecimento humano e animal. Os modelos de balanço hídrico permitem simular cenários de anos mais úmidos, anos médios e anos secos, bem como cenários com diferentes demandas de água em função de diferentes projeções de desenvolvimento regional, permitindo identificar os locais com potenciais ou já existentes problemas de escassez de água, de modo a permitir aos gestores e aos colegiados estabelecerem critérios de racionamento e critérios para a outorga nestes locais.

As informações básicas para o balanço são a disponibilidade hídrica em cada seção, as informações das demandas dos diferentes usuários e as vazões que devem permanecer remanescentes para o meio ambiente, informações que devem estar georreferenciadas. A Figura 5 resume o processo de cenarização para planejamento e decisão de outorga.

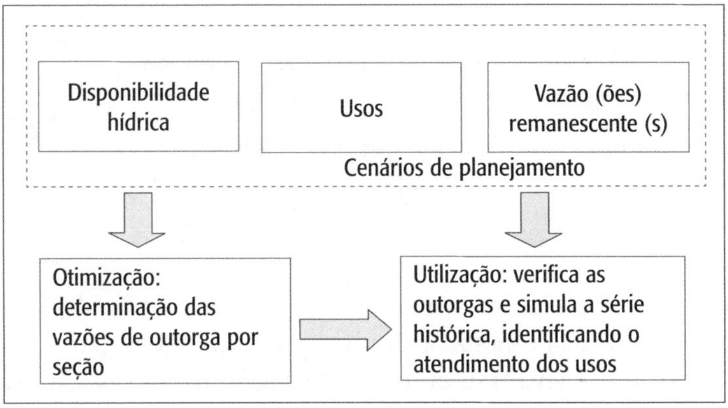

Figura 5 – Cenarização para planejamento de outorga.
Fonte: Cruz e Tucci (2005).

O balanço hídrico para alocação de água em bacias hidrográficas pode ser equacionado como (Cruz e Silveira, 2007a):

- Modulação da Rede: locação de Seções Hidrológicas de Referência – SHRs (ou seções com demanda) na rede de drenagem da bacia (Figura 6);
- Estimativa de disponibilidades hídricas nas SHRs;
- Balanço hídrico otimizado integrado na bacia para planejamento de alocação das disponibilidades hídricas entre as SHRs por meio da equação $Qr^i = Qd^i - Qe^i - \sum_{j=1}^{ni} Qu^j$ (eq. 14), onde Qr^i é a vazão outorgável na seção i, *ni* representa o número de seções à montante de *i*, inclusive *i*; Qd^i é a vazão real da bacia remanescente dos usos atuais exercidos na *SHRi*; Qe^i é a vazão de conservação ambiental na *SHRi*; $\sum_{j=1}^{ni} Qu^j$ é a demanda da SHRi acumulada com as "*j*" demandas de montante.

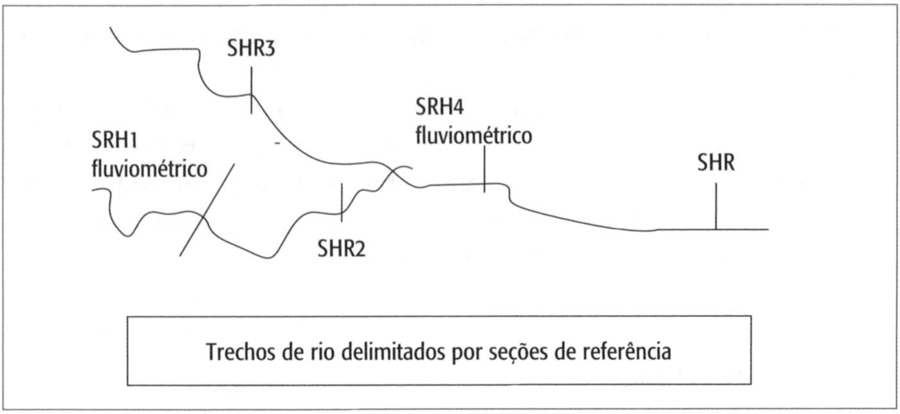

Figura 6 – Esquema de divisão do rio: seções de referência.
Fonte: Cruz e Tucci (2005).

As informações essenciais para o balanço hídrico para outorga consistem nas informações de disponibilidade hídrica e de demandas, estas conhecidas a partir de estudos e levantamentos socioeconômicos e dos cadastros dos órgãos gestores, e não serão abordadas neste capítulo. A definição da disponibilidade hídrica, conforme já exposto, depende da existência de informações oriundas do monitoramento hidrológico e de qualidade. Na ausência ou fragilidade deste, é necessário usar de ferramentas que permitam estimar as vazões em função de características regionais, ou a partir de poucos dados. Assim, a seguir se discorre sobre técnicas de regionalização.

Também, da mesma forma, para que a qualidade possa ser inserida nos balanços hídricos da gestão, é necessário ter ferramentas que permitam estimar as consequências da diluição de poluentes nos rios, considerando a capacidade de suporte de cada corpo hídrico. Além disso, como os parâmetros de qualidade são em grande número, índices que sintetizam o estado de qualidade são interessantes para as análises e para a decisão. Dessa forma, na sequência, são apresentados vários modelos para a análise da qualidade, bem como os índices mais utilizados para refletir a situação da qualidade das águas.

REGIONALIZAÇÃO DE VAZÃO

A regionalização de vazões consiste em uma técnica de espacialização de dados pontuais de vazão. Ela é empregada para transferir índices estatísticos das vazões medidas nas estações fluviométricas para outras seções da bacia ou região, possibilitando a estimativa de valores em pontos sem medição.

Aos estudos de regionalização estão associadas significativas limitações e muitas incertezas, as quais se devem a diferenças nas escalas espaciais e temporais entre o grupo de estações utilizadas, a especificidades locais do meio físico (inclusive uso da terra e diferentes complexos hidrogeológicos, principalmente em pequenas bacias) e a dificuldades de obtenção de dados confiáveis convencionais, em especial para as vazões mínimas. Essas limitações impõem restrições ao seu uso para projetos e seu uso em instrumentos de gestão de recursos hídricos, como outorga e enquadramento. Porém, o método é ferramenta útil para planejamento e análises globais.

Estudos de regionalização são possíveis quando existir uma densidade suficiente de estações fluviométricas instaladas na bacia, que permita a obtenção das equações regionais. Estudos de regionalização não devem ser aplicados fora dos limites estabelecidos pelas equações regionais. Para a realidade nacional, por exemplo, geralmente, a regionalização é realizada a partir de uma base de dados proveniente de bacias maiores (área de drenagem superior a 500 km^2), o que indica que não se recomenda a utilização em bacias consideradas pequenas (área de drenagem menor do que 100 km^2).

No método tradicional de regionalização, as vazões de interesse são descritas por variáveis físicas da bacia contribuinte, como área da bacia, declividade, densidade de drenagem, variáveis climáticas, como precipitação e variáveis hidrológicas, como coeficiente da curva de recessão, vazão média, entre outras, denominadas variáveis explicativas ou independentes. Funções matemáticas são estabelecidas relacionando a variável de interesse com as variáveis explicativas, em geral por meio de regressões múltiplas, para descrever as relações entre as variáveis de interesse e as explicativas. Essas equações podem ser do tipo linear, potência, polinomial, exponencial, logarítmica, entre outras. As equações regionais são determinadas para cada região hidrológica homogênea (região onde o comportamento hidrológico é considerado uniforme) e cuja identificação é apoiada por indicadores estatísticos utilizados na avaliação do desempenho do modelo regional estabelecido.

Dentre as estratégias de regionalização, além da tradicional, têm-se os métodos de proporcionalidade de vazões e conservação de massas. Um exemplo de aplicação para regionalização de vazões média de longa duração e vazão média mínima de sete dias de duração e período de retorno na bacia do rio Paraopeba pode ser conferido em Moreira e Silva (2014). Também é possível regionalizar parâmetros de funções ou modelos hidrológicos, como os exemplos da função ajustada para a curva de permanência (Costa et al.,

2012) e da função para parâmetros de modelo chuva-vazão (Saraiva et al., 2011). Por sua vez, no estudo de Engecorps, Tetraplan e Lacaz Martins (2006) foram regionalizadas as vazões médias de longo período, vazões médias mínimas para diferentes durações e diferentes períodos de retorno e as vazões para as frequências de permanência de 5 a 100%.

Como a aplicação de estudos de regionalização para pequenas bacias hidrográficas produz incertezas nas vazões de referências (Garbossa e Pinheiro, 2015), Silveira et al. (1998) desenvolveu um método para a estimativa de vazões em pequenas bacias sem dados, visando superar essa dificuldade. Sua proposta teve como base a utilização de uma amostra reduzida de vazões para definir uma curva de depleção vinculada ao local sem dados, onde se pretende estimar vazões. Essa curva está associada ao esvaziamento dos aquíferos da bacia contribuinte, podendo ser descrita por uma função exponencial decrescente $q_{t+\Delta t}=q_t e^{-\alpha.\Delta t}$ (eq. 15), cujo decaimento da curva é dado pelo coeficiente de depleção α, e onde q_t é a vazão específica nos instantes de tempo t e $t+\Delta t$. Com a medição de poucas vazões durante período de estiagem, em intervalos de tempo Δt, determina-se o coeficiente de depleção α, o qual se utiliza para o ajuste de um modelo chuva-vazão simplificado de balanço hídrico considerando as características do local. Aplicando-se o modelo simplificado a uma série histórica de precipitações da região, gera-se uma série sintética de vazões diárias por meio do modelo e, então, determina-se a curva de permanência. Esse método, que vincula as vazões estimadas às características do local, foi testado em bacias pequenas (Silveira et al., 1998) e em bacias de até 1000 km² (Friedrich, 2017).

Além disso, para estimativas de vazões em bacias maiores, Silveira et al. (2005) realizaram a regionalização de vazão por meio da proposta do método regio-depleção vinculado a medições locais de vazões. A estratégia de Silveira et al. (2005) foi realizar medidas de vazões durante um mesmo deplecionamento na bacia, em várias seções hidrológicas, calcular as respectivas vazões específicas (m³/s por km²) e com elas determinar um α regional. Considerando que a vazão mínima média com determinada duração pode ser representada por $q_{min}=A^b L^c S^d$, onde A é a área de drenagem, L é o comprimento do rio principal e S é a declividade do rio principal, e considerando que existem tantos conjuntos de Q, A, L, S, e t quanto o número de vazões medidas na depleção; é possível encontrar os coeficientes b, c, d, por exemplo, por meio do método de mínimos quadrados. Considerando que o modelo de proporcionalidade das vazões medidas em duas seções fluviométricas, identificadas como i e j, pode ser expresso em função de indicadores regionais por $k_{i,j}=Q_{min}^{\ i}/Q_{min}^{\ j}=A_i^b L_i^c S_i^d/A_j^b L_j^c S_j^d$ (eq. 16), onde Q_{min} é a vazão mínima considerada, bem como conhecidos os coeficientes *b, c, d* dessa relação, Silveira et al. (2005) propuseram usar a variável de vazão da estação "fonte" com série histórica longa, por exemplo, a vazão mínima com p% de frequência de permanência, para determinar a vazão de referência para a seção hidrológica de interesse sem dados, dado que os valores dos indicadores *A, L, S* são determináveis.

MODELOS DE SIMULAÇÃO DE QUALIDADE DA ÁGUA

Modelos de simulação são ferramentas utilizadas para a representação simplificada de fenômenos e processos em sistemas reais, como bacias hidrográficas, trechos de rios, lagos, reservatórios, entre outros. Os modelos podem ser físicos, matemáticos ou multiagentes. Os processos atuantes e as interações entre os componentes do sistema são descritos por funções matemáticas.

Os modelos permitem a compreensão e descrição do comportamento de sistemas, auxiliam na previsão de resultados de alterações introduzidas no sistema, apoiam a tomada de decisão sobre intervenções realizadas nos sistemas e potencializam a geração de informações adicionais ou complementares. A modelagem é importante para estudos de cenários, sobretudo na fase de desenvolvimento de planos de bacias, definição de metas de enquadramento e gestão da outorga de direito de uso dos recursos hídricos.

O modelo é constituído por uma função governante ou variável externa (variável que influencia o sistema quando alterada no espaço e tempo, como precipitação em uma bacia hidrográfica); variável de estado (estado do sistema que depende das variáveis externas, como concentração de nutriente em um trecho de rio); funções matemáticas (relação entre variáveis externas e variáveis de estado, como a função que descreve o transporte de poluentes pelo escoamento fluvial) e os parâmetros (valor que caracteriza um determinado processo, os quais devem ser ajustados para aproximar ao máximo a resposta do modelo aos valores observados em campo, sabendo-se que quanto mais simples o modelo, menor número de parâmetros).

Dois tipos de modelos matemáticos são empregados no apoio à gestão de recursos. O primeiro é o modelo de simulação hidrológica, no qual são simulados os fenômenos do ciclo hidrológico no âmbito da bacia hidrográfica ou da bacia contribuinte à seção fluviométrica de interesse. Eles representam os processos de transformação da precipitação em vazão, podendo ser do tipo concentrado – valor médio na bacia, como os modelos hidrológicos IPH II e SMAP – ou distribuído – processos variáveis na bacia, como o modelo MGB-IPH. Os modelos hidrológicos distribuídos são adequados para representar as variações de uso e ocupação do solo, contemplando os processos que ocorrem no canal fluvial, como escoamento fluvial, operação de reservatório, entre outros.

Os modelos hidrológicos podem ser classificados, ainda, em empíricos, conceituais ou de base física, e em determinísticos ou estocásticos. A primeira classificação diz respeito ao tipo de formulação matemática adotada para representar os processos envolvidos. Os modelos empíricos descrevem a relação entre a precipitação e a vazão, sendo chamados modelos caixa preta. Eles não expressam os mecanismos ou fatores envolvidos, sendo inadequados para estudos de cenários de interesse à gestão de recursos hídricos. Os modelos de base física representam os processos físicos envolvidos na transformação da precipitação em vazão por expressões matemáticas com fundamentação física, enquanto que os modelos conceituais utilizam formulações matemáticas que exprimem o conceito do fenômeno, podendo ser equações empíricas ou conceituais. Em princípio, os modelos de base física seriam mais precisos e com maior representatividade do sistema. No entanto, as heterogeneidades espaciais e temporais existentes no sistema dificultam a completa representação dos processos envolvidos, tornando necessário realizar simplificações que tornam os modelos de base física similares aos modelos conceituais. Assim, os modelos conceituais ou de base física são importantes e necessários para a simulação de cenários de intervenções na bacia.

O segundo tipo representa os processos de transporte e dispersão de poluentes na bacia e/ou no sistema de drenagem fluvial. Eles descrevem o balanço de massa no sistema, permitindo avaliar cenários associados à qualidade das águas. Consideram as entradas, como lançamento de efluentes e saídas, como captação de água para abastecimento urbano, e transformações no interior do sistema, como reações biogeoquímicas. Diferentes modelos estão disponíveis para estudos de qualidade das águas. Descreveremos brevemente aqueles que têm sido utilizados com maior frequência, como o modelo QUAL2EU (Brown; Barnwell Junior, 1987), desenvolvido pelo United States Environmental Protection Agency (USEPA) e sua versão nacional Qual-UFMG (Sperling, 2007), e o modelo SWAT (Neitsch et al., 2005). É importante destacar os trabalhos desenvolvidos por equipes nacionais, como IPH-ECO (Fragoso Jr., 2009) e SIHQUAL (Ferreira et al., 2016).

O modelo QUAL2EU é um modelo de estado estacionário (vazão constante no trecho), para aplicação em rios e lagos bem-misturados, podendo simular quinze variáveis de qualidade da água superficial, entre elas a demanda bioquímica de oxigênio ($DBO_{5,20°C}$), o oxigênio dissolvido (OD), nutrientes, coliformes totais ou termotolerantes. Ele permite a simulação de cenários de qualidade de água para uma condição de escoamento fluvial, como uma vazão de referência, que pode variar ao longo do rio, mas se mantém constante no trecho de simulação. Em cada trecho podem ocorrer entrada, saídas e processos de transformação. As entradas podem ser pontuais ou distribuídas. A versão mais recente permite a realização de avaliação de incertezas. O balanço de massa de cada constituinte é expresso por $\frac{dC_t}{dt} = \frac{Q_{i-1}}{V_i} C_{i-1} - \frac{Q_i}{V_i} C_i - \frac{Q_{out,i}}{V_i} C_i + \frac{E_{i-1}}{V_i}(C_{i-1} - C_i) - \frac{E_i}{V_i}(C_{i+1} - Ci) + \frac{W_i}{V_i} + S_i$ (eq. 17), onde C é a concentração do constituinte; Q é a vazão escoada, V é o volume, Q_{out} é a vazão de saída, W é a carga externa do constituinte, S são as fontes externas e/ou sumidouros de constituintes devido aos mecanismos de transferência de massa e reações, os índices i representam os trechos e t o instante de tempo. No equacionamento do fluxo de massa estão incluídos os processos de advecção, dispersão, de reaeração, sedimentação e demanda de oxigênio pelo sedimento, fluxo do sedimento e fluxo de carbono inorgânico no sedimento, e os processos cinéticos de dissolução, hidrólise, oxidação, nitrificação, fotossíntese, morte e respiração. Soares et al. (2011) aplicaram o modelo Qual-UFMG na bacia do rio Itajaí, visando estabelecer a priorização de investimentos necessários à melhoria da qualidade da água superficial.

O modelo IPH-ECO é um modelo hidrodinâmico e de qualidade da água tridimensional para ecossistemas aquáticos continentais, tais como lagos, reservatórios e estuários. Ele é constituído pelo modelo numérico que resol ve as equações diferenciais parciais do módulo hidrodinâmico e do módulo de qualidade das águas. O primeiro módulo descreve os fluxos de água, obtendo-se os campos de velocidade e do nível de água e, o módulo de qualidade da água representa os mecanismos de transporte de nutrientes e as interações de organismos aquáticos da cadeia alimentar.

As aplicações do modelo IPH-ECO compreendem fluxos de maré e de vento, fluxo induzidos por estratificação de densidade, fluxo de rio, simulações em lagos e reservatórios profundos, simulação de ressaltos hidráulicos e planícies de inundação, efeito de descargas de rios de água doce em baías, intrusão salina, estratificação térmica em lagos, estuários e reservatórios, entradas de água de resfriamento e saídas de águas residuais, transporte de material dissolvido e particulado, transporte de sedimentos e mudanças de morfologia, efeito das contribuições barotrópicas e baroclínicas na pressão hidrostática, efeito de Coriolis e termos de fricção horizontais na circulação da água, dinâmica e transporte de nutrientes e interações da cadeia alimentar aquática.

O SIHQUAL é um modelo hidrodinâmico de transporte e dispersão de poluente, para simulação em rio, sendo considerado unidimensional. Ele resolve as equações completas de Saint Venant, compreendendo a conservação da massa e da quantidade de movimento e, as equações de transporte de constituintes químicos, considerando a advecção, dispersão e reação. O modelo permite a simulação de séries contínuas de vazão e variáveis de qualidade das águas, importantes à gestão de recursos hídricos. Ferreira et al. (2016) aplicaram o modelo para geração de curva de permanência de demanda bioquímica de oxigênio e de oxigênio dissolvido no rio Iguaçu.

O Soil and Water Assessment Tool (SWAT) é um modelo hidrológico de base física e parâmetros distribuídos, desenvolvido para simular o escoamento, a produção de sedimentos e o aporte de nutrientes e pesticidas em bacias hidrográficas. Ele permite descrever diferentes processos físicos de forma sequencial, em diferentes escalas temporais e espaciais, possibilitando quantificar os impactos das alterações de uso e ocupação das terras no escoamento superficial e subsuperficial, na erosão e deposição de sedimentos e na qualidade de água devido a nutrientes e pesticidas.

O modelo SWAT tem sido aplicado em vários países para entendimento dos processos hidrológicos e no apoio à gestão de recursos hídricos (Arnold et al., 2012), assim como na avaliação de serviços ecossistêmicos (Franceschoni et al., 2016). Ferramentas de geoprocessamento têm sido incorporadas para facilitar o tratamento e a inserção de dados espaciais. No Brasil, ele tem sido utilizado no estudo de várias bacias, de pequena a grande dimensão. Bressiani et al. (2015) realizaram uma revisão das aplicações do modelo SWAT no Brasil e indicaram as perspectivas e avanços futuros.

Nos anos 1990, foram desenvolvidos os modelos baseados em agentes (sistemas multiagentes), os quais interagem entre si e com o sistema. Agentes são unidades heterogêneas, regidos por regras de transição e autônomos de decisão, que impactam e são impactados pelo meio, bem como interagem ao longo do tempo em busca dos seus objetivos, como reprodução, ganho econômico, status, sobrevivência, entre outros. Procura-se sempre associar inteligência nos agentes, para que estes façam escolhas e tomem decisões fundamentadas na racionalidade (Bousquet; Le Page, 2004). Ducrot et al. (2008) aplicaram a modelagem multiagentes para resolução de conflitos na bacia hidrográfica do Alto Tietê, pertencente à Região Metropolitana de São Paulo. Duas situações ambientais foram abordadas: (i) a relação entre mercado fundiário, situação de moradia, acesso a serviços de saneamento e controle da qualidade das águas superficiais, aliada às questões de planejamento e uso do solo e do desenvolvimento local; e (ii) tensões da gestão conjunta da quantidade e da qualidade da água no planejamento de seu uso no âmbito da bacia hidrográfica. Foram desenvolvidos os modelos multiagentes denominados Ter'Aguas e AguAloca. O modelo Ter'Aguas simula a negociação sobre planejamento do uso do solo em município periurbano. Seis tipos de agentes foram representados: (i) o prefeito, responsável pelo desenvolvimento de serviços de infraestrutura urbana; (ii) a empresa de saneamento; (iii) quatro representantes de bairros defendendo os interesses dos moradores locais; (iv) dois pequenos agricultores dos arredores dos bairros; (v) dois grandes proprietários fundiários com interesses/estratégias especulativas e eleitorais; e (vi) o dono de sítio de lazer que também defende a preservação ambiental da bacia virtual.

O modelo AguAloca simula a negociação sobre a alocação de água e os seus impactos na qualidade dos recursos hídricos, no âmbito de uma bacia hidrográfica virtual. Os agentes foram representados por suas funções: (i) dois prefeitos devem garantir o acesso da população a serviços de saneamento, sendo que um prefeito é responsável pela gestão de uma empresa municipal de saneamento, enquanto o serviço do outro município é gerenciado por uma empresa de saneamento independente, também responsável pelo abastecimento da metrópole à jusante; (ii) o agricultor aconselha o setor e defende seus interesses; (iii) o industrial possui duas fábricas de papel e celulose, localizadas na bacia; e (iv) o departamento de água e esgoto é responsável pela operação do sistema hidrológico, respeitando as outorgas dos usuários.

Os modelos multiagentes potencializam a mediação entre atores que participam da gestão ambiental, incluindo os técnicos e pesquisadores, e combinam a representação das dinâmicas naturais e sociais. Constitui-se uma plataforma de aprendizagem coletiva, visando construir uma visão integrada e interdisciplinar sobre a realidade entre tomadores de decisões e atores locais, facilitar o diálogo, compartilhar conhecimentos e tomar decisões face à realidade, promovendo a reflexão sobre os processos envolvidos e a compreensão/visualização de cenários futuros.

CONSIDERAÇÕES FINAIS

A gestão dos recursos hídricos em bacias hidrográficas envolve aspectos ambientais, sociais, econômicos, legais, educacionais, políticos, entre outros. A interação entre estes aspectos torna o processo complexo. Os elementos do sistema formado são abordados nos diversos capítulos deste livro.

Neste capítulo, abordamos alguns princípios que norteiam a gestão dos recursos hídricos, segundo a política nacional brasileira. Não foi possível esgotar o tema. Portanto, tivemos como foco os instrumentos da gestão e respectivas bases técnicas necessárias para viabilizar o uso sustentável deste recurso natural.

Assim, deve haver um conjunto de informações básicas necessárias para apoio de implementação do sistema de gestão. É importante a definição das disponibilidades hídricas quali-quantitativas para uso das águas, a existência de métodos e estratégias de como obter os dados necessários para definir essas disponibilidades, assim como a identificação/estimativas do conjunto de usuários atuais e futuros. Também é fundamental a realização de balanço hídrico e simulação do processo de alocação de água, com a realização do cotejo entre a disponibilidade hídrica e os usos múltiplos da água e as vazões ambientais, considerando os impactos dos usos nas disponibilidades hídricas de cada trecho e os aspectos quantitativos e qualitativos da água, cujos resultados apoiam tanto o processo de elaboração dos planos e do enquadramento como a definição dos critérios de outorga e de cobrança.

REFERÊNCIAS

[ANA] AGÊNCIA NACIONAL DE ÁGUAS. *Manual de procedimentos técnicos e administrativos de outorga de direito de uso de recursos hídricos.* ANA, Brasília, 2013. 249 p. Disponível em <http://arquivos.ana.gov.br/institucional/sof/MANUALDEProcedimentosTecnicoseAdministrativos-deOUTORGAdeDireitodeUsodeRecursosHidricosdaANA.pdf>. Acesso em: 16 jun. 2016.

______. *Orientações para Operação de Estações Hidrométricas.* Brasília: ANA – SGH, 2012ª. 52 p. Disponível em: <http://arquivos.ana.gov.br/infohidrologicas/cadastro/OrientacoesParaOperacaoDeEstacoesHidrometricas-VersaoJun12.pdf>. Acesso em: 16 set. 2016.

______. *Orientações para consistência de dados fluviométricos* / Agência Nacional de Águas; Superintendência de Gestão da Rede Hidrometeorológica. Brasília: ANA, SGH, 2012b. 19 p. Disponível em: <http://arquivos.ana.gov.br/infohidrologicas/cadastro/OrientacoesParaConsistenciaDadosFluviometricos-VersaoJul12.pdf>. Acesso em: 22 ago. 2017.

AHMADI-NEDUSHAN, B.; ST-HILAIRE, A.; BÉRUBÉ, M.; ROBICHAUD, É.; THIÉMONGE, N.; BOBÉE, B. A review of statistical methods for the evaluation of aquatic habitat suitability for instream flow assessment. *River Research and Application*, v.22, p. 503–523, 2006.

ARNOLD, J. G.; MORIASI, D. N.; GASSMAN, P. W.; ABBASPOUR, K. C.; WHITE, M. J. et. al. SWAT: model use, calibration, and validation. *Transactions of the ASABE*, v. 55, n. 4, p. 1491-1508, 2012.

ARTHINGTON, A. H.; KING, J. M.; O`KEEFE, J. H.; BUUN, S. E.; DAY, J. A. et al. Development of an holistic approach for assessing environmental flow requirements of riverine ecosystems. In: PIGRAM, J. J.; HOOPER, B. P. (eds.). *Proceedings of an International Seminar and Workshop on water allocation for the environment.* Armidale: University of New England, 1992. p. 69-76.

BOUSQUET, F.; LE PAGE, C. Multi-agent simulations and ecosystem management: a review. *Ecological Modelling*, v. 176, n. 3-4, p. 313-332, 2004.

BOVEE, K. D.; LAMB, B. L.; BARTHOLOW, J. M.; STALNAKER, C. B.; TAYLOR, J. et al. *Stream habitat analysis using the instream flow incremental methodology*. U.S. Geological Survey, Biological Resources Division Information and Technology Report USGS/BRD-1998-0004. Colorado: 1998, 139 p.

BRASIL. Constituição (1988). *Constituição da República Federativa do Brasil*. Brasília, DF: Senado Federal: 1988.

______. *Lei n. 9.433, de 8 de janeiro de 1997*. Institui a Política Nacional de Recursos Hídricos, cria o Sistema Nacional de Gerenciamento de Recursos Hídricos. Disponível em: <http://www2.camara.leg.br/legin/fed/lei/1997/lei-9433-8-janeiro-1997-374778-normaatualizada-pl.html>. Acesso em: 18 jul. 2016.

BRESSIANI, D. A.; GASSMAN, P. W.; FERNANDES, J. G.; GARBOSSA, L. H. P.; SRINIVASAN, R. et al. Review of soil and water assessment tool (SWAT) applications in Brazil: Challenges and prospects. *International Journal of Agricultural and Biological Engineering*, Beijing, v. 8, n. 3, p. 9-35, 2015. Disponível em: <https://ijabe.org/index.php/ijabe/article/view/1765>. Acesso em: 10 abr. 2016.

BROWN, L. C.; BARNWELL JUNIOR, T. O. The enhanced stream water quality model QUAL2E and QUAL2EUNCAS: computer program documentation and user manual. Athens: United States Environmental Protection Agency, 1987. 189 p.

COSTA, A. S.; CARIELLO, B. L.; BLANCO, C. J. C.; PESSOA, F. C. L. Regionalização de curvas de permanência de vazão de regiões hidrográficas do estado do Pará. *Revista Brasileira de Meteorologia*, v. 27, n. 4, p. 413-422, 2012.

CRUZ, J. C. *Disponibilidade hídrica para outorga: avaliação de aspectos técnicos e conceituais*. 2001. 199 f. Tese (Doutorado em Engenharia). Universidade Federal do Rio Grande do Sul. Porto Alegre, 2001.

CRUZ, J. C.; SILVEIRA, G. L. Disponibilidade hídrica para outorga em bacias com elevado uso consuntivo (ii): avaliação integrada por bacia. *Rega*, v. 4, n. 2, p. 65-76, 2007A.

______. Disponibilidade hídrica para outorga (I): avaliação por seção hidrológica de referência. *Rega*, v. 4, n. 2, p. 51-64, 2007b.

CRUZ, J. C.; TUCCI, C. E. M. Otimização e Simulação Comparativa de Cenários de Outorga. *RBRH*, v. 10, n. 3, p. 75-91, 2005.

______. Estimativa da disponibilidade hídrica através da curva de permanência. *RBRH*, v. 13, n. 1, p. 111-124, 2008.

CRUZ. R. C. *Prescrição de vazão ecológica*: aspectos conceituais e técnicos para bacias com carência de dados. 2005. Tese (Doutorado em Ecologia). Instituto de Biociências, Universidade Federal do Rio Grande do Sul. Porto Alegre, 2005.

DETZEL, D. H. M.; FERNANDES, C. V. S.; MINE, M. R. M. Nonstationarity in determining flow-duration curves aiming water resources permits. *RBRH*, v. 21 n.1, p. 80 – 87, 2016.

DUCROT, R.; JACOBI, P. R.; BARBAN, V.; CARVALHO, Y.; GUNTHER, W. R. et al. Elaboração multidisciplinar e participativa de jogos de papéis: uma experiência de modelagem de acompanhamento em torno da gestão dos mananciais da Região Metropolitana de São Paulo. *Ambiente e Sociedade*, Campinas, v. 11, p. 355-372, 2008.

ENGECORPS, TETRAPLAN E LACAZ MARTINS. Estudos dos instrumentos de gestão de recursos hídricos para o estado de Santa Catarina e apoio a sua implementação: regionalização de vazões das bacias hidrográficas estaduais do estado de Santa Catarina. Florianópolis: SDS, 2006. v. 1, 143 p.

FERREIRA, D. M.; FERNANDES, C. V. S.; KAVISKI, E. Curvas de permanência de qualidade da água como subsídio para o enquadramento de corpos d'água a partir de modelagem matemática em regime não permanente. *RBRH*, v. 21, n. 3, p. 479-492, 2016. doi:10.1590/2318-0331.011615143.

FRANCESCONI, W.; SRINIVASAN, R.; PÉREZ-MIÑANA, E.; WILLCOCK, S. P.; QUINTERO, M. Using the Soil and Water Assessment Tool (SWAT) to model ecosystem services: A systematic review. *Journal of Hydrology*, v. 535, p. 625-636, 2016.

FRAGOSO JR, C. R.; FERREIRA, T. F.; MOTTA MARQUES, D. M. L. *Modelagem Ecológica em Ecossistemas Aquáticos*. São Paulo: Oficina de Textos, 2009. 304 p.

FRIEDRICH, M. *Influência da Precipitação no Uso do Método Silveira para bacias hidrográficas entre 800 e 1000 km²*. 2017. 99 f. Dissertação (Mestrado em Engenharia Civil, Área de Concentração em Recursos Hídricos e Saneamento Ambiental). Universidade Federal de Santa Maria. Santa Maria, 2017.

GARBOSSA, L. H. P.; PINHEIRO, A. Vazões de referência para gestão de bacias hidrográficas rurais e urbanas sem monitoramento. *Revista de Gestão de Água da América Latina*, v. 12, p. 43-52, 2015.

GARCIA, L. A. V.; ANDREAZZA, A. M. P. Estabelecimento de vazões ambientais efluentes de barragens: sugestão metodológica. *RHRH*, v. 9, n. 2, p 5-18, 2004.

KING, J.; LOUW, M. D. Instream flow assessments for regulated rivers in South Africa using the Building Block Methodology. *Aquatic Ecosystem Health and Management*, v. 1, n. 2, p. 109-124, 1998.

MEDEIROS, P. C.; SOUZA, F. A. S.; RIBEIRO, M. M. R. Aspectos conceituais sobre o regime hidrológico para a definição do hidrograma ambiental. *Revista Ambiente & Água*, v. 6, n. 1, p. 131-147, 2011.

MILHOUS, R. T.; WADDLE, T. J. Physical Habitat Simulation (PHABSIM) Software for Windows. Version 1.5.1: USGS Fort Collins Science Center, Fort Collins, 2012.

MOREIRA, M. C.; SILVA, D. D. Análise de Métodos para Estimativa das Vazões da Bacia do Rio Paraopeba. *RBRH*, v. 19, n. 2, p. 313-324, 2014.

NEITSCH, S. L.; ARNOLD, J. G.; KINIRY, J. R.; WILLIAMS, J. R. Soil and Water Assessment Tool: Theoretical Documentation. Version 2005: Temple: Agricultural Research Service (USDA) e Texas Agricultural Experiment Station (Texas AeM University). 2005, 541p.

[ONU] ORGANIZAÇÃO DAS NAÇÕES UNIDAS. *Declaração Universal dos Direitos da Água*, 1992. Disponível em: <http://www.cetesb.sp.gov.br/Agua/rios/gesta_direitos.asp>. Acesso em: 20 jul. 2008.

PINTO, V. G.; MELO RIBEIRO, C. B.; SILVA, D. D. Vazão ecológica e o arcabouço legal brasileiro. *Revista Brasileira de Geografia Física*, v. 9, n. 1, p. 91-109, 2016.

RIBEIRO, M. M. R. (2000). Alternativas para Outorga e a Cobrança pelo Uso da Água: Simulação de um Caso. 200 p. Tese (Doutorado do programa de Pós-Graduação em Engenharia de Recursos Hídricos e Saneamento Ambiental). IPH/UFRGS (Universidade Federal do Rio Grande do Sul). Porto Alegre, 2000.

SARAIVA, I.; FERNANDES W. S.; NAGHETTINI, M. C. Simulação Hidrológica Mensal em Bacias Hidrográficas sem Monitoramento Fluviométrico. *RBRH*, v. 16, n.1, p115-125, 2011.

SCHNEIDER, M.; NOACK, M.; GEBLER, T.; KOPECKI, I. *Handbook for the habitat simulation Model*: Casimir Fish. Stuttgart: Institut für Wasserbau, Universität Stuttgart, 2010.

SILANS, A. M. B. P. Redução da evaporação de açudes: o estado da arte. *RBRH*, v. 8, n. 2, p. 101–109, 2003.

SILVEIRA, G. L.; TUCCI, C. E. M.; SILVEIRA, A. L. L. Quantificação de vazão em pequenas bacias sem dados. *RBRH*, v. 3, n. 3, p. 111-131, 1998.

SILVEIRA, G. L.; CRUZ, R. C.; CRUZ, J. C.; VILLELA, F. S. Vazões ecológicas e remanescentes em rios alterados por barragens: metodologia proposta para prescrição. *Ciência & Ambiente*, n. 41, 161-176, 2010.

SOARES, P. A.; ZINKHAHN, M.; FRANK, B.; FISTAROL, O. Metodologia de priorização de investimento para melhoria da qualidade das águas: caso da bacia do Rio Itajaí, SC. *Rega*, v. 8, n. 1, p. 33-46, 2011.

SPERLING, M. V. *Estudos e modelagem da qualidade da água de rios*. Belo Horizonte: DESA--UFMG, 2007. 588 p.

VALENTE, M. L.; CRUZ, J. C.; BOGGIOTTO, C. Enquadramento de mananciais rurais com diferentes usos do solo no bioma Pampa: um instrumento para a gestão de bacias hidrográficas. *Rega*, v. 13, n. 1, p. 43-53, 2016.

ZONTA, J. H.; SOFIATTI, V.; COSTA, A. G. F. et al. Práticas de conservação de solo e água. Campina Grande, Embrapa, Circular Técnica 133, 2012. 24 p.

3 Água no contexto das bacias hidrográficas: qualidade, contaminação e monitoramento

Günter Gunkel
Biólogo, Universidade Técnica de Berlim

INTRODUÇÃO

Atualmente, o acesso à água limpa e suficiente tem sido classificado como o fator mais limitante para a qualidade da vida humana e é amplamente aceito como um foco da política ambiental. Muitos contaminantes são bem conhecidos, e seu efeito para os seres humanos e os ecossistemas aquáticos é analisado e quantificado. Alguns exemplos são nutrientes (compostos de N e P), metais pesados, compostos orgânicos de metais, pesticidas, hidrocarbonetos halogenados, hidrocarbonetos aromáticos policíclicos, entre outros. Mas algumas outras substâncias foram reconhecidas como um alto risco ambiental, e até este momento a avaliação do risco ainda está em processo – em virtude da falta de métodos analíticos e/ou ecotoxicológicos. Alguns exemplos são substâncias endócrinas, cianotoxinas, nanopartículas de prata, microplástico, entre outros.

Os contaminantes bem conhecidos podem ser ampla ou completamente eliminados pela aplicação da tecnologia atual, ou seja, (1) tratamento de águas residuais com etapas mecânicas, biológicas e químicas (eliminação de P, desnitrificação), (2) reúso e sistemas fechados de água em indústrias, (3) aplicação de ecotecnologias como faixas de vegetação, biótopos de efeito tampão ou áreas alagadas construídas, (4) proibição de substâncias com alto potencial tóxico, como foi feito na UE com a Lista de Substâncias Prioritárias da Diretiva Quadro d'Água (EU, 2008). A tarefa da política ambiental é desenvolver uma regulamentação legislativa e efetuar um monitoramento ambiental. O controle e a regulamentação de novos contaminantes é muito mais complicado, mas também deve ser o foco da pesquisa e da política ambientais.

No entanto, além da qualidade da água, a quantidade é um fator crucial: O mundo está mudando, em primeiro lugar, com o crescimento populacional e o aumento da demanda por alimentos; e, em segundo lugar, com os efeitos da mudança climática. Em muitas regiões, isso significa menos precipitação com tendência a pouca chuva torrencial com aumento das perdas de água por evapotranspiração. Assim, a descarga dos rios é decrescente, pelo menos durante os longos períodos de seca, com graves consequências para o nível de poluição – uma descarga de apenas 10% resulta em um aumento na concentração de contaminantes por um fator de 10, e isso pode ser prejudicial para os seres humanos e a agricultura/aquacultura. Desse modo, ambos os aspectos, qualidade da água e quantidade da água, estão ligados; e um manejo de bacias fluviais orientado para o futuro tem de considerar os aspectos da interação terra-água e a sustentabilidade dos serviços de ecossistemas terrestres e aquáticos (Gunkel, 2018). A taxa de descarga da bacia hidrográfica, o armazenamento de água em reservatórios e, além disso, a transposição da água são os principais fatores que determinam a qualidade da água, por meio de processos como erosão, lixiviação, erosão hidráulica, diluição em sistemas aquáticos.

ÁGUA COMO FATOR DETERMINANTE PARA PROCESSOS DE TRANSPORTE DE CONTAMINANTES

Descarga da bacia hidráulica

O coeficiente de descarga (Q_{coef}) é um parâmetro hidrológico para comparação de diferentes bacias hidrográficas que descreve a porção da chuva que contribui diretamente para a descarga do rio (Q). Este é um parâmetro característico de uma bacia hidrográfica. Seu cálculo é apresentado na equação 1:

$$Q_{coef} = Q\ (L\ seg^{-1})\ /\ chuva\ (L\ m^{-2}) \times bacia\ hidrográfica\ (km^{2}) \qquad (1)$$

Um coeficiente de descarga igual a 1 descreve uma situação em que a chuva total é transformada em água de aluvião, enquanto um coeficiente de 0 representa uma área em que não há geração de água de aluvião depois da chuva, por exemplo, decorrente da infiltração da água da chuva, armazenamento em reservatórios ou áreas alagadas com perda de água por evapotranspiração. Mas o coeficiente de descarga não considera a quantidade absoluta de água, o que significa a taxa de fluxo crítica (limitante) no rio.

Uma análise integrada da taxa de descarga (Q_{taxa}) e chuva na bacia hidrográfica baseia-se nos dados médios anuais (Q_{ano}). Esta taxa de descarga é um parâmetro amplamente usado para comparação de diferentes paisagens ou bacias hidrográficas. Seu cálculo é apresentado na equação 2.

$$Q_{taxa}\ (\text{L seg}^{-1}\ \text{km}^{-2}) = Q_{ano}\ (\text{L seg}^{-1}) \times \text{bacia hidrográfica}\ (\text{km}^2) \qquad (2)$$

A taxa de descarga é um parâmetro muito bom para descrever características de uma bacia hidrográfica determinadas pelas condições climáticas, uso da terra e coleta de água. No caso de estações secas e úmidas, Q_{taxas} mensais são mais úteis. A Q_{taxa} regula a descarga do rio, a diluição dos contaminantes, o risco de inundação ou queda abaixo do fluxo mínimo (ecológico). Qualquer política de água bem-sucedida precisa garantir uma Q_{taxa} suficiente, e a intensificação dos usos da bacia hidrográfica deve ser limitada pela Q_{taxa} mínima para garantir o fluxo ecológico e os serviços do ecossistema a jusante (Richter et al., 1997).

A Q_{taxa} varia de 30 L seg^{-1} km^{-2} (rios de montanhas altas na zona temperada) a 5 L seg^{-1} km^{-2} (rios de planícies na zona temperada) e até 1,2 L seg^{-1} km^{-2} (zona semiárida do NE do Brasil). Em muitas regiões, a variabilidade sazonal da Q_{taxa} é significativa, por exemplo, na zona semiárida do NE do Brasil com 2,7 L seg^{-1} km^{-2} (média do período chuvoso) a $< 0,1$ L seg^{-1} km^{-2} (média do período seco).

Fluxos de água da chuva

A precipitação e a água de aluvião estão fortemente correlacionadas com a qualidade da água, e foram realizados muito estudos para entender melhor os processos relevantes. O fluxo da água da chuva está dividido em vários caminhos:

1. fluxo direto como água de aluvião;
2. infiltração na camada superior do solo e percolação dentro de poucos dias a semanas no riacho próximo (= interfluxo);
3. infiltração e percolação na água subterrânea com períodos de armazenamento dc anos.

A água de aluvião e a erosão hidráulica são processos importantes para contaminação de riachos, mas a infiltração com lixiviação e infiltração no solo tem significância elevada (Figura 1). A taxa de infiltração é um processo complexo regulado pela intensidade da chuva, declive, tipo de vegetação, características e histórico do solo (secura do solo), além de fatores biológicos, como buracos de camundongos, raízes de árvores e influência de lixo orgânico no processo de infiltração.

Em geral, o primeiro fluxo no início da descarga é mais contaminado do que o fluxo depois de um evento de chuva de longa duração. Assim, a qualidade da água dos riachos alimentados pela água da chuva muda dentro de períodos curtos. É necessário conhecer as condições locais para obter uma boa coleta de água da chuva, e o armazenamento de água em pequenos reservatórios deveria ser feito pelo segundo fluxo, com água menos contaminada.

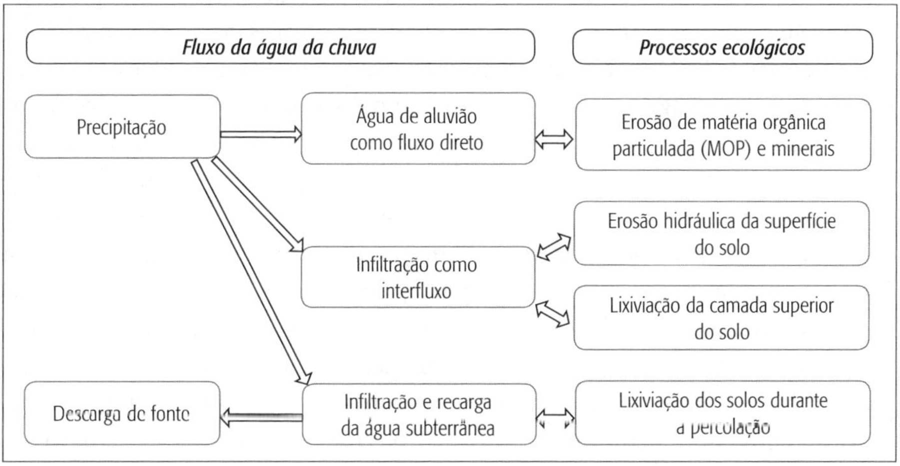

Figura 1 – Fluxos de água da chuva e processos ecológicos em uma bacia hidrográfica.

Coleta de água da chuva e risco de contaminação

A coleta de água da chuva é uma prática feita regularmente em áreas agrícolas para garantir disponibilidade de água em caso de secas sazonais (SEI, 2009). No Brasil, são construídos pequenos reservatórios (açudes) para coletar a água de aluvião. As cisternas são usadas para armazenar a água coletada dos telhados principalmente para suprimento de água para consumo humano (Tabela 1). Mas muitas vezes a água coletada em cisternas está contaminada por poeira e material orgânico depositado nos telhados (p. ex., fezes de pássaros). Frequentemente a água coletada do telhado não passa por tratamento – por exemplo, filtração por areia –, e as cisternas no Nordeste do Brasil são construídas como um sistema simples de um compartimento, sem nenhuma etapa de filtração. As cisternas são frequentes no Nordeste do Brasil por causa do "Programa um milhão de cisternas".

Tecnologias mais avançadas para coleta de água da chuva são represas subsuperfície (Carvalho et al., 2009) e sistemas de recarga de água subterrânea (de Vries e Simmers, 2002). Esses sistemas têm uma melhor qualidade de água em virtude do processo de infiltração com purificação da água similar à filtração em margem. Os processos mais importantes são a filtragem na superfície do solo, absorção do solo, degradação por microrganismos e ingestão e ciclo de carbono de matéria orgânica particulada (MOP). Até agora, cerca de 10.000 represas subsuperfície foram construídas no Nordeste do Brasil.

Os problemas são piores no caso dos pequenos reservatórios para coleta de água da chuva. O desenvolvimento de uma agricultura local em pequena escala é sustentado na margem dos reservatórios. Processos de erosão hidráulica e de lixiviação levam a uma água rica em nutrientes, e a eutroficação rápida ocorre nessas águas rasas e quentes. Além disso, o fluxo de depósitos fecais de animais e a entrada direta de fezes por animais que bebem do reservatório levam à contaminação fecal. Assim, os ciclos de parasitas como *Giardia* e *Cyptosporidium* são fechados (excreção de seres humano ou animais domésticos → entrada em lagos → desenvolvimento de larvas → infecção ao beber a água). A contaminação com EHEC (patógeno bactéria *E. coli*) e cianotoxinas ocorre por irrigação, e existe um alto risco de frutas e sementes contaminadas.

Os pequenos reservatórios para armazenamento de água da chuva não têm nenhum fluxo interno, e ocorrem desenvolvimentos em massa de macrófitos, bem como acúmulo de sedimentos ricos em nutrientes. Além disso, esses pequenos reservatórios de água são considerados uma parte significativa das emissões de gases do efeito estufa (Maeck et al., 2013). Outro problema é a criação de mosquitos e o suporte a doenças em que o mosquito é o vetor (dengue, zika, febre do Nilo). Esses pequenos reservatórios têm um papel central no Nordeste do Brasil e já existiam mais de 70.000 nos anos 1990 (Antonio et al., 2005).

Tabela 1 – Tecnologias de coleta de água da chuva

Tecnologia de coleta	Recurso de água	Impacto para a qualidade da água
Pequenos reservatórios (coleta de água de canal de drenagem)	Água de aluvião	• Coleta de água contaminada (erosão, lixiviação) • Contaminação por animais (beber água) • Eutroficação (cobertura de algas prejudiciais, ervas aquáticas nocivas) • Doenças transmitidas pela água (mosquitos)

(continua)

Tabela 1 – Tecnologias de coleta de água da chuva (*continuação*)

Tecnologia de coleta	Recurso de água	Impacto para a qualidade da água
Reservatórios (riachos represados)	Eventos de inundação	• Coleta de água contaminada (erosão, lixiviação, ressuspensão de depósitos) • Eutroficação (cobertura de algas prejudiciais, ervas aquáticas nocivas) • Contaminação por emissões de esgoto • Perdas de água por evapotranspiração • Doenças transmitidas pela água (mosquitos)
Cisternas (coleta de água de telhados)	Coleta de água da chuva dos telhados	• Impacto por poluição e contaminação do telhado, é necessária limpeza do telhado • Crescimento de bactérias durante armazenamento de água em longo prazo
Represas subsuperfície (armazenamento de fluxo de leito de rios)	Eventos de inundação em rios temporários	• Risco de salinização (subida de água por capilares, infiltração em algumas formações geológicas) • Risco de contaminação por esgotos e contaminantes (é necessário haver zona de proteção para a área do leito do rio) • Sem risco de eutroficação • Sem perdas de água por evaporação
Recarga de água subterrânea (infiltração da água da chuva por escoamento superficial)	Eventos de inundação em riachos	• Risco de salinização em algumas formações geológicas • Baixo risco de contaminação por esgoto e contaminantes (autopurificação durante a infiltração)

A alta intensidade de coleta de água da chuva leva ao desacoplamento da precipitação e descarga de rios de cerca de 6 semanas, porque primeiro os sistemas de coleta de água da chuva são cheios, antes de que uma descarga de riachos e rios possa ser observada (Selge, 2017). Assim, a contaminação do primeiro fluxo se torna um foco de interesse. Em relação à descarga de rios, a dinâmica do nível de água e a taxa de fluxo são alteradas, o que pode afetar as possibilidades da criação de peixes, por exemplo.

Portanto, duas tendências devem ser avaliadas criticamente:

1. O armazenamento do primeiro fluxo de água da chuva em reservatórios, em função do alto nível de contaminação e da promoção da eutroficação.
2. A intensificação da coleta de água da chuva afeta a taxa de fluxo nos rios, e a diminuição do fluxo mínimo (ecológico) ocorre com maior frequência e maior duração.

Irrigação e risco de salinização do solo

A irrigação é um dos principais fatores para aumentar a produtividade de lavouras, mas também aumenta o risco de contaminação da água subterrânea por fertilizantes, percolação de agroquímicos e processos de lixiviação do solo. A agricultura moderna com a tecnologia de irrigação tem um risco muito alto de salinização do solo, dependendo das condições do clima e da tecnologia de irrigação. Hoje, metade da produção das lavouras irrigadas em todo o mundo é limitada pelo efeito de salinização do solo (Workman, 2016). A salinização do solo deve ser vista como uma consequência "inevitável" e "irreversível" da irrigação. A irrigação, especialmente com a tecnologia de *sprinkler*, aumenta o risco da salinização do solo em virtude das perdas elevadas por evaporação. A irrigação deveria ser feita da melhor maneira, ou seja, aumentando a eficiência do *sprinkler* < sulco < gota < irrigação do subsolo, em ordem crescente (Tarjuelo et al., 2010).

A instalação de um sistema de drenagem pode reduzir o risco de salinização do solo, mas leva à emissão de água de drenagem, uma água residual com quantidades elevadas de fertilizantes, agroquímicos, ferro e manganês provenientes da lixiviação do solo. A água de drenagem deve ser tratada, por exemplo, em terras alagadas construídas ou em lagos de sedimentação para reduzir a contaminação de corpos de água, como enseadas.

Contaminantes e impacto na qualidade da água

Qualquer uso de terra antropogênico influencia de algum modo os processos biológicos, químicos e físicos dentro da bacia hidrográfica. O comportamento de substâncias naturais e/ou xenobióticas produzidas por uso antropogênico é influenciado por esses processos, bem como pela disponibilidade ambiental e isso altera o efeito dos contaminantes. O alvo de qualquer pesquisa de ecotoxicologia é obter uma compreensão melhor desses processos. O conhecimento, o destino e os efeitos das substâncias com um potencial ecotoxicológico são de alta importância e são a base da avaliação ambiental.

Quadro 1 – Disponibilidade e qualidade da água na área semiárida do Brasil

- A região semiárida brasileira é caracterizada por uma precipitação anual média entre 400-800 mm, com uma estação chuvosa que ocorre em geral entre janeiro e julho, com ampla variação espacial e temporal; precipitação > 100 mm é atingida apenas entre fevereiro e maio.

(continua)

Quadro 1 – Disponibilidade e qualidade da água na área semiárida do Brasil (*continuação*)

- A estação seca (de agosto a dezembro) é caracterizada por uma falta quase completa de precipitação e a taxa de evaporação chega a cerca de 2.000-3.000 mm ano^{-1}.
- Rios temporários, sem nenhuma capacidade de autopurificação, são típicos.
- A disponibilidade de água só existe durante o período chuvoso; durante a estação seca, o acesso à água é o fator mais limitante para a qualidade de vida.
- Ocorrem impactos aos ecossistemas aquáticos causados pelas estações secas e por secas de longa duração.
- O tratamento insuficiente da água residual e a falta de sistemas de coleta de esgoto causam um elevado risco de contaminação.
- As mudanças no nível de água levam ao ressecamento de grandes áreas das margens de lagos e reservatórios, danos à fauna e à flora; as áreas marginais ressecadas são fontes de contaminação (nutrientes de sedimentos mineralizados e ervas daninhas aquáticas, fezes de animais).
- Maior eutroficação dos corpos de água por produção e radiação durante todo o ano. Efeitos químicos na água típicos da eutroficação são o aumento do pH, a ocorrência de amônia tóxica (equilíbrio amoníaco-amônia) e falta de oxigênio noturna. Além disso, a biodiversidade é reduzida pelo desenvolvimento em massa de algumas espécies adaptadas e pela ocorrência de sedimentos anaeróbios.
- A ocorrência e o desenvolvimento em massa de cianobactérias, entre outras espécies que produzem cianotoxina (p. ex., *Microcystis* spp., *Cylindrospermopsis raciborskii*).
- Desenvolvimento em massa de macrófitas submersas como *Egeria densa* (elódea) ou macrófitas flutuantes como a *Eichhornia crassipes* (jacinto-de-água), ambas ervas daninhas.
- Uso do vinhoto (= água residual do setor de cana de açúcar) para irrigação (fertilização e irrigação = fertirrigação) com alto risco de contaminação da água, principalmente por matéria orgânica dissolvida e bactérias coliformes (as bactérias coliformes sobrevivem e se reproduzem no vinhoto).
- Agricultura de irrigação com um alto risco de salinização do solo. Os biótopos de efeito tampão são necessários para água de drenagem.

Os contaminantes podem ser classificados e agrupados segundo diferentes parâmetros:

1. Substâncias naturais (cianotoxina, aflatoxina, nitrito) podem ser diferenciadas de xenobióticos desenvolvidos para uso antropogênico (pesticidas).
2. As principais características físico-químicas dos contaminantes podem ser usadas para classificação, como persistente/não persistente, altamente tóxico/moderadamente tóxico, solúvel em água/não solúvel em água, etc.

3. Substâncias difusas emitidas por água de aluvião e substâncias pontuais emitidas por entrada de esgoto ou de água residual devem ser distinguidas.
4. As concentrações ambientais são um critério útil. Isso significa compostos químicos amplamente dispersos como amoníaco ou contaminantes de elemento-traço, por exemplo, substâncias farmacêuticas e remédios de uso veterinário.
5. O tipo de efeito toxicológico/ecotoxicológico, como letal, subletal ou crônico, inibição de crescimento, impacto na reprodução, entre outros, descreve os xenobióticos.

Além dos xenobióticos, outros danos aos ecossistemas aquáticos, relativos aos serviços de ecossistemas, ocorrem por:

6. Processos de eutroficação com desenvolvimento em massa de cianobactérias, entre elas espécies que produzem cianotoxinas, cianotoxinas acumuladas em frutos do mar, entre outros (Ibelings e Chorus, 2007).
7. Bactérias coliformes, principalmente por entrada de esgoto, com impacto higiênico sobre a água potável.
8. Parasitas (*Giardia, Cryptosporidium*) por entrada de esgoto, com infecção de seres humanos (EPA, 2001).
9. Entrada de matéria orgânica particulada e dissolvida com consumo de oxigênio em caso de biodegradação, risco de saturação baixa de oxigênio na água.
10. Aquecimento da água por emissão de água de resfriamento e efeitos da mudança climática, que leva a impacto direto de organismos e diminuição de oxigênio. O fator de diluição dentro do rio é de alta significância para o impacto aos organismos.
11. Fluxo de água reduzido abaixo do fluxo ecológico crítico como consequência de extração de água, armazenamento de água em reservatórios, secas de longa duração e efeitos da mudança climática. Os efeitos típicos são o aumento da temperatura da água, remobilização dos sedimentos depositados, ressecamento das áreas marginais e mudança de condições lóticas para lênticas.

A avaliação de um contaminante por esse sistema de classificação pode ser útil, mas um sistema mais geral de risco e avaliação de contaminantes ainda não pôde ser desenvolvido. A melhor abordagem é o agrupamento das substâncias por funções ecológicas e efeitos (Tabela 2).

Tabela 2 – Substâncias tóxicas em sistemas aquáticos

Efeito	Exemplo	Parâmetro tóxico	Faixa de concentração
Toxicidade letal	Nitrito, cianido, amoníaco, pH	LC50 (conc. letal para 50%) exposição: 1-2 dias	10-0,1 mg L^{-1}
Toxicidade subletal	Metais pesados pesticidas	EC50 (conc. efetiva para 50%) dano a organismos, p. ex. taxa de crescimento exposição: 2 dias-algumas semanas	0,1 mg - 1 µg L^{-1}
Toxicidade crônica	Compostos de metais orgânicos, pesticidas, cianotoxina(1)	LOEC (conc. mais baixa com efeito observado) dano ao crescimento da população, p. ex., taxa de fertilização, sobrevivência de embriões, reprodução	1 µg - 10 ng L^{-1}
Consumo de oxigênio	Compostos orgânicos (esgoto, adubo líquido)	DBO_5 (demanda bioquímica de oxigênio em 5 dias) DQO (demanda química de oxigênio)	> 2-5 mg L^{-1}
Minerais suspensos	Sedimentos finos (erosão)	Concentração (mg L^{-1})	> 25 mg L^{-1} (2)
Eutroficação	P, N	Concentração de clorofila	P: > 20 µg L^{-1} N: > 600 µg L^{-1}
Bioacumulação	Hidrocarbonetos clorados (pesticidas), compostos de metal orgânico	FB (fator de bioacumulação) $C_{organismos}/C_{água}$ (com base no volume resp. peso úmido)	0,1 mg-0,01 µg L^{-1}
Geoacumulação	Íons de metais pesados, hidrocarbonetos clorados	I_{geo} (índice de geoacumulação) $I_{geo} = \log 2\ C_{sedimento}/1,5\ C_{concentração\ do\ fundo}$ (com base na fração de argila ou marga)	10 mg^{-1} ng L^{-1}
Compostos muito tóxicos	Tributilestanho (TBT)	LOEC	10-0,01 ng L^{-1}
Substâncias genotóxicas	Arsênico, cianotoxinas NO_3^{+} (3)	Frequência de mutação	arsênico: 10 µg L^{-1} NO_3-N: 10 mg L^{-1}
Substâncias endócrinas	TBT, ftalato, fitoestrogênio	Impacto na diferenciação sexual (monossexo, impotente)	100-0,01 ng L^{-1}

(continua)

Tabela 2 – Substâncias tóxicas em sistemas aquáticos (*continuação*)

Efeito	Exemplo	Parâmetro tóxico	Faixa de concentração
Substâncias farmacêuticas, medicamentos de uso veterinário	Diclofenaco, antibióticos, hormônios	LOEC	>1 ng L^{-1}
Dano fisiológico	microplástico(4)	LOEC	sem dados

(1) produção em água eutrófica,
(2) em corpos de água costeiros, impacto muito alto a corais por causa da siltação,
(3) enriquecimento em água subterrânea por infiltração, pré-carcinogênico para crianças pequenas (Brasil, 2011),
(4) microplástico tem uma alta relevância toxicológica para partículas de < 150 µm (incorporação em tecido e inflamação), enriquecimento em organismos.

Eutroficação de lagos por nitrogênio e fósforo

Compostos de nitrogênio (nitrato, nitrito e amônia) e fósforo (ortofosfato ou fósforo solúvel reativo, FSR) são os fatores mais importantes para crescimento de plantas – na agricultura e também nos ecossistemas aquáticos. Na agricultura, um aumento de produtividade é o efeito desejado, mas nos ecossistemas aquáticos, processos indesejados de eutroficação ocorrem como um desenvolvimento em massa de algas ou macrófitos (Tab. 3). Os compostos de nitrogênio são solúveis em água e sofrem lixiviação depois da aplicação, enquanto os compostos de fósforo têm capacidade de alta absorção em solos e são principalmente carregados pela erosão de sedimentos finos (argila, marga).

Na maioria dos casos, a bioprodutividade de rios e lagos é limitada por P; mas a limitação por N e colimitação N-P também ocorrem. O aumento de P em relação à entrada de N leva a processos de eutroficação da água com graves efeitos para os ecossistemas aquáticos (Tabela 3). Concentrações relevantes de P para corpos de água eutróficos são de cerca de > 10 – 20 µg P_{total} L^{-1} e de > 600 µg N_{total} L^{-1}.

Assim, o fósforo se torna um fator-chave para a eutroficação de corpos de água e nas estratégias necessárias para evitar e reduzir a exportação de P da bacia hidrográfica. O uso excessivo de fertilizantes, a aplicação de fertilizantes antes de precipitações pesadas e o risco de erosão hidráulica e de carregamento pelo vento levam à contaminação direta de ecossistemas aquáticos.

Tabela 3 – Efeitos da eutroficação em lagos e reservatórios

Impacto no ecossistema	Processos de ecossistema
Dano à biodiversidade	Diminuição de espécies sensíveis Desenvolvimento de espécies tolerantes (eutróficas)
Crescimento de algas	Grande biomassa de algas no epilímnio Ciclo dia-noite de oxigênio e pH
Ocorrência de cianobactérias	Produção de cianotoxinas
Desenvolvimento em massa de macrófitos	Grande biomassa de algas em áreas rasas Ciclo dia-noite de oxigênio e pH
Balanço de oxigênio	Supersaturação de oxigênio na camada de superfície Défice de oxigênio à noite e em águas profundas Redução de nitratos e aumento de amônia Formação de amoníaco
Aumento do pH por produção primária	Efeitos tóxicos do pH elevado, Efeitos tóxicos de amônia (NH_3), pode ocorrer morte de peixes
Aumento da taxa de mineralização	Consumo de oxigênio no hipolímnio, sedimentos anaeróbios com colapso de organismos bênticos
Fertilização interna de lagos	Mobilização do fósforo sob condições anóxicas
Aumento do acúmulo de lama	Ocorrência de sedimentos anaeróbios Ocorrência de *Clostridium botulinum* (botulismo)
Aumento do número de bactérias	Ocorrência de bactérias coliformes
Dano à zona marginal	Ocorrência de algas fitotóxicas (*Cladophora* sp.) Acumulação de lama e de sedimentos anóxicos

As novas tecnologias podem reduzir significativamente a exportação de fertilizantes inorgânicos (Gunkel, 2018). Especialmente em lagos, a acumulação de nutrientes ocorre com o ciclo entre a vegetação (macrófitos, algas), corpo de água e sedimentos (= ciclo interno de fósforo). O risco de eutrofização de lagos e rios aumenta em caso de aplicações de fertilizantes perto das margens de rios e lagos. As faixas de vegetação de 50 m, regulamentada pela lei florestal brasileira 12.651/12 (Brasil, 2012), estão sendo feitas em alguns poucos rios e lagos, e muitos outros esforços são necessários para conseguir uma melhor proteção dos sistemas aquáticos.

Deve ser apontado que a matéria orgânica (esgoto, lixo, folhas) leva também a um efeito de carga de nutrientes. Durante a mineralização de matéria orgânica, nitrogênio e fósforo são liberados e agem de modo similar a fertilizantes inorgânicos.

Emissões de esgoto

A gestão boa e suficiente do esgoto é necessária em todas as áreas urbanas e inclui sistema de coleta, usinas de tratamento e corpos de água receptores. A reciclagem de esgoto tratado é uma ideia amplamente disseminada, mas problemas higiênicos e microcontaminantes (produtos farmacêuticos, hormônios, medicamentos de uso veterinário) limitam o reúso de esgoto em agricultura, produção de peixes e recarga de água subterrânea. Apenas a tecnologia de filtração por membrana garante esgoto tratado livre de contaminantes ("água limpa") para reúso, mas com custos de cerca de 1 dólar por m^3.

O volume de esgoto difere muito nos diversos países, em virtude da disponibilidade de água, custos e costumes humanos. O volume de esgoto varia de 120 L d^{-1} na Alemanha, 265 L d^{-1} na Espanha a 295 L d^{-1} nos Estados Unidos. No Brasil, a média de volume de esgoto fica entre 120 L d^{-1} (Nordeste) e 190 L d^{-1} (Sudeste).

A composição típica de esgoto pode ser calculada pela carga bruta *per capita* que é determinada no Brasil por

5 – 12 g N
1 – 1,6 g P
45 – 60 g DBO (demanda bioquímica de oxigênio)
90 – 120 g DQO (demanda química de oxigênio)
45 – 70 g SS (sólidos suspensos)

como emissão *per capita* e por dia (ABNT, 2011). Esta carga bruta *per capita* é um valor regional característico, dependendo de hábitos de alimentação humana, práticas de lavagem e legislação para redução de fósforo em produtos de limpeza.

Além disso, ocorrem emissões de esgoto da criação de animais, principalmente em forma de emissões difusas; para cálculo podem ser usadas unidades de animais de criação (Chilonda e Otte, 2006). Uma carga de unidade de animais de criação na América do Sul corresponde à emissão diária de

1 cabeça de gado, 1 cavalo, 7 porcos, 14 ovelhas ou 140 galinhas.

É preciso distinguir dois tipos de entrada de contaminantes: emissões em um ponto (p. ex., por saída de cano ou fluxo de entrada no rio) e emissões difusas (p. ex., por água de aluvião). Além das emissões em um ponto de esgoto, as emissões difusas têm muita importância, principalmente nas áreas rurais, e são muito mais complicadas e caras para controlar, em comparação com as emissões em um ponto.

Os efeitos principais da entrada de esgoto em corpos de água são eutrofIcação e depleção do oxigênio. A emissão de esgoto não tratado de 1 pessoa inclui uma emissão diária de cerca de 52 g DBO, ou seja, o uso de todo o oxigênio disponível em 10 m^3 de água doce (8 mg L^{-1} O_2 → 3 mg L^{-1} O_2). A emissão de 1,6 g dia^{-1} P é suficiente para contaminar > 50 m^3 de água doce (10 mg L^{-1} P → 30 µg L^{-1} P)!

Além disso, com significância crescente, ocorrem doenças e parasitas transmitidos pela água e ligados a vias de esgoto, como:

- *Schistosoma mansoni*, verme do Nilo;
- *Giardia intestinalis*, protozoário;
- *Cryptosporidum parvum*, protozoário.

Deve ser dada atenção a alguns "novos" contaminantes do esgoto, como produtos farmacêuticos, medicamentos de uso veterinário e microplástico. A maioria dos produtos farmacêuticos e medicamentos de uso veterinário é solúvel em água. Isso quer dizer que podem ser excretados pela urina e passar pelos sistemas de tratamento de esgoto. Traços deles são detectáveis em ambientes aquáticos; diclofenaco e estrogênios (anticoncepcionais e fitoestrogênios) são exemplos bem conhecidos e amplamente disseminados (Reemtsma e Jekel, 2006).

As fontes de microplástico (< 5 mm a 0,1 µm) são produtos de limpeza, cosméticos, corantes; eles também passam pelos sistemas de tratamento de esgoto. Outras fontes de microplástico são lixo plástico e coberturas de plástico usadas na agricultura, depois da desintegração mecânica durante o transporte e pela radiação UV (Carr et al., 2016).

Em sistemas aquáticos, o microplástico é enriquecido com outros contaminantes pela absorção e pode entrar na cadeia alimentar ao ser filtrado por zooplâncton e por peixes planctívoros. O microplástico < 300 µm é toxicologicamente relevante, e as partículas < 150 µm são até incorporadas aos tecidos dos animais, com efeitos inflamatórios.

Eficiência das usinas de tratamento de águas residuais

O tratamento do esgoto é uma tecnologia de várias etapas, que permite a redução do impacto ambiental das emissões de esgoto, com eficiência e custos crescentes. A água residual tratada é chamada de "água limpa", mas ainda contém alguns contaminantes, principalmente compostos persistentes e solúveis em água com baixa capacidade de absorção. Assim, a emissão de água limpa leva a um impacto na qualidade da água dos rios, dependendo do fator de diluição dentro do rio. Para obter uma boa qualidade de água limpa, estão disponíveis várias etapas de tratamento de águas residuais:

1. Pré-tratamento mecânico com rastelo: eliminação do lixo e do material residual, acomodação da areia e de outros compostos flutuantes, mas os compostos solúveis em água não são afetados e passam adiante. O lodo coletado é adicionado ao tratamento de lodo com digestor de metano. Redução da quantidade de P em até 15%, redução da DBO (demanda bioquímica de oxigênio) em até 33%.
2. Tratamento biológico: o processo de lodo ativado com etapa de sedimentação é o sistema mais usado ou, como tecnologia alternativa, com filtros de gotejamento; ambos são baseados na degradação bacteriana da matéria orgânica dissolvida sob condições óxicas. Redução da quantidade de P para 37% da concentração do fluxo de entrada; DBO é reduzida para 90-95% da concentração do fluxo de entrada (os dois valores incluem tratamento mecânico).
3. Precipitação química ou bioquímica de fósforo. Precipitação de fósforo com cloreto de ferro ($FeCl_3$) e acomodação do lodo de $FeCl_3$; a alternativa é o acúmulo de P em bactérias sob estresse de oxigênio (condições de ciclo óxicas/anaeróbias) e acomodação das bactérias. A redução de P é de cerca de 90% da concentração do fluxo de entrada, até 0,5-1 mg L^{-1} (depois do sistema de tratamento de três etapas).
4. Etapa de nitrificação/desnitrificação: oxidação da amônia para nitrato e redução do nitrato para nitrogênio no estado gasoso, vários sistemas tecnológicos diferentes são desenvolvidos; redução de amônia e nitrito do esgoto tratado chega a 50%.
5. Áreas alagadas construídas ou tanques como pós-tratamento de água limpa, redução de vírus e bactérias por biofiltração.
6. Etapa de filtração por membrana: tecnologia avançada de micropeneira com uma redução de P $< 0,05$ μg L^{-1}; esta tecnologia tem custos elevados.

Tanto as instalações de tratamento de esgoto como o sistema de esgoto têm de estar em bom estado, sem perdas altas – para evitar a contaminação de água subterrânea e plumas de esgoto no subsolo.

Porém, em muitas áreas urbanas, o tratamento de esgoto ainda é insuficiente e termina na etapa 1 ou 2 das instalações, com graves efeitos para os sistemas aquáticos, enquanto a etapa 3 (eliminação do fósforo) tem de ser considerada como um requisito mínimo e é uma tecnologia atual.

Em muitas áreas rurais, os tanques sépticos são usados para tratamento de esgotos, mas normalmente isso inclui apenas um tanque de sedimentação anaeróbia onde ocorre a metabolização, com um fluxo de saída para o campo de drenagem. Séptico se refere aos processos anaeróbios com dano aos organismos aeróbios, como as bactérias coliformes. Alguns sistemas mais avançados de tanques sépticos incluem filtro de areia ou sistema de bombeamento. Os tanques sépticos são típicos em sistemas de tratamento de águas residuais no local, o que leva à redução dos compostos orgânicos (mas também à emissão de metano, um gás do efeito estufa muito efetivo) e remove sólidos no fluxo de saída por acúmulo de lodo no tanque. A eliminação de nitrogênio e fósforo como nutrientes é muito ineficaz.

Tanques sépticos só são aceitáveis em áreas rurais com poucos habitantes sem sistemas de coleta de esgoto; recentemente, 50% da população brasileira não tinha acesso a sistemas de coleta de esgoto (Trata Brasil, 2017).

Os tanques sépticos precisam de manutenção periódica com remoção de sólidos. A saída de água leva à contaminação dos solos até o nível de saturação e, em virtude da possibilidade de infiltração, à contaminação da água subterrânea com contaminantes típicos de esgoto, principalmente COD (carbono orgânico dissolvido), nitrato, amônia, fósforo, produtos farmacêutico e medicamentos de uso veterinário. O uso excessivo da capacidade de absorção do solo leva a uma pluma de contaminação na água subterrânea em relação à água de interfluxo e, pelo menos, à contaminação da água de superfície por escoamento da água da chuva e por influxo de fontes.

Até o momento, pouco interesse tem sido demonstrado pelos sistemas que recebem água de esgoto tratada, principalmente em áreas com escassez de água. A entrada de água limpa em um riacho ou rio é limitada pelo fator de diluição, e três parâmetros principais devem ser considerados:

1. O nível máximo de contaminação da água limpa.
2. A contaminação prévia do rio; isso leva a aumento da concentração tolerável de nitrogênio e fósforo no corpo de água.
3. Tanto a emissão máxima de esgoto como a descarga mínima do rio levam ao fator mínimo de diluição que só pode ser determinado pela taxa de fluxo mínimo do rio. Mesmo assim, podem ocorrer períodos de seca de longa duração e isso levará a um dano grave da biodiversidade aquática e de outros serviços de ecossistema.

Emissões de águas residuais industriais

As águas residuais industriais ainda são uma fonte de poluição da água, mas isso é causado por tratamento insuficiente das águas residuais, falta de reciclagem dos resíduos, bem como política e controle ambientais ineficientes. Os déficits no manejo de resíduos industriais normalmente não são causados por problemas de tecnologia disponível, mas de implementação dessa tecnologia. Em muitos estados, a emissão legal de resíduos industriais não tratados não é licenciável, e a redução da quantidade de água processada, desenvolvimento de sistemas fechados com processo de reciclagem de água e tratamento da água residual com a tecnologia disponível (ou a melhor tecnologia disponível) têm sido aplicados com sucesso.

Além da produção industrial, a mineração é outra fonte de poluição de água, mas o impacto sobre a natureza pode ser reduzido com a aplicação da tecnologia atual e implementação de ciclos fechados de água.

Para o licenciamento de emissões de água residual industrial, devem ser considerados os padrões de emissão com a tecnologia disponível, além da imissão e limitação dos valores de limites de entrada de água residual em função da qualidade da água. Isto é, a diluição pelo corpo de água limita as emissões, pois a proteção dos serviços de ecossistema aquático deve ser considerada como um valor mais elevado.

A maior necessidade de proteção refere-se à água subterrânea, e qualquer contaminação deve ser excluída.

Emissões agrícolas

Emissões de produção de lavouras

Sem dúvida, a intensificação da agricultura leva a um grave impacto sobre os corpos de água; em primeiro lugar por causa das grandes áreas necessárias para produção agrícola e, em segundo lugar, porque não é fácil desenvolver processos de produção livres de emissões. As emissões mais importantes de áreas agrícolas são nitrato, amônia e fosfato como fertilizantes, além de agroquímicos como fungicidas e inseticidas.

Maiores taxas de exportação de nitrogênio, fósforo e agroquímicos são causadas por:

1. uso excessivo de fertilizantes considerando as características do solo, estado da vegetação e falta de capacidade de retenção;

2. precipitação depois da aplicação de fertilizantes e agroquímicos, bem como erosão hidráulica/lixiviação de fertilizantes e agroquímicos;
3. tecnologia de aplicação insuficiente com carregamento de fertilizantes e agroquímicos pelo vento;
4. aplicação de fertilizantes e agroquímicos perto de riachos, falta de faixas de vegetação e contaminação direta dos sistemas aquáticos.

Atualmente, os custos de fertilizantes e agroquímicos são baixos ou moderados e não promovem uma aplicação mais restrita. Sobretudo a aplicação de bons equipamentos deveria permitir uma dosagem de substâncias químicas melhor e orientada para o solo, mas isso é muito mais caro (Gunkel, 2018).

A intensificação do uso agrícola e da criação de animais e, como consequência, o aumento da erosão leva ao uso excessivo e à degradação dos solos, com absorção iônica e capacidade de armazenamento de água insuficientes. A intensidade da erosão pode ser registrada pela produção de sedimentos (em $t\ km^{-2}\ y^{-1}$) como um bom indicador de uso excessivo do solo e risco de desertificação (Vanmaercke et al. 2011). As consequências são o assoreamento de corpos de água rasos e a exportação difusa de nutrientes para os corpos de água com promoção de processos de eutroficação.

Emissões de criação de gado

Podem ser observadas duas tendências na criação de gado: intensificação da criação de gado e aplicação de sistemas técnicos com criação confinada e emissão de adubo líquido – com sobrecarga local, risco de contaminação da água subterrânea e lixiviação de rios. Essa tendência pode ser estudada em muitos países europeus, com grave impacto para a natureza e a saúde animal. Há alguns anos, podem ser observados um forte aumento na opinião pública quanto à saúde animal e aos métodos de criação adequados, além do aumento da pressão do público sobre os produtores para que considerem a saúde animal e aumentem a sustentabilidade da produção.

A intensificação da criação de gado leva a excesso local de resíduos orgânicos, e as emissões de adubo líquido são de alta significância em função das altas concentrações de nitrogênio e de matéria orgânica. O uso como fertilizante é limitado pela adsorção pelas plantas, e a percolação para a água subterrânea ocorre por causa da baixa ligação absortiva aos solos. Como consequência, o risco de contaminação de águas subterrâneas é muito alto e, em muitas áreas de criação de gado, a concentração de nitratos na água subterrânea excede as concentrações permitidas (p. ex., na Alemanha); a concentração limite é determinada no Brasil com 10 mg L^{-1} NO_3-N.

Tecnologias mais avançadas deveriam ser aplicadas para evitar a contaminação dos corpos de água receptores. Uma boa opção é o uso de resíduos orgânicos para produção de biogás, uma tecnologia bem conhecida sem custos elevados. Uma tecnologia alternativa é a criação ao ar livre (sem adubo líquido) e o uso do resíduo orgânico da criação de gado para melhoria do solo. Mesmo em caso de lodo moderadamente contaminado (p. ex., por metais pesados ou medicamentos de uso veterinário), ele pode ser usado na melhoria do solo para áreas de reflorestamento, se o risco de contaminação de águas subterrâneas for baixo em função das condições geológicas locais.

Erosão do solo

As emissões agrícolas também são causadas por problemas de erosão: a exportação de sedimentos finos (argila, marga) com nutrientes absorvidos e agroquímicos leva a um grande impacto sobre os corpos de água, e o controle da erosão se transforma em um objetivo central no manejo agrícola.

A erosão do solo é um dos principais fatores para contaminação de corpos de água, principalmente pela erosão primária dos componentes de argila e marga dos solos, que representa a fração rica em nutrientes e determina a capacidade de armazenamento de água do solo. A lixiviação de argila e marga leva à chamada arenização, o desenvolvimento de solos arenosos sem capacidade de absorção suficiente para macro e micronutrientes, bem como sem componentes capazes de expansão para armazenar água.

Assim, o processo de arenização aumenta:

1. o risco de contaminação da água subterrânea em virtude da capacidade reduzida de armazenamento de água do solo e à falta de compostos de absorção de nutrientes;
2. transporte direto de sedimentos finos contaminados com nutrientes e agrotóxicos para os corpos de água;
3. tendência a água de aluvião de chuvas em função da capacidade reduzida de armazenamento de água dos solos; além disso, os eventos de inundação de rios são piores, e as condições de baixo fluxo são estendidas (pelo interfluxo reduzido).

O processo de erosão começa com o destacamento (com aumento da intensidade de argila > marga > areia), transporte por água ou vento e deposição final em rios largos ou lagos. A erosão existe em diferentes formas, como erosão laminar, sulcos erosivos ou voçorocas. Esta última realmente afeta o uso agrícola.

A erosão é um processo multifatorial e pode ser controlada por diversas medidas (ver Figura 2). A meta é desenvolver um ciclo de sedimentos por retenção dos solos na bacia hidrográfica, além de extração e reúso de sedimentos de corpos de água para melhora do solo (Walter et al., 2012). A erosão pode ser controlada e reduzida por:

1. boas práticas agrícolas (culturas mistas e em pequena escala, linhas de cultivo horizontais, faixas de vegetação, umidificação de solos antes de precipitação pesada prevista, entre outras);
2. reflorestamento de áreas com alto risco de erosão (ou seja, forte declive, solos com baixo conteúdo de argila e de matéria orgânica, e alto risco de ressecamento); e
3. bom manejo da terra (proteção da vegetação natural com criação de gado adaptada, faixas de vegetação, retenção de solo por represas pequenas nos riachos, recarga de água subterrânea por lagos de infiltração ou poços).

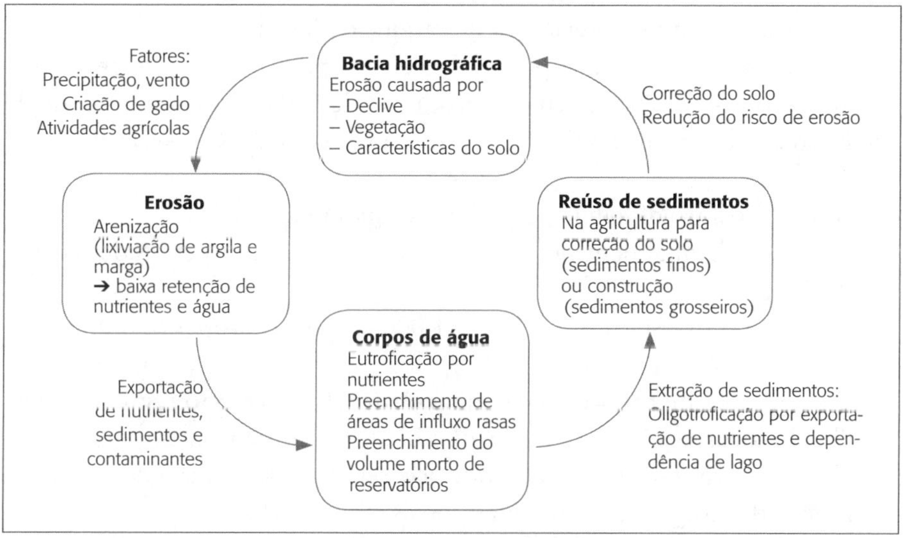

Figura 2 – Processos de erosão do solo e ciclo de sedimentos por reúso.

A entrada de sedimentos em lagos e reservatórios leva a um grave impacto sobre a qualidade da água; em primeiro lugar, por causa da alta carga de sedimentos finos com nutrientes e agrotóxicos e, em segundo lugar, pela deposição do material perto dos rios de influxo e a diminuição da profundidade da água. Um manejo avançado deve considerar os fluxos de sedimentos, e a compensação pode ser feita no manejo da terra pelo reúso desses sedimentos (Gunkel, 2018).

Aquacultura

Aquacultura de peixes de barbatana em lagoas ou tanques com maior ou menor distância do rio ou lago é uma tecnologia em intenso desenvolvimento para produção de alimentos (FAO, 2013); além da produção de aquacultura no local com uso de tanques-rede flutuantes expostas. Os sistemas de produção de peixes em lagoas e tanques permitem um tratamento simples da água residual (Snow et al., 2012), enquanto o fluxo de saída das tanques-rede é muito mais complicado para ser tratado. Os contaminantes relevantes são fósforo e amônia, além de matéria orgânica particulada e dissolvida (fezes, resíduos de alimentação) e, em casos de doenças, medicamentos de uso veterinário. O processo e a intensidade da produção regulam a quantidade de emissão desses contaminantes – uma carga mais ou menos constante ocorre durante o período de produção, mas uma carga maior de curto prazo ocorre em função da limpeza periódica do tanque ou lagoa.

A contaminação da água pode ser calculada pela biomassa de peixe produzido e, como um valor médio, a produção de 100 t tilápia (= unidade de produção familiar pequena) leva a uma emissão de cerca de (Gunkel et al., 2015):

1,3 t P (fósforo dissolvido e perdas de alimentação), e
6,8 t N (principalmente amônia, nitrogênio orgânico e perdas de alimentação),
essa carga corresponde a cerca de 1.000 cargas brutas/*per capita*.

As emissões de produção de aquacultura de peixes são reguladas pela escolha do local, espécies de peixe, qualidade do alimento, temperatura da água, entre outros fatores; assim, pode ocorrer alguma variação desses dados em função das condições ambientais locais (Scott, 2013).

As emissões de aquacultura de tanques-rede são fontes muito importantes de contaminação de lagos e reservatórios, e o uso excessivo do reservatório de Itaparica pela aquacultura foi mostrado por Gunkel et al. (2015). Os efeitos das emissões de tanques-rede são piores em baías e perto das margens dos lagos em decorrência dos reduzidos processos de troca de água, mas esses locais são os preferidos para tanques-rede (Matta et al., 2016).

O tratamento de água residual de aquacultura pode ser feito por etapas de sedimentação e aeração ou, de um modo melhor, como uma ligação aquacultura–agricultura pelo reúso da água ou como sistemas hidropônicos.

MONITORAMENTO E IMPACTO ECOLÓGICO DOS SISTEMAS AQUÁTICOS

A ecologia e a função dos rios são fortemente determinadas pela bacia hidrográfica por meio da taxa de descarga, da dinâmica da descarga, dos processos de exportação de nutrientes e de erosão, entre outros fatores.

Também é importante analisar os parâmetros relevantes da qualidade de água para cálculo de alguns índices e para o parâmetro de resumo. Os principais parâmetros de qualidade da água são:

- nitrogênio: nitrito, nitrato e amônia para nitrogênio inorgânico dissolvido (NID);
- fósforo na forma de fósforo solúvel reativo (FSR) e fósforo total (P_{total});
- nitrogênio total e fósforo total para a relação N/P;
- demanda química de oxigênio (DQO) e demanda bioquímica de oxigênio (DBO) para a proporção DQO/DBO;
- oxigênio e temperatura para cálculo do nível de saturação de oxigênio;
- amônia e pH para cálculo da concentração de amoníaco tóxico;
- diversidade e abundância de algas como biomassa; clorofila como indicador de biomassa;
- diversidade e abundância de macrófitas como biomassa;
- diversidade e abundância de zooplâncton como biomassa e para eficiência da predação de fitoplâncton;
- qualidade de sedimentos e condições óxicas/anóxicas para avaliar as reações redox químicas de sedimentos.

Rios

A qualidade da água dos rios é um parâmetro muito dinâmico, determinado por entrada de contaminantes (de fontes pontuais ou difusas), diluição por descarga do rio, processos internos de transformação como absorção para material suspenso e para sedimentos, bem como degradação por processos físico-químicos e biológicos. Como consequência, a concentração de um contaminante passa por grande variação (p. ex., por introdução em curto prazo, diluição por eventos de inundação ou aumento da concentração pela redução da descarga). Além desses processos naturais, as atividades antropogênicas também são importantes. A introdução de contaminantes em curto prazo ocorre, por exemplo, por emissões cíclicas de resíduos industriais, irrigação com emissão de água de drenagem e por limpeza periódica de lagoas de aquacultura. A regulação da descarga operacional de usinas hidrelétricas determina a diluição e a concentração de contaminantes; além disso, a ressuspensão de sedimentos contaminados e concentrações mais altas de contaminantes na água ocorrem por eventos de chuvas e pela abertura das comportas de uma represa, feita periódica ou irregularmente como manejo de sedimentos do reservatório.

Assim, o controle da qualidade da água dos rios é muito mais complicado do que no caso dos lagos. O monitoramento da qualidade da água dos rios requer amostragens frequentes (praticamente diárias), mais bem realizadas com amostradores automáticos com armazenamento misto de amostras de água (p. ex., 50 mL a cada 2 horas) e registro da taxa de fluxo. O uso de sondas com registro contínuo também pode ser feito, mas só existem sondas disponíveis para alguns parâmetros (p. ex., oxigênio, amônia, clorofila).

A poluição dos rios é determinada principalmente por matéria orgânica particulada e dissolvida (MOP, MOD) que é mineralizada por bactérias sob consumo de oxigênio. Os parâmetros de boa qualidade são a demanda bioquímica de oxigênio (DBO_5) e a demanda química de oxigênio (DQO). A proporção DQO/DBO_5 é um bom indicador para a biodegradabilidade. Uma $DQO/DBO_5 < 0{,}5$ significa boa degradabilidade.

O oxigênio na água é um fator-chave para a vida aquática, e concentrações de < 5 mg L^{-1} são consideradas suficientes para organismos sensíveis. O nível de saturação de oxigênio (concentração de O_2 em % de concentração de saturação de O_2) é usado para indicar os processos de eutroficação com supersaturação por processos de bioprodução e subsaturação por processos sapróbios (= decomposição).

Rios temporários

A maioria dos rios em áreas semiáridas e áridas são temporários ou intermitentes, caracterizados por eventos sazonais de inundação e seca. Nas áreas áridas e semiáridas, a inundação é mais frequentemente associada com eventos de fluxo curto que variam em intensidade, frequência e magnitude. As secas hidrológicas são de duração mais longa e causadas por equilíbrio negativo de água (precipitação < evapotranspiração) e uma taxa de descarga próxima a "zero". A "fase de secagem" ocorre quando o fluxo contínuo cessa após o período de inundação, e apenas piscinas se formam no leito do rio. Durante a "fase seca" não há água de superfície, mas ainda alguma água no leito do rio, nos chamados interstícios, que também é usada para armazenar água em represas subsuperfície. Durante a "fase de reumidificação", o fluxo inicial ocorre com precipitação e o início do período de inundações (Barbosa et al., 2012).

A determinação e avaliação da qualidade dos rios temporários é muito complicada e, normalmente, não faz parte do controle ambiental, mas, em caso de chuvas pesadas, a água de aluvião e a lixiviação podem acarretar a entrada elevada de contaminantes, principalmente de resíduos e matéria orgânica acumulada no leito seco do rio.

A elevada heterogeneidade espacial resultante dos padrões de inundação e seca e a dinâmica temporal do fluxo de água afetam a fauna e a flora aquática e levam à extensa modificação física dos rios, como:

- Conversão de corpos de água lóticos em lênticos, danos à fauna e à flora lóticas.
- Ressecamento do leito do rio com diminuição do nível de água subterrânea.
- Dano à fauna e à flora aquáticas, mas adaptação da intersticial (= sistema de poros de sedimentos) como biótopo refugiado.
- Subida capilar da água para a superfície em caso de sedimentos finos com salinização do solo, dano às faixas de vegetação natural pela salinização.
- Alguns poços de água parada são extremamente quentes, em alguns casos enriquecidos com sais.
- Em poços de água parada é comum o desenvolvimento de algas, e as cianobactérias são frequentes.
- A história de vida da fauna e da flora é restrita a ciclos de vida de curto prazo (< 1 ano), a sincronização sazonal para reprodução pode ser perturbada, organismos (fauna e flora) com vários anos de ciclo de vida não podem sobreviver, exceto em caso de adaptação da intersticial como biótopo refugiado.
- Mudança da flora e da fauna lótica especializada para algumas espécies pioneiras, principalmente as ubiquistas.

O reconhecimento dos rios temporários como importantes locais de biodiversidade é surpreendente. A diversidade deles está intimamente associada com padrões naturais de fluxo, distúrbios hidrológicos e interstício, o leito do rio como área de refúgio para muitos organismos aquáticos. Esse é um fato importante para a conservação e o manejo desses sistemas (Bunn e Arthington, 2002).

Lagos e reservatórios

Lagos naturais e reservatórios feitos pelo homem são caracterizados por um corpo de água constante sem condições de fluxo intenso. Assim, os lagos e os reservatórios servem como um depósito para sedimentos, matéria orgânica e contaminantes ligados a partículas. Além disso, contaminantes dissolvidos se acumulam na água em decorrência do grande tempo de retenção da água. O ciclo de nutrientes e contaminantes entre sedimentos e água dentro do corpo de água pode ocorrer por ressuspensão de sedimentos, correntes convectivas de água e bioturbulência.

A estrutura morfológica com estratificação termal do corpo de água é muito importante para a característica de um lago ou reservatório. Em geral, corpos de água rasos (< 3-5 m) são bem misturados e não têm camadas de água estratificadas. Lagos e reservatórios mais profundos são termicamente estratificados com um epilímnio (aquecido) superior e um hipolímnio (mais frio) mais profundo. A qualidade da água do epilímnio e do hipolímnio é significativamente diferente em consequência de processos biológicos, principalmente por:

- bioprodução no epilímnio com desenvolvimento em massa de algas e absorção de nutrientes disponíveis;
- reaeração da água epilímnica por meio das trocas de água atmosféricas;
- acumulação de matéria orgânica no hipolímnio por sedimentação e, em virtude de processos de mineralização, falta de oxigênio.

Assim, o monitoramento da qualidade da água de lagos e reservatórios deve considerar:

1. dinâmica da bioprodução (p. ex., o desenvolvimento de algas ocorre dentro de 1-2 semanas);
2. estratificação termal com amostragem em profundidades definidas de água no epilímnio e no hipolímnio perto dos sedimentos;
3. morfologia do lago com amostragem na posição mais profunda, área de influxo e de escoamento, bem como dentro de bacias de água ou baías distintas.

A qualidade de água de um reservatório é determinada principalmente pelas características e usos da bacia hidrográfica, e o reservatório funciona como escoadouro para nutrientes, contaminantes e solos erodidos. Dentro de um corpo de água, o ciclo bem conhecido de nutrientes e contaminantes ocorre com assimilação por produção primária, sedimentação de algas e material suspenso, acumulação nos sedimentos e ressuspensão por ondas, a bioturbação (= sedimentos misturados por organismos).

Os reservatórios levam a um grave impacto ambiental, antes de tudo, por causa dos processos de eutroficação, conhecidos como aumento trófico (Figura 3), mas também em decorrência da acumulação de nutrientes e contaminantes.

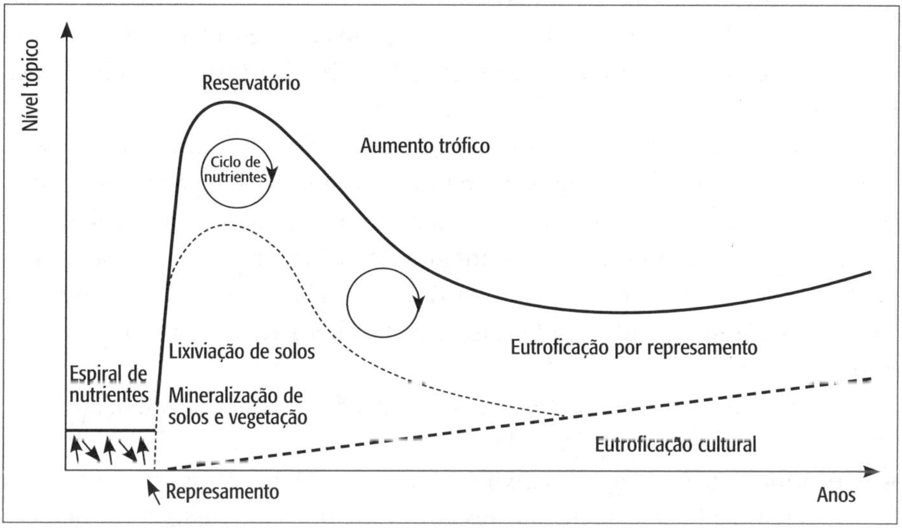

Figura 3 – Aumento trófico de um rio represado
Fonte: Gunkel, 2009.

Os reservatórios tropicais passam por rápida eutroficação "natural", o chamado aumento trófico (Figura 3; Gunkel, 2009) provocado por processos naturais de represamento de um rio. Esses processos estão baseados em (1) mineralização e lixiviação de vegetação e solos inundados; (2) condições hidrodinâmicas alteradas com aumento da temperatura e redução da reaeração física; (3) captação da matéria suspensa (erosão na bacia hidrográfica) e acumulação desses sedimentos, e (4) eutroficação cultural. Eutroficação cultural significa uma mudança do uso da terra na bacia hidrográfica em longo prazo com emissões crescentes de nutrientes decorrentes da migração de pessoas para a bacia hidrográfica do reservatório em busca de melhores possibilidades econômicas. A intensidade da eutroficação depois do represamento é muito alta e relata-se grave impacto para os seres humanos em virtude desse efeito. Alguns estudos indicam que esse aumento trófico dura cerca de 10-15 anos, antes de a depressão trófica ser observada (Selge et al., 2016; Gunkel, 2009).

Além disso, a carga de nutrientes elevada de reservatórios e lagos ocorre porque a maioria dos municípios da região semiárida do Brasil não tem instalações suficientes de tratamento da água residual. Assim, as concentrações totais de nutrientes em lagos e reservatórios geralmente são altas. Os valores médios do nitrogênio total são maiores do que 2,500 $\mu g\ L^{-1}$ e as concentrações gerais de fósforo são mais altas do que 100 $\mu g\ L^{-1}$. Os reservatórios na região semiárida do Brasil, em geral, apresentam altas concentrações de clorofila (valores médios mais altos do que 20 $\mu g\ L^{-1}$ Chl a), mostrando condições eutróficas ou hipertróficas (Barbosa et al., 2012).

A eutroficação dos reservatórios e sua contaminação com agroquímicos são processos típicos que ocorrem em todo o mundo, principalmente porque os reservatórios servem como depósito para toda a matéria particulada exportada da bacia hidrográfica. Isso inclui minerais, principalmente sedimentos finos (de processos de erosão) que absorvem fósforo e pesticidas, além de matéria orgânica (restos de plantas), que também acumulam nutrientes e pesticidas.

Os principais processos de contaminação de reservatórios são:

- produção primária e desenvolvimento de alta biomassa de algas e/ou macrófitas (espécies flutuantes como *Eichhornia crassipes* ou plantas submersas como *Egeria densa*);
- predominância de cianobactérias com aumento no nível trófico;
- ocorrência de algas produtoras de cianotoxinas com cianotoxinas ligadas a células ou excretadas (solúveis em água);
- ocorrência em massa de espécies invasivas como *Cylindrospermopsis raciborskii*, uma espécie de cianobactéria (Bouvy et al., 2000);
- ocorrência de parasitas como *Giardia, Cryptosporidium* (= protozoário, introduzido com esgoto), ou esquistossomose (barriga d'água), cujo hospedeiro é *Biomphalaria* spp., um caracol, que ocorre mais frequentemente nas entradas de águas residuais;
- bactérias coliformes que ocorrem pela entrada de esgoto sem tratamento suficiente;

- produção e emissão de metano como um gás do efeito estufa muito eficiente; a metanogênese ocorre em sedimentos anaeróbios, que são produzidos sob condições eutróficas (Barros et al., 2011; Gunkel, 2009; Ometto et al. 2011).

Risco de contaminação da água subterrânea

Os reservatórios de água subterrânea têm sido reconhecidos como sistemas com capacidade limitada e alto risco de contaminação. A capacidade para extração de água é determinada pela recarga de água subterrânea, mesmo quando o volume armazenado de água é muito grande – o uso excessivo de um reservatório de água subterrânea reduzirá a água disponível para as futuras gerações, mas também pode levar à entrada de concentrações mais altas de contaminantes nas camadas de água subterrâneas mais profundas e, perto da área costeira, de água salgada marinha. A hidrodinâmica de um reservatório de água subterrânea pode ser muito complexa e, muitas vezes, mal compreendida.

A água subterrânea deve ser vista como um sistema muito sensível:

1. O conteúdo de oxigênio é limitado porque não ocorre nenhuma reaeração como a que acontece nas águas de superfície.
2. Em caso de condições anaeróbias, ocorrem íons de sulfetos tóxicos, e a água não pode ser usada sem um tratamento muito complexo.
3. Contaminações pontuais se espalham com o fluxo de água subterrânea e formam plumas de contaminação extensas.
4. A biodegradação de contaminantes é reduzida a uma quantidade muito pequena e a pouca atividade de microrganismos.
5. As áreas de recarga de água subterrânea são locais em que pode haver contaminações, e proteção avançada é necessária sob a forma de áreas de proteção de água subterrânea para evitar qualquer contaminação. Em áreas de proteção de água subterrânea, não são aceitáveis depósitos de resíduos; a vegetação natural deve ser o uso primário da terra; a agricultura intensiva, com uso excessivo de fertilizantes, adubo líquido e agrotóxicos deve ser proibida.

A estratégia da UE é emissão zero para a água subterrânea (EU, 2000), como uma consequência da contaminação da água subterrânea por antigos locais industriais com solos contaminados e, atualmente, por criação intensiva de gado com emissão de adubo líquido.

Estratégias para proteção da qualidade da água

A Diretiva-Quadro da Água 2000/60/EEC (EU, 2000) pode ser considerada como uma estrutura orientada para o futuro para proteção e reabilitação ambiental, similar ao conceito de ecossistemas saudáveis da EPA dos Estados Unidos (Costanza et al., 1992; US EPA, 2013). A intenção da Diretiva-Quadro da Água é a proteção de todas as águas, águas de superfície e águas subterrâneas, com um só instrumento. A meta é atingir um "bom estado" para todas as águas, o que significa um bom estado ecológico e um bom estado químico. Isso inclui a proteção da ecologia aquática, uma proteção específica de hábitats únicos e valiosos, proteção dos recursos de água potável e proteção da água para banho.

Um bom estado ecológico significa a boa qualidade da comunidade biológica, boas características hidrológicas e boas características químicas. Nenhum padrão absoluto para qualidade biológica pode ser definido por causa da variabilidade ecológica; isso significa que os valores de orientação ou limite não são mais o foco da política ambiental, mas a pesquisa das estruturas e funções do ecossistema. O controle de um bom estado ecológico é especificado como o que permite um leve afastamento da comunidade biológica que seria esperada em condições de mínimo impacto aos sistemas aquáticos.

Esse bom estado ecológico inclui:

1. O oxigênio dissolvido deve permitir a sobrevivência e a reprodução dos animais nativos.
2. A concentração de substâncias tóxicas não deve ameaçar organismos nem impedir os usos do corpo de água.
3. Ausência de níveis elevados de doenças em organismos aquáticos decorrente da influência antropogênica.
4. Ausência de alteração na diversidade de invertebrados em comparação com corpos de água similares com distúrbio antropogênico insignificante.
5. Ausência de alteração na diversidade de plantas aquáticas em comparação com corpos de água similares com distúrbio antropogênico insignificante; ausência de crescimento excessivo de macrófitas ou algas em virtude da origem antropogênica de nutrientes.
6. Ausência de alteração na diversidade de peixes em comparação com corpos de água similares com distúrbio antropogênico insignificante; ausência de obstáculos artificiais para a passagem de peixes migratórios.
7. Ausência de alteração na vida de vertebrados superiores em comparação com corpos de água similares com distúrbio antropogênico insignificante.

8. Os sedimentos devem permitir a ocorrência de comunidades biológicas típicas da região.
9. As zonas ribeirinhas e costeiras não devem mostrar (em áreas não urbanas) nenhuma influência significativa da atividade humana.

Um bom estado químico é determinado por padrões de qualidade estabelecidos para substâncias químicas em nível europeu, com prioridade para substâncias perigosas. Uma lista identifica 33 substâncias ou grupo de substâncias que são uma importante preocupação para as águas europeias. Nessa lista, 11 substâncias foram identificadas como substâncias perigosas prioritárias e, portanto, sujeitas a cessação ou interrupção gradativa de descargas, emissões e perdas dentro de um cronograma apropriado que não exceda 20 anos. Outras 14 substâncias foram identificadas como sujeitas a alto risco (EU, 2008).

CONSIDERAÇÕES FINAIS

A disponibilidade de água é regulada pelos efeitos climáticos globais, características da bacia hidrográfica local e atividades antropogênicas, como a agricultura. No futuro, a disponibilidade de água e o acesso à água limpa vão se tornar mais problemáticos em virtude dos efeitos do aquecimento global, competição pela água entre usuários urbanos, industriais e agrícolas, crescimento da população, desenvolvimento socioeconômico e migração de pessoas para regiões com suprimento suficiente de água.

A escassez de água é causada pela incerteza da quantidade, tempo e local de chuva, mas também por bacias hidrográficas mal manejadas. Hoje, muitas bacias hidrográficas sofrem durante períodos extensos com a escassez de água. Mas é preciso destacar que escassez é uma expressão relativa, que significa que a demanda de água excede a disponibilidade de água, ou que a extração de água subterrânea excede a recarga de água subterrânea. Em relação ao uso de água na agricultura, é preciso que haja uma discussão mundial sobre a melhor estratégia global – apenas produção de alimentos onde houver água suficiente disponível, ou produção de alimentos em áreas com escassez de água e exportação de água virtual sob a forma de alimentos. A exportação virtual de água é um problema complexo: a decisão de crescimento econômico ou suprimento de água seguro e suficiente para os habitantes.

A intensificação da coleta da água da chuva é uma das estratégias já utilizada regularmente em áreas agrícolas. No Brasil, muitos pequenos reservatórios são construídos para coletar a água de escoamento superficial. Os processos de erosão hidráulica e de lixiviação ocasionam uma água rica em nutrientes, e a eutroficação rápida ocorre nessas águas rasas. Além disso, o fluxo de depósitos fecais de animais e a entrada direta de fezes por animais leva à contaminação fecal. Outros fatores são a reprodução de mosquitos e o suporte às doenças que têm o mosquito como vetor. As cisternas são construídas para armazenar água dos telhados, mas muitas vezes a água coletada está contaminada por depósitos no telhado, e é necessária uma boa manutenção e limpeza de telhados e cisternas. Tecnologias mais avançadas incluem represas subsuperfície e sistemas de recarga da água subterrânea.

A maioria dos usos antropogênicos da terra leva a algumas influências no comportamento e no ciclo de substâncias naturais e xenobióticos de origem antropogênica. O conhecimento, o destino e os efeitos ambientais das substâncias com um potencial ecotoxicológico são de alta importância. Muitos efeitos dessas substâncias químicas são bem conhecidos, como toxicidade, consumo de oxigênio, geo e bioacumulação, efeitos genotóxicos e endócrinos. Além disso, outros danos aos ecossistemas aquáticos ocorrem por produtos farmacêuticos, medicamentos de uso veterinário, microplástico, espécies não nativas, espécies invasivas, bactérias coliformes, parasitas trazidos por entrada de esgoto e eutroficação.

A gestão boa e suficiente do esgoto é necessária em todas as áreas urbanas e inclui sistema de coleta, usinas de tratamento e corpos de água receptores. Apenas nas áreas rurais, os tanques com evacuação ou tanques sépticos com fluxo de saída são uma alternativa. Os principais efeitos da entrada de esgoto em corpos de água são os processos de eutroficação, com desenvolvimento em massa de algas prejudiciais e depleção do oxigênio. Além disso, com significância crescente, ocorrem doenças e parasitas transmitidos pela água como *Schistosoma mansoni*, verme do Nilo, *Giardia intestinalis* e *Cryptosporidum parvum*, ambos protozoários. Deve ser dada atenção a alguns "novos" contaminantes do esgoto, como produtos farmacêuticos, medicamentos de uso veterinário e microplástico.

A reciclagem de esgoto tratado é uma ideia amplamente disseminada, mas problemas higiênicos e microcontaminantes (produtos farmacêuticos, hormônios, medicamentos de uso veterinário) limitam o reúso de esgoto para irrigação na agricultura.

A intensificação da agricultura provoca um grave impacto nos corpos de água. Atualmente, os custos de fertilizantes e agroquímicos são baixos e não promovem uma aplicação mais restrita. Maiores taxas de exportação de nitrogênio, fósforo e agroquímicos são causadas pelo uso excessivo, lixiviação, erosão hidráulica, carregamento pelo vento e aplicação perto de córregos. Outras emissões agrícolas são a exportação de sedimentos finos com nutrientes e agroquímicos absorvidos. A erosão do solo é um dos principais fatores para a contaminação de corpos de água. A erosão de argila e marga leva à arenização e à degradação dos solos. A erosão pode ser controlada e reduzida por boas práticas agrícolas, reflorestamento de áreas com alto risco de erosão e bom manejo da terra.

A agricultura moderna com tecnologia de irrigação tem um risco muito alto de salinização do solo, mas a irrigação é um dos principais fatores para o aumento da produtividade. A instalação de sistemas de drenagem pode reduzir o risco de salinização do solo, mas a água de drenagem deve ser tratada, por exemplo, em áreas alagadas construídas, para reduzir a contaminação dos corpos de água.

REFERÊNCIAS

[ABNT] Associação Brasileira de Normas Técnicas. *Elaboração de projetos hidráulico-sanitários de estações de tratamento de esgotos sanitários.* NBR 12209. 53 pp. 2011.

ANTONIO, A.C.D.; HAMMECKER, C.; MONTENEGRO, S.M.L.G. ET AL. Subirrigation of land bordering small reservoirs in the semi-arid region in the Northeast of Brazil: monitoring and water balance. *Agricul. Wat. Management,* 73(2):131-147, 2005.

BARBOSA, J.E.L.; MEDEIROS, E.S.F; BRASIL, J. Aquatic systems in semi-arid Brazil: limnology and management. *Acta Limnologica Brasileira,* 24(1):103-118, 2012.

BARROS, N., COLE, J.J., TRANVIK, L.J. et al. Carbon emission from hydroelectric reservoirs linked to reservoir age and latitude. *Nature Geoscience,* 4 pp., 2011. doi: 10.1038/NGEO01211.

BOUVY, M.; FALCAO, D.; MARINHO, M. ET AL. Occurrence of Cylindospermopsis (Cyanobacteria) in 39 Brazilian tropical reservoirs during the 1998 drought. *Aquatic Microbial Ecology,* 23:13-27, 2000.

BRASIL. Código Florestal. Lei n. 12.651 de 25 de maio de 2012. Casa Civil, Subchefia para assuntos jurídicos, 2012.

BUNN, S.E.; ARTHINGTON, A.H. Basic principles and ecological consequences of altered flow regimes for aquatic biodiversity. *Environmental Management,* 30:492-507, 2002. doi:10.1007/s00267-002-2737-0

CARR, S.A.; LIU, J.; TESORO, A.G. Transport and fate of microplastic particles in wastewater treatment plants. *Water Res,* 91:174-182, 2016. doi: 10.1016/j.watres.2016.01.002.

CARVALHO, R.M.C.; SOBRAL, M.; COSTA, M.R. et al. Subsurface dams for water storage and sustainable development in semi-arid areas. In: L.M.G. DUARTE; P. PINTO (eds.) *Sustainable development: energy, environment and natural disasters.* Lisboa: Fundação Luis de Molina, 2009. pp.149-158.

CHILONDA P.; OTTE J. *Indicators to monitor trends in livestock production at national, regional and international levels. Livestock Research for Rural Development,* volume 18, Article #117, 2006. Retrieved March 22, 2017. Disponível em: http://www.lrrd.org/lrrd18/8/chil18117.htm. Acessado em: 19 jan. 2017.

COSTANZA, R.; NORTON, B.G.; HASKELL, B.D. (eds.). *Ecosystem health: new goals for environmental management.* Washington: Island Press, 1992.

DE VRIES, J.J.; SIMMERS, I. Ground water recharge: an overview of processes and challenges. *Hydrogeology Journal*, 10:5-17, 2002.

[EPA] US ENVIRONMENTAL PROTECTION AGENCY. *Cryptosporidium: Human health criteria document.* EPA-822-K-94-001, 2001.maeck.

[EU] EUROPEAN UNION. Directive 2008/105/EC of the European Parliament and of the Council of 16 December 2008 on environmental quality standards in the field of water policy, L 348/84, Official J. Eur. Union.

______. Framework for Community action in the field of water policy. Directive 2000/60/EEC. Official Journal of the European Communities, 22.12.2000, L 327/1, 2000.

GUNKEL, G. Hydropower – A green energy? Tropical reservoirs and greenhouse gas emissions. *Clean*, 37:726-734, 2009.

______. Manejo das Bacias Hidrográficas: serviços de ecossistemas e tecnologias avançadas. In: PHILIPPI JR.A.; SOBRAL M. DO C. (eds.) *Gestão de Bacias Hidrográficas e Sustentabilidade.* Barueri, Manole, 2019.

GUNKEL, G.; MATTA, E.; SELGE, F. et al. Carrying capacity limits of net cage aquaculture for Brazilian reservoirs. *Revista Brasileira de Ciências Ambientais*, 36:128-144, 2015. doi: 10.5327/Z2176-947820151008.

IBELINGS, B.W; CHORUS, I. Accumulation of cyanobacterial toxins in freshwater "seafood" and its consequences for public health: A review. *Environmental Pollution*, 150:177-192, 2007. doi: 10.1016/J.envpol.2007.04.012.

MAECK, A.; DELSONTRO, T.; MCGINNIS, D.F. et al. Sediment trapping by dams creates methane emission hot spots. *Environ. Sci. Technol*, 47:8130-8137, 2013. doi:10.1021/es4003907.

MATTA, E.; SELGE, F.; GUNKEL, G. ET AL. Simulations of nutrient emissions from a net cage aquaculture system in a Brazilian bay. *Water, Sciences and Technologies*, 73(10):2430-2435, 2016.

OMETTO, J.P.; PACHECO, F.S.; CIMBLERIS, A.C.P. et al. Carbon dynamic and emissions in Brazilian hydropower reservoirs. In: DE ALCANTARA, E.H. (ed.). *Energy Resources: Development, Distribution and Exploitation.* Nova York: Nova Science Publishers, 2011. ISBN 978-1-61324-520-0.

REEMTSMA, T.; JEKEL, M. (eds.). *Organic Pollutants in the Water Cycle.* Weinheim: WILEY-VCH Verlag, 2006. ISBN: 3-527-31297-8.

RICHTER, B.R.; BAUMGARTNER, J.V.; Wiginton, R. et al. How much water does a river need? *Freshwater Biology*, 37:231-249, 1997.

SCOTT, P.C. Regional and national factors relevant to site selection for aquaculture in the Federative Republic of Brazil. In: ROSS, L.G.; TELFER, T.C.; FALCONER, L. et al. (eds.). *Site selection and carrying capacities for inland and coastal aquaculture.* FAO/Institute of Aquaculture, University of Stirling, (2013) Expert Workshop, 6–8 December 2010. Stirling, the United Kingdom of Great Britain and Northern Ireland. FAO Fisheries and Aquaculture Proceedings No. 21. Rome, FAO. 46 pp. Includes a CD–ROM containing the full document. 282 pp., 2013. ISBN: 9789251075838.

[SEI] STOCKHOLM ENVIRONMENTAL INSTITUTE. *Rain water harvesting.* UNEP/SEI, 2009. ISBN 978-92-807-3019-7.

SELGE, F. *Aquatic ecosystem functions and oligotrophication potential of the Itaparica reservoir, São Francisco river, in the semi-arid Northeast Brazil.* ITU Schriftenreihe Nr. 33, 141 pp. Papierflieger Verlag Clausthal-Zellerfeld. 2017. ISBN 978-3-86948-580-5.

SELGE, F.; MATTA, E.; HINKELMANN, R. et al. Nutrient load concept-reservoir vs. bay impacts: a case study from a semi-arid watershed. *Water Science and Technology*, 74(7):1671-1679, 2016. doi: 10.2166/wst.2s016.342 (ISSN 0279-1223).

SNOW, A.; ANDERSON, B.; WOOTTON, B. Flow-through land-based aquaculture wastewater and its treatment in subsurface flow constructed wetlands. *Environ. Rev*, 20:54-69, 2012.

TARJUELO, J.M.; M DE-JUAN, J.A.; MORENO, M.A. et al. Review. Water resources deficit and water engineering. *Spanish Journal of Agricultural Research*, 8(S2):S102-S121, 2010.

TRATA BRASIL. Estudos Trata Brasil. Disponível em: <http://www.tratabrasil.org.br/estudos-trata-brasil>. Acessado em: 26 fev. 2017.

TUNDISI, J.G.; MATSUMURA-TUNDISI, T.; TUNDISI, J.E.M. Reservoirs and human well being: new challenges for evaluating impacts and benefits in the neotropics. *Braz. J. Biol*, 68:1133-1135, 2008.

US EPA. *Measurement and Monitoring: Healthy Communities and Ecosystems.* Disponível em: http://www.epa.gov/geoss/eos/txt_mm_community.html. Acessado em 4 nov. 2013.

Vanmaercke, M.; Poesen, J.; Maetens, W. et al. Sediment yield as a desertification risk indicator. *Science of the Total Environment*. 409:1715-1725, 2011. doi:10.1016/j_scitotenv.2011.01.034.

WALTER, K.; GUNKEL, G.; GAMBOA, N. An assessment of sediment reuse for sediment management of Gallito Ciego Reservoir, Peru. *Lakes & Reservoirs: Research and Management*, 17:301-314, 2012. doi: 10.1111/Ire.12008.

WORKMAN, J. *Saline solutions*. The Source 5, IWA, 40-41, 2016.

4 Manejo das bacias hidrográficas: serviços de ecossistemas e tecnologias avançadas

Günter Gunkel
Biólogo, Universidade Técnica de Berlim

INTRODUÇÃO

Já em 1995, o acesso à água limpa e suficiente foi classificado como o fator mais limitante para a qualidade da vida humana por uma resolução da International Society of Limnology (Sociedade Internacional de Limnologia), uma afirmação que indica os desafios para o manejo de qualquer bacia hidrográfica. Na atualidade é amplamente aceito que os recursos hídricos são limitados, e existe uma discussão contínua sobre o acesso à água limpa e aos diversos usos da água. Com a crescente escassez do suprimento de água potável e com a prioridade de uso de água para produção de alimentos (irrigação, agricultura, aquacultura e criação de animais), é preciso ter água de boa qualidade, ou seja, água sem contaminantes em concentrações prejudiciais e reservatórios de água sem aumento do nível de eutroficação.

O conceito de serviços de ecossistemas (SE) aquáticos fornece uma abordagem efetiva para qualquer manejo de reservatório, considerando a ligação de qualidade e quantidade de água bem como os usos antropogênicos da água. SE são "bens finais" como expressos em uma definição de Boyd e Banzhaf (2007). Serviços de ecossistemas finais são componentes da natureza, consumidos ou usados diretamente para produzir bem-estar humano. No entanto, muitos componentes são funções de um ecossistema como produtos intermediários. Assim, é necessário distinguir entre funções de ecossistemas intermediárias e bens finais nos serviços de ecossistema.

Funções e serviços de ecossistemas são determinados apenas em corpos de água quase naturais, intactos; essa é a estratégia da EU Water Framework

Directive (EU, 2000) (Diretiva-Quadro da Água da UE) e o que a EPA dos EUA denominou como ecossistemas saudáveis (US EPA, 2013). O ciclo hidrológico natural é governado com intensidade crescente, pelos efeitos da mudança climática, que têm sido reconhecidos como o fator mais efetivo para a disponibilidade de água em muitas regiões (EEA, 2007; IPCC, 2008; Bates et al., 2008). Até agora, as variações nos efeitos da mudança climática previstos são altas, mas a tendência é similar em diferentes modelos climáticos e pode ser usada para previsão da disponibilidade de água e avaliação da qualidade da água (Kundzewicz et al., 2007).

Ao contrário, o ciclo local de água em pequena escala, com os fluxos principais de precipitação, evaporação e descarga regula a disponibilidade em uma bacia hidrográfica. Eventos sazonais (períodos de chuva e de seca) e eventos de vários anos (períodos de seca de longa duração) são os fatores para o ciclo da água.

A intensificação da agricultura leva a um aumento dos usos de água, com perdas crescentes de água por evaporação e evapotranspiração; entre outros fatores, isso é causado pela exportação de água virtual, a produção de alimentos com demanda intensiva de água e exportação de produtos para outras regiões.

A política ambiental tornou-se uma tarefa central para regular o desenvolvimento futuro, mas, em muitos casos, a discussão ainda é controversa, por exemplo, usinas hidrelétricas e emissões de gases do efeito estufa, exportação de água virtual ou crescimento econômico, a ligação entre irrigação e salinização do solo, plantação de eucaliptos ou de espécies nativas.

No entanto, novas tecnologias e estratégias são desenvolvidas e nos possibilitam resolver muitos problemas, por exemplo, com novas tecnologias de fertilização, recuperação do solo com biochar, clones inférteis de eucalipto, sistemas fechados em aquacultura, entre outras. A tarefa da política ambiental é apoiar essas novas tecnologias e aumentar a pressão a qualquer dano aos serviços de ecossistema para parar as tendências ao aumento do uso da terra e da água, diminuindo a quantidade e qualidade da água e aumentando a degradação, a salinização e a desertificação do solo. Uma boa qualidade da água deve ser a meta de qualquer política futura orientada para bacias fluviais – e alguns aspectos são destacados neste capítulo.

BACIAS FLUVIAIS E DISPONIBILIDADE DE ÁGUA

Os sistemas aquáticos no Brasil representam ecossistemas muito diferentes, entre os quais estão os rios de florestas tropicais, riachos de montanhas, rios grandes como o São Francisco, áreas alagadas, lagos, reservatórios e lagoas (Barbosa et al., 2012). Esses ecossistemas aquáticos têm diferentes estruturas e funções, e a qualidade da água, bem como a capacidade de proporcionar um efeito tampão frente a distúrbios apresentam grande variação. É muito importante indicar que a ecologia aquática é uma tarefa multidisciplinar com geomorfologia dos sistemas aquáticos, dinâmica de fluxo e suas condições hidrodinâmicas, qualidade fisicoquímica da água, dinâmica dos processos bióticos com biodiversidade, bioprodução, efeitos de cadeia alimentar e metabolismo de compostos orgânicos. Esses processos são investigados em limnologia, e os dados são necessários para a avaliação dos sistemas aquáticos, mas também para a previsão de mudanças futuras dos processos e funções do ecossistema em virtude dos usos antropogênicos ou efeitos da mudança climática (Roland et al., 2005; Rebouças et al., 2006; Tundisi e Matsumura-Tundisi, 2008).

Vulnerabilidade dos recursos hídricos

Em todas as bacias de captação usadas de forma antropogênica, a vulnerabilidade dos recursos hídricos é muito alta, e a mudança climática piora ainda mais os problemas (Chandler et al., 2002). Sem dúvida, esse é o maior desafio para o manejo de bacias fluviais no século XXI. Notícias diárias relativas à água tornaram-se frequentes, e os assuntos mencionados são escassez de água, crise hidrológica, interrupção do suprimento de água nas torneiras, dessecação de reservatórios, descarga de rios com queda abaixo do fluxo mínimo (ecológico), maior concentração de contaminantes, pluma de algas prejudiciais, disseminação de ervas daninhas nocivas, disseminação de doenças transmissíveis pela água e conflitos de usuários da água, entre outros.

Em muitos países, os problemas no manejo de bacias de captação e de bacias fluviais estão ligados com a quantidade de água, em virtude dos usos intensivos e da disponibilidade decrescente da água como resultado da mudança climática. Além disso, os problemas de qualidade da água se tornam mais importantes porque o conhecimento da avaliação higiênica, toxicológica e ecotoxicológica está disponível e é discutido por um grande público. Assim, a pressão pelo controle de qualidade da água se torna mais intensa.

A escassez de água é causada pela incerteza da quantidade, tempo e local da chuva, mas também pela má gestão das bacias de captação. É preciso destacar que escassez é uma expressão relativa que significa que a demanda pela água excede a disponibilidade de água, ou que a extração de água subterrânea excede a recarga desta. No caso de armazenamento de água em reservatórios tropicais, devem ser consideradas perdas de água por evapotranspiração de cerca de 2.000 mm por ano. Assim, os benefícios do armazenamento de água são parcialmente compensados por perdas de água decorrentes de evaporação repectivamente evapotranspiração. As perdas de água aumentam muito se o reservatório estiver coberto com vegetação flutuante como o jacinto-de-água (*Eichhorna crassipes*) e também com infiltração na água subterrânea (os reservatórios têm um forte declínio do nível para a água subterrânea).

Outro problema é a exportação de água virtual, o que significa produção de alimentos intensiva em água visando à exportação para outros países – a agricultura deve ser adaptada à escassez de água por tecnologia relacionada e plantas selecionadas (Tarjuelo et al, 2010).

Reservatórios para armazenamento de água

Lagos e reservatórios têm uma posição crucial no armazenamento de água e, sem dúvida, os reservatórios de água são muito importantes para o controle de inundações e para a crescente demanda de água potável para seres humanos, para animais de criação, aquacultura, agricultura e hidroenergia. Além disso, o foco nas funções de ecosistemas e nos serviços de ecossistemas aquáticos leva a uma avaliação mais diferenciada dos reservatórios e de seu potencial para o bem-estar humano (Tundisi et al., 2008; Gunkel et al., 2015). Os reservatórios de água passam por uma discussão controversa: por um lado, sobre o controle da descarga de água, armazenamento de água e uso da hidroenergia e, por outro lado, sobre a proteção à natureza e impactos ambientais e função ecológica (Biswas, 2004; Tundisi et al., 2008).

Há algumas décadas, os reservatórios têm sido vistos principalmente como formas de armazenamento de água e/ou uso hidrelétrico, e a qualidade da água não era o foco de interesse. Recentemente, a escassez de água e o conhecimento sobre os problemas de qualidade da água de reservatório mudaram os alvos para o manejo de reservatório e são determinados múltiplos usos à água (Brasil, 1997, Gunkel et al., 2018).

Pequenos reservatórios, chamados "açudes" no Brasil, são construídos em grande número e usados como reservatório de água para seres humanos e gado e também para agricultura. Essa captação de água da chuva é chamada coleta de água e pode ser realizada por meio de várias tecnologias, por exemplo, coleta em cisternas da água proveniente de telhados, armazenamento de água de escoamento superficial por pequenos reservatórios e armazenamento do caudal de rios temporários por represas subsuperfície (Gunkel, 2018).

Os problemas de manejo de reservatório em áreas semiáridas e áridas são piores em decorrência das condições de clima locais. Esses reservatórios são caracterizados pela ausência de precipitação durante om período de seca, e a extração contínua de água durante todo o ano diminui continuamente o nível de água. Em anos mais secos, alguns reservatórios podem secar por completo. Essa intensa redução no nível de água resulta em grave impacto ao ecossistema do reservatório, entre outros fatores, pela acumulação de sais e nutrientes, ausência de estratificação térmica e ressuspensão de sedimentos depositados por ondas de vento (ver Quadro 1).

Os reservatórios de água na zona temperada são mais caracterizados por processos de lago com o bem conhecido ciclo sazonal da temperatura (verão/inverno) e produção primária com a sucessão de grupos de organismos. O fenômeno da eutroficação dos lagos temperados tem sido o foco da limnologia há várias décadas (Tundisi e Matsumura-Tundisi, 2008).

Quadro 1 Alguns fatos e características de reservatórios tropicais

- Reservatórios tropicais e subtropicais são mais frequentes no mundo (> 60%).
- No total, cerca de 29.000 grandes represas (altura da represa > 15 m) existem na área tropical e subtropical.
- O efeito da temperatura alta durante o ano inteiro e a radiação apoiam a eutroficação e o desenvolvimento de algas prejudiciais (HAB, *harmful algae blooms*) e de ervas aquáticas nocivas.
- Corpos de água tropicais estão em desvantagem em comparação com reservatórios temperados em virtude dos extensos períodos de seca e da dominância de cianobactérias.
- A ecologia de espécies e os processos ecológicos em temperaturas tropicais não são bem conhecidos (p. ex., tolerâncias de temperatura, taxas de crescimento, reprodução).
- O armazenamento e a coleta de água são cruciais em áreas semiáridas e áridas e levam à dessecação parcial ou completa dos reservatórios.
- A escassez de água nos trópicos levou a usos múltiplos da água (energia hidrelétrica, suprimento de água para seres humanos e gado, agricultura, aquacultura, entre outros).
- O manejo insuficiente de reservatórios e a falta de educação ambiental promove a disseminação de doenças transmitidas pela água (parasitas *Schistosoma*, *Giardia* e *Cryptosporidium*, com mosquitos como vetor de dengue e zika).

Tendências futuras em disponibilidade de água

A disponibilidade de água em uma bacia hidrográfica é regulada pelos efeitos climáticos globais, características da bacia hidrográfica local e atividades antropogênicas, como o uso da terra e a exportação de água virtual; isso significa que a disponibilidade de água não é apenas determinada por um ciclo de água fechado. Modelos globais e também modelos regionais são necessários para a previsão da disponibilidade de água no futuro – uma informação básica para o planejamento do desenvolvimento da agricultura e a construção de reservatórios (Chandler et al, 2002).

A disponibilidade de água e o acesso à água limpa torna-se mais problemática:

- Efeitos do aquecimento global, como a precipitação reduzida, aumento da evapotranspiração e mudança de chuva constante em eventos de precipitação mais intensos mas de curto prazo. Em muitas regiões a quantidade de "água azul" (água armazenada em rios, lagos e água subterrânea) diminui, resultando no aumento de contaminantes decorrente da diluição reduzida.
- Recarga reduzida de água subterrânea ocorre no caso de aumento das chuvas pesadas em função do aumento de água de aluvião.
- A competição entre usuários de água urbanos, industriais e agrícolas com diferentes recursos econômicos vai aumentar. A mudança para usos urbanos e industriais da água leva ao aumento de água de esgoto e águas residuais e, assim, são necessários mais esforços para o tratamento de águas residuais a fim de manter a qualidade da água dos rios. Infelizmente, o tratamento de águas residuais se arrasta atrás da extração de água.
- A degradação dos rios pela canalização e construção de represas leva a danos aos habitats e à biodiversidade e a um impacto nos processos ecológicos, por exemplo, deve-se supor a mineralização da matéria orgânica como um processo de autopurificação.
- O aumento da população, o desenvolvimento socioeconômico e a migração das pessoas para regiões com suprimento de água suficiente leva a uma maior demanda de água. Assim, a contaminação de rios e lagos aumenta com as emissões de esgoto, a extensão das terras agrícolas e a produção industrial com a emissão direta de águas residuais e erosão hidráulica, além de lixiviação de nutrientes e agrotóxicos.
- Ocorre uma falta de tratamento adequado de esgotos com canos coletores e usinas de tratamento. Especialmente nas áreas rurais, os sistemas de coleta de esgoto não são construídos, e o tratamento do esgoto ocorre com tecnologias simples, como fossas sépticas. Portanto, existe um alto risco de contaminação da água subterrânea por percolação da água e de contaminação de rios por lixiviação.

- As tecnologias de economia de água não conseguem compensar a crescente demanda de água em todas as áreas; apenas nas áreas urbanas dos países industrializados foi obtida uma redução significativa do uso da água.
- Níveis menores de água nos rios levam à ressuspensão dos sedimentos depositados e à mineralização de sedimentos ressecados. Os sedimentos ressuspensos muitas vezes estão altamente contaminados por metais pesados e compostos aromáticos policíclicos; a mineralização de sedimentos ressecados leva à liberação de nutrientes e sustenta os processos de eutroficação (Gunkel et al., 2018).

Um indicador para a disponibilidade de água é o índice de exploração da água (IEA), com a razão de retirada usada pela European Environmental Agency (Agência Ambiental Europeia) (EEA, 2003, Curk, 2014) e também usada no Brasil (ANA, 2013). O IEA é o quociente da demanda de água e da disponibilidade de água como um total de escoamento superficial.

< 5 = disponibilidade de água excelente
5 – 10 = disponibilidade de água confortável
10 – 20 = disponibilidade de água preocupante
20 – 40 = disponibilidade de água crítica
> 40 = disponibilidade de água muito crítica

O índice IEA se torna muito mais significativo se a variação sazonal for considerada; isso significa um cálculo do índice IEA para a estação chuvosa e para a seca. A falta de água nos rios e lagos é um problema crescente em muitas áreas e pode provocar um grave impacto nas funções e processos dos ecossistemas aquáticos. Assim, um fluxo ecológico é discutido como o fluxo mínimo sem nenhum impacto sobre as funções do ecossistema, mas o cálculo ainda é controverso.

Esse fluxo mínimo ou ecológico pode ser calculado por alguns diferentes modelos, um dos quais é a abordagem Q_{95}. O fluxo ecológico é dado por 60% do percentil 95 da descarga (Q_{95}). O valor Q_{95} é baseado na distribuição normal da descarga durante a estação chuvosa e a seca por um período mais longo (10 ou 25 anos), mas ele não considera a ocorrência periódica de períodos de seca de longa duração como é típico no Nordeste do Brasil. O cálculo de Q_{95} representa a variação estatística de anos "normais" (úmidos), mas não a situação com escassez de água durante longos períodos de seca e a "nova" distribuição de taxa de descarga com os efeitos da mudança climática. São necessários modelos mais diferenciados para garantir o acesso à água com condições de mudança climática e durante secas de vários anos, bem como para garantir o fluxo ecológico nos rios (Richter et al., 1997, IPCC, 2014).

Nos anos úmidos Q_{95} significaria apenas alguns poucos eventos de curto prazo com taxa de fluxo insuficiente, mas durante os períodos de seca isso significaria taxa de fluxo insuficiente de longa duração com dano completo ao ecossistema aquático. Do ponto de vista ecológico, o impacto de um fluxo mínimo já é dado pela duração mais longa da descarga insuficiente (mesmo > 60% de Q_{95}). Mas nenhum método simples é suficiente para o cálculo do fluxo ecológico, pois ele depende das características dos rios (tamanho do rio, estado ecológico e hidrológico do rio e também usos antropogênicos do rio) (Bunn e Arthington, 2002, Acreman e Dunbar, 2004).

Em áreas semiáridas e áridas, os problemas de quantidade e qualidade da água são ainda piores, entre outros fatores, em virtude do fluxo reduzido de água durante os períodos secos e da ocorrência periódica de secas que duram vários anos (ver Quadro 1). Qualquer política de água avançada deve considerar essas tendências e desenvolver soluções para o futuro.

POTENCIAL DE UMA GESTÃO AVANÇADA DE BACIAS HIDROGRÁFICAS

Serviços de ecossistemas como ferramenta para a proteção da qualidade da água

O conceito de serviços de ecossistemas (SE) foi desenvolvido para obter uma compreensão melhor sobre os usos da água e os conflitos dos usuários. Ainda não se chegou a um consenso sobre a definição de SE, e os processos, funções e bens de ecossistema devem ser distinguidos (Gunkel et al., 2015). A melhor definição foi dada por Boyd e Banzhaf (2007): "Serviços de ecossistemas finais são componentes da natureza, consumidos ou usados diretamente para produzir bem-estar humano. Muitos, se não a maioria, dos componentes e funções de um ecossistema são produtos intermediários, no sentido de que são necessários para a produção dos serviços, mas não são os próprios serviços." No que diz respeito à proteção e sustentabilidade, a importância do SE para a gestão de bacias hidrográficas é bem entendida e amplamente aceita. Além disso, o risco do impacto do SE por contaminantes na bacia hidrográfica é um consenso e parte da educação ambiental.

Muitos processos de ecossistemas aquáticos beneficiam a humanidade, e eles devem ser preservados e usados porque são sistemas de baixo custo. Ecossistemas saudáveis têm uma capacidade mais alta de obter um efeito tampão, o que reduz o impacto causado por catástrofes naturais e pelas atividades humanas. Isso é muito importante nas regiões com clima sazonal extremo.

Os SE não são usos de água constantes e garantidos, mas também mudam em quantidade com o impacto humano, bem como diante de catástrofes naturais, entre outros efeitos da mudança climática. Portanto, uma política futura orientada para o meio ambiente deve considerar a disponibilidade da água e sua qualidade para as próximas décadas a fim de desenvolver um modelo de longa duração para usos da água com prioridade da saúde humana.

Os principais SE terrestres são:

- produção de alimentos (agricultura, criação de animais);
- biodiversidade da fauna e da flora;
- armazenamento de carbono e mitigação dos efeitos da mudança climática;
- redução de água de aluvião e armazenamento de água (como água de solo e subterrânea, vegetação como água verde);
- regulação de microclimas;
- atividades esportivas e de recreação;
- produção de madeira, entre outras.

Mas o conhecimento dos SE aquáticos é menor. Eles incluem (Tabela 1):

- suprimento de água (seres humanos, agricultura, indústria);
- limpeza da água por processo de autopurificação;
- regulação de fluxo e inundação de terrenos de baixa drenagem como áreas de retenção natural;
- produção de alimentos (frutos do mar, macrófitas, como *Nasturtium officinale*, aves aquáticas);
- hidroenergia;
- biodiversidade da fauna e da flora;
- regulação de microclimas;
- armazenamento de carbono e mitigação dos efeitos da mudança climática;
- esportes aquáticos e recreação;
- pesca esportiva;
- navegação náutica e de recreio.

Muitas vezes a ligação dos usos da bacia hidrográfica e o impacto sobre os SE aquáticos não é o foco da política ambiental em diversas regiões e, de modo geral, os SE aquáticos são mais ameaçados. A política ambiental deve desenvolver uma compreensão melhor da importância dos SE para o manejo sustentável da água, especialmente de lagos artificiais, e proteção dos ecossistemas aquáticos.

Tabela 1 – Serviços de ecossistemas aquáticos, processos ecológicos e benefícios humanos

Serviços de ecossistemas	Processos ecológicos	Benefícios humanos
Suprimento de água doce	Armazenamento de água	Suprimento de água potável, água para rega, agricultura de irrigação, aquacultura
Produção de biomassa	Produção primária	Uso de biomassa para biogás, melhora do solo e construção (junco, bambu)
Produção de alimentos	Produção primária (rede de alimentos)	Alimentos sob a forma de invertebrados, peixes, aves aquáticas, macrófitas (p. ex., *Nasturtium officinale*)
Armazenamento de CO_2	Produção primária	Mitigar a mudança climática
Limpeza da água	Autopurificação (metabolismo de carbono)	Áreas alagadas construídas para tratamento de águas residuais, mitigar a poluição da água
Biodiversidade aquática	Rede de alimentos com nichos, espécies especialistas	Estabilidade e capacidade de obter efeito tampão de ecossistemas, capacidade para se adaptar a condições ambientais mutáveis (p. ex., mudança climática)
Microclima (esfriamento)	Evapotranspiração	Esfriamento, maior umidade do ar
Recreação	Desenvolvimento da paisagem, biodiversidade	Esportes aquáticos, experiência da natureza, pesca esportiva, navegação
Regulação do fluxo	Armazenamento de água	Prevenção de inundações
Suprimento de sedimentos	Retenção de matéria suspensa	Melhora dos solos (nutrientes, matéria orgânica), fonte de materiais de construção (areia, cascalho)
Inundação de terrenos de baixa drenagem	Dinâmica de descarga	Suporte de solos ricos em nutrientes nas planícies aluviais
Hidroenergia	Fluxo da água	Energia de baixo custo
Navegação	Fluxo de água regulado	Transporte de baixo custo

Fonte: Gunkel et al., 2015.

A maioria desses SE implica suficiente qualidade da água, em geral um estado oligotrófico a mesotrófico sem nenhuma contaminação. Ocorrem graves impactos ao bem-estar humano e ao desenvolvimento econômico em caso de eutrofização e contaminação com impacto dos SE.

O uso da água para os seres humanos é regulado pela diretiva da água potável, que significa água segura sem contaminantes, bactérias e parasitas prejudiciais (WHO, 2011). Os contaminantes microbiais são, entre outros, os micróbios fecais (*E. coli*, EHEC) e parasitas (*Giardia*, *Cryptosporidium*), espalhados por animais domésticos e despejo de esgoto nos sistemas aquáticos. Mas também a água para aquacultura ou a água para irrigação de culturas de frutas e vegetais precisam ter normas de qualidade similares às da água potável. É preciso um foco na absorção de cianotoxinas, que se acumulam em peixes, crustáceos e até em algumas lavouras e frutas por meio de água de irrigação contaminada. O conhecimento atual desses fluxos ainda é insuficiente (Ibelings e Chorus, 2007; Van Apeldoorn et al., 2007; Kozlowsky-Suzuki et al. 2012). Os critérios de qualidade para água usada na criação de animais são mais baixos do que para água potável, mas ela também deve estar livre de contaminantes e parasitas.

Depósitos de sedimentos

Os lagos e reservatórios servem como uma armadilha para a carga e a sedimentação de matéria suspensa (compostos minerais e orgânicos) que ocorrem nos rios. Os sedimentos acumulados podem ter um alto nível de contaminação porque muito compostos dissolvidos têm alta afinidade de absorção (íons metálicos e pesticidas orgânicos com um alto caráter hidrofílico) e são enriquecidos nos sedimentos.

A erosão e a entrada de sedimentos nos corpos de água levam a áreas de lagos e extensões de rios rasos (Vanmaercke et al., 2011). A promoção de eutroficação (com um curto ciclo de água e nutrientes ligados a sedimentos), a ressuspensão dos sedimentos e a dominância de macrófitas submersas em águas rasas são algumas das consequências. Portanto, o controle da erosão e a retenção dos sedimentos erodidos dentro da bacia de captação contribui significativamente para a qualidade da água.

Uma escavação de sedimentos deve ser avaliada positivamente para a preservação do volume do reservatório e também para o estado trófico do reservatório, principalmente pelo aprofundamento das áreas rasas e pela eliminação dos sedimentos ricos em fósforo. O reúso dos sedimentos depositados torna-se um fator-chave no manejo de bacias hidrográficas em virtude de (1) benefícios dos sistemas aquáticos e (2) condicionamento do solo.

A extração dos sedimentos pode ser feita por sucção de sedimentos com um cortador ou escavadeira com clamshell. Armadilhas para sedimentos são úteis para a intensificação do acúmulo de sedimentos locais a fim de possibilitar uma extração de sedimentos mais econômica. Os sedimentos podem ser usados na agricultura (Fonseca et al., 2003; Walter et al., 2012), e, em caso de contaminação, na cobertura de depósitos de dejetos e no reflorestamento de solos degradados. Os parâmetros de qualidade para solos usados em agricultura, como metais pesados e pesticidas orgânicos, são determinados na Dutch List (2000) (Lista holandesa), ou na German Sewage Sludge Ordinance (AbfKlärV, 2015) (Regulamentação de lama de esgoto alemã) para reúso de sedimentos.

Uso exagerado da terra e dano à qualidade da água

Os usos da terra em uma bacia hidrográfica e a qualidade da água estão ligados com uma tendência crescente, em função do crescimento da população e do desenvolvimento econômico. Mas existe uma correlação entre o crescimento da população e a proliferação de esgotos, aumento de áreas de agricultura e diminuição de áreas de proteção natural e, em alguns locais, produção industrial e emissões de gases, lixo e águas residuais.

A introdução de substâncias tóxicas é calculada em toneladas por ano, mas os efeitos ecológicos são dados como emissão em concentração em mg por litro, que significa a concentração final nos sedimentos ou na água depois da diluição natural. A regulamentação das imissões aplica bons padrões de tecnologia, mas não considera a descarga do rio que as recebe e a concentração final no sistema aquático.

A regulamentação de emissões está baseada na diluição e concentraçao final no rio receptor, mas permite uma imissão mais elevada em caso de boa diluição. Os dois princípios podem ser aplicados na política ambiental, mas hoje deveria ser usada uma estratégia mista e ambas - regulamentação de emissão ("diluição não é solução") e aplicação de padrões técnicos (ou melhor padrão técnico) - deveriam ser feitas.

Um problema mais complexo é a intensificação da agricultura com fertilizantes minerais, irrigação e cultivo em áreas com alto risco de erosão ou alto risco de contaminação das águas subterrâneas. Diversas estratégias precisam ser implementadas para reduzir a contaminação por fertilizantes: não usar exageradamente fertilizantes para evitar lixiviação para córregos e rios. Nitrato é solúvel em água com um alto risco de lixiviação, enquanto fosfato tem uma alta capacidade de absorção, mas é liberado pela erosão de agregados finos. Fertilizantes orgânicos como o vinhoto (resíduo do açúcar de cana) ou adubo líquido muitas vezes são usados como excedentes – como descarga de resíduos e não como fertilização necessária (ver Quadro 2 – vinhoto).

Em referência ao vinhoto, existe alguma regulamentação de aplicação (Cetesb, 2015) que limita o uso do vinhoto no caso de acúmulo de potássio nos solos (< 5% da capacidade de troca de cátions) em relação à carga máxima de potássio (< 185 kg ha^{-1} K_2O). Mas essas regulamentações não consideram suficientemente o alto risco de contaminação do vinhoto, em especial por erosão hidráulica e lixiviação, a contaminação da água subterrânea e o desenvolvimento secundário de bactérias coliformes (Gunkel et al., 2007).

A recuperação de solos degradados é um processo longo, difícil e caro, baseado no aumento do conteúdo de carbono dos solos (introdução de biochar, reinvestimento de biomassa, reflorestamento para obter áreas de sombra) e no aumento natural de barro e argila pela mineralização. Algumas novas tecnologias foram desenvolvidas para minimizar o impacto dos fertilizantes nos sistemas aquáticos, mas até agora a promoção e a aplicação dessas tecnologias não estão amplamente difundidas.

Quadro 2 – Características do vinhoto, um resíduo líquido da produção de açúcar de cana

Caracterização química	Condutividade: 7.500 µS cm^{-1} DQO (demanda química de oxigênio): 20.000 mg L^{-1} (alto conteúdo residual de açúcar) DBO (demanda biológica de oxigênio): 10.000 mg L^{-1} P = 70 mg L^{-1} K = 1.300 mg L^{-1} (= extremamente alta) Alta toxicidade (fenóis, polifenóis, metais pesados)
Armazenamento em reservatórios de água residuais	Risco muito elevado de contaminação (por aves) e desenvolvimento de massas de bactérias coliformes, pois o vinhoto age como meio de cultura para essas bactérias
Aplicação	Uso como fertirrigação (= fertilização e irrigação) para cultura de cana-de-açúcar; as emissões de vinhoto são limitadas pelo acúmulo de potássio nos solos e consequente inibição do crescimento da cana-de-açúcar
Impacto ambiental	Água de aluvião e lixiviação de córregos e rios Alto risco higiênico por bactérias coliformes para seres humanos (inalação de aerossóis, contaminação da água de superfície) Extrema demanda de oxigênio e ocorrência de condições anaeróbias em córregos e rios Infiltração na água subterrânea leva a condições anaeróbias, com desenvolvimento de sulfeto de hidrogênio
Tratamento do vinhoto	Reator anaeróbio de leito fixo: DQO: redução de 80-90% Recuperação de energia como biogás: rendimento de 90% Lagoas anaeróbias: DBO: redução de 90%; DQO: redução de 40% Lagoas aeróbias: DBO: redução de 67%; DQO: redução de 76%

Fonte: Gunkel et al., 2007; Thanikal et al., 2007; España-Gamboa et al., 2011

Gestão sustentável da água

Qualquer manejo avançado da terra precisa ter um foco na proteção dos recursos hídricos, pois eles são limitados e estão ameaçados pelas atividades antropogênicas e também pelos efeitos da mudança climática. O acesso à água limpa e suficiente é o fator mais limitante dos benefícios humanos e do desenvolvimento socioeconômico. Para garantir os serviços dos ecossistemas aquáticos, muitos esforços adicionais precisam ser feitos em educação ambiental, gestão de bacias hidrográficas e desenvolvimento de novas tecnologias.

A gestão sustentável da água em áreas urbanas inclui:

1. Acesso justo à água limpa, porém os cidadãos urbanos podem pagar mais pela água e, em última instância, em caso de escassez, a água vai para quem paga mais;
2. Preços adequados da água como a soma dos custos para extração da água, tratamento da água potável, sistema de distribuição, sistema de coleta de esgotos e tratamento de esgotos;
3. Dispositivos de economia de água em residências;
4. Tratamento das águas de esgoto com, pelo menos, tecnologia atualizada;
5. Bom estado técnico dos sistemas de distribuição de água (sem perdas intensas de água);
6. Reúso das águas residuais tratadas e da água de chuva (p. ex., para irrigação ou recarga de água subterrânea);
7. Manejo da água de chuva com armazenamento de água para reúso, sistema de coleta separado de esgoto e de água da chuva, bem como tratamento da água da chuva em áreas alagadas construídas.

Na maioria das áreas, a agricultura é o maior usuário da água, e o foco da gestão da água em áreas agrícolas deve ser:

1. Implementação de tecnologias de economia de água em práticas agrícolas;
2. Preços adequados de água, incluindo custos de extração e distribuição;
3. Avaliação e implementação de opções de suprimento de água (p. ex., coleta de água da chuva);
4. Manutenção ou melhoria da qualidade da água com faixas de vegetação;
5. Uso de tecnologias de fertilização adequadas e de fertilização orientada pela demanda;

6. Desenvolvimento de um manejo da quantidade de água para todos os usuários, a demanda deve ser gerenciada de modo inteligente (previsão do clima, modelo de descarga dos rios, modelo de mudança climática);
7. Geração de economias de água, por exemplo, por meio da restrição da plantação de lavouras que consomem grandes quantidades de água;
8. Desenvolvimento de consenso de crescimento econômico e de exportação de água virtual;
9. Implementação de áreas protegidas para recarga de água subterrânea e biodiversidade, desenvolvimento de corredores verdes para migração de fauna e flora.

O uso da água de hidrelétricas é um processo complexo, que inclui a construção de represas, prioridade do uso da água para geração de energia elétrica e fluxo mínimo (ecológico) no rio. Em caso de períodos de seca de longa duração, os conflitos podem se aprofundar e resultar no uso, em última instância, para agricultura, gado e seres humanos (Brasil, 1997).

NOVAS TECNOLOGIAS E TENDÊNCIAS EM GESTÃO DE ÁGUA

O desenvolvimento de melhor gestão de bacias hidrográficas, com menos estresse sobre a quantidade de água, mas com maior crescimento econômico, é uma meta da política ambiental, o que significa o projeto de um mundo futuro em que haja equilíbrio com os processos naturais. Algumas questões-chave são:

- O crescimento econômico é incompatível com a diminuição do uso de água? — Não, as tecnologias de economia de água e a reciclagem de água na produção são alternativas que já foram implementadas com sucesso em algumas áreas industriais.
- É possível integrar os processos principais – produção de alimentos, consumo de energia e uso da água – em um sistema ecológico? — Sim, alguns sistemas multi-integrados, como a hidroponia ou aquacultura integrada – agricultura (IAA, *integrated aquaculture – agriculture*) estão sendo aplicados com sucesso.
- É possível desenvolver uma gestão sustentável de bacias hidrográficas com aumento populacional crescente e desenvolvimento econômico? — Até

o momento, não há consenso quanto às melhores práticas de manejo de água e terra, e observam-se a falta de novas ferramentas, tecnologias e aplicações inovadoras. Agricultura, aquacultura e criação de animais não deveriam mais ser parte de comércio global com exportação virtual de água, intensamente sensível a riscos climáticos, mas deveriam se concentrar em benefícios para os seres humanos, saúde animal e integridade do solo. O uso de produtos alimentares primários para produção industrial (gasolina, óleo, aminoácidos, ácidos graxos etc.) deve ser considerado com muito discernimento ("alimentos *versus* combustível"), mas o uso de dejetos sólidos agrícolas para produção industrial e energética (biochar) é parte de ciclos fechados e deveria ser desenvolvido.

O mundo está mudando (crescimento populacional, mudança climática, educação ambiental, etc.) e o comportamento dos seres humanos subjacente ao desenvolvimento dinâmico também, e talvez o suporte da produção de alimentos local em pequena escala (hortas domésticas, hortas em telhados, hidroponia) e o consumo de alimentos frescos e disponíveis sazonalmente (alimentos regionais) se transforme em uma tendência mais global e mais intensa no futuro.

Desenvolvimento de uma gestão avançada de água no Brasil

Os principais problemas da política de água brasileira são a diferenciação de biomas, principalmente a floresta amazônica, as áreas alagadas, as regiões de clima temperado mais sazonais do Sul e as áreas semiáridas do Nordeste do Brasil. Esses biomas mostram diferenças significativas no equilíbrio hídrico, característica de solo, disponibilidade de água, risco de contaminação e estabilidade de ecossistemas terrestres e aquáticos. Assim, é necessária uma política ambiental adaptada aos biomas, e os padrões de emissão e os limites de valores de nutrientes e contaminantes precisam considerar a sensibilidade e o valor ecológico dos biomas. Isso significa que, em vez de padrões nacionais, é preciso ter padrões regionais ou estaduais. Essa estratégia foi bem aplicada nos Estados Unidos com o conceito de "Ecossistemas de saúde" (US EPA, 2013) e na União Europeia com o conceito de tipos de ecossistema para referência ("processos de ecossistemas intactos, naturais" como referência). A política ambiental baseada na estrutura federal ou estadual é uma abordagem insuficiente para uma gestão bem-sucedida das bacias hidrográficas.

O foco de um conceito de gestão de bacias hidrográficas adaptado e integrado deveria ser uma parceria mais ou menos livre de conflitos para o recurso limitado de "água limpa". Trabalhar em conjunto com a natureza é a estratégia mais efetiva em termos de custos, ou seja, a proteção e a sustentabilidade dos serviços de ecossistemas aquáticos deve ser consenso entre os usuários da água e a política ambiental. Algumas tendêncas futuras são bem conhecidas e influenciam a quantidade e a qualidade da água:

- A contaminação da água está aumentando em virtude do desenvolvimento demográfico e do aumento das populações urbanas.
- A demanda de água está aumentando em função do desenvolvimento econômico, principalmente pela agricultura, aquacultura, criação de gado e indústrias.
- O impacto climático é um fator intenso com efeitos regionais como precipitação mais forte e local, períodos mais extensos de seca e maior evapotranspiração.

Gestão avançada de reservatório

Uma gestão de reservatório avançada e local adaptada inclui saneamento da bacia hidrográfica e restauração do corpo de água com uma mudança para um estado mais oligotrófico (= oligotroficação; Anderson et al., 2005; Gunkel e Sobral, 2013). Isso inclui:

1. Tratamento adequado de esgoto e águas residuais;
2. Controle de erosão com pequenas represas no rio e faixas de vegetação, entre outras técnicas;
3. Controle de fertilização e evitação da supersaturação dos solos por fertilizantes; e
4. Uso restritivo de agroquímicos e aplicação destes com tecnologia adequada.

Deve-se dizer que a restauração de corpos de água eutróficos e degradados é muito mais complicada e cara do que a proteção dos corpos de água e a conservação de um bom estado ecológico. Em muitos países europeus existem boas experiências relativas ao saneamento e à restauração de lagos, mas a implementação em países tropicais ainda não foi comprovada (Jeppesen et al., 2005).

Em geral, oligotroficação significa uma redução das concentrações de nutrientes na água, e assim o reúso de sedimentos no manejo da bacia hidrográfica afetada passa a ter alta significância. A extração de sedimentos acumulados leva a uma exportação de nutrientes na forma de sedimentos ricos em nutrientes e a um aprofundamento do lago, o que significa melhores condições de estratificação térmica. Os sedimentos extraídos têm alto potencial para a recuperação de solos em locais agrícolas e em solos degradados, principalmente pelo aumento da absorção iônica e da capacidade de armazenamento de água. Além disso, em caso de desenvolvimento de massa de macrófitos, eles podem ser colhidos e usados para melhora de solos, também, ou para produção de biogás (Quilliam et al., 2015).

Em caso de uso do reservatório para obtenção de hidroenergia, o manejo da quantidade de água se torna um fator crucial. A dinâmica da descarga de água a jusante e o nível de água no reservatório são determinados principalmente pela demanda hidrelétrica; portanto, mudanças frequentes e intensas no nível de água são comuns, por exemplo, no caso de Sobradinho, no Nordeste do Brasil, até 12 m. Essas flutuações do nível de água levam à dessecação de grandes áreas do reservatório, com graves impactos sobre os ecossistemas aquáticos e costeiros.

Os efeitos das flutuações intensas e artificiais do nível da água incluem (Gunkel et al., 2018; Mosley, 2015; Keitel et al. 2016; Brasil et al., 2016):

- distúrbios na propagação biológica desencadeada sazonalmente em organismos;
- desequilíbrio da fauna e da flora ribeirinhas, provocando redução da biodiversidade;
- impactos nas faixas de vegetação das margens, incluindo dessecação e capacidade reduzida de retenção de nutrientes;
- aumento do nível da água que promove as plantas pioneiras com ciclos de vida curtos, por exemplo, proliferação em massa da erva nociva *Egeria densa*;
- promoção de crescimento de cianobactérias;
- mineralização de solos dessecados que perdem, então, nutrientes quando reidratados. Esse processo é uma fonte muito importante de contaminação no caso do reservatório de Itaparica (Gunkel et al., 2018).

Uma gestão boa e bem-sucedida de reservatório inclui o manejo da quantidade de água; por um lado, para garantir o suprimento suficiente de água, mas, por outro lado, para evitar flutuações frequentes e extremas do nível de água dentro do reservatório. Para uma gestão avançada da quantidade de água são necessários previsão do clima precisa e modelos de hidrodinâmica de inundações, além do controle da extração de água e regulamentação dos usos da água. No caso de uso de energia hidrelétrica, a demanda de energia e a disponibilidade de água são fatores adicionais importantes que devem ser incluídos em um modelo da quantidade de água.

A extração total da água deve ser limitada pela descarga disponível e qualquer extração excedente leva à diminuição do nível da água dos reservatórios – com efeitos negativos sobre a qualidade da água. Apenas em caso de inundações, aumentos de curto prazo do nível da água são aceitáveis e, em caso de secas extremas, reduções do nível da água são inevitáveis. Esse é um novo desafio para a gestão de bacias hidrográficas (Gunkel et al., 2018).

Necessidades de novos reservatórios

Os novos reservatórios passam por uma avaliação mais ou menos intensiva do impacto ambiental, mas mesmo assim ainda existem muitos conflitos ambientais. No entanto, a quantidade de água é cada vez mais importante, além do uso diverso da água e a sustentabilidade dos serviços de ecossistemas. Atualmente, existe consenso em relação a alguns princípios básicos no que se refere à construção de reservatórios:

- Limpeza das áreas de inundação para evitar eutroficação, emissões de longo prazo de gases do efeito estufa e impacto sobre a pesca artesanal e o uso de barcos.
- Promoção apenas de reservatórios com uma alta densidade de energia (= razão da produção de MW nominal por superfície do reservatório em km^2) para reduzir as emissões de gases do efeito estufa. O Mecanismo de Desenvolvimento Limpo (MDL) da Convenção-Quadro das Nações Unidas sobre a Mudança do Clima (UNFCCC, na sigla em inglês) fornece uma ferramenta para regulamentar as emissões de gases do efeito estufa (Gunkel, 2009).
- Garantia de uma taxa de fluxo suficiente, o fluxo ecológico, para evitar impactos aos serviços de ecossistemas a jusante (Richter et al., 1997; Bunn e Arthington, 2002).
- Comitês dos rios têm de desenvolver planos de emergência em caso de secas de longa duração para evitar conflitos de usuários e têm de garantir prioridade e suprimento de água suficiente para alguns usuários, suprimento de água potável e para criação de gado, regulamentada pela Lei Federal n. 9.433 (Brasil, 1997; ANA, 2013).

- Desenvolvimento de um melhor manejo de sedimentos para evitar preencher um reservatório com risco de inundação na área de influxo e redução dos volumes usável e morto (Araújo et al., 2006).
- Construção de coletores de sedimentos e uso dos sedimentos depositados para melhora do solo.

Outras tecnologias, como pré-represas para controle de eutroficação, que ainda não são parte de planejamento e construção de reservatório.

Água em áreas urbanas: potencial para recreação

As pessoas que moram em grandes áreas urbanas e em megacidades estão desenvolvendo um novo relacionamento com a água aberta. Elas não aceitam mais que os corpos de água sejam sistemas receptores para esgoto e águas residuais, e percebem um elevado potencial para recreação e esportes aquáticos. A demanda por proteção e reabilitação de corpos de água degradados e contaminados está aumentando em todo o mundo e, após sua realização, novas atividades urbanas podem ser desenvolvidas. Alguns projetos bem-sucedidos foram realizados e estão em andamento em Berlim (rio urbano para banho, "Spree 2010"), Paris (esportes aquáticos, "Paris Plages"), Copenhage (nadar na cidade, "Harbor baths"), Londres (recreação aquática, "Thames Baths"), Munique (renaturação do rio, "Isar-Plan"). No Brasil, esta tendência também pode ser observada, por exemplo, em Recife, PE ("Programa Capivara").

Assim, os sistemas aquáticos e a qualidade da água passam a ter um papel novo e central em benefício humano, e muitos esforços são necessários para a reabilitação de corpos de água degradados. Isso implica uma nova orientação sobre os usos da água e os conflitos de usuários:

- Qual a prioridade dos usos da água?
- Quem é o proprietário dos sistemas aquáticos?
- Os custos de reabilitação são comuns ou são pagos pelo poluidor?

Preços da água

Preços adequados da água são vistos como uma estratégia básica para aumentar a disponibilidade da água e o tratamento das águas residuais. Esses preços da água podem ser sustentados por sistemas sociais para famílias de baixa renda, mas a agricultura, a aquacultura, as indústrias e os moradores da área urbana precisam pagar o preço real da água – como a soma dos custos para extração da água, tratamento da água potável, sistemas de distribuição de água potável, sistemas de coleta de esgoto e tratamento de esgoto. Os preços da água orientados pelos custos possibilitam investimentos suficientes em boa qualidade da água e em tratamento de águas residuais (Figura 1). Na UE, a definição dos preços da água com base em custos é lei desde o ano 2000 e levou a uma forte redução do consumo de água pelos usuários (EU, 2000). O consumo de água nos países europeus atinge apenas 75% do consumo médio no Brasil!

A quantidade insuficiente de água leva a graves conflitos de usuários, e os bens ecológicos (água suficiente deixada nos rios) devem ser avaliados com interesse socioeconômico (extração de água para seres humanos, agricultura, indústria). No entanto, áreas urbanas e centros turísticos podem pagar mais pela água e, em última instância, a água irá para quem pagar mais, como uma consequência da política econômica da água. Precisa ser travado um debate a respeito das estratégias e possibilidades na gestão de bacias hidrográficas, em especial sob estresse hídrico. Na maioria das áreas, a agricultura é o maior usuário da água, por um lado pela coleta de água da chuva e pela demanda de um lençol freático subterrâneo constante e, por outro lado, pela extração direta da água dos rios ou reservatórios para uso em irrigação.

Filtração em margem para (pré-) tratamento de água potável

O aumento da contaminação da água (crescimento populacional, desenvolvimento econômico e diluição reduzida de contaminantes pelos efeitos da mudança climática) e a ocorrência de novos contaminantes (produtos farmacêuticos, microplásticos, medicamentos veterinários, cianotoxinas de novas espécies invasivas) são desafios para a qualidade da água potável (Gunkel, 2018). São necessárias novas tecnologias ao menos para garantir a qualidade real da água para o futuro e para seu uso como água potável. Podem ser observadas duas tendências: solução de alta tecnologia (filtração em membrana) e ecotecnologia (filtração em margem).

A filtração por membrana, ou nanofiltração, é uma tecnologia muito efetiva, mas de alto custo (cerca de $1 USD por m^3).

A filtração em margem é um método de baixo custo para tratamento de água bruta ou pré-tratamento de água potável e é usada nos países europeus há cerca de 140 anos, com experiências muito boas. Alguns processos relevantes a serem usados para purificação da água durante a filtração em margem

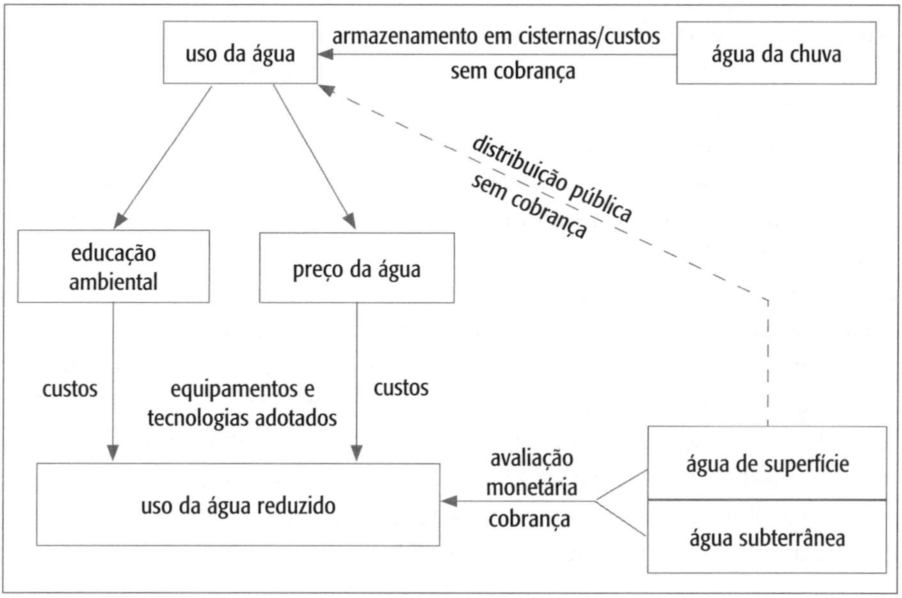

Figura 1 – Preços da água em relação ao tratamento e ao uso da água.

são (1) retenção mecânica de matéria orgânica particulada (MOP) na camada superficial de areia da zona de infiltração, (2) adsorção da matéria orgânica dissolvida (MOD) e de contaminantes antropogênicos em compostos de solo durante a passagem da água subterrânea para o poço de extração, (3) degradação biológica da matéria orgânica dissolvida e dos contaminantes antropogênicos durante a passagem pelo filtro de areia, e (4) diminuição de bactérias e de bactérias encistadas (p. ex., *E. coli*) em função do tempo de sobrevivência limitado durante a passagem da água subterrânea de cerca de 50 dias.

Existe conhecimento mais específico sobre a autopurificação biológica, os organismos relacionados e a extensão da zona de maior bioatividade com seus componentes estruturais dentro do interstício, o biofilme (Beulker e Gunkel, 1996; Gunkel e Hoffmann, 2009). Os primeiros estudos em cursos de água brasileiros sobre a implementação de filtração em margem indicam que essa tecnologia também funciona bem em condições tropicais (Sens e Dalsasso, 2007; Freitas et al., 2012; Esquivel et al. 2012; Romero-Esquivel, 2016).

Aquaponia

A intensificação da produção de peixes e camarões por aquacultura, com contaminação significativa dos sistemas aquáticos, aumentou a pressão pelo desenvolvimento de sistemas mais fechados, também em virtude da escassez de água. Há alguns anos, a tecnologia da aquacultura e a ligação com agricultura por reúso de água têm aumentado rapidamente, e o mesmo ocorre com os chamados sistemas aquapônicos, com produção de peixes por aquacultura e cultivo de plantas hidropônicas (= cultivo de plantas na água, sem solos). Esses sistemas são foco de pesquisa e implementação em muitos países. Os dejetos excretados pelos peixes (nitrogênio, fósforo, minerais, dióxido de carbono) são usados para produzir vegetais e hortaliças sob condições controladas em estufas. Esses sistemas otimizam o crescimento de peixes e camarões e podem garantir uma boa qualidade dos peixes (a qualidade dos alimentos e da água é regulada, os medicamentos veterinários e pesticidas devem ser evitados) e, assim, pode-se obter uma produção de elevado valor econômico. Além dos ciclos fechados e dos sistemas livres de emissão, a produção próxima ao consumidor torna-se possível, e os transportes de longa distância da área de produção até o consumidor não são mais necessários.

Algas e plantas tolerantes à salinidade como novos produtos alimentares

O uso e o cultivo de novos produtos alimentares são processos contínuos, e dois novos grupos de alimentos devem ser mencionados: o uso de algas marinhas e de água doce e o cultivo de plantas tolerantes à salinidade (halófitas).

O uso de algas marinhas como alimentos, suprimento alimentar e para produtos industriais tem uma longa tradição e, sem dúvida, um potencial muito elevado para outros usos. Além disso, a produção e o uso de algas de água doce constituem uma área de interesse com importância crescente como fonte de proteína, para bioenergia e para biotecnologia. A produção controlada e otimizada de algumas algas pode sustentar o desenvolvimento econômico e, em virtude da alta radiação, as áreas tropicais são o local ideal para essa implementação. A fim de evitar a contaminação e o desenvolvimento de outras espécies de alga dentro da cultura, os sistemas fechados são melhores para a produção de algas. Esses sistemas de cultivo de algas funcionam como unidades fechadas com ciclos de água e, portanto, a escassez de água não é um problema (Münkel et al., 2013), e as espécies principais são *Chlorella vulgaris* e *Spirulina* (microalgas), usadas como suplemento alimentar. Macrófitas de água doce (*Nasturtium officinale*) são usadas como salada e têm um alto potencial como novo recurso alimentar.

O uso de plantas tolerantes à salinização é muito interessante porque a salinização do solo é um processo global, em parte por processos naturais (por ascensão capilar da água capilar da água e evaporação) ou por agricultura intensiva com irrigação em áreas com equilíbrio hídrico negativo. A dessalinização com tecnologias de drenagem ou com plantas que acumulam sal tem uma eficiência limitada, e a restauração dos solos salinizados demora muitas décadas. Uma tecnologia alternativa é o cultivo de halófitas: espécies de *Salicornia* (sal verde) como vegetal e de *Salicornia bigelovii* como planta oleaginosa têm sido aplicadas com êxito (Workman, 2016). Mas a promoção do cultivo de plantas tolerantes à salinidade contradiz a sustentabilidade do manejo de bacias hidrográficas, a proteção dos solos e o desenvolvimento de sistemas avançados de irrigação com baixo risco de salinização.

Tecnologia avançada para fertilização

O problema central da agricultura e sua emissão de fertilizantes é a saturação excessiva dos solos por fertilizantes. O fazendeiro usa fertilizantes em excesso porque (1) dosar apenas até o nível de saturação do solo é um valor complexo e variável e (2) os custos dos fertilizantes não são uma aplicação limitante (os fertilizantes não têm um preço adequado em relação ao aumento da produção e ao impacto ambiental). Para minimizar as emissões de fertilizantes, dois aspectos da aplicação são importantes: (1) o momento ideal da aplicação, com solos úmidos, mas não antes da chuva e (2) a quantidade e a forma corretas dos fertilizantes. A intensidade da fertilização é determinada pela absorção das plantas (dependendo da biomassa e da taxa de crescimento), déficit de nutrientes nos solos como uma diferença entre a concentração real de fertilizante e a capacidade máxima de armazenamento de fertilizante. No caso de a capacidade de armazenamento de fertilizante ser insuficiente, a melhoria do solo deve ser feita para aumentar a capacidade de absorção dos solos, na prática com a introdução de sedimentos finos (argila, greda) ou de material orgânico (biochar).

A aplicação direta de fertilizantes também pode ser otimizada, e as informações necessárias para calcular déficits de nutrientes de solo em pequena escala estão disponíveis na forma de mapas ArcGIS (tipo de solo, histórico de cultivo, declive da área), ou podem ser determinadas por sensoriamento remoto (biomassa de plantas, umidade do solo, densidade de folhas e conteúdo de clorofila). Previsão adicional de bom tempo é necessária. Assim, uma aplicação de fertilizante regulada *on-line* pode usar todas essas informações com posicionamento controlado por GPS de um trator como um sistema com movimento próprio (Figura 2). Com essa tecnologia, mudanças em pequena escala da qualidade dos solos, bem como de biomassa de plantas, são consideradas para a fertilização, e a saturação excessiva dos solos por fertilizantes é excluída.

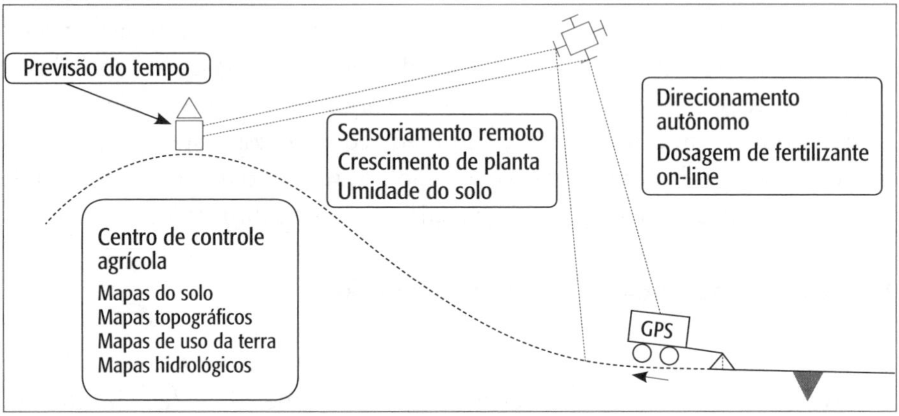

Figura 2 – Fertilização adaptada em pequena escala adequada com tecnologia de sensoriamento remoto.

Especialmente em áreas tropicais quentes, a matéria orgânica dos solos passa por rápida mineralização e, de modo geral, ocorre falta de conteúdo orgânico. Esse é o foco do tratamento e melhoria de solos tropicais com biochar, um carvão sólido estável e rico em carbono (Zheng et al., 2010; Scharenbroch et al., 2013).

Biochar é um resíduo de granulação fina e rico em carbono que é produzido por meio de processos modernos de pirólise; ele é a decomposição térmica direta da biomassa na ausência de oxigênio. As características e a qualidade do biochar são determinadas pelo tipo de biomassa usado e pelas condições da pirólise como temperatura (até 500°C), pressão (algumas atmosferas) e tempo de pirólise (até algumas horas). A otimização do biochar para correção de solos é o foco da pesquisa recente. O biochar pode durar vários anos nos solos e aumentar significativamente o armazenamento de água e a capacidade de absorção de íons.

Além disso, um interesse crescente tem sido dado ao biofertilizante, principalmente bactérias que fixam o nitrogênio atmosférico: uma tecnologia bem conhecida é o uso de legumes como rotação de culturas (fertilização verde). Uma nova tecnologia é a aplicação de bactérias *Azotobacter*, que fixam o nitrogênio do solo não simbioticamente e que podem ser cultivadas e implantadas com sementes ou diretamente no campo (Mohammadi e Sohrabi,

2012). Assim, é criado um suprimento contínuo de nitrogênio e o risco de lixiviação na água subterrânea é minimizado.

CONSIDERAÇÕES FINAIS

A disponibilidade de água é regulada pelos efeitos climáticos, características da bacia hidrográfica local e usos de água para áreas urbanas, agricultura e indústrias. No futuro, a disponibilidade de água e o acesso à água limpa se tornarão mais problemáticos em virtude dos efeitos do aquecimento global, crescente demanda pela água com o crescimento da população e o desenvolvimento socioeconômico. Assim, múltiplos usos da água e o armazenamento da água tornam-se o foco da política ambiental e, por um lado, aumenta a importância dos reservatórios de água, mas, por outro lado, o impacto ambiental é amplamente debatido.

Os reservatórios para armazenamento de água levam a um grave impacto ambiental, antes de tudo em decorrência da elevação trófica natural depois do represamento, mas os reservatórios também funcionam como escoadouro nas vias ambientais de nutrientes e contaminantes. A eutroficação dos reservatórios e sua contaminação com agroquímicos são processos típicos que ocorrem em todo o mundo, principalmente porque os reservatórios servem como depósito para sedimentos finos erodidos e matéria orgânica, e ambos absorvem ou acumulam fósforo e pesticidas. Em muitos casos, isso leva a uma qualidade insuficiente da água, com a ocorrência de crescimento de algas prejudiciais, em especial cianobactérias. Outro impacto dos reservatórios é a promoção de doenças transmitidas pela água como a esquistossomose, um parasita do sangue, e mosquitos que transmitem dengue e zika.

No caso dos reservatórios usados para produção de hidroenergia, o manejo da quantidade da água é um fator crucial. A dinâmica da descarga de água a jusante e o nível da água no reservatório são determinados principalmente pela demanda hidrelétrica; portanto, são comuns mudanças frequentes e intensas no nível da água. Essas flutuações do nível da água acarretam o dessecamento de grandes áreas do reservatório, com graves impactos sobre os ecossistemas aquáticos e costeiros. Os principais efeitos são o colapso da fauna e flora marginais, mineralização de solos dessecados que, então, sofrem lixiviação de nutrientes quando inundados novamente, e promoção de plantas pioneiras como a erva nociva *Egeria densa* depois do aumento do nível da água.

Uma gestão avançada e adaptada de bacia hidrográfica local inclui saneamento da bacia de captação e restauração do corpo de água com mudança para um estado mais oligotrófico. Isso inclui o tratamento adequado de esgoto e águas residuais, controle de erosão, controle da fertilização e evitação da saturação excessiva de solos por fertilizantes, uso restrito de agroquímicos e aplicação com uso de tecnologia adequada.

O foco de um conceito de gestão de bacias hidrográficas adaptada e integrada deveria ser uma parceria mais ou menos livre de conflitos para o recurso limitado de "água limpa". Trabalhar em conjunto com a natureza é a estratégia mais eficiente em termos de custo. Algumas tendêncas futuras são bem conhecidas e influenciam a quantidade e a qualidade da água:

- A pressão por proteção e reabilitação de corpos de água degradados e contaminados em áreas urbanas está aumentando em todo o mundo, e muitos projetos foram desenvolvidos nessas duas áreas.
- Preços de água adequados são uma estratégia básica para aumentar a disponibilidade de água e o tratamento das águas residuais. Apenas os preços da água orientados pelos custos possibilitam investimentos suficientes em boa qualidade da água e em tratamento de águas residuais.
- A crescente contaminação da água e a ocorrência de novos contaminantes são os desafios para a qualidade da água potável. Um melhor manejo de bacias hidrográficas e novas tecnologias como filtração por membrana e filtração em margem são necessárias, pelo menos para garantir a qualidade da água para o futuro.
- A intensificação da produção de peixes e camarões por aquacultura pode ser sustentada por sistemas fechados de aquacultura – ligação de agricultura com água de reúso, por exemplo, sistemas aquapônicos.
- O uso e o cultivo de novos produtos alimentares são processos contínuos, e dois novos grupos de alimentos devem ser mencionados: o uso de algas de água doce e o cultivo de plantas tolerantes à salinidade (halófitas) em solos salinizados.
- A aplicação direta de fertilizantes pode ser otimizada, também, e a aplicação de fertilizante regulada *on-line* com sensoriamento remoto reduz o risco de excesso de nutrientes e lixiviação.
- Especialmente em áreas tropicais quentes, a matéria orgânica dos solos passa por rápida mineralização e, de modo geral, ocorre a falta de conteúdo orgânico. O tratamento de solos tropicais com biochar pode ser uma solução para a melhoria dos solos.

- Mais interesse deve ser dado ao biofertilizante, principalmente às bactérias que fixam nitrogênio no solo não simbioticamente.

O desenvolvimento de um manejo bom e sustentável das bacias de captação é uma tarefa central em um mundo mutável com recursos limitados de terra e água disponíveis. O aumento da população, a pressão do desenvolvimento econômico e os efeitos da mudança climática são fatores intensivos para ecossistemas terrestres e aquáticos e regulam muitos processos como fluxos de nutrientes, erosão do solo, disponibilidade xenobiótica e biodiversidade. Os conflitos entre habitantes estão aumentando, e um novo uso da terra e da água orientado para o futuro é necessário para reduzir a pressão sobre o ambiente e preservar a biodiversidade aquática e terrestre.

REFERÊNCIAS

AbfKlärV, *Klärschlammverordnung (AbfKlärV)*. 2015. Disponível em: http: www.gesetze-im--internet.de/bundesrecht/abfkl_rv_1992/gesamt.pdf.

ACREMAN, M.; DUNBAR, M.J. Defining environmental river flow requirements? A review. *Hydrology and Earth System Sciences*. 8:861-876, 2004.

[ANA] AGÊNCIA NACIONAL DE ÁGUAS. *Conjuntura dos Recursos Hídricos no Brasil*. Agência Nacional de Águas, Brasília, 2013.

ANDERSON, N. J.; JEPPESEN, E.; SØNDERGAARD, M. Ecological effects of reduced nutrient loading (oligotrophication) on lakes: an introduction. *Freshwater Biol*, 50(10):1589-1593, 2005.

ARAÚJO, J.C. DE; GÜNTNER, A.; BRONSTERT, A. Loss of reservoir volume by sediment deposition and its impact on water availability in semiarid Brazil. *Hydrological Sciences Journal*, 51:157-170, 2006. doi: 10.1623/hysj.51.1.157.

BARBOSA, J.E.L.; MEDEIROS, E.S.F; BRASIL, J. Aquatic systems in semi-arid Brazil: limnology and management. *Acta Limnologica Brasileira*, 24(1):103-118, 2012.

BATES, B.C.; KUNDZEWICZ, Z.W.; WU, S.; PALUTIKOF, J.P. (eds.). *Climate Change and Water*. In: Technical Paper of the Intergovernmental Panel on Climate Change, IPCC Secretariat. 2008, Genebra, 210 pp.

BEULKER, C.; GUNKEL, G. Studies on the occurrence and ecology of meiofauna and benthic algae in the littoral sediment of lakes. *Limnologica*, 26:311-326, 1996.

BISWAS, A.K. Dams: Cornucopia or Disaster? *Water Resources Development*, 20(1):3-14, 2004.

BOYD, J.; BANZHAF, S. What are ecosystem services? The need for standardized environmental accounting unit. *Ecological Economics*, 63:616-626, 2007.

BRASIL. *Da política nacional de recursos hídricos*. Lei n. 9.433, de 8 de Janeiro 1997. Institui a Política Nacional de Recursos Hídricos, 1997.

BRASIL, J.; ATTAYDE, J.L.; VASCONCELOS, F.R. et al. Drought-induced water level reduction favors cyanobacteria blooms in tropical shallow lakes. *Hydrobiol*, 770(1):145-164, 2016. doi: 10.1007/s10750-015-2578-5.

BUNN, S.E.; ARTHINGTON, A.H. Basic principles and ecological consequences of altered flow regimes for aquatic biodiversity. *Environmental Management*, 30:492-507, 2002. doi:10.1007/s00267-002-2737-0.

[CETESB] COMPANHIA AMBIENTAL DO ESTADO DE SÃO PAULO. *Vinhaça – Critérios e procedimentos para aplicação no solo agrícola.* Norma P4.231. São Paulo: Companhia Ambiental do Estado de São Paulo, 2015.

CHANDLER, W.; SCHAEFFER, R.; DADI, Z. et al. *Climate change mitigation in developing countries: Brazil, China, India, Mexico, South Africa, and Turkey*. Arlington, VA, USA: PEW Center, 2002.

CURK, B.Č. CC-Ware – Mitigating vulnerability of water resources under climate change. WP3 Report. EU, 2014. Disponível em: www.southeast-europe.net/document.cmt?id=1005.

DUTCH LIST. *Directorate-General for Environmental Protection, Department of soil protection, Intervention Values and Target Values – Soil Quality Standards.* Annex A: Target Values, Soil Remediation Intervention Values and Indicative Levels for Serious Contamination. Ministry of Housing, Spatial Planning and Environment, The Hague, 2000.

[EEA] EUROPEAN ENVIRONMENT AGENCY. *Climate change and water adaptation issues.* European Environment Agency, Techn. Report 2. Copenhagen. 110 pp, 2007.

______. *Indicator Fact Sheet. Water exploitation index.* European Environmental Agency, WQ01c. CEDEX, 2003.

ESPAÑA-GAMBOA, E.; MIJANGOS-CORTES, J.; BARAHONA-PEREZ, L. et al. Vinasses: characterization and treatments. *Waste Management & Research*, 29(12):1235-1250, 2011.

ESQUIVEL, L.G.R.; PIZZALATTI, B.S.; SENS, M.L. Tratamiento de aqua potable por filtración inducida em una laguna costera em el sur de Brasil. *Tecnología en Marcha*, 25(4):23-32, 2012.

[EU] EUROPEAN UNION. *Framework for Community action in the field of water policy.* Directive 2000/60/EEC. Official Journal of the European Communities, 22.12.2000, L 327/1, 2000.

FONSECA, R.; BARRIGA, F.J.A.S.; FYFE, W.S. *Dam reservoir sediments as fertilizers and artificial soils. Case studies from Portugal and Brazil.* In: 4th International Symposium of Kanazawa University 21st Century COE Program. 2003, Vol. 1, pp. 55-62.

FREITAS, D.A.; CABRAL, J.J.S.P.; PEIVA, A.L.R. et al. Application of bank filtration technology for water quality imporvement in a warm climate: a case study at Beberibe River in Brazil. *J Wat Supply Res Technol-AQUA*, 61(5):319-330, 2012.

GUNKEL, G. Hydropower – A green energy? Tropical reservoirs and greenhouse gas emissions. *Clean*, 37:726-734, 2009.

______. Água no Contexto das Bacias Hidrográficas: Qualidade, Contaminação e Monitoramento. In: PHILIPPI JR.A; SOBRAL, M.C. (eds.). *Gestão de Bacias Hidrográficas e Sustentabilidade.* Barueri: Manole, 2019.

GUNKEL, G.; HOFFMANN, A. Bank filtration of rivers and lakes to improve the raw water quality for drinking water supply. In: GERTSEN, N.; SØNDERBY (eds.). *Water Purification.* Hauppauge, NY: Nova Science Publ., 2009; pp. 137-169.

GUNKEL, G.; KOSMOL, J.; SOBRAL, M. et al. Sugar Cane Industry as a Source of Water Pollution – Case Study on the Situation in Ipojuca River, Pernambuco, Brazil. *Water, Air and Soil Pollution*, 180:261-269, 2007.

GUNKEL, G.; LIMA, D.; SELGE, F. et al. Aquatic ecosystem services of reservoirs in semi-arid areas: Sustainability and Reservoir Management. *WIT Transactions on Ecology and the Environment,* 197:187-200, 2015. ISSN:1746-448X Digital ISSN:1743-3541.

GUNKEL, G.; SELGE, F.; KEITEL, J. et al. Impacts of water management on aquatic ecosystem services of a tropical reservoir (Itaparica, São Francisco, Brazil) and development of advanced reservoir management tools. *Reg. Environm. Change.* Spec. Issue: Follow-up ahead: Large dams lessons in manageing the water and land nexus. 18:1913-1925,2018.

GUNKEL, G.; SOBRAL, M. Re-oligotrophication as a challenge for tropical reservoir management with reference to Itaparica Reservoir, São Francisco, Brazil. *Water Science and Technology*. 67(4):708-714, 2013.

IBELINGS, B.W; CHORUS, I. Accumulation of cyanobacterial toxins in freshwater "seafood" and its consequences for public health: A review. *Environmental Pollution*, 150:177-192, 2007. doi: 10.1016/J.envpol.2007.04.012.

IPCC CENTRAL AND SOUTH AMERICA. In: IPCC (ed.). *Climate Change 2014: Impacts, Adaptation, and Vulnerability. Part B: Regional Aspects.* Contribution of Working Group II to the Fifth Assessment Report of the Intergovernmental Panel on Climate Change. UK/New York: Cambridge University Press, 2014. pp 1499-1566.

IPCC. *Climate change and Water.* IPCC Technical Paper VI. UNEP, 2008, 210 p.

JEPPESEN, E.; SØNDERGAARD, M.; MAZZEO, N. et al. Lake restoration and biomanipulation in temperate lakes: relevance for subtropical and tropical lakes. In: M.V. REDDY (ed.). *Restoration and Management of Tropical Eutrophic Lakes.* New Dehli: Oxford & IBH Publishing, 2005; pp. 331-349.

KEITEL, J.; ZAK, D.; HUPFER, M. Water level fluctuations in a tropical reservoir: the impact of sediment drying, aquatic macrophytes dieback, and oxygen availability on phosphorus mobilization. *Environ. Sci. Pollut. Res*, 23:6883-6894, 2016.

KOZLOWSKY-SUZUKI, B.; WILSON, A.E.; DA SILVA FERRÃO-FILHO. Biomagnification or biodilution of microcyctins in aquatic foodwebs? Meta-analyses of laboratory and field studies. *Harmful Algae*, 18:57-55, 2012. doi:10.1016/j.hal.2012.04.002.

KUNDZEWICZ, Z.W.; MATA, L.J.; ARNELL, N.W. et al. *Freshwater resources and their management. Climate Change 2007: Impacts, Adaptation and Vulnerability.* Contribution of Working Group II to the Fourth Assessment Report of the Intergovernmental Panel on Climate Change. In: PARRY, M.L.; CANZIANI, O.F.; PALUTIKOF, J.P. et al. (eds.). Cambridge: Cambridge University Press, 173-210, 2007.

MOHAMMADI, K.; SOHRABI, Y. Bacterial biofertilizers for sustainable crop production: A review. *Journal of Agricultural and Biological Science*, 7:307-316, 2012.

Mosley L.M. Drought impacts on the water quality of freshwater systems; review and integration. *Earth-Science Review*, 140:203-214, 2015. doi: 10.1016/j.earscirev.2014.11.010.

MÜNKEL, R.; SCHMID-STAIGER, U.; WERNER, A. et al. Optimization of Outdoor Cultivation in Flat Panel Airlift Reactors for Lipid Production by Chlorella vulgaris. *Biotechnology and Bioengineering*, 110:2882-2893, 2013. doi: 10.1002/bit.24948.

QUILLIAM, R.S.; VAN NIEKERK, M.A.; CHADWICK, D.R. et al. Can macrophyte harvesting from eutrophic water close the loop on nutrient loss from agricultural land? *J. Environ. Manage*, 152:210-217, 2015. doi:10.1016/j.jenvman.2015.01.046.

REBOUÇAS, A.C.; BRAGA, B.; TUNDISI, J.G. *Águas Doces no Brasil.* São Paulo: Escrituras, 2006.

RICHTER, B.R.; BAUMGARTNER, J.V.; WIGINTON, R. et al. How much water does a river need? *Freshwater Biology*, 37:231-249, 1997.

ROLAND, F.; CESAR, D.; MARINHO, M. (EDS.) *Lições de Limnologia.* São Carlos: RiMa, 2005.

ROMERO-ESQUIVEL L.G.; PIZZOLATTI, B.S.; SENS, M.L. Potencial de aplicação da filtração em margem em Santa Catarina, Brasil. *Interciencia*, 41(11):740-747, 2016.

SCHARENBROCH, B.C.; MEZA, E.N.; CATANIA, M. et al. Biochar and biosolids increase tree growth and improve soil quality for urban landscapes. *J. Environm. Quality*, 42(5):1372-1385, 2013. doi: 10.2134.jeq2013.04.0124.

SENS, M.L.; DALSASSO, R.L. Bank Filtration of Reservoir as an efficient technique for water supply treatment. In: G. GUNKEL; M.C. SOBRAL (eds.). *Reservoir and River Basin Management: Exchange of Experiences from Brazil, Portugal and Germany.* Berlim: Universitätsverlag TU Berlin, 2007; pp. 253-264.

TARJUELO, J.M.; DE-JUAN, J.A.; MORENO, M.A.; ORTEGA, J-F. Review. Water resources deficit and water engineering. *Spanish J. of Agricultural*, Res.8(S2):102-121, 2010.

THANIKAL, J.V.; TORRIJOS, M.; HABOUZIT, F. et al. Treatment of distillery vinasse in a high rate anaerobic reactor using low density polyethylene supports. *Water Science & Technology*, 56(2):17-24, 2007.

TUNDISI, J.G.; MATSUMURA-TUNDISI, T. *Limnologia*. São Paulo: Oficina de textos, 2008.

TUNDISI, J.G.; MATSUMURA-TUNDISI, T.; TUNDISI, J.E.M. Reservoirs and human well being: new challenges for evaluating impacts and benefits in the neotropics. *Braz. J. Biol*, 68:1133-1135, 2008.

US EPA. Measurement and Monitoring: Healthy Communities and Ecosystems. 2013. Disponível em: http://www.epa.gov/geoss/eos/txt_mm_community.html. Acesso em: 4 nov. 2013.

VAN APELDOORN, M.E.; VAN EGMOND, H.P.; SPEIJERS, G.J.A. et al. Review: Toxins of cyanobacteria. *Mol. Nutr. Food Res*, 51:7-60, 2007. doi: 10.1002/mnfr.200600185.

VANMAERCKE, M.; POESEN, J.; MAETENS, W. et al. Sediment yield as a desertification risk indicator. *Science of the Total Environment*, 409:1715-1725, 2011. doi:10.1016/j_scitotenv.2011.01.034.

VDG (2017) *Virtuelles Wasser*. Vereinigung Deutscher Gewässerschutz. Disponível em: http://www.virtuelles –wasser.de/virtuelles_wasser.html. Acesso em: 20 fev. 2017.

WALTER, K.; GUNKEL, G.; GAMBOA, N. An assessment of sediment reuse for sediment management of Gallito Ciego Reservoir, Peru. *Lakes & Reservoirs: Research and Management*, 17:301-314, 2012. doi: 10.1111/Ire.12008.

[WHO] WORLD HEALTH ORGANISATION. *Guideline for Drinking Water Quality*. 4. ed. Geneva: WHO, 2011.

WORKMAN, J. *Saline solutions*. The Source 5, IWA, 40-41, 2016.

ZHENG, W.; SHARMA, B.K.; RAJAGOPALAN, N. *Using biochar as a soil amendment for sustainable agriculture*. Report. Illinois Department of Agriculture. ISTU/UIUIC, 2010

Gestão sustentável de bacias hidrográficas no âmbito da Política Nacional de Recursos Hídricos

5

William Bonino Rauen
Engenheiro mecânico, UFPR

Ana Paula Justi
Arquiteta e urbanista, Universidade Positivo

INTRODUÇÃO

Em 2017, a Política Nacional de Recursos Hídricos (PNRH) completou 20 anos, tendo sido instituída pela Lei Federal n. 9.433/1997. Considerada moderna e inovadora desde o seu início (ANA, 2002), contempla preceitos mundialmente reconhecidos pela sua relevância para a gestão sustentável de bacias hidrográficas, conhecidos como os Princípios de Dublin. Seus três objetivos remetem a aspectos do desenvolvimento sustentável (WCED, 1987), ao preconizar a equidade entre gerações, o uso racional e integrado dos recursos hídricos e a mitigação da ocorrência de eventos hidrológicos extremos (Brasil, 1997). Neste sentido, a importância da gestão de recursos hídricos é das mais elevadas, devido à centralidade da água como recurso para as atividades antrópicas e para todos os seres vivos.

A implementação da PNRH enfrenta grandes desafios desde a sua promulgação em lei (ANA, 2002). Sua exequibilidade vem sendo posta à prova pela complexidade e diversidade de escalas dos problemas socioambientais que pretende equacionar. Sérios entraves ao alcance dos objetivos da PNRH advêm de problemas sistêmicos originados em outras áreas, como saneamento básico e habitação. Quanto à dimensão territorial, a gestão de bacias hidrográficas caminha desarticulada do gerenciamento costeiro, embora diga respeito a um mesmo meio físico contínuo – águas interiores, estuários e litoral (MMA, 2007; 2012). O mesmo pode ser dito da gestão dos recursos hídricos superficiais e subterrâneos. Não podem ser descartadas, também, as dificuldades associadas à implementação dos objetivos do desenvolvimento sustentável, em qualquer esfera, setor e país.

Reconhece-se, ao mesmo tempo, que uma adequada operacionalização da PNRH requer ajustes de conduta consideráveis de instituições e pessoas, especialmente para a formação de parcerias (ANA, 2002). Este aspecto pode ser atribuído à importação de um modelo pensado em uma realidade democrática europeia para um país que ainda precisa amadurecer neste sentido (Campos e Fracalanza, 2010). É notória a carência por sintonia e integração entre esferas e setores de governo, bem como entre políticas públicas.

A PNRH se encontra em revisão no Congresso Nacional, por meio do Projeto de Lei (PL) n. 1907-2015, devendo, em breve, receber emendas voltadas ao aperfeiçoamento da gestão dos recursos hídricos no Brasil. A política vigente foi considerada adequada para lidar com os desafios à promoção da disponibilidade hídrica quali-quantitativa no país. Contudo, entendeu-se ser oportuno incluir contribuições e aprendizados alcançados no âmbito do Conselho Nacional de Recursos Hídricos (CNRH), de Conselhos Estaduais de Recursos Hídricos (CERHs) e de Comitês de Bacia Hidrográfica (CBHs) (Brasil, 2015). Assim, este momento se mostra oportuno para a discussão suscitada por esta obra, com capítulos versando sobre temas que podem ajudar a embasar e ampliar a revisão da PNRH.

O capítulo se inicia com o delineamento de um referencial conceitual sobre o tema, não exaustivo, buscando contextualizar e operacionalizar os termos *desenvolvimento*, *sustentabilidade*, *desenvolvimento sustentável* e *sustentabilidade hídrica* para uso subsequente. Segue-se a isto uma breve avaliação crítica do papel e dos desafios da gestão de bacias hidrográficas no âmbito da promoção do desenvolvimento sustentável. Volta-se, então, a uma apreciação da PNRH enquanto baseada nos Princípios de Dublin, com enfoque no primeiro deles – o preceito da gestão integrada – a partir de diferentes vertentes de integração. Finalmente, contempla-se o PL1907-2015, pelo seu potencial de realinhamento da PNRH à direção paradigmática do desenvolvimento sustentável.

REFERENCIAL CONCEITUAL: DESENVOLVIMENTO, SUSTENTABILIDADE, DESENVOLVIMENTO SUSTENTÁVEL E SUSTENTABILIDADE HÍDRICA

Segundo Jackson (2011), o conceito de desenvolvimento tem sido interpretado em uma escala que varia de crescimento econômico a uma prosperidade em consonância com os limites ecológicos. O produto interno bruto é o indicador mais comumente associado ao primeiro, enquanto que a segunda, em sua forma mais elevada, representa a habilidade de atingirmos a plenitude enquanto seres humanos (Jackson, 2011). O primeiro pode ser considerado remanescente do processo de racionalização da vida que deu a tônica da industrialização e da urbanização pela qual passamos (Fernandes; Rauen, 2016). A segunda requer base ética e um senso compartilhado de compromisso profundo com a justiça, reconhecendo-se a finitude dos recursos e que a prosperidade do hoje não terá valor se comprometer os recursos necessários à prosperidade do amanhã (Jackson, 2011).

Em um mundo finito, entende-se que só é viável uma prosperidade em consonância com os limites ecológicos, o que evidencia componentes em uma mesma geração e entre gerações. A rigor, portanto, adotar prosperidade e desenvolvimento como sinônimos torna o termo "sustentável" redundante, pois ela não poderia ocorrer de outra maneira. Contudo, independentemente do significado adotado, não pode haver desenvolvimento sem água em quantidade e qualidade suficientes para atender às várias demandas antrópicas e ecossistêmicas (ICWE, 1992). A disponibilidade per capita de água a certos patamares mínimos de qualidade é uma das principais condições limitantes do desenvolvimento.

Toma-se *sustentabilidade*, na essência da palavra, com o significado de "capacidade de sustentar". No contexto em questão, o termo se refere à sustentação não só da vida, como também do modo de existir de um sistema socioambiental. A partir de uma percepção de que as pegadas ambientais de tal modo de viver estariam colocando em risco alguns dos pilares que conferem tal sustentação, passou-se a buscar compreender melhor, chamar a atenção e evitar os perigos – ameaças de exaustão e de degradação de estoques de capital natural (Neumayer, 2013). Assim, o paradigma da sustentabilidade aparece associado à alteração de mecanismos internos dos sistemas socioambientais, voltada à redução ou, pelo menos, à não ampliação do comprometimento da capacidade de preservação de tais sistemas. Seu significado pode ser associado ao de resiliência, ao requerer que sejam evitadas condições críticas que levariam a colapsos, e que eventuais transições a estados futuros sejam relativamente estáveis. Este significado tem uma conotação mais direcionadora e relativa do que testável e absoluta, em consonância com Frodeman (2014).

No âmbito da gestão de recursos hídricos, pode-se relacionar a ocorrência de colapsos a eventos hidrológicos extremos, os quais se almeja prevenir, conforme o objetivo III da PNRH. Por exemplo, se um colapso hídrico tivesse acontecido na grande São Paulo em decorrência da estiagem de 2014 a 2016, seriam nefastas as consequências socioeconômicas em escala pelo menos regional. Além da causa hidrológica e do prévio crescimento descontrolado da demanda por água (em razão do crescimento populacional e econômico ocorrido em anos anteriores), reconheceu-se ter havido falha de gestão, que se manifestou na preservação insuficiente das nascentes e da mata ciliar dos rios que abastecem os reservatórios, investimentos insuficientes na infraestrutura de armazenamento e distribuição de água e na implementação tardia de medidas de estímulo à redução do consumo (Brasil, 2015). Um trabalho mais efetivo em prol da sustentabilidade, com planejamento de curto, médio e longo prazos, poderia ter mitigado estas causas e amenizado, pelo menos, o grau de escassez verificado no período.

Neste sentido, define-se sustentabilidade hídrica como uma das principais vertentes da sustentabilidade, que engloba os aspectos socioambientais relevantes à perspectiva da gestão dos recursos hídricos, quanto a, por exemplo: quantidade e qualidade do recurso, infraestrutura para usos múltiplos, e os aspectos socioeconômicos a estes vinculados. Sistemas de indicadores podem ser utilizados para ajudar a definir prioridades e aferir ou estimar o efeito de ações reparadoras em bacias hidrográficas, de modo abrangente (Silva, 2017; Castro et al., 2017).

O paradigma do desenvolvimento sustentável foi firmado principalmente por meio do Relatório Brundtland (WCED, 1987). Tal conceito remete a um objetivo a ser alcançado, representado por cenários futuros com certo potencial de equilíbrio dos balanços de massa e energia e de redução da dependência dos estoques de capital natural para manter e ampliar a prosperidade (Jackson, 2011). Pretende-se influenciar as mudanças na direção de um dos desenvolvimentos descritos anteriormente sem comprometer a resiliência ecossistêmica. Tem-se, portanto, que o paradigma da sustentabilidade impõe certas condições de contorno à equação do desenvolvimento. No entanto, aqui ele é entendido mais como um processo de melhoria constante, um ajuste intencional da conduta humana requerido para alcançar e manter prosperidade sem ultrapassar os limites ecológicos. Tal ajuste se faz necessário, em uma primeira análise, porque foi a própria conduta humana que nos trouxe à condição de risco à sustentabilidade socioambiental em que nos encontramos. Isto sugere que não temos sido capazes, disciplinados ou sábios o suficiente para adotar rumos provavelmente necessários à sobrevivência do nosso modo de existir, juntamente com boa parte da vida no planeta (Jackson, 2011).

Ao buscar mais profundamente as origens de tal padrão, podem ser encontradas explicações na natureza humana. A programação genética humana tem sua lógica de luta pela sobrevivência acionada por perigos imediatos à existência física própria e de associados próximos, de preferência com relação de causa-efeito clara – mas não tanto por supostas ameaças à prosperidade de gerações futuras, ou com prioridade menor, neste caso. Além disso, Giannetti (2006) ressalta os efeitos da tensão que vivemos entre o impulso da gratificação imediata e a racionalidade do investimento prudente no amanhã, que afeta a importância relativa que damos aos custos e suas recompensas, no presente e no futuro. Neste contexto, as projeções e conjecturas de futuras catástrofes socioambientais, ainda que bem embasadas, frequentemente assumem patamares menos prioritários em relação à manutenção do *status quo*. Em situações em que isto também interesse à lógica dominante do consumismo, alimenta-se um círculo vicioso.

A visão míope presente, por exemplo, na prática da corrupção, está na origem de boa parte dos problemas socioambientais atuais. A ética utilitarista, com base no egoísmo e na especulação, cria uma barreira de desconfiança e ativa o impulso da gratificação imediata. Isto prejudica a formação das necessárias parcerias e dificulta a canalização dos recursos disponíveis aos locais certos e nos momentos em que se fazem necessários, pois boa parte deles acaba por atender a interesses restritos e, frequentemente, contrários ao bem comum. Neste sentido, reconhece-se a necessidade de equacionar a tensão que existe entre direito individual e direito coletivo. Mas, o papel do governo não pode ser limitado a objetivos materiais e esvaziado por visões distorcidas de liberdade e bem-estar (Jackson, 2011). Por isto, além das importantes iniciativas de educação ambiental e da educação formal, é preciso melhorar a educação moral da sociedade, pois a crise atual é, antes de mais nada, uma crise de paradigmas exacerbada pelo crescimento populacional e econômico sem precedentes.

O ajuste de conduta proposto pelo paradigma do desenvolvimento sustentável se faz necessário não só para frear e reverter a crise de estoques e de degradação do capital natural, ora manifesta. Tal ajuste também deve ser capaz de proteger a psique humana, cuja degradação parece alimentar mais um dos círculos viciosos que contribuem para a insustentabilidade – o da alienação do indivíduo, como destacado por Fernandes e Rauen (2016) em uma apreciação das proposições de Simmel e outros. Esta alienação é exacerbada pela obsolescência do trabalho humano causada pelo irrefreável avanço da tecnologia – com destaque para a robotização e a inteligência artificial. O ser humano gradualmente está sendo forçado a se reinventar e a procurar ressignificar suas atividades e modo de viver, o que dificulta cada vez mais a sua busca pela prosperidade. Talvez parte deste preenchimento possa ser encontrado nas causas socioambientais locais, no trabalho comunitário em prol das inúmeras demandas criadas pelas décadas de exploração irrestrita dos recursos naturais. Contudo, para que isto ocorra, a lógica de consumo como um fim em si mesmo haveria de perder a força. O papel da conscientização, neste sentido, é crucial.

Uma solução proposta para alcançar a sustentabilidade socioambiental seria usar tecnologia para desacoplar as atividades econômicas dos estoques de capital natural e da geração de impactos ambientais significativos (Neumayer, 2013). Isto reflete um reconhecimento da insubstitutibilidade do capital natural por outros capitais – que caracteriza a sustentabilidade forte do tipo I – e da insubstitutibilidade das formas do capital natural – característica da sustentabilidade forte do tipo II (Neumayer, 2013). O desafio associado a esta proposição é enorme, e as dúvidas sobre sua viabilidade vêm sendo magnificadas pelos efeitos do crescimento populacional e econômico, tais como o aquecimento global, as perdas de biodiversidade e a contínua degradação do ar, das águas e do solo. Isto, por si só, deveria ser suficiente para que o princípio da precaução prevalecesse na tomada de decisões, com vistas à promoção da sustentabilidade. No entanto, o cenário continua a ser dominado pela busca do crescimento econômico e pela negligência dos que blefam apostando a prosperidade futura em prol de dividendos de curto prazo para poucos, ao custo de mais degradação ecológica e de injustiça social (Jackson, 2011).

Neste sentido, é possível fazer uma analogia com "os três rios do enquadramento" da gestão de recursos hídricos, conforme apontado pela Agência Nacional de Águas: o rio que temos (condição atual), o rio que queremos ter (a situação futura almejada) e o rio que podemos ter (visão de futuro realista, levando em conta limitações técnicas e econômicas). Este raciocínio ajuda a definir as metas de enquadramento dos corpos de água enquanto estratégia de gestão da qualidade de água, as quais determinam, em grande medida, as atividades que ocorrem na bacia hidrográfica. Na busca pelo desenvolvimento sustentável, pode-se falar da sociedade que temos (nível de prosperidade atual), daquela que queremos ter (nível de prosperidade desejado) e daquela que podemos ter (nível de prosperidade possível, considerando os passivos, as limitações e os recursos disponíveis). Então, seria preciso "enquadrar o nosso futuro", estabelecer metas progressivas e trabalhar para alcançá-las, com a devida conscientização dos usuários, gestores e legisladores de todos os setores da economia. Em outras palavras, nada menos do que uma mobilização geral se faz necessária para realinhar as nossas prioridades e ações, ou o futuro que teremos pode não se assemelhar àquele que queremos ter.

Em consonância com tal entendimento, em evento sobre mudanças climáticas da ONU observou-se que crescem os argumentos a favor de uma mudança de paradigma que leve a um novo tipo de modelo socioeconômico – o *Sustentalismo* – que seria "construído sobre as bases do capitalismo e do socialismo, mas adotando a visão mais ampla demandada pelos desafios atuais e futuros" (Verhaar, 2018, p. 19).

É neste contexto que se insere a gestão de recursos hídricos, e a pretensão expressa na PNRH de efetivar uma gestão de bacias hidrográficas que contribua ao desenvolvimento sustentável. Na próxima seção são analisados os preceitos deste modelo de gestão das águas vigente no Brasil.

Gestão Integrada de Bacias Hidrográficas e a Política Nacional de Recursos Hídricos

A Lei Federal n. 9.433/1997 instituiu a PNRH e o Sistema Nacional de Gerenciamento de Recursos Hídricos (SINGREH). O histórico que levou à sua elaboração e implementação está bem documentado (Antonello, 2013; Campos; Fracalanza, 2010; ANA, 2002). A PNRH foi elaborada com base nos assim denominados *Princípios de Dublin para a Água e o Desenvolvimento Sustentável*, criados por meio de consenso de líderes mundiais para nortear a gestão das águas de modo a mitigar os riscos percebidos à disponibilidade hídrica para os usos antrópicos e ao equilíbrio dos ecossistemas. São quatro princípios abrangentes, que remetem aos seguintes aspectos (ICWE, 1992):

1. Reconhecimento da finitude e da importância dos recursos hídricos para o desenvolvimento sustentável, e que sua gestão deve ser feita de modo integrado – referência à integração quanto aos usos das águas e do solo, tanto na superfície de uma bacia hidrográfica como em aquíferos.
2. Importância da participação de usuários, gestores e legisladores na gestão e no desenvolvimento dos recursos hídricos – para isto, ressalta-se a necessidade da conscientização de todos os envolvidos quanto à importância das águas, para um envolvimento efetivo no planejamento e na implementação de projetos relacionados aos recursos hídricos.
3. Reconhecimento da importância central das mulheres na provisão, gestão e proteção das águas – este empoderamento explícito de gênero não encontra correspondência na PNRH.
4. Reconhecimento do valor econômico da água e de seus usos – volta-se, principalmente, à mitigação de desperdícios e de impactos ambientais oriundos de usos indevidos das águas, bem como à promoção de justiça social e proteção dos recursos hídricos.

Existe um arcabouço legal no Brasil que viabiliza aos municípios a execução de políticas públicas voltadas à questão ambiental (Giaretta et al., 2012).

Conforme colocado por Rand (2015), uma política pública visa influenciar a sociedade para que ela caminhe em uma direção pretendida.

A efetividade da gestão dos recursos hídricos, conforme prevista na PNRH, requer "o fortalecimento do arranjo institucional, da gestão integrada, da participação social e da associação com políticas voltadas ao desenvolvimento sustentável" (Silva et al., 2016, p. 40). Para Silva e Porto (2003), grande parte das medidas instituídas a partir da PNRH tem caráter não estrutural, ou seja, considera os aspectos de prevenção da degradação e não somente da correção dos danos. Tundisi (2006) afirma que houve um avanço conceitual na percepção das gestões, ao transferir um sistema de gestão setorial, local e de resposta para um sistema integrado, preditivo e em concordância com o ecossistema – representado, neste caso, pela bacia hidrográfica. Assim, o foco deve ser na integração da gestão de recursos hídricos e todos os aspectos ambientais que nela interferem (Porto e Porto, 2008).

A adoção da bacia hidrográfica como unidade para gerenciamento das águas apresenta algumas limitações, sendo necessários certos complementos físico-territoriais para aperfeiçoar a gestão (Peres; Silva, 2010). Tais recortes confrontam-se com outras legislações, especialmente por tratarem de outros recortes administrativos de gestão, como é o caso da política urbana dos municípios brasileiros. Regulamentada desde 1988 pela Constituição Federal, atualmente segue as diretrizes do Estatuto da Cidade. No final de 2015 houve a promulgação do Estatuto da Metrópole que aborda tal reflexão, pois este amplia a atuação do Estatuto da Cidade quanto ao limite geográfico do município, direcionando a legislação especialmente a regiões metropolitanas e aglomerados urbanos.

Uma peça-chave da gestão dos recursos hídricos e do arranjo institucional que visa dar sustentabilidade e equidade aos usuários de uma bacia hidrográfica é o CBH, e sua respectiva Agência de Água (Peres; Silva, 2010). Os CBHs estão inseridos no SINGREH, junto ao CNRH, aos CERHs e aos demais órgãos de governo relacionados aos recursos hídricos. A Agência Nacional de Águas (ANA) foi uma autarquia criada em 2001, com o objetivo de complementar a estrutura institucional com a responsabilidade de efetivar a implantação da PNRH (Porto e Porto, 2008).

Além da gestão democrática e da descentralização estimulada por meio dos CBHs, para melhoria e eficiência da gestão, também devem ser considerados: a integração entre o conhecimento científico e o gerenciamento, o reforço à integração do planejamento territorial e usos do solo com a gestão dos recursos hídricos e a absorção de inovações tecnológicas na gestão envolvendo os setores usuários (domicílios, indústria, agricultura) em parceria com universidades e institutos de pesquisa (Tundisi, 2006). A Academia, por meio da formação de recursos humanos e geração de conhecimentos, tem importante contribuição a dar neste sentido, principalmente se atuar interdisciplinarmente, integrando atividades e produtos disciplinares, e transdisciplinarmente, trabalhando em conjunto com organismos gestores em prol do meio no qual está inserida (Rauen et al., 2015; Fernandes; Rauen, 2016). Neste sentido, o uso do método científico e o aproveitamento e a tradução de experiências de outros contextos para o Brasil e as esferas locais, em conjunto com outros atores, são contribuições necessárias. Os desenvolvimentos conceituais e práticos requeridos para dar suporte à gestão sustentável de bacias hidrográficas são um campo natural de realização de pesquisas interdisciplinares e transdisciplinares, em prol de uma ciência com maior impacto e significado socioambientais (Fernandes Rauen, 2016; Rauen et al., 2015; Quevauviller et al., 2005).

Algo similar deve ocorrer na gestão pública, para que haja visão multissetorial integrada, com estratégias de Estado de médio-longo prazos sendo implementadas e revistas por governos no curto prazo. Neste sentido, a intersetorialidade parece estar para a administração pública assim como a interdisciplinaridade está para a Academia. As dificuldades, de ambos os lados, são consideráveis; há carência por recursos voltados à integração; o *modus operandi* está saturado por demandas setoriais ou disciplinares específicas; e há grande resistência em adotar o paradigma da integração nos nichos setoriais e disciplinares. Com isto, imperam os modelos reducionistas de gestão pública (Mueller, 2015) e de geração de conhecimentos, repetem-se os erros do passado e atrasam-se cada vez mais as etapas necessárias à implementação de abordagens capazes de refletir e lidar com a complexidade dos sistemas socioambientais.

Silva e Porto (2003) destacam que o aproveitamento de recursos e a equiparação entre as alternativas do aumento na capacidade com a adequada gestão da demanda estão associados à gestão integrada. Contudo, sua implementação é tão complexa quanto os problemas os quais pretende resolver. Especialmente ao tratar da gestão integrada de recursos naturais, destacam-se dois aspectos relativos à integração: a interação espacial e a integração institucional (Schult, 2006).

Kidd e Shaw (2007) reconhecem que a complexidade das interconexões humanas e ambientais está associada ao padrão humano de desenvolvimento e, consequentemente, impactam nos recursos hídricos. Diante disto, pesquisadores e gestores desenvolveram, a partir da década de 1990, o conceito de Gestão Integrada de Recursos Hídricos (GIRH) para centralizar as melhores práticas até então adotadas pelas organizações (Grigg, 2014). Para GWP-TAC

(2000, p. 22), a GIRH é "um processo que promove o desenvolvimento e a gestão coordenada da água, solo e recursos relacionados, maximizando os resultados econômicos e o bem-estar social de forma equitativa sem comprometer a sustentabilidade dos ecossistemas". Seus fundamentos são o uso sustentável dos recursos, visão multissetorial e o emprego de medidas não somente estruturais (Silva e Porto, 2003). Entende-se que, ao abranger o território, a GIRH efetivamente se volta a uma gestão integrada de bacias hidrográficas, embora pela perspectiva das questões hídricas.

Segundo GWP-TAC (2000), é imprescindível reconhecer, desenvolver e fortalecer elementos complementares à gestão eficaz dos recursos hídricos, tais como um ambiente que propicie políticas e legislações, distribuição de funções de vários níveis administrativos e adequação dos instrumentos de gerenciamento. Interpretação semelhante foi constatada por Kidd e Shaw (2007), ao identificarem os sistemas humanos entre as possíveis dimensões da integração da gestão dos recursos hídricos, na perspectiva do planejamento espacial. Para efetivá-la, são necessárias integrações dos setores público, privado e voluntariado às atividades ligadas à gestão de recursos hídricos, entre diferentes escalas espaciais e com programas, estratégias e iniciativas associadas à GIRH (Kidd e Shaw, 2007).

Existe um consenso quanto ao reconhecimento de uma grande lacuna na gestão e governança das águas, que impulsiona a crise hídrica e demonstra a necessidade da busca de políticas que colaborem com o planejamento e a implementação integrada de ações (Jønch-Clausen e Fugl, 2001). Ao identificar as influências dos recursos hídricos na área urbana, por exemplo, identificam-se vários interessados, demandas e funcionalidades, além da abrangência de diferentes leis, diretivas, programas e políticas, devido ao envolvimento com diversas esferas.

Uma iniciativa das Nações Unidas resultou, em agosto de 2015, na publicação dos Objetivos de Desenvolvimento Sustentável, com a finalidade de orientar políticas nacionais e de cooperação internacional para 2030, atualizando os Objetivos do Milênio. Dentre os 17 objetivos firmados pelo governo brasileiro, o de número seis almeja "Assegurar a disponibilidade e gestão sustentável da água e saneamento para todos" (ONU, 2016, p. 6), o que requer a implementação da GIRH em todos os níveis (ONU, 2016).

Na prática, a integração abordada visa solucionar um dos maiores desafios contemporâneos, que não é tratado por uma só política, ou perspectiva. Porém, não há um consenso ou limite delineado sobre as dimensões necessárias à integração (Ran e Budic, 2016).

Segundo Grigg (2014), há duas linhas gerais que tratam de pontos críticos da GIRH. A primeira é a ambiguidade, por tratar de tópicos visionários sem assertividade suficiente. A segunda é que a GIRH é reduzida no sentido de não abordar necessidades do desenvolvimento de forma abrangente, mas sim estar mais orientada para a resolução de problemas específicos pela engenharia ou planejamento. Ao longo dos anos, ela evoluiu dos primeiros modelos de visão centralista de planejamento para um cenário mais sustentável e de sistemas equitativos, mas deve-se continuar a busca por uma maior efetividade no paradigma da gestão integrada das águas (Grigg, 2014).

A demanda por métodos distributivos justos, considerando as características do ciclo hidrológico e sua interação com outros recursos naturais e ecossistemas remete ao princípio da abordagem holística. Segundo GWP-TAC (2000), esta abordagem deve envolver as considerações da demanda dos recursos de cada local e as ameaças a ele. Assim, o gerenciamento holístico requer, além da consciência da necessidade de uma melhor integração ao meio natural, uma coordenação entre todos os interesses das atividades humanas, que, por meio de sua demanda por água e do uso do solo, geram resíduos dos produtos à base de água oriundos da demanda de cada atividade (Jønch-Clausen e Fugl, 2001).

Neste ponto, cabe um questionamento sobre a ética do comprometimento dos estoques de capital natural para sanar passivos sociais. Em outras palavras, até que ponto é justificável arriscar a resiliência ecossistêmica e, portanto, a equidade entre gerações, em prol de uma melhor equidade em uma mesma geração? Isto é permitido pela PNRH, ao deixar a cargo de um CBH (sob os auspícios do CNRH) a definição das classes de enquadramento dos corpos de água sob sua jurisdição. Um curso de água pode, por exemplo, em prol do desenvolvimento territorial (ainda que na atual forma de crescimento econômico), ser enquadrado na classe IV, cujos padrões de qualidade estão bastante aquém do mínimo adequado para a manutenção da diversidade ecossistêmica. Com isto, são relaxados certos requisitos de despoluição e de controle ambiental de atividades poluidoras, mesmo sabendo-se que os passivos ambientais podem impactar os ecossistemas de modo irremediável. Uma vez mais, o princípio da precaução não é posto em prática.

A alternativa seria restringir o uso e a ocupação do solo da bacia hidrográfica correspondente, de tal modo a, possivelmente, cercear atividades socioeconômicas geradoras de emprego e dividendos para os setores privado e público e/ou, gerando consequências similares, aumentar expressivamente a destinação de recursos ao desenvolvimento de capital construído voltado à despoluição e proteção dos corpos de água. Tal princípio é praticado na Europa, por meio da Directiva Quadro da Água, que almeja alcançar um bom estado ecológico em todos os corpos de água naturais. Argumenta-se que o modelo europeu, neste sentido, está em melhor alinhamento com o preceito da sustentabilidade forte de Neumayer (2013), por prezar pela resiliência ecossistêmica (Petersen et al., 2009). Contudo, sua implementação mostrou-se problemática por questões institucionais (Moss, 2008) e cronograma excessivamente ambicioso (Hering et al., 2010), o que fez com que poucos países tenham alcançado as metas estabelecidas e invocou uma revisão das diretrizes e prazos para implementação.

Parte-se do pressuposto de que o Estado deve mitigar carências extremas de condições de vida da população e prover uma prosperidade geral mínima, pois o mercado não se ocupa disto (Jackson, 2011). No Brasil, onde tal demanda é mais premente do que na Europa, como o Estado não tem arcado com tal assistência social na escala necessária, o problema foi transferido para o capital natural. Faltam recursos para o saneamento básico e para mitigar a ocorrência das ocupações irregulares, por exemplo. O dilema ético existe, pois estão em jogo as equidades entre gerações versus em uma mesma geração, mas não deveria existir, pois isto denota uma falência do Estado em sua incapacidade de zelar pelo bem comum, tanto na esfera ambiental, quanto na social. Neste caso, pode-se procurar alcançar uma ponderação adequada entre os riscos de um colapso social-ambiental no futuro próximo versus um colapso ambiental-social em um futuro mais longíquo.

No modelo de gestão preconizado pela PNRH, são estabelecidas metas progressivas de enquadramento, não sem uma dose de fé e de impotência, no sentido da colocação de Jackson (2011) a respeito da continuidade do modelo de crescimento econômico, apesar dos sinais de sua falência. Limitações de ordem financeira no âmbito do CBH são comuns e restringem o potencial de alocação de recursos para acelerar a resolução de problemas que causam degradação, como programas de recuperação de rios. Um aumento dos investimentos em ações na bacia hidrográfica pode ser alcançado pela implementação dos instrumentos de outorga e cobrança pelo uso dos recursos hídricos. Contudo, entende-se que os preços normalmente praticados na cobrança, em bacias onde este instrumento já se encontra implementado, podem ser ajustados para que melhor reflitam o valor dos recursos hídricos. A importância deste instrumento reside no seu potencial de regulação da demanda e de viabilização de investimentos voltados à proteção e recuperação dos corpos de água. Assim, os preços praticados devem ser adequados para cumprir estas funções e estimular um ciclo virtuoso de conscientização, eficiência de uso e redução dos impactos deletérios sobre os recursos hídricos.

De todo modo, para que tal estratégia seja efetiva, é necessário que haja avanços significativos na direção da gestão integrada, quanto à elaboração de políticas, estrutura organizacional requerida para sua implementação e recursos humanos e financeiros para a operacionalização. Pode-se considerar que o Brasil alcançou, no século XXI, umas das legislações ambientais mais avançadas do mundo. Porém, ainda existem muitas lacunas e superposições nos instrumentos legais e competências de gestão oriundos, por exemplo, de problemas de infraestrutura, falta de recursos financeiros e carência de recursos humanos qualificados (Magalhães, 2001).

Segundo Peres e Silva (2010), para que se alcance a gestão territorial integrada quanto ao recurso água e ao uso do solo é necessário que haja, por exemplo: o reconhecimento da bacia hidrográfica como unidade de planejamento e gestão municipal, o aperfeiçoamento dos termos de referência que orientam a elaboração do conteúdo mínimo dos Planos de Bacia Hidrográfica, a indicação de instrumentos e ações específicas voltadas aos municípios nos Planos de Bacia Hidrográfica e a consideração de variáveis ambientais nas diretrizes de parcelamento e nos parâmetros de uso e ocupação do solo. É possível notar uma carência por articulação das administrações públicas, em relação à grande maioria dos processos de elaboração e implementação de políticas públicas, o que dificulta sua consolidação (Silva e Porto, 2003).

A compatibilização entre planos setoriais e o planejamento estratégico dos entes federados é um dos desafios enfrentados com as legislações atuais. A chamada "integração vertical" ocorre sempre que as ações, os projetos e programas setoriais estejam relacionados ao desenvolvimento local e regional, ao planejamento orçamentário e às diretrizes para a gestão sustentável do território. O contexto legal-institucional de gestão ambiental no Brasil é condicionado pelo lento amadurecimento histórico, mas é possível considerar que está em evolução quanto à redução dos desequilíbrios na tomada de decisões (Magalhães, 2001).

Nos aspectos apontados, nota-se que a estratégia tradicional de gestão do uso do solo e das águas, em diferentes regimes de governo, não se adequa às rápidas alterações das restrições ambientais e da construção social. É importante que seja idealizada uma abordagem abrangente para lidar com os diversos setores e variáveis relacionados à gestão, bem como com as questões sociais, como equidade e sustentabilidade. Cada setor dependente da água deve considerar o recurso de forma não fragmentada, e com o entendimento do quão abrangente, porém unificada, deve ser a gestão de recursos hídricos (Grigg, 2014). Com isto em mente, passou-se a uma análise do grau de adequação da PNRH quanto a aspectos de integração e seu potencial de promoção do desenvolvimento sustentável.

Avaliações do grau de adequação da PNRH quanto a critérios de gestão integrada

Segundo Silva (2015), as políticas públicas devem se tornar mais efetivas, adaptadas e adaptáveis quanto à capacidade de resposta às questões socioambientais atuais, em um ambiente cada vez mais dinâmico. Tais políticas devem estar em sintonia com a noção de território, enquanto um sistema complexo evolutivo que associa os atores ao espaço geográfico. Isto reflete o conceito de integração na sua forma mais ampla, quanto às dimensões espacial (nas escalas local e global), temporal e organizacional (Silva, 2015).

Das diretrizes da PNRH, quatro tratam diretamente de aspectos de integração (Brasil, 1997, p. 2):

> III – a integração da gestão de recursos hídricos com a gestão ambiental;
> IV – a articulação do planejamento de recursos hídricos com o dos setores usuários e com os planejamentos regional, estadual e nacional;
> V – a articulação da gestão de recursos hídricos com a do uso do solo;
> VI – a integração da gestão das bacias hidrográficas com a dos sistemas estuarinos e zonas costeiras.

Nota-se que a diretriz VI denota uma necessidade de aproximar a gestão dos recursos hídricos interiores ao gerenciamento costeiro, que são dois sistemas de gestão distintos, mas com importantes interseções entre eles. Na prática, cada gestão vem sendo exercida separadamente, sem que as interações socioambientais entre as bacias hidrográficas e a zona costeira sejam devidamente consideradas (MMA, 2007). Estas duas vertentes de gestão das águas possuem bases históricas, objetivos e sistematizações diferentes. Estão vinculadas, respectivamente, ao Sistema Nacional de Meio Ambiente (Sisnama) e ao SINGREH, os quais possuem seus respectivos conselhos deliberativos: o Conselho Nacional de Meio Ambiente (Conama) e o CNRH. Observa-se que a divisão institucional existente na esfera da União tende a se repetir na esfera estadual, o que potencializa os mesmos problemas de integração. Procurando preencher tal lacuna, cerca de 15 anos após a promulgação da PNRH foi feito o detalhamento do Programa IX do Plano Nacional de Recursos Hídricos (MMA, 2012), cuja implementação em três territórios pilotos estava prevista para ser concluída no ano de 2018. Estes territórios estão sendo utilizados como estudos de caso, para orientar a subsequente elaboração de diretrizes para os 62 CBHs costeiros brasileiros.

As diretrizes III, VI e V da PNRH decorrem da necessidade de consideração de influências socioambientais, tanto internas quanto externas ao recorte territorial dos CBHs, sobre os usos que ocorrem internamente. Neste sentido, a articulação da gestão de recursos hídricos com a gestão de uso e ocupação do solo tem papel de destaque na GIRH, pois a ela estão vinculadas as demandas hídricas para os diferentes usos em função da qualidade das águas, assim como a geração de cargas poluentes em função das atividades socioeconômicas que ocorrem na bacia hidrográfica. As bacias com forte pegada urbana merecem especial atenção, pois a consequente concentração demográfica pode levar a uma baixa disponibilidade hídrica per capita, susceptibilidade de um maior número de pessoas aos efeitos de eventos extremos, degradação ambiental em geral e pelo lançamento de cargas orgânicas elevadas, especificamente. A ONU (2015) apontou que, para o desenvolvimento dos princípios do planejamento urbano territorial junto ao meio ambiente, há a necessidade de possibilitar a oferta de espaços urbanos capazes de proteger e gerenciar o ambiente natural ao construído e contribuir para a defesa humana, fortalecendo a resiliência ambiental e socioeconômica. Porém, o potencial do planejamento espacial para minimizar os impactos ambientais negativos é reconhecido, mas pouco praticado (Ran e Budic, 2016), e a alternativa de utilização da GIRH com desenho urbano sensível às águas é um paradigma na abordagem filosófica da gestão tradicional das águas urbanas que precisa ser enfrentado (Brown et al., 2009).

De acordo com Ran e Budic (2016), a relação entre o sistema de planejamento e o gerenciamento de inundações decorrentes da má gestão das águas urbanas pode ser fortalecido, se melhor coordenado. Para atingir a melhoria na coordenação e encontrar elementos chaves que preencham estas falhas, os autores sistematizaram a integração em dimensões para categorizar a análise dessa integração, que foram a territorial, a política e a institucional (Ran e Budic, 2016).

A integração territorial tem o objetivo de melhorar a consistência na delimitação de fronteiras e no alinhamento entre as escalas espaciais. A integração política refere-se a ações vinculadas à implementação dos processos e procedimentos necessários para se executar ações. A integração institucional aborda questões de compartilhamento dos contextos necessários à integração (Ran; Budic, 2016). Kidd e Shaw (2007), de forma semelhante, identificaram nos sistemas humanos três dimensões para categorizar a análise dessa integração: a setorial, a territorial e a organizacional. Destas é possível traçar um paralelo à definição de Ran e Budic (2016). A dimensão setorial está associada à integração entre as agências ligadas ao planejamento espacial e à gestão das águas. A dimensão territorial está vinculada aos limites espaciais. A dimensão organizacional está relacionada a estratégias operacionais para atingir a integração. O Quadro 1 apresenta as dimensões e os princípios para a integração, conforme os autores citados. A partir de uma revisão da literatura e análise documental, Justi (2016) propôs critérios para análises do grau de adequação da gestão de recursos hídricos quanto ao aspecto de integração com o uso do solo urbano. Os critérios estão indicados no Quadro 2 e foram aplicados em uma análise da PNRH, do Estatuto das Cidades e do Estatuto da Metrópole por Justi (2016).

Quadro 1 – Princípios e dimensões para a GIRH, elaborados com enfoque na articulação com a gestão do uso do solo urbano.

Kidd e Shaw (2007), GWP-TAC (2000), Jonch-Clausen e Fugl (2001)	Ran e Budic (2016)	Kidd e Shaw (2007)
Princípios	**Dimensões**	
Sistemas Naturais		
Sistemas Humanos	Política	Setorial
	Territorial	Territorial
	Institucional	Organizacional

Fonte: Justi, 2016.

Quadro 2 – Critérios de integração elaborados para as dimensões de Ran e Budic (2016).

Dimensões	Critérios	Fontes
Institucional	Agenda integrada de estratégias	1, 2, 3, 4, 5, 6
	Novo institucionalismo como planejamento sistêmico	2, 7, 8, 18
	Plataforma de informações de dados espaciais	4, 5, 9
Política	Efetividade na participação social local	1, 2, 3, 5, 6, 10, 11, 19, 20, 21, 22, 23, 25, 26, 28
	Importância relativa de interesses	6, 8, 12, 13
	Empoderamento da estrutura organizacional	10, 14, 26
Territorial	Visão multiescala	15, 16, 19, 29
	Integração vertical e horizontal	1, 3, 5, 10, 14, 17

1: Kidd e Shaw (2007); 2: GWP-TAC (2000); 3: Jonch-Clausen e Fugl (2001); 4: Djalante et al. (2013); 5: Ran e Budic (2016); 6: Rauen et al. (2015); 7: Brown et al. (2009); 8: Sharifi e Yamagata (2014); 9: Sutanta et al. (2010); 10: Ashiq e Rahman (2015); 11: Neuvel e Knaap (2011); 12: Ultramari e Rezende (2008); 13: Okeola e Sule (2011); 14: ONU (2015); 15: Yu (2014); 16: The World Bank (2009); 17: Mitchell (2005); 18: Silva (2015); 19: Farr (2013); 20: Ipea (2015); 21: ITDP (2013); 22: Boeira et al. (2009); 23: Bandeira (1999); 25: Madrid (2010); 26: Silva et al. (2016); 27: Jonker (2007); 28: Rabelo et al. (2014); 29: Furst et al. (2013)

Fonte: Justi, 2016.

Justi (2016) apontou que 14 dos 57 artigos da PNRH contemplam, em algum grau, sete dos oito critérios de integração considerados. Apenas um desses critérios não está contemplado na PNRH, de acordo com a análise de Justi (2016): o Empoderamento da estrutura organizacional. Isto sugere que há uma lacuna expressiva relacionada à promoção da gestão integrada territorial, conforme prescrito pela PNRH. Entendeu-se ser, este, um gargalo de gestão exacerbado pela rigidez das estruturas administrativa e operacionais existentes. Isto possivelmente repercute na forma de implementação dos instrumentos de gestão de recursos hídricos, norteados, que são, pela PNRH.

Considerando-se a existência do Projeto de Lei n. 1907-2015, voltado à revisão da PNRH, foi realizada uma análise das suas proposições quanto ao potencial de atendimento a questões aqui levantadas.

Aspectos contemplados no PL 1907-2015 (Brasil, 2015) para uma possível revisão da PNRH

A revisão da PNRH tem sido objeto de iniciativas inspiradas, principalmente, na experiência de gerenciamento dos recursos hídricos acumulada ao longo de mais 20 anos desde a promulgação da Lei Federal n. 9433/1997, bem como nas novas demandas impostas por sensíveis mudanças socioambientais ocorridas concomitantemente. Neste sentido, merecem destaque: o Projeto Legado, liderado pela ANA, que visa organizar e potencializar contribuições institucionais e individuais voltadas à revisão dos marcos legais e institucionais aplicáveis à gestão dos recursos hídricos brasileiros; e a realização do 8º Fórum Mundial da Água no Brasil, em 2018, pela sua influência tanto prática quanto simbólica sobre o fluxo da busca pela governança da água.

Uma base para a revisão da PNRH se encontra no Congresso Nacional desde 2015, por meio do PL 1907-2015. Entre as emendas à PNRH contempladas por tal documento, destacam-se as seguintes, pelo potencial de promover um realinhamento da principal Lei Federal sobre as águas brasileiras aos preceitos da gestão sustentável de bacias hidrográficas:

- Ampliação do escopo do fundamento II, em reconhecimento ao valor econômico, social e ambiental da água (Art. 1º) – considera-se que esta revisão melhora a adequação deste fundamento da PNRH à definição de sustentabilidade, que engloba as três vertentes mencionadas.
- Inclusão de três novos fundamentos, sendo que o de número IX é explícito quanto à necessidade de proteção contra a degradação e o desperdício (Art. 1º) – esta alteração melhora o alinhamento da PNRH com os

Princípios de Dublin e com as recomendações do relatório Brundtland para a promoção do Desenvolvimento Sustentável.

- Nova diretriz VII preconiza o reuso de águas (Art. 3º) – esta medida contribui para a melhoria da eficiência de uso e da qualidade dos corpos de água, reforçando o fundamento IX comentado acima. Isto tem alta relevância enquanto uma das possíveis contribuições tecnológicas ao desacoplamento das atividades antrópicas da geração de impactos ambientais significativos e exploração dos estoques do capital hídrico. Conforme exposto anteriormente, trata-se de um importante passo na direção da sustentabilidade forte.
- Ampliação do potencial de integração territorial, quanto às escalas de bacias hidrográficas, às águas minerais e às águas subterrâneas (Arts. 4º e 7º).
- Inclusão de mais um instrumento, o da educação ambiental (Art. 5º), com direcionamentos a diversos atores e propósitos (Seção VII) – reconhece-se potencial de contribuição significativa neste novo instrumento, para fomentar uma participação mais efetiva dos atores na gestão de recursos hídricos, entre outros benefícios.
- Ampliação do uso de indicadores capazes de evidenciar interrelações entre a gestão territorial e os aspectos qualiquantitativos dos recursos hídricos (Art. 7) – esta medida está em alinhamento com iniciativas internacionais recentes de avaliação de sustentabilidade hídrica e uso de indicadores em suporte à tomada de decisões.
- Ampliação e uma melhor articulação do instrumento de outorga com requisitos de preservação da qualidade das águas e do licenciamento ambiental (Arts. 12, 14 e 20) – esta iniciativa poderá fortalecer a integração setorial no âmbito da gestão de recursos hídricos.
- Ampliação do uso da cobrança como instrumento econômico regulador da demanda (princípio do poluidor-pagador), possibilidade de vinculação deste instrumento ao princípio do protetor-recebedor e outras providências relativas à cobrança (Arts. 21 e 22) – esta medida pode contribuir para acelerar a implementação de melhorias associadas às metas progressivas de enquadramento e melhorar a operacionalização em geral dos CBHs, além de incentivar uma maior eficiência de usos e a adoção de alternativas tecnológicas como o reuso de águas.
- Instituição de uma avaliação de desempenho periódica das entidades responsáveis pela gestão dos recursos hídricos, por meio de indicadores (Arts. 29 e 30) – esta proposição tem a contribuir no sentido da maior efetividade das entidades voltadas à gestão dos recursos hídricos, como os CBHs.

- Vinculação da Política Nacional de Segurança Hídrica à competência do CNRH (Art. 35) – esta medida foi considerada salutar e apropriada, pois a segurança hídrica diz respeito, essencialmente, à não ocorrência de colapsos ou alterações abruptas na ordem das coisas – neste caso, buscando prevenir crises de abastecimento público e do setor produtivo, bem como os riscos de eventos hidrológicos extremos. Assim, trata diretamente de uma das premissas da sustentabilidade, como caracterizada neste texto, e dos objetivos da PNRH.
- Fortalecimento da promoção dos usos múltiplos nos recursos hídricos sujeitos à transposição e reservação (Art. 38) – um dos efeitos do crescimento urbano é o aumento das pegadas associadas ao adensamento populacional, como a concentração da demanda por água (entre outros recursos) em uma mesma região. Com isto, a reservação e a transposição têm se tornado cada vez mais necessárias e comuns, de modo que se considera interessante que recebam atenção especial na legislação para que possam ser devidamente tratadas nos planos de recursos hídricos.
- Maior equilíbrio na representação de interesses diversos nos CBHs (Art. 39) – esta medida tem a contribuir para melhorar a efetividade da participação e o reconhecimento da importância relativa de interesses nos CBHs. Isto tende a favorecer a tomada de decisões mais adequadas às especificidades locais, a redução de conflitos e, portanto, a implementação do planejamento feito para uma bacia hidrográfica.

Ressalta-se que os CBHs continuam sendo um elemento central da PNRH na revisão em questão. Contudo, reconhece-se que tal entidade integradora não tem autonomia para a implementação de suas deliberações. Neste sentido, está em situação similar a uma coordenação de região metropolitana no Brasil, que depende dos municípios para atuar efetivamente – os quais, via de regra, não dispõem de recursos financeiros e humanos suficientes para executar completa e rapidamente as incumbências que recebem. Entende-se que isto vai ao encontro da principal lacuna identificada na PNRH por Justi (2016) e destacada neste texto: a falta de prescrição de um empoderamento da estrutura organizacional associada à gestão dos recursos hídricos. O enfrentamento de questões como essas no âmbito de iniciativas como o Projeto Legado, e consequentes melhorias na PNRH e demais marcos legais brasileiros devem permitir que se alcance uma maior efetividade do gerenciamento de bacias hidrográficas no Brasil, contribuindo para o alcance dos Objetivos do Desenvolvimento Sustentável estabelecidos pela ONU.

CONSIDERAÇÕES FINAIS

A gestão de recursos hídricos no Brasil, conforme preconizada na PNRH, objetiva, essencialmente, contribuir para o desenvolvimento territorial sustentável. Isto consiste, antes de mais nada, em um serviço prestado ao sistema socioambiental. Ela visa promover o uso múltiplo sem desperdícios e sem prejuízo irreparável ou irrecompensável aos ecossistemas, especialmente aquáticos. Neste sentido, visa promover e fortalecer a segurança hídrica. Mas, dada a complexidade e diversidade dos meios envolvidos nesta empreitada, a gestão dos recursos hídricos se torna uma jornada que importa tanto ou mais do que o destino. Ela pretende contribuir com a integração social e econômica de comunidades, empoderá-las e torná-las cogestoras do ambiente onde estão. Portanto, contribui para promover a prosperidade, ao ajudar a criar as condições para isto. Adota-se uma postura positivista ao acreditar na própria capacidade de influenciar o rumo dos acontecimentos, a tal ponto.

A inclusão da palavra "sustentável" após "desenvolvimento" pretendeu provocar uma mudança de paradigma, equivalente à mudança de significado de desenvolvimento mencionada anteriormente – de crescimento econômico para a prosperidade. Contudo, o fato de seu entendimento ser difuso atrapalha a implementação de políticas e a consistência de ações e planos. Esforços são necessários para alcançar melhor clareza e uniformidade quanto à terminologia ou, pelo menos, para comunicar o significado adotado em certa situação de modo a possibilitar a compatibilização de agendas e interesses em prol do desenvolvimento sustentável.

Uma PNRH atualizada quanto ao desenvolvimento conceitual e operacional recente das ciências da sustentabilidade é, certamente, oportuna. Isto deve ser acompanhado de reformas similares de outras políticas públicas, com vistas à sua integração, e dos necessários meios de execução. Neste sentido, dada a importância central da água para os diversos usos humanos e a preservação ambiental, pode ser importante que uma PNRH atualizada ocupe lugar de destaque na constelação de políticas públicas, desde a sua concepção, para melhor articulação de instrumentos, alinhamento de propósitos e execução voltada à efetividade, fazendo o melhor uso possível dos recursos disponíveis. Um arranjo de tal modo integrado teria melhores condições de ajudar a prevenir a ocorrência de colapsos dos sistemas socioambientais e, assim, contribuir no sentido de que as futuras gerações sejam pelo menos tão prósperas quanto a atual.

REFERÊNCIAS

[ANA] AGÊNCIA NACIONAL DE ÁGUAS *A Evolução da Gestão dos Recursos Hídricos no Brasil.* Brasília: ANA, 2002.

ANTONELLO, I. Potencialidade do Planejamento Participativo no Brasil. *Sociedade & Natureza*, v. 25, n. 2, p. 239-254, 2013.

ASHIQ, M.; RAHMAN, U. R. Coordination of Urban Planning Organizations as a Process of Achieving Effective and Socially Just Planning: A Case of Dhaka city, Bangladesh. *International Journal of Sustainable Built Environment*, v. 4, p. 330-340, 2015.

BANDEIRA, P. *Participação, Articulação de Atores Sociais e Desenvolvimento Regional.* Texto para discussão nº. 630. Brasília: IPEA, 1999.

BOEIRA, S. L.; SANTOS, A. C.; SANTOS A. G. Estatuto da Cidade: Aspectos Epistemológicos, Sociopolíticos e Jurídicos. *Revista de Administração Pública*, v. 43, n. 3, p. 695-712, 2009.

BRASIL. Presidência da República. Casa Civil. Subchefia para Assuntos Jurídicos. *Lei 9.433/1997.* Política Nacional de Recursos Hídricos. p. 1–13, 1997.

______. Câmara dos Deputados. Projeto de Lei nº 1907-2015. Altera dispositivos da lei nº 9433/1997. 2015.

BROWN, R. R.; KEATH, N.; WONG, T. H. F. Urban Water Management in Cities: Historical, Current and Future Regimes. *Water Science & Technology*, v. 59, n. 5, p. 847-855, 2009.

CAMPOS, V. N. O.; FRACALANZA, A. P. Governança das Águas no Brasil: Conflitos pela Apropriação da Água e a Busca da Integração como Consenso. *Ambiente & Sociedade*, v. 13, n. 2, p. 365-382, 2010.

CASTRO, C. O.; LOUREIRO, O. C. S.; SANTOS, A. V.; SILVA, J.; RAUEN, W. B. Water Sustainability Assessment for the Region of Curitiba. *International Journal of Sustainable Building Technology and Urban Development*, v. 8, p. 184-194, 2017.

DJALANTE, R.; HOLLEY, C.; THOMALLA, F.; CARNEGIE, M. Pathways for Adaptive and Integrated Disaster Resilience. *Natural Hazards*, v. 69, p. 2105-2135, 2013.

FARR, D. *Urbanismo Sustentável*: Desenho Urbano com a Natureza. Tradução: Alexandre Salvaterra. Porto Alegre: Bookman, 2013.

FÜRST, C.; HELMING, K.; LORZ, C.; MÜLLER, F.; VERBURG, P. H. Integrated Land Use and Regional Resource Management a Cross-Disciplinary Dialogue on Future Perspectives for a Sustainable Development of Regional Resources. *Journal of Environmental Management*, v. 127, S1-S5, 2013.

FERNANDES, V.; RAUEN, W. B. Sustainability: an Interdisciplinary Field. *Fronteiras – Journal of Social, Technological and Environmental Science*, v. 5, n. 3, p. 188-204, 2016.

FRODEMAN, R. *Sustainable Knowledge: a Theory of Interdisciplinarity*. Basingstoke: Macmillan, 2014.

GIANNETTI, E. *O valor do Amanhã*. São Paulo: Cia. das Letras, 2006.

GIARETTA, J. B. Z.; FERNANDES, V.; PHILIPPI JR., A. Desafios e Condicionantes da Participação Social na Gestão Municipal no Brasil. *Organizações & Sociedade*, v. 19, p. 527-548, 2012.

[GWP-TAC] GLOBAL WATER PARTNERSHIP TECHNICAL COMMITTEE. Integrated Water Resources Management. Report n. 4, 2000.

GRIGG, N. S. Integrated Water Resources Management: Unified Process or Debate Forum? *International Journal of Water Resources Development*, 30, 409-422, 2014.

HERING, D.; BORJA, A.; CARSTENSEN, J.; CARVALHO, L.; ELLIOTT, M. et al. The European Water Framework Directive at the Age of 10: A Critical Review of the Achievements with Recommendations for the Future. *Science of the Total Environment*, v. 408, p. 4007-4019, 2010.

[ICWE] INTERNATIONAL CONFERENCE ON WATER AND THE ENVIRONMENT. *Dublin Statement on Water and Sustainable Development*. Rio de Janeiro: UNCED, 1992.

[ITDP] INSTITUTE FOR TRANSPORTATION AND DEVELOPMENT POLICY. *Vida e Morte nas Rodovias Urbanas*. ITDP; EMBARQ, 2013.

JACKSON, T. *Prosperity without Growth*. New York: Routledge, 2011.

JØNCH-CLAUSEN, T.; FUGL, J. Firming up the Conceptual Basis of Integrated Water Resources Management. *Water Resources Development*, v. 17, n. 4, 501-510, 2001.

JONKER, L. Integrated Water Resources Management: The Theory–Praxis–Nexus, a South African Perspective. *Physics and Chemistry of the Earth*, Parts A/B/C, v. 32, n. 15-18, p. 1257-1263, 2007.

JUSTI, A. P. *Subsídios à Integração da Gestão de Recursos Hídricos com a Gestão do Uso e da Ocupação do Solo em Áreas Urbanas*. 2016. Dissertação (Programa de Pós-Graduação em Gestão Ambiental). Universidade Positivo, Curitiba, 2016.

KIDD, S.; SHAW, D. Integrated Water Resource Management and Institutional Integration: Realising the Potential of Spatial Planning in England. *The Geographical Journal*, v. 173, p. 312-329, 2007.

MADRID. Plan Director de Rehabilitación del Entorno del Río Manzanares. Dirección General de Planeamiento Urbanístico del Área de Gobierno de Urbanismo y Vivienda. Ayuntamiento de Madrid. 2010.

MAGALHÃES, A. Variáveis e Desafios do Processo Decisório no Contexto dos Comitês de Bacia Hidrográfica no Brasil. *Ambiente & Sociedade*, v. 8, p. 21-48, 2001.

[MMA] MINISTÉRIO DO MEIO AMBIENTE. Conselho Nacional de Recursos Hídricos. Câmara Técnica de Integração da Gestão das Bacias Hidrográficas e dos Sistemas Estuarinos e Zona Costeira. Nota Técnica nº 01, 2007.

______. Proposta de Detalhamento do Programa IX: Gestão de Recursos Hídricos Integrada ao Gerenciamento Costeiro, Incluindo as Áreas Úmidas, 2012.

MITCHELL, B. Integrated Water Resource Management, Institutional Arrangements and Land-Use Planning. *Environment and Planning*, v. 37, p. 1335-1352, 2005.

MOSS, B. The Water Framework Directive: Total Environment or Political Compromise? *Science of the Total Environment*, n. 400, p. 32-41, 2008.

MUELLER, B. Sistemas Complexos em Políticas Públicas no Brasil. In: FURTADO, B. A.; SAKOWSKI, P. A. M.; TOVOLLI, M. H. (Org.). *Modelagem de Sistemas Complexos para Políticas Públicas*. Brasília: IPEA, 2015. p. 291-308.

NEUMAYER, E. *Weak versus Strong Sustainability*. Cheltenham: Edward Elgar, 2013.

NEUVEL J. J. M.; KNAAP. W. V. D. A Spatial Planning Perspective for Measures Concerning Flood Risk Management. In: TORTAJADA, C.; BISWAS, A. K. (Org.) *Improving Water Policy and Governance*. New York: Routledge, 2011.

OKEOLA, O. G.; SULE. B. F. Evaluation of Management Alternatives for Urban Water Supply System using Multicriteria Decision Analysis. *Journal of King Saud University - Engineering Sciences*, n. 24, p. 19-24, 2011.

[ONU] ORGANIZAÇÃO DAS NAÇÕES UNIDAS. *International Guidelines on Urban and Territorial Planning*. Nairóbi: ONU, 2015.

______. *Objetivos de Desenvolvimento Sustentável*. Nova York: ONU, 2016.

PERES, R. B.; SILVA, R. S. A Relação entre Planos de Bacia Hidrográfica e Planos Diretores Municipais: Análise de Conflitos e Interlocuções visando Políticas Públicas Integradas. V Encontro Nacional da Anppas, 1-20, 2010.

PETERSEN, T.; KLAUER, B.; MANSTETTEN, R. The Environment as a Challenge for Governmental Responsibility – The Case of the European Water Framework Directive. *Ecological Economics*, v. 68, p. 2058-2065, 2009.

PORTO, M. F. A.; PORTO, R. L. L. Gestão de Bacias Hidrográficas. *Estudos Avançados*, v. 22, p. 43-60, 2008.

QUEVAUVILLER, P.; BALABANIS, P.; FRAGAKIS, C.; WEYDERT, M.; OLIVER, M. et al. Science-Policy Integration Needs in Support of the Implementation of the EU Water Framework Directive. *Environmental Science & Policy*, v. 8, p. 203-211, 2005.

RABELO, D. C.; ESPLUGA, J.; TEIXEIRA, E. C.; BRUGUE, Q. Citizenship Participation in Water Management Plans in the Doce River Basin, Brazil and Catalonia, Spain. *Water Policy*, v. 16, n. 2, p. 205-221, 2014.

RAN, J.; NEDOVIC-BUDIC, Z. Integrating Spatial Planning and Flood Risk Management: A New Conceptual Framework for the Spatially Integrated Policy Infrastructure. *Computers, Environment and Urban Systems*, v. 57, p. 68-79, 2016.

RAND, W. Sistemas Complexos: Conceitos, Literatura, Possibilidades e Limitações. In: FURTADO, B. A.; SAKOWSKI, P. A. M.; TOVOLLI, M. H. (Org.). *Modelagem de Sistemas Complexos para Políticas Públicas*. Brasília: Ipea, 2015. p. 43-63.

RAUEN, W. B.; TEIXEIRA, E. C.; GIRARDI, G.; LOPES, M. E. P. A. Contribuições da Pesquisa Interdisciplinar à Gestão Compartilhada de uma Bacia Hidrográfica Experimental. In: PHILIPPI JR, A.; FERNANDES, V. (Org.) *Práticas da Interdisciplinaridade no Ensino e Pesquisa*. Barueri: Manole, 2015. p. 599-618.

SCHULT, S. I. M. *Desafios da Gestão Integrada de Recursos Naturais: A Relação entre a Gestão de Recursos Hídricos e a Gestão do Território em Bacias Urbano-Rurais*. Um estudo de caso na Bacia Hidrográfica do Rio Itajaí (SC). 2006. Tese (Programa de Pós-graduação em Ciência Ambiental). Universidade de São Paulo, São Paulo, 2006.

SHARIFI, A.; YAMAGATA, Y. Resilient Urban Planning: Major Principles and Criteria. *Energy Procedia*, v. 61, p. 1491-1495, 2014.

SILVA, J. Avaliação Integrada de Sustentabilidade Hídrica em Bacias Hidrográficas Urbanas. 2017. Tese de Doutorado (Programa de Pós-graduação em Gestão Ambiental). Universidade Positivo, Curitiba, 2017.

SILVA, J.; RAUEN, W. B.; PARRA, O.; URRUTIA, R.; TEIXEIRA, E. C. et al. Indicadores para Avaliações do Grau de Implementação de Política Nacional de Recursos Hídricos. In: RIOS, R. B.; HERNANDEZ, J. R. (Org.). *Desarrollo Sustentable*: Miradas Interdisciplinarias de Experiencias en Chile y Brasil. Concepción: Universidad de Concepción, 2016. p. 33-49.

SILVA, M. A. S. O Território como um Sistema Social Complexo. In: FURTADO, B. A.; SAKOWSKI, P. A. M.; TOVOLLI, M. H. (Org.). *Modelagem de Sistemas Complexos para Políticas Públicas*. Brasília: IPEA, 2015. p. 403-435.

SILVA, R. T.; PORTO, M. F. A. Gestão Urbana e Gestão das Águas: Caminhos da Integração. *Estudos Avançados*, v. 17, n. 47, p. 129-145, 2003.

SUTANTA, H.; BISHOP, I. D. B.; RAJABIFARD, A. R. Integrating Spatial Planning and Disaster Risk Reduction at the Local Level in the Context of Spatially Enabled Government. *Spatially Enabling Society Research: Emerging Trends and Critical Assessment*, v. 1, p. 55-68. 2010.

THE WORLD BANK. Sino-Singapore Tianjin Eco-City: A Case Study of an Emerging Eco-City in China. Technical Assistance Report. 2009.

TUNDISI, J. G. Novas Perspectivas para a Gestão de Recursos Hídricos. *Revista USP*, v. 70, p. 24-35, 2006.

ULTRAMARI, C.; REZENDE, D. A. Planejamento Estratégico e Planos Diretores Municipais: Referenciais e Bases de Aplicação. *Revista de Administração Contemporânea*, v. 12, n. 3, p. 717-739, 2008.

VERHAAR, H. The Age of Sustainalism: the New Socio-Economic Growth Model for an Inclusive 21st Century. In: CCTNE. The United Nations Climate Change Conference – COP23 & CMP13. London: The New Economy Ltd., 18-21, 2018.

[WCED] WORLD COMMISSION ON ENVIRONMENT AND DEVELOPMENT. *Our Common Future*. New York: UN, 1987.

YU, K. A Revolução do Pé Grande. In: DOHERTY, G.; MOSTAFAVI, M. (Orgs.). *Urbanismo Ecológico*. São Paulo: Gustavo Gili, 2014. p. 282-291.

Disposições legais internacionais para a gestão sustentável de bacias hidrográficas transfronteiriças: do conflito à cooperação

6

Frank Jaspers
Advogado e engenheiro civil, IHE Delft

INTRODUÇÃO

As bacias hidrográficas desempenham um papel fundamental não apenas no ciclo hidrológico, mas também em quase todos os ciclos de vida, como uma fonte crucial de biodiversidade. Numerosos interesses setoriais são, em grande parte, englobados e atendidos pela base de recursos das bacias hidrográficas: abastecimento de água potável, agricultura, geração de hidroenergia, recreação, ecologia, natureza, vida silvestre, transporte, etc. É evidente que as bacias hidrográficas, por definição, não param na fronteira do Estado-nação. Enquanto séculos atrás o poder e as responsabilidades sobre os recursos hídricos constituíam um problema para as antigas civilizações e comunidades hidráulicas como usuárias (Cullet e Gupta, 2009; Caponera, 1992; Butzer, 1976; Wittfogel, 1957), atualmente, o desenvolvimento dos Estados-nação soberanos cria a sua própria dinâmica e suas realizações, mas também ergue diversas barreiras hidrológicas, políticas e sociais.

O conflito como ameaça

As bacias hidrográficas são utilizadas de forma cada vez mais intensa e muitas encontram-se sob pressão. Em alguns casos, a pressão humana alcança o nível sustentável máximo ou já ultrapassa esse nível. O termo "guerras das águas" vem à tona de vez em quando (Wolf, 1998), uma disputa acirrada entre usuários, setores de atividades e países. Os conflitos em relação à distribuição de água entre as comunidades rio acima e rio abaixo e entre os Estados soberanos, bem como os conflitos nas fronteiras fluviais, estão em ascensão. Considera-se que alguns conflitos geopolíticos são influenciados pelo estresse hídrico ou por discrepâncias na gestão dos recursos hídricos ou mesmo como resultado direto desses fatores. Os exemplos são os extensos conflitos em relação à distribuição de água do rio Jordão entre Israel e os quatro Estados árabes ribeirinhos, a Síria, o Líbano, a Cisjordânia e a Jordânia (Haddadin e Wolf, 2004) uma tensão histórica entre a Índia e o Paquistão envolvendo a utilização dos recursos do Indo (Akhter, 2015); o impacto do uso da água da bacia do rio Brahmaputra-Ganges pela Índia na segurança hídrica e na integridade ambiental de Bangladesh (Nicholls et al., 2016); os conflitos em relação à explicação do acordo do Nilo de 1959 entre Egito, Sudão e Etiópia (Paisley, Henshaw, 2013; Sadoff e Grey, 2002; Grey e Sadoff, 2007); as tensões em relação ao desenvolvimento e gestão dos recursos hídricos do Eufrates entre a Turquia, a Síria e o Iraque, e do Tigre entre a Turquia e o Iraque (Wolf e Newton, 2016b); uma histórica de conflitos em relação aos diversos usos da bacia do rio da Prata entre Brasil, Argentina, Uruguai, Paraguai e Bolívia (Wolf e Newton, 2016a). Outro fator é a crescente incidência de enchentes, tanto em termos de quantidade como de gravidade. É altamente provável que haja relações causais com a ocupação humana desequilibrada e a destruição das bacias de contribuição (Rockström et al., 2009). Acredita-se que fenômenos relativamente novos, como as mudanças climáticas, contribuam para o declínio da segurança hídrica, especialmente para as populações dos países emergentes e em desenvolvimento (como Bangladesh, Brasil, Moçambique, Vietnã). Os problemas encontrados na gestão específica dos pântanos, características ecológicas e biodiversidade, e na degradação e assoreamento das bacias hidrográficas são de natureza específica (Nicholls et al., 2016). Esses problemas são encontrados em todas as bacias hidrográficas em que a ocupação humana está crescendo. A noção de crescimento "limitado" e o desenvolvimento sustentável estão gerando novas dimensões para a gestão das bacias hidrográficas transfronteiriças.

Necessidade de cooperação

Nem sempre o conflito foi o fato gerador das discrepâncias políticas e da luta pela resolução institucional. A necessidade de cooperação também se revelou um campo fértil para o estabelecimento de acordos e disposições interestatais. Especialmente no campo dos transportes (Reno; Mostert, 2009) e da hidroenergia (Rio da Prata; Wolf, Newton, 2016b), o desenvolvimento econômico desencadeou a cooperação internacional. A construção de barragens multiuso nas margens dos rios é um exemplo disso, como a barragem de Itaipu entre o Brasil e o Paraguai; a barragem do Zambeze entre o Zimbabwe e a Zâmbia. Além disso, o compartilhamento de água para irrigação pode ser um campo favorável à cooperação (ver barragem de Assuã entre o Egito e o Sudão).

DESAFIOS À GESTÃO DE RECURSOS HÍDRICOS TRANSFRONTEIRIÇOS

Pela literatura especializada, pode-se deduzir que, com o tempo, o campo de atuação para a gestão das bacias hidrográficas transfronteiriças mudou sob influência de crescentes complexidades da sociedade, construção das nações, industrialização, globalização, eventos geopolíticos, aumento dos conflitos, degradação ambiental, variações e mudanças climáticas, crescimento e pressões populacionais, alteração das migrações tradicionais, ascensão da economia contemporânea, mas também das migrações políticas, etc. (Jaspers, Gupta, 2014; Wolf, 1998). Uma extensa revisão da literatura envolvendo 10 ou mais importantes rios internacionais indica que o principal desafio para a gestão hídrica transfronteiriça é desenvolver ou permitir o estabelecimento de disposições institucionais internacionais para abordar as seguintes áreas de atenção.

- Permissão do transporte entre os Estados e controle de nível das águas (Frijters, Leentvaar, 2003 para a bacia do rio Reno; Wolf, Newton, 2016a para a bacia do rio da Prata).
- Gestão de inundações mediante a criação de infraestrutura e sistemas de alerta precoce.
- Compartilhamento de recursos hídricos para diversos propósitos: irrigação, hidroenergia, abastecimento de água potável, recreação, natureza e meio ambiente, pesca, turismo e lazer, valores espirituais (Paisley, Henshaw 2013 para a bacia do Nilo; Van der Zaag et al., 2007, 2009 para diversas bacias hidrográficas).
- Controle de poluição da água e desenvolvimento de sistemas de alerta precoce para desastres ambientais (Frijters, Leentvaar, 2003 para o Reno; Liefferink et al., 2011 para rios da União Europeia).
- Gestão ambiental: proteção de bacias de distribuição e pântanos, preservação da ecologia, biodiversidade, etc. (De Bruin et al., 2004).
- Abordagem da variabilidade e das mudanças climáticas (Jaspers, Gupta, 2014).

As disposições institucionais que abrangem essas áreas estão proliferando. Entretanto, no decorrer do tempo, muitas restrições tiveram, e ainda têm, que ser solucionadas. A seguir citam-se algumas.

- Ausência de dados confiáveis sobre as áreas citadas, especialmente nos países em desenvolvimento.
- Relutância em permitir a troca de dados entre nações, setores e instituições, especialmente na presença de conflito ou tensão.
- Relutância em aceitar os resultados do inventário de dados e dos processos de pesquisa por razões políticas.
- Falta de confiança entre nações, religiões, setores, grupos.
- Capacidades insuficientes em termos de políticas, estratégias, instituições, quantidade e qualidade de funcionários, bancos de dados, desenvolvimento e monitoração de *hardware* e *software*, entre outros fatores.
- Geopolítica, guerras, conflitos, etc. (Wolf, 1998; Sadoff, Grey, 2002; Jaspers, Gupta, 2014).

Desenha-se um quadro da situação atual dos acordos internacionais existentes sobre a gestão das águas transfronteiriças. Em suma, discute-se a perspectiva histórica de alguns clássicos acordos legais internacionais atualmente existentes que tratam da gestão de bacias hidrográficas transfronteiriças. Apresentam-se alguns conceitos aplicados à gestão de bacias hidrográficas em nível nacional, especialmente aqueles que possam ser importantes para a resolução de questões transfronteiriças. Descreve-se um dos possíveis papéis da legislação da Organização das Nações Unidas como uma abrangente disposição legal internacional, e da legislação europeia, aplicada às bacias hidrográficas transfronteiriças europeias. As restrições e oportunidades para a aplicação da legislação da ONU são avaliadas mediante o estudo da situação passada e presente da bacia do Nilo. No caso dessa bacia transfronteiriça compartilhada por 11 países meridionais em desenvolvimento, será examinada a delicada questão da distribuição de água. A respeito da legislação europeia, descreveremos resumidamente a European Water Framework Directive, uma lei de natureza vinculativa para todos os rios nacionais e transfronteiriços dos 27 países da União Europeia com seus desafios específicos. O rio Reno será tomado como um exemplo típico de rio transfronteiriço compartilhado por 7 países europeus com instituições maduras. A prevenção e o controle da poluição e a gestão dos valores ecológicos serão temas centrais. A escolha desses rios é determinada não apenas por sua relevância, mas também pela disponibilidade de informações. Os problemas são característicos, mas ocorrem também em vários outros rios transfronteiriços. Em alguns rios os problemas podem ser maiores, e as circunstâncias, diferentes. O objetivo é avaliar e analisar práticas clássicas que possam levar a uma maior cooperação ou à atenuação de possíveis conflitos entre países que compartilham um rio transfronteiriço. Por fim, procuraremos descrever as tendências e oportunidades e, na medida do possível, sugerir melhorias com base na literatura especializada e na experiência pessoal.

SURGIMENTO DAS DISPOSIÇÕES INSTITUCIONAIS INTERNACIONAIS NO DECORRER DO TEMPO

Existem milhares de rios em todo o mundo, dos quais 276 grandes bacias hidrográficas e cerca de 400 aquíferos são compartilhados por um ou mais Estados soberanos e um número até maior de bacias que cruzam fronteiras municipais, estaduais ou provinciais (Wolf, Newton, 2016b). Historicamente, os rios compartilhados eram regidos por tratados ou outros acordos em nível internacional ou por acordos interagências em nível municipal ou estadual. As primeiras comissões fluviais formais foram estabelecidas no Reno (Gupta, 2006).

As comissões de bacias hidrográficas são agências delegadas para apreciar questões relacionadas à gestão dos recursos naturais e/ou tomar providências em relação a essas questões. Os poderes desse tipo de comissão variam e incluem funções consultivas/educativas, funções de monitoramento, execução de obras, realização dos objetivos da constituição de um governo específico ou de um acordo internacional. As comissões normalmente são instituídas pela declaração formal de uma determinação ou ordem por parte dos governos para a gestão de recursos hídricos e terrestres. Às vezes, as comissões podem exercer poderes regulatórios (Hooper, 2005).

Os acordos do Reno objetivavam inicialmente criar uma comissão destinada a promover a livre navegação no rio Reno e, posteriormente, tratar das questões quantitativas e qualitativas. No início do século XX, a cooperação para a gestão dos rios internacionais resultou em um tratado que criou a International Joint Commission firmado entre Estados Unidos e Canadá, e outro tratado que levou à International Boundary and Water Commission, entre os Estados Unidos e o México. Uma série de acordos levou à criação do Comitê Intergovernamental Coordenador entre Argentina, Bolívia, Brasil, Paraguai e Uruguai, em 1968. Por meio de um acordo de 1959, criou-se uma comissão conjunta permanente entre o Egito e o Sudão. Outras comissões africanas são a Comissão do Rio Níger e a Comissão do Curso de Água do Rio Zambeze. À criação do Comitê do Mekong, em 1957, seguiu-se a Comissão do Rio Mekong de 1996, criada após o Acordo de Cooperação para o Desenvolvimento Sustentável da Bacia do Rio Mekong. O Indo é regulado por uma comissão conjunta entre a Índia e o Paquistão. Entre as comissões recentes, estão a Interstate Coordination Water Commission de 1992 entre o Cazaquistão, a República do Quirguistão, o Tajiquistão, o Turcomenistão, o Uzbequistão e o Afeganistão. Com o tempo, emanaram muitos outros tratados sobre o uso e a gestão de bacias hidrográficas transfronteiriças de menor porte ou de nível sub-regional (Jaspers, Gupta, 2014).

RESUMO DAS CARACTERÍSTICAS DE UMA GESTÃO INTEGRADA EFICAZ DAS BACIAS HIDROGRÁFICAS

A gestão integrada das bacias hidrográficas pode ser definida como a gestão de todos os recursos hídricos de superfície e subsuperfície de toda a bacia, com a devida atenção à qualidade da água, quantidade de água e integridade ambiental. O conceito de bacia hidrográfica abrange conjuntamente os recursos terrestres, os pântanos, as zonas costeiras adjacentes e os ambientes marinhos. Segue-se uma abordagem participativa que visa à integração das características naturais a todos os interesses sociais, econômicos e ambientais. O principal objetivo consiste em alcançar o desenvolvimento sustentável em todos os sentidos pertinentes (van Hofwegen, Jaspers, 1999). Para a implementação efetiva de uma gestão integrada das bacias hidrográficas, são necessárias disposições que permitam o que segue (Jaspers, 2003; Unesco, 2010).

- Conceito de gestão de recursos hídricos nas fronteiras hidrológicas.
- Estrutura organizacional na bacia hidrográfica e, se necessário, organizações formadas por sub-bacias com seus respectivos estatutos, visando à incorporação do processo decisório no nível de base adequado.
- Planejamento e gestão integrados da qualidade da água, de sua quantidade e da integridade ambiental das águas de superfície e subterrâneas, bem como dos ambientes aquático e terrestre cobertos da bacia.
- Funcionamento ativo de uma plataforma para os interessados envolvidos no processo decisório e em outras funções importantes.

Uma discussão detalhada sobre todos esses elementos fugiria ao escopo deste capítulo (ver Jaspers, 2003). É importante enfatizar a necessidade de criação de organizações internacionais de bacias hidrográficas com poderes suficientes, devidamente equipadas e em funcionamento efetivo, adaptadas às circunstâncias e aos problemas específicos da bacia hidrográfica transfronteiriça. Para funcionar, é possível que seja necessário desenvolver uma série de capacidades. Isso vale para as bacias hidrográficas nacionais, mas, em grande parte, também para as bacias hidrográficas transfronteiriças. A avaliação comparativa de cerca de duas dezenas de organizações de bacias hidrográficas (Jaspers, 2001, 2003, 2008, 2014; Blomqvist, Dinar e Kemper, 2005; Van der Zaag, Jaspers e Komakech, 2007; Schwartz, Douven e Jaspers, 2008 para CAPNET; Hooper, 2005, 2010; Huitema e Mijerink et al., 2014) indica que as seguintes características principais podem ser de fundamental interesse:

- dados relevantes da bacia hidrográfica;
- demarcação de acordo com fronteiras hidrológicas e administrativas efetivas;
- estrutura jurídica e projeto organizacional adequados;
- processo decisório coordenado, transparente e equitativo;
- participação das partes interessadas no processo decisório;
- criação de uma plataforma e representação das partes interessadas pertinentes;
- competências e funções claramente definidas;
- sistema de gestão adaptável e ágil;
- providências para um planejamento integrado;
- sustentabilidade financeira;
- providências para a formação de capacidades.

É evidente que apenas muito poucas organizações de bacias hidrográficas satisfazem a todos esses requisitos, se é que isso acontece. Esses requisitos refletem uma situação ideal pela qual só nos resta lutar. O mais importante é um processo decisório coordenado, equitativo e transparente. Outros fatores servem principalmente de respaldo a essa função.

O PAPEL DO DIREITO INTERNACIONAL

O direito internacional é a legislação que rege a cooperação interestatal. É o estudo das normas jurídicas, dos princípios, das regras, dos regulamentos e dos procedimentos que regem as relações entre os países. O direito internacional tem por finalidade evitar conflitos, promover a resolução pacífica de conflitos internacionais de acordo com os princípios da justiça e, cada vez mais, visa à solução de novos problemas comuns. O tema do direito internacional abrange as regras e procedimentos de uma determinada legislação justaposta aos princípios básicos subjacentes ao direito internacional (Gupta, 2006). A instituição mais importante a desenvolver e incorporar disposições do direito internacional é a Organização das Nações Unidas. Uma discussão detalhada sobre todos os órgãos e instituições da ONU extrapolaria o escopo deste capítulo. Por essa razão, destacaremos apenas alguns órgãos que exercem influência direta sobre a gestão de águas transfronteiriças mediante a elaboração de disposições legais internacionais.

O sistema global é um sistema de nações. Não existe um governo global. Assim como também não existe uma constituição global, embora alguns argumentem que a Carta das Nações Unidas é o que mais se aproxima de tal constituição (Gupta, 2006). A Carta das Nações Unidas (Carta da ONU) é um documento constitutivo da Organização das Nações Unidas e de seu sistema. Isso significa que todos os países-membros signatários da Carta comprometem-se a seguir as regras e regulamentos existentes e futuros desenvolvidos pelos diversos órgãos da ONU. Na prática, é necessária a aprovação e ratificação individualmente pelos Estados nacionais para a promulgação da maior parte da legislação da ONU. Do ponto de vista legal, a Carta das Nações Unidas é um tratado internacional multilateral com 193 Estados-membros.

A questão importante é: Quais as fontes do direito internacional?

O Artigo 38 do Estatuto da Corte Internacional de Justiça, estabelecida pela Carta das Nações Unidas, dispõe sobre as seguintes fontes do direito internacional:

> Um acordo internacional firmado por escrito entre dois Estados e regido pelas leis internacionais, seja como parte integrante de um único instrumento ou de dois ou mais instrumentos correlatos e qualquer que seja a sua designação específica. Se o acordo seguir alguns procedimentos formais e visar a uma aplicação regulatória geral, utiliza-se o termo tratado. Os tratados podem também ser multilaterais quando firmados entre mais de dois Estados. Uma convenção (a irmã multilateral mais formal do tratado) pode ser considerada um acordo escrito que cria obrigações acordadas mútuas para diferentes Estados e normalmente é aberta à assinatura e ratificação.

Existem centenas de acordos internacionais que tratam das questões das águas transfronteiriças, bem como existem também diversas convenções internacionais sobre o assunto.

No direito internacional, os costumes são evidências de comportamento demonstradas pelos Estados civilizados como uma prática geral aceita como lei. Em geral, essa condição é determinada por dois fatores: a prática geral dos Estados e o que os Estados aceitam como lei. A Corte Internacional de Justiça pode atribuir vinculação formal aos costumes nos casos apresentados à Corte. Os costumes podem também ser validados quando incorporados a tratados ou convenções.

As outras fontes do direito internacional são os princípios que emanam de várias fontes legais secundárias. Um princípio do direito internacional é uma declaração adotada pelas partes como um dispositivo que engloba uma ideia geral que pode ser aplicada a todas as situações pertinentes. Em outras palavras, é de natureza geral e não específica como uma regra. Constituem exemplos importantes nesse sentido os que seguem (ligeiramente modificados para o nosso fim).

- Independência política e soberania absoluta do estado. Os Estados possuem suas próprias jurisdições, a menos que renunciem a elas em favor de outras entidades.
- Integridade absoluta do território do Estado. Os Estados podem utilizar seus recursos a seu modo dentro de suas fronteiras territoriais.
- Soberania territorial restrita (combinação das duas primeiras com um princípio geralmente aceito).
- Dever de cooperação de acordo com as regras impostas pela Carta das Nações Unidas e os princípios aceitos do direito internacional.

Princípios mais específicos de suma importância para a gestão dos recursos ambientais e, consequentemente, dos recursos hídricos, são cerca de 20 princípios contidos na Declaração do Rio de 1992 (UNCED; Declaração do Rio, 1992) que foram incorporados de uma forma ou de outra às disposições legais. Para citar alguns aspectos importantes:

- O Princípio 2 sobre a soberania limitada refere-se à ideia de que, embora possam tomar medidas dentro de seu território, os países devem evitar causar prejuízo significativo a outros países durante esse processo (nenhum prejuízo significativo consta em muitas outras convenções).
- O Princípio 3 trata da responsabilidade equitativa pelo desenvolvimento sustentável e pela integridade ambiental.
- O Princípio 4 sobre a integração das questões ambientais às questões de desenvolvimento faz um apelo para que os países integrem os interesses ambientais às suas políticas de desenvolvimento.

- O Princípio 5 sobre a erradicação da pobreza tem como foco a necessidade de os países lidarem com a questão da pobreza.
- O Princípio 12 se concentra no apoio a um sistema econômico internacional aberto.
- O Princípio 13 versa sobre a necessidade de responsabilidade e indenização em caso de dano previsível.
- O Princípio 14 trata da necessidade de evitar a realocação de substâncias nocivas proibidas.
- O Princípio 15 é sobre a abordagem preventiva: a incerteza científica não deve ser usada como desculpa para adiar ação em que os possíveis riscos de uma determinada atividade sejam provavelmente irreversíveis.
- O Princípio 16 é sobre o "princípio do poluidor-pagador".
- O Princípio 17 trata da necessidade de Avaliações sobre o Impacto Ambiental.
- O Princípio 18 versa sobre a notificação de desastres ambientais. Aplica-se a todos os casos de desastres ambientais, enchentes, explosões, poluição, pragas ou infestações por ervas daninhas, etc.
- O Princípio 19 é sobre a notificação prévia e oportuna de atividades planejadas.

Existe um esforço contínuo no sentido de descrever, atualizar e codificar o direito internacional, os costumes e os princípios. A organização formal incumbida (pela ONU) dessa tarefa é a International Law Commission (ILC). A ILC é uma comissão especializada formada por 34 comissários eleitos por um período de cinco anos que atuam em sua especialidade e não como representantes de uma determinada nação. Esse organismo foi criado em 1947 por determinação da ONU com a incumbência explícita de promover o desenvolvimento progressivo do direito internacional. A ILC conta com o apoio da administração da ONU, mas também de organizações internacionais renomadas, entre as quais a International Law Association (ILA) é a mais influente. A ILA, uma ONG composta por advogados internacionais especializados e muito influentes, foi fundada em Bruxelas em 1873. Seus objetivos, de acordo com a sua Constituição, são "o estudo, o esclarecimento e o desenvolvimento do direito internacional, tanto público como privado, e o fomento do entendimento internacional e do respeito pelas leis internacionais". Como entidade internacional não governamental, a ILA tem função consultiva. Com uma série de agências especializadas da Organização das Nações Unidas, a International Law Association adotou regras revisadas sobre o direito das águas (Regras de Berlim) em 2004. Essas novas regras da ILA provavelmente mostram como o direito das águas pode desenvolver-se nas próximas décadas (ILA, 2004). As Regras de Berlim abrangem aspectos como escopo, gestão das águas, regras especiais relativas a águas internacionalmente compartilhadas, direitos das pessoas, proteção do ambiente aquático, avaliações de impacto, situações extremas, águas subterrâneas, navegação, proteção das águas e de instalações hídricas em tempos de guerra ou conflito armado, responsabilidades do Estado, medidas legais e resolução de conflitos internacionais. Em outras palavras, a lei é extremamente abrangente em seu alcance. É de se esperar que essas regras sejam direta ou indiretamente incorporadas aos acordos e convenções internacionais. O afunilamento no sistema da ONU se deve à existência de poucos mecanismos que imponham à comunidade internacional o cumprimento de regras com as quais os países individualmente não concordam ou até mesmo não cumprem, embora sejam signatários ou ratificadores. Obviamente, as leis internacionais estão sujeitas a muitas interpretações, especialmente quando existem interesses nacionais ou (geo) políticos em jogo.

O esforço mais importante da ONU no sentido de reunir diversos países sob a égide do direito internacional das águas é o desenvolvimento e ratificação da Convenção das Nações Unidas sobre o Direito dos Usos Não Navegacionais dos Cursos d'Água Internacionais, conhecida como a Convenção sobre a Utilização dos Cursos de Água.

Em 1997, a lei foi adotada pelas nações e países que podiam assinar e ratificar o acordo. Somente a partir de 2015, obtiveram-se 35 ratificações, pré-condição para que a Convenção entrasse em vigor (ver www.treaties.un.org). O desenvolvimento das instituições internacionais parece ser um "gigante que se movimenta lentamente".

A CONVENÇÃO DAS NAÇÕES UNIDAS SOBRE O DIREITO DOS USOS NÃO NAVEGACIONAIS DOS CURSOS D'ÁGUA (CONVENÇÃO SOBRE A UTILIZAÇÃO DOS CURSOS DE ÁGUA)

Geral

Essa lei define um curso de água internacional como um sistema transfronteiriço de águas de superfície e subterrâneas que, em virtude de sua relação física, constitui um conjunto unitário que flui para um terminal comum (art. 2). A expectativa é de que essa definição seja revogada pela definição de bacia hidrográfica constante nas Regras de Berlim (art. 3), com ênfase na bacia hidrográfica como um todo. Todo Estado que compartilha a bacia hidrográfica transfronteiriça tem o direito de participar de um acordo que abranja o recurso hídrico se por este for afetado. Desse modo, os países ribeirinhos não podem ser excluídos por outros países ou grupos de países. Essa lei tem por finalidade proteger, preservar e gerenciar os cursos de água e suas águas (art. 1). O preâmbulo especifica tratar-se também da utilização ideal e sustentável dessas águas. O artigo 5 reflete o princípio amplamente considerado como a pedra fundamental da Convenção, e, a bem da verdade, de qualquer lei no campo da gestão de bacias hidrográficas transfronteiriças: o princípio da utilização (e participação) equitativa e razoável. Esse princípio exige que um Estado que compartilhe um curso de água internacional com outros utilize o curso de água, em seu território, de maneira equitativa e razoável perante os países que a compartilham. A utilização equitativa, para os fins dessa lei, implica considerar os seguintes fatores (art. 6):

- os fatores geográficos, hidrográficos, hidrológicos, climáticos, ecológicos e outros de caráter natural;
- as necessidades socioeconômicas dos países envolvidos;
- os efeitos do uso dos cursos de água por um Estado sobre outro Estado (iii);
- usos existentes e possíveis;
- conservação, proteção, desenvolvimento e economia do uso da água e dos custos das medidas tomadas para esse fim; e
- a disponibilidade de alternativas.

O problema é que todos esses fatores precisam ser levados em consideração e que é preciso atribuir pesos a cada um desses fatores, de acordo com a importância de cada um. O artigo em si, no entanto, não atribui tais pesos. Até o momento, não há clareza quanto à maneira como esses fatores devem ser avaliados, o que impede a ratificação por parte de muitos países. Outra disposição crucial da Convenção é o artigo 7 (obrigação de não causar dano significativo). Esse artigo exige que os Estados "tomem todas as medidas adequadas no sentido de evitar causar "dano significativo" a outros Estados que compartilham um curso de água internacional. A ênfase na prevenção é importante, visto que geralmente é difícil interromper ou modificar uma atividade depois de iniciada, podendo ser muito complicado e dispendioso, se de fato for possível, corrigir o dano causado. A Parte III da Convenção apresenta o princípio da comunicação prévia das medidas planejadas e discorre de forma detalhada sobre os diversos aspectos dessa obrigação. A essência do princípio é que, se um projeto ou outras medidas forem elaboradas em um Estado e essas medidas puderem ter efeito adverso significativo sobre outro(s) Estado(s) que compartilhe(m) um curso de água internacional, o Estado de origem das medidas planejadas deve comunicar oportunamente os demais Estados a respeito de tais planos. Se os Estados notificados considerarem que as medidas planejadas são incompatíveis com os artigos 5 ou 7, segue-se um processo de consulta e, se necessário, de negociação com o intuito de levar a uma resolução justa da situação. Outros deveres dos países nos termos da Convenção são: o dever de cooperação (art. 8); o dever da troca de dados e informações (art. 9); o princípio de não causar dano significativo: os países devem evitar causar danos a outros países, devendo também indenizá-los pelos danos causados (art. 7); dever de informar as medidas planejadas (arts. 11-19); dever de proteger e preservar os ecossistemas (arts. 20-23); dever de participar de um sistema de gestão conjunta (art. 24); dever de tomar medidas preventivas contra situações prejudiciais, bem como de tomar as medidas necessárias em situações de emergência (arts. 27-29); e o dever de resolver conflitos de forma pacífica (art. 33). A quarta parte da Convenção é dedicada à proteção e preservação dos recursos hídricos. Em suma, os Estados que compartilham o curso de água em questão têm a obrigação de: proteger e preservar o ecossistema do curso de água; evitar, reduzir e controlar poluição que possa causar danos significativos; cooperar com a elaboração de uma lista de substâncias que devam ser proibidas; tomar medidas que impeçam a introdução de espécies alienígenas; proteger e preservar o ambiente marinho; evitar e atenuar eventuais condições nocivas; e informar outros estados durante uma situação de emergência e desenvolver planos de contingência. Além disso, "os estados que compartilham cursos de água devem, por solicitação de qualquer deles, consultar os demais membros sobre assuntos relativos à gestão de um curso de água internacional...", e a sua gestão deve ter por intenção o planejamento do desenvolvimento sustentável do curso de água em questão, promovendo a utilização racional e ideal, a proteção e o controle desse curso de água. O artigo 33 trata da resolução de conflitos. O dispositivo explica que, em caso de conflito entre as nações, as partes podem submeter o conflito, por mediação de terceiro, a apreciação de instituição criada pelas partes para tal fim, a arbitragem ou à Corte Internacional de Justiça de Haia, dos Países Baixos. As partes podem também criar uma Comissão para a Apuração de Fatos.

Desafios e tendências do direito internacional: o exemplo do Nilo

A Convenção sobre a Utilização dos Cursos de Água entrou em vigor com força de lei a partir de 14 de agosto de 2014, ratificada por 35 países, de um total de 193. Esses países levaram 18 anos para ratificar a Convenção; o número de novas adesões é pequeno e a disposição em aderir é baixa por diversas razões. Além disso, podemos observar que os países que ratificaram efetivamente a Convenção enfrentam poucos problemas com águas transfronteiriças ou já fazem parte de comissões internacionais que funcionam de acordo com os princípios da Convenção. Essas comissões lidam com questões específicas de gestão de águas transfronteiriças.

Muitos países que compartilham o mesmo rio transfronteiriço não ratificaram por diversas razões antagônicas. Um bom exemplo que ilustra os afunilamentos da implementação da Convenção é o rio Nilo, onde, desde o início, os países ribeirinhos permanecem em conflito em relação à explicação do tratado do Nilo (1959).

A bacia do rio Nilo estende-se por onze países e possui dois grandes afluentes, o Nilo Branco e o Nilo Azul. O Nilo Branco flui a partir do lago Vitória (o lago é circundado pelos territórios da Tanzânia, do Quênia e de Uganda e pelas montanhas de Burundi, Ruanda e da República Democrática do Congo. O Nilo Azul, formado por águas da Etiópia, da Eritreia e do Sudão do Norte. O Nilo Azul e o Nilo Branco encontram o Cartum, no Sudão no Norte, para formar o corpo principal do Nilo, que, por sua vez, atravessa o Egito para conectar-se ao mar Mediterrâneo.

O clima da bacia varia de tropical, na região dos grandes lagos equatoriais e das Terras Altas da Etiópia, a árido, no Sudão e no Egito (Paisley et al, 2013). Cerca de 300 milhões de pessoas dependem das águas do Nilo e as projeções são de que as taxas de crescimento populacional na região sejam enormes. Grande parte dessa população depende quase exclusivamente do Nilo como sua fonte de água doce. O Nilo, por exemplo, representa essencialmente a única fonte de água do Egito. A grande maioria da crescente população do Egito (84 milhões de pessoas em 2017) vive no Vale do Nilo, e o setor agrícola, que constitui uma parcela significativa da economia egípcia, depende amplamente de culturas que requerem extensa irrigação (80% da população do Egito depende da agricultura). A população da Etiópia (105 milhões em 2017, excluindo os refugiados em outros locais) cresce em um ritmo ainda mais acelerado do que a população do Egito, criando uma necessidade premente de aumento da produção de alimentos e uso mais extenso das águas do Nilo para fins agrícolas (Brunnée e Toope, 2002). Com base nas medidas feitas na Barragem de Assuã, no lago Nasser, no Egito, a vazão do Nilo diminuiu no último século, apesar de alguns anos satisfatórios na década passada. A vazão do Nilo é também altamente sazonal (aproximadamente 80% ocorrem no período de agosto a outubro). A bacia do Nilo é também considerada especialmente sensível ao impacto das mudanças climáticas e propensa à escassez de água induzida pelo clima (Eckstein, 2009).

Figura 1 – Estados atualmente integrantes da bacia do rio Nilo
Fonte: BBC, 2017. Disponível em http://www.bbc.com/news/world-africa-22894294

Apesar da quantidade limitada de água disponível, muitos países ribeirinhos, particularmente o Egito e a Etiópia, têm planos ambiciosos para maior utilização da água e o desenvolvimento de projetos de hidreletricidade ao longo do Nilo. O Egito também embarcou no Projeto Novo Vale (também conhecido como Projeto Toshka), destinado a redirecionar 10% de sua cota do Nilo (aproximadamente 5 bilhões de m^3/ano), essencialmente para criar e manter um segundo Vale do Nilo e aumentar a extensão de terras habitáveis no deserto ocidental.

Além da questão da escassez de água, os países localizados às margens do Nilo também enfrentam a degradação da qualidade da água. A drenagem proveniente da agricultura a montante e a jusante do rio provoca a contaminação gerada por pesticidas e fertilizantes e é particularmente grave na região dos lagos equatoriais do Nilo. Esse problema é agravado pelo padrão sazonal de cheia e vazante das águas do Nilo. Além disso, as populações que apresentam rápido crescimento têm levado a um aumento da geração de resíduos residenciais e industriais que, por falta de tratamento adequado, acabam no Nilo. Resumindo, as formas atuais de utilização das águas do Nilo são insustentáveis. Todavia, a demanda por água continua a aumentar à medida que a quantidade de água limpa disponível diminui, e há quem chegue até a sugerir que simplesmente não há água suficiente no Nilo para a conclusão dos planos de irrigação da Etiópia e do Egito, muito menos para satisfazer às ambições de todos os outros países às margens do Nilo (Paisley e Henshaw, 2013).

O Tratado do Nilo estipula que o Egito tem direito a uma evaporação de 55,5 bilhões, mais 10 bilhões de m^3/ano, a serem armazenados anualmente no lago Nasser; o Sudão tem direito a usar 18,5 bilhões de m^3/ano. O problema é que esse tratado, estabelecido sob os auspícios do Reino Unido, não envolveu a Etiópia. A maior parte da água do Nilo, após a confluência do Nilo Azul com o Nilo Branco em Cartum, é gerada na bacia de distribuição do Nilo Azul, nas Terras Altas da Etiópia (mais de 75%). A Etiópia quer usar uma boa parte da água do Nilo, pelo menos, para a geração de hidroenergia. Para esse fim, a uma distância de 40 km da fronteira etíope-sudanesa, está sendo construída a barragem Grand Ethiopian Renaissance (quase concluída), com uma altura de 175 metros e capacidade de 6.000 MW de eletricidade. A geração de energia não é de uso consuntivo, mas durante o enchimento (que leva, pelo menos, 5 anos) e em razão da evaporação no nível total de abastecimento, é claro que essa condição terá grande impacto na capacidade do lago Nasser e das represas que o Sudão do Norte está operando em nível elevado no Nilo Azul (p. ex., barragem de Roseires). Por diferentes razões, nem o Egito, nem o Sudão do Norte e o Sudão do Sul, nem a Etiópia querem ratificar a Convenção dos Cursos de Água por diferentes razões. A Etiópia poderia ser obrigada a não causar danos significativos (artigo 7 da Convenção) ao Egito, que afirma reivindicar o seu direito à água do Nilo com base no princípio da "apropriação prévia". Além disso, a relutância da Etiópia em cumprir os artigos 11-19, que preveem a emissão de notificação prévia e o fornecimento de informações completas sobre as especificações e os impactos ambientais, causou indisposição. O Sudão do Norte não quer ratificar porque pode ser obrigado a cumprir os artigos 6 e 7, que atribuem o direito de uso razoável e equitativo da água do Nilo gerada no território, sobre o qual a Etiópia detém a soberania. O mesmo vale para o Sudão do Sul. O Egito não quer ratificar pelo desejo (e pela necessidade) de preservar a sua integridade territorial. O Egito quer que o texto do artigo 7 da Convenção seja alterado de "dever de não causar dano significativo" para "dever de não causar danos", e simplesmente não aceita um único m^3 a menos do que tem direito, uma vez que cada metro cúbico é alocado para um determinado tipo de uso já existente, do lago Nasser ao mar Mediterrâneo. A água é utilizada e reutilizada muitas vezes. Entretanto, vale notar também que o Egito planeja desenvolver projetos de irrigação politicamente insustentáveis (Projeto Toshka) no deserto ocidental egípcio, com uma enorme pegada hídrica e a despeito de qualquer consideração a respeito da gestão da demanda por água virtual (Zeitoun et al., 2010). O projeto visa ao desenvolvimento de 5 milhões de hectares de irrigação, com um duto que se estende a partir do lago Nasser. A possível evaporação nessa região desértica está na ordem de 3 metros por ano. O projeto se encontra em fase de construção, mas os fazendeiros relutam em mudar-se para lá, apesar dos subsídios do governo. Existem outros problemas, como o falho controle da salinidade, por exemplo.

A Iniciativa da Bacia do Nilo: por uma Comissão da Bacia do Nilo?

Para resolver os problemas de gestão e desenvolvimento de bacias hidrográficas transfronteiriças, foi criada a Nile Basin Initiative (NBI [Iniciativa da Bacia do Nilo]) após uma série de tentativas de cooperação anteriores (p. ex., a TECCONILE, sob os auspícios do PNUD). A NBI é uma parceria intergovernamental de 10 países da bacia do Nilo, a saber, Burundi, República Democrática do Congo, Egito, Etiópia, Quênia, Ruanda, Sudão do Norte, Sudão do Sul, Tanzânia e Uganda. A Eritreia participa como membro observador. Pela primeira vez em sua história, criou-se em 1999 uma instituição abrangente válida para toda a bacia, cujos objetivos (visão compartilhada) são:

- desenvolver os recursos hídricos da bacia do Nilo de uma maneira justa e sustentável, a fim de garantir a prosperidade, a segurança e a paz de todos os seus povos;

- garantir uma gestão eficiente da água e uma forma de uso ideal dos recursos;
- garantir a cooperação e a ação conjunta entre os países ribeirinhos, visando a uma condição em que todos saiam ganhando;
- buscar a erradicação da pobreza e promover a integração econômica;
- garantir que o programa passe do planejamento para a ação.

Um dos objetivos operacionais da NBI era/é criar, promulgar, implementar e colocar em vigor um Acordo de Estrutura Cooperativa (Cooperative Framework Agreement – CFA). O acordo foi formulado em 2006 (http://www.nilebasin.org/) e seu texto é um tratado que descreve os princípios, direitos e obrigações para a gestão cooperativa e o desenvolvimento dos recursos hídricos da bacia do Nilo. Em vez de quantificar os "direitos equitativos" ou a alocação do uso da água, o tratado tem por objetivo criar uma estrutura destinada a "promover a gestão integrada, o desenvolvimento sustentável e a utilização harmoniosa dos recursos hídricos da bacia, bem como a sua conservação e proteção para o benefício das gerações presentes e futuras". Para esse fim, o tratado prevê a criação de um mecanismo institucional permanente, a Comissão da Bacia do Rio Nilo (Nile River Basin Commission – NRBC). A Comissão serviria para promover e facilitar a implementação do CFA e para facilitar a cooperação entre os Estados da bacia do Nilo na conservação, gestão e desenvolvimento da bacia do rio Nilo e suas águas. Em termos de suas atribuições e responsabilidades, a Comissão seria baseada nos princípios e regulamentos incorporados à Convenção sobre a Utilização dos Cursos de Água.

O tratado está sujeito à ratificação e somente entrará em vigor, pelo menos, 60 dias depois que seis países tiverem ratificado ou concordado com o documento e depositado-o junto à União Africana. A assinatura do CFA é uma etapa intermediária pela qual os países indicam a sua disposição em ratificar o tratado no futuro, mas não estão legalmente obrigados a fazê-lo. A assinatura do tratado obriga os países a não firmar quaisquer atos que comprometam o objetivo e a finalidade do CFA. A partir de março de 2011, o CFA foi assinado por 6 países; até 2017, 4 países (Uganda, Tanzânia, Ruanda e Etiópia) ratificaram o documento. A expectativa é de que Burundi e Congo sejam os próximos (a participação desses países, no entanto, é pequena). Existem grandes reservas da parte do Sudão, do Sudão do Sul e do Egito.

O presidente egípcio Abdel Fatah-al-Sisi disse não querer guerra, mas que não permitiria que o abastecimento de água do Egito fosse colocado em risco. Sisi afirmou estar considerando "todas as opções".

Desafios para as instituições do Nilo

Como alguns dos países mais importantes e afetados não assinaram, é pouco provável que o Acordo de Estrutura Cooperativa seja endossado por todos os países ribeirinhos, a menos que os seguintes aspectos sejam abordados de forma satisfatória:

1. A resolução da questão montante-jusante é condição *sine qua non*: na prática, isso significa que sobretudo o Egito, o Sudão do Norte, a Etiópia e, em menor proporção, o Sudão do Sul devem vir a compartilhar de forma equilibrada os recursos hídricos ou, alternativamente, compartilhar os benefícios (Sadoff e Grey, 2002; Van der Zaag et al., 2007). Em geral, a solução da alocação de água entre os países se encontra fora do campo da gestão hídrica (questões correlatas). Para dar um exemplo de questões correlatas: tanto o Sudão do Norte como o Sudão do Sul ainda não estão explorando plenamente seus recursos hídricos. Entretanto, esses países, que enfrentam um enorme racionamento de energia elétrica, talvez pudessem amenizar os problemas de água do Egito, pelo menos por enquanto, e receber energia da hidrelétrica Grand Ethiopian Renaissance. Essa hidrelétrica produzirá superávit operando a plena capacidade. A Etiópia poderia beneficiar-se de melhores instalações de transporte, tanto por terra como por água, por meio do Sudão e do Egito (em menor proporção). O país chegou quase a finalizar a construção da hidrelétrica Renaissance, uma imensa infraestrutura. A barragem, que comporta 74 bilhões de m^3 a plena capacidade de abastecimento, foi construída sem qualquer notificação aos países localizados a jusante. Desse modo, a construção da barragem de Roseires (concluída em 2012 por um custo de vários bilhões de dólares), no Sudão, tornou-se praticamente redundante. São necessários de 5-7 anos para encher a barragem de Renaissance. Nesse período, a vazão de jusante da barragem de Merowe, no Sudão do Norte, e da barragem de Assuã, no Egito, sofrerá uma redução de aproximadamente 15-25%. Consequentemente, o aumento da evaporação também reduzirá o fluxo. O Egito depende quase 100% da água da barragem de Assuã para fins de irrigação, abastecimento de água potável e hidroenergia. Isso implica que é preciso necessariamente desenvolver uma visão compartilhada de operação. A perda de água pela operação da barragem de Renaissance somente pode ser compensada com a ajuda do Sudão do Norte (e do Sul). Após um sólido cálculo pelo

modelo cascata, a liberação oportuna da água das represas do Sudão poderia reduzir a pressão sobre os recursos hídricos com a liberação de água para o lago Nasser, a única fonte de água e subsistência de 84 milhões de egípcios (2017).

Além disso, os investimentos em projetos inviáveis com uma grande pegada hídrica devem ser evitados. Em suma, é necessário um plano de gestão dos recursos hídricos válido para a toda a bacia (integrado) e somente uma instituição como a Comissão da Bacia do Rio Nilo pode administrar um plano desse tipo. Isso significa que tanto a Etiópia como o Sudão do Norte, e provavelmente o Sudão do Sul, serão beneficiados quando superarem suas diferenças predominantemente culturais e assinarem o Acordo de Estrutura Cooperativa baseado na Convenção das Nações Unidas sobre a Utilização dos Cursos de Água. A inércia implicará sério conflito, talvez até mesmo guerra, de acordo com o presidente Morsi.

2. O aumento da conscientização entre os agentes do processo decisório talvez precise fazer-se valer sobretudo nos países anteriormente mencionados. O conflito não apenas está afetando suas próprias comunidades, como também é mais caro do que a cooperação. Vários estudiosos clamam pela hidrossolidariedade como um meio para o desenvolvimento, mas também como uma maneira de evitar conflitos dolorosos e onerosos (ver Van der Zaag et al., 2007; Wolf, 1998).
3. O caráter inclusivo do processo decisório parece ser condição obrigatória: no momento, somente as autoridades governamentais participam da tomada de decisões na Iniciativa da Bacia do Nilo. Mesmo nos Comitês Técnicos Consultivos (Technical Advisory Committees – TAC) que preparam as decisões para a plataforma das pastas ministeriais responsáveis pela administração dos recursos hídricos, há um excesso de autoridades governamentais em comparação com o número de outros interessados: representantes comunitários e setoriais, especialistas técnicos, cientistas, etc. Daí a provável impossibilidade de germinação do impacto das decisões nos desenvolvimentos que necessitam da participação dos usuários. A organização da participação dos interessados em nível internacional não é fácil, mas os benefícios podem ser grandes. Além de um processo decisório eficaz, essa participação pode também criar identidades mutuamente compartilhadas (Abers et al., 2007).
4. A comunicação tem sido o principal obstáculo entre os países em termos gerais. Os desenvolvimentos e eventos sem notificação prévia (arts. 11-19 da Convenção) continuarão a dificultar a confiança necessária para o

estabelecimento e a implementação da cooperação. A harmonização para um *modus operandi* equilibrado da barragem de Renaissance, na Etiópia, com as barragens de Roseires e Merowe, no Sudão do Norte, juntamente com o direito de beneficiário do Egito, será difícil sem a devida notificação e uma avaliação de impacto adequada. É muito provável que essa situação resulte em conflito.

5. Infelizmente, a estabilidade política não se estabeleceu: alguns dos países ribeirinhos estão pssando por intensos processos de mudança e conflito (Sudão do Sul, Egito, Eritreia, Congo Oriental). Talvez o processo de negociação de um acordo do Nilo possa contribuir para o desenvolvimento institucional internacional. As ramificações do projeto da Iniciativa da Bacia do Nilo: ENTRO e NELSAP foram as pontas de lança do desenvolvimento significativo de uma visão compartilhada para as atividades regionais. Os países do Nilo Oriental, que compreendem o Egito, a Etiópia, a República do Sudão do Sul e o Sudão do Norte, criaram o Eastern Nile Technical Regional Office (ENTRO), uma instalação regional permanente, não apenas tecnicamente eficaz, mas também um marco político. O Nile Equatorial Lakes Subsidiary Action Program (NELSAP) é um programa de investimentos sob a égide da Iniciativa da Bacia do Nilo (NBI) que promove investimentos no desenvolvimento energético, interconexão para transmissão de energia e comercialização de energia, gestão de recursos hídricos, gestão de lagos e peixarias, desenvolvimento agrícola e controle do jacinto aquático. Os membros são os países equatoriais: Tanzânia, Quênia, Ruanda, Burundi e Uganda. Ambos os programas, bem como a Secretaria da Iniciativa da Bacia do Nilo, são subsidiados com empréstimos e concessões de um consórcio doador sob os auspícios e a coordenação do Banco Mundial. No nível da implementação mútua do projeto, com benefício para todos os parceiros, a cooperação está florescendo. As comunidades e os tecnocratas estão ávidos por se desenvolverem juntos; já os seus líderes, nem tanto.
6. Além disso, a coordenação dos doadores não está totalmente alinhada: o pior que pode acontecer para a bacia e a região é que superpotências como a China possam desmantelar uma abordagem integrada mediante o desenvolvimento aleatório de barragens nacionais. Isso está acontecendo principalmente no Sudão, onde a China constrói barragens com suas próprias empresas em troca de royalties de petróleo e minério.

A DIRETIVA-QUADRO DA ÁGUA DA UNIÃO EUROPEIA

Introdução

A União Europeia (UE), anteriormente conhecida como Comunidade Europeia (CE), formou-se após a Segunda Guerra Mundial como instituição para promover a paz e o desenvolvimento econômico. Os países aderem à União como partes signatárias dos tratados constitutivos, sujeitando-se, desse modo, aos privilégios e obrigações de associação à UE. Isso subentende uma delegação parcial da soberania às instituições em troca de representação dentro destas, uma prática geralmente conhecida como "partilha de soberania". A União Europeia foi criada formalmente quando o Tratado de Maastricht entrou em vigor em 01 de novembro de 1993 como substituição à Comunidade Europeia. O Tratado de Maastricht é um abrangente dispositivo legal, essencialmente uma atualização da Carta inicial de 1945 com muitas etapas intermediárias. O tratado foi substantivamente adaptado pelo Tratado de Lisboa em 2009. A União Europeia é formada por 27 países-membros, com seis instituições principais compartilhadas: o Conselho Europeu, o Conselho da União Europeia, o Parlamento Europeu, a Comissão Europeia, a Corte de Justiça da União Europeia (o Judiciário responsável pelas muitas leis e diretivas da UE), o Banco Central Europeu e a Corte Europeia de Auditores. A competência por examinar e emendar a legislação é compartilhada entre o Conselho da União Europeia, composto pelos primeiros-ministros dos países-membros, e o Parlamento Europeu, representantes dos partidos políticos nacionais e membros eleitos diretamente, enquanto as tarefas executivas são desempenhadas pela Comissão Europeia, à qual cabe a elaboração de toda a legislação e a detenção dos poderes executivos. Com uma competência limitada, o Conselho Europeu, uma espécie de Secretaria política (não confundir com o Conselho da União Europeia anteriormente mencionado) é responsável pelas políticas de negociação. A interpretação e a aplicação das leis, das diretivas e dos tratados da UE são garantidos pela Corte de Justiça da União Europeia. Existem também vários órgãos auxiliares que assessoram a UE ou atuam em uma área específica.

Ao longo dos anos, a UE ampliou a sua competência também no campo da gestão dos recursos hídricos (transfronteiriços) e especialmente das questões ambientais. A partir do momento em que assinam o Tratado de Maastricht, os países aspirantes têm que cumprir toda a legislação e as normas da UE. O descumprimento ou o cumprimento tardio é punido com rigorosas penalidades de milhões de euros ou suspensão de subsídios impostas pela Comissão da UE. Além disso, os direitos de voto também podem ser restringidos ou cancelados. Os países podem reclamar ou lançar um apelo à Corte de Justiça Europeia. Os cidadãos podem também ingressar individualmente com causas litigiosas na Corte de Justiça contra a legislação nacional ou como recurso contra as Cortes nacionais. A única maneira de escapar de uma norma da UE é cancelando o Tratado de Maastricht e abandonando a UE, como o Reino Unido quis fazer (2017). O processo leva dois anos. Entretanto, esse divórcio implica renúncia de todos os benefícios: subsídios, livre comércio, isenção alfandegária, segurança extra, necessidade de firmar 27 ou mais novos acordos comerciais com resultado incerto. Um dia depois que o referendo popular realizado no Reino Unido em junho de 2017 decidiu (por uma margem muito pequena e sob pressão populista) pela saída do Reino Unido da EU, a grande maioria dos cidadãos, especialmente na Escócia, na Irlanda do Norte e em Londres, percebeu a confusão em que estava metida! Pode-se dizer que as questões estavam totalmente interligadas em um vulnerável equilíbrio.

A Diretiva-Quadro da Água da União Europeia (European Union Water Framework Directive – EUWFD)

Com o passar do tempo, a impressão foi de que os países, individualmente, e também os tratados, diretrizes e agências já existentes não procuraram resolver questões altamente complexas, como a poluição das águas, o controle de inundações e a gestão dos subequentes sistemas de alerta precoce. Além disso, em resposta a essas demandas, uma nova Política Europeia de Gestão dos Recursos Hídricos e instrumento legal foram adotados em dezembro de 2000: a Diretiva-Quadro da Água da UE. Durante os seis anos de preparação dessa política, todas as partes interessadas, como autoridades locais e regionais, usuários de água e organizações não governamentais (ONGs), foram convidadas a comentar. Em 1996, cerca de 250 representantes participaram da conferência realizada para concluir o processo. Entre os participantes, havia representantes dos Estados-membros, das autoridades regionais e locais, das agências reguladoras, dos fornecedores de água, da indústria e da agricultura, bem como consumidores e ambientalistas. O resultado da conferência foi um amplo consenso de que, apesar do considerável progresso em termos de resolução de questões individuais, a política de gestão dos recursos hídricos foi fragmentada em seus objetivos e meios. Todas as partes concordaram quanto à necessidade de um único instrumento legislativo para resolver os problemas: a Diretiva-Quadro da Água da UE. Essa Diretiva tem como principais objetivos criar um instrumento de proteção das águas de superfície interiores, das águas de transição, das águas costeiras e das águas subterrâneas. Trata-se de uma diretiva que:

- evita uma maior deterioração, protegendo e melhorando a condição dos ecossistemas aquáticos e, no que tange às suas necessidades hídricas, os ecossistemas terrestres e pântanos que dependem diretamente dos ecossistemas aquáticos;
- promove o uso sustentável da água com base na proteção em longo prazo dos recursos hídricos disponíveis;
- visa à maior proteção e melhoria do ambiente aquático, entre outros, por meio de medidas específicas para a redução progressiva de descargas, emissões e vazamentos de substâncias prioritárias (antigamente constantes na lista cinza: substâncias não necessariamente tóxicas, mas prejudiciais à saúde humana e à vida marinha em concentrações mais elevadas), e a suspensão ou descontinuidade das descargas, emissões e escape de substâncias perigosas importantes (antigamente constantes na lista negra: substâncias absolutamente tóxicas e perigosas para todo tipo de vida);
- garante a redução progressiva da poluição das águas subterrâneas e evita mais poluição;
- contribui para a atenuação dos efeitos das inundações e secas.

Os Estados-membros são responsáveis pela implementação da Diretiva-Quadro da Água, cabendo a cada Estado implementar a Diretiva em sua política nacional de uso da água. As metas deveriam ser alcançadas inicialmente em quinze anos, após o que novas metas deveriam ser estabelecidas. A Diretiva-Quadro da Água da UE (EC 2000) foi adotada em 2000 conjuntamente pelo Parlamento Europeu e pelo Conselho Europeu. Trata-se de um documento ambicioso, mas legalmente vinculante que visa à criação de uma "boa condição" para todas as águas de superfície e subterrâneas nos 27 países da União Europeia até 2015, 2021 e 2017, respectivamente, dependendo dos desenvolvimentos empreendidos (De Bruin et al. 2004). O termo "boa" reflete um novo conceito de qualidade ecológica, baseada em informações de cunho biológico, químico e físico (Chaves, 2001). Para alcançar esse objetivo, seguem-se vários passos que variam desde a avaliação das pressões e impactos em uma bacia hidrográfica até a elaboração de um plano de gestão de bacias hidrográficas combinado a um programa de medidas específicas. A Diretiva deve ser implementada internamente por cada Estado-membro da UE como uma instrução para o governo nacional. O governo tem livre escolha dos instrumentos legais para fazer isso, desde que obedeça à legislação. Os países que aderiram, que recentemente ingressaram ou que ingressarão na UE em um futuro próximo ou mais distante também terão que implementar a Diretiva e alcançar uma boa condição da água até 2021, com possível prorrogação até 2027. As prorrogações são possíveis para todos os países, até um máximo de 2 vezes 6 anos, e o ciclo de planejamento é de 6 anos. O problema, obviamente, é como definir a boa condição. Vários grupos de trabalho internacionais estão envolvidos na tentativa de fazer jus ao termo "boa condição hídrica" como uma "sólida diretriz". Em última instância, a interpretação fica a critério de cada país-membro individualmente. A Diretiva apenas sugere que a boa qualidade de um corpo hídrico específico pode estar relacionada a um determinado corpo de água de referência ou a uma parte intacta do mesmo corpo de água ou de um corpo hídrico semelhante. Uma ampla composição de tipos de água com suas respectivas qualidades é descrita nas tipologias. As pesquisas internacionais têm por objetivo determinar os critérios de qualidade a que determinados tipos de corpos hídricos estão relacionados.

A poluição por substâncias menos perigosas ou relativamente nocivas é submetida à abordagem dos objetivos de qualidade da água. Essas substâncias podem ocorrer naturalmente nas águas de superfície ou ser apenas levemente tóxicas. Pode-se pensar em termos de sulfatos, cloretos e descargas de calor. O grau em que devem ser tomadas medidas para reduzir essa condição depende basicamente dos objetivos relevantes da qualidade da água de superfície receptora (Rijkswaterstaat, 2002; Warmer, van Dokkum, 2002). Faz diferença, portanto, se a água receptora é, por exemplo, água potável em potencial ou somente utilizada para fins de transporte. A Diretiva instrui os Estados-membros a designar as bacias hidrográficas formadas pelos chamados Distritos das Bacias Hidrográficas (EUWFD, artigo 3). As bacias de distribuição menores são consolidadas com as bacias maiores e a gestão hídrica logo se estabelece nas fronteiras hidrológicas. A autoridade administrativa competente é conferida aos Distritos das Bacias Hidrográficas. Uma instituição competente é nomeada e as providências específicas são tomadas pelos países-membros no sentido de regular a gestão hídrica transfronteiriça. O passo seguinte consiste em caracterizar a bacia hidrográfica, fazer uma avaliação dos impactos e pressões humanos presentes e futuros e analisar o uso da água de forma econômica (EUWFD, art. 5). O artigo 6 da Diretiva-Quadro da Água da UE obriga o Distrito de Bacias Hidrográficas a compor um registro das áreas protegidas. O registro contém, pelo menos, as áreas ou zonas designadas pelos acordos internacionais como habitats especiais (p. ex., sítios RAMSAR) e outras áreas protegidas. Além disso, devem ser designadas as áreas específicas, as zonas de proteção e os corpos hídricos para o abastecimento de água potável (agora e no futuro) (art. 7). Em cada bacia hidrográfica, deve-se estabelecer um programa de monitoramento para que se obtenha uma visão geral completa da qualidade da água em toda a bacia. Esse programa compreende as águas de superfície (volume, descarga, estados ecológico e químico e potencial ecológico) e subterrâneas (estado químico e quantidade) e o estado das áreas protegidas (art. 8). A política de tarifação dos Estados-membros deve gerar incentivos para promover o uso inteligente dos recursos hídricos. Os usuários devem contribuir substancialmente para o valor da água e os custos da gestão hídrica (art. 9). Os Estados-membros estão utilizando uma abordagem combinada para lidar com as fontes de poluição. São aplicadas medidas de emissão baseadas nas melhores técnicas existentes ou indicados valores limites de emissão pelas Diretivas existentes e futuras. Para cada bacia hidrográfica, é elaborado um programa de medidas juntamente com um plano de gestão de bacias hidrográficas (artigos 11-13). A composição do plano deve ser obedecer às instruções do Anexo VII da Diretiva. O plano consiste, no mínimo, das seguintes partes:

- demarcação e características do Distrito da Bacia Hidrográfica;
- resumo dos impactos e pressões significativos produzidos pelas atividades humanas;
- identificação e mapeamento das áreas protegidas;
- mapa das redes de monitoramento;
- lista de objetivos ambientais;
- resumo da análise econômica;
- resumo do programa de medidas;
- registro de programas mais detalhados, incluindo o resumo;
- resumo das informações públicas e das medidas e resultados de consulta;
- lista das autoridades competentes;
- pontos de contato e procedimentos para a obtenção de informações básicas e comentários do público.

Quanto às bacias hidrográficas internacionais, os mesmos requisitos são válidos e vinculantes, e os Estados-membros têm que coordenar entre si o programa de medidas a serem tomadas para que os objetivos estabelecidos sejam alcançados. Essa coordenação é possível por cooperação individual dos Estados-membros ou por meio das comissões de bacias hidrográficas existentes. Um exemplo dessas comissões é a Comissão do Danúbio. Trata-se de uma agência intergovernamental internacional criada pela Convenção do Danúbio sobre o regime de navegação do Danúbio, assinada em Belgrado em 1948. Com o tempo, a competência foi ampliada, passando a incluir também pastas ambientais. O Danúbio cruza 11 fronteiras. Outro exemplo é a International Commission for Protection of the Rhine – ICPR (Comissão Internacional para a Proteção do Reno), sucessora da Comissão do Reno. A Comissão do Reno lidava principalmente com a navegação; sua competência foi posteriormente ampliada, passando a incluir atribuições como gestão hídrica, controle de inundações e prevenção e controle da poluição, e hoje é cumprida sob as disposições da EUWFD.

Avaliação das práticas da UE

Nos últimos 15 ou 16 anos, a implementação da EUWFD nem sempre atendeu às suas expectativas. Existem sinais positivos, mas também negativos. Os positivos são os seguintes:

- Embora a Diretiva-Quadro da Água da UE (EUWFD) possa ser complexa em sua implementação, quase todos os corpos hídricos são incorporados aos Distritos das Bacias Hidrográficas e possuem um plano de gestão da bacia.
- Houve um extenso processo de unificação dos sistemas de monitoramento, categorização e criação de centenas de tipos de água diferentes. Os tipos de água podem ser comparados cientificamente entre si. Sob os auspícios da Comissão Europeia, as autoridades responsáveis pelos recursos hídricos dos diferentes países individualmente podem falar a mesma linguagem profissional (se quiserem).
- A colcha de retalhos das Diretivas Europeias (que tratam da água proveniente de resíduos industriais, dos nitratos, pesticidas, biocidas, da água para beber e para tomar banho, dos sistemas de alerta precoce, etc.) hoje é coordenada e opera sob uma única égide.

Ainda existem também muitos desafios, listados a seguir.

- Muitos países declararam alguns ou quase todos (p. ex., os Países Baixos) os corpos hídricos extensamente modificados, o que, na maioria dos casos, é verdade. Os objetivos ambientais podem ser reduzidos para “alcançar um bom potencial ecológico”, o que é consideravelmente mais fácil do que alcançar “boa condição (natural) da água”.

- A maioria dos países estendeu o prazo para a realização dos objetivos para 2021 ou, até mesmo, 2027, respectivamente. Isso épossível quando os países têm como mostrar que os investimentos necessários para a implementação das medidas corretivas são muito elevados, quando comparados ao limitado benefício ecológico das medidas. A maioria dos objetivos ainda não foi alcançada.
- Existe uma grande discrepância quanto às capacidades relevantes de alcançar objetivos e metas entre os países relativamente ricos do norte e os países relativamente pobres do sul.
- Além disso, existem discrepâncias e problemas específicos com os países de adesão recente (anteriormente sob domínio da antiga União Soviética), como Hungria, República Tcheca, Eslováquia, Bulgária, Romênia e, em geral, entre os países do Oeste Europeu, mais ricos, e os do Leste Europeu, mais pobres. Para os países mais pobres, não será fácil satisfazer aos padrões convencionados exigidos pela Comissão Europeia.

É de se esperar que, em um prazo mais longo, os instrumentos da EUWFD sejam bem-sucedidos. Obviamente, as alterações antropogênicas passadas ocorridas nos rios, como barragens, açudes e lagos, não podem ser revertidas, mas experimentos significativos encontram-se em curso para, na medida do possível, restaurar os rios ao seu estado original (p. ex., "Espaço para o Rio", nos Países Baixos; Disco, van Heezik, 2016). A qualidade da água nos rios europeus já estava melhorando substancialmente e a expectativa é de que seja acrescentada uma dimensão de proteção biológica e ecológica. (Depois de 50 anos, os salmões voltaram a nadar no Reno, embora em números limitados).

Os países do Leste e do Sul Europeu terão dificuldades para alcançar as metas de boa qualidade ou de alto potencial em termos de águas de superfície, e alguns sérios atrasos em termos de saneamento das águas subterrâneas. Entretanto, principalmente esses países podem beneficiar-se dos subsídios concedidos pela Comissão Europeia.

As razões para otimismo em relação à implementação da EUWFD são as seguintes:

- a UE oferece uma instituição que produz legislação unificada e harmonizada;
- possui um conjunto completo de instrumentos legais;
- pode utilizar o poder da Comissão da UE para orientar e supervisionar o planejamento e as medidas tomadas; a Comissão também pode fazer cumprir a legislação, as decisões e as medidas;

- a Corte de Arbitragem da UE é uma corte internacional que se sobrepõe a todas as cortes nacionais dos países-membros;
- a UE é uma plataforma em que as questões estão totalmente interligadas; os países que não cumprem as normas são penalizados ou perdem os subsídios; a UE pode usar o recurso da recompensa e punição.

Obviamente, existem também desafios a serem vencidos.

- Os países mais ricos, que mais contribuem para os custos e menos se beneficiam da pesada administração da UE, tendem a ser suscetíveis a sair da UE, geralmente sob a influência de elementos nacionalistas que fazem parte da sociedade (como o Reino Unido).
- Os países mais pobres geralmente querem aproveitar as vantagens, mas não as desvantagens de uma política comum ("escolhem a dedo").

O Reno e suas instituições emergentes

Embora seja um rio relativamente pequeno, o Reno é um dos rios mais conhecidos e mais importantes da Europa. Sua extensão é de 1.320 km, dos quais 880 km são navegáveis. De sua nascente na Suíça, o Reno atravessa a França, a Alemanha e os Países Baixos antes de desaguar no mar do Norte. A área de 170.000 km^2 da bacia hidrográfica cobre também partes da Itália, Áustria, Liechtenstein, Luxemburgo e Bélgica. O Reno, a rota de navegação mais densa da Europa, conecta um dos maiores portos marítimos do mundo, Roterdã, ao maior porto interior do mundo, Duisburg. Vastos complexos industriais encontram-se ao longo do rio, como as regiões do Ruhr, do Main, e de Rijnmond. As plantas de produção químicas mais importantes da Europa encontram-se ao longo do Reno.

A água do Reno é utilizada para fins industriais e agrícolas, para geração de energia elétrica, para o descarte de águas residuais municipais, para atividades recreativas e para a produção de água potável para mais de 20 milhões de pessoas. Além disso, o rio é um habitat natural de vida vegetal e de muitos pássaros, peixes e outras espécies.

Em razão do rápido processo de industrialização e crescimento populacional após 1850, as descargas de substâncias orgânicas e inorgânicas no rio tornaram-se cada vez mais problemáticas. Após a Segunda Guerra Mundial, a qualidade da água do Reno deteriorou-se rapidamente em virtude das descargas de águas residuais pelas indústrias, pela agricultura, pelo tráfego e pelos domicílios. Grandes quantidades de metais pesados, pesticidas, hidrocarbonetos e compostos orgânicos de cloro eram despejados no rio, causando graves problemas ecotoxicológicos. Em 1950, a Suíça, a República Federal da Alemanha, a França, Luxemburgo e os Países Baixos criaram a International Commission for the Protection of the Rhine – ICPR (Comissão Internacional para a Proteção do Reno). Os primeiros anos foram dedicados à criação de um entendimento comum dos problemas do Reno e de uma base legal e institucional para a cooperação. Foram desenvolvidos programas de monitoramento conjunto, mas as primeiras medidas comuns para proteger o rio contra os efeitos da poluição orgânica só foram tomadas em 1970.

A ICPR foi encarregada de elaborar uma convenção para a redução da poluição química. A Convention on Chemical Pollution (Convenção sobre Poluentes Químicos), assinada pelas partes contratantes em 1976, era um esboço de Convenção que, entre outras disposições, fornecia os valores limítrofes de descarga de substâncias tóxicas individuais no meio ambiente (fontes pontuais). Essa abordagem estava ligada pela legislação nacional aos sistemas de licenciamento para os setores novos e existentes, fornecendo "autorizações de descarga" que refletiam valores decrescentes e, desse modo, elevando os padrões, mas também com um drástico sistema tributário, intensificado com o tempo. O poluidor tinha que pagar as descargas restantes. Esse sistema parecia ser uma ferramenta muito eficaz e de resposta rápida. A Convenção sobre Poluentes Químicos corresponde, em grande parte, à Diretiva 76/464/EEC de 04 de maio de 1976, da Comissão Europeia. Após a ratificação da Convenção pelas partes contratantes, suas recomendações passaram a fazer parte da legislação nacional e ter caráter legalmente vinculante. Os valores limítrofes para concentrações de substâncias individuais estipulados na Convenção aplicam-se a águas residuais de sítios industriais completos despejadas em um corpo hídrico de superfície. Esses valores são, acima de tudo, baseados nas melhores técnicas existentes de tratamento de águas residuais, mas também levam em consideração a modificação das técnicas de produção e das medidas locais aplicáveis à gestão de águas residuais. Nessa Convenção, uma lista de oitenta e três substâncias deve ser tratada como prioridade (listas negra e cinza). Essa Convenção foi concluída em 1976 e apresentou a definição de padrões de emissão de acordo com os melhores meios técnicos para substâncias incluídas na "lista negra" e os melhores meios aplicáveis para as substâncias incluídas na "lista cinza". Um problema permanente é que os melhores meios técnicos de hoje estarão defasados amanhã. Outro fator complicador foi a aprovação das normas pela União Europeia, membro da ICPR desde 1976. Especificamente, a aprovação jurídica das decisões da ICPR pela Comissão resultou em morosas negociações com a UE.

Em virtude dessas dificuldades, a ICPR havia concluído os padrões de emissão para apenas doze substâncias em 1986. Por meio da Diretiva-Quadro da Água da UE, esse número hoje subiu para 34, mais 7 constantes em um adendo. Uma consideração importante nas duas primeiras décadas de funcionamento da ICPR foi que a criação de confiança e entendimento entre os membros são fatores cruciais para uma cooperação internacional bem-sucedida. As discussões internacionais sobre os critérios de avaliação da qualidade da água do Reno evidenciaram as posições contraditórias dos Estados ribeirinhos de montante e jusante.

A poluição da água do Reno alcançou o seu nível máximo no outono de 1971. Durante o período de maré baixa no verão, a poluição alcançou um nível tão alto que faltou oxigênio em segmentos do Reno localizados a jusante (Frijters e Leentvaar, 2003). Seguiu-se uma mortandade maciça de peixes e outras espécies da fauna e flora.

O nível mais baixo de qualidade de água já constatado, registrado em 1971, chocou o público e os governos dos Estados do Reno. Em 1972, os Estados decidiram tomar providências concretas e específicas para reduzir a poluição do rio. Entre 1970 e 1985, os países localizados às margens do Reno gastaram cerca de $40 bilhões na formação de uma série de plantas de purificação. O nível de oxigênio subiu continuamente e parte da biodiversidade do rio retornou.

Entretanto, as plantas de purificação fizeram o seu trabalho depois que a poluição já havia ocorrido (fim da linha), limitando os efeitos sem resolver as causas. Além disso, as plantas só conseguiram eliminar uma pequena quantidade dos metais pesados da água.

A melhoria definitiva da qualidade da água do Reno na década de 1970 levou a ICPR a trabalhar nos ramos industriais. Desde que os ministros adotaram o Rhine Action Plan – RAP (Plano de Ação do Reno), o alvo deixou de ser as substâncias individuais. Ao contrário, a "melhor tecnologia disponível" (BAT – Best Available Technology) aplica-se àqueles ramos industriais cujas águas residuais exercem considerável influência sobre a qualidade do Reno. A melhor tecnologia disponível não é estabelecida em tratados regidos pelas leis internacionais, mas como uma recomendação da ICPR baseada na confiança mútua. A abordagem é flexível e adaptada à experiência extraída da aplicação do Plano de Ação do Reno, da melhoria técnica e das estruturas um tanto diferentes das administrações nacionais. A melhor tecnologia disponível tem por principal objetivo evitar a poluição ambiental, que não se deve apenas a fontes pontuais e, portanto, extrapola o escopo da Convenção sobre Poluentes Químicos e envolve aspectos como:

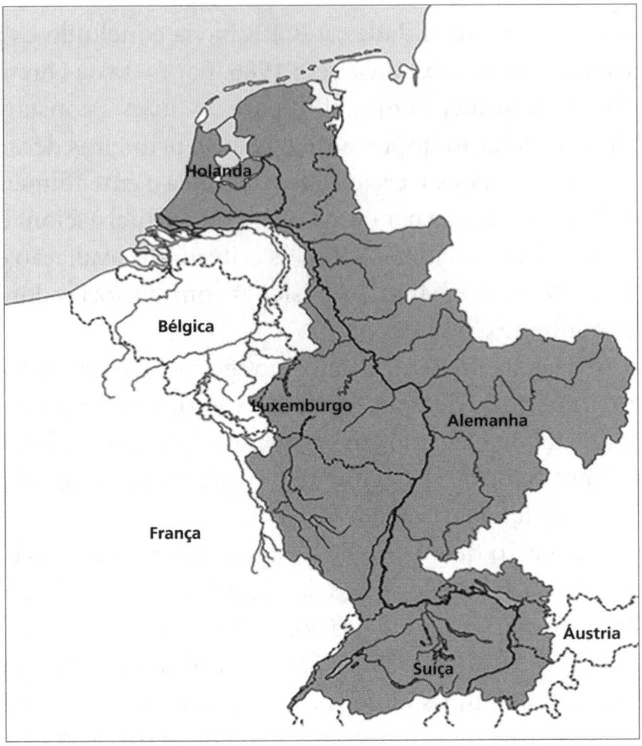

Figura 2 – Bacia do rio Reno
Fonte: Frijters e Leentvaar, 2003.

- evitar o deslocamento da poluição para outros meios ambientais (resíduos/solo/ar);
- evitar tecnologias de processamento que envolvam grandes quantidades de águas residuais e de procedimentos químicos que poluem o meio ambiente;
- divulgar publicamente a quantidade e composição de todos os fluxos de águas residuais;
- estabelecer valores limítrofes para descargas de substâncias orgânicas identificadas pelos parâmetros somatórios (p. ex., BOD: Biochemical Oxygen Demand [Demanda Bioquímica de Oxigênio] ou TOC: Total Organic Carbon [Carbono Orgânico Total]) e de substâncias individuais, os chamados "parâmetros indicadores" da melhor tecnologia disponível no ramo industrial no que diz respeito às medidas anteriormente mencionadas.

Enquanto isso, a ICPR adotou a melhor tecnologia disponível para os ramos industriais mais importantes e diminuiu a poluição resultante das descargas de fontes pontuais em mais de 80% entre 1985 e 1995 para uma quantidade reduzida de substâncias.

O papel "construtivo" dos desastres ambientais

Como geralmente acontece no processo decisório que envolve questões ambientais, foi preciso ocorrer um grave acidente para permitir outro passo à frente. No dia 1 de novembro de 1986, um desastre ambiental se abateu sobre o Reno: um depósito da fábrica de produtos químicos da Sandoz a montante do rio, próximo à Basileia, na Suíça, pegou fogo. O fogo no depósito de inseticidas foi particularmente desastroso e destruiu 1.000 toneladas de substâncias agroquímicas. O fogo foi debelado com o uso de 15.000 m^3 de água, dos quais grande parte se misturou aos produtos químicos e escoou para o Reno, causando a morte de quase toda a vida aquática a jusante. Quarenta redes de distribuição de água ao longo do Reno tiveram que interromper sua alimentação. O incidente da Sandoz desencadeou uma onda de publicidade em todos os Estados às margens do Reno, atraindo a atenção política. Em muito pouco tempo, nada menos do que três conferências ministeriais abordaram a questão da poluição do Reno, chegando, finalmente, ao Programa de Ação do Reno, de 1987. Essa iniciativa é ocasionalmente chamada meta "Salmão 2000". Novos objetivos ambientais foram incorporados ao Plano de Ação do Reno. Foram formuladas medidas para reduzir o risco de poluição do rio em caso de acidentes como o incêndio da Sandoz. Desse modo, o acidente da Sandoz revelou-se um catalisador para o fortalecimento da cooperação transfronteiriça (Frijters, Leentvaar, 2003).

A implementação do Programa de Ação do Reno mostrou-se relativamente bem-sucedida. Foram tomadas medidas no sentido de evitar a poluição ao longo de toda a extensão do rio e, já em 1994, a ICPR relatou que a maioria das metas de redução da poluição haviam sido alcançadas. Vale notar que não se obteve a redução da poluição envolvendo o número total original de 84 substâncias incluídas na lista negra. No campo das fontes industriais, a meta de 50% foi quase totalmente satisfeita, e, no caso de muitas substâncias, a redução obtida foi de até 90%. Resta saber se essa medida surtirá efeito para um problema mais complexo como uma fonte de poluição difusa. Ainda são relatadas dificuldades de implementação no campo das fontes de poluição difusas, especialmente no tocante a emissões agrícolas de pesticidas e nutrientes e de material de construção.

Estão sendo formuladas medidas adicionais para resolver esses problemas, mas é difícil avaliar, monitorar e efetivar a implementação dessas medidas.

As fontes de poluição, principalmente a agricultura e o tráfego, fogem ao controle do setor hídrico, o que significa que talvez seja necessário adotar algum tipo de "abordagem de correlação" (Jaspers, Gupta, 2014), na qual todos os setores direta ou indiretamente envolvidos na gestão dos recursos hídricos incorporem a seus planos as questões relacionadas à água, e também que precisa ser criado um mecanismo em que esses planos sejam coordenados. Uma instituição como a Diretiva-Quadro da Água da UE pode auxiliar como um mecanismo de coordenação. Todos os países integrantes da UE atualmente estão implementando a Diretiva. Agora resta saber se esse instrumento atenderá às expectativas. O rio Reno venceu o primeiro prêmio na categoria rios da Europa, concedido pela International River Foundation (IRF) por realizações notáveis no campo da gestão integrada de bacias hidrográficas (European Environment Agency, 2017). Planos abrangentes de Gestão de Bacias Hidrográficas foram produzidos pelos países ribeirinhos com os subsequentes Programas de Medidas para as diversas trajetórias internacionais do rio, em um esforço multissetorial unificado e harmonizado. Isso não significa que os países, especialmente os de adesão recente, não tenham dificuldade com a implementação (Volvoulis et al., 2017).

CONSIDERAÇÕES FINAIS

Não é preciso dizer que, no processo de melhorar a gestão das águas transfronteiriças, o primeiro passo é estudar as questões e os problemas em toda a sua extensão, as interdependências e as dimensões disciplinares e interdisciplinares. Um processo contínuo de pesquisa é um dos melhores investimentos que se pode fazer, visto que não apenas permite articular as questões, problemas, opções, situações e possíveis objetivos, mas também poupar muito dinheiro ao evitar decisões erradas. Mas, obviamente, o resultado da pesquisa pertinente deve ser acompanhado pelo fortalecimento das funções e pelo desenvolvimento de instituições capazes de tomar e implementar as decisões necessárias para transformar oportunamente possíveis conflitos em cooperação.

O primeiro passo em uma sequência (imaginária) de abordagem a esse desenvolvimento institucional da gestão transfronteiriça das questões hídricas é a criação de um acordo ou tratado bilateral (ou trilateral, etc.) específico. A vantagem é que esses instrumentos legais podem ser criados para tratar de uma questão específica somente para dois (alternativamente alguns) parceiros. São documentos de negociação relativamente simples, obviamente também dependentes do caráter da questão a ser resolvida. A desvantagem pode ser a falta de flexibilidade. Com a assinatura do acordo, em princípio, estabelece-se o processo. A revisão é possível, embora trabalhosa. Trata-se de um reflexo de uma "situação em dado momento", com pouco potencial de adaptação. Além disso, um acordo ou tratado por si só não fomenta um potencial extra de cumprimento. Às vezes, falta inclusão. Se os países ou as partes ficarem de fora (ou forem mantidos de fora) do acordo, a eficácia (e a equidade?) pode ser limitada (p. ex., a Etiópia foi mantida de fora do Tratado do Nilo de 1959). Um acordo ou tratado multilateral pode resolver parcialmente a desvantagem da inclusão. Com um maior número de países participantes, a negociação torna-se mais complexa. Com mais países, é possível trazer mais sensibilidade e diferenças políticas e culturais para o grupo, mas, por outro lado, é muito importante criar um amplo apoio com o intuito de abranger a totalidade ou grande parte da bacia hidrográfica.

Quando são necessários o planejamento e a operação contínua do processo, a criação de uma comissão pelos países ribeirinhos demonstra ser um passo lógico. A condição para o funcionamento efetivo é que a Comissão tenha a competência necessária e esteja suficientemente equipada. Os países-membros devem ter vontade política e ver a necessidade de cooperar. As comissões geralmente funcionam bem quando a questão a ser resolvida é de natureza técnica ou não política. O problema é mais ou menos estruturado e o processo decisório não é muito controverso (Hurlbert e Gupta, 2015). O risco de os países renunciarem parte de sua soberania é baixo e o valor agregado pode ser alto, como, por exemplo, no caso da operação de sistemas de alerta precoce para a poluição da água e o controle de inundações. O benefício vale para todos os países e comunidades ribeirinhos. Nesse caso, ninguém perde. É possível também que a gestão do transporte não exija grande esforço e seja relativamente fácil, caso não haja impacto causado por outras questões. Entretanto, com o conhecimento atual sobre gestão ambiental, algumas decisões tomadas no passado no sentido de organizar o transporte fluvial, podem não se repetir. As barragens e comportas do Reno hoje estão equipadas com escadas de peixe, ajustes muito caros e talvez, até mesmo, ineficazes para facilitar a migração dos peixes. Se um dispositivo simples tivesse sido incorporado nos projetos iniciais, os custos poderiam ter sido mínimos, com maior efeito e uma perda de biodiversidade muito menor. Os ajustes (canalização parcial) efetuados a montante do rio da Prata para que a Bolívia e o Paraguai, países sem saída para o mar, beneficiem-se do transporte fluvial podem ter um impacto muito positivo para o transporte, mas um impacto negativo sobre o Pantanal, um ecossistema único em termos de diversidade e extensão (Wolf, Newton, 2016a). A compensação nem sempre é imediatamente visível. Nesses casos, o contínuo apoio às decisões por parte das comissões pode ser muito útil. Os países não têm necessariamente que renunciar à sua soberania (e, na prática, raramente o fazem).

No caso de compartilhar recursos hídricos escassos, pode parecer que não há espaço suficiente para a exploração sustentável. Nessa situação, uma comissão eficiente ou outra plataforma de coordenação é muito recomendável, talvez até mesmo indispensável. A comissão precisa ter autonomia, qualificação, dados e apoio político suficientes para desempenhar essa função. A experiência ensina que, para que as comissões ou instituições multilaterais possam funcionar de forma adequada, é possível que seja necessário desenvolver complexos de conscientização, formação de confiança e resolução de conflitos diante de questões controversas (Nile Basin Initiative, 2015). A construção da barragem de Renaissance pela Etiópia é um exemplo de entrave do processo de negociação. A barragem foi construída sem que houvesse uma notificação formal, o que continuará sendo um pomo da discórdia entre Etiópia, Sudão e Egito. Uma simples notificação expedida em tempo hábil sobre o programa de construção, a capacidade do reservatório e o cronograma operacional teria poupado bilhões de dólares ao Sudão.

O conceito de hidrossolidariedade (Van der Zaag, 2009) pode parecer um tanto "utópico", mas, em longo prazo, os benefícios podem ser identificáveis. Especialmente quando as questões podem estar correlacionadas e as soluções podem ser encontradas fora do setor hídrico em um ambiente de "concessões mútuas", a negociação tende a ser bem-sucedida. O relativo sucesso da Diretiva-Quadro da Água da UE ilustra bem o fato de que as questões podem estar correlacionadas. A França eliminou a poluição por potássio que o país provocava no Reno principalmente porque precisava de recursos da UE para subsidiar o seu setor agrícola, considerado politicamente forte.

As experiências com a Diretiva também indicam claramente que as penalidades ou outras formas de exigir o cumprimento da lei ajudam ("uso de mecanismos de repressão"), embora nem sempre sejam práticas. Para a aplicação de penalidades, é preciso que haja mecanismos para impor o seu cumprimento e um monitoramento rigoroso. Essas operações são trabalhosas e dispendiosas. O impacto dos incentivos ("as recompensas") é grande e provavelmente mais fácil de conseguir.

O Quadro da Água da UE pode não ser recomendável para outras partes do mundo, sobretudo para países em desenvolvimento. Trata-se do resultado de um século de processos de desenvolvimento institucional, geralmente por meio de "tentativa e erro". Mas independentemente das lições gerais aprendidas no campo da "correlação das questões" e da aplicabilidade da lei, espera-se que um sistema de harmonização das leis e produção de planos de gestão coordenada de bacias hidrográficas seja benéfico. Uma lei-quadro é útil para o ambiente setorial com o seu extenso alcance, muitas interdependências e rápidas mudanças. A demarcação das bacias hidrográficas transfronteiriças, combinada à pesquisa, à coleta de dados e à troca oportuna de dados, pode estimular um processo decisório justo e eficaz mediante programas de medidas coordenados. Deve-se notar que a Diretiva tem a sua inércia específica e restrições de implementação. Organizar a gestão hídrica de forma única e semelhante em 27 países é uma meta ambiciosa, e comparar todos os tipos de corpos hídricos pode não ser considerado uma abordagem "fácil", pelo menos, não reproduzível por vários países em desenvolvimento que compartilham um rio.

Para o controle da poluição da água, uma abordagem combinada de valores limítrofes e licenças para emissões provou a sua vantagem comparativa (Frijters e Leentvaar, 2003). Essa abordagem das "fontes pontuais" pode fornecer uma resposta rápida. O grande impacto na limpeza do Reno se deu por uma combinação de sistemas de licenciamento de fontes pontuais em conexão com os padrões de emissão para descargas industriais e altos impostos sobre a poluição, que, com o tempo, tornaram-se mais rigorosos. Mesmo as usinas de tratamento de resíduos públicas estão pagando altos custos pelos fosfatos e nitratos residuais que retornam para águas abertas.

Em qualquer acordo institucional transfronteiriço, a questão sempre será a seguinte: que regras e regulamentos são aceitáveis para todos os países e adequados para a solução dos problemas transfronteiriços comuns? As Regras de Berlim são, até o momento, o documento legal mais elaborado e internacionalmente aceito. As instituições responsáveis por cuidar da gestão das águas transfronteiriças são incorporadas à Convenção das Nações Unidas sobre o Direito dos Usos Não Navegacionais dos Cursos d'Água Internacionais (Convenção sobre a Utilização dos Cursos de Água).

Um fator fundamental é a disposição dos políticos em renunciar parte de sua autonomia e enxergar além dos limites da próxima eleição.

REFERÊNCIAS

ABERS, R. Organising for Governance: Building Collaboration in Brazilian River Basins. *World Development*, v. 35, n. 8, 2007, pp. 1450-63, Brasília, Elsevier.

AKHTER, M. The Hydropolitical Cold War: The Indus Water Treaty and State Formation in Pakistan. *Political Geography*, v. 46, 2015, pp. 65-75.

BRUNNÉE, J.; TOOPE, S. The Changing Nile Basin Regime: Does Law Matter? *Harvard International Law Journal*, v. 43, pp. 105, 118, 120, 2002.

BUTZER, K. *Early Hydraulic Civilization in Egypt: A study in Cultural Ecology.* Chicago: The University of Chicago Press, 1976.

CAPONERA, D. *Principles of Water Law and Administration.* Roterdã: Balkema, 1992.

CHAVES, P. *EU Water Framework Directive: An Introduction.* London/The Hague: IWA Publishing, 2001.

CULLET, P; GUPTA, J. India: Evolution of Water Law and Policy. In: Dellapenna, J.; Gupta, J. (eds.). *The Evolution of the Law and Politics of Water.* Dordrecht: Springer Verlag, 2009.

DE BRUIN E., JASPERS F, GUPTA J. *The EU Water Framework Directive: Challenges for Institutional Implementation,* Eloise Handbook, Free University Amsterdam, 2004, pp. 1-29.

DINAR, A.; KEMPER, K.; BLOMQUIST, W. ET AL. Decentralization of River Basin Management: A Global Analysis. *World Bank Policy Research Working Paper 3637*, Jun 2005, Washington, DC.

DISCO, N.; VAN HEEZIK, A. *Different Strokes for Different Folks.* Eburon Edition, 2016.

ECKSTEIN, G. Water Scarcity, Conflict and Security in a Climate Change World: Challenges and Opportunities for International Law and Policy. *Wisconsin International Law Journal.* 27(3):409-461, 2009.

EUROPEAN ENVIRONMENT AGENCY. *Water Management in Europe: Price and Non-price Approaches to Water Conservation*, Briefing n. 7/2017.

EUROPEAN COMMISSION. Directive 2000/60/EC of the European Parliament and of the Council of 23 October 2000 Establishing a Framework for Community Action in the Field of Water Policy. EUR-Lex, 2014.

FRIJTERS, I.; LEENTVAAR, J. *Rhine Case Study.* Unesco Programme From Potential Conflict to Irrigation Potential. Paris: Unesco, 2003.

GLOBAL WATER PARTNERSHIP. *Integrated Water Resources Management.* Technical Advisory Committee Background, paper n. 4, Stockholm, 2000.

______. *Integrated Water Resources Management, Toolbox*, Stockholm, 2016.

GUPTA, J. Industrial Transformation and International Law. In: OLSTHOORN, X.; WIEZOREK, A. (eds.). *Sciences for Industrial Transformation: Views from Different Disciplines.* Kluwer: Academic Publishers, 2006. pp. 53-73.

GREY, D.; SADOFF, C. Sink or Swim? Water Security for Growth and Development. *Water Policy*, 9(6):545-571, 2007.

HADDADIN, M.J.; WOLF A. *Water Conflict and Negotiated Resolution*, Unesco Background Paper, From Potential Conflict to Co-operation Potential, PCCP. Paris: Unesco, 2004.

HOFWEGEN VAN P.; JASPERS, F. *Analytical Framework for Integrated Water Resources Management*, IHE Monograph 2, Inter-American Development Bank, Balkema, Rotterdam, 1999.

HOOPER, B. *Integrated River Basin Management: Learning from International Experience.* Londres: International Water Association Publishing, 2005.

______. River basin organization performance indicators: application to the Delaware River basin commission. *Water Policy,* 12 (2010), p. 461-478.

HUITEMA, D.; MEIJERINK, S. (eds.). *The Politics of River Basin Organisations.* Cheltenham UK/Northampton US: Edward Elgar, 2014.

HURLBERT, M.; GUPTA, J. Split Ladder of Participation: A Diagnostic, Strategic, and Evaluation Tool to Assess when Participation is Necessary. *Environmental Science and Policy*, v.50, pp 100-113, 2015.

INTERNATIONAL LAW ASSOCIATION. *Helsinki Rules on the Uses of the Waters of International Rivers.* International Law Association – 52nd conference, Helsinki, 20th August 1966. London: International Law Association, 1966.

______. *Berlin Rules on Water Resources*. Report of the Seventy-First Conference (Berlin). London: International Law Association, 2004,

JASPERS, F. Institutional Arrangements for Integrated River Basin Management. *Water Policy,* v. 5, n. 1, pp. 77-90, 2003a.

______. Principles for Water Allocation, Transition of Traditional Customary Water Allocation to Modern Systems of Sustainable and Economic Water Allocation. *Unesco Background Paper for Reader.* Paris: Unesco, 2003b.

______. New Water Legislation of Zimbabwe and South Africa, Comparison of Legal and Institutional Reform. *International Environmental Agreements: Politics, Law and Economics*, 1, pp. 305-325. Kluwer, Dordrecht, the Netherlands, 2001.

JASPERS, F.; GUPTA, J. Global Governance and River Basin Organisations. In: HUITEMA D.; SANDER M.S. (eds).*The Politics of River Basin Organisations.* Cheltenham UK/ Northampton US: Edward Elgar, 2014, pp. 38-67.

KOMAKECH, H.; JASPERS, F.; VAN DER ZAAG, P. *A Comparative Assessment of Transboundary River Basin Organisations in Southeast Asia, Europe and Africa: Towards Institutional Strengthening of Transboundary River Basin Organisations.* IAHS Publication, 2007.

KORNFELD, I. Mesopotamia: A History of Water and Law. In: DELLAPENNA, J.; GUPTA, J. (eds.). *The Evolution of the Law and Politics of Water.* Dordrecht: Springer Verlag, 2009. pp. 21-36.

LIEFFERINK, D.; WIERING, M.; UITENBOGAART, Y. The EU Water Framework Directive: a multi-dimensional analysis of implementation and domestic impact. *Land Use Policy*, n. 28:712-722. Elsevier.

MCCAFFREY, S. *The Law of International Watercourses*. Toronto: Oxford University Press, 2007.

MOSTERT, E. International Co-operation on Rhine Water Quality 1945-2008: An Example to Follow. *Physics and Chemistry of the Earth*, v. 34, issue 3, pp. 142-149, 2009.

______. The Allocation of Tasks and Competencies in Dutch Water Management: Discussions, Developments and Present State, RBA Series on River Basin Administration. *Research Report*, n. 7, RBA Centre, Delft, 1998.

NICHOLLS, R.; HUTTON, C.; LAZAR, A. et al. Integrated Assessment of Social and Environmental Sustainability Dynamics in the Ganges-Brahmaputra-Meghna Delta, BanglaDesh. *Estuarine, Coastal and Shelf Science*, 2016, Corrected Proof.

PAISLEY, R.; HENSHAW, T. Transboundary Governance of the Nile River Basin. *Environmental Development*, v. 7, pp. 59-71, 2013.

RIJKSWATERSTAAT. *Common Grounds between the Water Framework Directive and Water Management in the 21st Century*. The Netherlands; RIZA, 2002,

ROCKSTRÖM, J.; STEFFEN, W.; NOONE, K. et al. A Safe Operating Space for Humanity. *Nature*. 461:472-475, 2009.

SADOFF, C.; GREY, D. Beyond the River: the Benefits of Co-operation on International Rivers. *Water Policy*, n. 4, issue 5, pp. 389-403, 2002.

SCHWARTZ, K.; DOUVEN, W.; JASPERS, F. *Performance and Capacity of River Basin Organisations.* Pretoria: CapNet Research Study, 2008.

UNCED. *Rio Declaration on the Environment and Development.* Report of the United Nations Conference on Environment and Development, Rio de Janeiro, 3-14 June 1992 (United Nations publication, Sales n. E.93.I.8 and corrigenda), vols. I-III, 1992.

UNESCO. *IWRM Guidelines at River Basin Level Part 2-1: The Guidelines for IWRM Coordination,* 2010, 63-74.

VOLVOULIS, N.; ARPON, K.; GIAKOUMIS, T. The EU Water Framework Directive: From Great Expectations to Problems with Implementation. In: *Science of the Total Environment.* Elsevier, 2017, pp. 358-366.

WARMER, H.; VAN DOKKUM, R. *Water Pollution Control in the Netherlands,* RIZA, Rijkswaterstaat Report, 2002.009, Lelystad, The Netherlands, 2002.

WITTFOGEL, K. *Oriental Despotism, a Comparative Study of Total Power.* New Haven e Londres: Yale University Press, 1957.

WOLF, A. Conflict and Co-operation along International Waterways. *Water Policy* v.1, issue 2, pp 251-265, 1998.

WOLF, A; NEWTON, J. *Case Study on Transboundary Conflict Resolution: the La Plata River Basin.* Oregon: Oregon State University, Institute for Water and Watersheds, 2016a.

______. *Case Study on Transboundary Conflict Resolution: the Tigris-Euphrates.* Oregon: Oregon State University, Institute for Water and Watersheds, 2016b.

Van der Zaag, P. Southern Africa: Evolving Regional Water Law and Politics. In: Dellapenna, J.; Gupta, J. (eds.). *The Evolution of the Law and Politics of Water.* Dordrecht: Springer Verlag, 2009. pp. 245-263.

VAN DER ZAAG, P.; JASPERS, F.; KOMAKECH, C. *Comparative Assessment of Trans-boundary River Basin Organizations in Southeast Asia, Europe and Africa: Towards Institutional Strengthening of Trans-boundary River Basin Organizations.* The Netherlands: Unesco-IHE, 2007.

[WCED] WORLD COMMISSION ON ENVIRONMENT AND DEVELOPMENT. *Our Common Future.* Oxford: Oxford University Press, 1987.

WWDR. *Managing Water under Uncertainty and Risk.* Paris: Unesco, 2012.

ZEITOUN, M.; ALLAN, J.; MOHIELDEEN, Y. Virtual Water 'Flows' of the Nile Basin, 1998–2004: A First Approximation and Implications for Water Security. *Global Environmental Change,* v.20, issue 2, pp 229-242, 2010.

SITES CONSULTADOS

BBC: http://www.bbc.com/news/world-africa-22894294

Egypt Independent: https://ww.egyptindependent.com (acesso em 3 Set. 2018)

Nile Basin Initiative: http://www.nilebasin.org

PARTE II

Planejamento e Ordenamento Territorial Integrado

Planejamento ambiental e ordenamento territorial em bacias hidrográficas

7

Marisete Dantas de Aquino
Engenheira de pesca, Universidade Federal do Ceará, UFC

Suetônio Mota
Engenheiro civil, Universidade Federal do Ceará, UFC

INTRODUÇÃO

O planejamento ambiental e o ordenamento territorial são instrumentos importantes na gestão sustentável de bacias hidrográficas. Os planos de gestão devem orientar a implantação de políticas nacionais, regionais e estaduais de recursos hídricos. O ordenamento territorial tem como objetivo disciplinar os usos do solo de forma a proporcionar o desenvolvimento socioeconômico que garanta a conservação ambiental em bacias hidrográficas.

PLANEJAMENTO AMBIENTAL EM BACIAS HIDROGRÁFICAS

O planejamento ambiental compreende um grupo de metodologias e procedimentos para avaliar as consequências ambientais de uma proposta e identificar possíveis alternativas a essa ação, ou um conjunto de metodologias e procedimentos que avalia as contraposições entre as aptidões e usos dos territórios a serem planejados (Almeida, 1993).

O termo planejamento ambiental, segundo Botelho (1999), pode ser utilizado para definir todo e qualquer projeto de planejamento de uma determinada área, que leva em consideração fatores físicos, naturais e socioeconômicos para a avaliação das possibilidades de uso do território e/ou dos recursos naturais.

Segundo Rodriguez (*apud* Dibieso e Leal, 2010), o planejamento ambiental é um instrumento dirigido a planejar e programar o uso do território, as atividades produtivas, o ordenamento dos assentamentos humanos e o desenvolvimento da sociedade, em congruência com a vocação natural da terra, o aproveitamento sustentável dos recursos e a proteção e qualidade do meio ambiente.

Existem alguns instrumentos que devem ser adotados no planejamento das bacias hidrográficas brasileiras, que poderiam se enquadrar como propostas de planejamentos ambientais integrados: o Plano de Recursos Hídricos (PRH) e o Zoneamento Ambiental (ZA).

PLANOS DE RECURSOS HÍDRICOS

Os Planos de Recursos Hídricos são instrumentos de planejamento que visam fundamentar e orientar a sociedade e, mais particularmente, a atuação dos gestores no que diz respeito a uso, recuperação, proteção, conservação e desenvolvimento dos recursos hídricos (ANA, 2013). Devem ser elaborados levando em consideração as perspectivas de desenvolvimento da região.

Segundo a Agência Nacional de Águas (2013), os planos devem orientar na implementação da Política Nacional de Recursos Hídricos e no gerenciamento dos recursos hídricos, em longo prazo, com horizonte de planejamento compatível com o período de implantação de seus programas e projetos, compreendendo o diagnóstico da situação atual dos recursos hídricos, análises e estudos prospectivos da dinâmica socioeconômica, identificação de conflitos potenciais, metas de racionalização de uso, projetos a serem implantados, diretrizes e critérios para a cobrança pelo uso dos recursos hídricos, entre outras, além de medidas que visem à proteção dos recursos hídricos de forma integrada (Figura 1).

Os Planos são elaborados em três níveis: Plano Nacional de Recursos Hídricos, Plano Estadual de Recursos Hídricos e Plano de Gestão de Bacia Hidrográfica.

Plano Nacional de Recursos Hídricos

A Lei n. 9.433/97, que estabeleceu a Política Nacional de Recursos Hídricos, tem como um dos instrumentos o Plano Nacional de Recursos Hídricos (PNRH), que orienta a gestão das águas no Brasil. As diretrizes, metas e programas que constam do atual PNRH foram elaborados por meio de um amplo processo de mobilização e participação social, compreendendo todo o território nacional.

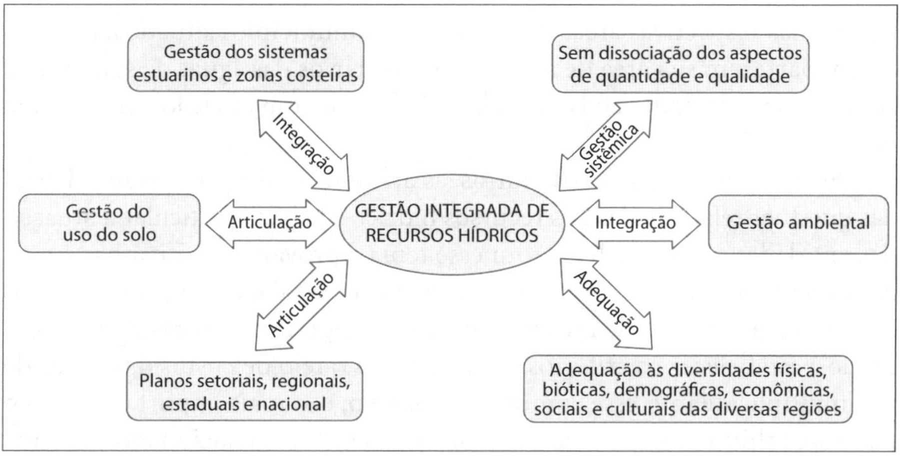

Figura 1 – Gestão integrada de recursos hídricos.
Fonte: ANA (2013).

Plano Estadual de Recursos Hídricos

O Plano Estadual de Recursos Hídricos constitui um instrumento previsto em todas as políticas de recursos hídricos dos estados brasileiros, devendo ser, simultaneamente, uma ferramenta de apoio e de orientação política e institucional. Esse plano deve responder às demandas dos órgãos estaduais e dos conselhos estaduais de recursos hídricos. Deve ser elaborado pelo órgão estadual de gestão de recursos hídricos e aprovado pelo respectivo conselho estadual. Cabe ao conselho a participação efetiva em todo o processo: elaboração, implantação e acompanhamento da execução do plano.

Plano de recursos hídricos de bacia hidrográfica/Comitês de Bacias Hidrográficas

No modelo brasileiro atual de gestão, a bacia hidrográfica é a unidade territorial para desenvolvimento da Política Nacional de Recursos Hídricos e atuação do Sistema Nacional de Gerenciamento de Recursos Hídricos. No âmbito da bacia hidrográfica, é possível pôr em prática a gestão descentralizada e participativa dos recursos hídricos, a qual ocorre por meio dos Comitês de Bacias Hidrográficas.

Os Comitês de Bacias Hidrográficas, de acordo com a Lei n. 9.433, de 8 de janeiro de 1997, são compostos por representantes da União; dos Estados e do Distrito Federal cujos territórios se situem, ainda que parcialmente, em suas respectivas áreas de atuação; dos municípios situados, no todo ou em parte, em sua área de atuação; dos usuários das águas de sua área de atuação; das entidades civis de recursos hídricos com atuação comprovada na bacia.

Esses Comitês têm, entre outras, as atribuições de: promover o debate das questões relacionadas aos recursos hídricos da bacia; articular a atuação das entidades que trabalham com esse tema; aprovar e acompanhar a execução do Plano de Recursos Hídricos da bacia; estabelecer os mecanismos de cobrança pelo uso de recursos hídricos e sugerir os valores a serem cobrados; estabelecer os critérios e promover o rateio de custos das obras de uso múltiplo, de interesse comum ou coletivo; e, o mais importante, têm o papel de arbitrar, em primeira instância, os conflitos relacionados a recursos hídricos.

Os Comitês de Bacias Hidrográficas diferem de outras formas de participação previstas nas demais políticas públicas, pois têm como atribuição legal deliberar sobre a gestão da água, fazendo isso de forma compartilhada com o poder público. O comitê passa, então, a definir as regras a serem seguidas com relação ao uso das águas. Aos órgãos gestores de recursos hídricos cabe fazer que essas regras sejam postas em prática por meio do seu poder de regulação (ANA, 2011).

GESTÃO SUSTENTÁVEL EM BACIAS HIDROGRÁFICAS

A utilização cada vez mais intensa dos recursos naturais indica a necessidade de se implantar um modelo de gestão que possa compatibilizar o uso com a proteção do meio ambiente, de forma a propiciar o desenvolvimento sustentável.

No Brasil, o modelo atual adotado de gestão de recursos hídricos considera a bacia hidrográfica como unidade territorial de planejamento e de gestão das águas. Isso acontece devido à modernização dos modelos (modelo burocrático, econômico-financeiro e modelo sistêmico de gestão participativa), em que o planejamento ambiental integrado passou a incorporar o conceito de sustentabilidade.

A adoção da bacia hidrográfica como unidade territorial de planejamento e de gestão das águas é uma tendência já consagrada (vejam-se as experiências francesa, alemã, inglesa), que transforma a cooperação Estado-Município por meio dessa interface regional no centro de políticas nacionais das águas e do meio ambiente (Mota e Aquino, 2003).

ORDENAMENTO TERRITORIAL EM BACIAS HIDROGRÁFICAS

Segundo a Carta Europeia de Ordenação do Território, ordenamento territorial é a expressão espacial da harmonização de políticas econômica, social, cultural e ambiental, micro e macrorregionais, ora ciência, ora técnica-administrativa, ora política pública, concebidas com enfoque interdisciplinar e global, cujo objetivo é o desenvolvimento equilibrado das regiões e a organização física do espaço, segundo uma diretriz (Conselho da Europa, 1988).

O ordenamento territorial é a tradução espacial das políticas econômica, social, cultural e ecológica da sociedade. O ordenamento do território deve ter em consideração a existência de múltiplos poderes de decisão, individuais e institucionais, que influenciam a organização do espaço, o caráter aleatório de todo o estudo prospectivo, os constrangimentos do mercado, as particularidades dos sistemas administrativos, a diversidade das condições socioeconômicas e ambientais. Deve, no entanto, procurar conciliar estes fatores da forma mais harmoniosa possível (Conselho da Europa, 1988).

A Carta Europeia de Ordenação do Território (Conselho da Europa, 1988) define como fins do ordenamento do território:

- O desenvolvimento socioeconômico equilibrado das regiões.
- A melhoria da qualidade de vida.
- A gestão responsável dos recursos naturais e a proteção do ambiente.
- A utilização racional do território.

Segundo Rodrigues e Silva (2013), o ordenamento territorial é mais do que o planejamento econômico regional, mais do que o planejamento do desenvolvimento urbano e do planejamento ambiental, é a única política pública com enfoque integral.

Considerando que, de acordo com a Lei n. 9.433, de 8 de janeiro de 1997, a bacia hidrográfica é a unidade territorial para implementação da Política Nacional de Recursos Hídricos, o ordenamento do território constitui importante instrumento para a sua gestão.

De acordo com Carvalho (2014), considera-se que uma das finalidades precípuas do planejamento ambiental integrado de bacias hidrográficas deve ser a elaboração de uma normatização de uso do solo com vistas à conservação ambiental (incluindo os recursos hídricos).

Diante da abordagem geossistêmica, a bacia hidrográfica se torna a unidade territorial mais indicada para a gestão de recursos hídricos, visto que é na bacia hidrográfica onde se regulam as atividades da sociedade humana que dela se utiliza (Ferreira, 2014).

O ordenamento territorial deve considerar os aspectos físicos, biológicos e antrópicos que configuram uma bacia hidrográfica, fazendo parte do planejamento integrado desse espaço.

O ordenamento territorial de bacias hidrográficas contribui para a proteção das áreas consideradas como de preservação permanente, de acordo com a legislação vigente, e para a utilização controlada de áreas onde a ocupação deve ser restrita, devido a condicionantes naturais.

O disciplinamento do uso e ocupação do solo constitui um importante instrumento para se ordenar o território de uma bacia hidrográfica, com o objetivo de proteger os recursos naturais, incluindo o solo, a vegetação, a fauna e os recursos hídricos, entre outros.

FERRAMENTAS PARA O PLANEJAMENTO E O ORDENAMENTO TERRITORIAL EM BACIAS HIDROGRÁFICAS

São várias as ferramentas para o planejamento territorial de bacias hidrográficas, as quais compreendem o zoneamento ambiental e outras medidas de disciplinamento dos usos do solo visando ao desenvolvimento socioeconômico com a conservação ambiental, ou seja, compreendendo o desenvolvimento sustentável.

Em uma bacia hidrográfica, existem áreas que, devido às suas características, devem ser preservadas ou terem usos restritos. Com o adequado ordenamento territorial, pode-se conseguir a conservação dessas áreas, assim entendida a sua utilização, mantendo-se a qualidade e o equilíbrio dos recursos naturais.

ZONEAMENTO AMBIENTAL

O zoneamento é um instrumento pontual e regional, cuja finalidade é, justamente, dividir a porção territorial em zonas regionais de acordo com os padrões característicos do ambiente e sua aptidão de uso, devendo-se levar em conta os fatores ambientais existentes; constitui um instrumento indispensável para se conciliarem os imperativos do desenvolvimento econômico com a necessidade de se proteger e melhorar as condições locais (Brito e Câmara, 2008).

O zoneamento ambiental é um instrumento técnico e político de grande importância, à medida que visa ao planejamento para utilização do espaço físico e dos recursos naturais nele existentes, com base em critérios ecológicos e econômicos, a fim de assegurar sua utilização da forma menos impactante possível, mas economicamente viável. Esse zoneamento diagnostica de maneira integrada e em bases territoriais as potencialidades e as vulnerabilidades naturais, sociais e culturais relacionadas às áreas por ele enfocadas, bem como as expectativas dos cidadãos quanto à sua destinação e ao seu uso (Brito e Câmara, 2008).

O zoneamento ambiental tem como objetivos (Brito e Câmara, 2008):

- Proporcionar o planejamento e a gestão de áreas protegidas na bacia.
- Promover uma melhor gestão dos recursos ambientais integrados, envolvendo as relações sociedade/natureza.
- Definir unidades ou zonas de sistemas ambientais, a partir do processo de mapeamento sistemático dos componentes naturais, socioeconômicos e de base jurídico–institucional.
- Levantar e analisar a legislação de interesse ambiental, objetivando verificar convergências e divergências em face das características naturais, sociais e econômicas de cada sistema ambiental identificado.
- Identificar e analisar problemas ambientais de forte impacto, como processos erosivos, desmatamentos, garimpos, qualidade das águas, exploração irregular de recursos florestais, entre outros.

O zoneamento ambiental é uma ferramenta de planejamento e de ordenamento do uso do solo de uma determinada área, como por exemplo, uma bacia hidrográfica. Compreende a delimitação de zonas ambientais, com atribuição de usos e atividades compatíveis, de acordo com suas características, e restritivas, quando a sua não ocupação for recomendada. O zoneamento ambiental deve visar ao uso sustentável dos recursos naturais e ao equilíbrio dos ecossistemas existentes.

DISCIPLINAMENTO DOS USOS DO SOLO EM ÁREAS DE INTERESSE AMBIENTAL

Em uma bacia hidrográfica, existem áreas que, devido às suas características naturais, devem ser preservadas ou terem utilização restrita, o que é conseguido por meio do ordenamento territorial que disciplina os usos do solo de forma a proporcionar o desenvolvimento socioeconômico, garantindo a conservação ambiental. Esses locais da bacia que merecem atenção especial são: áreas de preservação permanente - APP; unidades de conservação; áreas adjacentes a recursos hídricos superficiais; áreas úmidas e de amortecimento de cheias; áreas de recarga de aquíferos; encostas; nascentes e olhos d'água.

Áreas de preservação permanente – APP

A Lei n. 12.651/2012, que trata do novo Código Florestal, considera como Área de Preservação Permanente (APP), em zonas urbanas ou rurais, as faixas marginais de qualquer curso d'água natural, perene e intermitente, excluídos os efêmeros, desde a borda da calha do leito regular, em largura mínima, de acordo com a largura do leito do rio, de 30 a 500 metros de faixa marginal aos rios (Mukai, 2013). São estabelecidas as seguintes faixas para cursos d'água naturais:

- 30 m para os cursos d'água de menos de 10 m de largura.
- 50 m para os cursos d'água que tenham de 10 a 50 m de largura.
- 100 m para os cursos d'água que tenham de 50 a 200 m de largura.
- 200 m para os cursos d'água que tenham de 200 a 600 m de largura.
- 500 m para os cursos d'água que tenham largura superior a 600 m.

Também de acordo com o Código Florestal, são consideradas como de preservação permanente as áreas no entorno dos lagos e lagoas naturais, em faixa com largura mínima de:

- 100 m, em zonas rurais, exceto para o corpo d'água com até 20 hectares de superfície, cuja faixa marginal será de 50 m.
- 30 m, em zonas urbanas.

O Código Florestal estabelece como de preservação permanente as áreas no entorno dos reservatórios d'água artificiais, decorrentes de barramento ou represamento de cursos d'água naturais, na faixa definida na licença ambiental do empreendimento.

Também são definidas como de preservação permanente, pelo Código Florestal:

- As áreas no entorno das nascentes e dos olhos d'água perenes, qualquer que seja sua situação topográfica, no raio mínimo de 50 m.

- As encostas ou partes destas, com declividade superior a 45º, equivalente a 100% na linha de maior declive.
- As restingas, como fixadoras de dunas ou estabilizadoras de mangues.
- Os manguezais, em toda a sua extensão.
- As bordas dos tabuleiros ou chapadas, até a linha de ruptura do relevo, em faixa nunca inferior a 100 m em projeção horizontal.
- No topo de morros, montes, montanhas e serras, com altura mínima de 100m e inclinação média maior que 25º, as áreas delimitadas a partir da curva de nível correspondente a 2/3 da altura mínima da elevação sempre em relação à base, sendo esta definida pelo plano horizontal determinado por planície ou espelho d'água adjacente ou, nos relevos ondulados, pela cota do ponto de sela mais próximo da elevação.
- As áreas em altitude superior a 1.800m, qualquer que seja a vegetação.

No ordenamento territorial de uma bacia hidrográfica, é imprescindível que sejam identificadas as áreas de preservação permanente, as quais não deverão ser ocupadas devido a sua grande importância, pois, como bem estabelece o Código Florestal, têm a função ambiental de "preservar os recursos hídricos, a paisagem, a estabilidade geológica e a biodiversidade, facilitar o fluxo gênico de fauna e flora, proteger o solo e assegurar o bem-estar das populações humanas".

As garantias defendidas pela legislação brasileira de meio ambiente nem sempre resultam na defesa de um ambiente ecologicamente equilibrado, na prática. Entende-se que a partir do conhecimento mais holístico da totalidade do espaço geográfico e sua dinâmica temporal, políticas públicas de restrições à expansão e ocupação desenfreada em Áreas de Preservação Permanentes, bem como o zoneamento de áreas com maior ou menor aptidão ao uso, se tornam possíveis (Tsujii et al., 2014).

Unidades de conservação

De acordo com a Lei n. 9.985, de 18 de julho de 2000, que institui o SNUC – Sistema Nacional de Unidades de Conservação, a unidade de conservação é o espaço territorial e seus recursos ambientais, incluindo as águas jurisdicionais, com características naturais relevantes, legalmente instituída pelo Poder Público, com objetivos de conservação e limites definidos, sob regime especial de administração, ao qual se aplicam garantias adequadas de proteção.

Conforme a referida lei, as unidades de conservação dividem-se em dois grupos, com características específicas: Unidades de Proteção Integral e Unidades de Uso Sustentável.

O objetivo básico das Unidades de Proteção Integral é preservar a natureza, sendo admitido apenas o uso indireto dos seus recursos naturais, com exceção dos casos previstos na Lei. São Unidades de Proteção Integral: Estação Ecológica; Reserva Biológica; Parque Nacional; Monumento Natural e Refúgio da Vida Silvestre.

As Unidades de Uso Sustentável têm como objetivo básico compatibilizar a conservação da natureza com o uso sustentável de parcela dos seus recursos naturais. As Unidades de Uso Sustentável são: Área de Proteção Ambiental (APA); Área de Relevante Interesse Ecológico; Floresta Nacional: Reserva Extrativista; Reserva da Fauna; Reserva de Desenvolvimento Sustentável e Reserva Particular do Patrimônio Natural.

As Unidades de Conservação, ainda de acordo com a Lei n. 9.985, deverão ser criadas por ato do Poder Público e dispor de um Plano de Manejo, o qual deve abranger a área da unidade, sua zona de amortecimento e os corredores ecológicos, incluindo medidas com o fim de promover sua integração à vida econômica e social das comunidades vizinhas.

No ordenamento territorial de uma bacia hidrográfica, devem ser identificadas as Unidades de Conservação existentes, para que sejam observados os condicionantes estabelecidos em seus planos de manejo, de forma a garantir a sua proteção integral ou o uso sustentável.

Áreas adjacentes a recursos hídricos superficiais

As atividades desenvolvidas nas margens de recursos hídricos superficiais podem causar impactos sobre sua quantidade e qualidade. A inadequada ocupação dessas áreas resulta em alterações na drenagem da água ou em mudanças na sua qualidade, causando danos à vegetação, à fauna e ao solo, e impactos socioeconômicos. Por isso, é importante o ordenamento do território nessas áreas, constando de medidas de preservação ou de ocupação controlada.

Os terrenos adjacentes aos recursos hídricos superficiais têm grande importância, pois neles se encontra a mata ciliar, considerada como de preservação permanente (APP), de acordo com o Código Florestal, conforme mostrado em item anterior.

A preservação da cobertura vegetal garante a manutenção de um balanço hidrológico equilibrado, preservando suas funções hidrológicas exercidas na bacia, como a manutenção da capacidade de infiltração, interceptação e detenção das águas precipitadas. A mata ciliar auxilia, ainda, na filtragem do escoamento superficial afluente aos corpos d'água, reduzindo a carga de poluentes e beneficiando a qualidade da água fluvial (Rezende, 2010).

Os terrenos vizinhos às áreas definidas como de preservação permanente também são importantes e devem ter a sua ocupação controlada, de forma a garantir elevados percentuais de solos permeáveis, para: contribuir para a adequada drenagem das águas pluviais, por meio do equilíbrio entre seu escoamento e infiltração, minimizando os riscos de inundações; proteger o solo contra a erosão e o consequente assoreamento dos corpos hídricos; proporcionar a presença de áreas verdes e permeáveis.

Assim, além das faixas de preservação estabelecidas pelo Código Florestal para um determinado manancial, deve-se definir outra faixa, onde será restrita a sua ocupação por meio de legislação específica. Em algumas localidades, essas faixas têm sido denominadas de "faixas de proteção". São áreas onde a utilização é permitida, mas com baixas taxas de ocupação e impermeabilização (menor ou igual a 50%), de modo a garantir elevados percentuais de terrenos permeáveis.

Na Figura 2 mostra-se um esquema de como devem ser as faixas de preservação e de proteção às margens de recursos hídricos superficiais.

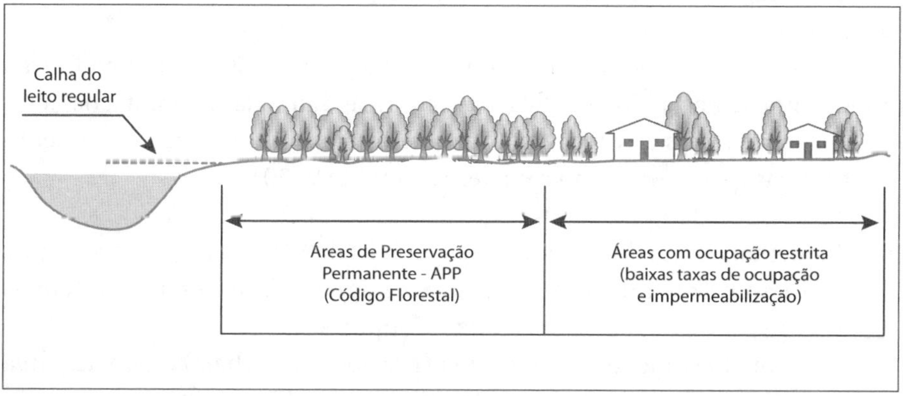

Figura 2 – Ocupação do solo às margens de recursos hídricos.

Os usos do solo das áreas adjacentes às APPs devem ser definidos de forma que resultem em baixa impermeabilização do solo e que não causem impactos sobre a qualidade da água do corpo hídrico próximo. Em áreas urbanas, no caso de não haver infraestrutura de coleta de esgoto, os lotes devem ter dimensões maiores, de modo que se possa dispor de terrenos para a execução de sistemas tipo fossa/sumidouro.

Áreas úmidas e de amortecimento de cheias

Em uma bacia hidrográfica, existem locais com características especiais, como as áreas úmidas e os terrenos alagáveis, cujo uso inadequado pode resultar em problemas ambientais.

As áreas úmidas têm grande importância ambiental, destacando-se: estocagem e limpeza de água, recarga do lençol freático, regulagem do clima local, manutenção da biodiversidade, regulagem dos ciclos biogeoquímicos, estocagem de carbono e habitat para inúmeras espécies, endêmicas ou não. Adicionalmente, esses ambientes fornecem ainda inúmeros subsídios para as populações humanas tradicionais, tais como pesca, agricultura de subsistência, produtos madeireiros e não madeireiros e, em áreas abertas savânicas, a pecuária extensiva (Junk et al., 2011).

Essas áreas são conhecidas como pântanos, banhados, brejos, turfeiras, charcos, áreas alagáveis, *wetlands* e similares.

Randolph (2011) aponta os seguintes benefícios das áreas úmidas: redução dos problemas de enchentes; controle da erosão do solo; melhoria da qualidade da água; recarga de aquíferos; benefícios à fauna aquática; benefícios à vida animal e à diversidade biológica; aspectos recreacionais, estéticos, educacionais e de pesquisa.

Outras áreas, embora não acumulem água permanentemente, têm função importante na bacia hidrográfica, pois retêm as águas das precipitações, evitando os problemas de drenagem. São as chamadas áreas de amortecimento de cheias, as quais têm como características (Mota, 2016):

- Moderam o fluxo do escoamento superficial da água, controlando as cheias.
- Influem na qualidade das coleções de água adjacentes, pois retêm as impurezas das águas do escoamento superficial.
- Funcionam como áreas de recarga (nas épocas de cheia) ou de descarga (nas épocas de seca) do lençol freático.
- Constituem um ecossistema onde sobrevivem variadas espécies vegetais e animais.

As áreas úmidas e as de amortecimento de cheias, muitas vezes, permanecem secas durante períodos do ano, sendo aterradas, impermeabilizadas ou ocupadas, com os problemas decorrentes aparecendo nos períodos de precipitações pluviométricas e cheias.

É necessário que o uso desses terrenos seja ordenado de forma a garantir a sua preservação ou ocupação com baixa taxa, recomendando-se a sua utilização como áreas de preservação permanente ou para fins paisagísticos, de lazer, atividades agrícolas controladas, e similares, devendo ser garantida a acumulação permanente ou temporária das águas.

Áreas de recarga de aquíferos

Os aquíferos são recarregados, geralmente, a partir da superfície do solo. Assim, os usos do solo de uma bacia hidrográfica podem influir na qualidade e na quantidade da água dos aquíferos. Atividades que resultem na geração de líquidos poluídos podem comprometer a qualidade da água subterrânea. Usos que causem desmatamento e impermeabilização ocasionam a diminuição da infiltração da água, reduzindo a recarga dos aquíferos.

Os aquíferos freáticos (não confinados) são aqueles que ficam mais próximos da superfície, estando o nível de água, denominado de "nível do lençol freático", sob pressão atmosférica. Os poços implantados nesse lençol são os chamados "poços freáticos".

Os aquíferos artesianos (confinados) ocorrem entre duas camadas relativamente impermeáveis, estando o nível de água sob pressão maior que a pressão atmosférica. Nesses aquíferos, os poços são denominados de "poços artesianos".

A recarga de aquíferos freáticos é feita, geralmente, a partir da superfície situada acima deles. Já a recarga de aquíferos artesianos pode ocorrer a partir de áreas nem sempre localizadas diretamente acima.

Na Figura 3 indicam-se os tipos de aquíferos e as áreas de recarga.

A qualidade e a recarga da água de poços executados nos aquíferos freáticos dependem dos usos dos terrenos situados acima. As alterações na qualidade e no abastecimento de poços artesianos dependem dos usos do solo de suas áreas de recarga.

É necessário que sejam identificadas as áreas de recarga de aquíferos em uma bacia hidrográfica, especialmente quando são usadas para abastecimento por meio de poços.

Nas áreas de recarga, somente devem ser permitidos usos que não contribuam para a poluição da água subterrânea, não devendo ser permitidos: aterros sanitários, disposição de esgotos no solo, cemitérios, e outros, a não ser que sejam adotadas medidas rigorosas de controle.

Além disso, não devem ser permitidos usos que resultem na impermeabilização do solo, sendo recomendados para os terrenos de recarga de aquíferos: áreas de preservação permanente; parques; silvicultura; usos com baixas taxas de ocupação e impermeabilização (inferior a 20%).

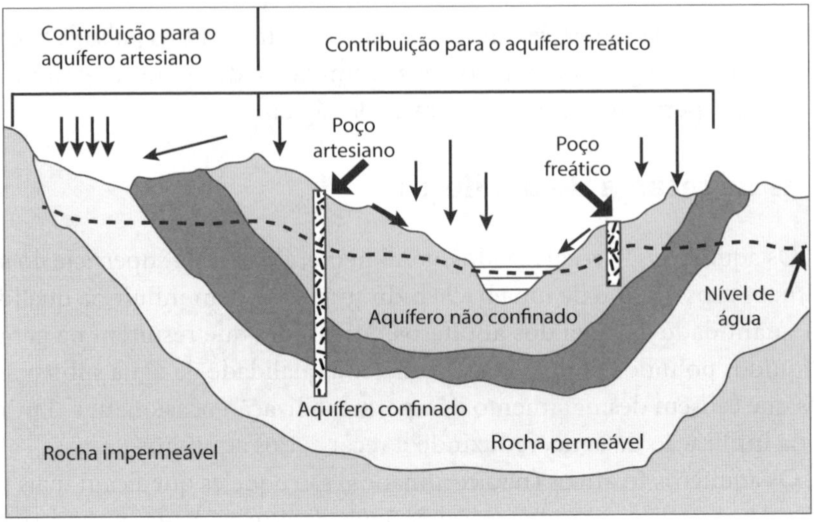

Figura 3 – Tipos de aquíferos e suas áreas de recarga.
Fonte: Mota (2008).

Áreas de encostas

Perturbações ou alterações dos padrões de drenagem, desestabilização das encostas e remoção da vegetação são fatores comuns, induzidos pela ação humana, que podem dar início a deslizamentos de terra. Outros exemplos incluem inclinação excessiva de encostas, por meio de regressão das bases, e aumento de carga no cume de uma encosta, excedendo a capacidade do solo ou de outro componente material (Highland e Bobrowsky, 2008).

A instabilidade de encostas pode ocorrer por fatores naturais, tais como: tipo de cobertura vegetal; características e profundidade do solo; estruturas geológicas; características geomorfológicas, como declividade, amplitude e forma do perfil da encosta; intensidade da precipitação.

As intervenções antrópicas também podem contribuir para a instabilidade desses locais. A ocupação de terrenos de encostas tem ocorrido com a remoção da vegetação, alterações no escoamento natural das águas, movimentos de terra (escavações e aterros), disposição incorreta de resíduos sólidos e líquidos, ações essas que contribuem para a desestabilização e o deslizamento dos terrenos, com danos ambientais, sociais e econômicos.

Um exemplo das consequências da inadequada ocupação de encostas foi o que aconteceu na Região Serrana do Rio de Janeiro. Entre os dias 11 e 12 de janeiro de 2011, chuvas de grande intensidade deflagraram o que seria considerado o pior desastre brasileiro dos últimos tempos: inundações e deslizamentos da região serrana do Rio de Janeiro, evento que causou 905 mortes em sete cidades e afetou mais de 300 mil pessoas, ou 42% da população dos municípios atingidos. A entrada de massas de ar provenientes da Zona de Convergência do Atlântico Sul (ZCAS) na Região Serrana do Rio de Janeiro, associada ao uso e ocupação do solo, bem como às chuvas antecedentes e erosões fluviais e pluviais, culminaram nos deslizamentos e inundações na região (Banco Mundial, 2012).

Devido a suas características e à relação entre as encostas e o escoamento e infiltração das águas, esses são terrenos de uma bacia hidrográfica que precisam ter o uso territorial ordenado, de forma a reduzir os fatores indutores dos deslizamentos de terra e suas consequências.

Assim, é necessário que sejam controlados o uso e a ocupação dos terrenos de encostas, de modo que se garanta a sua estabilidade.

Um programa de ordenamento do território em áreas de encostas deve constar de:

- Diagnóstico ambiental da área, compreendendo informações sobre: precipitações no local; características e distribuição dos materiais que compõem o substrato das encostas, com informações sobre os tipos de solos, rochas, estruturas geológicas; profundidade da camada de solo; características geomorfológicas, como inclinação, amplitude e forma de perfil das encostas; regime das águas superficiais e subsuperficiais; cobertura vegetal dos terrenos; usos e ocupações do solo e suas interferências, como desmatamento, impermeabilização, alterações na drenagem das águas, aterros de corpos hídricos, cortes e aterros, execução de construções, infiltração de resíduos líquidos.
- Elaboração de uma mapa com a identificação das áreas de risco, indicando-se os locais mais suscetíveis a deslizamentos.
- Propostas de medidas para proteção, ao máximo, do sistema natural de drenagem das águas.
- Observação das áreas de preservação permanente, de acordo com o exigido pelo Código Florestal: as encostas ou partes destas com declividade superior a 45°; no topo de morros, montes, montanhas e serras, com altura mínima de 100 m e inclinação média maior que 25°; as áreas em altitude superior a 1.800 m, qualquer que seja a vegetação.
- Definição de usos que causem menos alterações no ambiente natural, para os quais devem ser estabelecidas limitações à ocupação do solo. Para as áreas de encostas onde é possível a utilização, devem ser definidas taxas

de ocupação baixas, garantindo-se elevados percentuais de terrenos permeáveis (taxas de permeabilização altas).

- As modificações que venham a ser efetuadas nas encostas devem acompanhar as curvas de nível, de modo a garantir um escoamento mais adequado das águas.

Nascentes e olhos d'água

O Código Florestal define nascente como "afloramento natural do lençol freático que apresenta perenidade e dá início a um curso d'água", e olho d'água como "afloramento natural do lençol freático, mesmo que intermitente".

A perenidade e a vazão das nascentes são dependentes da forma como os recursos naturais – solo e florestas – são manejados no que diz respeito à infiltração da água da chuva e ao controle do escoamento superficial (Governo de Estado do Paraná, 2010).

Bomfim (2013), estudando as áreas circunvizinhas às captações de quatro nascentes situadas na bacia hidrográfica do rio Gramame, na Paraíba, concluiu que os níveis de sustentabilidade hidroambiental, no geral, necessitam ser melhorados, principalmente nas áreas periurbanas, por meio de políticas públicas de conservação.

Os terrenos onde nascentes e olhos d'água estão situados devem ser preservados, e as áreas adjacentes devem ter o seu uso controlado de forma a proteger essas formações, tanto quanto ao aspecto de quantidade (recarga) como de qualidade.

De acordo com o Código Florestal, são considerados como Áreas de Preservação Permanente (APP), em zonas rurais ou urbanas, os terrenos no entorno das nascentes e dos olhos d'água perenes, qualquer que seja sua situação topográfica, no raio mínimo de 50 m.

Observe-se que na versão anterior do Código Florestal (Lei n. 4.771, de 15 de setembro de 1965, alterada pela Lei n. 7.803, de 18 de julho de 1989), era considerada como de preservação permanente a área situada ao redor de nascente ou olho d'água, ainda que intermitente, com raio mínimo de 50 m. Entende-se que o texto anterior garantia uma melhor proteção, pois é necessário que as áreas em torno dos olhos d'água intermitentes também sejam preservadas.

Os terrenos adjacentes às áreas de preservação permanente devem ter uso controlado de modo que seja garantida a infiltração das águas pluviais e seja protegida a qualidade da água das nascentes e olhos d'água.

O pasto e os animais devem ser afastados, ao máximo, da nascente, pois, mesmo que os animais não tenham livre acesso à água, seus dejetos contaminam o terreno e, nos períodos de chuvas, acabam por contaminar a água. Por outro lado, permitindo-se o acesso dos animais, o pisoteio compacta o solo próximo às nascentes, diminuindo sua capacidade de infiltração, ficando sujeito à erosão laminar e, consequentemente, provocando não só a contaminação da água por partículas do solo, turvando-a, como também – e o que é pior – provocando até mesmo o soterramento da nascente (Calheiros, 2004).

Os terrenos situados no entorno da área de preservação permanente de uma nascente ou olho d'água devem ter usos que garantam a permeabilidade do solo e a consequente infiltração das águas e que não resultem em poluição por resíduos sólidos e líquidos ou por agrotóxicos.

Na Figura 4 mostra-se um exemplo de uso do solo em torno de uma nascente.

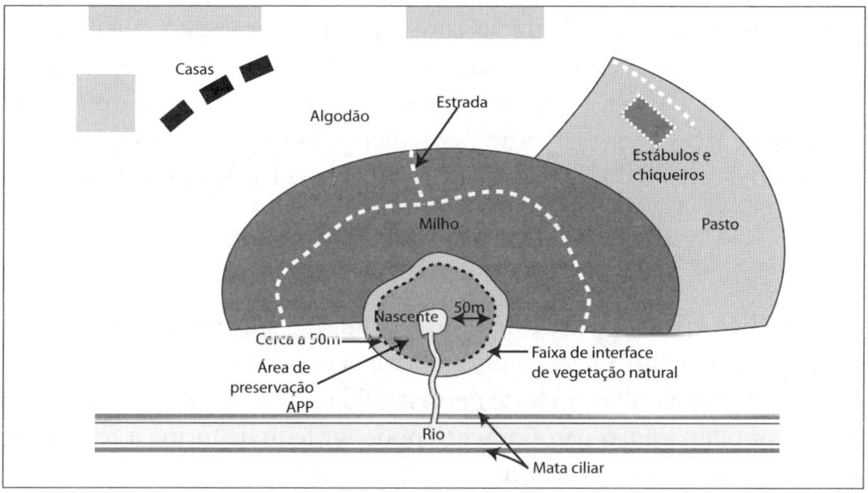

Figura 4 – Exemplo de usos do solo em áreas adjacentes a uma nascente.
Fonte: Calheiros, 2004.

CONTROLE DO PARCELAMENTO DO SOLO EM BACIAS HIDROGRÁFICAS

O parcelamento do solo deve ser feito considerando as características naturais do meio, entre elas, os recursos hídricos.

Em um projeto de parcelamento do solo, deve-se considerar a topografia do terreno, os caminhos naturais de escoamento das águas e a presença de áreas especiais, como terrenos marginais aos recursos hídricos, áreas de recarga de aquíferos ou de amortecimento de cheias, nascentes, e outros locais de valor ambiental.

Em um parcelamento do solo que considera o uso sustentável dos recursos hídricos, deve-se ter como objetivos:

- Manter, o máximo possível, a drenagem natural das águas superficiais (vales secos e vales úmidos, com suas planícies de inundação).
- Garantir a permeabilidade do solo de forma a assegurar o equilíbrio entre o escoamento e a infiltração das águas pluviais.
- Proteger a flora e a fauna, principalmente em áreas de valor ecológico/ambiental.
- Minimizar os riscos de erosão do solo e consequente assoreamento dos recursos hídricos.
- Reduzir, ao máximo, os movimentos de terra (escavações e aterros).
- Proteger as áreas consideradas como de preservação permanente.
- Observar a presença de unidades de conservação e suas restrições de uso.
- Disciplinar o uso e a ocupação de locais como encostas, terrenos adjacentes a áreas de preservação permanente, áreas úmidas e de amortecimento de cheias ou de recarga de aquíferos, entre outros, garantindo-se densidades demográficas baixas.
- Proteger a paisagem.

A melhor maneira de se conseguir a ocupação adequada de áreas que se deseja proteger em uma bacia hidrográfica é definir lotes grandes, com baixas taxas de ocupação e altas taxas de permeabilidade. Nos locais onde é possível uma maior ocupação, o parcelamento pode ser feito de forma a resultar em maior adensamento populacional.

CONSIDERAÇÕES FINAIS

Embora exista ampla legislação disciplinando o uso e a ocupação de áreas de valor ambiental, nem sempre ela é cumprida, observando-se intervenções inadequadas nesses locais.

Como exemplos, citam-se: desmatamento, impermeabilização e ocupações com construções em áreas de preservação permanente; aterramento de recursos hídricos e de áreas de amortecimento de cheias; impermeabilização do solo e atividades poluidoras em áreas de recarga de aquíferos; desmatamento, aterramento, alterações na drenagem das águas e construções em terrenos de encostas; não cumprimento dos planos de manejo de unidades de conservação; aterramento e ocupação de áreas de nascentes; não cumprimento da legislação de disciplinamento do uso e ocupação do solo.

Muitas vezes, o uso inadequado de áreas de valor ambiental é decorrente de ações dos próprios órgãos públicos, os quais promovem desmatamento, terraplanagem, impermeabilização, execução de construções, e outras ações degradadoras em terrenos que deveriam ser preservados ou ocupados de forma menos intensa.

Para a proteção dessas áreas especiais nas bacias hidrográficas, é necessário, além do rigoroso cumprimento da legislação e dos planos de gestão, que a população seja conscientizada da importância de sua participação.

A educação ambiental dos administradores públicos e da população em geral é fundamental para a gestão sustentável dos recursos naturais das bacias hidrográficas.

REFERÊNCIAS

[ANA] AGÊNCIA NACIONAL DE ÁGUAS. *O Comitê de Bacia Hidrográfica: o que é e o que faz?* Brasília: ANA/SAG, 2011.

______. *Planos de Recursos Hídricos e Enquadramento dos Corpos de Água*. Caderno de Capacitação em Recursos Hídricos. Volume 5. Brasília: ANA, 2013.

ALMEIDA, J. R. (Coord.) *Planejamento ambiental: caminho para a participação popular e gestão ambiental para nosso futuro comum – uma necessidade, um desafio*. Rio de Janeiro: Thex, 1993.

BANCO MUNDIAL. *Avaliação de perdas e danos: inundações e deslizamentos na Região Serrana do Rio de Janeiro – Janeiro de 2011*. Brasília: Banco Mundial, 2012.

BOMFIM, E.O. *Sustentabilidade hidroambiental de áreas de captações de nascentes na bacia hidrográfica do Rio Gramame/PB*. Dissertação (Mestrado em Engenharia Urbana e Ambiental). Universidade Federal da Paraíba, 2013.

BOTELHO, R.G.M. Planejamento ambiental em microbacia hidrográfica. In: GUERRA, A. J. T. et al. (Org.) *Erosão e conservação dos solos: conceitos, temas e aplicações*. Rio de Janeiro: Bertrand Brasil, 1999. p.269-293.

BRITO, F.A.; CÂMARA, J.B.D. *Democratização e Gestão ambiental: em busca do desenvolvimento sustentável*. Petrópolis: Vozes, 2008.

CALHEIROS, R.O. et al. *Preservação e recuperação das nascentes*. Piracicaba: Comitê das Bacias Hidrográficas dos Rios Piracicaba, Capivarí e Jundiaí, 2004.

CARVALHO, R.G. As bacias hidrográficas enquanto unidades de planejamento e zoneamento ambiental no Brasil. *Caderno Prudentino de Geografia*, volume especial, n.36, p. 26-43, 2014.

CONSELHO DA EUROPA. *Carta Europeia do Ordenamento do Território*. Lisboa: Ministério do Planejamento e da Administração do Território, 1988.

DIBIESO, E.P.; LEAL, A.C. Planejamento ambiental e gestão dos recursos hídricos: estudo aplicado à bacia hidrográfica do manancial do alto curso do rio Santo Anastácio/SP. In: Encontro Nacional dos Geógrafos, 16, 2010, Porto Alegre. *Anais*... São Paulo: Associação Nacional dos Geógrafos, 2010.

FERREIRA, D.L.N. Território e bacia hidrográfica: reflexões teóricas para um modelo de gestão dos recursos hídricos na Amazônia. *Boletim Amazônico de Geografia*, n.1, v.1, p.153-169, 2014.

GOVERNO DE ESTADO DO PARANÁ. *Nascentes protegidas e recuperadas*. Curitiba: Sema/PR, 2010.

HIGHLAND, L.M.; BOBROWSKY, P. *O Manual de deslizamento – um guia para a compreensão de deslizamentos*. Reston, Virginia: U.S. Geological Survey, 2008.

JUNK, W. J. et al. A classification of major Amazonian wetlands. *Wetlands*, v.31, n.4, p.623-640, 2011.

MOTA, S. *Gestão ambiental de recursos hídricos*. 3. ed. Rio de Janeiro: Abes, 2008.

______. *Introdução à Engenharia Ambiental*. 6. ed. Rio de Janeiro: Abes, 2016.

MOTA, S.; AQUINO, M.D. Gestão Ambiental. In: CAMPOS, N.; STUDART, T. M. C. (Org.). *Gestão das águas: princípios e práticas*. Porto Alegre: ABRH, 2003.

MUKAI, T. *O Novo Código Florestal*. Anotações à Lei n. 12.651, de 25 de maio de 2012, com as alterações da Lei n. 12.727, de 17 de outubro de 2012. Rio de Janeiro: Forense, 2013.

RANDOLPH, J. *Environmental land use planning and management*. Washington: Island Press, 2011.

REZENDE, O.M. *Avaliação de Medidas de Controle de Inundações em um Plano de Manejo Sustentável de Águas Pluviais Aplicado à Baixada Fluminense*. 208 p. Tese (Mestrado em Engenharia Civil). UFRJ/Coppe, Rio de Janeiro, 2010.

TSUJII et al. Uso e ocupação das áreas de preservação permanente no Sudoeste Goiano. *Revista de Geografia (UFPE)*, v.31, n..3, 2014.

Água no contexto de bacias hidrográficas urbanas

8

Luís Eduardo G. Grisotto
Engenheiro ambiental, Cia Brasileira de Projetos e Empreendimentos, Cobrape, e Associação Brasileira de Engenharia Sanitária e Ambiental, Abes

INTRODUÇÃO

A Lei Federal n. 9.433, sancionada em janeiro de 1997 (ABRH, 1997; Brasil, 1997), estabeleceu a Política Nacional de Recursos Hídricos e representou um novo marco para o planejamento e para a gestão das águas no Brasil, sendo uma das principais referências legais de suporte à sustentabilidade hídrica. Entre seus princípios básicos estão o reconhecimento do valor econômico da água, indutor do uso racional desse recurso natural, a importância do uso múltiplo, a necessidade de uma gestão descentralizada e participativa e, também, a adoção da bacia hidrográfica como unidade de planejamento e gestão. A Lei Federal, ao eleger a bacia hidrográfica como a unidade territorial para a implementação da Política Nacional de Recursos Hídricos e determinar a atuação do Sistema Nacional de Gerenciamento dos Recursos Hídricos, inaugurou uma nova forma de organização geográfica, transcendendo os limites político-administrativos e privilegiando uma compreensão mais integrada do território baseada no conceito de rede hidrográfica.

Ainda que o fluxo da drenagem seja o principal fundamento conceitual das bacias, há uma intrincada rede de conexões entre os aspectos físicos, sociais, econômicos, urbanos, ambientais, sanitários, administrativos e institucionais que, de forma única, configuram a identidade e a vocação desse espaço geográfico. Uma bacia, com isso, reúne um conjunto de características singulares que se organizam em torno de uma lógica própria de produção e exploração de recursos, movimentação econômica, fluxos de energia e equilíbrio ambiental.

Um dos principais conflitos – e desafios – dessa abordagem é, justamente, a não coincidência entre os limites espaciais de uma bacia e os contornos político-administrativos dos municípios, fazendo com que seja comum a presença de "partes" de um mesmo município em mais de uma bacia hidrográfica. Nessas situações, a depender do porte e da estrutura da municipalidade, é relativamente simples imaginar a magnitude dos problemas e dificuldades de um ente local para o planejamento e a gestão de recursos hídricos em múltiplos territórios.

Tal questão se reveste de complexidade ainda maior no caso de regiões metropolitanas, grandes aglomerações ou centros urbanos, onde as cidades se interligam de diferentes formas. Nesses casos, a natureza e a amplitude das funções públicas de interesse comum impõem a necessidade de uma leitura renovada do conceito de "bacia", onde iniciativas coordenadas e cooperativas transcendam as limitações político-institucionais, assegurem o acesso compartilhado à água e evitem – ou atenuem – os níveis de exclusão social, sobretudo das periferias urbanas. O embate entre a soberania local e os interesses comuns metropolitanos é, sem dúvida, a preocupação nuclear dos planejadores e gestores de áreas urbanas complexas e, por óbvio, de bacias hidrográficas com intensa urbanização.

Ainda que as decisões locais sejam constitucionalmente prevalentes, há demandas explícitas por serviços públicos integrados e coletivos, que ultrapassam os limites administrativos municipais. Tal abordagem requer, todavia, razoável esforço de integração institucional, combinado a estratégias diferenciadas de gestão.

Conforme destacam Grisotto et al. (2009), o caso talvez mais agudo da tentativa de avanço nesse sentido é o dos sistemas de gerenciamento de recursos hídricos e de meio ambiente, tanto no âmbito federal quanto no plano de alguns estados. Nos Estados de São Paulo e Paraná, por exemplo, os autores destacam iniciativas integradas para a gestão territorial urbana e proteção dos mananciais destinados ao abastecimento público, conseguindo reunir – sob o prisma dos recursos hídricos e do meio ambiente – as discussões e disciplinas urbanas associadas ao uso e ocupação do solo, saneamento ambiental, transporte, habitação, inclusão social, desenvolvimento econômico e institucional, etc. Tal situação acabou, em passado recente, por polarizar o planejamento e a gestão metropolitana, não obedecendo, entretanto, razão de ordem doutrinária, mas de oportunidade, explicitamente assumida, uma vez que em São Paulo, muito mais que no Paraná, a derrocada do sistema de planejamento metropolitano foi bastante acentuada.

É nesse sentido que o sistema de gerenciamento de recursos hídricos assumiu ampla expressão político-estratégica, enquanto a política de desenvolvimento urbano, em âmbito metropolitano, permanecia carente. Desse modo, conforme afirmam os autores, no Brasil de modo geral e de maneira semelhante ao que ocorre em vários outros países em desenvolvimento, "foram os novos sistemas integrados de gerenciamento setorial que ganharam espaço e notoriedade nas duas últimas décadas no território metropolitano" (Grisotto et al., 2009, p. 11).

Por certo, os instrumentos de gestão previstos pelas políticas de recursos hídricos e proteção de mananciais, em âmbito federal ou estadual, mostram que são possíveis – e desejáveis – as interfaces entre a gestão urbana metropolitana e a gestão dos recursos hídricos e de espaços ambientalmente protegidos. Nas diretrizes dessas políticas setoriais, fica evidente a necessidade de articulação e integração dos sistemas de recursos hídricos com as demais políticas setoriais, em especial a de proteção ambiental e de desenvolvimento urbano, o que remete ao fortalecimento de espaços institucionais especificamente criados para as discussões e deliberações em nível local ou regional, tais como os Comitês de Bacia Hidrográfica, as Agências de Bacia e os Consórcios Intermunicipais.

Não obstante tais aspectos, é imprescindível ponderar alguns fatos mais recentes, igualmente motivadores de uma visão renovada da gestão das águas em ambientes urbanos.

O primeiro deles trata da vigência do chamado "Estatuto da Metrópole", aprovado na forma da Lei Federal n. 13.089, de 12 de janeiro de 2015, após mais de dez longos anos de debates e de tramitação legislativa. Ainda que não tenha equacionado em definitivo o imbróglio metropolitano, certamente avançou em diversas questões as quais – espera-se – tenham rebatimento e aplicação efetiva.

O segundo – e talvez mais emblemático – refere-se à crise hídrica vivenciada no País nos últimos anos. Entre 2013 e 2015, a região sudeste assistiu a um dos verões mais secos de sua história, com índices de precipitação e níveis de reservatórios nunca antes observados. O Sistema Cantareira, principal abastecedor da Grande São Paulo, se viu perto de um colapso inédito e sem precedentes. No verão de 2013/14, as chuvas chegaram à incrível marca de 62,9 mm em dez/2013 (27,7% da média esperada) e de 87,8 mm e 73,0 mm nos meses de janeiro e fevereiro de 2014, respectivamente, registrando uma condição excepcional para os padrões até então vigentes. A intensidade e as características da crise hídrica puseram em xeque o sistema de planejamento e gestão das águas em áreas urbanas, tais como na Região Metropolitana de São Paulo, expondo a fragilidade de diversos conceitos e instrumentos legais, como no caso das outorgas e das prioridades de uso estabelecidas pelas políticas nacional e estadual de recursos hídricos.

A crise também evidenciou os conflitos, aguçou as disputas e ressaltou as debilidades para o enfrentamento da seca, cujo comando ficou predominantemente a cargo dos governos estaduais. As bacias mais urbanizadas careceram de ações integradas e diferenciadas, planos de contingência organizados ou responsabilidades compartilhadas, revelando que somente a existência de normas e legislações foram – e ainda são – insuficientes para garantir a desejada resiliência, sustentabilidade e segurança hídrica para comunidades e atividades econômicas presentes em grandes centros urbanos. É nesse sentido que a crise provocou ampla e profunda reflexão por parte de profissionais, instituições e autoridades, em prol de uma revisão e/ou modernização das políticas, diretrizes e orientações para o planejamento e para a gestão de recursos hídricos e, por oportuno, para o ordenamento territorial e urbano.

É justamente com esse enfoque que os comentários aqui expostos pretenderam ampliar a compreensão e motivar a discussão das águas no contexto de bacias hidrográficas urbanas, possibilitando analisar criticamente esses problemas e, na medida do possível, indicar caminhos e soluções voltadas à transformação e ao alcance da sustentabilidade nas cidades brasileiras.

BACIAS HIDROGRÁFICAS URBANAS

O processo de urbanização no Brasil foi bastante acentuado no último século, com níveis de concentração populacional exponencialmente crescentes em muitas cidades. Na década de 1940, por exemplo, cidades como Rio de Janeiro e São Paulo possuíam mais de um milhão de habitantes, não havendo qualquer outra cidade com contingente populacional superior a 400 mil habitantes no País. Essa mesma década assistiu, de forma inédita, a um crescimento demográfico da população urbana com taxas maiores que as da população rural, e esse fenômeno se acentuou visivelmente nos períodos seguintes.

Conforme destacam Bittencourt et al. (2007), a população urbana multiplicou-se mais de onze vezes desde 1940, enquanto o contingente de população rural tem decrescido sensivelmente. A década de 1950 é considerada o ponto inicial do êxodo rural-urbano, estimando-se que cerca de 11 milhões de pessoas, metade originada do interior nordestino, tenham deixado as zonas rurais naquele decênio, gerando ou elevada migração no interior de cada região, em direção aos seus núcleos urbanos, ou migrações inter-regionais, predominantemente dirigidas para a cidade de São Paulo e áreas vizinhas.

Parte menor dos deslocamentos, mas importante sob o aspecto da ocupação territorial, se destinou a fronteiras da expansão agrícola.

Quanto à distribuição da população em áreas urbanas e rurais, todavia, a evolução não foi homogênea em todas as regiões. A Região Sudeste sempre concentrou o maior contingente de população e registrou a mais elevada taxa de urbanização. A Região Sul apresentou, até 1980, quanto aos índices de urbanização, um comportamento semelhante ao das Regiões Nordeste e Norte, visivelmente descolando-se delas a partir dessa data. De maneira geral, no entanto, apesar dos desequilíbrios econômicos regionais, todas as regiões se urbanizaram a índices médios elevados. Tendo como pano de fundo a alta taxa média de crescimento da economia brasileira durante o período 1930/80, essa evolução urbana geral deve-se, sobretudo, ao processo de industrialização, à extensão e complexidade crescente do setor de serviços, à maior ou menor concentração da propriedade fundiária, ao tipo de cultura agrícola praticada e, mais localizadamente, ao recorrente fenômeno da seca nordestina.

O fenômeno mais relevante quanto à distribuição demográfica, contudo, diz respeito às regiões metropolitanas e aglomerações urbanas. As nove metrópoles criadas na década de 1970 abrigavam 41,9 milhões de habitantes em 1991 e 48,9 milhões em 2000, mantendo sua participação relativa (respectivamente, 28,7% e 28,8%) no total da população do país. Como a Constituição Federal de 1988 abriu a oportunidade aos Estados, mediante Lei Complementar, de criar regiões metropolitanas, seu número cresceu de forma substantiva. De acordo com dados censitários (IBGE, 2011), são 79 concentrações urbanas e/ou morfologias urbano-regionais específicas, reconhecidas como Aglomerações Urbanas (AU), Regiões Metropolitanas (RM), Colares Metropolitanos (CM) e Regiões Integradas de Desenvolvimento (Rides)[1]. A Tabela 1 sintetiza informações dessas regiões, não se considerando, nessa análise, as microrregioes.

[1] O Estatuto da Metrópole, aprovado por meio da Lei Federal n. 13.089/15 (Brasil, 2015), define as aglomerações urbanas como "unidade territorial urbana constituída pelo agrupamento de 2 ou mais Municípios limítrofes, caracterizada por complementaridade funcional e integração das dinâmicas geográficas, ambientais, políticas e socioeconômicas". No caso da região metropolitana, o mesmo diploma legal a caracteriza como "aglomeração urbana que configure uma metrópole", esta última definida como "espaço urbano com continuidade territorial que, em razão de sua população e relevância política e socioeconômica, tem influência nacional ou sobre uma região que configure, no mínimo, a área de influência de uma capital regional, conforme os critérios adotados pela Fundação Instituto Brasileiro de Geografia e Estatística – IBGE".

Tabela 1 – Concentrações urbanas e morfologias urbano-regionais no Brasil

Descrição	Aglomeração Urbana (AU)	Região Metropolitana (RM)	Colar Metropolitano (CM)	Região Integrada de Desenvolvimento (RIDE)	Total
Regiões Instituídas (un)	4	70	2	3	**79**
N. de Municípios (un)	55	1.201	24	45	**1.325**
População Total (hab)	2.695.871	92.862.559	801.417	5.547.421	**101.907.268**
População Urbana (hab)	2.526.679	86.636.299	680.013	4.987.345	**94.830.336**
Taxa de Urbanização (%)	94%	93%	85%	90%	**93%**

Fonte: IBGE (2011).

Conforme apresentado na Tabela 1, as 79 regiões reúnem 1.325 municípios (24% das cidades brasileiras) e pouco mais de 101 milhões de habitantes, o que representa cerca de 53% da população do país (mais que o dobro do percentual registrado na década anterior). As 70 regiões metropolitanas concentram a maior parte dos municípios (1.201) e 92,8 milhões de habitantes, expondo a forte representatividade dessas áreas no Brasil. Ainda que muitas regiões não sejam conurbadas ou, ainda, não demonstrem predicados que as qualifiquem como áreas densamente urbanizadas, quase sempre orbitam em torno de núcleos urbanos referenciais, tais como capitais estaduais, centros de negócios, pontos de interdependência funcional, etc., cuja condição as colocam, pelo menos, em perspectiva de forte integração e/ou desenvolvimento mais acelerado ou potencialmente pujante.

No que concerne às taxas de urbanização, as aglomerações urbanas e as regiões metropolitanas concentram proporcionalmente as maiores populações urbanas, representando 94% e 93% em relação à população total, respectivamente. Esse padrão de concentração se reflete, inclusive, sobre o total das 79 regiões indicadas, onde 94,8 milhões de pessoas vivem nas cidades (93% do total). Esses percentuais, assinale-se, são superiores à média brasileira, cuja taxa de urbanização é de 84,4%.

Com relação à distribuição espacial desses núcleos urbanos e regionais, e sua relação com as 12 regiões hidrográficas brasileiras, a Figura 1 e a Tabela 2 demonstram um maior número de áreas inseridas nas regiões hidrográficas do Atlântico Nordeste Oriental, Paraná e Atlântico Sul, as quais reúnem, juntas, 46 das 79 áreas identificadas.

Com relação à população, em termos absolutos, a região hidrográfica do Paraná é a que concentra o maior contingente, reunindo mais de 39 milhões de habitantes segundo o Censo do IBGE de 2010 (40% de todo o universo demográfico de aglomerações urbanas, regiões metropolitanas, colares e RIDEs), coincidindo com os principais centros urbanos das regiões sudeste e sul (Estados de São Paulo e Paraná). Numa comparação com a população total de cada região hidrográfica (RH), fica evidente que as maiores concentrações demográficas em centros urbanos se situam nas regiões do Atlântico Sul (69% da população da RH está nesses centros), Paraná (64%), Atlântico Sudeste (62%) e Atlântico Nordeste Oriental (58%), todos acima da média brasileira de 53%.

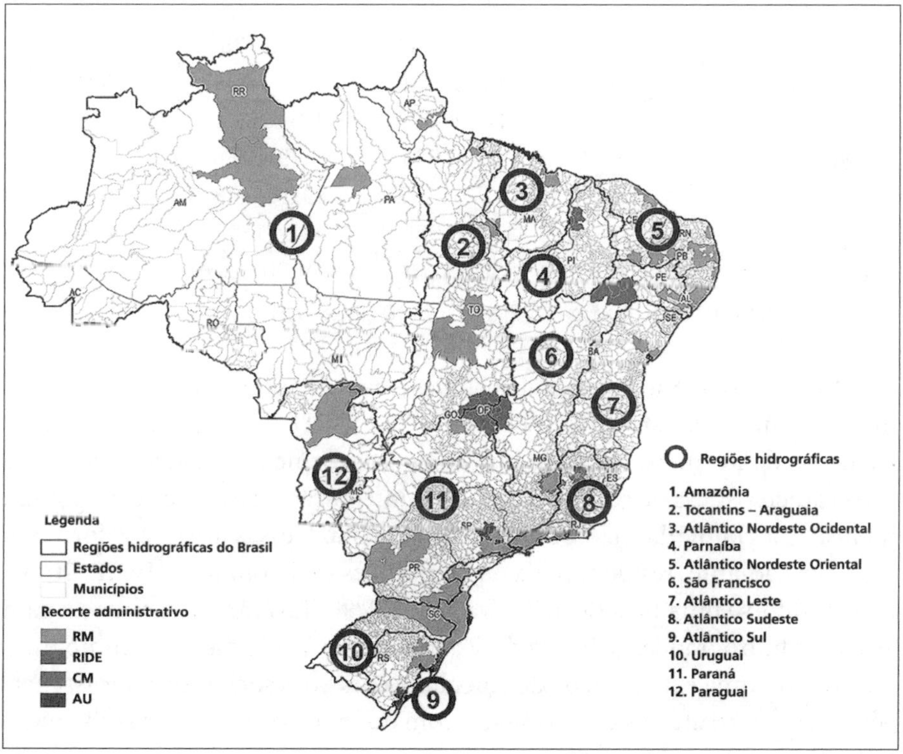

Figura 1 – Distribuição espacial das concentrações urbanas e morfologias urbano-regionais.
Fontes: IBGE (2011) e ANA (2016).

Tabela 2 – Concentrações urbanas e morfologias urbano-regionais em relação às regiões hidrográficas brasileiras.

Região hidrográfica	N. de RMs, RIDEs, AUs e CMs	População total em região hidrografica (hab)[1]	População total em RMs, RIDEs, AUs e CMs (hab)[2]	% da população em RMs, RIDEs, AUs e CMs, por região hidrográfica
Amazônica	6	9.694.728	3.157.230	33%
Tocantins-Araguaia	4	8.572.716	1.921.851	22%
Atlântico Nordeste Ocidental	1	6.244.419	1.492.370	24%
Parnaíba	1	4.152.865	1.150.959	28%
Atlântico Nordeste Oriental	20	24.077.328	13.960.131	58%
São Francisco	7	14.289.953	6.777.365	47%
Atlântico Leste	3	15.066.543	5.255.728	35%
Atlântico Sudeste	6	28.236.436	17.465.095	62%
Atlântico Sul	10	12.976.554	8.946.521	69%
Uruguai	4	3.922.873	1.791.409	46%
Paraná	16	61.290.272	39.044.446	64%
Paraguai	1	2.165.938	944.163	44%
TOTAL	79	190.690.625	101.907.268	53%

Fontes: [1] ANA (2016); [2] Censo Demográfico 2010 (IBGE, 2011).

No Estado de São Paulo, a distribuição de regiões metropolitanas e aglomerações urbanas estende-se por 11 das 22 UGRHIs – Unidades de Gerenciamento de Recursos Hídricos do Estado, conforme apresentado na Figura 2. As características de conurbação e forte integração econômica configuram, inclusive, a chamada macrometrópole paulista. Nessas áreas, conforme se verá mais adiante, residem mais de 30 milhões de habitantes (IBGE, 2011), registrando-se uma taxa de urbanização de 97%. Tais características tornam as bacias hidrográficas urbanas do Estado de São Paulo bastante complexas, envolvendo uma extensa rede de vínculos e conexões socioeconômicas, energéticas, infraestruturais e de recursos, com destaque para o compartilhamento (e disputas) das águas. Os casos das transposições das bacias dos rios Piracicaba-Capivari-Jundiaí e do rio Paraíba do Sul são emblemáticos, as quais são responsáveis por reversões da ordem de 115 m^3/s, equivalente a cerca de 1/5 das demandas de abastecimento urbano do país.

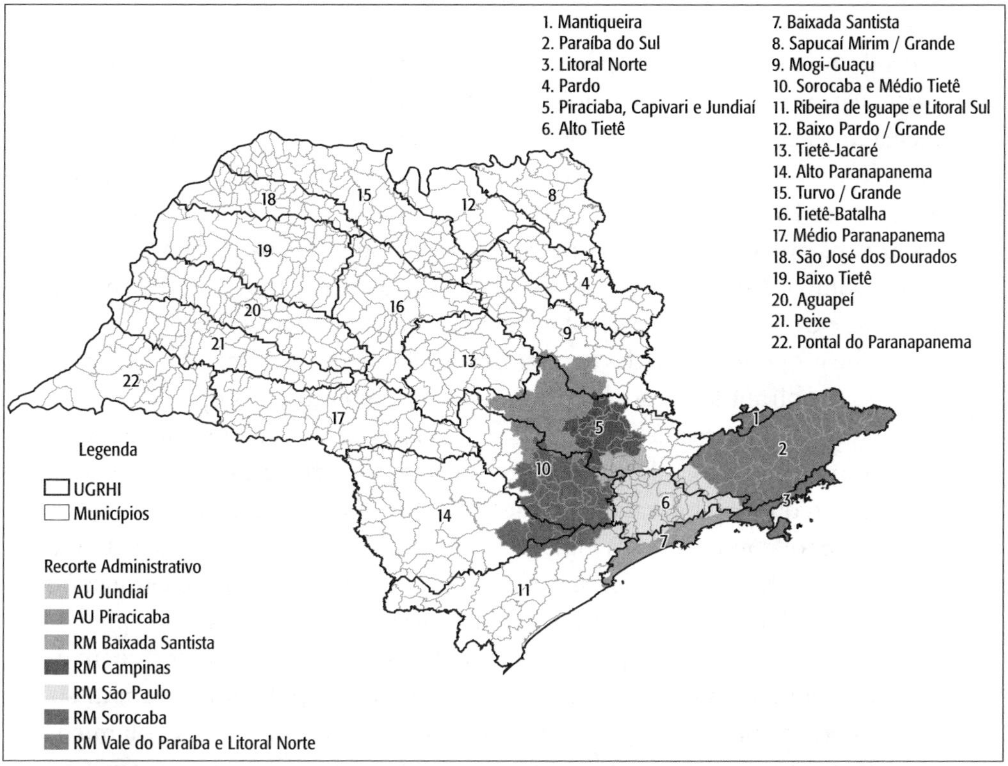

Figura 2 – Aglomerações urbanas e regiões metropolitanas no Estado de São Paulo, por UGRHI.
Fonte: ANA (2009).

Fora desses grandes centros, isto é, em cidades médias ou não conurbadas, não há conformação de uma aglomeração urbana que se possa qualificar como de grande porte físico e de intrincada rede institucional de poder, sendo plausível que os temas vinculados a recursos hídricos sejam tratados de uma maneira mais setorial, em convívio melhor, ou sob maior controle, com os impactos do uso do solo. Embora esses núcleos, assim como aqueles de dimensões ainda menores, abriguem estratos populacionais de baixa e baixíssima renda, com percentual deles não desprezível abaixo da linha de pobreza, os custos da propriedade nas áreas de expansão urbana são menos expressivos, e é menor, em termos absolutos e relativos (com maior grau de exceção para as regiões Nordeste e Norte), a presença de loteamentos irregulares ou de favelas, onde a implantação de infraestrutura pública básica enfrenta óbices de natureza física ou jurídica.

Da mesma forma, a expansão e a manutenção dessa infraestrutura faz-se com frequência a valores comparativamente mais reduzidos, devido, dentre outros motivos, a menores custos diretos de obras, menor interferência com outros equipamentos públicos e impacto menos intenso de cargas externas, particularmente de veículos e novas construções. Ao mesmo tempo, as cidades médias oferecem uma escala de demanda que favorece a relação custo-benefício da expansão dos serviços de natureza pública. No caso de sistemas sanitários, a melhor ordenação territorial e a existência de lotes residenciais e não residenciais de maiores dimensões, mesmo em áreas mais periféricas, podem favorecer, ainda, soluções alternativas, por exemplo, à rede de coleta de esgotos, a qual usualmente necessita ser implantada em toda a extensão da via pública; a adoção ou de programas de redes condominiais e similares, de implantação menos onerosa (implicando menores custos de investimento para as operadoras dos serviços e possibilidade de tarifas mais reduzidas para os usuários), ou de fossas sépticas (permitindo ganhos ambientais imediatos – comparativamente a uma situação em que não há tratamento de esgotos –, redução de investimentos em ETEs e menor comprometimento de orçamentos familiares com o pagamento de serviços públicos). Ainda nessas cidades médias, na existência de parques ou loteamentos industriais, em especial no Sudeste e no Sul, trata-se de plantas usualmente mais recentes, de porte menor e, sob o aspecto tecnológico, mais homogeneamente modernas e menos agregadamente poluentes. Além disso, salvo situações mais localizadas, são menores também os riscos de contaminação provocada por outras ocupações a montante na mesma bacia hidrográfica.

Na inexistência de problemas urbanos e ambientais (hídricos) de abrangência regional, a ação ou a regulação pública ficam concentradas na esfera de competência do poder local, eventualmente requerendo alguma participação das esferas administrativas estadual e federal. Ou seja, com problemas dispostos em uma escala menor, "média", e incidência mais delimitada no território, não se estrutura a intrincada rede de responsabilidades institucionais que caracteriza uma metrópole conurbada, onde se justapõem e superpõem diferentes esferas de poder, com diferentes comandos e uma substantiva dificuldade de coordenação de esforços. Além disso, é nos grandes aglomerados de cidades que as questões urbanas mais gerais e, especificamente, de gerenciamento de recursos hídricos se tornam mais complexas.

O ritmo ainda forte de crescimento destas aglomerações, a velocidade de sua expansão demográfica, as suas características de baixo ordenamento territorial – indistinguível de aspectos acentuados de pobreza – e os efeitos negativos derivados da concentração de relevantes parques industriais levaram a uma série de problemas bastante característicos e bem conhecidos, como os que são ilustrados na Figura 3.

As metrópoles, apesar de concentrarem uma parte ponderável das atividades econômicas, têm também se destacado por crescentes níveis de pobreza, o que acarreta uma sobre-demanda de serviços de toda natureza sobre o setor público. Parte desta pobreza dirige-se às novas e antigas favelas, que se disseminaram a partir do final da década de 60, as quais em geral ocupam, mediante invasões, áreas de restrição de uso ou de baixo valor imobiliário, com frequência envolvendo riscos físicos (fundos de vales e encostas em áreas públicas, de uso comum, ou mesmo de propriedade particular).

Outra parte desloca-se para as sempre renovadas franjas periféricas e forma loteamentos juridicamente irregulares, desprovidos de infraestrutura básica de serviços e dotados de arruamento precário, sem pavimentação e sujeito, em muitos casos, a erosão. Por sua vez, essa informalidade urbana é um impeditivo à efetividade de restrições legais e ordenadoras do espaço e do uso urbano e, mais que isso, uma indagação permanente sobre qual a estratégia adequada para lidar com a própria questão urbana.

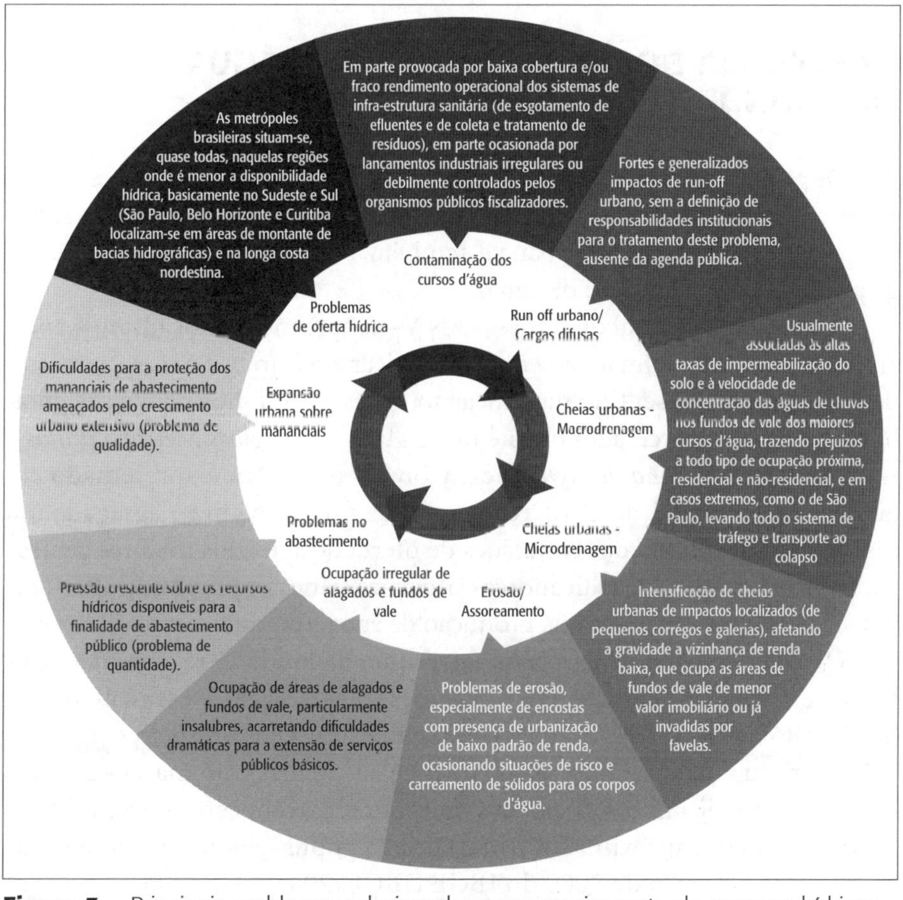

Figura 3 – Principais problemas relacionados ao gerenciamento de recursos hídricos em áreas urbanas.

O prolongamento desses problemas sociais, de renda e habitação, muitas vezes em escala recentemente ampliada, certamente apresenta relação causal – combinado a outros fatores, como as maiores dificuldades de emprego para a população de menor taxa de escolaridade ou a redução, em nível ainda não estudado, do padrão de mobilidade social – quanto à ampliação da criminalidade e a condução desse tema ao primeiro plano da agenda pública.

Tais elementos, característicos de uma expansão desordenada dos territórios urbanos, quase sempre estão associados a problemas de micro e macrodrenagem, escorregamentos e erosão de encostas e talvegues, assoreamento de córregos e problemas na qualidade das águas dos rios e mananciais de abastecimento, cuja situação reflete não só a degradação ambiental, mas também as tensões sociais e as pressões sobre o uso e a ocupação do solo, cujos aspectos, em conjunto, são determinantes para o (des)equilíbrio socioambiental urbano.

PANORAMA DO ABASTECIMENTO DE ÁGUA EM GRANDES CENTROS URBANOS

Os problemas relacionados à disponibilidade, à qualidade e à gestão das águas em grandes centros urbanos estão, quase sempre, associados ao ritmo de crescimento e expansão urbana e, também, à complexidade dos processos de produção e distribuição de água.

A Agência Nacional de Águas – ANA – empreendeu, nos últimos anos, amplo esforço com a finalidade de diagnosticar a natureza e as características desses conflitos, no sentido de indicar soluções e caminhos para a sustentabilidade hídrica nas cidades brasileiras. O *Atlas das Regiões Metropolitanas – Abastecimento Urbano de Água*, desenvolvido pela ANA e apresentado em 2009 e o *Atlas Brasil*, de 2010, realizaram de forma inédita e agregada um diagnóstico detalhado das condições de oferta de água dos maiores centros urbanos brasileiros, identificando as situações críticas e propondo alternativas técnicas para a melhoria da produção de água e do tratamento de esgotos.

O *Atlas das Regiões Metropolitanas* reuniu dados de 23 regiões metropolitanas e aglomerações urbanas, as Regiões Integradas de Desenvolvimento do Distrito Federal, Teresina e Polo Petrolina, 7 capitais brasileiras (concentradas, em sua maioria, na Região Norte) e 33 cidades com mais de 250 mil habitantes, totalizando 415 cidades que concentravam cerca de 82 milhões de habitantes ou, aproximadamente, 60% da população urbana do país, de acordo com o Censo de 2000 do IBGE (IBGE, 2001). A Figura 4 ilustra as áreas abrangidas pelo estudo da Agência.

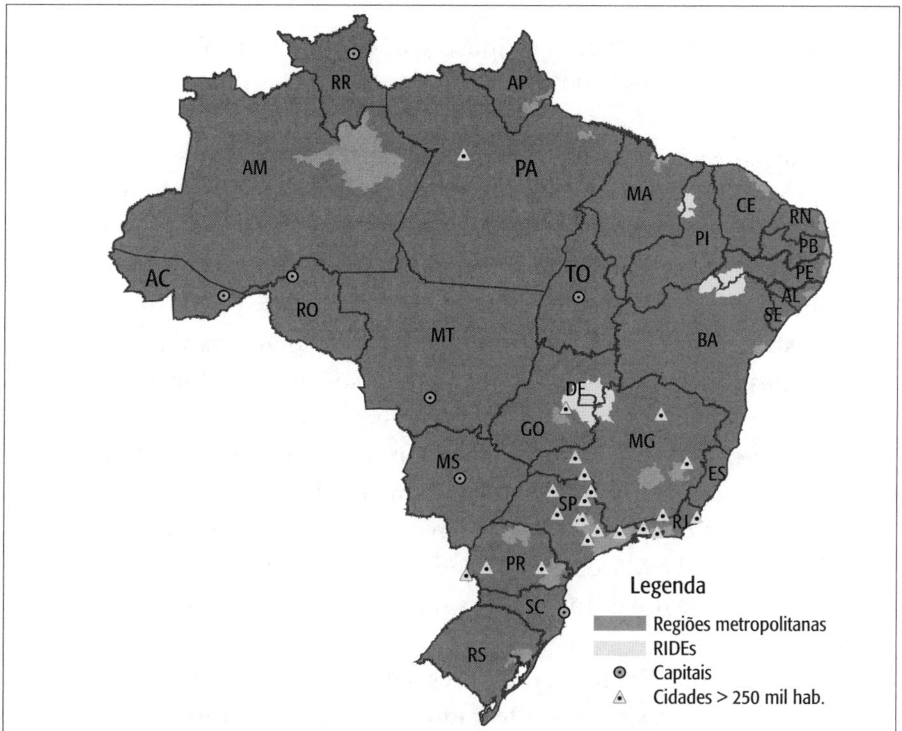

Figura 4 – Centros urbanos abrangidos pelo *Atlas Regiões Metropolitanas* (ANA, 2009).

Nesses estudos foram evidenciados, entre outros aspectos, a multiplicidade de fontes de suprimento hídrico e os problemas inerentes à exploração e à segurança hídrica dos mananciais dos grandes centros urbanos.

Entre as constatações do *Atlas*, concluiu-se, por exemplo, que cerca de 2/3 dos sistemas produtores de água estão localizados nas regiões sudeste e sul e que quase 80% das captações utilizadas para o abastecimento público estão associadas a mananciais superficiais.

O estudo também expôs que 35% das sedes urbanas estão ligadas a sistemas integrados, representando 60% das demandas de abastecimento de água, demonstrando a complexidade do processo de distribuição nessas grandes concentrações urbanas.

Quase 66% das cidades estudadas, de acordo com a ANA, requeriam investimentos em ampliações e adequações de sistemas produtores ou no aproveitamento de novos mananciais, visando ao pleno atendimento das demandas até o ano de 2025 (horizonte do plano). Por certo, essa condição foi severamente agravada pela crise hídrica dos últimos anos, ampliando os problemas até então identificados.

No conjunto de soluções propostas, que totalizaram R$ 26 bilhões em investimentos previstos (2009), o *Atlas* destacou o seguinte:

- Na Região Sudeste, as regiões metropolitanas de São Paulo, Baixada Santista e Campinas e, de outro lado, a RM do Rio de Janeiro requeriam 46% do total de investimentos, ressaltando-se o papel estratégico das bacias do Alto Tietê, PCJ e Paraíba do Sul no atendimento simultâneo dessas regiões.
- A necessidade de se buscarem mananciais cada vez mais distantes e os investimentos em obras de regularização evidenciaram a pressão dos grandes centros urbanos sobre os recursos hídricos locais, como nos casos de Curitiba, Goiânia, Distrito Federal e Fortaleza, e implicam ações para a gestão dos reservatórios e o controle de fontes poluidoras.
- A diminuição gradativa do aproveitamento de águas subterrâneas constituiu-se em diretriz estratégica em várias cidades, tais como em Belém, Manaus, Natal e Maceió, implicando maiores investimentos para o aproveitamento de novos mananciais superficiais ou ampliações de sistemas existentes.
- Quase 50% dos sistemas produtores requeriam melhorias, dos quais 15% correspondem a sistemas integrados cujos investimentos são mais complexos, incluindo-se importantes interligações de centros produtores (Belo Horizonte e Recife, por exemplo) e adequações de sistemas existentes, como em Salvador.
- A maioria das regiões metropolitanas apresentou algum grau de comprometimento da qualidade das águas dos mananciais, exigindo grandes investimentos na proteção das captações, como é o caso típico da RM Porto Alegre, localizada na bacia do Guaíba. Foram indicados no Atlas R$14,1 bilhões de investimentos em coleta e tratamento de esgotos nos municípios localizados a montante das captações com indicativos de poluição hídrica.
- Os investimentos previstos requerem arranjos institucionais consistentes, aptos a atender aos objetivos de viabilidade técnica e financeira dos projetos e ações propostas. A proposta era que tais arranjos envolvessem níveis de articulação e integração diferenciados, com atuação de diversas esferas de governo, organizações e agências públicas e privadas.
- Necessidade periódica de atualização dos dados, com apoio de sistemas de informações e plataformas integradas que garantissem o acesso permanente a planejadores, gestores e a toda a sociedade, motivando o estabelecimento de parcerias e de uma ampliada cooperação intergovernamental, voltadas à melhoria das condições ambientais e urbanas.

Em referência a tais conclusões, Conejo et al. (2009) lembram que a maior parte dos mananciais considerados vulneráveis se situa em regiões onde é menor a disponibilidade hídrica (São Paulo e Brasília, por exemplo, localizam-se em áreas de montante de bacias hidrográficas), cuja condição justifica a necessidade de cuidados extremos na proteção e no uso sustentável dos recursos hídricos e ambientais nessas localidades.

Os autores, de forma acertada, também afirmam que o ritmo de crescimento e expansão urbana observado nesses grandes aglomerados urbanos colocam sob pressão crescente os recursos hídricos disponíveis para a finalidade de abastecimento público, o que implica uma crescente influência sobre as zonas ambientalmente sensíveis e de interesse para o abastecimento das grandes metrópoles.

Adicionalmente, os problemas relacionados ao uso e ocupação do solo, erosão, assoreamento e lançamento clandestino de esgotos domésticos, resíduos sólidos e despejos industriais acentuam as dificuldades e aumentam os desafios, nas bacias hidrográficas urbanas, para o alcance da desejada segurança hídrica.

No que concerne aos sistemas de produção de água mais críticos e à infraestrutura existente, a capacidade instalada dos sistemas produtores, sem exceção, é inferior às demandas, em função da obsolescência dos sistemas de captação, adução e tratamento de água e de elevados índices de perdas. O déficit acumulado nas últimas décadas está sendo, ainda, agravado pela redução dos investimentos em função das crises econômicas que o país atravessa, prejudicando, sobretudo, as populações de baixa renda.

Por fim, tais estudos e autores mencionados são unânimes em destacar que boa parte das soluções – senão a maciça maioria – não é pontual, devendo assumir um caráter regional em função da complexidade dos centros urbanos abrangidos.

O caso mais emblemático, nesse sentido, é o de São Paulo, Guarulhos e Campinas, inseridos no contexto da "macrometrópole paulista", cuja complexidade remete a abordagens mais integradas das demandas e das disponibilidades hídricas.

Enquanto as regiões metropolitanas – e, com efeito, a macrometrópole paulista – e as aglomerações urbanas reforçam o papel do Valor Adicionado (VA) dos setores de serviços e industrial, as demais áreas e municípios destacam-se pelo VA gerado no setor primário. O Seade, referindo-se aos dados do PIB de 2007, aponta que as RMs de São Paulo, Campinas e Baixada Santista "[...] respondem por 68,2% do PIB do Estado, enquanto as aglomerações urbanas são responsáveis por 18,4% e os 11 principais centros

Macrometrópole Paulista em Números

A macrometrópole paulista é uma ampla região do Estado de São Paulo que compreende as regiões metropolitanas de São Paulo, Campinas, Baixada Santista e Vale do Paraíba e Litoral Norte, e os aglomerados urbanos de Jundiaí, Piracicaba e Sorocaba. Ocupa uma área de 52 mil km^2 formada por 180 municípios, incluída a capital, e abriga 75% da população do Estado e 16% da população do País. A região responde por 83% do PIB paulista e 28% do PIB nacional. Os limites da macrometrópole estão compreendidos, total ou parcialmente, em oito unidades de gerenciamento de recursos hídricos – UGRHIs que compõem a organização estadual para a gestão de recursos hídricos (Cobrape, 2013). Pelas vantagens locacionais que reúne, como infraestrutura e mão de obra qualificada, configura-se como um dos principais polos brasileiros de crescimento e de atração de investimentos, sendo considerada um dos principais centros financeiros, de fluxos de cargas e mercadorias e geração de negócios.

Em 2008, a Secretaria de Saneamento e Recursos Hídricos do Estado de São Paulo e o Departamento de Água e Energia Elétrica do Estado (DAEE) iniciaram a elaboração do "Plano Diretor de Aproveitamento de Recursos Hídricos para a Macrometrópole Paulista", com o objetivo de assegurar o suprimento de água bruta para o abastecimento urbano, os usos industriais e o uso na irrigação em toda a região até o horizonte do ano 2035. O trabalho foi concluído em 2013, pouco antes da crise hídrica mais severa.

À época do início dos estudos, a população na região somava 30,8 milhões de habitantes, cujas projeções indicaram o aumento para 37 milhões em 2035, elevando a densidade demográfica dos então 579 hab/km^2 para 696 hab/km^2 e a demanda hídrica de 223 m^3/s para 283 m^3/s. Das oito UGRHIs que fazem parte da macrometrópole, as que mais devem contribuir com esse crescimento são Alto Tietê (3,4 milhões de pessoas) e Piracicaba/Jundiaí/Capivari (1,2 milhão de pessoas), totalizando 75% do acréscimo populacional previsto. Essa população, juntamente com o setor industrial e de irrigação, deverá incrementar as demandas de água em cerca de 60 m^3/s, o que representa um crescimento de 27% em relação às demandas totais de 2008.

O valor do PIB da macrometrópole, de R$ 897,4 bilhões (2009), também indicou a importância econômica e estratégica da região, situando-a próxima ao da 18ª economia do mundo. O PIB *per capita*, de US$ 16.225,00 (2010), é indicador do grande potencial econômico da região, mas ainda está muito aquém do PIB de países desenvolvidos, como Estados Unidos, Alemanha e Japão, que apresentam valores da ordem de US$ 40 mil *per capita*.

urbanos, por 2,6%. Ou seja, os 162 municípios que constituem os estratos superiores da hierarquia da rede urbana paulista geraram, em 2007, 89,2% do PIB paulista". Numa análise da densidade do PIB do Estado de São Paulo e da macrometrópole (R$ mil/km^2), em especial, os números reforçam que os maiores valores coincidem com as principais aglomerações urbanas.

As características socioeconômicas e as amplas vantagens competitivas combinadas às diversas restrições físico-territoriais, ambientais, jurídico-institucionais, etc. existentes na macrometrópole geraram – no âmbito do Plano Diretor da Macrometrópole – uma análise integrada das informações, com apoio de modelagem matemática e georreferenciamento de informações (Modelo Aquanet), que produziram como principal resultado espacial as áreas mais aptas para a ocupação e o desenvolvimento econômico, conforme ilustra a Figura 6. Essas áreas foram denominadas "territórios de oportunidades", representando, do ponto de vista geoeconômico, como as regiões da macrometrópole estão organizadas quanto à distribuição, concentração e especialização das atividades econômicas, uso e ocupação do solo e aproveitamento de recursos.

Conforme apresentado na Figura 5, os territórios de oportunidades conseguem capturar as principais características dos espaços mais aptos ao desenvolvimento econômico e à ocupação, que atualmente mantêm certa especialização econômica vinculada ao setor agropecuário ou a atividades menos sofisticadas, e que sugerem, de outro lado, certa concentração do valor adicionado em regiões dispersas (geralmente sedes municipais, áreas mais desenvolvidas, de maior PIB e maior IDH, por exemplo). Nesse caso, explica-se a coincidência dos territórios de oportunidades com as áreas aptas ao crescimento econômico (potencial incremento de bens de consumo não durável, bens intermediários, bens de capital e consumo durável, comércio e serviços), mas que ainda não o manifestaram. Os territórios de oportunidades correspondem a uma área de 8.300 km^2 (15% da área total da macrometrópole paulista), conforme expõem os relatórios e documentos do Plano (Cobrape, 2013).

Do ponto de vista hídrico, atualmente, a região utiliza cerca de 97% da água produzida internamente, o que constitui um limite preocupante. Em eventos críticos de escassez hídrica, a configuração de estruturas hidráulicas existentes não têm a capacidade de atender às demandas e vazões necessárias, podendo gerar colapsos localizados no abastecimento de água bruta. O aumento previsto da população, juntamente com o do setor industrial e de irrigação, deverá incrementar as demandas de água em cerca de 60 m^3/s, o que representa um crescimento de 27% em relação às demandas totais originalmente dimensionadas. Esse incremento tende a acentuar os conflitos e as disputas pelo uso da água, aos quais estão sujeitos os usuários das bacias hidrográficas abrangidas pelo Plano da Macrometrópole, além de gerar reflexos não menos importantes no ordenamento territorial e na expansão das cidades e, também, no equilíbrio ambiental. Tomando por base os "territórios de oportunidades" e a fim de possibilitar a expansão da oferta de água bruta para o cenário tendencial de demandas de água (e evitar/atenuar os conflitos verificados), o Plano estudou e identificou 22 esquemas hidráulicos alternativos para o suprimento hídrico da região, efetuando a avaliação técnica, ambiental e institucional de todos eles.

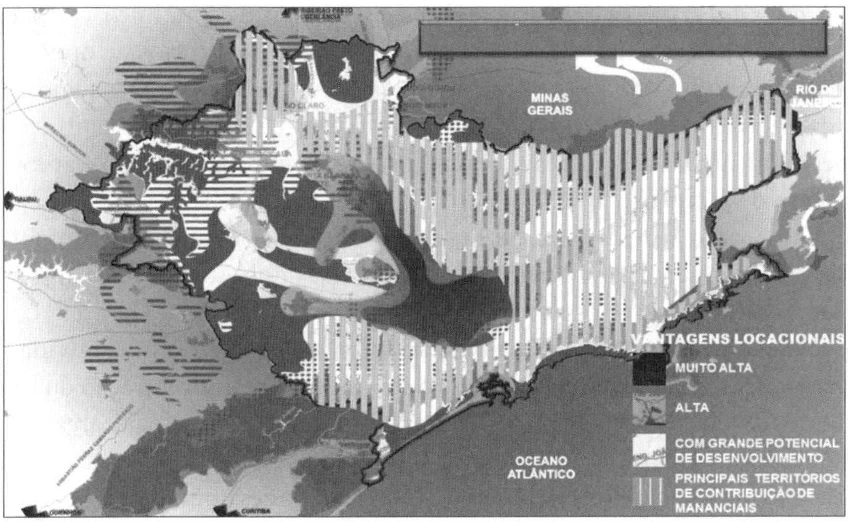

Figura 5 – Territórios de oportunidades da macrometrópole paulista.
Fonte: adaptado de Cobrape (2013).

O Plano também apontou a necessidade da implantação de soluções integradas e multissetoriais, apoiadas na implantação de um novo sistema produtor de grande porte, e em um modelo de gestão capaz de articular os diferentes interesses envolvidos, no sentido de evoluir na solução de conflitos e disputas pelo uso da água. A esses aspectos se sobrepõem os territórios de oportunidades e o respectivo potencial de desenvolvimento econômico subjacente aos incrementos das demandas hídricas, cujo conjunto de variáveis determinam a estratégia de viabilização das soluções de oferta de água visando à desejada segurança hídrica. Assinale-se que essa noção de segurança hídrica não se sustenta sem a previsão de ações voltadas à gestão da demanda, ao uso racional da água e, em um futuro próximo, mediante os desenvolvimentos tecnológicos que se anteveem, à ampliação da utilização das águas de reúso e das águas urbanas remanescentes. Nesse sentido, o Plano analisou diversos cenários alternativos de demandas, prevendo que a combinação de ações de redução de perdas, efeitos de mudanças comportamentais na redução do consumo, programas de uso racional da água e demais aprimoramentos tecnológicos na indústria e na irrigação, aliados às demais ações de gestão de demanda, poderiam resultar numa economia de até 31,6 m^3/s, o que representa 11% da demanda do cenário tendencial (283 m^3/s). A se confirmar esse cenário de gestão de demandas, todos os arranjos estudados seriam postergados para um horizonte muito mais distante.

Ainda que o Plano ora referido seja atualizado e superado por novas versões, seus conceitos, idéias e fundamentos de integração setorial e regional são destacáveis e merecedores de devida atenção por parte de gestores e tomadores de decisão, uma vez que revela avanços importantes e modernos na abordagem da segurança hídrica em áreas urbanas complexas. Por essa razão, é considerado um estudo referencial e inspirador para o desenvolvimento de planos, projetos e programas de âmbito regional.

ESGOTOS SANITÁRIOS, RESÍDUOS SÓLIDOS E DRENAGEM EM ÁREAS URBANAS

No caso dos esgotos domésticos, segundo dados divulgados pelo Censo Demográfico do IBGE de 2010 (IBGE, 2011) e pela Pesquisa Nacional de Saneamento Básico – PNSB (IBGE, 2008), o Brasil conta com mais de 57,3 milhões de domicílios, dos quais 55,4% dispõem de banheiros ou sanitários conectados a redes coletoras de esgoto ou redes pluviais. Com respeito aos resíduos sólidos, pouco mais de 87% dos domicílios contam com sistemas de coleta de lixo.

O Estado de São Paulo, em contraponto ao panorama nacional, demonstra que 86,7% dos domicílios estão ligados às redes coletoras de esgoto ou pluviais, cujos valores são muito superiores à média do País. Em relação ao lixo, 98,2% das residências paulistas contam com sistemas de coleta.

Ainda que tais dados inspirem certo otimismo e aderência aos objetivos de universalização expressos na Lei Federal do Saneamento – n. 11.445/07 (Brasil, 2007), verificam-se três ordens de preocupações principais em relação à citada situação do esgotamento e da limpeza urbana, quando analisados sob o prisma de grandes centros urbanos: (i) em primeiro lugar, os problemas relacionados às disparidades regionais e à limitada capacidade de investimento e melhorias nos sistemas; (ii) subsistem inúmeras ligações clandestinas diretas aos corpos d´água ou às redes pluviais, sobretudo em áreas periféricas que geralmente coincidem com as áreas ambientalmente protegidas e mananciais, além de uma baixíssima cobertura por tratamento de esgotos, caracterizando um passivo ambiental de grandes proporções, cujo resgate configura-se como um dos principais esforços a serem empreendidos; (iii) por fim, e não menos importante, os problemas relacionados à má disposição e tratamento de esgotos e resíduos sólidos, atuando como principais responsáveis de cargas difusas e do escoamento superficial urbano (*run off*), cujos impactos são igualmente relevantes à saúde da população.

A ausência ou a debilidade dos sistemas de saneamento em periferias de grandes metrópoles implica, diretamente, a poluição de rios, córregos, lagos, etc., limitando o uso múltiplo das águas (navegação, pesca, recreação e lazer, captações, irrigação e uso industrial) e provocando, dentre outros fenômenos, a redução ou a extinção da biodiversidade, a poluição visual, a contaminação de recursos naturais e aquíferos subterrâneos, o assoreamento de corpos d'água ou a perda de mananciais de abastecimento público, conforme já antecipado.

Enquanto a maior parte dos benefícios sanitários realiza-se pelo simples esgotamento das casas por redes coletoras de esgoto, eliminando-se a proximidade e o contato da população com os dejetos, o que na maioria das vezes se assegura mesmo quando a rede lança os resíduos sem tratamento em cursos d'água de baixo caudal, os efeitos sobre o ambiente natural são muito diferentes, frequentemente traduzindo-se em prejuízos ao equilíbrio dos ecossistemas.

Evidentemente, tais aspectos sanitários e ambientais estão intimamente relacionados ao contexto social, econômico, jurídico e institucional, tanto das famílias quanto do próprio ambiente, em que fatores como a renda média domiciliar, o produto interno bruto, a escolaridade, a inclusão social e as condições de moradia são determinantes para que se alcancem melhores condições de salubridade humana e ambiental e, com efeito, de qualidade de vida.

Ainda que não se conteste a associação entre tais aspectos, há que serem estabelecidas relações objetivas – quali-quantitativas – entre eles, buscando-se compreender como sua sinergia influencia o estado de bem-estar e de saúde de uma comunidade, município, bacia hidrográfica ou região.

Quanto à drenagem, embora se conheçam isoladamente os problemas urbanos relacionados à macro e à microdrenagem em regiões metropolitanas e aglomerações urbanas, não há um documento suficientemente completo que reúna os dados de todo o Brasil, isto é, que permita uma leitura integrada e única desses aspectos em âmbito nacional, à exceção dos dados censitários do IBGE.

De acordo com a Pesquisa Nacional de Saneamento Básico de 2008, as regiões mais providas de serviços de manejo de águas pluviais correspondem ao Sul e Sudeste. Entre as demais regiões, apenas 4 estados possuem menos que 80% de cobertura: Amazonas, Mato Grosso, Bahia e Amapá. Quando analisadas as regiões metropolitanas estudadas pelo PNSB (24 ao todo, reunindo pouco mais de 76 milhões de habitantes), somente as RMs do Sudoeste Maranhense (MA) e Maceió (AL) possuem menos de 90% dos municípios dotados de serviços dessa natureza.

Quando a questão se refere ao número de áreas em que ocorreram inundações e/ou alagamentos nos últimos cinco anos, essa pesquisa censitária demonstra que a maioria dos municípios brasileiros (3.328 cidades, correspondendo a 60% do País) apresenta problemas, sejam em áreas urbanas ocupadas inundáveis naturalmente pelos cursos d'água, sejam em áreas de baixios naturalmente inundáveis ocupadas irregularmente e/ou inadequadamente ou, ainda, em áreas não usualmente inundáveis.

Em 17 das 24 regiões metropolitanas (71% dos municípios, que reúnem mais de 66 milhões de habitantes), mais da metade dos municípios registram problemas de inundações. Na Grande Vitória (ES) e nas RMs da Baixada Santista (SP), Macapá (AP) e Aracaju (SE), todos os municípios abrangidos pela metrópole foram afetados por tais ocorrências.

No caso específico das tipologias de áreas inundadas, chamam a atenção as áreas de baixios naturalmente inundáveis ocupadas irregular e/ou inadequadamente, sugerindo a existência de favelas, loteamentos clandestinos, ocupações de fundos de vale e encostas íngremes, degradação de zonas ripárias, entre outros, cuja situação é mais frequente nas periferias urbanas dos grandes centros. Pelos dados do IBGE, é possível constatar que 152 das 395 áreas inundadas nos últimos 5 anos (38% do universo) correspondem aos problemas urbanos de ocupação irregular, cujos valores superam a média brasileira (1.093 das 3.328 áreas com alagamentos, ou 32% do universo).

Em termos proporcionais, as regiões metropolitanas com maiores problemas relacionados à áreas periféricas ocupadas irregularmente incluem as RMs de Macapá (AP), Goiânia (GO), Fortaleza (CE), Aracaju (SE), Grande São Luís (MA), João Pessoa (PB), Manaus (AM), Rio de Janeiro (RJ) e São Paulo (SP). Também são dignas de destaque as ocorrências verificadas em áreas não usualmente inundáveis, que nas regiões metropolitanas representa 15% do total de eventos de alagamentos e inundações. Nesse âmbito, as RMs de Maringá (PR), Londrina (PR), Maceió (AL) e Vale do Aço (MG) figuram entre as que apresentaram percentualmente as maiores frequências. A Tabela 3 ilustra o conjunto dessas informações.

Tabela 3 – Ocorrência de inundações e/ou alagamentos em regiões metropolitanas brasileiras

Regiões metropolitanas	População (IBGE, 2010) *Hab x 1000*	Número de municípios	Número de municípios com serviço de manejo de águas pluviais (PNSB, 2008)	Total de municípios em que ocorreram inundações e/ou alagamentos		Número de áreas em que ocorreram inundações e/ou alagamentos			
						Áreas urbanas ocupadas, inundáveis naturalmente pelos cursos d'água	Áreas de baixios naturalmente inundáveis, ocupadas irregular e/ou inadequadamente	Áreas não usualmente inundáveis	Outras
Grande Vitória (ES)	1.687	7	7	7	100%	7	6	1	1
Baixada Santista (SP)	1.664	9	9	9	100%	7	3	1	1
Macapá (AP)	499	2	2	2	100%	1	2	–	–
Aracaju (SE)	836	4	4	4	100%	3	4	1	–
Rio de Janeiro (RJ)	11.836	17	17	15	88%	13	14	2	2
Porto Alegre (RS)	3.959	31	31	27	87%	15	17	10	4
São Paulo (SP)	19.684	39	39	32	82%	26	26	6	1
Campinas (SP)	2.797	19	19	15	79%	8	7	4	1
Recife (PE)	3.691	14	14	11	79%	7	7	3	1
João Pessoa (PB)	1.199	9	9	7	78%	3	5	2	1
Curitiba (PR)	3.174	26	26	20	77%	15	12	4	2
Manaus (AM)	2.106	8	8	6	75%	5	5	1	–
Vale do Aço (MG)	615	26	26	19	73%	11	4	8	2
Fortaleza (CE)	3.616	13	13	9	69%	4	9	2	–
Natal (RN)	1.351	9	9	6	67%	5	4	1	–
Belém (PA)	2.102	5	5	3	60%	2	2	–	1
Belo Horizonte (MG)	5.415	48	47	27	56%	15	14	7	2
Maceió (AL)	1.156	11	9	5	45%	2	2	2	–

(continua)

Tabela 3 – Ocorrência de inundações e/ou alagamentos em regiões metropolitanas brasileiras (*continuação*)

Regiões metropolitanas	População (IBGE, 2010) *Hab x 1000*	Número de municípios	Número de municípios com serviço de manejo de águas pluviais (PNSB, 2008)	Total de municípios em que ocorreram inundações e/ou alagamentos		Número de áreas em que ocorreram inundações e/ou alagamentos			
						Áreas urbanas ocupadas, inundáveis naturalmente pelos cursos d'água	Áreas de baixios naturalmente inundáveis, ocupadas irregular e/ou inadequadamente	Áreas não usualmente inundáveis	Outras
Salvador (BA)	3.574	12	11	5	42%	3	3	1	2
Maringá (PR)	690	13	13	5	38%	1	–	3	1
Londrina (PR)	802	8	8	3	37%	1	1	2	1
Sudoeste Maranhense	346	8	7	3	37%	2	2	1	–
Grande São Luís (MA)	1.331	5	5	1	20%	1	1	–	–
Goiânia (GO)	2.173	13	13	2	15%	1	2	–	–

Fonte: IBGE (2008).

Ainda sobre a drenagem urbana, informações disponibilizadas pela ANA – Agência Nacional de Águas, no início de 2017, dão conta de dois trabalhos importantes, mas ainda inconclusos: (i) o *Atlas de Vulnerabilidade às Cheias do Brasil*, cujo estudo está sendo elaborado pela Agência desde 2011 e que tem por objetivo fornecer um diagnóstico da ocorrência e dos impactos (sociais e econômicos) das cheias graduais nos principais rios das bacias hidrográficas brasileiras; e (ii) o Plano Nacional de Segurança Hídrica, que favorecerá a organização, a localização e o arranjo de infraestrutura hídrica direcionada à proteção contra cheias, uma vez que os trechos identificados como de alta vulnerabilidade constituem um indicativo preliminar de áreas críticas para a implantação de ações que reduzam os riscos associados a enchentes.

Há grande expectativa de que o *Atlas de Vulnerabilidade* identifique os trechos inundáveis dos principais rios e o seu grau de vulnerabilidade, consolidando as informações existentes nos estados e, com isso, possibilitando abordagens seletivas como, por exemplo, em grandes centros urbanos. Tais elementos deverão subsidiar a formulação de ações e políticas públicas de previsão e prevenção de eventos hidrológicos críticos, contribuindo para a alocação racional de recursos públicos, bem como para as atividades de resposta e prevenção por parte de órgãos vinculados à defesa civil. Deverão, ainda, contribuir para a definição da rede telemétrica voltada ao monitoramento de eventos críticos e à concepção de eventuais sistemas de alerta.

O fato é que os eventos críticos de drenagem estão sempre intimamente relacionados à infraestrutura urbana existente (sobretudo sistemas viários), à densidade populacional e urbana e, não menos importante, às condições topográficas, hidrológicas, socioambientais e de uso e ocupação do solo.

REFLEXÕES E PERSPECTIVAS PARA O PLANEJAMENTO E A GESTÃO EM BACIAS URBANAS

Nos anos recentes, a compreensão dos problemas ambientais e urbanos no Brasil deixou de se restringir, meramente, a uma leitura compartimentada das cidades, ou mesmo a um conjunto justaposto de conflitos e desafios para o seu desenvolvimento. Hoje, há espaço para formas mais integradas de análise dos diversos fenômenos sociais e urbanos que se aderem ao *modus*, não menos ousado, de regular e organizar as cidades, segundo as suas aptidões e a função social para a qual se prestam (Phillipi Jr et al., 2009).

A particular combinação de complexidade física e político-administrativa dos grandes centros urbanos e áreas conurbadas com a presença de níveis acentuados de miséria social configura um cenário de dificuldades que é específico a essas regiões, e que requer, em muitas ocasiões, posturas, planejamento e intervenções públicas, senão ousadas, criativas e articuladas (Bittencourt et al., 2007).

Mesmo que as atividades de planejamento e gestão tivessem sido restauradas ou incentivadas pela estabilização da economia e pela mudança das visões e das práticas dos atores sociais e dos agentes públicos, subsistem problemas estruturais na aderência desse planejamento às estratégias de desenvolvimento local e regional, assolando-os, muitas vezes, a um conteúdo insuficiente, ao descolamento dos seus reais objetivos e diretrizes das realidades e prioridades locais e, não menos importante, à falta de integração institucional e operativa das estratégias e planos formulados. Além disso, ressaltam preocupações de caráter temporal, isto é, de compatibilidade entre a elaboração e a implementação destes planos e os períodos da administração pública, os quais dificilmente são coincidentes.

O que se quer dizer, do ponto de vista prático, é que as fases de elaboração, aprovação, implementação e atualização de planos de recursos hídricos (regional, estadual ou de bacias), saneamento, meio ambiente, habitação, saúde ou, ainda, os planos plurianuais, plano diretor urbano, planos de bacia, entre outros, dificilmente possuem uma lógica de integração e interdependência, sendo anacrônicos e, muitas vezes, desconectados do ritmo das demandas coletivas e das necessidades urbano-ambientais de uma região.

Pior ainda é a não coincidência destes com a execução dos orçamentos locais e regionais e, além disso, com as prioridades e visões político-administrativas, as quais podem ser descontinuadas a cada 2 anos (em função de mudanças provocadas por eleições estaduais e municipais, por exemplo). Ou seja, além de um problema temporal, há falta de coincidência e integração funcional, em que políticas setoriais desconectadas permanecem à espera de um esforço robusto de articulação.

Muito embora as políticas setoriais, especialmente as Políticas de Recursos Hídricos Nacionais e Estaduais, estabeleçam a necessidade de integração de instrumentos técnicos e de planos setoriais, sua institucionalização é de difícil equacionamento, a iniciar-se pelas divergências ora enunciadas. Instrumentos técnicos, tais como as outorgas, licenças ou sistemas de informações, também não encontram mecanismos de articulação ou unificação, muitas vezes coexistindo numa mesma região ou bacia hidrográfica sistemas tecnologicamente diferentes, mas operados com finalidades semelhantes, tal como o caso dos sistemas de fiscalização e monitoramento do uso e ocupação do solo, monitoramento hidroambiental, mapeamento e georreferenciamento (Grisotto e Phillipi Jr, 2004).

À referida falta de integração aliam-se deficiências e limitações administrativas e orçamentárias em grande parte dos municípios brasileiros, normalmente desprovidos de capacidade técnica, corpo gerencial e estrutura de planejamento compatíveis com as demandas da gestão urbana sustentada. No caso do Estado de São Paulo, por exemplo, mesmo que as unidades de planejamento e gerenciamento dos recursos hídricos já estejam instaladas (as 22 Unidades de Gerenciamento de Recursos Hídricos – UGRHIs), sua eficiência e correspondência com as realidades urbanas municipais ainda carece de evolução, registrando-se, de um lado, a participação desprezível das municipalidades nos foros colegiados de gestão (exceção feita aos comitês de bacia melhor estruturados e que envolvem regiões economicamente mais desenvolvidas, como é o caso do Comitê das Bacias Hidrográficas dos Rios Piracicaba, Capivari e Jundiaí) ou, de outro, a inexistência de um relacionamento efetivo entre o planejamento local e as propostas de desenvolvimento da bacia hidrográfica, quase sempre associado à inadequação da legislação urbanística local (normas antigas, incompatíveis com as novas formas de gestão), à falta de identidade urbana e aos problemas político-institucionais, dentre outros.

Corrobora essas questões, o fato de que a tradição de cooperação entre diferentes esferas de governo ou entre diferentes organizações de natureza pública é, ainda, bastante reduzida e limitada, de modo que os esforços institucionais mais recentes voltados ao tratamento mais abrangente da questão urbana, principalmente em relação à gestão de recursos hídricos, ainda necessitam avanços substantivos. (Bittencourt et al., 2007).

No âmbito das competências municipais, o artigo 23 da Constituição Federal de 1988 (CF/1988) é enfático ao tratar das competências comuns da União, Estados e Municípios, com destaque para os aspectos relacionados ao desenvolvimento e à sustentabilidade econômica, social e ambiental. Igualmente digno de nota é o artigo 30 da CF/88, quando explicita as competências exclusivamente municipais associadas à saúde, ao planejamento e ao controle do uso e ocupação do solo.

Os percentuais destinados pela União ao Fundo de Participação dos Municípios – FPM foi elevado dos 17% deferidos pela Emenda Constitucional n. 23, de 1/12/83, para 22,5%, no art. 159 da CF/88. Estando em 20% quando da promulgação da Constituição, paulatinamente foi aumentado em meio ponto percentual a partir de 1989, atingindo em 1993 o percentual previsto.

Apesar desse aumento, a velocidade e a pressão das mudanças cotidianas não transformaram o quadro jurídico-institucional no qual os municípios estão inseridos e não se traduziram em modernização e adaptação por parte desses entes federados. As debilidades do município – mais persistentes e evidentes nos dias atuais, em função da crise econômica e política – abriram espaço para uma atuação mais incisiva da população e para a busca de mecanismos alternativos de investimento e gestão, baseados principalmente na iniciativa privada. Se por um lado alardeia-se a dificuldade do Estado como promotor do desenvolvimento e mais especificamente como prestador de serviços – sobretudo quando comparado à suposta maior eficiência e racionalidade administrativa do setor privado –, há de se registrar uma participação mais numerosa e ativa da população quer em conselhos – alguns obrigatórios para que o Município possa receber recursos do Governo Federal, como nas áreas de saúde, assistência social, criança e adolescentes e alimentação escolar – quer em outras organizações de iniciativa local.

A atuação emblemática da participação popular tem se verificado nas discussões da alocação de recursos orçamentários a projetos de interesse da população. O envolvimento popular nessas discussões ampliou-se para o estabelecimento de padrões de funcionamento e manutenção dos serviços de natureza local. Dessa forma, também foi ampliada a possibilidade de se alcançar a descentralização há muito almejada, concretizando o conceito do Município como a circunscrição na qual os cidadãos, associados pelas relações comuns de localidade, de trabalho e tradições, vivem sob uma organização livre e autônoma, para fins de administração e cultura.

Por fim, no que se refere às diretrizes e normas constitucionais aplicáveis ao planejamento, desenvolvimento e gestão urbanas, a CF/88 destaca, no artigo 182, a configuração de planos diretores, como instrumento básico das políticas de desenvolvimento e de expansão urbana, nos quais o papel dos municípios é imprescindível para pôr em prática os preceitos constitucionais. Resta saber como esse papel é posto em marcha para a gestão de funções públicas de interesse comum em grandes centros urbanos, aglomerações e áreas metropolitanas. Essa questão é, sem nenhuma dúvida, o principal desafio à gestão urbana no Brasil.

A questão metropolitana

É nas regiões metropolitanas onde as questões relativas ao planejamento e à gestão assumem maior complexidade. Em primeiro lugar, não há um sistema de gestão próprio para o enfrentamento de tal situação, tampouco organizações ou entidades de caráter multissetorial e regional relevantes aplicadas ao planejamento e administração desses conflitos. Desde a Constituição Federal de 1988, quando ficou explícita a autonomia dos entes federados, o gerenciamento das metrópoles demonstra certa dispersão de esforços de governos estaduais e municipais, desvinculadas de uma estratégia mais ordenadora do crescimento territorial e da quantidade e qualidade de serviços básicos.

As políticas setoriais e os sistemas integrados de gerenciamento, no lugar dos sistemas de gestão metropolitana, ganharam peso e destaque nos últimos 10 a 20 anos, com ênfase aos processos de gerenciamento de recursos hídricos, meio ambiente e uso do solo, este último em fase de estruturação mais recente. De certa maneira, tais sistemas setoriais absorveram as energias de políticos e técnicos preocupados com a ordenação de políticas públicas, visando, mais determinadamente, à minimização de seus impactos sobre o meio ambiente em geral, ou sobre os escassos recursos hídricos, em particular.

Nas regiões metropolitanas, as dificuldades são tão intensificadas que mudam a natureza da questão a enfrentar. O espaço para a solução estritamente setorial dos estrangulamentos é mais reduzido, na medida em que há um entrecruzamento muito maior de problemas. Além disso, mesmo que a própria escala da demanda justifique tecnicamente a viabilidade econômico-financeira de boa parte dos projetos de investimentos de natureza pública, o intenso e dinâmico grau de carências e os custos gerais comparativamente mais elevados acabam por requerer uma mobilização de recursos cuja magnitude encontra-se permanentemente adiante da capacidade de seus governos.

Mas um ponto crucial é que as metrópoles dispõem de uma estrutura governativa muito mais intrincada, dada exatamente a justaposição de municípios dotados de autonomia política-administrativa e a presença também do governo estadual, que detém responsabilidades muito importantes. Na ausência já observada de instituições e mecanismos fortes de coordenação e cooperação, e com a pouca expressão política e prática de documentos de intenção ordenadora do meio urbano (como os planos diretores metropolitanos), impõe-se o predomínio das ações setoriais ou locais mesmo quando a necessidade de interação institucional é relativamente clara. Esta situação, por sua vez, reduz a produtividade dos investimentos públicos e cria, com frequência, demandas novas e inesperadas, que nem sempre recaem sobre a mesma esfera de poder ou a mesma organização de governo.

Além disso, as metrópoles também abrigam desigualdades institucionais, com impressionantes hiatos de capacidades governativas entre os próprios municípios que as compõem. Isso nada mais é que um reflexo da também desigual distribuição das atividades produtivas e da decorrente arrecadação fiscal por parte das esferas públicas. Não por acaso, bairros periféricos de menor renda concentram-se, em proporções maiores, naqueles municípios institucionalmente mais frágeis. Todas as fórmulas e expedientes encontrados para a redistribuição do investimento público não foram capazes, até agora, de equilibrar, por exemplo, níveis de cobertura de oferta de água, coleta de esgoto e lixo e drenagem urbana com infraestrutura para os núcleos periféricos de municípios situados numa e noutra ponta da escala de capacidade fiscal e de eficiência governativas. Tal situação se arrasta por, pelo menos, duas décadas entre as metrópoles brasileiras, cuja condição fora alertada por planejadores e gestores urbanos à época (Araújo, 2002) e, também, nos últimos anos, como expõe Ribeiro (2012) ao tratar das desigualdades presentes nas metrópoles.

Naturalmente, parte desse acúmulo de problemas explica-se pelo longo período de baixo crescimento da economia brasileira, que reduz a renda das famílias e as disponibilidades fiscais do setor público para o investimento social. Há, porém, variáveis estruturais a tomar em conta, sendo uma delas o perfil de distribuição de renda, muito resistente a mudanças – basta avaliar o seu comportamento nos últimos 30 anos –; outra, fenômeno mais recente, é a discutida ampliação dos níveis de exclusão social decorrente dos processos de inovação tecnológica, globalização e desregulamentação de mercados (Rocha, 2000; Barros et al., 2001).

Evidentemente, nos países desenvolvidos, as questões metropolitanas são equacionadas a partir de outras condições. A renda familiar é mais alta, a distribuição de renda, mais justa, o crescimento demográfico teve evolução histórica muito mais lenta e a capacidade de investimento do setor público é incomparavelmente mais elevada. E, nesse caso, dada a natureza e a intensidade dos problemas que vieram se acumulando, caberia recolocar a indagação sobre o porquê da inexistência de avanço institucional da gestão das metrópoles, ou mesmo de tentativa mais firme e organizada de se enfrentar os desafios postos pelas metrópoles.

Uma interpretação possível da inação a esse respeito é que a questão metropolitana tem dimensões de tal ordem que parecem escapar ao raio de ação ordenada, planejada do setor público, o que inclui a sua comunidade técnica. A interrogação não se coloca apenas para quem detém o poder político, mas também para a maioria dos profissionais técnicos que reconhecem o problema e que, ao mesmo tempo, não descortinam uma maneira razoável, quer-se dizer prática, de lidar com ele. De certa maneira, a engenhosidade e a modernidade dos dispositivos constitucionais quanto às funções públicas de interesse comum representam uma forte idealização, na qual os interesses gerais não são facilmente definíveis, possuindo, por vezes, forte conteúdo abstrato. Além disso, um outro obstáculo para que se avance tão pouco envolve a crise fiscal do Estado. Para aqueles que pensam pragmaticamente a organização pública, mas que também reconhecem a existência de assuntos de ordem muito complexa, a previsível indisponibilidade de recursos de porte vinculados a uma possível estrutura de gestão metropolitana atenua interesses e não empurra o tema para a agenda daqueles que decidem. De toda forma, se algum papel cabe ao Governo Federal, o período pós-constitucional foi de virtual silêncio quanto a esse tema, rompido apenas pela tramitação legislativa do Estatuto da Metrópole.

Assim, considerada toda essa ambiência, observa-se que os avanços mais relevantes obtidos no sentido orientado pela Constituição, ou seja, de gestão cooperativa de funções públicas de interesse comum, foram modestos e, além disso, encontram-se ainda sujeitos a retrocessos. Um sinal disso é o próprio fato de que esses ganhos estão mais concentrados na área de recursos hídricos, ou mesmo na de meio-ambiente – sobretudo, ao que parece, no gerenciamento proposto para as bacias de mananciais de abastecimento público. O próprio sistema de recursos hídricos, quando obrigado a lidar com uma bacia hidrográfica mais ou menos coincidente com os contornos de uma área metropolitana, demonstra seus limites, no mínimo porque as questões relacionadas à qualidade da água adquirem relevância extrema – e então não há como ignorar o problema do uso e ocupação do solo, embora isto não implique que se descubra automaticamente como fazê-lo. Além disso, quanto a avanços mais visíveis conquistados nas áreas de recursos hídricos e meio ambiente, talvez não caiba surpresa: elas colhem os benefícios da sua "aparição" mais recente, e de uma capacidade de mobilizar a atenção da opinião pública de uma forma muito mais concentrada que a aglomeração urbana complexa, esta marcada por problemas que se pode qualificar, sem risco de exagero, como muito mais complicados e de grande envergadura.

Uma das tentativas mais recentes de solucionar tais questões metropolitanas refere-se ao chamado Estatuto da Metrópole, aprovado por meio da Lei Federal n. 13.089, de 12 de janeiro de 2015, depois de longos anos de discussão e de tramitação legislativa. O Estatuto da Metrópole, já no seu artigo 1º, define seu objetivo maior de estabelecer

> [...] diretrizes gerais para o planejamento, a gestão e a execução das funções públicas de interesse comum em regiões metropolitanas e em aglomerações urbanas instituídas pelos Estados, normas gerais sobre o plano de desenvolvimento urbano integrado e outros instrumentos de governança interfederativa,

e critérios para o apoio da União a ações que envolvam governança interfederativa no campo do desenvolvimento urbano [...]

Diversos avanços podem ser enunciados desse diploma, a começar pelo rol de definições e do arcabouço conceitual inerente às aglomerações urbanas, funções públicas de interesse comum, governança interfederativa, planos de desenvolvimento urbano integrado, região metropolitana, entre outros.

Outro ponto importante diz respeito à estrutura de governança interfederativa. Ao defini-la como o "compartilhamento de responsabilidades e ações entre entes da Federação em termos de organização, planejamento e execução de funções públicas de interesse comum", a Lei Federal revela um avanço substantivo na tentativa de racionalizar o planejamento e a gestão de interesses mútuos e compartilhados, num ambiente regional. O próprio artigo 5º explicita que as leis complementares estaduais devem definir, no ato de institucionalização de suas regiões metropolitanas ou aglomerações urbanas, a conformação da estrutura de governança interfederativa, incluindo a organização administrativa e o sistema integrado de alocação de recursos e de prestação de contas. Também destaca, nesse sentido, a necessidade de estabelecimento de meios de controle social da organização, do planejamento e da execução de funções públicas de interesse comum.

Entre os princípios basilares da organização da governança interfederativa incluem-se a prevalência do interesse comum sobre o local; o compartilhamento de responsabilidades para a promoção do desenvolvimento urbano integrado; a autonomia dos entes da Federação; a observância das peculiaridades regionais e locais; a gestão democrática da cidade (observados os direitos assegurados pelo Estatuto da Cidade – Lei Federal n. 10.257/01); a efetividade no uso dos recursos públicos; e a busca do desenvolvimento sustentável. No compartilhamento de responsabilidades, por exemplo, o dispositivo legal é bastante claro sobre a necessidade de integração dos entes federados para o planejamento, a tomada de decisão, a organização administrativa, a alocação de recursos e prestações de contas, a execução de atividades, o rateio de custos e a compensação por serviços ambientais, além de possibilitar a participação da sociedade civil nas discussões, decisões e no controle social do exercício das funções públicas de interesse comum.

Ainda sobre a citada governança, o artigo 8º define a estrutura básica a ser respeitada, *verbis*:

Art. 8º A governança interfederativa das regiões metropolitanas e das aglomerações urbanas compreenderá em sua estrutura básica:

I – instância executiva composta pelos representantes do Poder Executivo dos entes federativos integrantes das unidades territoriais urbanas;
II – instância colegiada deliberativa com representação da sociedade civil;
III – organização pública com funções técnico-consultivas; e
IV – sistema integrado de alocação de recursos e de prestação de contas.

Até aqui, em termos práticos, o regramento parece não obstar aos preceitos e ideais da gestão compartilhada de interesses diversos, em âmbito metropolitano, respeitando as autonomias locais, os espaços democráticos para a tomada de decisão e controle social e, essencialmente, as possibilidades reais de ressarcimento dos serviços prestados por um dado município (como, por exemplo, a proteção de mananciais, a produção de água, o tratamento regional dos esgotos, a coleta e a disposição de resíduos sólidos, entre tantos outros), cuja possibilidade de acordos é explícita e muito bem-vinda.

No entanto, quando se busca progredir na materialização da lei e, com efeito, na operacionalização das funções públicas de interesse comum, as coisas parecem se complicar. No inciso VI do art. 7º e no § 3º do art. 10, por exemplo, requer-se a compatibilização dos planos plurianuais, leis de diretrizes orçamentárias e orçamentos anuais dos entes envolvidos na governança interfederativa, além de exigir que os planos diretores municipais sejam compatibilizados com o Plano de Desenvolvimento Urbano Integrado (PDUI) da unidade territorial urbana (este último aprovado por lei estadual e com revisão prevista a cada 10 anos). A esse respeito, são bastante conhecidas as restrições e os problemas relacionados aos esforços de compatibilização, sobretudo porque dependem de empenho legislativo e de continuidade administrativa, nem sempre orientados às metas estabelecidas para cada serviço público prestado. Outra questão de difícil equacionamento parece ser a exclusividade dada à compatibilidade entre o plano diretor municipal e o PDUI, deixando de lado o indispensável tratamento aos planos setoriais. Ora, se entre as funções públicas de interesse comum forem incluídos o saneamento, a habitação, a produção hídrica, a proteção ambiental ou o transporte público, seria razoável que as políticas setoriais associadas a essas disciplinas também fossem ajustadas e articuladas a um plano de âmbito regional.

Do mesmo modo, outros instrumentos previstos na legislação incitam a curiosidade – e porque não as tensões – quanto às formas de implementação. Entre eles, podem ser destacados os fundos públicos, as operações urbanas consorciadas interfederativas, as zonas para aplicação compartilhada dos instrumentos urbanísticos previstos na Lei n. 10.257, de 10 de julho de 2001 e as parcerias público-privadas (PPPs) interfederativas. No caso dos fundos, as dificuldades fiscais e parafiscais dos entes municipais, aliadas à debilidade organizacional e administrativa, parecem atravancar a possibilidade de criação e sustentação de dispositivos dessa natureza, cuja situação se estende à organização de operações urbanas consorciadas em nível regional. Em referência às zonas compartilhadas para aplicação de instrumentos urbanísticos, são ainda mais obscuros os caminhos para essa viabilização, tendo em vista que o próprio macrozoneamento do PDUI poderá colidir frontalmente com as recorrentes mudanças no disciplinamento do uso e ocupação do solo e no ordenamento territorial das municipalidades. O intenso dinamismo e as constantes transformações urbanas e políticas em âmbito local acenam para dificuldades extremas nesse ponto.

Mais ainda penosos são os cenários para as PPPs interfederativas, cujo desafio de engendramento é monumental. Primeiramente porque os processos de concessão deverão receber novo tratamento, inclusive jurídico, para que as delegações sejam direcionadas à estrutura interfederativa para o exercício de um ou vários serviços públicos. Além disso, as novas configurações jurídico-institucionais modificam sensivelmente a modelagem técnica, jurídica e administrativo-financeira das concessões e licitações, o que por si só não é uma tarefa fácil.

Apesar das limitações e perspectivas nebulosas abordadas acima, o Estatuto da Metrópole avança em diversos aspectos relacionados ao planejamento e à gestão regional, estimulando novas percepções e ressaltando a importância de se equacionarem problemas típicos às aglomerações urbanas e regiões metropolitanas. Progride, ainda, nas eventuais sanções aos governadores estaduais ou agentes públicos (improbidade administrativa) que deixarem de tomar as providências necessárias e previstas em lei.

Enfim, apesar de tais inspirações do Estatuto da Metrópole, restam imensos desafios nas regiões metropolitanas, quanto aos seus macroproblemas ou aqueles pertinentes a recursos hídricos (impactos de quantidade e sobretudo de qualidade), pois são ocasionados por causas múltiplas e inter-relacionadas. No caso específico dos corpos d'água, a sua qualidade corresponde, até mais claramente, a uma síntese de determinações múltiplas, dos impactos do uso do solo e da capacidade de estruturas e medidas, de alcance relativo, destinadas à sua mitigação.

Impactos da crise hídrica e necessidade de mudanças

Do ponto de vista do abastecimento de água em grandes centros urbanos, parece óbvio, tanto pelo *Atlas* da ANA quanto pelo SNIS – Sistema Nacional de Informações sobre Saneamento – e IBGE, que a meta de universalização dos serviços está próxima de ser alcançada, com índices de cobertura relativamente elevados.

Apesar da evolução positiva, todavia, a velocidade da expansão, da ampliação e das melhorias dos sistemas decaiu sensivelmente e, ainda assim, sob um regime de custos crescentes. Conforme destacam Bittencourt et al. (2007, p. 12):

> [...] há razões para que se discuta a sustentabilidade desta expansão, na medida em que pode haver, mesmo considerando os subsídios cruzados proporcionados pelas estruturas tarifárias adotadas pelas organizações prestadoras de serviços, um hiato entre o peso das tarifas cobradas e a capacidade de pagamento dos estratos populacionais de menor renda.

Fica evidente que o tratamento abrangente dessa questão impõe que se lide com o universo da pobreza urbana. A execução de obras e serviços de saneamento ambiental *lato sensu* e a consequente operação das infraestruturas implantadas exigem que questões graves de uso e ocupação do solo, intimamente relacionadas com rendas familiares muito baixas, sejam equacionadas. É sob essa ótica que a qualidade ambiental deve ser compreendida e associada à melhoria da qualidade de vida da população.

Outras questões, igualmente, parecem ter pesado nessa avaliação por parte das prestadoras de serviços, como por exemplo o aumento dos riscos de desabastecimento, perda de receita e problemas operacionais em função de eventos climáticos adversos. Em foco, aqui, destacam-se os efeitos e riscos provocados pela crise hídrica, a qual manifestou suficiente intensidade para tornar uma atividade de produção e distribuição de água inviável ou, ao menos, mais dificil.

Nos últimos anos, no Brasil, alguns estados da Região Nordeste tiveram o pior período de estiagem dos últimos 50 anos, enquanto a Região Sudeste também atravessou – entre 2013 e 2014 – a maior seca da história. Na Região Metropolitana de São Paulo, a crise hídrica afetou os reservatórios de água de forma aguda – notadamente no Sistema Cantareira – tendo registrado o mês de janeiro mais quente desde 1943. As baixas precipitações provocaram a queda vertiginosa das vazões médias mensais afluentes ao Sistema Cantareira (também chamado "Sistema Equivalente"), cujos valores para 2014 foram sensivelmente menores que aqueles registrados nos anos de 1952 e 1953, os mais secos da série histórica até então.

Tais efeitos implicaram um conjunto nada desprezível de esforços direcionados ao aumento da oferta hídrica e gestão das demandas, com reflexos diretos sobre os custos e as despesas de produção e exploração da água, sobretudo em grandes centros urbanos e bacias hidrográficas complexas, tais como a bacia do Alto Tietê em São Paulo.

Para o aumento da oferta de recursos hídricos, por exemplo, foram estudadas ou viabilizadas novas fontes de suprimento hídrico superficiais ou subterrâneas (rios, lagos, represas, poços etc.), a criação ou ampliação de dispositivos hidráulicos de grande capacidade de armazenamento de água bruta (barragens e reservatórios de regularização), a proteção de mananciais existentes e o reuso de águas residuárias e de efluentes. Em complemento, foram também fomentadas iniciativas voltadas a melhorias operacionais e ao aumento de eficiência de estruturas já instaladas (comportas, estações elevatórias e de bombeamento, redução de perdas das captações e aduções, entre outras), planos e medidas de contingência para combate a situações críticas (secas e cheias) e sistemas de gestão integrados e inteligentes, todas elas orientadas à racionalização da produção de água e à otimização da disponibilidade.

Para a gestão da demanda, foram amplamente difundidas campanhas para a redução do consumo de água (conscientização, mudanças de hábito, revisão de normas, educação sanitária e ambiental, distribuição de equipamentos redutores de vazão etc.), e foram realizados redução de perdas nos sistemas de distribuição, aprimoramentos tecnológicos e de processos produtivos, alterações nas tarifas e taxas, aplicação de ônus financeiro pelo desperdício, ações coordenadas de comunicação, manobras operacionais (por exemplo, redução da pressão na rede de distribuição), coleta e utilização de água de chuva, uso de reservatórios e sistemas coletivos de captação e reservação da água (sistemas condominiais), entre tantos outros.

Em suma, muito se discutiu, planejou e empreendeu para que as respostas fossem à altura da magnitude do problema, exigindo que o acesso ao saneamento fosse assegurado a todos e que novos padrões de operação fossem adotados, a pretexto de garantir o abastecimento e a maior resiliência, produtividade, eficiência e, essencialmente, menores perdas dos sistemas.

Em conjunto, esses aspectos – combinados a tantos outros – têm implicado uma contínua e crescente elevação das despesas e custos de abastecimento de água e/ou aumento das dificuldades operacionais, levando planejadores, gestores e operadores a uma reflexão mais profunda sobre a viabilidade de suas atividades. É nesse sentido que a Figura 6 reúne os principais pontos abordados por esses atores, destacando os chamados "fatores de origem", envolvendo os aspectos causais e motivadores dos citados desequilíbrios e, de outro lado, os "fatores de impacto", referindo-se aos efeitos, desdobramentos e repercussões reais ou potenciais dos problemas inicialmente observados. Quer-se dizer, quanto aos fatores de impacto, que o próprio desequilíbrio econômico-financeiro e operacional pode ser motivador de outros conflitos, acentuando os problemas originais ou criando novas dificuldades (técnicas, administrativas, financeiras, institucionais etc.) que, por vezes, podem comprometer, agravar ou inviabilizar a atividade das prestadoras de serviços.

Além das questões gerenciais e operacionais enunciadas, a crise hídrica também motivou uma reanálise dos instrumentos e sistemas de gestão vigentes, aos quais repousaram dúvidas sobre a sua eficácia sob eventos anômalos e/ou de emergência hídrica, com destaque para alguns aspectos em particular:

- o compartilhamento de usos e a gestão integrada foram postos em xeque, tendo em vista que prevaleceram as ações setoriais e isoladas sob condições de severa escassez hídrica;
- a necessidade de priorização de usos no abastecimento (conforme previsão legal) se mostrou ineficiente, à medida que os sistemas de outorgas, em diversos estados, revelaram grandes falhas nos seus critérios e cadastros e, com efeito, no planejamento de (re)alocação das águas. Além disso, as atividades econômicas tiveram peso preponderante nas disputas e estratégias de reação à crise, muitas vezes financiando a busca de novas fontes e alternativas para o aumento da oferta hídrica para o atendimento às suas próprias demandas;
- a produção de água e a proteção de mananciais revelaram-se frágeis, com regras operacionais de reservatórios e medidas de contigência ausentes ou insuficientes para a maioria dos casos (exceções feitas a estados e regiões metropolitanas melhor estruturadas);
- a resposta por parte dos Estados, por meio de políticas e equipes preparadas para o enfrentamento e o financiamento de ações anticrise, foi débil em grande parte das situações. Além disso, o excesso de burocracia e de judicialização de processos, combinado com a morosidade de alguns mecanismos, tais como o licenciamento ambiental, foi evidenciado e sujeito a fortes críticas;
- medidas de alcance mais robusto, tais como o aumento do volume de reservação de água bruta, o controle da qualidade da água ou a efetivação de grandes barramentos, revelaram-se complexas e/ou exigentes de tempos mais longos para a implementação (um grande aproveitamento leva cerca de 10 anos até o início de operação). Tal questão ressaltou o papel estratégico do planejamento e dos investimentos de longo prazo;
- os projetos e programas de intervenção ficaram mais caros, em função da necessidade de maior resiliência dos sistemas;

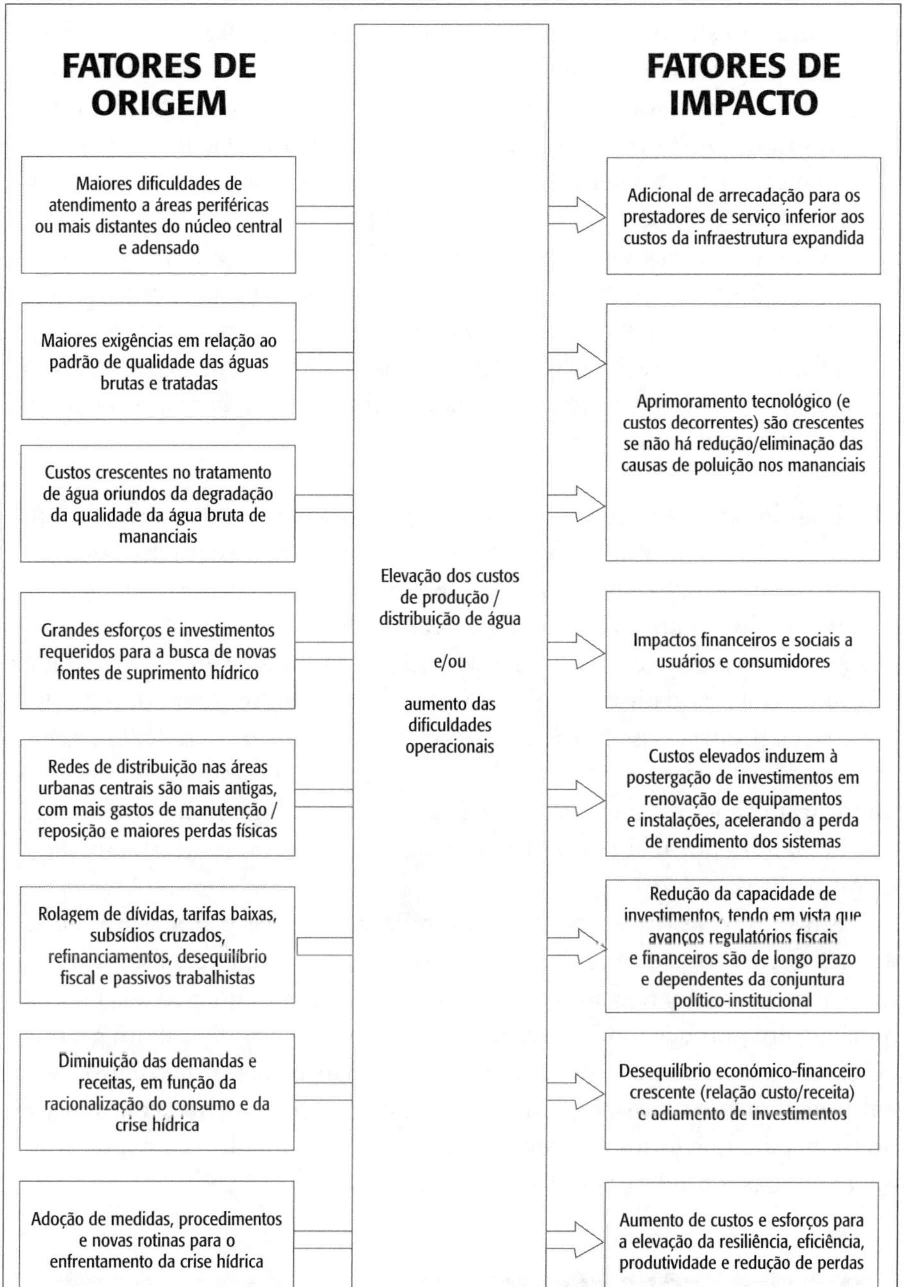

Figura 6 – Relação entre fatores de origem e de impacto e os desequilíbrios econômico-financeiros e operacionais na prestação de serviços de abastecimento de água.

- muitas prestadoras de serviços, sistemas de abastecimento e coleta de esgotos, gestão de resíduos e de drenagem demonstraram-se obsoletos ou desestruturados, comprometendo ainda mais a confiabilidade e a segurança operativa, a proteção e o controle de instalações. Deficiências financeiras, na capacitação da mão de obra, em aperfeiçoamentos tecnológicos e operacionais foram agravados pela crise;
- a crise expôs as chagas da falta de regulamentação e clareza quanto à regulação do setor de saneamento, com impacto direto sobre a atuação das prestadoras e atração de investimentos;
- a desejada integração dos sistemas de informações e planos setoriais foi relegada a um segundo plano, dada a emergência de respostas para o ineditismo da crise.

O ambiente conjuntural desfavorável, marcado pela severa crise econômica e fiscal e por múltiplos problemas políticos no País (com destaque para os efeitos da Operação Lava Jato, do impeachment da presidente Dilma Roussef, dos escândalos financeiros e dos recorrentes déficits fiscais e "crescimentos negativos" do PIB) acentuaram ainda mais os desafios a serem enfrentados, elevando as dificuldades a níveis nunca antes percebidos. Além das questões inerentes à própria crise hídrica, que por si só já motivaram reflexões e ações ousadas e criativas, os altos níveis de desemprego e a diminuição do consumo implicaram sensíveis quedas das receitas públicas, atenuando – de um lado – as demandas por recursos hídricos mas, por outro, limitando a atração de investimentos.

Em síntese, as "diversas crises" mobilizaram atores e arenas no sentido de uma firme e profunda rediscussão das políticas, diretrizes, sistemas e ferramentas de gestão, relacionadas tanto ao saneamento quanto aos recursos hídricos, em grandes centros urbanos e áreas complexas. Esse é um grande e necessário exercício para que todo o arcabouço técnico, jurídico e institucional se aprimore e se fortaleça, não só para responder a novas crises mas, sobretudo, para que todos os processos e instituições amadureçam e se consolidem em bases modernas e sustentáveis.

CONSIDERAÇÕES FINAIS

A natureza dos problemas e da crise hídrica que afetou, de forma aguda, os grandes centros urbanos e metrópoles brasileiras coloca em evidência inúmeros desafios aos planejadores, gestores e operadores em nível local e regional.

Em primeiro lugar, é essencial reconhecer que a questão hídrica não está dissociada de outras disciplinas setoriais, tais como o ordenamento territorial e urbano, transporte público, habitação, meio ambiente, entre tantas outras, fazendo com que uma visão integrada e orgânica das bacias hidrográficas urbanas seja imprescindível. O caso das taxas de crescimento médio anual da população, combinadas à expansão de ocupações irregulares em áreas de influência de mananciais de abastecimento, talvez seja o mais emblemático e corriqueiro em metrópoles brasileiras, cujas respostas não se resumem a políticas ou investimentos setoriais e localizados. Trata-se de entender essas inter-relações sob outro enfoque.

As regiões metropolitanas e aglomerações urbanas constituem uma alteração profunda da ocupação do território, com implicações para a sua fisionomia urbana, econômica e socioambiental, cuja complexidade requer formas de compreensão e gestão igualmente mais sofisticadas. A gestão das funções públicas de interesse comum representa, talvez, o máximo a que se pode chegar no tratamento moderno dessa característica, segundo uma roupagem institucional mais moderna e análoga à organização constitucional de outros países também de dimensões territoriais muito grandes. A possibilidade de uma governança interfederativa, preconizada pelo Estatuto da Metrópole, certamente poderia responder a esses imensos desafios, buscando a instituição de sistemas de gestão que equilibrem representatividade na decisão e a eficiência na ação, de forma articulada e coordenada. Ainda que seja um caminho de mais difícil e instável consolidação, é o único possível no momento.

Obviamente, nem todas as metrópoles brasileiras, mesmo aquelas que possuem mais de um milhão de habitantes, apresentam a mesma complexidade e dimensão. No caso das regiões metropolitanas de São Paulo e Curitiba, por exemplo, apesar de seu rápido crescimento, a posição do município da Capital é de grande proeminência. Assim, um entendimento entre o Governo do Estado e a Prefeitura local pode ser positivo e determinante à constituição e funcionalidade da gestão metropolitana. Também concorrem positivamente a herança de crescimento relativamente ordenado da metrópole, com origem na capital; a preservação de organizações dedicadas ao planejamento com um mínimo de capacidade operativa; e experiências concretas de políticas setoriais e coordenadas, como é o caso do transporte público integrado.

Qualquer que seja o aparato político, institucional e técnico no futuro, as intervenções em áreas metropolitanas vão requerer, com frequência, níveis de articulação e cooperação – quanto ao planejamento, à ação conjunta e ao financiamento – entre diferentes esferas de governo e diferentes organizações e agências públicas (e eventualmente privadas) que são, por si só, um desafio. O padrão usual é de pouca cooperação, atuação compartimentada de cada esfera e cada órgão público, com as influências da instabilidade política, do relacionamento conflituoso entre governo regional e local, entre outras dificuldades. Não obstante, sem que sejam eliminados os espaços da gestão setorial de assuntos de natureza pública, os problemas maiores, estratégicos, parecem exigir não uma simplificação, mas, ao contrário, a mobilização de um aparato organizativo e financeiro sem precedentes. Como articular essa mobilização em termos de objetivos concretos, politicamente acordados e socialmente sancionados, consubstanciada em ações de curto, médio e longo prazos, dotadas de uma lógica estruturante, é uma questão nuclear a enfrentar.

Um segundo aspecto é que a legislação recente de recursos hídricos, conquanto importante, tem um alcance limitado nas áreas metropolitanas, pela sua não incidência sobre as questões de uso do solo e, portanto, os seus múltiplos e intensos impactos, sobretudo sobre a qualidade das águas. No caso da Grande São Paulo, na qual se registram aspectos críticos de qualidade e quantidade da água disponível para abastecimento, a solução adotada para a gestão territorial das áreas de mananciais – marcadas pela ocupação e pobreza urbanas – foi atribuir ao sistema de gerenciamento de recursos hídricos, na ausência de um sistema mais integrado de desenvolvimento urbano/metropolitano, jurisdição também sobre o uso e a ocupação do solo, em articulação com as legislações municipais afins. Trata-se, por enquanto, de uma situação singular, criada mais por oportunidade que por razão doutrinária. Apesar de todas as dificuldades políticas e institucionais que dificultam ou impedem lidar de maneira adequada com essas grandes aglomerações, o próprio fato de mais da metade da população urbana brasileira residir em áreas que se podem qualificar como metropolitanas empurra o tema das metrópoles para a agenda pública.

Em outro enfoque, resta o desafio de lidar com o universo da pobreza urbana e com os múltiplos fatores responsáveis pelo aumento de custos e diminuição das perspectivas de sustentabilidade hídrica e adequada prestação de serviços de saneamento em áreas urbanas. A manutenção de elevada desorganização do espaço residencial e econômico, de altas taxas de pobreza e de falta de cobertura com serviços públicos básicos, combinadas ao cenário conjuntural desfavorável, amplia substantivamente os problemas de manutenção e viabilidade das atividades e serviços, além de intensificar os impactos urbanos sobre a qualidade do meio ambiente. Nessas condições, impõem-se medidas ousadas, criativas e menos tradicionais para o enfrentamento dessas questões.

Por fim, e não menos importante, ressaltam-se as profundas reflexões atualmente em curso acerca dos sistemas de planejamento e gestão de recursos hídricos e do setor de saneamento. As anomalias climáticas – e a crise hídrica decorrente – motivaram a rediscussão das estruturas e sistemas vigentes, induzindo à necessidade de mudanças e a um processo de modernização sem precedentes. A esperança é que esse processo se traduza em padrões e estratégias capazes de atender às demandas e aos anseios da sociedade, compatíveis com a complexidade das áreas urbanas mais densas e com o imenso desafio de garantir ordenamento territorial aliado à sustentabilidade hídrica.

REFERÊNCIAS

[ABRH] ASSOCIAÇÃO BRASILEIRA DE RECURSOS HÍDRICOS. *Política e Sistema Nacional de Gerenciamento de Recursos Hídricos*. São Paulo: 1997.

[ANA] AGÊNCIA NACIONAL DE ÁGUAS. *Atlas Regiões Metropolitanas: abastecimento urbano de água*. Resumo Executivo / Agência Nacional de Águas. Brasília: ANA, 2009. 120 p.

______. *Conjuntura dos recursos hídricos*. Informe 2016 / Agência Nacional de Águas. Brasília: ANA, 2016. 95 p.

ARAÚJO, R. A longa transição institucional do setor de saneamento básico – o problema da titularidade sobre os serviços e a demanda futura de investimentos. 2002. Dissertação de Mestrado. Departamento de Ciência Política, Faculdade de Filosofia, Letras e Ciências Humanas, Universidade de São Paulo.

BANCO MUNDIAL. *Brazil managing pollution problems* – The Brown Environmental Agenda. Volume I – Policy Report, 1997.

BARROS, R.P.; HENRIQUE, R.R.; MENDONÇA, R. A estabilidade inaceitável: desigualdade e pobreza no Brasil. Texto para Discussão n. 800. Rio de Janeiro: Ipea, 2001.

BITTENCOURT, A.G.; ARAÚJO, R.G.; PEREIRA, C.A.A de O.; GRISOTTO, L.E.G. Contribuições para a construção da Agenda Ambiental Marrom no Brasil: o desafio do atendimento às populaçoes urbanas pobres e do controle da poluiçao hídrica. In: XXIV Congresso Brasileiro de Engenharia Sanitária e Ambiental, 2007, Belo Horizonte, MG. *Anais do XXIV Congresso Brasileiro de Engenharia Sanitária e Ambiental*. Belo Horizonte, 2007. v.1, p.1-20.

BRASIL. Lei n. 11.445, de 5 de janeiro de 2007. Estabelece diretrizes nacionais para o saneamento básico; altera as Leis n. 6.766, de 19 de dezembro de 1979, 8.036, de 11 de maio de 1990, 8.666, de 21 de junho de 1993, 8.987, de 13 de fevereiro de 1995; revoga a Lei n. 6.528, de 11 de maio de 1978; e dá outras providências, 2007.

______. Lei n. 9.433, de 8 de janeiro de 1997. Dispõe sobre a Política Nacional de Recursos Hídricos, cria o Sistema Nacional de Gerenciamento de Recursos Hídricos, regulamenta o inciso XIX do art. 21 da Constituição Federal, e altera o art. 1º da Lei n. 8.001, de 13 de março de 1990, que modificou a Lei n. 7.990, de 28 de dezembro de 1989. *Diário Oficial da República Federativa do Brasil*. Brasília, 9 jan 1997.

______. Lei n. 13.089, de 12 de janeiro de 2015. Institui o Estatuto da Metrópole, altera a Lei n. 10.257, de 10 de julho de 2001, e dá outras providências. *Diário Oficial da República Federativa do Brasil*. Brasília, 13 jan 2015.

[COBRAPE] COMPANHIA BRASILEIRA DE EMPREENDIMENTOS E PROJETOS. Plano Diretor de Aproveitamento de Recursos Hídricos para a Macrometrópole Paulista – Relatório Final. 2013. 195 p.

CONEJO, J. G. L. et al. Panorama da oferta de água nos grandes centros urbanos do país a partir de resultados do Atlas Regiões Metropolitanas. In: XVIII Simpósio Brasileiro de Recursos Hídricos, 2009, Campo Grande, MS. *Anais do XVIII Simpósio Brasileiro de Recursos Hídricos*, 2009. v.1, p.1–16.

DEÁK, C.; SCHIFFER, S.R. (Org.). *O Processo de Urbanização no Brasil*. São Paulo: Fupam/ Edusp, 1999.

GRISOTTO, L.E.G. et al. O papel das políticas setoriais e de recursos hídricos na governança metropolitana. In: XXV Congresso Brasileiro de Engenharia Sanitária e Ambiental, 2009, Recife, PE. *Anais do XXV Congresso Brasileiro de Engenharia Sanitária e Ambiental*, 2009. v.1, p.1-13.

GRISOTTO, L.E.G.; PHILIPPI JR, A. A questão dos recursos hídricos. In: *Panorama Ambiental da Metrópole de São Paulo*. 1. São Paulo: Signus, 2004. v.1, p. 11-45.

[IBGE] INSTITUTO BRASILEIRO DE GEOGRAFIA E ESTATÍSTICA. *Censo Demográfico: Resultados do Universo 2000*. Brasília, 2001.

______. *Censo Demográfico: Resultados do Universo 2010*. Brasília, 2011.

______. *Pesquisa Nacional de Saneamento Básico*. Rio de Janeiro, 2008.

PHILIPPI JR, A.; MARCON, G.; GRISOTTO, L.E.G. Desafios para a gestão de recursos hídricos e o desenvolvimento urbano. *REGA. Revista de Gestão de Águas da América Latina*, v.6, p.75-91, 2009.

RIBEIRO, L.C.Q. (Org.). *O futuro das metrópoles: desigualdades e governabilidade*. Rio de Janeiro: Revan/IPPUR-UFRJ-Fase, 2000.

______. *As metrópoles brasileiras no milênio: resultados de um programa de pesquisa*. Rio de Janeiro: Letra Capital, 2012. 280p.

ROCHA, S. *Pobreza e desigualdade no Brasil: o esgotamento dos efeitos distributivos do Plano Real*. Texto para Discussão n. 721. Rio de Janeiro: Ipea, 2000.

SASSEN, S. *Cities in a World Economy*. Thousand Oaks, California: Columbia University/Pine Porge Press, 1994.

TUCCI, C.E.M. Águas urbanas: interfaces no gerenciamento. In: PHILIPPI JR, A. (Ed.). *Saneamento, Saúde e Ambiente: fundamentos para um desenvolvimento sustentável*. Barueri: Manole, 2004, p.375-411.

Fragmentação na gestão das águas urbanas | 9

Virgínia Grace Barros
Engenheira sanitarista, Universidade do Estado de Santa Catarina, Udesc

Therezinha Maria Novais de Oliveira
Engenheira sanitarista, Universidade da Região de Joinville, Univille

Talitha Grahl Stortz
Engenheira civil, Universidade do Estado de Santa Catarina, Udesc

INTRODUÇÃO

A organização social em torno dos rios e bacias hidrográficas é um importante registro do diálogo da humanidade com a natureza. Além disso, é uma das áreas mais férteis para se aprender sobre a interação política e técnica. Os serviços providos pelos rios influenciaram os assentamentos humanos e essa interação, muito antes da ideia de bacia hidrográfica começar a ser formalizada em termos legais e administrativos (Priscoli, 2000). Com a evolução temporal das sociedades, o arcabouço legal e institucional, além dos conflitos, em torno dos recursos hídricos foram se desenvolvendo em diferentes situações e contextos.

O crescimento populacional e o desenvolvimento das cidades trouxeram desafios que devem estar nas agendas dos gestores dos territórios e das águas. Entre os desafios que devem ser enfrentados nas zonas urbanas está o gerenciamento dos usos múltiplos da água no planejamento físico das cidades. As origens desses desafios residem, em grande parte, na fragmentação do setor hídrico e nas medidas de saneamento na origem das cidades. As características intrínsecas que tornam o setor da água altamente sensível e dependente de um sistema de governança de vários níveis podem estar relacionadas, entre outros fatores a: (i) transversalidade a múltiplos setores, lugares e pessoas, além de escalas geográficas e temporais distintas; (ii) fronteiras hidrográficas e perímetros administrativos que não coincidem, na maioria dos casos; (iii) água é um setor fortemente intensivo em capital e possui estruturas monopolísticas, onde existem importantes falhas de mercado e onde a coordenação é essencial; (iv) políticas da água são inerentemente complexas e fortemente ligadas a setores de relevância para o desenvolvimento, incluindo saúde, ambiente, agricultura, energia, ordenamento do território, desenvolvimento regional e redução da pobreza (OECD, 2018). Além desses, observa-se cada vez mais a questão da vulnerabilidade aos riscos associados a eventos hidrológicos extremos, sejam de escassez ou de intensas chuvas.

De acordo com Brandeler et al. (2018), enquanto as cidades recebem e devolvem a água aos rios, pouca literatura conecta a governança da água urbana com a bacia hidrográfica. Do ponto de vista do desenvolvimento das cidades, os planos setoriais, por exemplo, os planos municipais de saneamento, de resíduos sólidos, etc., poderiam contribuir com a governança da água na bacia hidrográfica. Isso ocorreria desde que houvesse uma interação entre esses planos. De acordo com Pinto-Coelho e Havens (2015), a governança das águas "é definida como sendo um sistema político, social, econômico e administrativo montado para diretamente ou indiretamente influenciar os usos, o desenvolvimento e a gestão integrada de recursos hídricos, além de garantir a oferta de serviços e produtos diretamente ligados aos recursos para a sociedade". A partir dessa definição, verifica-se a importância da articulação e integração entre planos setoriais e também entre esferas administrativas, em especial aquelas dentro de uma mesma bacia hidrográfica.

Este capítulo faz uma análise de diferentes planos setoriais e verifica a aderência destes planos com o conceito de gestão integrada de águas urbanas proposto por Philip et al. (2011), analisando o município de Joinville, Santa Catarina. Joinville apresenta planos diretores setoriais e de bacia hidrográfica aprovados de acordo com o que está estabelecido em legislações. No território do município apenas uma bacia hidrográfica, a bacia hidrográfica do rio Cubatão (BHRC), possui plano diretor aprovado desde 2006 e apresenta propostas para a bacia como um todo, zonas urbana e rural, além de propostas a serem implementadas para o setor de saneamento. Observa-se que o plano de bacia é anterior aos planos setoriais de saneamento (abastecimento de água, esgotamento sanitário e drenagem).

GESTÃO DAS ÁGUAS

A gestão das águas no país é delineada ao longo de dimensões políticas, culturais e ambientais. Já a partir da República, pelo Código de Águas de 1934, regulamentado pelo Decreto n. 24.643/1934, houve instituição do primeiro marco normativo definindo os usos e dominialidade da água. Na década de

1980, viu-se a necessidade de uma reforma nacional na gestão da água (Peres e Silva, 2013). As então novas experiências baseadas na gestão de bacias hidrográficas, como a criação dos comitês das bacias do rio dos Sinos e Gravataí no Rio Grande do Sul e elaboração de planos diretores de recursos hídricos, que ocorreram no final dos anos 1980. Seguiram-se debates pela Associação Brasileira de Recursos Hídricos (ABRH) que manifestou, através da Carta de Salvador em 1987, a necessidade de criação de um sistema de gestão nacional organizado (Porto e Porto, 2008).

Em 1988, ocorreu a reforma da Constituição Federal que, de acordo com Gutiérrez et al. (2014), iniciou a gestão e o controle da água, determinando critérios para concessão de direitos de seu uso e instituindo um sistema nacional de gerenciamento da água. Mais uma vez, a ABRH em 1989 produz a Carta de Foz do Iguaçu, que delineia os princípios básicos a serem seguidos para estabelecimento de uma Política Nacional de Recursos Hídricos, tais como: (i) gestão integrada; (ii) bacia hidrográfica como unidade de gestão; (iii) reconhecimento de seu valor econômico; e (iv) gerenciamento descentralizado e participativo (ANA, 2002). Finalmente, em 1997 é instituída a Lei Nacional das Águas, Lei n. 9.433/1997, determinando a gestão descentralizada, a participação do poder público, dos usuários e da comunidade nas atividades do sistema hídrico. Os estados da Federação passam a ter um papel relevante na implantação da Política Nacional de Recursos Hídricos e são instituídos os Comitês de bacias como órgãos de participação da comunidade, poder público e usuários da água, sendo consultivos e deliberativos de gestão das águas.

A legislação ainda avança e concretiza o seu gerenciamento com a criação da Agência Nacional de Águas (ANA), instituída pela Lei n. 9.984 de 17 de julho de 2000, entidade federal de implementação da Política Nacional de Recursos Hídricos (PNRH), responsável pela coordenação e implementação dos fundamentos, objetivos e diretrizes previstos na PNRH. Além das legislações que versam sobre uso, dominialidade e gestão dos recursos hídricos há outras, a exemplo das resoluções do Conselho Nacional do Meio Ambiente (Conama), que definem classes e qualidades de água. Estas são anteriores às elencadas acima e não guardam conexões entre si. Apesar de a Resolução Conama 357/2005 mencionar a PNRH em seus considerandos, apenas na Resolução Conama 396/2008, que dispõe sobre a classificação e diretrizes ambientais para o enquadramento das águas subterrâneas e dá outras providências, são observadas menções explícitas à PNRH e que inter-relacionam essas legislações. Essas observações por si já indicam grandes desafios na governança das águas, quando se consideram políticas e legislações federais.

Tendo em mente as dimensões e diferenças regionais do Brasil, o sistema de governança das águas implantado a partir do nível local poderia levar a um maior sucesso e envolvimento das partes interessadas. No entanto, as abordagens participativas são de difícil consecução, uma vez que faltam unidades de gestão definidas, o que significa que as estratégias muitas vezes não correspondem às estruturas institucionais existentes (Euler e Heldt, 2018). Esses desafios crescem com a área da bacia hidrográfica, caracterizada por altos níveis de complexidade. Em zonas urbanas ou em processo de conurbação, a gestão integrada e sustentável das águas deveria ser enfrentada como uma oportunidade de se atingir equidade e eficiência no uso dos recursos hídricos.

IMPACTOS DA URBANIZAÇÃO

Mais da metade da população mundial vive hoje em cidades, e a previsão para 2030 é de que essa população urbana atinja 5 bilhões de pessoas, o que trará, consequentemente, transformações sociais, econômicas e ambientais (UNFPA, 2016). A urbanização aumenta o consumo de água para uso doméstico e municipal e o planejamento das águas urbanas necessita de estratégias. Essas estratégias devem preparar a cidade para lidar com as pressões a fim de encontrar novas fontes sustentáveis para abastecimento de água de boa qualidade e, também, despejo final de volumes cada vez maiores de águas residuais (Hipólito e Vaz, 2013).

A construção de novas edificações e pavimentação de ruas impermeabilizam grandes porções de solo, a velocidade de escoamento superficial é maior e o tempo de concentração e evapotranspiração nas bacias urbanas, menor (Silva, 2009; Tucci, 2003). Isso leva a um aumento nas vazões máximas (Figura 1), em virtude da impermeabilização de superfícies e do aumento da capacidade de escoamento através de condutos e canais. Como resultado, há deterioração da qualidade da água superficial e subterrânea, em função do transporte de material sólido e de ligações clandestinas de esgoto cloacal e pluvial, (Tucci, 2008). Além disso, há também a ocupação das planícies de inundação ao longo dos rios.

Essas áreas urbanizadas passam a ser responsáveis pela interferência que ocorre no regime de escoamento das águas pluviais e são afetadas com a cota de inundação (Silva e Santiago, 2007). Com a ocupação dessas áreas de risco na cota de inundação, que deveriam ser preservadas, a invasão propicia não só a ocorrência de inundações, mas também os deslizamentos de terra. Ainda, se essas ocupações atingem áreas de contribuição de reservatórios de abastecimento urbano e os eutrofizam, podem ser gerados riscos à saúde dos usuários (Tucci, 2008).

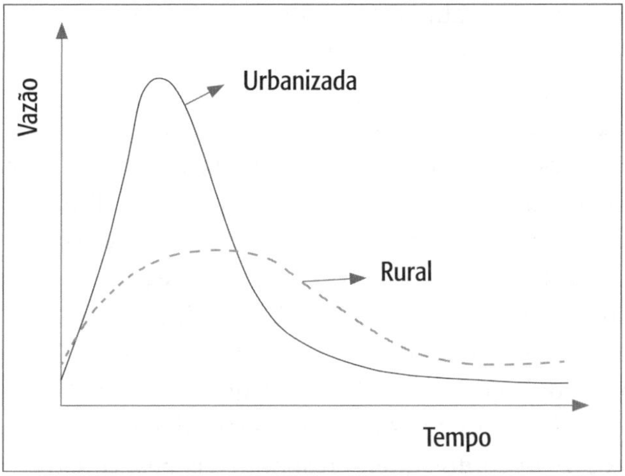

Figura 1 – Comparação de hidrograma de bacia rural e urbanizada.
Fonte: Modificado de Tucci (2008).

Existem ainda os impactos causados pelo uso e ocupação do solo e aqueles derivados do planejamento da infraestrutura urbana e das legislações vigentes. Contudo, pelo fato de a unidade de gerenciamento de um sistema de drenagem ser a bacia hidrográfica, seu planejamento torna-se mais complexo. Isso porque nem sempre a bacia está nos limites da administração de um único município, o que deveria levar à busca de uma integração entre os planos regionais para diminuir as consequências da ocupação urbana sobre o território da bacia (Assunção, 2012; Matias, 2006).

GESTÃO INTEGRADA DE RECURSOS HÍDRICOS

Seguindo a definição de Gestão Integrada dos Recursos Hídricos (GIRH) pelo Global Water Partnership (GWP) (GWP, 2000), esse processo se baseia no desenvolvimento coordenado dos recursos hídricos, terrestres e seus relacionados, tendo por objetivo maximizar o bem-estar econômico e social, sem comprometer a sustentabilidade do ecossistema. Pode-se dizer que a gestão integrada dos recursos hídricos pretende, ao longo do tempo, garantir água para consumo doméstico e público, para produção alimentar, desenvolvimento socioeconômico e conservação do ecossistema aquático, por meio da compatibilização das interferências antrópicas com o meio ambiente (Hipólito e Vaz, 2013).

O mesmo conceito é empregado para a Gestão Integrada de Águas Urbanas (Giau), que tem por objetivo coordenar a gestão da água segundo uma visão holística e sustentável, com soluções de infraestrutura que trabalham com a natureza. Para atender esse objetivo, a organização também deve ser descentralizada e são observados os limites político-administrativos de cada município para alcançar a meta de suprir a oferta e demanda dos usos urbanos da água. Isso não significa dizer que a Giau entra em conflito com a GIRH que elege a bacia hidrográfica como unidade de gestão. Pelo contrário, a Giau busca complementar a GIRH ao prever os planos e atividades da cidade nos processos e políticas no âmbito das bacias hidrográficas (Brandeler et al., 2018).

Na Giau, de acordo com Philip et al. (2011), esse gerenciamento holístico do ciclo hidrológico urbano só é possível quando os problemas e interesses são discutidos entre todos os usuários da água, em conjunto com os responsáveis políticos, bem como aqueles responsáveis pela construção, captação, tratamento de água, etc. Esse envolvimento do grupo deve ser constante durante a elaboração da estratégia adotada, visto que os princípios comuns devem estar alinhados; e, apesar da participação dos grupos de interesse complementar à governança do sistema hídrico, a responsabilidade de oferecer bons serviços hídricos ainda recai sobre as entidades públicas em conjunto com privadas. Como consiste em um processo de planejamento que tem como estratégia atender metas de longo prazo, a elaboração de um plano estratégico na Giau é um procedimento com uma série de fases interligadas entre si. Por meio da análise dos usos da água e mediante monitoramento de indicadores que permitem visualização do progresso das ações implantadas, em direção aos objetivos das estratégias que respondem aos problemas dos cenários futuros, tem-se uma visão holística da gestão dos recursos hídricos no ambiente urbano. O desenvolvimento e implantação dessa estratégia flexível, portanto, considera todos os aspectos do ciclo hidrológico urbano em conjunto com os setores da gestão urbana, na busca por selecionar soluções eficazes que possam atender aos diferentes cenários de um futuro cada vez mais incerto (Philip et al., 2011). Logo, o gerenciamento integrado consiste na busca de constante interação da infraestrutura com o meio ambiente e com a cooperação das instituições e estruturas de governança. Uma vez que esse é um processo contínuo de estudo, implementação, avaliação e monitoramento dos resultados, a otimização do sistema de águas urbanas (sistemas de abastecimento de água, manejo de águas pluviais e esgotamento sanitário) se deve a um plano de desenvolvimento com um processo cíclico entre a série de fases (UNDESA, 2014; Philip et al., 2011).

SISTEMA CONVENCIONAL *VERSUS* SISTEMA INTEGRADO DE ÁGUAS URBANAS

Considerar o sistema convencional de gerenciamento de águas urbanas como fragmentado significa que a construção e operação dos vários elementos que compõem o sistema hídrico urbano são realizados isoladamente. Segundo Tucci (2007), nesse sistema, o projeto da infraestrutura de um serviço de saneamento é elaborado por engenheiros para resolver um dado problema sem considerar suas consequências para outras áreas, como uma obra de drenagem que é projetada para tirar a água o mais rápido possível de um local, sem pensar no seu aumento a jusante. Ao contrário de uma ocupação tradicional, que não procura compreender como solo, água e plantas estão integrados na natureza para mitigar os efeitos adversos da introdução de superfícies impermeáveis, em uma GIAU os aspectos do ciclo da água são tratados como um sistema interligado. O abastecimento de água é realizado por meio de fontes confiáveis que não foram contaminadas a montante, o esgoto sanitário é coletado e tratado para que o sistema hídrico tenha condições de se recuperar separado da rede de águas pluviais, e a drenagem urbana preserva as condições naturais de infiltração, evita aumento de vazão a jusante, o volume e carga de contaminação no escoamento pluvial e erosão do solo. Dessa forma, a gestão integrada reconhece que os sistemas de infraestrutura no ambiente urbano relativos à água estão relacionados.

Um sistema de gestão de recursos hídricos deve atender às necessidades da comunidade e dos limites de aptidão natural das bacias hidrográficas, de forma a preservar o meio ambiente e garantir a sustentabilidade de longo prazo (Porto e Porto, 2008). Como se sabe, a gestão dos recursos hídricos deve ser realizada por bacia hidrográfica, e a gestão do uso do solo é realizada pelo município. Por isso, um plano de bacia dificilmente poderá envolver todas as medidas a serem tomadas para a gestão dos recursos hídricos urbanos em cada cidade e deve buscar integrações com outros planos (Tucci, 2008). Nesse contexto, como exemplos de planos que coordenam a gestão hídrica municipal, podem ser citados os planos diretores de bacia hidrográfica, drenagem, abastecimento de água e esgotamento sanitário.

A ordenação do desenvolvimento das cidades é possível com o uso de instrumentos que norteiam o planejamento urbano. Entre os instrumentos da política urbana previstos no Estatuto da Cidade, insere-se o plano diretor (Brasil, 2001). É obrigatório para cidades com mais de 20 mil habitantes, áreas integrantes de regiões metropolitanas e de especial interesse turístico, além daquelas áreas de influência de empreendimentos ou com atividades com significativo impacto ambiental. Para municípios com áreas suscetíveis à ocorrência de deslizamentos de grandes impactos, inundações bruscas ou processos geológicos ou hidrológicos correlatos, o plano diretor deverá conter parâmetros de parcelamento, uso e ocupação do solo, além de medidas de drenagem urbana (Brasil, 2001). De acordo com Morales (2007), é por meio desse plano que são estabelecidas diretrizes que visam a integrar os fatores políticos, econômicos, financeiros, culturais, ambientais, institucionais, sociais e territoriais de um município.

No plano diretor, as prioridades são: mobilidade urbana, habitação, saneamento, ocupação de áreas ambientalmente sensíveis e serviços comunitários (Rezende e Ultramari, 2007). O plano diretor define a ocupação e uso do solo, esse instrumento tem uma parcela importante responsável pela proteção dos recursos hídricos (Pizella, 2015). Para Carter, Kreutzwiser e Loë (2005), a solução para as crises hídricas é o gerenciamento sustentável dos recursos hídricos por meio de uma abordagem integrada da gestão de água e do planejamento do uso do solo. Cabe então ao município tomar decisões de ordenamento territorial, garantir a proteção e fiscalização do uso dos recursos naturais. Para o processo de elaboração de um plano diretor, mesmo sendo o poder público municipal o principal interlocutor para sua concepção, é necessária a participação da população e de associações representativas, para auxiliar na identificação dos problemas existentes e na discussão dos possíveis impactos de cada ação em todo o território municipal.

O plano de bacia hidrográfica é o instrumento central de articulação entre o planejamento e a gestão de uma bacia hidrográfica. Seu objetivo é definir ações de gestão, programas, projetos, obras e os investimentos prioritários para o território da bacia, dentro de um contexto que inclua os órgãos governamentais, sociedade civil, usuários e diferentes instituições que participam do gerenciamento dos recursos hídricos (Peres e Silva, 2013). Visto que por meio desses planos são feitos os enquadramentos dos corpos hídricos, permite-se uma melhor explicitação da relação entre usos da água e objetivos de qualidade pretendidos. Portanto, ao serem definidas as aptidões da bacia e quais atividades poderão ser incentivadas ou reprimidas, ocorre um direcionamento da gestão territorial (Porto e Porto, 2008).

O Plano Diretor de Drenagem Urbana (PDDU) tem a responsabilidade de propor e integrar a gestão da infraestrutura urbana no controle do escoamento das águas pluviais e dos rios. Esses planos devem atender às necessidades e características de controle de escoamento urbano de cada município, e as propostas de intervenção devem ser fundamentadas em estudos específicos. Em sua elaboração, deve-se associar o meio ambiente ao desenvolvimento de planos políticos, à preservação dos recursos naturais e à busca de utilização de tecnologias sustentáveis (Rocha, 2014). O PDDU se baseia também em princípios que propõem o planejamento integrado ao plano diretor e ao controle dos impactos existentes, não se restringindo a locais isolados da bacia hidrográfica, mas considerando-a como um todo. Além disso, os novos desenvolvimentos propostos nesse plano não devem aumentar a vazão máxima de jusante, e o controle dos efluentes deve ser integrado entre o esgotamento sanitário e os resíduos sólidos (Tucci, 2003).

Para promover a saúde e garantir a qualidade de vida da população, são necessárias medidas de saneamento, uma vez que a água em quantidade insuficiente ou qualidade imprópria para consumo pode causar doenças. Por esse motivo, a elaboração do Plano Municipal de Saneamento Básico (PMSB) passou a ser uma exigência legal pela Lei n. 11.445, de 5 de janeiro de 2007, que estabelece as diretrizes nacionais para o saneamento nacional e o define como o conjunto de serviços de abastecimento de água potável, esgotamento sanitário, limpeza urbana, manejo de resíduos sólidos, drenagem e manejo de águas pluviais, no qual a utilização dos recursos hídricos para esses serviços é sujeita à outorga de direito de uso (Brasil, 2007). Como princípios fundamentais para os serviços de saneamento podem-se citar: (i) busca da universalizaçao do acesso; (ii) integralidade; (iii) adoção de técnicas apropriadas para cada localidade; (iv) eficiência e sustentabilidade econômica, (v) transparência; (vi) segurança; (vii) qualidade e regularidade; (viii) controle social; e (ix) incentivo ao consumo moderado da água. É por meio desse instrumento de planejamento municipal do saneamento que é possível a valorização, proteção e gestão equilibrada dos recursos hídricos mediante diagnósticos e planos de ações. Da mesma forma que os planos anteriores, a elaboração do PMSB deve ser participativa.

ESTUDO DE CASO – INTEGRAÇÃO DOS PLANOS NO MUNICÍPIO DE JOINVILLE, SC

Abordagem metodológica

Para analisar a utilização de planos diretores setoriais como subsídio para governança das águas, utilizou-se o caso do município de Joinville, localizado na região nordeste do estado de Santa Catarina. Joinville possui plano diretor de bacia aprovado anteriormente aos planos diretores setoriais, que são muito recentes, e disponibiliza de forma acessível informações necessárias à análise em questão. Para a construção de um sistema conceitual organizado, foi adotada análise de conteúdo proposta por Bardin (2011) para o estudo qualitativo das informações. Dessa forma, a pré-fase consistiu na assimilação do conteúdo dos planos, dos conceitos de Gestão Integrada de Águas Urbanas propostos por Philip et al. (2011), e características do município em questão. Nessa fase também foi feita a escolha dos documentos analisados.

De acordo com Tucci (2008), os instrumentos de gestão de águas urbanas utilizados para minimizar os impactos nas bacias são os Planos de Bacia e de Saneamento Ambiental. Assim, o material selecionado para análise da gestão das águas urbanas (abastecimento de água, esgotamento sanitário e manejo de águas pluviais) no município de Joinville foi o Plano Municipal de Abastecimento de Água e Esgotamento Sanitário e Plano de Drenagem e Manejo de Águas Pluviais Urbanas, que fazem parte do Decreto n. 26.680 de 25 de abril de 2016 que aprova os planos setoriais integrantes do Plano Municipal de Saneamento Básico (PMSB) de Joinville (Joinville, 2016). Também foi utilizado o Plano Diretor dos Recursos Hídricos da Bacia Hidrográfica do Rio Cubatão, elaborado pela equipe técnica do Comitê de gerenciamento da bacia hidrográfica do rio Cubatão (Gonçalves et al., 2007), atualmente Comitê das bacias hidrográficas dos rios Cubatão e Cachoeira. Em seguida, foram determinadas as categorias e subcategorias de análise a serem observadas nos planos, para extração das informações e posterior comparação com os conceitos de Giau. Para isso, foram selecionadas quatro categorias relacionadas às etapas do planejamento estratégico, previamente definidas por Philip et al. (2011), e, na análise de cada uma dessas categorias, as subcategorias que demonstram sucintamente os itens considerados nos planos em cada um desses princípios, conforme Quadro 1 e Figura 2.

Quadro 1 – Descrição das categorias de análise e descrições

Categorias
Análise fundamental
Objetivos, metas e indicadores
Cenários
Plano de ação

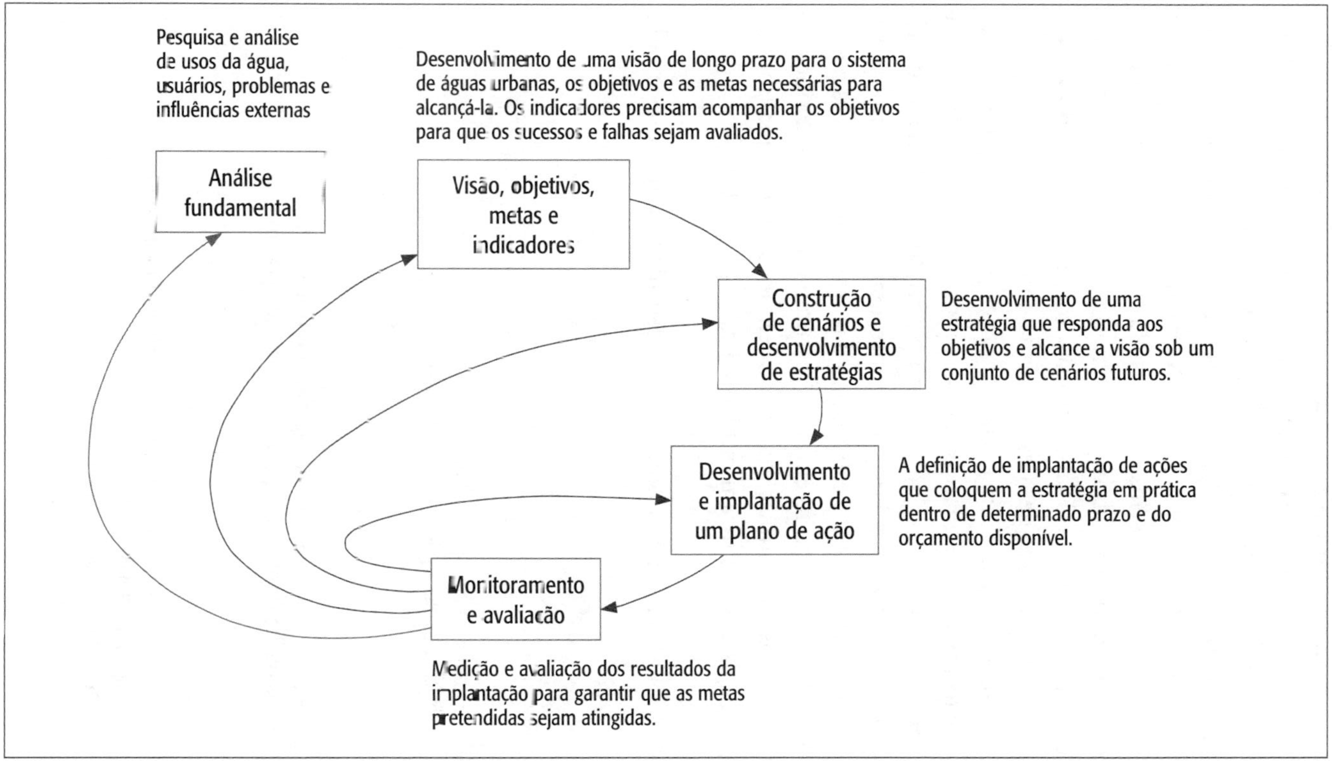

Figura 2 – Fases de um planejamento estratégico na Giau.
Fonte: Philip et al. (2011).

Na categoria de análise fundamental, buscou-se verificar os problemas relacionados aos recursos hídricos e se os usos atuais do ciclo hidrológico são integrados. Na categoria seguinte (Objetivos, metas e indicadores) procurou-se entender a visão do sistema de gerenciamento de cada setor e seu ajuste com o conceito integrado na gestão hídrica (Tucci, 2007), como a integração entre o espaço, o projeto e as funções da infraestrutura de água dentro do ambiente urbanizado. Nos Cenários foi analisado se a construção e a descrição da situação futura foram elaboradas a longo prazo, como determina o conceito integrado. Por fim, no Plano de ação, foram observadas as ações propostas e se elas concordam da mesma forma com a definição da gestão sustentável das águas urbanas. Com essas categorias procurou-se investigar a situação do abastecimento de água, esgotamento sanitário e manejo de águas pluviais em Joinville e o que foi proposto no plano diretor da bacia do rio Cubatão, no que havia interface. Posteriormente, com a análise e interpretação do processo de planejamento estratégico das águas urbanas nos planos de Joinville, procederam-se às inferências apresentadas em cada classificação, e os resultados obtidos na pesquisa foram condensados em um quadro final. Destaca-se que os planos não foram implementados na sua totalidade e nem monitorados.

As etapas adotadas na metodologia estão resumidamente apresentadas na Figura 3.

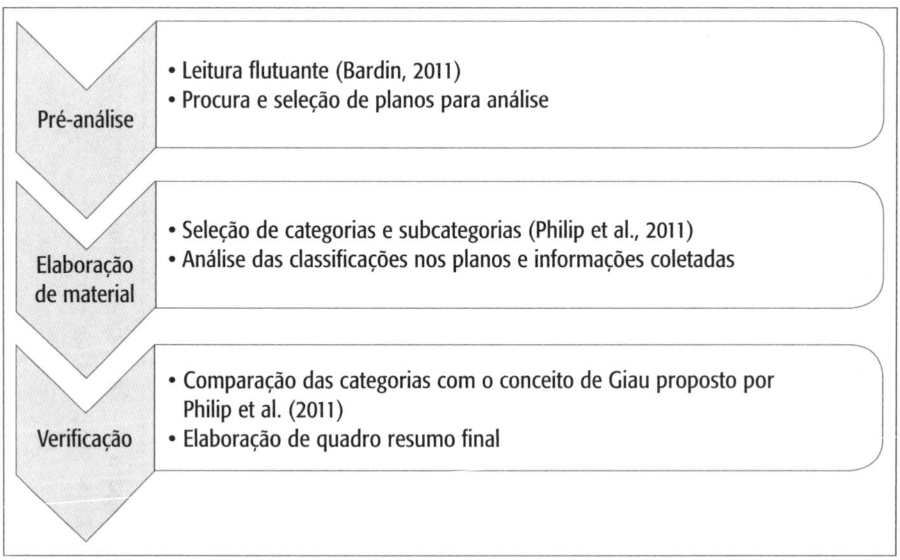

Figura 3 – Fluxograma da metodologia adotada.

Área de estudo

Localizada na região Sul do Brasil, Joinville é a maior cidade catarinense e o município polo da microrregião nordeste de Santa Catarina (Figura 4). Sua população é estimada em 577.077 habitantes e possui área total de 1.126,106 km² (IBGE, 2017). O setor industrial é responsável por grande parte da atividade econômica no município, destacam-se os setores metal-mecânico, têxtil, plástico, metalúrgico, químico e farmacêutico. Também influenciam na movimentação de mercado os setores de serviços e comércio (Sepud, 2017).

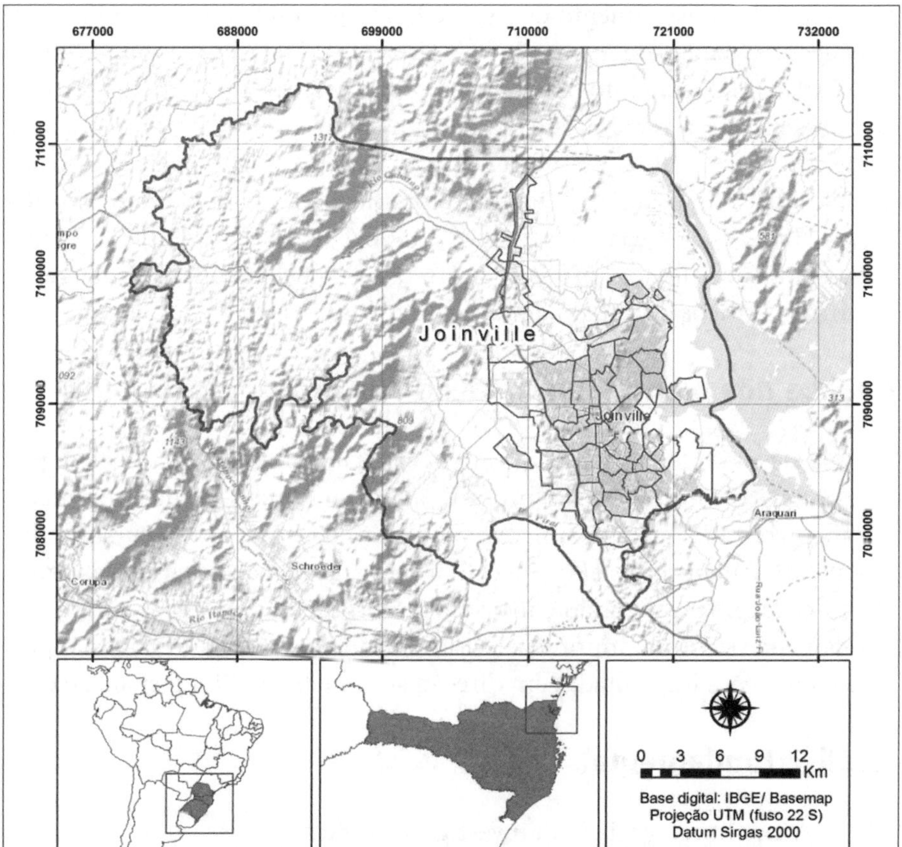

Figura 4 – Localização de Joinville.
Fonte: Mello (2015).

Com relação aos recursos hídricos, são sete as unidades de gestão da rede hidrográfica de Joinville: bacia hidrográfica do rio Palmital, bacia hidrográfica do rio Cubatão, bacia hidrográfica do rio Piraí, bacia hidrográfica do rio Itapocuzinho, bacia hidrográfica do rio Cachoeira, bacias hidrográficas independentes da Vertente Leste e bacias hidrográficas independentes da Vertente Sul. O município ainda é privilegiado por ter quase todas as nascentes de seus rios contidas dentro de seu próprio limite territorial (Maia et al., 2013).

As medidas de saneamento no município são regidas pelos planos setoriais integrantes do Plano Municipal de Saneamento Básico (PMSB) de Joinville, aprovados pelo Decreto n. 26.680 de 25 de abril de 2016 (Joinville, 2016). Destes, fazem parte do material de análise utilizado neste estudo o Plano Municipal de Abastecimento de Água e Esgotamento Sanitário e o Plano de Drenagem e Manejo de Águas Pluviais Urbanas (PDMAP). Ressalta-se que o PDMAP é um documento mais teórico e que carece de informações técnicas precisas e necessárias para confecção de um plano como, por exemplo, cadastramento da rede atual existente. Para explorar os principais aspectos da gestão hídrica do município, também foi utilizado o Plano Diretor dos Recursos Hídricos da Bacia Hidrográfica do Rio Cubatão Norte (PDRC), única bacia com plano diretor aprovado em 16/08/2006 pelo Conselho Estadual de Recursos Hídricos do Estado de Santa Catarina.

Análise dos planos com relação aos princípios da GIAU

Na Gestão Integrada de Águas Urbanas (Giau), a elaboração de um plano estratégico consiste em um procedimento com uma série de fases interligadas entre si, em busca de uma visão holística da gestão dos recursos hídricos no ambiente urbano (Figura 4). Por meio da análise dos usos das águas, são traçadas metas que irão confrontar os problemas em cenários futuros, que por sua vez são monitoradas por indicadores que demonstrarão o progresso das ações implantadas em direção aos objetivos (Philip et al., 2011).

Análise fundamental

A primeira categoria para investigação e extração das informações nos planos foi análise fundamental. Por meio desta, buscou-se verificar os problemas relacionados aos recursos hídricos e se os usos atuais do ciclo hidrológico estavam interligados, como sugere o conceito de uma Giau, que considera as águas urbanas como um sistema integrado e busca envolver os fatores ambientais e sociais, além dos econômicos.

Água e esgoto

A Companhia Águas de Joinville (CAJ) é responsável, desde 2005, pelos serviços públicos de abastecimento de água e esgotamento sanitário, sendo esta uma sociedade de economia mista no município (PMJ, 2011). De acordo com o Sistema Nacional de Informações sobre Saneamento (SNIS) (SNIS, 2016), o serviço público de abastecimento de água na cidade atende 98,7% dos habitantes joinvilenses. As Unidades de Planejamento de Água (UPA) são os onze centros de reservação de água tratada distribuídos na cidade (PMJ, 2010). Essa água é proveniente dos mananciais localizados nas bacias hidrográficas dos rios Cubatão e Piraí, que dão nome às duas estações de tratamento de água (ETA) existentes (PMJ, 2011). A ETA Cubatão atende aproximadamente 70% do abastecimento de água potável e opera com uma vazão média de 1.500 L/s. Em 2015, a Companhia deixou de descartar os resíduos sólidos provenientes do processo de tratamento e desinfecção da água diretamente no rio Cubatão e inaugurou nesta ETA a Estação de Tratamento de Lodo (ETL). Em relação à ETA Piraí, a estação é responsável pelos 30% restantes do abastecimento de água em Joinville e a vazão média tratada é de 500 L/s. A captação da água bruta é feita por duas unidades distintas, que são conhecidas por Captação Nova (montante) e Captação Antiga (jusante). Essa estação opera preponderantemente por meio da Captação Nova, porém, em períodos de extrema estiagem, há necessidade de operação da Captação Antiga, como fonte suplementar de água. Um problema enfrentado pelo abastecimento de água no município é que grande parte da água captada ainda é perdida, não só em virtude dos vazamentos em tubulações e equipamentos antigos nas ETA e nas adutoras, mas também por meio de furtos em ligações clandestinas. Desde 2006, quando o índice de perdas era de 62,5%, estão sendo feitos investimentos para redução dessa perda. Em 2011, em um acordo assinado entre a CAJ e o Ministério das Cidades, a empresa comprometeu-se a reduzir as perdas de água para 280 litros por ligação/dia até 2024, dos atuais 570 litros por ligação/dia informados pelo supervisor das ETA Cubatão e Piraí. Para alcançar esse número, a CAJ realiza programas como pesquisa e detecção de vazamentos na rede de distribuição, substituição de redes e hidrômetros e identificação de ligações clandestinas que ocorrem principalmente em bairros periféricos.

Em relação ao sistema de esgotamento sanitário de Joinville, são consideradas as seis bacias contidas nos limites urbanos como Unidade de Planejamento de Esgoto (UPE) (PMJ, 2010). A cobertura desse serviço, ao contrário do abastecimento de água, está aquém da demanda da população, pois atinge apenas 30% da população (SNIS, 2016). Conforme o PMSB, em 2010 havia duas Estações de Tratamento de Esgoto (ETE). A ETE Jarivatuba concentrava praticamente todo o esgoto tratado do município. Ela foi projetada para uma vazão média de 400 L/s, mas operava a uma vazão estimada de 180 L/s e, na época da elaboração do plano, o sistema de lagoas de estabilização tipo australiano não apresentava eficiência adequada. Já a ETE Profipo, tratava na época uma vazão média de 2,3 L/s por meio do processo de tratamento de aeração prolongada. De acordo com a CAJ (2017), desde a época da elaboração do plano, outras duas estações foram inauguradas, sendo elas as ETE Espinheiros e Morro do Amaral. Vale destacar que, para os dois serviços, a CAJ promove a educação ambiental por meio de programas, palestras, visitas e eventos voltados à conscientização da população quanto ao correto uso da rede de esgoto e ao uso consciente da água. Um ponto que vale ressaltar é que o planejamento de água considera os seus centros de reservação como unidades de planejamento, enquanto as unidades de planejamento de esgoto são as seis bacias hidrográficas urbanizadas inseridas no município, o que demonstra a fragmentação de cada setor dentro da mesma instituição. Sendo assim, mesmo que algumas medidas tendam a minimizar o impacto do abastecimento sobre a qualidade das águas do rio a jusante do ponto de captação e no desperdício de água, pouco é observado quanto à integração desse setor com os outros setores das águas urbanas. Portanto, para o abastecimento de água ainda existe um longo caminho a ser percorrido em direção à integração com os outros componentes do ciclo hidrológico e alcançar o conceito de GIAU. No esgotamento sanitário, a situação atual ainda é muito precária, visto que boa parte do esgoto não é tratada e é encaminhada diretamente aos rios, o que contribui para a degradação do ecossistema. Outro fator é que, apesar de a principal estação de tratamento de esgoto utilizar um sistema que consome pouca energia, ela não apresenta eficiência adequada, conforme citado no plano, visto que depende essencialmente de fatores externos, como o nível de radiação solar, para o tratamento eficaz do esgoto.

Drenagem urbana

Quanto às águas pluviais, em virtude do fato de Joinville ser uma cidade erguida sobre o mangue e possuir grande parte da zona central a apenas dois metros acima do nível do mar ao longo das margens do rio Cachoeira, a população sofre constantemente com inundações. No plano de drenagem urbana não foram observadas ações que promovam o reúso de águas cinzas. Além disso, a ocupação de áreas de risco e a falta de fiscalização das irregularidades no uso do solo intensificaram os perigos relacionados aos riscos associados a eventos hidrológicos extremos. Com exceção das bacias do rio Palmital e Itapocuzinho, que ainda possuem baixa ocupação humana e grande ocupação rural, as demais bacias sofrem com os impactos negativos da urbanização. Por exemplo, na bacia do rio Cubatão a expansão urbana no seu baixo curso causou o aumento do desmatamento e assoreamento, consequentemente, aumentou a ocorrência de enchentes nos episódios de alta pluviosidade. Na bacia do rio Piraí, em função dos cortes de morros e aterros para implantação de novos loteamentos e empreendimentos, houve a diminuição da vazão do rio. Já a bacia do rio Cachoeira tem enfrentado graves problemas de poluição de origem doméstica e industrial, além daqueles devidos à especulação imobiliária, que interfere na drenagem. Também nessa bacia, grande parte dos principais córregos está retificada e canalizada em galerias e tubulações, projetadas de modo a escoar o mais rapidamente a jusante. Em relação à bacia hidrográfica da Vertente Leste, o uso atual da bacia, com extensa faixa urbana próxima ao manguezal, tem causado assoreamento nos canais e disposição inadequada de resíduos sólidos na margem dos rios. Por fim, nas bacias hidrográficas independentes da Vertente Sul, que por si só já possui solos mal drenados, estão inseridos bairros vulneráveis socialmente, onde ocorrem ocupações irregulares nas margens dos rios, que por sua vez colaboram para a degradação dos recursos hídricos (PMJ, 2013).

Plano diretor de bacia hidrográfica

O plano diretor de bacia hidrográfica (PDRC), aprovado em 2006, apresentou dados alarmantes com relação à vazão mínima do rio na ETA Cubatão para 14 dias consecutivos com período de recorrência de 25 anos; a preocupação com a disponibilidade hídrica é evidente no plano. Essa vazão foi determinada em 2,65 m^3/s, enquanto a demanda hídrica estimada totalizada (somando-se, além do abastecimento humano, agricultura, pecuária e captações industriais, sem considerar a vazão ecológica) foi de 2,23 m^3/s em 2003. Ainda, o PDRC aponta possíveis conflitos futuros a partir das tendências de evolução das demandas entre o abastecimento público e os outros usos a partir de 2023, quando a demanda seria de 2,76 m^3/s e a vazão mínima seria de 2,65 m^3/s. Observa-se que dados da Prefeitura Municipal de Joinville em 1994 (PMJ, 1994), previam que as vazões de demanda seriam de 2,98 m^3/s em 2013 e 4,83 m^3/s em 2023. O PDRC apresenta propostas para aumento da disponibilidade hídrica a serem executadas por diferentes atores. Ressalta-se que nem a Lei Estadual n. 9.748/94, nem a Lei n. 9.022/93 do estado de Santa Catarina, que dispõem sobre a Política Estadual de Recursos Hídricos e sobre o Sistema Estadual de Gerenciamento de Recursos Hídricos, respectivamente, preveem instituição de agências de águas no estado.

Esse contexto sugere que, para essa categoria, os serviços de gestão de águas urbanas em Joinville não seguem um modelo que busca sustentabilidade e integração entre os setores. Isso porque no setor de abastecimento de água, apesar de a cobertura do serviço abranger quase toda a população do município, uma significativa quantidade da água tratada é perdida e, com isso, parte da energia elétrica também é desperdiçada. Para o esgotamento sanitário, a situação é mais crítica, visto que boa parte do esgoto não é devidamente tratada, antes de ser encaminhada aos rios. Quanto ao manejo de águas pluviais, é grande o impacto negativo que a urbanização causa ao longo das bacias de drenagem, pois consideráveis trechos foram modificados e alteraram as características naturais das bacias, causando impactos no escoamento dos rios. Também a impermeabilização e a ocupação das áreas de várzeas dos rios contribuíram para o aumento da gravidade de eventos de inundação. Com relação ao PDRC, são observados os conceitos de Giau (não apenas na área urbana da bacia hidrográfica), mas não há previsão de recursos disponíveis para execução de propostas, embora os problemas apresentados no plano sejam graves.

Objetivos, metas e indicadores

Por meio dos objetivos expõe-se, de forma mais concreta, o que se espera alcançar com o gerenciamento do ciclo hidrológico urbano. No caso de uma gestão integrada das águas urbanas, os objetivos visam a alcançar a sustentabilidade no sistema hídrico urbano. Assim, são determinadas as metas, que estabelecem padrões a serem alcançados e indicadores, para visualizar seu progresso (Philip et al., 2011).

No setor água, a prestação de serviços públicos de abastecimento em condições adequadas, visando ao pleno e satisfatório atendimento aos usuários, foi o principal objetivo observado no PMSB. Em curto prazo (5 anos), busca-se a universalização do serviço, em médio (10 anos) e longo prazos (20 anos) é discutida a necessidade da redução do índice de perdas. Para atender esses objetivos, foram definidas variáveis de sucesso, mensuradas por indicadores para determinar o grau de cumprimento em relação a atendimento, eficiência, cobertura, confiabilidade e controle de perdas.

Também para o setor esgoto, os principais objetivos constatados foram a prestação dos serviços públicos de esgotamento sanitário em condições adequadas e a universalização do serviço de tratamento. Para esse setor, a meta é de que o índice de atendimento atinja 100% da população em longo prazo. Os indicadores buscam determinar, assim como para o abastecimento de água, cobertura, eficiência e segurança do sistema.

Em relação ao manejo de águas pluviais, o objetivo proposto pelo PDMAP é evitar perdas econômicas e melhorar as condições de saúde e do meio ambiente da cidade. Sendo assim, o plano procura dar subsídio para o corpo técnico planejar e reduzir os impactos das inundações, bem como criar condições para uma gestão sustentável da drenagem urbana. São recomendados indicadores-chave para a avaliação do sistema de drenagem pluvial que podem ser, gradativamente, incrementados com as informações disponíveis. Entre os indicadores estão aqueles que consideram questões relacionadas ao grau de permeabilidade, gestão da drenagem e eventos hidrológicos, eficácia, aplicação de novas tecnologias, salubridade ambiental, entre outros.

O PDRC apresenta vários planos de ação de desenvolvimento em diversos setores (saneamento, agricultura, indústria, energia elétrica, turismo e lazer, entre outros) com objetivos e resultados esperados, porém não são apresentados indicadores e metas.

Observa-se que os objetivos, metas e indicadores apresentados nos planos dos serviços de abastecimento de água e esgotamento sanitário buscam atender a demanda em qualidade e quantidade, mas não procuram garantir a sustentabilidade do ecossistema, uma vez que a seleção dos objetivos e indicadores deveria promover também o planejamento estratégico a partir de uma visão global para a gestão integrada das águas urbanas. Portanto, nos objetivos, metas e indicadores para o abastecimento de água observam-se princípios mais voltados para uma abordagem convencional, do que para os propostos em uma Giau. Em contrapartida, para o manejo de águas pluviais, a proposta de gestão é mais sustentável, pois abrange aspectos socias e ambientais, além dos econômicos. Dessa forma, sua abordagem se mostra mais promissora em relação ao conceito de Giau do que os dois serviços abordados anteriormente.

Cenários

Os cenários apresentam a descrição plausível de como determinado setor pode se encontrar em um momento específico futuro. Em virtude das incertezas do crescimento econômico, clima e dados demográficos, por exemplo, a construção desses cenários deve ser feita por pesquisadores e especialistas que irão interpretar os dados e analisar a sua evolução ao longo do tempo. Idealmente, esses cenários deveriam ser projetados usando uma combinação de informações, pontos de vista e opiniões de diferentes entidades, organizações e da sociedade de modo geral (Philip et al., 2011).

Para o abastecimento de água e esgotamento sanitário em Joinville, os cenários foram construídos com base em diferentes quadros de investimentos em saneamento. Foram observadas as taxas de crescimento populacional com base nas referências já elaboradas para o município e as informações cedidas por representantes dos órgãos de planejamento da cidade. Também foram observados os vetores de desenvolvimento regional, a expansão urbana com densidades constantes com base no banco de dados georreferenciados e as características do zoneamento econômico ecológico. Com essas informações, a taxa mínima de crescimento populacional admissível foi de 1,57%, o que resultaria em torno de 750.000 habitantes em 2035. Já para a envoltória superior foi estimada para 2035 uma população de 1 milhão de habitantes, a uma taxa de crescimento anual média de 2,66%.

Com base nessas hipóteses, o PMSB – Água e Esgoto apresenta alguns cenários de distribuição populacional. Por meio de uma análise do impacto de cada um desses cenários no balanço hídrico qualitativo e quantitativo, o plano buscou entender como cada um deles poderia afetar as unidades de planejamento de água e esgoto. Assim, ao levar em conta vários fatores ao combinar as informações e materiais coletados dos diversos órgãos e instituições, a construção dos cenários se mostrou satisfatória para a seção água e esgoto. Em contrapartida, o PDMAP, se mostrou mais um documento teórico de ações necessárias a serem desenvolvidas do que um plano em si, e, portanto, não foram realizados estudos que pudessem retratar os cenários e desafios futuros que o manejo dessas águas poderia enfrentar em cada bacia hidrográfica.

O PDRC não apresenta cenários futuros além das tendências de consumo de água já apresentadas anteriormente.

Plano de ações

Esta foi a última categoria a ser analisada. Nesta etapa são selecionados os programas, projetos e medidas para atingir os objetivos e metas previamente determinados. Também é nesta fase que se estabelece o ordenamento no tempo das atividades necessárias (Philip et al., 2011).

No PMSB, nos setores de abastecimento de água e esgotamento sanitário, a estratégia previu implantações de obras em curto, médio e longo prazos.

Em grande parte dessas ações foi verificada uma abordagem convencional, que sugeriu o aumento das demandas para o abastecimento de água e a ampliação da rede de coleta e tratamento de esgoto. Em contrapartida, o plano da bacia do rio Cubatão, para esses mesmos serviços, procurou inserir medidas que preservassem os mananciais e sugeriu alternativas aos métodos convencionais para o tratamento de esgoto e reúso de água residual. Com isso, pode-se constatar que não houve a preocupação de integrar as propostas do PMSB com o plano de bacia existente.

Quanto ao manejo de águas pluviais, em virtude de a visão neste setor estar mais avançada em direção à sustentabilidade, as ações propostas no PDMAP para os futuros planos de drenagem de cada bacia condizem com a proposta de um conceito integrado. Entre elas está a promoção da compatibilização entre os diversos planos diretores e regionais de urbanização, drenagem e saneamento. Além disso, destaca-se que as medidas estruturais extensivas e intensivas não devem exportar os impactos e propõem algumas medidas não estruturais para a redução dos prejuízos e melhor convivência da população com as enchentes, e estas devem ter prioridade em relação às medidas estruturais.

O PDRC apresenta vários planos de ação na área de saneamento básico, a saber: tratamento individual e coletivo de esgoto em área rural, reúso da água na indústria e agricultura, tratamento de esgoto doméstico coletivo na área urbana, entre outros. Planos de ação na área de ações emergenciais, que envolvem o desassoreamento e a recuperação de pontos críticos ao longo da calha dos rios e a recuperação da mata ciliar, também são apresentados. Os planos apresentam responsáveis pelas ações e custos estimados.

Quadro final

Bardin (2011) recomenda condensar os resultados e evidenciar as informações fornecidas pela análise de conteúdo. Dessa forma procedeu-se com a elaboração de um quadro final (Quadro 2). Nele as inferências de cada plano em cada setor avaliado são destacadas por meio de diferentes cores para melhor expressar o resultado da comparação dos planos com o conceito de Giau. Assim, cores diferentes indicam que: 1. o tópico é promissor em relação ao conceito de Giau; 2. o item atende alguns pontos que determinam a Giau; 3. a abordagem na classificação é fundamentalmente convencional; e 4. a classificação não pode ser avaliada para o setor por causa de alguma deficiência no conteúdo do plano.

Quadro 2 – Resultado final da análise

	Abastecimento de água	Esgotamento sanitário	Manejo de águas pluviais	Plano diretor de bacia hidrográfica
Análise fundamental				
Objetivos, metas e indicadores				
Cenários				
Plano de ação				

Legenda:

Item promissor em relação à abordagem de Giau.
Item atende parcialmente à abordagem de Giau.
Item com abordagem fundamentalmente convencional.
Item não se aplica conforme apresentado no plano.

A partir do quadro final observa-se que o abastecimento de água impõe algumas medidas, tendo em vista preservar o ecossistema e diminuir o impacto desse serviço. Os objetivos, metas e indicadores mostram uma abordagem fundamentalmente convencional e é por isso que, embora os cenários retratem amplamente os impactos futuros que esse serviço pode sofrer, as ações, no PMSB, em grande parte buscam apenas ampliação da capacidade de abastecimento para atender ao aumento da demanda previsto nos cenários, em vez de buscar soluções que objetivem a integração com outros setores para suprimento dessa demanda.

Quanto ao sistema de esgotamento sanitário, verificou-se que em Joinville ainda é muito precário esse sistema e o serviço é oferecido apenas para 30% da população. Entende-se que a principal necessidade atual é a cobertura total desse serviço. Entretanto, outras categorias avaliadas para esse setor não o aproximam do conceito de Giau, o que reflete nas medidas tomadas para atender a população. As propostas, no PMSB, apresentam uma abordagem essencialmente convencional, sem buscar integração com as fases do ciclo hidrológico.

Em relação ao manejo de águas pluviais, apesar de atualmente sofrer grande impacto da água das chuvas e do efeito de maré em virtude, principalmente, da ocupação desordenada, os objetivos e ações propostos no plano de longo prazo, para elaboração dos planos de drenagem de cada bacia, estão mais próximos de um conceito de Giau, pois mostram preocupação com fatores ambientais, além dos sociais e econômicos. Entretanto, assim como os outros setores, pode-se ampliar o uso da água desse setor em benefício dos outros setores.

O plano da bacia do rio Cubatão apresenta propostas de ação que o direcionam a um uso mais integrado às demais águas urbanas e conduz, ao final, à classificação do plano de ação como mais próxima ao conceito de Giau, mesmo com algumas carências.

CONSIDERAÇÕES FINAIS

A busca de uma gestão integrada, orientada para a sustentabilidade, é uma questão discutida em âmbito internacional. Para Neto (2016), fóruns de discussão e acordos internacionais reforçam a necessidade de integração da gestão da água no meio urbano. Ele afirma que essa não é uma questão meramente técnica, mas também social e política. Entretanto, embora o modelo de uma gestão integrada dos recursos hídricos seja ideal, só é possível alcançá-lo quando gestão, governança e política da água estão alinhadas a um conceito sustentável. Comparando a gestão das águas em Joinville com outras cidades, observa-se que, embora alguns conceitos estejam presentes, muito ainda há para ser feito. Takala (2017) buscou explorar a perspectiva dos serviços de abastecimento de água e saneamento na Finlândia e constatou que o desenvolvimento sustentável é inerente aos serviços relacionados à água. Isso porque, em um país onde o serviço de abastecimento de água cobre mais de 90% dos lares finlandeses e o serviço de esgotamento sanitário em torno de 85%, os desafios estão relacionados à diminuição do uso de produtos químicos e do consumo de energia nesses serviços. Entretanto, Chong et al. (2016), analisando pequenas cidades da Indonésia, observaram baixos índices de serviços de saneamento, constataram que os processos de planejamento do saneamento não foram sistematicamente usados para guiar uma estratégia para entrega do serviço em longo prazo e o termo sustentabilidade sequer é citado.

A análise dos planos setoriais de Joinville mostra que a situação da cidade se encontra em um processo de evolução. Apesar de os planos diretores setoriais avaliados no município ainda adotarem um modelo de gestão convencional, sobretudo para os serviços de abastecimento de água potável e esgotamento sanitário, gradativamente, soluções sustentáveis para gestão das águas urbanas são adicionadas. Os resultados indicam, portanto, que a inclusão de medidas mais sustentáveis na gestão das águas urbanas do município no PMSB ocorre para o manejo de águas pluviais, possivelmente por ser o setor que mais sofreu ao longo do tempo com os impactos negativos da urbanização. Mas existe ainda uma grande evolução a ser feita para integração entre os planos desses três setores. Observou-se também que o PDRC, embora nominado no PMSB, não foi levado em consideração quando do desenvolvimento dos planos de água, esgoto e drenagem, visto que as ações de sustentabilidade indicadas nesse plano não foram observadas nos demais. Verifica-se que o PDMAP e o PDRC apresentam fragilidades com relação à implementação, seja por falta de dados técnicos para subsidiar planos concretos de ação, seja pela inexistência de recursos financeiros.

Vale ressaltar que a busca por uma gestão integrada nunca cessa e que o progresso das medidas implantadas para auxiliar a governança das águas sempre deverá ser monitorado, uma vez que esse sistema é sujeito, constantemente, a mudanças na realidade urbana e a novos desafios. Avançar na governança das águas urbanas é necessário; e os planos setoriais, que devem ser revistos periodicamente, podem ser ferramentas valiosas para esse fim. Portanto, a gestão integrada envolve um processo de aprimoramento do conhecimento interdisciplinar para lidar com a complexidade dos problemas relacionados a este precioso bem, a água.

REFERÊNCIAS

[ANA] AGÊNCIA NACIONAL DE ÁGUAS. *A Evolução da Gestão dos Recursos Hídricos no Brasil*. Brasília: ANA, 2002. 32 f. Disponível em: http://arquivos.ana.gov.br/ institucional/sge/CEDOC/Catalogo/2002/AEvolucaodaGestaodosRecursosHidricosnoBrasil.pdf. Acesso em: 09 set. 2017.

ASSUNÇÃO, V. R.A. Proposta de Metodologia de cálculo para reservatórios de detenção em bacias hidrográficas urbanizadas. São Carlos, 2012, 153 p. Dissertação (Mestrado em Engenharia Hidráulica e Saneamento). Escola de Engenharia de São Carlos da Universidade de São Paulo. Disponível em: http:// www.teses.usp.br/teses/disponiveis/18/18138/tde-26092012-152554/pt-br.php. Acesso em: 21 nov. 2017.

BARDIN, L. *Análise de conteúdo*. São Paulo: Edições 70, 2011; 229p.

BRANDELER, F.V.D.; GUPTA, J.; HORDIJK, M. Megacities and rivers: Scalar mismatches between urban water management and river basin management. *Journal of Hydrology*, [S.l], p. 1-8, 2018. Disponível em: https://www.sciencedirect.com/science/article/pii/S0022169418300015. Acesso em: 22 mar. 2018.

BRASIL. Lei Federal n. 11.445, de 5 de janeiro de 2007. Estabelece diretrizes nacionais para o saneamento básico. Brasília, 2007.

______. Lei Federal n. 10.257, de 10 de julho de 2001. Estabelece diretrizes gerais da política urbana e dá outras providências. Brasília, 2001.

[CAJ] COMPANHIA ÁGUAS DE JOINVILLE. *Esgoto*. 2017. Disponível em: http://www.aguasdejoinville.com.br/site/?page_id=111&mode=index. Acesso em: 21 nov. 2017.

CARTER, N.; KREUTZWISER, R.D.; LOË, R.C. Closing the circle: linking land use planning and water management at the local level. *Land Use Policy*, [S.l], v. 22, n. 2, p.115-127, 2005. Disponível em: https://doi.org/10.1016/j.landusepol. 2004.01.004. Acesso em: 29 jan. 2018.

CHONG, J.; ABEYSURIYA, K.; HIDAYAT, L. et al. Stregthening local governance arrangements for sanitation: casa studies of small cities in Indonesia. *Aquatic Procedia*, [S.l.], v. 6, p. 64-73, 2016.

EULER, J.; HELDT, S. From information to participation and self-organization: Visions for European river basin management. *Science of The Total Environment*, v. 621, pp. 905-914, 2018. ISSN 0048-9697. Disponível em: https://doi.org/10.1016/j.scitotenv.2017.11.072. Acesso em: 05 fev. 2019.

GONÇALVES, M.L.; OLIVEIRA, F.A. DE; ZANOTELLI, C.T. et al. *Elaboração do plano diretor dos recursos hídricos da bacia hidrográfica do Rio Cubatão do Norte.* Joinville: Univille, 2007; 109 p.

GUTIÉRREZ, A.P.A.; ENGLE, N.L.; NYS, E. DE et al. Drought preparedness in Brazil. *Weather and Climate Extremes,* [S.l], v.3, pp. 95-106, jun. 2014. Disponível em: http://ac-els-cdn-com.ez74.periodicos.capes.gov.br /S2212094713000340/1-s2.0-S2212094713000340-main.pdf?tid=25a9aa5a-8b85-11 e7-937e-00000aacb35d&acdnat=1503879143_8b33a7d1a99f4582d7c2a-7f524559fc f. Acesso em: 21 fev. 2018.

[GWP] GLOBAL WATER PARTNERSHIP. Integrated water resources management. Estocolmo, Suécia: Global Water Partnership Technical Advisory Committee (TAC), 2000. 67 p. Disponível em: http://www.gwp.org/globalassets/global/toolbox/publica tions/background-papers/04-integrated-water-resources-management-2000-english.pdf. Acesso em: 16 set. 2017.

[IBGE] INSTITUTO BRASILEIRO DE GEOGRAFIA E ESTATÍSTICA. *Cidades@*. 2017. Disponível em: https://cidades.ibge.gov.br/. Acesso em: 10 jul. 2018.

HIPÓLITO, J.R.; VAZ, A.C. *Hidrologia e Recursos Hídricos.* 2.ed. Lisboa: IST Press, 2013; 796 p.

JOINVILLE. Decreto Municipal n. 26.680, de 25 de abril de 2016. Aprova os planos setoriais integrantes do plano municipal de saneamento básico de Joinville: plano municipal de abastecimento de água e esgotamento sanitário; plano municipal de gestão integrada de resíduos sólidos e plano de drenagem e manejo de águas pluviais urbanas. Prefeitura Municipal de Joinville, 2016.

MAIA, B.G. DE O.; KLOSTERMANN, D.; RIBEIRO, J.M.G. et al. Bacias Hidrográficas da Região de Joinville. Joinville: 2013; 60p. Disponível em: http://www.cubataojoinville.org.br/_publicacoes /bacias-hidrograficas-da-regiao-de-joinville.pdf. Acesso em: 24 mar. 2018.

MATIAS, M.G.B. Bacias de retenção: Estudo de métodos de dimensionamento. Porto, 2006, 205 p. Dissertação (Mestrado em Vias de Comunicação). Universidade do Porto. Disponível em: https://repositorio-aberto.up.pt/handle/ 10216/11929. Acesso em: 21 nov. 2017.

MELLO, YARA DE. Distribuição de precipitação no município de Joinville (SC) e sua relação com a incidência de leptospirose. Joinville, 2015, 92 f. Dissertação (Mestrado em Saúde e Meio Ambiente). Universidade da Região de Joinville. Disponível em: http://univille.edu.br/account/ppgsma/VirtualDisk.html?action=readFile&file=1_Dissertacao_Yara_versao_digital.pdf&-current=/Dissertacoes_completas/2015. Acesso em: 10 jul. 2018.

MORALES, P.R.D. *Planejamento urbano.* Rio de Janeiro: Fundação Ricardo Franco, 2007; 277 p.

NETO, S. Water governance in an urban age. *Utilities Policy*, [S.l], v. 43, p. 32-41, 2016.

[OECD] ORGANISATION FOR ECONOMIC CO-OPERATION AND DEVELOPMENT. Implementing the OECD Principles on Water Governance: Indicator Framework and Evolving Practices, 2018. OECD Studies on Water, OECD Publishing, Paris. Disponível em: https://doi.org/10.1787/9789264292659-en. www.oecd.org/cfe/regional-policy/OECD-Principles-Water-portuguese.pdf. Acesso em: 01 jul. 2018.

PERES, R.B.; SILVA, R.S. Interfaces da gestão ambiental urbana e gestão regional: análise da relação entre Planos Diretores Municipais e Planos de Bacia Hidrográfica. *Urbe: Revista Bra-*

sileira de Gestão Urbana, [S.l], v.5, n.2, p.13-25, jul./dez. 2013. Disponível em: https://doaj.org/article/ed5184e33ac 249d88bf638a3877d90cc. Acesso em: 03 maio 2018.
PHILIP, R.; ANTON, B.; VAN DER STEEN, P. Switch training kit. Integrated urban water management in the city of the future. Module 1. Strategic planning, Iclei, Freiburg, Germany, 2011.
PINTO-COELHO, R.M.; HAVENS, K. *Crise nas águas. Educação, ciência e governança, juntas, evitando conflitos gerados por escassez e perda das águas*. Belo Horizonte: Recóleo editora, 2015; 162p.
PIZELLA, D. A Relação Entre Planos Diretores Municipais e Planos de Bacias Hidrográficas na Gestão Hídrica. *Revista Ambiente & Água*, Taubaté, v.10, n.3, pp.635-645, jul./set. 2015. Disponível em: http://dx.doi.org/10.4136/ambi-agua.1394. Acesso em: 25 jan. 2018.
[PMJ] PREFEITURA MUNICIPAL DE JOINVILLE.. *Joinville Cidade em Dados 1994*. Prefeitura de Joinville, 1994. 50 p. Joinville- SC.
______. *Plano de Drenagem e Manejo de Águas Pluviais do Município de Joinville/SC*. Joinville: Prefeitura Municipal, 2013; 245p.
______. *Plano Municipal de Saneamento Básico – Definição das Unidades de Planejamento*. Prefeitura de Joinville, 2010; 164 p.
______. *Plano Municipal de Saneamento Básico – Diagnóstico do Meio Físico, Biótico, Econômico e Social*. Prefeitura de Joinville, 2010; 19 p.
______. *Plano Municipal de Saneamento Básico – Diagnóstico Setorial: Abastecimento de água*. Prefeitura de Joinville, 2010; 175 p.
______. *Plano Municipal de Saneamento Básico – Diagnóstico Setorial: Esgotamento sanitário*. Prefeitura de Joinville, 2010; 235 p.
______. *Plano Municipal de Saneamento Básico – Estudos Prospectivos – Cenários*. Prefeitura de Joinville, 2010; 72 p.
______. *Plano Municipal de Saneamento Básico – Componentes água e esgoto plano de ação tomo I – Síntese do plano*. Prefeitura de Joinville, 2011; 93 p.
______. *Plano Municipal de Saneamento Básico – Cartilha Planejar para sanear*. Prefeitura de Joinville, 2011; 32 p.
PORTO, M.F.A.; PORTO, R.L.L. Gestão de Bacias Hidrográficas. *Estudos Avançados*, [S.l], v.22, n.63, pp.43-60, jan. 2008. Disponível em: https://doaj.org/article/3032523d47c74987aabcaa30fe06f941. Acesso em: 20 jun. 2018.
PRISCOLI, J.D. Water and civilization: using history to reframe water policy debates and to build a new ecological realism. *Water Policy, v.* 1, Issue 6, pp.623-636, 2000. ISSN 1366-7017. Disponível em: https://doi.org/10.1016/S1366-7017(99)00019-7. Acesso em: 05 fev. 2019.
REZENDE, D.A.; ULTRAMARI, C. Plano diretor e planejamento estratégico municipal: introdução teórico-conceitual. *Revista de Administração Pública*, v.41, n.2, pp.255-271, mar./abr. 2007. Disponível em: http://www.scielo.br/ pdf/rap/v41n2/05.pdf. Acesso em: 03 fev. 2018.
ROCHA, C.I.O. Plano diretor de drenagem urbana em cidades planejadas: premissa de zoneamento baseado no risco de contaminação da água subterrânea. São Paulo, 2014, 96 p. Dissertação (Mestrado em Engenharia de Recursos Hídricos). Escola Politécnica da Universidade de São Paulo. Disponível em: http://www.teses.usp.br/teses/disponiveis/3/3147/tde-26122014-170119/en.php. Acesso em: 03 fev. 2018.
[SEPUD] SECRETARIA DE PLANEJAMENTO URBANO E DESENVOLVIMENTO SUSTENTÁVEL. *Joinville Cidade em Dados 2017*. Joinville: Prefeitura Municipal, 2017. 73 p.
SILVA, C.S. DA; Santiago, A. Urbanização e Inundação: Conflitos e Possibilidades. *Paisagem Ambiente: ensaios*, São Paulo. N.24, pp.327-334, 2007. Disponível em: http://www.revistas.usp.br/paam/article/view/86442/89099. Acesso em: 27 fev. 2018.
SILVA, M.K. DA. Modelo para pré-dimensionamento de bacias de detenção para controle da poluição difusa das águas pluviais no município de Porto Alegre. Porto Alegre, 2009, 128 p.

Dissertação (Mestrado em Recursos Hídricos e Saneamento Ambiental). Universidade Federal do Rio Grande do Sul. Disponível em: http://www.lume.ufrgs.br/handle/10183/34135. Acesso em: 18 abr. 2018.

[SNIS] SISTEMA NACIONAL DE INFORMAÇÕES SOBRE SANEAMENTO. *Diagnóstico dos Serviços de Água e Esgoto*. 2016. Disponível em: http://snis.gov.br/diagnostico-agua-e-esgotos/diagnostico-ae-2016. Acesso em: 26 mar. 2018.

TAKALA, A. Understanding sustainable development in Finnish water supply and sanitation services. *International Journal of Sustainable Built Environment*, [S.l], v.6, n.2, pp.501-512, 2017.

TUCCI, C.E.M. Águas Urbanas. *Estudos Avançados*, São Paulo, v.22, n.63, pp.97-112, jul. 2008. Disponível em: http://www.scielo.br/scielo.php?script=sci_ arttext&pid=S0103-40142008000200007. Acesso em: 29 mar. 2018.

______. Drenagem Urbana. *Ciência e Cultura*, v.55, n.4, pp.36-37, out/dez. 2003. Disponível em: http://cienciaecultura.bvs.br/scielo. php?pid=S0009-67252003000400020&script=sci_arttext&tlng=pt. Acesso em: 03 nov. 2017.

______. *Inundações Urbanas*. Porto Alegre: ABRH/RHAMA, 2007; 393p.

TUCCI, C.E.M; MENDES, C.A. Avaliação ambiental integrada de bacia hidrográfica. Brasília: MMA, 2006; 302 p. Disponível em: http://www.mma.gov.br/ estruturas/sqapnla/arquivos/sqa3.pdf. Acesso em: 26 jan. 2018.

[UNDESA] UNITED NATIONS DEPARTMENT OF ECONOMIC AND SOCIAL AFFAIRS. Integrated Water Resources Management (IWRM). 2014. Disponível em: http://www.un.org/waterforlifedecade/iwrm.shtml. Acesso em: 16 set. 2017.

[UNFPA] UNITED NATIONS POPULATION FUND. Urbanization. 2016. Disponível em: http://www.unfpa.org/urbanization. Acesso em: 18 nov. 2017.

10 Enfoque geoambiental no ordenamento territorial de bacias hidrográficas

Vládia Pinto Vidal de Oliveira
Geóloga, Universidade Federal do Ceará, UFC

Marcos José Nogueira de Souza
Geógrafo, Universidade Federal do Ceará, UFC

INTRODUÇÃO

O enfoque geoambiental a ser considerado deriva do estudo unificado das Ciências da Terra que dá uma percepção geral do meio em que vive o homem e onde se adaptam os demais seres vivos (Strahler, 1997; Ab'saber, 2003; Christopherson, 2012).

A esfera geoambiental constitui uma das dimensões da concepção de desenvolvimento sustentável tendo o ordenamento territorial como uma de suas áreas estratégicas. Consubstancia-se por meio de programas prioritários, dentre eles o zoneamento ambiental ou zoneamento ecológico-econômico. Conforme estabelecido pelo Projeto Áridas (MI, 2008), dimensão geoambiental preconiza a conservação da natureza e a proteção ambiental através de programas como a otimização dos recursos hídricos; a previsão do clima e a defesa contra os efeitos das secas; a conservação dos solos; a ampliação da biodiversidade e o controle ambiental.

A bacia hidrográfica é contemplada como uma unidade de planejamento e de intervenção da gestão ambiental (Mendonça, 1999; Pires et al., 2002; Barrow, 2006; Rodrigues e Silva, 2013; Carvalho, 2014). Como unidade de intervenção, a bacia hidrográfica representa uma rede de drenagem que tem relações de causa e efeito no contexto sistêmico do meio hidrológico com os demais componentes do potencial ecológico (litologias, geoformas, clima) e da exploração biológica (vegetação, fauna). O solo representa a interface entre os referidos componentes.

Pretende-se, no presente trabalho, apresentar a base teórica do enfoque geoambiental e os procedimentos capazes de conduzir ao ordenamento territorial em bacias hidrográficas. Os trabalhos realizados com enfoque geoambiental privilegiam as sínteses e correlações interdisciplinares (Souza et al., 2005; Souza e Oliveira, 2011; Rodriguez et al., 2011; Souza et al., 2012; Lima e Silva, 2015; Medeiros e Souza, 2015).

Os procedimentos adotados na relação dos estudos físico-ambientais têm merecido a devida atenção ao tratar de estabelecer as diretrizes das Políticas de Meio Ambiente. Os resultados e experiências alcançados ultimamente se baseiam em um modelo sistêmico, revelando-se adequado para incorporar a variável ambiental ao processo de ordenamento territorial em bacias hidrográficas. Parte-se do princípio de considerar o ambiente como um sistema complexo que deriva das relações mútuas e interações entre componentes naturais. Essas relações assumem um grau maior de complexidade quando são incorporadas às variáveis socioeconômicas.

Os sistemas ambientais tendem a apresentar um arranjo espacial decorrente da similaridade de relações entre os componentes de natureza geológica, geomorfológica, hidroclimática, pedológica e biogeográfica, materializando-se nos diferentes padrões de paisagens.

Considera-se que os sistemas ambientais são integrados por variados elementos que mantêm relações mútuas entre si e são continuamente submetidos aos fluxos de matéria e de energia. O sistema representa uma unidade de organização do ambiente natural. Em cada sistema verifica-se, comumente, um relacionamento harmônico entre seus componentes, e eles são dotados de potencialidades e limitações específicas sob o ponto de vista de recursos ambientais. Como tal, reagem também de forma singular no que tange às condições históricas de uso e ocupação. O ordenamento territorial depende de duas dimensões estratégicas a serem integradas: dimensão geoambiental e econômico-social. Como área estratégica da dimensão geoambiental, incluem-se a conservação da natureza e a proteção ambiental. A dimensão econômico-social envolve as atividades produtivas associadas com a qualidade de vida da população.

Considerando os pressupostos retromencionados um estudo para o ordenamento territorial de bacias hidrográficas busca atingir os objetivos considerados relevantes, tais como:

- Identificar e caracterizar as principais variáveis ambientais relativas ao suporte (condições geológicas, geomorfológicas e hidrogeológicas), ao envoltório (clima e hidrologia de superfície) e à cobertura (solos e condições de biodiversidade).
- Elaborar o diagnóstico ambiental do meio físico-biótico com base na aplicação de metodologia sistêmica.

- Delimitar os sistemas ambientais com base nas relações entre os componentes abióticos e bióticos de cada sistema.
- Utilizar produtos de sensoriamento remoto na elaboração da cartografia básica e temática da bacia hidrográfica em escala compatível.
- Indicar as potencialidades, as limitações e a ecodinâmica dos sistemas ambientais definindo sua capacidade de suporte em função do ordenamento territorial.
- Identificar impactos que têm afetado os sistemas ambientais da bacia hidrográfica.

PROCEDIMENTOS: BASE TEÓRICA

Os resultados do enfoque geoambiental decorrem de uma revisão sistemática dos levantamentos anteriores procedidos sobre a base dos recursos naturais em bacias hidrográficas. As análises desse material e dos produtos de sensoriamento remoto, além dos trabalhos de campo para fins de reconhecimento da verdade terrestre, constituem os meios utilizados para o alcance dos objetivos propostos.

As análises temáticas são apresentadas de modo a demonstrar o estreito relacionamento entre os componentes geoambientais. Essas análises, que encerram a primeira etapa do diagnóstico, são conduzidas de modo a definir as características das diversas variáveis que compõem o meio físico. Sequencialmente, são apresentadas as condições litoestratigráficas e as características das feições geomorfológicas; características climáticas e hidrológicas; distribuição dos solos, suas principais propriedades e os padrões de cobertura vegetal, além de estudos da fauna. Essa sequência apresenta uma cadeia de produtos parciais que expõe uma relação de dependência entre as variáveis geoambientais. Cada uma delas apoia-se nas anteriores e fundamenta as seguintes.

O enfoque geoambiental apresenta uma proposta de síntese da compartimentação geoambiental através de um quadro sinóptico. Essa proposta deve ser apoiada na análise das variáveis anteriormente procedidas e nas relações mútuas dessas variáveis.

Nessa etapa é priorizada a visão de totalidade para a caracterização dos sistemas ambientais. Destaca-se, nesse aspecto, as concepções metodológicas consagradas em trabalhos ligados aos Diagnóstico e Zoneamento Ambientais (Embrapa, 1991; MMA, 2001; 2002; MI, 2006; Funceme, 2015).

Os Sistemas Ambientais são delimitados em função de combinações mútuas específicas entre as variáveis geoambientais. Destacando-se as diversidades internas dos sistemas ambientais, são identificados os setores ambientais estratégicos contidos em um mesmo sistema de relações. Sob esse aspecto, a concepção de paisagem assume significado para delimitar os setores, em função da exposição de padrões uniformes ou relativamente homogêneos. A paisagem encerra o resultado da combinação dinâmica e instável de elementos físicos, biológicos e antrópicos que, reagindo dialeticamente uns sobre os outros, fazem dessa paisagem um conjunto único e indissociável em perpétua evolução (Bertrand, 1969; Beroutchachvili e Bertrand, 1978; Troppmair; Galina, 2006; Bertrand e Bertrand, 2009).

Na preparação da legenda do mapa de Sistemas Ambientais, são destacadas as características dos principais atributos ambientais. Elas servem de base para indicar condições potenciais ou limitativas quanto às possibilidades de uso dos recursos naturais e das reservas ambientais nas bacias hidrográficas.

Com o objetivo de avaliar a dinâmica ambiental e o estado de evolução dos sistemas, são estabelecidas categorias de meios ecodinâmicos, com base em critérios de Tricart (1977); Souza e Oliveira (2011). Cada categoria de meio está associada ao comportamento e à vulnerabilidade das condições geoambientais em função dos processos degradacionais. Adaptando-se os critérios de Tricart às áreas de bacias, são distinguidas as categorias de meios a seguir relacionadas e sumariamente caracterizadas:

- Ambientes medianamente estáveis: apresentam uma estabilidade morfológica antiga; os solos são geralmente espessos e bem evoluídos; há forte predominância dos processos pedológicos sobre os processos morfológicos; a cobertura vegetal tem características climáxicas, estando em equilíbrio com o ambiente físico.
- Ambientes de transição ou intergrades: têm ação simultânea dos processos morfogenéticos e dos processos pedogenéticos; há incidência moderada das ações areolares. A predominância dos processos pedogenéticos indica tendência à estabilidade, enquanto a predominância dos processos morfogenéticos demonstra tendência à instabilidade.
- Ambientes fortemente instáveis: pedogênese praticamente nula; ausência ou grande rarefação de cobertura vegetal; incidência muito forte dos processos morfogenéticos, especialmente das ações pluviais.

Com o enquadramento dos sistemas em uma determinada categoria de meio ecodinâmico, viabiliza-se a possibilidade de detectar o grau de vulnerabilidade do ambiente e sua sustentabilidade futura tendencial e desejável.

A organização do mapeamento deve ser procedida com base na utilização de imagens de sensoriamento remoto, em produtos cartográficos básicos e temáticos disponíveis e em trabalhos de campo.

O enfoque geoambiental dá ênfase ao conhecimento integrado e à delimitação dos espaços territoriais modificados ou não pelos fatores econômicos e sociais. Desse modo, o ordenamento territorial inclui uma vertente de variáveis físicas e bióticas e outra de variáveis socioeconômicas. A primeira vertente, das variáveis físicas e bióticas ou das variáveis geoambientais, se materializa em uma série de unidades espaciais homogêneas que constituem herança da evolução dos fatores fisiográficos e biológicos ao longo do Período Quaternário Superior/Holoceno.

Análise dos atributos geoambientais

A caracterização e a delimitação dos sistemas ambientais devem ser precedidas de uma análise sobre cada componente ou atributo natural. Desse modo, a caracterização dos atributos geoambientais atende aos requisitos descritos a seguir:

- Condições geológicas: são analisadas de modo a apresentar a distribuição dos principais tipos litológicos, agrupando-os em formações e identificando a cronoestatigrafia.
- Análise geomorfológica: mostra a distribuição das formas de relevo e das principais feições do modelado, classificando-as de acordo com seus processos morfogenéticos; a morfodinâmica é enfocada para subsidiar a interpretação ecodinâmica dos sistemas ambientais; a delimitação dos compartimentos de relevo que constituem elementos *estáveis* do ambiente é indicador fundamental de identificação e de delimitação dos sistemas ambientais.
- Análise climática: é discutida com base na contextualização dos principais parâmetros, dando-se ênfase a condições termopluviométricas, balanço hídrico e dinâmica das massas de ar responsáveis pelos estados de tempo que marcam as condições climáticas regionais e locais.
- Análise hidrológica ou dos recursos hídricos: inclui tanto as condições essenciais das águas de superfície como as potencialidades hidrogeológicas das bacias hidrográficas, dando-se ênfase a configuração, padrões de drenagem, natureza do escoamento, regimes fluviais, dentre outras.
- Estudos dos solos e da biodiversidade: são conduzidos pela consideração de diversos sistemas ambientais da bacia hidrográfica. Eles são a princi-

pal evidência das interações geoambientais, e seu grau de conservação subsidia a compreensão da dinâmica do meio ambiente ou do estado de degradação dos recursos ambientais. Além dos aspectos fitofisionômicos, são enfocadas as características da fauna, abordadas no contexto dos diversos sistemas ambientais.

- Identificação e delimitação dos sistemas ambientais: trata-se da configuração, no mapa, dos Sistemas Ambientais resultantes do agrupamento de áreas dotadas de condições específicas quanto às relações entre os fatores do potencial ecológico (fatores abióticos) e aqueles da exploração biológica, compostos essencialmente pelo mosaico de solos e pela cobertura vegetal. Esse mapa, organizado através da interpretação das imagens orbitais e da análise do acervo cartográfico temático oriundo de levantamento sistemático dos recursos naturais, é imprescindível para o ordenamento territorial dos diferentes setores de abrangência das bacias, desde as nascentes, ao longo do médio vale e até as áreas estuarinas.
- Análise ecodinâmica: procedida com base em critérios consagrados, com as necessárias adaptações às características naturais da área. São consideradas como categorias de ambientes: 1. ambientes medianamente estáveis, 2. ambientes de transição (*intergrade*) e 3. ambientes fortemente instáveis, conforme precedentemente referido.
- Cada uma dessas categorias, definidas e enquadradas para os diferentes sistemas, serve de base para avaliar a tipologia da fragilidade ambiental.

Análise integrada

Com base em sucessivos níveis de sínteses por meio de relações interdisciplinares, considerando os fatores do potencial ecológico (litologias + geoformas + clima + recursos hídricos), da exploração biológica (solos + cobertura vegetal + fauna) e das condições de ocupação e de exploração dos recursos naturais, são estabelecidas, delimitadas e hierarquizadas as unidades espaciais, configurando, cartograficamente, o mapa dos Sistemas Ambientais em escala compatível com os objetivos, interesses e aplicabilidades práticas do estudo.

As análises dos atributos e da dinâmica natural que identificam os sistemas ambientais têm caráter globalizante e integrativo. Essa visão holístico-sistêmica adotada faculta a compreensão dos sistemas de inter-relações e interdependências que conduzem à formação de combinações dos atributos geoambientais. Desse modo, descarta-se o tratamento linear cartesiano que privilegia os estudos setoriais e distorce a visão sistêmica e de conjunto que configura a realidade natural.

Procedimentos técnico-operacionais

Os procedimentos técnico-operacionais realizados foram: levantamento de acervo bibliográfico, geocartográfico, documentário e de informações sobre o contexto geoambiental das bacias hidrográficas; análise dos temas de estudo, tendo em vista a elaboração do contexto geoambiental; preparação da cartografia básica a ser elaborada por meio do Sistema de Informações Geográficas (SIG), contendo as principais informações planialtimétricas da bacia; análise e utilização dos produtos de levantamentos sistemáticos de recursos naturais disponíveis sobre cada bacia hidrográfica; análise e interpretação dos produtos orbitais, tendo em vista os estudos temáticos e as interpretações parciais e integrativas dos temas; levantamentos de campo para fins de reconhecimento da verdade terrestre da bacia, esclarecendo-se pontos não detectáveis nas interpretações das imagens orbitais.

O fluxograma metodológico apresentado na Figura 1 sintetiza os procedimentos adotados para contextualizar o ambiente da bacia hidrográfica (Souza, 2000; Souza e Oliveira, 2011).

OS SISTEMAS AMBIENTAIS NATURAIS

O produto de síntese do diagnóstico do meio físico-biótico decorre da identificação e delimitação dos sistemas ambientais naturais. Adota-se, para esse procedimento e em conformidade com o fluxograma apresentado (Figura 1), a escala mais adequada para o mapeamento, que seja compatível com os pressupostos metodológicos da abordagem sistêmica (Medeiros e Souza, 2015).

Os sistemas ambientais naturais são delimitados em função das interações entre os componentes geoambientais. Sua denominação é feita de acordo com topônimos geográficos regionais, especialmente associados a drenagem e setores da bacia hidrográfica. Para atender aos requisitos do ordenamento territorial, adota-se uma ordem taxonômica capaz de atender à setorização de cada sistema ambiental natural. Trata-se da indicação de setores ambientais estratégicos que são dotados de atributos e indicadores essenciais e capazes de conduzir à definição de parcelas naturais homogêneas contidas nos sistemas ambientais identificados e delimitados na bacia hidrográfica.

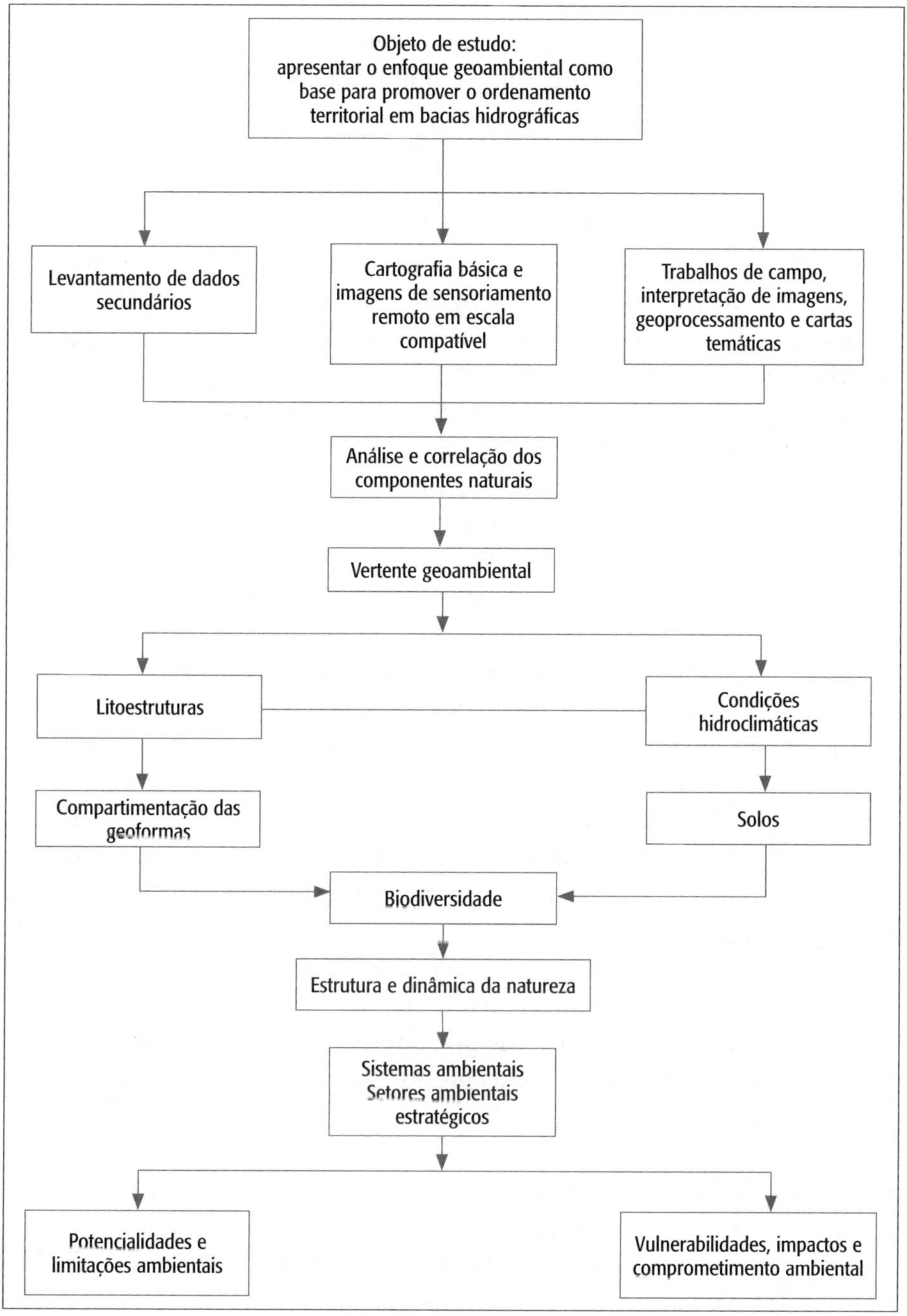

Figura 1 – Fluxograma metodológico.
Fonte: Souza (2000).

Nas sinopses que caracterizam os sistemas ambientais (ou Unidades Territoriais Básicas) e os setores ambientais estratégicos são considerados os seguintes aspectos: (1) características geoambientais e ecodinâmicas dominantes; (2) impactos e problemas ambientais; (3) capacidade produtiva dos recursos naturais com indicações a respeito das suas potencialidades e limitações; e (4) qualidade ambiental e fragilidades.

As características geoambientais apresentam os aspectos predominantes dos componentes do potencial ecológico e da exploração biológica de cada sistema ou setor ambiental estratégico. A ecodinâmica é indicada conforme critérios estabelecidos por Tricart (1977), anteriormente apresentados.

Os impactos e problemas ambientais registram os desequilíbrios gerados pelos vetores de pressão decorrentes das atividades praticadas, dos desmatamentos e ocupações desordenadas, das queimadas, da abertura de acessos, da captação de água, do uso incompatível com as fragilidades e os limites de tolerância dos sistemas ambientais naturais e dos setores ambientais estratégicos.

A avaliação da capacidade produtiva dos recursos naturais tem como referência as potencialidades (pontos fortes) e as limitações (pontos fracos) dos sistemas ambientais. As potencialidades indicam favorabilidades dos recursos ambientais além de atividades compatíveis com os limites de tolerância dos sistemas. As limitações são consideradas como forças restritivas que correspondem a pontos fracos dos sistemas e dos seus recursos naturais. Elas devem ser identificadas em função das deficiências e vulnerabilidades do potencial produtivo. Dependem, também, do estado de conservação da natureza em decorrência de impactos produzidos pelo uso e ocupação da terra ao longo do processo histórico.

A qualidade ambiental expressa o estado de conservação dos sistemas e setores ambientais e da biodiversidade. Há que considerar, também, as tendências da sucessão ecológica que pode derivar para a progressividade ou regressividade. Dentre as categorias propostas, são consideradas as seguintes (Souza, 2015):

- Fitoestabilizada: preservação ou permanência dos remanescentes da cobertura vegetal primária ou de sucessões ecológicas próximas a esta. Cumpre salientar, por oportuno, que a categoria em pauta é apenas referência para as demais, pois geralmente não se constata sua ocorrência em grande parte das bacias hidrográficas brasileiras.
- Derivada com dinâmica ambiental progressiva: alterações parciais e moderadas de atributos e funções dos componentes naturais dos sistemas e setores ambientais estratégicos, derivando para níveis de qualidade

ambiental satisfatórias nas sucessões ecológicas secundárias. As condições de recuperação e/ou restauração podem ser alcançadas após período de pousio prolongado desde que mantidas as principais qualidades edáficas.

- Derivada com dinâmica ambiental regressiva ou desestabilizada: alterações muito significativas de atributos e funções dos componentes naturais dos sistemas e setores ambientais estratégicos, derivando para níveis de qualidade ambiental muito baixos ou desestabilizados nas sucessões ecológicas secundárias. As condições de recuperação podem tender para a inviabilidade ou para o estado de degradação.
- Degradada: alterações drásticas de atributos e funções dos componentes naturais dos sistemas e setores ambientais estratégicos, desestabilizando-os ou conduzindo-os para níveis de qualidade ambiental muito baixos ou irreversivelmente degradados.
- As fragilidades estão intimamente subordinadas às condições ecodinâmicas anteriormente referidas. São consideradas as seguintes categorias:
- Áreas com baixa fragilidade: correspondem aos sistemas ou setores ambientais estratégicos que são dotados de condições ecodinâmicas medianamente estáveis ou que possuem qualidade ambiental fitoestabilizada ou derivada com dinâmica ambiental progressiva.
- Áreas medianamente frágeis: correspondem aos sistemas ou setores ambientais estratégicos que são dotados de condições ecodinâmicas de transição ou medianamente estáveis motivadas por preponderância da pedogênese sobre os processos morfodinâmicos, tendo qualidade ambiental derivada e com evidentes tendências de desestabilização.
- Áreas com alta fragilidade: correspondem aos sistemas ou setores ambientais estratégicos que são dotados de condições ecodinâmicas fortemente instáveis, tendo qualidade ambiental derivada com dinâmica regressiva ou degradada.

DIRETRIZES E OBJETIVOS ESTRATÉGICOS PARA O ORDENAMENTO TERRITORIAL DE BACIAS HIDROGRÁFICAS

A gestão dos sistemas ambientais e dos recursos naturais é uma atividade complexa por excelência. Envolve diretrizes de natureza variada. As ações a serem implementadas perseguem a operacionalização de diretrizes de uso e regulação do solo, uso e conservação da biodiversidade mediadas, capazes de conduzir ao controle e monitoramento da qualidade ambiental, além da gestão integrada dos recursos hídricos. São, em essência, diretrizes apontadas desde a elaboração da Agenda 21 Brasileira (Brasil, 2000) e no Plano Nacional de Recursos Hídricos (MMA/SRH, 2006).

Implementar a gestão integrada dos recursos hídricos

Conservar os recursos hídricos através de meios técnicos capazes de promover sua recuperação e revitalização e da utilização de instrumentos de gestão, visando ao aumento e à manutenção de sua disponibilidade quantitativa e qualitativa.

Dentre os objetivos estratégicos, estão incluídos os seguintes: conservar os recursos hídricos, proporcionando o aumento de sua disponibilidade através de ações como: prevenir a escassez e a deterioração da qualidade da água; efetivar o uso eficiente das reservas disponíveis; monitorar, sistematicamente, a disponibilidade dos sistemas lacustres; implantar tecnologias capazes de permitir a reutilização da água; aumentar a oferta qualitativa e quantitativa de água, dando-se ênfase à realização de estudos hidrogeológicos e definindo, com maior precisão, as reservas dos mananciais subterrâneos; promover a recuperação e a revitalização das bacias hidrográficas, incentivando o planejamento integrado das intervenções; identificar prioridades quanto aos usos atuais e futuros dos recursos hídricos e em consonância com os anseios da comunidade; criar mecanismos de proteção dos mananciais difundindo práticas para a sua não contaminação, alertando para os riscos do uso de agrotóxicos e demais poluentes; incentivar a reconstituição das matas ciliares das planícies fluviais e lacustres.

Indicar preceitos sustentáveis para o uso da biodiversidade

Cumprir os preceitos do zoneamento ambiental que delimita as zonas e subzonas de preservação segundo critérios estabelecidos pela Legislação; ampliar a representatividade dos sistemas existentes na bacia hidrográfica, recuperando-os e protegendo-os, tais como os fragmentos de vegetação primária, as matas ciliares de planícies fluviais e lacustres, a vegetação de baixo vale, etc.; incentivar a criação de Reservas Particulares de Patrimônio Naturais (RPPN); utilizar os limites estabelecidos no Zoneamento Ambiental para a Zona de Uso Sustentável, buscando a compatibilização das atividades econômicas com a manutenção da capacidade produtiva dos solos; incentivar o manejo sustentável de espécies florestais, visando desenvolver técnicas para a recuperação de sistemas ambientais degradados, mediante o reflorestamento com espécies nativas ou exóticas úteis; proteger o conhecimento e as práticas utilizadas pelas comunidades locais, estabelecendo mecanismos capazes de preservar, manter e valorizar conhecimentos e hábitos culturais tradicionais.

Estabelecer medidas de controle da qualidade ambiental

Propor medidas de controle da qualidade ambiental, dando-se ênfase ao sistema de licenciamento de atividades poluidoras, ao incremento de atividades de recuperação ambiental, ao monitoramento e fiscalização de áreas degradadas, principalmente no entorno de nascentes fluviais, topos de morros, matas ciliares e áreas estuarinas.

Dentre os objetivos das medidas de controle da qualidade ambiental, devem ser consideradas: implementar e/ou fortalecer o sistema de licenciamento de atividades que poluem o meio ambiente das bacias através da aplicação da legislação pertinente e das normas indicadas no zoneamento ambiental; incrementar a atividade de recuperação ambiental por meio de ações do antropismo, definindo os agentes causadores de degradação e suas principais categorias que são ligadas à mineração, agropecuária, implantação de infraestruturas e assentamentos urbanos; controlar a poluição difusa oriunda das atividades agrícolas, ligadas a agrotóxicos, inseticidas e outras fontes de poluiçao; prevenir e atenuar os efeitos de inundações sazonais em anos de volumes pluviométricos excepcionais.

Promover a regulação do uso e da ocupação do solo

Definir o uso potencial da terra, tendo em vista a sua capacidade produtiva e conservação. Inclui, como objetivos estratégicos, a necessidade de proteger o solo, os recursos hídricos e de identificar as possibilidades de exploração dos recursos minerais.

Proteger os solos implica os seguintes objetivos estratégicos: evitar a degradação dos solos, prevenindo a ablação dos horizontes superficiais, a acidificação e a salinização associadas a manejos inadequados; evitar técnicas de manejo que conduzam à compactação e ao empobrecimento dos solos; identificar as fontes de contaminação/poluição dos solos nas diferentes associações que são próprias de cada sistema ambiental ou setor ambiental estratégico; recuperar áreas de preservação permanente no entorno dos sistemas lacustres e fluviais; impedir a disposição inadequada dos resíduos sólidos.

Verificar as possibilidades de exploração dos recursos minerais: impedir a mineração desordenada, especialmente a retirada indiscriminada de áreas nos leitos fluviais para construção civil; estabelecer prioridades quanto ao uso sustentável dos recursos minerais; criar e ampliar o sistema de fiscalização para o exercício dessa atividade, principalmente pelos Comitês de Bacias.

ESTRUTURAÇÃO GERAL DOS PROGRAMAS DE MANEJO PARA O ORDENAMENTO TERRITORIAL EM BACIAS HIDROGRÁFICAS

Os programas de manejo são estratégias fundamentais para o ordenamento territorial das bacias hidrográficas. Os objetivos e indicadores de cada programa poderão ser desdobrados em projetos que devem buscar atender temas de concentração estratégica e respectivas medidas emergenciais.

São propostos na temática geoambiental os seguintes programas:

- Programa de Conservação e Recuperação Ambiental.
- Programa de Proteção.
- Programas de Pesquisa e Educação Ambiental.

Programa de conservação e recuperação ambiental

Objetivos:

- Conservar, enriquecer e recuperar os sistemas ambientais dotados de fragilidade e ecodinâmica fortemente instável, a exemplo das nascentes fluviais e entornos, planícies fluviais com matas ciliares, vertentes e topos de morros e cristas residuais, dentre outros.
- Implementar ações de manejo orientadas para a conservação da biodiversidade da bacia hidrográfica.
- Aumentar as áreas recuperadas de preservação permanente das margens dos rios e dos mananciais lacustres.
- Aumentar as áreas de nascentes fluviais recuperadas.

Projetos

Recuperação Ambiental

Objetivo: promover ações orientadas para a recuperação e a restauração dos sistemas ambientais degradados e para o enriquecimento da biodiversidade da bacia hidrográfica.

Medidas emergenciais:

- Incentivar programas orientados para manter a biodiversidade da bacia, com identificação dos vetores de pressão.
- Definir áreas de proteção à fauna.
- Implementar o manejo de atividades agrossilvipastoris.
- Promover ações de reflorestamento heterogêneo integrado a áreas de preservação permanente.
- Controlar a disposição dos resíduos sólidos e o tratamento de efluentes.
- Direcionar a atividade turística já existente para a promoção do turismo ecológico e a difusão do patrimônio natural e cultural presentes na APA.

Proteção dos Remanescentes de Vegetação Primária

Objetivos: promover ações de fiscalização, tendo em vista a preservação dos remanescentes de vegetação primária que pode ter sido suprimida.

Medidas emergenciais:

- Promover efetivo controle e monitoramento dos fragmentos de vegetação primária, visando a sua preservação.
- Aumentar a ocorrência de fauna na área preservada.
- Erradicar, gradualmente, as espécies exóticas existentes no espaço natural da mata, incentivando a recuperação e a restauração natural em condições muito próximas da vegetação primária.

Conservação dos Recursos Hídricos

Objetivos: conservar os recursos hídricos superficiais e subterrâneos em termos de disponibilidade e qualidade, estabelecendo critérios para os diferentes tipos de uso.

Programa de proteção

Objetivos: prevenir, coibir e estabelecer processo de punição às atividades que sejam capazes de promover ameaças ou causar danos para a conservação dos recursos naturais – com ênfase para os recursos hídricos e a biodiversidade.

Indicadores:

- Recuperar e manter os recursos naturais da bacia hidrográfica.
- Promover ações que conduzam à melhoria da qualidade da natureza nas áreas de recuperação ambiental e de manutenção da capacidade produtiva nas áreas que possuem essa capacidade.
- Promover aumento das ações de fiscalização preventiva.

Projetos

Monitoramento dos Vetores de Pressão

Objetivos: sistematizar e espacializar informações a serem integradas a um banco de dados para fazer o monitoramento ambiental da bacia hidrográfica.

Medidas emergenciais:

- Dispor de imagens orbitais de resolução adequada para a promoção contínua das atividades de monitoramento.
- Informar sobre as atividades e os resultados das ações de proteção na bacia hidrográfica.

Gestão de Licenciamento

Objetivos: estabelecer a obrigatoriedade de elaboração de estudos ou relatórios de impactos ambientais para a implantação de empreendimentos capazes de promover desequilíbrio no meio socioambiental da bacia hidrográfica.

Medidas emergenciais:

- Difundir e aplicar normas e critérios para as intervenções impactantes.
- Treinar gestores municipais e estaduais para fazer a fiscalização sistêmica dos empreendimentos.

Programa de pesquisa e educação ambiental

Objetivos: ampliar os conhecimentos a respeito dos sistemas ambientais, da sua capacidade de suporte, dos processos morfodinâmicos, das alternativas de desenvolvimento local, além de desenvolver e implementar o conceito de educação ambiental para promover o fortalecimento da cidadania e exequibilizar o desenvolvimento sustentável.

Indicadores:

- Aumento de projetos de pesquisas a serem desenvolvidos de acordo com as prioridades e os problemas da bacia hidrográfica, com destaque para a biodiversidade e o uso sustentável dos recursos hídricos.
- Ações priorizadas em face de projetos de pesquisas científicas realizadas na bacia, com destaque para o manejo dos recursos naturais que revertam o estado de degradação de alguns setores ambientais estratégicos como

nascentes fluviais, relevos fortemente dissecados, complexo vegetacional de áreas estuarinas, entre outros.

- Aumento da infraestrutura de apoio à pesquisa.
- Ampliação da contribuição do conhecimento gerado pelos projetos de pesquisa para a gestão de bacia hidrográfica, manejo ambiental e resolução dos problemas em face dos conflitos e da exacerbação dos vetores de pressão.
- Atividades de educação ambiental realizadas na bacia hidrográfica, como produção de material informativo para a comunidade.
- Educação ambiental inserida como componente fundamental de todos os programas de manejo.

Projetos

Pesquisas Prioritárias

Objetivo: definir temas prioritários de pesquisa na bacia, de modo que a produção do conhecimento contribua para a melhoria da gestão e tomadas de decisão pelo Comitê de Bacia.

Medidas emergenciais:

- Elaborar um banco de dados de pesquisas bibliográficas.
- Estabelecer convênios com universidades e centros de pesquisa.
- Promover parcerias com ONGs.
- Cadastrar centros de pesquisa com interesse na área de abrangência da bacia hidrográfica.
- Elaborar cadastro de organismos de financiamento.
- Propor diretrizes e prioridades para pesquisa.

Gestão dos Resultados de Pesquisas

Objetivo: promover uma sistemática capaz de possibilitar uma ampla difusão dos resultados das pesquisas científicas realizadas na bacia hidrográfica.

Medidas emergenciais:

- Criar linhas de pesquisa, dando-se prioridade à biodiversidade, disponibilidade e qualidade dos recursos hídricos, diagnose de vetores de pressão atual e futura.
- Estabelecer instrumentos de avaliação de estudos e pesquisas de impactos ambientais de projetos passíveis de gerar desequilíbrios ambientais na bacia hidrográfica.

- Incentivar estudos sobre o efeito do antropismo na bacia e no seu entorno, para possibilitar comparações entre os resultados das pesquisas.
- Avaliar, através de pesquisas direcionadas, as condições de sucessão ecológica e a regeneração da cobertura vegetal, tendendo para uma dinâmica progressiva ou regressiva, especialmente no entorno de nascentes, topos de morros e vertentes íngremes e do complexo vegetacional das áreas estuarinas.

Programas de Manejo e a Inserção da Educação Ambiental

Objetivo: elaborar e implementar o programa de educação ambiental, desenvolvendo o seu conceito para o fortalecimento da cidadania e viabilizando os preceitos do desenvolvimento sustentável.

Medidas emergenciais:

- Implementação de atividades com parceria institucional e grupos de interesse.
- Material informativo produzido, tendo sempre em conta os problemas ambientais da bacia hidrográfica e a participação da comunidade na sua resolução.
- Atividades e processos de educação ambiental sendo realizados na área da bacia hidrográfica.
- Programas e atividades conduzidos por parceria especializada.
- Recursos captados para projetos de educação ambiental.
- Inserção da educação ambiental no demais programas de manejo.

CONSIDERAÇÕES FINAIS

Dentre pontos fundamentais abordados no capítulo, alguns merecem destaque especial. A bacia hidrográfica constitui uma entidade espacial geográfica, rigorosamente delimitada, compondo uma unidade de planejamento e de intervenção na gestão do meio ambiente e de avaliação dos recursos naturais. O enfoque geoambiental pode conduzir à delimitação dos sistemas ambientais (ou dos geossistemas para a geografia física), que são passíveis de descrição e de representação cartográfica; podem assim, espacializar a concepção abstrata de ecossistema, onde se relacionam e enfatizam os elementos bióticos produtores e consumidores. A bacia hidrográfica vem sendo tratada, por motivos de ordens conceitual e programática, como unidade básica de estudos ambientais; é assim considerada um modelo de sistema natural aberto, em que é viável avaliar e interpretar as trocas de energia e de materiais que nele ocorreram. O enfoque geoambiental visando ao ordenamento territorial em bacias hidrográficas requer a organização de uma equipe multidisciplinar e não deve privilegiar setores de estudos conforme o procedimento linear cartesiano. O sistema ambiental expressa um conceito geográfico de zonalidade, e cada sistema é reconhecido por seus atributos ambientais, reciprocamente relacionados, permitindo diferenciá-lo de outros sistemas vizinhos; cada sistema apresenta vínculos espaciais e dinâmicos com os demais sistemas da bacia hidrográfica, compondo uma rede complexa e integrada. O sistema ambiental ou geossistema compõe a base para o zoneamento ambiental, cuja tipologia das zonas é estabelecida conforme critérios associados ao estado de conservação, capacidade de suporte (que confronta potencialidade e limitações), vocação de uso, fragilidades, condições ecodinâmicas, entre outros.

A par dessas considerações, salienta-se que o ordenamento territorial tem o Zoneamento Ecológico-Econômico como instrumento fundamental. Contemplando o desenvolvimento sustentável como paradigma, o Zoneamento em epígrafe busca assegurar a equidade de acesso aos recursos socioambientais. O enfoque geoambiental, conforme discutido, também é requisito indispensável para a gestão de bacias hidrográficas. Ele contribui para orientar as políticas públicas no que tange ao aproveitamento e monitoramento sistemático dos recursos naturais, das atividades econômicas praticadas e da qualidade de vida da população.

REFERÊNCIAS

AB'SABER, A. N. *Os domínios da natureza no Brasil: potencialidades paisagísticas*. São Paulo: Atelier Editorial, 2003.

BARROW, C. J. *Environmental management for sustainable development*. 2.ed. New York: Routledge, 2006.

BERTRAND, G. Paisagem e geografia física global: esboço metodológico. *Caderno de Ciência da Terra*, v.13, p.1-21, 1969.

BEROUTCHACHVILI, N.; BERTRAND, G. O Geossistema ou "SistemaTerritorial Natural". *Revue Géographie dês Pyrenées et du Sud Duest*, v.49, n.2, p.167-80, 1978.

BERTRAND, C.; BERTRAND, G. *Uma geografia transversal e de travessias: o meio ambiente através dos territórios e das temporalidades*. Maringá: Massoni, 2009. 332 p.

CARVALHO, R.G. As bacias hidrográficas enquanto Unidades de Planejamento e Zoneamento e Zoneamento Ambiental no Brasil. *Caderno Prudentino de Geografia*. Vol. Especial, n.36, p-26-43, 2014.

CHRISTOPHERSON, R.W. Geossistemas – Uma introdução à geografia física. Trad: Francisco Eliseu Aquino et al. 7.ed. Porto Alegre: Bookman, 2012.

[EMBRAPA] EMPRESA BRASILEIRA DE PESQUISA AGROPECUÁRIA. *Zoneamento Agroecológico do Nordeste: diagnóstico do quadro natural e agrossociológico*. Petrolina: Embrapa/ CPATSA, 1991.

[FUNCEME] FUNDAÇÃO CEARENSE DE METEOROLOGIA E RECURSOS HÍDRICOS. *Zoneamento Ecológico-Econômico das Áreas Susceptíveis Á Desertificação no Estado do Ceará – Núcleo I – Irauçuba/Centro-Norte.* Expressão Gráfica e Editora. Fortaleza, 2015.

LIMA, E.C.; SILVA, E.V. Estudos geossistêmicos aplicados à bacia hidrográfica. *Revista Equador (UFPi),* v.4, n.4, p.3-24, 2015.

MEDEIROS, C.N.; SOUZA, M.J.N. Mapeamento dos sistemas ambientais do município de Caucaia (CE) utilizando sistemas de informação geográfica: subsídios para o planejamento territorial. *Revista Brasileira de Geografia Física,* v.8, n.1, p. 25-40, 2015.

MENDONÇA, F. Diagnóstico e análise ambiental de microbacias hidrográficas: proposição metodológica na perspectiva do zoneamento, planejamento e gestão ambiental. *RA'EGA – O Espaço Geográfico,* v.3, p. 57-79, 1999.

[MI] MINISTÉRIO DE INTEGRAÇÃO NACIONAL. Departamento de Obras Contra as Secas – DNOCS. *Zoneamento Ecológico Econômico das Áreas de Influência do Reservatório da Barragem Castanhão, Ceará. Fortaleza*: Cetrede, 2006.

______. Instituto Interamericano de Cooperação para Agriculutra – IICA. Projeto Áridas. Nordeste: uma estratégia de desenvolvimento sustentável. Brasília, DF. MPO. 2008. Disponível em http://bibspi.planejamento.gov.br/handle/iditem/678?show=full. Acesso em: 10 mai. 2018.

[MMA] MINISTÉRIO DO MEIO AMBIENTE. *Agenda 21*: bases para a discussão. Brasília: Ministério do Meio Ambiente, 2000.

______. *Programa Zoneamento Ecológico-Econômico: diretrizes metodológicas para o ZEE do Brasil.* Brasília: Ministério do Meio Ambiente, 2001.

______. *Zoneamento Ecológico-Econômico do Baixo Parnaíba.* Brasília: Ministério do Meio Ambiente, 2002.

[MMA/SRH]. MINISTÉRIO DO MEIO AMBIENTE/SECRETARIA DE RECURSOS HÍDRICOS. *Plano Nacional de Recursos Hídricos. Diretrizes: volume 3.* Brasília, 2006. Disponível em: <http://www.participa.br/articles/public/0018/0025/vol3.pdf.>. Acesso em: 12 mai. 2018.

PIRES, J.S.R.; SANTOS, J.E.; PRETTE, M.E. A utilização do conceito de bacia hidrográfica para a conservação dos recursos naturais. IN: SCHIAVETTI, A.; CAMARGO, A.F.M. (Org.). *Conceitos de Bacias Hidrográficas: teorias e aplicações.* Ilhéus: Editus, 2002.

RODRIGUEZ, J.M.M.; SILVA, E.V. Planejamento e gestão ambiental: subsídios da geoecologia das paisagens e da teoria geossistêmica. Fortaleza: Edições UFC (Coleção Estudos Geográficos), 2013.

RODRIGUEZ, J.M.M.; SILVA, E.V.; LEAL, A.C. Planejamento ambiental de bacias hidrográficas desde a visão da geoecologia da paisagem. In. FIGUEIRÓ, A.S.; FOLETO, E. (Org.). *Diálogos em geografia física.* Santa Maria: UFSM, 2011.

TRICART, J. *Ecodinâmica.* Rio de Janeiro: IBGE/SUPREN, 1977.

TROPPMAIR, H.; GALINA, M. H. Geossistemas. *Mercator,* v.5, n.10, p.79-89, 2006.

SOUZA, M.J.N. Bases Naturais e Esboço do Zoneamento Geoambiental do Estado do Ceará. In: LIMA, L.C.; SOUZA, M.J.N.; MORAIS, J.O. *Compartimentação Territorial e Gestão Regional do Ceará.* Fortaleza: Funece, 2000.

SOUZA, M.J.N. Mapeamento de Sistemas Ambientais e Aplicações Práticas para a Conservação da Natureza e o Ordenamento Territorial. *Revista Equador (UFPI).* v.4. n.3. Edição Especial XVI Simpósio Brasileiro de Geografia Física Aplicada. Teresina. p.161-173, 2015.

SOUZA, M.J.N. et al. *Contexto Geoambiental das Bacias Hidrográficas dos Rios Acaraú, Curú e Baixo Jaguaribe – Estado do Ceará.* Fortaleza: Embrapa Agroindústria Tropical, 2005.

SOUZA, M.J.N.; OLIVEIRA, V.P.V. Análise ambiental – uma prática da interdisciplinaridade no ensino e na pesquisa. *Revista Eletrônica do PRODEMA,* v.7, n.2, p. 42-59, 2011.

SOUZA, M.J.N.; SANTOS, J.O.; OLIVEIRA, V.P.V. Sistemas Ambientais e capacidade de suporte na Bacia Hidrográfica do Rio Curu – Ceará. *Continentes: Revista de Geografia da UFRRJ,* v.1, p.119-143, 2012.

STRAHLER, A. N. *Geografia Física.* 3.ed. Barcelona: Editorial Omega, 1997.

Planos de recursos hídricos em bacias hidrográficas interestaduais: casos do Paranapanema, Piancó-Piranhas-Açu e Paraguai

11

Sérgio Rodrigues Ayrimoraes Soares
Engenheiro civil, Agência Nacional de Águas, ANA

Luciana Aparecida Zago de Andrade
Bióloga, Agência Nacional de Águas, ANA

Márcio de Araújo Silva
Biólogo, Agência Nacional de Águas, ANA

Gonzalo Álvaro Vázquez Fernandez
Engenheiro agrônomo, Agência Nacional de Águas, ANA

Edgar Gaya Banks Machado
Engenheiro florestal, Agência Nacional de Águas, ANA

Rosana Mendes Evangelista
Geógrafa, Agência Nacional de Águas, ANA

Carlos Alberto Perdigão Pessoa
Engenheiro civil, Agência Nacional de Águas, ANA

INTRODUÇÃO

O Plano de Recursos Hídricos (PRH) é um dos instrumentos da Política Nacional de Recursos Hídricos, estabelecida pela Lei das Águas (Lei n. 9.433/97), ao lado da outorga de direitos de uso, do enquadramento, da cobrança e do sistema de informações. Essa Lei concedeu implicitamente aos planos a condição de orientadores da gestão das águas, uma vez que lhes conferiu o papel de fundamentar e orientar a implementação da política e o gerenciamento dos recursos hídricos, o que inclui estabelecimento de diretrizes e estratégias para aplicação dos demais instrumentos.

O PRH constitui um documento programático que define a agenda de gerenciamento dos recursos hídricos de um determinado recorte territorial, identificando ações de gestão em termos de planos, programas, projetos, intervenções e investimentos prioritários dentro da perspectiva de uma visão integrada dos usos múltiplos da água, com o envolvimento de órgãos governamentais, sociedade civil, usuários e diferentes instituições que participam da gestão dos recursos hídricos.

Trata-se, portanto, de instrumento que se articula com outras esferas de planejamento e a partir de uma base técnica fornece subsídios para o processo decisório que, construído de modo participativo, busca estabelecimento de um pacto pelo uso da água. Como objetivos específicos dos PRH, destacam-se:

- orientar a implementação dos demais instrumentos de gestão de recursos hídricos;
- promover o uso, controle, proteção e recuperação dos recursos hídricos;
- atender às demandas de água com foco no desenvolvimento sustentável que considera as dimensões econômica, social e ambiental;
- promover os usos múltiplos das águas;
- garantir o equilíbrio entre oferta e demanda de água, de modo a assegurar disponibilidade hídrica em quantidade e qualidade; e
- contribuir para a construção de uma visão integrada entre os atores sobre as ações prioritárias para a região.

Os planos de recursos hídricos, no Brasil, devem ser elaborados por bacia/região hidrográfica, por Unidade da Federação – UF e para o país, por meio do Plano Nacional. A aprovação é de responsabilidade, respectivamente, dos Comitês de Bacia Hidrográfica (CBH estaduais ou federais), dos Conselhos Estaduais de Recursos Hídricos (CERH) e do Conselho Nacional de Recursos Hídricos (CNRH). A Lei n. 9.433/97 define um conteúdo mínimo para os PRH e, de forma complementar, a Resolução n. 145/2012 do CNRH estabelece diretrizes para a elaboração de PRH de bacias (ou regiões) hidrográficas, com detalhamento do conteúdo mínimo, de acordo com as três principais etapas de elaboração dos PRH: diagnóstico, prognóstico e plano de ações, conforme Figura 1.

Cerca de vinte anos após a aprovação da Lei das Águas, verifica-se uma evolução significativa na elaboração dos PRH em suas diferentes unidades territoriais, tanto em termos da cobertura espacial como do conteúdo apresentado. Se, de início, os PRH privilegiavam o diagnóstico, ao longo do amadurecimento da política houve o reconhecimento da necessidade de os PRH serem mais executivos, resultado de uma mudança de direção que buscou dar ênfase ao detalhamento dos planos de ação e da estratégia de implementação pós-plano.

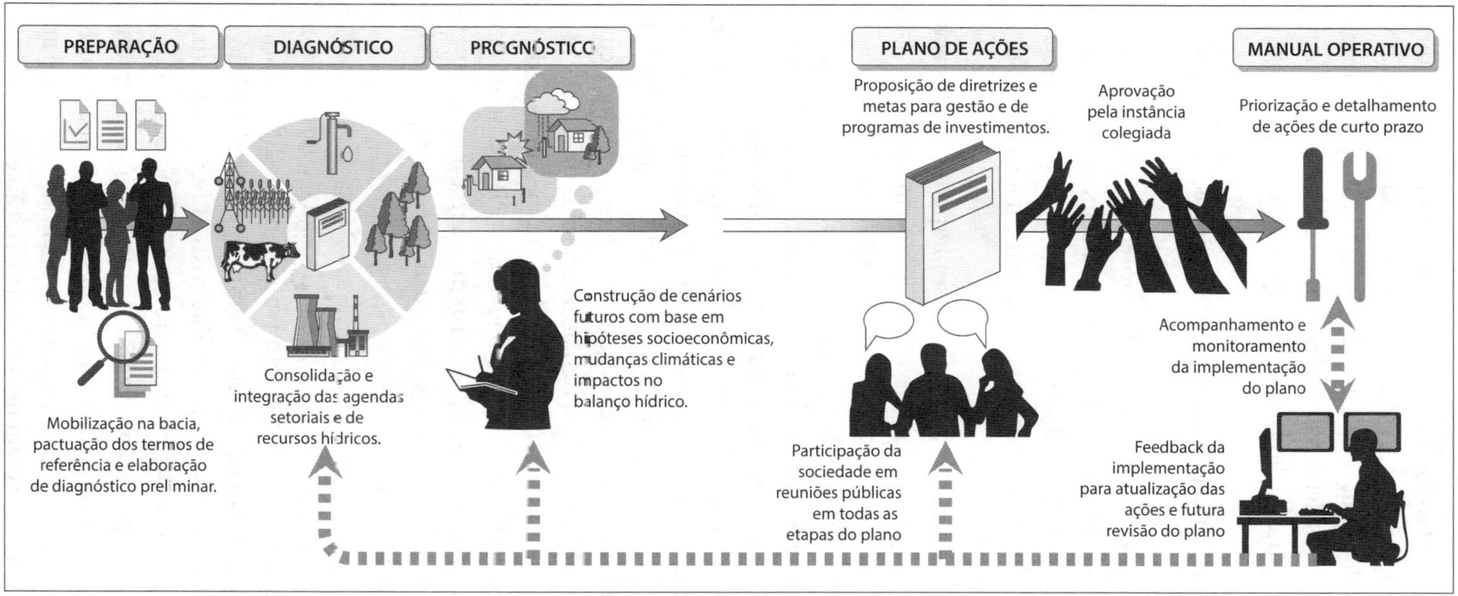

Figura 1 – Processo de elaboração dos planos de recursos hídricos (ANA, 2017a).

Esse movimento só foi possível mediante experiência adquirida e as lições aprendidas ao longo dos anos pela Agência Nacional de Águas (ANA) na elaboração de Planos de Bacias Hidrográficas Interestaduais e na implementação e operacionalização dos demais instrumentos de gestão, que permitiram identificar limitações no processo de elaboração e operacionalização dos PRH, tais como:

- Termos de referência excessivamente extensos, porém genéricos e pouco propositivos.
- Concentração desproporcional de esforços/recursos nas etapas de diagnóstico e prognóstico, em detrimento da etapa propositiva (plano em si).
- Dilatação de prazos de elaboração, em grande parte associada à falta de foco, ao detalhamento excessivo de determinados conteúdos e ao formato de contratação.
- Reduzido foco na internalização e implementação das ações previstas, resultando em planos pouco efetivos, tanto em termos de sua consequência regulatória (proposição de normativos com efeitos nos instrumentos de gestão e na atuação de setores usuários) como no impacto orçamentário que o planejamento deveria induzir nos entes do Sistema Nacional de Gerenciamento de Recursos Hídricos (SINGREH).
- Espectro de ações muito abrangente que, em geral, está além da governabilidade e, consequentemente, dos limites legais, orçamentários e operacionais de atuação direta ou de interlocução dos entes do SINGREH (CBH, CERH, CNRH, órgãos gestores de recursos hídricos, etc.).
- Falta/impossibilidade de articulação entre os diferentes recortes de elaboração de planos de recursos hídricos na mesma área de abrangência.
- Falta/impossibilidade de articulação dos PRH com os demais planos, programas, projetos e estudos existentes, em especial aqueles relacionados à gestão ambiental, aos setores usuários, ao desenvolvimento regional e ao uso do solo.

A ANA que, na ausência da Agência de Água, coordena a elaboração de Planos de Bacia Interestaduais, tem tratado essas dificuldades nos planos elaborados mais recentemente, por exemplo: com redefinição de termos de referência; a elaboração interna do diagnóstico (em conjunto com o CBH) em paralelo ao processo licitatório para contratação de apoio às demais etapas do plano; maior profissionalização da mobilização e comunicação social; ênfase em ações de governança direta da gestão de recursos hídricos, mas incorporando as ações de articulação com agendas setoriais; e aprimoramento de elementos que permitem maior internalização e implementação do PRH

– estabelecimento de ciclos de implementação, definição mais clara de prioridades e construção de estratégia robusta de curto prazo.

Nesse aspecto, cabe registrar a incorporação aos PRH de um Manual Operativo que define, para os primeiros anos de implementação, as estratégias e ações necessárias para efetivação das propostas de ações do plano, com destaque para orientação da atuação político-institucional dos CBH e dos órgãos gestores de recursos hídricos que atuam na bacia.

Para cada estratégia ou ação incluída no Manual Operativo é desenvolvido um modelo tático-operacional que considera os seguintes aspectos:

- Avaliação sobre necessidade de elaboração ou alteração de normas vigentes (leis, decretos, resoluções, portarias etc.) para permitir ou facilitar a implementação da intervenção e, se avaliadas como necessárias, justificar e propor o conteúdo mínimo para sua elaboração e instituições responsáveis pela sua edição.
- Avaliação sobre necessidade de celebração de acordos institucionais (pactos de gestão, marcos regulatórios etc.) que permitam ou facilitem a implementação da intervenção e, se avaliados como necessários, justificar e propor o conteúdo mínimo para sua elaboração.
- Identificação e discriminação de pré-requisitos, técnicos, legais e/ou institucionais para acesso aos recursos nas fontes de financiamento indicadas.
- Identificação e discriminação da cadeia de comando e direção dos órgãos financiadores e/ou executores da intervenção, com destaque para o dirigente responsável por receber e dar continuidade à solicitação/demanda pela intervenção.
- Identificação e discriminação dos atores políticos (autoridades dos poderes executivo e legislativo, principalmente) com potencial interesse, favorável ou contrário, sobre a intervenção, destacando-se os potenciais parceiros para articulação.
- Estratégias para agendamento e participação de reuniões com as autoridades responsáveis pelo financiamento e/ou execução da intervenção (contatos prévios, participantes, material a ser elaborado para reunião etc.).
- Estratégias para acompanhamento e divulgação do estágio de desenvolvimento das intervenções selecionadas e em efetiva implementação.

O conjunto dessas evoluções na elaboração dos PRH resultou em uma diminuição significativa dos prazos e maior possibilidade de implementação de suas ações, notadamente nos primeiros anos após sua aprovação, aproveitando-se da janela de oportunidade resultante do ambiente criado na construção do plano. Além disso, o foco de planejamento voltou-se às ações que estão dentro da governabilidade do sistema de gestão de recursos hídricos, o que facilita o detalhamento do arranjo institucional e das estratégias necessárias para sua efetiva implementação.

Atualmente, existem doze planos de bacias interestaduais já concluídos: a) Afluentes da Margem Direita do Amazonas; b) Tocantins-Araguaia; c) São Francisco; d) Paranaíba; e) Verde Grande; f) Doce; g) Piracicaba, Capivari e Jundiaí; h) Paraíba do Sul; i) Piancó-Piranhas-Açu; j) Paranapanema; k) Grande; e l) Paraguai. Os tópicos seguintes abordam os avanços e aspectos inovadores incorporados a planos recentemente coordenados pela ANA, levando em consideração a diversidade geográfica do país e de temas abordados (Fig. 2).

Figura 2 – Bacias hidrográficas interestaduais com planos de recursos hídricos aprovados e vigentes.
Fonte: ANA (2016).

O primeiro caso trata da bacia do Paranapanema, que apresenta alto grau de antropização e onde a gestão das águas se amolda de maneira fidedigna ao preconizado na Política Nacional de Recursos Hídricos. Na sequência, é apresentado o caso da bacia do Piancó-Piranhas-Açu, incluída na região do semiárido brasileiro, onde a gestão se alicerça na operação e uso da água dos reservatórios. Por fim, apresenta-se o caso da região hidrográfica do Paraguai, onde se localiza o bioma Pantanal e, por isso, a gestão dos recursos hídricos carece de maior integração com a gestão ambiental.

PLANO INTEGRADO DE RECURSOS HÍDRICOS DA UNIDADE DE GESTÃO DE RECURSOS HÍDRICOS PARANAPANEMA

O rio Paranapanema é um afluente direto do rio Paraná, pela sua margem esquerda, e localiza-se na divisa entre os estados do Paraná e São Paulo. Conforme Resolução CNRH n. 109, de 13 de abril de 2010, a Unidade de Gestão de Recursos Hídricos (UGRH) Paranapanema engloba as bacias hidrográficas do rio Paranapanema e do rio Santo Anastácio (e demais tributários diretos que contribuem para o rio Paraná nessa região), abrangendo uma área total de 106.554,53 km² (ANA, 2016b).

O Plano Integrado de Recursos Hídricos (PIRH) Paranapanema foi pioneiro na estratégia recente da ANA de elaborar planos de recursos hídricos: diagnóstico elaborado previamente à contratação, assim, o apoio da consultoria no PIRH Paranapanema concentrou-se nos temas estratégicos para a bacia, o que permitiu uma ampla discussão com a sociedade, resultando em um plano altamente participativo e que reflete os anseios dos envolvidos na gestão dos recursos hídricos na bacia; foco em ações sob governabilidade do sistema de gestão de recursos hídricos, principalmente aquelas que trouxessem impacto orçamentário e consequência regulatória nos entes do sistema, resultando em orçamento mais realista; elaboração do Manual Operativo: ferramenta que se constitui em uma agenda efetiva de trabalho para os comitês de bacia logo após a aprovação do plano, destacando e detalhando as principais ações a serem empreendidas nos primeiros anos do plano.

A construção do Programa de Ações do PIRH Paranapanema iniciou com uma lista de ações estratégicas (estratégia robusta) que encerrou a etapa de prognóstico, na qual foram propostas ações em três linhas: aumento da disponibilidade hídrica; regulaçao de demandas hídricas; e redução das cargas poluidoras. Essas estratégias foram convertidas em diretrizes e em programa de ações. O programa de ações foi estruturado em duas componentes, voltadas para a gestão de recursos hídricos (Agenda Azul) e articulação setorial (Agendas Temáticas Setoriais).

As Unidades Especiais de Gestão (UEG) são a resposta do PIRH Paranapanema para as áreas sujeitas a restrição de uso, com vistas à proteção dos recursos hídricos, conteúdo mínimo dos Planos de Recursos Hídricos, art. 7º da Lei 9.433/97. As UEG podem abranger uma Unidade de Planejamento Hídrico (UPH) ou parcelas territoriais específicas, em que a garantia dos usos múltiplos dos recursos hídricos, um dos fundamentos da lei das águas, encontra-se comprometida.

Na etapa das oficinas regionais com os comitês de bacias hidrográficas afluentes ao rio Paranapanema, foram identificadas áreas que exigem atenção especial no âmbito da garantia dos usos múltiplos dos recursos hídricos, por conflitos quantitativos, impactos qualitativos, áreas prioritárias para conservação e manutenção da biodiversidade e áreas de recarga de aquíferos.

As UEG são áreas prioritárias para implementação dos instrumentos de gestão de recursos hídricos (usos prioritários para outorga, alocação de água, enquadramento, cobrança, etc.) e instalação dos principais programas e projetos indutores, tais como o Programa de Despoluição de Bacias Hidrográficas (Prodes) e o Programa de Desenvolvimento do Setor Água (Interáguas), que visam a melhorias na articulação e coordenação de ações no setor de águas, bem como o Programa Produtor de Água.

No âmbito do PIRH Paranapanema, a bacia do rio das Cinzas foi definida como área sujeita a restrição de usos que se utilizem de barramentos em seu curso natural em virtude de possíveis impactos em seu trecho lótico. Para essa definição foram considerados: (i) potencial de geração de energia; (ii) importância dos tributários do rio das Cinzas para manutenção da diversidade das espécies de peixes na UGRH Paranapanema; (iii) áreas prioritárias para Conservação da Biodiversidade (CP-506), sendo a bacia do rio das Cinzas considerada com prioridade muito alta e recomendação para criação de Unidade de Conservação; (iv) baixa disponibilidade hídrica de alguns cursos d'água da bacia; (v) qualidade das águas e balanço qualitativo; (vi) demandas e balanço quantitativo; e (vi) impacto na produção energética (ANA, 2016b).

Na UGRH Paranapanema existem 13 usinas hidrelétricas (UHE) em operação; destas, 11 encontram-se distribuídas ao longo do rio Paranapanema, o que demonstra a regularização da calha de forma global. O único afluente que apresenta UHE em operação é o rio Tibagi (Usina Mauá). Encontram-se em estudos 57 aproveitamentos hidrelétricos (6 UHE e 51 pequenas centrais hidrelétricas – PCH), com uma potência adicional de 1.116 MW, o que representa um incremento de 39% na potência atualmente instalada (2.832 MW). Desse incremento, 28% correspondem às 6 UHE em estudo (todas no rio Tibagi) e 11% às PCH. No total, 11 cursos de água apresentam

Aproveitamentos Hidrelétricos (AHE) em estudo. A Unidade de Planejamento Hídrico (UPH) Alto Cinzas apresenta 5 PCH em estudo, com potência adicional de 26,1 MW, o que representa menos de 1% do total instalado na bacia do rio Paranapanema.

Assim como todos os rios de planalto acima dos Saltos de Sete Quedas, o rio Paranapanema também era encachoeirado, com grande variedade de tributários e biótopos responsáveis pela sua diversidade de peixes, que colonizavam todos os tipos de habitat (Agostinho et al., 1995). Em um passado não tão remoto, os peixes migradores tinham áreas livres, migrando desde o trecho baixo até a barreira geográfica de Salto Grande. Tal barreira era vencida apenas por migradores de grande porte que conseguiam atingir o trecho alto do rio, passando por corredeiras e alcançando importantes áreas de reprodução (Garcia et al., 2016).

Com a limitação das migrações promovida pela construção das barragens, os peixes migradores buscam se reproduzir em tributários sem barramentos, que possuem condições ambientais adequadas. Nesse contexto, os tributários assumem um papel de suma importância para manutenção da biodiversidade e riqueza da ictiofauna, pois são utilizados como rotas migratórias alternativas para reprodução (Garcia et al., 2016). Para que os tributários possam ser utilizados como rotas migratórias acessórias, estes devem apresentar atributos como extensão, conservação ambiental e, principalmente, áreas de desova e de crescimento para as fases iniciais de peixes. Assim, tais características poderão garantir a reprodução e manutenção da riqueza de peixes da bacia e das diversidades biológica e genética. Nesse sentido, considerando os trechos de maior diversidade específica, os rios Tibagi e Cinzas são destacados como prioritários nas ações de recuperação ambiental, com enfoque no reflorestamento das áreas marginais e ampliação do trecho lótico (Orsi et al., 2011; Hoffman et al., 2005).

O sistema de transposição de peixes (escadas), localizado na área compreendida imediatamente a jusante da UHE Canoas I, encontra-se fechado, pois foram obtidos fortes indícios de essa prática estar influenciando o declínio populacional no reservatório de Capivara (Orsi et al., 2011).

A necessidade de gerenciar a conservação e uso da biodiversidade, reforçada pela Constituição Federal, pela Política Nacional da Biodiversidade e pela Convenção sobre Diversidade Biológica, assinada no Rio de Janeiro em 1992, levou o Ministério do Meio Ambiente a coordenar o Projeto "Avaliação de Áreas e Ações Prioritárias para a Conservação e Uso Sustentável da Biodiversidade nos Biomas Brasileiros".

Esse projeto teve como objetivo principal mapear as principais ocorrências de biodiversidade no país, assim como conhecer o potencial de usos dessas áreas e as pressões que sofrem pelas atividades antrópicas. Nesse contexto, as principais instituições relacionadas ao tema foram envolvidas na elaboração de relatórios sobre o estado do conhecimento referente aos diferentes grupos biológicos e respectivos aspectos socioeconômicos.

O rio das Cinzas foi considerado uma área prioritária para conservação da biodiversidade (CP-506), com prioridade muito alta e com recomendação para criação de Unidade de Conservação.

Do ponto de vista da disponibilidade hídrica, o rio das Cinzas apresenta trechos com vazões inferiores a 0,01m³/s (Q7, 10) cabendo aos gestores maior atenção quanto à sua gestão. A produção hídrica apresenta forte relação com o tipo de aquífero, e a bacia do rio das Cinzas encontra-se em uma região com baixa a moderada capacidade de regularização, com disponibilidades hídricas subterrâneas baixas.

No que se refere à qualidade da água, a bacia do rio das Cinzas apresenta grande número de trechos compatíveis com a Classe 4 para fósforo, conforme Resolução Conama n. 357/2005. A presença de fósforo não é favorável à implantação de acumulações ou reservações. A UPH Baixo Cinzas apresenta problemas de qualidade, principalmente para coliformes termotolerantes em toda UPH e turbidez na área próxima da foz com o rio Paranapanema.

O uso agropecuário é significativo, o baixo Cinzas apresenta o quarto maior PIB agropecuário entre as 22 UPH da UGRH Paranapanema. Os problemas quantitativos nos balanços hídricos estão concentrados em áreas com forte presença da irrigação.

Com base no exposto, indica-se a bacia do rio das Cinzas como uma área sujeita a restrição de usos que se utilizem de barramentos em seu curso natural, impactando seu trecho lótico. Nesse sentido, o PIRH Paranapanema apresenta as seguintes recomendações: (i) ao setor ambiental: definição de estratégias para reflorestamento das áreas marginais em função do baixo nível de cobertura vegetal observado nessa bacia; criação de unidades de conservação, que aumente o controle sobre o uso e ocupação do solo; e implantação de programas hidroambientais, tais como proteção de mananciais, conservação de solo e águas e pagamentos de serviços ambientais; e (ii) ao setor agropecuário: utilização de técnicas para conservação de solo e uso racional da água (controle de erosão).

PLANO DE RECURSOS HÍDRICOS DA BACIA DO RIO PIANCÓ-PIRANHAS-AÇU

A bacia hidrográfica do rio Piancó-Piranhas-Açu é a maior da região hidrográfica Atlântico Nordeste Oriental, com área total de 43.683 km². Seu território divide-se entre os estados da Paraíba (60%) e Rio Grande do Norte (40%). Totalmente inserida em território de clima semiárido, a bacia apresenta chuvas concentradas sobretudo nos meses de fevereiro a maio e um padrão de forte variabilidade interanual, caracterizado pela alternância entre anos de pluviosidade acima da média, regular e anos consecutivos de valores abaixo da média, que resultam em secas prolongadas e comprometimento da disponibilidade hídrica.

O principal curso d'água da bacia é formado pelo rio Piancó, desde a sua nascente, no município de Santa Inês/PB, até a confluência com o rio Piranhas; pelo rio Piranhas, até o reservatório Armando Ribeiro Gonçalves, entre os municípios de São Rafael/RN e Assú/RN; e pelo rio Açu, até a foz, na cidade de Macau/RN.

Assim como os demais rios da bacia, o rio Piancó-Piranhas-Açu é um rio intermitente em condições naturais. Sua perenização ocorre por meio de dois reservatórios de regularização construídos pelo Departamento Nacional de Obras Contra as Secas (DNOCS): Curema/Mãe d'Água, na Paraíba, e Armando Ribeiro Gonçalves, no Rio Grande do Norte. Esses reservatórios correspondem às principais fontes hídricas da bacia, responsáveis inclusive pelo atendimento de demandas de água externas, que estão associadas às bacias adjacentes. Cabe destacar que a bacia futuramente também será receptora de água, quando concluídas as obras do eixo norte do Projeto de Integração do Rio São Francisco com as Bacias Hidrográficas do Nordeste Setentrional (PISF). Além desses principais reservatórios, um conjunto expressivo de açudes foi construído ao longo dos anos para suprimento das diversas demandas de uso de água.

Com efeito, estão estabelecidas na bacia importantes atividades econômicas, que incluem agropecuária, com destaque para fruticultura irrigada; mineração, sobretudo a produção de petróleo e aquicultura, notadamente a produção de camarão. Essa economia regional está vinculada a importantes centros urbanos, como Caicó, Assú e Macau, no Rio Grande do Norte; e Patos, Cajazeiras e Sousa, na Paraíba.

Durante o processo de elaboração do plano, a etapa de diagnóstico se concentrou na coleta, análise e sistematização de dados secundários produzidos por diferentes órgãos e instituições, assim como dados sobre projetos, estudos e planos setoriais de interesse. Além da caracterização físico-biótica, socioeconômica e institucional da bacia, especial ênfase foi dada à condição da infraestrutura hídrica, relacionando-a à disponibilidade e às demandas hídricas, sem perder de vista os principais problemas relacionados à qualidade da água e conflitos de uso associados na bacia.

A etapa de prognóstico caracterizou-se pela concepção de cenários de desenvolvimento para os horizontes de planejamento previstos – anos 2017, 2022 e 2032 –, para os quais se estimou as demandas de água, confrontando-as com a disponibilidade hídrica futura. Foram prospectadas as medidas necessárias para compatibilizar a qualidade e quantidade de água com as demandas futuras, com base em três frentes: (i) incrementar a oferta por meio de intervenções estruturais, como construção de novos reservatórios e adutoras e a transposição de águas da bacia do rio São Francisco, a partir do PISF; (ii) reduzir progressivamente as demandas, por meio de medidas de racionalização do uso da água; e (iii) controlar a poluição, de modo a melhorar a qualidade da água, com tratamento de águas residuárias.

Em um contexto de baixa disponibilidade hídrica e ocorrência de rios intermitentes, associados à elevada demanda de água, principalmente para abastecimento humano e irrigação, e à poluição decorrente da precária infraestrutura de saneamento das cidades, a gestão da água na bacia torna-se ainda mais desafiadora e a alocação de água e operação dos reservatórios da região colocam-se como questão central do seu plano de recursos hídricos.

Nesse sentido, considerando a ideia de se elaborar planos com orçamentos realistas e com propostas focadas no sistema de governança da política de recursos hídricos, o Plano de Ações do PRH Piancó-Piranhas-Açu apresenta suas intervenções organizadas em três componentes: (i) gestão de recursos hídricos, constituído por programas que envolvem ações não estruturais voltadas para gestão e uso sustentável dos recursos hídricos; (ii) estudos de apoio à gestão, constituído por programas voltados para ampliação do conhecimento sobre os recursos hídricos para subsidiar a melhoria da gestão; (iii) estudos e projetos de medidas estruturantes, constituído por programas voltados para fornecimento de subsídios técnicos (estudos e projetos) para ações estruturais necessárias para melhoria da infraestrutura de oferta de água e de saneamento nas zonas urbana e rural da bacia.

Acredita-se que, a partir dos programas propostos, seja possível aprimorar o conhecimento sobre a bacia em temas estratégicos e estabelecer os processos de alocação negociada de água, de forma a apoiar a regulação do uso da água e propiciar uma gestão mais eficiente.

A estratégia de implementação idealizada, baseada em ciclos de execução de curto prazo, fornece os elementos necessários para orientar os principais atores responsáveis pela gestão dos recursos hídricos, no sentido de viabilizar a execução das ações do PRH. Ela tem como fundamentos a organização e priorização das ações dos órgãos gestores na bacia, bem como a necessidade, para ser viável, de ampliação da capacidade operacional dessa gestão, por meio da integração de procedimentos entre a ANA e os órgãos gestores estaduais; instalação de escritório técnico-operacional na bacia para apoio às atividades de regulação; superação de lacunas de conhecimento e da viabilização, principalmente junto aos ministérios setoriais e ao DNOCS, dos estudos e projetos de medidas estruturantes.

Com esse foco, uma das consequências esperadas do plano é o impacto orçamentário nos entes do sistema. Assim, diversas áreas da ANA estão mobilizadas para incorporação das prioridades do plano nas ações de execução direta da agência e/ou para acompanhamento da implementação de suas ações.

A instalação do escritório técnico-operacional, concretizada meses após a aprovação do plano, ampliou de forma significativa a capacidade de atuação dos órgãos gestores. Rotineiramente são realizadas atividades de apoio em campo às ações de gestão e regulação de usos de recursos hídricos na bacia, como o cadastro de usuários, medição de vazões em trechos selecionados e acompanhamento da operação dos principais reservatórios da bacia, além do apoio eventual às atividades de desobstrução de leitos de rios.

Após dois anos de sua aprovação pelo comitê da bacia, que ocorreu em junho de 2016, outras ações do plano também vêm produzindo impactos positivos, entre elas: (i) realização dos levantamentos batimétricos dos açudes considerados prioritários; (ii) instalação de comissões de açude e efetivação de processos de alocação negociada de água; (iii) operacionalização do projeto "Monitor de Secas"; (iv) elaboração de estudo de análise custo/benefício de medidas de mitigação do impacto das secas; (v) definição de regras operativas de reservatórios; (vi) contratação de estudo de viabilidade para a construção da adutora do Seridó; (vii) elaboração de planos de contingência de sistemas hídricos; e (viii) realização de chamamento público para a seleção de projetos de reúso de água.

Outra importante ação prevista pelo plano e já executada foi a estimativa de perdas econômicas decorrentes da grave crise hídrica que assola a bacia desde 2012. A estimativa foi de perdas de mais de R$ 3 bilhões, equivalentes a 3% do Produto Interno Bruto (PIB) da bacia, de junho de 2012 a junho de 2017, com impacto nos diferentes setores usuários. Cerca de metade desse valor refere-se às perdas na indústria, em virtude do maior valor agregado de sua produção (FGVces e ANA, 2018).

Todas as etapas do plano envolveram um amplo processo participativo, promovido em três vertentes. A primeira envolveu o acompanhamento dos trabalhos pela Câmara Técnica de Planejamento Institucional (CTPI), formada por membros e representantes de membros do CBH. A segunda vertente se relacionou às reuniões públicas, realizadas nas etapas de diagnóstico e do plano de ações. A terceira vertente foi conduzida diretamente pelas discussões realizadas no âmbito do CBH Piancó-Piranhas-Açu.

Dessa forma, o PRH Piancó-Piranhas-Açu foi construído para constituir a agenda de referência para o comitê da bacia, para os órgãos gestores de recursos hídricos (ANA, AESA/PB e IGARN/RN) e demais componentes do Sistema Nacional de Gerenciamento de Recursos Hídricos (SINGREH). Esses entes possuem responsabilidades que, por sua natureza, são compartilhadas em várias dimensões, e esforços vêm sendo orientados na direção do estabelecimento de parcerias que continuem possibilitando a implementação efetiva de suas ações.

PLANO DE RECURSOS HÍDRICOS DA REGIÃO HIDROGRÁFICA DO PARAGUAI

A região hidrográfica (RH) Paraguai corresponde à porção brasileira da bacia hidrográfica do rio Paraguai, que também se estende pelo território da Bolívia, Paraguai e Argentina. Com um território de 362.376 km² (cerca de 32% da área da bacia hidrográfica do rio Paraguai), a RH-Paraguai ocupa áreas dos estados de Mato Grosso (48% do total) e de Mato Grosso do Sul (52%). Em 2016 possuía 2.386.996 habitantes, sendo 86% equivalentes à população urbana.

Trata-se de uma região de grande importância no contexto estratégico brasileiro da gestão ambiental e dos recursos hídricos, não somente por suas dimensões, mas também por incluir uma das maiores extensões de áreas alagadas do planeta, o Pantanal Mato-grossense, declarado Patrimônio Nacional pela Constituição Brasileira de 1988, sítio designado como área de relevante importância internacional pela Convenção de Áreas Úmidas RAMSAR, no ano de 1993, e Reserva da Biosfera pelo Programa das Nações Unidas para a Ciência e a Cultura (Unesco), no ano de 2000.

A RH-Paraguai é marcada pela clara compartimentação física em duas grandes unidades de relevo com inquestionável relação de interdependência: o planalto e a planície pantaneira. Os processos ecológicos e o equilíbrio ambiental da região de planície são influenciados pelos eventos que ocorrem nas partes altas da bacia. É a região de planalto, que responde por grande parte da produção hídrica, que mantém o pulso de inundação da planície pantaneira. Além disso, a maior pluviosidade na região de planalto, aliada aos tipos de solo e ao uso e ocupação identificados na região, contribuem para uma alta produção de sedimentos nessa área, que são carreados pelos cursos d'água para as regiões mais baixas, depositando-se na planície, onde as baixas velocidades do escoamento favorecem sua sedimentação.

Um conjunto amplo de temas críticos relacionados ao meio ambiente e, em particular, aos recursos hídricos são observados na região, resultando em ameaças e situações de conflito real ou potencial pelo uso da água. A expansão do setor agropecuário exerce pressões significativas sobre os recursos hídricos nos aspectos quantitativo e qualitativo, principalmente na região de planalto, onde se concentra a maioria das áreas destinadas à pastagem e agricultura. O desmatamento, a ocupação de áreas naturalmente sensíveis, com elevado potencial de produção de sedimentos, e o manejo inadequado do solo no planalto provocam erosões e assoreamento dos corpos hídricos. Além disso, o alto consumo de fertilizantes e agrotóxicos afeta a sustentabilidade dos ecossistemas aquáticos do Pantanal, além de representar risco à saúde humana. As pressões exercidas pelo avanço da agricultura na planície pantaneira evidenciam, portanto, necessidade de integração entre a conservação ambiental e a gestão dos recursos hídricos.

O turismo e a pesca constituem outras importantes atividades socioeconômicas realizadas na RH-Paraguai, estando intrinsecamente relacionados à conservação ambiental e qualidade da água. O turismo é a base de diversas economias locais, especialmente no Pantanal, onde a abundância e diversidade de peixes, vida selvagem e flora impulsionam a realização de atividades ao ar livre em uma paisagem de rara beleza cênica. A pesca se destaca não apenas na planície do Pantanal, mas também nas áreas de planalto, onde os peixes chegam sazonalmente em grande quantidade em decorrência da piracema. A atividade gera emprego e renda e exerce um efeito multiplicador expressivo na economia das cidades ribeirinhas da região.

A sustentabilidade da pesca e do turismo frente à expansão da geração de energia hidrelétrica é outro tema relevante na RH-Paraguai. Atualmente, há um total de 44 empreendimentos hidrelétricos em operação e 114 projetos previstos para implantação na parte alta da bacia, em sua maioria pequenas centrais hidrelétricas. O principal debate em torno do assunto refere-se aos possíveis impactos socioeconômicos e ambientais dos empreendimentos hidrelétricos sobre os usos múltiplos da água, sobretudo pesca e turismo, e diretamente sobre os recursos hídricos, como alteração do regime hidrológico e do fluxo de nutrientes e comprometimento da qualidade das águas.

É nesse contexto de complexa conjuntura ambiental e socioeconômica e de expansão da instalação de empreendimentos hidrelétricos na RH-Paraguai que o Conselho Nacional de Recursos Hídricos (CNRH) decidiu pela elaboração do Plano de Recursos Hídricos da Região Hidrográfica do Rio Paraguai (PRH Paraguai), por meio da Resolução n. 152, de dezembro de 2013. Tal decisão está em consonância com as diretrizes para elaboração dos planos de recursos hídricos de bacias hidrográficas, estabelecidas pela Resolução CNRH n. 145/2012, que autoriza os conselhos de recursos hídricos, de acordo com o respectivo domínio das águas, a decidir pela elaboração dos planos em bacias ou regiões hidrográficas onde ainda não exista comitê de bacia.

Coube à ANA, como entidade gestora dos recursos hídricos de domínio da União, a responsabilidade pela elaboração do PRH Paraguai, com acompanhamento do Grupo de Acompanhamento (GAP) da elaboração do PRH Paraguai, instância específica definida na Resolução CNRH n. 152/2013, além do próprio CNRH, dos estados de Mato Grosso e Mato Grosso do Sul e da sociedade civil. A composição do GAP foi feita nos moldes de um comitê de bacia hidrográfica, com representantes do poder público federal e estadual, setores usuários e sociedade civil, propiciando ambiente de gestão participativa preconizado pela Política Nacional de Recursos Hídricos.

A estratégia de elaboração do PRH Paraguai envolveu as mesmas adequações implementadas nos planos do Paranapanema e da bacia do Grande. Os trabalhos tiveram início em dezembro de 2014 e se desenvolveram por um período de três anos, contando com participação ativa do GAP e dos estados de Mato Grosso e Mato Grosso do Sul. O processo de elaboração do PRH Paraguai contou, ainda, com a realização de uma série de eventos públicos que tiveram por objetivo a difusão, mobilização e participação social, informando e ouvindo a sociedade da bacia e contribuindo para uma construção participativa do plano, em todas as suas etapas de elaboração. O PRH Paraguai foi aprovado por unanimidade pelo CNRH em sua 40ª Reunião Extraordinária, por meio da Resolução 196, de 8 de março de 2018.

A partir de um diagnóstico focado nas questões que impactam os recursos hídricos e da identificação de áreas em que problemas quanto à quantidade ou à qualidade de água já existem ou existirão em um futuro próximo, construiu-se um plano de ações voltado à solução de problemas sob a governança do sistema de gestão de recursos hídricos atuante na região, considerando seu nível e escala de competências, notadamente aqueles de responsabilidade dos órgãos gestores de recursos hídricos, ou seja, ANA e Secretarias Estaduais de Meio Ambiente (Sema/MT e Imasul/MS).

Foram definidas setenta ações dentro de quatro componentes estratégicos: (i) governança para gerenciamento dos recursos hídricos; (ii) implementação e aperfeiçoamento dos instrumentos de gestão dos recursos hídricos; (iii) solução de conflitos pelo uso dos recursos hídricos; e (iv) conservação dos recursos hídricos. O Plano de Ações foi composto por 17 Programas de Ações, para serem implementadas no horizonte de 5 anos (curto prazo), 10 anos (médio prazo) e 15 anos (longo prazo).

A estimativa dos investimentos necessários para implementação das ações identificadas no PRH-Paraguai é de aproximadamente R$ 82,9 milhões, sendo R$ 66,6 milhões referentes às ações não estruturais; e R$ 16,3 milhões referentes às ações estruturais, excluindo os orçamentos associados das obras e serviços do setor de saneamento nas áreas urbanas, que foram tratados separadamente. Considera-se, portanto, o orçamento bastante realista, visto que as ações são em sua grande parte de alçada do sistema de gestão de recursos hídricos.

Assim como nos planos do Paranapanema e do Grande, foi elaborado um Manual Operativo (MOP) para as ações de curto prazo consideradas prioritárias durante os quatro primeiros anos do horizonte do Plano (2018--2021). O MOP tem por objetivo servir como um guia para que o Grupo de Acompanhamento (GAP) do PRH Paraguai e os órgãos gestores de recursos hídricos que atuam na RH-Paraguai possam organizar sua atuação de modo integrado e eficiente, promovendo o monitoramento e concretização dos programas e metas do PRH Paraguai.

Especificamente em relação à implementação do PRH-Paraguai, a ANA deu um passo adiante ao contratar, antes mesmo da finalização do plano, estudo específico referente à avaliação dos efeitos da implantação de aproveitamentos hidrelétricos na RH. A expansão de empreendimentos hidrelétricos já era reconhecida como um dos principais problemas da RH-Paraguai desde o início da concepção do plano, e o objetivo da contratação do estudo foi no sentido de se antecipar na solução desses problemas.

Para tal, a ANA contratou a Fundação Eliseu Alves para elaborar estudos de avaliação dos potenciais impactos desses empreendimentos para subsidiar a ANA e os órgãos gestores de recursos hídricos de Mato Grosso e Mato Grosso do Sul quanto às decisões acerca da autorização do uso da água para empreendimentos hidrelétricos na RH-Paraguai. Estão sendo avaliados por equipe multidisciplinar de especialistas, a partir de dados primários e secundários e de análise integrada multicritério, aspectos hidrológicos, de qualidade da água, sedimentológicos, de ictiofauna, socioeconomia e produção de energia, para determinar os impactos gerados a partir da instalação desses empreendimentos na RH-Paraguai. A elaboração desses estudos foi incluída no plano de ações do PRH Paraguai no componente de Solução de Conflitos e representa cerca de 10% do orçamento do plano. Portanto, pode-se dizer que o plano já começou a ser implementado.

Dada a importância do tema na bacia e por consequência dos resultados que esses estudos trarão, o PRH Paraguai aponta como uma de suas diretrizes estratégicas que os pedidos de Declaração de Reserva de Disponibilidade Hídrica (DRDH) ou outorgas para novos aproveitamentos hidrelétricos na RH-Paraguai devem aguardar os resultados dos estudos contratados pela ANA para conclusão de suas análises, de forma a poder incorporar seus resultados.

Essas diretrizes tiveram como consequência regulatória a publicação, pela ANA, da Resolução n. 64, de 4 de setembro de 2018, que resolve pelo sobrestamento dos processos referentes aos requerimentos de Declarações de Reserva de Disponibilidade Hídrica e de Outorgas de direito de uso de recursos hídricos para novos aproveitamentos hidrelétricos em rios de domínio da União na RH-Paraguai, até 31 de maio de 2020. A data é referente ao fim do contrato com a Fundação Eliseu Alves, e novos empreendimentos hidrelétricos são aqueles que não estavam em operação comercial na data de 19 de julho de 2018, quando foi publicada a Resolução do CNRH que aprovou o Plano.

Outro tema que o PRH Paraguai avançou e inovou foi a identificação de áreas sujeitas à restrição de uso, com vistas à proteção dos recursos hídricos. A metodologia utilizada considerou aspectos ambientais e o balanço hídrico. Para os ambientais, considerou-se a presença de unidades de conservação e terras indígenas, áreas prioritárias para conservação da biodiversidade com indicação de criação de unidades de conservação, e áreas de proteção do aquífero Guarani. Com relação ao balanço hídrico, a delimitação de áreas de restrição de usos se deu em função da criticidade dos balanços hídricos quali-quantitativos atuais (elaborados na etapa de diagnóstico) e futuros (elaborados na etapa de prognóstico). Foram propostas três categorias possíveis de restrição de usos, que envolvem desde a restrição total dos usos atuais e futuros até a manutenção dos usos atuais e permissão de novos, porém, desde que sigam critérios e índices de uso racional estabelecidos pelos órgãos gestores.

O PRH Paraguai recomenda que os órgãos gestores de recursos hídricos e o GAP discutam as propostas de áreas de restrição de uso apresentadas, objetivando formalizar, por meio de resolução ou deliberação, aquela (ou aquelas) que se entender mais relevantes, bem como os critérios de uso racional a serem seguidos em cada caso, dando consequência regulatória ao plano.

A implementação do PRH Paraguai deverá subsidiar e fortalecer a atuação do sistema de gestão de recursos hídricos atuantes na região, principalmente o GAP, os CBH existentes em bacias de rios afluentes e os órgãos gestores, oferecendo ferramentas que lhes permitam gerir os recursos hídricos superficiais e subterrâneos de forma efetiva, garantindo o seu uso múltiplo, racional e sustentável.

CONSIDERAÇÕES FINAIS

A avaliação dos processos de elaboração dos planos de bacias interestaduais identificou várias limitações que poderiam ser melhoradas e foram listadas na introdução deste capítulo. Os casos apresentados foram, paulatinamente, incorporando melhorias a fim de permitir a superação dessas limitações. As melhorias de maior impacto até o momento foram:

- Descolamento do plano de recursos hídricos em si da fase de diagnóstico, a qual foi internalizada pela ANA ou, eventualmente, elaborado em processo distinto das fases propositivas do plano.
- Maior proximidade da ANA na implementação do plano, seja por meio da promoção de escritório técnico-operacional na bacia (p. ex.: Piranhas-Açu) ou de um sistema de monitoramento da implementação (p. ex.: Paranapanema).
- Estabelecimento do Manual Operativo do Plano (MOP), o qual detalha as ações de maior prioridade no curto prazo, aponta o caminho a ser seguido pelo CBH na implementação de cada uma das ações e fornece minutas de documentos-chave.
- Realização de estudos temáticos concomitantes à elaboração do PRH, realizados especificamente em resposta às questões estratégicas da bacia ou região hidrográfica, prevendo sua necessidade quando da futura tomada de decisão pós-plano (p. ex., estudo de impacto dos empreendimentos hidrelétricos na RH-Paraguai).
- Delimitação da proposta orçamentária e do plano de ações do PRH aos recursos sob a governabilidade do SINGREH.

Se analisadas do ponto de vista de uma estrutura de gestão de projetos, essas mudanças são resultado da definição mais clara e objetiva do escopo de um PRH de bacia hidrográfica, notadamente, ao priorizar as fases propositivas (prognóstico e plano de ações) e buscar interferir na agenda regulatória e nas propostas orçamentárias dos entes do SINGREH.

Os exemplos mais recentes, apresentados como estudos de caso, refletem na sua estrutura as melhorias acima listadas. Todos possuem orçamentos realistas focados em ações de gestão (entre R$ 90,0-150,0 milhões) para os primeiros ciclos de implementação dos planos, valores que guardam coerência com a capacidade de implementação dos órgãos gestores de recursos hídricos. Do ponto de vista dos investimentos necessários em ações estruturais, os planos identificam e apresentam os orçamentos das intervenções setoriais que deverão ser alavancadas pelas ações de gestão, entretanto, não as embute no orçamento por estarem fora da governabilidade do SINGREH.

O PRH é o instrumento de gestão que mais permeia o caráter participativo estabelecido na política de recursos hídricos, pois coloca na mesma mesa usuários, sociedade civil e entes federativos com autonomia legal e financeira. Nesse ambiente, é natural que os conflitos sejam expostos para que as soluções dos problemas da bacia guardem correspondência com a realidade encontrada, tenham caráter integrado e sejam facilmente internalizadas pelas instituições responsáveis pela gestão dos recursos hídricos.

A maturidade da Política das Águas traz à luz novos desafios. Junto às lições aprendidas, dentro do escopo dos planos de bacia interestaduais, há o reconhecimento da relação íntima entre os planos de recursos hídricos previstos para diferentes recortes territoriais (nacional, estaduais e de bacias), que necessitam ter seus escopos mais bem definidos, reduzindo as redundâncias entre eles e tornando-os complementares em termos de atuação e responsabilidades.

AGRADECIMENTOS

É importante destacar que os estudos de caso apresentados, que tratam de planos de recursos hídricos coordenados pela ANA, tiveram ampla participação em seu processo de elaboração, sendo fundamentais os colegiados responsáveis pelo acompanhamento e aprovação desses planos (CBH Paranapanema, CBH Piancó-Piranhas-Açu, GAP Paraguai e CNRH – Conselho Nacional de Recursos Hídricos), bem como os órgãos gestores de recursos hídricos dos seguintes estados: Paraná, São Paulo, Paraíba, Rio Grande do Norte, Mato Grosso e Mato Grosso do Sul.

REFERÊNCIAS

AGOSTINHO, A.A.: VAZZOLER, A.E.A.M.: THOMAZ, S.M. The high River Paraná basin: limnological and ichthyological aspects. In: Tundisi, J.G.; Bicudo, C.E.M.; MatsumuraTundisi, T. (eds.). *Limnology in Brazil*. São Paulo: ABC/SBL, 1995. p. 59-103

[ANA] AGÊNCIA NACIONAL DE ÁGUAS. *Conjuntura dos Recursos Hídricos no Brasil*. Brasília: ANA, 2017a. Disponível em: http://conjuntura.ana.gov.br/static/media/ conjuntura_completo.27432e70.pdf. Acesso em: 10 jul. 2018.

______. *Plano de Recursos Hídricos da Bacia Hidrográfica do Rio Piancó-Piranhas-Açu*. Brasília: ANA, 2016 (A). Disponível em: http://www.snirh.gov.br/snirh/snirh-1/acesso-tematico/planejamento. Acesso em: 20 jul. 2018.

______. *Plano de Recursos Hídricos da Região Hidrográfica do Paraguai*. Brasília, 2018. Disponível em: http://www.snirh.gov.br/snirh/snirh-1/acesso-tematico/planejamento. Acesso em: 13 jul. 2018.

______. *Plano Integrado de Recursos Hídricos da Unidade de Gestão de Recursos Hídricos Paranapanema*. Brasília: ANA, 2016b. Disponível em: http://www.snirh.gov.br/snirh/snirh-1/acesso-tematico/planejamento. Acesso em: 19 jul. 2018.

BRASIL. Lei n. 9.433, de 8 de janeiro de 1997. Institui a Política Nacional de Recursos Hídricos, cria o Sistema Nacional de Gerenciamento de Recursos Hídricos, regulamenta o inciso XIX do art. 21 da Constituição Federal, e altera o art. 1º da Lei n. 8.001, de 13 de março de 1990, que modificou a Lei n. 7.990, de 28 de dezembro de 1989. *Diário Oficial [da] República Federativa do Brasil*, Brasília, DF, 9 jan. 1997. Disponível em: http://www.planalto.gov.br/ ccivil_03/ LEIS/L9433.htm. Acesso em: 10 jul. 2018.

[CNRH]. CONSELHO NACIONAL DE RECURSOS HÍDRICOS. Resolução n. 145, de 12 de dezembro de 2012. Estabelece diretrizes para a elaboração de Planos de Recursos Hídricos de Bacias Hidrográficas e dá outras providencias. *Diário Oficial [da] República Federativa do Brasil*, Brasília, DF, 26 fev. 2012. Disponível em: http://www.cnrh.gov.br/ index.php?option=-com_content&view=article&id=14. Acesso em: 10 jul. 2018.

______. Resolução n. 152, de 17 de dezembro de 2013. Decide pela elaboração do Plano de Recursos Hídricos da Região Hidrográfica do Paraguai (PRH Paraguai) e a constituição de Grupo de Acompanhamento da elaboração do PRH Paraguai. *Diário Oficial [da] República Federativa do Brasil*, Brasília, DF, 19 fev. 2014. Disponível em: http://www.cnrh.gov.br/resolucoes/1713-resolucao-152-paraguai-pd/file. Acesso em: 13 jul. 2018.

______. Resolução n. 196, de 08 de março de 2018. Aprova o Plano de Recursos Hídricos da Região Hidrográfica do Paraguai – PRH Paraguai. *Diário Oficial [da] República Federativa do Brasil*, Brasília, DF, 19 jul. 2018. Disponível em: http://www.cnrh.gov.br/resolucoes/2324-resolucao-n-196-de-08-de-marco-de-2018/fil e. Acesso em: 31 jul. 2018.

[FGVCes/ANA] CENTRO DE ESTUDOS EM SUSTENTABILIDADE DA ESCOLA DE ADMINISTRAÇÃO DE EMPRESAS DE SÃO PAULO/AGÊNCIA NACIONAL DE ÁGUAS. *Análise de custo-benefício de medidas de adaptação à mudança do clima*. trajetórias da aplicação na bacia hidrográfica dos rios Piancó-Piranhas-Açu. São Paulo/Brasília: FGVces/ANA, 2018.

GARCIA, D.A.Z; LEME, G.L.A.; ABRAHÃO, V.P. et al. Rios Conservados Garantem a Diversidade de Peixes. In: ORSI, M.L. et al. (orgs.). *Ovos, larvas e juvenis dos peixes da Bacia do Rio Paranapanema. Uma avaliação para a conservação*. Assis: Triunfal Gráfica e Editora, 2016.

HOFFMANN, A.C.; ORSI, M.L.; SHIBATTA, O.A. Diversidade de Peixes do Reservatório da UHE Escola Engenharia Mackenzie (Capivara), Rio Paranapanema, Bacia do Alto Rio Paraná, Brasil, e a Importância dos Grandes Tributários na sua Manutenção. *Revista Iheringia, Série Zoologia, v.*95, p.319-325. Porto Alegre: Fundação Zoobotânica do Rio Grande do Sul, 2005.

[MMA] MINISTÉRIO DO MEIO AMBIENTE. Áreas Prioritárias para Conservação da Biodiversidade Brasileira. Disponível em: http://areasprioritarias. mma.gov.br/. Acesso em: 26 jul. 2018.

ORSI, M.L.; ALMEIDA, F.S (coord.). Caracterização e Monitoramento da Ictiofauna dos Reservatórios das UHEs Canoas I e Canoas II (Relatório final do Convênio entre a Duke Energy International Geração Paranapanema, Fundação de Apoio ao Desenvolvimento da Universidade Estadual de Londrina e Universidade Estadual de Londrina). Londrina: UEL, 2011.

12 Bacia hidrográfica na interface com a proteção da biodiversidade

Mauricio Mussi Molisani
Biólogo, Universidade Federal do Rio de Janeiro, UFRJ

Larissa Gischewski Guimarães
Bióloga, Universidade Federal do Rio de Janeiro, UFRJ

Ana Cristina Petry
Bióloga, Universidade Federal do Rio de Janeiro, UFRJ

Pablo Rodrigues Gonçalves
Biólogo, Universidade Federal do Rio de Janeiro, UFRJ

Érica Pellegrini Caramaschi
Bióloga, Universidade Federal do Rio de Janeiro, UFRJ

Jana Rangel Silveira
Bióloga, Universidade Federal do Rio de Janeiro, UFRJ

Roberto Nascimento de Farias
Biólogo, Universidade Federal do Rio de Janeiro, UFRJ

Francisco de Assis Esteves
Biólogo, Universidade Federal do Rio de Janeiro, UFRJ

INTRODUÇÃO

Bacias hidrográficas proporcionam à biodiversidade o espaço físico para habitat e dispersão, bem como a água e os nutrientes. Por outro lado, as populações e as comunidades influenciam as bacias hidrográficas por meio de suas formas de vida e das interações ecológicas que estabelecem. Exemplificando, nos últimos 250 milhões de anos a evolução das plantas vasculares com sistemas radiculares promoveu a estabilização do terreno e dos canais fluviais, permitindo a colonização de populações de organismos que resultaram em diversos arranjos de comunidades aquáticas e terrestres em bacias hidrográficas (Gibling e Davies, 2012). Porém, esta interação vem sendo afetada pela ação humana, que globalmente tem alterado a superfície da Terra, com efeitos conhecidos (ou nem tanto) nas bacias hidrográficas, que incluem alterações morfológicas, hidrológicas, climáticas, poluição, entre outras, e que acarretam em importantes efeitos sobre a biodiversidade (Steffen et al., 2015).

Entender as bacias hidrográficas como interface na proteção da biodiversidade é fundamental para manutenção das características abióticas, bióticas e ecológicas dessas unidades da paisagem. As preconizadas ações de minimizar o efeito antrópico e permitir o estabelecimento e desenvolvimento da biodiversidade e de todos os produtos e serviços ecológicos e econômicos dos ecossistemas da Terra incluem as bacias hidrográficas, que proporcionam os mesmos em uma escala de tempo geológica (Costanza et al., 1997).

O entendimento sobre bacias hidrográficas na interface com a proteção da biodiversidade deve ser desenvolvido em bacias hidrográficas costeiras no Brasil. Em função de sua origem e formação, a costa brasileira pode ser dividida em uma porção quaternária ao norte, influenciada pela bacia do Rio Amazonas; uma porção terciária do nordeste ao leste (Formação Barreiras), drenada por pequenas e médias bacias hidrográficas nos domínios semiárido até úmido; uma porção granítica, no Sudeste e uma quaternária, ao sul (Knoppers et al., 1999). Entre as latitudes 22º-29° Sul, o soerguimento dos terrenos durante a abertura do Oceano Atlântico deu origem à Serra do Mar, a partir de onde uma série de pequenas bacias hidrográficas (entre $<10^{-1}$ a 10^4 km^2 de área) drenam para o oceano Atlântico e são coletivamente denominadas Bacias do Atlântico Sudeste (Knoppers et al., 1999).

A geomorfologia dessas bacias varia entre um relevo predominantemente montanhoso a ondulado – com altitudes superiores a 1.000 m até uma planície costeira, sugerindo um eficiente transporte fluvial, com possíveis efeitos na estrutura e composição da biodiversidade e dos ecossistemas continentais e costeiros (Faria eSanchez, 2001; Godiva et al., 2010; Andrade et al., 2011; Molisani et al., 2015). Há séculos a ocupação extensiva da região Sudeste, que concentra cerca de 60% da população brasileira, alterou profundamente o uso da terra, incluindo a zona costeira desta região. Para a Mata Atlântica, estima-se em 85% a redução da cobertura nas bacias hidrográficas do Sudeste (Ribeiro et al., 2009). Essas bacias estão localizadas em áreas de grande adensamento populacional e/ou de importância socioeconômica, como o município do Rio de Janeiro, a Região dos Lagos, Baixada Santista, entre outros. A urbanização, mineração, agricultura, pecuária e industrialização vêm induzindo importantes transformações nessas bacias hidrográficas, com efeitos na redução do volume de água dos rios, desabamento de encostas, erosão e assoreamento dos leitos fluviais, poluiçao, alteração de habitats, desflorestamento, e perda da biodiversidade em geral (Moulton et al., 2007; Coelho-Netto et al., 2009; Godiva et al., 2010; Molisani et al., 2013 a,b).

Deste modo, o presente capítulo tem como objetivo discutir as bacias hidrográficas na interface com a proteção da biodiversidade, tendo como estudo de caso a bacia do Rio Macaé, no Sudeste, e o entendimento sobre suas características, biodiversidade e interferências humanas, de modo a subsidiar propostas de gestão para a proteção da biodiversidade em bacias hidrográficas desta fisiografia da costa do Brasil.

CARACTERIZAÇÃO DA BACIA HIDROGRÁFICA DO RIO MACAÉ

Considerando o histórico de uso da terra e modificações da cobertura vegetal, a bacia do Rio Macaé exemplifica o cenário que diversas outras bacias do Atlântico Sudeste têm experimentado. A bacia hidrográfica do Rio Macaé, com 1.740 km^2 de área (89% deles dentro dos limites do município de Macaé), origina-se na região serrana do Rio de Janeiro e drena para o norte deste Estado. Suas nascentes em maior altitude estão a 1.660 m acima do nível do mar, no município de Nova Friburgo, em área de Mata Atlântica ainda bem preservada, dentro dos limites geográficos do Parque Nacional dos Três Picos. O relevo da bacia caracteriza-se por incluir montanhas com encostas íngremes e uma planície costeira. Com base em características morfoestruturais, Marçal et al. (2017) propuseram três unidades de paisagem para a bacia de hidrográfica do Rio Macaé. No trecho superior da bacia, na unidade "escarpa serrana", entre as altitudes 1.820 e 860 m e inclinação do relevo de 45 a 8%, predominam rochas metamórficas pré-cambrianas, por onde os cursos fluviais escavam vales profundos e escarpados, sujeitos a intensos processos erosivos. Grande parte do trecho médio da bacia hidrográfica do Rio Macaé se insere na unidade "domínio colinoso", entre as altitudes 350 e 20 m, com inclinação variando entre 8 e 0% e uma vazão média de 20,4 m^3/s. Nesta unidade, os afloramentos rochosos ainda são recorrentes. Após atingir altitude inferior a 20 m, o Rio Macaé integra a unidade "planícies fluviais" (*sensu* Marçal et al., 2017) de origem sedimentar Holocênica e deságua no Atlântico como um rio de sétima ordem (na escala 1:50.000). O clima na bacia é tropical úmido e varia de acordo com a altitude e a disposição do relevo, das massas de ar e da proximidade com o Atlântico, marcado por chuvas orográficas que variam entre 1.200 a 2.800 mm, e estação chuvosa bem-definida.

A porção final do Rio Macaé, junto com sua foz, é aquela que está sujeita aos maiores efeitos de uma ocupação humana desordenada desde o início no século XVIII, com a instalação da sede do município de Macaé. As extensas áreas de várzea e planície alagável foram as que mais sofreram alterações devido ao crescimento urbano e às intervenções do leito principal do rio e seus principais tributários, especialmente a partir do início do século XX. Dentre essas, destacam-se as obras de dragagem, retilinização e alargamento da calha nos 26 km de extensão do baixo curso do Rio Macaé no final da década de 1960 pelo extinto Departamento Nacional de Obras e Saneamento, e o sistema de transposição de bacias com o aporte das águas do Rio Macabu para o Rio São Pedro, o principal afluente do Rio Macaé, visando a geração de energia elétrica. As intervenções na calha do rio eliminaram dezenas de lagoas marginais e drenaram várzeas. A conversão dessas terras para atividades agropastoris aumentou os processos erosivos e o assoreamento do leito. A partir da década de 1970, com a exploração *offshore* de petróleo e gás da Bacia de Campos, observou-se um intenso crescimento econômico e populacional na região. Em menos de três décadas, o número de habitantes aumentou de 40 mil para 230 mil, gerando uma pressão crescente sobre os recursos naturais e alterando as condições ambientais especialmente no baixo curso do Rio Macaé (Esteves, 2011).

PROTEÇÃO DAS FLORESTAS EM CENÁRIO DE MUDANÇA NA COBERTURA E USO DA TERRA

A cobertura vegetal na bacia do Rio Macaé se caracteriza pela ocorrência de floresta ombrófila densa nas áreas montanhosas e aquelas de baixada, não alagáveis, floresta paludosa; campo nas de planície de inundação; restingas e manguezais nas áreas de planície sob maior influência costeira (IBGE, 2012). Atualmente, praticamente metade da área total da bacia é coberta por formação florestal primária de domínio da Mata Atlântica (46,9%) e a outra metade por campo agropastoril (46,8%), sendo que somados, os demais tipos de cobertura perfazem menos de 10%, variando entre solo exposto (2,4%), zona urbana (2,4%), afloramento rochoso (0,71%) solo encharcado (0,65%), corpos d'água (0,09%) e outros usos (0,05%) (Guimarães, 2017) (Figura 1). A predominância de formação florestal de vegetação original ocorre nos terrenos de altitudes mais elevadas e de relevo acidentado da unidade "escarpa serrana", enquanto as demais classes de cobertura predominam nos terrenos menos acidentados e de média e baixa altitude das unidades de "domínio colinoso" e "planícies fluviais".

Uma análise temporal da evolução do uso da terra na Bacia Hidrográfica do Rio Macaé entre 1986 e 2015 a partir da classificação de imagens de satélite com resolução espacial de 30 m (para mais detalhes, consultar Guimarães, 2017) revelou um aumento na ordem de 5,11% na área coberta por fragmentos de Mata Atlântica e um decrescimento de 8,51% na área coberta por campo agropastoril. As maiores frações dessas alterações foram registradas nas porções de maior declividade, sugerindo o "fator relevo" na conservação das florestas. No baixo curso da bacia, por outro lado, foi registrado um aumento nas áreas de urbanização e solos expostos sobre as áreas úmidas da planície costeira e áreas adjacentes ao estuário do Rio Macaé.

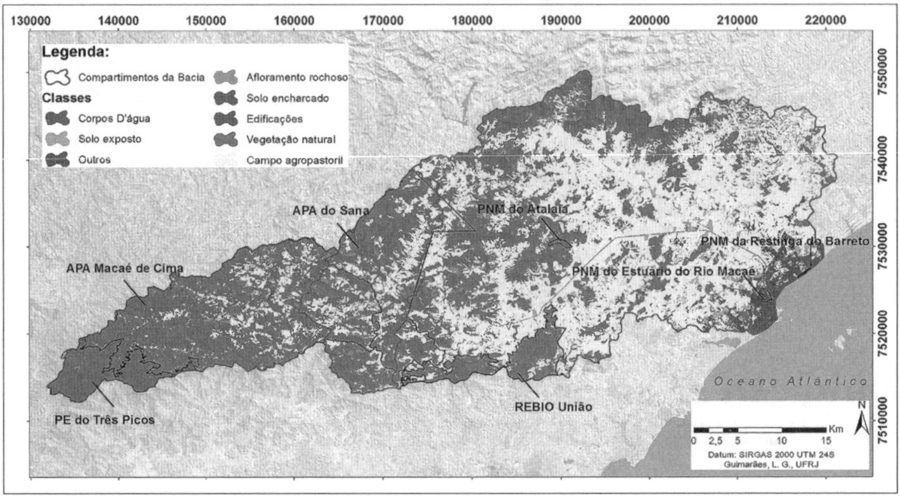

Figura 1 – Mapa de uso e cobertura da terra na bacia hidrográfica do Rio Macaé em 2015, com destaque para os limites das unidades de conservação (UCs).

APA: Área de proteção ambiental; PNM: Parque natural municipal; PE: Parque estadual; Rebio: Reserva biológica.

Fonte: Guimarães (2017).

Estes resultados, na escala temporal de três décadas, sugerem um avanço na regeneração de fragmentos florestais na bacia hidrográfica do Rio Macaé. Porém, este é ainda modesto, diante da perda expressiva de cobertura florestal anterior a 1986, reflexo do histórico que remonta à ocupação portuguesa na costa brasileira, com a passagem dos ciclos do café, cana-de-açúcar, pecuária; e no caso da bacia do Rio Macaé, da exploração petrolífera (Esteves, 2011). Os maiores impactos das atividades humanas nessa bacia podem ser observados nas áreas de menor declividade, que são aquelas historicamente menos protegidas na forma de unidades de conservação (UCs). A partir de 1995, foram criadas sete UCs nas três unidades de paisagem (*sensu* Marçal et al., 2017) da bacia hidrográfica do Rio Macaé, por meio de decretos municipais, estaduais ou federais. Somadas, essas UCs representam 664 km² de área na bacia (Figura 1; Quadro 1) e constituem ferramentas importantes de gestão ambiental, visando a conservação dos mananciais hídricos, habitats adequados e fontes de dispersão para espécies animais e vegetais, potenciais colonizadores das áreas sob processo de recuperação.

Diversos mecanismos nas esferas governamentais e não governamentais passaram a intensificar suas ações de mapeamento, monitoramento, e legislação, coibindo o desflorestamento no Bioma Mata Atlântica. Nesse sentido, cabe destacar a divulgação periódica dos dados sobre a evolução da cobertura da Mata Atlântica pela Fundação SOS Mata Atlântica em parceria com o Instituto Nacional de Pesquisas Espaciais, a aprovação da Lei da Mata Atlântica e o lançamento do Atlas dos Municípios da Mata Atlântica. O cenário de recuperação da cobertura por vegetação florestal não parece exclusividade da bacia do Rio Macaé. Nos registros mais recentes de monitoramento, foram nove os Estados da Federação a apresentarem índices positivos para a recuperação de remanescentes florestais na Mata Atlântica entre 1985 e 2015, sendo 4.092 ha no Estado do Rio de Janeiro (Fundação SOS Mata Atlântica, 2015).

Quadro 1 – Leis e decretos de criação das unidades de conservação na bacia hidrográfica do Rio Macaé

Leis e Decretos de criação	Unidades de Conservação
Lei Municipal n. 1.595/1995	Parque Municipal do Atalaia
Decreto Federal s/n de 22 de abril de 1998	Reserva Biológica da União
Decreto Estadual n. 31.343 de junho de 2002, ampliado no Decreto Estadual n. 41.990 de 12 de agosto de 2009	Parque Estadual dos Três Picos
Lei Municipal n. 2.172/2001	Área de Proteção Ambiental do Sana
Decreto Estadual n. 29.205/2001	Área de Proteção Ambiental de Macaé de Cima
Lei Municipal n. 3.146/2008	Parque Natural Municipal do Estuário do Rio Macaé
Decreto Municipal n. 139/2016	Parque Natural Municipal da Restinga do Barreto
Decreto Federal s/n de 5 de de junho de 2017	Ampliação de 5.178 hectares da Reserva Biológica da União

As UCs e outras áreas de remanescentes florestais na bacia do Rio Macaé conservam uma comunidade vegetal, cujos dados sobre a fitofisionomia, florística e ecologia florestal ainda necessitam serem aprofundados, por exemplo, visando programas de recuperação de áreas degradadas. O Quadro 2 enumera algumas das principais espécies vegetais encontradas nas UCs e em fragmentos florestais.

Quadro 2 – Lista de espécies vegetais mais representativas em UCs[1,2,3] e remanescentes florestais[4] localizados na Bacia do Rio Macaé

Espécie	Família	Local
Nectandra membranacea (SW) Griseb	LAURACEA	P.E. Três Picos[1]
Myrceugenia scutellata Legrand	MYRTACEAE	P.E. Três Picos[1]
Ocotea divaricata (Ness) Mez	LAURACEA	P.E. Três Picos[1]
Sloanea sp.	ELAEOCARPACEAE	P.E. Três Picos[1]
Croton organensis (Baill) Kuntze	EUPHORBIACEAE	P.E. Três Picos[1]
Eugenia cuprea (O.Berg) Nield	MYRTACEAE	P.E. Três Picos[1]
Virola oleifera (Schott)	MYRISTICACEAE	Rebio União[2]
Rinorea guianensis Aubl.	VIOLACEAE	Rebio União[2]
Sarcaulus brasiliensis (a.dc.) Eyma	SAPOTACEAE	Rebio União[2]
Peltogyne mattosiana Rizzini	FABACEAE	Rebio União[2]
Cariniana estrellensis (Raddi) Kuntze	LECYTHIDACEAE	Rebio União[2]
Sterculia chicha A. St. Hil.	MALVACEAE	Rebio União[2]
Bombacopsis stenopetala (Casar) A. Robyns	MALVACEAE	Rebio União[2]
Ficus insipida Willd	MORACEAE	Rebio União[2]
Pseudobombax stenopetalum (Jacq.) Dugand	MALVACEAE	Rebio União[2]
Artocarpus heterophyllus Lam.	MORACEAE	P.M. Atalaia[3]
Guapira opposita (Vell.) Reitz	NYCTAGINACEAE	P.M. Atalaia[3]
Senefeldera multiflora Mart.	EUPHORBIACEAE	P.M. Atalaia[3]
Croton florisbundus Spreng	EUPHORBIACEAE	P.M. Atalaia[3]
Brosimun guianeses (Aubl.) Huber	MORACEAE	P.M. Atalaia[3]
Trichilia elegans A. Juss.	MELIACEAE	Pesagro Macaé[4]
Actinostemon klotzschii (Didr.) Baill.	EUPHORBIACEAE	Pesagro Macaé[4]
Guapira opposita (Vell.) Reitz	NYCTAGINACEAE	Pesagro Macaé[4]
Piptadenia gonoacantha (Mart.) Macbr.	FABACEAE	Pesagro Macaé
Brosimum guianense (Aubl.) Huber	MELIACEAE	Pesagro Macaé

Fonte: [1] Inea (2013), [2] MMA/ICMBio (2008), [3] Cruz (2007) e [4] Silva (2016).

REMANESCENTES FLORESTAIS COMO INTERFACE DA PROTEÇÃO DA MASTOFAUNA TERRESTRE

Assim como a preservação da cobertura vegetal nativa de uma bacia hidrográfica promove segurança hídrica oferecida por ela, a integridade da fauna florestal é indispensável para a perpetuidade das espécies vegetais. Em uma floresta tropical, numerosas espécies animais atuam como polinizadores, predadores e dispersores de plântulas, sementes e frutos, influenciando a reprodução e demografia de diversas espécies vegetais (Dirzo et al., 2014). As consequências da extinção local de espécies animais, ou da "defaunação", ainda não são totalmente conhecidas, mas já há fortes evidências de que a perda de mamíferos silvestres de médio e grande porte aumenta a taxa de mortalidade de espécies vegetais chave na Mata Atlântica, como o palmito-juçara (*Euterpe edulis*, Martius, 1824) (Galetti et al., 2015). Deste modo, é muito provável que a defaunação leve à degeneração dos processos ecológicos que mantém uma floresta, destinando-a a um futuro incerto e mais empobrecido em termos de serviços ecossistêmicos (Galetti & Dirzo, 2013). Plantas podem ser replantadas e florestas recompostas, mas espécies animais dificilmente repovoarão estas florestas depois de localmente extintas. Neste contexto, o diagnóstico do estado de preservação da fauna nativa de uma bacia hidrográfica torna-se prioritário para ações da gestão de recursos hídricos. Esta prioridade se torna ainda mais elevada em regiões de grande importância biológica e socioeconômica, como a bacia hidrográfica do Rio Macaé.

O mosaico de remanescentes de Mata Atlântica incluídos na bacia hidrográfica do Rio Macaé ainda abriga uma rica fauna terrestre, com um número excepcional de espécies endêmicas ou ameaçadas. A Mata Atlântica naturalmente constitui um bioma rico e único em relação aos demais das Américas (Myers et al., 2000), mas a região da bacia hidrográfica do Rio Macaé se destaca ainda mais dentro do cenário biogeográfico e conservacionista do Brasil. Um exemplo desta singularidade é fornecido pelas análises de riqueza e distribuição de espécies de aves. Os registros para Macaé atualmente somam 453 espécies de aves, o que já coloca este município como o segundo mais rico em espécies do estado do Rio de Janeiro (o primeiro é Angra dos Reis, com 488 espécies) (Wikiaves, 2017). De forma mais contundente, análises continentais de distribuição de espécies de aves apontam que as florestas da parte baixa da bacia hidrográfica do Rio Macaé detém o maior número de espécies ameaçadas de extinção e de distribuição restrita das Américas (Jenkins et al., 2011). Os mapas de distribuição utilizados nestas análises preveem pelo menos 16 espécies sob risco de extinção por fragmento florestal, um número excepcionalmente elevado quando comparado a outras regiões de Mata Atlântica. Estes indicadores são ao mesmo tempo intrigantes, sob o ponto de vista biogeográfico, e alarmantes, sob a ótica conservacionista. Isto é, o padrão de riqueza e risco de extinção revelado para as aves leva à hipótese de que outros táxons animais também apresentem uma concentração excepcional de espécies de distribuição restrita e um número potencialmente elevado de espécies sob ameaça. O mais preocupante é que esta hipótese ainda não foi apropriadamente testada para outros grupos animais menos estudados do que aves, cujos riscos de extinção na bacia hidrográfica do Rio Macaé ainda são desconhecidos. Apesar da carência de dados para um maior número de táxons, as previsões feitas por Jenkins et al. (2011) já sugerem que a conservação de remanescentes florestais, especialmente na porção inferior da bacia, contribuiria de modo expressivo para a preservação de espécies ameaçadas, como os mamíferos silvestres da região.

Os mamíferos silvestres compõem, depois das aves, o grupo com maior quantidade de dados de ocorrência na região da bacia hidrográfica do Rio Macaé. As informações provenientes de inventários mastofaunísticos e de registros esporádicos e pontuais sugerem a ocorrência de 80 espécies silvestres (Araújo et al., 2008; Lemos et al., 2015; Luz et al., 2011; Pessôa, Tavares e Gonçalves, 2010; Silva, 2015; Xavier, 2016), uma riqueza regional considerável e equivalente a 43,2% de todas as espécies de mamíferos conhecidas no estado do Rio de Janeiro. Estas informações encontram-se ainda restritas à porção inferior da bacia, que detém a menor cobertura florestal original, mas se encontra melhor estudada do que as demais unidades. Portanto, é provável que a riqueza regional de espécies aumente consideravelmente conforme as florestas montanas das porções superior e média da bacia forem inventariadas. De qualquer modo, os dados disponíveis já corroboram as previsões feitas a partir das análises de aves, revelando um número expressivo de pelo menos 11 (14% do total regional) espécies ameaçadas de extinção em nível nacional (Brasil, 2014), com ocorrência em remanescentes florestais da bacia (Quadro 3).

Quadro 3 – Espécies ameaçadas de mamíferos silvestres registradas na área da Bacia Hidrográfica do Rio Macaé, com o Status de Conservação de acordo com a IUCN[1] (2017) e ICMBiO[2] (2014)

Táxon	Nome comum	Status
Ordem Carnivora		
• *Leopardus guttulus* (Hensel, 1872)	Gato-do-mato	VU[1], VU[2]
• *Leopardus wiedii* (Schinz, 1821)	Gato-do-mato	VU[1], VU[2]
• *Puma concolor* (Linnaeus, 1771)	Onça-parda	VU[1], VU[2]
• *Puma yagouaroundi* (É. Geoffroy, 1803)	Gato-mourisco	LC[1], VU[2]
• *Chrysocyon brachyurus* (Illiger, 1815)	Lobo-guará	NT[1], VU[2]
Ordem Rodentia		
• *Cuniculus paca* (Linnaeus, 1766)	Paca	NT[1]
• *Cerradomys goytaca* (Tavares et al., 2011)	Ratinho-goitacá	EN[2]
• *Trinomys eliasi* (Pessôa e dos Reis, 1993)	Rato-de-espinho	NT[1], VU[2]
Ordem Primates		
• *Alouatta guariba clamitans* (Cabrera, 1940)	Bugio ruivo	VU[2]

(continua)

Quadro 3 – Espécies ameaçadas de mamíferos silvestres registradas na área da Bacia Hidrográfica do Rio Macaé, com o Status de Conservação de acordo com a IUCN[1] (2017) e ICMBiO[2] (2014) (*continuação*)

Táxon	Nome comum	Status
Ordem Pilosa • *Bradypus torquatus* (Illiger, 1811)	Preguiça-de-coleira	VU[1], VU[2]
Ordem Chiroptera • *Lonchorhina aurita* (Tomes, 1863)	Morcego	LC[1], VU[2]

VU: vulnerável; NT: quase ameaçada; LC: pouco preocupante.

Fonte: Araújo et al., 2008; Lemos et al., 2015; Luz et al., 2011; Pessôa, Tavares e Gonçalves, 2010; Silva, 2015; Xavier, 2016, 2017; Silveira et al., 2017.

Os dados sobre mamíferos silvestres apontam três principais áreas na porção inferior da bacia hidrográfica do Rio Macaé como prioritárias para a conservação da biodiversidade regional. Duas delas já constituem unidades de conservação regionalmente importantes, a Reserva Biológica União e o Parque Natural Municipal Atalaia. A terceira área, entretanto, permanece desprotegida, sofrendo impactos mais intensos e sinérgicos de empreendimentos pecuários, energéticos e rodoviários na porção inferior da bacia (Figura 2). Esta área, historicamente composta pelas antigas Fazendas Pau Ferro, Malatesta, Santa Rita e Severina, encontra-se seccionada pelas rodovias BR-101 e RJ-168, e abriga uma extensa planície aluvial de áreas úmidas e formações abertas (pastagens) às margens do Rio Macaé, que tem subsidiado nos últimos anos usinas termoelétricas (UTE Norte Fluminense e Mario Lago).

Nesta área, encontram-se também três remanescentes florestais significativos nas encostas de colinas aplainadas e *inselbergs*, somando juntos uma área de 1.251 hectares (Figura 2). Os dados da coleção mastozoológica do Núcleo em Ecologia e Desenvolvimento Sócioambiental de Macaé, Universidade Federal do Rio de Janeiro (Nupem/UFRJ) e de inventários em andamento de mamíferos de médio e grande porte (Silveira et al., 2017) indicam pelo menos 21 espécies ocorrentes nestes remanescentes. Um mapeamento da riqueza na área mostra que dois dos três fragmentos florestais concentram maior número de espécies, o fragmento na escarpa montanhosa da Fazenda Malatesta a oeste, e o remanescente na Fazenda Pau Ferro a leste (Figura 2). Dada a grande proximidade entre estes dois fragmentos (ca. 200 m), sua reconexão por meio de um corredor florestal é factível e deve ser induzida junto aos proprietários das fazendas e a UTE Norte Fluminense.

Cinco espécies de mamíferos ocorrentes nesta área prioritária são categorizadas como ameaçadas de extinção em nível nacional. Uma análise mais

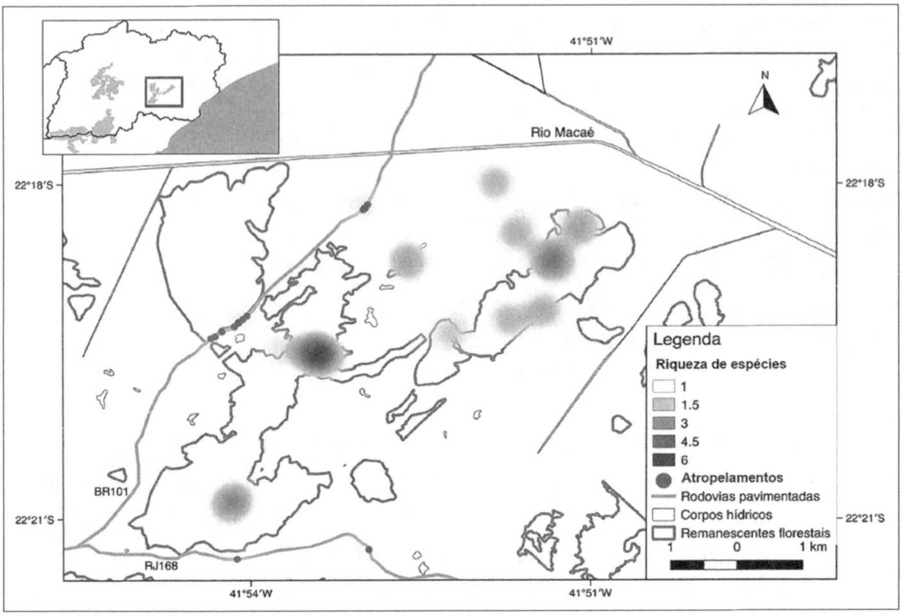

Figura 2 – Remanescentes florestais prioritários para conservação na área do baixo curso da Bacia Hidrográfica do Rio Macaé, indicando riqueza de espécies de mamíferos silvestres de médio e grande porte, incluindo as ameaçadas de extinção.
Fonte: Ecologus, 2018.

detalhada sobre o estado local de conservação deste grupo de espécies revela um número de ameaças locais que provavelmente se estendem a outros táxons silvestres. Dentre os táxons ameaçados, os felinos silvestres (onça-parda, gato-maracajá e gato-mourisco) apresentam-se mais raros localmente, enquanto o macaco-bugio e o lobo-guará são mais frequentes na área. Com exceção do bugio, todas as espécies ameaçadas têm sido vítimas fatais de atropelamentos ao longo das rodovias BR-101 e RJ-168, tornando evidente o impacto da atual malha viária na fauna silvestre da porção inferior da bacia e a necessidade de medidas mitigatórias. O lobo-guará e a onça-parda têm sido vitimados mais intensamente por este tipo de impacto, com sete e duas ocorrências fatais, respectivamente, entre 2013 e 2015 (dados Nupem/UFRJ; Xavier et al., 2017). Estas ocorrências se concentram em um trecho da BR-101 próximo ao Rio Macaé, circundado por dois dos três remanescentes florestais da área em questão (Figura 2), configurando um ponto ideal para a instalação de passagens de fauna que minimizem a mortalidade dos animais que utilizam esta área.

Outro impacto que estas espécies sofrem são tentativas de caça ou retaliação pelo potencial dano que estes carnívoros podem causar na pecuária.

Sinais deste tipo de retaliação foram evidenciados em alguns indivíduos locais de lobo-guará examinados por Xavier et al. (2017), que apresentavam cicatrizes de projéteis de armas de fogo. Este conflito é também plausível para os felinos silvestres, embora ainda não tenham sido documentados na região. Uma complexidade adicional no caso do guará refere-se ao fato de que a espécie, embora ameaçada de extinção, não é nativa dos ecossistemas da bacia. Sua dispersão para a porção inferior da bacia foi favorecida pela eliminação das florestas de baixada e expansão de pastagens (Xavier et al., 2017), tornando a Mata Atlântica da região mais semelhante com o bioma de origem da espécie, o Cerrado. Este fato denuncia a descaracterização da comunidade original de mamíferos desta porção da bacia em função da invasão de espécies oriundas de outros biomas. A modificação da comunidade local de mamíferos também é sugerida pela carência de herbívoros de médio porte, como pacas e cutias, nos três remanescentes florestais da área desprotegida, que já se encontram funcionalmente extintas em nível local devido à caça e perda de cobertura florestal. Uma vez que estas espécies ainda persistem no Parque Natural Municipal do Atalaia e na Reserva Biológica União, a reconexão destas UCs com os três fragmentos desprotegidos na porção inferior da bacia é uma das principais alternativas para minimizar o declínio regional de suas populações.

As informações sobre a mastofauna terrestre da bacia hidrográfica do Rio Macaé mostram que comunidades ricas em espécies raras e ameaçadas ainda persistem nos remanescentes florestais da região, a despeito dos impactos locais e da presença de espécies invasoras. Banks-Leite et al. (2014) mostraram que a retenção de até 30% de cobertura florestal em regiões de Mata Atlântica ainda favorece a preservação de boa parte da integridade taxonômica e filogenética das comunidades originais do bioma. Portanto, é provável que a elevada diversidade de aves e mamíferos ainda documentada na bacia hidrográfica do Rio Macaé reflita a retenção de 46,9% (Guimarães, 2017) de sua cobertura vegetal original. Este quadro torna as ações de recuperação da bacia e de sua biota mais eficientes do que cenários com menos de 30% de cobertura nativa. Mesmo nestes cenários mais extremos, os custos para recuperar áreas de Mata Atlântica até o limiar de 30% de cobertura florestal não ultrapassariam 6,5% dos gastos anuais do país com subsídios agrícolas (Banks-Leite et al., 2014). Estas projeções tornam a recomposição vegetal da bacia hidrográfica do Rio Macaé viável, e os dados reunidos aqui evidenciam que ela é prioritária para a conservação da biodiversidade e o uso sustentável dos recursos hídricos.

GRADIENTE LONGITUDINAL DO RIO MACAÉ COMO INTERFACE DA PROTEÇÃO DE PEIXES CONTINENTAIS E COSTEIROS

A distribuição dos peixes da bacia do Rio Macaé acompanha, de maneira geral, a mencionada divisão em três unidades de paisagem proposta por Marçal et al. (2017). Na unidade "escarpa serrana", na APA de Macaé de Cima, convivem uma espécie endêmica ameaçada de extinção e a truta, introduzida e potencial predadora. Nesse trecho, o dossel é denso e o substrato basicamente pedregoso. *Pareiorhaphis garbei* (Ihering, 1911), um cascudo que atinge 14 cm de comprimento, vive nesse ambiente e, como outros loricarídeos, raspa o substrato à noite, alimentando-se provavelmente da comunidade de algas e fungos aderida às pedras (Lazzarotto et al., 2007). Ele é endêmico da área montanhosa de duas bacias costeiras fluminenses (rios Macaé e Macacu). Dentre as principais ameaças a essa espécie de cascudo estão o desmatamento, o uso de pesticidas agrícolas e a presença, no mesmo curso d'água, da truta *Oncorhynchus mykiss* (Walbaum, 1792) (Tabela 4), espécie insetívoro-piscívora que atinge 40 cm no rio Macaé (Lazzarotto et al., 2007).

O histórico da introdução da *O. mykiss* em Macaé de Cima é contado em detalhe por Lazzarotto e Caramaschi (2009), incluindo o transporte de cerca de 3.000 alevinos de truta em pequenos tanques ou barris em lombo de burro no ano de 1952 para a confluência dos rios Macaé e Verdun, onde foram liberados. Peixamentos posteriores, em 1959 e em 1982, e os escapes dos tanques da truticultura comercial, iniciada na década de 1970, continuaram reforçando a presença da truta no Rio Macaé (Lazzarotto & Caramaschi, 2009). De acordo com os registros obtidos de indivíduos com gônadas desenvolvidas e presença de juvenis, a truta está se reproduzindo naturalmente no Rio Macaé (Almeida, 2006), constituindo uma população autossustentável.

Com base em estudo desenvolvido entre 2004 e 2005, com coletas bimestrais em 12 localidades ao longo do gradiente longitudinal do Rio Macaé, foram registradas 50 espécies de peixes (Caramaschi et al., 2006). Na localidade mais próxima da cabeceira (altitude 1.090 m) ocorreram três espécies, que passaram a seis no trecho seguinte (1.020 m), incluindo a truta, e assim novas espécies foram sendo adicionadas ou substituídas em altitudes subsequentes: 10 (810 m), 16 (670 m), 14 (610m) e 12 (470 m). Essas localidades estão todas situadas, ainda, na amplitude (860 e 350 m) compreendida pela unidade de paisagem de "escarpa serrana", com encostas mais íngremes e mais longas do que a montante e com inclinação média de 45 a 75%.

Das espécies com distribuição altitudinal ampla na paisagem "escarpa serrana", destaca-se o cascudo *Neoplecostomus microps* (Steindachner, 1877), registrado no leito pedregoso do Rio Macaé e de afluentes como o Rio Sana e o trecho superior do Rio São Pedro. Esse peixe, conforme documentado por Brito et al. (2016), tem por estratégia depositar os ovos na porção basal de grandes pedras, em fendas escondidas, indicando um comportamento de cuidado parental incipiente. É uma espécie que tem ampla distribuição na Mata Atlântica, ocorrendo em rios da Serra dos Órgãos e na Serra da Mantiqueira.

Na unidade de paisagem "domínio colinoso" houve coletas de peixes em três localidades ao longo do rio Macaé: a 180 m, com 17 espécies, a 50 m, com 21, e, a 20 m de altitude, com 34 espécies. Nestas localidades, o leito do rio ainda apresenta meandros naturais e atinge a maior riqueza de espécies de peixes registrada no estudo de Caramaschi et al. (2006). Destaca-se a presença de espécies migradoras, como o piau vermelho (*Leporinus copelandii* Steindachner, 1875) e a grumatã (*Prochilodus vimboides*, Kner, 1859). A ausência da piabanha (*Brycon insignis*, Steindachner, 1877) nessas amostragens confirma a percepção de ribeirinhos idosos da região, que a consideram desaparecida há pelo menos duas décadas (Brito, 2007).

Após atingir altitude inferior a 20 m, o rio integra a unidade de paisagem denominada "planícies fluviais" e apresenta, como também seu maior afluente, o rio São Pedro, um extenso trecho que foi retilinizado na década de 1960 por obras de engenharia. Essas modificações no baixo curso do Rio Macaé visavam o aumento da descarga e a drenagem das áreas alagáveis para conversão em áreas de pastagem e controle de insetos vetores de doenças. No estudo de Caramaschi et al. (2006), a riqueza de espécies passa a 21 espécies na altitude de 10 m, se mantém na localidade seguinte, a 3 m de altitude, e é reduzida a 17 na última localidade (ainda a 3 m de altitude), junto à junção do Rio Macaé com o Rio São Pedro. Nessa localidade observa-se a presença de ilhas de areia no antigo talvegue e o aparente confinamento dos peixes junto às margens do rio, mais profundas. Destacou-se a captura do bagre africano *Clarias gariepinus* (Burchell, 1822) (Quadro 4), espécie exótica que vem invadindo os rios costeiros do Sudeste brasileiro ao escapar de tanques de piscicultura e do tipo pesque e pague.

Brito (2007) analisou os peixes coletados nas 12 localidades e verificou que o padrão de reprodução sazonal foi predominante na maioria das espécies, mas algumas espécies distribuídas nos trechos superior e médio do Rio Macaé apresentaram reprodução por um período prolongado. O autor argumenta que, nesse caso, a disponibilidade de indivíduos aptos à reprodução durante a maior parte do ano garante a reposição das populações em ambiente com características instáveis, em que mudanças bruscas de fluxo podem ser fatais a formas vulneráveis como ovos e larvas. As demais espécies apresentaram, segundo Brito (2007), períodos reprodutivos mais curtos e concentrados nos meses de chuva (novembro a março), como o cascudo *N. microps*, ou de seca (abril a outubro), como a truta.

O mesmo conjunto de peixes das 12 localidades foi estudado por Pereira (2010) quanto à estrutura trófica e foi observada variação no consumo dos recursos alimentares nesse gradiente, sendo que formas imaturas de invertebrados foram os itens mais consumidos nos trechos superiores, e material vegetal, sedimento e matéria orgânica os mais consumidos no trecho de planície. Com o aumento da riqueza ao longo do gradiente, a teia alimentar se tornou mais complexa e aumentou de tamanho e densidade de ligações (Pereira, 2010).

A avaliação da comunidade de peixes em trechos retilinizados e em trechos com meandros naturais do Rio Macaé foi realizada por Jaramillo-Villa (2010), com base em diferentes escalas de avaliação. Na escala de macro-habitat (cada área amostral com 2.000 m de trecho de rio) essa comparação mostrou que nos trechos retilinizados há uma notável diminuição na qualidade ambiental, enquanto que nos trechos naturais ocorre variação nas características do macro-habitat sensíveis à cobertura nas áreas ripárias. A taxocenose de peixes seguiu esse padrão empobrecido na área retificada quando comparada à área natural. Na abordagem de meso-habitat (área amostral com 200 m de trecho de rio), os trechos naturais apresentaram habitats heterogêneos, devido à presença de praias e habitats profundos em margens opostas, enquanto nos trechos retilinizados as duas margens eram completamente homogêneas. Essa perda de heterogeneidade de habitat se refletiu na taxocenose, que se mostrou diversa e abundante nos trechos naturais, e depauperada nos trechos retilinizados. Na abordagem de micro-habitat (área amostral em 20 m de trecho de rio), Jaramillo-Villa (2010) verificou que a interação de áreas retificadas com áreas desmatadas resultou em micro-habitats e taxocenoses criticamente depauperadas.

O estudo de Rosa (2011) sobre alimentação dos peixes coletados por Jaramillo-Villa (2010) revelou que a dieta dos organismos reflete os padrões observados para as taxocenoses. Isto é, a riqueza de itens alimentares consumidos no trecho retilinizado foi menor para a maioria das espécies analisadas em relação ao trecho natural. Independente dos grupos tróficos considerados, a riqueza de itens alimentares foi superior nos trechos naturais, enquanto a maior proporção de sobreposição de nicho trófico foi encontrada nos trechos retilinizados (Rosa, 2011).

Em relação à retilinização, Brito (2007) observou que as espécies que desovam nas massas de água e que não apresentam cuidado parental foram afetadas pela alteração da dinâmica dos pulsos de inundação na planície. Com a retilinização do Rio Macaé, as águas correm em um canal mais profundo e suas várzeas, reconhecidamente criadouros naturais para diversas espécies aquáticas (incluindo peixes e anfíbios) foram drenadas para a plantação de monoculturas ou para a formação de pastagens para criação de bovinos. Como em grande parte do trecho de planície, não há vegetação arbórea marginal, a pastagem que serve de forragem ao gado invade as barrancas e, por fim, chega até a água. Ovos e larvas em deriva não têm onde completar o desenvolvimento em um lugar que não seja a margem e, de fato, Brito (2007) registrou elevada captura de larvas na margem nas localidades retilinizadas e um número inexpressivo em deriva. Não só espécies que dependem da sazonalidade dos pulsos de inundação apresentaram respostas negativas ao impacto. O autor verificou diferenças no investimento reprodutivo de duas espécies de cascudinhos Hypoptopomatinae e em características de ambiente marginal nas "planícies fluviais" de Marçal et al. (2017). No trecho retilinizado, o recrutamento foi deficiente se comparado ao trecho em que o rio segue seu curso natural (Brito, 2007).

Com as coletas realizadas no estudo de Jaramillo-Villa (2010), com grande esforço amostral concentrado na planície, a riqueza de espécies chegou a 40 no trecho médio-inferior do rio Macaé, até a confluência do Rio São Pedro. A composição da fauna de peixes nos últimos 16 km de extensão do Rio Macaé até desaguar no Oceano Atlântico foi investigada por Catelani (2013) em amostragens trimestrais entre 2011 e 2012. Esse trecho estuarino demarca a extensão da cunha salina no rio, que possui valores de salinidade que variam de 28‰ na foz, até próximo de zero, em 16 km a montante, junto à ponte da rodovia BR-101. A planície adjacente ao estuário é ocupada por atividades agropastoris e de geração de termoeletricidade e atualmente representa a fronteira do avanço urbano de Macaé em direção à região serrana, uma vez que praticamente toda extensão litorânea do município está em perímetro urbano. Cento e nove espécies de peixes foram registradas, sendo que as marinhas compreenderam a maior parcela deste total (Catelani, 2013; Catelani et al., no prelo).

Nos pontos de amostragem sem influência da salinidade, confirmou-se uma ictiofauna depauperada, com 22 espécies registradas. Esse número pouco se altera a jusante (31 espécies), onde o efeito da cunha salina passa a ser registrado (Catelani, 2013). Nessa porção, os migradores *L. copelandii* e *P. vimboides* e algumas outras poucas espécies como o jacundá *Crenicichla la-*

custris (Castelnau, 1855), o acará *Geophagus brasiliensis* (Quoy & Gaimard, 1824), o jundiá *Rhamdia quelen* (Quoy & Gaimard, 1824), o mandi *Pimelodella lateristriga* (Lichtenstein, 1823) e o robalo-peva *Centropomus parallelus* (Poey, 1860) coexistem com a tilápia *Oreochromis niloticus* (Linnaeus, 1758) (de hábito alimentar generalista) e *C. gariepinus* (espécie predadora) (Quadro 4), essas duas últimas espécies exóticas de origem africana, de hábito alimentar generalista e carnívoro, respectivamente.

Na foz do Rio Macaé, o número de espécies mais que duplica como resultado dos processos de substituição das espécies de água doce, intolerantes à salinidade, e adição de espécies estuarinas e marinhas. Nesse trecho, o tráfego de embarcações pesqueiras e aquelas relacionadas à exploração petrolífera é intenso e o aporte de efluentes domésticos sem tratamento é considerável. Dentre as 68 espécies de peixes registradas por Catelani (2013) no ponto amostral mais a jusante no rio Macaé estão espécies marinhas visitantes ocasionais do estuário, outras que adentram a zona do manguezal para alimentação e crescimento dos filhotes, como o peixe espada *Trichiurus lepturus* (Linnaeus, 1758), as tainhas do gênero *Mugil* e carapebas do gênero *Eucinostomus*. Uma parcela inferior de cerca de 10% das espécies são habitantes típicos do estuário, como o bagre-branco *Genidens genidens* (Cuvier, 1829), que domina numericamente a taxocenose da foz do rio (Catelani, 2013; Catelani et al., no prelo).

Os estudos conduzidos na última década no rio Macaé revelam 130 espécies de peixes na calha principal deste rio, no gradiente altitudinal de 1.090 m até o nível do mar (Quadro 4). Há pouco a inferir sobre a composição e riqueza de espécies de períodos pretéritos, pois praticamente inexistiram esforços de pesquisa anteriores às drásticas obras de alteração da dinâmica fluvial, do uso e cobertura da terra e adensamento urbano na bacia hidrográfica do Rio Macaé. É possível estender a argumentação utilizada por Catelani et al. (2014, no prelo) para a fauna de peixes do trecho estuarino para o contexto de toda a bacia, pois assim como os padrões de riqueza de espécies, os tipos de impactos de uso da bacia hidrográfica também se tornam mais intensos no sentido das cabeceiras em direção à foz. Para fins de gestão da bacia e preservação das espécies de peixes nativos, atenção especial deve ser dada ao controle dos plantéis de espécies exóticas cultivadas em tanques de propriedades particulares no curso superior da bacia. Essas instalações devem ser fiscalizadas e seus proprietários orientados a adotar medidas protetivas contra escape e reprodução dos indivíduos no leito do rio e afluentes. No curso médio e inferior, a medida mais importante a ser priorizada é a preservação dos trechos naturais do leito fluvial, detentores de comunidades de peixes mais complexas e que devem exercer um papel de exportadores de organismos para os trechos retilinizados. Considerando as respostas em termos de riqueza e composição das espécies e estruturação trófica das comunidades de peixes dos trechos retilizados do Rio Macaé, a implementação de UCs na unidade "planícies fluviais" da bacia deveriam prever medidas de restauração do curso fluvial que foi alterado e de recomposição da vegetação florestal extirpada.

A taxocenose de peixes nas três unidades de paisagem da bacia é composta por espécies ainda capazes de manter populações viáveis em trechos do rio que experimentam, especialmente nas últimas cinco décadas, redução na disponibilidade de micro-habitats, perda da conexão com as áreas alagáveis da planície e introdução de espécies exóticas, cujo impacto local ainda não foi avaliado. Considerando o porte da bacia, a região em que se insere e os relatos dos habitantes mais antigos da região, parece razoável supor que este número de espécies represente uma fração remanescente da rica fauna de peixes do Rio Macaé.

Quadro 4 – Ordens de peixes teleósteos e respectivo número de espécies registradas em inventários científicos realizados ao longo do curso do rio Macaé, entre 2004 e 2012.

		Alto curso	Médio curso	Estuário	
Ordem	Número de espécies			Alto curso	Baixo curso
Elopiformes	1				1
Clupeiformes	13			1	13
Characiformes	13	2	12	9	
Siluriformes	28	11	20	8	7
**Clarias gariepinus*					
Gymnotiformes	3	1	2	1	
Salmoniformes	1	1			
**Oncorhynchus mykiss*					
Mugiliformes	2		1	2	2
Gasterosteiformes	4		1	2	3
Atheriniformes	1				1
Beloniformes	2				2
Cyprinodontiformes	2	1	2	2	

(continua)

Quadro 4 – Ordens de peixes teleósteos e respectivo número de espécies registradas em inventários científicos realizados ao longo do curso do rio Macaé, entre 2004 e 2012. (*continuação*)

		Alto curso	Médio curso	Estuário	
Ordem	Número de espécies			Alto curso	Baixo curso
Batrachoidiformes	1				1
Carangiformes	7			1	7
Gobiiformes	4		1	4	2
Labriformes	4	1	3	3	2
**Oreochromis niloticus*					
"Perciformes"	25		1	4	25
Pleuronectiformes	9			3	8
Scombriformes	5				5
Tetraodontiformes	5				5
Total	130	17	43	40	84

Obs: a classificação seguiu Wiley & Johnson (2010) e Eschmeyer (2013); as espécies exóticas ao sistema são destacadas com (*) e o respectivo trecho no qual foram registradas é marcado em cinza.

Fonte: Caramaschi et al., 2006; Catelani et al., 2014.

GESTÃO INTEGRADA DA BACIA HIDROGRÁFICA DO RIO MACAÉ E ZONA COSTEIRA NA PROTEÇÃO DA BIODIVERSIDADE FLUVIAL, ESTUARINA E MARINHA

Assim como as demais bacias do Atlântico Sudeste, a bacia hidrográfica do Rio Macaé, apesar dos pequeno tamanho e aporte fluvial, se comparada às médias e grandes bacias hidrográficas sulamericanas, influencia a zona costeira adjacente, devido à transferência de materiais. Os efeitos da ocupação humana e das mudanças no uso da terra sobre o aporte de materiais carreados pela rede de drenagem e destes sobre a diversidade de organismos costeiros ainda estão sendo compreendidos.

De acordo com Molisani et al. (2013b), elementos químicos transportados pela bacia do Rio Macaé como nitrogênio, fósforo e metais pesados são emitidos na sua maioria por fontes antrópicas, como a urbanização, pecuária e agricultura. Quando somadas, as fontes antrópicas e naturais (erosão de solos e deposição atmosférica) emitem na bacia uma carga de 1.599, 787, 29, 7,0, 7,9, 3,7 toneladas/ano de N, P, Zn, Cu, Pb e Cd, respectivamente (Molisani et al., 2013b). Deste total, as fontes antrópicas, como esgotos domésticos, resíduos sólidos urbanos e agropecuária são responsáveis por 90%, 99%, 62%, 73%, 53% e 57%, respectivamente, das cargas totais emitidas. Este cenário mostra que as atividades humanas têm um papel fundamental na qualidade ambiental da bacia hidrográfica e na transferência de materiais a jusante, sendo a planície costeira e seu estuário regiões de acúmulo dos materiais fluviais emitidos no gradiente longitudinal do Rio Macaé e seus tributários. Deste modo, a biodiversidade desta região tem sido utilizada como indicador de qualidade dos organismos e do habitat e os resultados dos ensaios experimentais reforçam a necessidade de ações de gestão ambiental integrando a bacia hidrográfica e a zona costeira.

O trecho estuarino do Rio Macaé recebe o aporte de esgoto doméstico sem tratamento de uma população de cerca de 200 mil habitantes no núcleo urbano, bem como está sujeito aos impactos das atividades de navegação. Estudos na foz do Rio Macaé indicaram contaminação de mexilhões da espécie *Perna perna* (Linnaeus, 1758) por hidrocarbonetos policíclicos aromáticos (HPAs), que podem ser oriundos da queima e derrame de combustíveis fósseis utilizados na navegação e na frota automobilística (Santiago et al., 2016). Estes mexilhões apresentaram altas taxas de danos genéticos, constatados pelos testes genotóxicos comparados com outras áreas costeiras próximas (Moreno, 2017). Da mesma forma, peixes da espécie *Genidens genidens*, conhecidos como bagres-brancos, apresentaram a produção da enzima EROD, um marcador bioquímico de detoxificação de poluentes, como HPAs. Os níveis observados dessa enzima variaram de típicos de área prístina até aqueles que indicam estresse químico por HPAs ou derivados de petróleo, mensurados simultaneamente na água e detectados nos sedimentos, inclusive formas químicas com potencial genotóxico (Berenger et al., 2017). Esses indicadores biológicos de estresse ambiental demonstram que compartimentos da porção fluvial e estuarina do Rio Macaé podem ser tóxicos também aos demais organismos. Esta suposição foi testada incubando anfípodes da espécie *Grandidierella bonnieroides* (Stephensen, 1947) em sedimentos da região. Os resultados mostraram que a exposição induziu a mortalidade dos organismos nas regiões que recebem alta carga de esgoto doméstico sem tratamento (Molisani et al., 2013b).

Os resultados obtidos com espécies que vivem no estuário sugerem que a emissão de efluentes antrópicos na bacia hidrográfica do Rio Macaé vem afetando a biodiversidade estuarina e costeira. O fato do ambiente apresentar, em algumas ocasiões, toxicidade capaz de induzir mortalidade é preocupante, pois consequências negativas do impacto da poluição aquática reverberam pela cadeia alimentar. Diversas espécies, dentre as mais de 100 espécies de peixes teleósteos registradas para o Rio Macaé ocupam o topo das cadeias alimentares. Por consumirem outras espécies de peixes, podem acumular contaminantes e transferi-los em níveis ainda mais elevados via biomagnificação para seus consumidores, uma vez que muitas delas são exploradas nas pescarias realizadas no estuário e na zona costeira adjacente.

Porém, mesmo em sua base, a cadeia alimentar parece refletir a qualidade das águas, com concentração de microalgas associada a parâmetros ambientais químicos e físicos. A variação das concentrações de clorofila-*a* (um indexador da densidade fitoplanctônica) nas águas dos trechos superior (1,2±0,64 mg/L), médio (2,7±2,2 mg/L) e inferior (4,6±3,8 mg/L) da bacia hidrográfica do Rio Macaé variou positivamente com os teores de fósforo (84±122, 71±114, 132±129 µg/L, respectivamente) e negativamente com a velocidade da água (0,70±0,2; 0,71±0,2; 0,24±0,2 m/s, respectivamente) (Molisani et al., submetido). Apesar de esperada uma tendência natural de incremento na produção primária no gradiente longitudinal fluvial, um aumento expressivo na emissão de fósforo está relacionado à pecuária, como vocação regional, e à emissão de esgoto sem tratamento (Molisani et al., 2013b). Deste modo, um cenário de eutrofização e proliferação de microalgas e plantas aquáticas pode se instalar nesta região, se o controle e tratamento dos efluentes da pecuária e domésticos não for efetuado.

Em relação aos níveis intermediários das cadeias alimentares, estudos de Araújo et al. (2017a,b) com copépodes (organismos zooplanctônicos) do estuário do Rio Macaé indicaram que a biomassa ($mgC.m^{-3}$) e a produtividade ($mgC.m^{3}.dia^{-1}$) do grupo foi inversamente correlacionada com a concentração de parâmetros indicadores de poluição (Araújo et al., 2017a). A foz do Rio Macaé apresenta uma menor diversidade (H') de copépodos quando comparada com outros estuários que diferem na intensidade da poluição (Araújo et al., 2017b). De acordo com esses autores, a poluição ambiental causada pela emissão de esgoto doméstico sem tratamento no trecho inferior da bacia do Rio Macaé distorce a relação entre temperatura e eficiência de conversão de energia em biomassa dos copépodos. Comparativamente, em regiões menos poluídas, esta relação é de 70%, enquanto em estuários mais poluídos, tais como o Rio Macaé, esta relação foi de cerca de 50% (Araújo et al., 2017a).

Os estudos acima descrevem um cenário de emissões de contaminantes por diversas fontes antrópicas, localizadas ao longo da bacia hidrográfica até a região costeira. Essas emissões induziram a efeitos na biodiversidade (genético, bioquímico, biomassa, diversidade de espécies), inclusive em organismos produtores, intermediários e de topo de cadeia trófica. Esses efeitos são constatados principalmente no estuário, que acumula materiais transportados da bacia hidrográfica, e se caracteriza como um ecótone, onde organismos fluviais, estuarinos e marinhos sobrepõem sua distribuição, incluindo a espécie humana, que se utiliza da qualidade deste ambiente e da biodiversidade. Esta porção da bacia hidrográfica como interface na gestão da biodiversidade requisita um entendimento e ações abrangendo a bacia, o estuário e a zona costeira adjacente, portanto uma gestão costeira integrada.

Na bacia do Rio Macaé, ações de proteção da biodiversidade fluvial e costeira passam pelo controle dos efluentes emitidos por atividades humanas, localizadas tanto na bacia hidrográfica, como urbanização e pecuária, quanto na zona costeira, como a navegação. Como uma vocação regional da bacia, a pecuária e seus efluentes (ex. fezes) podem ser controlados através do manejo dos rebanhos, com a criação confinada e aproveitamento das fezes para a agricultura, geração de energia, entre outros, evitando que os contaminantes se mobilizem pela bacia hidrográfica atingindo as águas fluviais e costeiras. Já efluentes da cidade, como o esgoto doméstico, estão começando a ser coletados e tratados em nível terciário, através de uma parceria público-privada recentemente implementada no município de Macaé (e em outros municípios da região e do Brasil). Entretanto, a maior parte do esgoto lançado na bacia ainda chega aos rios e, principalmente, ao estuário sem tratamento. Por fim, o controle da emissão de efluentes pela navegação (ex. combustíveis) passa, por exemplo, por uma ação que já foi implementada no passado (mas sem continuidade) pela Prefeitura Municipal de Macaé, que é a coleta dos resíduos de combustíveis nos motores de barcos de pesca que aportam no estuário. Porém, há que se admitir que o controle da emissão de todas as fontes de combustível na bacia hidrográfica e na costa seja uma questão complexa e difícil de realizar.

Este cenário de ocupação humana e da emissão de efluentes está associado à mudança no uso dos solos na bacia, visto que historicamente a cobertura original da Mata Atlântica vem sendo substituída por diversas atividades socioeconômicas (Guimarães, 2017). A proteção e recuperação florestal é, portanto, uma ação fundamental de gestão e proteção da biodiversidade, pois além de retomar um uso do solo natural da bacia, reduz as emissões de contaminantes pelas atividades socioeconômicas; além de proteger o habitat da mastofauna e as condições geomorfológicas e de qualidade das águas nos canais fluviais que são habitats das populações de peixes ao longo da bacia.

A proteção das florestas na bacia está intimamente associada ao contexto da gestão costeira integrada, pois a cobertura florestal proporciona prevenção e redução da erosão e assoreamento dos canais fluviais e do estuário, além de estabelecer uma condição natural de transporte de partículas sedimentares do rio Macaé para a zona costeira. Como exemplo da necessidade da gestão costeira integrando as características da bacia hidrográfica, podemos citar que alterações na cobertura florestal e no uso dos solos da bacia do Rio Macaé é um dos fatores que controla a deposição de partículas em recifes de corais da espécie *Siderastrea stellata* (Verril, 1868) na Praia da Tartaruga, município de Armação dos Búzios, localizado a 44 km do Rio Macaé (Godiva et al., 2010). Este transporte está associado às características da bacia hidrográfica e do estuário do Rio Macaé, como morfologia do relevo, pulsos de vazão, ciclos de maré no estuário, retilinização do canal fluvial e mudança da cobertura vegetal com a possível intensificação do processo erosivo dos solos (Molisani et al., 2015). Este exemplo reforça a compreensão de que os efeitos do uso da terra no contexto da bacia hidrográfica extrapolam seus limites continentais e requerem uma gestão integrada, visando a proteção da biodiversidade de ecossistemas costeiros. Mesmo apresentando atualmente 46,9% de cobertura florestal na bacia hidrográfica, a prevenção do soterramento excessivo dos recifes de corais em Búzios por sedimentos carreados pelo Rio Macaé pode requerer maiores frações de áreas florestadas que devem ser restauradas ou conservadas.

CONSIDERAÇÕES FINAIS

Este capítulo oferece subsídios para políticas públicas e gestores visando a proteção da biodiversidade em uma típica bacia hidrográfica costeira do domínio das Bacias do Atlântico Sudeste. Dentre as propostas, pode-se relatar:

1. criação de UCs e ações de proteção e recuperação da Mata Atlântica, incluindo as matas ciliares e a conexão de fragmentos florestais. Estas ações já vêm contribuindo para a ampliação da cobertura florestal na bacia do Rio Macaé, embora devam ser estendidas para as planícies fluviais e costeiras, onde há maior pressão das atividades socioeconômicas e da urbanização, protegendo o habitat e os cursos dos leitos fluviais, fundamentais para as populações, diversas delas compostas por espécies raras, endêmicas ou ameaçadas, ainda persistentes nos remanescentes florestais e cursos d'água não retilinizados da bacia hidrográfica;
2. controle da emissão de efluentes de atividades como pecuária, urbanização e navegação que já vem afetando a qualidade dos recursos hídricos

da região e induzindo a efeitos diversos na biodiversidade, principalmente na região costeira;

3. controle sobre a introdução de espécies exóticas de peixes que já vem modificando a composição da ictiofauna na bacia;
4. medidas e campanhas de sensibilização da população para evitar caça e atropelamento da mastofauna nas rodovias, bem como instalação de passagem de fauna;
5. ordenação do uso dos solos, por exemplo, através da implantação do Zoneamento Ecológico -Econômico.

Essas ações devem ser implementadas urgentemente tendo em vista risco de redução e/ou perda da biodiversidade e da qualidade ambiental, inclusive com consequências para a população humana que habita a bacia do Rio Macaé. A perda da biodiversidade pode afetar o funcionamento e habilidade deste ecossistema em prover bens e serviços ecológicos e econômicos para a população humana da bacia, incluindo a regulação do clima, disponibilidade de água e de alimento, habitat e refúgio para biodiversidade, controle da erosão e fertilidade dos solos, controle de pragas e doenças, regulação de distúrbios, polinização, recursos genéticos, áreas de beleza cênica para recreação, cultura e turismo.

REFERÊNCIAS

ALMEIDA, H. L. *Introdução da truta arco-íris Oncorhychus mykiss (Walbaum, 1792) no Rio Macaé, Nova Friburgo (RJ)*: histórico, estrutura populacional, reproduçao e dieta. Rio de Janeiro, 2006. Dissertação (Mestrado). PPG-E, Universidade Federal do Rio de Janeiro, 101 p.

ANDRADE, T. M. B.; CAMARGO, P. B.; SILVA, D. M. L.; PICCOLO, M. C.; VIEIRA, A. S. et al. Dynamics of dissolved forms of carbon and inorganic nitrogen in small watersheds of the coastal Atlantic Forest in Southeast Brazil. *Water Air Soil Pollution*, v. 214, p. 393-408, 2011.

ARAUJO, A. V.; DIAS, C. O.; BONECKER, S. L. C. Effects of environmental and water quality parameters on the functioning of copepod assemblages in tropical estuaries. *Estuarine, Coastal and Shelf Science*, 194, p. 150-161. 2017a.

______. Differences in the structure of copepod assemblages in four tropical estuaries: Importance of pollution and the estuary hydrodynamics. *Marine Pollution Bulletin*, v. 115, n. 1, p. 412-420, 2017b.

ARAÚJO, R. M. DE; SOUZA, M. B. DE; RUIZ-MIRANDA, C. Densidade e tamanho populacional de mamíferos cinegéticos em duas Unidades de Conservação do Estado do Rio de Janeiro, Brasil. *Iheringia, Série Zoologia*, v. 98, n. 3, p. 391–396, 2008.

BANKS-LEITE, C.; PARDINI, R.; TAMBOSI, L. R.; PEARSE, W. D.; BUENO, A. A. ET AL. Using ecological thresholds to evaluate the costs and benefits of set-asides in a biodiversity hotspot. *Science*, v. 345, p. 1041–1045, 2014.

BERENGER, J. N.; MORAES, J. C.; OLIVEIRA, M. M.; RAIMUNDO, J. M.; MOLISANI, M. M. Effects of diesel oil and environmental quality on the enzymatic activities of a tropical estuarine catfish and implications for contamination assessment. *Ecotoxicology and Environmental Contamination*, v. 12, n.1, p. 103-111, 2017.

BRASIL. Portaria n. 444, de 17 de dezembro de 2014. *Lista nacional oficial de espécies da fauna ameaçadas de extinção*. Diário Oficial da União, v. 245, p. 121–126, 2014.

BRITO, M. F. G. *Atividade reprodutiva dos peixes do rio Macaé (RJ) em função do gradiente longitudinal.* Rio de Janeiro, 2007. Tese (Doutorado). PPG-E, Universidade Federal do Rio de Janeiro, 170 p.

BRITO, M. F. G.; LAZZAROTTO, H.; CARAMASCHI, E. P. Life-history features of a rapids-dwelling loricariid catfish from Atlantic forest streams, Brazil. *Biota Neotropica*, v. 16, n. 2, p. 1-7, 2016.

CARAMASCHI, E. P.; BRITO, M. F. G.; LAZZAROTTO, H. Fish assemblage variations along the environmental gradient of a Neotropical stream: Rio Macaé (Rio de Janeiro, South-eastern Brazil). In: LOBÓN-CERVIÁ, J.; GONZÁLEZ, G.; LAVANDEIRA, M. T. *Ecology of Stream Fish: state of the art and future prospects II.* Leon: 2006, p. 70.

CATELANI, P. A. *A influência do gradiente ambiental do estuário do Rio Macaé, RJ, na composição da ictiofauna*: uma abordagem das guildas ecológicas. Macaé, 2013. Dissertação (Mestrado). PPG-CiAC, Universidade Federal do Rio de Janeiro campus Macaé, 94 p., 2013.

CATELANI, P. A.; BAUER, A. B.; DI DARIO, F.; FISCHER, L. G.; PETRY, A. C. A fauna de peixes do estuário do Rio Macaé e do Arquipélago de Santana e sua relevância para a conservação e gestão ambiental. In: FERREIRA, M. I. P.; BARRETO, G. S.; DA SILVA, J. A. F.; LUGON JUNIOR, J.; BARROS, M. P. F. (Org.). *Engenharia e Ciências Ambientais: Contribuições para Gestão Ecossistêmica.* Campos dos Goytacazes: Essentia (no prelo).

CATELANI, P. A.; PETRY, A. C.; DI DARIO, F.; DOS SANTOS, V. L.; MINCARONE, M. M. Fish composition (Teleostei) of the estuarine region of the Macaé River, southeastern Brazil. *Check List*, v. 10, n. 4, p. 927-935, 2014.

COELHO-NETTO, A. L.; AVELAR, A. S.; LACERDA, W. A. Landslides and disasters in Southeastern and Southern Brazil. *Developments in Earth Surface Processes*, v. 13, p. 223-243, 2009.

COSTANZA, R.; D'ARGE, R.; DE GROOT, R.; FARBER, S.; GRASSO, M.; HANNO, B. et al. The value of the world's ecosystem services and natural capital. *Nature*, v. 387, p. 253–260, 1997.

CRUZ, A. R. *Estrutura da comunidade vegetal arbórea do Parque Natural Municipal Fazenda Atalaia, Macaé RJ.* Monografia. Universidade Federal Rural do Rio de Janeiro, 38 p., 2007.

DIRZO, R.; YOUNG, H. S.; GALETTI, M.; CEBALLOS, G.; ISAAC, N. J. B. et al. Defaunation in the Anthropocene. *Science*, v. 345, n. 6195, p. 401–406, 24 jul. 2014.

ECOLOGUS. Meio Biótico: Fauna Terrestre e Alada. In: Estudo de Impacto Ambiental da UTE Nossa Senhora de Fátima, Volume 2. Rio de Janeiro: Natural Energia, 2018. 139p.

ESCHMEYER, W. *Catalog of fishes classification*. Disponível em: <https://www.calacademy.org/scientists/catalog-of-fishes-classification/>. Acesso em: 08 jan. 2018.

ESTEVES, F. de A. *Do índio goitacá à economia do petróleo: uma viagem pela história e ecologia da maior restinga protegida do Brasil.* Campos dos Goytacazes, RJ: Essentia, 2011.

FARIA, M. M.; SANCHEZ, B. A. Geochemistry and mineralogy of recent sediments of Guanabara Bay (NE sector) and its major rivers-Rio de Janeiro State-Brazil. *Anais da Academia Brasileira de Ciências*, v. 73, n. 1, p. 121-133, 2001.

FUNDAÇÃO SOS MATA ATLÂNTICA/[INPE]INSTITUTO NACIONAL DE PESQUISAS ESPACIAIS. *Atlas dos remanescentes florestais da Mata Atlântica e ecossistemas associados no período de 2013-2014*. São Paulo: Fundação SOS Mata Atlântica/Inpe, 2015.

GALETTI, M.; DIRZO, R. Ecological and evolutionary consequences of living in a defaunated world. *Biological Conservation*, v. 163, p. 1-6, 2013.

GALETTI, M.; BOVENDORP, R. S.; GUEVARA, R. Defaunation of large mammals leads to an increase in seed predation in the Atlantic forests. *Global Ecology and Conservation*, v. 3, p. 824–830, 2015.

GIBLING, M. R.; DAVIES, N. S. Paleozoic landscapes shaped by plant evolution. *Nature Geoscience*, v. 5, p. 99-105, 2012.

GODIVA, D.; EVANGELISTA, H.; KAMPEL, M.; LICINIO, M.V.; MUNITA, C. Combined use of aerogammaspectrometry and geochemistry to access sediment sources in a shallow coral site at Armação dos Búzios, Brazil. *Estuarine, Coastal and Shelf Science*, v. 87, p. 526-534, 2010.

GUIMARÃES, L. G. *Mudanças no uso e cobertura da terra da Bacia Hidrográfica do Rio Macaé*. Rio de Janeiro, 2017. Dissertação (Mestrado). PPGCiAC/UFRJ, 96 p., 2017.

[ICMBIO] INSTITUTO CHICO MENDES DE CONSERVAÇÃO DA BIODIVERSIDADE. Portaria n. 444, de 17 de dezembro de 2014. Diário Oficial Brasil, 2014. Disponível em: <http://www.in.gov.br/autenticidade.html>

[INEA] INSTITUTO ESTADUAL DO AMBIENTE. *Parque Estadual dos Três Picos*: Plano de Manejo, Resumo Executivo. Rio de Janeiro: Instituto Estadual do Ambiente, 2013. 102p.

[IBGE] INSTITUTO BRASILEIRO DE GEOGRAFIA E ESTATÍSTICA. *Manual Técnico da Vegetação Brasileira*. Manuais Técnicos em Geociências. Rio de Janeiro, 2. ed., 271 p., 2012.

JARAMILLO-VILLA, U. *Efeito da retificação de rios sobre as taxocenoses de peixes*: estudo em rios costeiros de Mata Atlântica no Estado do Rio de Janeiro, Brasil. Dissertação (Mestrado). PPG-E, Universidade Federal do Rio de Janeiro, 91 p., 2010.

JENKINS, C. N.; PIMM, S. L.; ALVES, M. A. DOS S. How conservation GIS leads to Rio de Janeiro, Brazil. *Natureza & Conservação*, v. 9, n. 2, p. 152–159, 2011.

KNOPPERS, B.; EKAU, W.; FIGUEIREDO, A. G. The coast and shelf of east and northeast Brazil and material transport. *Geo-Marine Letters*, v. 19, n. 3, p. 171-178, 1999.

LAZZAROTTO, H.; CARAMASCHI, E. P. Introdução da truta no Brasil e na bacia do rio Macaé, Estado do Rio de Janeiro: histórico, legislação e perspectivas. *Oecologia Brasiliensis*, v. 13, n. 4, p. 649-659, 2009.

LAZZAROTTO, H.; BRITO, M. F. G.; CARAMASCHI, E. P. Threatened fish of the world: *Pareiorhaphis garbei* (Ihering, 1911) (Ostariophysii: Loricariidae). *Environmental biology of fishes*, v. 78, n. 1, p. 91-92, 2007.

LEMOS, H. D. M.; SILVA, C. A. O.; PATIU, F. M.; GONÇALVES, P. R. Barn Owl pellets (Aves: *Tyto furcata*) reveal a higher mammalian richness in the Restinga de Jurubatiba National Park, Southeastern Brazil. *Biota Neotropica*, v. 15, n. 2, p. 1–9, 2015.

LUZ, J. L.; MANGOLIN, R.; ESBERARD, C. E. L.; BERGALLO, H. G. Morcegos (Chiroptera) capturados em lagoas do Parque Nacional da Restinga de Jurubatiba, Rio de Janeiro, Brasil. *Biota Neotropica*, v. 11, n. 4, p. 161–168, 2011.

MARÇAL, M.; BRIERLEY, G.; LIMA, R. Using geomorphic understanding of catchment-scale process relationships to support the management of river futures: Macaé Basin, Brazil. *Applied Geography*, v. 84, p. 23-41, 2017.

[MMA/ICMBIO] MINISTÉRIO DE MEIO AMBIENTE/INSTITUTO CHICO MENDES DE CONSERVAÇÃO DA BIODIVERSIDADE. *Plano de Manejo da Reserva Biológica União, Encarte 2*: Análise da Região da Unidade de Conservação, 170 p., 2008.

MOLISANI, M. M.; COSTA, R. N.; CUNHA, P.; REZENDE, C. E.; FERREIRA, M. I. P. et al. Acute Toxicity Bioassay with the Amphipod, Grandidierella bonnieroides S. After Exposure to Sediments from an Urban Estuary (Macaé River Estuary, RJ, Brazil). *Bulletin of Environmental Contamination and Toxicology*, v. 90, n. 1, p. 79-84, 2013a.

MOLISANI, M. M.; ESTEVES, F. A.; REZENDE, C. E.; LACERDA, L. D. Emissões naturais e antrópicas de nitrogênio, fósforo e metais para a bacia do rio Macaé (Macaé, RJ, Brasil) sob influência das atividades de exploração de petróleo e gás na Bacia de Campos. *Química Nova*, v. 36, n. 1, p. 27-33, 2013b.

MOLISANI, M. M.; NORONHA, F. R. C.; SCHULTZ, M. S.; REZENDE, C. E.; ALMEIDA, M. G. et al. Mismatch Between Sediment Metal Distribution and Pollution Source Gradient: A Case Study of a Small-Size Drainage Basin (Southeastern Brazil). *Bulletin of Environmental Contamination and Toxicology*, v. 94, n. 6, p. 770-776, 2015.

MORENO, J. M. *Estudos genotóxicos em Perna perna (mollusca, bivalvia) como indicadores da qualidade ambiental e sua importância na malacocultura.* Rio de Janeiro, 2017. Dissertação (Mestrado). PPG-CiAC/Universidade Federal do Rio de Janeiro campus Macaé, 99 p., 2017.

MOULTON, T. P.; DE SOUZA, M. L.; OLIVEIRA, A. F. Conservation of catchments: some theoretical considerations and case histories from Rio de Janeiro. *Neotropical Biology and Conservation*, v. 2, n. 1, p. 28-35, 2007.

MYERS, N.; MITTERMEIER, R. A.; MITTERMEIER, C. G.; FONSECA, G. A. B; KENT, J. Biodiversity hotspots for conservation priorities. *Nature*, v. 403, n. 6772, p. 853–858, 2000.

PEREIRA, J. R. *Caracterização das conexões tróficas da ictiofauna no curso longitudinal do rio Macaé, RJ.* Rio de Janeiro, 2010. Dissertação (Mestrado). PPG-E, Universidade Federal do Rio de Janeiro, 71 p., 2010.

PESSÔA, L. M.; TAVARES, W. C.; GONÇALVES, P. R. Mamíferos das restingas do macrocompartimento litorâneo da Bacia de Campos, Rio de Janeiro. In: PESSÔA, L. M.; TAVARES, W. C.; SICILIANO, S. (Orgs.). *Mamíferos de Restingas e Manguezais do Brasil.* Rio de Janeiro: Sociedade Brasileira de Mastozoologia, Museu Nacional, v. 80. p. 95–125, 2010.

RIBEIRO, M. C.; METZGER, J. P.; MARTENSEN, A. C.; PONZONI, F. J.; HIROTA, M. M. The Brazilian Atlantic Forest: how much is left, and how is the remaining forest distributed? Implications for conservation. *Biological conservation*, v. 142, n. 6, p. 1141-1153, 2009.

ROSA, D. C. *Efeito da retificação na estrutura trófica da ictiofauna de rios do Norte Fluminense (RJ).* Rio de Janeiro, 2011. Dissertação (Mestrado). PPG-E, Universidade Federal do Rio de Janeiro, 97 p., 2011.

SANTIAGO, I. U.; MOLISANI, M. M.; NUDI, A. H.; SCOFIELD, A. L.; WAGENER, A. L. et al. Hydrocarbons and trace metals in mussels in the Macaé coast: Preliminary assessment for a coastal zone under influence of offshore oil field exploration in southeastern Brazil. *Marine Pollution Bulletin*, v. 103, n. 1, p. 349-353, 2016.

SILVA, C. A. O. *Roedores, marsupiais e quirópteros silvestres do Parque Natural Municipal Fazenda Atalaia, Macaé, RJ*: taxonomia e níveis de endemismo como subsídios à conservação. Rio de Janeiro, 2015. Dissertação (Mestrado). PPG-CiAC, Universidade Federal do Rio de Janeiro campus Macaé, 113p., 2015.

SILVA, G. D. F. *Composição florística e análise estrutural de um remanescente florestal na Estação Experimental da Pesagro de Macaé, Macaé, RJ.* Rio de Janeiro, 2016. Dissertação (Mestrado). PPG-CiAC, Universidade Federal do Rio de Janeiro campus Macaé, 61p., 2016.

SILVEIRA, J. R.; BRAGA, C. DE C.; GONÇALVES, P. R. *Mamíferos de médio e grande porte em remanescentes florestais na porção inferior da Bacia Hidrográfica do Rio Macaé, RJ*. Pirenópolis: Sociedade Brasileira de Mastozoologia, 2017.

STEFFEN, W.; BROADGATE, W.; DEUTSCH, L.; GAFFNEY, O.; LUDWIG, C. The trajectory of the Anthropocene: the great acceleration. *The Anthropocene Review*, v. 2, n. 1, p. 81-98, 2015.

WIKIAVES. *WikiAves, a Enciclopédia das Aves do Brasil.* Disponível em: <http://www.wikiaves.com.br/>. Acesso em: 6 set. 2017.

WILEY, E. O.; JOHNSON, G. D. A teleost classification based on monophyletic groups. In: NELSON, J. S.; SCHULTZE, H. P.; WILSON, M. V. H. (Orgs.). *Origin and phylogenetic interrelationships of teleosts*: honoring Gloria Arratia. München: Verlag Dr. Friedrich Pfeil, 2010. p. 123-182.

XAVIER, M. S. *Mamíferos terrestres de médio e grande porte do Parque Nacional da Restinga de Jurubatiba*: riqueza de espécies e vulnerabilidade local. Rio de Janeiro, 2016. Dissertação (Mestrado). PPG-CiAC, Universidade Federal do Rio de Janeiro campus Macaé, 101p., 2016.

XAVIER, M. S.; LEMOS, H. M.; CACCAVO, A.; BEZERRA, A.; SECCO, H. et al. Noteworthy coastal records of the maned wolf, Chrysocyon brachyurus (Illiger, 1815), in Southeastern Brazil. *Boletim da Sociedade Brasileira de Mastozoologia*, v. 78, p. 9-13, 2017.

13 Código Florestal e proteção dos recursos hídricos no contexto de bacias hidrográficas no meio urbano-rural

José Antônio Aleixo da Silva
Engenheiro agrônomo, Universidade Federal Rural de Pernambuco, UFRPE

Antonio Donato Nobre
Engenheiro agrônomo, Instituto Nacional de Pesquisas da Amazônia, Inpa e Instituto Nacional de Pesquisas Espaciais, Inpe

Marília Regina Costa Castro
Engenheira agrônoma, Instituto Federal de Educação, Ciência e Tecnologia, IFPE

INTRODUÇÃO

Apesar de o Brasil possuir aproximadamente 13% da água doce disponível no mundo, sua legislação tem deixado a desejar. Somente 423 anos após o descobrimento é que se tem registro da preocupação dos governantes com nossos recursos hídricos, em uma declaração feita pelo patriarca da Independência José Bonifácio (Pádua, 2002).

No Código Florestal de 1934, está descrito que uma das funções das florestas protetoras seria a conservação do regime das águas, sem entrar em detalhes.

Já no Código Florestal de 1965, existe um diferencial com relação ao código anterior, pois surgiram os conceitos da Reserva Legal e Área de Preservação Permanente, sendo esta última definida principalmente em relação à largura dos cursos de água. Em 1989, em função de inundações no Vale do Itajaí em Santa Catarina, essas áreas foram aumentadas ao longo dos rios.

Em 2008, a Câmara dos Deputados iniciou um projeto de reestruturação do Código Florestal de 1965, que segundo os ambientalistas era prejudicial à política nacional do meio ambiente, e iniciou um grande debate nacional sobre tal projeto, envolvendo além dos congressistas a comunidade científica e a própria população brasileira.

Desconsiderando grande parte dos argumentos técnico-científicos, principalmente relacionados aos recursos hídricos, apresentados aos parlamentares por várias instituições de ensino e pesquisa, foi aprovada a Lei n. 12651, de 25 de maio de 2012, conhecida como o Novo Código Florestal Brasileiro.

É uma lei que agradou a bancada ruralista do Congresso Nacional, pois houve considerável redução nas áreas de preservação permanentes ao longo dos rios, visando primordialmente a expansão da agricultura. Aspectos climáticos e topográficos não foram considerados, pois o Brasil foi considerado como sendo um país sem variações ambientais. Protestos de entidades científicas não funcionaram.

Atualmente, o Brasil possui cerca de 105.000 km de rios federais, dos quais apenas 16.400 km (15,6%) são considerados de interesse governamental em relação à quantidade e qualidade das águas, o que é muito pouco (ANA, 2015).

Este trabalho apresenta um breve histórico de como os recursos hídricos têm sido considerados pelos governantes ao longo dos tempos e trata com mais detalhes como eles foram explicitados nos Códigos Florestais de 1934, 1965 e 2012, ao mesmo tempo em que trata importantes aspectos que foram excluídos, principalmente, da Lei n. 12651/2012.

HISTÓRICO DA EVOLUÇÃO DAS LEIS FLORESTAIS NO BRASIL

Quando os portugueses chegaram no Brasil em 1500, o primeiro obstáculo que encontraram foi a exuberante vegetação costeira, pois para adentrar no continente era necessário abatê-la por onde eles iriam se locomover e se instalar.

Inicialmente, a primeira exploração florestal foi o pau-brasil (*Caesalpinia echinata Lam.*), que daria o nome final ao nosso país, principalmente, para retirada de uma tinta vermelha muito apreciada na Europa. Foi o nosso primeiro produto de exportação que era monopólio da Coroa Portuguesa. *Caesalpinia* homenageia um grande médico e botânico do século XVI - Andrea Cesalpino, e *echinata é* a forma latina do adjetivo "esquiando", que significa "vegetal cheio de espinhos". Coincidentemente, o Brasil é o único país a ter nome de árvore.

Como era muito abundante, nos primeiros anos da colonização a retirada de madeira era feita de maneira extensiva, excetuando-se o pau-brasil, cuja exploração era controlada pela Coroa Portuguesa.

Em 12 de março de 1537, Duarte Coelho, capitão governador das terras da Nova Lusitânia, publicou a Carta Floral de Olinda, que transformava o povoado de Olinda em vila. Essa carta continha a primeira declaração referente à proteção florestal e dos cursos d'água:

> E assim mando que todo povo se sirva e logre dos ditos matos, lenhas e madeira para casas, tirando fazer roça que não farão. E assim árvores de palmo e meio de cesta e daí para riba não cortarão sem minha licença ou dos meus oficiais que por mim tiverem. Porque tais árvores são para outras coisas de maior substância em especial. E assim resguardarão todas as madeiras e matos que estão ao redor dos ribeiros e fontes. (Coelho, 1537).

Apesar de ser uma declaração geral, o controle real era diretamente ligado à retirada de pau-brasil.

Em 1799, o matemático e filósofo José Vieira Couto (1752-1827) viria novamente se manifestar em defesa de nossa vegetação quando escreveu:

> Já é tempo de se atentar nestas preciosas matas, nestas amenas selvas que o cultivador do Brasil, com o machado em uma mão e o tição em outra, ameaça-as de total incêndio e desolação.... Uma agricultura bárbara, ao mesmo tempo muito dispendiosa, tem sido a causa deste geral abrasamento. O agricultor olha ao redor de si para duas ou mais léguas como para um nada, e ainda não as tem bem reduzido a cinzas já estende ao longe a vista para levar destruição a outras partes. Não conserva apego nem amor ao território que cultiva, pois conhece muito bem que ele não chegará a seus filhos (Pádua, 2002).

Posteriormente, em 1823, o Patriarca da Independência José Bonifácio de Andrade e Silva (1763-1838) fez a seguinte declaração:

> A natureza fez tudo a nosso favor, nós porém pouco ou nada temos feito a favor da natureza. Nossas terras estão ermas, e as poucas que temos roteado são mal cultivadas, porque são por braços indolentes e forçados. Nossas numerosas minas, por falta de trabalhadores ativos e instruídos, estão desconhecidas ou mal aproveitadas. Nossas preciosas matas vão desaparecendo, vítimas do fogo e do machado destruidor da ignorância e do egoísmo. Nossos montes e encostas vão se escalvando diariamente, e com o andar do tempo faltarão chuvas fecundantes que favoreçam a vegetação e alimentem nossas fontes e rios, sem que o nosso belo Brasil, em menos de dois séculos, ficará reduzido aos páramos e desertos áridos da Líbia. Virá então esse dia (dia terrível e fatal),

em que a ultrajada natureza se ache vingada de tantos erros e crimes cometidos (Pádua, 2002).

Nota-se no texto que a preocupação com as "fontes e rios" passava a fazer parte do discurso ambientalista, pois anteriormente as preocupações eram voltadas principalmente à proteção da vegetação. Mas em meados do século XIX, preocupado com a degradação das águas que abasteciam o Rio de Janeiro, Dom Pedro II desapropriou fazendas no maciço da Tijuca e ordenou que fossem reflorestadas com árvores da Mata Atlântica, para proteger os rios que abasteciam o Rio de Janeiro (Lucena, 2015).

CÓDIGO FLORESTAL DE 1934

O Código Florestal de 1934 estava diretamente relacionado aos desmatamentos provocados pela produção do café que chegou no Brasil em 1727, com a introdução de uma muda trazida clandestinamente da Guiana Francesa, pelo Sargento-Mor Francisco de Mello Pallheta (ABIC, 2017).

Já no século XIX, o Brasil passou a ser o maior produtor de café do mundo e entre 1850 e 1930, a cultura teve uma grande expansão, tornando os desmatamentos frequentes para ceder terras aos novos plantios de café. Com a grande depressão nos Estados Unidos, o preço do café foi reduzido, o que diminuiu sua exportação, mas grandes áreas florestais haviam sido devastadas, principalmente perto das cidades produtoras de café.

Assim, começou a haver falta de madeira próximo dessas cidades, o que encarecia seu preço. Como as áreas florestadas estavam ficando distantes das cidades, os custos de transportes eram incluídos na aquisição de madeira. Tentando atenuar o problema, o governo de Getúlio Vargas deu início à elaboração do primeiro Código Florestal do Brasil, que foi promulgado por meio do Decreto n. 23.793, de 23 de janeiro de 1934 (Ferreira, 2014).

Esse Decreto foi elaborado por um grupo de cientistas, tendo como relator Luciano Pereira da Silva, Procurador do Serviço Florestal do Brasil, que fora criado em 1921, subordinado ao Ministério da Agricultura, Indústria e Commercio (Arhens, 2003). Entre os organizadores desse código, merece destaque especial o Engenheiro Agrônomo Silvicultor Edmundo Navarro de Andrade, que foi ministro interino da Agricultura nos períodos de 19/08/1933 a 04/10/1933 e 09/01/1934 a 18/02/1934, quando foi aprovado o Decreto n. 23.793.

O primeiro Código Florestal era composto de 110 artigos, tratava da exploração florestal, criava a polícia florestal, definia as infrações florestais, processo e julgamento das infrações, criava o fundo florestal e o Conselho Florestal.

Em seu Artigo 3º, definia-se quatro tipos de florestas: protetoras, remanescentes, modelo e de rendimento. Nos artigos 4°, 5°, 6° e 7º, tais florestas eram caracterizadas, sendo que entre as funções das florestas protetoras estava a conservação do regime das águas. A palavra "água" só volta a aparecer no Artigo 56°, §2°, que tratava da Polícia Florestal que poderia ser auxiliada pelo Serviço da Águas na fiscalização e conservação dos Parques Nacionais. Assim, os recursos hídricos não mereceram destaque especial dentro do Código Florestal de 1934.

No artigo 23 desse Decreto aparecia o seguinte:

> Nenhum proprietário de terra coberta de matas poderá abater mais de três quartas partes da vegetação existente, salvo o disposto nos arts. 24, 31 e 52.

O artigo 24 explicitava que as proibições seriam para as matas nativas (espontâneas), plantadas pela administração pública ou associações protetoras da natureza. O artigo 31 regulava o aproveitamento de árvores mortas ou secas nas florestas protetoras ou remanescentes, obrigando a quem se utilizasse desse material replantar árvores das mesmas espécies ou adaptáveis às condições locais, e no artigo 52 caracterizava exploração limitada só aquelas que fossem expressamente autorizadas pelo Ministério da Agricultura.

Já em 1945, o relator do anteprojeto do Código Florestal, Luciano Pereira da Silva, questionava as dificuldades para sua aplicação, declarando (Silva, 1945, p. 388)

> A elaboração de uma lei com essa finalidade teria de encontrar, como, de fato, encontrou, obstáculos de dificílima remoção, criados pela mentalidade que 400 anos de ininterrupta prática, sem o mais leve controle, se consolidara no sentido de não ver na árvore senão um empecilho que cada um tinha o direito de remover sob os mais fúteis pretextos ou mesmo sob pretexto algum, sem qualquer obrigação de substituí-la por outra.

Em 1950, houve mais uma tentativa de viabilizar o entendimento jurídico do Código Florestal de 1934, com o Projeto Daniel Carvalho, enviado ao Congresso por meio da Mensagem Presidencial 04/1950, que segundo Ahrens (2003, p. 6) incorporou "percepções bastante avançadas para a época e que ainda perseveram na atualidade".

Em 1961, foi criado um grupo de trabalho para formular uma nova lei florestal, efetivado pelo Memorando Presidencial G.P./M.A., n. 4 de 05/04/1961. O anteprojeto incorporou pareceres de especialistas e interessados na área florestal e análises da legislação e direitos florestais em outros países.

Armando Monteiro Filho, então Ministro da Agricultura, atribuía o mau uso das reservas florestais brasileiras ao sistema agrícola primitivo utilizado na época e como medida de precaução considerava que as matas nas margens dos rios deveriam ser preservadas permanentemente (Ribeiro, 2011). Este fato é considerado como sendo o que deu origem às Áreas de Preservação Permanente (APP).

Os trabalhos do grupo foram encerrados em 1962, com a elaboração de um anteprojeto com 39 artigos que iria dar origem ao Código Florestal de 1965.

CÓDIGO FLORESTAL DE 1965

Com base no Projeto Daniel Carvalho, somente em 15 de setembro de 1965 viria a ser aprovada a Lei n. 4771, composta de 48 artigos. Foi assinada pelo Presidente Humberto de Alencar Castello Branco e apresentava como principal diferencial do Código Florestal de 1934 a introdução dos conceitos e abrangência de Reserva Legal e Áreas de Preservação Permanente, que fazia parte do Artigo 2°, com as seguintes definições:

> Art. 2º Consideram-se de preservação permanente, pelo só efeito desta Lei, as florestas e demais formas de vegetação natural situadas:
>
> a) ao longo dos rios ou de outro qualquer curso d'água, em faixa marginal cuja largura será:
>
> 1- de 5 (cinco) metros para os rios de menos de 10 (dez) metros de largura:
>
> 2- igual à metade da largura dos cursos que meçam de 10 (dez) a 200 (duzentos) metros de distância entre as margens;
>
> 3- de 100 (cem) metros para todos os cursos cuja largura seja superior a 200 (duzentos) metros.
>
> b) ao redor das lagoas, lagos ou reservatórios d'água naturais ou artificiais;
>
> c) nas nascentes, mesmo nos chamados "olhos d'água", seja qual for a sua situação topográfica;
>
> d) no topo de morros, montes, montanhas e serras;
>
> e) nas encostas ou partes destas, com declividade superior a 45°, equivalente a 100% na linha de maior declive;
>
> f) nas restingas, como fixadoras de dunas ou estabilizadoras de mangues;

g) nas bordas dos taboleiros ou chapadas;
h) em altitude superior a 1.800 (mil e oitocentos) metros, nos campos naturais ou artificiais, as florestas nativas e as vegetações campestres.

Mesmo tratando só as florestas como passíveis de preservação permanente, não obrigava a recomposição florestal nas áreas de preservação permanentes, embora proibisse atividades agrícolas nessas áreas.

Indiretamente, considerava-se pela primeira vez na legislação a proteção dos rios, lagoas, lagos, reservatórios d'água e nascentes, pois esses dependem para sua perenidade da existência de florestas em suas margens, uma vez que as florestas ribeirinhas ou ripárias têm as funções de evitar erosão dos solos e consequentemente assoreamento dos cursos d'água, poluição das águas, regulação do ciclo hidrológico, atenuando enchentes e inundações. Segundo Bradshaw et al. (2007), a frequência de enchentes é negativamente correlacionada com a área florestada e positivamente correlacionada com o desmatamento.

Em bacias com solos degradados por atividades agrícolas ou outras ações antrópicas, o reflorestamento tende a aumentar a infiltração da água de chuva no solo e sua capacidade de armazenamento e fluxo das águas, reduzir alterações na qualidade da água, além de funcionar como sequestrador de carbono, bem como reduzir deslizamentos e escorregamentos nos topos de morros, principalmente nas cidades (FAO, 2005; Jackson et al., 2005; Keenan; Van Dijk, 2010; Lima et al., 2012).

Entretanto, no ano de 1989, em função de grandes inundações no Vale do Itajaí em Santa Catarina, o Congresso Nacional aprovou a Lei 7803 de 18 de julho, na qual se aumentavam as áreas de preservação permanentes ao longo dos rios, e determinou a averbação da Reserva Legal nas matrículas dos imóveis rurais visando evitar posteriores divisões. O Artigo 2º da Lei 4771/65 passou a ter a seguinte definição:

> Art. 2º ....
> a) ao longo dos rios ou de qualquer curso d'água desde o seu nível mais alto em faixa marginal cuja largura mínima seja:
> 1) de 30m (trinta metros) para os cursos d'água de menos de 10m (dez metros) de largura;
> 2) de 50m (cinqüenta metros) para os cursos d'água que tenham de 10m (dez) a 50m (cinqüenta metros) de largura;
> 3) de 100m (cem metros) para os cursos d'água que tenham de 50 (cinqüenta) a 200m (duzentos metros) de largura;

4) de 200m (duzentos metros) para os cursos d'água que tenham de 200 (duzentos) a 600m (seiscentos metros) de largura;
5) de 500m (quinhentos metros) para os cursos d'água que tenham largura superior a 600m (seiscentos metros);
c) nas nascentes, ainda que intermitentes e nos chamados "olhos d'água", qualquer que seja a sua situação topográfica, num raio mínimo de 50m (cinqüenta metros) de largura;
g) nas bordas dos tabuleiros ou chapadas, a partir da linha de ruptura do relevo, em faixa nunca inferior a 100m (cem metros) em projeções horizontais;
h) em altitude superior a 1.800m (mil e oitocentos metros), qualquer que seja a vegetação.

Nos parágrafos 2, 3, 4 e 5 existe um erro crasso de matemática. Por exemplo, está escrito no item 2, "50 m (cinquenta metros) para os cursos d'água que tenham de 10 m (dez) a 50 m (cinquenta metros) de largura" e no 3, "de 100 m (cem metros) para os cursos d'água que tenham de 50 (cinquenta) a 200 m (duzentos metros) de largura". Se por exemplo, um rio tiver 50 metros de largura, qual será sua área de preservação permanente, 50 ou 200 metros? O erro permanece nos parágrafos 4 e 5. Erro elementar que passou pelo Congresso.

Enquanto que na Lei 4771, a área de preservação permanente era de cinco metros para rios com até 10 metros de largura, na Lei 7803 passou a ser 30 metros. Para rios com largura superior a 200 metros, a área protegida era de 100 metros e passou para 200 metros, sendo que se criou uma nova faixa para rios com larguras superiores a 600 metros, na qual a área de preservação permanente passou a ser de 500 metros. Vale salientar que a largura do rio era considerada em função de seu "leito mais alto", isto é, a largura máxima que o rio atinge no período de enchente. Tal medida que ambientalmente era mais protetora, passou a ser criticada pelo meio ruralista por conta da redução das áreas para plantios agrícolas próximas dos diversos cursos d'água.

Em 1996, foi editada a Medida Provisória n. 1511, que aumentava a área de reserva legal na Amazônia de 50% para 80% nas propriedades rurais, com a finalidade de reduzir os altos índices de desmatamento na região que ocupa 45% do território nacional. Os ruralistas protestaram com o argumento de que o próprio governo tinha incentivado anteriormente a ocupação da Amazônia permitindo o desmatamento em 50% das propriedades rurais. Esse aumento da reserva legal também proporcionava uma maior proteção aos recursos hídricos da região que possui cerca de 81% da disponibilidade hídrica do país (ANA, 2015).

O Brasil possui cerca de 13% da água doce do planeta e o volume de água disponível per capita é 19 vezes superior ao estabelecido pela Organização da Nações Unidas, que é de 1700 m^3 por habitante por ano (Portal Brasil, 2010). Com o objetivo de manter essa disponibilidade de água em padrões adequados, em 1997 foi aprovada a Lei da Águas (Lei n. 9433), que definiu a Política Nacional de Recursos Hídricos (PNRH) e criou o Sistema Nacional de Gerenciamento de Recursos Hídricos (Singreh). É uma lei que, associada às áreas de preservação permanente e reserva legal, proporcionava maior segurança hídrica ao país.

Em 1999, foi apresentada proposta de parlamentar, em parceria com a Confederação Nacional da Agricultura (CNA), para ampliar o desmatamento legalizado em todos os biomas brasileiros (SOS Florestas, 2011).

Em 2001, a Medida Provisória n. 1551 foi reeditada sob o n. 2166, sendo que os movimentos ambientalistas protestaram afirmando que se a Medida Provisória não fosse transformada em Projeto de Lei iria implicar no aumento das áreas desmatadas (Faleiros, 2008).

No final de 2005, foi apresentado no Senado o Projeto de Lei n. 6424/05, que foi apelidado de "Floresta Zero" porque tentava reduzir as reservas legais na Amazônia para 50%, bem como a anulação dos crimes ambientais que não tivessem sido julgados.

Em 2008, foi apresentado na Câmara dos Deputados o Projeto de Lei n. 5637/09 propondo a criação de um Código Ambiental Brasileiro, que segundo os ambientalistas era prejudicial à Política Nacional de Meio Ambiente. Foi criada uma Comissão Especial no Congresso para agregar 11 projetos de lei visando substituir a Lei n. 4771/65. O novo projeto apresentado contava com o apoio da bancada ruralista no Congresso. Em julho de 2010, a proposta foi aprovada em uma Comissão Mista do Congresso. Começava então a maior batalha já ocorrida no Congresso entre as bancadas ambientalista e ruralista, extrapolando o Congresso e envolvendo o movimento ambientalista, praticamente toda comunidade científica do país, bem como parte da população.

A proposta da bancada ruralista defendia a expansão da agricultura no país, enfatizando a necessidade de aumentar a produção de alimentos para consumo interno e exportação, capitalizando sobre sua importância para a balança comercial brasileira. Por outro lado, aspectos científicos básicos em relação à sustentabilidade ambiental não eram considerados. Os ambientalistas se organizaram nacionalmente e contaram com o apoio da maioria da população contra o projeto apresentado na Câmara dos Deputados.

No mesmo ano de 2010, foi lançada nos Estados Unidos a publicação *Farms here, forest there. Tropical deforestation and U.S. competitiveness in agriculture and timber* (Friedman, 2010), a qual defendia que o Brasil deveria cuidar da preservação de suas florestas, pois a expansão da agricultura avançava desordenadamente sobre as florestas, principalmente no Cerrado e na Amazônia, causando danos irreversíveis ao meio ambiente em termos globais. Acusava o Brasil e a Indonésia de serem responsáveis por 15% ou mais das emissões de dióxido de carbono em função dos desmatamentos. Estimavam que no Brasil eram produzidas 500 toneladas de dióxido de carbono por hectare desmatado.

Essa publicação serviu de mote para a bancada ruralista atacar os ambientalistas com o argumento de que a reação ambientalista era coordenada pelos Estados Unidos por meio de ONGs internacionais, como por exemplo WWF e Greenpeace, que eram financiadas para frear a expansão da pujante agricultura brasileira, competidora direta da agricultura americana.

A Sociedade Brasileira para o Progresso da Ciência (SBPC) e a Academia Brasileira de Ciências (ABC), que representam a maioria das associações científicas do país, fizeram uma parceria e constituíram um grupo de trabalho (GT), composto por cientistas de várias instituições de ensino e pesquisa para oferecer informações qualificadas com argumentos científicos e tecnológicos que pudessem subsidiar as discussões no Congresso Nacional em torno das mudanças propostas no substitutivo de Projeto de Lei n. 1876/99 (Silva et al., 2017).

O GT apresentou seus resultados em sessões especiais na Câmara dos Deputados e no Senado. O trabalho do GT resultou no livro "O Código Florestal e a ciência: contribuições para o diálogo", que foi lançado em 2011 em português, atualizado e republicado em português/inglês durante a RIO + 20 em 2012 (Silva et al., 2011; 2012 a, b).

Os congressistas, ao contrário do que se pensa, escutaram os argumentos científicos nesses encontros no Congresso Nacional, mas apenas consideraram aqueles pontos que atendiam as suas necessidades particulares. Qualquer argumento científico-tecnológico, por mais evidente e necessário que fosse, deixava de ser considerado se contrariasse os interesses particulares da maioria deles.

A despeito de uma mobilização nacional contra a aprovação do projeto que era fortemente defendido pela bancada ruralista no poder legislativo, a Câmara dos Deputados aprovou mesmo assim o Projeto de Lei n. 1876/1999 em 25 de abril de 2012, que foi transformado na Lei n. 12651 em 25 de maio de 2012. Olhando em retrospectiva, deve-se ponderar que a mobilização que lutava pela manutenção do código de 1965, embora nobre nas intenções, carecia de sentido crítico pleno, uma vez que se tornava evidente a necessidade de atualização e mudanças no código de 1965.

A ciência e tecnologia avançaram exponencialmente nesse quase meio século, principalmente na área de imageamento digital da paisagem e geoprocessamento, ferramentas indispensáveis para o conhecimento e gerenciamento dos recursos naturais. Ocorreram grandes mudanças na ocupação do solo para produção agrícola e pecuária, as cidades cresceram na maioria das vezes de formas desordenadas, extremos climáticos com inundações e deslizamentos de terra se tornaram mais frequentes, etc. Entretanto, muitas dessas alterações ambientais não eram consideradas no código de 1965, até porque não eram percebidas como problemas naquela época. Era necessária, então, a atualização e introdução de novos conceitos e avanços na Lei n. 4771.

Em 27 de fevereiro de 2012, a SBPC e a ABC encaminharam correspondência ao Senado alertando sobre diversos problemas da proposta encaminhada pela Câmara dos Deputados. Ressaltavam avanços apresentados no texto do Senado, como por exemplo o estabelecimento do Cadastro Ambiental Rural (CAR), a inclusão dos mangues como áreas de preservação permanente, a obrigação da elaboração de leis específicas para cada bioma no prazo de três anos (nada foi feito cinco anos após a promulgação da lei), regulamentação do uso do fogo e controle de incêndios, bem como a distinção entre disposições transitórias e permanentes no Código Florestal. Entretanto, alertavam principalmente que as áreas de preservação permanentes nas margens dos cursos d'água e nascentes deveriam ser obrigatoriamente preservadas e, quando degradadas, dever-se-ia haver restauração completa da vegetação, pois essas áreas de preservação permanente estavam sendo reduzidas em 50% no projeto enviado à Câmara dos Deputados (Silva et al., 2012a).

O projeto aprovado no Senado, consideravelmente melhorado em relação ao projeto original, voltou para nova apreciação na Câmara dos Deputados, que por possuir maioria da bancada ruralista fez reversões em vários artigos, piorando-o significativamente.

O conceito de áreas úmidas (superfícies terrestres episódica ou periodicamente inundadas, cobertas originalmente por florestas ou outras formas de vegetação adaptáveis à inundação) que considerava o leito mais alto do rio foi excluído pela Câmara do Deputados, pois se optou em considerar o leito regular. Salienta-se que todos os biomas brasileiros possuem áreas úmidas e que essas cobrem mais de 20% do território nacional.

Só na Amazônia as áreas úmidas abrangem cerca de 30% da região, o que corresponde a aproximadamente 1.800.000 km^2 (WWF Brasil, 2012). Nessa região, a diferença entre os níveis baixo e alto chega a ser superior a 10 metros. Com a aprovação do nível regular (intermediário), deixaram de ficar protegidas cerca de 80% das florestas inundáveis da região, aproximadamente 500.000 km^2.

Essa modificação do leito mais alto para o leito regular compromete a disponibilidade hídrica em algumas regiões do país, sem contar que pode ser prejudicial para a própria agricultura e pecuária se desenvolver nessas áreas inundáveis, devido ao risco durante o período de enchentes.

Também se retirou a obrigatoriedade de proteger as veredas com faixas de larguras mínimas de 50 metros, a partir do espaço brejoso e encharcado, o que permite ocupações irregulares e novos desmatamentos.

A manutenção de faixas marginais de proteção dos recursos hídricos no meio urbano que fazia parte das Leis de Uso do Solo foi retirada na Câmara. Isto tornou as populações urbanas mais expostas a enchentes, inundações, escorregamentos e deslizamentos (Silva et al., 2012a, b).

A Câmara dos Deputados, mesmo considerando os mangues como áreas de preservação permanentes, desconsiderou os apicuns (áreas de solos hipersalinos nas regiões entremarés superiores) e salgados ou marismas tropicais (áreas salinas situadas em regiões com frequência de inundações de marés) como áreas de preservação permanente. Como mangues, apicuns e salgados são inter-relacionados, a manutenção da preservação apenas dos mangues não garante os demais, assim como seu próprio comprometimento. Para complicar ainda mais, o Art. 8°, § 2° permite o desmatamento da vegetação nativa "em locais onde a função ecológica do manguezal esteja comprometida" com a finalidade de obras habitacionais e urbanas para populações de baixa renda. Segundo a SBPC/ABC, "manter populações de baixa renda nesses locais seria imoral" (Silva et al., 2012a, p. 23).

Antes de promulgação de Lei n. 12651, no dia 17 de maio de 2012, as presidências da SBPC, ABC e do GT do Código Florestal encaminharam à Presidente Dilma Rousseff com cópia para os congressistas, uma carta cujos primeiros parágrafos apresentavam o seguinte (Silva et al., 2012a, p. 19):

> A Sociedade Brasileira para o Progresso da Ciência (SBPC) e a Academia Brasileira da Ciência (ABC) estão surpresas com a aprovação do projeto de lei (PL 1876-E/1999) pela Câmara dos Deputados no último dia 25 de abril. Trata-se de um Código Florestal que por não ter incorporado os avanços provenientes do Senado Federal e sugestões baseadas no conhecimento científico e tecnológico, traz sérios retrocessos e riscos para a sociedade brasileira.
>
> A aprovação do referido projeto de lei representa interesses econômicos imediatos de grupos dentro da Câmara dos Deputados, os quais não consideram as peculiaridades de uma região gigantesca como a Amazônia e dos demais biomas do País. Privilegia aqueles que desrespeitaram a legislação ambiental oferecendo

> anistia pelos ilícitos praticados e, principalmente, não concilia a produção agrícola com a sustentabilidade ambiental.
> A reforma do Código Florestal brasileiro, tal como foi processada no Congresso representou a desregulação do setor do agronegócio com sérios riscos para o meio ambiente e para a própria produção agrícola. A proteção de áreas naturais está sendo consideravelmente diminuída. Perde-se assim a oportunidade histórica de colocar o Brasil em posição de vanguarda. A agricultura no Brasil pode e deveria se diferenciar pela conciliação da produção eficiente de alimentos com a sustentabilidade ambiental, sustentabilidade esta que será tema central da Conferência RIO+20 que o Brasil sedia em junho próximo.

Salientava-se ainda que, em função da frequência dos desastres naturais, a manutenção das áreas de preservação permanentes resulta na atenuação de seus efeitos nas áreas urbanas, protegendo o patrimônio público e privado e consequentemente vidas humanas.

Mesmo com extremos concretos e impactantes como enchentes e deslizamentos em várias partes do Brasil e do mundo, e ignorando os fundamentos científicos e tecnológicos nas recomendações oferecidas pela SBPC/ABC e várias Universidades, instituições de pesquisa e ONGs, o projeto de lei acabou sendo aprovado na Câmara dos Deputados. Sancionado pouco depois pela Presidência da República com alguns vetos como Lei de Proteção da Vegetação Nativa, o novo Código Florestal é um conceito errôneo, pois código se refere a um instrumento legal de um campo judicial específico como por exemplo, o código penal (Brancalion et al., 2016).

DELIMITAÇÃO DAS ÁREAS DE PRESERVAÇÃO PERMANENTES RIPÁRIAS SEM O SUPORTE DA CIÊNCIA E DA TECNOLOGIA

A proteção dos cursos d'água por meio da vegetação em suas margens é de extrema importância para a manutenção saudável de inúmeros processos, citando-se entre eles: redução da erosão e da velocidade das águas de inundações, recarga dos freáticos, redução da poluição das águas pela retenção de sedimentos e filtragem de fertilizantes e agrotóxicos, aumento da biodiversidade vegetal e animal (terrestre e aquática), participação na cadeia trófica aquática pelos resíduos de folhas e frutos, proporciona microclima pelo sombreamento que diminui a temperatura da água, armazena carbono em forma de biomassa e turfa, reduz o impacto da salinização de solos, um fenômeno de ocorrência regular após retirada da floresta em zonas áridas e semiáridas, etc. (Ilstedt et al., 2007; Vanclay, 2009; Keenan; Van Dijk, 2010; MMA 2011).

Definir cientificamente as larguras das matas ripárias nas áreas de preservação permanente envolve estudos aprofundados de geomorfologia, pedologia (relevo e solos) e hidrologia, além dos tipos de vegetação e aspectos climáticos. Lamentavelmente, para os congressistas definir APPs ripárias foi tarefa tratada de forma cientificamente desprezível e politicamente incorreta. A rede hídrica do Brasil foi assumida como uniforme e assim foram definidas as larguras das áreas de preservação permanentes como se todo o país tivesse o mesmo tipo de solo, os cursos d'água corressem só em planícies ou planaltos, só existisse um tipo de vegetação e as condições climáticas fossem as mesmas de Norte a Sul.

Foram ignorados todos os critérios cientificamente fundamentados apresentados aos políticos para que essas áreas fossem corretamente definidas; valeu apenas atender aos interesses expansionistas de uma minoria de grandes proprietários de terra com representação majoritária no Congresso Nacional.

Segundo Nobre et al. (2011a), a definição do "leito do rio" na nova lei é cientificamente inacurada, seja ela o nível mais baixo, regular ou alto, pois hidrologicamente o leito representa apenas o fundo do canal e não a posição da água superficial nesse canal. O correto seria definir o curso d'água em função de seu espelho d'água.

Relevante para a discussão das implicações da lei florestal nos recursos hídricos, vale aprofundar a análise da geografia física e sua importância determinante na ocorrência de vegetação ciliar e vulnerabilidade de terrenos nas zonas ripárias.

Nobre et al. (2011b), considerando a junção de técnicas de sensoriamento remoto tridimensional com alta resolução e modelagem matemática de terrenos, desenvolveram uma nova metodologia denominada de *Hand* (Height Above the Nearest Drainage), que permite descrever com alta robustez os terrenos nas paisagens, estimando a distribuição espacial do lençol freático. A profundidade do lençol freático é o fator determinante na ocorrência ou não de terrenos hidrologicamente vulneráveis. Deveria ser, portanto, critério importante a se considerar para a legislação florestal.

A metodologia *Hand* é uma inovadora abordagem da geografia física que considera o efeito da força gravitacional distribuída na bacia hidrográfica, determinando o potencial hidrostático de drenagem em cada ponto e seu efeito sobre a percolação da água no perfil do solo ou no escoamento superficial. A informação mais valiosa obtida na aplicação desse método é justamente o delineamento espacial da profundidade do lençol freático, empregando para isso apenas a topografia digital. Tal delineamento permite localizar na paisagem quais áreas precisam de proteção especial, como áreas ripárias com solo saturado, e quais permitem manejo agrícola e florestal com solo melhor drenado.

Como contrapartida do Inpe ao esforço de especialistas do grupo de trabalho sobre o Código Florestal da SBPC/ABC, foi feito um estudo topográfico de áreas escolhidas nas quatro regiões do Brasil, cobrindo área de 307.200 km^2 (Nobre et al., 2011). Nesse estudo foi feita a comparação de estimativas de áreas de preservação permanentes ripárias, com as metodologias utilizadas pelos Códigos Florestais de 1965, e aquele que viria a ser seu sucessor em 2012, bem como para replicar o método empregado por Miranda et al. (2008). Além destes, um método fisiográfico foi usado na identificação e mapeamento dos solos hidromórficos, ou terrenos com lençol freático raso ou superficial usando topografia digital e o modelo *Hand*. Na Tabela 1 vemos um sumário dos resultados.

Tabela 1 – Sumário dos resultados do estudo em Nobre et al. (2011b), mostrando área ocupada por APPs ripárias estimadas usando hidrografia digital de alta resolução (códigos florestais de 1965 e 2012) e hidrografia cartográfica do IBGE extrapoladas com buffer generalizado de 500 m (Miranda et al.) e funcional baseada na fisiografia *Hand*.

Zona Estudo	Área (Km^2)	CF 1965 (%)	CF 2012 (%)	Miranda et al. (2008) (%)	Fisiográfica (%)
Sul	87.500	7.2	5.03	21.15	18.94
Sudeste	143.500	6.45	4.41	21.97	15.09
Norte	32.200	7.45	5.08	17.09	19.75
Nordeste	44.000	7.11	4.78	22.22	19.91
Área total	307.200				
Média Ponderada		6.87	4.72	21.26	17.37
Desvio Padrão		0.45	0.72	2.12	2.08

CF = Código Florestal

Fonte: adaptado de Nobre et al. (2011 b) e Miranda et al. (2008)

Aplicando criteriosamente as definições de APP ripária do Código Florestal de 1965, Nobre et al. (2011b) encontraram que as APPs ripárias ocupavam, na média ponderada por área, 6,87% (±0,45) da superfície considerada (áreas privadas, descontando-se a superfície de água). Já no que viria a ser o Código Florestal de 2012, as APPs ripárias ficaram em 4,72% (±0,72) da superfície considerada, uma redução de 31,59% da área protegida em relação ao

Código Florestal de 1965. Para Miranda et al. (2008), as APPs ripárias ocupariam 21,26% (±2,12). Como Miranda et al. (2008) foi o trabalho que deu potência às movimentações dos ruralistas para derrubar o Código Florestal de 1965, é importante notar que, segundo Nobre et al. (2011b), esses autores, usando a antiga hidrografia do IBGE e aplicando injustificadamente um buffer único de 500 metros a todos rios, inflacionaram as APPs ripárias em 309% em relação à área real ocupada pelas APPs, demonstrada utilizando hidrografia em alta resolução e as faixas prescritas pelo Código Florestal de 1965.

A classificação fisiográfica com o modelo *Hand* indicou haver 17,37% (±2,08) da superfície nas áreas de estudo pertencentes à categoria de terrenos com solo saturado, descontando aí também os corpos d'água. Ou seja, a área que logicamente deveria ser protegida, por sua fragilidade como terras úmidas, seria 153% maior do que a área efetivamente protegida pelo Código Florestal de 1965, e 268% maior do que a reduzida área atualmente protegida pelo Código Florestal de 2012.

Observa-se que em todas as situações consideradas, com a aprovação da Lei n. 12651 ocorreram reduções significativas nas APPs. Ao que tudo indica, a aprovação foi feita levando só em consideração os argumentos políticos; argumentos científicos e tecnológicos só foram escutados, mas não considerados em sua grande maioria.

DELIMITAÇÃO DAS ÁREAS DE PRESERVAÇÃO PERMANENTES RIPÁRIAS COM O SUPORTE DA CIÊNCIA E DA TECNOLOGIA

A metodologia fisiográfica (Nobre et al., 2011a), que usa modelo digital de elevação obtido por sensoriamento remoto para gerar uma topologia normalizada pelos canais de drenagem, produz mapas de terrenos com alto significado hidrológico e topográfico (Figura 1), mostrando capacitações, limitações e riscos de áreas de interesse, o que viabilizaria a delimitação e implementação cientificamente defensável das APPs.

Órgãos federais e estaduais responsáveis pela aplicação do novo Código Florestal poderiam aplicar essa e outras metodologias na regulamentação do Cadastro Ambiental Rural (CAR), que passou a ser exigido de toda propriedade rural. Poder-se-ia, no uso dessas tecnologias avançadas e disponíveis, contabilizar cada situação de forma inteligente, objetiva, detalhada e específica, levando em consideração os aspectos geomorfológicos, pedológicos, hidrológicos, biogeoquímicos e ecológicos de cada porção da paisagem.

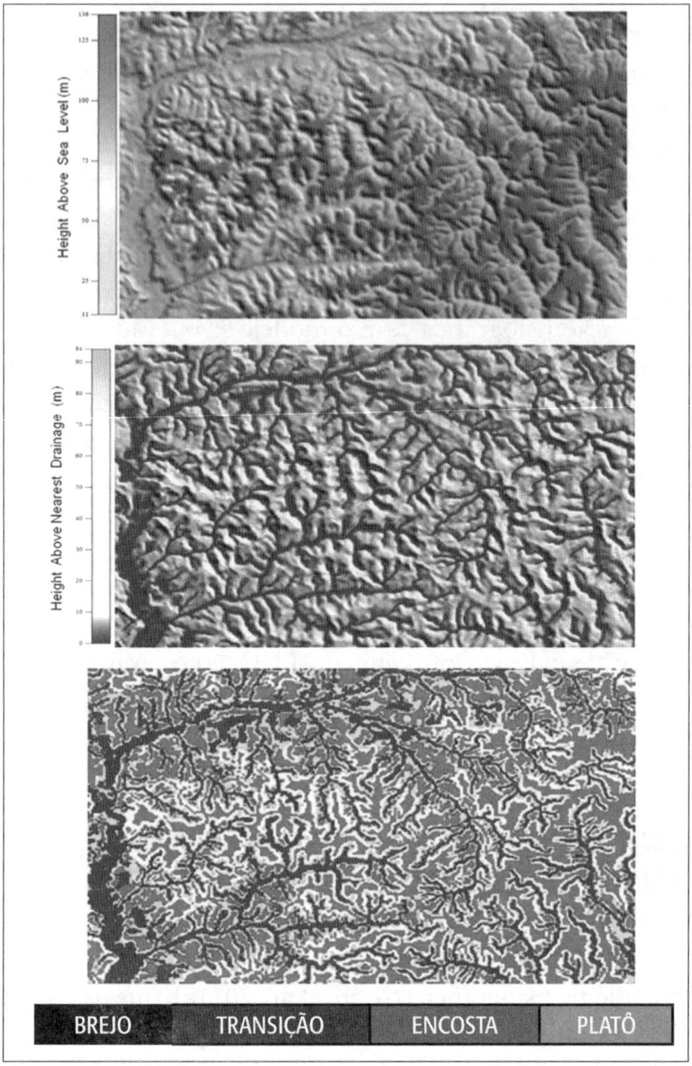

Figura 1 – Sequência para geração do mapa *Hand* de terrenos na metodologia fisiográfica: a) com a topografia digital (MDT SRTM resolução horizontal 90 m, vertical 1m), a rede de drenagem é extraída (método D8 com área acumulada); em seguida, cada célula do MDT tem sua altura aferida em relação à drenagem mais próxima com a qual está ligada por trajetória de fluxo superficial, gerando b) o modelo normalizado *Hand*, no qual todas as alturas são sempre relativas ao canal de drenagem mais próximo (não mais em relação ao nível do mar); c) no último passo se faz a classificação dos desníveis no modelo HAND, agrupando as células em categorias de distância vertical para o canal mais próximo, gerando as classes de terreno.

Fonte: Adaptada de Nobre et al. (2011).

Esse método fisiográfico, apenas um exemplo das muitas tecnologias de ponta disponíveis, foi apresentado pela SBPC e ABC nas sessões especiais de audiências públicas na Câmara e no Senado, visando sensibilizar deputados e senadores; poderia ter servido de base para um avanço tecnológico no Código Florestal, mas infelizmente foi ignorado. A então legislatura no Congresso decidiu considerar apenas a situação que atendia aos interesses políticos e comerciais, dando as costas para a ciência.

CÓDIGO FLORESTAL PARA AS ÁREAS URBANAS

Desde o Código Florestal de 1965, o tema áreas urbanas é motivo de muita polêmica porque é difícil alterar os processos das ocupações habitacionais em áreas impróprias ou de risco, pois de certa forma estão enquadradas nas chamadas áreas consolidadas ou de utilidade pública.

Os maiores problemas urbanos relacionados ao Código Florestal dizem respeito, na maioria dos casos, a desastres naturais, principalmente, decorrentes de enchentes e inundações (Figuras 2, 3 e 4).

Figura 2 – Cheia em Recife, 1975.
Fonte: Riachos urbanos do Recife (2014).

As enchentes que correspondem à elevação dos níveis das águas nos leitos dos rios ou canais de drenagens em função do aumento de vazões atingindo os níveis máximos (leito mais alto) geram as inundações que correspondem ao transbordamento das águas de seus cursos e atingem as planícies de inundações ou áreas de várzeas que estão definidas no Artigo 3º, Inciso XXII, Artigo 4º, § 9º do novo Código Florestal. Ocorrem também os alagamentos que correspondem a acúmulos de águas em determinados locais por falta de drenagem, portanto, mais fáceis de controlar.

Figura 3 – Cheia em Santa Catarina

Fonte: http://g1.globo.com/sc/santa-catarina/noticia/2013/09/chuvas-em-sc-atingem-ao-menos-72-cidades-e-ainda-ha-risco-de-inundacao.html. Acesso em 2 ago. 2018.

Nobre et al. (2010), em um estudo fazendo avaliações de um episódio severo de inundação no rio Mundaú em Pernambuco e Alagoas (Figura 4) listam conhecidos fatores de vulnerabilidade nas cidades: decorrente de eventos pluviométricos severos, inundações com altas energias de escoamento, levando a enxurradas (escoamento superficial concentrado) com alto potencial de arraste, alagamentos, lixo lançado nos cursos d'água, escorregamento de massa nas encostas. Todos estes problemas estão correlacionados com o desrespeito às áreas de preservação permanente, quer no meio rural ou urbano.

Silva et al. (2012a) defendiam a necessidade de serem estabelecidos parâmetros específicos para as áreas urbanas no Código Florestal, principalmente, em se tratando de ocupações humanas nas áreas de risco, a fim de se evitar desastres naturais e perdas de vidas. Entretanto, na Lei 12651, o meio urbano não mereceu destaque especial.

Os mesmos autores alertavam que delimitar faixas fixas para áreas de preservação permanentes em função da largura do curso d'água não seria eficaz, pois as inundações ocorrem de diferentes formas, dependendo da extensão das planícies de inundação para diferentes relevos e regimes hidrológicos. As definições das larguras dessas faixas seriam variáveis, podendo considerar o processo fisiográfico (*Hand*) e levar em consideração um período de recorrência entre 10 e 20 anos.

Figura 4 - Enchente do rio Mundaú em União dos Palmares-AL, em 20 de junho de 2010.

Fonte: http://www.anjodeluz.net/enchente/enchente_alagoas_pernambuco.htm. Acesso em 2 ago. 2018.

Outro sério problema das cidades com relevo acidentado são os deslizamentos e escorregamentos (Figuras 5, 6 e 7), geralmente em áreas de ocupação habitacional em encostas. Ocupações de áreas com aclives superiores a 25° aumentam consideravelmente os riscos de desastres, pois com a retirada da vegetação essas áreas ficam mais desprotegidas e mais suscetíveis a deslizamentos e escorregamentos em eventos pluviométricos de alta intensidade.

CONSIDERAÇÕES FINAIS

O Brasil, país de dimensões continentais que armazena o maior volume de água doce do planeta, demorou mais de 400 anos para começar a se preocupar com seus recursos hídricos.

Três códigos florestais foram elaborados (1934, 1965 e 2012), sendo que somente no último, de 2012, a discussão sobre seus recursos hídricos foi ampla e envolveu vários setores da população.

Figura 5 – Região de Nova Friburgo após as chuvas de janeiro (2011).
Fonte: Custodio Coimbra Arquivo

Figura 6 – Prédios afetados por deslizamentos de terra em 2010, em Las Cañas, capital de El Salvador.
Fonte: AP. Disponível em: http://g1.globo.com/mundo/noticia/2010/07/deslizamento-de-terra-derruba-construcoes-em-el-salvador.html

A comunidade científica participou efetivamente do processo de elaboração do novo Código Florestal por meio de entidades científicas, universidades e organizações não governamentais, mas a relação com o Congresso Nacional não foi fácil, pois os argumentos técnico-científicos não foram levados em consideração como deveriam, principalmente, em função de interesses específicos de bancadas organizadas, especialmente a ligada ao agronegócio.

Figura 7 - Áreas afetadas por inundações e deslizamento de terra em Teresópolis, Rio de Janeiro, 12 de janeiro de 2011.

Fonte: Fabio Mota. Disponível em: http://internacional.estado.com.br/blogs/olhar-sobre-o-mundo/catastrofe-no-rio-de-janeiro. Acesso em 2 ago. 2018.

Ao ignorar acintosamente os avanços em métodos tecnológicos que foram ofertados pela comunidade científica brasileira, os parlamentares no Congresso Nacional perderam excelente oportunidade de trazer avanços ao Novo Código Florestal. Os argumentos estridentes pela busca de maior segurança jurídica e justiça na regulação do uso e proteção dos recursos na paisagem ficaram comprometidos e invalidados pela irracionalidade de se reduzir áreas de proteção ambiental, e de se manter na lei abordagem arcaica para interpretação dos territórios e seus potenciais e suas necessidades de proteção.

Fatos recentes como, por exemplo, o perdão de grande parte da dívida de passivos ambientais do agronegócio, ratificam a ideia de que os interesses de parlamentares ligados a esse setor são mais importantes que os interesses da sociedade, com base em aspectos fundamentados cientificamente, em função de graves impactos envolvendo as bacias hidrográficas.

Neste contexto, verifica-se que no que diz respeito à proteção dos recursos hídricos do país, a ciência e a tecnologia continuam sendo tratadas sem a devida importância pelo Congresso Nacional.

REFERÊNCIAS

[ABIC]ASSOCIAÇÃO BRASILEIRA DA INDÚSTRIA DO CAFÉ. *Encafé*, 2017. Disponível em: <http://www.abic.com.br/publique/cgi/cgilua.exe/sys/start.htm?sid=38>. Acesso em: 03 mar. 2017.

AHRENS, S. O. "Novo" Código Florestal brasileiro: conceitos jurídicos fundamentais. In: *VII Congresso Florestal Brasileiro*, São Paulo, SP, Sociedade Brasileira de Silvicultura; Brasília: Sociedade Brasileira de Engenheiros Florestais, 2003, CD-ROM.

[ANA] AGÊNCIA NACIONAL DE ÁGUAS. *ANA divulga relatório de conjuntura dos recursos hídricos no Brasil – Informe 2014*, 2015. Disponível em: <http://www2.ana.gov.br/Paginas/Imprensa/noticias.aspx?id_noticia=12683>. Acesso em: 10 abr. 2017.

AP. Disponível em http://g1.globo.com/mundo/noticia/2010/07/deslizamento-de-terra-derruba-construcoes-em-el-salvador.html. Acesso em 2 ago. 2018.

BRADSCHAW, C. J. A. et al. Global evidence that deforestation amplifies flood risk and severity in the developing world. *Global Change Biology*, v. 13, p. 2379-2395, 2007.

COELHO, D. Carta foral da Vila de Olinda. 1537. Disponível em: http://www.senado.leg.br/comissoes/cma/ap/AP20110705_Elibio_Rech.pdf

CUSTODIO COIMBRA ARQUIVO. Disponível em https://oglobo.globo.com/rio/numero--de-mortos-na-regiao-serrana-ja-passa-de-900-apos-chuvas-de-janeiro-2822331. Acesso em 2 ago. 2018.

BRANCALION, P. H. S. et al. A critical analysis of the Native Vegetation Protection Law of Brazil (2012): updates and ongoing initiatives. *Natureza & Conservação*, 2016, p. 15.

FALEIROS, G. Desmatamento sem controle. *O Eco*, 2008. Disponível em: <http://www.oeco.org.br/reportagens/2192-oeco_26432/>. Acesso em: 03 out. 2012.

FAO. *Forests and floods: drowning in fiction or thriving on facts?* Bogor Barat: CIFOR; Bangkok: FAO, Regional Office for Asia and the Pacific (RAP Publication 2005/03; Forest perspectives 2), 2005, 32 p.

FERREIRA, R. O que é o Código Florestal. *O Eco*, 2014. Disponível em: <http://www.oeco.org/dicionario-ambiental/28574-o-que-e-o-codigo-florestal/>. Acesso em: 10 abr. 2017.

FRIEDMAN, S. *Farms here, forests there. Tropical deforestation and U.S. competitiveness in agriculture and timber*. Davis Gardiner & Associates, 2010. 50 p.

ILSTEDT, P.; MALMER, A.; VERBEETEN, E.; MURDIYARSO, D. The effects of afforestation on water infiltration in the tropics: a systematic review and meta-analysis. *Forest Ecology and Management*, n. 251, p. 45-51, 2007.

JACKSON, R. B.; JOBBÁGY, E. G.; AVISSAR, R.; ROY, S. B.; BARRETT, D. J. ET AL. Trading water for carbon with biological sequestration. *Science*, n. 5756, v. 310, 2005. Disponível em: <http://science.sciencemag.org/content/310/5756/1944>. Acesso em: 10 abr. 2015.

KEENAN, R. J.; VAN DIJK, A. I. J. M. Planted forests and water. In: BAUHUS, J.; VAN DER MEER, P. J.; KENNIENEN, M. (eds.). *Ecosystem goods and services from plantation forests*. London: Earthscan, 2010. p. 77-95.

LIMA, W. P. et al. Forest plantation and water consumption: a strategy for hydrosolidary. *International Journal of Forestry Research*, 2012. Disponível em: <http://www.hindawi.com/journals/ijfr/2012/908465>. Acesso em: 03 out. 2015.

LUCENA, F. *História do Parque Nacional da Tijuca*, 2015. Disponível em: <http://diariodorio.com/historia-do-parque-nacional-da-tijuca/>. Acesso em: 03 out. 2016

MIRANDA, E. E.; CARVALHO, C. A.; SPADOTTO, C. A.; HOTT, M. C.; OSHIRO, O. T. et al. *Alcance territorial da legislação ambiental e indigenista. Embrapa Monitoramento por Satélite*, 2008. Disponível em: <http://www.alcance.cnpm.embrapa.br>. Acesso em: 04 mar. 2016.

[MMA] MINISTÉRIO DO MEIO AMBIENTE. *Florestas para águas e zonas úmidas*. 16 p. 2011.

MOTA, F. Disponível em https://internacional.estadao.com.br/blogs/olhar-sobre-o-mundo/catastrofe-no-rio-de-janeiro/. Acesso em 2 ago. 2018

NOBRE, A. D.; SILVEIRA, A.; RODRIGUES, G.; VALLE, R. S. T.; OBREGÓN, G. et al. *Aspectos físicos e geográficos das áreas ripárias. Análise preliminar da legislação*: ciência para o Código Florestal. São José dos Campos: Centro de Ciência para o Sistema Terrestre – Inpe, 2011a. 110 p.

NOBRE A. D.; CUARTAS, L. A.; HODNETT, M.; RENNÓ, C. D.; RODRIGUES, G. et al. Height Above the Nearest Drainage – a hydrologically relevant new terrain model. *Journal of Hydrology*, n. 404, p. 13-29, 2011b.

NOBRE C. A.; YOUNG, A. F. (eds.). *Vulnerabilidade das megacidades brasileiras às mudanças climáticas*: região metropolitana de São Paulo. Sumário executivo. São José dos Campos, SP: Inpe/Unicamp/USP/IPT/Unesp, 2010. 32 p.

PÁDUA, J. A. *Um sopro de destruição*. Pensamento político e crítica ambientalista no Brasil escravista (1786-1888). Rio de Janeiro: Jorge Zahar Editor, 2002. 318 p.

PORTAL BRASIL. *Lei das águas assegura a disponibilidade do recurso no país*, 2010. Disponível em: <http://www.brasil.gov.br/meio-ambiente/2010/10/lei-das-aguas-assegura-a-disponibilidade-do-recurso-no-pais>. Acesso em: 14 mar. 2011.

RIACHOS URBANOS DE RECIFE. 5 imagens incríveis da cheia de 1975. 2014. Disponível em: <https://riachosurbanos.blogspot.com/2014/07/5-imagens-incriveis-da-cheia-de-1975.html>. Acesso em: 11 jun. 2018.

RIBEIRO, G. V. A. A origem histórica do conceito de Área de Preservação Permanente no Brasil. *Revista Thema*, n. 8, v.1, p. 1-13, 2011.

SILVA, J. A. A. (Coord.). *O Código Florestal e a ciência: contribuições para o diálogo*. São Paulo: SBPC/ABC, 2011. 122 p.

______. *O Código Florestal e a ciência*: contribuições para o diálogo. 2. ed. São Paulo: SBPC/ABC, 2012a. 147 p.

______. *The Brazilian Forest Code and science*: contributions to the dialogue. São Paulo: SBPC/ABC, 2012b. 147 p.

SILVA, J. A. A.; RODRIGUES, R. R.; NOBRE, A. D.; JOLY, C. A.; GANDOLFI, S. Código Florestal Brasileiro. As relações entre a comunidade de CT&I por meio de suas entidades representativas, e o poder legislativo. In: NADER, H. B.; OLIVEIRA, F. de; MOSSRI, B. B. (eds.). *A ciência e o poder legislativo no Brasil. Relatos e experiências*. São Paulo: SBPC, 2017. p. 121-161.

SILVA, L. P. da. O Código Florestal e sua execução. *Revista de Direito Administrativo*, v. 2, n. 1, p. 387-397, 1945.

SOS FLORESTAS. *O Código Florestal*. Entenda o que está em jogo com a reforma da nossa legislação ambiental. 2011. 19p.

VANKLAY, J. K. Managing water use from forest plantation. *Forest Ecology and Management*, n. 257, p. 385-389, 2009.

WWF BRASIL. Áreas úmidas: mudanças no Código Florestal condenam ambiente e modos de vida à devastação, 2012. Disponível em: <http://www.wwf.org.br/?uNewsID=30704>. Acesso em: 10 out. 2016.

14 Ferramenta de diagnóstico para auxiliar no planejamento de ações de gestão e recuperação de rios

Ligie Elena Dall'Agnol Acevedo
Bióloga, Universidade Positivo

Rebecca Moreira Dziedzic
Engenheira civil, Aecom Canada

William Bonino Rauen
Engenheiro mecânico, Universidade Federal do Paraná

Maurício Dziedzic
Engenheiro civil, Universidade Positivo

INTRODUÇÃO

A água é um recurso natural vital cujo gerenciamento inadequado compromete a qualidade e a quantidade disponível (Gorski, 2010; Afonso, 2011; Cunha et al., 2011a), e afeta sobremaneira os padrões de biodiversidade nos corpos hídricos (Gomez-Salazar et al., 2012). O fluxo de materiais através dos sistemas aquáticos esgota o capital natural e gera calor, poluição e desperdício (Biswas, 1996; Miller, Spoolman, 2006). As conexões entre os ambientes aquáticos aumentam a vulnerabilidade destes ecossistemas, pois compostos orgânicos e inorgânicos são drenados e espalhados pelos corpos hídricos (Lamas, 2005).

A poluição modifica os níveis tróficos e a dinâmica do ciclo energético em todos os ecossistemas (Begon et al., 2006). A saúde humana também é afetada, uma vez que parte da população não tem acesso a água limpa (Biswas, 1996), e o saneamento inadequado nos países em desenvolvimento é responsável por cerca de 88% das doenças e 33% das mortes (WHO e Unicef, 2006). Confirmando esse quadro, Vorosmärty et al. (2010) correlacionaram ameaças à Segurança da Água Humana (HWS) e à Segurança da Biodiversidade da Água (BWS). Os resultados mostraram que no ano 2000, quase 80% da população da Terra vivia em áreas onde o HWS e o BWS estavam acima de 0,75, numa escala de 0 a 1. Os níveis altos (> 0,75) de ameaça de HWS e BWS são associados à poluição e à perturbação das bacias hidrográficas, enquanto o desenvolvimento dos recursos hídricos e os fatores bióticos, como efeitos localizados, desempenham papéis secundários em áreas com alto risco de incidentes.

Esses impactos antrópicos afetam os sistemas de água doce de forma física, química e biológica, com a construção de reservatórios e a diminuição da vazão, degradando o habitat nativo. Esses processos são agravados pelo desmatamento, pelo uso indevido da terra e pela disputa entre os diferentes setores da indústria, agricultura e saneamento (Andreoli et al., 2000). Após o uso antrópico, a água retorna ao ciclo hidrológico na forma residuária, com nutrientes e poluentes, atingindo os corpos hídricos por meio de escoamento superficial, infiltração e descargas de efluentes (Asano et al., 2006).

A dinâmica dos recursos hídricos como sistemas abertos e complexos é influenciada pelos aspectos físicos, químicos e biológicos originados na paisagem circundante. O clima e a geologia são de fundamental importância para a determinação das condições ambientais dos recursos hídricos (Miller; Spoolman, 2006; Buijs, 2009; Gorski, 2010; Mosner et al., 2012). As zonas ribeirinhas recebem uma combinação de influências físicas, interações biológicas e atividades humanas que degradam a saúde e a integridade desses ecossistemas (Stanford et al., 1996; Nilsson e Berggren, 2000). Estes sistemas desempenham um papel importante na filtragem de poluentes, mantendo a qualidade da água, controlando a estabilidade do solo, a ciclagem de nutrientes, formando corredores ecológicos que sustentam organismos aquáticos, e fornecendo habitat para muitas espécies (Asano et al., 2006; Pedersen et al., 2007; Vaz; Saraiva, 2007; Bishop et al., 2009; Afonso, 2011; Arlettaz et al., 2011).

A especificidade, a magnitude e a importância dos serviços prestados pelas zonas ribeirinhas dependem de características regionais específicas, incluindo o clima, o solo e a história da formação da paisagem. As funções dessas zonas variam entre bacias, bem como entre segmentos de um mesmo rio (Dufour et al., 2015). A heterogeneidade especial das zonas ribeirinhas precisa ser levada em conta no manejo da paisagem (Kuglerová et al., 2014).

As perturbações da dinâmica ribeirinha incluem o impacto antrópico em regiões de cabeceiras, as mudanças no regime, na morfologia e na composição química dos rios, tais como as causadas pela canalização e pela construção de barragens (Nilsson e Berggren, 2000; Bishop et al., 2009; Fearnside, 2013). A restauração e a manutenção da estrutura e função dos ecossistemas ribeirinhos têm de unir as necessidades de silvicultura e conservação com benefícios ecológicos e viabilidade econômica (Sloan et al., 2001; Pedersen, 2007). Logo, os processos de recuperação de ecossistemas aquáticos devem abranger também as regiões vizinhas, que exercem influência determinante sobre a quantidade e a qualidade da água disponível.

Tendo em vista a importância dos recursos hídricos e os riscos crescentes a que vêm sendo expostos os sistemas aquáticos, ações de recuperação se tornam cada vez mais prementes. Dessa forma, o presente trabalho busca contribuir para a solução desse problema, apresentando uma ferramenta para auxiliar na definição de programas de gestão e recuperação de rios.

PROGRAMAS DE RECUPERAÇÃO DE ECOSSISTEMAS AQUÁTICOS

A recuperação completa de um rio raramente é viável. Programas recentes de ecologia de restauração sugerem que a finalidade não deveria ser restaurar o rio às suas condições originais antes da degradação, mas buscar ações que resultem na reabilitação do equilíbrio ambiental, considerando as mudanças como um processo evolutivo. As iniciativas de recuperação de ecossistemas aquáticos podem envolver medidas estatais, como impostos ambientais, e organizações conservacionistas privadas ou civis. Isso pode envolver a discussão sobre um mecanismo para atribuir valor econômico às florestas e à conservação dos ecossistemas naturais (Fearnside, 2008).

Vorosmärty et al. (2010) defendem a necessidade de desenvolver uma estratégia de gestão integradora capaz de equilibrar o uso de recursos e a segurança ambiental. Obras de engenharia devem adotar regras de operação para conciliar benefícios econômicos e vazões ambientais, com a variabilidade do escoamento correspondendo às condições naturais, e levando em consideração magnitude, frequência, duração, taxa de variação e previsibilidade (Arthington et al., 2006). É necessário desenvolver projetos com o objetivo de proteger a biodiversidade aquática, os bens e serviços essenciais e a sustentabilidade dos sistemas de distribuição de água (Arthington et al., 2006; Tockner et al., 2009).

O desenvolvimento de uma abordagem consolidada depende do avanço do conhecimento científico sobre diferentes aspectos inter-relacionados. O monitoramento e a avaliação de projetos ambientais e de gestão dos recursos hídricos são importantes para a validação das hipóteses utilizadas durante o Estudo de Impacto Ambiental (EIA). A avaliação envolve a comparação dos benefícios alcançados pelo projeto com as expectativas originalmente estabelecidas, enquanto o monitoramento é necessário para verificar a eficácia do programa ao longo de sua execução.

A conexão direta entre a qualidade de vida humana e o estado dos corpos hídricos cria a necessidade de um sistema de gestão dos recursos hídricos que supere os desafios envolvendo questões relacionadas ao desenvolvimento econômico, às mudanças climáticas, à urbanização, ao crescimento populacional, à deterioração de estruturas, ao comportamento público e outras questões (Tundisi, 2006; Santos; Leal, 2014). Isso requer a consideração de sistemas múltiplos por meio de um plano de gerenciamento integrado, que vai além das questões contrastantes que envolvem poluição, escassez e inundações (Tundisi, 2006).

A necessidade de reduzir as emissões de poluentes para os habitats de água doce resultou na introdução de instrumentos de política de recursos hídricos em todo o mundo. A comunidade internacional coopera por meio da integração de grupos multidisciplinares que fortalecem a política de gestão de recursos hídricos (RRC, 2011; EC, 2015). O restabelecimento do equilíbrio ambiental dos sistemas hídricos envolve uma ampla gama de instituições e atores nos níveis local, estadual, nacional, regional e internacional, onde regras e princípios de diferentes origens coexistem e interagem (Tundisi, 2006).

No Brasil, poucos planos de recuperação de rios foram criados com a abrangência observada naqueles existentes em países desenvolvidos, como mostra a Tabela 1. Além disso, raramente são implementados em nível nacional devido à falta de investimento neste setor (Gorski, 2010). Segundo Barros (2005), o baixo interesse político também contribui para a situação. Como um dos países com maior abundância de água doce no mundo, a pesquisa multidisciplinar em recursos hídricos está em curso desde, pelo menos, 1990, com muitos planos propostos, mas poucos implementados (Gorski, 2010).

É importante conectar as ferramentas de gestão de rios para criar ações de recuperação completas e adequadas, baseadas nas relações entre os problemas e suas causas. O desenvolvimento de ferramentas de diagnóstico e de gestão é uma contribuição essencial, e são necessários conjuntos de dados de águas interiores mais completos para orientar as práticas de gestão de recursos hídricos de forma mais abrangente que as políticas (Mueller et al., 2015). Os sistemas de gestão integrada, que promovem uma visão holística da gestão, incluindo não apenas os recursos hídricos, mas também os demais recursos relacionados, como os bióticos e os abióticos, são considerados um passo crucial para a restauração e manutenção dos recursos hídricos (Tundisi, 2006; Gorski, 2010).

Tabela 1 – Principais características de programas de recuperação de rios

Caso/Rio/ Local	Duração	Característica(s) principal(is)	Proponente / Partes interessadas
Rio Don / Toronto, Canadá.	1994 – ativo	Quarenta passos para um novo Don: plano requer compromisso e cooperação de todos os que vivem e trabalham na bacia hidrográfica: compartilhamento de custos e compartilhamento de tarefas entre os governos, participação de empresas, moradores e grupos comunitários e mudanças de estilo de vida individuais e sociais que irão beneficiar os processos naturais e os habitats que formam a base das comunidades humanas. A bacia do rio Don é dividida em cinco sub-bacias hidrográficas, e em cada plano de sub-bacia hidrográfica, as oportunidades para recuperar o vale são discutidas segundo oito aspectos: qualidade da água, quantidade de água, habitat aquático, habitat terrestre, práticas de gestão, educação e interpretação e áreas especiais (tais como ESAs e áreas de importância cultural) (Hough, 1995; Gorski, 2010; Toronto and Region Conservation, 2015).	The Toronto and Region Conservation Authority (TRCA), Cidade de Toronto e Waterfront Toronto
Fonag (Fundo ambiental para a proteção da água e das bacias) / Quito, Equador.	2000 – ativo	Em Quito, Equador, a Fundação Antisana, com o apoio da "Nature Conservancy" e da Agência dos Estados Unidos para o Desenvolvimento Internacional (USAID), desenvolveram um fundo de água (Fonag) dedicado à proteção de bacias hidrográficas em torno da cidade. O Fundo Ambiental de Proteção de Águas e Bacias cria e executa projetos voltados ao fortalecimento de alianças, conscientização ambiental e desenvolvimento de sistemas de governança. Atualmente, os programas procuram: melhorar a comunicação, incentivar a educação ambiental, reflorestar as regiões de nascentes e desenvolver um programa de manejo de água (Echavarria, 2002), incluindo estratégias de pagamento de serviços ambientais para promover o desenvolvimento sustentável em áreas rurais degradadas (Herrador e Dimas, 2000; Fonag, 2012).	Fundação Antisana, Nature Conservancy, Empresa Pública Metropolitana de Água Potável, Empresa Elétrica Quito, Cervejaria Nacional, Consórcio Camaren, The Tesalia Springs Co.

(continua)

Tabela 1 – Principais características de programas de recuperação de rios (*continuação*)

Caso/Rio/ Local	Duração	Característica(s) principal(is)	Proponente / Partes interessadas
Rio Anacostia/ Washington, EUA.	2000 – ativo	O Plano Anacostia é um produto do engajamento político de agências locais, organizações públicas e privadas, ONGs e sociedade civil. Os objetivos do plano são reconectar várias áreas de Washington para a revitalização dos usos recreacionais, residenciais e comerciais, produzindo um plano de longo prazo para todo o rio, buscando a recuperação ambiental, melhoria do sistema de drenagem, melhoria do sistema de circulação e transporte, revitalização de bairros, criação de regiões verdes, promoção da viabilidade urbana da margem do rio, fomento do desenvolvimento econômico e sustentável local, fortalecimento da competitividade da cidade em cenários nacionais e internacionais, envolvimento de todos os segmentos da comunidade como corresponsáveis, abordagem das preocupações da comunidade e promoção da excelência do projeto (Hazelrig, 2005, 2008; Connor et al., 2014).	District of Columbia e 17 agências federais
Rio Cabuçu de Baixo / São Paulo	2002 - 2005	Para desenvolver este plano, a bacia do rio Cabuçu de Baixo foi dividida de acordo com os tipos de ocupação, que incluíram: área totalmente urbanizada; área em urbanização, e área ribeirinha. Os principais problemas observados foram: inundações frequentes, urbanização intensa de margens, desmatamento de margens, solo instável e comprometimento do potencial hídrico. O projeto começou com a organização de um sistema de informações e coleta de dados. O objetivo do plano era desenvolver uma proposta capaz de integrar o uso do solo, revitalizar a área, estabelecer áreas de transição entre áreas florestadas e áreas urbanizadas, conservar e enriquecer habitats, preservar espaços públicos e fornecer conectividade aos usuários em escala local. Assim, foram propostos seis programas: 1 - controle de cheias; 2 - preservação e remediação ambiental; 3 - parque linear; 4 - medidas para remover a população de áreas de risco; 5 - programa de educação ambiental; 6 - controle da poluição difusa e saneamento (Canholi, 2005; Pellegrino, 2007).	Universidade de São Paulo, Finep, Ministério da Ciência e Tecnologia, Fusp.

(*continua*)

Tabela 1 – Principais características de programas de recuperação de rios (*continuação*)

Caso/Rio/ Local	Duração	Característica(s) principal(is)	Proponente / Partes interessadas
Rio Los Angeles / Los Angeles, EUA.	Concluído em 2007	O plano de revitalização do rio Los Angeles visou converter 51,5 km canalizados em espaço verde público. Líderes cívicos uniram forças para financiar uma iniciativa visionária e técnica para transformar o rio em um espaço de lazer, uma fonte de revitalização socioeconômica e um passo crucial para a revitalização ambiental da cidade. Um compromisso foi assumido para restaurar o habitat ribeirinho e para reconectar regiões com poucas áreas de lazer a espaços verdes. A rede regional de atividades ao ar livre contará com trilhas, parques e ciclovias ao longo do rio. Espera-se que a recuperação do rio transforme um bem subestimado em um espaço valorizado. O projeto é o resultado de uma análise abrangente que envolveu as partes interessadas e o público em geral. Foi adotada uma nova estrutura de gestão para promover a gestão eficiente dos rios (Lehrer, 2011).	Mia Lehrer & Associates, arquitetura de paisagem
Rio Elwha / Port Angeles, EUA.	2011 – ativo	Os objetivos do programa incluem a remoção das barragens de Elwha e Glines Canyon no rio Elwha, a reconstrução dos habitats ribeirinhos do rio com o sedimento retido atrás das represas, a restauração da vegetação e a facilitação da migração natural do salmão e da truta nativos da região (Newcomb, 2012).	Serviço de Parques Nacionais dos EUA
Rio Itapocuzinho / Schroeder, Brasil.	2013 – 2014	O projeto consistiu na instalação de 47 tanques sépticos com filtros em casas de famílias de baixa renda e na implementação de um programa de educação ambiental nas escolas públicas das cidades de Schroeder, Jaraguá do Sul e Guaramirim. Amostras de água foram coletadas em cinco pontos de afluentes do Itapocuzinho contaminados por esgoto, antes e após a instalação de fossas sépticas. Em todos os pontos amostrados, a contaminação por coliformes fecais diminuiu mais de 90% (Woehl, 2014).	Instituto Rã-bugio, Fundo Especial de Proteção ao Meio Ambiente de Santa Catarina (Fepema)

A identificação das causas das mudanças nos recursos hídricos é um desafio para a pesquisa científica. Além disso, ao invés de se concentrar em um aspecto particular do sistema global de água, os cientistas devem estudar as interconexões no sistema (GWSP, 2005). Desta forma, o trabalho aqui descrito foi desenvolvido considerando: i) o processo sistêmico de estruturação de programas abrangentes de recuperação de rios; ii) a possibilidade de desenvolver metodologias sistêmicas para aplicação no campo da intervenção organizacional; iii) a possibilidade de envolver múltiplos fatores e variáveis para a compreensão do mesmo problema; e iv) a necessidade de intercâmbio de soluções desenvolvidas ao redor do mundo. A abordagem aqui proposta pretende se configurar com um passo no desenvolvimento de programas de recuperação fluvial e, assim, ajudar a melhorar esses projetos em todo o mundo.

Existem muitas ferramentas e instrumentos destinados a classificar a qualidade dos recursos hídricos, mas a informação e as estratégias para a recuperação do rio ainda estão desconectadas e não são amplamente acessíveis (GWSP, 2005; Unesco, 2012). O desenvolvimento de um sistema computacional aberto baseado em experiências e dados científicos pode contribuir para a solução de problemas por meio da organização e distribuição da informação, desde que as bases de dados subjacentes e as relações causa-efeito estejam firmemente estabelecidas e suficientes para apoiar a tomada de decisões. O presente trabalho estabelece as bases para o desenvolvimento de tal sistema, abordando sua fase inicial, de concepção.

PROCEDIMENTOS METODOLÓGICOS

A abordagem desta questão complexa começou com um olhar extensivo sobre os fatores mais importantes que causam perda de qualidade e quantidade de serviços fluviais. Os problemas dos rios, as causas relacionadas, as ferramentas de medição e as estratégias de restauração foram avaliados, no intuito de desenvolver um sistema de gestão estratégica para examinar processos-chave e melhorar as condições dos rios, de forma a otimizar os futuros processos de recuperação.

A pesquisa de respostas sobre investimentos econômicos, ambientais, sociais e culturais diretos para prevenir ou minimizar a vulnerabilidade dos recursos hídricos é o fundamento dessa investigação, baseada em publicações científicas, documentos técnicos e jurídicos.

Considerando que é necessária uma abordagem sistêmica para uma avaliação eficaz de uma questão tão complexa, a análise sistêmica foi usada para orientar a coleta de dados e para definir uma estrutura matricial, a fim de correlacionar os tópicos abordados. A concepção desta matriz, denominada Matriz de Gestão de Rios (Rimam), foi determinada de acordo com as seguintes variáveis, a partir dos tópicos identificados na investigação:

Os **problemas dos rios** representam as ameaças que afetam os recursos hídricos e o comportamento do sistema, comprometendo a qualidade ou a quantidade da água. As preocupações ambientais, sociais e econômicas foram consideradas para abranger todos os setores envolvidos na questão da água.

Causas Imediatas (CI) são normalmente claramente identificadas porque estão diretamente relacionadas ao problema. Estas causas estão relacionadas com atitudes ou condições inadequadas (por exemplo, disposição de resíduos sólidos). Uma CI pode ter várias causas fundamentais.

Causas Fundamentais (CF) exigem uma análise mais profunda do problema. Elas explicam por que as CIs ocorreram (por exemplo, problemas de habitação). Uma CF pode estar relacionada a várias ICs.

Assim, as causas dos problemas de rios foram classificadas como CI ou CF de acordo com as seguintes regras:

1. As causas fundamentais são as causas mais básicas identificadas que contribuem para um problema;
2. As causas fundamentais são aquelas que devem ser controladas para resolver o problema.

As possíveis soluções foram compiladas a partir da literatura analisada.

Investigando os problemas dos rios e as possíveis soluções

A relação entre os problemas dos rios e as possíveis soluções foi baseada em uma análise da situação corrente, buscando-se identificar uma ampla gama de problemas e suas múltiplas perspectivas para permitir a proposta de soluções integrando preocupações ambientais, sociais e econômicas. Dada a necessidade de fundamentar a decisão sobre a participação concreta das partes interessadas, é indispensável, na gestão dos recursos ambientais, promover a integração das abordagens científicas e políticas com a participação dos cidadãos (Viaroli et al., 2012; EC, 2015).

Uma abordagem sistêmica para a estruturação de problemas em situações complexas interpreta fenômenos naturais pela interação de suas causas e efeitos (Rapoport, 1968; Ackoff, 1981). Há um grande número de ferramentas de gerenciamento que objetivam resolver um problema por métodos organizacionais, a partir de uma perspectiva causa-efeito-solução (Kasper, 2000; Casini et al., 2015; Schiavina et al., 2015). Pode-se ver que causas múltiplas levam ao mesmo efeito, caso em que os problemas dos rios são observados como o efeito de uma teia de causas e, reconhecendo todas as causas, pode-se entender melhor a questão.

Depois de identificar as causas imediatas de um problema de rio, o conceito de análise de causa fundamental (ACF) foi utilizado para identificar os fatores que levaram a causas imediatas. ACF é um processo sistemático para analisar retrospectivamente eventos adversos (Croteau, 2009). Este processo procura responder o que aconteceu e o que pode ser feito para resolver ou impedir que volte a acontecer (Wu; Lipshutz, 2008).

Desenvolvimento da estrutura da matriz Rimam

A matriz de gestão de rios (Rimam) foi construída com base nas recomendações de Ramanathan (2001) e Gorski (2010), que afirmam que os esforços de programas bem-sucedidos de recuperação de rios devem se concentrar nas causas fundamentais. Assim, os problemas mencionados na literatura revisada foram compilados e organizados em grupos de acordo com associações causa-efeito. Os dados foram listados como as causas da degradação dos rios associados ao seu efeito (por exemplo, causa (1): disposição de resíduos sólidos - efeito (1): poluição, causa (2): desmatamento – efeito (1) poluição. Todos os efeitos foram agrupados de acordo com sua categoria Rimam. As colunas são: Causas Imediatas (CI), Causas Fundamentais (CF) e as possíveis soluções para cada CF. A matriz foi criada com base tanto nas reflexões dos autores sobre a degradação dos rios, quanto em várias discussões apresentadas na literatura, como as de Andreoli et al. (2000), Pejchar e Warner (2001), Black et al. (2004), Benke e Cushing (2005), Begon et al. (2006), Pedersen et al. (2007), Buijs (2009), Tockner et al. (2009), Gorski (2010), Afonso (2011), Merlo et al. (2011), Holm et al. (2012), e Lenhart (2012). As Tabelas 2, 3, 4 e 5 apresentam a Rimam. Sua concepção seguiu as etapas acima, e as referências indicadas por números estão listadas no Apêndice A.

Guia para utilização da Rimam

A fim de organizar e operacionalizar a Rimam, e mais tarde facilitar o intercâmbio de conhecimentos como uma plataforma aberta *on-line*, duas colunas foram adicionadas à estrutura para anotações do usuário. Uma é empregada para indicar se:

- CI ou CF foram observadas no caso estudado (S – Sim);
- CI ou CF não foram observadas no caso estudado (N – Não);
- CI ou CF não puderam ser identificadas porque os dados não estão disponíveis (DI - Dados Insuficientes).

A outra coluna permite o registro de quais métodos (MET) foram usados para coletar as informações. Foram utilizados os seguintes descritores: O (observação local), F (evidência fotográfica / de imagem), LSE (literatura / evidência científica) e LL (legislação local).

RESULTADOS

Estrutura da Rimam

Para ajudar a identificar as causas imediatas e fundamentais da degradação dos rios, foram desenvolvidas matrizes de avaliação de gestão fluvial para serem utilizadas como listas de verificação, para avaliar as condições dos recursos disponíveis e identificar problemas (Tabelas 2, 3, 4 e 5). As soluções possíveis para os problemas compilados nesta lista foram reunidas para servir de orientação na formulação de programas abrangentes de restauração de rios. Os números à direita das causas e soluções se referem às informações utilizadas para construir essas matrizes e que estão listadas no Apêndice A.

Tabela 2 – Poluição do rio: causas imediatas, causas fundamentais e possíveis soluções (*Fontes listadas no Apêndice A)

Causas imediatas	Causas fundamentais	Possíveis soluções
1.1 Descargas acidentais *35, 36, 37, 38	1.1.1 Falha de equipamento *37, 38, 39	Melhorar a gestão de risco *35, 36, 37, 38
	1.1.2 Falha humana *40	Melhorar o treinamento *39, 40
	1.1.3 Gestão ineficaz *37, 38	Melhorar a gestão *23

(continua)

Tabela 2 – Poluição do rio: causas imediatas, causas fundamentais e possíveis soluções (*Fontes listadas no Apêndice A) (*continuação*)

Causas imediatas	Causas fundamentais	Possíveis soluções
1.2 Desflorestamento *24, 40, 54, 57, 59, 64	1.2.1 Problemas habitacionais *23,24,25	Regulamentar o uso do solo *19
	1.2.2 Construção de barragem *54, 60	Melhorar a gestão *21, 23, 63
		Reflorestamento *63
		Remoção de barragem *11, 14, 15, 63
		Programas de educação ambiental *23, 28, 33
	1.2.3 Falta de conhecimento / conscientização *19, 33	Programas de educação ambiental *23
	1.2.4 Falha da legislação *20, 55, 56	Melhorar a gestão *23
		Regulamentar o uso do solo *19, 34
	1.2.5 Falha de monitoramento *58 *59	Melhorar o monitoramento e aumentar os valores das multas *21
1.3 Disposição de resíduos sólidos *9, 20, 33	1.3.1 Problemas habitacionais *23, 24, 25, 33	Regulamentar o uso do solo *19, 34
	1.3.2 Falta de conhecimento / conscientização *19, 33	Programas de educação ambiental *23, 33
	1.3.3 Falha de gestão *33	Melhorar a gestão *23
		Melhorar o monitoramento e aumentar os valores das multas *21
		Programa periódico de limpeza *21
		Regulamentar o uso do solo *19, 34
1.4 Atividades extrativistas *24, 33	1.4.1 Falta de conhecimento / conscientização *19, 33	Programas de educação ambiental *23, 33
	1.4.2 Falha da legislação *55, 56	Melhorar a gestão *23
		Regulamentar o uso do solo *19
	1.4.3 Falha de monitoramento *33	Melhorar o monitoramento e aumentar os valores das multas *21

(continua)

Tabela 2 – Poluição do rio: causas imediatas, causas fundamentais e possíveis soluções (*Fontes listadas no Apêndice A) (*continuação*)

Causas imediatas	Causas fundamentais	Possíveis soluções
1.5 Destruição de planícies de inundação *20, 23, 24, 34, 53, 56, 65	1.5.1 Agricultura *25	Melhorar o monitoramento e aumentar os valores das multas *21
		Conservação do solo *26, 27
		Regulamentar o uso do solo *19, 25
	1.5.2 Problemas habitacionais *23, 24, 25	Criar opções habitacionais *19
	1.5.3 Falta de conhecimento / conscientização *19, 33	Programas de educação ambiental *23, 28, 33
	1.5.4 Falha da legislação *20	Regulamentar o uso do solo *19
		Melhorar o monitoramento e aumentar os valores das multas *25
	1.5.5 Construção de estrada *56, 34	Desenvolver alternativas de mobilidade *56, 34
		Regulamentar o uso do solo *19
	1.5.6 Falha de gestão *2, 65	Gestão da planície de inundação *2, 65
1.6 Disposição irregular de efluentes *33	1.6.1 Falha na administração pública *33	Melhorar o monitoramento e aumentar os valores das multas *21
		Melhorar o sistema de esgoto *33
	1.6.2 Falta de conhecimento / conscientização *19, 33	Programas de educação ambiental *23, 33
1.7 Poluição difusa *3, 4, 12, 45, 64	1.7.1 Agricultura *12, 25, 30, 41, 46	Melhorar as práticas agrícolas *12, 41, 42, 45
		Regulamentar o uso do solo *19
		Conservação do solo *12, 26, 27
	1.7.2 Expansão urbana *21, 61	Regulamentar o uso do solo *19, 21, 62
	1.7.3 Atividades extrativistas *21, 60, 61	Regulamentar o uso do solo *19, 21, 62
		Melhorar o monitoramento e aumentar os valores das multas *21
	1.7.4 Falha da legislação *55, 56	Regulamentar o uso do solo *19, 21, 62
		Melhorar o monitoramento e aumentar os valores das multas *21

(*continua*)

Tabela 2 – Poluição do rio: causas imediatas, causas fundamentais e possíveis soluções (*Fontes listadas no Apêndice A) (*continuação*)

Causas imediatas	Causas fundamentais	Possíveis soluções
1.7 Poluição difusa *3, 4, 12, 45, 64	1.7.5 Poluição automotiva *23, 24	Utilizar veículos não-poluentes
		Melhorar o sistema viário *25
	1.7.6 Desflorestamento *24, *64	Programas de educação ambiental *23, 33
		Melhorar a gestão *23
		Melhorar o monitoramento e aumentar os valores das multas *21
		Recuperar a região lindeira *7, 16, 23
		Regulamentar o uso do solo *19
	1.7.7 Falha de monitoramento *45	Melhorar o monitoramento e aumentar os valores das multas *21
1.8 Águas pluviais *32, 33	1.8.1 Falha de gestão *34	Filtrar / tratar as águas pluviais *22
		Melhorar a gestão *23
		Regulamentar o uso do solo *19, 34
		Detenção de águas pluviais *43
1.9 Escassez de água *47, 48, 49, 50	1.9.1 Mudanças climáticas *46	Diminuir o consumo
		Reúso da água *32
	1.9.2 Degradação de mananciais *21, 53, 56	Regulamentar o uso do solo *19
	1.9.3 Superexploração *53	Melhorar a gestão *23, 13
		Reúso da água *32

Tabela 3 – Enchentes: causas imediatas, causas fundamentais e possíveis soluções (*Fontes listadas no Apêndice A)

Causas imediatas	Causas fundamentais	Possíveis soluções
2.1 Destruição de planícies de inundação *53, 69	2.1.1 Ver 1.5	Ver 1.5
2.2 Aumento das vazões máximas *51, 52, 69	2.2.1 Mudança na permeabilidade do solo *19	Regulamentar o uso do solo *19, 26
		Conservação do solo *26

(*continua*)

Tabela 3 – Enchentes: causas imediatas, causas fundamentais e possíveis soluções (*Fontes listadas no Apêndice A) (*continuação*)

Causas imediatas	Causas fundamentais	Possíveis soluções
2.2 Aumento das vazões máximas *51, 52, 69	2.2.2 Mudanças climáticas *46	Melhorar o sistema de drenagem *21
		Aumentar a capacidade de armazenagem de águas pluviais *21
	2.2.3 Alterações no curso do rio *24	Integrar obras hidráulicas à natureza *25
		Proteger a região lindeira *7, 16
		Planejamento urbano integrando os rios à comunidade *16, 18
	2.2.4 Drenagem urbana *21	Reservatórios de detenção para drenagem pública *21
		Regulamentar o uso do solo *19
		Reservatórios de detenção de águas pluviais em propriedades particulares *21
2.3 Assoreamento do leito do rio *23, 24, 25	2.3.1 Construção *21	Disciplinar práticas de construção *21
		Melhorar a gestão *23, 25
		Melhorar o monitoramento e aumentar os valores das multas *21, 25
		Regulamentar o uso do solo *19
	2.3.2 Degradação da região lindeira *67	Reflorestamento *23
		Regulamentar o uso do solo *19
	2.3.3 Disposição de resíduos sólidos *33	Programas de educação ambiental *23, 33
		Melhorar a gestão *23
		Melhorar o monitoramento e aumentar os valores das multas *21
		Programa periódico de limpeza *21, 33

(continua)

Tabela 3 – Enchentes: causas imediatas, causas fundamentais e possíveis soluções (*Fontes listadas no Apêndice A) (*continuação*)

Causas imediatas	Causas fundamentais	Possíveis soluções
2.3 Assoreamento do leito do rio *23, 24, 25	2.3.4 Atividades extrativistas *21, 22, 26, 30	Melhorar a gestão *23
		Melhorar o monitoramento e aumentar os valores das multas *21
	2.3.5 Drenagem de águas pluviais *21	Melhorar a gestão *23
	2.3.6 Erosão *25, 29	Instalar dispositivos de detenção de sedimentos *26
		Conservação do solo *26, 27
		Reflorestamento *21, 23, 54

Tabela 4 – Perda de biodiversidade aquática: causas imediatas, causas fundamentais e possíveis soluções (*Fontes listadas no Apêndice A)

Causas imediatas	Causas fundamentais	Possíveis soluções
3.1 Pesca (ilegal ou não) *17	3.1.1 Falta de conhecimento / conscientização *19, 33	Programas de educação ambiental *23, 33
	3.1.2 Falha de gestão *34	Melhorar a gestão *23
		Regulamentar a pesca *17
	3.1.3 Falha da legislação *21	Melhorar o monitoramento e aumentar os valores das multas *21
	3.1.4 Falha de monitoramento *21	Melhorar o monitoramento e aumentar os valores das multas *21
3.2 Introdução de espécies exóticas *16	3.2.1 Falha no plano de gestão *34	Melhorar a gestão *23
	3.2.2 Falha da legislação *32	Aprimorar a legislação *21
	3.2.3 Falta de conhecimento / conscientização *19, 33	Programas de educação ambiental *23, 33
3.3 Perda de habitat aquático *15, 30, 66	3.3.1 Construção de barragem *24, 54, 66	Remoção de barragem *11, 14, 15
		Integrar obras hidráulicas à natureza *23
	3.3.2 Alterações no curso do rio *30	Ver 2.2.3
	3.3.3 Assoreamento do leito do rio *30, 31	Ver 2.3
		Melhorar o habitat de desova *23, 30

(continua)

Tabela 4 – Perda de biodiversidade aquática: causas imediatas, causas fundamentais e possíveis soluções (*Fontes listadas no Apêndice A) (*continuação*)

Causas imediatas	Causas fundamentais	Possíveis soluções
3.4 Poluição *15, 21, 23	3.4.1 Ver 1.1 – 1.9	Ver 1.1 – 1.9
3.5 Enchente *65	3.5.1 Ver 2.1 – 2.3	Ver 2.1 – 2.3
3.6 Alterações no curso do rio *23, 24, 30, 32	3.6.1 Problemas habitacionais *23, 24, 25	Regulamentar o uso do solo *16, 18, 19, 20, 31
	3.6.2 Interesses econômicos *54	Melhorar a gestão *23
		Melhorar o monitoramento e aumentar os valores das multas *21
		Regulamentar o uso do solo *19, 20, 16, 18
	3.6.3 Expansão urbana *21, 27, 28, 34	Regulamentar o uso do solo *19, 20, 16, 18

Tabela 5 – Perda de biodiversidade na região lindeira: causas imediatas, causas fundamentais e possíveis soluções (*Fontes listadas no Apêndice A)

Causas imediatas	Causas fundamentais	Possíveis soluções
4.1 Alterações no regime de escoamento *42	4.1.1 Enchente *51, 52	Ver 2.1 – 2.3
	4.1.2 Escassez de água *47, 48, 49	Ver 1.9
4.2 Degradação da região lindeira *21, 23, 29, 42	4.2.1 Poluição *40	Ver 1.1 – 1.9
	4.2.2 Assoreamento do leito do rio *24, 25	Ver 2.3
	4.2.3 Erosão *25, 29	Ver 2.3.6
	4.2.4 Desflorestamento *21	Ver 1.2
4.3 Enchente *51, 52	4.3.1 Ver 2.1 – 2.3	Ver 2.1 – 2.3
4.4 Destruição de planícies de inundação *20	4.4.1 Ver 1.5	Ver 1.5
4.5 Poluição *21, 23, 29	4.5.1 Ver 1.1 – 1.9	Ver 1.1 – 1.9
4.6 Introdução de espécies exóticas *68, 70, 71	4.6.1 Interesses econômicos *71	Regulamentar o uso do solo *70, 71
		Conservação do solo *68
	4.6.2 Falha de monitoramento *68	Reflorestamento *68
		Melhorar a gestão *68
	4.6.3 Falha da legislação *68	Regulamentar a gestão de espécies exóticas *68, 70, 71

Outros problemas, não relacionados nas tabelas anteriores, são:

- Perda de navegabilidade, causada pelo assoreamento do leito do rio (ver 2.3), alterações no regime de escoamento (ver 4.1), e alterações no curso do rio (ver 3.6);
- Diminuição da geração de energia hidrelétrica, causada pelo assoreamento do leito do rio (ver 2.3), e alterações no regime de escoamento (ver 4.1).

A caracterização de um rio é mais precisa se este é dividido em segmentos de acordo com a diversidade da paisagem e ao longo dos habitats do corredor fluvial. Após a coleta e análise de dados de uso da terra e características morfológicas do rio, são definidos segmentos de rios com níveis de sensibilidade equivalentes de estressores (Turpie et al., 2008; Gorski, 2010), recomendando-se a aplicação da Rimam por segmentos de rios.

Aplicação da Rimam para a bacia do rio Passaúna

Os rios brasileiros têm sofrido alguns dos piores impactos em função da transformação da paisagem em áreas de conflito social e degradação ambiental. Algumas estratégias para mudar a situação envolvem a criação de Áreas de Proteção Ambiental (APAs) pela Lei Federal n. 9.985 de 18 de julho de 2000. Esta lei criou o Sistema Nacional de Unidades de Conservação (SNUC) e regulamentou o uso dessas áreas (Brasil, 2000).

Curitiba e sua Região Metropolitana, no sul do Brasil, têm sofrido grande expansão e crescimento populacional. Com o objetivo de assegurar a proteção dos mananciais, o Decreto Estadual 458/91 do Estado do Paraná cria a APA do Passaúna, com área de 16.020,04 ha (Paraná, 1991). A bacia do rio Passaúna é uma das maiores fontes de abastecimento local de água, e devem ser feitos esforços para preservar os sistemas naturais e garantir a provisão de água para aproximadamente meio milhão de cidadãos. O rio Passaúna (Figura 1) é um afluente do rio Iguaçu. Sua bacia engloba aproximadamente 188 km^2, incluindo 11 km^2 da superfície do reservatório (Veiga e Dziedzic, 2010).

A APA do Passaúna está localizada nos municípios de Almirante Tamandaré, Araucária, Campo Largo, Campo Magro e Curitiba. Faz parte do Plano de Recursos Hídricos da Bacia do Alto Iguaçu e do Sistema Integrado de Proteção de Bacias Hidrográficas da Região Metropolitana de Curitiba. O principal objetivo deste sistema é orientar as partes interessadas, públicas e privadas, na organização de planos, programas governamentais e atividades que utilizam recursos naturais. A APA também estabelece áreas prioritárias para biodiversidade, água e conservação do solo.

O Zoneamento Econômico Ecológico (ZEE) da APA do Passaúna organiza a região em zonas, considerando os recursos naturais, os enquadramentos socioeconômicos e jurídicos e definindo o potencial econômico, a fragilidade ecológica e as tendências de ocupação, incluindo as condições de vida da população local. Essa informação combina cenários com diretrizes para tomada de decisões e investimentos. O ZEE pode servir como instrumento para regular os conflitos decorrentes dos diversos usos antagonistas da bacia. No entanto, na maioria dos casos, mesmo estas ações não podem garantir a protecção do ambiente. No caso do rio Passaúna, levantamentos realizados por diferentes setores da sociedade visam monitorar suas condições, por meio da análise de variáveis físicas, químicas, biológicas, culturais e sociais. Os resultados mostram impactos antrópicos pressionando o rio e a qualidade de sua água, e apontam para a necessidade de ações para assegurar a conservação e recuperação de trechos degradados do rio, selecionados para ilustrar a aplicação da Rimam.

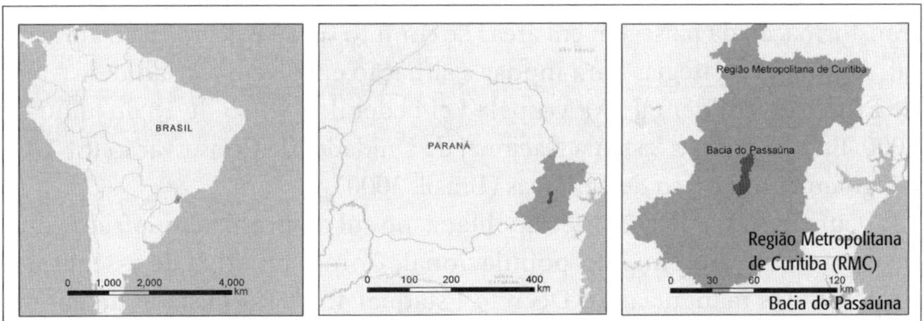

Figura 1 – Localização da bacia hidrográfica do Passaúna – a imagem do lado esquerdo mostra um mapa da América do Sul, com o estado do Paraná destacado. A imagem do meio destaca a região metropolitana de Curitiba, enquanto a imagem do lado direito mostra a localização da bacia hidrográfica do Passaúna

A unidade de conservação do reservatório de Passaúna visa proteger duas importantes fontes de água: o aquífero cárstico e o rio Passaúna (Paraná, 2001). Mais de 67.000 pessoas vivem na bacia, com cerca de 3.000 famílias em situação irregular (Sauniti et al., 2004). O município com maior percentual de sua população na APA é Campo Magro, com 73,3% (Comec, 2002).

A APA do Passaúna possui parte do ecossistema da Mata Atlântica e é considerada um importante remanescente da Floresta de Araucária. O uso da terra deve ser limitado a atividades econômicas ambientalmente adequadas e a ocupação de baixa densidade. Portanto, é essencial que as atividades econômicas e as áreas urbanas estejam fora da bacia (Sanepar, 2002).

O exemplo de aplicação da Rimam foi desenvolvido considerando um trecho do rio logo a montante do reservatório, próximo à rodovia (BR-277) que liga Curitiba a Campo Largo (Figuras 4, 5, 6 e 7). Uma descrição detalhada do reservatório pode ser encontrada em Veiga e Dziedzic (2010). Sua condição atual, como afirmado a partir de dados físicos, químicos e biológicos recentes, é a de um corpo de água moderadamente degradado (Ferraresi, 2015).

Descrição do segmento de rio selecionado

O segmento selecionado tem aproximadamente um quilômetro de comprimento, com o ponto central localizado sob a ponte da rodovia BR-277. Este segmento foi escolhido porque está localizado a montante do reservatório utilizado para abastecimento de água e porque seu ponto central é um ponto de monitoramento, incluindo registros publicamente disponíveis de vazão e qualidade da água que remontam ao final dos anos 1980.

Neste ponto o Passaúna é caracterizado como um ecossistema lótico, com meandros suaves. A seção transversal é de aproximadamente quatro metros de largura e um metro de profundidade sob escoamento normal. De acordo com os padrões estabelecidos pela resolução Conama 357 (Conama, 2005), o rio é classificado como Classe 2, e assim adequado para o fornecimento público após o tratamento convencional. No entanto, uma análise dos dados de séries temporais de qualidade da água revelou que em 90% dos 152 resultados de amostragem registados entre fevereiro de 1988 e dezembro de 2014 foram observadas condições de não-conformidade em pelo menos um indicador chave entre os seguintes: demanda bioquímica de oxigênio ($DBO_{5,20}$), coliformes termotolerantes (CT), fósforo total (TP), nitrogênio total (TN), oxigênio dissolvido (OD), pH, sólidos totais (TS), temperatura e turbidez. Para este período, as não-conformidades mais frequentes ocorreram para TC e TP, com 88% e 85% de amostras não conformes. Foi detectada uma tendência de piora com tempo, significante para 5%, para $BOD_{5,20}$, TC, pH e turbidez. Também foi realizada uma análise do potencial de eutrofização do rio, indicando uma oscilação entre o estado mesotrófico e o eutrófico em cerca de 70% e 20% das amostras, respectivamente, sem tendência temporal significativa. Os resultados obtidos para o Índice de Qualidade da Água (IQA) indicaram que a qualidade da água do rio foi "fraca" em 13%

das amostras, "moderada" em 54% das amostras e "boa" em 32% das amostras, com 1% das amostras ficando em cada uma das classes "muito pobres" ou "muito boas". Não foi observada nenhuma tendência significativa nestes resultados de IQA. O parâmetro com pior desempenho foi TC, seguido de turbidez, $DBO_{5,20}$ e TP. Em termos de fauna de macroinvertebrados bentônicos, Ferraresi (2015) verificou que o trecho de rio apresentou moderada diversidade, conforme indicado pelos resultados obtidos para o índice de Shannon-Wiener. Estes resultados sugerem que os problemas do rio Passaúna foram poluição e perda de biodiversidade aquática, provavelmente como resultado de impactos por poluição de esgoto, perda de solo e atividades agrícolas na bacia.

No que tange ao uso da terra, a área é dividida em três zonas de acordo com o ZEE (Paraná, 2001). O curso do rio e suas margens compõem a Zona de Proteção ao Leito do Rio (ZPLR). No lado leste, no município de Curitiba, o segmento faz parte da ZOO (Zona de Ocupação Orientada). O lado ocidental, no município de Campo Largo, é parte da ZUA (Zona de Uso Agrícola). O desenvolvimento da região e o uso da terra levou ao desflorestamento desta zona ribeirinha. No entanto, ainda existem pequenas áreas de floresta aluvial e capoeirão, representando 5,53% da área da bacia hidrográfica. Atividades extrativistas na área incluem mineração (principalmente areia, para construção) e agricultura (milho e soja) (Sauniti et al., 2004).

A aplicação da Rimam envolveu oito visitas ao local, coleta e análise de dados e informações sobre o rio, de Comec (2002), Comec (2006), Sanepar (2002), Sauniti et al. (2004), Xavier et al. (2005), Silva-Filho (2010), Ana (2014) e legislação relevante, como Brasil (1967, 1988, 1997, 1998, 2000, 2012) e Paraná (1991, 1998, 2001). Cada análise procurou estabelecer a presença ou ausência de causas imediatas e causas fundamentais dos possíveis problemas. A metodologia utilizada para a coleta de dados envolveu a observação (O) das evidências e a confirmação do fato em Literatura e Evidência Científica (LEC). As observações foram registradas fotograficamente (F), e a legislação local (LL) foi consultada para apoiar algumas constatações.

Aplicação da Rimam

As Tabelas 6 a 9 resumem a aplicação da Rimam ao segmento do rio Passaúna. A Tabela 6 mostra a matriz "Poluição"; a Tabela 7, a matriz "Enchente"; a Tabela 8, a matriz "Perda de biodiversidade aquática" e a Tabela 9, a matriz "Perda de biodiversidade da zona ribeirinha".

Tabela 6 – Aplicação da Rimam no rio Passaúna – Poluição

Causas imediatas	S/N/DI – Met	Causas fundamentais	S/N/DI – Met
1.1 Descargas acidentais	S – O/LEC	1.1.1 Falha de equipamento	DI
		1.1.2 Falha humana	DI
		1.1.3 Gestão ineficiente	DI
1.2 Desflorestamento	S – O/LEC/LL	1.2.1 Problemas habitacionais	S – O/F/LEC
		1.2.2 Construção de barragem	N – O
		1.2.3 Falta de conhecimento / conscientização	S – LEC
		1.2.4 Falha da legislação	N – LL
		1.2.5 Falha de monitoramento	S – O/F
1.3 Disposição de resíduos sólidos	S – O/LEC/LL	1.3.1 Problemas habitacionais	S – O/F/LEC
		1.3.2 Falta de conhecimento / conscientização	S – LEC
		1.3.3 Falha de gestão	S – O/F/LEC
1.4 Atividades extrativistas	S – O/LEC/LL	1.4.1 Falta de conhecimento / conscientização	S – O/LEC
		1.4.2 Falha da legislação	N – LL
		1.4.3 Falha de monitoramento	S – O/F/LEC
1.5 Destruição de planícies de inundação	S – O/LEC	1.5.1 Agricultura	S – O/F
		1.5.2 Problemas habitacionais	S – O/F
		1.5.3 Falta de conhecimento / conscientização	S – LEC
		1.5.4 Falha da legislação	N – LL
		1.5.5 Construção de estrada	S – O/F
		1.5.6 Falha de gestão	S – O/F/LEC
1.6 Disposição irregular de efluentes	S– O/F/LEC/LL	1.6.1 Falha na administração pública	S – O/F/LEC/LL
		1.6.2 Falta de conhecimento / conscientização	S – LEC

(continua)

Tabela 6 – Aplicação da Rimam no rio Passaúna – Poluição (*continuação*)

Causas imediatas	S/N/DI – Met	Causas fundamentais	S/N/DI – Met
1.7 Poluição difusa	S – O/LEC/F	1.7.1 Agricultura	S – O/F/LEC
		1.7.2 Expansão urbana	S – O/F/LEC
		1.7.3 Atividades extrativistas	S – O/F
		1.7.4 Falha da legislação	N – LL
		1.7.5 Poluição automotiva	S – O/F
		1.7.6 Desflorestamento	S – O/F/LL
		1.7.7 Falha de monitoramento	S – O/F/LL
1.8 Águas pluviais	S – O/LEC/F	1.8.1 Falha de gestão	S – O/F
1.9 Escassez de água	DI	1.9.1 Mudanças climáticas	DI
		1.9.2 Degradação de mananciais	DI
		1.9.3 Superexploração	DI

Tabela 7 – Aplicação da Rimam no rio Passaúna – Enchente

Causas imediatas	S/N/DI – Met	Causas fundamentais	S/N/DI – Met
2.1 Destruição de planícies de inundação	S – O	Ver 1.5	S – O
2.2 Aumento das vazões máximas	DI – O/LEC	2.2.1 Mudança na permeabilidade do solo	S – O/F
		2.2.2 Mudanças climáticas	DI
		2.2.3 Alterações no curso do rio	N – O
		2.2.4 Drenagem urbana	S – O/F
2.3 Assoreamento do leito do rio	S – O/LEC	2.3.1 Construção	S – O/F/LEC
		2.3.2 Degradação da região lindeira	Ver 4.2
		2.3.3 Disposição de resíduos sólidos	S – O/F/LEC
		2.3.4 Atividades extrativistas	S – O/F/LEC
		2.3.5 Drenagem de águas pluviais	S – O/F/LEC
		2.3.6 Erosão	S – O/F/LEC

Tabela 8 – Aplicação da Rimam no rio Passaúna – Perda de biodiversidade aquática

Causas imediatas	S/N/DI - Met	Causas fundamentais	S/N/DI - Met
3.1 Pesca (Ilegal ou não)	S – O/F	3.1.1 Falta de conhecimento / conscientização	S – LEC
		3.1.2 Falha de gestão	S – O
		3.1.3 Falha da legislação	N – LL
		3.1.4 Falha de monitoramento	S – O/F
3.2 Introdução de espécies exóticas	DI	3.2.1 Falha no plano de gestão	DI
		3.2.2 Falha de fiscalização	DI
		3.2.3 Falta de conhecimento / conscientização	DI
3.3 Perda de habitat aquático	S – O/F/LEC	3.3.1 Construção de barragem	N – O
		3.3.2 Alterações no curso do rio	N – O
		3.3.3 Assoreamento do leito do rio	S – O/F/LEC
		3.3.4 Poluição	S – O/F/LEC
3.4 Poluição	S – O/F/LEC	Ver 1.1 – 1.9	S – O/F/LEC
3.5 Enchente	S – LEC	Ver 2.1 – 2.3	S – LEC
3.6 Alterações no curso do rio	N – O	3.6.1 Problemas habitacionais	N – O
		3.6.2 Interesses econômicos	N – O
		3.6.3 Expansão urbana	N – O

Tabela 9 – Aplicação da Rimam no rio Passaúna – Perda de biodiversidade da zona ripária

Causas imediatas	S/N/DI - Met	Causas fundamentais	S/N/DI - Met
4.1 Alterações no regime de escoamento	DI – LEC	4.1.1 Enchente	S – LEC
		4.1.2 Escassez de água	DI
4.2 Degradação da região lindeira	S – O/F/LEC/LL	4.2.1 Poluição	S – O/F/LEC
		4.2.2 Assoreamento do leito do rio	S – O/F/LEC
		4.2.3 Erosão	S – O/F/LEC
		4.2.4 Desflorestamento	S – O/F/LEC

(continua)

Tabela 9 – Aplicação da Rimam no rio Passaúna – Perda de biodiversidade da zona ripária (*continuação*)

Causas imediatas	S/N/DI - Met	Causas fundamentais	S/N/DI - Met
4.3 Enchente	S – LEC	4.3.1 Ver 2.1 – 2.3	S – L
4.4 Destruição de planícies de inundação	S – O/F	4.4.1 Ver 1.5	S – O/F
4.5 Poluição	S – O/F/LEC	4.5.1 Ver 1.1 – 1.9	S – O/F/LEC
4.6 Introdução de espécies exóticas	S – O/F/LEC	4.6.1 Interesses econômicos	N – O
		4.6.2 Falha de monitoramento	S – O/F/LEC
		4.6.3 Falha da legislação	S – LL

Em relação ao diagnóstico do segmento de rio com base em dados físicos, químicos e biológicos, pode-se inferir que desflorestamento, disposição irregular de efluentes, poluição difusa e águas pluviais poderiam ser causas diretas da poluição observada. Perda de habitat aquático e poluição poderiam estar ligadas à redução da biodiversidade. A perda de solo, associada ao aumento da turbidez, pode ser causa de enchentes em função do assoreamento do leito do rio.

A aplicação da Rimam ao rio Passaúna sintetizou os dados obtidos anteriormente em vários projetos envolvendo esse corpo hídrico, e contribuiu para identificar os problemas que afetam o rio, bem como suas causas imediatas e fundamentais.

Os problemas identificados levaram à sugestão, com base na Rimam, de 21 atividades para a restauração do segmento:

1. Regulamentar o uso do solo
2. Desenvolver programas de educação ambiental
3. Melhorar o monitoramento e aumentar os valores das multas
4. Melhorar a gestão
5. Desenvolver programa de conservação do solo
6. Desenvolver programa de limpeza periódica
7. Criar alternativas habitacionais
8. Melhorar o sistema de esgoto
9. Melhorar as práticas agrícolas
10. Incentivar o uso de veículos não poluentes
11. Melhorar o sistema viário

12. Recuperar a sona ripária
13. Implementar filtro / tratamento de águas pluviais
14. Implementar detenção de águas pluviais em propriedades particulares
15. Implementar detenção de águas pluviais em obras públicas
16. Disciplinar práticas de construção
17. Instalar dispositivos de retenção de sedimentos
18. Reflorestamento
19. Melhorar o habitat de desova
20. Regulamentar a gestão de espécies exóticas
21. Melhorar a gestão de inundações.

Essas atividades foram combinadas em quatro grandes grupos, que são recomendados para um programa de recuperação de rios: regulamentar o uso do solo; desenvolver programas de educação ambiental; melhorar o monitoramento; e melhorar a gestão.

Estas sugestões podem contribuir para a revisão do plano de gestão da APA do Passaúna. Isso pode incluir o desenvolvimento de planos para controlar o uso do solo, a execução e fiscalização dos planos existentes, a aplicação de práticas conservacionistas para controlar o desflorestamento e reflorestar a zona ribeirinha, melhora da proteção florestal e criação de parques que limitariam a especulação imobiliária. Recomenda-se, ainda, que sejam tomadas as medidas legais cabíveis para resolver os problemas observados com base na legislação em vigor.

O desenvolvimento de programas de educaçao ambiental pode ajudar a controlar a invasão de espécies exóticas, melhorar as práticas agrícolas, incentivar o uso de veículos não poluentes e práticas de construção mais apropriadas. As atividades de educação ambiental também contribuem para reduzir o desflorestamento, eliminar a deposição de resíduos sólidos, melhorar a gestão de atividades extrativistas, recuperar áreas de várzea, controlar o assoreamento do leito do rio, regular a pesca e reduzir a poluição de fontes não pontuais.

É necessário desenvolver e reforçar a conscientização, individual e coletivamente, em relação à responsabilidade sobre a sustentabilidade, com a possibilidade de revisão e reconstrução de valores e atitudes (Muggler et al., 2006). Para Justen (2006), a educação ambiental é uma ferramenta essencial para conscientizar, informar e envolver pessoas e governos em planos de manejo e práticas ambientais que minimizam a degradação e promovem a restauração do ecossistema. Estes resultados se encaixam no início de uma nova fase de conscientização, pois a disponibilidade e o uso futuro dos recursos hídricos requerem ação imediata, visando equilibrar a condição do reservatório e proteger a quantidade e a qualidade dos mananciais (Palmer et al., 2003).

Os projetos de monitoramento não são vistos como atividades de alta prioridade por causa de restrições financeiras e falta de orientação para ajudar a desenvolver níveis e métodos adequados (RRC, 2011). Como resultado, o monitoramento do rio, mesmo quando realizado, raramente é adequado para medir corretamente a qualidade da água e os níveis de pressão. O monitoramento é uma parte fundamental de um projeto de restauração de rios, que pode aumentar a compreensão e também identificar futuras necessidades de gestão. A melhoria do monitoramento permite que profissionais e outras partes interessadas na restauração fluvial avaliem os métodos a serem usados para suas necessidades específicas. No caso do rio Passaúna, todos os aspectos de monitoramento que foram avaliados falharam. O monitoramento da qualidade da água é realizado regularmente por agências ambientais e de saneamento (Xavier et al., 2005). Entretanto, os parâmetros de qualidade analisados estão orientados para o consumo humano, e os problemas que causam a degradação do recurso como um todo são geralmente ignorados. A escassez de financiamento de projetos de pesquisa também impede o desenvolvimento e a implementação de programas de monitoramento mais abrangentes.

Melhorar a gestão, neste caso, envolve o planejamento de todas as ações discutidas acima. Um plano de manejo adequado consideraria o uso do solo associado com as políticas de recursos hídricos, tentando evitar o impacto do estressor, priorizando as ações de monitoramento e os programas de educação ambiental como formas de atingir e, em seguida, manter esse equilíbrio. A educação ambiental deve ser utilizada como ferramenta para o manejo dos recursos hídricos, tratando de problemas complexos de interação entre natureza, tecnologia e pessoas na bacia do Passaúna.

CONSIDERAÇÕES FINAIS

A disponibilidade de água é um dos maiores desafios globais da sustentabilidade. Considerando a inadequação histórica da gestão de recursos hídricos, a ciência é apresentada como uma ferramenta fundamental para compreender os fenômenos, tornando possível redesenhar mecanismos de conduta, desenvolver estudos e propor soluções por meio de políticas de gestão. Neste contexto, os rios, como os principais fornecedores de água de qualidade, merecem maior atenção na busca de soluções para a reabilitação dos recursos hídricos.

A Matriz de Gestão de Rios (Rimam) aqui apresentada pode ser um instrumento eficaz para identificar problemas que afetam os rios e para orientar o desenvolvimento de planos de gestão. Por meio da aplicação desta ferramenta em um segmento do rio Passaúna, foi possível confirmar alguns dos problemas anteriormente mencionados nas análises realizadas entre 1993 e 2004 para o mesmo segmento. Este fato mostrou que muitos dos problemas atuais têm sido conhecidos há mais de vinte anos e não foram resolvidos, apesar de esta ser uma das principais fontes de abastecimento público de água da maior cidade do estado do Paraná. Para remediar este cenário, maior colaboração deve ser buscada entre o poder público e as partes interessadas.

A ferramenta identifica relações de causa-efeito, permitindo a recomendação de soluções para os problemas observados. Embora a estrutura geral da Rimam tenha sido concebida com o objetivo da simplicidade, a ferramenta considera sete problemas principais de um rio: poluição, enchente, perda de biodiversidade aquática, perda de biodiversidade ribeirinha, diminuição da geração hidrelétrica e perda de navegabilidade. A informação coletada na aplicação da Rimam permite uma análise cuidadosa dos problemas e soluções, conduzindo à identificação completa dos impactos no rio.

Para desenvolvimento futuro, em plataforma aberta *on-line*, pretende-se que a Rimam faça parte de uma rede de ferramentas de gestão de recursos hídricos, considerando a conexão com ferramentas como mostrado por vários autores, como Asmal et al. (2000); Anbumozhi et al. (2005); Howe et al. (2011); Knodel et al. (2011); Michez et al. (2013); Junk et al. (2014); Konstantinou et al. (2016). Isso permitiria que a futura plataforma fosse alimentada com conteúdo de vários projetos, desenvolvidos e em desenvolvimento, com um fórum para trocar informações e experiências, e um portal com ferramentas de conexão e bancos de dados compartilhados. Uma abordagem colaborativa também poderia ser implementada para incorporar modificações à ferramenta.

APÊNDICE

APÊNDICE A. Referências utilizadas para construir a Matriz de Gestão de Rios (Rimam)

N	Referência	N	Referência	N	Referência
*1	Swackhamer et al., 2004	*25	Chettri e Bowonder, 1983	*48	Navarro-Ortega et al., 2015
*2	Kuglévora et al., 2014	*26	Amare et al., 2014	*49	Chang et al., 2015
*3	Townsend et al., 1998	*27	Willy et al., 2014	*50	Brown et al., 2014
*4	Holm et al., 2012	*28	Dias, 2004	*51	Reid et al., 2011
*5	Benke e Cushing, 2005	*29	Allan, 2004	*52	Manh et al., 2015
*6	Tockner et al., 2009	*30	Jiake et al., 2011	*53	Constanza et al., 1997
*7	Echavarria, 2002	*31	Hauer, 2015	*54	Fearnside, 2013
*8	Afonso, 2011	*32	Simons et al., 2015	*55	Kallioras et al., 2006
*9	Black et al., 2004	*32	Asano et al., 2006	*56	Ortega-Argueta et al., 2011
*10	WCD, 2000	*33	Silva-Filho, 2010	*57	Coe et al., 2009
*11	Pejchar e Warner, 2001	*34	Saunitti et al., 2004	*58	Brandt et al., 2016
*12	Cunha et al., 2011b	*35	Neuparth et al., 2012	*59	Portillo-Quintero et al., 2013
*13	Andreoli et al., 2000	*36	Solà et al., 2004	*60	Bini et al, 1999
*14	Newcomb, 2012	*37	Burgherr, 2007	*61	Richter e Netto, 2002
*15	Pedersen et al., 2007	*38	Tornero et al., 2014	*62	Sanepar, 2002
*16	Buijs, 2009	*39	Hong et al., 2010	*63	Hough, 1995
*17	Merlo et al., 2011	*40	Bonvicini et al., 2015	*64	Magarelli e Fostier, 2005
*18	Lenhart, 2012	*41	Guo et al., 2015	*65	Peirson et al., 2008
*19	Spink, 2010	*42	Goman et al., 2005	*66	Collins et al., 2013
*20	Mathew et al., 2011	*43	Nanbakhsh et al., 2007	*67	Clerici et al., 2014
*21	Gorski, 2010	*44	Li e Bristol, 2014	*68	Gerber et al., 2008
*22	Lima, 2003	*45	Morandi et al., 2014	*69	Belmar et al., 2013
*23	Santos e Leal, 2014	*46	Wu e Chen, 2013	*70	Schnitzler et al., 2007
*24	Tundisi, 2006	*47	Zenga et al., 2013	*71	Mills et al.,1993

REFERÊNCIAS

ACEVEDO, L. E. D. River recovery: diagnostic tool and proposal of rehabilitation programs. Dissertação (Mestrado em Gestão Ambiental). Universidade Positivo, 2015, 126 p.

[ANA] AGÊNCIA NACIONAL DE ÁGUAS. *Série histórica de dados de IQA do rio Passaúna*: medições de 1987 a 2012. Disponível em: <http://hidroweb.ana.gov.br/>. Accesso em: 5 out. 2014.

ANBUMOZHI, V.; RADHAKRISHNAN, J.; YAMAJI, E. Impact of riparian buffer zones on water quality and associated management considerations. *Ecological Engineering*, v. 24, p. 517–523, 2005.

AFONSO, J. A. C. *Renaturalização e revitalização de rios urbanos*: Uma abordagem sistêmica. Dissertação (Mestrado em Gestão Urbana). Pontifícia Universidade Católica do Paraná (PUC-PR), 2011. 135 p.

ALLAN, J. D. Landscapes and riverscapes: The influence of land use on stream ecosystems. *Ecologic Evolution System*, v. 35, p. 257-284, 2004.

AMARE, T.; ZEGEYE, A. D.; YITAFERU, B.; STEENHUIS, T. S.; HURNI, et al. Combined effect of soil bund with biological soil and water conservation measures in the northwestern Ethiopian highlands. *Ecohydrology & Hydrobiology*, v. 14, p. 192–199, 2014.

ANDREOLI, C. V.; DALARMI, O.; LARA, A. I.; ANDREOLI, F. N. Limites ao Desenvolvimento da Região Metropolitana de Curitiba, Impostos pela Escassez de Água. 9º SILUBESA. *Simpósio Brasileiro de Engenharia Sanitária e Ambiental.* Porto Seguro, BA. p. 185-195, 2000.

ARLETTAZ, R.; LUGON, A.; SIERRO, A.; WERNER, P.; KÉRY, M. et al. River bed restoration boosts habitat mosaics and the demography of two rare non-aquatic vertebrates. *Biological Conservation,* v. 144, p. 2126-2132, 2011.

ARTHINGTON, A. H.; BUNN, S. E.; POFF, L. L.; NAIMAN, R. J. The challenge of providing environmental flow rules to sustain river ecosystems. *Ecological Applications*, v. 16, n. 4, p. 1311-1318, 2006.

ASANO. T.; BURTON, F. L.; LEVERENZ, H. L.; TSUCHIHASHI, R.; TCHOBANOGLOUS, G. *Water Reuse – Issues*. 1. ed. United States: McGraw-Hill, 2006.

ASMAL, K.; JAIN, L. K.; HENDERSON, J.; LINDAHL, G.; SCUDDER, T. et al. Dams and development: A new framework for decision-making. Report of the world commission on dams. *Earthscan Publications*. London: November, 2000.

BARROS, M. T. L. Plano de bacia urbana: Relatório final. São Paulo: Epuspc/Fusp/Finep/CNPq, 2005.

BEGON, M.; TOWNSEND, C. R.; HARPER, J. L. *Ecology*: From individuals to ecosystems. 4. ed. *United Kingdom:* Blackwell Publishing Ltd, 2006.

BELMAR, O.; BRUNO, D.; CAPEL-MARTÍNEZ, F.; BARQUÍN, J.; VELASCO, J. Effects of flow regime alteration on fluvial habitats and riparian quality in a semiarid Mediterranean basin. *Ecological Indicators*, v. 30, p. 52-64, 2013.

BENKE, A. C.; CUSHING, C. E. *Rivers of North America*. United States: Elsevier Academic Press, 2005.

BINI, L. M.; THOMAZ, S. M.; MURPHY, K. J.; CAMARGO, A. F. M. Aquatic macrophyte distribution in relation to water and sediment conditions in the Itaipu Reservoir, Brazil. *Hydrobiologia*, v. 415, p. 147-152, 1999.

BISHOP, K.; ALLAN, C.; BRINGMARK L.; GARCIA, E.; HELLSTEN, S. et al.The effects of forestry on Hg bioaccumulation in nemoral/boreal waters and recommendations for good silvicultural practice. *Ambio: A Journal of the Human Environment*, v. 38, p. 373-380, 2009.

BISWAS, A. K. *Water Resources*: Environmental planning, management, and development. United States: McGraw-Hill, 1996.

BLACK, A.; CRAW, D.; YOUNGSON, J. H.; KARUBABA, J. Natural recovery rates of a river system impacted by mine tailing discharge: Shag River, East Otago, New Zealand. *Journal of Geochemical Exploration*, Otago, v. 84, p. 21–34, 2004.

BONVICINI, S.; ANTONIONI, V.; MORRA, P.; COZZANI, V. Quantitative assessment of environmental risk dueto accidental spills from onshore pipelines. Process Safety and Environmental Protection, v. 93, p. 31–49, 2015.

BRANDT, J. S.; NOLTE, C.; AGRAWAL, A. Deforestation and timber production in Congo after implementation of sustainable forest management. *Land Use Policy*, v. 52, p. 14-22, 2016.

BRASIL. Lei Federal n. 5.197, de 03 de janeiro de 1967. Proteção da fauna nativa. Diário Oficial da União. Brasília, DF: Capítulo I, Seção I, 03/01/1967.

______. Constituição Federal de 1988. Diário Oficial da União. Brasília, DF: 05/10/1988.

______. Lei Federal n. 9.433/1997. Estabelece a Política Nacional de Recursos Hídricos, cria o Sistema Nacional de Gestão de Recursos Hídricos. Diário Oficial da União. Brasília, DF: Seção 1, p. 68, 08/01/1997.

______. Lei Federal n. 9.605, de 12 de fevereiro de 1998. Ato de Crimes Ambientais. Diário Oficial da União. Brasília, DF: 12/02/ 1998.

______. Lei Federal n. 9.985, de 18 de julho de 2000. Regula o artigo 225, § 1, itens I, II, III e VII da Constituição Federal, estabelecendo o Sistema Nacional de Unidades de Conservação. Diário Oficial da União. Brasília, DF: Seção 1, p. 1, 19/07/2000.

______. Decreto n. 4.339, de 22 de agosto de 2002. Estabelece a Política Nacional de Biodiversidade, Diário Oficial da União. Brasília, DF: 22/08/2002.

______. Lei Federal n. 12.651, de 25 de maio de 2012. Proteção de florestas nativas. Diário Oficial da União. Brasília, DF: Capítulo II, Seção I, 25/05/2012.

BROWN, J. H.; JOSEPH, R.; BURGER, J. R.; BURNSIDE, W. R.; CHANG, M. et al. Macroecology meets macroeconomics: Resource scarcity and global sustainability. *Ecological Engineering*, v. 65, p. 24-32, 2014.

BUIJS, A. E. Public support for river restoration. A mixed-method study into local residents support for and framing of river management and ecological restoration in the Dutch floodplains. *Journal of Environmental Management*, v. 90, p. 2680–2689, 2009.

BURGHERR, P. In-depth analysis of accidental oil spills from tankers in the context of global spill trends from all sources. *Journal of Hazardous Materials*, v. 140, p. 245-256, 2007.

CANHOLI, A. P. *Drenagem urbana e controle de enchentes*. São Paulo: Oficinas de textos, 2005.

CHANG, F. J.; TSAI, Y. H.; CHEN, P. A.; COYNEL, A.; VACHAUD, G. Modeling water quality in an urban river using hydrological factors e Data driven approaches. *Journal of Environmental Management*, v. 151, p. 87-96, 2015.

CHETTRI, R.; BOWONDER, B. Siltation in Nizamsagar reservoir: Environmental management issues. *Applied Geography*, v. 3, p. 193-204, 1983.

CLERICI, N.; PARACCHINI, M. L.; MAES, J. Land-cover change dynamics and insights into ecosystem services in European stream riparian zones. *Ecohydrology & Hydrobiology*, v. 14, p. 107-120, 2014.

COE, M. T.; COSTA, M. H.; SOARES-FILHO, B. S. The influence of historical and potential future deforestation on the stream flow of the Amazon River – Land surface processes and atmospheric feedbacks. *Journal of Hydrology*, v. 369, p. 165-174, 2009.

COLLINS, A. L.; WILLIAMS, L. J.; ZHANG, Y. S.; MARIUS, M.; DUNGAIT, J. A. J. et al. S. Catchment source contributions to the sediment-bound organic matter degrading salmonid spawning gravels in a lowland river, Southern England. *Science of the Total Environment*, v. 456–457, p. 181–195, 2013.

[COMEC] COORDENAÇÃO DA REGIÃO METROPOLITANA DE CURITIBA. *Plano de desenvolvimento integrado da região metropolitana de Curitiba e plano de proteção ambiental e reordenamento territorial em áreas de mananciais*. Curitiba: Comec, 2002.

______. *Plano de desenvolvimento integrado da região metropolitana de Curitiba e plano de proteção ambiental e reordenamento territorial em áreas de mananciais*. Curitiba: Comec, 2006.

[CONAMA] CONSELHO NACIONAL DE MEIO AMBIENTE. *Resolução n. 357 de 17 de março de 2005*. Dispõe sobre a classificação dos corpos de água e diretrizes ambientais para o seu enquadramento, bem como estabelece as condições e padrões de lançamento de efluentes. Brasília, 2005.

CONNOR, N. P.; SARRAINO, S.; FRANTZ, D. E.; BUSHAW-NEWTON, K.; MACAVOY, S. E. Geochemical characteristics of an urban river: Influences of an anthropogenic landscape. *Applied Geochemistry*, v. 47, p. 209-216, 2014.

CONSTANZA, R; D'ARGE, R.; DE GROOT, R.; FARBER, S.; GRASSO, M.; et al. The value of the World's Ecosystem Services and Natural Capital. *Nature*, v. 387, p. 253-260, 1997.

CROTEAU, R. Sentinel events, root cause analysis, and proactive risk reduction. *Ambul Outreach*, p. 19–22, 2009.

CUNHA, C. L. N.; CARNEIRO, C.; GOBBI, E. F.; ANDREOLI, C. V. *Eutrofização em Reservatórios*: Gestão Preventiva - Estudo Interdisciplinar na Bacia do Rio Verde, PR. Curitiba: UFPR, 2011b. 515p.

CUNHA, D. G. F.; GRULL. D.; DOMATO, M.; BLUM, J. R. C.; EIGER, S. et al. Contiguous urban rivers should not be necessarily submitted to the same management plan: the case of Tietê and Pinheiros Rivers. *Anais da Academia Brasileira de Ciências*, v. 83, p. 1465-1479, 2011a.

DIAS, G. F. *Educação ambiental*: Princípios e práticas. 9.ed. São Paulo: Editora Gaia, 2004.

DUFOUR, S.; RINALDI, M.; PIÉGAY, H.; MICHALON, A. How do river dynamics and human influences affect the landscape pattern of fluvial corridors? Lessons from the Magra River, Central–Northern Italy. *Landscape and urban planning*, v.134, p. 107-118, 2015.

[EC] EUROPEAN COMMUNITY. *Introduction to the new EU Water Framework Directive*. European Union, 2015.

ECHAVARRIA, M. Financing Watershed Conservation: The FONAG Water Fund in Quito, Ecuador. In: PAGIOLA, S.; BISHOP, J.; LANDELL-MILLS, N. *Selling Forest Environmental Services*: Market-based Mechanism for Conservation and Development. Earthscan Publications Ltda.; London, 2002. p. 91-103.

FEARNSIDE, P. M. Amazon Forest maintenance as a source of environmental services. *Anais Academia Brasileira de Ciências*, v. 80, p.101-114, 2008.

FEARNSIDE, P. M. Impacts of Brazil's Madeira River Dams: Unlearned lessons for hydroelectric development in Amazonia. *Environmental Science & Policy*, v. 38, p.164-172, 2013.

FERRARESI, A. C. S. *Macroinvertebrados como Indicadores de Qualidade de Água no Reservatório do Rio Passaúna*, PR, Brasil. Master thesis in Environmental Management. Universidade Positivo. Curitiba, PR. 2015. 101 p.

[FONAG] FONDO PARA LA PROTECCION DEL AGUA. 2012. Disponível em: <http://www.fonag.org.ec/>. Accesso em: 5 dez. 2012.

GERBER, E.; KREBS, C.; MURRELL, C.; MORETTI, M.; ROCKLIN, R. et al.Exotic invasive knotweeds (*Fallopia* spp.) negatively affect native plant and invertebrate assemblages in European riparian habitats. *Biological Conservation*, v. 141, p. 646-654, 2008.

GOMAN, M.; JOYCE, A.; MUELLER, R. Stratigraphic evidence for anthropogenically induced coastal environmental change from Oaxaca, Mexico. *Quaternary Research*, v. 63, p. 250-260, 2005.

GOMEZ-SALAZAR, C.; COLL, M.; WHITEHEAD, H. River dolphins as indicators of ecosystem degradation in large tropical rivers. *Ecological Indicators*, v. 23, p. 19-26, 2012.

GORSKI, M.C.B. *Rios e cidades:* Ruptura e Reconciliação. São Paulo: Editora Senac São Paulo, 2010. 300 p.

GUO, L.; WEGEN, M. V. D.; ROELVINK, D.; HE, Q. Exploration of the impact of seasonal river discharge variations on long-term estuarine morphodynamic behavior. *Coastal Engineering*, v. 95, p. 105-116, 2015.

[GWSP] THE GLOBAL WATER SYSTEM PROJECT: IMPLEMENTATION ACTIVITIES. *Earth System Science Partnership*. February, 2005.

HAUER, C. Review of hydro-morphological management criteria on a river basin scale for preservation and restoration of freshwater pearl mussel habitats. *Limnologica,* 14p. 2015.

HAZELRIG, G. A Park takes center stage in a waterfront neighborhood's rebirth river. *Landscape Architecture,* v. 95, p. 106-115, 2005.

______. From divider to uniter: the nation's capital shifts its 21st century growth to a forgotten river. *Landscape Architecture*, v. 98, p. 103-111, 2008.

HERRADOR, D.; DIMAS, L. Aportes y limitaciones de la valoración económica en la implementación de esquemas de pago por servicios ambientales. *PRISMA – Programa Salvadoreño de Investigación Sobre Desarrollo y Medio Ambiente*, n. 41, p. 01-15, 2000.

HOLM, J. D.; GRANET, J. J.; SCHLINDWEIN, P. A.; JACOBY, K. M.; HOFFMAN, L. L. Turning the Blue River Green. *Civil Engineering*, p. 72-79, 2012.

HONG, X.; CHEN, W.; ZHANG, L. A probabilistic Risk Forecast of Accidental Oil Spills from Vessels in Luoyuan Bay, Fujian Province, PRC. *Procedia Environmental Sciences*, v. 2, p. 49-56, 2010.

HOUGH, M. Cities and Natural Process. New York: Routledge, 1995.

HOWE, C. A.; BUTTERWORTH, J.; SMOUT, I. K.; DUFFY, A. M.; VAIRAVAMOORTHY, K. *Sustainable Water Management in the City of the Future* (SWITCH). Unesco – IHE – Institute for Water Education. European Commission. 6th Framework Programme. 2011.

[IBGE] INSTITUTO BRASILEIRO DE GEOGRAFIA E ESTATÍSTICA. *Indicadores de Desenvolvimento Sustentável – Brasil 2010.* Ministério do Planejamento, Orçamento e Gestão. Instituto Brasileiro de Geografia e Estatística (IBGE). Estudos e Pesquisas, n. 7, 2010.

JIAKE, L.; HUAIEN, L.; BING, S.; YAJIAO, L. Effect of non-point source pollution on water quality of the Weihe River. *International Journal of Sediment Research*, v. 26, p. 50-61, 2011.

JUNK, W. J.; PIEDADE, M. T. F.; LOURIVAL, R.; WITTMANN, F.; KANDUS, P. et al. Brazilian wetlands: Definition, delineation and classification for research, sustainable management and protection. *Aquatic Conservation*, v. 24, p. 5-22, 2014.

JUSTEN, L. M. Trajetórias de um grupo interinstitucional em um programa de formação de educadores ambientais no Estado do Paraná (1997-2002). *Revista Educar*, v. 27, p. 129-145, Curitiba, 2006.

KALLIORAS, A., PLIAKAS, F., DIAMANTIS I. The legislative framework and policy for the water resources management of transboundary rivers in Europe: The case of Nestos/Mesta River, between Greece and Bulgaria. *Environmental Science & Policy,* v. 9, p. 291–301, 2006.

KNODEL, J.; GEIBEN, S. U.; BROLL, J.; DUNNBIER, U. Simulation and source identification of x-ray contrast media in the water cycle of Berlin. *Journal of Environmental Management*, v. 92, p. 2913- 2923, 2011.

KONSTANTINOU, I. K.; DIMITRA, G. H., TRIANTAFYLLOS, A. A. The status of pesticide pollution in surface waters (rivers and lakes) of Greece. Part I. *Environmental Pollution*, v. 141, p. 555–570, 2006.

KUGLEROVÁ, L.; AGREN, A.; JANSSON, R.; LAUDON, H. Towards optimizing riparian buffer zones: Ecological and biogeochemical implications for forest management. *Forest Ecology and Management*, v. 334. p. 74-84. 2014.

LAMAS, J. Arquictetura e água. *Cadernos de Arquictetura da Universidade de Técnica de Lisboa: arquictetura, paisagem e água*, Lisboa, n. 4, 2005.

LEHRER, M. L.A river revitalization master plan. Disponível em: <http://mlagreen.com/projects/la-river#>. 2011.

LENHART, C. Restoration of the Mississippi River Gorge: Issues and Research Needs. *Ecological Restoration*, v.30, p. 218-227, 2012.

LI, J.; BRISTOL, C. S. Crevasse splay morphodynamics in a dryland river terminus: Río Colorado in Salar de Uyuni Bolivia. *Quaternary International*, p. 1-12, 2014.

LIMA, L. A. *Impactos ambientais associados a usina hidrelétrica de três irmãos: o fenômeno de ação e reação.* 2003. Dissertação (Mestrado em Engenharia Civil). Universidade Estadual de Campinas Faculdade de Engenharia Civil. Campinas, SP, 2003. 99 p.

MAGARELLI, G.; FOSTIER, A. H. Influence of deforestation on the mercury air/soil exchange in the Negro River Basin, Amazon. *Atmospheric Environment*, v. 39, p. 7518-7528, 2005.

MANH, N. V.; DUNG, N. V.; HUNG, N. N.; KUMMU, M.; HEIKOAPEL, B. M. Future sediment dynamics in the Mekong Delta floodplains: Impacts of hydropower development, mudanças climáticas and sea level rise. *Global and Planetary Change*, v. 127. p. 22-33, 2015.

MATHEW, M.; YAO, Y.; CAO, Y.; SHODHAN, K.; GHOSH, I. et al. Anatomy of an urban waterbody: A case study of Boston's Muddy River. *Environmental Pollution*, v. 159, p. 1996-2002, 2011.

MERLO, C.; ABRIL, A.; AMÉ, M. V.; ARGÜELLO, G. A.; CARRERAS, H. A. et al. Integral assessment of pollution in the Suquía River as a contribution to lotic ecosystem restoration programs. *Science of the Total Environment*, v. 409, p. 5034-5045, 2011.

MICHEZ, A; PIÉGAY, H.; TOROMANOFF, F.; BROGNA, D.; BONNET, S. et al. derived ecological integrity indicators for riparian zones: Application to the Houille river in Southern Belgium/Northern France. *Ecological Indicators*, v. 34, p. 627-640, 2013.

MILLER, G. T.; SPOOLMAN, S. E. *Environmental Science – Working with the Earth.* 11. ed. Canada: Books Cole-Cengace Learning, 2006.

MILLS, E. L.; LEACH, J. H.; CARLTON, J. T.; SECOR, L. C. Exotic Species in the Great Lakes: A history of Biotic Crises and Anthropogenic Introductions. *International Association Great Lakes Res.*, v. 19, p. 1-54, 1993.

MORANDI, B., PIÉGAY, H., LAMOUROUX, N., VAUDOR, L. How is success or failure in river restoration projects evaluated? Feedback from French restoration projects. *Journal of Environmental Management*, v. 137, p. 178-188, 2014.

MOSNER, E., LIEPELT, S., ZIEGENHAGEN, B.; LEYER, H. Floodplain willows in fragmented river landscapes: Understanding spatio-temporal genetic patterns as a basis for restoration plantings. Eva. *Biological Conservation*, v.153, p. 211–218, 2012.

MUELLER, S. A.; CARLILE, A.; BRAS, B.; NIEMANN, T. A.; ROKOSZ, S. M. et al. Requirements for water assessment tools: An automotive industry perspective. *Water Resources and Industry*, v. 9, p. 30–44, 2015.

MUGGLER, C. C.; PINTO, F. A.; MACHADO, V. A. Educação em solos: Princípios, teorias e métodos. *Rev. Brasileira de Ciências do Solo*, v. 30, p. 733-740, 2006.

NANBAKHSH, H.; KAZEMI-YAZDI, S.; SCHOLZ, M. Design comparison of experimental storm water detention systems treating concentrated road runoff. *Science of the Total Environment*, v. 380, p. 220–228, 2007.

NAVARRO-ORTEGA, A.; ACUÑA, V.; BELLIN, A.; BUREK, P.; CASSIANI, G. et al. Managing the effects of multiple stressors on aquatic ecosystems under water scarcity. The Globaqua project. *Science of the Total Environment*, v. 3, p. 503–504, 2015.

NEUPARTH, T.; MOREIRA, S. M.; SANTOS, M. M.; REIS-HENRIQUES, M. A. Review of oil and HNS accidental spills in Europe: Identifying major environmental monitoring gaps and drawing priorities. *Marine Pollution Bulletin*, v. 64, p. 1085–1095, 2012.

NEWCOMB, T. Tearing down to build up. *Engineering News-Record*, v. 17, p. 48-53, 2012.

NILSSON, C.; BERGGREN, K. Alterations of riparian Ecosystems caused by river regulation. *BioScience*, v. 50, p.783-792, 2000.

ORTEGA-ARGUETA, A.; BAXTER, G.; HOCKINGS, M. Compliance of Australian threatened species recovery plans with legislative requirements. *Journal of Environmental Management*, v. 92, p. 2054-2060, 2011.

PALMER, M. A.; HART, D. H.; ALLAN, J. D.; BERNHARDT, E. Bridging engineering, ecological, and geomorphic science to enhance riverine restoration: local and national efforts. *National Symposium on Urban and Rural Stream Protection and Restoration, EWRI World Water and Environmental Congress*. Philadelphia: American Society of Civil Engineers. June, 2003.

PARANÁ. Decreto Estadual n. 458, de 05 de junho de 1991. Estabelece uma área de proteção ambiental nos municípios de Almirante Tamandaré, Araucaria, Campo Largo e Curitiba. Diário Oficial do Estado do Paraná, Curitiba, PR, n. 3526, 05/06/ 1991.

______. Lei Estadual n. 12.248, de 03 de agosto de 1998. Cria o sistema integrado para gerenciar e proteger as bacias hidrográficas da Região Metropolitana de Curitiba. Diário Oficial do Estado do Paraná, Curitiba, PR, n. 5305, 03/08/ 1998.

______. Decreto Estadual n. 5063, de 21 de novembro de 2001. Altera e atualiza o Zoneamento Econômico Ecológico da Área de Proteção Ambiental da Bacia do Passaúna. Diário Oficial do Estado do Paraná, Curitiba, PR, n. 6115, 21/11/ 2001.

PEDERSEN, L. M.; FRIBERG, N.; SKIVER, J.; PEDERSEN-BAATRUP, A.; LARSEN, S. E. Restoration of Skjern River and its valley – Short term effects on river habitats, macrophytes and macroinvertabrates. *Ecological Engineering*, v. 30, p.145-156, 2007.

PEIRSON, G.; BOLLAND, J. D.; COWX, I. Lateral dispersal and displacement of fish during flood events in lowland river systems in the UK – implications for sustainable floodplain management. *Ecohydrology & Hidrobiology*, v. 8, p. 363-373, 2008.

PEJCHAR, L.; WARNER, K. A River Might Run Through It Again: Criteria for Consideration of Dam Removal and Interim Lessons from California. California. *Environmental Management*, v. 28, p. 561-575, 2001.

PELLEGRINO, P. R. M. *Córrego do bananal*: uma estratégia paisagística para um plano de bacia urbana. Seminário Nacional sobre o tratamento de Áreas de Preservação Permanente em meio urbano e restrições ambientais do solo. São Paulo: FAU-USP, p. 37-39, 2007.

PORTILLO-QUINTERO, C.; SANCHEZ-AZOFEIFA, A.; ESPIRITO-SANTO, M. M. Monitoring deforestation with MODIS Active Fires in Neotropical dry forests: An analysis of local-scale assessments in Mexico, Brazil and Bolivia. *Journal of Arid Environments*, v. 97, p. 150-159, 2013.

RAMANATHAN, R. A note on the use of the analytic hierarchy process for environmental impact assessment. *Journal of Environmental Management*, v. 63, p. 27-35, 2001.

REID, M. A.; OGDEN, R.; THOMS, M. C. The influence of flood frequency, geomorphic setting and grazing on plant communities and plant biomass on a large dryland floodplain. *Journal of Arid Environments*, v. 75, p. 815-826, 2011.

RICHTER, C. A.; NETTO, J. M. A. *Tratamento de água*: Tecnologia atualizada. 4. ed. São Paulo: Edgard Blücher, 2002.

[RRC] THE RIVER RESTORATION CENTRE. *Practical River Restoration Appraisal Guidance for Monitoring Options (PRAGMO)*. Bedford, UK: Cranfield University, 2011.

[SANEPAR] COMPANHIA DE SANEAMENTO DO PARANÁ. *Planos de uso e ocupação das águas e do entorno dos reservatórios dos rios Iraí, Piraquara I e Passaúna na Região Metropolitana de Curitiba*. Curitiba, Paraná. 2002.

SANTOS, F. M.; LEAL, A. C. Planejamento ambiental da bacia hidrográfica do córrego Embirí – UGRHI Pontal do Paranapanema, São Paulo. *Geo Atos*, v. 1, n. 14, p. 53-75, 2014.

SAUNITI, R. M.; FERNANDES, L. A.; BITTENCOURT, A.V. L. Estudos sobre a erosão na bacia e assoreamento do Reservatório do rio Passaúna, Curitiba (PR). *Boletim Paranaense de Geociências*, n. 54, p. 65-82, 2004.

SCHNITZLER, A.; HALE, B. W.; ALSUM, E. M. Examining native and exotic species diversity in European riparian forests. *Biological Conservation*, v.138, p. 146-156, 2007.

SILVA-FILHO, L. V. *Qualidade e percepção ambiental: estudo de caso da bacia hidrográfica do rio Passaúna. Dissertação (*Mestrado em Engenharia de Recursos Hídricos e Ambiental). Universidade Federal do Paraná, 2010. 202 p.

SIMONS, G. W. H.; BASTIAANSSEN, W. G. M.; IMMERZEEL, W. W. Water reuse in river basins with multiple users: A literature review. *Journal of Hydrology*, v. 522, p. 558-571, 2015.

SLOAN, J.; MILLER, J. R.; LANCASTER, N. Response and recovery of the Eel River, California, and its tributaries to floods in 1955, 1964, and 1997. *Geomorphology*, v. 36, p. 129-154, 2001.

SOLÀ, C.; BURGOS, M.; PLAZUELO, A.; TOJA, J.; PLANS, M. et al. Heavy metal bioaccumulation and macroinvertebrate community changes in a Mediterranean stream affected by acid mine drainage and accidental spill (Guadiamar River, SW Spain). *Science of The Total Environment*, v. 333, p. 109-126, 2004.

SPINK, A.; HILLMAN, M.; FRYIRS, K.; BRIERLEY, G.; LLOYD, K. Has river rehabilitation begun? Social perspectives from the Upper Hunter catchment, New South Wales, Australia. *Geoforum*, v. 41, p. 399-409, 2010.

STANFORD, J. A.; WARD, J. V.; LISS, W. J.; FRISSELL, C. A., WILLIAMS, R. N. et al. Regulated Rivers: A general protocol for restoration of regulated rivers. *Research and Management*, v. 12, p. 391–413, 1996.

SWACKHAMER, D. L.; PAERL, H. W.; EISENREICH, S. J.; HURLEY, J. C.; MCLACHLAN, M. Impacts of atmospheric pollution on aquatic ecosystems. *Issues Ecologics*, v. 12, p. 1-24, 2004.

TOCKNER, K.; ROBINSON, C. T.; UEHLINGER, U. *Rivers of Europe*. London: Elsevier Academic Press, 2009.

TORNERO, V.; ARIAS, A. M.; BLASCO, J. Trace element contamination in the Guadalquivir River Estuary ten years after the Aznalcóllar mine spill. *Marine Pollution Bulletin*, v. 86, p. 349–360, 2014.

TORONTO AND REGION CONSERVATION. Don Mouth Naturalization and Port Lands Flood Protection Project. Disponível em: <http://trca.on.ca/the-living-city/green-infrastructure-projects/environmental-assessment-projects/don-mouth-naturalization-and-port-lands-flood-protection-project/#sthash.nVDxwyMb.dpuf>. Acesso em: 5 jan. 2015.

TOWNSEND, C. R.; THOMPSON, R. M.; MCLINTOSH, A. R.; KILROY, C.; EDWARDS, E.et al. Disturbance, resource supply, and food-web architecture in streams. *Ecology Letters*, v. 1, p. 200-209, 1998.

TUNDISI, J. G. Novas perspectivas para a gestão de recursos hídricos. *Revista USP*, v. 70, p. 24-35, 2006.

TURPIE, J. K.; MARAIS, C.; BLIGNAUT, J. N. The working for water programme: evolution of a payments for ecosystem services mechanism that addresses both poverty and ecosystem service delivery in South Africa. *Ecological Economics*, v. 65, p. 788-798, 2008.

[UNESCO] ORGANIZAÇÃO DAS NAÇÕES UNIDAS PARA A EDUCAÇÃO, A CIÊNCIA E A CULTURA. *Managing Water under uncertainty and risk. The United World Water Development Report 4*. Unesco, World Water Assessment Programme and Un water, v. 1, 407 p. Paris, 2012.

VAZ, L. F.; SARAIVA, M. G. *Requalificação de margens e cursos de água urbanos. Como Avaliar o sucesso?* Planejamento municipal – Casos de sucesso. VII Congresso Ibérico de Urbanismo, Paisagem, Frentes de água e território, outubro, 2007.

VEIGA, B. V.; DZIEDZIC, M. Estimating nutrient loads in the Passaúna Reservoir with FLUX. *Water International*, n. 35, p. 210-222, 2010.

VIAROLI, P.; GIORDANI, G.; MOCENNI, C.; SPARACINO, E.; LOVO, S. et al. The Sacca di Goro: a cooperative decision making experiment for a sustainable lagoon exploitation. In: SESSA, C. *Sustainable Water Ecosystems Management in Europe*. IWA Publishing, 2012. p. 83–96.

VOROSMÄRTY, P. B.; MCINTYRE, M. O.; GESSNER, D.; DUDGEON, A.; PRUSEVICH, P. et al. Global threats to human water security and river biodiversity. *Nature*, v. 467, p.555–561, November, 2010.

XAVIER, C. F.; DIAS, L. N.; BRUNKOV, R. F. *Gestão Integrada de mananciais de abastecimentos eutrofizados*: Eutrofização. Curitiba: Sanepar, 2005.

ZENGA, Z.; LIUA, J.; SAVENIJEB, H. H. G. A simple approach to assess water scarcity integrating water quantity and quality. *Ecological Indicators*, v. 34, p. 441-449, 2013.

WCD. Dams and development, a new framework for decision-making. The Report of the world commission on dams. *Earthscan Publications*, november, 2000. 404 p.

[WHO] WORLD HEALTH ORGANIZATION. *Meeting the MDG drinking-water and sanitation target: the urban and rural challenge of the decade*. WHO/Unicef. Joint Monitoring Programme for Water Supply and Sanitation. Genebra, 2006.

WILLY, D. K.; ZHUNUSOVA, E.; HOLM-MÜLLER, K. Estimating the joint effect of multiple soil conservation practices: A case study of smallholder farmers in the Lake Naivasha basin, Kenya. *Land Use Policy*, v. 39, p. 177-187, 2014.

WOEHL, G. J. *Projeto reduziu poluição de riachos da Serra do Mar em Santa Catarina*. Disponível em: <http://ra-bugio.blogspot.com.br/2014/07/projeto-reduziu-poluicao-de-riachos-da.html>. Acesso em: 21 jul. 2014.

WU, A.W.; LIPSHUTZ, A. K. Effectiveness and efficiency of root cause analysis in medicine. *JAMA*, v. 299, p. 685–687, 2008.

WU, Y.; CHEN, J. Investigating the effects of point source and nonpoint source pollution on the water quality of the East River (Dongjiang) in South China. *Ecological Indicators*, v. 32, p. 294–304, 2013.

PARTE III

Mudanças Climáticas e Serviços Ambientais

Capítulo 20

Mudanças climáticas e serviços ambientais para sustentabilidade de bacias hidrográficas

Felipe Alcantara de Albuquerque, Suzana Maria Gico Lima Montenegro e Carlos Eduardo Menezes da Silva

15 Gestão sustentável da bacia hidrográfica com serviços ambientais sob mudanças e riscos

Denise Taffarello
Bióloga, Escola de Engenharia de São Carlos, USP

Eduardo Mario Mendiondo
Engenheiro de recursos hídricos, Escola de Engenharia de São Carlos, USP

INTRODUÇÃO

Iniciativas globais como "*Sustainable Development Goals*", "*Disaster Risk Reduction*" e "*Framework Convention on Climate Change*" (UNISDR, 2015) integram diretrizes de adaptação para a sustentabilidade de bacias hidrográficas. Porém, no âmbito das ações de gestão, planejamento e governança em bacias, os tomadores de decisão buscam exemplos práticos na agenda local para aderir a essas iniciativas globais. Assim, nem sempre na escala local é possível integrar as novas iniciativas globais, pois há novos aprendizados, inesperados paradoxos, padrões emergentes e até modificações necessárias para viabilizar políticas públicas de planos diretores e de manejo local. Por outro lado, a escala local desafia os conhecimentos da escala global, influenciados pelos serviços à condição antrópica com experiências sociais, econômicas, políticas e institucionais. Neste contexto, próprio da atual era do Antropoceno, com retroalimentações global-local, ambiental-humana, há espaço para novas integrações, desafios e soluções resilientes. Destas, algumas consistem no fomento aos serviços ambientais para a gestão sustentável em bacias hidrográficas resilientes às mudanças e aos riscos de desastres. Porém, há um progressivo reconhecimento geral de que a gestão sustentável dos recursos hídricos deve quantificar não somente as formas pelas quais as pessoas se beneficiam dos serviços ambientais, mas também o impacto da pressão antrópica em bacias naturais. Isto é defendido pela relativamente nova disciplina denominada Sócio-hidrologia (Sivapalan et al, 2014), que busca, de maneira holística, a compreensão do ciclo hidrológico modificado pela ação antrópica tanto na escala temporal como na espacial, com ênfase nas interações bidirecionais entre o homem e os sistemas hídricos.

Nesta direção, o objetivo do presente capítulo é apresentar a complexidade dos processos eco-hidrológicos que ocorrem nas bacias hidrográficas, trazendo novos conhecimentos que podem auxiliar no gerenciamento adaptativo e sustentável sobre mudancas e riscos futuros.

MUDANÇAS, IMPACTOS E MEDIDAS DE ADAPTAÇÃO: UMA VISÃO INTERDISCIPLINAR

Alterações graduais no ambiente ocorrem no planeta, desde o surgimento da vida há bilhões de anos. Parte dessas alterações é natural, como ajustes do clima, da geologia e da dinâmica dos biomas na superfície terrestre. No entanto, uma parcela significativa destas alterações se deve às atividades antrópicas. Isto nos obriga a refletir, de forma interdisciplinar e aberta, sobre os impactos, as respostas e as possíveis medidas de adaptação e mitigação para conter ou, ao menos, reduzir esses impactos e, ainda, as inter-relações ambiente-sociedade.

As medidas mitigadoras e de adaptação visam a sustentabilidade dos recursos hídricos e das bacias hidrográficas. Mas, qual abordagem global utilizar? Como abordagens aparentemente diferentes podem ser inter-relacionadas com elementos comuns e de fácil entendimento dos gestores locais? Por exemplo, com base nos marcos legais, federal e estaduais, a sustentabilidade dos recursos hídricos implica em assegurar o acesso à água em boa qualidade, quantidade e sazonalidade no longo prazo. Isto favorece, por um lado, os usos múltiplos dos recursos hídricos pelas prefeituras ao adotar a bacia hidrográfica como a unidade de gestão territorial. Ainda assim, como também preconiza a Política Nacional de Recursos Hídricos (Lei Federal n. 9.433/1997), tem sido progressiva a perspectiva da preservação dos serviços ambientais que ocorrem na escala de bacia na busca pela sustentabilidade ambiental.

A Figura 1 mostra três diferentes metodologias internacionais e globais dispostas em três linhas, comparadas com três ações consecutivas de avaliação, sustentabilidade e resiliência ecossistêmicas dispostas em três colunas. As três metodologias, (1) análise de riscos, (2) pegada hídrica e (3) adaptação baseada em ecossitemas, podem ser úteis na avaliação e quantificação dos serviços ambientais desses aspectos, com retroalimentações entre escalas espaço-temporais (território e planejamento) e com diferentes atores que participam da governança e gestão sustentável em bacias hidrográficas. Nestas intersecções, entre metodologias e aspectos, aparecem os principais marcos de ação, que podem ser alcançados pelos gestores locais somente se houver investimento em projetos de revitalização de bacias hidrográficas, quantificação e valoração dos serviços ambientais, e opções de transferência de riscos. É imprescindível pensar qual seria a viabilidade da alocação de recursos da cobrança pelo uso da água e recursos de outros fundos, acessíveis aos comitês de bacia, para financiar a implantação de florestas nativas? Como poderiam viabilizar este aporte de recursos? A partir da análise da Figura 1, surge a necessidade de discutir possíveis distinções e convergências entre serviços ecossistêmicos e serviços ambientais, conforme explicado a seguir.

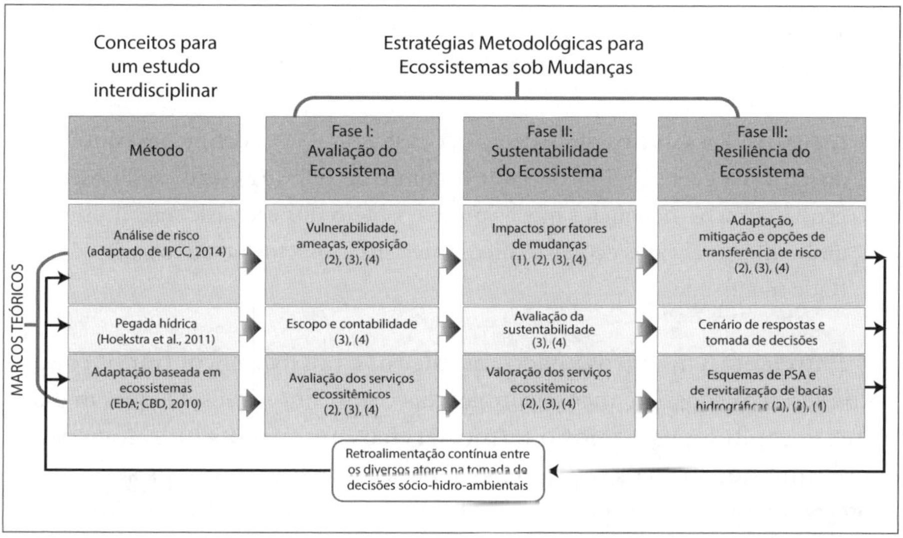

Figura 1 – Relações interdisciplinares de três metodologias que avaliam mudanças, impactos e medidas de adaptação usando serviços ambientais em escala de bacia hidrográfica: adaptação baseada em ecossistemas (CBD, 2010), adaptação e mitigação de riscos (IPCC, 2014) e pegada hídrica (Hoekstra et al, 2011).

Fonte: Taffarello et al (2017).

Legendas: (1) vetores de mudanças: crescimento populacional, hábitos de consumo, mudança de uso do solo, mudança de clima, evolução institucional e de governança hídrica; (2) monitoramento eco-hidrológico; (3) análise da realidade sócio-hidrológica, por exemplo, trabalhos de campo e levantamentos de demandas hidro-sociais cooperativas; (4) métodos tradicionais de, por exemplo, testes de hipóteses, modelos, calibração, validação, análise de incertezas, e métodos sócio-hidrológicos: aprendizados, jogos, padrões, paradoxos, retroalimentações e co-evoluções hidro-sociais em direção ao cooperativismo. Novos padrões, co-evoluções dinâmicas sociedade/bacia hidrográfica, e até paradoxos podem aparecer destas relações, sobretudo em levantamentos históricos e em cenários futuros, sujeitos às mudanças e aos riscos de desastres em escala de bacia hidrográfica. Como alternativas de ação, são selecionados novos meios de comunicação sócio-hidrológica, na forma de infográficos, tabuleiros e placares de análise, como apresentados nos exemplos das Figuras 3, 4 e 5 deste Capítulo.

Serviços ecossistêmicos e serviços ambientais: um sumário

As definições de serviços ecossistêmicos (SE) e serviços ambientais (SA) são diversas, complementares e podem variar conforme o contexto e a referência bibliográfica utilizada. No caso do estado de São Paulo, por exemplo, a definição de serviços ecossistêmicos pode ser mais abrangente do que a de serviços ambientais. Isso porque, segundo a Secretaria de Estado de Meio Ambiente, no caso dos serviços ambientais, as externalidades positivas não se limitam às proximidades de onde tais serviços são gerados. Entretanto, deve ser enfatizado que ambas as definições partem da perspectiva antropocêntrica da natureza. A seguir, aparecem ambas as definições conforme Decreto Estadual n. 55.947/2010, que regulamentou a Política Estadual de Mudanças Climáticas em São Paulo (Lei Estadual n. 13.798/2009):

> Artigo 3º Para os fins deste decreto, consideram-se as definições contidas no artigo 4º da Lei nº 13.798, de 9 de novembro de 2009, e as seguintes: I - serviços ecossistêmicos: benefícios que as pessoas obtêm dos ecossistemas; II - serviços ambientais: serviços ecossistêmicos que têm impactos positivos além da área onde são gerados.

Entretanto, em outros estados brasileiros é possível encontrar os conceitos de serviços ecossistêmicos e ambientais como sinônimos. Daqui em diante, neste capítulo, usaremos o termo serviços ambientais hidrológicos ou, simplesmente, serviços hidrológicos, para nos referirmos aos serviços de proteção às bacias hidrográficas. A Figura 2 apresenta as diversas interações entre serviços hidrológicos e os processos eco-hidrológicos para a gestão sustentável das bacias.

Compreender as transformações do ciclo hidrológico (Figura 2A) e a evolução da dinâmica social e dos fatores abióticos de forma integrada permite esboçar possíveis cenários de interação entre a bio e a antroposfera, onde se insere o conceito de serviços ambientais hidrológicos (Figura 2B).

Os serviços ambientais hidrológicos ou, simplesmente, serviços hidrológicos são os serviços ambientais decorrentes da conservação da água e do solo na escala de bacias hidrográficas, i.e., quando nós consideramos o bem-estar da população humana como consequência dos múltiplos usos dos recursos hídricos (Brauman, 2015). São diversas as interações entre serviços hidrológicos e os processos eco-hidrológicos visando a gestão sustentável das bacias hidrográficas, como apresentado na Figura 1. De acordo com Vörösmarty,

Pahl-Wostl e Bhaduri (2013), "Os seres humanos estão mudando o sistema hidrológico global, de maneira globalmente significativa, porém sem um adequado conhecimento de como este sistema irá responder."(tradução livre dos autores). Assim, o conceito de serviços hidrológicos pode estar relacionado à sua capacidade de ajudar a resolver problemas hídricos, a identificar e mitigar *trade offs* entre as opções de gerenciamento adaptativo na escala de bacia hidrográfica, tanto em áreas rurais, urbanas e peri-urbana. Ainda há discussão sobre as definições de SE e SA, como apresentado anteriormente e resumido na Tabela 1. Simplificadamente e para fins deste capítulo, consideraremos que os benefícios gerados por processos ecossistêmicos estruturados (onde há riqueza, diversidade e abundância de espécies, que indicam o equilíbrio entre as comunidades) são chamados serviços ecossistêmicos. Quando estes benefícios gerados, mantidos, fomentados ou recuperados beneficiam as populações humanas que vivem não só onde eles são gerados, mas também além dessa região, chamam-se serviços ambientais (adaptado de Santos et al., 2012 e Taffarello, 2016). Também é notório que algumas dessas definições realçam a divergência entre crescimento econômico *versus* sustentabilidade ambiental. Assim, serviços ambientais são afetados pelos desequilíbrios nos balanços hídricos e de massas, ocasionados pela conversão do uso e ocupação do solo. Por um lado, a formação de grandes metrópoles altera esses padrões,

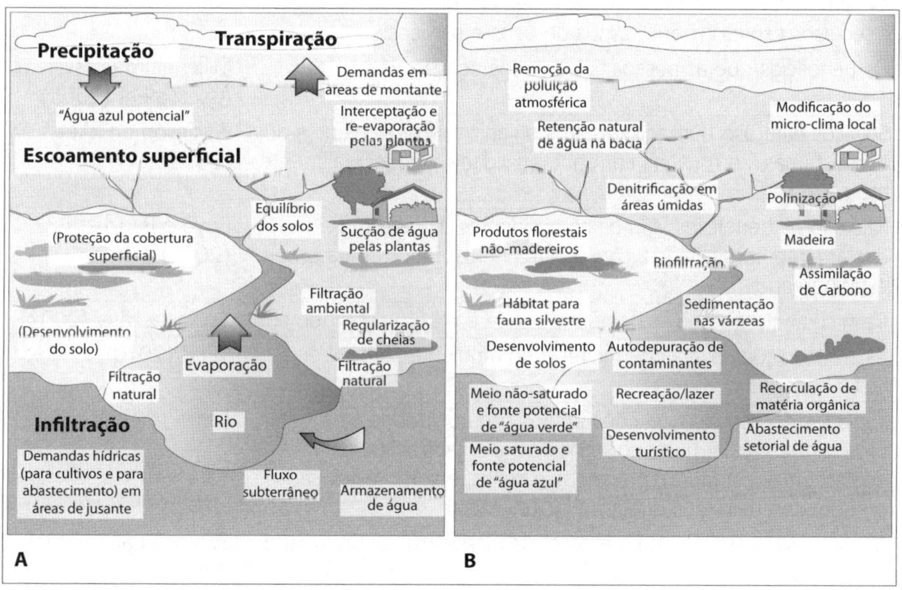

Figura 2 – Componentes eco-hidrológicos da bacia hidrográfica (A); exemplos de serviços ambientais sob mudanças e riscos (B)
Fonte: Taffarello et al. (2017).

com maior escoamento superficial e transporte de poluição difusa e pontual para os corpos d'água. Disto, as mudanças de uso e ocupação do solo podem ver vistas como as principais ameaças que induzem desequilíbrios e interrupções nos ciclos biogeoquímicos, tais como os do nitrogênio e fósforo, reduzindo os serviços ambientais (Daily; Farley, 2010).

Tabela 1 – Contexto histórico dos serviços ecossistêmicos e ambientais, e medidas de adaptação e mitigação para políticas públicas proativas que priorizem os serviços ambientais em bacias sob mudanças e frente a riscos

Serviços ecossistêmicos e ambientais: como se relacionam com a gestão sustentável da bacia hidrográfica sob mudanças e riscos?	Referências
Condições e processos provenientes dos ecossistemas naturais e das espécies que os compõem que sustentam e mantêm a vida humana	Daily et al. (1997)
Benefícios para as populações humanas que derivam, direta ou indiretamente, das funções dos ecossistemas	Costanza et al. (1997)
Processos naturais que garantem a sobrevivência das espécies no planeta com capacidade de prover bens e serviços que satisfazem as necessidades humanas	De Groot et al. (2002)
Produtos de funções ecológicas que contribuem para o bem-estar humano, atual ou potencial, como os benefícios da natureza para as comunidades e economias; representam processos ecológicos e recursos expressos em termos de bens e serviços	Daly e Farley (2010)
Os benefícios que as pessoas obtêm dos ecossistemas	Millennium Ecosystem Assessment (2005)
Serviços para uso humano e outros organismos provenientes dos ecossistemas, como água com boa qualidade, oxigênio, alimento, etc.	Wilkinson e Picket (2009)
Não são os benefícios; são os componentes da natureza diretamente aproveitados, consumidos ou usufruídos para o bem-estar humano	Boyd e Banzhaf (2007)
Recursos naturais que sustentam a saúde e o bem-estar humano	Collins e Larry (2007)
As contribuições diretas ou indiretas do ambiente para o bem-estar humano	TEEB (2010)
Aspectos do ecossistema consumidos e/ou utilizados para produzir bem-estar humano; considera a organização do ecossistema (estrutura), processos e fluxos, e como estes são consumidos/utilizados direta ou indiretamente	Farley (2012)
SE: benefícios gerados por processos ecossistêmicos; SA: quando estes benefícios gerados, mantidos, fomentados ou recuperados beneficiam as populações humanas no local onde são gerados e também em outras regiões	Santos et al. (2012); Taffarello (2016)

(continua)

Tabela 1 – Contexto histórico dos serviços ecossistêmicos e ambientais, e medidas de adaptação e mitigação para políticas públicas proativas que priorizem os serviços ambientais em bacias sob mudanças e frente a riscos (*continuação*)

Serviços ambientais hidrológicos: como incorporar medidas de adaptação e mitigação às mudanças e frente a riscos na bacia?	Referências
Critérios comparativos para avaliação de vulnerabilidade de bacias hidrográficas sob mudanças de uso e cobertura do solo	Zaffani et al. (2015)
Indicadores de pegada hídrica azul e verde para definir novos patamares de resiliência e sustentabilidade hídrica em bacias hidrográficas de cabeceira	Rodrigues et al. (2014)
Monitoramento durante a ocorrência de extremos de secas com regionalização de cargas poluidoras afluentes a reservatórios de abastecimento	Taffarello et al. (2016a)
Sistemas de monitoramento eco-hidrológico fundamentado em princípios de EbA (adaptação baseada em ecossistemas) em bacias de cabeceira	Taffarello et al. (2016b)
Sistemas de suporte à decisão para melhoria de emissões de alerta comunitários para cheias e inundações em bacias urbanas e periurbanas	Horita et al. (2015; 2017)
Seguros hidrológicos para mitigar efeitos de demanda hídrica não atendida sob cenários de mudanças do clima em mananciais de abastecimento humano	Mohor e Mendiondo (2017)
Ecotecnologias de aproveitamento e reúso de águas cinzas com sistemas de drenagem sustentável, de baixo custo e adaptativo ao crescimento urbano	Macedo et al. (2017)
Uso de sistemas voluntários, participativos e colaborativos para prevenção e previsão de riscos de extremos hidrológicos em bacias sob mudanças	Abe et al. (2017)
Seguros-PSA sob mudanças: integração do PSA em seguros de riscos hidrológicos	Taffarello, Guzmán e Mendiondo (2017)

A BACIA HIDROGRÁFICA SOB MUDANÇA E RISCOS: RUMO À SÓCIO-HIDROLOGIA

Serviços ambientais gerados pela conservação dos recursos hídricos na escala de bacias hidrográficas são chamados serviços hidrológicos, i.e., o bem-estar humano em função dos múltiplos usos dos recursos hídricos (Brauman, 2015; Taffarello et al., 2016). Contudo, mudanças como o aumento da urbanização levam à maior impermeabilização do solo e, assim, maior geração de escoamento superficial e o aumento de risco da transferência de problemas às áreas mais a jusante. Além disso, o carreamento da poluição difusa pela água de drenagem é considerado um dos principais fatores para a perda da qualidade da água em rios urbanos. Adicionalmente, as mudanças climáticas globais afetam os serviços ambientais e a biodiversidade de maneira significativa. Os modelos globais do Painel Intergovernamental de Mudanças Climáticas (IPCC) mostraram que entre 1900 e 2100, a temperatura média global pode se elevar entre 1,4 e 6 °C, o que desencadearia impactos, exigindo formas novas de mitigação e adaptação, sem precedentes nos últimos 10.000 anos (IPCC, AR5, 2014).

O aquecimento global afeta os serviços ambientais por causar: i) a destruição e a degradação do habitat; ii) a perda permanente da produtividade no interior da bacia hidrográfica. Assim, a redução nos serviços ambientais, em decorrência das mudanças de usos do solo e mudanças climáticas, consiste em ameaça não só à biodiversidade local, mas também ao bem-estar humano (Ricklefs, 2016). Segundo Malcolm e Pitelka (2000), as consequências das mudanças climáticas em ecossistemas naturais são: (1) em condições de baixo aquecimento, as distribuições geográficas de ecossistemas terrestres e animais mudam conforme o novo clima; (2) o aquecimento e as mudanças nos regimes de chuvas ameaçam a biodiversidade nacional, regional e, obviamente, local de vários municípios e comitês de bacia; (3) as mudanças do clima afetam os fluxos de energia e matéria entre as diferentes espécies; por sua vez, isto afeta a composição e as funções ecossistêmicas, incluindo aquelas de forte relação antrópica. Esta sucessão de eventos leva ao declínio dos serviços ambientais e torna a gestão sustentável das bacias hidrográficas ainda mais crítica.

Essa discussão leva, por outro lado, a incorporar diferentes tipos de visões e de gerações de pensamentos em torno do como apoiar a sustentabilidade da bacia hidrográfica sujeita às mudanças e frente a riscos futuros. Trabalhos mostram inclusive como as diferentes visões podem influenciar até diferentes gerações de balanços hídricos, com diferentes resultados (Mendiondo, 2008; Rodrigues; Mendiondo, 2013), e, por exemplo, como estes balanços interagem com mudanças do clima (Mendiondo; Rocha, 2016); ou até como a própria antropização de bacias sob mudanças cria novas coevoluções e retroalimentações, mas com inesperados paradoxos e emergentes padrões nunca antes vistos (Sivapalan et al., 2012; Srinivasan et al., 2017). Disto, surge a nova área de Sócio-hidrologia, que define e exemplifica estas interações sociedade-e-bacia hidrográfica, sob mudanças, onde paradoxos e dualidades são visíveis. As Figuras 3, 4, 5, 6, 7, 8 e 9 representam exemplos práticos destas abordagens de sócio-hidrologia ao revisitar e discutir resultados a partir das necessidades de tomada de decisão em escala local.

Por exemplo, a Figura 3 ilustra uma abordagem prática, passível de ser utilizada pelos gestores públicos, sobre como os serviços ambientais podem ajudar na redução dos riscos e impactos da urbanização, considerando a qualidade e a quantidade de água dos rios logo após eventos de extremos hidrológicos. A Figura 3 foi elaborada a partir dos 5.560 municípios brasileiros, contendo as bases de dados de áreas de riscos oficialmente existentes até o ano 2016. Mostra a expressiva distribuição destas áreas de risco em municípios de diferentes tamanhos, com ênfase em áreas de risco de deslizamentos e de inundação. Ao refletir sobre a Figura 4 surgem interrogantes de políticas públicas visando a sustentabilidade e sua relação com os serviços ecossistêmicos. Como integrar o grau de exposição humana em mais de 40.000 locais de risco, oficialmente mapeados no Brasil, com suas respectivas 40.000 bacias hidrográficas afluentes? Como avaliar os serviços ambientais exercidos pelas encostas e fundos de vale (representadas no eixo vertical da Figura 3, pelas superfícies de áreas de risco de desastres)? Como tratar a vulnerabilidade humana potencial (representadas pelo número de habitantes de municípios brasileiros contendo essas áreas de risco, no eixo horizontal da Figura 3), que poderiam usufruir destes serviços ambientais? Como buscar a gestão sustentável em microbacias afluentes às áreas de riscos em municípios tão diferentes em extensão sócio-territorial? Como propor sustentabilidade em bacias de, p. ex., Lajedinho-BA, Lapão-BA ou Salvador-BA, na Figura 3, todos impactados com desastres históricos e em curso, com graus diferenciados de resiliência comunitária a desastres de origem hidrometeorológica e com áreas de riscos com serviços ambientais bem conhecidos?

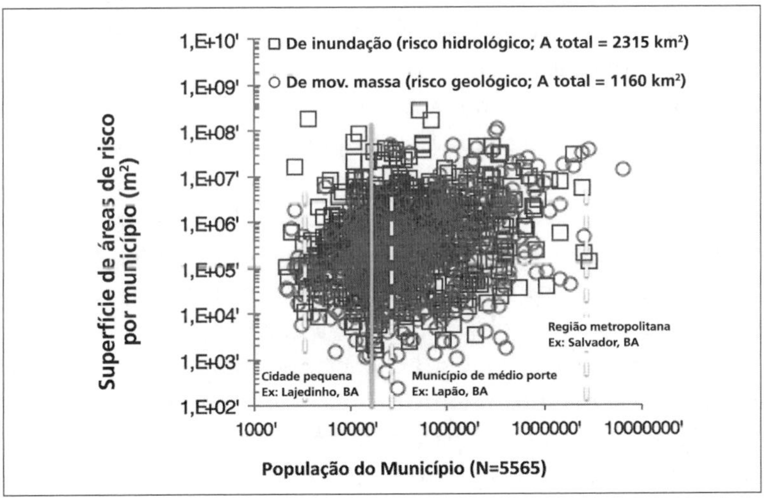

Figura 3 – Exemplo de padrão sócio-hidrológico para gerenciar o desafio da sustentabilidade de bacias hidrográficas frente a riscos de desastres usando os serviços ecossistêmicos. *Fonte:* elaboração própria.

Adicionalmente, a Figura 4 apresenta um exemplo de coevolução sócio-hidrológica da dualidade clima-sociedade. Nessa figura aparece como as mudanças climáticas podem alterar a permanência do regime de vazões e de cargas poluidoras, por macronutrientes lançados nos cursos d'água, especialmente em bacias agrícolas ou de poluentes transportados pela drenagem urbanas. Na parte superior da Figura 4, é apresentado o equilíbrio dinâmico dual, entre o regime fluvial, apresentado aqui pela permanência do escoamento na forma de probabilidades (abscissas), com a produção de água em bacias hidrográficas (vazão específica, eixo vertical à esquerda, linha contínua), e a qualidade de água (produção de cargas poluidoras, eixo vertical à direita, linha de traços). Também, na parte central da Figura 4, inclui-se o exemplo de um novo cenário de variabilidade climática que afeta a produção de água, que aparece com uma nova linha de traços, em negrito, e que destaca a mudança de produção de água, isto é $\Delta Q^* = Q^*_2 - Q^*_1$. Esta mudança na produção de água logo repercute na produção de novas cargas poluidoras, que aparece na forma de mudança como $\Delta Y = Y_2 - Y_1$. Assim, as concentrações de cargas poluidoras de origem antrópica tem um novo referencial de vazões para autodepuração, dado que as cargas também são afetadas por estas mudanças. Finalmente, na parte inferior da Figura 4 apresenta-se outro exemplo, agora para um cenário de mudança de uso do solo da bacia hidrográfica. Este novo cenário impacta com novas concentrações de qualidade de água de drenagem, que influenciam com nova produção de cargas poluidoras ($+\Delta Y$, linha de traços, em negrito), e desta maneira, inteferem indiretamente na produção de água da bacia hidrográfica receptora ($+\Delta Q^*$) para autodepurar novas cargas poluidoras.

Destes dois cenários de mudanças, do clima e do uso do solo, é evidente como estas alterações interferem nas respostas de adaptação sociedade às alterações do clima e incrementar a valorização dos serviços hidrológicos,. O que leva à seguinte pergunta: Como propor exemplos e soluções dos serviços ambientais hidrológicos sob variabilidade climática e interferência antrópica em bacia hidrográfica que vise à gestão sustentável e participativa?

Finalmente, podemos observar como a gestão sustentável de bacias hidrográficas sob mudanças pode se beneficiar de abordagens de serviços ambientais quando há paradoxos entre qualidade e quantidade da água de drenagem. A Figura 5 mostra que, para uma única função de produção de água em uma bacia hidrográfica, a partir de sua curva de permanência em probabilidades (linha contínua, em negrito, eixo vertical da esquerda) podem coexistir possíveis, porém diferentes, cenários de serviços ambientais de suporte e regulação decorrentes de alterações nas taxas de biomassa (linhas de

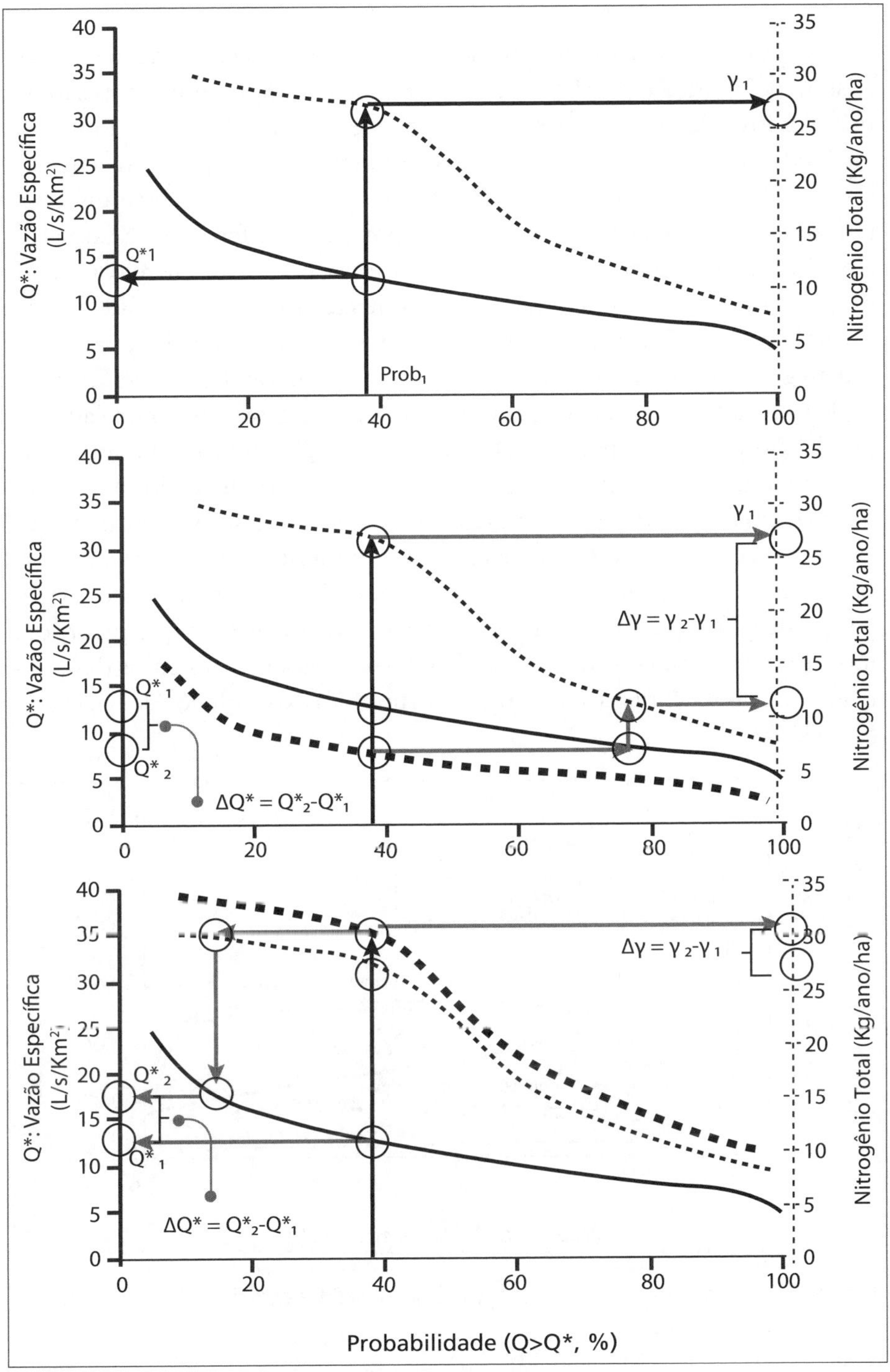

Figura 4 – Coevolução sócio-hidrológica da dualidade clima-sociedade.

Fonte: Taffarello e Mendiondo (2013); Mendiondo & Rocha (2016).

traços, eixo vertical da direita), como, por exemplo, a ciclagem de nutrientes. Assim, na Figura 5 é possível observar como os serviços ambientais são representados pela produção e consumo de cargas de clorofila-a, um indicacor que pode indiretamente mensurar o risco potencial de impactos de eutrofização em corpos hídricos. Ela mostra como podem aparecer distintos comportamentos ou cenários, representados por curvas diferentes de cargas de clorofila-a. Estes cenários mostram distintos quocientes entre produção primária bruta e consumo (fração P/R), que afetam a sustentabilidade ambiental da bacia. Fatores que incidem nestes riscos são, entre outros: (i) a ordem geomorfológica da rede de drenagem, que contabiliza o grau e número de rios e afluentes na bacia, e (ii) os nutrientes e cargas descontroladas de poluição difusa e pontual que esta rede de drenagem recebe, quando existe uma urbanização sem controle ou mal planejada, como na maioria dos municípios brasileiros. Isto cria um paradoxo socio-hidrológico importante que se repete na maioria dos rios urbanizados: para uma única curva de permanência de vazões (quantitativa) podem coexistir distintas curvas de permanência de produção/consumo de clorofila-a (qualidade), o que incorpora incertezas na tomada de decisão, especialmente para instrumentos das políticas públicas de enquadramento dos corpos hídricos e planos de bacia (Lei n. 9.433/97).

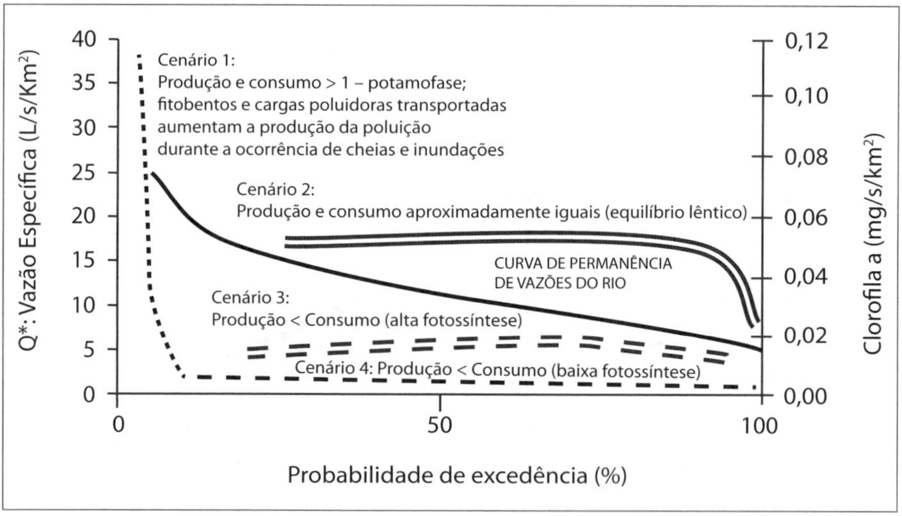

Figura 5 – Paradoxo sócio-hidrológico entre quantidade e qualidade de água produzida em uma bacia hidrográfica.
Fonte: adaptado de Mendiondo (2008).

SOLUÇÕES, EXEMPLOS E APRENDIZADOS FRENTE ÀS MUDANÇAS E AOS RISCOS

Nesta seção são compartilhadas outras soluções visando à gestão sustentável da bacia hidrográfica (ver Figuras 6 a 8, gestão sustentável para cheias e inundações, e Figura 9 para gestão sustentável sob escassez hídrica). Estas soluções são tratadas com exemplos práticos da realidade brasileira, com foco no planejamento e gestão dos recursos hídricos para promover a geração e a conservação dos serviços ambientais. Visa-se, com essa abordagem, alcançar a segurança hídrica em bacias estratégicas não só ao abastecimento público, mas também ao meio ambiente. As escalas temporais tratam cenários entre o ano 1960 e ano 2100, com exemplos intermediários. As escalas espaciais utilizadas são desde microbacias da ordem de poucos quilômetros quadrados, até bacias regionais de 11.000 km^2. Definições específicas sobre vulnerabilidade, ameaças, resiliência e adaptação podem ser encontradas em Jacobi et al. (2015), Cortese e Natalini (2014), e Marengo et al. (2014).

Sustentabilidade e resiliência da bacia às cheias e inundações

As figuras a seguir apresentam infográficos, placares e tabuleiros de tomada de decisão. Como ajudar tomadores de decisão a identificar o grau de resiliência a riscos de desastres de inundações urbanas em políticas públicas futuras, incluindo variabilidade de uso do solo, do clima e dos serviços ambientais? As Figuras 6 e 7 mostram tons diferentes para períodos de planejamento urbano, desde o ano 1960 até o ano 2100, para a uma bacia urbana na cidade de São Carlos-SP. Estas figuras, na forma de infogramas, são usadas de forma lúdica para treinar tomadores de decisão e população local acerca dos impactos da falta de planejamento de longo prazo. Na Figura 6, as áreas dentro dos polígonos são proporcionais à falta de resiliência comunitária aos riscos de desastres por enchentes urbanas, analisando o preparo comunitário para ações de prevenção e preparo ("antes"), atendimento durante as emergências ("durante") e de mitigação e recuperação ("após") de desastres.

O gráfico da esquerda da Figura 6 trata de políticas reativas, sem planejamento nem prevenção, nem usufruto de serviços ambientais. O da direita, trata de políticas proativas, com adaptação planejada, monitoramento, alertas, prevenção e mitigação de desastres e adaptação baseada em ecossistemas. As diferenças de áreas entre ambas políticas representam o custo de oportunidade e os benefícios de escolher uma ou outra política (que está explicitado na Figura 7). A

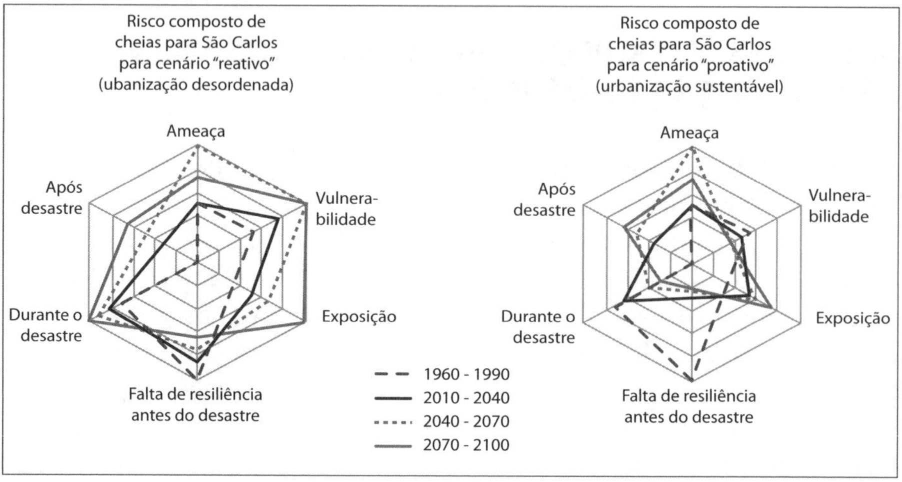

Figura 6 – Infograma de jogo sócio-hidrológico de indicadores de resiliência hídrica participativa.
Fonte: adaptado de Mendiondo et al (2013) e Rotava (2014).

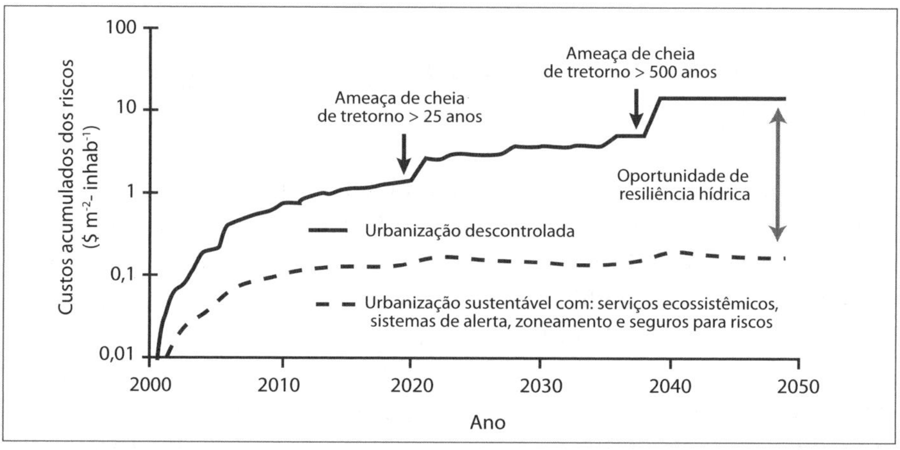

Figura 7 – Placar de jogo sócio-hidrológico do custo de oportunidade. Simulação de custos acumulados futuros (entre ano 2000 e 2050) de aplicação de políticas públicas em bacia urbana de São Carlos-SP, entre políticas reativas e proativas.
Fonte: Mendiondo (2010)

vantagem deste formato de infograma, na forma de placares sócio-hidrológicos (que podem ser reproduzidos em aplicativos de *smartphones* ou em *outdoors* em vias públicas) reside em poder traduzir estes gráficos em valores monetários e custos de investimentos, operação e manutenção destas políticas de longo prazo. E, assim, melhorar a comunicação com os interessados e atores locais. Por exemplo, a Figura 7 permite apreciar, de forma relativa, o grau de financiamento necessário para migrar de uma urbanização sem controle para uma urbanização controlada, resiliente e mais sustentável, sendo que a diferença entre ambas indicaria quanto se poupa economicamente ao escolher um planejamento visando uma bacia sustentável.

Sustentabilidade e resiliência da bacia às secas e estiagens

As Figuras 8 e 9 apresentam infográficos, placares e tabuleiros de tomada de decisão para situações de estiagens e escassez hídrica, adotando uma gestão da oferta e da demanda, em conjunto, visando um horizonte de 2016 a 2050.

A Figura 8 apresenta um exemplo para um pacto sócio-hidrológico entre atores pela governança hídrica da Região Metropolitana de São Paulo. Por um lado, as ações de gestão de demanda são atribuídas aos atores: "consumidores finais" (primeira coluna), com uso racional dentro das unidades (investimento de equipamentos de micromedição setorizada e vazão controlada dentro de residências, comércios e indústrias). Por outro lado, as "companhias de abastecimento, tratamento e distribuição" tratam da redução de perdas na rede de distribuição e reinvestimento em prevenção, seguros hídricos e tecnologia (coluna central). Finalmente, existem as "políticas públicas" que incluam adaptação baseada em ecossistemas (EbA), pagamentos por serviços ambientais, conservação e restauração de áreas de mananciais estratégicos (coluna da direita). É interessante observar que se somarmos todas as poupanças (dos usuários, das companhias privadas de abastecimento e do estado), chegamos a um módulo de vazão da mesma ordem da vazão total (m^3/s) retirada do Sistema Cantareira antes da crise hídrica de 2013-2015 (Marengo et al, 2015). Ao mesmo tempo, o custo para alcançar esta poupança hídrica seria um pouco mais do que 1% de todo o Produto Interno Bruto (PIB) anual da Região Metropolitana de São Paulo, a maior afetada pela insegurança hídrica. Este 1% do PIB para poupar o Sistema Cantareira pode ser visto como a disponibilidade a pagar inicial para um modelo segurança hídrica regional. Maiores informações sobre modelos de seguros: ver Mohor & Mendiondo (2017) e Guzman et al. (2017). Por isso, para este placar da Figura 8, parte superior, são mostrados os valores absolutos (expressos em escala de vazões, em m^3/s) de poupança hídrica, equivalentes à redução de demandas parciais de vazões retiradas do Sistema Cantareira, manancial da Região Metropolitana de São Paulo. Na parte inferior aparecem os custos relativos dessa poupança hídrica, no eixo vertical da fração (%) do produto interno bruto anual da Região Metropolitana de São Paulo, e detalhadados os custos absolutos de investimento, operação e manutenção (equivalentes em US$ para ano 2016) de cada uma dessas políticas públicas.

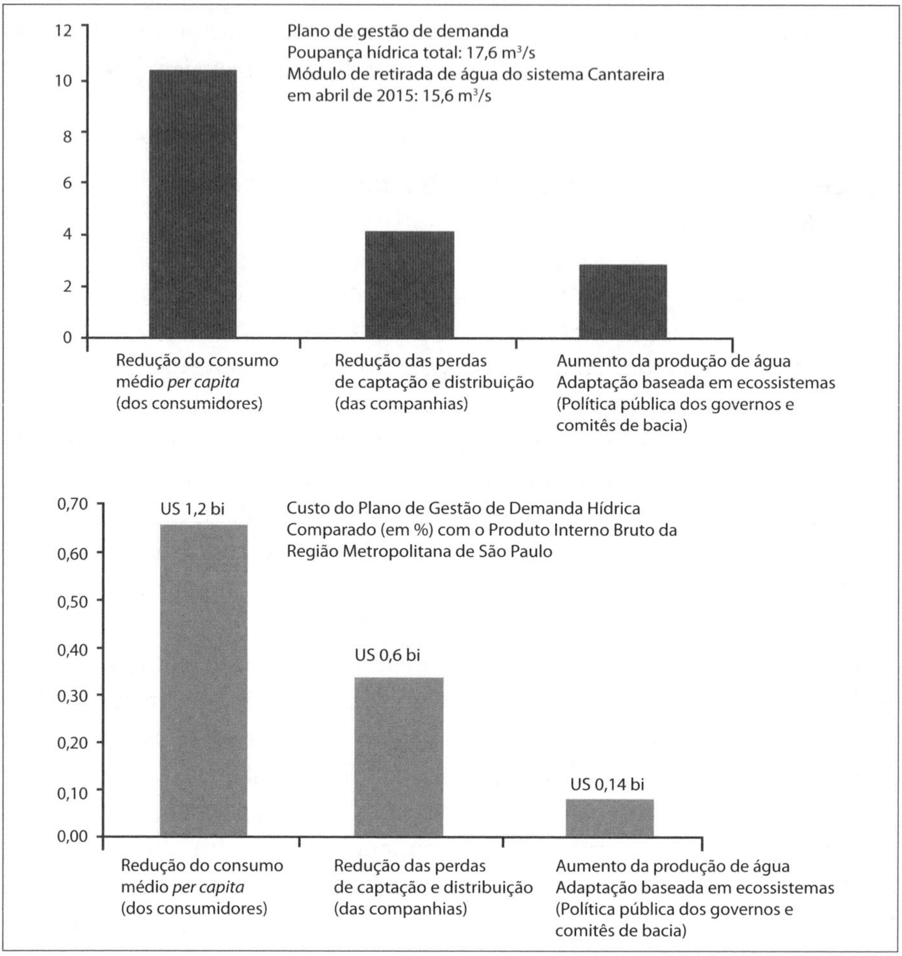

Figura 8 – Placar do jogo "Pacto sócio-hidrológico entre atores pela governança hídrica da Região Metropolitana de Sao Paulo", visando gestão de demanda sobre as bacias hidrográficas do Sistema Cantareira até o ano 2050.

Por sua vez, na Figura 9, apresentamos o Observatório Cidadão de Segurança Hídrica na Unidade de Gerenciamento de Recursos Hídricos n. 13 (UGRHI-13) Tietê Jacaré, a qual possui 11.400 km² de área de drenagem e se localiza na região central do estado de São Paulo. Como uma possibilidade de solução resiliente para a segurança hídrica, ocorre a incorporação de dados observacionais de voluntários (cidadãos) com o objetivo de prever possíveis cenários futuros de segurança hídrica, incluindo impactos das alterações climáticas no ciclo hidrológico (Figura 2A). Analisando-se a parte superiror da Figura 9, nota-se um significativo aumento da demanda hídrica em todas as sub-bacias da UGRHI Tietê-Jacaré nos cenários futuros, 2025 e 2050, o que poderá ser decorrente do aumento populacional, dentre outros fatores. Neste contexto, conceitos de serviços ambientais (anteriormente explicados), água virtual e pegada hídrica são essenciais para a compreensão de como os fluxos hidrológicos, considerando os aspectos de qualidade e quantidiade de água, poderão se deslocar dentro da bacia. Este conhecimento é importante na busca pela sustentabilidade da UGRHI-13.

A água virtual é o volume de água embutido em um produto industrial ou agrícola ou em um serviço (Allan, 2011; Bleninger; Kotsuka, 2015). Por sua vez, a pegada hídrica é um indicador do volume de água consumida ou poluída durante o desenvolvimento de produtos ou serviços. O conceito foi introduzido por Arjen Y. Hoekstra, da Universidade de Twente (Holanda), no final dos anos 1990, como um indicador para mapear o impacto do consumo humano em recursos globais de água doce. O acesso ao conhecimento gerado sobre pegada hídrica é grátis[1], e um vasto material científico está separado por categoria de publicação. Para a compreensão deste capítulo, é necessário saber que a pegada hídrica cinza (PH_{cinza}) corresponde ao volume de água doce necessário para assimilar a carga poluidora (Chapagain et al., 2006; Hoekstra et al., 2011; Taffarello et al., 2018).

Após os esclarecimentos acima, voltamos à discussão da Figura 9. Nela, o mapa inferior da UGRHI Tietê-Jacaré mostra como poderão ser os fluxos de água virtual. As setas pretas representam a água oriunda da agricultura e as brancas indicam os fluxos de água consumida na indústria ou poluída por ela. A partir da análise da PH_{cinza}, representada pela setas cinzas, é possível observar significativa migração de poluição de montante para jusante no Tietê-Jacaré, sendo que a seta cinza na extremidade superior à esquerda do mapa (exutório da bacia) indica a migração da carga poluidora do Tietê-Jacaré (UGRHI-13) para o Tietê Batalha (UGRHI-16).

Assim, na parte superior da Figura 9 aparecem os cenários de balanço de oferta e demanda hídrica superficial entre os anos de 2010 e 2040, incluindo mudança climática para sub-bacias da UGRHI-13 Tieté-Jacaré, SP. Na parte inferior da Figura 9 são representados os principais fluxos de água virtual até o ano de 2050, com base no modelo sócio-hidrológico e balanço de componentes de PH_{cinza}, serviços e produtos industriais e produtos agrícolas. Estes balanços hídricos representam as tendências combinadas de cenários reativos,"Global Orchestration-GO" e "Order from Strength-OS", sem ecotecno-

[1] Disponível em: <http://waterfootprint.org/en/resources/publications/>.

logias nem serviços ecossistêmicos via EbA (ver Figuras 6, 7 e 8 para os respectivos impactos para extremos de cheias).

Uma bacia hidrográfica recebe a poluição pontual e a poluição difusa da bacia imediatamente a montante e transfere os riscos e os impactos decorrentes destas para a bacia a jusante. Cria-se, assim, uma cadeia de contaminação ao longo da bacia (Tucci, 2017). No caso da bacia do Tietê-Jacaré, a PH_{cinza} pode ser diluída no percurso do rio Tietê (Tietê-Jacaré seguindo para o Tietê-Batalha e, sequencialmente, para o Baixo Tietê) até desaguar no rio Paraná pelo processo de autodepuração. Entretanto, para sabermos se as cargas poluidoras realmente serão reduzidas, como (de que maneira?) o serão, e quantificar tal contaminação são necessárias avaliações destes processos, o que não constitui objetivo do presente capítulo.

Recentemente, o Prof. Carlos E. M. Tucci propôs um "indicador de sustentabilidade hídrica", que relaciona a vazão utilizada pela população urbana (consumo e diluição) e a vazão disponível (Tucci, 2017). Em paralelo, pesquisadores de nosso grupo (The WADI lab) desenvolveram um "índice para avaliação dos serviços hidrológicos". Em ambas as ferramentas, é possível inferir que o conceito de PH_{cinza} foi utilizado. Na primeira, pode-se dizer que o conceito está embutido na *vazão de subsídio ambiental* (Tucci, 2017). A segunda foi desenvolvida a partir de uma relação entre PH_{cinza} e produção de água, e considera também o *nível de poluição hídrica* (Hoekstra et al., 2011) para classificar as bacias em mais ou menos sustentáveis em comparação a um padrão de referência (Taffarello et al., 2018).

Além das anteriores, há diversas outras possíveis soluções resilientes que consideram os serviços ambientais na busca da sustentabilidade de bacias hidrográficas.

CONSIDERAÇÕES FINAIS

Este capítulo incorporou elementos interdisciplinares e intersetoriais visando a gestão sustentável da bacia hidrográfica sob mudanças e frente a riscos. A escala de planejamento e de gestão territorial foi enfatizada com exemplos dos serviços ambientais como elementos de apoio às soluções, viáveis de serem incorporadas aos planos diretores urbanos, planos de bacia e planos de manejo territorial. Ainda assim, estes exemplos levantam novas interrogações para futuros trabalhos, não abordados neste capítulo, mas de igual interesse para os gestores públicos e privados. Por exemplo, para os gestores locais, é crucial saber incorporar esses serviços ambientais, trazendo

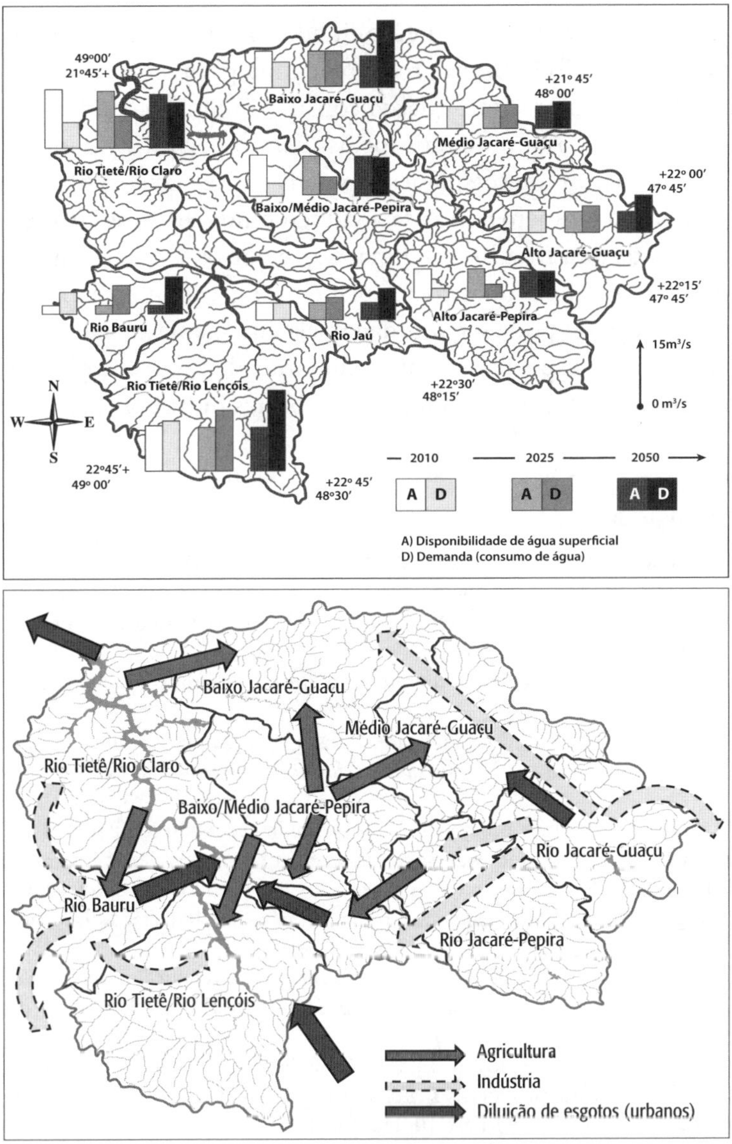

Figura 9 – Tabuleiro sócio-hidrológico usando Observatório Cidadão de Segurança Hídrica em UGRHI-13 Tieté Jacaré (11.400 km^2), no estado de São Paulo.

soluções concretas para a gestão sustentável de uma bacia hidrográfica que sofre mudança constante e enfrenta riscos crescentes. Perguntas simples, para uma gestão interdisciplinar e intersetorial: Como gerir o crescente avanço das áreas urbanizadas e de áreas a irrigar em direção aos locais com maior incidência de riscos como secas, enchentes, deslizamentos e poluição, onde os serviços ambientais são mais fortes e mais valiosos? De que maneira administrar o forte aumento da vulnerabilidade social perante estes riscos, em virtude do envelhecimento progressivo de uma população com expectativa de vida cada vez maior, e que guarda consigo a memória da transformação histórica dos serviços ambientais locais? Como permitir maior inclusão e acesso de pessoas com necessidades especiais aos serviços públicos, sabendo que esta inclusão também aumenta a vulnerabilidade desses grupos quando da ocorrência de desastres hidro-climáticos, e que os serviços ambientais são, na sua maioria, também públicos? A principal ligação interdisciplinar destas perguntas e proposta pode ser abordada pela emergente área de Sócio-hidrologia, focando em aspectos sociais e culturais de segurança hídrica como elemento chave para a sustentabilidade de bacias hidrográficas.

REFERÊNCIAS

ABE, N.; FAVA, M. C.; RESTREPO, C. E.; MARENGO, J. A.; CUARTAS, L. A. ET AL. Utilização de dados voluntários no gerenciamento de riscos de enchentes. In: GÜNTHER, W. M. R.; CICCOTTI, L.; RODRIGUES, A. C. (Org.). *Desastres*: múltiplas abordagens e desafios. 1ed.Rio de Janeiro: Elsevier, 2017. p. 153-168.

ALLAN, J. A. *Virtual Water*: Tackling the threat to our planet's most precious resource. Nova York: B. Tauris, 2011.

BLENINGER, T.; KOTSUKA, K. L. Conceitos de água virtual e pegada hídrica: estudo de caso da soja e óleo de soja no Brasil. *Revista da Associação Portuguesa dos Recursos Hídricos*, v. 36, n. 1, 2015.

BRAUMAN, K. A. Hydrologic ecosystem services: linking ecohydrologic processes to human well-being in water research and watershed management. *Wires-Water*, v. 2, p. 345-358, 2015.

BOYD, J.; BANZHAF, S. What are ecosystem services? The need for standardized environmental accounting units. *Ecological Economics*, v. 63, n. 2, p. 616-626, 2007. ISSN 0921-doi:10.1016/j.ecolecon.2007.01.002.

[CBD] CONVENTION OF BIOLOGICAL DIVERSITY. *Biodiversity, Development and Poverty Alleviation, Recognizing the Role of Biodiversity for Human Well-being*. UNEP, 2010. ISBN: 92-9225-189-9

CHAPAGAIN, A. K.; HOEKSTRA, A. Y.; SAVENIJE, H. H. G. Water saving through international trade of agricultural products, *Hydrol. Earth Syst. Sci.*, v. 10, p. 455–468, 2006. Disponível em: <https://doi.org/10.5194/hess-10-455-2006>.

COLLINS, S.; LARRY, E. Caring for our natural assets: an ecosystem services perspective, Portland, OR: US Dept of Agriculture, Forest Service, PNWS, 2007. 11p. Disponível em: <https://www.fs.fed.us/pnw/pubs/pnw_gtr733-excerpt.pdf>.

CORTESE, T.T.P; NATALINI, G. *Mudanças climáticas*: do global ao local. Barueri: Manole, 2014.

COSTANZA, R. et al. (1997). The value of the world's ecosystem services and natural capital. *Nature*, 387, 253-260.

DAILY, G. C.; ALEXANDER, S.; EHRLICH, G.; GOULDER, L.; LUBCHENCO, J. et al. Ecosystem services: benefits supplied to human societies by natural ecosystems. *Issues Ecol.*, 1:1–18, 1997.

DALY, H.; FARLEY, J. *Ecological Economics*: Principles and Applications: 2. ed. Washington: Island Press, 2010. p. 450.

FARLEY, J. Ecosystem services: The economics debate. *Ecosystem Services*, v. 1, n. 1, p. 40-49, 2012.

GROOT, R. S.; ALKEMADE, R.; BRAAT, L.; HEIN, L.; WILLEMEN, L. Challenges in integrating the concept of ecosystem services & values in landscape planning, management, decision making, *Ecological Complexity*, v. 7, n. 3, p. 260-272, 2010.

HOEKSTRA, A. et al. *The water footprint assessment manual*: setting the global standard. TJ International Ltd, Padstow, Cornwall, 2011.

HORITA, F.; ALBUQUERQUE, J. P.; DEGROSSI, L. C.; MENDIONDO, E. M.; UEYAMA, J. Spatial decision support system for flood risk management in Brazil with volunteered geographic information & wireless sensor networks. *Computers & Geosciences*, 80, p. 84-94, 2015. DOI:10.1016/j.cageo.2015.04.001

HORITA, F.; ALBUQUERQUE, J. P.; MARCHEZINI, V.; MENDIONDO, E. M. Bridging the gap between decision-making & emerging big data sources: Application of model-based framework to disaster management in Brazil. *Decision Support Systems*, 2017. DOI: 10.1016/j.dss.2017.03.001

[IPCC] INTERGOVERNAMENTAL PANEL OF CLIMATE CHANGE. *Assessment Reports*. 2014. Disponível em: <https://www.ipcc.ch/report/ar5/>.

JACOBI, P.; GRANDISOLI, E.; COUTINHO, S. M.; MAIA, R. A.; TOLEDO, R. F. (orgs.). *Temas atuais em mudanças climáticas*. São Paulo: IEE-USP MEA, 2015.

MILLENNIUM ECOSYSTEM ASSESSMENT. *Full and Synthesis Reports*. 2015. Disponível em: <http://www.millenniumassessment.org/en/index.html>.

MACEDO, M. B.; MENDIONDO, E. M.; LAGO, C. A.; ROSA, A.; SOUZA, V. C. Efficiency of stormwater control practices and water quality improvement through controlled experiments of bioretention in laboratory and field scale, RBRH. *Brazilian Journal of Water Resources*, 2017, RBRH-2017-0038 (sob revisão).

MALCOLM, J. R.; PITELKA, L. F. *Ecosystems and Global Climate Change*: A Review of Potential Impacts on U.S. Terrestrial Ecosystems and Biodiversity. Arlington, VA: Pew Center on Global Climate Change, 2000.

MARENGO, J.; CAVALCANTI, I. F. A.; NUNES, L. H.; CAMARINHA, P. I.; ALVES, L. M. et al. *Glossário técnico*: avaliação dos impactos e vulnerabilidade às mudanças climáticas no Brasil e estratégias para a implementação de opções de adaptação. São José dos Campos: [s.n.] 2015. v. 1, 54 p. ISBN 9788517000706. Disponível em: <http://urlib.net/8JMKD3MGP3W/3JJP9GN>.

MENDIONDO, E. M. Flood risk management of urban waters in humid tropics: early-warning, protection and rehabilitation. In: TUCCI, C.; GOLDENFUM, J. (orgs.). *Workshop on Int Urban Water Mgmt. in Humid Tropics*, Unesco IHP-VI, Foz de Iguaçu, Brazil, 2005. Disponível em: http://www.preventionweb.net/ files/submissions/31246_unescomendiondo2005floodrisk.pdf.

______. Challenging issues on urban biodiversity related to ecohydrolog. *Braz. J. Biology*, v. 68, p. 983-1002, 2008. doi: 10.1590/S1519-69842008000500007

______. Reducing vulnerability to water-related disasters in urban areas of the humid tropics. In: PARKINSON, J.; CARLOS, E. M.; TUCCI, C. GOLDENFUM, J. (Org.). *Urban waters in humid tropics*. Paris: Unesco-IHP, 2010. p. 109-128.

MENDIONDO, E. M.; ROCHA, H. Recursos hídricos e mudanças climáticas. In: AMBRIZZI, T.; JACOBI, P.; DUTRA, L. (Org.). *Ciência das Mudança Climática e sua Interdisciplinaridade*. São Paulo: Anna Blume, 2016. p. 181-204.

MENDIONDO, E. M.; MARENGO, J.; LEYH, W.; ROTAVA, J.; PORTO, J. et al. Towards Participatory Water Resilience Index for Coupling Vulnerability, Impacts and Adaptation Strategies at Areas Under Land Use Change. In: *Water in the Anthropocene*: Challenges for Science and Governance, Bonn, Germany, 2013. Working Session: Working with Uncertainties, Models and Data.

MOHOR, G. S.; MENDIONDO, E. M. Economic indicators of Hydrologic Drought Insurance Under Water Demand & Climate Change Scenarios in a Brazilian Context. *Ecological Economics*, 2017, DOI: 10.1016/j.ecolecon.2017.04.01

RICKLEFS, R. E. *The economy of nature*, 6. ed. Rio de Janeiro: Guanabara Koogan, 2016.

RODRIGUES, D.; GUPTA, H.; MENDIONDO, E. M. A blue/green water-based accounting framework for assessment of water security. *Water Res. Res*, 2014, doi: 10.1002/2013WR014274.

ROTAVA, J. *Índices de resiliência hídrica e de perigo para gestão do risco de inundações urbanas*. 2014. Dissertação (Mestrado). PPG-SHS, EESC-USP, São Carlos.

SANTOS, P.; BRITO, B.; MASCHIETTO, F.; OSÓRIO, G.; MONZONI, M. Marco Regulatório sobre Pagamento por Serviços Ambientais no Brasil. 2012. Disponível em: http:// www.imazon.org.br/publicacoes/livros/marco-regula-torio-sobre-pagamento-por-servicos-ambientais-no-brasil.

SIVAPALAN, M.; SAVENIJE, H. H. G. BLÖSCHL, G. Socio-hydrology: a new science of people and water, *Hydrol. Process.*, v. 26, 2012, p. 1270–1276, doi: 10.1002/hyp.8426.

SRINIVASAN, V.; KONAR, M.; SIVAPALAN, M. A dynamic framework for water security. *Water Security*, 2017, doi: 10.1016/j.wasec.2017.03.001

TAFFARELLO, D. Water security and ecosystem-based adaptation in the headwaters of Cantareira Water Supply System, Brazil, Tese Doutor, EESC-USP, São Carlos. Disponível em: http://www.teses.usp.br/teses/disponiveis/18/18138/tde-05042017-091421/pt-br.php.

TAFFARELLO, D.; CALIJURI, M. C.; VIANI, R. A. G.; MARENGO, J. A.; MENDIONDO, E. M. Hydrological services in the Atlantic Forest, Brazil: An ecosystem-based adaptation using ecohydrological monitoring, *Climate Services*, 8, p. 1-16, 2017. https://doi.org/10.1016/j.cliser.2017.10.005.

TAFFARELLO, D.; GUZMÁN, D. A.; MENDIONDO, E. M. Seguro-PSA sob mudanças: integrando pagamento por serviços ambientais em seguros de riscos hidrológicos. *Anais do Simpósio Brasileiro de Recursos Hídricos*, 2017.

TAFFARELLO, D.; MENDIONDO, E. M. *Integrating water quantity and quality for environmental regimes based on adaptive water resources management and planning under change*. 2013. In: Water in the Anthropocene - GWSP, Conference, Bonn, Alemanha.

TAFFARELLO, D.; SRINIVASAN, R.; MOHOR, G. S.; GUIMARÃES, J. L. B.; CALIJURI, M. C.; ET AL. Modelling freshwater quality scenarios with ecosystem-based adaptation in the headwaters of the Cantareira system, Brazil, *Hydrol. Earth Syst. Sci.* (no prelo).

[TEEB] THE ECONOMICS OF ECOSYSTEMS & BIODIVERSITY. *Ecological and Economics Foundations*. 2010. Disponível em: <http://www.teebweb.org/our-publications/teeb-study-reports/ecological-and-economic-foundations/>.

TUCCI, C. E. M. Indicador de Sustentabilidade Hídrica Urbana. *Rega*, v. 14, e7, 2017. doi: 10.21168/rega.v14e7.

[UNISDR] THE UNITED NATIONS OFFICE FOR DISASTER RISK REDUCTION. Global Assessment Report on Disaster Risk Reduction. 2015. Disponível em: <www.preventionweb.net/gar>.

VÖRÖSMARTY, C.J.; PAHL-WOSTL, C.; BHADURI, A. Water in the Anthropocene: New perspectives for global sustainability. *Current Opinion in Environmental Sustainability*, 5:535-538, 2013. Doi: http://dx.doi.org/10.1016/j.cosust.2013.11.011.

WILKINSON, R.; PICKETT, K. *The Spirit Level*: Why Greater Equality Makes Societies Stronger. New York: Bloomsbury Press, 2009.

ZAFFANI, A. G.; CRUZ, N.; TAFFARELLO, D.; MENDIONDO, E. M. (2015) Uncertainties in the Generation of Pollutant Loads using Brazilian Nested Catchment Experiments under Change of Land Use & Land Cover. *J. Phys Chem Biophys*, doi: 2015.10.4172/2161-0398.1000e123.

Segurança hídrica e capacidade adaptativa urbana e metropolitana em tempos de mudanças climáticas

16

Rosa Maria Formiga-Johnsson
Engenheira civil, Universidade do Estado do Rio de Janeiro, UERJ

Maria Carmen Lemos
Economista, Universidade de Michigan

Francisco de Assis de Souza Filho
Engenheiro civil, Universidade Federal do Ceará, UFC

INTRODUÇÃO

Este trabalho tem por objetivo identificar oportunidades e entraves para a construção de uma capacidade adaptativa do setor de recursos hídricos envolvendo a segurança hídrica do abastecimento metropolitano e a gestão compartilhada de bacias hidrográficas. A análise será feita a partir da observação da gestão das crises hídricas envolvendo as metrópoles de São Paulo e Fortaleza e seus principais mananciais de abastecimento (Bacia do Rio Piracicaba e Bacia do Rio Jaguaribe, respectivamente), utilizando-se também de referências ao Rio de Janeiro/Bacia do Rio Paraíba do Sul.

As cidades estão profundamente envolvidas com as mudanças climáticas: de um lado, são uma das principais contribuintes para as emissões de gases do efeito estufa e, de outro, são extremamente vulneráveis aos impactos relacionados às alterações do clima (aumento de temperatura, inundações, escassez de água, aumento no nível do mar, ilhas de calor, poluição do ar, etc.), que agravam os riscos já existentes relacionados aos fatores antrópicos. De fato, a expansão das cidades pressiona fortemente os recursos hídricos ao demandar grandes volumes de água para seu abastecimento e ao provocar a deterioração da qualidade das águas em geral, além de aumentar o risco de inundação.

Nesse contexto, é possível constatar rapidamente o tamanho do desafio envolvendo água, cidades e segurança hídrica que acompanha o crescimento populacional e, sobretudo, sua concentração em ambientes urbanos, em tempos de mudanças climáticas globais. No Brasil, 84% do total de 209 milhões de pessoas viviam em cidades em 2018 (sítio eletrônico do IBGE, acessado em agosto de 2018). Projeções da Agência Nacional de Águas (ANA) para fins de estudos de planejamento do abastecimento urbano estimam que apenas 77 sedes municipais compreenderão 42% da população total projetada de cerca de 223 milhões para o ano de 2025 (ANA, 2010), concentradas em regiões metropolitanas e áreas litorâneas, e que 32% da população se concentrarão em municípios com população inferior a 50 mil habitantes (5.153 sedes urbanas).

Em função das profundas mudanças dos usos da terra – aquelas já ocorridas, como também as previstas para as próximas décadas –, há uma preocupação crescente com o agravamento de secas e inundações associadas às mudanças do clima no Brasil, que já foi considerado pela ONU como um dos 10 países com maior número de afetados por desastres relacionados ao clima no período 1995-2015 (CRED e UNISDR, 2016). Entre 1991 e 2012, extremos hidrológicos somaram cerca de 84% dos desastres naturais registrados no país, totalizando quase 39 mil desastres e 127 milhões de pessoas afetadas (ANA, 2017). Os eventos de seca têm sido mais frequentes e duradouros, afetando mais pessoas, embora com menos impactos na vida humana: de 2013 a 2016, foram quantificados 4.824 eventos de seca associados a danos humanos, quase 3 vezes mais que os 1.738 eventos de cheias. Em termos econômicos, as perdas totais entre 1995 e 2014 contabilizaram R$ 182,7 bilhões, o que equivale a perdas anuais de R$ 9 bilhões (ANA, 2017).

Ainda assim, somente recentemente a gestão de recursos hídricos no Brasil passou a dar mais ênfase aos temas de "segurança hídrica" e "capacidade adaptativa" no contexto de mudanças climáticas, conforme evidenciado na literatura (ANA, 2014 e 2016; Braga e Kelman, 2016; MMA, 2016; PBMC, 2016; De Nys et al., 2016; Souza Filho et al., 2018). Ambas as questões ganharam relevância na agenda do setor de recursos hídricos, no cenário nacional, em função das crises hídricas relacionadas às secas que impactaram regiões metropolitanas, em particular São Paulo. Gestores e usuários foram surpreendidos com a severidade da seca no Sudeste em 2014-2015 e com a duração da seca iniciada em 2012 em partes do semiárido, que ainda persiste e ameaça até mesmo o abastecimento de Fortaleza, por exemplo. A seca de 2014-2015 também impactou fortemente o setor de hidroenergia que responde por quase 65,7% da capacidade total instalada do setor elétrico brasileiro (125.252.000 MW em operação em 2012, segundo a Aneel). O ano de 2016 foi também muito seco em muitas partes do país, tendo sido o mais crítico em termos de impacto sobre a população desde 2013 (ANA, 2017).

Os conceitos de segurança hídrica e capacidade adaptativa estão conectados, já que alcançar o primeiro pode depender da construção do segundo para reduzir riscos hidrológicos relacionados às mudanças do clima (Pahl-Wostl, 2009; Garrick e Hall, 2014; Agrawal e Lemos, 2015; Lemos et al., 2016; Honkonen, 2017). Existe hoje ampla concordância na literatura acerca da importância da governança e de mecanismos institucionais para desenvolver uma capacidade adaptativa e fazer face à crescente escassez de água, preparar-se melhor para extremos hidrológicos de inundação e seca, e adaptar-se ao futuro incerto associados aos impactos incrementais do clima (Ivey et al., 2004; Haddad, 2005; Eakin e Lemos, 2006; Pahl-Wostl, 2007 e 2009; Engle et al., 2011; Kundzewicz et al., 2007; Bates et al., 2008; Lemos, 2015; De Nys et al., 2016). No entanto, os arranjos atuais de governança da água poderão não ser suficientes para enfrentar os problemas associados à intensificação dos extremos climáticos, podendo ainda facilitar ou, ao contrário, dificultar processos de adaptação.

Nos últimos 20 anos, o Brasil avançou na implementação da gestão integrada dos recursos hídricos, como idealizada nas leis federal e estaduais, com progressos marcantes em termos de participação da sociedade civil, da regulação dos usuários de água e do desenvolvimento institucional em nível federal e de alguns estados da federação. Contudo, esse processo tem sido longo e de difícil implementação, com poucos resultados efetivos em termos de proteção e recuperação das águas, de preparação e adaptação para a seca e inundação, ou ainda de segurança hídrica do abastecimento urbano/metropolitano (Ramos e Formiga-Johnsson, 2012; OCDE, 2015; Souza Júnior et al., 2016; Abers e Keck, 2017; Banco Mundial, 2018; Jacobi et al., 2018).

Estudiosos sugerem que uma boa forma de medir a capacidade adaptativa às futuras mudanças potenciais no clima é a verificação de como populações e hidrossistemas enfrentam hoje a variabilidade natural do clima ou de como a enfrentaram no passado. Portanto, as recentes crises hídricas envolvendo o abastecimento metropolitano constituem um observatório privilegiado sobre segurança hídrica e capacidade adaptativa: metrópoles concentram população, ativos construídos e atividades econômicas, fatores que as tornam altamente expostas às crises hídricas e às mudanças climáticas, além de tornar a gestão das águas mais conflituosa e complexa.

MUDANÇAS CLIMÁTICAS GLOBAIS E RECURSOS HÍDRICOS

As mudanças climáticas, em nível global, e seus impactos potenciais sobre os recursos naturais têm sido objeto de estudos sistemáticos há cerca de três décadas, notadamente a partir da criação do Painel Intergovernamental de Mudanças Climáticas (IPCC) em 1988, sob os auspícios das Nações Unidas. Contudo, somente mais tarde o assunto passou a despertar maior interesse por parte de tomadores de decisão, organizações não governamentais e do setor privado. Ao longo dos cinco relatórios do IPCC, entre 1990 e 2014, o grau de certeza sobre a contribuição das ações humanas para a alteração do clima aumentou expressivamente: existem atualmente poucas dúvidas (*extremely likely*), do ponto de vista científico (IPCC, 2014), de que a mudança global do clima vem se manifestando de diversas formas, destacando-se o aquecimento global, maior frequência e intensidade de eventos climáticos extremos, mudança dos padrões de precipitação, perturbações nas correntes marinhas, redução de geleiras e elevação do nível do mar.

De modo geral, cientistas e pesquisadores têm ressaltado que os recursos hídricos são uma das áreas ambientais que serão mais afetadas pelas mudanças climáticas (Bates et al., 2008, IPCC, 2007 e 2014; MMA, 2016; ANA, 2016). Estudos baseados em modelos (por exemplo, Krol e Bronstert, 2007) indicam fortes relações entre mudanças do regime de precipitação e disponibilidade de água. Ao considerar o aumento da demanda hídrica oriundo do crescimento populacional e econômico, as modelagens preveem crescentes crises relacionadas à escassez de água nos próximos 50 anos. Em regiões com previsão de redução de chuvas, espera-se também a deterioração da qualidade das águas em função da diminuição da vazão dos rios, sobretudo durante os períodos de estiagem e de eventos de seca severa. Ainda nesse cenário, inundações poderão aumentar de amplitude e de frequência em muitas regiões, devido ao aumento de extremos de precipitação.

Em suma, é esperado que os riscos relacionados à água doce – associados a extremos de excesso e escassez – aumentem de forma significativa ao longo do século em função da variabilidade e mudança do clima, que atuará sobre sistemas e populações já bastante vulneráveis por outros estressores tais como a pobreza e o crescimento urbano desenfreado que suprimem ecossistemas e reduzem a resiliência das cidades.

Mudanças climáticas e recursos hídricos no Brasil

No Brasil, observa-se nos últimos dez anos um aumento significativo de estudos dedicados aos impactos das mudanças climáticas, inclusive sobre os recursos hídricos, desenvolvidos por uma série de iniciativas[1] (destacam-se Souza Filho e Silveira, 2015; ANA, 2016; PBMC, 2016; MMA, 2016; e Nobre e Marengo, 2017).

Pesquisas recentes do INCT para Mudanças Climáticas apontam ter detectado tendências importantes de chuvas, temperatura, hidrológicas, oceanográficas e de nível do mar em várias regiões do país, assim como de extremos climáticos (Nobre e Marengo, 2017):

- Houve mudanças na variabilidade hidrológica na Amazônia, com sete eventos extremos de secas e enchentes em um período de 13 anos, indicando alterações da frequência de ocorrência de extremos nessa região.
- Devido à falta de dados, não foi possível identificar tendências de longo prazo em chuvas em outras regiões. No entanto, foi evidenciado, durante os últimos 50 anos, um aumento nas chuvas e vazões no Sudeste e Sul do Brasil, bem como variações decadais das chuvas no Nordeste e Centro-Oeste.
- Nas regiões metropolitanas de São Paulo e Rio de Janeiro, observaram-se extremos de chuva e consequente aumento do risco de enchentes e deslizamentos de terra. Contudo, afirma-se que o aumento do risco se deve, em primeiro lugar, à urbanização e às mudanças dos usos da terra e, em segundo lugar, ao aquecimento global.

Já o Plano Nacional de Adaptação à Mudança do Clima sintetiza os principais impactos da mudança do clima sobre os recursos hídricos no país em quatro tendências (MMA, 2016):

- Aumento da criticidade hídrica para bacias hidrográficas do Nordeste, embora não haja consenso entre estudos acerca da dinâmica da precipitação de chuvas.

[1] Rede Brasileira de Pesquisas sobre Mudanças Climáticas Globais – Rede Clima; Instituto Nacional de Ciência e Tecnologia para Mudanças Climáticas (INCT); Painel Brasileiro de Mudanças Climáticas (PBMC); e Rede Água, que foi criada com o objetivo de trazer aporte técnico-científico para a elaboração do Plano de Adaptação às Mudanças Climáticas para Recursos Hídricos, reunindo instituições de todo o país sobre o assunto.

- Rápido declínio nos fluxos de água em torno de 2100 nas bacias da parte ocidental do Nordeste e do Atlântico Ocidental.
- Tendência de declínio na oferta de água superficial para quase todas as regiões do Brasil (o declínio na precipitação de chuvas poderá impactar os fluxos dos rios em bacias geradoras de hidroeletricidade).
- Aumento da precipitação e, consequentemente, das vazões, para a região Sul.

Quanto às águas subterrâneas, a mudança climática deverá afetar suas taxas de recarga e níveis dos aquíferos (ANA, 2016), embora o conhecimento sobre estes seja ainda incipiente (MMA, 2016; PBMC, 2014), inclusive no que se refere aos impactos sobre a relação entre as águas superficiais e aquíferos, que são hidraulicamente conectados (Kundzewicz et al., 2007). Por fim, tanto a ANA (2016) quanto o Plano Nacional de Adaptação à Mudança do Clima (MMA, 2016) ressaltam a persistência de lacunas importantes de informação sobre mudanças climáticas e recursos hídricos no Brasil, sendo necessários investimentos em projeções climáticas e em estudos sobre seus impactos sobre a disponibilidade hídrica. Ressaltam ainda a desconstrução do fenômeno da estacionariedade, já que séries hidrológicas assumem tendências crescentes ou decrescentes, e estas ainda não foram consideradas até agora.

Vulnerabilidade e adaptação

Na literatura, os conceitos de vulnerabilidade, adaptação, capacidade adaptativa, exposição e sensibilidade são inter-relacionados e podem assumir diferentes conotações, variando essencialmente com a abordagem de análise e o objeto de estudo. O IPCC (2001) define vulnerabilidade como "o grau de suscetibilidade de um sistema aos efeitos adversos da mudança climática, ou sua incapacidade de administrar esses efeitos, incluindo variabilidade climática ou extremos". Vulnerabilidade é função do caráter, da dimensão e da taxa de variação climática ao qual um sistema é exposto, sua sensibilidade e capacidade de adaptação. A exposição é definida como a natureza ou o grau ao qual um sistema é exposto a variações climáticas significativas, enquanto a sensibilidade refere-se ao grau pelo qual um sistema é afetado, de forma adversa ou benéfica, por estímulos relacionados ao clima (IPCC, 2001). Em linhas gerais, como descrito por Brooks et al. (2005), a vulnerabilidade atual, determinada pela adaptação passada, e pela disponibilidade atual de opções de enfrentamento, fornece uma linha de base a partir da qual a vulnerabilidade futura de um sistema evoluirá; por sua vez, esta evolução será medida pela capacidade adaptativa do sistema e o quanto dessa capacidade se realiza sob a forma de adaptação.

Em sua definição mais comum, capacidade adaptativa é associada à habilidade de um sistema em ajustar-se às mudanças climáticas (incluindo variabilidades e extremos), de moderar danos potenciais, aproveitar oportunidades ou recuperar-se de suas consequências (IPCC, 2001). Refere-se ainda à capacidade de um sistema em preparar-se para estresses e mudanças, de modificar ou mudar suas características ou comportamentos para lidar melhor com estresses externos atuais ou futuros (Brooks et al., 2005). Em termos simples, capacidade adaptativa descreve a habilidade de adaptar-se (Engle, 2011); adaptação é a expressão concreta da capacidade adaptativa (Gallopín, 2006).

A utilidade de abordagens adaptativas para a gestão das águas em situação de maior incerteza devido às mudanças climáticas foi reconhecida no último relatório do IPCC (2014). Lemos (2015) ressalta que somente recentemente observou-se um impulso para a adoção de abordagens de gestão adaptativa das águas, definida por Pahl-Wostl (2009) como um "processo sistemático para melhorar as políticas e práticas de gestão, aprendendo com os resultados das estratégias de gestão implementadas". A aprendizagem, baseada tanto na prática quanto na experimentação, é um aspecto essencial da gestão adaptativa e requer disponibilidade e acesso ao conhecimento como base para um processo participativo de decisões (Pahl-Wostl, 2009). Autores como Gupta et al. (2010) afirmam ainda que as instituições que promovem a capacidade adaptativa são aquelas que: i) encorajam o envolvimento de uma variedade de perspectivas, atores e soluções; ii) possibilitam atores sociais a continuamente aprender e melhorar suas instituições; iii) permitem e motivam atores sociais a ajustar seu comportamento; iv) podem mobilizar qualidades de liderança; v) podem mobilizar recursos para implementar medidas de adaptação; e vi) apoiam os princípios da boa governança.

SEGURANÇA HÍDRICA DO ABASTECIMENTO URBANO: PANORAMA NACIONAL

O conceito de "segurança hídrica" no contexto de gestão de bacias hidrográficas varia muito na literatura nacional e internacional (ver, por exemplo, as definições da ONU, OCDE e GWP) e geralmente se refere à água bruta e envolve o conceito de risco relacionado às estiagens e secas, poluição e inundações até questões mais amplas de desenvolvimento sustentável[2]. No Brasil, esse conceito foi definido pela ANA recentemente e se aproxima bastante da abordagem da OCDE: "Condição que visa garantir quantidade e qualidade aceitável de água para abastecimento, alimentação, preservação de ecossistemas e demais usos, associados a um nível aceitável de riscos relacionados com a água para as pessoas, economias e meio ambiente" (ANA, 2016).

Em termos de segurança hídrica de abastecimento urbano, a literatura geralmente compreende (Melo, 2016): (i) *a gestão da água bruta*, normalmente desempenhada pelo órgão gestor de recursos hídricos, deve se articular com o sistema de gestão ambiental e demais políticas correlatas. A garantia da segurança hídrica do sistema de abastecimento urbano, em termos de quantidade e qualidade de água bruta, depende principalmente dessa função, que tem como domínio a bacia hidrográfica à montante do ponto de captação; e (ii) *o abastecimento de água potável* geralmente fica a cargo dos municípios e de seus concessionários que prestam os serviços decorrentes dessa função. Caso falhem os dispositivos de controle dos subsistemas associados a essa função, quais sejam, captação, tratamento, distribuição e consumo, pode ocorrer diminuição significativa da segurança hídrica de abastecimento de água tratada para o consumidor final.

Em 2011, a ANA concluiu a elaboração do Atlas Brasil de Abastecimento Urbano de Água, que avaliou globalmente a segurança hídrica do abastecimento urbano, tanto a situação dos mananciais quanto a capacidade dos sistemas de produção de água potável de todas as sedes urbanas do país (ANA, 2010). Considerando a razão "demanda para abastecimento urbano/disponibilidade hídrica" para o universo de 5.565 municípios à época, concluiu-se que: 45% dos municípios têm sistemas de abastecimento de água em condição satisfatória, 46% necessitam da ampliação do sistema de produção de água potável e 9% requerem um novo manancial (ANA, 2010). A Figura 1 indica a localização desses sistemas de abastecimento urbano.

Outras conclusões do Atlas esclarecem a situação da segurança hídrica do abastecimento público urbano no Brasil (ANA, 2010):

- 47% dos municípios são abastecidos com águas superficiais, 39% com águas subterrâneas e 14% com águas de sistemas mistos.

---

[2] Fonte: http://www.unwater.org/topics/water-security/en/; http://www.oecd.org/environment/resources/GWP-OECD-Global-Dialogue-on-Water-Security-and-Sustainable-Growth-flyer.pdf.

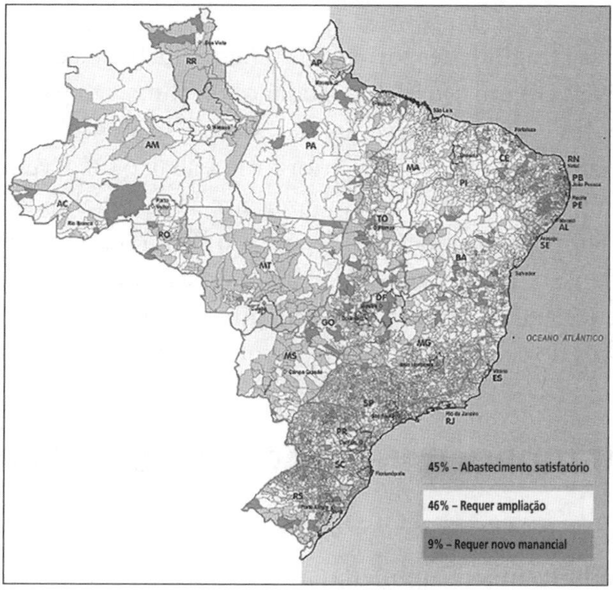

Figura 1 – Síntese do diagnóstico da situação dos sistemas de abastecimento urbano das sedes urbanas dos municípios brasileiros.

Fonte: ANA, 2010.

- Em muitos casos, os mananciais superficiais situam-se em outras bacias hidrográficas, implicando importantes transferências de vazões para a garantia do abastecimento público, a exemplo do abastecimento das metrópoles do Rio de Janeiro (Bacia do Rio Paraíba do Sul), de São Paulo (Bacias dos Rios Piracicaba-Capivari-Jundiaí – PCJ), de Salvador (Bacia do Rio Paraguaçu) e de Fortaleza (Bacia do Rio Jaguaribe).
- Na Região Nordeste, as grandes porções territoriais caracterizadas por clima semiárido possuem mananciais que não oferecem garantia de água para os vários tipos de usos dos recursos hídricos, em particular o abastecimento humano.
- Embora situada em clima tropical úmido, a zona litorânea do país também apresenta déficits hídricos, pois é composta de bacias de pequeno porte, rios com baixa vazão média e grande contingente populacional.
- Por outro lado, as regiões com maior potencial hídrico, como a Amazônica, também enfrentam problemas de abastecimento, relacionados, em grande parte, com a precariedade da infraestrutura existente.
- O estudo permitiu ainda estimar os investimentos necessários para a segurança hídrica do abastecimento das sedes urbanas do país, correspondendo a 84% da população brasileira à época: cerca de R$ 22 bilhões para atender à demanda total urbana em 3.059 municípios até o ano de 2025.

Todas essas fragilidades tornam os sistemas urbanos de abastecimento mais vulneráveis em um cenário de mudança do clima, em particular de secas mais frequentes e/ou mais severas. Acrescente-se a essas fragilidades um agravante: a falta de investimentos prioritários, abaixo do necessário, conforme apontado por ANA (2016), para fazer face às vulnerabilidades correntes associadas a fatores não climáticos. Segundo o Plano Nacional de Saneamento Básico (Plansab, 2013 *apud* ANA, 2016), existe uma demanda reprimida da ordem de R$508 bilhões em investimento para universalizar o acesso aos quatro serviços do saneamento (água, esgotos, resíduos e drenagem).

ÁREAS METROPOLITANAS FACE AOS EXTREMOS DE SECA

São aqui brevemente apontadas as crises hídricas envolvendo o abastecimento das metrópoles de São Paulo e Fortaleza, cujos detalhes – severidade da seca, impactos sobre a disponibilidade hídrica e gestão da crise – estão disponíveis em diversos documentos, a exemplo da visão panorâmica de Braga e Kelman (2016) e de Souza Filho et al. (2018).

Metrópole de São Paulo e bacia do rio Piracicaba

Com 21 milhões de habitantes em uma pequena extensão territorial de 8.051 km^2, a Região Metropolitana de São Paulo (RMSP) é o maior aglomerado urbano e a principal região econômica do Brasil (18% do PIB nacional). O Sistema Cantareira é um dos oito sistemas produtores de água que formam o Sistema Integrado Metropolitano da Sabesp, situado na bacia vizinha do Rio Piracicaba, fora dos limites metropolitanos. Com capacidade de 1.459 milhões de m^3, o Sistema Cantareira abastece cerca de 9 milhões de pessoas da RMSP (cerca de 45% do total) bem como de cidades da própria bacia do rio Piracicaba (ANA, 2015).

A severidade da seca 2014-2015

Na RMSP e adjacências, as chuvas no ano hidrológico 2013/14 ficaram bem abaixo das médias históricas, principalmente na Bacia do Rio Piracicaba, reduzindo de forma significativa as vazões afluentes ao Sistema Cantareira (Figura 2). A condição climatológica ao longo de 2015 continuou crítica, provocando o esvaziamento crescente dos reservatórios e da vazão de transferência para a região metropolitana.

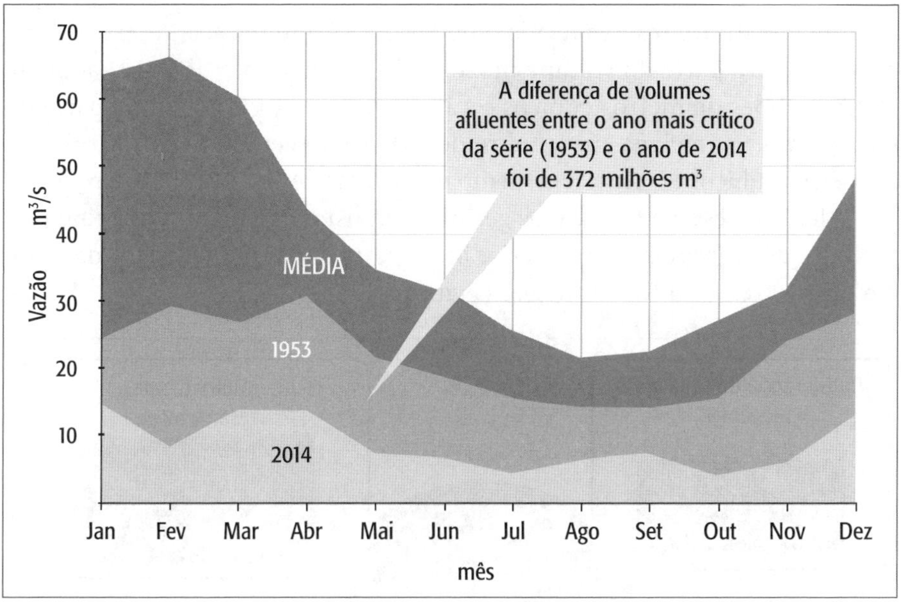

Figura 2 – Vazões afluentes ao Sistema Cantareira (média 1930-2013; 1953 e 2014) (m^3/s).

Fonte: SSRH-SP, 2017.

Gestão da crise hídrica

O enfrentamento da crise hídrica de São Paulo envolveu essencialmente duas frentes principais de ação: i) gestão da reserva hídrica do Sistema Cantareira e redução da vazão de transferência para a RMSP; e ii) um conjunto de medidas que compensasse essa redução.

A gestão do Sistema Cantareira é complexa por envolver órgãos gestores de águas federais (ANA) e estaduais (Departamento de Águas e Energia Elétrica – DAEE e Secretaria de Saneamento e Recursos Hídricos – SSRH-SP), além da empresa de saneamento do Estado de São Paulo (Sabesp), que opera o Sistema Cantareira. Esta foi também central para a gestão da crise, pois teve de criar e implementar soluções emergenciais, por vezes juntamente com os gestores de recursos hídricos, para aumentar a oferta e diminuir a demanda de água na RMSP de modo a compensar a redução do Cantareira. Para evitar o colapso do Sistema Cantareira, a vazão de transposição diminuiu progressivamente de 31,9 m^3/s, em fevereiro de 2014, para 14,04 m^3/s, em março de 2015, uma redução de 56% no provimento de água para a Metrópole (Souza Filho et al., 2018). A redução não foi maior graças à utilização do volume morto (ou reserva técnica) do Sistema Cantareira: a Reserva Técnica I (primeira parte do volume morto, iniciada em maio de 2014) aportou 182,5 milhões de metros cúbicos e a Reserva Técnica II (segunda parte do volume morto, iniciada em outubro de 2014) acrescentou mais 105 milhões de metros cúbicos do armazenamento do Sistema (ANA, 2015; Sabesp, 2017).

Além da reserva técnica, os gestores paulistas agruparam as principais medidas de enfrentamento da crise hídrica, iniciadas em fevereiro de 2014, em outras três grandes estratégias (Figura 3).

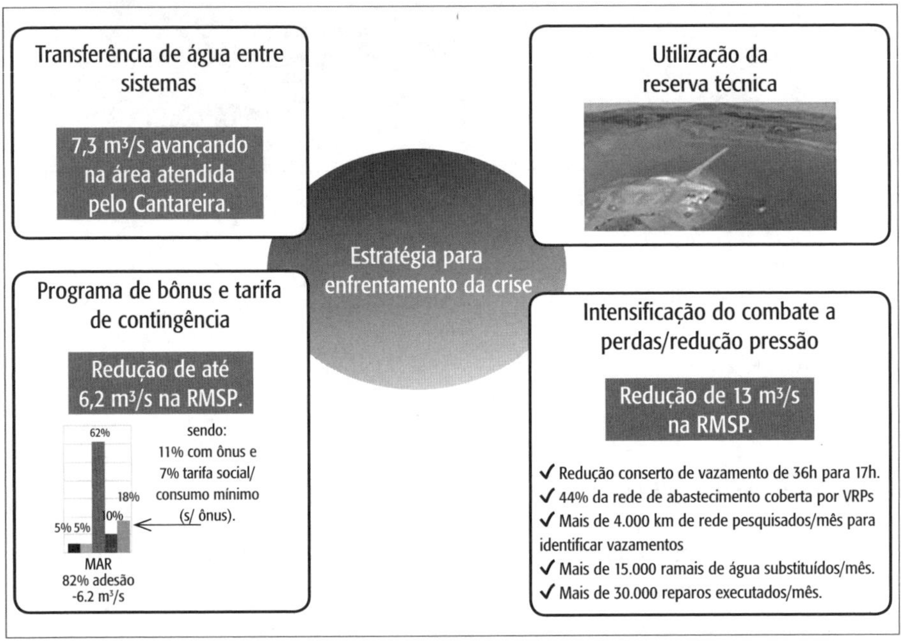

Figura 3 – Estratégias para enfrentamento da crise.
Fonte: Braga e Kelman, 2016; SSRH-SP, 2017; Sabesp, 2017.

A mais importante medida de economia de água foi a intensificação do combate a perdas, a redução da pressão nas tubulações e a redução de vazamentos (SSRH-SP, 2017; Sabesp, 2017). A redução da pressão, normalizada em 2016, levantou muita polêmica e muitas reclamações por parte da população e de organizações civis, principalmente pelos problemas no abastecimento de zonas mais altas ou mais distantes dos reservatórios de distribuição de água tratada. Outra medida emergencial de grande significância foi a transferência de água entre sistemas de abastecimento, que aumentou de 3 m³/s, antes da crise, para 7,3 m³/s, mediante redundância de sistemas metropolitanos sobre a área atendida pelo Sistema Cantareira (Sabesp, 2017).

Por fim, o Programa de Bônus e Tarifa de Contingência, que é um incentivo econômico para modificar o comportamento do consumidor final por meio de tarifação especial, resultou em uma economia de 332 milhões de m³ de água tratada (Sabesp, 2017).

Para a segurança hídrica de médio prazo, várias ações estruturais estão em curso, a exemplo da transferência de água da Bacia Paraíba do Sul para a Bacia do Rio Piracicaba, que provocou um grande conflito com o Estado do Rio de Janeiro; iniciada em março de 2018, essa transposição reforça o Sistema Cantareira em 5,13 m^3/s, com vazão máxima de 8,5 m^3/s. Em termos de planejamento, destacam-se os estudos recentes para dar subsídios à preparação para as secas, concluídos em 2018.

Por fim, cabe ressaltar que o processo decisório envolvendo a gestão da crise foi também acompanhada de muita polêmica e sobretudo por demandas de mais diálogo, transparência das ações e das informações acerca da real situação de recursos hídricos da Metrópole e das ações de enfrentamento (ver, por exemplo, Capobianco e Jacobi, 2014; Jacobi et al., 2015; Fracalanza, 2017; Jacobi et al., 2018; movimento da sociedade civil Aliança pela Água[3]). Por isso, a crise hídrica tem igualmente suscitado muitas reflexões a respeito da governança da água e a necessidade de aprimorar o gerenciamento de recursos hídricos, com participação social e valorização dos colegiados participativos.

Metrópole de Fortaleza e bacia do rio Jaguaribe

O Ceará é um estado marcado pelos ciclos de seca e baixa disponibilidade hídrica, com rios naturalmente intermitentes e contexto hidrogeológico desfavorável. A segurança hídrica da população e da economia é fortemente dependente da infraestrutura hídrica, cuja ênfase atual é a integração de bacias para aumentar a redundância e preencher os vazios hídricos, em função da grande irregularidade de chuvas no tempo e no espaço.

Com o crescimento urbano e de atividades industriais no seu território (Porto de Pecém), a Região Metropolitana de Fortaleza (RMF) tornou-se cada vez mais dependente das transferências de água da Bacia vizinha do Jaguaribe, que conta com o maior açude do Estado (Castanhão, com capacidade de 6,7 bilhões de m^3). O Macrossistema Metropolitano, que abastece cerca de 3,2 milhões de pessoas com duas estações de tratamento, terá sua

[3] A Aliança pela Água é uma articulação da sociedade civil, criada em 2014, para enfrentamento da crise hídrica em São Paulo e a construção de uma "nova cultura de cuidado com a água" no Brasil. Disponível em: www.aliancapelaagua.com.br.

segurança hídrica novamente reforçada com a chegada das águas da transposição do Rio São Francisco, prevista para 2018, e com o Cinturão das Águas do Ceará (CAC), uma ambiciosa integração de bacias hidrográficas através de um sistema de canais que circunda boa parte do Estado (Figura 4).

Figura 4 – Síntese da infraestrutura hídrica estratégica do Estado do Ceará e localização das principais estruturas: Canal do Trabalhador (1993), Eixão das Águas (2012), Integração com o Rio São Francisco (em construção) e Cinturão das Águas – CAC (em construção).

Fonte: SRH, 2017.

A longa e severa seca de 2012-2018

Desde 2012 até agora, o Ceará tem enfrentado um caso de secas plurianuais que ainda perdura em algumas regiões, sobretudo na Bacia do Rio Jaguaribe. Estudos da Fundação Cearence de Meteorologia e Recursos Hídricos (Funceme) indicam que, desde 2012, quatro anos figuram entre os 10 mais secos desde 1950. Um indicativo da gravidade da crise hídrica é a reservação equivalente dos 155 reservatórios estratégicos geridos pela órgão gestor de recursos hídricos (Companhia de Gestão dos Recursos Hídricos do Ceará – COGERH): com capacidade total de 18,64 bilhões m³, o volume de reservação era de 16,79% em 13 de junho de 2018; os maiores e mais importantes açudes, que integram o Sistema Metropolitano e se situam na Bacia do Rio Jaguaribe, estão com níveis críticos (abaixo de 9%). Felizmente, os açudes da RMF, mesmo de menor porte, estão mais abastecidos (35% da capacidade total de cerca de 1 bilhão de m^3).

Portanto, os impactos da seca ainda persistem, e de maneira severa. O principal setor impactado é a agricultura irrigada, usuário mais intensivo de água no estado do Ceará e na Bacia do Jaguaribe, até mesmo porque, no Brasil, a prioridade do uso da água, em situações de escassez, é o consumo humano e a dessedentação de animais.

Gestão da crise hídrica

Muitas ações de contingência têm sido concebidas, planejadas e executadas no âmbito da atual crise hídrica, sob o protagonismo do setor de recursos hídricos, em particular a Secretaria de Recursos Hídricos (SRH-CE) e suas vinculadas: órgão gerenciador dos recursos hídricos e da infraestrutura de água bruta (COGERH), o braço científico e de apoio técnico (Funceme) e a empresa de obras públicas (Sohidra). Por se tratar do abastecimento metropolitano, cabe também à empresa de água (Cagece) um papel de protagonismo. Além da ampliação estratégica da infraestrutura hídrica, há uma diversidade de ações de planejamento e gestão que estão sendo desenvolvidas em caráter de contingência, que compreende a Metrópole e o interior (para detalhes, ver Souza Filho et al., 2018). Dentre as ações apontadas acima, destaca-se a alocação negociada de água, que é uma forma participativa de alocar a água de um determinado sistema hidrológico (vale perenizado ou açude), por comissões gestoras de usuários, a partir de parâmetros da alocação definidos previamente pelos comitês de bacia, com assistência e atuação da COGERH (mais informações em Garjulli et al, 2003; Silva et al., 2007; ANA, 2017).

Na crise hídrica atual, a participação metropolitana no esforço de economia de água veio somente no terceiro ano consecutivo de seca, em outubro de 2015, logo após a restrição de 75% da vazão de demanda do setor de irrigação na Bacia do Rio Jaguaribe, em setembro de 2015 (em abril de 2018, a restrição atingiu 80% da irrigação). A tensão entre os usuários da Bacia do Rio Jaguaribe e a Metrópole de Fortaleza/Porto de Pecém atingiu recentemente proporções inéditas, já que tradicionalmente a Bacia do Jaguaribe não participa das decisões sobre a vazão de transferência para a região metropolitana em situações de escassez aguda ou extrema como a atual. Isto está mudando, como discutido adiante.

Para compensar a diminuição progressiva da vazão transposta, que, com o agravamento da seca na Bacia do Jaguaribe, teve uma redução drástica, o setor de recursos hídricos e a Cagece estão investindo na diversificação de soluções: indução à economia de água junto ao consumidor final por meio da tarifa de contingência (13,98% em março de 2017, com meta de atingir 20%); restrição do uso industrial em 20%; intensa perfuração de novos poços; redução de perdas e fraudes; reúso de água de lavagem dos filtros da ETA Gavião; e pressurização da captação da ETA Gavião, que permitiu aumentar de maneira significativa a captação dos reservatórios metropolitanos, que estão em melhor situação do que aqueles da Bacia do Jaguaribe (https://www.cagece.com.br/todospelaagua/plano-de-seguranca-hidrica/, acessado em maio de 2018).

Por fim, pode-se afirmar que é graças à robustez do Sistema de Gestão dos Recursos Hídricos do Estado do Ceará, construído ao longo dos últimos 25 anos, que tem sido possível minimizar grande parte dos impactos da seca plurianual que persiste, inclusive a garantia do abastecimento da Metrópole e a prevenção do colapso de muitas cidades do interior. Secas severas no Ceará, como a atual, tinham histórico de muitas mortes de pessoas e animais e de êxodos da população rural e de pequenas localidades para centros urbanos. Nenhum desses fenômenos tem sido reportado atualmente, embora impactos muito severos sejam observados, sobretudo pelo setor de agricultura irrigada.

Trabalha-se o emergencial de maneira bastante inovadora, e, ao mesmo tempo, avança-se na gestão. Contudo, reflexões devem ser feitas no futuro visando valorizar abordagens mais proativas de gestão do risco de seca, tal como proposto no documento "Secas no Brasil: políticas e gestão proativas" (De Nys et al., 2016). Há também necessidade de se esclarecer a relação "uso múltiplo – uso urbano" e sobretudo a relação "Metrópole – Bacia do Jaguaribe", envolvendo todos os colegiados diretamente interessados. Finalmente, há ainda um longo caminho a percorrer em termos de ações estruturantes, para além da infraestrutura hídrica, com destaque para a gestão da demanda e reuso.

SEGURANÇA HÍDRICA E CAPACIDADE ADAPTATIVA EM AMBIENTES METROPOLITANOS: ALGUMAS REFLEXÕES

Tendo por base a observação sobre como as duas metrópoles lidaram com a crise hídrica associada às secas recentes ou ainda em curso, além de referências adicionais à Metrópole do Rio de Janeiro/Bacia Paraíba do Sul, este item busca refletir sobre oportunidades e entraves para a adoção de abordagens mais adaptativas para a segurança hídrica urbana/metropolitana no contexto de gestão das águas em situação complexa.

Conceito de segurança hídrica por parte dos tomadores de decisão

De forma objetiva, tem-se utilizado planejamentos de médio e longo prazos que procuram reduzir a vulnerabilidade às estiagens e secas e, quando da ocorrência do extremo climático, desenvolvem-se planos reativos de gestão para mitigar o seu impacto. Essa foi a abordagem predominante nos dois exemplos tratados no capítulo anterior e também na Bacia Paraíba do Sul, que abastece 90% da Metrópole do Rio de Janeiro. Em suma, a abordagem conceitual de segurança hídrica por parte dos tomadores de decisão é ainda frágil. No entanto, iniciativas recentes em São Paulo e no Ceará apontam para mudanças na abordagem do planejamento tradicional, como será discutido nos próximos itens.

Práticas de planejamento e abordagens mais adaptativas

Maior segurança hídrica em tempos de mudanças globais impõe planejamentos mais compreensivos, com abordagens mais adaptativas, compreendendo planejamentos estratégicos de médio e longo prazos bem como a preparação para a ocorrência de falhas, inclusive o risco climático de seca.

Planejamento de médio e longo prazo

No Brasil e nos casos observados, as práticas de planejamento de médio e longo prazos – como os planos de abastecimento metropolitano e planos de recursos hídricos – buscam aumentar a segurança hídrica sobretudo por meio da proposição de infraestruturas de armazenamento e de transferência hídrica, usualmente dimensionadas com base no cenário mais conservador e menos adaptativo (de demanda mais intensiva de água). Em geral, não são utilizadas informações climáticas para cenários futuros de disponibilidade qualiquantitativa de água e de segurança hídrica dos diferentes usos e usuários (OCDE, 2015; Banco Mundial, 2018).

O Plano Nacional de Adaptação à Mudança do Clima (MMA, 2016) e sobretudo o estudo da ANA em parceria com o Centro de Gestão e Estudos

Estratégicos – GGES sobre "Mudanças Climática e Recursos Hídricos" (ANA, 2016) discutem, de forma aprofundada, os dilemas e os desafios da gestão e do planejamento dos recursos hídricos face aos desafios impostos pela mudança do clima. Estes incluem desde divergências e contradições dos impactos simulados pelos modelos disponíveis, até evidências acumuladas nas últimas décadas sobre a não estacionariedade das séries de vazões (tendências crescentes ou decrescentes), até então não considerada. E concluem que, nesse ambiente de complexidade e incerteza, estratégias adaptativas colocam-se como alternativa para orientar a ação (ANA, 2016; MMA, 2016); a previsão e o controle são substituídos pela cenarização prospectiva e pela adaptação, respectivamente:

> A adaptação proativa pressupõe a definição de uma estratégia robusta, sendo a robustez entendida como a capacidade do sistema perseverar nos diversos futuros alternativos factíveis. A lógica de uma estratégia robusta baseia-se na definição de um conjunto de cenários factíveis ou alvos. Diante de múltiplos cenários factíveis, almeja-se identificar um conjunto de medidas que garantam a operação do sistema, ou seja, um cenário robusto.

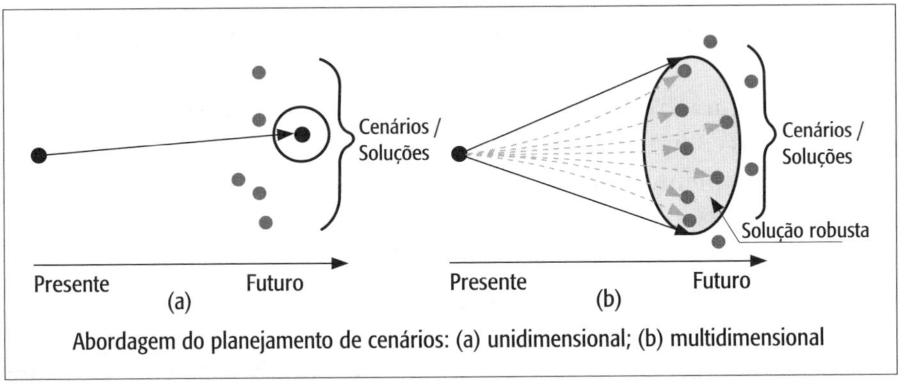

Figura 5 – Estratégias de planejamento.
Fonte: ANA, 2016; adaptada de Souza Filho, 2014.

Seguindo a tendência mundial, o MMA (2016) e a ANA (2016) indicam as medidas de adaptação "sem arrependimento" (*no regrets*) como aquelas mais apropriadas ao cenário de tantas incertezas quanto aos impactos da mudança climática, à escassez de recursos financeiros e às deficiências na implementação da gestão dos recursos hídricos, entre outras. Medidas de "não arrependimento" podem ser definidas como medidas de adaptação que geram benefícios ambientais, econômicos e/ou sociais, independentemente das incertezas atreladas às previsões, pois atuam também sobre estressores não-climáticos.

Contudo, para além do desafio conceitual, o setor de recursos hídricos tem dificuldades também de implementar os seus planos (OCDE, 2015; Banco Mundial, 2018), os quais, por essa razão, foram cunhados pela OCDE como "tigres de papel".

Planos de contigência e de preparação para a seca

Outra medida de adaptação importante concerne à preparação de um planejamento para lidar com o risco de falhas no provimento de água bruta aos usos múltiplos, inclusive o abastecimento urbano e metropolitano, principalmente em situações de seca. Esses planos têm por finalidade organizar previamente as ações a serem tomadas para suplantar a crise com o menor impacto possível, compreendendo desde a definição de níveis de alerta até o arranjo institucional necessário para a tomada de decisão. Contudo, planejamentos proativos, definidos antes da instalação da seca, ainda não fazem parte da cultura técnica brasileira. Reage-se às crises, com maior ou menor capacidade adaptativa, em função das capacidades técnicas e do sistema de governança instalados. Foi observado nas crises hídricas envolvendo as metrópoles de São Paulo, Rio de Janeiro e até mesmo Fortaleza, que tem um longo histórico de convivência com as secas. No entanto, duas experiências recentes constituem um grande avanço de caráter técnico e científico na direção de uma gestão proativa da seca: i) os planos de preparação para a seca; e ii) o monitor de secas (De Nys et al., 2016).

Um plano de preparação para a seca – que equivale ao que a ANA (2016) e o MMA (2016) nomearam de planos de contingência – deve ter como pilares o monitoramento e o alerta precoce, a avaliação das vulnerabilidades bem como a elaboração de ações de preparação, mitigação e resposta à seca (Souza Filho et al., 2016). A proposta global é passar de uma gestão de crise para uma abordagem baseada na gestão de risco, em múltiplas escalas. No Nordeste e no Ceará, planos de preparação para a seca voltados para o suprimento e gestão da água, que incorporam abordagens de gerenciamento de risco, têm sido elaborados em diferentes níveis (bacia hidrográfica, região metropolitana e município). Em São Paulo, foram recentemente concluídas duas iniciativas nesse sentido: a estratégia estadual de gestão de secas e diretrizes para o desenvolvimento de planos de seca em região hidrográfica e em hidrossistemas. Há, portanto, movimentos concretos em direção a abordagens mais adaptativas de secas.

Já o monitoramento de secas é essencial para a identificação de seu início, severidade e fim. O monitoramento contínuo é associado ao uso de índices e indicadores apropriados, que se relacionam a impactos e gatilhos e ao desenvolvimento de um sistema de apoio à decisão. O alerta precoce tem grande relevância na mitigação dos impactos das secas. Tanto a Bacia do Rio Piracicaba quanto a Bacia do Rio Paraíba do Sul possuem redes de medição hidrometeorológica e fluviométrica bastante significativas no contexto nacional. Contudo, nenhuma delas possui um sistema de monitoramento de secas como dispõe atualmente o Nordeste (Souza Filho et al., 2018); durante as crises hídricas nessas bacias, ao longo dos anos de 2014 e 2015, o desenvolvimento da seca foi avaliado empiricamente. O desenvolvimento de instrumentos tal como o "monitor de seca", que vem sendo utilizado pelo Ceará e demais estados do Nordeste, deve ser considerado.

O monitor de secas é uma iniciativa interessante de monitoramento que surgiu recentemente no contexto da seca prolongada do semiárido brasileiro, com o objetivo de integrar o conhecimento técnico e científico de nível federal, estadual e municipal nas áreas de meteorologia, recursos hídricos e agricultura, sob a coordenação técnica e operacional da ANA. Busca-se alcançar um entendimento comum sobre as condições de seca: severidade, evolução espacial e temporal, e impactos.

O monitor de secas do Nordeste (Figura 6) é um processo de acompanhamento regular e periódico da situação da seca na região, com resultados consolidados mensais (Mapa do Monitor de Secas), que indica a evolução da seca na região. O Monitor é uma ferramenta para apoiar o alerta precoce e a previsão de secas, um subsídio para o processo decisório e políticas em escala federal, estadual e local (http://monitordesecas.ana.gov.br/).

Governança das águas sob o estresse de secas mais severas

Como apontado na literatura, a alta vulnerabilidade do uso da terra combinada com a mudança do clima deve afetar de maneira significativa as práticas de gestão das águas, tornando-as mais complexa e demandando maior capacidade adaptativa para fazer face ao futuro incerto de crescente escassez e excesso de água. É exatamente o que se observa nas regiões hidrográficas que compreendem os casos amostrados – Piracicaba e Jaguaribe – e também na Bacia Paraíba do Sul. Tratam-se de pioneiras na concepção e implementação da gestão integrada dos recursos hídricos no Brasil que dispõem atualmente de sistemas de governança considerados como um dos mais desenvolvidos do país. Contudo, estes foram claramente insuficientes para evitar a instalação de crises hídricas de tamanha gravidade ou para evitar conflitos de grande envergadura durante as secas recentes. Nessa conjuntura, parece evidente ser necessário construir uma governança para a gestão de secas no setor de recursos hídricos.

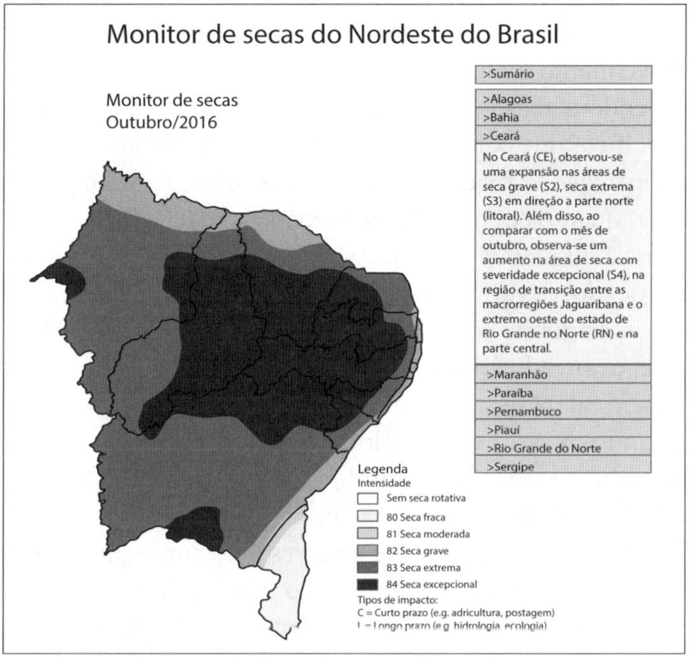

Figura 6 – Monitor de secas do Nordeste do Brasil.
Fonte: http://monitordesecas.ana.gov.br/

Neste trabalho, escolheu-se ressaltar dois aspectos centrais para a governança das águas em áreas urbanas e metropolitanas sob estresse de secas, a partir da observação dos casos amostrados. O primeiro diz respeito à necessidade de se criar uma cultura de preparação para a seca, conforme advogado por muitos (ver, em especial, os múltiplos estudos reunidos na obra organizada por De Nys et al., 2016), inclusive como contribuição para a construção mais ampla de resiliência à mudança do clima. O monitor de secas e o plano de preparação para as secas, apontados acima, constituem instrumentos centrais dessa abordagem. O segundo aspecto diz respeito à especificidade (e complexidade) da governança das águas envolvendo territórios metropolitanos que são hidraulicamente conectados com outras bacias hidrográficas por meio de transposição.

Territórios diferenciados para a governança participativa e gestão de secas

Em geral, o abastecimento de metrópoles envolve territórios hidrográficos distintos da gestão usual de bacias hidrográficas, em função de transferências hídricas ou transposições, que interconectam bacias distintas, ou ainda em função de sistemas integrados que utilizam diferentes mananciais para o abastecimento metropolitano. A governança para a gestão do risco de secas envolvendo o abastecimento metropolitano impõe, portanto, planejamentos específicos que considerem os territórios integrados e os usos múltiplos tanto em ações de médio e longo prazos (por exemplo, planos de segurança hídrica) quanto em medidas de preparação para a próxima seca (planos de contingência ou planos de preparação para a seca). Observa-se também a necessidade de espaços decisórios participativos mais aderentes às especificidades do abastecimento metropolitano, tanto para a pactuação prévia dos planos de segurança hídrica ou de preparação para a seca, quanto para a gestão operacional da seca, nos momentos da sua ocorrência.

Observando os casos amostrados, o descompasso entre os arranjos político-institucionais existentes e a problemática metropolitana é claramente evidenciado. O território-problema em geral abrange uma série de bacias/regiões hidrográficas que, além dos gestores de recursos hídricos, já contam com colegiados participativos e têm como uma de suas atribuições dirimir conflitos pelo uso da água. Ao mesmo tempo, este território corresponde a uma lacuna em termos de gestão operacional da crise hídrica em momentos de seca. A adequação da organização politico-institucional atual à escala do problema é colocada pela ANA (2016) como um desafio para o Sistema Nacional de Gerenciamento de Recursos Hídricos – SINGREH, na perspectiva de adaptação aos novos desafios impostos pelas mudanças climáticas no Brasil.

No Ceará, o conflito em torno da alocação de água entre a Bacia do Rio Jaguaribe (dividida em várias regiões hidrográficas) e a região metropolitana tem se agravado juntamente com a seca; para garantir água para metrópole – uso doméstico e industrial – o custo para a agricultura na bacia doadora do Jaguaribe tem sido bem elevado, com cortes progressivos na alocação de água para a irrigação; somente quando a restrição à irrigação no Jaguaribe era de mais de 75% do consumo de referência (entrevista com representantes da COGERH, em maio de 2018) foram impostas restrições de transferência de água para a metrópole.

O conflito se agravou porque, de um lado, não havia regras previamente pactuadas para a (re)alocação das águas da transposição de acordo com a gravidade da seca e disponibilidade hídrica da bacia doadora. De outro lado, não existe uma instância de explicitação e negociação de conflitos que seja talhada para a alocação de água entre as duas bacias (Jaguaribe e Metropolitana), como vem ocorrendo há mais de 20 anos em sistemas hídricos – açudes e vales perenizados – em várias regiões hidrográficas cearenses, o que permitiu tornar a decisão sobre o uso da água mais transparente e equitativo. De fato, os comitês e as comissões gestoras da Bacia do Jaguaribe negociavam somente a água remanescente na bacia, não atuando na alocação de água para a Metrópole de Fortaleza (Lemos et al., 2011), algo que passou a ser questionado a partir de 2017, no calor da crise hídrica severa que ainda persiste. No entanto, o Conselho Estadual de Recursos Hídricos assumiu recentemente esse papel, passando inclusive a reunir representantes dos cinco comitês da Bacia do Rio Jaguaribe e do Comitê da Bacia Metropolitana para as discussões específicas sobre a alocação de água Jaguaribe-Metropolitana (entrevista com representantes da COGERH, em maio de 2018). Embora o arranjo não tenha agradado aos comitês da bacia doadora nem tenha sido formalizado no âmbito do Conselho, certamente representa um avanço em relação às práticas anteriores. O Ceará é possivelmente o estado brasileiro que tem demonstrado maior capacidade de inovação e adaptação na gestão dos recursos hídricos no país, em termos técnicos e politico-institucionais (Banco Mundial, 2018; Souza Filho et al., 2018).

Em São Paulo, a Bacia do Alto-Tietê, onde se situa a metrópole de São Paulo, e a Bacia do Piracicaba, que compreende o Sistema Cantareira, compreendem uma diversidade de entes públicos e colegiados – federais e estaduais – com sobreposições em algumas áreas e espaços vazios em outras. Com uma complexidade político-institucional maior do que na Bacia do Rio Jaguaribe, a gestão da crise foi marcada pela lacuna de uma governança colegiada que envolvesse as partes diretamente interessadas nas duas bacias: o Grupo Técnico formado inicialmente se desfez no auge da crise, em setembro de 2014, e a alocação de água para a Metrópole passou a ser coordenada pelas autoridades máximas da Secretaria de Saneamento e Recursos Hídricos (SSRH-SP) e da ANA. Ao contrário da Bacia Paraíba do Sul, os Comitês da Bacia Alto-Tietê e da Bacia do Piracicaba parecem ter ficado na periferia do processo decisório (Fracalanza, 2017), daí o forte apelo da sociedade civil por mais transparência e prestação de contas por parte dos gestores da crise.

Já na Bacia do Rio Paraíba do Sul, que também não dispõe de regras previamente pactuadas para a realocação de água em situações de escassez e apresenta grande complexidade político-institucional (gestores públicos e colegiados participativos federais e estaduais), a explicitação e negociação dos conflitos foi fortemente facilitada pela atuação do Grupo de Trabalho de Acompanhamento e Operação Hidráulica – GTAOH, reativado para o enfrentamento da crise hídrica de 2014-2015 no âmbito do Comitê de Integração da Bacia Paraíba do Sul (Ceivap). Embora seja um grupo técnico do Ceivap, todos as partes interessadas estão representadas no GTAOH, inclusive o Comitê Guandu, cuja bacia é beneficiada pela transposição, e a Cedae-Metropolitana, diretoria da empresa estadual de água e esgoto (Cedae) que representa os interesses da Bacia hidrográfica Baía de Guanabara, onde se situa a maior parte da Metrópole que é abastecida pela ETA Guandu. Importante ressaltar que o GTAOH tem poder consultivo, já que as regras de operação eram então definidas somente pela ANA. No entanto, as decisões do GTAOH têm sido geralmente acatadas pela ANA, desde a sua existência inicial na crise hídrica de 2001-2003, e por isso tem sido considerada uma experiência bem sucedida para tratar dos conflitos envolvendo os usuários dos rios Paraíba do Sul e Guandu (Formiga-Johnsson et al., 2007; Kumler e Lemos, 2008; Lemos et al., 2011; Costa et al., 2015; Formiga-Johnsson et al., 2015). Essa experiência vem reforçar a importância de arranjos participativos aderentes à escala territorial do problema, no caso, envolvendo o abastecimento metropolitano e os usos múltiplos em conflito no contexto de bacias hidrográficas.

Em resumo, é de grande importância definir e regulamentar arranjos participativos específicos para a preparação e gestão de secas, permanentes ou temporários, os quais, em ambientes metropolitanos, deve abranger usualmente escalas territoriais mais centralizadas do que os arranjos descentralizados de bacias hidrográficas.

Engle et al. (2011) fazem uma análise interessante sobre as tensões entre centralização e descentralização na busca de arranjos mais adaptativos na gestão de recursos hídricos. Ressaltando que flexibilização e experimentação são aspectos importantes da gestão adaptativa, reconhece-se que modelos descentralizados e participativos trazem mais legitimidade e conhecimento local ao processo decisório, mas frequentemente perdem a flexibilidade que teria uma equipe menor e mais técnica. Utilizando-se do exemplo do GTAOH/Ceivap durante a crise hídrica de 2001-2003, os autores ressaltam que arranjos participativos não implicam necessariamente falta de flexibilidade, especialmente quando eles estão dispostos a delegar o processo decisório a instâncias que possam agir com mais rapidez diante da crise; ao mesmo tempo, essa delegação ao GTAOH é uma admissão da dificuldade de se tomar decisões importantes e sensíveis, de maneira ágil, com ampla participação das partes interessadas (Engle et al., 2011).

Por isso, arranjos específicos para a governança da gestão de secas no Brasil devem esclarecer quem faz o quê e quais são as atribuições e os papéis de cada ator diretamente envolvido (órgãos gestores, comitês de bacia e conselhos de recursos hídricos), tanto para a preparação quanto para a gestão da seca. No caso das metrópoles e do abastecimento urbano em geral, outro ator central no planejamento e gestão são as empresas de água e esgoto, não somente pela sua centralidade nas respostas adaptativas para compensar a redução da disponibilidade hídrica, mas também pelo possível impacto da crise na sua sustentabilidade financeira decorrente da diminuição da quantidade de água distribuída e consequentemente faturada. Os casos de São Paulo e Fortaleza são particularmente ilustrativos a esse respeito.

Uso eficiente da água e gestão da demanda

Duas questões carecem de aprofundamento na gestão dos recursos hídricos no Brasil, envolvendo a alocação de água em situação de escassez entre bacias doadoras e beneficiadas, que ganham grande significância no contexto metropolitano (e de grandes centros urbanos em geral): i) prioridade legal para o abastecimento humano; e ii) eficiência do uso da água e gestão da demanda.

Prioridade legal do abastecimento humano em situações de escassez

Como aplicar a prioridade legal do abastecimento humano em situações de escassez, já que ambientes urbanos e principalmente metropolitanos compreendem, frequentemente, usos industriais? Na prática, o abastecimento humano tem sido usualmente interpretado como abastecimento urbano, de modo simplificado, e isso tem agravado ainda mais os conflitos pelo uso da água em situações de seca, como observado recentemente nas áreas metropolitanas de São Paulo, Fortaleza e Rio de Janeiro. Além do mais, predomina, em todo o país, uma visão demasiadamente simplificada sobre a prioridade do abastecimento humano fixada pela Lei Federal nº 9.433/97 e por leis estaduais. O assunto é complexo e sensível, mas precisa ser enfrentado, idealmente no contexto de um plano de preparação para a seca ou plano de contingência, com clareza, transparência, participação e equidade.

Outra questão sensível diz respeito à predominância das metrópoles na priorização do uso de água em tempos de escassez, sem necessariamente estabelecer contrapartidas e esforços consequentes, em função da crise hídrica e do nível de eficiência do uso da água naquele contexto metropolitano. Aplica-se automaticamente a prioridade legal do abastecimento metropolitano. Durante a crise de 2014-2015, a Metrópole do Rio de Janeiro teve seu abastecimento totalmente garantido, graças ao esforço coletivo das Bacias Paraíba do Sul e Guandu e às adaptações sucessivas dos sistemas de captação e tratamento da ETA Guandu pela CEDAE (Formiga-Johnsson et al., 2015). No entanto, o esforço da Metrópole foi quase insignificante, em termos de economia de água, nem parecia que a crise tinha se traduzido em estímulos de redução de perda e uso racional na região metropolitana. Em Fortaleza, somente no terceiro ano consecutivo de seca, quando as restrições à irrigação na Bacia do Jaguaribe já eram muito altas, é que a região metropolitana iniciou programas robustos de economia de água, ao mesmo tempo em que os gestores de recursos hídricos buscavam fontes alternativas de abastecimento. São Paulo foi a região onde o esforço metropolitano de economia de água e fontes alternativas foi o mais significativo, inclusive com soluções técnicas engenhosas, mas não sem críticas sobre a demora para iniciar a resposta à crise e sobre a necessidade de mais transparência acerca da real situação da crise hídrica e das soluções de contingência.

Eficiência do uso da água

Tradicionalmente no Brasil, a lógica dominante em relação aos problemas de balanço hídrico em áreas densamente urbanizadas é de contínua ampliação da oferta de água por meio de infraestrutura hídrica. Apesar da importância crescente da gestão da demanda e do incentivo ao uso eficiente da água, pode-se afirmar que somente agora, no contexto de extremos de seca afetando metrópoles como São Paulo, que o assunto ganha ênfase no bojo da gestão dos recursos hídricos e da gestão dos serviços de abastecimento metropolitano no Brasil.

A gestão da demanda compreende uma série de medidas, que podem ser agrupadas em três tipos (Sharma e Vairavamoorthy, 2009; Guedes et al. 2014): (i) medidas tecnológicas, como por exemplo, controle de perdas e ligações clandestinas nas redes de distribuição de água, faixas de variação de pressão e setorização da rede de abastecimento, reúso, captação de águas pluviais, aparelhos hidrossanitários poupadores de água, etc.; (ii) medidas econômicas e financeiras, tais como tarifação que estimule o uso eficiente, tarifação em períodos de seca que considerem disposição a pagar (tarifa de contingência) ou disposição a receber (bônus tarifário), estímulos fiscais para redução de consumo e adoção de novos instrumentos tecnológicos, etc.; (iii) medidas sociopolíticas, que incluem ações regulatórias e institucionais (restrição do uso da água em períodos de seca, legislação que induza o uso racional da água, programas de educação ambiental, entre outros).

Em regiões metropolitanas, a gestão da demanda é fortemente dependente do serviço de abastecimento público de água. Conforme descrito no capítulo anterior, várias medidas de gestão da demanda foram tomadas durante a crise hídrica nas metrópoles de São Paulo, entre 2014 e 2016, e mais recentemente em Fortaleza, que continua em crise. Algumas dessas medidas terminaram modificando o padrão de consumo por parte da população, frutos do período de escassez, como constatou-se em 2017 em São Paulo, onde não houve retorno à condição inicial (Sabesp, 2017). Pode-se considerar como insignificantes as medidas de economia de água na região metropolitana do Rio de Janeiro.

Ressalte-se que ainda não há muita clareza, no Brasil, sobre o alcance e os limites da gestão de recursos hídricos envolvendo os serviços de abastecimento urbano enquanto usuário. Mais precisamente, qual deve ser o papel do setor de recursos hídricos na indução do uso mais eficiente da água por parte de serviços de saneamento em situações de escassez de água bruta ou de dependência de mananciais vizinhos? É uma discussão ainda em aberto no setor de gestão de recursos hídricos (Acserald et al., 2015). De qualquer maneira, espera-se que as crises recentes de São Paulo, Fortaleza, Brasília e Rio de Janeiro, entre outros, exponham a necessidade de mais esforços de grandes centros urbanos para o uso eficiente da água e acelerem a necessária mudança de paradigma em relação à lógica dominante de contínua expansão da oferta, o que envolve a integração entre a gestão de recursos hídricos e os serviços de água e esgoto.

Por fim, durante a crise hídrica de 2014-2015 no Sudeste, o reuso e a captação de águas pluviais alcançaram grande destaque nacional. Esta última foi inclusive inserida como um objetivo da lei federal das águas (Lei n. 9.433/97, Art. 2, IV), mas até agora sem consequências. O reuso – sobretudo no setor industrial – é uma prática muito comum no Brasil, embora de forma voluntária, não planejada nem incentivada por políticas públicas. No caso do reúso de esgotos urbanos, há ainda necessidade de normas legais regulamentado padrões de uso (Hespanhol, 2014). São Paulo é possivelmente a metrópole com mais iniciativas de reúso no Brasil, com destaque para o reúso no setor industrial. São poucas as empresas de saneamento que praticam o reúso no país, entre as quais se inclui a Sabesp em parceria com o setor privado (www.aquapolo.com.br).

Proteção e recuperação de mananciais estratégicos

Desde a crise hídrica paulista, uma das principais reinvindicações da sociedade civil para aumentar a segurança hídrica metropolitana é recuperar a qualidade de água e proteger e revitalizar mananciais no território metropolitano, a exemplo do movimento "Aliança pela Água" e do projeto "Coalizão Cidades pelas Águas"[4]. Cabe notar que São Paulo foi uma área urbana pioneira na concepção de uma política ambiciosa de proteção dos mananciais, na década de 1970, revisada duas décadas depois, mas que não foi capaz de proteger seus mananciais locais do uso desordenado da terra (Alvim et al. 2008). De modo geral, no Brasil, mananciais locais de áreas urbanas são comprometidos sobretudo pelo baixo nível de coleta e tratamento de esgoto. Em seu estudo do Atlas de Abastecimento Urbano, a ANA avaliou ser necessário investir R$ 48 bilhões em coleta e tratamento de esgoto em 2.926 cidades até 2025 para melhorar a qualidade de água dos mananciais de abastecimento (ANA, 2010).

Mais recentemente, no cenário internacional, iniciativas promissoras têm utilizado a abordagem da infraestrutura natural (ou infraestrutura verde) como complementar à infraestrutura cinza (ou construída) para aumentar a segurança hídrica em termos de armazenamento e tratamento de água por meio da proteção e recuperação de mananciais (Gartner et al., 2013; McDonald e Shemie, 2014; Ozment et al., 2015; PNUMA, 2014). Essas iniciativas envolvem: o controle da poluição; a conservação, restauração e manejo florestal; o ordenamento territorial (aquisição de terras, zoneamento ambiental); e a adoção de boas práticas por proprietários rurais, entre outros.

A área de recursos hídricos no Brasil tem avançado de maneira significativa nos últimos dez anos, em termos conceituais e de experiências piloto, com pagamentos por serviços ambientais (PSA), inclusive nas Bacias dos Rios Piracicaba e Paraíba do Sul. Entretanto, observa-se ser necessário superar muitas dificuldades para que iniciativas de PSA e outras medidas de proteção dos mananciais ganhem escala no contexto da bacia hidrográfica (Guedes e Seehusen, 2011; Veiga e Gavaldão, 2011; Ramos e Formiga-Johnsson, 2012).

CONSIDERAÇÕES FINAIS

A severidade das secas recentes, que provocou crises hídricas sem precedentes em metrópoles brasileiras, suscitou respostas de gestão e tem levantado reflexões igualmente inéditas no setor de recursos hídricos no Brasil.

[4] https://www.tnc.org.br/nossas-iniciativas/coalizao-cidades-pela-agua/coalizao-saopaulo/ index.htm.

A observação de casos emblemáticos de gestão de secas em situação complexa permitiu constatar, em primeiro lugar, que as crises hídricas colocaram à prova os sistemas de gerenciamento de recursos hídricos e evidenciaram suas fragilidades, mesmo onde considerados como mais estruturados e robustos (nível federal, Ceará e São Paulo). Como observado globalmente por Souza Filho e Silveira (2015), há um déficit de adaptação dos sistemas de gestão à variabilidade atual – natural e relacionadas ao uso da terra – que deverá ser enfrentada simultaneamente aos novos desafios representados pelas mudanças climáticas. As crises hídricas evidenciaram também a necessidade de superar a visão e o planejamento tradicionais de soluções baseadas somente em infraestrutura hídrica e de diversificar com soluções complementares, incluindo a gestão da demanda, o uso mais eficiente da água e infraestrutura natural, desde que implementadas em escalas mais consequentes.

No entanto, foi possível evidenciar também várias oportunidades que emergiram com a crise, entre as quais o conceito de segurança hídrica – que pode dar mais propósito à gestão – e a discussão de abordagens mais adaptativas no seio de gestores públicos, colegiados participativos e acadêmicos. Foi possível constatar também a emergência pontual de uma série de características associadas à gestão adaptativa, como descrita por Pahl-Wostl (2007) e Gupta et al. (2010), sugerindo talvez o início da construção de abordagens mais adaptativas na gestão das águas. Para exemplificar, na Bacia Paraíba do Sul, principal manancial da metrópole do Rio de Janeiro, a mudança das regras operativas pode ser considerada uma importante adaptação do hidrossistema Paraíba do Sul-Guandu a favor dos usos múltiplos face aos extremos de seca, em detrimento da flexibilidade do uso da água estocada pelo setor elétrico. Outro exemplo de características de abordagens adaptativas concerne a Bacia do Rio Jaguaribe e a região metropolitana de Fortaleza: pela primeira vez as tensões e os conflitos entre as partes foram formalmente explicitados, induzindo a um aprendizado coletivo que está sendo atualmente construído, com maior variedade de perspectivas, atores e soluções e possíveis ajustes de comportamento. A inovação de alternativas de abastecimento também sugere forte adaptação tecnológica. Em São Paulo, parece ser necessário maior esforço de inclusão e coordenação multinível de diferentes atores, um problema fortemente ressaltado pela OCDE como central no Brasil (2015). Apesar da forte capacidade técnica e operacional da Sabesp e dos avanços concretos em termos de segurança hídrica da metrópole encabeçados pelos gestores públicos de recursos hídricos (novas transposições, estudos de preparação para a seca, entre outros), há uma demanda em aberto de organizações civis por mais transparência e comunicação, além de clareza de papéis em relação aos colegiados e maior participação.

Há, portanto, um longo caminho a ser percorrido para a construção de abordagens adaptativas que promovam a segurança hídrica. Espera-se que os avanços observados e as lições aprendidas, apesar do contexto político nacional desfavorável, não sejam desperdiçados e constituam oportunidades de aprimoramento da governança das águas no Brasil.

REFERÊNCIAS

ABERS, R.N.; KECK, M.E. *Autoridade prática: ação criativa e mudança institucional na política das águas no Brasil*. Rio de Janeiro: Fiocruz, 2017.

AGRAWAL, A.; LEMOS, M.C. Adaptive development. *Nat Clim Chang*, v.5, p.185-187, 2015.

ALVIM, A.T.B.; BRUNA, G. C.; KATO, V.R.C. Políticas ambientais e urbanas em áreas de mananciais: interfaces e conflitos. *Cadernos Metrópole*, São Paulo, 9, p.143-164, 2008.

[ANA] AGÊNCIA NACIONAL DAS ÁGUAS. *Atlas Brasil de Abastecimento Urbano*. Brasília: Agência Nacional de Águas, 2010.

______. *Conjuntura dos Recursos Hídricos no Brasil, Informe 2014: Encarte especial sobre a crise hídrica*. Brasília: Agência Nacional de Águas, 2014.

______. *Mudanças Climáticas e Recursos Hídricos: avaliações e diretrizes para adaptação*. Brasília: Agência Nacional de Águas e Gerência Geral de Estratégia, 2016.

______. *Conjuntura dos Recursos Hídricos no Brasil. Relatório pleno 2017*. Brasília: Agência Nacional de Águas, 2017.

ACSERALD, M.V.; AZEVEDO, J.P.S.; FORMIGA-JOHNSSON, R.M. Cobrança pelo uso da água no Estado do Rio de Janeiro, Brasil (2004-2013): histórico e desafios atuais. *Engenharia Sanitária e Ambiental*, 20, p.199-208, 2015.

BATES, B.C. et al. *Climate Change and Water*. Genebra: Technical Paper of the IPCC, 2008.

BANCO MUNDIAL. *Diálogos para o aperfeiçoamento da política e do sistema de recursos hídricos no Brasil*. Documento 1: Relatório Consolidado. Brasília: Banco Mundial, junho 2018 (no prelo).

BRAGA, B.; KELMAN, J. Facing the challenge of extreme climate: the case of Metropolitan São Paulo. *Water Policy*, 18, p.52-69, 2016.

BROOKS, N.; ADGER, N.W.; KELLY, M.P. The determinants of vulnerability and adaptive capacity at the national level and the implications for adaptation. *Global Environ Chang*, v.15, 151-163, 2005.

CAPOBIANCO, J. P.; JACOBI, P. R. O dia em que faltou água na torneira. *Folha de S.Paulo*, São Paulo, 28 nov. 2014.

COSTA, L.F. et al. Crise hídrica na bacia do rio Paraíba do Sul: enfrentando a pior estiagem dos últimos 85 anos. *Revista Ineana*, v.3, p.26-47, 2015.

CRED e UNISDR. *The human cost of weather related disasters. 1995-2015*. Bélgica: CRED, UNISDR, 2016.

DE NYS, E.; ENGLE, N.L.; MAGALHÃES, A.R. *Secas no Brasil: política e gestão proativas*. Brasília: Centro de Gestão e Estudos Estratégicos; Banco Mundial, 2016.

EAKIN, H.; LEMOS, M.C. Adaptation and the state: Latin America and the challenge of capacity-building under globalization. *Global Environ Chang*, v.16, p.7–18, 2006.

ENGLE, N.L. Adaptive capacity and its assessment. *Global Environ Chang – Human and Policy Dimensions*, v.21, p.647-656, 2011.
ENGLE, N.L. et al. Integrated and adaptive management of water resources: tensions, legacies, and the next best thing. *Ecol Soc*, v.16, n.1, art.19, 2011.
FORMIGA-JOHNSSON, R. M. et al. The politics of bulk water pricing in Brazil: lessons from the Paraíba do Sul basin. *Water Policy*, v.9, p.87-104, 2007.
______. Segurança hídrica do Estado do Rio de Janeiro face à transposição paulista de águas da Bacia Paraíba do Sul: relato de um acordo federativo. *Revista Ineana*, v.3, p.48-69, 2015.
FRACALANZA, A.P. *Crise de governança da água – a recentralização da gestão da água no Estado de São Paulo (Brasil)*. Trabalho apresentado no III Encontro Internacional Participação, Democracia e Políticas Públicas – UFES, Vitória, ES, 2017.
GALLOPÍN, G.C. Linkages between vulnerability, resilience, and adaptive capacity. *Global Environ Chang*, v.16, n.3, p.293-303, 2006.
GARJULLI, R. et al. Bacia do rio Jaguaribe. In: FORMIGA-JOHNSSON, R.M.; LOPES, P.D. (Eds.). *Projeto Marca d'Água: seguindo as mudanças na gestão das bacias hidrográficas do Brasil.* Brasília: Finatec/UnB, 2003.
GARRICK, D.; HALL, J.W. Water security and society: risks, metrics, and pathways. *Annual Review of Environment and Resources*, v.39, p.611-639, 2014.
GARTNER, T. et al. *Natural infrastructure: investing in forested landscapes for source water protection in the United States.* Washington, DC: World Resources Institute, 2013. 134 p.
GUEDES, F.B.; SEEHUSEN, S.E. *Pagamentos por serviços ambientais na Mata Atlântica: lições aprendidas e desafios*. Brasília: MMA, 2011.
GUEDES, M.J.F.; RIBEIRO, M.M.; VIEIRA, Z.M.C.L. Alternativas de gerenciamento da demanda de água na escala de uma cidade. *RBRH*, v.19, n.2, p.123-134, 2014.
GUPTA, J. et al. The Adaptive Capacity Wheel: a method to assess the inherent characteristics of institutions to enable the adaptive capacity of society. *Environ Sci Policy*, v.13, p.459-471, 2010.
HADDAD, B. Ranking the adaptive capacity of nations to climate change when socio-political goals are explicit. *Global Environ*, v.15, p.165 176, 2005.
HESPANHOL, I. Reúso Potável direto. En Temas de Ingeniería Sanitária y Ambiental. Vision de Expertos de America Latina y el Caribe. *Instituto de Ingeniería Unam*, v.2, p.151 167, 2014.
HONKONEN, T. Water security and climate change: the need for adaptive governance. *PER / PELJ*, v.20, p. 1-26, 2017.
[IPCC] INTERGOVERNMENTAL PANEL ON CLIMATE CHANGE. *Working Group II, Climate Change 2001: Impacts, Adaptation and Vulnerability, Chapter 18.* Cambridge: Cambridge University Press, 2001.
______. *Climate Change 2007: Impacts, Adaptation and Vulnerability Working Group II. Contribution to the Intergovernmental Panel on Climate Change Fourth Assessment Report.* Genebra: IPCC, 2007.
______. *Climate Change 2014: Impacts, Adaptation, and Vulnerability. Part A: Global and Sectoral Aspects. Contribution of Working Group II to the Fifth Assessment Report of the IPCC.* Cambridge, New York: Cambridge University Press, 2014.
IVEY, J.L.J., SMITHERS, R.C.L.; KREUTZWISER, R.D. Community capacity for adaptation to climate-induced water shortages: linking institutional complexity and local actors. *Environmental Management*, v.33, p.36-47, 2004.
JACOBI, P.R.; BUJAK, N.L.; SOUZA, A.N. Pénurie hydrique et crise de gouvernance dans la région métropolitaine de São Paulo. *Brésil(s)*, v.13, p.1-19, 2018.
JACOBI, P.R.; CIBIM, J.C. ; LEÃO, R.S. Crise hídrica na Macrometrópole Paulista e respostas da sociedade civil. *Estudos Avançados*, USP, v.84, p.27-42, 2015.

KELMAN, J. . A Sabesp raciona água? *Folha de S.Paulo*/Coluna Opinião, São Paulo, 22 jan. 2015.

KROL, M. S.; BRONSTERT, A. Regional integrated modelling of climate change impacts on natural resources and resource usage in semi-arid Northeast Brazil. *Environmental Modelling & Software*, v.22, p.259-268, 2007.

KUMLER, L. M.; LEMOS, M.C. Managing waters of the Paraíba do Sul river basin, Brazil: a case study in institutional change and social learning. *Ecology and Society*, v.13, n.2, p.22, 2008.

KUNDZEWICZ , Z.W. et al. The implications of projected climate change for freshwater resources and their management. *Hydrological Sciences – Journal des Sciences Hydrologiques*, v.53, n.1, p.3-10, 2008.

LEMOS, M. C. Usable climate knowledge for adaptive and co-managed water governance. *Current Opinion in Environmental Sustainability*, v.12, p.48-52, 2015.

LEMOS, M. C. et al. Advancing metrics: models for understanding adaptive capacity and water security. *Current Opinion in Environmental Sustainability*, v.21, p.52–57, 2016.

McDONALD, R. I.; SHEMIE, D. *Urban water blueprint: mapping conservation solutions to the global water challenge*. Washington, DC: The Nature Conservancy, 2014.

[MMA] MINISTÉRIO DO MEIO AMBIENTE. *Plano Nacional de Adaptação à Mudança do Clima. Volume 2: estratégias setoriais e temáticas*. Brasília: Ministério do Meio Ambiente, 2016. 295 p.

[OCDE] ORGANIZAÇÃO PARA A COOPERAÇÃO E DESENVOLVIMENTO ECONÔMICO. *Governança dos recursos hídricos no Brasil*. Paris: OECD Publishing, 2015. 301p.

OZMENT, S., DiFRANCESCO, K.; GARTNER, T. *The role of natural infrastructure in the water, energy and food nexus*. Nexus Dialogue Synthesis Papers. Gland: IUCN, 2015.

PAHL-WOSTL, C. A conceptual framework for analysing adaptive capacity and multi-level learning processes in resource governance regimes. *Global Environ Change*, v.19, p.354-365, 2009.

PAHL-WOSTL, C. *Requirements for adaptive water management. Adaptive and Integrated Water Management. Coping with Complexity and Uncertainty*. In: Pahl-Wostl, C., Kabat, P., and M^ltgen, J. (Ed.s). Heidelberg: Springer Verlag, 2007, p.1-22.

[PBMC] PAINEL BRASILEIRO DE MUDANÇAS CLIMÁTICAS. *Mudanças Climáticas e Cidades. Relatório Especial do Painel Brasileiro de Mudanças Climáticas*. Rio de Janeiro: PBMC, COPPE – UFRJ, 2016. 116p.

[PNUMA] PROGRAMA DAS NAÇÕES UNIDAS PARA O MEIO AMBIENTE. *Green Infrastructure Guide for Water Management: Ecosystem-based management approaches for water-related infrastructure projects*. Nairobi: UNEP, 2014.

RAMOS, M.; FORMIGA-JOHNSSON, R. M. Água, *gestão e transição para uma economia verde no Brasil. Propostas para o setor público*. Rio de Janeiro: FBDS, 2012. 51p.

SABESP . *Soluções no Enfrentamento da Crise Hídrica. Estratégias e Soluções da SABESP*. Apresentação em powerpoint de 22 de maio de 2017. São Paulo: SABESP, 2017.

SHARMA, S.K.; VAIRAVAMOORTHY, K. (2009). Urban water demand management: prospects and challenges for the developing countries. Water and Environmental Journal, 23: 210-218

SILVA, U.P.A. et al.. *A experiência da alocação negociada de água nos Vales do Jaguaribe e Banabuiú*. Anais do VIII Simpósio de Recursos Hídricos do Nordeste, 2007.

SOUZA FILHO, F.A. et al. Gestão e abastecimento hídrico: planos de preparação para a seca. In: DE NYS, E.; ENGLE, N.L.; MAGALHÃES, A.R. (Orgs.). *Secas no Brasil: política e gestão proativas*. Brasília: CGEE; BIRD, 2016.

SOUZA FILHO, F.A. et al. From drought to water security: Brazilian experiences and challenges. In: World Water Forum. (Org.). *Global Water Security*. Singapore: Springer, 2018. p. 233-265.

SOUSA JÚNIOR, W. et al. Water: drought, crisis and governance in Australia and Brazil. *Water*v.8, n.493, p.1-21, 2017.

[SRH–CE] SECRETARIA DE RECURSOS HÍDRICOS – CEARÁ. *Gestão das águas e segurança hídrica de abastecimento público em situações de escassez: o caso do Ceará*. Apresentação em Powerpoint da Secretaria de Recursos Hídricos do Estado do Ceará, de 25 de maio de 2017.

[SSRH-SP] SECRETARIA DE SANEAMENTO E RECURSOS HÍDRICOS – SÃO PAULO. *A crise hídrica no Estado de São Paulo*. Apresentação em Powerpoint da Secretaria de Saneamento e Recursos Hídricos do Estado de São Paulo, 2017.

VEIGA, F.; GAVALDÃO, M. Iniciativas de PSA de Conservação dos Recursos Hídricos na Mata. In: GUEDES, F.B.; SEEHUSEN, S.E. (Orgs.). *Pagamentos por Serviços Ambientais na Mata Atlânica: lições aprendidas e desafios*. Brasília: MMA, 2011.

17 Gestão de bacias hidrográficas sob condições de mudança climática

Hagen Koch
Geólogo, Potsdam Institute for Climate Impact Research, PIK

Werônica Meira de Souza
Metereologista, Universidade Federal Rural de Pernambuco, UFRPE

José Roberto Gonçalves de Azevedo
Engenheiro civil, Universidade Federal de Pernambuco, UFPE

Fred F. Hattermann
Geoecologista, Potsdam Institute for Climate Impact Research, PIK

INTRODUÇÃO

Hidrologia e gestão de bacias hidrográficas

De acordo com a Organização Mundial de Meteorologia (OMM) (2008a), hidrologia é a ciência que trata da ocorrência e distribuição das águas da Terra no tempo e no espaço, tanto acima como abaixo da superfície terrestre, incluindo as suas propriedades químicas, biológicas e físicas e sua interação com o ambiente físico. Como tal, a hidrologia forma a base para a gestão da bacia hidrográfica e para a solução dos problemas práticos relacionados a inundações, secas, erosão, transporte de sedimentos e poluição da água. O ciclo hidrológico é uma parte essencial do ciclo climático e, por essa razão, muito sensível à variabilidade e às alterações climáticas. Pequenas, e, às vezes, insignificantes, variações do clima podem levar a alterações significativas dos processos hidrológicos (Gädeke et al., 2013; Huang et al., 2010; Hattermann et al., 2008).

A disponibilidade de recursos hídricos é um fator determinante importante para o desenvolvimento, planejamento e operação de muitos setores, por exemplo, abastecimento de água para uso doméstico, geração de eletricidade (usinas hidrelétricas e termoenergia), além de outros ramos industriais, agricultura e turismo. A principal tarefa da gestão de bacias hidrográficas consiste em conciliar a localização, quantidade, qualidade, data e probabilidade da água disponível. Por exemplo, o local em que são necessárias determinadas quantidades de água pode não coincidir com o local em que essas quantidades de água encontram-se disponíveis, as épocas de alta demanda hídrica diferem daquelas de grande disponibilidade (natural) de água, etc. As forças econômicas, políticas e sociais, bem como as condições hidrológicas, ecológicas e climatológicas, têm que ser consideradas nesse contexto. A tarefa anteriormente descrita deve ser realizada com o mínimo de financiamento. Considerando-se todas essas forças e condições, pode-se dizer que não existe um problema isolado e unívoco em relação à gestão hídrica que demande atenção específica, tampouco uma única resposta certa (Heathcote, 1998). Diferentes regiões climáticas ou culturais exigem abordagens e soluções diferentes. Dependendo da região, as abordagens podem diferir, por exemplo, em relação às prioridades de uso da água.

Em muitas regiões podem existir, ou surgir no futuro, conflitos de interesses entre a irrigação agrícola e a geração de hidroenergia, por exemplo, em decorrência de uma maior demanda por água de irrigação, causada pelo aumento das áreas de irrigação ou pela precipitação reduzida/evaporação mais elevada. Na realidade, o armazenamento dos reservatórios de água usados para a geração de hidroenergia pode aumentar a disponibilidade hídrica para outros usuários durante a estação seca, quando a demanda hídrica pode ser particularmente alta. Esses efeitos sinergísticos devem sempre ser reconhecidos.

Neste capítulo, o termo gestão de bacias hidrográficas é utilizado para descrever a gestão dos recursos hídricos em escala regional ou de bacia hidrográfica, devendo diferenciar-se da gestão dos sistemas de abastecimento de água e de águas residuais que lidam com infraestrutura hídrica, de abastecimento e tratamento de água em menor escala (p. ex., assentamentos).

Em geral, a operação dos reservatórios ou dos sistemas de transferência hídrica pode alcançar somente um determinado nível de consenso entre a demanda e a oferta de água. Por essa razão, a utilização múltipla (ou reutilização) dos recursos hídricos é uma maneira de garantir o abastecimento. Nesse caso, a gestão de bacias hidrográficas está intimamente relacionada à gestão dos recursos hídricos em escala local.

Como a infraestrutura de gestão dos recursos hídricos, por exemplo, reservatórios e sistemas de transferência hídrica, requer altos recursos financeiros para fins de planejamento, construção, operação e manutenção e precisam ser considerados como investimentos de longo prazo, as alterações ocorridas durante o período operacional devem ser consideradas já no processo de planejamento. Essas variações podem ser decorrentes da demanda hídrica alterada em virtude do desenvolvimento socioeconômico (a demanda hídrica inclui o desenvolvimento demográfico e tecnológico e as mudanças de uso da terra), também afetado pela legislação e pelas mudanças climáticas. As mudanças climáticas provavelmente produzirão impactos na disponibilidade hídrica, podendo, ao mesmo tempo, alterar a demanda hídrica. Consequentemente, a disponibilidade e a demandas hídricas futuras são incertas. Em razão dessas incertezas, a gestão das bacias hidrográficas deve ser flexível e adaptativa, possibilitando uma adaptação a novas condições fronteiriças e o aumento de conhecimento. Além disso, no passado, a gestão das bacias hidrográficas enfrentava incertezas decorrentes principalmente do desenvolvimento incerto da demanda hídrica e das condições hidroclimáticas. Esses desafios em geral eram enfrentados com investimento em uma nova infraestrutura de gestão das bacias hidrográficas. Com a crescente conscientização de que o aumento da oferta de água em muitas regiões do mundo alcançou os limites físicos do sistema, a gestão da demanda hídrica passou a merecer cada vez mais atenção. Por outro lado, os fluxos extremamente altos ou as inundações também precisam ser integrados ao planejamento da gestão das bacias hidrográficas. Os reservatórios geralmente são utilizados para fins de proteção contra inundações, e os canais de controle de inundações para desvio da água e consequente proteção dos assentamentos.

Clima e recursos hídricos

No século passado, foram observadas mudanças climáticas globais com impacto sobre os recursos hídricos regionais mediante variações na precipitação, na temperatura e no equilíbrio energético (IPCC, 2007a, 2007b, 2013). As mudanças climáticas e socioeconômicas representam enormes desafios para a gestão das bacias hidrográficas. O impacto regional das mudanças climáticas leva à necessidade de orientação das medidas adaptativas para as condições locais de natureza climática, geográfica, econômica e social (Kabat et al., 2002; Krysanova et al., 2008; Varis et al., 2004; Hattermann et al., 2011). O desenvolvimento e a variabilidade climática gera mais pressão sobre a gestão das bacias hidrográficas. Os efeitos das mudanças climáticas podem ocasionar uma redução (aumento do número ou dos eventos extremos) ou um aumento (aumento do número ou dos eventos extremos) temporário do fluxo dos rios. As mudanças climáticas podem também alterar a qualidade da água, por exemplo, a sua temperatura. As variações demográficas nos países altamente desenvolvidos, geralmente caracterizadas por uma redução populacional, podem reduzir a demanda hídrica, enquanto na maioria dos países em que ainda existe um crescimento populacional ocorre um aumento da demanda hídrica. Entretanto, o desenvolvimento tecnológico pode ajudar a diminuir a demanda hídrica em todos os países, especialmente em regiões em que hoje já existe uma forte pressão sobre a adaptação dos recursos hídricos, é preciso desenvolver e aplicar opções regionalmente customizadas.

As causas e os efeitos das mudanças climáticas agem em diferentes escalas. Embora as emissões dos gases causadores do efeito estufa contribuam, de um modo geral, para as mudanças climáticas, os efeitos dessas mudanças em nível local ou regional podem variar consideravelmente. Locais com alta emissão de gases do efeito estufa não precisam coincidir com lugares que sofrem os maiores efeitos das mudanças climáticas. A interação entre as medidas globais e locais de atenuação e adaptação é importante.

Modelos

Os modelos são ferramentas úteis para conceituar interações complexas, como a gestão dos recursos naturais, e para o desenvolvimento de políticas adequadas. Esses modelos podem servir de suporte para uma avaliação sistemática, integrada e multidisciplinar em diversas escalas (Hattermann et al., 2011). Yohe (2000) ressalta que são necessários modelos detalhados para a simulação da adaptação às mudanças climáticas. A inclusão das mudanças climáticas no planejamento da gestão das bacias hidrográficas requer a separação entre os efeitos dessas mudanças sobre: i) o ciclo hidrológico, ou seja, o sistema natural, e ii) os efeitos das mudanças climáticas sobre a demanda e disponibilidade hídricas para os usuários, isto é, os sistemas geridos pelos seres humanos. Na primeira parte, consideram-se os fatores climáticos, mas é possível que seja necessário levar em consideração também as alterações decorrentes do uso da terra. Na segunda parte, é preciso incluir os efeitos climáticos sobre a demanda hídrica, por exemplo, a irrigação agrícola.

A resolução espacial dos Global Circulation Models – GCM (Modelos de Circulação Global), hoje Earth System Models – ESM (Modelos do Sistema Terra) é demasiadamente rudimentar para que as análises das mudanças climáticas sejam realizadas em nível local ou regional. Por essa razão, é necessária uma regionalização dos dados climáticos fornecidos pelos GCM (Wilby et al., 1999), o que pode ampliar a incerteza em relação às mudanças climáticas. Outra incerteza é resultante do desenvolvimento incerto da sociedade e da economia sobre as quais as mudanças climáticas atuam. Consequentemente, as análises dos efeitos das mudanças climáticas devem ser consideradas como possíveis cenários do que poderia acontecer e não como previsões. Ao analisar os impactos das mudanças climáticas sobre a gestão das bacias hidrográficas, os efeitos das alterações das condições naturais e do desenvolvimento socioeconômico, como a disponibilidade e a demanda hídricas, têm que ser levados em consideração.

Para estimar e expor os efeitos das mudanças climáticas, sejam dados do cenário climático (p. ex., temperatura do ar, precipitação) ou resultados de um modelo de impacto (p. ex., simulação do fluxo dos rios), os resultados para o cenário futuro devem ser comparados com os dados de referência do respectivo modelo climático. Talvez seja útil exibir os dados observados (p. ex., dados climáticos, fluxos dos rios) para indicar se há um forte viés entre os dados observados e os dados do modelo no período de referência. Caso seja de interesse separar os efeitos das mudanças climáticas e do desenvolvimento socioeconômico, modelos individuais de impacto com condições climáticas constantes e mutáveis devem ser usados, pressupondo-se o mesmo desenvolvimento socioeconômico. Somente então será possível estimar os efeitos isolados das mudanças climáticas e do desenvolvimento socioeconômico, por exemplo, sobre a disponibilidade hídrica para os usuários.

Visão geral dos estudos de caso sobre os impactos

A Figura 1 mostra um sistema de avaliação do impacto das mudanças climáticas para a gestão de bacias hidrográficas. A figura ilustra o fluxo de dados e informações de cima para baixo (setas azuis) e o *feedback* de baixo para cima (setas vermelhas). Osparênteses indicam os casos em que são apresentados tópicos distintos.

Dependendo dos dados de entrada disponíveis e dos modelos utilizados em um determinado estudo, é possível produzir um enorme número de resultados que abrangem diferentes tópicos. Em geral, é necessário reduzir essa quantidade de resultados a um número manuseável. Portanto, é importante identificar os indicadores e critérios pertinentes. Se possível, as partes interessadas devem participar da definição desses elementos, visto que elas os utilizarão em seu processo de tomada de decisão. Os indicadores são ferramentas descritivas das condições de um sistema. Isso geralmente requer certa simplificação, uma vez que grandes quantidades de dados são sintetizadas de forma simples e inteligível para destacar as principais características do sistema. A agregação provoca uma perda de informações, mas, se o indicador for devidamente planejado, essa perda não resultará em grave distorção do resultado. Os níveis das águas, a descarga fluvial e os parâmetros de qualidade da água constituem exemplos de indicadores hidrológicos. A geração de hidroenergia ou o abastecimento de água para os diferentes usuários de recursos hídricos constituem exemplos de indicadores na gestão das bacias hidrográficas. O conjunto de indicadores selecionado especifica também o tipo de modelo a ser aplicado. Os critérios de avaliação são valores limítrofes que identificam se uma determinada meta foi alcançada ou não. Constituem exemplos de critérios o fluxo mínimo, a firme geração de hidroenergia, o nível de segurança do abastecimento hídrico a ser mantido ou o nível projetado de inundação, os limites de qualidade da água ou os critérios ecológicos que não devem ser excedidos.

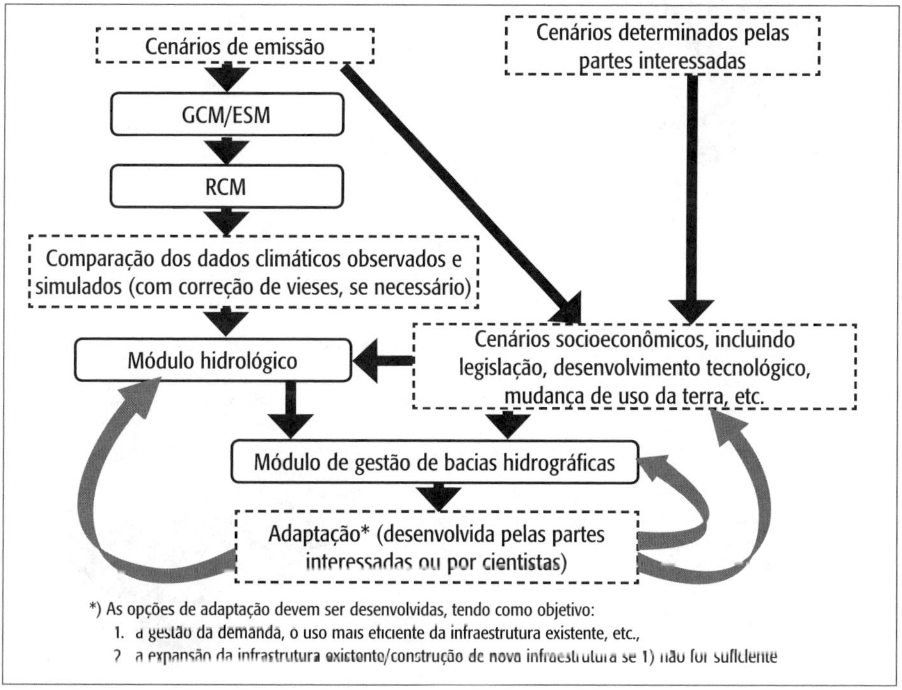

Figura 1 – Fluxograma de avaliação do impacto das mudanças climáticas para a gestão de bacias hidrográficas. A figura mostra o fluxo de dados e informações de cima para baixo (setas pretas) e o *feedback* de baixo para cima (setas cinza).

Este capítulo tem como foco a água utilizada pelos diversos setores que demandam grandes quantidades de água, como agricultura, indústria (incluindo a geração de eletricidade térmica), geração de energia hidrelétrica e uso de água doméstica.

Outros setores, como abastecimento público de água, silvicultura ou turismo não são totalmente levados em consideração, embora sejam afetados pelas mudanças climáticas e estejam afetando o ciclo hidrológico e a demanda hídrica. Além disso, o foco está na quantidade de água, enquanto a qualidade da água é considerada apenas parcialmente.

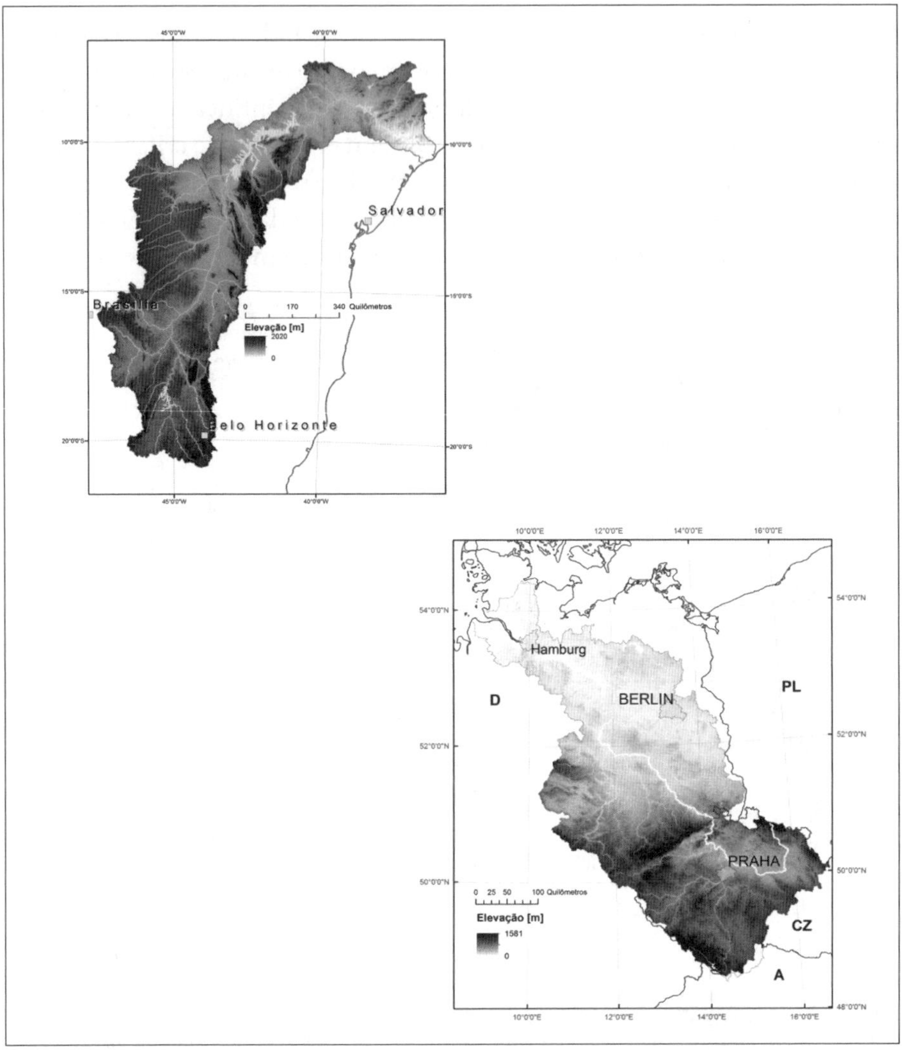

Figura 2 – Mapas da bacia do rio São Francisco (Brasil, à esquerda) e da bacia do rio Elba (Europa Central, à direita).

Neste capítulo, os estudos sobre os impactos climáticos para as bacias hidrográficas são exemplificados em dois estudos de caso que diferem em clima, sistemas de gestão e uso de recursos hídricos. O primeiro é a bacia hidrográfica do rio São Francisco, localizada, em grande parte, no semiárido do Nordeste do Brasil (Figura 2, à esquerda) e que se distingue pelo seu baixo nível de precipitação se comparado a outras regiões do Brasil. A precipitação média anual é de 500 mm na parte semiárida e de até 1.800 mm nas partes meridional e ocidental da bacia. A evapotranspiração potencial anual é de até 2.000 mm.

Além desses fatores climáticos, o constante aumento da demanda hídrica, especialmente para irrigação agrícola, é visto como um problema na região. O segundo caso é o da bacia do rio Elba, na Europa Central (Figura 2, à direita). A precipitação total anual é de 450 mm nas terras baixas centrais do leste da Alemanha e da República Tcheca e de até 1.500 mm nas regiões montanhosas. A evapotranspiração potencial anual é de até 700 mm nas terras baixas centrais do leste da Alemanha e da República Tcheca e de menos de 400 mm nas regiões montanhosas. Em razão da baixa precipitação em grandes partes da bacia hidrográfica, o fluxo do rio geralmente é baixo nos meses de verão e outono. Ambas as bacias têm em comum o fato de estarem localizadas em regiões em que os modelos climáticos projetam um aumento futuro da temperatura do ar, enquanto as tendências de precipitação são incertas (ver Figura 6).

MUDANÇAS CLIMÁTICAS

A variabilidade climática e as mudanças climáticas

A variabilidade natural do sistema climático e as mudanças climáticas exercem enorme pressão sobre a gestão dos recursos hídricos. As enchentes e consequentes inundações ou as fortes secas estão resultando em desastres naturais que reduzem ou destroem os meios de subsistência das pessoas em muitas regiões do mundo (Munichre, 2017). Nas últimas décadas, um número cada vez maior de eventos climáticos extremos causadores de mortes, perdas econômicas e destruição de infraestrutura levaram a uma crescente preocupação (Souza et al., 2014).

É importante distinguir variabilidade climática de mudança climática. O clima normalmente é definido como a condição média do tempo em uma determinada região, caracterizado a partir da descrição estatística do tempo durante um período mais longo. Recomenda-se que leve em consideração os dados meteorológicos observados (como exemplo, temperatura, precipitação, vento, entre outros) por um período maior ou igual a 30 anos para determinar o clima de uma região. A variabilidade climática é uma característica intrínseca do sistema climático, responsável por oscilações naturais nos padrões climáticos, observados em nível local, regional e global (ver Confalonieri, 2003). A variabilidade climática refere-se às variações do estado médio e de outros dados estatísticos (p. ex., desvios-padrão, extremos) do clima em todas as escalas temporais e espaciais, além dos eventos meteorológicos isolados. A variabilidade pode ser decorrente de processos naturais internos do sistema climático (variabilidade interna) ou de variações nas forças naturais ou antropogênicas externas (variabilidade externa).

As mudanças climáticas são as alterações associadas à variabilidade natural do clima e as atividades humanas.

As mudanças climáticas podem ser resultantes de processos naturais internos ou forças externas, ou de alterações antropogênicas persistentes na composição da atmosfera ou no uso da terra (IPCC, 2007a, 2013). Outros autores usam o termo "mudança climática" para descrever alterações direta ou indiretamente ligadas a atividades antropogênicas, externas à variabilidade climática natural observada. Desta forma, é necessário identificar se está ocorrendo alteração na variabilidade natural para poder afirmar que está havendo mudança climática. Em outras palavras, a variabilidade climática é a flutuação do clima em um período de tempo (exemplo: uma década), após cessar o efeito do evento o clima retorna aos valores anteriores. Enquanto a mudança climática, o clima não retorna aos padrões anteriores, ou seja, ele passa a apresentar novas características. Um único novo valor extremo não é um indicador de mudança climática, uma vez que, durante períodos de observação mais longos, também podem ocorrer novos extremos.

A variabilidade climática produz fortes efeitos sobre o ciclo hidrológico. As mudanças climáticas observadas, como o aumento de 0,6°C da temperatura média global na segunda metade do século XX e suposto aumento futuro, isto é, de 2,6-4,8°C até o final do século, afetam a distribuição espacial e temporal dos recursos hídricos (IPCC, 2007a, 2007b e 2013). Especialmente nas regiões em que já existem problemas de disponibilidade hídrica, essas alterações podem reduzir ainda mais a disponibilidade desses recursos.

Os resultados do Painel Brasileiro de Mudanças Climáticas (PBMC, 2013) indicam que as mudanças climáticas estão afetando não apenas a distribuição da precipitação e a disponibilidade de recursos hídricos de superfície, mas também a recarga de água subterrânea. Isso significa também que os recursos hídricos renováveis e os lençóis freáticos são afetados.

Ao mesmo tempo, o aumento da temperatura do ar tem um efeito significativo sobre a evaporação potencial. Em longo prazo, isso pode afetar também o equilíbrio hídrico de grandes lagos (naturais) e reservatórios (artificiais). Entretanto, dependendo da região, os efeitos podem ser muito heterogêneos. Por exemplo, no Brasil, a região nordeste do país é uma das mais afetadas pelos variáveis padrões de precipitação e pela elevação da temperatura do ar. Os problemas relacionados à desertificação, um dos maiores problemas no semiárido nordeste do Brasil, serão agravados e contribuirão para uma perda ainda maior dos solos férteis (Marengo et al., 2007; Marengo,

2008). No nordeste do Brasil, o problema da escassez de água em decorrência das condições climáticas persiste há décadas, com um histórico de mortes e enormes danos socioeconômicos, embora a gestão abaixo do ideal dos recursos hídricos tenha a sua parcela de contribuição para esses problemas. Marengo (2007) ressalta que nos estados brasileiros do Rio Grande do Norte, Pernambuco, Alagoas e Sergipe, a disponibilidade de água *per capita* é muito menor do que a demanda, expondo a população a situações de escassez de água por longos períodos.

Os dados mais recentes sobre o cenário climático foram fornecidos pela Fase 5 do Coupled Model Intercomparison Project (CMIP5) e publicados no Quinto Relatório de Avaliação do International Panel on Climate Change (IPCC, 2013) (Painel Internacional sobre Mudanças Climáticas). Esses dados foram baseados nas Representative Concentration Pathways – RCP (Vias de Concentração Representativa) (Van Vuuren et al., 2011) para diferentes níveis de forças radioativas adicionais de 2,6-8,5 W/m^2 até o final do século. Esses cenários substituíram o antigo Special Report on Emission Scenarios (SRES; IPCC, 2001) (Relatório Especial sobre Cenários de Emissões).

MODELOS E CENÁRIOS

Para calcular a dinâmica das circulações atmosféricas, a temperatura do ar ou a precipitação sob condições de mudança climática futura, aplicam-se modelos matemáticos. Utilizando uma representação tridimensional dos sistemas atmosféricos, os modelos climáticos simulam os principais processos relacionados ao equilíbrio energético global, considerando as inter-relações entre os componentes do sistema e os mecanismos de *feedback* entre os processos físicos (Geoffroy et al., 2013).

Dependendo da expansão espacial a ser analisada, duas categorias de modelos são utilizadas para a simulação das mudanças climáticas. Os Global Climate (ou Circulation) Models (GCM) (Modelos Climáticos Globais [ou de Circulação]) são utilizados para estudos globais, em virtude de sua resolução espacial, da ordem de 300-400 km, os resultados em uma escala regional são insuficientes para serem utilizados nos estudos de impacto climático. Os GCM são modelos que combinam processos entre os oceanos e a atmosfera.

Os Regional Climate Models – RCM (Modelos Climáticos Regionais) são utilizados com resolução da ordem de 10-50 km (Marengo, 2007). Esses modelos são utilizados para estudos em que é necessário um nível mais elevado de detalhamento devido a menor escala geográfica, como em bacias hidrográficas ou áreas urbanas, por exemplo, para analisar os efeitos das mudanças climáticas sobre a hidrologia, os ecossistemas, a produção agrícola/de biomassa ou as ilhas de calor urbanas.

Para a regionalização dos resultados do GCM, utilizam-se os RCM. Os RCM utilizados para a regionalização podem ser divididos em dois tipos amplos: i) físico-determinista e ii) estatístico (Varis et al., 2004). Quando diferentes RCM são utilizados para o mesmo cenário climático global, podem ocorrer manifestações regionais divergentes de mudança climática (Wood et al., 2004). Nos RCM físico-deterministas, as equações físicas básicas para o movimento e transporte da atmosfera, com a superfície da terra como condição-limite, são resolvidas numericamente (McGregor, 1997). Para esse fim, a área abrangida pelo modelo deve ser dividida em células de grade. O fluxo e a magnitude das variáveis climáticas contidas nas margens do modelo devem ser conhecidos para cada etapa temporal da simulação. Para o passado, essas informações podem ser obtidas a partir de observações. Para o cenário futuro de mudanças climáticas, as condições-limite são obtidas a partir do GCM (Varis et al., 2004). Em princípio, os modelos climáticos físico-deterministas devem ser capazes de reproduzir o clima regional melhor do que os modelos climáticos estatísticos, especialmente sob condições de mudança climática. Entretanto, a física da atmosfera, isto é, nuvens, precipitação, efeito de *feedback*, como nos processos de superfície, por exemplo, é altamente complexa. Os RCM físico-deterministas ainda faltam incluir alguns desses processos. Além disso, por razões de estabilidade, a solução das equações físicas básicas deve ocorrer em etapas muito curtas, o que torna a simulação numérica do clima regional extremamente morosa (Van der Linden e Mitchell, 2009). Os RCM estatísticos pressupõem basicamente que determinadas relações ou correlações entre as variáveis climáticas observadas e o tempo local não sofrem qualquer transformação considerável sob condições de mudança climática, mas que eventos possivelmente ocorrem com frequência ou intensidade diferentes (Gerstengarbe et al., 2015). Os RCM utilizam essas relações para produzir cenários climáticos regionais sob condições de mudança climática. Escolhidas como variáveis climáticas independentes ou determinantes são aquelas que podem ser reproduzidas com precisão relativamente alta pelos GCM, por exemplo, temperatura e padrões de circulação. As variáveis reproduzidas com baixa precisão, como a radiação e, especialmente, a precipitação, são simuladas utilizando-se as correlações observadas com as variáveis determinantes do GCM. Como os dados de observação para regiões maiores e períodos de tempo mais longos normalmente são disponibilizados na resolução diária, esta geralmente é também a resolução de tempo da simulação de cenário gerada pelos RCM estatísticos. Ao contrário dos RCM físico-deterministas, os RCM estatísticos são distintamente mais fáceis de usar e também exigem muito menos trabalho de computação. Isso significa que um número relativamente grande de realizações climáticas pode ser gerado com os RCM para os estudos do impacto climático sobre os recursos hídricos (Hattermann et al., 2015).

Caso os dados para o estudo do impacto climático já se encontrem disponíveis, é possível que seja preciso transformar grandes conjuntos de dados no formato necessário como *input* fornecido pelo modelo de impacto, o que pode consumir muito tempo. Caso esses dados ainda não estejam disponíveis ou os dados climáticos futuros precisem ser corrigidos em razão de eventuais vieses, são necessários ainda mais recursos financeiros e temporais. Isso deve ser levado em consideração no planejamento dos estudos de impacto climático.

CENÁRIOS SOCIOECONÔMICOS

Cenários globais regionalizados

O Special Report on Emission Scenarios – SRES (Relatório Especial sobre Cenários de Emissões), mais antigo, e o mais recente Representative Concentration Pathways – RCP (Vias de Concentração Representativa) são baseados em determinados pressupostos para o desenvolvimento socioeconômico e as emissoes correlatas de gases causadores do efeito estufa. Esses cenários de emissões descrevem vários conjuntos diferentes de determinantes demográficas, econômicas e tecnológicas das mudanças climáticas e podem mudar em nível subnacional. Em geral, os cenários variam de acordo com o suposto desenvolvimento populacional e o crescimento da renda. Esses pressupostos globais precisam ser reduzidos, isto é, regionalizados. Essa regionalização, no entanto, envolve certo grau de julgamento e, por essa razão, pode haver uma série de cenários regionais compatíveis com um cenário global específico (Blazejczak et al., 2012).

Cenários determinados pelas partes interessadas

Na escala regional, podem ser utilizados também os cenários socioeconômicos desenvolvidos pelas partes interessadas, uma vez que os cenários globais podem ter fortes tendências ou características divergentes. As partes interessadas em nível regional normalmente possuem bons conhecimentos sobre o planejamento e os possíveis projetos futuros. Por exemplo, novos reservatórios, sistemas de transferência de água ou projetos de irrigação discutidos na região analisada podem fazer parte desse tipo de cenário. O conhecimento das partes interessadas locais e regionais pode estar embutido na avaliação dos impactos climáticos, a fim de garantir a conformidade da configuração do modelo ao contexto do problema da região analisada. Essa abordagem permite também a inclusão dos efeitos do *feedback*. Um cenário das partes interessadas pode levar a resultados inesperados ou indesejados, se, por exemplo, a disponibilidade futura de água simulada for muito menor do que a expectativa das partes interessadas ou se a suposta mudança de uso da terra demonstrar fortes efeitos negativos. Nesses casos, os cenários das partes interessadas podem ser adaptados a esses resultados, reduzindo, por exemplo, a área convertida em terra agrícola. Essa redução pode então ter efeitos na hidrologia da região, bem como na demanda por água de irrigação.

HIDROLOGIA

Visão geral

O ciclo hidrológico é governado principalmente pelos parâmetros climáticos, pela precipitação e pela temperatura do ar. A última exerce forte influência sobre a evapotranspiração potencial. Outros fatores, como as propriedades do solo ou o uso da terra, também afetam a evapotranspiração potencial. As Figuras 3 e 4 mostram a precipitação mensal média em longo prazo, a evapotranspiração e o escoamento na bacia do rio Elba (posto Neu Darchau, área da bacia 132.000 km^2) e na bacia do rio São Francisco (bacia até o reservatório de Três Marias, área da bacia 50.600 km^2).

Na bacia do rio Elba, a precipitação média mensal em longo prazo é bem distribuída durante o ano (Figura 3). Os meses mais úmidos são de junho a agosto, ou seja, no verão do hemisfério norte, enquanto os valores mais baixos ocorrem no inverno (fevereiro). A precipitação total nos meses mais úmidos é aproximadamente duas vezes maior do que nos meses mais secos. Entretanto, sob condições climáticas extremas, a precipitação total pode ser zero a cada mês. Em razão das altas temperaturas do ar no verão, a evapotranspiração potencial é aproximadamente dez vezes maior do que no inverno. É preciso ressaltar que, por causa de sua latitude, o fotoperíodo (duração da luz do sol em um dia) pode ter a duração máxima de 8 horas no inverno (dezembro) e de 17 horas no verão (junho). Embora a precipitação seja a mais alta no verão, o escoamento mais baixo normalmente também ocorre no final do verão e do outono. O escoamento mais alto (março) é aproximadamente o dobro do escoamento mais baixo (setembro).

Grandes enchentes registradas na bacia do rio Elba em 2002 e 2013 resultaram em graves perdas na região, servindo para alertar o público, gestores dos recursos hídricos, empresas e a indústria para esse alto perigo que pode tornar-se mais danoso e prevalente à medida que o clima muda. Ao mesmo tempo, observou-se uma tendência a ondas de calor mais intensas e períodos mais longos sem precipitação, levando à falta de disponibilidade de água e impactando o fornecimento de água potável para os habitantes, a geração de hidroenergia e a produção agrícola (Hattermann et al., 2016).

Na bacia do rio São Francisco (bacia até o reservatório de Três Marias; Figura 4), localizada no hemisfério sul, a estação chuvosa coincide com o verão. Nos meses mais úmidos (dezembro e janeiro), a precipitação total é cerca de vinte vezes maior do que nos meses mais secos (junho a agosto). Em virtude da temperatura do ar relativamente alta durante todo o ano, a evapotranspiração potencial é distribuída de forma bastante uniforme durante o ano, e, em fevereiro, é aproximadamente três vezes maior do que a evapotranspiração potencial observada em agosto. Vale ressaltar que, em função de sua latitude, a duração do dia na bacia do rio São Francisco não oscila tanto como na bacia do rio Elba. O dia pode ter um máximo de 11 horas no inverno (junho) e de 13 horas no verão (dezembro) na região (valores para a cidade de Belo Horizonte). Como a precipitação no verão é muito mais elevada do que a evapotranspiração potencial, o escoamento máximo normalmente também ocorre no verão. O nível mais elevado de escoamento (janeiro) é quase sete vezes o nível mais baixo (agosto e setembro).

Em virtude da alta variabilidade do escoamento, enormes reservatórios, por exemplo, o reservatório de Três Marias, com uma capacidade total de 19.528 milhões m^3, o reservatório de Sobradinho (34.117 milhões m^3) e o reservatório de Itaparica (10.782 milhões m^3) foram construídos na bacia do rio São Francisco para garantir o abastecimento de água, a geração de hidroenergia e a proteção contra inundações. (ANA/GEF/PNUMA/OEA, 2004). De acordo com a IKSE (2005), os maiores reservatórios (entre os reservatórios relacionados a seguir com capacidade total superior a 100 milhões m^3) na bacia do rio Elba são o reservatório Orlík (716,5 milhões m^3), o reservatório Lipno I (309.5 milhões m^3), o reservatório Nechranice (272,4 milhões m^3), o reservatório Slapy (269,3 milhões m^3), o reservatório Švíhov (266,6 milhões m^3), na República Tcheca, e o reservatório Bleiloch (215 milhões m^3), o reservatório Hohenwarte (182 milhões m³) e o reservatório Rappbode (109,1 milhões m³), na Alemanha. Em termos globais, a capacidade total desses reservatórios é de 2.340 milhões m³.

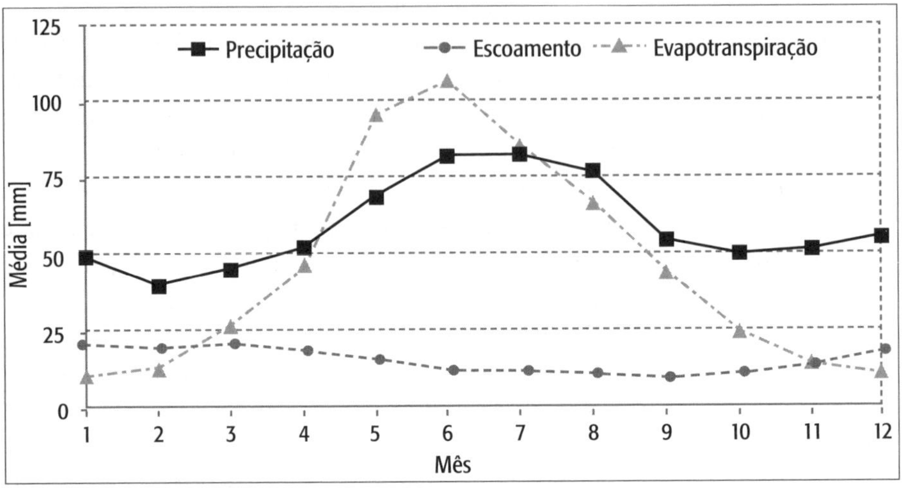

Figura 3 – Características hidroclimáticas da bacia do rio Elba (Europa Central).

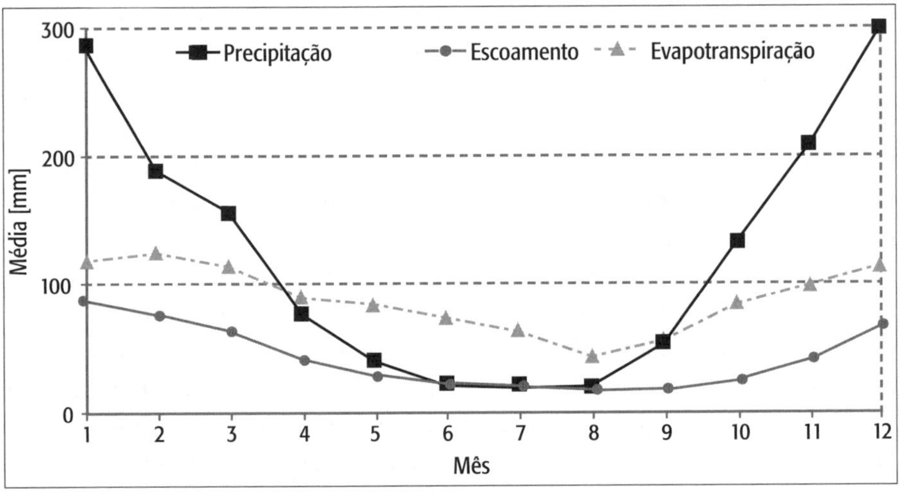

Figura 4 – Características hidroclimáticas da bacia do rio São Francisco (Brasil), bacia até o reservatório de Três Marias.

O coeficiente adimensional de Pardé (PC) que estabelece a relação da descarga média mensal de um determinado mês (Q(mês)) com a descarga média anual (Q(a)):

$$PC(mês) = Q(mês) / Q(a)$$

é um útil indicador de comparação das características do fluxo da bacia do rio Elba e da bacia do rio São Francisco. A Figura 5 mostra os coeficientes de Pardé para a descarga natural e a descarga gerenciada no posto Neu Darchau (Elba) e o influxo e o efluxo do reservatório de Três Marias, na bacia do Alto São Francisco. Os coeficientes de Pardé para descarga natural e descarga gerenciada no posto Neu Darchau oscilam entre 0,6-1,8 (descarga natural) e entre 0,6-1,7 (descarga gerenciada). O coeficiente de Pardé para o influxo do reservatório de Três Marias oscila entre 0,3-2,2, enquanto o efluxo oscila entre 0,8-1,5. Embora a faixa do coeficiente para o influxo do reservartório de Três Marias seja muito mais alta do que para a descarga natural no posto Neu Darchau, a faixa do coeficiente para o efluxo do reservatório de Três Marias é muito mais baixa do que para a descarga gerenciada no posto Neu Darchau.

Como o ciclo hidrológico é determinado principalmente pelos parâmetros climáticos da precipitação e da temperatura do ar, as mudanças climáticas resultam invariavelmente em alterações das condições hidrológicas. De um modo geral, a expectativa é de intensificação do ciclo hidrológico. Isso significa que padrões existentes serão ampliados. Em geral, as regiões úmidas tendem a tornar-se mais úmidas, e as regiões secas, mais secas. A intensidade dos eventos extremos de precipitação tende a aumentar. Os modelos hidrológicos (ou de chuvas-escoamento, precipitação-escoamento) podem ser utilizados para simular o impacto das mudanças climáticas no regime hidrológico (ver Gädeke et al., 2013).

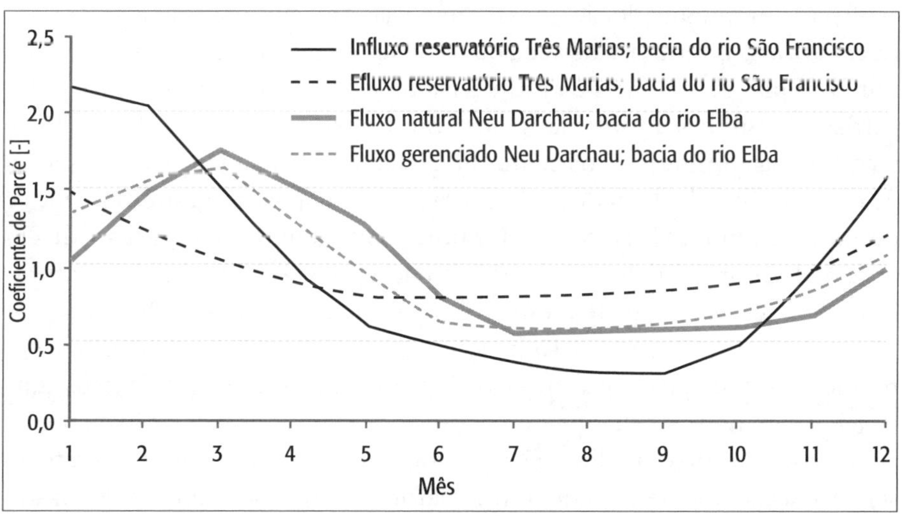

Figura 5 – Coeficiente de Pardé para a bacia do rio Elba (Europa Central) e a bacia do rio São Francisco (Brasil).

Modelos

Os modelos hidrológicos podem ser utilizados para simular o sistema hidrológico natural, ou seja, o fluxo natural dos rios, sem intervenção humana. Esses fluxos naturais podem ser usados como dados de entrada para os modelos de gestão de bacias hidrográficas aplicados para simular a operação de reservatórios, sistemas de transferência hídrica, etc. No caso das grandes bacias hidrográficas, com muitos reservatórios e usuários de recursos hídricos, o fluxo fluvial é necessário em muitas localidades. Por essa razão, os modelos hidrológicos precisam ser calibrados e validados para muitos postos, a fim de permitir uma simulação confiável da operação de reservatório e da gestão hídrica no âmbito da respectiva bacia hidrográfica. O principal problema é que o fluxo do rio observado nas bacias altamente gerenciadas não pode ser utilizado com facilidade para a calibragem e validação de modelos hidrológicos, umas vez que as intervenções humanas podem alterar significativamente o regime de escoamento (Koch et al., 2018a). Por exemplo, os reservatórios armazenam água em períodos de abundância e a liberam em períodos de baixo fluxo (mudança do tempo de fluxo). O usuário da água pode retirá-la de um local e descarregá-la em outro (mudança da localização do fluxo). Se as intervenções humanas alterarem significativamente o regime de escoamento, será necessária uma naturalização dos fluxos fluviais observados para calibrar e validar os modelos hidrológicos. Os fluxos naturalizados são criados pelo ajuste dos fluxos fluviais observados a fim de conhecer as influências artificiais a montante do rio. Essas influências são, entre outras, a gestão dos reservatórios, as retiradas de água ou os fluxos de retorno. Surgem incertezas, por exemplo, decorrentes da estimativa do equilíbrio hidroclimático e das perdas por infiltração sofridas pelos grandes reservatórios. Outra fonte de incerteza na eliminação dos efeitos da gestão hídrica é a frequente ausência da disponibilidade de dados sobre o uso da água para as grandes regiões e período de tempo mais longos. Embora a margem de erro para os fluxos observados normalmente esteja na faixa de ±5%, o erro associado à naturalização pode chegar, ou até mesmo ultrapassar, ±40% (WMO, 2008b).

Um pré-requisito para a simulação das operações dos reservatórios e das retiradas de água pelos usuários é o emprego de modelos hidrológicos confiáveis e com bons resultados em relação aos períodos de validação e calibragem. Caso o influxo médio de longo prazo simulado para um reservatório seja demasiadamente elevado, o reservatório sempre será cheio e esvaziado com quantidades de água superiores àquelas observadas. Para a simulação de influxos médios de longo prazo excessivamente baixos, o enchimento e a descarga do reservatório serão pequenos demais. Além disso, o ciclo anual (períodos secos e úmidos) deve ser simulado de forma confiável. Caso a descarga média de longo prazo seja bem simulada, mas os altos fluxos sejam superestimados e os baixos fluxos, subestimados, o reservatório pode encher-se durante a estação chuvosa até a sua capacidade máxima. Entretanto, na estação seca, o reservatório pode secar, uma vez que o influxo é excessivamente baixo e a demanda hídrica a jusante requer altas descargas. Nessa situação, a simulação da gestão da bacia hidrográfica difere dos estudos de impacto hidrológico, nos quais os sinais de alteração são apenas analisados. No último caso, pressupõe-se que, mesmo que no período de referência o modelo climático ou o modelo hidrológico apresente um viés significativo, o sinal de alteração está correto.

Nas últimas décadas, centenas de modelos hidrológicos foram desenvolvidos, alguns contendo rotinas ou módulos para a simulação da operação de reservatórios e a alocação de água. Alguns desses modelos encontram-se brevemente descritos a seguir.

O modelo SWAT (Soil and Water Assessment Tool; Neitsch et al., 2002) (Ferramenta de Avaliação do Solo e da Água) contém rotinas para a simulação do equilíbrio hídrico dos reservatórios. A primeira opção consiste em fornecer as séries de efluxo medidas para os reservatórios. Essas quantidades são então usadas para calcular os níveis de armazenamento e liberação do reservatório. A segunda opção é um reservatório não controlado, onde uma quantidade específica de água é liberada, desde que haja água disponível no reservatório. Se o nível máximo de armazenamento for alcançado, o excedente de água é liberado do reservatório. Como terceira opção, podem-se simular liberações específicas para os reservatórios controlados em função do armazenamento específico desejado. Os níveis de armazenamento almejados são fornecidos mensalmente. Se a liberação mensal não atender aos critérios predefinidos, ou seja, à descarga mínima ou máxima, à descarga é alterado para atender a esses critérios.

O Hydrologic Modeling System (Hec-Million MS; US ACE, 2010) (Sistema de Modelos Hidrológicos) oferece três operações para a simulação de reservatórios. Na primeira opção, o usuário tem que fornecer uma relação entre armazenamento e descarga. Essa relação deve ser monotonicamente crescente de acordo com o armazenamento. A segunda opção consiste na liberação de água de acordo com as taxas de liberação previamente definidas (medidas ou especificadas externamente). A terceira opção é comparável à primeira, mas inclui uma série de estruturas de saída (p. ex., vertedouro e tubulação de escoamento de baixo nível).

No modelo de equilíbrio hídrico Large Area Runoff Simulation Model (Larsim, Ludwig e Bremicker, 2006) (Modelo de Simulação de Escoamento de Grandes Áreas), é possível simular diferentes opções para a gestão de reservatórios. Enquanto a primeira opção é uma regra simples de efluxo constante (liberação constante de água, desde que haja água suficiente no reservatório), a segunda opção permite a simulação do descarga de um reservatório controlado por um indicador a jusante em distância moderada. A liberação é calculada de modo que a liberação do reservatório e a descarga entre o reservatório e o indicador de controle não excedam a descarga desejada no indicador. Utilizando-se a terceira opção, a liberação do reservatório pode ser simulada com objetivos de liberação sazonais e mutáveis. Para essa opção, os volumes de armazenamento almejados e o volume máximo de liberação permitida devem ser definidos.

O modelo eco-hidrológico SWIM (Soil and Water Integrated Model; Krysanova et al., 1998) (Modelo Integrado Solo e Água) contém módulos para a alocação de água (retiradas de água e fluxos de retorno) e gestão de reservatórios. O módulo de reservatório desenvolvido por Koch et al. (2013) implementa três opções de gestão: i) descarga mínima diária variável para atender aos objetivos de descarga, por exemplo, vazão ambiental a jusante levando-se em consideração os níveis máximo e mínimo de água contidos no reservatório; ii) liberação diária baseada na produção de energia de uma usina hidrelétrica no reservatório (a liberação para produzir a energia necessária é calculada de acordo com o nível de água); iii) liberação diária de acordo com o nível de água (liberação crescente/decrescente de acordo com o maior/menor nível de água, dependendo do objetivo da gestão do reservatório).

GESTÃO DE RECURSOS HÍDRICOS

Visão geral

No que concerne à gestão hídrica, é importante estabelecer a diferença entre "demanda hídrica", isto é, a quantidade retirada (saída) da fonte hídrica (normalmente águas de superfície ou de subsolo), a quantidade de água retornada (descarga) após o uso, e o "consumo de água", isto é, a "demanda hídrica" menos a "água retornada". O consumo de água, portanto, é a quantidade de água que se "perde" do local de retirada, por exemplo, por evaporação, inclusão em produtos, etc. A demanda hídrica da maioria dos usuários ou setores que utilizam a água depende de uma série de fatores, como as características climáticas de uma região ou o preço da água (e da energia elétrica). Além disso, a eficiência do sistema de abastecimento pode produzir um importante efeito na demanda hídrica global. De acordo com a European Environmental Agency (2001), as perdas do sistema de abastecimento de água variam de 8,8% (Alemanha) e mais de 60% (Bulgária e Albânia). No Brasil, as perdas do sistema de abastecimento são de 19,6%-74,2%, dependendo do Estado, com um valor médio de 37,6% para todo o país (Toneto Júnior et al., 2013; dados para 2010). Esses dados indicam que o potencial para maiores reduções na Alemanha é muito baixo, enquanto em outros países o potencial de redução é enorme. Os valores extremamente elevados calculados para as perdas de abastecimento podem ser resultantes também de abstrações não computadas ou ilegais.

De acordo com os dados mostrados na Figura 6, na Alemanha a demanda hídrica caiu de forma acentuada, principalmente em razão da redução da água utilizada para o resfriamento de usinas termelétricas (-20% entre 1998-2010), do uso da água pelo setor industrial (-24%) e pelo público (-7%), em que a população permaneceu mais ou menos estável. No Brasil, a demanda hídrica aumentou 29% entre 2006-2010 (Figura 7). O maior aumento é resultante da agricultura (+47%), enquanto a demanda industrial aumentou 23%. Com uma crescente população global, a demanda rural apresentou ligeira queda (-4%), ao passo que a demanda urbana demonstrou acentuado aumento (+9 %), principalmente em decorrência do crescimento da população global e, em menores proporções, à migração procedente das zonas rurais.

Para dar uma visão geral sobre alguns dos mais importantes setores usuários de água, segue uma explicação sobre a demanda hídrica, incluindo os efeitos climáticos, para usinas termelétricas, agricultura e usinas hidrelétricas.

Na maioria das usinas termelétricas, a água é usada principalmente para resfriamento. A demanda hídrica depende sobretudo do calor residual a ser descarregado e do sistema de resfriamento utilizado. O calor residual não utilizado para aquecimento em nível local ou distrital (calor e geração de energia combinados) é descarregado. Os sistemas de resfriamento da água podem ser divididos em três tipos principais (Koch e Vögele, 2009):

1. Resfriamento de circuito aberto: a água é retirada de um corpo hídrico e usada para resfriamento no condensador antes de ser devolvida para um corpo hídrico; quase todo o calor residual é descarregado nesse corpo hídrico e, por conseguinte, uma grande quantidade de água é necessária para esse tipo de sistema de resfriamento, podendo ocorrer altas cargas de calor nos corpos hídricos receptores.

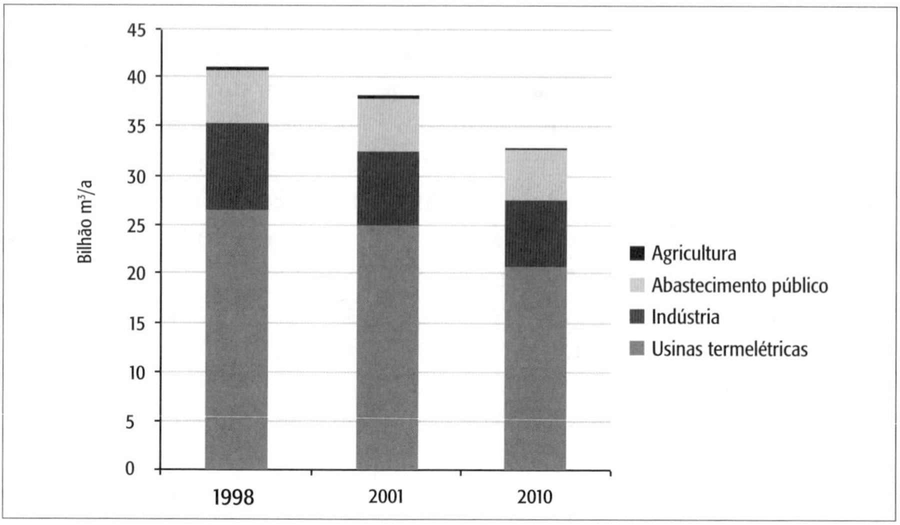

Figura 6 – Demanda hídrica na Alemanha nos anos de 1998, 2001 e 2010
Fonte: BMUB, 2001, 2013.

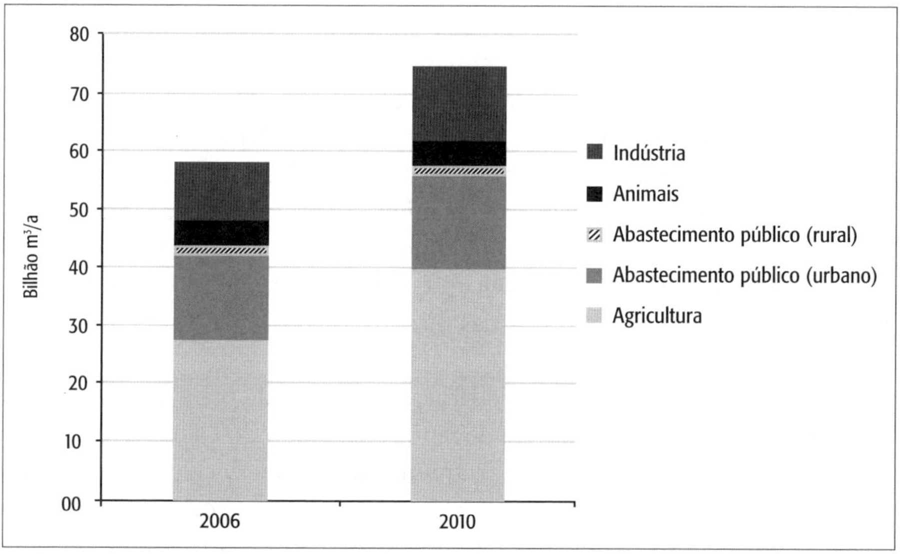

Figura 7 – Demanda hídrica no Brasil nos anos de 2006 e 2010
Fonte: ANA/MMA, 2013.

2. Resfriamento de circuito aberto com torre de resfriamento: a água é resfriada em uma torre de resfriamento e devolvida para um corpo hídrico, a carga de calor no corpo hídrico é reduzida.
3. Resfriamento de circuito fechado (ou por recirculação): a água aquecida é resfriada em uma torre de resfriamento e recirculada para o condensa-

dor; a demanda hídrica é pequena; as cargas de calor nos rios ou lagos são reduzidas, mas é necessária uma determinada quantidade de água para evitar o acúmulo de minerais e sedimentos no ciclo de resfriamento; ocorrem altas perdas por evaporação e o consumo de água é maior em comparação com os sistemas de circuito aberto.

Utilizando-se torres de resfriamento, a demanda hídrica depende mais das condições climáticas locais – como temperatura e umidade do ar – do que no caso dos sistemas de circuito aberto, nos quais a temperatura da água retirada é de maior importância. Além desses aspectos técnicos, as condições ambientais e os regulamentos diferem entre as usinas de energia. Na Alemanha, por exemplo, os limites de temperatura para os rios de água fria são diferentes daqueles dos rios temperados. Esses limites normalmente são estabelecidos para a temperatura máxima da água de descarga, a elevação da temperatura da água (aumento da temperatura da água no ponto de descarga comparado ao ponto de retirada) e a temperatura mista da água a jusante do ponto de descarga. Normalmente, existe também um limite para a retirada máxima de água. Dependendo das condições específicas do local, pode haver outras restrições à operação de usinas termoelétricas.

Se a elevação da temperatura da água no respectivo local da usina energética for suficiente, retira-se uma determinada quantidade de água de acordo com os requisitos operacionais padronizados. Se a elevação da temperatura da água for demasiadamente baixa em virtude de suas altas temperaturas no ponto de retirada, a demanda hídrica aumenta de modo a dissipar a carga de calor para um volume maior de água. Caso a temperatura da água seja demasiadamente baixa ou a quantidade de água necessária não possa ser retirada, a usina energética tem que ser regulada em razão das limitações ambientais e legais anteriormente citadas.

A demanda hídrica para irrigação agrícola depende principalmente do tipo de cultura e das datas de plantio e colheita. Os principais parâmetros climáticos que afetam a demanda hídrica são a precipitação e a evaporação potencial. O efeito mais evidente de uma redução da disponibilidade hídrica, seja por precipitação ou irrigação, é o declínio da produção determinado de acordo com o estresse hídrico. Quanto à irrigação, o sistema de irrigação utilizado e a eficiência dos sistemas de abastecimento (perdas provenientes dos canais, etc.) são importantes. Enquanto os sistemas de irrigação de baixa eficiência, por exemplo, irrigação por sulcos, oferecem níveis de eficiência de apenas 50%, os sistemas de alta eficiência, como a irrigação por gotejamento, podem alcançar níveis superiores a 90% (ANA, 2004).

A geração de energia elétrica das usinas hidrelétricas depende dos parâmetros técnicos, como o tipo e a eficiência das turbinas e do gerador e a cabeça e descarga dos parâmetros hidrológicos. Em geral, as usinas de hidroenergia podem ser divididas em dois tipos principais:

1. Usina de hidroenergia a fio d'água: o fluxo dos rios é usado diretamente; a cabeça é mais ou menos constante.
2. Usinas de hidroenergia nos reservatórios com capacidade de armazenamento: a cabeça é variável, dependendo do fluxo de entrada e saída do reservatório; o efluxo depende da operação do reservatório.

Em ambos os casos, a geração é restringida pela capacidade máxima das turbinas. O fluxo que excede a capacidade máxima das turbinas é derramado. A geração de hidroenergia geralmente é considerada um uso não consuntivo da água. Entretanto, especialmente em regiões secas, em decorrência da evaporação proveniente da superfície dos lagos, enormes quantidades de água podem se perder. Alguns exemplos são a Represa Alta de Assuã (Lago Nassar), no Egito (ver Abu-Zeid e El-Shibini, 1997) ou o reservatório de Sobradinho, no Brasil (ver Neto et al., 2007).

Os efeitos da variabilidade climática e das mudanças climáticas sobre a demanda hídrica são bastante diferentes para os setores citados. Supondo-se que a demanda energética permaneça inalterada, a elevação da temperatura do ar terá pouco efeito sobre a demanda hídrica das usinas de hidroenergia. Considerando-se que a precipitação permaneça inalterada, a demanda hídrica para irrigação agrícola aumentará à medida que a temperatura do ar aumentar, e consequentemente a evapotranspiração. A demanda hídrica das usinas termoelétricas aumentará muito à medida que a crescente temperatura do ar aumentar a evaporação gerada pelas torres de resfriamento, e com a elevada temperatura da água nos corpos hídricos receptores, a capacidade da água de absorver esse calor diminui. Embora haja opções para reduzir a demanda hídrica, como a substituição do circuito aberto por sistemas de circuito fechado ou o uso da irrigação por gotejamento em vez da irrigação por sulcos, por exemplo, os sistemas mais eficientes normalmente requerem investimento mais alto e envolvem custos de operação e manutenção mais elevados. A adaptação às mudanças climáticas demanda uma intensificação das políticas e medidas de modo a incentivar as medidas de conservação hídrica, como mencionado anteriormente. Além disso, uma melhor integração do planejamento entre os setores, como agricultura e abastecimento de água, é necessária para permitir uma gestão sustentável dos recursos hídricos (ANA, 2011).

Vale enfatizar que este capítulo não abrange os requisitos das vazões ecológicas, embora esses requisitos devam ser levados em consideração na gestão das bacias hidrográficas (Koch et al., 2018b). No mundo há mais de 200 métodos para determinar os fluxos ecológicos, os quais normalmente são agrupados em quatro categorias i) regras hidrológicas, ii) métodos de classificação hídrica, iii) métodos de simulação de habitats e iv) metodologias holísticas. Para uma discussão aprofundada sobre esses métodos, o leitor deve consultar Arthington et al. (2006) e King et al. (2008).

Modelos

Para a simulação da gestão dos recursos hídricos e das estratégias de adaptação, utilizam-se os modelos de gestão de bacias hidrográficas (ou modelos de gestão de recursos hídricos). Quando esses modelos são utilizados nos estudos de impacto das mudanças climáticas, é importante incluir os efeitos dessas mudanças sobre a demanda hídrica dos usuários da água. Nas últimas décadas, vários modelos de simulação da gestão de recursos hídricos (modelo de gestão de recursos hídricos – WRMM, na sigla em inglês) foram desenvolvidos, a saber: AQUATOOL (Andreu et al., 1996), WaterWare (Fedra e Jamieson, 1996), WBalMo (Kaden et al., 2008), WRAP (Wurbs, 2005a), WEAP21 (Sieber e Purkey, 2007), MIKEBASIN & MIKE HYDRO Basin (Danish Hydraulic Institute, 2017), RIBASIM (Deltares, 2017) e AcquaNet (LabSid, 2013). Wurbs (2005b) ou Loucks (2006) apresenta uma comparação entre modelos generalizados de sistemas fluviais e de reservatórios.

O modelo de sistemas fluviais/de reservatórios consiste em um sistema de modelagem por computador que simula o armazenamento, o fluxo entre os postos, a retirada e a descarga de água em um sistema de reservatórios, segmentos fluviais e usuários de recursos hídricos. Esses sistemas de modelagem por computador são projetados para ser empregados em uma ampla gama de situações e localidades, e não em um local específico e customizados para um determinado sistema fluvial. Esses sistemas se baseiam em cálculo de equilíbrio volumétrico para o controle dos movimentos da água por um sistema de reservatórios e segmentos fluviais. O modelo geral de sistemas fluviais e de reservatórios é combinado com os dados de entrada que caracterizam a configuração espacial, a hidrologia, as práticas de gestão dos recursos hídricos e os requisitos de uso da água da respectiva bacia hidrográfica.

Nas simulações de longo prazo da gestão de bacias hidrográficas, geralmente são aplicados os direitos da água ou os valores planejados para os usuários de recursos hídricos. Entretanto, esses direitos da água ou valores planejados geralmente não refletem a demanda ou a retirada real dos usuários de recursos hídricos. Os direitos da água, especificamente, somente podem ser utilizados para extrair informações sobre a possibilidade de alocação de novos direitos da água sem cercear os direitos da água antigos. Como os direitos da água ou os valores planejados não refletem os impactos das mudanças climáticas na demanda hídrica, é quase impossível produzir resultados sobre os efeitos das mudanças climáticas para os usuários da água. Por essa razão, a demanda hídrica funciona levando em consideração os parâmetros climáticos necessários para avaliar a influência das mudanças climáticas sobre a demanda hídrica e a disponibilidade hídricas.

Para elaborar os modelos hidrológicos e de gestão de recursos hídricos, é sensato, ou até mesmo necessário, incluir o mais cedo possível no projeto equipes de planejamento e execução do setor de gestão de recursos hídricos da bacia estudada. Esses profissionais normalmente podem fornecer dados e as suas informações e agendas podem ser utilizadas durante a elaboração do modelo, aumentando a aceitação dos resultados da simulação. Em geral, é aconselhável aumentar o modelo de dados ou desenvolver mais o modelo matemático no decorrer do estudo. É possível que seja necessária uma série de repetições das simulações com modelos cada vez mais complexos para a obtenção dos resultados finais. Para tal, uma quantidade suficiente de recursos financeiros e temporais precisa ser considerada durante o planejamento do estudo.

ESTUDOS DE CASO

Bacia do rio São Francisco

Para a bacia do rio São Francisco, são discutidos os resultados do projeto conjunto teuto-brasileiro INNOVATE (interação entre as múltiplas formas de uso dos reservatórios por meio da combinação inovadora dos ciclos das substâncias nos ecossistemas aquáticos e terrestres; Siegmund-Schultze et al., 2017). O sistema de modelos utilizado e os resultados selecionados foram publicados em Koch et al. (2015).

A bacia do rio São Francisco estende-se por regiões com climas úmido a semiárido, ligando o estado de Minas Gerais ao Nordeste do Brasil.

A área da bacia é de aproximadamente 630.000 km^2 e a descarga média é de 2.846 m^3/s (ANA/MMA, 2013). Entre 2006 e 2010, as retiradas de água na bacia passaram de 180,8 m^3/s para 278,8 m^3/s, e a irrigação agrícola é o usuário mais importante, cuja demanda representa 68% (2006) e 77% (2010) da retirada total (ANA/MMA, 2013). Supondo-se que da retirada de 215 m^3/s para irrigação agrícola 20% retornem para o sistema fluvial, em 2010, 7,6% da descarga média de longo prazo foram retirados para irrigação agrícola e 6,0% foram consumidos (retiradas menos o fluxo de retorno).

O modelo eco-hidrológico SWIM é usado para a simulação da vazão natural, ou seja, o fluxo sem gestão hídrica, e para a simulação da gestão de recursos hídricos em uma escala de tempo diária. Para simular a gestão de recursos hídricos, são utilizados o módulo de reservatórios e o módulo de alocação de água do modelo SWIM. O modelo consiste em 11 reservatórios: os grandes reservatórios de Três Marias (capacidade viva de 15.278 milhões m^3, capacidade instalada de geração de hidroenergia de 396 MW), Sobradinho (28.669 milhões m^3, 1.050 MW) e Itaparica (3.549 milhões m^3, 1.500 MW). Além disso, os reservatórios de Serrinha II, Bico de Pedra, Cajuru, Estreito, Mandioca, Miroros, Queimado e Poço da Cruz estão incluídos no modelo. A jusante do reservatório de Itaparica, incluem-se as seguintes usinas hidrelétricas: Apolônio Sales (400 MW), Paulo Afonso 1 (180 MW), Paulo Afonso 2 (445 MW), Paulo Afonso 3 (800 MW), Paulo Afonso 4 (2.460 MW), e Xingó (3.000 MW) (cf. ANA/GEF/PNUMA/OEA, 2004). Além disso, estão incluídos 58 usuários de recursos hídricos, principalmente retiradas para irrigação agrícola e, em menores proporções, de água para uso doméstico e industrial (Koch et al., 2018a).

Até o momento, muitos GCM e RCM não são capazes de simular adequadamente a distribuição temporal e espacial da precipitação no nordeste brasileiro para o período de referência (Silveira et al., 2016; Lange et al., 2015). Esse fato deve ser levado em consideração nos estudos de impacto climático. Os dados do cenário climático do CMIP5 (Taylor et al., 2012) utilizados aqui foram fornecidos pelo projeto ISI-MIP (Schellnhuber et al., 2013). Foram analisados cinco Earth System Models (ESM; HadGEM2-ES, IPSL-CM5A-LR, MIROC-ESM-CHEM, GFDL-ESM2M, NorESM1-M), utilizando um método de preservação de tendências com correção de vieses (Hempel et al., 2013), para os cenários RCP 2.6 e 8.5 (Van Vuuren et al., 2011). Ao analisar os dados do cenário climático para a bacia do rio São Francisco, observou-se que a bacia está localizada em uma região sem clara tendência de diminuição da precipitação. Em geral, há um claro sinal de elevação da temperatura do ar, mas nenhum indício da redução de precipitação (Figura 8), isto é, alguns modelos indicam um futuro mais úmido (+10-20% de precipitação anual), enquanto outros indicam um futuro mais seco (-10 a 20%) (ver também

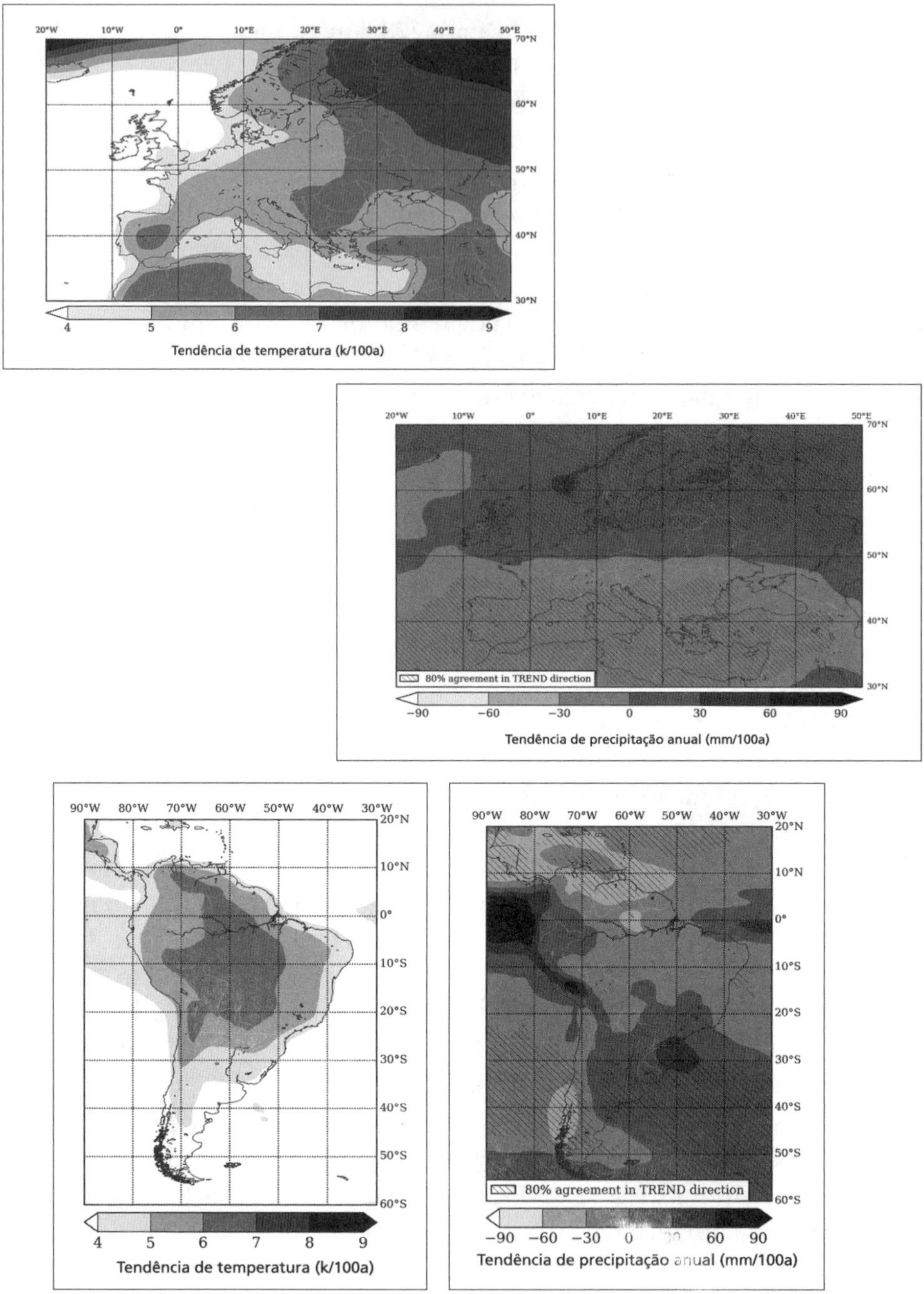

Figura 8 – Resultados do conjunto de modelos climáticos do CMIP5 para a Europa (mapas superiores) e a América do Sul (mapas inferiores); cenário máximo RCP8.5; as áreas tracejadas indicam onde, pelo menos, 80% dos resultados concordam quanto à tendência.

Silveira et al., 2016). Para abranger ambas as projeções climáticas possíveis na análise de cenário, decidiu-se investigar um futuro seco e um futuro úmido. Desse modo, duas séries foram selecionadas como determinantes climáticas por representarem ambas as hipóteses – um futuro seco (MIROC-ESM-CHEM, RCP 2.6) e um futuro úmido (HadGEM2-ES, RCP 8.5).

Para analisar os efeitos das mudanças climáticas, os resultados para o período futuro têm que ser comparados com os resultados do respectivo modelo climático para o período de referência. Para distinguir somente os efeitos das mudanças climáticas, todas as demais condições-limite, como o uso da terra, a demanda hídrica ou a operação de reservatórios, precisam ser iguais para os períodos de referência e futuro. Supondo-se que a demanda energética seja mais ou menos estável, as mudanças climáticas não produzem nenhum impacto na demanda hídrica para geração de hidroenergia, uma hipótese levantada para ilustrar os puros efeitos das mudanças climáticas sobre a geração de hidroenergia.

A Figura 9 mostra os resultados da geração de hidroenergia na bacia do rio São Francisco com a aplicação do modelo SWIM. A geração de hidroenergia simulada para o período de referência (1979-2003), para ambos os modelos, é muito próxima, o que se resume a uma geração anual de 43.538 GWh para o modelo HadGEM e 43.302 GWh para o modelo MIROC. Para o período futuro (2021-2050), a geração de hidroenergia é ligeiramente maior para o modelo HadGEM, com uma geração anual de 44.456 GWh (+2,1%). Utilizando-se os dados climáticos do modelo MIROC, a geração anual futura de hidroenergia demonstra acentuada queda para 25.751 GWh (-40,5%).

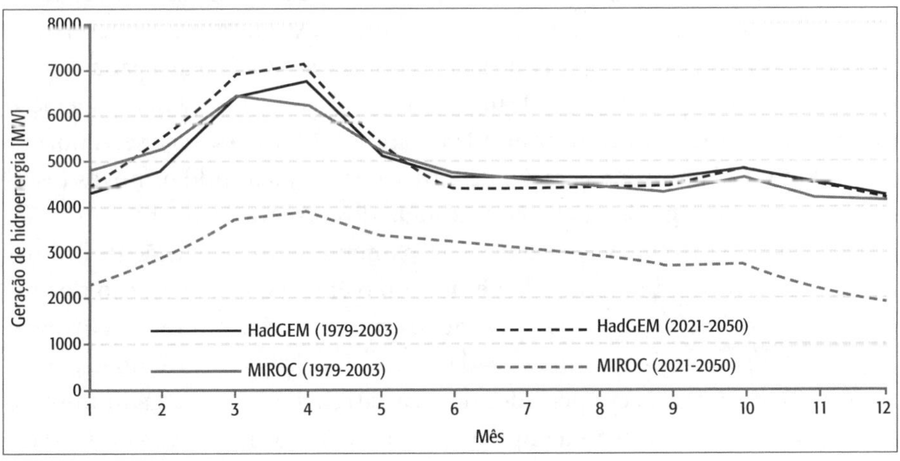

Figura 9 – Geração média mensal de hidroenergia para o perído de referência (1979-2003) e cenários de mudanças climáticas (2021-2050).

Severas secas de muitos anos constituem uma ocorrência frequente nas projeções climáticas do modelo MIROC. Consequentemente, o problema de abastecimento de água e geração de hidroenergia é notório, uma vez que o volume dos reservatórios apresenta-se excessivamente baixo ao final da estação chuvosa para fornecer as quantidades de água solicitadas ou para gerar a energia necessária.

Um exemplo de adaptação para garantir o abastecimento de água e a geração de energia é a construção de novos reservatórios. A Figura 10 mostra os efeitos dos novos reservatórios propostos para a bacia do rio São Francisco, utilizados principalmente para geração de hidroenergia. São analisados os efeitos dos possíveis novos reservatórios de Riacho Seco (capacidade de geração instalada de 240 MW) e de Pedra Branca (320 MW), ambos localizados no rio São Francisco, entre os reservatórios de Sobradinho e Itaparica.

Outra maneira possível consiste na adaptação da operação dos reservatórios existentes, liberando, por exemplo, menos água durante a estação chuvosa e, desse modo, economizando água para a estação seca. Isso tem sido feito durante a seca contínua desde 2013, quando a descarga mínima do Submédio São Francisco começou a diminuir gradativamente, passando, primeiro em abril de 2013, de 1.300 m^3/s para 1.100 m^3/s (ANA, 2013), no ano de 2015, para 1.000 m^3/s, e no final do ano para 900 m^3/s (ANA, 2015a,b), em 2016, para 800 m^3/s (ANA, 2016a), e, por fim, para 700 m^3/s (ANA, 2016b). Nas simulações com a operação adaptada dos reservatórios, o fluxo mínimo do reservatório de Três Marias para o Alto São Francisco é reduzido de 500 m^3/s para 250 m^3/s, enquanto o fluxo mínimo dos reservatórios de Sobradinho e Itaparica para o Submédio e o Baixo São Francisco é constantemente regulado para 700 m^3/s. Somente durante períodos úmidos extremos, ocorrências muito raras nesse cenário, uma quantidade maior de água é descarregada dos reservatórios na estação chuvosa. De um modo geral, isso significa que a operação excepcional dos reservatórios utilizada no ano de 2017 passaria a ser a norma.

A Figura 10 mostra a geração de hidroenergia, incluindo os novos reservatórios e o emprego da operação adaptada dos reservatórios sob condições de cenário climático seco. Nos anos extremamente secos, a geração de hidroenergia tem diminuído acentuadamente com o emprego da operação normal dos reservatórios ("referência"). Os novos reservatórios aumentariam a geração de hidroenergia em aproximadamente 6% ("referência + novos reservatórios"). Entretanto, em períodos de seca extrema, a acentuada diminuição ainda é visível. A aplicação da operação adaptada dos reservatórios ("adaptação"), a geração de hidroenergia na estação chuvosa é quase sempre mais baixa em comparação com o período de referência. O maior armazenamento durante a estação chuvosa resulta em maior geração de hidroenergia na estação seca, sobretudo durante anos extremamente secos. Os novos reservatórios aumentam a geração de hidroenergia em cerca de 6% ("adaptação + novos reservatórios"). De um modo geral, os efeitos da operação adaptada dos reservatórios existentes são muito mais fortes do que a construção dos novos reservatórios, especialmente em períodos de seca extrema.

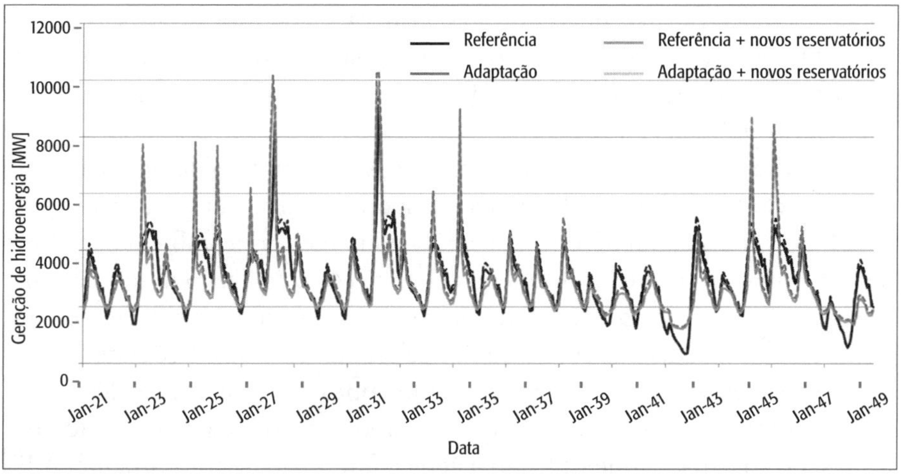

Figura 10 – Geração de hidroenergia sob condições de cenário climático seco com e sem adaptação, e novos reservatórios de hidroenergia.

Bacia do rio Elba

A bacia do rio Elba, com uma área de aproximadamente 150.000 km^2, encontra-se localizada na Europa Central. Cerca de dois terços da bacia estão localizados na Alemanha, e um terço na República Tcheca. A descarga média no posto Neu Darchau/Elba, o último posto na corrente do rio Elba, é de 711 m^3/s (IKSE, 2005). A parte do Elba a jusante do posto Neu Darchau/Elba, conhecida como "Tidal Elbe", é fortemente afetada pela maré. A geração de energia termoelétrica é responsável por aproximadamente 69% das retiradas de água (ano de referência de 2004; Hartje et al., 2011). A água retirada para os processos de resfriamento das usinas termoelétricas até o posto Neu Darchau/Elba representa aproximadamente 14,5% da descarga média em longo prazo, enquanto o consumo de água, isto é, as retiradas menos o fluxo de retorno, é de aproximadamente 1,1%.

Para a simulação das condições naturais de fluxo, isto é, o fluxo sem gestão hídrica, o modelo eco-hidrológico SWIM foi aplicado utilizando-se uma escala de tempo diária para a bacia do rio Elba (ver Hattermann et al., 2005; Conradt et al., 2012). O modelo WRMM para a bacia do rio Elba, baseado no *software* WBalMo, inclui 112 reservatórios, retiradas e fluxo de retorno de 32 usinas de energia termoelétrica, 118 usinas de energia hidrelétrica, 110 usuários industriais, 105 usuários de irrigação agrícola, 130 concessionárias públicas de água e as descargas de 400 usinas de tratamento de água residual. O modelo opera em uma escala de tempo mensal. Incluem-se também as transferências hídricas entre os segmentos do rio e o preenchimento dos poços de mineração fechados nas regiões mineradoras de lignita. Mais informações sobre o modelo podem ser encontradas em Kaltofen et al. (2011) e Koch et al. (2014).

Uma série de cenários socioeconômicos, incluindo o desenvolvimento tecnológico, foi desenvolvida para a bacia do rio Elba (ver Blazejczak et al., 2012). No cenário aqui descrito, as políticas energéticas e ambientais permanecem em vigor, os preços da energia elétrica estão estáveis em um patamar elevado e o desenvolvimento tecnológico continua. Novas unidades geradoras de energia foram construídas em locais próximos às instalações de infraestrutura existentes; ou seja, em locais com conexões com a rede elétrica e a rede térmica. Dentro desse cenário, pressupõe-se a queda da demanda por usinas termoelétricas que utilizam a água como meio de resfriamento. A Figura 11 mostra o desenvolvimento da demanda por água de arrefecimento para as usinas termoelétricas, pressupondo-se as condições climáticas médias observadas. Em virtude das variações nos sistemas de resfriamento utilizados, isto é, as usinas de termoenergia mudam de sistemas de resfriamento de circuito aberto para sistemas de circuito fechado com torre de resfriamento, a demanda hídrica está diminuindo. No ano de 2035, representa aproximadamente 4% da descarga média em longo prazo, ou seja, muito mais baixa do que os 14,5% observados em 2004. O consumo de água, isto é, as retiradas menos o fluxo de retorno, apresenta uma redução de aproximadamente 1,1% da descarga média de longo prazo para 0,9%. A redução do consumo de água é muito menor do que a redução da demanda hídrica, uma vez que grande parte da água retirada evapora-se das torres de resfriamento.

Os resultados com correção de vieses dos mesmos cinco modelos ESM para a bacia do rio São Francisco, para os cenários RCP 2.6, 4.5, 6.5 e 8.5 são analisados. Até meados do século, as diferenças nas tendências de precipitação e temperatura entre os modelos de cenário climático utilizados são pequenas (Roers e Wechsung, 2015). Considerando-se todos os modelos e RCP, observa-se um claro indício de aumento da temperatura do ar, mas nenhum sinal evidente em relação à precipitação (Fig. 8). Para incluir toda a amplitude de banda de climas futuros e para aumentar o número de dados disponíveis para uma análise estatística nas simulações dos modelos SWIM (fluxo natural) e WRMM (gestão hídrica), são utilizados os resultados de todos os modelos e RCP. Utilizando quatro RCP, cinco ESM e analisando períodos de cinco anos (p. ex., 2018-2022) para cada mês, criou-se um conjunto de dados com cem valores.

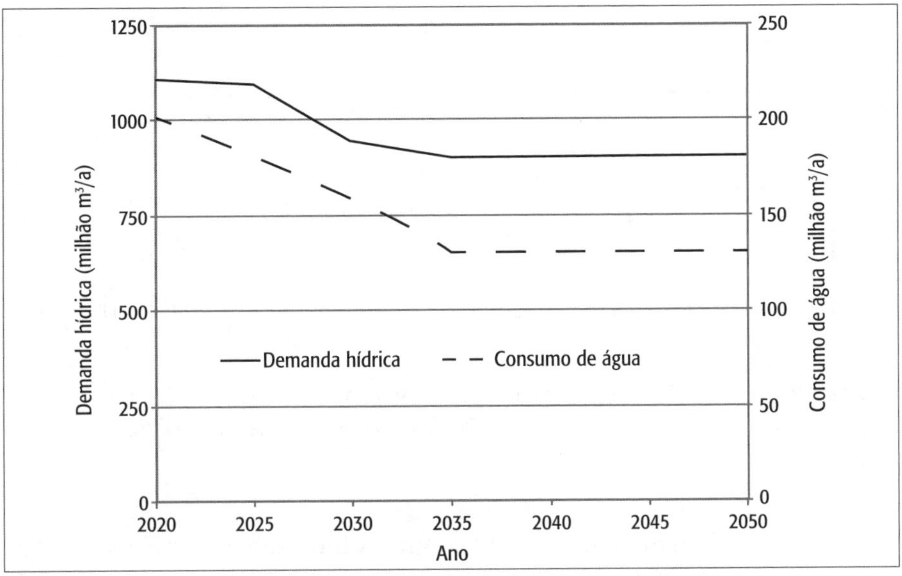

Figura 11 – Tendências para a demanda hídrica e o consumo de água das usinas termoelétricas na bacia do rio Elba (pressuposto: condições climáticas médias observadas).

Como no cenário utilizado o desenvolvimento socioeconômico e tecnológico e as mudanças climáticas têm grande efeito sobre a demanda hídrica e o abastecimento de água, os resultados não podem ser comparados diretamente com os resultados do período de referência. Por essa razão, a Figura 12 mostra os resultados para dois períodos futuros.

Os racionamentos de água mais graves devem ocorrer nas usinas termoelétricas da cidade de Berlim e na sub-bacia do Rio Spree (Koch et al., 2012, 2014). A operação das usinas termoelétricas da cidade sofre restrições em razão das altas temperaturas da água e da vazão baixa do rio nos meses de verão. No cálculo da demanda hídrica das usinas termoelétricas, aplica-se o método desenvolvido por Koch e Vögele (2009, 2013), no qual, além dos parâmetros tecnológicos das usinas termoelétricas, são utilizados também os parâmetros climáticos para incluir os efeitos das mudanças climáticas sobre a demanda hídrica.

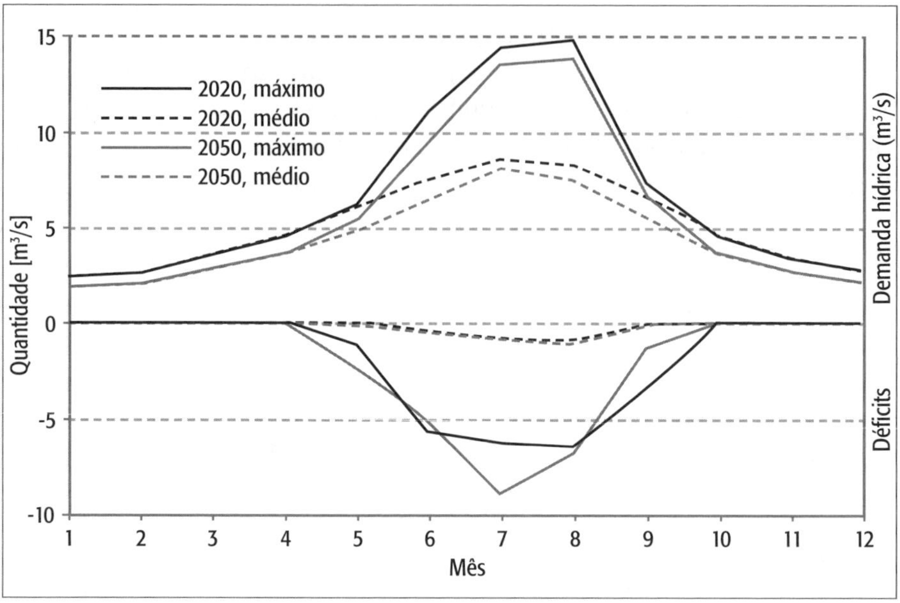

Figura 12 – Demanda e déficits hídricos das usinas termelétricas em Berlim, ano de 2020 (média mensal dos anos de 2018-2022) e 2050 (média mensal dos anos de 2048-2052).

Embora a demanda hídrica esteja diminuindo sob as condições climáticas médias observadas (ver Figura 11), em razão das temperaturas mais elevadas da água e da maior parcela da água evaporada das torres de resfriamento, a demanda hídrica das usinas termoelétricas em 2050 permanece mais ou menos no nível de 2020 (Figura 12). Enquanto sob condições médias o déficit hídrico em 2050 está no nível de 2020, em 2050 sob condições extremas no verão (mês de julho), o déficit é muito maior do que em 2020. Esse aumento se deve às temperaturas mais elevadas da água, reduzindo a elevação da temperatura da água disponível (aumento da temperatura da água no ponto de descarga comparado ao ponto de retirada permitido) e as restrições para a temperatura mista da água a jusante do ponto de descarga.

Como nesse cenário os sistemas de resfriamento já foram mudados para sistemas de circuito fechado com demanda hídrica reduzida, uma redução ainda maior somente é possível com a mudança dos sistemas de resfriamento a água para outras tecnologias, por exemplo, sistema de resfriamento a seco. Entretanto, esses sistemas de resfriamento a seco normalmente são menos eficientes, requerem um investimento mais alto e envolvem custos de operação e manutenção mais elevados.

CONSIDERAÇÕES FINAIS

Segue uma descrição da abordagem de avaliação do impacto das mudanças climáticas na gestão das bacias hidrográficas, conforme os seguintes passos:

1. GCM/RCM: regionalização dos dados do modelo GCM – se os resultados dos RCM não estiverem disponíveis; comparação entre os dados climáticos observados e simulados para o período de referência => correção de vieses dos dados climáticos simulados.
2. Desenvolvimento de cenários socioeconômicos (incluindo legislação, desenvolvimento tecnológico, mudança de uso da terra, etc.): utilizando os cenários de emissão ou determinados pelas partes interessadas.
3. Módulo hidrológico: coleta de dados (p. ex., solo, uso da terra), elaboração, calibragem/validação do modelo, simulação do fluxo natural para os cenários de mudança climática e mudança de uso da terra.
4. Módulo de gestão de bacias hidrográficas: coleta de dados sobre gestão hídrica (p. ex., uso da água, operação de reservatórios), simulação da disponibilidade hídrica para as mudanças climáticas, cenários de uso da terra e demanda hídrica.
5. Se os resultados dos cenários não forem satisfatórios: desenvolver estratégias de adaptação que visem à:
   a) gestão da demanda, o uso mais eficiente da infraestrutura existente, etc.;
   b) expansão da infraestrutura existente/construção de nova infraestrutura se a) não for suficiente.
6. Pontos de iteração 2-5, se necessário, até que se encontre uma solução satisfatória.

É possível que seja necessária uma série de repetições das simulações para a obtenção dos resultados finais. Para tal, uma quantidade suficiente de recursos financeiros e temporais precisa ser considerada durante o planejamento do projeto, e as partes interessadas/profissionais precisam ser motivados e capacitados para o desenvolvimento do projeto.

Ao utilizar exemplos de estudos de caso, observa-se que, dependendo do objetivo do estudo, diferentes procedimentos precisam ser utilizados. Se forem analisados somente os efeitos das mudanças climáticas sobre os recursos hídricos, no caso da bacia do rio São Francisco sobre o fluxo do rio e a geração de hidroenergia, todas as outras condições-limite precisam permanecer inalteradas. Observa-se então como as opções de gestão hídrica são avaliadas para analisar as opções de adaptação às mudanças climáticas. No cenário utilizado para a bacia do rio Elba, um cenário de desenvolvimento socioeconômico e cenários de mudanças climáticas são utilizados para demonstrar os efeitos combinados desses fatores. Como nesse cenário é utilizado o sistema de resfriamento com a demanda hídrica mais baixa para as usinas termoelétricas resfriadas a água, somente com a adoção de sistemas resfriados a ar seria possível reduzir ainda mais a demanda hídrica.

REFERÊNCIAS

ABU-ZEID, M.A.; EL-SHIBINI, F.Z. Egypt's High Aswan Dam. *Water Resources Development.* v.13, n.2, p.209-217, 1997.

[ANA/GEF/PNUMA/OEA] AGÊNCIA NACIONAL DE ÁGUAS/GLOBAL ENVIRONMENT-FACILITY/PROGRAMA DAS NAÇÕES UNIDAS PARA O MEIO AMBIENTE/ORGANIZAÇÃO DOS ESTADOS AMERICANOS. *Projeto de Gerenciamento Integrado das Atividades Desenvolvidas em Terra na Bacia do São Francisco. Aproveitamento do Potencial Hidráulico para geração de energia elétrica.* Brasília-DF, 2004, 81p.

[ANA/MMA] AGÊNCIA NACIONAL DE ÁGUAS/MINISTÉRIO DO MEIO AMBIENTE. *Conjuntura Recursos Hidricos Brasil.* Brasília-DF, 2013, 434p.

[ANA] AGÊNCIA NACIONAL DE ÁGUAS. Resolução n. 707, de 21de dezembro de 2004. Brasília-DF, 2004. Disponível em: http://arquivos.ana.gov.br/resolucoes/2004/707-2004.pdf. Acessado em: 07 mar. 2017.

______. Resolução n. 411, de 22 de setembro de 2005. Brasília-DF, 2005. Disponível em: http://arquivos.ana.gov.br/resolucoes/2005/411-2005.pdf. Acesso em: 04 set. 2014.

______. Resolução n. 442, de 8 de abril de 2013. Brasília-DF, 2013. Disponível em: http://arquivos.ana.gov.br/resolucoes/2013/442-2013.pdf. Acesso em: 3 jul. 2015.

______. (2015a). Resolução n. 499, de 30 de abril de 2015. Brasília-DF. Disponível em: http://arquivos.ana.gov.br/resolucoes/2015/499-2015.pdf. Acesso em: 27 jan. 2017.

______. (2015b). Resolução n. 713, de 29 de junho de 2015. Brasília-DF, 2015. Disponível em: http://arquivos.ana.gov.br/resolucoes/2015/713-2015.pdf. Acesso em: 27 jan. 2017.

______. (2016a). Resolução n. 66, de 28 de janeiro de 2016. Brasília-DF. Disponível em: http://arquivos.ana.gov.br/resolucoes/2016/66-2016.pdf. Acesso em: 27 jan. 2017.

______. (2016b). Resolução n. 1283, de 31 de outubro de 2016. Brasília-DF. Disponível em: http://arquivos.ana.gov.br/resolucoes/2016/1283-2016.pdf. Acesso em: 27 jan. 2017.

ANDREU, J.; CAPILLA, J.; SANCHIS, E. AQUATOOL. A generalized decision-support system for water-resources planning and operational management. *J.Hydrol.* V.177, p.269-291, 1996.

ARTHINGTON, A.H. et al. The challenge of providing environmental flow rules to sustain river ecosystems. *Ecological Applications*, v.16, n.4, p.1311-1318, 2006.

BLAZEJCZAK, J.; GORNIG, M.; HARTJE, V. Downscaling non climatic drivers for surface water vulnerabilities in the Elbe river basin. *Reg. Environ. Change*, v.12, p.69-80, 2012.

BMUB. *The German Water Sector – Policies and Experiences.* Bundesministerium für Umwelt, Naturschutz, Bau und ReaktorsicherheitBerlin, Bonn, Witten. 2001, 158p.

______. *Water Resource Management in Germany: Part 1 Fundamentals.* Bundesministerium für Umwelt, Naturschutz, Bau und ReaktorsicherheitBonn. 2013, 150p.

CONFALONIERI, U.E.C. Variabilidade climática, vulnerabilidade social e saúde no Brasil. Fundação Oswaldo Cruz, Terra Livre, São Paulo, Ano 19, v.1, n.20, p. 193-204, 2003.

CONRADT, T. et al. Spatially differentiated management-revised discharge scenarios for an integrated analysis of multi-realisation climate and land use scenarios for the Elbe River basin. *Reg. Environ. Change*, v.12, p.633-648, 2012.
DANISH HYDRAULIC INSTITUTE (2017). Disponível em: https://www.mikepoweredbydhi.com/products/mike-hydro-basin. Acesso em: 02 fev. 2017.
DELTARES (2017). Disponível em: https://www.deltares.nl/en/software/ribasim/. Acesso em: 2 fev. 2017.
[EEA] EUROPEAN ENVIRONMENT AGENCY. *Sustainable water use in Europe – Part 2: Demand management*. Copenhagen. 2001, 94p.
FEDRA, K.; JAMIESON, D. The 'WaterWare' decision-support system for river-basin planning. 2. Planning capability. *J. Hydrol*, v.177, p.177-198, 1996.
GÄDEKE, A.et al. Analysis of Uncertainties in the Hydrological Response of a Model-Based Climate Change Impact Assessment in a Subcatchment of the Spree River, Germany. *Hydrol. Proc*, v.28, p.3978-98, 2013.
GEOFFROY, O. et al. Transient climate response in a two-layer energy-balance model. Part I: Analytical solution and parameter calibration using CMIP5 AOGCM experiments. *Journal of Climate*, v.26, n.6, p. 1841-1857, 2013.
GERSTENGARBE, F.W. et al. Ensemble simulations for the RCP8.5-Scenario. *Meteorol. Z*, v.24, n.2, p.147-156, 2015.
HEATHCOTE, I.W. *Integrated watershed management: principles and practice*. Nova York: Wiley,1998, 414p.
HARTJE, V. et al. Regionalisierung globaler sozioökonomischer Wandelprozesse für die Wasserwirtschaft. In: WECHSUNG, F. et al. (Org.). *Die Elbe und ihr Einzugsgebiet im globalen Wandel*. Berlin: Weißenseeverlag, 2011, p.25-56.
HATTERMANN, F.F. et al. Runoff simulations on the macroscale with the ecohydrological model SWIM in the Elbe catchment – validation and uncertainty analysis. *Hydrol. Proc*, v.19, n.3, p.693-714, 2005.
______. Assessment of water availability in a Central – European River Basin (Elbe) under climate change. *Advances in Climate Change Research*, v.4, p.42-50, 2008.
______. Model-supported impact assessment for the water sector in Central Germany under climate change – a case study. *Water Resources Management*, v.25, n.13, p.3113-3134, 2011.
HATTERMANN, F.F. et al. Brief Communication: An update of the article "Modelling flood damages under climate change conditions – a case study for Germany". *Nat. Hazards Earth Syst. Sci*, v.16, p.1617-1622, 2016.
______. A Trend-Preserving Bias Correction – the ISI-MIP Approach. *Earth System Dynamics*, v.4, n.2, p.219-236, 2013.
HATTERMANN, F.F.; HUANG, S.; KOCH, H. Climate change impacts on hydrology and water resources. *Meteorol Z*, v.24, n.2. p.201-211, 2015.
HUANG, S.; KRYSANOVA, V.; ÖSTERLE, H.;HATTERMANN, F.F. Simulation of spatiotemporal dynamics of water fluxes in Germany under climate change. *Hydrological Processes*, v.24, p.3289-3306, 2010.
[IKSE/ICPER] INTERNATIONALE KOMMISSION ZUM SCHUTZ DER ELBE / INTERNATIONAL COMMISSION FOR THE PROTECTION OF THE ELBE RIVER. *Die Elbe und ihr Einzugsgebiet*. Magdeburg, 2005, 258p.
[IPCC] INTERGOVERNMENTAL PANEL ON CLIMATE CHANGE. *Climate change 2000. Summary for policy makers*. Intergovernmental Panel on Climate Change, Cambridge: University Press, 2001a. 18p.
______. *Climate Change 2007. The physical science basis. Summary for policy makers*. Intergovernmental Panel on Climate Change. Cambridge: University Press, 2007a, 18p.
______. *Climate Change2007. Impacts, Adaptation and Vulnerability. Summary for policy makers*. Intergovernmental Panel on Climate Change: Cambridge: University Press, 2007b, 23p.

______. *Climate Change 2013. The Physical Science Basis*. Intergovernmental Panel on Climate Change. United Kingdom/New York: 2013, 1535p.
KABAT, P.et al. (Org.) *Coping with impacts of climate variability and climate change in water management: a scooping paper*. DWC-Report no.: DWCSSO-01 (2002), International Secretariat of the Dialogue on Water and Climate, Wageningen. 114p.
KALTOFEN, M.; KOCH, H.; SCHRAMM, M. Bewirtschaftete Abflüsse im Elbegebiet. In: WECHSUNG, F., KOCH, H.; GRÄFE, P. (Org.): *Elbe-Atlas des globalen Wandels*. Berlin: Weißenseeverlag, 2011. p.62-63.
KADEN, S.; SCHRAMM, M.; REDETZKY, M. Large-scale water management models as instruments for river catchment management. In: WECHSUNG, F. et al. (Org.). *Integrated Analysis of the Impacts of Global Change on Environment and Society in the Elbe River Basin*. Berlin: Weißenseeverlag, 2008. p. 217-227.
KING, J.M.; THARME, R.E.; DE VILLIERS, M.S. *Environmental Flow Assessments for Rivers: Manual for the Building Block Methodology*. WRC Report No TT 354/08. 2008. 364p.
KOCH, H. et al. Trends in water demand and water availability for power plants – scenario analyses for the German capital Berlin. *Climatic Change*, v.110, p.879-899, 2012.
______. Security of Water Supply and Electricity Production: Aspects of Integrated Management. *Water Resources Management*, v.28, n.6, p.1767-1780, 2014.
______. Scenarios of climate and land-use change, water demand and water availability for the São Francisco river basin. *Revista Brasileira de Ciências Ambientais,* v.36, p.96-114, 2015.
______. (2018a). Assessment of observed and simulated low flow indices for a highly managed River basin. Hydrology Research (online available). DOI:10.2166/nh.2018.168, 2018.
______. (2018b). Reservoir operation and environmental water demand: Scenarios for the Sub-Middle and Lower São Francisco River basin, Brazil. Ecohydrology (online available). DOI:10.1002/eco.2026, 2018.
KOCH, H.; LIERSCH, S.; HATTERMANN, F.F. Integrating water resources management in eco-hydrological modelling. *Water Science and Technology*, v.67, n.7, p.1525-1533, 2013.
KOCH, H.; VÖGELE, S. Dynamic modelling of water demand, water availability and adaptation strategies for power plants to global change. *Ecological Economics,* v.68, n.7, p.2031-2039, 2009.
______. Hydro-climatic conditions and thermoelectric electricity generation – Part I: Development of models. *Energy*, v.63, p.42-51, 2013.
KRYSANOVA, V.; MÜLLER-WOHLFEIL, D.I.; BECKER, A. Development and test of a spatially distributed hydrological/water quality model for mesoscale watersheds. *Ecological Modelling*, v.106, p.261-289, 1998.
KRYSANOVA, V. et al. Practices and Lessons Learned in Coping with Climatic Hazards at the River-Basin Scale: Floods and Droughts. *Ecology and Society,* v.13 n.2, 32. Disponível em: http://www.ecologyandsociety.org/vol13/iss2/art32/.2008.
[LABSID] LABORATÓRIO DE SISTEMAS DE SUPORTE A DECISÕES. *Manual do AcquaNet 2013*, 2013.
LANGE, S. et al. Regional climate model sensitivities to parametrizations of convection and non-precipitating subgrid-scale clouds over South America. *Clim. Dyn*, v.44, n.9-10, p.2839-2857, 2015.
LOUCKS, D.P. Generic simulation models for facilitating stakeholder involvement in water resources planning and management: a comparison, evaluation, and identification of future needs. In: VOINOV, A; JAKEMAN, A.J.; RIZZOLI, A.E. (eds). *Proceedings of the iEMSs third biennial meeting: "Summit on Environmental Modelling and Software"*, Burlington, 2006. Disponível em: http://iemss.logismi.co:8080/xmlui/bitstream/handle/iemss/6175/w1.pdf?sequence=2. Acesso em: 06 mar. 2017.

LUDWIG, K.; BREMICKER, M. (eds.) The Water Balance Model LARSIM – Design, Content and Applications. *Freiburger Schriften zur Hydrologie*, v.22. 2006.

MARENGO, J.A. *Mudanças climáticas globais e seus efeitos sobre a biodiversidade – caracterização do clima atual e definição das alterações climáticas para o território brasileiro ao longo do século XXI*. 2. ed. Brasília: Ministério do Meio Ambiente, 2007, v.1, p.214.

______. Água e mudanças climáticas. *Estudos avançados*, v.22, n.63, p.83-96, 2008.

MARENGO, J.A. et al. *Eventos extremos em cenários regionalizados de clima no Brasil e América do Sul para o Século XXI: Projeções de clima futuro usando três modelos regionais*. Relatório 5, Ministério do Meio Ambiente, Secretaria de Biodiversidade e Florestas, Diretoria de Conservação da Biodiversidade. Mudanças Climáticas Globais e Efeitos sobre a Biodiversidade – Subprojeto: Caracterização do clima atual e definição das alterações climáticas para o território brasileiro ao longo do século XXI. Brasília, 2007.

MCGREGOR, J.L. Regional ClimateModelling. *Meteorol. Atmos. Phys*, v.63, p.105-117, 1997.

[MUNICHRE] MÜNCHENER RÜCKVERSICHERUNGS-GESELLSCHAFT. *Natural catastrophes 2016 – Analysis, assessments, positions*. 2017 issue, München, 2017. 80p.

NEITSCH, S.L.; ARNOLD, J.G.; KINIRY, J.R.; WILLIAMS, J.R.; KING, K.W. Soil and Water Assessment Tool theoretical documentation. Version 2000. Texas Water Resources Institute: College Station. 2002.

NETO, A.R. et al. Estimativa da Evaporação no Lago de Sobradinho Com o Método do Balanço de Energia. *XVII Simpósio Brasileiro de Recursos Hídricos*. São Paulo, 2007.

ROERS, M.; WECHSUNG, F. Reassessing the climate impact on the water balance of the Elbe River basin. *Hydrology and Water Resources Management*, v.59, n.3, p.109-119, 2015.

SCHELLNHUBER, H.J., FRIELER, K.; KABAT, P. The Elephant, the Blind, and the ISI-MIP. *PNAS*, v.111, n.9, p.3225-3227, 2013.

SIEBER, J; PURKEY, D. *Water evaluation and planning system – USER GUIDE for WEAP 21*. Stockholm Environment Institute, Stockholm. 2007.

SIEGMUND-SCHULTZE, M.; KÖPPEL, J.; SOBRAL, M.C. Unraveling the water and land nexus by inter- and transdisciplinary research: overall findings on sustainable land management in a semi-arid watershed in Brazil's Northeast. *Reg. Environ. Change* (submitted). 2017.

SILVEIRA, C.S. et al. Mudanças climáticas na bacia do rio São Francisco: Uma análise para precipitação e temperatura. *Revista Brasileira de Recursos Hídricos*, v.21, n.2, p.416-428, 2016.

SOUZA, W.M. et al. Áreas de risco mais vulneráveis aos desastres decorrentes das chuvas em Recife-PE. *Revista Brasileira de Ciências Ambientais*, v.34, p.79-94, 2014.

TAYLOR, K.E.; STOUFFER, R.J.; MEEHL, G.A. An overview of CMIP5 and the experiment design. *Bull. Am. Meteorol. Soc*, v.93, p.485-498. 2012.

TONETO JÚNIOR, R.; SAIANI, C.C.S.; RODRIGUES, R.L. *Perdas de água: entraves ao avanço do saneamento básico e riscos de agravamento à escassez hídrica no Brasil*. FUNDACE, Ribeirão Preto, 2013, 52p.

US ACE. The Hydrologic Modeling System HEC-HMS Users manual. US Army Corps of Engineers, Hydrologic Engineering Center, Davis CA, Version 3.5, 2010.

VAN DER LINDEN, P.; MITCHELL, J.F.B. (Eds.) *ENSEMBLES: Climate Change and Its Impacts: Summary of Research and Results From the ENSEMBLES Project*. Met Office Hadley Centre, Exeter, UK, 2009, 160p.

VAN VUUREN, D. et al. The representative concentration pathways: an overview. *Climatic Change*, v.109, p.5-31, 2011.

VARIS, O.; KAJANDER, T.; LEMMELÄ, R. Climate change and water: from climate models to water resources management and vice versa. *Climatic Change*, v.66, p.321-344, 2004.

WILBY, R.L.; HAY, L.E.; LEAVESLEY G.H. A comparison of downscaled and raw GCM output: implications for climate change scenarios in the San Juan River basin, Colorado. *Journal of Hydrology*, v.225, n.1-2, p.67-91, 1999.

[WMO] WORLD METEOROLOGICAL ORGANIZATION. *Guide to Hydrological Practices – Vol. I*. Sixth edition, WMO, n. 168, Genebra, 2008a, 296p.

______. *Manual on Low-flow estimation and Prediction*. Operational Hydrology Report n.50. WMO, n. 1029. Genebra, 2008b, 136p.

WOOD, A.W.; LEUNG, L.R.; SRIDHAR, V.; LETTENMAIER, D.P. Hydrologic implications of dynamical and statistical approaches to downscaling climate model outputs. *Climatic Change*, v.62, p.189-216. 2004.

WURBS, R.A. Modeling river/reservoir system management, water allocation and supply reliability. *J.Hydrol*, v.300, p.100-113, 2005a.

______. *Comparative evaluation of generalized river/reservoir system models*. Technical Report TR-282. Texas Water Resources Institute, College Station, 2005b, 203p.

YOHE, G. Assessing the Role of Adaptation in Evaluating Vulnerability to Climate Change. *Climatic Change*, v.46, n.3, p.371-390. 2000.

Variabilidade da precipitação em bacias hidrográficas no semiárido: uma análise espaço-temporal

18

Janaina Maria Oliveira de Assis
Geógrafa, UFPE

Claudia Ricardo de Oliveira
Geógrafa, UFPE

Werônica Meira de Souza
Meteorologista, UAG/UFRPE e UFPE

Maria do Carmo Sobral
Engenheira civil, UFPE

INTRODUÇÃO

A preocupação com o gerenciamento dos recursos hídricos é crescente em diversas regiões do planeta, principalmente aquelas que dependem essencialmente deste tipo de recurso para atender os usos múltiplos requeridos. Estes dados são comprovados através de estudos sobre os recursos hídricos na região Nordeste do Brasil, assim como podem ser verificados nas diminuições de vazões dos reservatórios, disponíveis no banco de dados da Agência Nacional de Águas (ANA). De acordo com Tundisi (2003), os múltiplos usos da água e as permanentes necessidades de água para fazer frente ao crescimento populacional e às demandas industriais e agrícolas têm gerado permanente pressão sobre os recursos hídricos superficiais e subterrâneos. Entre as regiões submetidas a cenários de escassez de água, destaca-se a região semiárida do Nordeste do Brasil, onde as taxas de evapotranspiração são elevadas e a distribuição irregular da precipitação é marcada por sua variabilidade espaço-temporal, permitindo a ocorrência de períodos prolongados de estiagens, e acentuando os déficits hídricos.

Vários são os estudos científicos que apontam para o aquecimento das zonas semiáridas ao longo deste século. Em estudos abrangentes desenvolvidos pelo NAE (2005), Kayano e Andreoli (2009) e Marengo (2009) discutem a vulnerabilidade do semiárido aos extremos da variabilidade de clima e suas mudanças. Por sua vez, estudos de Ambrizzi et al. (2007), Marengo et al. (2009) e Obregon e Marengo (2007) destacam as principais tendências climáticas observadas no clima atual para a América do Sul e fazem também análises dos cenários climáticos previstos pelos modelos do IPCC para os cenários de altas e baixas emissões. Em estudo um pouco mais recente, do Relatório do Painel Brasileiro de Mudanças Climáticas (PBMC, 2014), identificou-se a probabilidade do semiárido Nordestino ter um aumento de temperatura em torno de 3ºC até o fim do século.

Tal aquecimento tende a acentuar eventos extremos, tanto de secas quanto de chuvas intensas requerendo, assim, políticas públicas e diretrizes voltadas a um planejamento mais amplo e a um fortalecimento de ações participativas para controle, monitoramento e alerta, tendo em vista o cenário atual de variabilidade do clima.

Para analisar as variabilidades climáticas e as mudanças climáticas sobre o Nordeste do Brasil, é importante identificar os processos que influenciam o padrão das distribuições pluviométricas, tanto espacial quanto temporal. Um fator relevante a ser destacado nesse contexto é a irregularidade na distribuição dos índices pluviométricos, associada à alta variabilidade interanual da precipitação na região tropical, com anos secos e outros chuvosos.

Em estudo de Assis, Sobral e Souza (2012), foi identificada tendência média de diminuição para a precipitação e aumento do número de dias secos consecutivos em bacias hidrográficas do semiárido de Pernambuco, por meio de metodologia recomendada pela Organização Mundial de Meteorologia (OMM).

Uma avaliação importante para a gestão das águas é o conhecimento das séries históricas de dados hidroclimáticos, estas informações podem direcionar ações de mitigação dos efeitos do fenômeno climático sobre as comunidades e as atividades econômicas por elas desenvolvidas, de maneira mais efetiva. Além dos estudos visando medir as intensidades e os períodos de duração, a frequência dos eventos de estiagem pode indicar áreas preferenciais ou de recorrência do fenômeno.

Neste sentido, Tsakiris et al. (2007) afirmam que vários métodos têm sido propostos para a identificação, quantificação e controle dos fenômenos de estiagem ou secas. Os mais conhecidos são os índices de seca, que se configuram em combinações especiais de indicadores que abrangem dados meteorológicos e hidrológicos. Os índices de seca são elementos importantes e úteis para o monitoramento e a avaliação das secas, uma vez que simplificam as inter-relações complexas entre muitos parâmetros relacionados com o clima.

Os índices facilitam a comunicação de informações sobre anomalias climáticas para diversos públicos de usuários e permitem aos cientistas avaliar quantitativamente anomalias climáticas em termos de sua intensidade, período de duração, extensão espacial e frequência. Isso permite analisar eventos históricos de secas e sua probabilidade de recorrência.

Atualmente, existem diversos índices climáticos que podem ser utilizados para explicar a ocorrência de tendências e variabilidades de séries históricas climáticas, como o Rainfall Anomaly Index (RAI), que é uma metodologia que vem sendo aplicada e difundida no Nordeste do Brasil para caracterizar os períodos extremos (secos e chuvosos) e pode ser utilizada para quantificar o déficit e/ou excesso de precipitação nas múltiplas escalas de tempo. Esta metodologia foi inicialmente desenvolvida por Rooy (1965) e adaptada para o Nordeste do Brasil por Freitas (2005).

O RAI tem se mostrado bastante útil no monitoramento da precipitação, principalmente pela sua flexibilidade, precisão de cálculo e interpretação.

O RAI tem se mostrado uma ferramenta de fundamental importância para a análise das séries de precipitação, sendo considerada de fácil aplicação procedimental, devido aos recursos computacionais e à determinação qualitativa das anomalias. Este método pode ainda ser aplicado como ferramenta para o acompanhamento dos estudos climáticos de determinada localidade ou região, monitorando, gerando diagnósticos e prognósticos climáticos.

Os estudos sobre as precipitações nos últimos anos em escalas menores, locais e regionais têm sido responsáveis pelo aumento na publicação e divulgação dos trabalhos científicos relacionados às mudanças climáticas, principalmente na área ligada aos eventos extremos e às anomalias (Marengo, 2007). Lacerda et al. (2016), em estudo para o município de Araripina, no semiárido pernambucano, mostraram bem essa espacialização, em menor escala, para determinar as tendências de mudanças locais do clima. Para isso, os autores identificaram uma redução da precipitação, indicando tendência à aridização na região. Estes resultados servem como base para outras pesquisas em escalas locais e regionais, sobretudo em regiões semiáridas, objeto de estudo deste trabalho.

Em escala temporal, observa-se que a aplicação do RAI tem gerado cada vez mais resultados robustos, que auxiliam nos estudos sobre as mudanças e variabilidades climáticas, principalmente associadas às anomalias da precipitação pluviométrica. Estes estudos em nível de bacias e microbacias hidrográficas estão cada vez mais frequentes, como é o caso do estudo para a microbacia de Santa Maria/Cambiocó, no estado do Rio de Janeiro, que analisou os dados climáticos da área por um período de 10 anos, entretanto, não constatando alteração de tendência do regime pluviométrico (Noronha et al., 2016). Já Medeiros et al. (2014), em estudo para a bacia hidrográfica do Córrego da Moeda, RS, concluíram que ocorreram mais períodos secos do que chuvosos.

Este trabalho buscou avaliar a intensidade da anomalia do regime de chuva na bacia hidrográfica do rio Pajeú, localizada na região semiárida do Nordeste do Brasil, utilizando o RAI. Neste contexto, foi analisada a variabilidade espaço-temporal e a intensidade da precipitação, durante o período de 1966 a 2016, identificando as tendências dos valores de RAI que possam ser justificadas por eventuais impactos de mudanças climáticas. Foi utilizado o período de dados de 50 anos (1966 a 2016) em função da disponibilidade temporal dos postos pluviométricos na área de estudo, que devem ser do mesmo período. Para apresentar resultados robustos e confiáveis, os dados climáticos precisam ter histórico de no mínimo 30 anos.

ÍNDICES CLIMÁTICOS DE PRECIPITAÇÃO PLUVIOMÉTRICA

Com base na precipitação irregular, característica de regiões semiáridas, é necessário realizar um monitoramento através de índices climáticos, uma vez que, através deles se pode desenvolver um sistema de acompanhamento das características dos períodos secos ou chuvosos, com informações anuais ou mensais, com as quais se pode conhecer intensamente a climatologia de uma determinada região e verificar os impactos que o clima causa sobre a distribuição pluviométrica, através da regionalização da precipitação (Araújo et al., 2009a).

O Rainfall Anomaly Index (RAI) é um cálculo que tem sido muito utilizado e expandido na região Nordeste do Brasil, uma vez que tem por função caracterizar os períodos extremos secos e chuvosos e a intensidade desses eventos tanto em escala temporal como em escala espacial. Um ponto decisivo na utilização de um índice como esse, assim como de qualquer outro índice climático, dá-se na escolha do patamar a ser estabelecido para a definição de um período de seca. Nesse sentido, Freitas (2004; 2005), observou que com base no mesmo é possível fazer uma comparação das condições atuais de precipitação em relação aos valores históricos, servindo ainda para avaliar a distribuição espacial do evento, consoante sua intensidade.

Diante desse fator, a aplicação do RAI tem se mostrado uma ferramenta de fundamental importância para a análise das séries de precipitação, sendo considerada de fácil aplicação procedimental, em razão dos recursos computacionais e da determinação qualitativa das anomalias. O RAI pode ainda ser aplicado como ferramenta para o acompanhamento dos estudos de classificação climática com base no índice de aridez de determinada localidade ou região, monitorando, gerando diagnósticos e prognósticos climáticos.

Em escala temporal, observa-se que a aplicação do RAI tem gerado cada vez mais resultados robustos, que auxiliam nos estudos sobre as mudanças e variabilidades climáticas, principalmente associadas às anomalias da precipitação pluviométrica. Em aplicação na bacia hidrográfica do rio Mundaú, Silva, Souza e Cayano (2009) buscavam identificar o comportamento da precipitação através de análise do RAI no período de 1955 a 1991. Os resultados mostraram que o ano de 1974 foi considerado o ponto de desvio em relação às chuvas na bacia. Antes de 1974, ocorreram mais anos chuvosos e após 1974 houve a inversão, com a predominância de anos secos em relação aos anos chuvosos.

Silva Junior et. al. (2011) utilizaram o RAI na microrregião do Gurupi – TO, no período entre 1974 a 2006, examinando cinco estações pluviométricas, com o intuito de observar a variabilidade pluviométrica na região. Os resultados mostraram a ocorrência de grande variabilidade pluviométrica regional, onde foram analisados eventos classificados como muito secos durante oito anos consecutivos, entre 1988 e 2003.

Do mesmo modo, Marcuzzo, Melo e Rocha (2011), em estudo para o Mato Grosso, no período de 1977 a 2006, utilizaram o RAI para analisar a variação espaço-temporal da precipitação pluviométrica. Os resultados mostraram que houve a predominância de anos secos em relação aos anos úmidos, com os índices negativos mais representativos na década de 1990.

Em estudo para a região metropolitana de Fortaleza, Silva et al. (2012) utilizaram o RAI como ferramenta de análise para verificar a influência do fenômeno ENOS (El Niño Oscilação Sul) e da ODP (Oscilação Decadal do Pacífico) na variabilidade das chuvas. Os resultados mostraram que a associação de fases quentes e frias do ENOS e da ODP promoveram diminuição e aumento, respectivamente, das chuvas para a área de estudo.

Sanches et al. (2014), em estudo sobre o RAI para o município de Alegrete, RS, no período de 1928 a 2009, fazem uma comparação entre os índices, tanto positivos quanto negativos, e os anos sob ação dos fenômenos El Niño e La Niña. Comparando-se os anos sob influência desses fenômenos com os valores do RAI, verificou-se que houve maior correspondência com os anos sob efeito de El Niño.

O RAI mostra bons resultados de estudos também fora do Brasil, Segundo Chechi e Sanches (2013), ao analisar o Alto Uruguai gaúcho, no período entre 1957 a 2012, considerando o comportamento do fenômeno ENOS utilizando o RAI como método de análise. Os resultados mostraram que o El Niño atuou com maior frequência em relação ao La Niña.

CARACTERÍSTICAS CLIMÁTICAS DO SEMIÁRIDO

As regiões semiáridas já trazem intrínsecas à sua natureza a marca da escassez hídrica. Do ponto de vista climático, o significado de semiárido provém da classificação do clima de Thornthwaite (Ayoade, 1988), que o definiu em função do Índice de Aridez (IA), que é reconhecido como a razão entre a precipitação e a evapotranspiração potencial, que calcula a diferença entre a quantidade de chuva e a perda de água do sistema. Este Índice de Aridez foi aplicado no Plano de Ação de Combate à Desertificação das Nações Unidas (Matallo Júnior, 2003), além de demarcar a nova região semiárida brasileira (Brasil, 2005) e delimitar as áreas que integram o Polígono das Secas no país. A Tabela 1 apresenta a faixa do índice de aridez para diversos climas da Terra.

Tabela 1 – Classificação climática com base no índice de aridez

Índice de aridez	Classificação
IA < 0,05	Hiperárido
0,05 < IA < 0,20	Árido
0,20 < IA < 0,50	Semiárido
0,50 IA < 0,65	Subúmido seco
0,65 < IA < 1,00	Subúmido úmido
IA > 1,00	Úmido

Fonte: adaptada de Ayoad (1988).

A paisagem da porção semiárida brasileira é dominada pelo bioma caatinga, que abrange grande parte da região Nordeste do Brasil e possui grande biodiversidade, com mais de 600 espécies identificadas. O semiárido brasileiro possui localização anômala em relação aos ambientes de climas áridos e semiáridos tropicais e subtropicais da Terra (Ab´Saber, 1974). Estudo realizado pela Funceme (Fundação Cearense de Meteorologia) e o Banco do Nordeste do Brasil (BNB, 2005) identificou sete unidades geossistêmicas no semiárido brasileiro, com área total de 853 mil km^2. Entre essas unidades, a depressão sertaneja ocupa quase 50% da área. A marca da região semiárida é a heterogeneidade de seus geoambientes ou de suas paisagens.

A delimitação do semiárido encontra outras definições, além da apresentada pela Funceme. O Ministério da Integração Nacional definiu, em 2005

(MI, 2005), uma nova delimitação do semiárido brasileiro a partir de três critérios técnicos:

- precipitação pluviométrica média anual inferior a 800 mm;
- índice de aridez de até 0,5, calculado pelo balanço hídrico, que relaciona as precipitações e a evapotranspiração potencial, no período entre 1961 e 1990;
- risco de seca maior que 60%, tomando-se por base o período entre 1970 e 1990.

Em referência a esta classificação, o semiárido brasileiro passou a abranger mais de 10% do território nacional, estendendo-se por mais de 1.000 municípios, localizados em dez estados da Federação (Maranhão, Piauí, Ceará, Rio Grande do Norte, Paraíba, Pernambuco, Alagoas, Sergipe, Bahia e Minas Gerais). Uma questão importante é a afirmação de que a escassez hídrica e a heterogeneidade espacial são características que marcam a região semiárida brasileira. Dessa forma, a ocorrência da água e sua apropriação pela sociedade são centrais para o entendimento da dinâmica da natureza e da sociedade desta região.

A disponibilidade da água no semiárido é marcada por sua grande variabilidade espacial e temporal. As precipitações são de verão (dezembro-fevereiro) e de outono (março-maio), tendo o sul do semiárido nordestino maior precipitação de verão e a parcela setentrional, precipitações de outono. Este regime de chuvas ocorre sob pronunciada sazonalidade, com a precipitação ocorrendo praticamente em um período do ano, de forma concentrada dentro da quadra chuvosa. Este regime de chuvas sobre os solos rasos do cristalino na depressão sertaneja impõe a existência de rios intermitentes em diversas regiões. Adicionalmente, ocorre uma significativa variabilidade interanual que impõe secas e cheias severas, sobreposta à variabilidade decadal, que produz sequências de anos secos ou úmidos.

Todos esses fatores são cruciais para inferir a necessidade hídrica do semiárido brasileiro. Segundo Sobral e Barretto (2010), o sistema hidrológico no semiárido do Nordeste brasileiro subordina-se a diferentes fatores, entre eles estão a intermitência dos rios, a variabilidade e tendências das condições climáticas, os tipos de solo, as condições culturais de uso da terra e implementação deficiente de políticas públicas específicas, entre outros. Para Barretto (2010) a variabilidade hídrica do semiárido brasileiro está associada a variáveis naturais e antrópicas, condições de precipitação, tipo de solo e o seu uso.

BACIA HIDROGRÁFICA DO PAJEÚ

A bacia hidrográfica do Pajeú está localizada no Sertão do estado de Pernambuco, na porção semiárida do Nordeste brasileiro. Situa-se entre as coordenadas 07°16'20" e 08°56'01" de latitude sul, e 36°59'00" e 38°57'45" de longitude oeste, especificamente nas mesorregiões do Sertão Pernambucano e do São Francisco. A bacia do Pajeú abrange um total de 27 municípios, sendo 16 deles com área total incluída dentro da bacia. Envolve as microrregiões do Pajeú, em sua totalidade, e parte do sertão do Moxotó, Salgueiro e Itaparica. Possui uma área de 16.685,63 km^2, o que equivale a 16,9% da área total do estado de Pernambuco, se caracterizando por ser a maior bacia hidrográfica do estado de Pernambuco em extensão territorial (Figura 1).

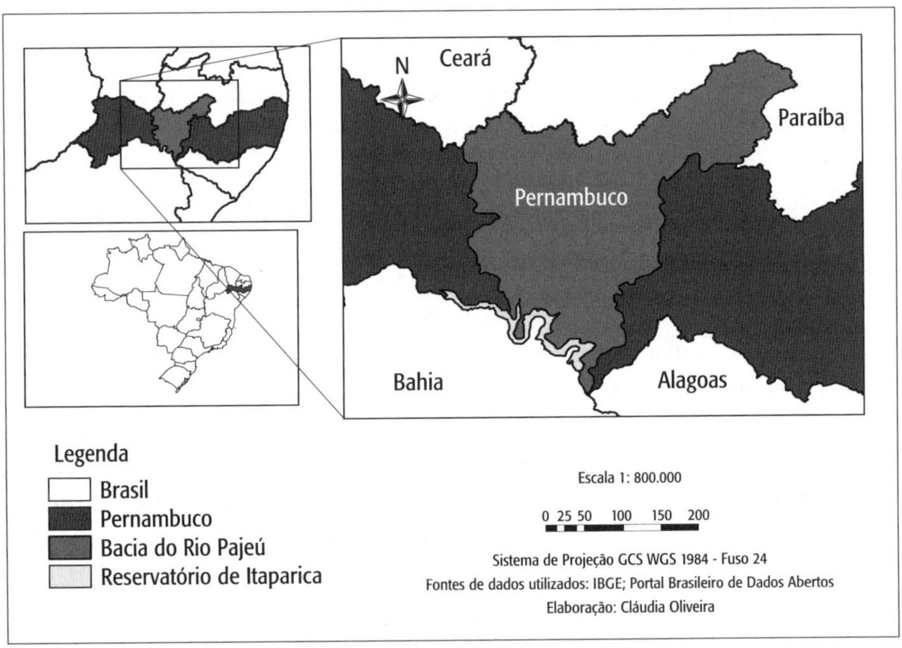

Figura 1 – Localização espacial da bacia hidrográfica do Pajeú.

Quanto à rede hidrográfica, seus principais afluentes são: pela margem direita, os riachos Tigre, Barreira, Brejo, São Cristovão e Belém; e pela margem esquerda, os riachos do Cedro, Quixabá, São Domingos, Poço Negro e do Navio. O rio Pajeú nasce no município de Brejinho e percorre uma extensão de aproximadamente 353 km. Seu regime fluvial é intermitente e, ao longo do seu curso, margeia as cidades de Itapetim, Tuparetama, Ingazeira, Afogados da Ingazeira, Carnaíba, Flores, Calumbi, Serra Talhada e Floresta (Pernambuco, 2006).

Do ponto de vista climático, a área da bacia é caracterizada pela grande irregularidade das precipitações pluviométricas e apresenta como principal período chuvoso os meses de janeiro a abril. As chuvas que ocorrem no Sertão têm sua origem nas frentes frias, nos vórtices ciclônicos de ar superior (VCAS) e na zona de convergência intertropical (ZCIT), sendo esse último sistema, o principal sistema de produção de chuvas no semiárido de Pernambuco (Pernambuco, 2006). O início das chuvas no Sertão de Pernambuco ocorre em dezembro (extremo oeste) e está associado às instabilidades das frentes frias e aos VCAS. A partir de fevereiro ou março, dependendo do ano, a ZCIT começa a atuar em todo o Sertão, que já se encontra em seu principal período chuvoso. Os totais pluviométricos anuais oscilam, geralmente, entre 400 e 1200 mm.

A estação seca pode se prolongar por 7 a 10 meses e a semiaridez é bem acentuada na parte mais baixa, próximo ao rio São Francisco, onde denominam totais anuais entre 400 e 500 mm. Para o norte, as precipitações aumentam, atingindo médias entre 700 e 800 mm. A mesorregião do sertão pernambucano, onde está inserida a bacia em estudo, está localizada em uma região com clima do tipo BSw'h' e BSwh', quente e seco, segundo a classificação climática de Koppen. O clima é tropical tendendo a seco, isso se dá em função da irregularidade da ação das massas de ar (Tropical e Equatorial). O tipo climático BSw'h' caracteriza-se como clima semiárido, quente, tipo estepe, com estação chuvosa retardada para outono. O mês mais frio apresenta temperatura superior a 18°C. As mesmas características se observam para o tipo climático BSwh', no entanto, este tem a estação chuvosa no verão, apresentando um inverno seco e um verão que concentra toda a precipitação anual (Pernambuco, 2006).

Dados pluviométricos

Foram utilizados nessa pesquisa os totais anuais de precipitação de onze postos pluviométricos localizados na bacia hidrográfica do rio Pajeú, compreendendo o período de 50 anos (1966 a 2016). Estes dados foram obtidos na Agência Pernambucana de Águas e Clima (Apac), através do banco de dados on-line, e na Agência Nacional de Águas (ANA), em seu sistema de informações hidrológicas – Hidroweb. A Figura 2 apresenta a distribuição espacial dos postos pluviométricos utilizados.

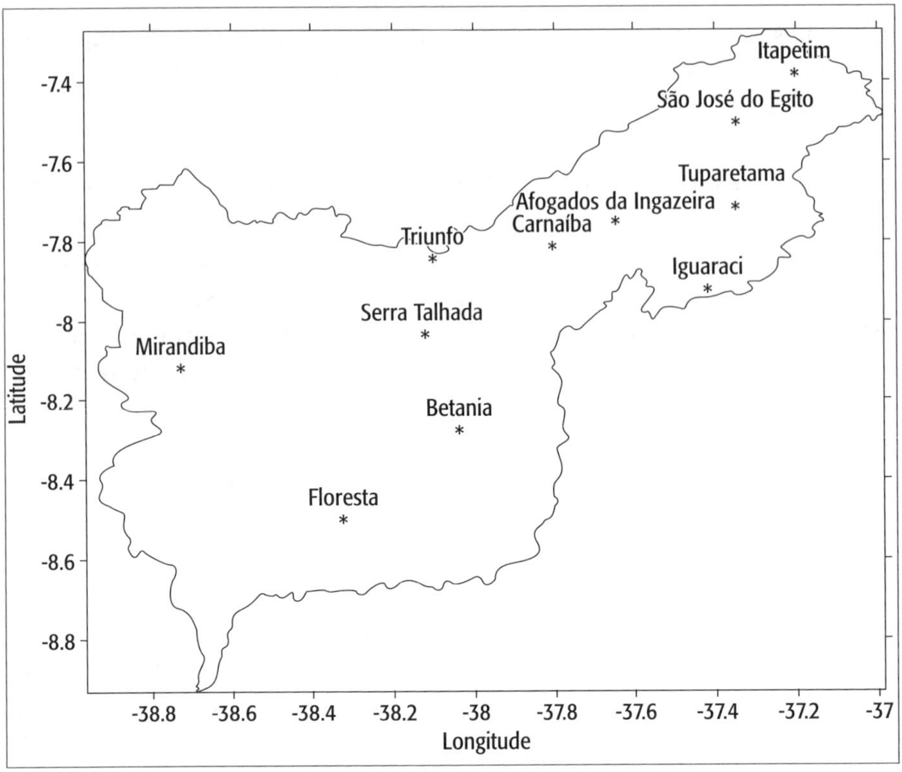

Figura 2 – Distribuição espacial dos postos pluviométricos na bacia hidrográfica do Pajeú.

Aplicação do Rainfall Anomaly Index – RAI

Para caracterizar os anos extremos secos e chuvosos na bacia hidrográfica do Pajeú, utilizou-se o Rainfall Anomaly Index (RAI), que analisa a frequência com que ocorrem anos secos e anos chuvosos e a intensidade do evento. A partir da metodologia de Rooy (1965), adaptada para o Nordeste do Brasil por Freitas (2004), avalia-se a variabilidade climática através da confecção dos índices climáticos espacializados no tempo e no espaço, detectando períodos considerados extremamente úmidos ou secos.

Para analisar os impactos das mudanças do clima sobre o Nordeste brasileiro, é importante identificar os processos que influenciam o padrão das distribuições pluviométricas, tanto espacial como temporal. Um fator relevante a ser destacado nesse contexto é a irregularidade na distribuição dos índices pluviométricos, associada à alta variabilidade interanual da precipitação na região tropical, com anos secos e outros chuvosos. Com base nessa precipitação irregular, é necessário realizar um monitoramento por meio de índices climáticos, uma vez que, por meio deles se pode desenvolver um sistema de acompanhamento das características dos períodos secos ou chuvosos, com informações anuais ou mensais, com as quais se pode conhecer intensamente a climatologia de determinada região e verificar os impactos que o clima causa sobre a distribuição pluviométrica, por meio da regionalização da precipitação (Araújo, Moraes Neto e Souza, 2009a).

A avaliação do grau de severidade e duração dos períodos secos e úmidos foi realizada por meio do cálculo do índice RAI (Freitas, 2004; 2005), obtido a partir das equações 1 e 2:

$$RAI = 3\left[\frac{(N-\overline{N})}{(\overline{M}-\overline{N})}\right], \text{ para anomalias positivas} \quad (1)$$

$$RAI = -3\left[\frac{(N-\overline{N})}{(\overline{X}-\overline{N})}\right], \text{ para anomalias negativas} \quad (2)$$

Sendo:

N = precipitação anual (mm);
$\overline{N}$ = precipitação média anual da série histórica (mm);
$\overline{M}$ = média das 10 maiores precipitações anuais da série histórica (mm);
$\overline{X}$ = média das 10 menores precipitações anuais da série histórica (mm).

O Rainfall Anomaly Index (RAI) é um cálculo que tem sido muito utilizado e expandido na Região Nordeste do Brasil, uma vez que tem por função caracterizar os períodos extremos secos e chuvosos e a intensidade desses eventos tanto em escala temporal como em escala espacial. Um ponto decisivo na utilização de um índice como esse, assim como de qualquer outro índice climático, se dá na escolha do patamar a ser estabelecido para a definição de um período de seca. Nesse sentido, Freitas (2004 e 2005) observou que com base nesse índice é possível fazer uma comparação das condições atuais de precipitação em relação aos valores históricos, servindo ainda para avaliar a distribuição espacial do evento, consoante sua intensidade.

Anomalias positivas são valores acima da média histórica, e anomalias negativas são valores abaixo da média histórica de precipitação. A partir da metodologia proposta por Freitas (2004; 2005) e Araújo et al. (2007), foi utilizada a classificação de anos secos e úmidos como indicador climático para a intensidade dessas anomalias, conforme mostra a Tabela 2.

Tabela 2 – Classes de Intensidade do Rainfall Anomaly Index

	Faixa do RAI	Classe de intensidade
Rainfall Anomaly Index (RAI)	Acima de 4	Extremamente úmido
	2 a 4	Muito úmido
	0 a 2	Úmido
	0 a -2	Seco
	-2 a -4	Muito seco
	Abaixo de -4	Extremamente seco

Fonte: Freitas (2004; 2005).

Diante desse fator, a aplicação do RAI tem se mostrado uma ferramenta de fundamental importância para a análise das séries de precipitação e avaliação da disponibilidade hídrica, sendo considerada simples do ponto de vista procedimental, em razão dos recursos computacionais e da determinação qualitativa das anomalias. O RAI pode ainda ser aplicado como ferramenta para o acompanhamento dos estudos climáticos de determinada localidade ou região, monitorando, gerando diagnósticos e prognósticos climáticos.

VARIABILIDADE TEMPORAL DA PRECIPITAÇÃO NA BACIA HIDROGRÁFICA DO RIO PAJEÚ

A partir da aplicação do Rainfall Anomaly Index (RAI), foi possível identificar as mudanças que ocorreram nos padrões de comportamento da precipitação, permitindo avaliar a sua distribuição espacial. A aplicação deste índice permitiu determinar a severidade dos ciclos secos e úmidos na bacia do Pajeú. Dessa forma, é possível observar os anos secos e os anos chuvosos, através de valores negativos e positivos, respectivamente. Essas classificações se expandem de anos secos a extremamente secos e anos chuvosos a extremamente chuvosos, conforme pode ser observado na Figura 3, que apresenta os valores absolutos do RAI no período de 1966 a 2016.

O gráfico do RAI indica algumas distinções de valores na bacia hidrográfica do Pajeú no decorrer dos últimos 50 anos. Até a década de 1980, os índices ocorreram em maior abrangência com valores positivos, indicando que, até esta década, ocorreram mais anos chuvosos do que anos secos. Desde então, houve uma inversão no comportamento da precipitação, em que os anos secos predominaram em relação aos anos chuvosos, configurando uma variação climática no padrão da precipitação para esta região do Estado de Pernambuco. Essa variação se tornou mais evidente a partir da década de 1990, em que se observam que até o ano 2000 ocorreram oito anos secos e apenas dois anos chuvosos.

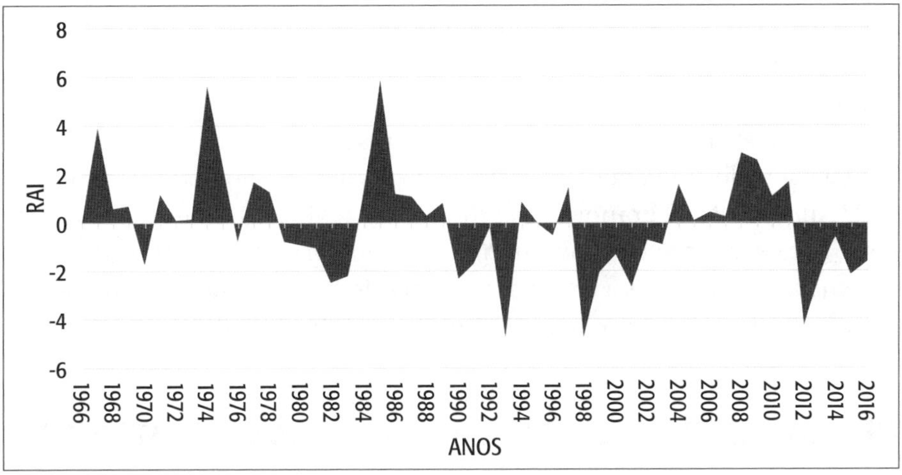

Figura 3 – RAI na bacia hidrográfica do Pajeú, no período de 1966 a 2016.
Fonte: elaborado a partir de APAC/ANA.

Entre os anos secos que ocorreram na década de 1990, quatro deles estão classificados entre muito secos e extremamente secos, caracterizando um regime de chuvas abaixo da normalidade durante este período, ou seja, os totais pluviométricos para este período ficaram abaixo da média normal climatológica, na área de estudo.

Segundo o CPTEC/Inpe (2007), a década de 1991-2000 foi uma das mais secas já registradas no Nordeste do Brasil. O Fenômeno *El Niño* ocorreu duas vezes de forma intensa nos anos de 1990-1993 e 1997-1998. De acordo com Marengo (2007), estas estiagens contribuíram com a redução no nível de reservatórios, impactando negativamente em atividades como o abastecimento público de água e a geração de energia elétrica.

Após esse período de modificação no padrão da precipitação na área de estudo, os índices positivos voltam a alternar-se com os índices negativos, porém, em menor evidência, com a classe de intensidade dentro da normalidade, sem apresentar anos classificados como extremamente úmidos/chuvosos e apenas a ocorrência de dois anos classificados com RAI muito úmido/chuvoso. Ao comparar todo o período analisado, constata-se que ocorreram mais anos secos do que chuvosos, somando-se dois anos classificados como extremamente chuvosos, nas duas primeiras décadas (1970 e 1980) e três anos classificados como extremamente secos, nas décadas subsequentes de 1990 a 2010.

Vale ressaltar que nas primeiras décadas do período estudado ocorreram eventos extremos em anos úmidos/chuvosos e nas últimas décadas do período estudado ocorreram eventos extremos em anos secos. Os eventos extremos correspondem justamente aos anos que foram classificados entre muito secos a extremamente secos e muito úmidos/chuvosos a extremamente úmidos/chuvosos.

Araújo et al. (2009a) encontraram resultados semelhantes em uma análise da bacia do rio Paraíba, no semiárido paraibano, no período de 1910 a 2003, que mostra a grande variabilidade do RAI, com grande alternância entre anos secos e anos chuvosos, porém com períodos distintos de predominância de anos secos a partir das décadas de 1980 e 1990, apresentando os maiores eventos extremos nos anos secos, em 1993 e 1998.

PERÍODOS CRÍTICOS DE EXCEDENTE PLUVIOMÉTRICO

Após a análise temporal do RAI, os dois eventos extremos chuvosos que ocorreram em toda a série estudada foram analisados separadamente, com o intuito de estabelecer a variabilidade espacial da precipitação, a intensidade desses eventos e sua área de abrangência tanto positiva como negativa. Foram selecionados dois anos que seguem a classificação de intensidade do RAI, ambos ocorreram nas primeiras décadas da série de dados (1974 e 1985).

A Figura 4 mostra o ano chuvoso de 1974, o qual obteve o segundo maior RAI positivo. Este ano classificou-se como um ano úmido/chuvoso em quase toda a bacia do rio Pajeú, intercalando entre anos úmidos e extremamente úmidos, prevalecendo o segundo. Esses valores positivos de RAI são explicados pela atuação do fenômeno La Niña, de forte intensidade, que teve grande atuação no Nordeste do Brasil entre os anos de 1973 e 1975, e que contribuiu para que este ano obtivesse um maior total pluviométrico em relação aos demais anos.

Apesar de predominarem os eventos extremos de chuvas neste ano de 1974, algumas áreas da bacia apresentaram uma menor intensidade da chuva, classificando-os como úmidos e muito úmidos, como ocorre na área mais a Nordeste da bacia e no extremo Oeste.

No restante da bacia, a predominância foi de índices classificados entre muito úmidos e extremamente úmidos, o que caracteriza o ano de 1974 como um ano de evento extremo de chuva nessa região. O Município de Itapetim foi o que apresentou o maior índice de anomalia de chuva, classificando-se como o maior evento extremo em toda a área de estudo para aquele ano.

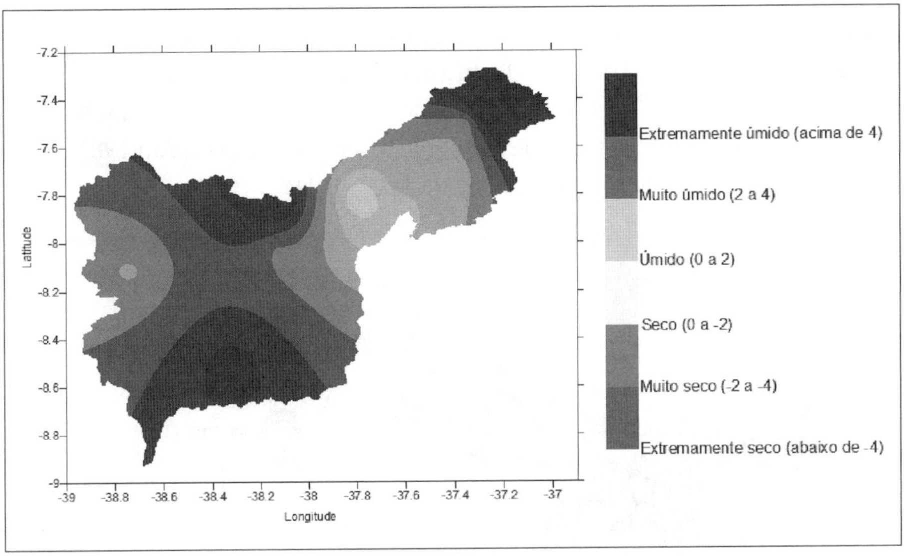

Figura 4 – Classificação do RAI na bacia do Pajeú, para o ano de 1974.

A Figura 5 apresenta o mapa espacial do RAI na bacia do Pajeú, para o ano de 1985, que se classificou como intensamente chuvoso. Este ano apresentou o maior índice de anomalia de chuva de toda a série histórica estudada. Em toda a parte Norte da bacia, os totais anuais de precipitação para o ano de 1985 foram mais intensos do que as outras porções, onde prevaleceram as classificações do RAI como "extremamente úmido". Nas áreas localizadas no Sudeste da bacia do Pajeú e nas áreas no extremo oeste, os índices de anomalia para o ano de 1985 classificam-se entre úmido e muito úmido, sendo o município de Betânia o que apresentou o menor RAI, sendo classificado, no entanto, do mesmo modo, como ano úmido/chuvoso.

Esses valores positivos de RAI justificam-se em função da atuação do fenômeno La Niña, do mesmo modo que no ano de 1974. Entretanto, de acordo com a ocorrência e classificação desse evento (CPTEC/Inpe, 2015), em 1985 ocorreu um La Niña de intensidade fraca, que atuou no Nordeste do Brasil entre os anos de 1984 e 1985, que, apesar de se classificar como um fenômeno fraco, de baixa magnitude, contribuiu para o aumento da precipitação nessa região do Nordeste do Brasil.

Estudos de Gonçalves et al. (2006), com análise de quinze estações pluviométricas localizadas no Rio São Francisco, no período de 1972 a 1986, indicaram que o cálculo do RAI aplicado em áreas à jusante do reservatório de Sobradinho mostra a ocorrência de cheias no Sertão nordestino nos anos de 1979 e 1985, porém sem representatividade, uma vez que a incidência de anos secos é substancialmente maior na região. Do mesmo modo, Assis (2015), em estudo também na bacia hidrográfica do rio São Francisco, no trecho Submédio, no período de 1964 a 2014, encontrou resultados semelhantes, que indicam o ano de 1985 como extremamente úmido, caracterizando 1985 como o ano mais chuvoso de toda a série de dados estudada.

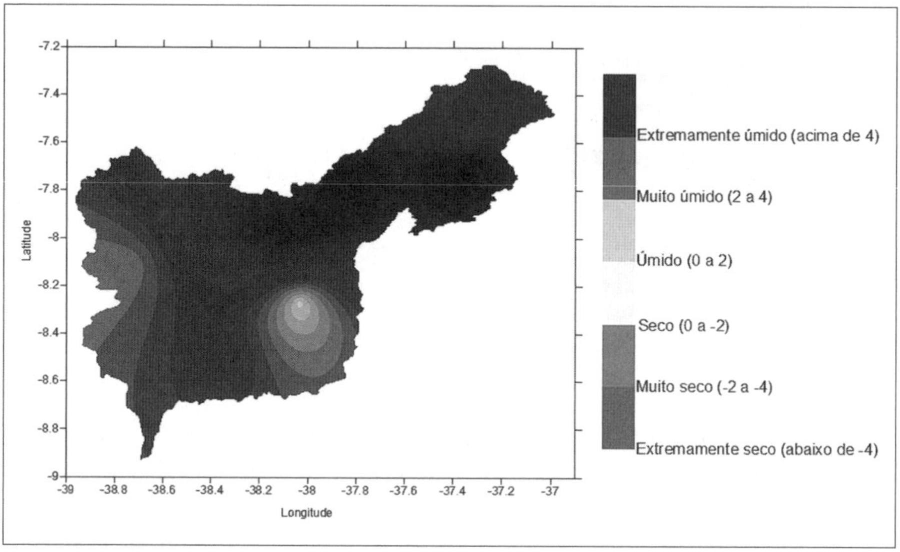

Figura 5 – Classificação do RAI na bacia do Pajeú, para o ano de 1985.

PERÍODOS CRÍTICOS DE ESCASSEZ HÍDRICA

Do mesmo modo dos anos de excedente pluviométrico, foram analisados os eventos extremos secos que ocorreram em toda a série estudada. Estes foram analisados separadamente, com o intuito de estabelecer a variabilidade espacial da precipitação, a intensidade desses eventos e sua área de abrangência. Foram selecionados três anos que seguem a classificação de intensidade do RAI, ambos ocorreram na segunda metade da série de dados (1993, 1998 e 2012).

A Figura 6 apresenta o ano de 1993, que se classificou como o segundo ano mais seco dos 50 anos analisados e, consequentemente apresentou o RAI negativo em quase todos os municípios da bacia hidrográfica do Pajeú. Conforme se pode observar na Figura 6, fica evidente que a maior parte da área de estudo se enquadra na classificação entre ano muito seco a extremamente seco. A área do centro-norte da bacia do Pajeú, mais precisamente no município de Serra Talhada, foi a que apresentou o maior RAI negativo, classificando esta área como a que teve menor incidência de chuva durante o ano de 1993, com o total anual de chuvas abaixo da normalidade.

No restante da área de estudo predominou o RAI classificado como seco e muito seco, e não houve nenhuma localidade classificada como úmida/chuvosa, neste ano. Isso caracteriza que 1993 foi um ano de grande seca na região de estudo, o que se confirma através da atuação do El Niño de intensidade forte, que atuou entre os anos de 1990 a 1993, acarretando a diminuição dos índices pluviométricos na região Nordeste do Brasil, sobretudo no último ano de sua ocorrência. Estudos de Da Silva (2009) corroboram com esta análise, uma vez que afirma que se tem como principal sistema de grande escala causador dessa variabilidade negativa o intenso El Niño ocorrido no ano de 1993.

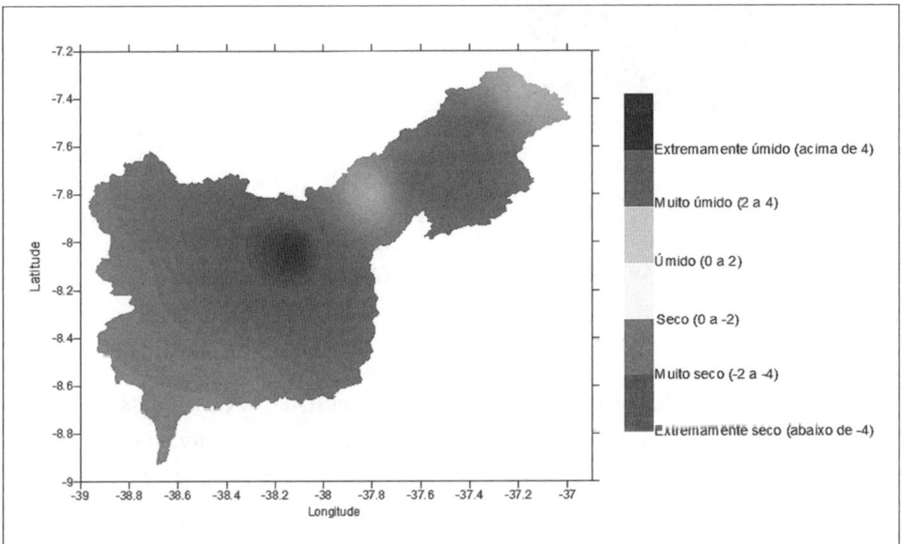

Figura 6 – Classificação do RAI na bacia do Pajeú, para o ano de 1993.

A Figura 7 mostra o ano de 1998, que se classificou como o mais seco dos últimos 50 anos. Neste ano é possível observar que quase a totalidade dos municípios analisados da bacia do Pajeú apresentaram precipitação abaixo da média climatológica, classificando-se como extremamente secos, com exceção apenas dos municípios de São José do Egito e Tuparetama, que tiveram classificação espacial do RAI entre seco e muito seco.

O ano de 1998 foi um ano atingido por um El Niño também de intensidade forte, que provocou diminuição das chuvas no Nordeste do Brasil. Entretanto, é notável que sua influência foi mais para o centro-sul, ficando as regiões Central e Nordeste com maiores índices pluviométricos e dessa forma com menor grau de escassez hídrica e maiores índices de anomalia de chuva. Não ocorreram, neste ano, índices de RAI positivos, mesmo nas áreas classificadas entre seco e muito seco.

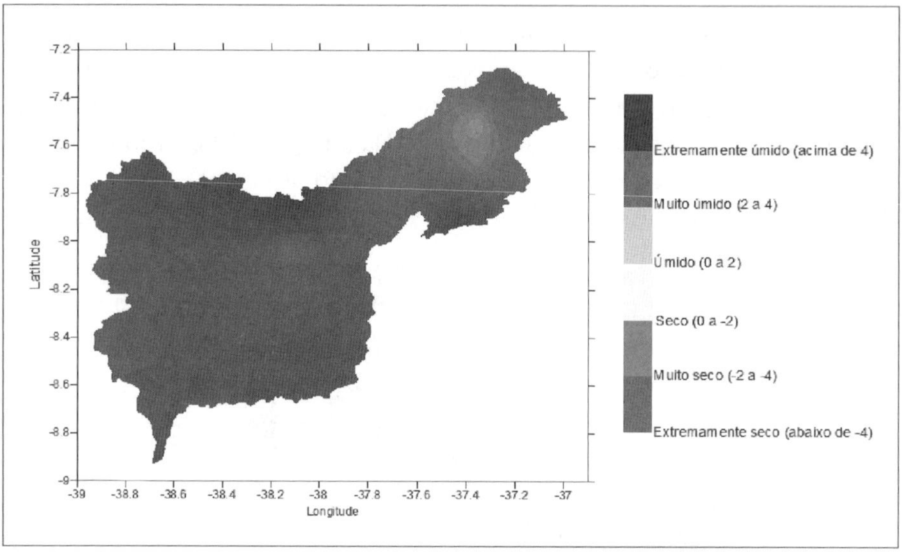

Figura 7 – Classificação do RAI na bacia do Pajeú, para o ano de 1998.

Resultados semelhantes foram encontrados em trabalhos de Araújo et al. (2009b), que aplicaram o RAI como uma ferramenta de análise da climatologia na bacia hidrográfica do rio Paraíba e sua relação na variabilidade do padrão da precipitação na área de estudo. Na análise dos dados de precipitação pluviométrica nas primeiras datas do século XX até os primeiros anos do século XXI, os resultados apresentavam um desvio no comportamento das chuvas após a década de 1990, onde foram observados mais anos secos consecutivos. No mesmo estudo, para as sub-bacias do Médio e Baixo Paraíba, foi observada predominância dos anos secos em detrimento dos anos chuvosos ao longo da série de RAI.

A Figura 8 apresenta o ano de 2012, que se classificou entre seco e extremamente seco. Apesar deste ano não ser um ano de ocorrência e nem influência de El Niño, marcou o início de uma seca severa na região Nordeste do Brasil, que foi atribuída a uma Anomalia da Temperatura da Superfície do Mar (TSM), no Oceano Pacífico equatorial, central e leste. Essa anomalia projetou um aumento na TSM, indicando uma evolução nas condições oceânicas favoráveis a uma configuração de fase positiva do fenômeno ENOS com o episódio El Niño (Santos et al., 2012). De acordo com a ANA (2014), o triênio 2012-2014, destacou-se pela situação extremamente crítica no semiárido brasileiro, onde na maior parte das estações pluviométricas o ano foi classificado como seco ou muito seco.

No ano de 2012 não ocorreu nenhum RAI positivo, todos os índices se classificaram entre secos e extremamente secos. É notável que a influência das TSMs caracterizou-se gradativamente na bacia, atingindo mais a sua parte norte, que apresentou menor total pluviométrico no ano de 2012, maior escassez hídrica e, consequentemente, uma escala mais negativa do RAI, que indica o índice de anomalia de chuva entre muito seco e extremamente seco. Por sua vez, a região localizada mais ao sul da bacia, apesar de também classificada como ano seco a muito seco, apresentou menor déficit hídrico e sofreu menor influência das TSMs.

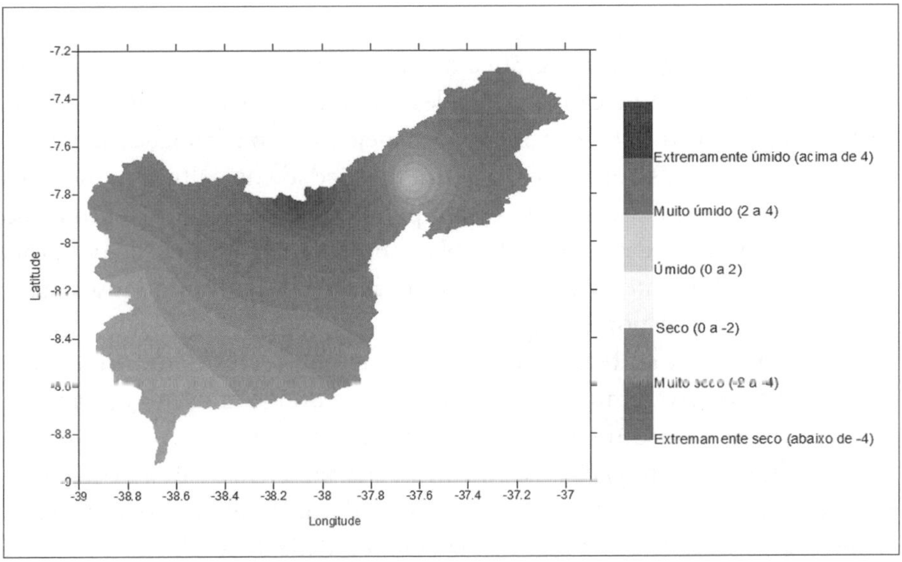

Figura 8 – Classificação do RAI na bacia do Pajeú, para o ano de 2012.

Diante do exposto, observa-se que houve uma tendência de diminuição dos totais pluviométricos, que se tornou mais evidente a partir da década de 1980. Na primeira metade da série histórica, os RAIs positivos predominavam, no entanto, houve uma inversão e a partir de 1990 os RAIs negativos foram mais abundantes tanto em quantidade de ocorrência quanto em relação à intensidade desses eventos, ao contrário do que ocorria na primeira metade da série histórica. Vale ressaltar que a década de 1990 se destacou como o período mais seco de toda a série analisada, com a ocorrência de dois El Niños de forte intensidade, e não apresentou nenhum evento de RAI positivo.

MEDIDAS DE ADAPTAÇÃO E MITIGAÇÃO

A bacia hidrográfica do rio Pajeú já enfrenta graves problemas de escassez hídrica, por se localizar em região semiárida, com altas temperaturas e grande perda de água para a atmosfera por processos de evaporação e evapotranspiração, aliados a baixos índices pluviométricos e grande variabilidade e irregularidade na distribuição das chuvas.

Além dos motivos já citados acima, a bacia sofre grandes pressões e conflitos pelo uso da água. Muitos corpos hídricos na região atravessam problemas com a poluição hídrica, sobretudo a contaminação provocada por orgânicos, por meio do despejo inadequado de efluentes domésticos e pelo uso descontrolado de agrotóxicos.

Por ser uma bacia hidrográfica que abrange municípios com grandes áreas rurais, a agricultura é uma atividade econômica muito presente na região, entretanto, sem a adoção de técnicas de manejo do solo adequadas, a pressão aos recursos naturais aumenta, e a pouca diversidade de culturas e métodos de produção ineficientes tornam o solo pobre, sendo necessária a utilização de maiores níveis de defensores agrícolas, aumentando a cadeia de poluição, que reflete diretamente na qualidade da água na região, diminuindo, consequentemente, sua disponibilidade.

Desse modo, diante do cenário atual de vulnerabilidade climática e ambiental na região semiárida, e por ser a bacia do Pajeú muito impactada, é necessário o compromisso de promover ações que levem à mitigação desses eventos, assim como ações de adaptação que auxiliem no desenvolvimento de uma capacidade de resiliência da população frente a esse cenário. A resiliência significa a capacidade de uma comunidade de se adaptar e retomar o equilíbrio social e econômico após uma perturbação climática e ambiental.

Nesse sentido, as possíveis consequências às causas ora mencionadas exigem, tanto do Governo como de demais atores não governamentais, o compromisso em promover ações que sejam baseadas na problemática climática e ambiental da bacia, com diagnósticos e investimentos que sejam pautados em soluções. Essas soluções são fundamentadas em estratégias que visam incentivar a sustentabilidade hídrica. No Quadro 1 estão representadas as estratégias supracitadas.

Quadro 1 – Estratégias de adaptação aos efeitos das mudanças climáticas no semiárido voltadas aos recursos hídricos

Estratégias	Ação
Captação de água de chuva	Criar programas de tecnologias apropriadas para a captação, armazenamento e melhor aproveitamento das águas de chuva, nos meios urbano e rural, considerando os programas já existentes
Concessão de vazão de outorga de água flexível	Conceder vazão de outorga de água flexível e variável de acordo com o período climático. Em períodos de seca, a quantidade de água disponibilizada deve ser reduzida
Realização de estudos de disponibilidade hídrica	Realizar estudos para avaliar a disponibilidade hídrica de acordo com o período climático, evitando pressões e desgastes sobre os mananciais
Implantação de mecanismos de cobrança pelo uso da água	Implantar a cobrança pelo uso da água em todos os estados do Nordeste, conforme previsto na Política Nacional de Recursos Hídricos
Redução do consumo de água	Incentivar a redução do consumo de água por meio de programas e oficinas de educação ambiental junto à população e entidades produtivas
Realização de levantamentos hidrogeológicos	Realizar levantamentos hidrogeológicos com a finalidade de definir áreas com mananciais de águas subterrâneas suscetíveis a serem explorados e definir os que não apresentam mais condições de serem explorados
Aprofundamento das pesquisas climáticas para os outros trechos da bacia do São Francisco	Aprofundar as pesquisas climáticas para os trechos Alto e Médio da bacia hidrográfica do São Francisco, visto que o desenvolvimento regional da grande área do São Francisco se dá em função da água oriunda do alto e médio curso da bacia
Uso de tecnologia de irrigação mais eficiente	Incentivar a utilização de tecnologias mais eficientes de irrigação, como gotejamento, em relação ao sulco e aspersor
Expansão de culturas adaptadas à variabilidade climática	Promover a escolha de culturas agrícolas que se adaptem às grandes irregularidades das chuvas, proporcionando aos produtores maior rentabilidade econômica, por mecanismos de promoção de compra e comercialização e menor risco de perda durante o período de escassez hídrica
Desenvolvimento de sistemas de gerenciamento dos efeitos da seca	Desenvolver sistemas de gerenciamento dos efeitos da seca e desertificação, incluindo sistema de alerta precoce e preparação em casos de eventos extremos

Dessa maneira, as ações de convivência com a escassez hídrica na região semiárida permitem compreender a trajetória do planejamento regional e a busca pela sustentabilidade. Constatam-se diversas políticas públicas, planos e programas do Governo destinados às mudanças climáticas, entretanto muitos deles não são aplicados de maneira eficiente e não se relacionam de maneira adequada com outras políticas existentes nos níveis federal e estadual, embora representem um avanço na convivência em situações de escassez hídrica. As políticas implantadas pelos Governos estaduais da região Nordeste, sobretudo nos últimos dez anos, contribuíram para a melhoria da qualidade de vida da população, mas não foram suficientes para livrar a população dos efeitos negativos causados pela mudança do clima e tornar as comunidades rurais mais autônomas e autossuficientes economicamente.

CONSIDERAÇÕES FINAIS

De acordo com os resultados apresentados, verificou-se que existe uma grande variabilidade espaço-temporal da precipitação, com variação também em sua intensidade durante o período analisado, conforme exposto no objetivo da pesquisa.

Na região semiárida, em particular na bacia hidrográfica do Pajeú, diagnosticou-se que até a década de 1980, os anos chuvosos ocorriam com maior frequência do que os anos secos. Este período corresponde a um ponto de inflexão e os anos secos começaram a predominar, agravando-se na década de 1990. Desta forma, vale ressaltar que ocorreu uma modificação importante no padrão da precipitação média na área de estudo, pois passaram a ocorrer mais períodos de anos secos do que úmidos.

Constatou-se que o cálculo do RAI pode ser utilizado como uma ferramenta para auxiliar o acompanhamento climático e a variabilidade pluviométrica de uma determinada área, que pode ser uma bacia hidrográfica, auxiliando no gerenciamento dos recursos hídricos e, então empreender ações de adaptação e mitigação.

Com esses resultados, busca-se mostrar a importância da gestão e adequação das águas na bacia hidrográfica, pois se essa tendência de crescimento de anos secos se configurar como padrão, o problema do abastecimento se consolidará, a demanda não será atendida e os conflitos pelo uso da água se agravarão.

Desse modo, estes resultados servem como uma contribuição aos estudos de mudanças e variabilidades climáticas, apresentando, pontualmente, a situação da escassez hídrica e probabilidade de maiores períodos secos em uma bacia hidrográfica do semiárido Nordestino. Recomenda-se que estes estudos sejam ampliados para outras regiões, em escalas diversas, locais e regionais a fim de ampliarem o conhecimento e possibilitarem maior entendimento das variabilidades do clima.

REFERÊNCIAS

[ANA] AGÊNCIA NACIONAL DE ÁGUAS. *Conjuntura dos recursos* hídricos no Brasil: relatório 2013. Brasília: 2014.

AMBRIZZI, T.; ROCHA, R. P.; MARENGO, J. A.; PISNITCHENKO, I.; ALVES, L. M. *Cenários regionalizados de clima no Brasil para o Século XXI*: Projeções de clima usando três modelos regionais. Relatório 3, Ministério do Meio Ambiente –MMA, Secretaria de Biodiversidade e Florestas – SBF, Diretoria de Conservação da Biodiversidade – DCBio Mudanças Climáticas Globais e Efeitos sobre a Biodiversidade – Subprojeto: Caracterização do clima atual e definição das alterações climáticas para o território brasileiro ao longo do Século XXI. Brasília, fev. 2007.

ARAÚJO, L. E.; DA SILVA, D. F.; MOARES NETO, J. M.; SOUSA, F. A. S. Análise da Variabilidade Espaço-temporal da precipitação na bacia do rio Paraíba usando IAC. *Revista de Geografia da UFPE*, v. 24, p 47 a 59, 2007.

ARAUJO, L. E.; MORAES NETO, J. M.; SOUSA, F. A. S. Análise Climática da Bacia do rio Paraíba – índice de Anomalia de Chuva (IAC). *Revista de Engenharia Ambiental*, v. 6, n. 3, p. 508-523, 2009a.

______. Classificação da precipitação anual e da quadra chuvosa da bacia do rio Paraíba utilizando Índices de Anomalia de Chuva (IAC). *Revista Ambiente &* Água – an Interdisciplinary Journal of Applied Science, v. 4, n. 3, 2009b.

ASSIS, J. M. O.; SOBRAL; M. C.; SOUZA, W. M. Análise de Detecção de Variabilidades Climáticas com base na precipitação nas bacias hidrográficas do Sertão de Pernambuco. *Revista Brasileira de Geografia Física*, Recife, v. 5, n. 3, 2012.

ASSIS, J. M. O.; SOUZA, W. M.; SOBRAL, M. C. M. Análise climática da precipitação no Submédio da bacia do rio são Francisco com base no Índice de Anomalia de Chuva. *Revista Brasileira de Ciências Ambientais*, v. 1, p. 189-202, 2015.

AYOADE, J. O. *Introdução à climatologia para os trópicos*. Rio de Janeiro: Bertrand Brasil, 1988.

CHECHI, L.; SANCHES, F. O. O Uso do Índice de Anomalia de Chuva (IAC) na avaliação do Fenômeno do El Niño Oscilação Sul (ENOS) no Alto Uruguai Gaúcho entre 1957-2012. *Revista Brasileira de Geografia Física*, v. 6, n. 6, 2013.

CPTEC/INPE. Relatório do Clima do INPE. Caracterização do clima atual e definições das alterações climáticas para o território brasileiro ao longo do século XXI. In: *Mudanças Climáticas globais e efeitos sobre a biodiversidade*. São Paulo, 2007.

DA SILVA, D. F. *Análise de aspectos climatológicos, agroeconômicos, ambientais e de seus efeitos sobre a bacia hidrográfica do rio Mundaú (AL e PE)*. 2009. Dissertação (Doutorado em Recursos Naturais)- Universidade Federal de Campina Grande. 2009.

FREITAS, M. A. S. A Previsão de Secas e a Gestão Hidroenergética: O Caso da Bacia do Rio Parnaíba no Nordeste do Brasil. In: Seminario Internacional sobre Represas y Operación de Embalses, 2004, Puerto Iguazú. *Anais* ... Puerto Iguazú: CACIER, v. 1, 2004.

______. Um Sistema de Suporte à Decisão para o Monitoramento de Secas Meteorológicas em Regiões Semiáridas. *Revista Tecnologia*, Fortaleza, p. 84-95, 2005.

GONÇALVES, W. A.; CORREIA, M. F.; ARAÚJO L. E.; DA SILVA, D. F.; ARAÚJO H. A. Vulnerabilidade climática no Nordeste brasileiro: uma análise de eventos extremos na Zona Semiárida da bacia hidrográfica do São Francisco. In: *Congresso Brasileiro de Meteorologia*, 14. Florianópolis, 2006. Anais... Florianópolis: Calesa/UFSC, 2006.

KAYANO, M. T.; ANDREOLI, R. Relations of the South Amrican summer rainfall interanual variations with the Pacific Decadal Oscillation. *International Journal of Climatology*, doi:10.1002/joc.1417, 2006.

LACERDA, F. F.; NOBRE, P.; SOBRAL, M. C.; LOPES, G. M. B.; ASSAD, E. D. Tendência do clima do semiárido frente as perspectivas das mudanças climáticas globais; o caso de Araripina, Pernambuco. *Revista do Departamento de Geografia*. São Paulo, v. 31, 2016.

MARCUZZO, F. F. N.; MELO, D. C. R.; ROCHA, H. M. Distribuição espaço-temporal e sazonalidade das chuvas no Estado do Mato Grosso. *Revista Brasileira de Recursos Hídricos* (RBRH), v. 16, n. 4, p. 157-167, 2011.

MARENGO, J. A. *Mudanças climáticas globais e seus efeitos sobre a biodiversidade*: caracterização do clima atual e definição das alterações climáticas para o território brasileiro ao longo do século XXI. 2. ed. Brasília: Ministério do Meio Ambiente, v. 1, 2007. p. 214.

______. Vulnerabilidade, Impactos e adaptação às mudanças de clima no semiárido do Brasil. *Parcerias Estratégicas/Centro de Gestão de Estudos Estratégicos – Ministério da Ciência e Tecnologia*, Brasília – DF, v. 1, n. 1, p. 149-176, 2009.

MARENGO J. A; AMBRIZZI, T.; ROCHA, P., ALVES, L. M.; CUADRA, S. V. et al. Future change of climate in South America in the late XXI Century: Intercomparison of scenarios from three regional climate models. *Climate Dynamics*, DOI 10.1007/s00382-009-0721-6, 2009.

MEDEIROS, R. B.; PINTO, A. L.; SÃO MIGUEL, A. E. Índice de Anomalia de Chuva (IAC) aplicado à bacia hidrográfica do Córrego Moeda, Três Lagoas/MS no período de 2011 a 2013. *Fórum Ambiental da Alta Paulista*, v. 10, n. 2, 2014.

[NAE]NÚCLEO DE ASSUNTOS ESTRATÉGICOS DA PRESIDÊNCIA DA REPÚBLICA. Mudança de Clima, Vol. I: *Negociações internacionais sobre a mudança de clima; vulnerabilidade, impactos e adaptação à mudança de clima*. Cadernos NAE, NAE-SECOM, Brasília, 2005.

NORONHA, G. C.; HORA, M. A. G. M.; SILVA, L. P. Análise do Índice de Anomalia de Chuva para a Microbacia de Santa Maria/Cambiocó, RJ. *Revista Brasileira de Meteorologia*, v. 31, n. 1, p. 74-81, 2016.

OBREGON, G.; MARENGO, J. A. *Caracterização do clima do Século XX no Brasil*: tendências de chuvas e temperaturas medias e extremas. Relatório 2, Brasília: Ministério do Meio Ambiente – MMA, Secretaria de Biodiversidade e Florestas – SBF, Diretoria de Conservação da Biodiversidade – DCBio Mudanças Climáticas Globais e Efeitos sobre a Biodiversidade – Subprojeto: Caracterização do clima atual e definição das alterações climáticas para o território brasileiro ao longo do Século XXI, 2007.

[PBMC] PAINEL BRASILEIRO DE MUDANÇAS CLIMÁTICAS. *Impactos, vulnerabilidades e adaptação às mudanças climáticas*. Contribuição do Grupo de Trabalho 2 do Painel Brasileiro de Mudanças Climáticas ao Primeiro Relatório da Avaliação Nacional sobre Mudanças Climáticas [Assad, E.D., Magalhães, A. R. (eds.)]. Coppe/UFRJ, Rio de Janeiro, RJ, Brasil, 414 p., 2014.

PERNAMBUCO. *Atlas de bacias hidrográficas de Pernambuco*. Recife: Secretaria de Ciência, Tecnologia e Meio Ambiente, 2006.

ROOY, M. P. VAN. *A Rainfall Anomaly Index Independent of Time and Space*, Notes, 14, 43, 1965.

SANCHES, F. O.; VERDUM, R.; FISCH, G. O índice de anomalia de chuva (IAC) na avaliação das precipitações anuais em Alegrete/RS (1928-2009). *Caminhos de Geografia*, Uberlândia, v. 15, n. 51, 2014.

SANTOS, E.; MATOS, H.; ALVARENGA, J.; SALES, M. C. L. A seca no Nordeste no ano de 2012: relato sobre a estiagem na região e o exemplo de prática de convivência com o Semiárido no distrito de Iguaçu/Canindé-CE. *Revista GEONORTE*, Edição Especial 2, v. 1, n. 5, p. 819-830, 2012.

SILVA, D. F.; SOUSA, F. A. S.; KAYANO, M. T. Uso e IAC e ondeletas para análise da influência das multi-escalas temporais na precipitação da bacia do rio Mundaú. *Revista de Engenharia Ambiental*. Espírito Santo do Pinhal, v. 6, n. 1, p.180-195, 2009.

SILVA JUNIOR, J. L. C.; SILVA, R. A.; MACIEL, G. F.; SILVA, G. F. G.; SANTOS, J. C. Avaliação do Índice de Anomalia de Chuva (IAC) como indicador climático de variabilidade pluviométrica na microrregião de Gurupi-TO. In: *IV Simpósio Internacional de Climatologia*, Anais. João Pessoa, 2011.

SILVA, D. F. S.; SOUSA, A. B.; MAIA, L. M.; RUFINO, L. L. Efeitos da associação de eventos de ENOS e ODP sobre o Estado do Ceará. *Revista de Geografia*, v. 29, n. 2, 2012.

TSAKIRIS G., LOUKAS A., PANGALOU D., VANGELIS H. TIGKAS D. et al. Drought Characterization. School of Rural and Surverying Engineenring, National Technical University of Greece. In: IGLESIAS A.; MONEO M.; LÓPEZ-FRANCOS A. DROUGHT. Management guidelines technical annex, 2007. Disponível em: <http://om.ciheam.org/om/pdf/b58/00800535.pdf>. Acesso em: 03 mai. 2017.

TUNDISI, J. G. Água no século XXI: enfrentando a escassez. São Carlos: Rima, 2003.

19 Gestão da mobilidade humana e das mudanças climáticas nas bacias hidrográficas

Inga Jacobs-Mata
Relações internacionais, Council for Scientific and Industrial Research

Nikki Funke
Cientista política, Council for Scientific and Industrial Research

Ngowenani Nohayi
Cientista social, Council for Scientific and Industrial Research

INTRODUÇÃO

Hoje, o mundo está testemunhando alguns dos maiores fluxos de refugiados desde a Segunda Guerra Mundial. Enquanto isso, as crises hídricas ganham destaque como um dos mais prementes desafios globais. Dentro desse contexto, a migração e os fluxos de refugiados são cada vez mais explicados em termos da escassez de água perpetuada pelas alterações climáticas. O problema da migração induzida por alterações do clima é visto como uma das principais crises de nosso tempo (Jagerskog, Swain et al., 2016). Até o momento, essas preocupações tenderam a ser consideradas periféricas. Entretanto, a simples suposição de suas proporções (Weiss, 2015) chamou a atenção dos líderes políticos. Em todo o mundo, entre os anos de 2008 e 2015, em média, 26,4 milhões de pessoas foram desalojadas por desastres ambientais a cada ano – o equivalente a uma pessoa a cada segundo. A África tem se mostrado particularmente vulnerável nesse ponto. Dadas as crescentes ocorrências de eventos extremos e, por conseguinte, a quantidade de pessoas desalojadas, o nexo migração-degradação ambiental-mudanças climáticas voltou recentemente a receber atenção – aumentando a importância regional e global desse assunto. Este capítulo tem como foco o mutável ambiente das bacias hidrográficas, tanto em termos de mudanças/variabilidade climática como de padrões de mobilidade humana, e, por meio de diversas estratégias de gestão adaptativas – como políticas e instrumentos institucionais adequados e mecanismos de planejamento apropriados –, investiga o grau em que as bacias são capazes de suportar tais alterações. Além disso, o capítulo examina até que ponto a migração ambiental pode ser uma estratégia de adaptação das alterações climáticas para as bacias hidrográficas, concentrando-se especialmente na região da África Austral (ou Meridional), e especificamente na bacia do rio Limpopo, como um exemplo de como esse processo se desenvolve.

MUDANÇAS CLIMÁTICAS NA ÁFRICA AUSTRAL

Na realidade, as alterações no clima e a variabilidade climática afetam significativamente o desenvolvimento econômico e humano e a segurança das bacias hidrográficas, em grande parte por mediadas pelo impacto das alterações ocorridas nos recursos hídricos. Quando essas alterações ambientais influenciam os padrões de mobilidade humana, as bacias hidrográficas transformam-se em receptáculos de constantes mudanças. Algumas tornam-se mais vulneráveis se não forem capazes de lidar ou adaptar-se aos altos níveis de mobilidade humana, variabilidade da pluviosidade e estresse hídrico, enquanto outras demonstram capacidade adaptativa suficiente em razão de uma sólida configuração institucional e regulatória, infraestrutura adequada, planejamento sólido e estruturas de prontidão de resposta a emergências.

As mudanças climáticas afetam diferentes partes do mundo de formas diversas, mas, no caso da região da África Austral, as projeções são particularmente agudas. Os modelos de mudanças climáticas desenvolvidos pelo Council for Scientific and Industrial Research (CSIR) na África do Sul e em países parceiros projetam um sólido padrão de elevação radical das temperaturas para a África Austral. Os aumentos de temperatura são projetados para variar entre 4°C-7°C no interior até o final do século, enquanto elevações superiores a 6°C são plausíveis na maior parte da África Austral semiárida. São projetados também drásticos aumentos do número de dias de alto perigo de incêndios espontâneos, dias muito quentes e dias de ondas de calor. Existe, portanto, um amplo consenso de que, em média, as regiões ocidentais se tornarão mais secas, e as regiões situadas a nordeste mais úmidas.

Na realidade, no caso dessa região e de muitas de suas bacias, a frequência e a magnitude das secas e inundações extremas estão aumentando. A variabilidade climática causa forte impacto na agricultura na maior parte da África Austral, especialmente na fronteira agrícola alimentada pelas chuvas, em virtude da incidência de chuvas sazonais irregulares e erráticas, ciclones e inundações. Essa situação torna-se aparente mediante uma redução inesperada da produção agropecuária (FAO, 2004). A seca é um evento de manifestação lenta que se desenvolve por um longo período em que as questões socioeconômicas se agravam, incluindo a falta de segurança alimentar. Esses problemas são mais visíveis quando os mercados são menos diversificados e quase todo mundo depende direta ou indiretamente da agricultura para fins de subsistência. Os períodos mais longos de seca ou inundações resultam em efeitos ainda mais extremos, colocando a agricultura em uma posição muito pior (FAO, 2004).

Alterações e variabilidade climáticas na bacia do rio Limpopo

A bacia do rio Limpopo estende-se por quatro países: Botsuana, Moçambique, África do Sul e Zimbábue. Abrangendo uma área de 412.938 km^2, é também uma das bacias hidrográficas mais populosas da África. Os fatores econômicos determinantes são a mineração, o desenvolvimento industrial e os grandes centros urbanos. A água já está excessivamente alocada para irrigação na parte sul-africana da bacia, criando problemas para os usuários a jusante, como é o caso de Moçambique. O clima é particularmente variável e a irrigação é crucial para a agricultura sustentável. Os imperativos estratégicos na área sul-africana são a mineração e o desenvolvimento industrial, que são menos afetados pelas alterações climáticas do que os usuários da agricultura. As temperaturas elevadas aceleram o processo já declinante de qualidade da água, criando um problema significativo nesse sentido em toda a parte sul-africana e afetando todos os seus rios e os usuários moçambicanos.

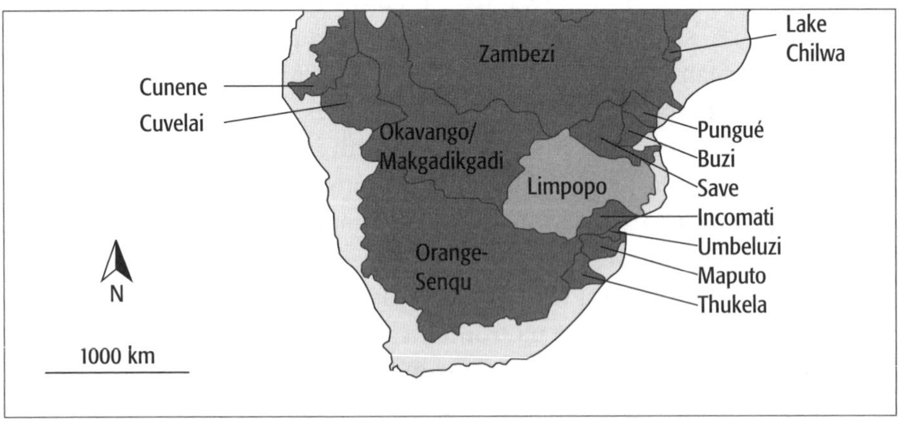

Figura 1 – A bacia do rio Limpopo na África Austral abrange quatro países ribeirinhos.

Lago Chitwa

Paradoxalmente, essa bacia caracteriza-se tanto pela seca como pelas inundações e já registrou uma série de inundações intensas nos últimos 50 anos, especialmente em 1955, 1967, 1972, 1975, 1977, 1981 e 2000. A bacia do rio Limpopo já testemunhou também uma vasta quantidade de desalojamentos ambientais decorrentes de secas e inundações, bem como outras formas de migração por outras razões socioeconômicas e sociopolíticas. A inundação de 2000 foi particularmente grave, com fortes chuvas iniciadas em janeiro. Em fevereiro, o ciclone Eline varreu Madagascar e o sudeste da África, causando a pior inundação presenciada ao longo de várias décadas. Depois veio o ciclone Gloria. Em março, os dois já haviam deixado, pelo menos, 800 mortos e transtornado a vida de mais de 2,5 milhões de pessoas em Botsuana, Namíbia, Madagascar, Malawi, Moçambique, África do Sul, Suazilândia, Zâmbia e Zimbábue (Afifi et al., 2012). No total, mais de 4 milhões de pessoas foram afetadas por essa inundação só na bacia do rio Limpopo. Os aldeões foram desalojados, as plantações foram danificadas e as estradas permaneceram interditadas por um período prolongado (McLeman, 2014). Essas inundações não resultaram em uma migração permanente, mas levaram muitos residentes a migrar temporária ou sazonalmente em burca de emprego (ibid.).

DEFINIÇÃO DA MIGRAÇÃO AMBIENTAL

De acordo com a Organização para Cooperação e Desenvolvimento Econômico (OCDE), um refugiado ambiental é uma pessoa desalojada por causas ambientais, sobretudo perda e degradação da terra e desastre natural. Da mesma forma, os migrantes ambientais são definidos como "pessoas ou grupos de pessoas que, principalmente por razões de mudanças repentinas ou progressivas do meio ambiente que afetam adversamente suas vidas ou condições de vida, são obrigados a deixar seus lares habituais, ou optam por fazê-lo, em caráter temporário ou permanente, e que se deslocam para o interior ou para fora do país." (IOM, 2014:13).

O importante é que a migração ambiental pode ser forçada e voluntária, temporária e permanente, interna (doméstica) e internacional (transfronteiriça), sem esquecer o inverso, ou seja, a imobilidade forçada de muitas populações, detidas pelos impactos das mudanças ambientais e/ou da pobreza. O termo "migração ambiental" denota também uma série de situações diferentes (p. ex., um aldeão moçambicano obrigado a abandonar sua terra em virtude de repetidas inundações *vs.* aposentados americanos que se mudam para a Flórida para passar mais tempo ao sol), tanto que, às vezes, parece inadequado e tende a ser substituído por "mobilidade". Desse modo, a mobilidade inclui uma ampla variedade de deslocamentos e refere-se à capacidade de migrar, além de ajudar a resolver a divisão extremamente indefinida entre migração forçada e migração voluntária.

Independentemente da realidade empírica, esses termos são construções políticas úteis para destacar a crescente importância da degradação ambiental como fator de migração. Não se trata tanto de criar uma determinada categoria de migração como de chamar atenção para um fator negligenciado e de importância cada vez maior.

Para os fins deste capítulo, o termo "migrante/refugiado ambiental" é utilizado de forma intercambiável e inclui pessoas que se deslocaram voluntariamente ou aquelas que foram obrigadas a deixar seus lares habituais por causa de mudanças ambientais repentinas ou progressivas. Além disso, a título de maior clareza conceitual, existem notáveis nuances que merecem uma explicação mais extensa no que diz respeito à migração forçada ou voluntária e a migração resultante de eventos, trajetórias e intervalos de tempo que se desenvolvem de forma repentina ou gradativa.

Uma importante distinção a ser feita para o propósito deste capítulo é a diferença entre um evento de manifestação rápida e um evento de manifestação progressiva. Essa diferenciação é útil porque destaca as diferentes maneiras pelas quais os desastres ambientais (repentinos ou progressivos) levam as pessoas a se deslocarem e os diferentes modos/ritmos de ação assumidos pela(s) pessoa(s) afetada(s) (ver Quadro 1) (Renaud et al., 2011). Nesse sentido, essa distinção pode ajudar a determinar o tipo de assistência e intervenção necessárias, identificando quem mais necessita de apoio imediato dos governos federais ou das instituições de ajuda humanitária internacional, bem como de planejamento para a alocação de recursos em tempo de crise ou para a prevenção de uma crise (Renaud et al., 2011). Essa distinção é útil também para a nossa análise de políticas na medida em que permite ilustrar como os diferentes tipos de políticas, como a gestão de desastres naturais e a adaptação a alterações climáticas, incorporaram diversas subcategorias de migração ambiental, ou seja, intervenções humanitárias voltadas predominantemente para eventos repentinos e, em menor escala, para eventos progressivos.

Quadro 1 – Processo decisório para determinação da migração causada por eventos repentinos e eventos progressivos (Renaud et al., 2011)

	Perigos de manifestação repentina (p. ex., inundações, terremotos)	Evento ambiental	Perda de serviços ecossistêmicos e perigos de manifestação progressiva	
	Destruição, perda e/ou insegurança da terra/casa		Degradação acelerada dos ecossistemas, p. ex., eventos poluentes, rápida erosão do solo	Degradação gradual dos ecossistemas, p. ex., degradação da terra, perda de biodiversidade, elevação do nível do mar
	Ação de fuga para salvar a própria vida	Impacto nos meios de subsistência		
	Migração de emergência causada por eventos ambientais	A pessoa migra para local distante da área afetada		
Recuperação social, econômica e física rápida e eficaz das áreas afetadas	Recuperação social, econômica e física lenta e ineficaz das áreas afetadas	A razão ambiental para a decisão de migrar é dominante, p. ex., reincidência de secas, elevação do nível do mar	A razão ambiental para a decisão de migrar não é dominante	Não se trata de migração por razão ambiental
O migrante não retorna para a área afetada	O migrante não retorna para a área afetada		A subsistência alternativa foi possível na área afetada	Migração motivada por evento ambiental
			A subsistência alternativa foi possível na área afetada, mas exigiu um tempo significativo	
Migração motivada por evento ambiental	Migração forçada por evento ambiental		A subsistência alternativa não foi possível na área afetada	Migração forçada por evento ambiental
			A área afetada não existe mais	

EM FOCO: O DESENVOLVIMENTO DA AGENDA GLOBAL SOBRE MIGRAÇÃO AMBIENTAL

As evidências sugerem que os padrões de migração humana, forçada ou voluntária, são afetados pelas alterações ambientais e climáticas. Consequentemente, como campo emergente, a migração ambiental é de grande importância para os elaboradores de políticas. Os diversos e variados níveis de renda de determinados membros da família, que migram em busca de emprego em outro lugar, podem permitir uma melhor adaptação local (Nyaoro, Schade e Schmidt, 2017). No contexto africano, os pastores seminômades podem ajustar seus padrões migratórios (maiores distâncias e duração, abandono e sedentarismo), podendo necessitar de assistência para manter a migração dos rebanhos como estratégia de superação (ibid). Outros fatores determinantes da migração incluem a moradia em zonas de alto risco não mais adequadas à habitação humana ou a condição de vítima de um desastre natural e a necessidade de assistência para retornar para casa e reconstruir seus meios de subsistência ou de realocação permanente (Nyaoro, Schade e Schmidt, 2017).

A agenda global sobre a migração ambiental está se desenvolvendo rapidamente e encontrando articulação em diversos contextos. O primeiro relatório de avaliação do Intergovernmental Panel for Climate Change – IPCC (Painel Intergovernamental sobre Mudanças Climáticas), de 1992, previu que as mudanças climáticas teriam sério impacto na migração humana. Essa previsão foi reiterada no quinto relatório de avaliação do IPCC (IPCC, 2014). E então, em 2010, a necessidade de ação foi declarada de forma mais explícita no documento conclusivo da Conferência das Nações Unidas sobre Mudanças Climáticas de 2010, realizada em Cancun, que afirma que devem ser tomadas "medidas destinadas a melhorar o entendimento, a coordenação e a cooperação em relação às mudanças climáticas induzidas por desalojamento, migração e realocação planejada" (UNFCCC, 2011).

Cinco anos mais tarde, na Conferência das Nações Unidas sobre Desenvolvimento Sustentável de setembro de 2015, os Estados-membros da ONU adotaram as metas de desenvolvimento sustentável (SDG, na sigla em inglês), 17 metas internacionais de erradicação da pobreza, combate às desigualdades e injustiças e abordagem à questão das mudanças climáticas, até 2030. Essas metas integraram as políticas de migração em estratégias de desenvolvimento mais amplas, representando um salto progressivo a partir das metas de desenvolvimento do milênio (MDG na sigla em inglês) anteriores, das quais a migração ficou totalmente excluída. Além disso, o Quadro de Sendai para a Redução do Risco de Desastres (2015-2030), adotado por 187 Estados, leva em consideração a mobilidade humana. A primeira Conferência Humanitária Mundial, realizada em maio de 2016, resultou na elaboração da Agenda para a Humanidade – 32 compromissos focados especificamente no desalojamento forçado associado aos desastres naturais. Um grande número de interessados comprometeu-se a tratar das necessidades das pessoas desalojadas e das comunidades anfitriãs, e vários ofereceram garantias financeiras significativas de apoio aos países anfitriões. Houve um reconhecimento da necessidade de identificar soluções duráveis para os refugiados e pessoas desalojadas internamente, bem como por um maior esforço para desenvolver uma nova cooperação pelo compartilhamento previsível e equitativo da responsabilidade entre os países de origem, trânsito e reassentamento. Houve também compromissos em relação a diferentes formas de gestão de riscos e crises, como: implementação de estratégias e planos de redução de riscos e alterações climáticas; reforço da gestão de riscos de desastres naturais e alterações climáticas em nível nacional e local mediante investimento em dados, análise e alerta precoce, construção da resiliência comunitária como primeira linha fundamental de resposta e garantia de assistência humanitária em nível regional e global em caso de desastres naturais, todas ações complementares aos esforços nacionais e locais. Por fim, a Terceira Conferência Internacional sobre o Financiamento para o Desenvolvimento, realizada na Etiópia em julho de 2015, resultou em uma nova estrutura de financiamento do desenvolvimento sustentável, promovendo maior aproximação entre o financiamento para a adaptação e o financiamento para o desenvolvimento sustentável.

Embora nenhuma dessas estruturas trate explicitamente da migração ambiental, a crescente visibilidade das questões correlatas tratadas nos contextos anteriormente mencionados sugere que existe uma boa chance de que os migrantes não sejam o grande objeto de desatenção da próxima série de políticas internacionais (Ionesco et. al., 2017). Existe, no entanto, o risco de que um campo político do interesse de todos continue sendo do interesse de ninguém, e que diferentes líderes e instituições globais fujam à responsabilidade, alegando tratar-se de questão que extrapola sua esfera de soberania/competência institucional. E a abordagem integrada, portanto, é necessária – uma abordagem que reconheça o impacto que as estruturas legislativas e reguladoras podem ter, tanto quanto a gestão ativa dos riscos de desastres naturais, as respostas humanitárias adequadas e a prontidão de resposta às alterações climáticas.

GOVERNANÇA REGIONAL DE APOIO À MIGRAÇÃO AMBIENTAL

Como grande parte da migração ocorre internamente ou entre Estados fronteiriços, a governança da migração tem, cada vez mais, passado ao nível regional mediante integração de disposições da legislação internacional às estruturas jurídicas regionais (Ionesco et al., 2017). A África é supostamente uma das regiões mais progressistas em termos de estrutura legislativa, tendo, por exemplo, optado por ampliar a definição de refugiados constante na Convenção de 1951 na OAU Convention Governing the Specific Aspects of Refugee Problems in Africa, de 1969, ampliando os critérios que configuram a condição de refugiado para "eventos que perturbam seriamente a ordem pública".

A África foi também a primeira região a criar um instrumento vinculante regional oferecendo explicitamente proteção a pessoas desalojadas por desastres naturais. A Convenção da União Africana para a Proteção e Assistência de Pessoas Internamente Desalojadas na África de 2009 (geralmente conhecida como a Convenção de Kampala) foi ratificada por 25 Estados a partir de 2015, e vai além dos princípios norteadores ao incluir a questão das mudanças climáticas (Ionesco et al., 2017). No nível sub-regional, os Estados-membros da região dos Grandes Lagos adotaram um Protocolo de Proteção e Assistência a Pessoas Internamente Desalojadas adicional ao Pacto de Segurança, Estabilidade e Desenvolvimento, em 2006. Esse protocolo é baseado também nos princípios norteadores das Nações Unidas e aplica-se a pessoas desalojadas por desastres naturais, mas, diferentemente da Convenção de Kampala, não se aplica às alterações climáticas (ibid). O terceiro instrumento legal também aplicável é a Carta Africana dos Direitos e Bem-Estar da Criança. O segundo instrumento dispõe sobre a proteção de crianças desalojadas em decorrência de desastres naturais e obriga os Estados a reuni-las com seus pais em caso de separação resultante de tais eventos (artigos 23.4 e 25.2 (b)).

Instrumentos do direito brando: políticas, plataformas para o intercâmbio e o diálogo

Além disso, as conversações entre os Estados sobre as questões migratórias ocorrem durante os processos consultivos, organismos regionais e fóruns inter-regionais. O número de fóruns para o diálogo regional e inter-regional cresceu nos últimos quinze anos, indicando que a gravidade do problema aumentou, assim como a importância do desenvolvimento de respostas em nível regional.

Nesses fóruns de discussão, a ligação entre migração e meio ambiente geralmente se faz no âmbito de um dos seguintes tópicos da agenda: migração, clima, segurança, redução do risco de desastres e desenvolvimento. Na África, o processo dedicado especificamente à mobilidade humana foi abordado pela primeira vez como parte das questões do desalojamento interno, da migração em busca de trabalho e dos movimentos das populações nômades com interesses mais amplos relacionados ao meio ambiente e às mudanças climáticas (Ionesco et.al, 2017). A partir de 2006, o Quadro de Políticas de Migração da União Africana incorporou elementos que tratam da degradação ambiental e dos desastres naturais (ibid).

Entre outros processos de política regional que mencionam tópicos como migração, meio ambiente e mudanças climáticas estão os seguintes:

1. Comprehensive Africa Agriculture Development Programme (2002)
2. Regional Seminar on Internal Displacement in the SADC Region (2005)
3. Quadro de Políticas de Migração da UA (2006)
4. Inter-State and Intra-Regional Cooperation sobre gestão da migração na região da IGAD (Autoridade Intergovernamental para o Desenvolvimento) (2008)
5. Encontro IGAD-RCP sobre gestão da migração na região da IGAD (Autoridade Intergovernamental para o Desenvolvimento) (2010)
6. AU Policy Framework for Pastoralists (2010)
7. EAC Climate Change Policy (2011)
8. SADC Policy Paper on Climate Change (2012)
9. EAC Disaster Risk Reduction and management Strategy 2012 – 2016 (2012)
10. Fourth Meeting of the Regional Committee on Mixed Migration (in the Horn of Africa) (2014)
11. Fourth EU-Africa Summit (Rabat Process) 'Investing in People, Prosperity and Peace' (2014)

PERFIL DE RISCO DOS PAÍSES DA COMUNIDADE PARA O DESENVOLVIMENTO DA ÁFRICA AUSTRAL

Um elemento importante do cenário de políticas regionais é o nível de capacidade adaptativa ou de prontidão de resposta a emergências dos países para suportar os desastres naturais e também para lidar com o influxo/êxodo de migrantes por razões ambientais. Seja um terremoto ou uma inundação, um ciclone ou uma seca, o risco de um evento natural transformar-se em desastre sempre depende, apenas em parte, da força do próprio evento. As condições de vida das pessoas nas regiões afetadas e as opções disponíveis para responder de forma rápida e prestar assistência são igualmente importantes. Como parte essencial do World Risk Report (Relatório de Riscos Globais), o World Risk Index (índice mundial de risco), criado pelo United Nations University Institute for Environment and Human Security, indica o risco de desastre decorrente de eventos naturais extremos para 171 países (ver Tabela 1).

Tabela 1 – Índice mundial de risco para os Estados-membros da Comunidade para o Desenvolvimento da África Austral, 2016

Classificação	País	Risco 2016	Exposição	Vulnerabilidade	Suscetibilidade	Capacidade de superação	Capacidade adaptativa
13	Ilhas Maurício	15,53	37,35	41,58	18,02	61,59	45,14
26	Madagascar	11,15	16,03	69,52	65,23	83,79	59,55
38	Zimbábue	10,06	14,96	67,24	57,49	88,22	56,00
44	Moçambique	8,69	12,73	68,28	63,24	84,69	56,89
53	Malawi	7,98	12,34	64,66	55,23	84,06	54,68
57	República Unida da Tanzânia	7,65	12,01	63,70	58,51	83,79	48,79
59	Suazilândia	7,52	12,76	58,95	44,14	80,01	52,70
66	Zâmbia	7,25	11,37	63,81	61,73	79,79	49,92
67	Congo	7,19	11,65	61,69	50,71	86,09	48,28
73	Lesoto	6,84	11,40	60,05	48,21	79,72	52,22
81	Angola	6,52	10,18	64,08	50,66	86,87	54,71
101	África do Sul	5,58	12,08	46,22	30,88	69,02	38,76
104	Namíbia	5,37	10,41	51,60	46,63	69,97	38,19
107	Botsuana	5,14	10,55	48,66	35,92	67,32	42,73
153	Seychelles	2,55	5,99	42,59	21,94	62,82	43,02

Fonte: Garschagen et al., 2016.

A Tabela 1 ilustra o índice mundial de risco para os países da Comunidade para o Desenvolvimento da África Austral (SADC) e inclui sua classificação de risco global. As Ilhas Maurício, por exemplo, têm a classificação de risco mais alta (13ª posição) de todos os países da SADC em razão de sua alta exposição aos riscos naturais e capacidade adaptativa relativamente baixa. Apesar do alto grau de vulnerabilidade de vários países da SADC, o nível de prontidão de resposta de adaptação às alterações climáticas varia substancialmente. Países como a Libéria (classificada na 56ª posição), Zâmbia (66ª) e República Centro-Africana (71ª posição) têm uma exposição relativamente baixa aos riscos naturais, mas são muito vulneráveis. Um total de 13 dos 15 países com o mais alto grau de vulnerabilidade estão situados no continente africano. Moçambique está classificado na 44ª posição e a África do Sul, na 101ª.

MOBILIDADE HUMANA NA BACIA DO RIO LIMPOPO

Existem dois tipos principais de migração ambiental na bacia do rio Limpopo. O primeiro é a migração associada a eventos repentinos – supostamente o mais fácil de classificar em função da visibilidade e da natureza extrema do evento natural. Esse tipo de evento caracteriza-se por danos ambientais e socioeconômicos generalizados que frequentemente deixam centenas de milhares de pessoas desalojadas. Após a ocorrência de um evento repentino, algumas vítimas conseguem retornar para suas casas, dependendo da rapidez e eficácia, ou da lentidão e ineficácia, da recuperação das características "físicas, sociais e econômicas" da área afetada (Warner, 2010). O segundo tipo de migração ambiental predominante nessa bacia é uma consequência de eventos progressivos, como uma seca, por exemplo. Por causa de sua natureza "insidiosa", os efeitos da seca ocorrem lentamente por um período prolongado. Consequentemente, é difícil definir o início e o fim do evento, o que o torna ainda mais desafiador para que cientistas e elaboradores de políticas concordem "quanto à declaração do fim de uma seca" (Wilhite et al., 2014, p. 5). Da mesma forma, em razão de sua natureza prolongada, geralmente é difícil determinar os padrões correlatos de migração ou mobilidade, uma vez que não há desalojamento repentino de uma massa crítica de pessoas. Esse é também um dos tipos mais difíceis de prever, em virtude dos tipos de migração (sazonal, retorno, repetida, permanente e temporária), das variáveis intervenientes multicausais (condição socioeconômica e seletividade dos migrantes) e da complexidade dos resultados ambientais (desmatamento e depleção dos cardumes) (Curran, 2002). Quando passível de observação, a migração progressiva geralmente é causada por fatores como depleção de recursos (terra e água), desmatamento, desertificação e poluição.

Além disso, no caso dos eventos progressivos, os fatores intervenientes que impedem ou permitem que as pessoas retornem (ou evitem a migração e o desalojamento em primeiro lugar) tornam-se mais complexos do que com os eventos repentinos. A urgência de fuga é temporalmente menos premente, visto que o ritmo de alterações ambientais é mais lento. As pessoas podem não ter a escolha de retornar ao seu antigo local de residência em decorrência da perda física de sua terra, por exemplo, em razão da erosão costeira ou da elevação do nível do mar. Entretanto, nos casos em que a terra física ainda se encontra disponível, as pessoas podem ter a oportunidade de retornar ao seu local de residência original, particularmente se puderem implementar meios de subsistência alternativos. As mudanças ambientais aceleradas ou mais lentas afetam os meios de subsistência das pessoas a ponto de alguns ou todos os membros da família migrarem.

Outro fator complicador em relação aos eventos progressivos é o grau de contribuição do evento em questão para a decisão de migrar de uma pessoa. Em um país como o Zimbábue, por exemplo, os fatores políticos e econômicos geralmente constituem as principais razões para as pessoas migrarem para outros países, e a seca é apenas um dos vários fatores contribuintes.

Migração relacionada a inundações

A maioria dos episódios de migração relacionada a inundações na bacia do rio Limpopo ocorre na região a jusante de Moçambique e consiste, em grande parte, em desalojamento interno. As fortes chuvas causam grandes inundações ao longo do rio Zambeze e inundações periódicas ao longo do rio Limpopo. As enchentes de 2007 desalojaram mais de 100.000 pessoas, das quais a metade foi evacuada para centros de acomodação temporária. Dadas as frequentes e desastrosas enchentes, muitas pessoas perderam suas casas e seus meios de subsistência, inclusive suas lavouras e acesso a serviços médicos, água doce potável e saneamento.

Em termos de estratégias de resposta, a abordagem do governo moçambicano em relação aos migrantes ambientais faz parte, predominantemente, de sua abordagem de gestão, sobretudo em razão da ocorrência regular de desastres naturais no país, o que geralmente resulta em considerável desalojamento interno. Dada a frequência dos desastres naturais, no entanto, Moçambique instituiu vários programas de realocação planejada.

Após as enchentes de 2001, a ajuda humanitária foi um esforço sem precedentes. Anos mais tarde, o governo ofereceu incentivos às pessoas, como infraestrutura para ajudá-las a se mudar para longe das planícies sujeitas a inundações. Isso foi possível por meio de um programa de "trabalho em troca de assistência", no qual o governo se compromete a custear o material de construção e a assistência técnica necessários para construir casas e prédios comunitários multipropósito em troca da fabricação de tijolos (Warner, 2010).

Estudos anteriores que tiveram por objeto o desalojamento de pessoas abrigadas nos centros de realocação revelaram que, antes das inundações, as pessoas afetadas nunca haviam migrado. Em vez disso, elas foram evacuadas das planícies alagadas apenas temporariamente e retornaram quando as condições se mostraram seguras para tal (Warner, 2010). Muitos relataram que viviam nas áreas mais baixas do rio afetadas por frequentes inundações durante as estações chuvosas. Essas pessoas decidiram voluntariamente estabelecer-se de novo em outro lugar (a fim de se mudarem para uma área a salvo de inundações) ou foram retiradas pelo governo. Entretanto, considerando-se que as áreas isentas de inundações são, por outro lado, suscetíveis à seca, a migração era uma opção improvável para aqueles realocados em razão da falta de meios de subsistência alternativos e da dependência da infraestrutura e dos serviços oferecidos pelo governo (Warner, 2010). O plano de realocação aproximou os vilarejos no intuito de minimizar o impacto nas redes sociais. As ONGs ofereceram treinamento de técnicas agrícolas adequadas às condições de propensão à seca das áreas de reassentamento. Entretanto, muitas pessoas fisicamente capazes deixaram as áreas de reassentamento durante a época do plantio e da colheita e retornaram para as planícies alagadas (Warner, 2010).

A realocação planejada demonstrou várias vantagens e desvantagens em Moçambique. Embora tenha resultado em uma redução substancial dos casos de afogamento, a iniciativa levou também a sérios problemas, como desmatamento, erosão do solo e escassez de água. O crescente fracasso das lavouras em razão das inundações e da seca também agravou a vulnerabilidade das pessoas estabelecidas nas áreas de reassentamento e nas áreas sujeitas a inundação. As pessoas reassentadas permanecem altamente dependentes de ajuda governamental e internacional (Stal e Warner, 2009). Tilt, Braun e He (2009) sugerem que os programas de realocação podem atender melhor às necessidades daqueles desalojados quando as autoridades se engajam em um processo transparente que garanta a defesa dos direitos humanos básicos, e que esses programas ajam precocemente para garantir a participação dos residentes reassentados no processo de planejamento da realocação.

Migração relacionada à seca

A bacia do rio Limpopo também tem uma longa história de secas cíclicas com efeitos incapacitantes sobre seus Estados ribeirinhos que têm contribuído para os baixos níveis de expectativa de vida e altos níveis de realocação.

Botsuana sofreu vários períodos de seca prolongada que afetaram todo o país no período de 1981 a 1986 e foram causados por uma sucessão de anos com níveis de precipitação abaixo da média. O efeito cumulativo foi devastador em termos de disponibilidade de alimentos e água e causou uma mortalidade em larga escala dos rebanhos e da vida silvestre (Bhalotra, 1987). Essa seca foi amplamente considerada a pior a afetar Botsuana de que se tem memória.

Em 1992, a África Austral enfrentou uma das secas mais severas da história, a qual resultou na perda de rebanhos – o Zimbábue sofreu uma perda de 1,3 milhões (McGregor et al., 2011). Os efeitos econômicos foram sentidos também fora do setor agrícola. Em grande parte, em decorrência da seca, por causa das faltas de água e luz, a produção fabril do Zimbábue chegou a cair até 9,3%, com uma redução de 25% no volume de produção e 6% de queda das receitas em moeda estrangeira (Benson e Clay, 1998 citado em SADC/IUCN, 2000). Esse episódio contrasta com a seca ocorrida em 2001-2002, quando o Zimbábue apresentou um déficit moderado de 28%. Apesar disso, no auge da seca, cujos efeitos foram agravados pela considerável insegurança política e econômica enfrentada pelo país, estima-se que de 1,5-2 milhões de pessoas tenham migrado do Zimbábue para a África do Sul, Botsuana e outros países da SADC, enquanto outros se mudaram para o Reino Unido, a Austrália e os Estados Unidos (Richardson, 2007). A seca causou também o fracasso generalizado das lavouras e a mortalidade dos rebanhos em Botsuana.

A seca de 1991/92 em Moçambique teve efeitos prolongados e afetou mais de 1,3 milhão de pessoas, a maioria procedente das áreas pobres e rurais das regiões austral e central. A guerra civil influenciou o agravamento dos impactos da seca, causando uma grande degradação da terra e a perda da segurança alimentar e dos rebanhos (Manjate, 1997). O World Food Programme – WFP (Programa Alimentar Mundial) contribuiu com aproximadamente US$200 milhões de ajuda alimentar. A província meridional de Gaza é uma das mais vulneráveis do país a seca e inundações, principalmente por causa do rio Limpopo e das baixas áreas costeiras.

Estima-se que, na África do Sul, 50.000 pessoas tenham perdido seus empregos no setor agrícola, e 20.000 de outros setores correlatos, com 250.000 pessoas, em média, afetadas (AFRA, 1993). Embora contribua apenas com cerca de 5% para o PIB, o setor agrícola continua sendo uma parte significativa da economia em virtude de sua contribuição para a geração de empregos, a aquisição de fertilizantes e o fornecimento de matéria-prima para a indústria.

Outra seca devastadora afetou a África Austral no verão de 2015/16, causada pelo fenômeno climático El Niño. Em fevereiro de 2016, a agência de alimentos da ONU relatou que os níveis de precipitação em grandes partes do Zimbábue, Malawi, África do Sul, Moçambique, Botsuana e de Madagascar foram os mais baixos em 35 anos, com um impacto nocivo nas lavouras e na segurança alimentar. Foram declaradas emergências causadas pela seca na maioria das províncias da África do Sul, bem como no Zimbábue e no Lesoto, com restrições hídricas estabelecidas em Botsuana, Suazilândia, África do Sul e Namíbia. As projeções indicavam considerável aumento da necessidade de assistência alimentar emergencial e apoio à recuperação dos meios de subsistência na região (Phys.org, 2016).

Quanto à bacia do rio Limpopo, Moçambique e Zimbábue foram marcados pela insegurança alimentar decorrente da seca de 2015/16, com impacto em 1,9 milhões e 4,1 milhões de pessoas, respectivamente. Além de seus desafios impostos pela insegurança alimentar, Moçambique caracteriza-se pelos altos níveis de pobreza e capacidade limitada de resiliência aos choques climáticos. Além disso, o país sofre regularmente com ciclones, secas, inundações e epidemias que causam danos à infraestrutura já inadequada, afetando ainda mais o seu setor agrícola. A insegurança alimentar no Zimbábue em 2016 foi agravada pela forte crise econômica que resultou em níveis mais elevados de desemprego. A produção de cereais diminuiu e a condição dos rebanhos do país se agravou no período de 2015/16. A seca exacerbou os níveis já extremos de pobreza no Zimbábue, onde 72% da população sobrevivem com menos de US$1,25 por dia. Os grupos populacionais vulneráveis, particularmente as famílias chefiadas por crianças ou idosos e aquelas afetadas pelo HIV, que possuem pouco ou nenhum rebanho e têm acesso limitado a remessas de numerário têm sido os mais afetados. Na África Austral como um todo, a insegurança alimentar enfraqueceu ainda mais a capacidade de superação das famílias, comprometeu a sua capacidade de resiliência e afetou negativamente a sua capacidade de recuperação de choques futuros. A expectativa era de que a insegurança alimentar na região continuasse até a estação da colheita, em março de 2017 (FSIN, 2017).

A ligação entre seca e migração não é tão evidente como no caso de eventos repentinos e existe, supostamente, menos articulação dos impactos da seca na política de adaptação climática. Dito isso, no entanto, desde a criação do Acordo de Paris, os países começaram a apresentar Contribuições Pretendidas Determinadas em Nível Nacional (INDC na sigla em inglês) que descrevem as suas ações climáticas após 2020, incluindo medidas de adaptação, que esses países pretendem tomar nos termos do novo acordo internacional (Kelpsaite e Mach, 2015). Tanto a África do Sul como Moçambique apresentaram suas INDC para comunicar internacionalmente as realidades locais das mudanças climáticas e suas medidas propostas para reduzir o risco climático.

ESTRATÉGIAS DE GESTÃO ADAPTATIVA

Intervenções normativas

As condições de seca e inundação quase sempre requerem intervenção do governo em forma de ajuda alimentar emergencial, geralmente com o apoio de grandes quantidades de alimentos doados. Em geral, a prontidão de resposta à seca por parte dos governos assume a forma de criação de reservas de víveres alimentícios (principalmente milho) em nível nacional para compensar os déficits de produção e oferecer um possível auxílio em situações de emergência. Embora esses onerosos esforços de ajuda sejam considerados uma necessidade, tais intervenções de curto prazo geralmente excluem o apoio a processo de desenvolvimento de prazo mais longo, em particular naquelas áreas com condições de clima seco. Como a precipitação baixa e irregular é uma característica básica dessas regiões secas, esse fato natural deve refletir-se não apenas nos planos de prontidão de resposta de emergência elaborados pelos governos, mas também nas estratégias de desenvolvimento de longo prazo criadas para evitar o grave impacto de secas futuras no meio ambiente e nos meios de subsistência das pessoas (FAO, 2004).

Os governos de cada um dos quatro países formadores da bacia do rio Limpopo adotaram estratégias de adaptação às alterações climáticas na tentativa de gerenciar os impactos previstos de longo prazo das mudanças climáticas.

Moçambique apresentou um programa de ação nacional de adaptação (NAPA) como parte de suas obrigações nos termos da United Nations Framework Convention on Climate Change – UNFCCC (Convenção-Quadro das Nações Unidas sobre Mudanças Climáticas). Como parte do NAPA, os países menos desenvolvidos (PMD) identificam suas ações prioritárias para implementar as prioridades mais prementes de adaptação às alterações climáticas, podendo subsequentemente solicitar financiamento do Fundo para os Países Menos Desenvolvidos, do Global Environment Facility (GEF) (Mayrhofer, 2013).

O NAPA de Moçambique tem como foco principal as medidas e estratégias destinadas a fortalecer a resiliência das populações afetadas por eventos climáticos extremos. A migração, portanto, parece ser tratada como uma medida de última instância, enquanto o governo enfatiza a prevenção de desastres naturais e a melhoria dos sistemas de alerta precoce (Mayrhofer, 2013). Em suma, no caso de Moçambique, o NAPA considerou a migração um mecanismo de superação para que as populações vulneráveis possam responder às alterações ambientais e reconheceu a importância da migração gerenciada, com especial atenção à urbanização planejada e à geração de meios de subsistência. As áreas de atenção específica do NAPA consistem no fortalecimento da capacidade dos produtores agrícolas de lidar com as mudanças e a variabilidade climáticas, melhorar a degradação do solo resultante de práticas agrícolas inadequadas e introduzir formas alternativas de agricultura de subsistência (Mayrhofer, 2013). Quanto à recorrente ameaça de inundações em Moçambique, um componente específico do NAPA visa à gestão dos recursos hídricos sob condições de mudança climática por meio de diversas ações, como garantir que os danos humanos e materiais causados por inundações decorrentes da variabilidade climática sejam minimizados, que a infraestrutura hídrica seja melhorada e atualizada, a fim de promover um melhor compartilhamento dos recursos hídricos entre Moçambique e os países vizinhos e proteger a biodiversidade na bacia hidrográfica principal (Ministry for the Coordination of Environmental Affairs, 2007; Mayrhofer, 2013). Isso reflete um reconhecimento por parte do governo moçambicano de que, embora não seja capaz de impedir as inundações, o governo pode, todavia, tentar minimizar da melhor maneira possível os efeitos desses eventos com o fortalecimento da infraestrutura hídrica do país e a gestão de seus recursos hídricos compartilhados, uma ação importante, considerando-se que grande parte das inundações em Moçambique é resultante do efeito cascata das enchentes dos rios dos países a montante.

Além disso, Moçambique desenvolveu uma Estratégia Nacional para Mudanças Climáticas (2013-2025), que visa à criação de diretrizes de ação para desenvolvimento da resiliência – incluindo a redução dos riscos climáticos para as comunidades e a economia nacional, bem como a promoção do desenvolvimento de uma economia verde com baixas emissões de carbono – mediante a sua integração aos processos de planejamento setoriais e locais.

Do ponto de vista ambiental/dos desalojamentos, a estratégia reconhece a relação entre os impactos das mudanças climáticas e as pessoas vulneráveis e identifica a necessidade de proteção social. Além disso, revela que as mudanças climáticas podem agravar o empobrecimento, especialmente daqueles que já se encontram em situação vulnerável, podendo resultar em maiores desalojamentos populacionais, migração e orfandade. Uma maneira específica de aumentar a resiliência dos membros mais vulneráveis da população moçambicana se dá por meio do plano-piloto Basic Social Protection Programme Production para a realização de obras públicas que incluam a implantação de um programa temporário de transferência de fundos em áreas afetadas por desastres naturais e ofereça trabalho, ambos capazes de gerar emprego e aumentar a resiliência às alterações climáticas, melhorando a infraestrutura hídrica existente, como barragens, canais de irrigação etc. (Mozambique Council of Ministers, 2012).

De um modo geral, a Estratégia Nacional para Mudanças Climáticas de Moçambique não enfoca extensivamente a migração ou os desalojamentos causados por eventos ambientais, mas o faz somente no contexto de como esses eventos podem ser causados ou agravados por mudanças climáticas, e de como as diversas maneiras de efetivar a adaptação às mudanças climáticas, a redução de risco, a atenuação e o desenvolvimento de baixas emissões de carbono podem aumentar a resiliência entre a população de Moçambique, especialmente daqueles mais vulneráveis aos efeitos dos desastres naturais repentinos.

O Zimbábue desenvolveu uma estratégia de resposta às mudanças climáticas baseada no reconhecimento de que o país é propenso a secas e inundações perenes causadas por mudanças climáticas. A estratégia observa, especificamente, que as alterações climáticas afetam a economia agrícola do país, que depende fortemente da agricultura alimentada pelas chuvas, da produção pecuária e dos recursos naturais. A visão da estratégia de resposta às mudanças climáticas do Zimbábue consiste em criar uma nação resiliente às mudanças climáticas, enquanto a missão da estratégia é garantir o desenvolvimento sustentável e uma economia resiliente ao clima mediante o envolvimento das partes interessadas e o reconhecimento da vulnerabilidade dos recursos naturais e da sociedade do Zimbábue. A estratégia de resposta tem por objetivo incorporar preponderantemente a adaptação às mudanças climáticas ao desenvolvimento econômico e social nos níveis nacional e setorial por meio do envolvimento das várias partes interessadas (Governo do Zimbábue, sem data).

Com relação à migração ambiental, a estratégia de resposta às mudanças climáticas do Zimbábue visa aos sistemas de uso sustentável da terra que aumentem a produção agrícola, garantam a segurança alimentar e mantenham a integridade do ecossistema. A estratégia visa ainda a incorporar convencionalmente os agrupamentos populacionais vulneráveis – como crianças e pessoas HIV-positivo – às intervenções em relação às mudanças climáticas (Governo do Zimbábue, sem data). A estratégia tem também a adaptação e gestão do risco de desastres naturais como um de seus principais pilares. Essas áreas de foco podem ser interpretadas como a formação de capacidade adaptativa e resiliência entre a população zimbabuana que depende da terra, especialmente os seus agrupamentos populacionais vulneráveis, contribuindo, desse modo, para evitar a necessidade de migrar. É uma ironia, no entanto, que, apesar de milhões de zimbabuanos já terem emigrado para a África do Sul em razão de uma série de fatores agravados pela seca, o termo "migração" mal seja mencionado na estratégia de resposta, tampouco a necessidade de evitar a migração.

A África do Sul aprovou o National Climate Change Response White Paper em 2011, o qual tem dois objetivos. O primeiro visa ao gerenciamento efetivo dos impactos das inevitáveis mudanças climáticas por meio de intervenções que servem para sustentar a resiliência social, econômica e ambiental da África do Sul e à elaboração da capacidade de resposta a emergências do país. O segundo objetivo consiste em prestar uma contribuição ao esforço global de estabilizar as concentrações dos gases causadores do efeito estufa na atmosfera (DEA, 2011). Essas duas áreas de foco estão indiretamente ligadas à questão da migração ambiental.

Uma importante prioridade estratégica pertinente à questão da migração ambiental é aquela que concerne à redução e gestão de riscos. No National Climate Change Response White Paper, o governo examina as intervenções de adaptação de curto prazo destinadas a tratar das ameaças imediatas à economia, serviços ecossistêmicos, saúde e bem-estar da população, assim como trata do desenvolvimento de políticas baseadas em evidências e medidas de resposta aos riscos e vulnerabilidades de médio e longo prazos relacionados ao clima (DEA, 2011).

Quanto à adaptação, um componente importante da estratégia diz respeito ao objetivo da África do Sul de desenvolver estratégias de adaptação às mudanças climáticas mediante um trabalho conjunto com seus vizinhos. O governo da África do Sul acredita que uma resposta regional de adaptação às mudanças climáticas, baseada no compartilhamento de recursos, tecnologia e aprendizagem, beneficiará significativamente a África do Sul do ponto de vista socioeconômico e, o que é mais importe, reduzirá o risco de migração regional não gerenciada. A intenção declarada do governo de colaborar com seus vizinhos nas questões relacionadas às mudanças climáticas, portanto, demonstra claramente que a migração transfronteiriça é algo que o governo deseja gerenciar, limitar e evitar (DEA, 2011).

Algumas medidas de adaptação adotadas por diferentes setores e que são relevantes para a questão da migração ambiental incluem (todas de DEA, 2011):

- Redução da vulnerabilidade e aumento da resiliência das comunidades e setores de alto risco aos impactos das mudanças climáticas relacionados aos recursos hídricos.

- Foco no planejamento do desenvolvimento rural resiliente ao clima visando à geração de empregos, à segurança alimentar e aos meios de subsistência para desenvolver resiliência climática, com o objetivo específico também de integrar a agricultura e a silvicultura para tal fim.
- Uso efetivo de sistemas de alerta precoce para fins de apoio aos agricultores, especialmente aos agricultores vulneráveis, e informação das decisões relacionadas à gestão agrícola.
- Desenvolvimento de programas eficazes de educação e conscientização nas zonas rurais, a fim de permitir que os produtores comerciais e de subsistência conheçam, respondam e adaptem-se aos desafios das mudanças climáticas por meio, por exemplo, de estratégias de adaptação. Essas estratégias de adaptação envolvem práticas agrícolas de conservação, como captação de água e rotação de culturas, e são fortemente baseadas nos conhecimentos e respostas adaptativas locais.
- Uso de programas de adaptação para desenvolver resiliência entre as partes mais vulneráveis da população rural e garantir a existência de redes de segurança para essas comunidades, a fim de capacitá-las a responder aos impactos das mudanças climáticas. Esses programas de adaptação podem, por exemplo, consistir em aumentar os conhecimentos dessas comunidades sobre condições ambientais sustentáveis e otimizar os serviços ecossistêmicos que elas prestam.

Outro documento normativo importante é a Draft National Adaptation Strategy – NAS (Proposta de Estratégia Nacional de Adaptação) (2016) da África do Sul, que representa a estrutura mais importante para a adaptação às mudanças climáticas no país e deve criar o alinhamento entre as diferentes estratégias de adaptação departamentais/setoriais produzidas. A estratégia tem por objetivo representar uma abordagem de adaptação às mudanças climáticas unificada, coerente, intersetorial e economicamente abrangente. Ademais, indica as áreas prioritárias para as mudanças climáticas, a fim de orientar os esforços de adaptação às mudanças climáticas e poder informar a alocação de recursos para tal adaptação. Outro objetivo da NAS é desenvolver uma lei de política nacional sobre mudanças climáticas baseada no atual Climate Change White Paper e definir os acordos institucionais adequados para fins de planejamento, pesquisa, implementação, monitoramento e avaliação da adaptação às mudanças climáticas. A NAS também apoiará a África do Sul no cumprimento de suas obrigações internacionais em relação à adaptação às mudanças climáticas (DEA, 2016). Além disso, a NAS visa ao lançamento de um processo de planejamento e implementação para a efetivação das mudanças sistêmicas necessárias em todas as esferas do governo, tanto em termos de adaptação como de atenuação, bem como para apoiar um maior grau de resiliência em relação ao desenvolvimento econômico (DEA, 2016).

Recentemente, Botsuana começou a elaborar uma Proposta de Política de Resposta a Mudanças Climáticas (Draft Climate Change Response Policy) em resposta ao severo impacto relacionado às mudanças climáticas que o país está sofrendo. Esse impacto se manifesta na maior variabilidade da temperatura e dos níveis de precipitação, bem como na maior incidência e frequência de eventos climáticos rigorosos, como ondas de calor e secas. Um motivo básico de preocupação para Botsuana é o impacto da elevação das temperaturas e da mudança dos padrões de precipitação nas perdas de produtividade das pastagens e na redução da atividade agrícola, na medida em que ambas representam considerável ameaça à segurança alimentar (Governo de Botsuana, sem data).

A Proposta de Política de Resposta a Mudanças Climáticas oferece uma visão nacional para o desenvolvimento da resiliência do país aos choques climáticos, minimizando, ao mesmo tempo, a sua contribuição para o aquecimento global. A resiliência de Botsuana será construída inserindo-se preponderantemente as questões da sustentabilidade e das mudanças climáticas no plano de desenvolvimento. A proposta de política promove também vias de desenvolvimento de baixa emissão de carbono e abordagens que contribuem para o desenvolvimento socioeconômico, a proteção ambiental, a erradicação da pobreza e a redução dos gases causadores do efeito estufa na atmosfera (Governo de Botsuana, sem data).

Para obter segurança alimentar e desenvolver a capacidade adaptativa da maioria das comunidades rurais que extraem sua subsistência da agricultura de pequena escala alimentada pelas chuvas, a proposta de política promove a agricultura sustentável e climaticamente inteligente a que visa alcançar por meio de uma série de medidas. Igualmente relevante para a migração ambiental, a proposta de política visa à redução do risco de desastres naturais e, em particular, à construção da resiliência do país e de mecanismos para lidar com os desastres (Governo de Botsuana, sem data).

É interessante notar que as políticas de adaptação às mudanças climáticas de cada um dos países integrantes da bacia do rio Limpopo têm uma série de elementos em comum, do ponto de vista da migração ambiental. Cada uma dessas políticas tem por objetivo fortalecer a resiliência de suas comunidades e visa especificamente ao desenvolvimento da capacidade adaptativa das populações rurais vulneráveis. As políticas incluem também referência à redução do risco de desastres naturais. É interessante que somente as políticas de adaptação às mudanças climáticas de Moçambique e da África do Sul referem-se explicitamente à necessidade de gerenciar a migração, o que significa que os governos desses países têm tido de lidar consideravelmente com a migração interna (no caso de Moçambique) e transfronteiriça (no caso da África do Sul). As políticas de adaptação às mudanças climáticas de Botsuana e do Zimbábue não se referem explicitamente à necessidade de evitar o deslocamento de suas populações. Outro desafio é, evidentemente, a implementação desses planos. Embora, no papel, todas pareçam ser políticas abrangentes e bem elaboradas, resta saber até que ponto essas políticas são capazes de realmente contribuir para o desenvolvimento da resiliência daqueles indivíduos vulneráveis que, no futuro, terão que enfrentar a decisão de migrar por razões ambientais.

Intervenções sociais

Além do cenário normativo, as pessoas que habitam em áreas propensas a secas ou inundações também já desenvolveram sistemas de subsistência e produção para minimizar os riscos impostos pelas variações climáticas extremas. Embora os agricultores há muito mantenham uma série de estratégias e opções locais para gerenciar os riscos e lidar com uma produtividade geral precária apesar do baixo retorno sobre a terra, o trabalho e o capital, é de reconhecimento geral que a agricultura de baixos recursos não é mais capaz de atender às demandas de subsistência das crescentes populações nesses frágeis ambientes de terras áridas.

Um recente trabalho de campo realizado na bacia do rio Limpopo revelou que os pecuaristas zimbabuanos desenvolveram um método bastante estratégico para lidar com a seca. Eles recorreram à exploração do parque transfronteiriço sem cerca e ao acordo atual entre a África do Sul e o Zimbábue de não alvejar o gado que atravessar a fronteira. Além disso, os pecuaristas aplicam repelente em todo o gado para manter afastados os predadores que matam os animais, o que lhes permite acesso às "terras de pasto" da Reserva Natural de Mapungupwe, na província de Limpopo, na África do Sul.

Um recente trabalho de campo revelou também que, para lidar com os efeitos gradativos das secas, muitos jovens do Zimbábue estão se relacionando com empregadores sul-africanos e optando por qualificações educacionais que lhes proporcionem maior empregabilidade na África do Sul. Além disso, na tentativa de sobreviver à seca, os migrantes zimbabuanos desenvolveram uma rede informal de informações para determinar quais fazendas sul-africanas cultivam certos tipos de culturas e quando essas fazendas precisarão de mão de obra sazonal.

DISCUSSÃO

A mobilidade e a migração sempre foram, e continuarão a ser, elementos importantes da vida cotidiana em Moçambique e no Zimbábue. Existe um longo histórico de migração em busca de trabalho, predominantemente para os país vizinhos. Além disso, os eventos climáticos extremos geralmente obrigam milhares de moçambicanos e zimbabuanos a se deslocarem. Nas últimas décadas, as inundações e a seca levaram à destruição de lares e meios de subsistência, desalojando grande parte dessas populações. Embora instituições como a Organização Internacional para as Migrações (OIM) tenham desenvolvido matrizes de rastreamento de desalojados para mensurar e rastrear a quantidade de pessoas desalojadas, os dados sobre a migração ambiental, especialmente a migração transfronteiriça, e a migração decorrente de desastres naturais prolongados, como as secas, continuam fragmentados e difíceis de ser cotejados.

No tocante a políticas nacionais relevantes, tanto em Moçambique como na África do Sul, a migração ambiental é tratada basicamente no contexto da gestão dos desalojamentos internos resultantes de desastres naturais, em particular os repentinos. O conceito é abordado também de forma mais implícita, por exemplo, em termos de migração do campo para a cidade ou transfronteiriça, e parece ser interpretado como algo que acontece, mas que deve ser gerenciado e, até mesmo, evitado na medida do possível.

Baseado em um estudo global, McLeman (2009) afirma que, apesar da heterogeneidade nas origens dos eventos de inundações dos vales fluviais em todo o globo, vários temas comuns vêm à tona. O primeiro é que, embora as grandes inundações possam provocar a migração temporária em qualquer bacia hidrográfica, a migração como uma adaptação às inundações é basicamente um fenômeno rural praticado em países de baixa e média rendas. A prioridade das famílias, das comunidades e das autoridades é investir em sistemas e infraestrutura de proteção dos assentamentos urbanos contra os riscos e facilitar a reocupação após a ocorrência de uma inundação.

No caso da bacia do rio Limpopo, o êxodo rural em resposta às inundações também tende a ser uma migração de curta duração e curta distância em busca de trabalho. Trata-se de uma situação semelhante a outros casos ao redor do mundo em que as inundações constituem uma ocorrência constante, de tal modo que a migração temporária passa a ser incorporada às práticas de subsistência das famílias rurais como uma forma de diversificar as fontes de renda da família, compensar as dificuldades temporárias e aproveitar as possíveis oportunidades (McLeman, 2009). No rastro da ocorrência de inundações inesperadamente intensas, podem ocorrer outros picos migratórios temporários em busca de trabalho.

O destino da migração é determinado por fatores não climáticos, como oferta de trabalho remunerado, oportunidades de emprego, presença de redes sociais e outros fatores que influenciam o custo da migração. Existem poucas evidências na bacia do rio Limpopo que sugiram haver qualquer influência das inundações sobre a migração internacional, exceto onde a migração transfronteiriça em busca de trabalho já é uma ocorrência constante.

O que também ficou evidente foi que, na maioria dos casos, os residentes retornam ao seu local de origem, a despeito de tratar-se de uma área com alto risco de alagamento. Mesmo no arriscado ambiente da planície alagada de Moçambique, em longo prazo, os benefícios de possuir uma propriedade propensa a inundações tradicionalmente superam os custos, e os residentes têm o seu próprio capital social e cultural local que eles tanto valorizam. O papel das inundações como fator de influência da migração permanente deve, portanto, sempre ser considerado dentro do contexto mais amplo dos fatores não ambientais que influenciam as opções rurais de subsistência doméstica e bem-estar. Essa condição está alinhada com a pesquisa global realizada por McLeman (2014), que indica que em áreas propensas a alagamentos, somente os eventos mais severos causam alterações significativas nos padrões de migração tradicionais. Entretanto, nesses casos, os sistemas de subsistência e as estratégias de resposta devem incluir estratégias *in situ* de adaptação às ocorrências de inundações para que os assentamentos nas planícies alagadas permaneçam viáveis em longo prazo.

Quanto aos eventos progressivos, como as secas, é muito mais difícil relacionar categoricamente os padrões de migração aos episódios de seca em virtude de sua natureza prolongada. Entretanto, existe uma clara relação entre a seca e a insegurança alimentar na bacia do rio Limpopo, sentida particularmente pelos grupos vulneráveis, como os agricultores de subsistência.

CONSIDERAÇÕES FINAIS

Este capítulo tem como principal objetivo apresentar uma visão geral da relação entre mudança climática e mobilidade humana na bacia do rio Limpopo, a fim de identificar lacunas de conhecimento que precisam ser examinadas em maior profundidade. Existem muito poucas evidências de migração relacionada a alterações climáticas e ambientais em Moçambique e, menos ainda, na África do Sul, embora as ligações sejam diversas. O agravamento das mudanças climáticas e ambientais afeta adversamente os grupos vulneráveis no Zimbábue e em Moçambique em virtude de sua dependência de meios de subsistência baseados em recursos naturais. A produtividade agrícola reduzida e os constantes desalojamentos em busca de meios de subsistência alternativos contribuem para a pobreza rural igualmente entre agricultores de pequena escala e de subsistência, além de ser a força principal por trás da migração transfronteiriça do Zimbábue para a África do Sul, bem como do êxodo rural e do assentamento em locais propensos a riscos. Por essa razão, o crescimento da população urbana excede o ritmo atual de planejamento urbano, desenvolvimento e prestação de serviços. Isso, por sua vez, contribui para os assentamentos informais em áreas urbanas, caracterizados por congestionamento, falta de água limpa, inexistência de saneamento, poluição urbana, más condições de habitação e exposição a riscos ambientais.

Embora este capítulo tenha se concentrado no grau de relação entre a migração e as políticas e estratégias de gestão adaptativa correlatas empregadas, é necessário integrar a migração e o desalojamento a políticas relevantes para o planejamento urbano, o planejamento do uso da terra, a redução da pobreza, o desenvolvimento sustentável, as soluções para pessoas desalojadas e sem-terra, bem como a proteção dos direitos e ações dos grupos vulneráveis, incluindo os migrantes.

É necessária, portanto, uma abordagem flexível que abranja diversos campos jurídicos, elementos do direito brando e políticas de migração. Uma abordagem abrangente à questão do deslocamento ajudará a criar fortes ligações e gerar continuidade entre essas iniciativas, além de servir de suporte à implementação de compromissos globais e nacionais. O deslocamento decorrente de fatores ambientais não pode mais ser considerado uma questão essencialmente humanitária, tampouco específica de situações de conflito. Na maioria dos países afetados, as causas do deslocamento são diversas e sobrepostas, e a solução requer estreita coordenação da política humanitária e de desenvolvimento e ação dentro dos governos e entre os governos.

REFERÊNCIAS

AFIFI, T.; GOVIL, R.; SAKDAPOLRAK P; WARNER, K. Climate Change, Vulnerability and Human Mobility: Perspectives of Refugees from the East and Horn of Africa, UNHCR and UNU-EHS, n. 1, June 2012. Disponível em: http://reliefweb.int/sites/reliefweb.int/files/resources/East%20and%20Horn%20of%20Africa_final_web.pdf. Acesso em: 5 out. 2017.

[AFRA] ASSOCIATION FOR RURAL ADVANCEMENT. *Drought relief and rural communities*. Special Rep. N. 9. Pietermaritzburg, South Africa, 1993.

BENSON, C.; CLAY, E. 1998. The impact of drought on sub-Saharan African economies: a preliminary examination. *World Bank Technical Paper*, n. 401.

BHALOTRA, Y.P.R. *The drought of 1981-87 in Botswana*. Gaborone, Dept. Met. Services, 1987.

CURRAN, S. Migration, Social Capital, and the Environment: Considering Migrant Selectivity and Networks in Relation to Coastal Ecosystems. In: LUTZ, W.; PRSKAWETZ, A.; SANDERSON, W.C. (eds.). *Population and Environment: Methods of Analysis*. Population Council, New York, 2002.

[DEA] DEPARTMENT OF ENVIRONMENTAL AFFAIRS. National Climate Change Adaptation Response White Paper. 2011. Disponível em: https://www.environment.gov.za/sites/default/files/legislations/national_climatechange_response_whitepaper.pdf. Acesso em: 5 out. 2017.

______. South African National Adaptation Strategy Draft for Comments. Pretoria: Government Printers, 2016.

DUBE, C. Dube The Impact of Zimbabwe's Drought Policy on Sontala Rural Community. Disponível em: http://scholar.sun.ac.za/handle/10019.1/2138. Acesso em: 14 dez 2017.

[FAO] FOOD AND AGRICULTURE ORGANIZATION OF THE UNITED NATIONS. Drought impact mitigation and prevention in the Limpopo River Basin: A situation analysis. Rome, 2004 Disponível em: https://sarpn.org/documents/d0001237/ Acesso em: 27 nov. 2017.

[FSIN] FOOD SECURITY INFORMATION. Network Global report on food crises 2017. Disponível em: http://www.fao.org/3/a-br323e.pdf. Acesso em: 14 dez. 2017.

GARSCHAGEN, M.; HAGENLOCHER, M.; COMES, M.; DUBBERT, M.; SABELFELD, R. et al. *World Risk Report 2016*. Bündnis Entwicklung Hilft and UNU-EHS. 2016.

GIS based flood risk management: the case of Limpopo River Basin in Mozambique. Disponível em: https://www.researchgate.net/publication/255965425_GIS_BASED_FLOOD_RISK_MANAGEMENT_-_THE_CASE_OF_LIMPOPO_RIVER_BASIN_IN_MOZAMBIQUE. Acesso em: 27 nov. 2017.

GOVERNMENT OF BOTSWANA. No date. Botswana Climate Change Response Policy. Draft version 2. Disponível em: https://www.google.com/search?q=botswana+climate+change+adaptation&ie=utf-8&oe=utf-8&client=firefox-b&gfe_rd=cr&dcr=0&ei=RMAzWtPqPIip8wfrkYPoDA. Acesso em: 15 dez. 2017.

GOVERNMENT OF ZIMBABWE. No date. Zimbabwe's National Climate Change Response Strategy. Disponível em: http://www4.unfccc.int/sites/nama/_layouts/UN/FCCC/NAMA/Download.aspx?ListName=NAMA&Id=165&FileName=Climate%20Change%20Response%20Strategy.pdf. Acesso em: 15 dez. 2017.

[IOM] INTERNATIONAL ORGANIZATION FOR MIGRATION. *IOM Perspectives on Migration, Environment and Climate Change*. Genebra: IOM, 2014.

IONESCO, D.; MOKHNACHEVA, D.; GEMENNE, F. *The Atlas of Environmental Migration*. Nova York: Routledge, 2017.

[IPCC] INTERGOVERNMENTAL PANEL ON CLIMATE CHANGE. Climate Change 2014 synthesis report. Climate Change 2014: Impacts, Adaptation, and Vulnerability. Working Group II Contribution to the Fifth Assessment Report of the Intergovernmental Panel on Climate Change. (C.B. Field, et al. Eds.). Cambridge / United Kingdom / New York: Cambridge University Press, 2014).

JAGERSKOG, A; SWAIN, A. et. al. Water, migration and how they are interlinked. *Working paper 27*. Stockholm: SIWI, 2016.

KELPSAITE, L.; MACH, E. Migration as adaptation? A comparative analysis of policy frameworks on the environment and development in MECLEP countries. Migration, Environment and Climate Change: Policy Brief Series 1(5), November,2015. IOM, Geneva. Disponível em: http://publications.iom.int/system/files/policy_brief_series_issue5.pdf

MANJATE, A. Drought preparedness and management in Mozambique. SADC Drought Policy Seminar, 17-19 November, 1997. Gaborone.

MAYRHOFER, M. Mozambique: Case study in the framework of the project Climmig: Climate migration and the need for new normative and institutional frameworks. Vienna: Ludwig Boltzmann Institute, Human Rights; IDDRI; Klima and Energie Fonds, 2013.

MCGREGOR, J.; MARAZZI, L.; MPOFU, B. Migration and Global Environmental Change – Conflict, Migration and the Environment: the case of Zimbabwe. *Foresight Report*, 2011.

MCLEMAN, R. *Climate and human migration: past experiences, future challenges*. Nova York: Cambridge University Press, 2014.

MINISTRY FOR THE COORDINATION OF ENVIRONMENTAL AFFAIRS. National Adaptation Programme of Action. Maputo, 2007.

MOZAMBIQUE COUNCIL OF MINISTERS. National Climate Change Adaptation and Mitigation Strategy. Approved during the 39th Session of the Council of Ministers Maputo, 13th November 2012. Disponível em: http://www.cgcmc.gov.mz/attachments/article/148/National%20Climate%20Change%20Strategy_lowerres.pdf. Acesso em: 5 out. 2017.

NYAORO, D.; SCHADE, J.; SCHMIDT, K. Assessing the evidence: Migration, environment and climate change in Kenya. Migration, Environment and Climate Change: Evidence for Policy (MECLEP). Geneva: IOM, 2017.

PHYS.ORG. Drought caused by El Nino threatening Southern Africa: UN. 2016. Disponível em: https://phys.org/news/2016-02-drought-el-nino-threatening-southern.html. Acesso em: 15 dez. 2017.

RENAUD, F.G.; DUN, O.; WARNER, K. et al. A Decision Framework for Environmentally Induced Migration. *International Migration*. 49:e5-e29, 2011. doi:10.1111/j.1468-2435.2010.00678.x.

RICHARDSON, C. How much did drought matter? Linking rainfall and GDP growth in Zimbabwe. *African Affairs,* v 106.

[SADC/IUCN] SOUTHERN AFRICAN DEVELOPMENT COMMUNITY / INTERNATIONAL UNION FOR THE CONSERVATION OF NATURE. State of the environment in the Zambezi basin. / Southern African Research and Documentation Centre (SARDC), 2000.

STAL, M.; WARNER, K. The way forward: Researching the environment and migration nexus. UNU-EHS, 2009.

TILT, B.; BRAUN, Y.; HE, D. Social Impacts of Large Dam Projects: A Comparison of International Case Studies and Implications for Best Practice. *Journal of Environmental Management*. 90, S249-S257, 2009. Disponível em: http://dx.doi.org/10.1016/j.jenvman.2008.07.030.

[UNFCCC] UNITED NATIONS FRAMEWORK CONVENTION ON CLIMATE CHANGE. FCCC/INFORMAL/84. GE.05-62220 (E) 200705. 2011. Disponível em: https://unfccc.int/resource/docs/convkp/conveng.pdf. Acesso em: 14 dez. 2017.

WARNER, K. Global environmental change and migration: Governance challenges. *Global Environmental Change*, 20(3), p. 402-13, 2010.

WEISS, K.R. The Making of a Climate Refugee. *Foreign Policy*. 28 January, 2015.

WILHITE, D.A.; SIVAKUMAR, M.V.; PULWARTY, R. Managing drought risk in a changing climate: The role of national drought policy. *Weather and Climate Extremes*, 3, 4-13, 2014.

20 Mudanças climáticas e serviços ambientais para sustentabilidade de bacias hidrográficas

Felipe Alcantara de Albuquerque
Cientista ambiental, IFPE

Suzana Maria Gico Lima Montenegro
Engenheira civil, UFPE

Carlos Eduardo Menezes da Silva
Biólogo, IFPE

INTRODUÇÃO

Autores como Klipel (2009) já discutiram questões sobre o fato de que o meio ambiente tem sido degradado progressivamente, e esse aspecto tem evidenciado necessariamente o conceito de desenvolvimento sustentável em todas as temáticas, o qual, em síntese, refere-se ao uso dos recursos naturais pela atual geração com a preocupação de preservá-los para as gerações futuras. Ainda assim, é necessário o conhecimento real do atual estado das bacias hidrográficas e seus respectivos ecossistemas para definir a melhor forma de uso e ocupação dessas áreas a fim de gerar o mínimo de impacto ambiental e, ao mesmo tempo, proporcionar energia, alimento e demais valores socioculturais necessários ao desenvolvimento socioeconômico Além disso, é importante considerar que a intensidade com que os recursos naturais são explorados e a ausência de valores sociais na formação de estilos de vida cada vez mais suscitam a necessidade de ações visando diminuir a desarmonia entre o meio e o homem, pois não é possível dissociar interações naturais das interações sociais por serem interações dinâmicas e permanentes. Dessas relações harmônicas dependem o destino e a sobrevivência da humanidade.

Assim, a bacia hidrográfica segue sendo considerada uma unidade fundamental de paisagem, e quaisquer alterações na quantidade, distribuição e qualidade dos recursos hídricos incorrentes nestas paisagens ameaçam o equilíbrio biológico e a sobrevivência humana e das demais espécies do planeta, estando, dessa forma, o desenvolvimento econômico e social dos países fundamentado na disponibilidade de água de boa qualidade e na capacidade de sua conservação e proteção.

Os estudos dirigidos sobre bacias hidrográficas permitem, consequentemente, que estas sejam utilizadas para experimentações acerca da produtividade entre os sistemas naturais que as constituem e, respectivamente, nos ofertam recursos. Assim surge a ideia da transformação ideológica da transposição conceitual de serviços ecossistêmicos basais para os serviços ambientais que interagem diretamente com as nossas demandas antrópicas específicas.

Para distinguir e identificar o que é serviço ecossistêmico, o que é serviço ambiental e quais são as demais interações dentro da bacia hidrográfica, é preciso primeiro perceber que o bem-estar humano e o sistema econômico são fortemente dependentes do capital natural (água, ar, solo, fauna e flora) e dos serviços resultantes do funcionamento dos ecossistemas. Por isso, mudanças no funcionamento ecológico de qualquer ecossistema podem ter efeitos diretos ou indiretos sobre os benefícios e a qualidade de vida das populações humanas (Wunder, 2015; Burkhard et al., 2012).

Serviços ecossistêmicos são os benefícios que o homem obtém diretamente dos biossistemas (Figura 1), ou seja, dos ecossistemas propriamente ditos, seja na forma de serviços de provisionamento, de regulação, cultural ou de apoio (Alcamo et al., 2003). Os serviços de provisionamento são os serviços materiais como alimento, água e combustível. Os serviços de regulação representam benefícios da regulação dos processos do ecossistema como a regulação do clima, retenção de enchentes e purificação da água. Os serviços culturais representam benefícios não materiais como valores religiosos e estéticos. Os serviços de apoio são os que possibilitam a existência dos demais como a formação do solo, o ciclo hidrológico e de nutrientes.

O conceito de serviços ambientais (SA) surgiu em seguida com a necessidade de demonstrar que as áreas naturais são responsáveis por cumprir funções essenciais nos processos de manutenção da vida, em oposição à falsa ideia de que ecossistemas preservados ou intactos são tidos como "improdutivos" ou "obstáculos ao desenvolvimento econômico". Isso significa dizer que todo ecossistema é um sistema natural que produz uma série de benefícios dos quais o homem se apropria (como paisagem, regulação climática e purificação do ar) ou consome (como água, madeira e alimentos) (Wunder, 2015; Campanili e Schaffer, 2010; Grieg-Gran et al., 2005).

Dessa forma, os serviços ambientais são os benefícios obtidos dos ecossistemas pelas pessoas. Elegem-se assim para esta condição uma grande gama de ecossistemas, desde aqueles relativamente intocados, como florestas naturais, passando por paisagens com diferentes formas de uso humano, até ecossistemas intensivamente manejados e modificados, como áreas agrícolas e urbanas. Clements e Milner-Gulland (2015) e May e Geluda (2005) complementam essa conceituação ao se referirem a esses serviços como benefícios gerados à sociedade pela natureza, até então sem remuneração monetária aos seus provedores.

Serviços de Provisionamento	Serviços Reguladores	Serviços Culturais
Produtos obtidos a partir do ecossistema	*Benefícios obtidos da regulação de processos ecossistêmicos*	*Benefícios não materiais obtidos dos ecossistemas*
Comida Água fresca Lenha Fibra Bioquímicos Recursos genéticos	Regulação do clima Regulação de doenças Regulação da água Purificação da água Polinização	Espiritual e religioso Recreação e ecoturismo Estético Inspiração Educacional Senso de lugar Herança cultural
Serviços de Apoio		
Serviços necessários para a produção de todos os outros serviços ecossistêmicos		
• Formação do solo	• Ciclagem de nutrientes	• Produção primária

Figura 1 – Quadro de distribuição dos serviços ecossistêmicos segundo Alcamo et al. (2003), em que estão incluídos serviços de provisionamento, regulação e cultura que afetam diretamente as pessoas.

Os serviços ambientais foram descritos inicialmente na década de 1990 e podem ser definidos como aqueles capazes de sustentar e satisfazer as condições de vida humana (De Groot, 1992). Segundo Tonhasca Jr. (2004), podem ser exemplificados por: controle de erosão e sedimentação através da retenção do solo; regulação do fluxo hidrológico; controle de distúrbios climáticos; valor cultural e estético; proteção de habitat; controle de doenças e pragas; e fonte de material genético. Todos esses aspectos vêm sendo discutidos e já foram abordados em especificidade por vários pesquisadores (Saad, 2016; Silva et al., 2015; Albuquerque et al., 2013; Albuquerque, 2010; Wunder, 2015; Silva, 2014; Clements e Milner-Gulland, 2015; Alix-Garcia e Wolff, 2014; Gómez-Baggethun; De Groot, 2010).

Veiga Neto e Denardin (2001) ainda citaram como exemplos de serviços ambientais: purificação do ar e da água; mitigação das enchentes e da seca; desintoxicação e decomposição dos dejetos; geração e renovação do solo e de sua fertilidade; polinização das culturas e vegetação natural; controle da maioria das potenciais pragas agrícolas; dispersão das sementes e a translocação dos nutrientes; manutenção da biodiversidade, do qual depende a humanidade para sua alimentação, seus medicamentos e para o desenvolvimento industrial; proteção dos raios ultravioleta; participação da estabilização climática; o suporte para as diversas culturas da civilização humana; e o estímulo estético e intelectual para o espírito humano.

Jericó-Daminello (2014) disserta sobre a relação de complementariedade entre "serviços ecossistêmicos" e "serviços ambientais" e afirma que isso se deve ao fato de os últimos estarem relacionados às ações no sentido de promover ou melhorar a provisão dos primeiros, ou seja, os serviços ambientais são em especificidade aqueles que interagem diretamente com o aspecto do bem estar humano e podem proporcionar relativo conforto, melhoria ou aprimoramento desse bem estar com base na perpetuação de um conjunto de tais serviços.

Na Figura 2, pode-se reparar o fator interdependência. Os serviços ambientais apontados estabelecem relações de conexão dependente radiativa, por exemplo, a provisão de água doce pode ser regulada por aspectos ecossistêmicos que influenciam na sua qualidade e ao mesmo tempo está conectada a sistemas mais abrangentes. Além disso, a degradação dos ecossistemas tem influenciado nos serviços, efetivando a substituição de um serviço por outro: a maioria dos serviços ambientais (como purificação da água, ciclagem de resíduos, regulação e controle de doenças, qualidade do ar e recursos genéticos) declinou, e em paralelo, as ofertas de serviços de abastecimento de aquicultura, animais de criação e lavoura aumentaram (MEA, 2005).

Retomando a questão dos recursos hídricos, em estudo que trata dos serviços ambientais hidrológicos gerados em duas bacias hidrográficas com aspectos fisiográficos semelhantes e com cobertura vegetal distinta, Albuquerque (2010) e Guimarães (2012) apresentam dados comparativos entre o nível de regularização de vazão em condições idênticas de precipitação. Os estudos constataram que, apesar de as bacias hidrográficas apresentarem aspectos similares no que se refere a respostas aos eventos pluviométricos, a bacia que possuía uma cobertura vegetal mais densa apresentou uma resposta hídrica mais regularizada do que a com pouca cobertura vegetal.

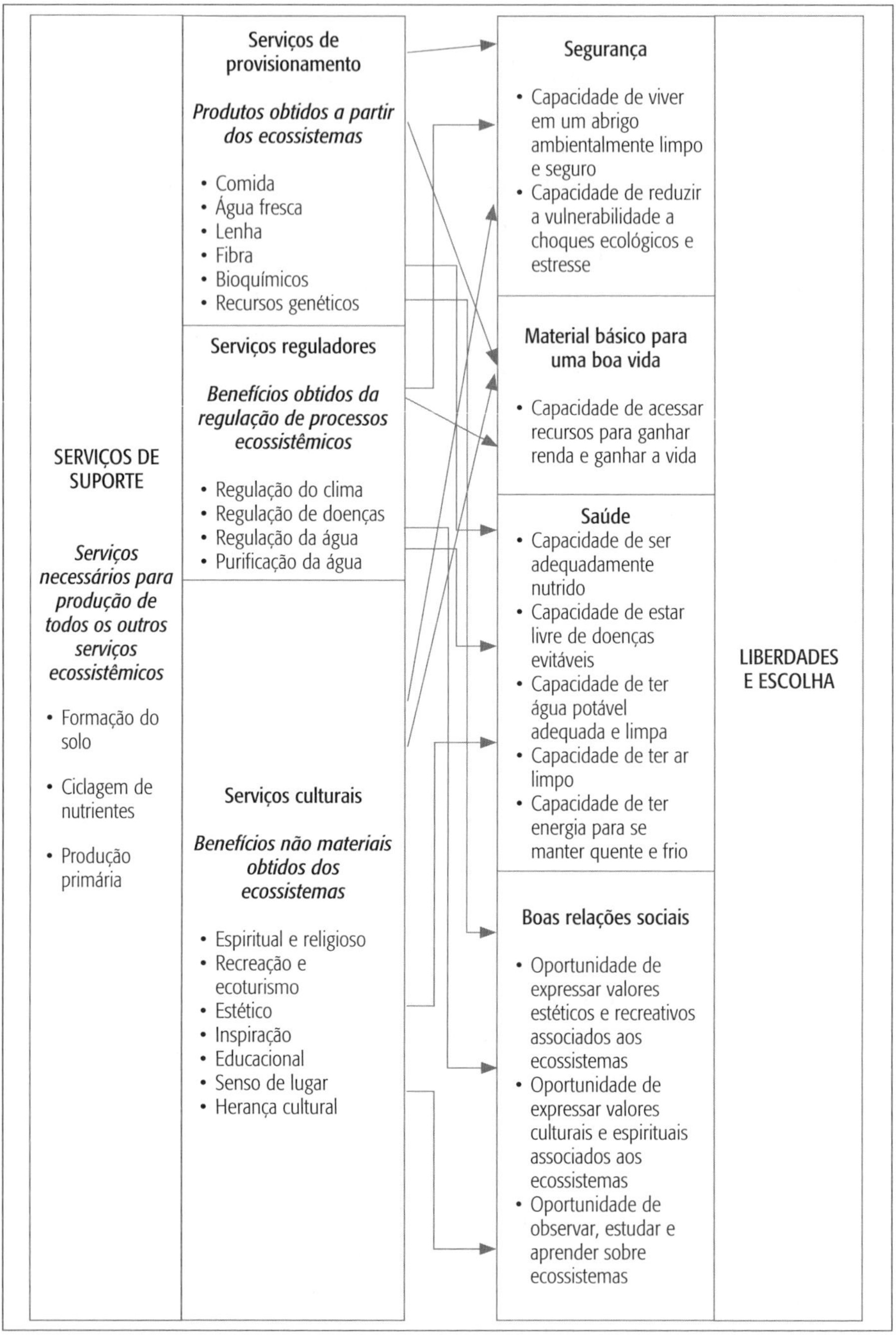

Figura 2 – Quadro de inter-relações entre os serviços ecossistêmicos e os serviços ambientais segundo Alcamo (2003). Incluem serviços de provisionamento, regulação e culturais, que afetam diretamente as pessoas e apoiam serviços necessários para manter os outros serviços. Mudanças nesses serviços afetam os seres humanos.

Esse comportamento se deve ao serviço ambiental proporcionado pela cobertura vegetal existente na primeira bacia, pois as florestas têm a capacidade de regularizar a vazão de rios na sua área de influência. Essa regularização, observada do ponto de vista da manutenção dos níveis de deflúvio em períodos de pouca precipitação, possibilita, ainda, uma maior disponibilidade em períodos críticos de falta de chuva. Além disso, reduz o risco de picos de vazão que geram enchentes, pois a água interceptada pelas copas das árvores dominantes e da serrapilheira existente na superfície retém grande volume de água, a qual é liberada lentamente para riachos, rios e lagos, permitindo-lhes um abastecimento regular (Schumacher e Hoppe, 1998).

No caso dos recursos hídricos, há relações diretas e indiretas com os tipos básicos de serviços ecossistêmicos, o que confere considerável complexidade aos serviços conhecidos como os hidrológicos ou hidroclimáticos, normalmente estando estes associados à quantidade (perenidade) e qualidade da água (pureza). Normalmente são discutidos como exemplos dessas modalidades a proteção do solo contra impacto da gota de chuva, a redução da suscetibilidade do solo, a infiltração, a interceptação vertical, a redução dos riscos de cheias e deslizamentos, ou seja, todas as variáveis que interferem no ciclo hidrológico. Nesse contexto, os ecossistemas florestais desempenham a função de administração hidrológica da água precipitada, isto é, captando, armazenando e disponibilizando-a lenta e gradualmente, em quantidade e qualidade, ainda que no período de estiagem (Valcarcel, 1998; Albuquerque, 2010). Essa é uma condição de desempenho de serviço ambiental, a partir do ajuste evolutivo do ecossistema, no qual existe uma conexão interdependente entre as grandezas naturais. Por outro lado, caso o ecossistema esteja desajustado, como uma área degradada submetida a exíguos atributos ambientais e baixa resiliência, o cenário de desempenho de serviços (produção de água) é invertido (produção de sedimentos), consequência da ausência do componente florestal e vulnerabilidade do solo. Dessa forma, as reações dos ecossistemas, isto é, a capacidade de, a partir de uma chuva intensa, por exemplo, gerar serviços ambientais, variam de acordo com a integridade do ecossistema, ou seja, seu estado de conservação.

Considerando os aspectos acima citados, observa-se a delimitação de uma especificidade para um tipo de serviço ambiental devidamente apropriado ao tema maior desta coletânea de estudos, o serviço ambiental hidrológico ou ainda hidroclimático. Estes são aqueles que se caracterizam por estarem relacionados a quaisquer das etapas do ciclo hidrológico que afetem diretamente o bem-estar humano, considerando para isso todos os fatores de interferência nos processos envolvidos. Este subtema deverá ser agora o alvo maior das discussões.

SERVIÇOS AMBIENTAIS: QUANTIFICAÇÃO E VALORAÇÃO

A partir de estudos de vários autores que correlacionam serviços ecossistêmicos aos serviços ambientais, podemos associar que um serviço ambiental está sempre direta ou indiretamente relacionado a uma atividade essencial do planejamento antrópico. A possibilidade associativa entre os mecanismos célebres dos sistemas naturais e as atividades antrópicas mantenedoras serve substancialmente como base instrutiva para a determinação do processo de valoração, que permanece como um grande desafio inicial para a incorporação dessa linha de pesquisa na esfera do mercado comum.

Com relação à valoração dos serviços ambientais, Seroa Motta (2006) afirma que todas as mercadorias têm valor econômico, pois têm preço definido pelo mercado. Mas os recursos da biodiversidade, tais como um orangotango, uma floresta, o ar e tantos outros, não têm preço fixado pelos mercados. Esses recursos naturais não são mercadorias, constituem ativos essenciais à preservação da vida de todos os seres. Portanto, como afirma Seroa da Motta (1998), determinar o valor econômico de um recurso ambiental é estimar o seu valor monetário em relação aos outros bens e serviços disponíveis na economia. Embora o uso de recursos ambientais não tenha seu preço reconhecido no mercado, seu valor econômico existe na medida em que seu uso altera o nível de produção e consumo, ou seja, o bem estar da sociedade.

Mesmo considerando que os serviços ambientais e, consequentemente, a atribuição de valores a estes, só tenha sentido quando se trata da sua relação com o homem, é importante ressaltar a afirmação de Ortiz (2003) de que todo recurso ambiental tem um valor intrínseco que, por definição, é o valor que lhe é próprio, interior, inerente ou peculiar. É o valor que reflete direitos de existência de espécies não humanas e objetos inanimados, por exemplo. Essa é a opinião corroborada por Seroa da Motta (2006) ao afirmar que primeiro devemos perceber que o valor econômico dos recursos ambientais é derivado de todos os seus atributos e, segundo, que esses atributos podem estar ou não associados a um uso.

Para Smith et al. (2007), a valoração de serviços ecossistêmicos se baseia no conceito de valor econômico total (VET), que tem se convertido em um marco muito utilizado para examinar o valor dos ecossistemas. O usual é que o VET se desagregue em duas categorias: valores de uso e valores de não uso. Os valores de uso se compõem de três elementos básicos:

- Valor de uso direto (VUD), que também se conhece como valor de uso extrativo, de consumo ou estrutural. Exemplos desses bens incluem a água potável, os peixes e a energia hidroelétrica, assim como atividades recreativas.
- Valor de uso indireto (VUI), que se obtém sobretudo dos serviços que provêm o meio ambiente, incluindo regulação de caudais fluviais, controle de inundações e purificação da água.
- Valor de opção (VO), que é o valor atribuído à manutenção da possibilidade de obter benefícios de bens e serviços ecossistêmicos em data posterior, incluindo os procedentes de serviços ecossistêmicos que parecem ter um escasso valor na atualidade, mas que poderiam alcançar um valor muito mais elevado no futuro, devido à nova informação ou conhecimento.

Assim, uma expressão para obter o valor econômico para o recurso ambiental (VET) seria a seguinte:

$$VET = (VUD + VUI + VO) + VE$$

em que VE é o valor de existência, este, que representa o valor não associado ao uso atual ou futuro e que reflete questões morais, culturais, éticas ou altruístas, aparece de forma complementar, não obrigatória, de acordo com o próprio autor supracitado.

Entendido o fato de que os bens naturais, ainda que não disponíveis em um mercado, podem sim apresentar um valor monetário, e que esse valor pode ser importante para promover a sua conservação, se faz necessário descobrir de que forma realizar os pagamentos por esses bens e serviços.

O autor Seroa da Motta (1998) discute em seu trabalho denominado *Manual para valoração econômica de recursos ambientais* diversos métodos de valoração ambiental. O autor separa dois grandes grupos principais de percepção, os dois métodos centrais, do qual se derivam os subtipos metodológicos de valoração ambiental, tornando esta uma abordagem bastante discutida e utilizada no país. Os dois grandes grupos são métodos em função da produção e métodos em função da demanda.

Métodos em função da produção

É uma das técnicas de valoração mais simples e, portanto, largamente utilizada. Nesse método, observa-se o valor do recurso ambiental pela sua contribuição como insumo ou fator na produção de um outro produto A, isto é, o impacto do uso de B em uma atividade econômica. Assim, uma função de produção está relacionada a uma combinação de insumos e fatores para a produção de um bem. Dessa forma, suponha uma função de produção de A, tal que o nível de produção de A é dado pela seguinte expressão:

$$A = F(X, B)$$

Onde X é um conjunto de insumos formado por bens e serviços privados e B representa um bem ou serviço ambiental gerado por um recurso ambiental que é utilizado gratuitamente, ou seja, seu preço de mercado pB é zero. Note que F representa, assim, um valor de uso para produção de A.

Seroa da Motta (1998) ainda diz que, sendo pA e pX os preços de A e X, a função do lucro (p) na produção de A seria:

$$\pi = pA\ A + pX\ X + pB\ B = pA\ F(X, B) - pX\ X$$

O produtor ajusta assim a utilização do seu insumo de forma a maximizar o seu lucro. Assumindo que a variação de A é marginal e, portanto, não altera seu preço, a variação de lucro seria:

$$\frac{\partial \pi}{\partial X} = pA \frac{\partial F}{\partial X} - pX = 0$$

Assim também:

$$\frac{\partial \pi}{\partial B} = pZ \frac{\partial F}{\partial B}$$

Ou seja, a variação de lucro do usuário de B é igual ao preço de A multiplicado pela variação de A quando varia B.

Inicialmente, dentro desse grupo, pode-se citar o método em função da produtividade marginal, que já é um método no qual se assume o valor de pA, portanto este é conhecido, e o valor econômico de B (VEB) pode ser obtido por:

$$VEB = pA\frac{\partial F}{\partial B}$$

Em que VEB, nesses casos, representa apenas valores de uso direto ou indireto relativos a bens e serviços ambientais utilizados na produção. Vale ressaltar que a estimação das funções de produção F não é trivial quando as relações tecnológicas são complexas. São necessárias análises complementares de dano resposta.

Ainda dentro desse grupo, destaca-se um método conhecido como "método de mercado de bens substitutos", e os preços de mercado, na hipótese de variações marginais de quantidade de A devido à variação de B, podem ser adotados com base nos mercados de bens substitutos para A e B. Esses métodos são importantes para os casos em que a variação de A, embora afetada por B, não oferece preços observáveis de mercado ou são de difícil mensuração. Esse A também pode ser um bem ou serviço ambiental consumido gratuitamente ou pode indicar que as funções de produção e/ou dose-resposta não estão disponíveis ou ainda encerram um esforço de pesquisa incomensurável (Seroa da Motta, 1998).

Por exemplo, um decréscimo do nível de qualidade da água (balneabilidade) de um corpo hídrico resulta em um decréscimo de uma amenidade, que é um serviço ambiental de recreação cuja cobrança pelo seu uso não existe ou é limitada.

Embora a provisão de B seja gratuita, a perda da sua qualidade ou escassez pode induzir ao uso de outros bens para realizar substituições de B, ou seja, aumenta a demanda por substitutos perfeitos (S) de B. Substitutos perfeitos são aqueles em que o decréscimo de consumo de uma unidade pode ser compensado pelo uso de outro recurso por uma magnitude constante. Logo:

$$A = F(X, B + S)$$

Dessa forma, para manter o produto de A constante, uma unidade a menos de B será compensada por uma unidade a mais de S. Logo, a variação de B será valorada pelo preço de S (PS) observável no mercado. Assim, essa substituição fará com que os usuários incorram em um custo privado no consumo do bem substituto cS = PS.DB.

Algumas vertentes bastante utilizadas desse tipo de metodologia são os métodos de custo evitado, custo de reposição e custo de controle.

Métodos em função da demanda

Enquanto os métodos de função de produção analisam casos nos quais o recurso ambiental está associado à produção de um recurso privado e geralmente assumem que as variações na oferta do recurso ambiental não alteram os preços de mercado, os métodos de função de demanda, por outro lado, admitem que a variação da disponibilidade do recurso B altera o nível de bem estar das pessoas e, portanto, é possível identificar as medidas de disposição a pagar das pessoas em relação a essas variações. Identificada a função de demanda D para B, o valor econômico de uma variação de B seria dada pela variação do excedente do consumidor (DBC), tal que:

$$\Delta BC = \int_{p3}^{p2} Dpd$$

onde p1 e p2 são as medidas de disposição a pagar relativas à variação da disponibilidade de B. Vertentes desse tipo de metodologia podem ser comumente generalizadas em certos métodos conhecidos: métodos dos bens complementares (preços hedônicos e custo de viagem) e método da valoração contingente.

Seroa da Motta (1998) segue em seu material discutindo os sub métodos derivados dessas linhas de pensamento principais, destacando que para recursos hídricos e principalmente para questões qualitativas, os métodos em função da produção são mais comuns. Mais a frente deste capítulo, serão discutidas as relações pertinentes a uma dessas sub metodologias.

Um outro conhecido relatório, *The economics of ecosystems and biodiversity* (Ten Brink, 2011), por exemplo, também oferece algumas estimativas dos custos dos ecossistemas e da biodiversidade em escala global e dá exemplos de como capturar esses valores através de instrumentos econômicos. O relatório reafirma que obter os valores associados aos bens e serviços ambientais e suas formas de captura no mercado é uma tarefa controversa e complexa, mas mesmo assim os números resultantes acabam por indicar oportunidades de geração de renda e emprego através do reconhecimento dos valores econômicos dos recursos naturais. Ou seja, para financiar os investimentos em capital natural, temos de conhecer a sua contribuição econômica e social e saber precificá-los de acordo com sua contribuição para o bem-estar da sociedade (Seroa da Motta, 2011).

SERVIÇOS AMBIENTAIS EM PERNAMBUCO

Os vários entraves políticos na gestão pública eficiente no Estado têm provocado desde sempre atrasos no cumprimento das premissas de comando e controle previstos na Lei das Águas de 1997, conhecida mais especificamente como Política Nacional de Recursos Hídricos. A não adequação ao cumprimento dessa política ocasionou nestes sucessivos anos, desde a vigoração da lei, inúmeros casos de passivos ambientais ligados às falhas na aplicação dos instrumentos de gestão e monitoramento dos recursos hídricos. Até o presente, não existe um sistema de cobrança eficientemente funcional para as características de cada uma das bacias hidrográficas pernambucanas, e isso se deve a uma fraca atuação dos comitês de bacia ou simplesmente à sua inexistência.

Como consequência das falhas nas ferramentas de comando e controle convencionais para a conservação das bacias hidrográficas e seus consecutivos serviços ambientais, houve um incremento das externalidades regionais e perda de serviços ambientais de interesse social. Essas falhas também podem ser incrementadas em consequência direta das inúmeras falhas do mercado em internalizar os custos ambientais no processo produtivo. Então, considerando as falhas no cumprimento da legislação, como tornar atrativo para o próprio mercado resolver tais falhas de gestão e questionamentos ambientais?

Esses tipos de serviço ambiental, vinculados direta ou indiretamente ao ciclo hidrológico, têm sido testados em áreas da Zona da Mata Pernambucana, a fim de se estabelecerem correlações de dependência entre a qualidade do serviço prestado e as diversas formas de impacto sobre o solo, o clima e a água nas diferentes bacias hidrográficas da região.

A quantificação de tais serviços, utilizando desde modelos matemáticos a processos experimentais, são uma realidade útil para apoiar o processo de tomada de decisão e podem ser revistos em trabalhos atuais, como em Albu querque (2010). O autor testou experimentalmente em microbacias da Zona da Mata de Pernambuco a diferença real e precisa entre os serviços hidrológicos prestados por tipos de cobertura vegetal distintas. Em microbacias rurais de ocupação humana, com uso do solo totalmente agrícola, os picos de vazão provocaram vazões até 7 vezes mais intensas do que em microbacias com área com cobertura natural, considerando-se, para isso, os eventos de precipitação do período chuvoso de 2010. Outro serviço avaliado por Albuquerque (2010) demonstrou que, no período pós-precipitação, as microbacias rurais agrícolas apresentaram ineficiência para manter o fluxo regular pré-recessão.

A partir dos resultados citados, pode-se entender que os prejuízos provocados pelas chuvas intensas no período de junho a setembro de 2010, no estado de Pernambuco, poderiam ter sido minimizados consideravelmente na microrregião de Pombos – Vitória.

Com a perspectiva de que a avaliação, quantificação e valoração dos serviços ambientais possam subsidiar uma política conjunta, considerando princípios de comando e controle e de mercado, fez com que a academia se aproximasse dessa linha extensionista a fim de trazer soluções tecnológicas à tomada de decisão, e portanto já é possível de se observar uma nova gama de projetos com resultados direcionados a solucionar questões acerca dessa fronteira.

QUANTIFICAÇÃO DOS SERVIÇOS AMBIENTAIS PRESTADOS PELA FLORESTA ATLÂNTICA NA ZONA DA MATA PERNAMBUCANA

Descrição geral e objetivos do projeto

No ano de 2011, finalizava-se um importante trabalho realizado no estado de Pernambuco, uma iniciativa conjunta entre o Fundo Estadual de Meio Ambiente (Fema), que financiou o projeto intitulado "Quantificação dos Serviços Ambientais Prestados pela Floresta Atlântica na Zona da Mata Pernambucana", o Centro de Estudos Ambientais de Nordeste (Cepan), o Instituto Federal de Educação, Ciência e Tecnologia de Pernambuco e a Universidade Federal de Pernambuco, que propuseram e executaram o projeto. Esse projeto objetivou ofertar para o estado de Pernambuco um modelo de avaliação regional para alguns dos serviços ambientais passíveis de quantificação que envolvessem a floresta atlântica presente na zona da mata desse Estado.

Especificamente, avaliou-se o papel das características fisiográficas de algumas bacias em seus processos hidrológicos, a associação da vegetação com a temperatura de superfície e, por fim, o comportamento do escoamento superficial com base no modelo de avaliação vinculado ao uso e ocupação do solo.

O escoamento superficial deve ser o grande foco nesse momento e tem origem, fundamentalmente, nas precipitações. Ao chegar ao solo, parte da água infiltra, parte é retida pelas depressões do terreno, e parte escoa pela superfície. Inicialmente, a água tende a ser interceptada e infiltrada; tão logo a intensidade da chuva exceda a capacidade de infiltração do terreno, a água é coletada pelas vias de afluência da paisagem (Chamizo, 2012; Fang, 2012). O escoamento superficial também é citado como precipitação efetiva, termo esse referente ao fato de que é a porcentagem real da precipitação que incide diretamente no escoamento do afluente.

Segundo Santos et al. (2016), Lima (2013), Barreto Neto e Souza Filho (2003), o estudo do escoamento superficial promove a concepção de prognósticos sobre o comportamento da precipitação efetiva a partir de mudanças no uso do solo, tais como: substituição de florestas por pastagem, ampliação de área com culturas agrícolas, mudanças nas espécies agrícolas, entre outras, antes mesmo de essas trocas serem perpetradas na bacia real. Muitas práticas utilizadas para o controle da erosão priorizam o controle da velocidade e do volume de escoamento superficial, pois este carrega consigo nutrientes, defensivos agrícolas, material orgânico e sementes, causando danos econômicos imediatos à agricultura.

Assim, destacam-se como objetivos deste estudo: realizar as caracterizações fisiográficas das bacias estudadas, a fim de evidenciar suas heterogeneidades superficiais, para saber o nível de interferências em alguns dos serviços hidroclimáticos; investigar a relação entre a cobertura florestal de 5 sub bacias hidrográficas inseridas na Zona da Mata de Pernambuco com suas temperaturas de superfície médias, visando compreender a influência da vegetação nas variáveis hidroclimáticas a nível local e regional e nos serviços ambientais; conciliar os estudos hidrológicos interdisciplinarmente aos diversos entendimentos sobre a prestação dos serviços ambientais hidroclimáticos envolvidos principalmente no monitoramento do fator quantidade de água ou escoamento superficial sobre as bacias hidrográficas em estudo.

Principais resultados e considerações

Segundo Alves et al. (2016), Trajano et al. (2012) e Tucci (2008), variáveis como hipsometria e declividade são condicionais e interferentes no processo de geração do escoamento superficial. Assim sendo, a translação e o armazenamento dependem profundamente da topologia da bacia hidrográfica, isto é, da disposição no espaço das vertentes e da rede de drenagem.

Uma bacia com boa drenagem e grande declividade apresenta um hidrograma íngreme com pouco escoamento de base, principalmente nos períodos de recessão sazonal da precipitação, e picos de vazão de médio a grande intensidade nos períodos chuvosos. As bacias com grande área de inundação e menores declividades tendem a amortecer o escoamento e regularizar o fluxo (Alves et al., 2016). Na sub-bacia do grupo de rios litorâneos por exemplo, não se observa um grande potencial de armazenamento, mas ao mesmo tempo ela não possui grandes declividades, configurando uma tendência média a picos.

Foi com uma visão holística e englobadora no nível da paisagem que se obtiveram as primeiras informações para o estudo do escoamento superficial direto nos limites das bacias estudadas. A diferença entre proporções de uso do solo foram evidenciadas por meio da classificação supervisionada das imagens *Rapideye* (5 x 5m) para todas as bacias. O modelo de escoamento *Soil Conservation Service*, utilizando os mapas de uso do solo, evidenciou os diferentes níveis de serviços ambientais prestados pela variação do mosaico formador da cobertura do solo, na geração do fluxo do escoamento.

O método da curva número utilizado nesta pesquisa, já bem conhecido, foi desenvolvido pelo Serviço de Conservação de Solos (*Soil Conservation Service* – SCS) do Departamento de Agricultura dos Estados Unidos (*United States Departament of Agriculture* – USDA), segundo Wilken (1971), por meio dos estudos prévios de Ven Te Chow, elaborados na década de 1960. Esse tem sido um dos principais métodos aplicados de estudo do escoamento nas bacias hidrográficas no Brasil (Tucci, 2008). Por esse método, pode-se estimar a lâmina de escoamento superficial a partir de dados de precipitação e de outros parâmetros da bacia (Pruski et al., 2006). Genovez et al. (2003) reforçam afirmando que o método avalia o escoamento superficial causado por determinada chuva, sobre uma área específica, utilizando dados de solo e da cobertura vegetal.

Conforme observado, as bacias com características propícias à geração de vazão obtiveram uma proporção maior de escoamento. Na sub-bacia composta pelo Grupo de Rios Litorâneos I-GL1, considerando os estádios de saturação (S1, S2 e S3) e o tempo de retorno no intervalo escalar de 2 a 200 anos (Tr), a variação percentual da precipitação efetiva no modelo SCS de cobertura florestal foi de 0 a 10%, com o escoamento iniciando apenas a partir do estádio S3 de saturação do solo (maior saturação). Nessa sub-bacia, a elevação média foi de 83 metros (32,5% da máxima), com 0,92 de densidade de drenagem e 4,4° de declividade média. As condições mais favoráveis à estabilidade foram observadas nessa bacia, já que as características fisiográficas não diminuíram forçadamente a eficácia dos serviços ambientais prestados pela vegetação em condições de não saturação do solo.

O oposto foi observado no trecho avaliado da sub-bacia do Rio Una, que apresentou as características mais propicias à geração de escoamento superficial. A elevação média foi 378 metros (46% do máximo), 0,5 de densidade de drenagem e 9,2° de declividade média. Dessa forma, a lâmina proporcional à precipitação efetiva variou de 0 a 24% da precipitação total, em condições iguais às já relacionadas anteriormente, tanto de uso do solo quanto em tempo de retorno. Assim sendo, essa bacia apresentou as condições mais desfavoráveis à eficiência da prestação dos serviços ambientais hidrológicos quantitativos, pois a fisiografia apresentou grande influência forçada sobre o escoamento, mesmo quando comparada às de outras áreas.

Ao se considerar agora não só a avaliação da cobertura florestal em função das características físicas, mas também o mosaico completo do uso e da ocupação, é possível entender o comportamento real das sub-bacias para o teste completo de tendência de prestação de serviço ambiental.

A precipitação efetiva da sub-bacia do GL1, considerando o estádio S1 de saturação do solo, foi de 0 a 1,5% da precipitação para a faixa de 2 a 200 anos de tempo de retorno na escala de tempo horária (mm/h). Ao considerar o estádio S2, a precipitação efetiva passa a ser de 0,2 a 16%, e a partir do estádio S3 de saturação de umidade do solo, passa a ser de 8 a 42%. Dessa forma, a variação máxima da precipitação efetiva na sub-bacia GL1, considerando o mosaico atual de uso do solo e os estádios de saturação do solo, ficou entre 0 a 42%.

Já na sub-bacia do Una, a precipitação efetiva, considerando o estádio S1 de saturação do solo, foi de 0 a 9,1% da precipitação para a faixa de 2 a 200 anos em tempo de retorno. Ao considerar o estádio S2, a precipitação efetiva passa a ser de 4 a 34%, e a partir do estádio S3 de saturação do solo, passa a ser de 23,7 a 60,2%. Dessa forma, a variação máxima da precipitação efetiva na bacia do Una, considerando o mosaico atual de uso do solo, os estádios de saturação do solo e a faixa de 2 a 200 anos de tempo de retorno, foi de 0 a 60,2%. Observe na Figura 3 o comportamento dos componentes.

Com a intenção de ilustrar qual tipo de resposta na geração de escoamento superficial direto com base na variação do mosaico do uso do solo em bacias hidrográficas, utilizaram-se diferentes coberturas controle, sendo elas; uso natural/florestal, agrícola e urbano. Como esperado, as diferenças foram fortemente evidenciadas, principalmente entre as referências extremas de cobertura na prestação do serviço ambiental quantitativo (Figura 4). Na

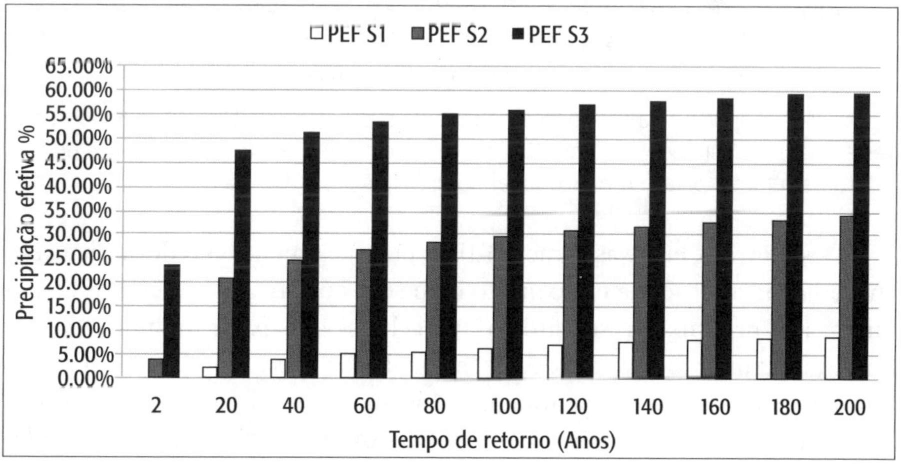

Figura 3 – Proporção da precipitação efetiva na sub-bacia do Una, considerando os três estádios de saturação do solo (S1, S2 e S3) e o intervalo de 2 a 200 anos de tempo de retorno, para o mosaico atual do uso do solo.

sub-bacia do GL1, a diferença entre as proporções da lâmina da precipitação efetiva, considerando o estádio S3 de saturação do solo e de 2 a 200 anos de tempo de retorno, variou de 0 a 10% para o uso natural, de 13,8 a 50,3% para o uso agrícola, e de 82,4 a 94% para o uso urbano. Isso evidencia que existem diferenças consideráveis entras as áreas variáveis de afluência dentro dessa bacia. Essa mesma tendência foi observada nas outras bacias submetidas ao mesmo tratamento de dados, corroborando trabalhos como o de Albuquerque (2010) e Albuquerque et al. (2013), que apresentaram cenários experimentais da prestação de serviços hidrológicos quantitativos e qualitativos na zona da mata pernambucana. Ratifica-se então que os remanescentes florestais fragmentados da Mata Atlântica prestam serviços ambientais hidrológicos estratégicos, tanto em escala local quanto em escala regional.

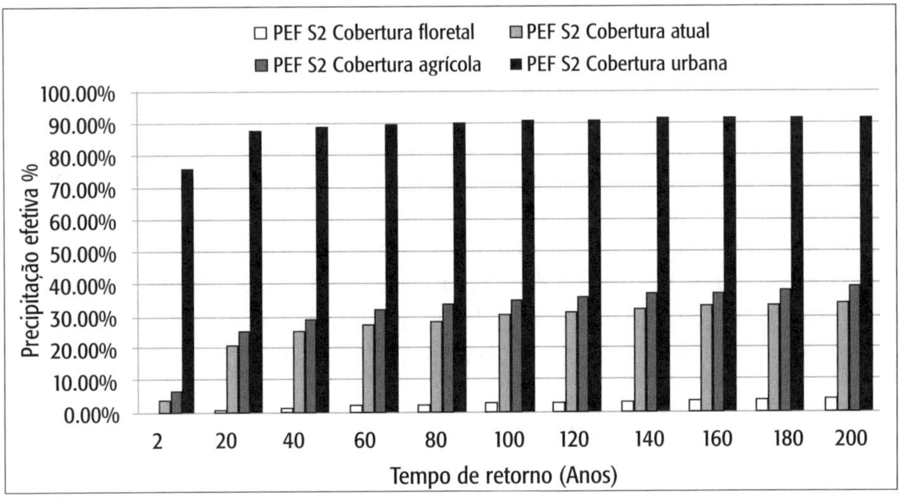

Figura 4 – Proporção da precipitação efetiva na sub-bacia do GL1, considerando os três estádios de saturação do solo (S1, S2 e S3) e o intervalo de 2 a 200 anos de tempo de retorno, para o mosaico atual do uso do solo.

Dessa forma, entre as características potencialmente geradoras de vazão em cada bacia estudada em conflito com suas aptidões volumétricas distribuídas nos principais reservatórios, percebe-se que existe uma importante linha de tratamento a ser obedecida, na qual cada bacia hidrográfica apresentará, em suas fisiografias, pedologias e hidrografias, diferenças a serem consideradas no tipo e na eficiência do serviço ambiental prestado em consideração aos diferentes mosaicos de uso do solo.

Pode-se observar na Tabela 1 que a variabilidade espacial e regional do modelo é muito importante para a temática da gestão pública. A tomada de

Tabela 1 – Apresentação da distribuição da precipitação efetiva de acordo com as características do modelo SCS, considerando as imagens Rapideye, a classificação supervisionada e os limites das sub-bacias e microbacias do grupo de Ottobacias da Agência Nacional de Águas

Tr (anos)	PEF/CN2 (mm/h)	PEF/CN2 (mm/h)	PEF/CN2 (mm/h)	PEF/CN2 (mm/h)	PEF/CN2 (mm/h)	PEF/CN2 (mm/h)	PEF/CN2 (mm/h)	PEF/CN2 (mm/h)
	GL1 micro 00	GL1 micro 01	GL1 micro 02	GL1 micro 03	GL1 micro 04	GL1 micro 05	GL1 micro 06	GL1 micro 07
5	0,00	0,01	0,00	0,15	0,64	0,31	2,08	0,77
25	0,31	0,92	0,27	1,39	2,93	1,75	6,08	3,26
50	0,83	1,77	0,67	2,33	4,45	2,75	8,43	4,87
100	1,67	2,98	1,29	3,60	6,39	4,05	11,32	6,93
150	2,34	3,88	1,78	4,51	7,76	4,97	13,30	8,37
200	2,91	4,63	2,19	5,25	8,85	5,71	14,84	9,52
Tr (anos)	PEF/CN2 (MM/H)	PEF/CN2 (MM/H)	PEF/CN2 (MM/H)	PEF/CN2 (MM/H)	PEF/CN2 (MM/H)	PEF/CN2 (MM/H)	PEF/CN2 (MM/H)	PEF/CN2 (MM/H)
	Una micro 24	Una micro 25	Una micro 26	Una micro 27	Una micro 28	Una micro 29	Una micro 30	Una micro 31
5	2,14	4,40	9,21	8,07	4,65	0,75	3,23	0,78
25	6,19	10,64	20,08	17,73	12,24	2,97	8,30	3,47
50	8,57	14,12	25,92	22,94	16,59	4,38	11,18	5,24
100	11,49	18,27	32,78	29,07	21,84	6,18	14,65	7,51
150	13,49	21,06	37,34	33,15	25,40	7,43	17,00	9,11
200	15,05	23,23	40,86	36,29	28,18	8,42	18,82	10,37
Tr (anos)	PEF/CN2 (MM/H)	PEF/CN2 (MM/H)	PEF/CN2 (MM/H)	PEF/CN2 (MM/H)	PEF/CN2 (MM/H)	PEF/CN2 (MM/H)	PEF/CN2 (MM/H)	
	Sirigi micro 17	Sirigi micro 18	Sirigi micro 19	Sirigi micro 20	Sirigi micro 21	Sirigi micro 22	Sirigi micro 23	
5	1,63	0,00	2,64	1,42	0,01	0,75	0,07	
25	4,99	0,0[illegible]	7,20	4,64	0,69	3,30	1,10	

(continua)

Tabela 1 – Apresentação da distribuição da precipitação efetiva de acordo com as características do modelo SCS, considerando as imagens Rapideye, a classificação supervisionada e os limites das sub-bacias e microbacias do grupo de Ottobacias da Agência Nacional de Águas (*continuação*)

Tr (anos)	PEF/CN2 (mm/h)	PEF/CN2 (mm/h)	PEF/CN2 (mm/h)	PEF/CN2 (mm/h)	PEF/CN2 (mm/h)	PEF/CN2 (mm/h)	PEF/CN2 (mm/h)	PEF/CN2 (mm/h)
	Sirigi micro 17	Sirigi micro 18	Sirigi micro 19	Sirigi micro 20	Sirigi micro 21	Sirigi micro 22	Sirigi micro 23	
50	7,00	0,10	9,83	6,60	1,32	4,98	1,94	
100	9,48	0,31	13,03	9,03	2,20	7,12	3,09	
150	11,19	0,51	15,21	10,71	2,86	8,63	3,93	
200	12,52	0,68	16,91	12,03	3,40	9,83	4,61	
Tr (anos)	PEF/CN2 (MM/H)	PEF/CN2 (MM/H)	PEF/CN2 (MM/H)	PEF/CN2 (MM/H)	PEF/CN2 (MM/H)			
	Sirinhaêm micro 12	Sirinhaêm micro 13	Sirinhaêm micro 14	Sirinhaêm micro 15	Sirinhaêm micro 16			
5	10,17	0,19	4,87	0,00	0,00			
25	21,96	1,53	11,50	0,14	0,10			
50	28,28	2,51	15,15	0,43	0,34			
100	35,69	3,83	19,51	0,91	0,77			
150	40,61	4,77	22,43	1,31	1,11			
200	44,40	5,53	24,69	1,65	1,41			

decisão se beneficia diretamente a partir da exposição dos dados vinculados ao uso das geotecnologias aplicadas.

Ela demonstra o quão importante é o reconhecimento das características específicas das bacias e microbacias das diversas regiões, já que, a variabilidade das áreas de afluência podem determinar as características estratégicas de cada espaço hidrológico a ser reconhecido como área de produção de água nas bacias.

Mesmo numa mesma bacia é possível identificar a variabilidade específica de suas superfícies de acordo com a consideração das grandes escalas topográficas e suas diversidades fisiográficas.

Segundo a ANA (2006) e SRH (2008), o estado de Pernambuco apresenta inúmeros problemas na gestão dos recursos hídricos. O potencial hídrico de Pernambuco é inferior ao de todos os outros estados brasileiros, isso apesar da grande demanda de recurso pelo desenvolvimento das novas zonas industriais e urbanas. A organização dos comitês de bacia são falhas e muitos estão desativados. Nem a política nacional e nem a estadual de recursos hídricos são executadas como se deveria, e a água retirada em grande quantidade para irrigação, indústria e abastecimento doméstico humano ainda não possui um sistema de cobrança eficiente e justo.

A problemática em torno do uso da água sempre aparece nos períodos distintos do ciclo sazonal regional, e fica claro nos períodos chuvosos que a deficiência se dá no ordenamento territorial e na infraestrutura, assim como no acesso ao recurso nos períodos de recessão chuvosa. O reconhecimento dos serviços ambientais se presta, então, como alternativa suplementar estratégica para a resolução desses problemas em recursos hídricos.

No caso em particular em que se depende de prospectos regionais para a geração de uma nova política pública estadual, se faz necessário um estudo com abrangência específica para ser usado como ferramenta acessória. Assim, a partir do uso de novas tecnologias, como as de sensoriamento remoto e geoprocessamento, foi possível gerar dados expressivos em maior escala, sendo esse um dos principais objetivos deste documento.

Este estudo supracitado também objetivou esclarecer que cada bacia hidrográfica possui um conjunto de características que a define especificamente, mesmo que possa haver semelhanças entre si. O alcance, a diversidade e a intensidade dos serviços ambientais são, consequentemente, um reflexo pontual de cada unidade paisagística de estudo, devendo ser respeitada essa diferença no processo decisório. A contribuição real dessa temática para a gestão pública depende então do reconhecimento dessa diferença entre os serviços ambientais prestados em cada bacia, pois as necessidades de investimento vão variar de acordo com a demanda por intervenção, tendo como base a fragilidade local.

PROJETO ÁGUA DO PARQUE

Descrição geral e objetivos do projeto

No ano de 2011, em concorrência ao edital publicado pelo Fundo para Biodiversidade (Funbio), que administra recursos de investimento alemão para conservação no Brasil, o Centro de Estudos Ambientais do Nordeste (Cepan) aprovou o projeto Água do Parque, o primeiro projeto de Pagamento por Serviços Ambientais Hidrológicos (PSA) do estado de Pernambuco.

O objetivo do projeto Água do Parque foi delineado em função dos argumentos anteriormente citados, definindo-se por valorar o serviço ambiental de manutenção da qualidade da água, como forma de estabelecer um contrato de PSA com a Companhia Pernambucana de Saneamento (Compesa), beneficiária desse serviço, para gerar um modelo a ser reaplicado em outras Unidades de Conservação que possuem captação de água em seu interior. Esse serviço é prestado pelo fragmento florestal de Mata Atlântica do Parque Estadual de Dois Irmãos (Figura 5), que rodeia o açude do Prata (Figura 6), evitando a poluição superficial e a ocupação do solo no seu entorno.

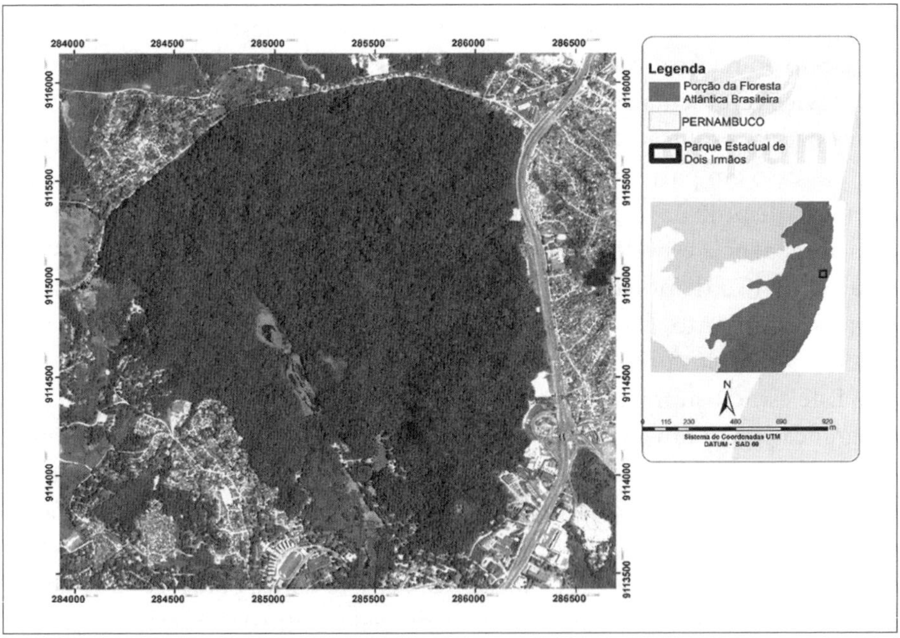

Figura 5 – Localização do Parque Estadual de Dois Irmãos no estado de Pernambuco. *Fonte:* Cepan (2012).

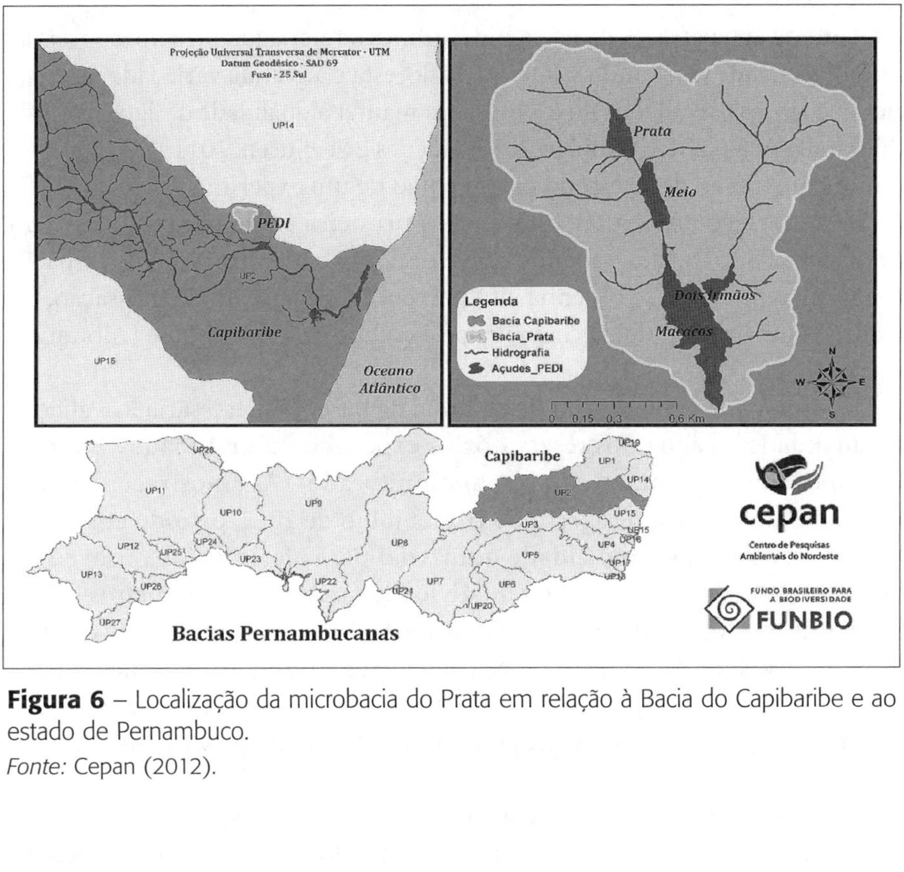

Figura 6 – Localização da microbacia do Prata em relação à Bacia do Capibaribe e ao estado de Pernambuco.
Fonte: Cepan (2012).

Avaliação e quantificação dos serviços ambientais no projeto Água do Parque

Pesquisas como as de Núñez (2011) e Sriwongsitanon e Taesombat (2011) discutem que as florestas contribuem para mitigar o processo de assoreamento em reservatórios de água e que o desmatamento resulta em aumento da sedimentação em mananciais. Os sedimentos, por sua vez, atuam como contaminantes químicos nos corpos hídricos ao transportarem algumas cargas de produtos químicos e, como poluentes físicos, ao induzirem nas águas receptoras altos níveis de turbidez (limitam a penetração da luz solar na coluna de água e reduzem a capacidade de armazenamento dos reservatórios) (Green, 2014; 2015; Alix-Garcia e Wolff 2014; Fao, 1997; Núñez, 2011).

Portanto, uma floresta subsidia uma gama de serviços ecossistêmicos no entorno de corpos d'água ao reduzir a sedimentação neles, condicionar ou aumentar a qualidade da água (por meio da filtragem de contaminantes da água que flui através de raízes e do solo), controlar cheias (regulação do movimento de água através da bacia hidrográfica), reter água no solo, conservar a biodiversidade (incluindo o *habitat* da floresta e a grande variedade de espécies que abriga), regular os fluxos hídricos, manter a qualidade da água e outros (Taffarello et al., 2017; Wunder, 2015; Guedes e Seehusen, 2011; Fao, 2007).

A construção deste estudo partiu então de um experimento de quantificação de serviço ambiental, esta que é a primeira etapa para o sucesso do projeto de PSA. De fato, sabendo que é necessário comprovação de impacto econômico para que se obtenha alto percentual de sucesso da transação, foi realizada uma metodologia chamada pela equipe de linha de base (Albuquerque et al., 2013).

Assim, para a construção dessa linha de base, foi necessária a avaliação da qualidade da água nos reservatórios experimentais estudados, e foram escolhidos nove parâmetros a serem monitorados. As amostragens foram realizadas do período de agosto de 2011 a julho de 2012, período em que se tentou respeitar a periodicidade quinzenal para aferição das variáveis de qualidade, buscando uma representatividade sazonal. Os parâmetros físicos estudados foram: temperatura (°C), turbidez (uT), condutividade elétrica (µS/cm) e sólidos totais dissolvidos (mg/L). Os parâmetros químicos analisados foram: OD (oxigênio dissolvido mg/L), pH, fosfato (mg/L). Para a caracterização genérica microbiológica, foram analisados os coliformes termotolerantes ou fecais (*Escherichia coli* NMP/100ml).

A partir de tais parâmetros, objetivou-se esclarecer aspectos de degradação da cobertura vegetal relacionados com a poluição hídrica doméstica. As amostras de sólidos totais dissolvidos, turbidez, fosfato, fitoplâncton e coliformes termotolerantes das águas de cada reservatório experimental foram levadas quinzenalmente para análise no Laboratório de Química Aplicada – LQA do Instituto Tecnológico de Pernambuco – ITEP. A metodologia para as análises é a descrita no *Standard Methods for the Examination of Water and Wasterwater* (APHA, 2012). As amostragens de temperatura, oxigênio dissolvido, condutividade elétrica e pH foram aferidas diretamente em campo com o uso do medidor multiparâmetro da HACH (HQ40D) e sensores acessórios (CDC401 e LDO101).

A análise e a discussão das amostras foram baseadas nas referências e nos níveis aceitáveis de qualidade da água definidos na Classe Especial para corpos de água doce, estabelecidos pela Resolução Conama n. 357/2005, paralelamente aos parâmetros da portaria n. 2.914/2011 do Ministério da Saúde (Brasil, 2005; 2011).

A partir da comparação dos resultados de campo com os valores limites observados na legislação competente, verificou-se a porcentagem de aderência dos valores à sua conformidade, e considerando tal percentual de conformidade para cada variável, foi classificada a condição atual de qualidade para cada uma das bacias experimentais.

Para a realização do estudo estatístico comportamental a partir dos padrões de qualidade, utilizaram-se os programas BIOSTAT 5.3 e o ASSISTAT 7.7. Foram avaliadas as normalidades e as dependências das variáveis como grupo de parâmetros associados por matrizes de componentes principais, e consecutivamente, por equações de regressão, tendo como variável dependente a turbidez.

O monitoramento ambiental/climático foi realizado por meio da plataforma de coleta de dados automática da Squitter Ambiental S1000.

Principais resultados e considerações acerca da avaliação dos serviços ambientais no projeto

Através do monitoramento dos parâmetros físico-químicos, foi possível interpretar que a qualidade da água do açude do Prata apresenta-se melhor em termos de qualidade de água numa área controle (que não possui cobertura florestal ao redor do manancial – barragem de Tapacurá). É importante ressaltar que o parâmetro de qualidade da água utilizado para a valoração da redução dos custos de tratamento foi selecionado com base na consulta prévia à literatura científica especializada e com base no estudo experimental desenvolvido no projeto. Logo, a valoração foi conservadora em isolar um serviço ambiental correlacionado positivamente com a presença de floresta.

Em relação ao estudo da qualidade hídrica, especificamente em consideração ao limite determinado pela Portaria n. 2.914, de 12 de dezembro de 2011, do Ministério da Saúde, a bacia do Prata obteve os melhores resultados possíveis para as variáveis físicas observadas (Brasil, 2011). Por exemplo, para o estudo da turbidez, o valor máximo encontrado na bacia do Prata foi de 0,5 uT no mês de junho, mês de maior precipitação. Na bacia do Tapacurá, a média foi de 37 uT no período de amostragem, com valor máximo de 121,2 uT em agosto de 2011 e mínimo de 13 uT em março de 2012 (Figura 7).

A estabilidade da zona ripária dos rios em estações chuvosas é um exemplo de fenômeno que resulta em aumento da turbidez das águas. Os processos erosivos podem decorrer do mau uso do solo, em que se impede a fixação da vegetação. Esse exemplo mostra também o caráter sistêmico da poluição difusa, ocorrendo inter-relações ou transferência de problemas de um ambiente (água, ar ou solo) para outro (Sperling, 1996).

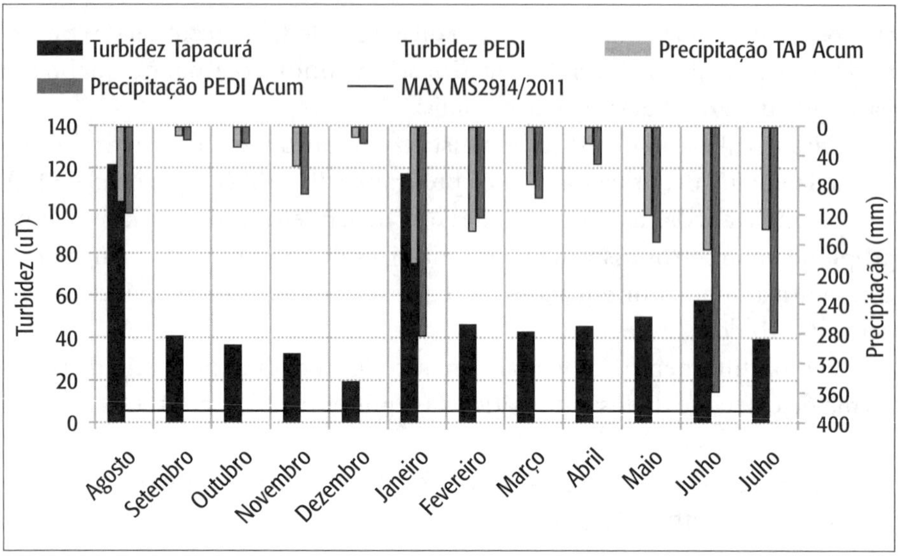

Figura 7 – Gráfico duplo-eixo do monitoramento da turbidez na superfície dos reservatórios do Prata e Tapacurá realizado entre agosto de 2011 e julho de 2012.

A análise de componentes principais foi dividida por reservatório para se ter a perspectiva do comportamento específico de cada grupo de parâmetros/reservatório, a fim de detectar padrões do serviço ambiental. A análise multivariada realizada nos reservatórios de Tapacurá e Prata utilizou como componentes: precipitação, turbidez, condutibilidade, sólidos totais, pH, fósforo e oxigênio dissolvido. A variável dependente foi a turbidez, uma característica evidente de poluição e mudança de propriedade física da água pela ação das superfícies. No reservatório Tapacurá, obteve-se (p) = 0,0074 e F = 0,9419 para s componentes analisadas. Nesse meio perturbado, as componentes não estão em equilíbrio ecoclimáxico e provavelmente seguem o padrão do sistema antrópico resistásico, sendo possível de se associar facilmente fatores de superfície aos fatores de contra resposta aquáticos.

No açude do Prata, obteve-se (p) = 0,9239 e F = 0,2787 para as componentes analisadas. Nesse meio em equilíbrio ecoclimáxico, como já discutido inicialmente, as componentes estão em equilíbrio natural e variam independentemente de acordo com as características flutuantes do meio, provavelmente seguem o padrão do sistema biostásico, sendo difícil de se associar facilmente fatores de superfície aos fatores de contra resposta aquáticos. Nesse reservatório, não se observa um padrão associativo entre componentes, superfícies e o corpo hídrico.

Valoração do Serviço Ambiental

Relembrando as discussões acerca dos métodos de valoração e sabendo que alternam-se principalmente entre métodos em função da produção e métodos em função da demanda, entendeu-se questionando as famílias locais que a melhor metodologia para a abordagem deste projeto seria em função da produção, uma vez que a maior parte dos usuários de água não sabe qual a origem desse recurso, ou seja, não sabem de qual manancial ela provém e tampouco têm acesso aos mananciais, uma vez que o Açude do Prata localiza-se dentro do fragmento florestal existente no Parque Estadual de Dois Irmãos, em área de difícil acesso. Assim, compreendeu-se que os cidadãos não teriam elementos para julgar de maneira adequada a situação, o que poderia afetar a mensuração do serviço ambiental. Por isso, optou-se por um método dentro da classe de função de produção em detrimento dos métodos de função de demanda, pelo fato de o beneficiário e potencial pagador do serviço ser uma empresa, e o recurso natural em questão, a água, ser um insumo de produção da instituição, a Compesa, empresa de abastecimento público do estado de Pernambuco.

O método utilizado foi o Método de Custo de Reposição – MCR, que se baseia na reparação de algum dano ao recurso ambiental. Assim, o custo de reposição pode ser entendido como uma medida do seu benefício (Rodrigues, 2002). O MCR é frequentemente utilizado como uma medida do dano causado. Essa abordagem é correta nas situações em que é possível argumentar que a reparação do dano deve acontecer por causa de alguma outra restrição. É o caso do padrão de qualidade da água: os custos para alcançá-lo são um espelhamento dos benefícios que esse padrão proporciona à sociedade (Silva et al., 2013).

Considerando esses aspectos e a metodologia utilizada pela California Urban Water Conservation Council (2006), o primeiro passo então foi elencar quais eram os custos, fixos e variáveis, relativos ao tratamento da água (Tabelas 2 e 3). Os custos variáveis foram representados pela energia elétrica e pelos produtos químicos utilizados no tratamento, enquanto os custos fixos foram representados por mão de obra, equipamentos e infraestrutura. Porém, para os cálculos deste trabalho, foi utilizada apenas a variável mão de obra (Silva et al., 2013). Nessa etapa, foram utilizadas 5 Estações de Tratamento de Água (ETA) como controle para realização do estudo comparativo: Tapacurá, Gurjaú, Suape, Alto do Céu e Botafogo.

Tabela 2 – Custo dos produtos químicos em médias mensais para as cinco estações de tratamento de água estudadas

ETA	2009 Custo por ETA (mês)	2010 Custo por ETA (mês)	2011 Custo por ETA (mês)	Média
Alto do Céu	R$ 1.427,49	R$ 1.253,06	R$ 1.187,78	R$ 1.289,44
Botafogo	R$ 128.508,89	R$ 178.389,07	R$ 179.852,15	R$ 162.250,03
Gurjaú	R$ 146.419,50	R$ 164.983,38	R$ 152.909,28	R$ 154.770,72
Suape	R$ 50.787,12	R$ 80.548,49	R$ 78.473,09	R$ 69.936,23
Tapacurá	R$ 656.473,04	R$ 740.366,74	R$ 712.578,92	R$ 703.139,57

Fonte: Cepan (2012).

A partir de então, obteve-se o valor por metro cúbico:

Tabela 3 – Custo do tratamento químico da água nas estações de tratamento estudadas

ETA	Vazão mensal (m^3/h)	Custo tratamento químico/m^3
Prata	313.632	R$ 0,0041
Botafogo	–	–
Gurjaú	2.851.200	R$ 0,0543
Suape	2.073.600	R$ 0,0337
Tapacurá	878.162	R$ 0,8007

Fonte: Cepan (2012).

Com a contabilização dos custos efetivos das ETAs de interesse, iniciou-se a montagem da construção perspectiva de valoração. A equação para formação do cálculo do Custo de Reposição da Qualidade da água foi então:

$$CRQA = CF(CPQ + CEE) + CV\ (MO)$$

Sendo:
CRQA = Custo de Reposição da Qualidade da Água
CF = Custos Fixos
CPQ = Custos de Produtos Químicos
CEE = Custo de Energia Elétrica
CV = Custos Variáveis
MO = Mão de Obra

Na Figura 8, pode-se observar o perfil comparativo construído:

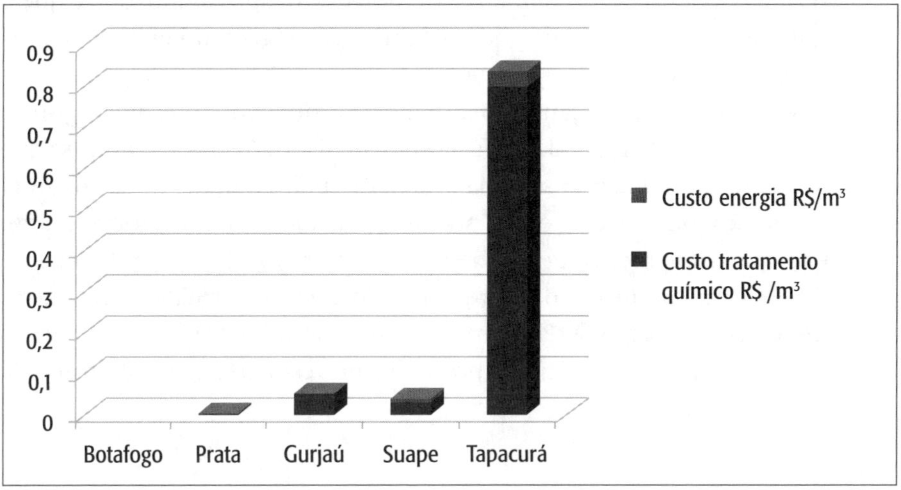

Figura 8 – Custo agregado de energia elétrica e tratamento químico nas estações de tratamento de água da Compesa estudadas.

Segundo Silva et al. (2013), a partir dos dados finais dos custos de tratamento da água para o manancial do Prata, que é uma área com uma excelente qualidade, e com os dados finais dos custos de tratamento para Suape e Gurjaú, foi possível identificar o valor do benefício de não degradação da qualidade da água, ou seja, o valor do serviço ambiental. Para tanto, optou-se por apresentar esse valor em duas situações possíveis: a primeira com uma comparação direta com a ETA que apresentasse um custo mais próximo ao tratamento da ótima qualidade da água do Prata, no caso, a ETA Suape; e a segunda, na qual há uma diferença entre o custo de tratamento da água do Prata com a média entre os custos de tratamento das ETAs Gurjaú e Suape.

Na primeira situação, obteve-se um valor de serviço próximo a 0,0364 reais por m³ ou 11.415,14 reais por mês. Na segunda, um valor de 0,0314 reais por m³ ou 9.848,96 reais por mês.

No caso específico do projeto Água do Parque, havendo manutenção dos mecanismos de pureza da água para garantir uma melhor qualidade do recurso, há também um menor custo para o tratamento, visto que ambos os mananciais são utilizados para abastecimento público pela Companhia Pernambucana de Saneamento (Compesa). Isso levou ao fechamento de uma proposta de PSA, uma vez que temos um beneficiário direto e potencial pagador dos serviços ambientais.

Considerando-se os impactos da adoção de um programa de PSA, apenas no âmbito da Gestão de Unidades de Conservação, os dados levantados pelo projeto Água do Parque mais uma vez demonstram a possibilidade de que a valoração de recursos naturais pode ser uma estratégia para efetivar a conservação da biodiversidade.

Ao se comparar ao orçamento anual do Parque em 2012, que segundo dados da Secretaria da Fazenda do Estado foi de R$ 1.261.684,25, nota-se que o repasse de recursos via PSA seria da ordem de 10,5% do total de gastos atual da Unidade de Conservação, o que pode ser considerado um valor relevante para a efetiva implementação da área. Demonstra também o potencial de captação de recursos que tanto o Parque Estadual de Dois Irmãos como outras unidades de conservação detêm, uma vez que esse valor é referente a apenas um dos vários serviços ambientais prestados por essa área natural protegida (Silva et al., 2013).

CONSIDERAÇÕES FINAIS

Este capítulo apresenta uma abordagem geral ao tema dos serviços ambientais hidrológicos em bacias hidrográficas ao mesmo tempo que exibiu indícios da aplicabilidade de projetos no estado de Pernambuco. No contexto de projetos com essas características, são contabilizadas consideráveis perdas anuais de orçamento para restituição de serviços ligados a impactos causados pelo excedente hídrico na superfície (drenagem) e para o tratamento de água para abastecimento.

A maior parte do abastecimento de água no estado de Pernambuco ainda se dá por vias superficiais, o que implica potenciais gastos com um processo complexo de tratamento. Preservando as áreas de recarga (floresta) e recuperando as nascentes e os afloramentos subterrâneos, espera-se disponibilizar uma água de qualidade e conseguir custos reduzidos de tratamento, mesmo que a vocação hidrogeológica do estado não permita que essa problemática da oferta do recurso seja apenas solucionada por meio dessa estratégia.

É necessário investir em estudos que possam gerar um banco de dados acerca dos serviços ambientais, identificando os aspectos específicos de cada bacia hidrográfica do estado de Pernambuco, tanto com base nos dados pluviométricos atuais disponíveis, quanto nos modelos futuros de mudança climática.

Foi possível observar ainda que a cobertura natural pode efetivamente ser utilizada como instrumento de prestação de serviços ambientais. Em posse das informações relatadas anteriormente, é possível subsidiar a formulação de novas políticas públicas tanto para os Comitês de Bacia Hidrográfica dos rios do estado de Pernambuco como para todos os outros estados. É importante compreender que a conservação e recuperação das bacias é uma estratégia de ponta para a manutenção do recurso hídrico.

Sendo um misto de ação estratégica, tecnologia aplicada e pensamento conservacionista, essa linha de estudo ainda busca um lugar de destaque. Portanto, o desenvolvimento de novas técnicas de avaliação, quantificação e valoração dos serviços ambientais sobre as superfícies de interesse poderão ditar novas perspectivas para a gestão de bacias e o uso e ocupação do solo. Esse é o desafio atual, juntamente com a definição da escala de abrangência dos projetos futuros.

REFERÊNCIAS

ALCAMO, J. et al. *Ecosystems and human well-being: a framework for assessment*. Washington: Island. Press, 2003.

ALBUQUERQUE, F.A. et al. *Linha de base e caracterização do serviço ambiental no Parque Estadual de Dois Irmãos*. 1. ed. Recife: 2013. v. 150, 44p.

ALBUQUERQUE, F.A. *Estudos hidrológicos em microbacias com diferentes usos do solo na sub-bacia do alto Natuba – PE*. 2010, 182p. Dissertação (Mestrado no Programa de Pós-graduação em Engenharia Civil) Universidade Federal de Pernambuco.

ALIX-GARCIA, J.M. et al. *Forest conservation and slippage: evidence from Mexico's national payments for ecosystem services program. Land Econ.*, v. 88, p. 613-38, 2012.

ALIX-GARCIA, J.; WOLFF, H. *Payment for ecosystem services from forests. Annual Review of Resource Economics*, v. 6, p. 361–380, 2014.

ALVES, W.S. et al. Análise morfométrica da bacia do Ribeirão das Abóboras – Rio Verde (GO). *Geociências*, v.35, n. 4, p.652-667, 2016

[APHA] American Public Health Association. *Standard methods for the examination of the water and wastewater*. 22 ed. Nova York: APHA, 2012.

ASSESSMENT, Millennium Ecosystem. Millennium Ecosystem Assessment (MA): *Strengthening capacity to manage ecosystems sustainably for human well-being*. World Resources Institute, 2003.

ASSESSMENT, Millennium Ecosystem. *Synthesis report*. Island, Washington, DC, 2005.

BARRETO NETO, A.A.; SOUZA FILHO, C.R. Modelagem dinâmica de escoamento superficial. In: Simpósio Brasileiro de Sensoriamento Remoto (SBSR), 11, 2003. Minas Gerais. Anais. São José dos Campos: INPE, 2003.

BRASIL. Ministério da Saúde. 2011. Portaria n. 2.914, de 12 de dezembro de 2011. Estabelece os procedimentos e responsabilidades relativas ao controle e vigilância da qualidade da água para consumo humano e seu padrão de potabilidade, e dá outras providências.

______. Resolução Conama 357, de 17 de março de 2005. Conselho Nacional de Meio Ambiente. Disponível em: http://www.mma.gov.br/legislacao-mma.html.

BURKHARD, B. et al. Mapping ecosystem service supply, demand and budgets. *Ecol. Indic.* v. 21, p. 17-29, 2012.

CALIFORNIA URBAN WATER CONSERVATION COUNCIL. *Water utility direct avoided costs from water use efficiency*. Sacramento, 2006. 115p.

CAMPANILI, M.; SCHAFFER, W.B. Mata Atlântica: patrimônio nacional dos brasileiros. Brasília: MMA, 2010.

[CEPAN] CENTRO DE ESTUDOS AMBIENTAIS DO NORDESTE. Pagamento por serviços ambientais no Estado de Pernambuco: caracterização da área provedora de serviços ambientais no Parque Estadual de Dois Irmãos. Texto: Carlos Eduardo Menezes da Silva et al. v. 1. Recife: Cepan, 2012.

CHAMIZO, S. et al. Runoff at contrasting scales in a semiarid ecosystem: a complex balance between biological soil crust features and rainfall characteristics. *Journal of Hydrology*, Amsterdam, v. 452, p. 130-138, 2012.

CLEMENTS, T.; MILNER-GULLAND, E.J. Impact of payments for environmental services and protected areas on local livelihoods and forest conservation in Northern Cambodia. *Conservation Biology*, v. 29, p. 78–87, 2015.

DE GROOT, R.S. Functions of Nature. In: *Evaluation of Nature in environmental panning, management and decision making*. 1992. 315p.

FANG, N.F. et al. The effects of rainfall regimes and land use changes on runoff and soil loss in a small mountainous watershed. *Catena*, v. 99, n. 1, p. 1-8, 2012.

FAO. Land quality indicators and their use in sustainable agriculture and rural development. FAO Land and Water Bulletin No. 5. FAO. 1997, Rome, 212 pp.

_______. Paying Farmers for Environmental Services, State of Food and Agriculture. 2007, Rome: FAO.

GENOVEZ, A.M. 2001: In: SILVEIRA, A. et al. *Hidrologia aplicada à pequenas bacias hidrográficas*. Porto Alegre: ABRH, 2003. p. 33-108.

GOLDENFUM, J.A. Pequenas bacias hidrológicas: conceitos básicos. In: PAIVA, J.B.D., PAIVA, E.M.C.D. (Org.) Hidrologia *aplicada à gestão de pequenas bacias hidrográficas*. Porto Alegre: ABRH, 2003.

GÓMEZ-BAGGETHUN, E.; DE GROOT, R. Natural capital and ecosystem services: the ecological foundation of human society. In: HESTER, R.E., HARRISON, R.M. (Eds.). ecosystem services: issues in environmental science and technology. Cambridge: Royal Society of Chemistry, 2010.

GREEN, T.R. et al. AgroEcoSystem-Watershed (AgES-W) simulation, scaling and delineation. In: International Congress on Environmental Modelling and Software (iEMSs). 8, 2014, San Diego. Proceedings San Diego, s.n., 2014.

GREEN, T.R. et al. *The AgroEcoSystem (AgES) Response-Function Model Simulates Layered SoilWater Dynamics in Semi-Arid Colorado: Sensitivity and Calibration. Vadose Zone Journal*, v. 14, n. 8, 2015.

GRIEG-GRAN, M.; PORRAS, I.; WUNDER, S. How can market mechanisms for forest environmental services help the poor? Preliminary lessons from Latin America. *World Development*, v. 33, n. 9, p. 1511-1527, 2005.

GUEDES, F.B., SEEHUSEN, S.E. Pagamentos por serviços ambientais na Mata Atlântica: lições aprendidas e desafios. Brasília: MMA, 2011.

GUIMARÃES, H.B.; PESSOA, R.A. Indicators of Ecosystem Services in an Atlantic Forest, Pernambuco – Brazil. 2015. Disponível em: https://www.academia.edu/13901647/Indicators_of_Ecosystem_Services_in_an_Atlantic_Forest_Pernambuco_-_Brazil. Acesso em 16 mai.2018.

JERICÓ-DAMINELLO, C. Sociocultural identification and valuation of ecosystem services – the case of Marujá community, Cardoso Island – SP, Brazil. 2014. 163 f. Thesis (Master's Program of Environmental Science). Universidade de São Paulo, São Paulo, 2014.

KLIPEL, A. Diagnóstico Ambiental Participativo como subsídio à educação ambiental na Aproliso, município de Pato Branco – PR. 2009, 167 f. Dissertação (Mestrado em Geografia). Universidade Estadual do Oeste do Paraná, Francisco Beltrão, 2009.

LIMA, G.C. Variabilidade Espacial dos atributos físicos e químicos e índice de qualidade dos solos da sub-bacia das Posses, Extrema (MG), sob diferentes agroecossistemas. Tese (Doutorado em Ciência do Solo). Universidade Federal de Lavras, Lavras, 141 p., 2013.

MAY, P.H.; GELUDA, L. Pagamentos por Serviços ecossistêmicos para manutenção de práticas agrícolas sustentáveis em microbacias do Norte e Noroeste do Rio de Janeiro. In: Projeto "Gerenciamento Integrado de Agroecossistemas em Microbacias Hidrográficas no Norte/Noroeste Fluminense – Rio Rural /GEF-BIRD". Rio de Janeiro: Secretaria de Agricultura, Abastecimento e Pesca (SEAAPI/RJ), 2005.

[MEA] MILLENNIUM ECOSYSTEM ASSESSMENT. Millennium Ecosystem Assessment (MA): *Strengthening capacity to manage ecosystems sustainably for human well-being.* World Resources Institute, 2003.

_______. *Synthesis report.* Island, Washington 2005.

NÚÑEZ, E.J. Valoração econômica do serviço de redução de sedimentos das florestas da bacia hidrográfica do Canal do Panamá. Tese (Doutorado). Universidade de São Paulo, 2011.

ORTIZ, R.A. *Valoração econômica ambiental. Economia do meio ambiente.* Rio de Janeiro: Elsevier, 2003.

PISSARRA, T.C.T. Avaliação quantitativa das características geomórficas de microbacias hidrográficas da ordem de magnitude em quatro posições do sistema de drenagem. 124 f. 1998. Dissertação (Mestrado em Produção Vegetal). Faculdade de Ciências Agrárias e Veterinárias, Universidade Estadual Paulista, Jaboticabal, 1998.

PRUSKI, F.F.; SILVA, D.D.; KOETZ, M. Estudo da vazão em cursos d'água. Viçosa: AEAGRI, 2006. 151 p. (Caderno Didático, 43)RODRIGUES, W. Avaliação econômica do uso de tecnologias agrícolas sustentáveis nos cerrados brasileiros – o caso do plantio direto. Dissertação (Mestrado em Gestão Econômica do Meio Ambiente). Departamento de Economia, Universidade de Brasília, 2002.

SAAD, S.I. Modelagem e valoração dos serviços ambientais hidrológicos da recuperação da vegetação no Ribeirão das Posses, Extrema, MG. 2016, Tese (Doutorado em Ciências Ambientais). Universidade de São Paulo, 2016.

SEROA DA MOTA, R. *Manual para valoração econômica de recursos ambientais.* Brasília: MMA, 1998.

_______. Analysing the environmental performance of the Brazilian industrial sector. *Ecol. Econ.*, v 57, p.269-281, 2006.

_______. Valoração e precificação dos recursos ambientais para uma economia verde1. *Ambiental*, p. 179, 2011.

SILVA, C. E. M. et al. *Valoração econômica do serviço ambiental de qualidade da água no Parque Estadual Dois Irmãos.* Recife: 2013. v.300. p.57.

SILVA, J.M. O serviço ambiental hidrológico das áreas de proteção permanente: um estudo de caso com modelagem numérica em pequena e mesoescala na bacia do Rio Piracicaba. 2014. Tese (Doutorado em Meteorologia). Instituto de Astronomia, Geofísica e Ciências Atmosféricas, Universidade de São Paulo, 2014.

SRIWONGSITANON, N.; TAESOMBAT, W. *Effects of land cover on runoff coefficient.* Journal of Hydrology, v. 410, n. 3-4, p. 226-238, 2011.

SMITH, M. et al. *Pago: establecer pagos por servicios de cuencas.* Gland: IUCN, 2007.

SPERLING, M. *Princípios do tratamento biológico de águas residuárias. Introdução à qualidade das águas e ao tratamento de esgotos.* 2.ed. Belo Horizonte: UFMG, 1996. 243p.

SRH, Plano Estratégico de Recursos Hídricos e Saneamento. Governo do Estado de Pernambuco, 2008. p.114.

TAFFARELLO, D. et al. Hydrological services in the Atlantic Forest, Brazil: An ecosystem-based adaptation using ecohydrological monitoring. *Climate Services,* v. 8, p. : 1-16, 2017.

TEN BRINK, P. (ed.). *The economics of ecosystems and biodiversity in national and international policy making*. London: Routledge, 2011.

TONHASCA JÚNIOR, A. Os serviços ecológicos da Mata Atlântica. *Revista Ciência Hoje*, v. 35, n. 205. p. 64-5, 2004.

TRAJANO, S.R.R.S. et al. Análise Morfométrica de Bacia Hidrográfica: Subsídio à Gestão Territorial Estudo de Caso no Alto e Médio Mamanguape. TRAJANO, SRR da S. et al. Análise Morfométrica de Bacia Hidrográfica: Subsídio à Gestão Territorial Estudo de Caso no Alto e Médio Mamanguape. *Gestão Territorial – Boletim de Pesquisa e Desenvolvimento*. Brasília: Embrapa, 2012.

TRINDADE, S.P.; RODRIGUES, R.A. Uso do solo na microbacia do Ribeirão Samambaia e sua relação com a suscetibilidade à erosão laminar. *Revista Geografia Acadêmica*, v.10, n.1, p. 163-181, 2016.

TUNDISI, J.G. *Limnologia do século XXI: perspectivas e desafios*. São Carlos: Suprema Gráfica e Editora/IIE, 1999.

TUCCI, C.E.M. *Hidrologia: ci*ência e aplicação. Porto Alegre: ABRH-EDUSP, 2008.

VALCARCEL, R. Proposta de ação para o manejo da bacia hidrográfica do rio Paraíba do Sul. *Revista Floresta e Ambiente,* v.5, n.1, p.68-88, 1998.

VEIGA NETO, F.; DENARDIN, V.F. Compensação por serviços ambientais de florestas: o caso de Conceição de Macabú – RJ. In: Encontro Nacional da Sociedade Brasileira de Economia Ecológica, 4. *Anais*. Belém: 2001. (CD-ROM).

WILKEN, P.S. Águas pluviais: contribuição ao estudo dos métodos de dimensionamento de estruturas hidráulicas para o esgotamento de águas pluviais. São Paulo: Edição do Autor, 1971.

WUNDER, S. et al. *Pagamentos por serviços ambientais: perspectivas para a Amazônia Legal*. 2.ed. Brasília: MMA, 2009.

WUNDER, S. Revisiting the concept of payments for environmental services. *Ecol. Econ.*, v. 117, p. 234-43, ISSN 0921-8009, 2015.

PARTE IV

Atividades Produtivas e Uso Sustentável dos Recursos Naturais

Gestão das águas de subsolo como um recurso sustentável

21

William T. Stringfellow
Saúde ambiental, Escola de Engenharia e Ciência da Computação, Universidade do Pacífico

INTRODUÇÃO: A NECESSIDADE DE PLANEJAMENTO DA SUSTENTABILIDADE DAS ÁGUAS DE SUBSOLO

As águas de subsolo são um precioso recurso natural de alta demanda para uso urbano (doméstico e industrial) e agrícola. Juntamente com os sistemas atmosféricos e as águas de superfície, as águas de subsolo são um componente essencial do ciclo hidrológico. Embora as águas de subsolo sejam um recurso renovável, reabastecido pela precipitação regional, pela infiltração de água de superfície e por outros mecanismos, em muitos lugares as águas de subsolo são erroneamente geridas como um recurso independente e ilimitado, utilizado em proporções que excedem a capacidade da natureza de repor as reservas dos aquíferos (Borchers e Carpenter, 2014; CDWR, 2016a; Galloway et al., 1999; Konikow, 2015; Psomas et al., 2017; Taylor et al., 2013). Nas vertentes em que ocorre a retirada insustentável de água do subsolo (ou seja, a retirada é maior do que a recarga), os níveis das águas de subsolo caem e a massa hídrica existente na subsuperfície diminui, podendo ocorrer uma série de consequências negativas (Galloway et al., 1999; Konikow, 2015; Taylor et al., 2013).

Gestão sustentável das águas de subsolo significa que, em um aquífero regional ou local, as retiradas serão limitadas à quantidade de água pode ser resposta no aquífero por meios naturais ou artificiais. Os aquíferos que não são geridos de maneira sustentável estão sujeitos a exploração ou retirada excessivas (CDWR, 2016a; CDWR, 2016i; Galloway e Riley, 1999; Psomas et al., 2017; Leake, 2016). Indicadores de exploração excessiva são: baixa crônica dos níveis das águas de subsolo, redução das reservas de água subterrânea, subsidência da terra, qualidade degradada da água, intrusão da água do mar e depleção das águas de superfície interconectadas (CDWR, 2016i; Galloway e Jones, 1999; Psomas et al., 2017; Sophocleous, 2002; Roy; Datta, 2017).

Em geral, o primeiro indicador de sustentabilidade das águas subterrâneas que chama a atenção é a redução dos níveis das águas de subsolo. A mensuração dos níveis de água nos poços constitui um procedimento de monitoramento de rotina utilizado para muitos fins (CDWR, 2010; CDWR, 2016f; Hopkins, 1994) e a redução dos níveis de água do subsolo geralmente são o catalisador inicial para um esforço de sustentabilidade organizado. Em alguns casos, os níveis das águas subterrâneas caem ao extremo em locais em que os poços secam ou o abastecimento de água é restrito (Galloway; Riley, 1999; Borchers e Carpenter, 2014; Verdi et al., 2006). A mensuração do nível das águas subterrâneas é essencial também para determinar um segundo indicador de sustentabilidade: a redução das reservas de água de subsolo. Embora não seja uma condição diretamente mensurável, as estimativas das alterações nas reservas podem ser calculadas ou demonstradas se houver disponibilidade de dados suficientes e precisos sobre as condições dos poços (Tonkin e Larson, 2002; Barnett et al., 2012; CDWR, 2016c). Outros métodos, como a detecção remota, podem ser usados para estimar a perda de reservas (USGS, 2000a; Bedrosian et al., 2016). Normalmente, pressupõe-se que a perda de reservas seja reversível se os níveis da água de subsolo puderem ser restaurados, mas, em alguns casos, essa perda pode ser irreversível, se houver perda de espaço de poro decorrente de compactação ou de outros fatores (USGS, 2017b).

A subsidência da terra inelástica é também um indício de que estão ocorrendo retiradas insustentáveis e a perda permanente das reservas dos aquíferos (USGS, 2017a; USGS, 2017b). A subsidência da terra pode ser medida por muitas técnicas, como a inspeção de nivelamento associada a referenciais conhecidos, redes de extensômetros e piezômetros e interferometria por radar de abertura sintética (USGS, 2017a). Além de alterar os ecossistemas acima do nível do solo mediante a redistribuição das águas de superfície, a subsidência da terra pode danificar edificações e a infraestrutura, inclusive outros sistemas hídricos. Por exemplo, o Vale Central da Califórnia (EUA) é uma área agrícola muito importante que depende das águas subterrâneas, bem como de uma ampla rede de canais, aquedutos e aterros para irrigação da água que sofre significativa subsidência da terra (Borchers e Carpenter, 2014; USGS, 2017a). No século passado, a retirada das águas do subsolo e as maciças modificações da hidrologia da área levaram à queda dos níveis das águas subterrâneas. Essas alterações nas águas do subsolo, juntamente com a subsequente oxidação dos solos turfosos e a compactação dos solos subjacentes, resultaram em uma drástica subsidência da terra em algumas áreas (Figura 1). Embora essa subsidência radical seja uma questão importante, mesmo em pequenas quantidades em uma grande bacia, pode afetar projetos de infraestrutura (Figura 2). A subsidência da terra requer a intervenção de engenheiros e gestores de recursos hídricos para o constante aperfeiçoamento dos canais, a fim de evitar transbordamento e manter a capacidade (Borchers e Carpenter, 2014; USGS, 2017b).

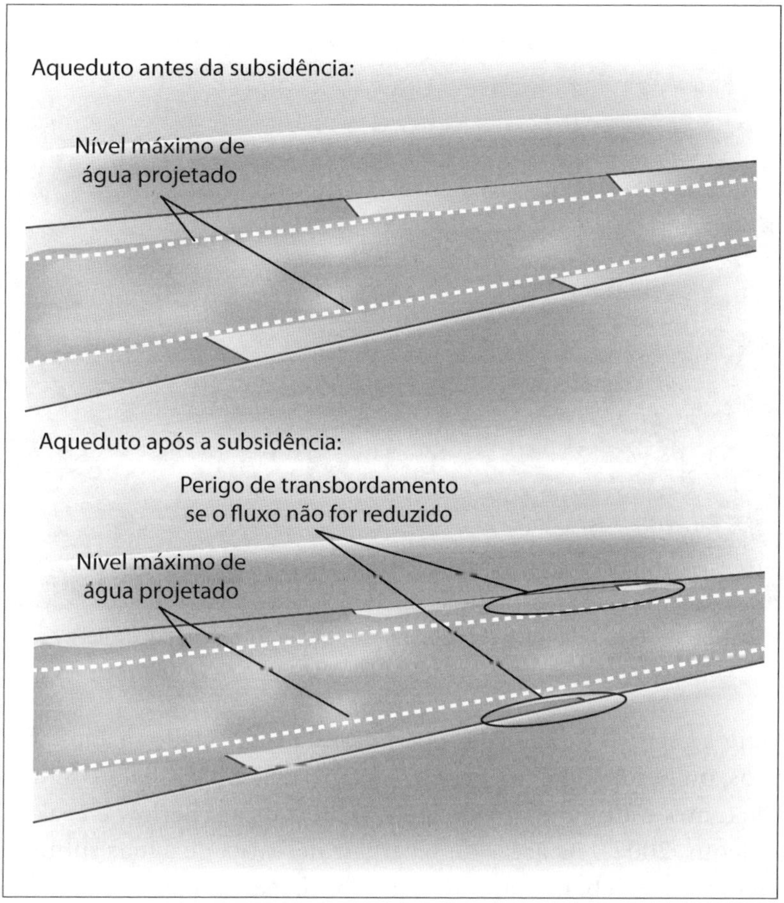

Figura 1 – Efeitos da subsidência da terra sobre a infraestrutura de transporte da água na Califórnia.

As alterações na qualidade das águas subterrâneas podem também indicar que as retiradas de água do subsolo não são sustentáveis (CDWR, 2016i). Por exemplo, a qualidade inferior da água proveniente de aquíferos conectados, subjacentes, sobrejacentes ou adjacentes pode ser levada para áreas de bombeamento excessivo. A intrusão da água do mar nos aquíferos de água potável é um problema comum nas regiões costeiras que usam os aquíferos de forma insustentável (Roy e Datta, 2017; Taylor et al., 2013). As alterações na qualidade da água e a instrução da água do mar podem ser determinadas por um monitoramento criterioso da qualidade da água no decorrer do tempo ou por outros métodos, como o uso de uma rede de monitoramento para capturar as alterações nas condições da água, associada à interface dinâmica água do mar-água doce nos aquíferos costeiros (Roy e Datta, 2017; CDWR, 2016g).

Figura 2 – Subsidência da terra sobre a infraestrutura de San Joaquin Valley, Califórnia, EUA.

Muitos sistemas de água de superfície estão conectados a aquíferos subterrâneos, ou perdendo água para a subsuperfície ou ganhando água originária de fontes e afloramento de águas subterrâneas (Berlow e Leake, 2012; Sophocleous, 2002). As áreas de recarga e descarga de águas subterrâneas geralmente não são bem mapeadas, mas os mapas de contorno de elevação que mostram a distribuição espacial das águas subterrâneas e superficiais podem ser utilizados para identificar áreas de baixo e alto nível de águas de subsolo dentro de uma bacia (CDWR, 2016c; CDWR, 2016d). Os mapas de contorno de elevação são criados com base em dados sobre os níveis da água coletados a partir de poços selecionados nos mesmos aquíferos que são intercalados para a criação dos mapas de contorno (Tonkin e Larson, 2002). A depleção das águas superficiais pode ser um indício de problemas de sustentabilidade das águas subterrâneas, embora existam muitas outras razões para a depleção das águas de superfície (Barlow et al., 2016; CDWR, 2016i; do Rosario et al., 2016; Galloway e Riley, 1999; Psomas et al., 2017; Verdi et al., 2006). O monitoramento das depleções das águas de superfície interconectadas requer o uso de ferramentas sofisticadas, geralmente abordagens de criação de modelos, para estimar as depleções associadas à extração de água de subsolo (Sophocleous, 2002; Singh, 2014).

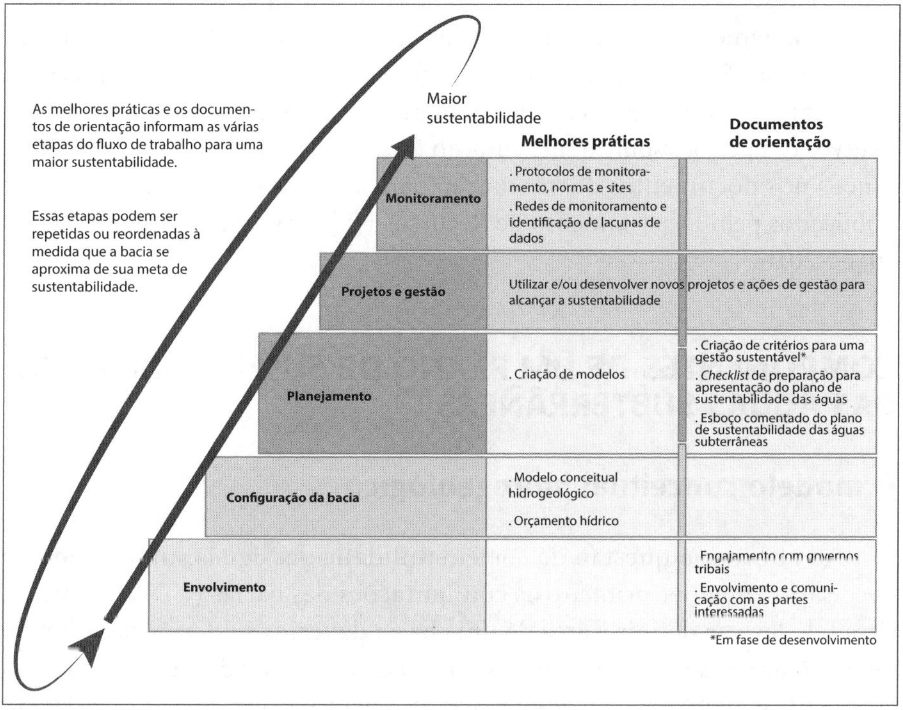

Figura 3 – Etapas básicas e melhores práticas de gestão para a gestão sustentável das águas de subsolo (CDWR, 2016h).

Qualquer bacia que dependa de águas subterrâneas, seja como fonte de irrigação ou água potável, deve considerar a sustentabilidade das águas de subsolo como um recurso. Este capítulo tem por objetivo apresentar uma breve introdução ao conceito de gestão sustentável de águas subterrâneas e descrever algumas das principais etapas (Figura 3) ou ações necessárias para a determinação da sustentabilidade de um recurso hídrico subterrâneo e implementação de um plano de ação. As etapas recomendadas para o desenvolvimento de um plano de sustentabilidade incluem a definição da área de sustentabilidade a ser avaliada ou gerenciada, a condução de um equilíbrio hídrico na área de sustentabilidade, a criação de um modelo de águas de subsolo e, por fim, a elaboração de um plano de ação destinado a garantir a sustentabilidade das águas subterrâneas. A avaliação da sustentabilidade do uso das águas subterrâneas e do desenvolvimento de um plano de sustentabilidade das águas de subsolo elaborado sobre bases científicas também requer uma rede de monitoramento bem planejada e gerenciada. A maior parte deste capítulo foi adaptada a partir de documentos recentes de orientação sobre o desenvolvimento e a implementação de planos de sustentabilidade pelo Departamento de Recursos Hídricos da Califórnia (CDWR, 2016c-2016i). A Califórnia (EUA) tem problemas antigos com a sustentabilidade das águas subterrâneas, e o leitor interessado poderá encontrar muitos detalhes informativos e sugestões sobre a mensuração e gestão de recursos hídricos subterrâneos nos documentos de orientação para as melhores práticas de gestão publicados pelo Departamento de Recursos Hídricos da Califórnia (CDWR, 2016c-2016i).

COMPONENTES DE UM PLANO DE SUSTENTABILIDADE DAS ÁGUAS SUBTERRÂNEAS

O modelo conceitual hidrogeológico

Ao abordar a questão da sustentabilidade das águas subterrâneas, é necessário entender primeiro as configurações das bacias (CDWR, 2016d). Para tal, deve-se definir a área de uma bacia de terras subterrâneas a fim de determinar se os recursos hídricos do subsolo estão sendo utilizados excessivamente e, se necessário, desenvolver um plano de gestão e ação (CDWR, 2016d, 2016h). As bacias de águas subterrâneas podem cobrir vastas áreas de terra, geralmente cruzando várias jurisdições governamentais e, até mesmo, transgredindo fronteiras internacionais. Consequentemente, essas bacias em geral são divididas em diversas sub-bacias com base em fatores geográficos, geológicos, hidrológicos ou fronteiras institucionais. A divisão da área de uma bacia em sub-bacias facilita a identificação, a comunicação e o envolvimento das partes interessadas e dos governos locais e, por conseguinte, o *input* das partes interessadas, a conformidade e qualquer exigência de cumprimento em relação a um plano de sustentabilidade de águas subterrâneas (CDWR, 2016a). Além disso, as fronteiras científicas lógicas das sub-bacias podem simplificar os esforços de criação de modelos para a área de grandes bacias.

Para desenvolver um plano de gestão da sustentabilidade, a bacia subterrânea deve ser definida em três dimensões mediante o desenvolvimento de um modelo conceitual hidrogeológico ou HCM (da sigla em inglês para *hydrogeologic conceptual model*) (CDWR, 2016d; do Rosario et al., 2016; Psomas et al., 2017). O HCM deve proporcionar um entendimento das características gerais físicas e estruturais relacionadas à hidrologia regional, ao uso da terra, à geologia e à estrutura geológica, à qualidade da água, aos principais aquíferos e aos principais aquitardos da configuração da bacia (CDWR, 2016d). O HCM difere de um modelo matemático na medida em que não computa quantidades específicas da água que flui através de uma bacia, ou se move para dentro ou para fora dela. Em vez disso, esse tipo de modelo fornece as bases para o desenvolvimento de modelos analíticos ou numéricos, auxiliando no desenvolvimento e na quantificação dos orçamentos hídricos, dos componentes, das redes de monitoramento, dos planos de gestão e ação, bem como funciona como uma ferramenta para o envolvimento e a comunicação com as partes interessadas (CDWR, 2016a; CDWR, 2016d). O HCM serve também de base para o entendimento das possíveis incertezas das características físicas de uma bacia, o que pode ser útil para a identificação de lacunas de dados e o subsequente monitoramento dos requisitos necessários ao aprimoramento do entendimento sobre a configuração hidrogeológica. A Figura 4 mostra um exemplo de modelo conceitual hidrogeológico apresentado como um diagrama tridimensional de blocos.

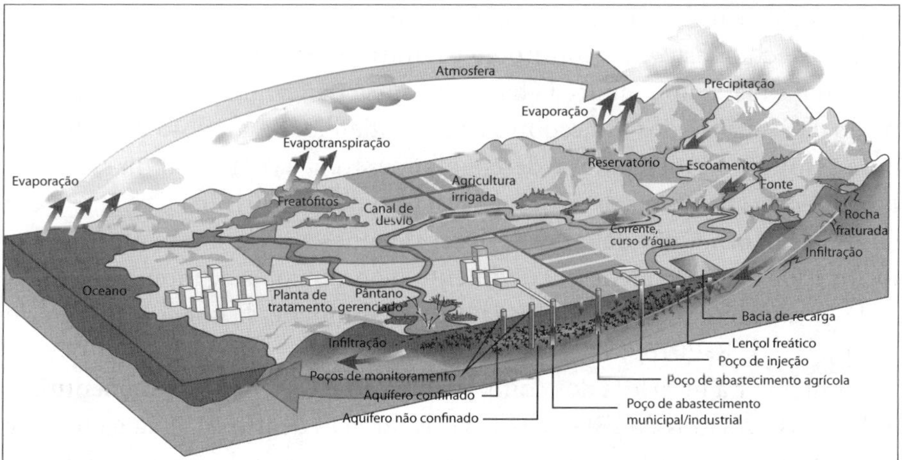

Figura 4 – Exemplo de modelo conceitual hidrogeológico apresentado como um diagrama tridimensional de blocos (CDWR, 2016d).

O HCM apresenta uma descrição narrativa, mas também contém componentes gráfico (CDWR, 2016d; do Rosario et al., 2016; Psomas et al., 2017). O HCM deve conter a representação gráfica da bacia como cortes transversais geológicos em escala. Os cortes transversais devem ser suficientemente detalhados para descrever as principais características estratigráficas e estruturais da bacia, incluindo as camadas verticais da geologia e as principais características estruturais da subsuperfície. Outras características do HCM, como a localização geral e a profundidade dos poços de monitoramento e produção existentes, bem como a interação das correntes com o aquífero, devem ser apresentadas (CDWR, 2016d). As localizações selecionadas para o desenvolvimento do corte transversal de uma bacia são mais bem informadas pelos indicadores de sustentabilidade mais críticos para a bacia, bem como pelo potencial para a ocorrência de resultados indesejados. Por exemplo, se a subsidência for uma questão conhecida da bacia, a construção do(s) corte(s) transversal(is) pode focar as áreas em que a subsidência tiver ocorrido ou que apresente risco de ocorrer (CDWR, 2016d).

O HCM é uma ferramenta importante para a comunicação com os habitantes da bacia e a elaboração de um plano de sustentabilidade das águas subterrâneas (CDWR, 2016d). O HCM deve fornecer informações altamente técnicas em um formato de fácil compreensão por leigos, a fim de auxiliar no envolvimento das partes interessadas e na comunicação das características da bacia aos usuários locais da água. O HCM deve ser um "documento vivo" que possa ser revisado à medida que forem disponibilizadas novas informações e utilizado para auxiliar na identificação de projetos e ações de gestão executadas com o intuito de permitir a realização dos objetivos de sustentabilidade no âmbito da bacia. Trata-se da ferramenta básica de respaldo da avaliação dos indicadores de sustentabilidade, aferição do potencial para resultados indesejados e desenvolvimento de critérios (limiares mínimos) desencadeadores de ações de gestão (CDWR, 2016b; CDWR, 2016d; CDWR, 2016i). O modelo deve conter detalhes suficientes e informações técnicas de respaldo ao desenvolvimento de protocolos de monitoramento, redes e estratégias de avaliação da sustentabilidade da bacia ao longo do tempo (CDWR, 2016g).

Entender a incerteza dos componentes do HCM, bem como identificar as lacunas de dados do sistema físico e as práticas de uso da água na bacia, é necessário para a gestão bem-sucedida dos recursos hídricos subterrâneos. As lacunas de dados típicas e as incertezas em relação ao HCM incluem as propriedades hidráulicas do aquífero e o material do aquitardo, a profundidade e espessura das diversas camadas geológicas e a distribuição geográfica adequada dos dados sobre a qualidade das águas do subsolo (CDWR, 2016d, 2016g). É importante avaliar adequadamente as lacunas de dados e as incertezas em um HCM, uma vez que essas lacunas geralmente determinam os tipos e locais de monitoramento que devem ser conduzidos para redução das incertezas nesses componentes do modelo conceitual (CDWR, 2016g, 2016h, 2016f).

Definição das fronteiras da bacia

O HCM deve conter as configurações regionais, geológicas e estruturais de uma bacia e descrever a distribuição, extensão e características dos atributos geológicos presentes na bacia, incluindo a localização e natureza de características estruturais significativas, como falhas e afloramentos rochosos que possam influenciar o comportamento das águas subterrâneas na bacia (CDWR, 2016d). As fronteiras da bacia em geral são geologicamente controladas e podem incluir fronteiras rochosas que definem as margens do sistema aquífero subterrâneo em aluviões e, por essa razão, representam barreiras ao fluxo das águas de subsolo (ver do Rosario et al., 2016). Outras fronteiras de bacia podem incluir rios e córregos, ou características estruturais, como falhas (do Rosario et al., 2016; Barnett et al., 2012). As bacias costeiras podem estar sujeitas à intrusão da água do mar, criando outro tipo de fronteira com a bacia de água doce (Roy e Datta, 2017). Além disso, a presença de água do mar na margem costeira também pode refletir a fronteira de uma bacia costeira.

É importante que o fundo da bacia seja definido com base em propriedades físicas ou químicas. Várias técnicas diferentes ou tipos de informações existentes podem ser utilizados na avaliação do fundo definível da bacia e da extensão de água doce (CDWR, 2016d). O fundo da bacia pode ser definido como a profundidade até o leito rochoso ou outra camada impermeável abaixo da qual não ocorrem movimentos significativos de águas subterrâneas (ver do Rosario et al., 2016). Esse tipo de informação pode ser encontrado a partir da análise de registros geológicos de poços perfurados para a extração de água, bem como de poços para a exploração de petróleo e gás, cuja perfuração tende a ser mais profunda do que os sistemas aquíferos utilizáveis. (CDWR, 2016d; do Rosario et al., 2016). Em muitas bacias, a água doce se sobrepõe à água salgada ou salobra remanescentes das condições marinhas presentes no passado geológico. Nesses casos, as normas para a definição de água doce podem ser utilizadas para definir as fronteiras da bacia inferior.

Nos Estados Unidos, normalmente são utilizados 10.000 mg/L de sólidos dissolvidos totais (SDT) para definir os limites de água doce (USEPA, 1988). Outros padrões, como a presença de hidrocarbonetos, arsênico ou outros contaminantes naturais podem ser utilizados para definir os limites de água doce utilizáveis. Vale observar que o fundo definível da bacia deve ser, pelo menos, tão profundo quanto as extrações mais profundas de águas de subsolo. Por fim, deve-se considerar como o fundo da bacia é definido nas bacias adjacentes conectadas por meio hidráulico, visto que isso pode criar mais complexidade para o desenvolvimento e a implementação de planos de sustentabilidade (CDWR, 2016d).

As técnicas de campo comuns utilizadas para definir o fundo das bacias aluviais podem ser divididas em técnicas baseadas em medidas diretas e aquelas baseadas em medidas indiretas (Bedrosian et al., 2016; CDWR 2016d, 2016e; USGS, 2000a). As abordagens de medidas diretas normalmente envolvem a perfuração de vários poços através dos sedimentos dos aquíferos aluviais que contêm água doce, adentrando as unidades litológicas subjacentes, seja um leito rochoso ou um aluvião, que contêm águas subterrâneas que não atendem aos critérios aplicados à água potável (CDWR, 2016d). Depois de perfurado cada poço, várias abordagens diferentes podem ser adotadas para estimar a profundidade do fundo da bacia naquele local (CDWR, 2016g; CDWR, 2016e; CDWR, 2016f). A compilação de dados a partir de vários poços pode ser utilizada para a preparação de um mapa de contorno da profundidade do fundo da bacia. Outras técnicas diretas incluem a instalação de sistemas multiportas ou a instalação de um arranjo de poços abrigados, elaboração contínua do perfil da litologia/qualidade das águas subterrâneas com o uso de sólidos dissolvidos totais, condutividade ou outras técnicas geofísicas de sondagem e mapeamento da profundidade até o leito rochoso com base nas medidas do poço (CDWR, 2016f; de Rosario et al, 2016; Roy e Datta, 2017; USEPA, 1988).

As abordagens de medidas indiretas normalmente são utilizadas na superfície do solo, a partir do ar ou até mesmo por meio de satélite (Bedrosian et al., 2016; CDWR, 2016d; USGS, 2000a). Os métodos mais comuns utilizados são as técnicas e os levantamentos geofísicos. As técnicas geofísicas normais que podem ser usadas para estimar a profundidade do leito rochoso ou os perfis da qualidade das águas subterrâneas são os levantamentos sísmicos de refração/reflexão, os levantamentos gravimétricos, os levantamentos magnéticos, os levantamentos de resistividade, o radar (incluindo o radar de penetração no solo) e outras técnicas eletromagnéticas (Bedrosian et al., 2016; CDWR, 2016d; USGS, 2000a).

O orçamento hídrico

Orçamento hídrico é uma ferramenta de base utilizada para compilar influxos (oferta) e efluxos (demanda) de água. Em qualquer bacia, ocorre movimentação, armazenamento e troca de água entre a atmosfera, a superfície terrestre e a subsuperfície, de acordo com o ciclo hidrológico. O ciclo hidrológico começa com a evaporação do oceano. À medida que a água evaporada sobe, o vapor de água esfria, condensa-se e, por fim, retorna à superfície da terra em forma de precipitação (chuva ou neve). Quando a precipitação cai sobre a superfície da terra, parte da água pode infiltrar-se no solo e transformar-se em água de subsolo, outra parte pode escoar e contribuir para as águas superficiais, uma parte ainda pode evaporar-se e, por fim, há aquela parte que ser utilizada pelas plantas e transpirada de volta para a atmosfera para continuar o ciclo hidrológico.

O orçamento hídrico é uma contabilidade de todos os influxos, efluxos e armazenamentos de todas as partes do ciclo hidrológico – atmosfera, superfície da terra, água da superfície e sistemas de águas subterrâneas em uma bacia ou área definida pelo usuário, onde a diferença entre os influxos e efluxos é controlada e comparada durante um determinado período para identificar alterações no armazenamento de água (CDWR, 2016c). Os superávits de períodos de orçamento hídrico anteriores podem agir como um amortecedor dos déficits orçamentários anuais isolados, mas uma série de constantes balanços negativos pode resultar em condições de saldo negativo em longo prazo, podendo ocorrer sinais de retirada insustentável de águas de subsolo (Barlow e Leake, 2012; Borchers e Carpenter, 2014; Galloway; Riley, 1999; Konikow, 2015; Konikow e Kendy, 2005; Richey et al., 2015).

Em princípio, o orçamento hídrico é um conceito simples. Na realidade, pode ser difícil medir precisamente e contabilizar todos os componentes do orçamento hídrico para uma determinada área. Alguns componentes podem ser medidos ou estimados de forma independente, enquanto outros devem ser calculados com base no princípio fundamental de que a diferença entre os influxos e efluxos da bacia é equilibrada por uma alteração no volume da água armazenada. Esse princípio é quantificado de acordo com a seguinte equação de orçamento hídrico (CDWR, 2016c):

$$\textit{Influxo (a, b, c)} - \textit{Efluxo (a, b, c)} = \textit{Alteração no armazenamento} \quad \text{Eq. 1}$$

Sempre que possível, os dados gerados por medições diretas devem ter preferência sobre aqueles estimados ou calculados para o desenvolvimento do orçamento hídrico.

Os orçamentos hídricos podem ser altamente variáveis entre os sistemas de águas subterrâneas (CDWR, 2016c). Em algumas bacias, a precipitação pode ser o maior fator contribuinte para a recarga de água subterrânea. Em outras, as principais fontes de recarga são provenientes de infiltração e vazamento de água de irrigação, sistemas de transmissão, sistemas sépticos e diversos sistemas de águas de superfície (córregos, lagos, reservatórios, etc.). Em algumas áreas, os altos níveis das águas de subsolo resultam em efluxo sazonal ou contínuo do sistema de águas subterrâneas para os sistemas sobrejacentes de águas de superfície. Em outras bacias, os níveis mais baixos das águas subterrâneas resultam no movimento contínuo da água do sistema de águas de superfície para o sistema de águas subterrâneas. A avaliação e comparação dos dados do orçamento hídrico anual requerem o uso de uma área regular definida pelo usuário e um período de avaliação (CDWR, 2016c).

Considerações sobre o orçamento hídrico

Uma consideração importante no que tange ao desenvolvimento de orçamentos hídricos é a interação entre os sistemas de águas subterrâneas e de águas de superfície (Barlow e Leake, 2012; Sophocleous, 2002). As águas subterrâneas movimentam-se naturalmente em um gradiente decrescente, de áreas de alta elevação das águas subterrâneas para áreas de baixa elevação. Nas áreas em que os níveis das águas subterrâneas estão abaixo do sistema de águas superficiais, as águas subterrâneas fluem no sentido do sistema de águas de superfície para o sistema de águas de subsolo. (CDWR, 2016c; Sophocleous, 2002). As correntes que recebem água do sistema de águas subterrâneas são denominadas correntes "efluentes", enquanto aquelas que perdem água para o sistema de águas subterrâneas são chamadas correntes "influentes". O caráter de ganho ou perda de fluxo pode ser regular em todo o sistema de correntes, podendo também ser variável de acordo com a localização da corrente, as alterações sazonais *versus* alterações anuais das condições climáticas locais, e o influxo (recarga) ou efluxo (extração de águas subterrâneas) para a bacia (CDWR, 2016c). É importante, portanto, identificar claramente e caracterizar os segmentos da corrente no cálculo do orçamento hídrico.

Nos casos de extração insustentável de água de subsolo, a menos que se desenvolvam influxos ou reservas adicionais, pode desenvolver-se uma desconexão hidráulica entre os sistemas de águas de superfície e de águas de subsolo nas bacias em que esses sistemas normalmente estejam interconectados (Barlow e Leake, 2012; CDWR, 2016c; Sophocleous, 2002). Os sistemas de águas subterrâneas desconectados do sistema de águas superficiais continuarão a receber recarga do sistema de águas de superfície; entretanto, toda a extração do sistema de águas de subsolo poderá, em grande parte, ser equilibrada pelo declínio das águas subterrâneas armazenadas e/ou da redução do efluxo subsuperficial da bacia ao longo do tempo (CDWR, 2016c).

Por outro lado, a extração insustentável de água do subsolo pode levar à depleção das correntes e de outros recursos hídricos conectados (Barlow e Leake, 2012; CDWR, 2016c; Sophocleous, 2002). Nas bacias com sistemas de água de superfície interconectados, se os influxos (recarga) para a bacia permanecerem fixos enquanto a extração de água de subsolo aumenta, pode haver um declínio do volume de armazenamento do aquífero, mas as perdas no armazenamento podem acabar sendo compensadas pelas reduções do fluxo de água subterrânea para as fontes, os córregos e os ecossistemas dependentes de água de subsolo, ou pelo aumento da descarga de correntes influentes. Os poços de produção rasos próximos a sistemas de água de superfície em geral capturam o fluxo diretamente desses sistemas por meio de recarga induzida (Barlow e Leake, 2012; CDWR, 2016c). A depleção dos cursos d'água associada aos poços de bombeamento mais afastados dos sistemas de águas de superfície geralmente é resultante da captura indireta do fluxo de águas subterrâneas que, do contrário, seria descarregado no sistema de águas de superfície em algum momento futuro. Em ambos os casos, a depleção do fluxo continuará a existir até que se estabeleça um novo equilíbrio entre o efluxo associado à extração de águas subterrâneas e o influxo decorrente da depleção das águas de superfície (CDWR, 2016c).

O equilíbrio entre a depleção do armazenamento e a depleção do escoamento afetará o orçamento hídrico no decorrer do tempo. O lapso de tempo para que se estabeleça um novo equilíbrio está diretamente relacionado à localidade e à construção de poços de produção, à espessura e à condutividade hidrológica do sistema aquífero, bem como à capacidade e ao tempo de extração de água do subsolo (CDWR, 2016c; Sophocleous 2002). Em muitas bacias, a depleção dos cursos d'água resultante da extração de água do subsolo pode não alcançar o equilíbrio, a menos que as taxas de extração e as variáveis climáticas se estabilizem (Barlow e Leake, 2012; CDWR, 2016a; Galloway e Riley, 1999; Verdi et al. 2006). Em virtude desse processo transicional, um orçamento hídrico baseado em "condições médias" não refletirá essa mudança lenta e progressiva. É importante também reconhecer que, nos estágios iniciais de desenvolvimento da bacia do sistema subterrâneo, o orçamento hídrico terá valores diferentes de armazenamento e efluxo da bacia do que o orçamento hídrico para um período posterior, quando a bacia estiver se aproximando do equilíbrio (CDWR, 2016c).

Para identificar e avaliar precisamente os diversos componentes do influxo e efluxo do orçamento hídrico, é vital que o HCM caracterize adequadamente a interação entre os sistemas de águas de superfície e de águas subterrâneas, utilizando o monitoramento dos níveis das águas de subsolo e das condições de fluxo (CDWR, 2016c; CDWR, 2016d). Em função das complexidades de caracterização da depleção dos cursos d'água em decorrência da extração de água do subsolo, os modelos integrados de águas subterrâneas-águas superficiais são necessários para auxiliar no orçamento hídrico e nas previsões (ver a seguir). Além disso, onde existem sistemas interconectados de águas de superfície, a quantificação e a previsão da depleção do fluxo podem ser extremamente difíceis sem o uso de um modelo numérico combinado de águas subterrâneas e águas de superfície (CDWR, 2016c; CDWR, 2016e).

Contabilização e quantificação dos componentes do orçamento hídrico

O orçamento hídrico possui quatro componentes principais: 1) quantificação dos influxos e efluxos das águas de superfície, 2) quantificação dos influxos das águas subterrâneas, 3) quantificação dos efluxos das águas subterrâneas e 4) alterações no volume das águas subterrâneas armazenadas (CDWR, 2016c). Esses quatro componentes em geral são contabilizados anualmente. Além disso, o orçamento hídrico deve contabilizar outras variáveis, como tipo de ano hidrológico (seco, úmido, médio, etc.) associadas à oferta, à demanda e às alterações anuais das águas subterrâneas armazenadas. Estabelecer a relação entre a sustentabilidade das águas subterrâneas com o tipo de ano hidrológico é fundamental em regiões áridas e em qualquer área sujeita à seca. Os orçamentos hídricos devem quantificar o saldo negativo no decorrer de um intervalo de anos durante o qual o ano hidrológico e as condições de oferta de água aproximam-se das condições "médias". A partir desse cálculo, é possível desenvolver e estabelecer uma estimativa da vazão sustentável de água de subsolo para a bacia (CDWR, 2016c).

Um orçamento hídrico deve conter informações detalhadas sobre os quatro componentes principais. As águas de superfície que entram e saem da bacia e escoam para o sistema subterrâneo devem ser contabilizadas pelo tipo de fonte hídrica. Os efluxos do sistema subterrâneo devem ser contabilizados por setor usuário da água. A contabilização anual das águas de superfície que entram e saem da bacia devem incluir também as alterações anuais ocorridas no armazenamento de água de superfície nos lagos e reservatórios que contribuem com reservas de água significativas para a bacia (CDWR, 2016c).

Orçamento de águas de superfície

Os componentes do orçamento hídrico associados ao sistema de rios e cursos d'água incluem a entrada (influxo) e saída (efluxo) de água de superfície da bacia. O influxo e o efluxo de água de superfície para a bacia normalmente são quantificados como um volume anual total (p. ex. m^3/ano), de acordo com o corpo hídrico de superfície e o tipo de fonte hídrica. No caso dos fornecedores de água urbanos, o uso de água de superfície desviada e aplicada deve incluir o volume de uso anual total para todas as áreas urbanas no âmbito da bacia e o consumo médio diário *per capita* para a bacia (CDWR, 2016c).

A contabilização das águas de superfície por bacia e por setor usuário da água pode ser classificada nas seguintes categorias (CDWR, 2016c; p. 19).

- Urbanas: volume anual total (m^3/ano) e consumo médio diário *per capita.*
- Industriais: volume anual total (m^3/ano) e área total de águas aplicadas (m^2).
- Agrícolas: volume anual total (m^3/ano) e área de águas aplicadas (m^2).
- Pântanos gerenciados: volume anual total (m^3/ano) e área de águas aplicadas (m^2).
- Recarga gerenciada: volume anual total (m^3/ano) e área de águas aplicadas (m^2).
- Vegetação nativa: volume anual total (m^3/ano) e área de águas aplicadas (m^2).
- Outras (conforme necessário): volume anual total (m^3/ano) e área de águas aplicadas (m^2).

Influxos de águas subterrâneas

Os influxos para o sistema de águas subterrâneas devem ser quantificados para a bacia como o volume anual total (m^3/ano) de acordo com o tipo de fonte hídrica e o setor usuário da água (CDWR, 2016c). A contabilização dos influxos para os sistemas de águas subterrâneas deve incluir o que segue.

- Influxo de águas de subsuperfície (m^3/ano).
- Infiltração de precipitação (m^3/ano).
- Infiltração de água aplicada (m^3/ano).
- Infiltração oriunda de sistemas de águas de superfície (m^3/ano).
- Infiltração ou injeção oriunda de projetos de recarga gerenciada (m^3/ano).

É possível que seja necessário considerar outros tipos de influxo, dependendo das condições ou atividades específicas da bacia. Em alguns casos, a água injetada deve ser considerada efluxo, e não influxo. A injeção de água abaixo do fundo definido da bacia deve ser considerada efluxo. Além disso, é possível que a água de subsolo injetada para evitar a intrusão da água do mar precise ser tratada como efluxo (CDWR, 2016c; Roy e Datta, 2017).

Efluxos de águas subterrâneas

Assim como ocorre com os demais componentes importantes, os efluxos do sistema de águas subterrâneas devem ser quantificados anualmente para toda a bacia de acordo com o tipo de fonte hídrica e o setor usuário da água. A contabilização dos efluxos do sistema de águas subterrâneas pode precisar também ser subdividida por áreas de gestão regional, a fim de melhorar a contabilização do orçamento hídrico e ajudar a facilitar a gestão da sustentabilidade das águas de subsolo (CDWR, 2016c).

As fontes dos tipos de efluxo de águas subterrâneas devem incluir, mas não se limitar apenas a isso, o seguinte.

- Evapotranspiração (m^3/ano).
- Descarga de águas subterrâneas para fontes de água de superfície (m^3/ano).
- Efluxo de águas de subsuperfície (m^3/ano).
- Extração de águas subterrâneas pelo setor usuário da água:
  - urbana (m^3/ano) e consumo médio diário *per capita*;
  - industrial (m^3/ano);
  - agrícola (m^3/ano);
  - pântanos gerenciados (m^3/ano);
  - recarga gerenciada (m^3/ano);
  - vegetação nativa (m^3/ano);
  - outros (específicos para a bacia, conforme necessário).

As bacias que contêm poços de produção de petróleo e gás podem gerar água produzida (i. e., água conata produzida a partir de formações de petróleo e gás). As águas produzidas podem originar-se abaixo da fronteira inferior do HCM, podendo ser descarregada ou reutilizada dentro da fronteira tridimensional do HCM. Nesse caso, a água produzida pode ser considerada uma "nova" fonte de água para a bacia. Entretanto, em alguns casos, a água produzida pode ser reinjetada abaixo da fronteira inferior do HCM. Se as águas produzidas forem aplicadas, descarregadas ou, ainda, reutilizadas dentro da fronteira tridimensional do HCM, deve-se contabilizar a água produzida como uma fonte de água aplicada (CDWR, 2016c).

Armazenamento de águas subterrâneas

As variações anuais no armazenamento das águas subterrâneas devem ser responsáveis pelas alterações sazonais nos níveis das águas subterrâneas. As variações totais no armazenamento são calculadas como as alterações entre as condições sazonais de alta, que normalmente ocorrem na primavera, após a estação chuvosa do inverno, na Califórnia (CDWR, 2016c). É recomendável que as variações nas estimativas de armazenamento sejam baseadas nas alterações observadas nos níveis das águas subterrâneas na área da bacia (CDWR, 2016c). Entretanto, as variações no armazenamento das águas subterrâneas podem também ser calculadas como a diferença entre os influxos e efluxos anuais, de acordo com a equação do orçamento hídrico (Eq. 1) se todos os influxos e efluxos puderem ser mensurados ou estimados com segurança (CDWR, 2016c). Modelos podem ser utilizados para estimar as variações no armazenamento de águas subterrâneas, mas devem ser verificados com mensurações diretas ou indiretas (Bedrosian et al., 2016; CDWR, 2016e; CDWR, 2010; CDWR, 2016g; Richey et al., 2015; Singh, 2014). A exemplo de outros componentes do orçamento hídrico, o método de quantificação das variações no armazenamento provavelmente irá variar, dependendo das condições específicas da bacia e das informações disponíveis, e implica considerar as incertezas associadas a cada método de estimativa ou mensuração (Singh, 2014; Sophocleous, 2002).

Tipo de ano hidrológico e outras variáveis

A precipitação é altamente variável entre os anos na maior parte do mundo, e até mesmo regiões normalmente úmidas podem sofrer períodos de seca prolongada (Barlow et al., 2016; Mpelasoka et al., 2018; Verdi et al., 2006). No Mediterrâneo ou em climas áridos, a precipitação pode variar amplamente de um ano para outro, devendo-se considerar essa variação ao calcular os orçamentos hídricos e determinar a vazão sustentável para o plano de gestão de uma bacia subterrânea. É de se esperar que as variações de frequência, intensidade e duração das secas e precipitações aumentem em consequência das mudanças climáticas (Barlow et al., 2016; Mpelasoka et al., 2018), devendo ser levadas em consideração como parte do planejamento da sustentabilidade das águas subterrâneas (CDWR, 2016e).

Na Califórnia, são definidas cinco categorias de tipos de ano hidrológico com base na precipitação anual em uma bacia: condição úmida, acima do normal, abaixo do normal, seca e criticamente seca (CDWR, 2016c). Esses tipos de ano hidrológico são considerados na regulação hídrica e usados na gestão da sustentabilidade das águas subterrâneas. As classificações do ano hidrológico são baseadas na precipitação verificada no ano em curso e nos anos anteriores, e podem ajudar os gestores a entender como os recursos hídricos subterrâneos respondem às condições hidrológicas e reservas hídricas mutáveis ao longo do tempo. No caso das bacias que não possuem um índice do ano hidrológico, é recomendável que se desenvolvam tipos de ano hidrológico, classificando-os com base na precipitação anual em função da precipitação média dos 30 anos anteriores para a bacia (CDWR, 2016a).

Para fins de orçamento hídrico, o saldo negativo se configura quando a extração de águas de subsolo excede a recarga de águas subterrâneas ao longo de um intervalo de anos, em referência ao ano hidrológico e às condições médias de oferta de água (CDWR, 2016a). As condições de saldo negativo podem ser avaliadas como alterações no armazenamento de águas subterrâneas por tipo de ano hidrológico. A redução do armazenamento de águas subterrâneas em um único ano durante condições críticas, de seca ou abaixo dos níveis dos anos hidrológicos normais pode nem sempre representar condições de saldo negativo. Por outro lado, as reduções no armazenamento de águas subterrâneas nos anos acima do normal ou úmidos ou durante um período de condições médias do ano hidrológico representam condições de saldo negativo (CDWR, 2016a). As variações anuais nas estimativas de armazenamento de águas subterrâneas a partir da contabilização do orçamento hídrico devem ser documentadas no plano de sustentabilidade, e os orçamentos hídricos devem ser reavaliados à medida que novos dados são coletados e revisados anualmente ou conforme necessário (CDWR, 2016a).

Estimativa da vazão sustentável da bacia

A estimativa da vazão sustentável consiste na avaliação das condições vigentes, históricas e projetadas do orçamento hídrico (CDWR, 2016c; Psomas et al., 2017; Richey et al., 2015). A vazão sustentável é definida como a quantidade máxima de água que pode ser retirada anualmente de uma reserva de águas subterrâneas sem causar resultados indesejáveis, como definido pelos indicadores de sustentabilidade discutidos anteriormente (CDWR, 2016b; CDWR, 2016i). A vazão sustentável deve ser calculada durante um período-base representativo das condições de longo prazo da bacia, incluindo quaisquer períodos de superávit temporário (CDWR, 2016c). As informações sobre a contabilização do orçamento hídrico devem servir de respaldo direto para a estimativa da vazão sustentável da bacia e os planos de sustentabilidade devem conter uma explicação de como a estimativa da vazão sustentável permitirá que a bacia opere de modo a evitar resultados indesejáveis. A explicação deve incluir uma discussão sobre a relação ou ligação entre a vazão sustentável estimada para a bacia e a definição local dos critérios de gestão sustentável (meta de sustentabilidade, resultados indesejáveis, limiares mínimos e objetivos mensuráveis).

As informações sobre o orçamento hídrico são desenvolvidas como parte de um plano de sustentabilidade e normalmente são apresentadas tanto em formato tabular como em formato gráfico (CDWR, 2016c). Essa apresentação dos dados do orçamento hídrico pode assumir muitas formas, dependendo do influxo, do efluxo e das atividades relacionadas ao uso da água na bacia. A Tabela 1 ilustra a tabulação de um orçamento hídrico e a Figura 5 contém uma representação gráfica. A Tabela 1 contém uma lista dos componentes do orçamento hídrico necessários para respaldar a contabilização completa dos influxos e efluxos de uma bacia do sistema subterrâneo. Para algumas bacias, é possível que sejam necessários componentes adicionais que não estejam explicitamente relacionados, a fim de permitir a avaliação adequada da sustentabilidade e a identificação e avaliação de projetos e ações de gestão para lidar com os resultados indesejáveis. Por exemplo, nas bacias em que a água produzida tratada gerada a partir de operações de petróleo e gás é utilizada como fonte de abastecimento, o volume anual da água produzida e empregada para uso benéfico deve ser quantificado e descrito de acordo com o tipo de reserva hídrica e setor usuário da água.

Tabela 1 – Exemplo de orçamento hídrico simples

Ano hidrológico:			
Tipo de ano hidrológico:			
Influxos		**Efluxos**	
Fonte de influxo	**Volume (m^3/ano)**	**Escoadouro**	**Volume (m^3/ano)**
Influxo de águas de superfície*		Efluxo de águas de superfície*	
Precipitação		Evapotranspiração	
Influxo de águas de subsuperfície		Efluxo de águas de subsuperfície	

(continua)

Tabela 1 – Exemplo de orçamento hídrico simples (*continuação*)

Ano hidrológico:			
Tipo de ano hidrológico:			
Influxos		**Efluxos**	
Fonte de influxo	**Volume (m^3/ano)**	**Escoadouro**	**Volume (m^3/ano)**
Influxo total da bacia		Efluxo total da bacia	
Influxo de águas de subsuperfície		Efluxo de águas de subsuperfície	
Infiltração de precipitação		Extração de águas subterrâneas	
Infiltração oriunda dos sistemas hídricos de superfície		Descarga para os sistemas hídricos de superfície	
Infiltação de água aplicada			
Influxo total de águas subterrâneas		Efluxo total de águas subterrâneas	
		Variação do volume de armazenamento de águas de superfície	
		Variação do volume de águas subterrâneas	

* por tipo de fonte hídrica

Fonte: adaptada de CDWR, 2016c.

Avaliação da acurácia e da incerteza dos componentes do orçamento hídrico

Deve-se reconhecer claramente que, mesmo os orçamentos hídricos e planos de sustentabilidade mais completes são baseados em informações sujeitas à incerteza (CDWR, 2016c; do Rosario et al., 2016; Heath, 1976; Psomas et al., 2017; Richey et al., 2015). Deve-se considerar cuidadosamente a documentação da acurácia e da incerteza dos dados utilizados, assim como a seleção dos componentes estimados de forma independente e daqueles estimados com base no princípio do equilíbrio de massa (CDWR, 2016c; CDWR, 2016h). A incerteza de um orçamento hídrico pode ser minimizada pela utilização das melhores informações disponíveis e da melhor ciência disponível para fornecer dados defensáveis relativos à hidrologia histórica e futura, às interações entre as águas subterrâneas e de superfície, o fluxo de águas de subsuperfície, as demandas hídricas, as reservas hídricas, as alterações populacionais, as mudanças climáticas, a elevação do nível do mar e o uso atual e futuro da terra (CDWR, 2016c).

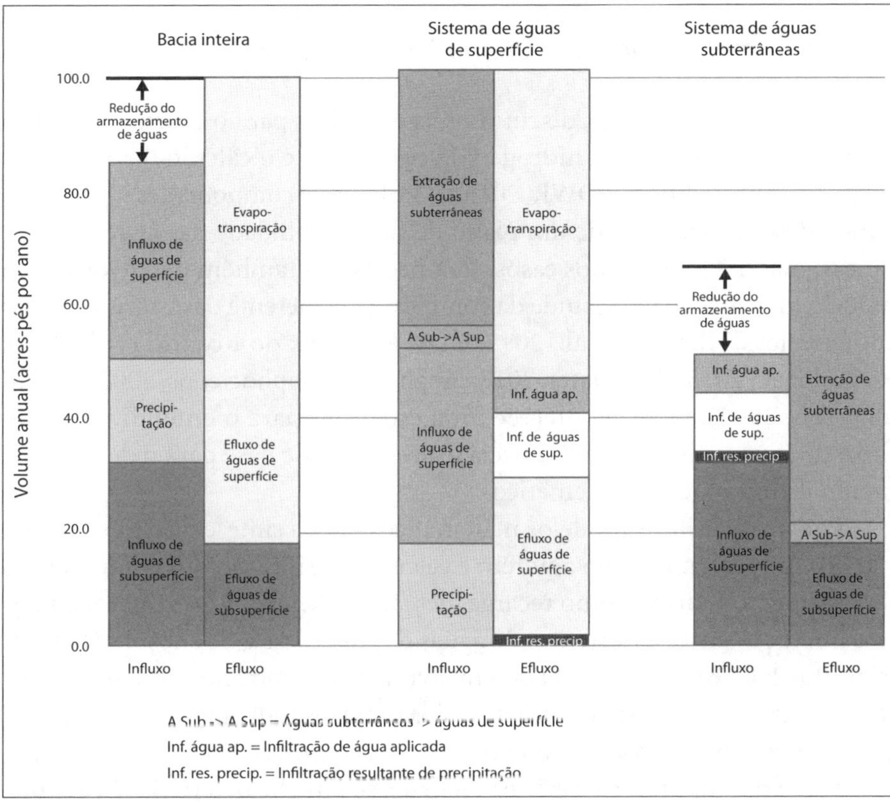

Figura 5 – Representação gráfica de um orçamento hídrico (CDWR, 2016c).

Os componentes da equação do orçamento hídrico (Equação 1) devem ser cuidadosamente examinados quanto à sua razoabilidade. Por exemplo, se a experiência passada sugerir que o valor típico para a infiltração de precipitação está em torno de 5-10% do influxo total para uma determinada bacia, mas a solução da equação do orçamento hídrico para a infiltração de precipitação resultar em uma estimativa de 50% do influxo total, justifica-se o exame complementar dos demais componentes do orçamento hídrico (CDWR, 2016c). A avaliação da acurácia e da incerteza associadas aos componentes individuais do orçamento hídrico é importante porque melhora o entendimento em relação à sensibilidade e à gama de incerteza dos diversos componentes, o que subsequentemente respalda e informa o desenvolvimento dos critérios e projetos de gestão sustentável e as ações de gestão que estão sendo implementadas e propostas para que se alcance a sustentabilidade (CDWR, 2016c).

O modelo matemático do sistema hídrico subterrâneo

Nas seções anteriores, discutimos as diretrizes para o desenvolvimento de um modelo conceitual hidrogeológico (HCM) e o cálculo do equilíbrio hídrico (CDWR, 2016c; CDWR, 2016d). Trata-se de componentes necessários para o desenvolvimento de um plano de sustentabilidade das águas subterrâneas, mas, na maioria dos casos, será necessário também desenvolver um modelo matemático em virtude da complexidade inerente das bacias de águas subterrâneas. (Barnett et al., 2012; CDWR, 2016e; do Rosario et al., 2016; Richey et al., 2015; Roy; Datta, 2017; Singh, 2014; Sophocleous, 2002; Tonkin e Larson, 2002). O HCM oferece uma estrutura para o entendimento do fluxo de águas subterrâneas na bacia e deve servir de base para o desenvolvimento de um modelo matemático.

Podem-se utilizar modelos matemáticos para a síntese de dados, avaliação do comportamento do aquífero e cálculo e verificação dos componentes do orçamento hídrico, como recarga, descarga, alterações no armazenamento e interação entre os sistemas de águas de superfície e de subsolo (Barnett et al., 2012; CDWR, 2016e). O desenvolvimento de modelos precisos é muito importante para prever o impacto dos cenários hidrológicos alternativos ou de desenvolvimento, de modo que as ações destinadas a manter a sustentabilidade dos aquíferos e gerir os recursos sejam eficazes (CDWR, 2016e). Assim como ocorre com outros aspectos da gestão de águas subterrâneas, é importante reconhecer e quantificar a incerteza e a sensibilidade do modelo utilizado par orientar a coleta de dados e a tomada de decisão baseada no risco (Barnett et al., 2012; CDWR, 2016h; Richey et al., 2015; Singh, 2014; Sophocleous, 2002; Tonkin e Larson, 2002). A identificação das lacunas de dados e da incerteza associadas aos principais componentes do orçamento hídrico e às previsões do modelo, bem como o desenvolvimento do entendimento de como essas lacunas e incerteza podem afetar a implementação dos projetos propostos e das ações de gestão hídrica, são medidas necessárias para garantir a ações de sustentabilidade eficazes (CDWR, 2016e). Os modelos são muito úteis para o fornecimento de um repositório de informações e dados (Camarillo et al., 2016). A utilização de modelos para a visualização das informações disponíveis pode ajudar na coordenação dos esforços de sustentabilidade e auxiliar o envolvimento da comunidade de partes interessadas (Camarillo et al., 2016). Os modelos podem ser usados para avaliar os cenários passados e futuros e são úteis para o entendimento e a avaliação de como as condições históricas relacionadas à hidrologia, à demanda hídrica e à disponibilidade ou confiabilidade das reservas de água de superfície impactam a capacidade de operação da bacia dentro de um nível de vazão sustentável (CDWR, 2016i). É necessário conhecer as práticas de gestão passadas para identificar ações de gestão e situações de orçamento hídrico que geralmente resultam em condições de saldo negativo ou produzem resultados indesejáveis. Os modelos sólidos devem ser capazes de estimar a vazão sustentável da bacia, otimizar os projetos propostos e as ações de gestão, além de avaliar os possíveis efeitos dessas atividades sobre a realização dos objetivos de sustentabilidade para a bacia (CDWR, 2016i; CDWR, 2016e; Singh, 2014; Sophocleous, 2002).

Um modelo matemático simula o fluxo de águas subterrâneas ou o transporte de solutos mediante a solução de uma série de equações que, na medida do possível, representa o fluxo físico e os processos de transporte na bacia (CDWR, 2016e). Deve-se desenvolver um modelo que permita a capacidade computacional de prever e avaliar diversas condições da bacia ao longo do tempo. Qualquer abordagem que envolva o uso de modelos deve ser capaz de simular prontamente as reduções nas reservas de água de superfície disponíveis, as variações populacionais e do uso da terra juntamente com as demandas hídricas correlatas, os efeitos das mudanças climáticas que influenciam as condições meteorológicas na bacia, a previsão do impacto de cenários hidrológicos alternativos, o cálculo dos componentes do orçamento hídrico e a quantificação da incerteza dessas previsões (CDWR, 2016e). Esses modelos devem ser baseados em medidas de campo ou laboratório, quando possível, e em dados de campo calibrados em função do local específico (CDWR, 2016e; Singh, 2014). Os modelos matemáticos podem ser categorizados como modelos analíticos ou numéricos e diferem dos modelos conceituais na medida em que são capazes de produzir estimativas quantitativas dos componentes do orçamento hídrico.

Modelos analíticos

Os modelos analíticos geralmente requerem pressupostos que simplificam demais o sistema de águas subterrâneas que está sendo avaliado (CDWR, 2016e). A configuração física da ação de gestão também normalmente é idealizada para fins de análise e, em consequência, as influências relacionadas à geometria do projeto são ignoradas (CDWR, 2016e). Por exemplo, os modelos analíticos geralmente limitam as condições das fronteiras topográficas a formas geométricas simples, e as propriedades do aquífero em geral são consideradas sistemas homogêneos, quando as propriedades reais do sistema de águas subterrâneas podem ser drasticamente diferentes (Richey et al., 2015; Singh, 2014; Sophocleous, 2002; Tonkin e Larson, 2002). Nos modelos analíticos, normalmente é avaliado somente um componente do sistema de águas subterrâneas de cada vez, limitando a capacidade de avaliação das possíveis interações com outros componentes (CDWR, 2016e). Por exemplo, uma equação simples pode ser utilizada para estimar a queda do nível do aquífero em uma determinada localidade com base no bombeamento em outro local, embora ignore outras variáveis importantes, como a influência nos cursos d'água próximos. (CDWR, 2016e; Sophocleous, 2002).

Embora normalmente sejam simplificações grosseiras dos complexos sistemas de águas subterrâneas, os modelos e ferramentas analíticos podem ser utilizados de forma bem-sucedida e econômica para a obtenção de sólidos conhecimentos conceituais e quantitativos gerais sobre a dinâmica da bacia do sistema subterrâneo, incluindo interações com bombeamento, armazenamento de águas subterrâneas, qualidade das águas de subsolo, intrusão da água do mar, subsidência da terra e água de superfície (CDWR, 2016e). Consequentemente, a aplicabilidade dos modelos analíticos é mais adequada para estudos iniciais de definição de escopo, bacias com condições hidrológicas simples ou bacias facilmente idealizadas. Os modelos analíticos são mais limitados quando utilizados como a única ferramenta de modelagem, o que pode ser uma importante causa de incerteza nos cálculos subsequentes (CDWR, 2016e).

Modelos numéricos

As ferramentas de modelagem numérica são amplamente utilizadas para fins de análise do fluxo de águas subterrâneas e transporte, a fim de avaliar as alterações em um sistema de águas subterrâneas causadas por ações de gestão, variações populacionais e uso da terra, mudanças climáticas ou outros fatores (CDWR, 2016e). Comparados aos modelos analíticos, os modelos numéricos permitem uma representação mais realista do sistema físico, incluindo camadas geológicas, complexas condições de fronteira e estresses decorrentes das demandas de bombeamento, recarga e uso da terra (CDWR, 2016e; Barnett et al., 2012). Entretanto, o modelo numérico é complexo e requer *software* de modelagem para o processamento de dados geoespaciais, calibragem de modelos, análises de incerteza e sensibilidade, visualização de resultados e computação paralela de cenários (Richey et al., 2015; Singh, 2014; Sophocleous, 2002; Tonkin e Larson, 2002). Consequentemente, os modelos numéricos são muito mais caros e demoram mais para ser desenvolvidos do que os modelos analíticos. As bacias complexas com retiradas significativas de água de subsolo e as interações entre as águas subterrâneas e as águas de superfície requerem o uso de um modelo numérico para sistemas de águas subterrâneas e de superfície que permita modelar precisamente a bacia e atingir as metas de sustentabilidade (CDWR, 2016e).

Os modelos numéricos avançados podem conter a capacidade de similar simultaneamente o fluxo dos cursos d'água e sua interconexão com o sistema aquífero (CDWR, 2016e; Sophocleous, 2002). Alguns modelos numéricos avançados são modelos de sistemas de águas de subsolo e superfície totalmente integrados que utilizam um conjunto de códigos que, juntos, resolvem as soluções numéricas para os processos de superfície (como irrigação e desvios de cursos de água), fluxos de superfície e nascentes de águas subterrâneas juntos (CDWR, 2016e).

Outra abordagem comum é o uso de modelos combinados de águas de subsolo e superfície, que utilizam modelos separados para os sistemas de águas de superfície e águas subterrâneas. Esses modelos são combinados de tal forma que a solução oriunda de um modelo (*i. e.*, a saída do modelo de águas de superfície) pode ser utilizada como entrada no segundo modelo (*i. e.*, modelo de águas subterrâneas) para solucionar as equações de fluxo de águas subterrâneas e considerar o estresse (condições fronteiriças) imposto pelas informações sobre as águas de superfície (CDWR, 2016e). Uma vantagem dessa abordagem é permitir a aplicação de modelos existentes de águas de superfície ou de subsolo que já possam desfrutar da credibilidade ou aceitação das partes interessadas.

Os modelos de águas subterrâneas podem também incluir biogeoquímica e transporte reativo. Os códigos do modelo de transporte acrescentam um nível de complexidade além do que é apresentado pelos modelos de fluxo de águas subterrâneas (Finsterle et al., 2014). Esses modelos permitem a avaliação de vários problemas, incluindo a possível migração das plumas de contaminantes existentes em decorrência de ações de gestão ou de variações da qualidade das águas de subsolo ao longo do tempo após a implementação de um projeto de remediação (CDWR, 2016e). Esses tipos de modelo não são usados de forma tão ampla para o planejamento dos recursos hídricos, mas precisam ser considerados caso a caso quando a contaminação existente puder impedir o uso das águas de subsolo como reserva e/ou afetar outras áreas da bacia no presente ou no futuro.

O plano de ação

Na maioria dos casos, quando os gestores da bacia se engajam no planejamento da sustentabilidade com a criação de um modelo conceitual, o cálculo de um orçamento hídrico e o desenvolvimento de um modelo de águas subterrâneas, há um entendimento ou uma sensação de que as águas de subsolo são um recurso fundamental, e de que o recurso está sob ameaça pelo uso excessivo. O passo lógico seguinte, então, consiste em criar um plano de ação que será utilizado para a orientação de atividades na bacia e que irá atenuar, deter ou reverter os impactos negativos do uso excessivo das águas subterrâneas (CDWR, 2016a; Psomas et al., 2017; Singh, 2014; USGS, 2000b).

No decorrer da avaliação da bacia do sistema subterrâneo, muitos dos componentes de um plano de ação já terão sido implementados: os programas existentes de monitoramento das águas de subsolo e os dados históricos serão identificados, os modelos conceituais e matemáticos serão desenvolvidos e os habitantes da bacia e as partes interessadas serão identificados (CDWR, 2016g; do Rosario et al., 2016; Psomas et al., 2017). Em geral, novos programas de monitoramento das águas de subsolo terão sido iniciados para preencher as lacunas de dados como parte do processo de definição da condição da bacia regional de águas subterrâneas (CDWR, 2016h). O plano de ação é necessário para reunir esses componentes com a finalidade de dar passos concretos no sentido de reverter os declínios do sistema de águas subterrâneas e instituir uma gestão regional sustentável das águas de subsolo (CDWR, 2016a; CDWR, 2016b).

Ao desenvolver um plano de ação, as etapas fundamentais são: 1) determinar os indicadores de sustentabilidade a serem utilizados e definir os resultados indesejáveis, 2) estabelecer e definir os limiares mínimos desencadeadores das ações de gestão, 3) estabelecer objetivos mensuráveis e 4) determinar e elucidar claramente metas de sustentabilidade que possam ser mensuradas e verificadas (CDWR, 2016i). As metas de sustentabilidade devem ser definidas dentro de um intervalo razoável de tempo. A implementação de um plano de ação requer a aquiescência dos usuários da água e de outras partes interessadas, como os governos locais, por exemplo. Por essa razão, o envolvimento dos habitantes da bacia é fundamental para o desenvolvimento de um plano de ação.

Indicadores de sustentabilidade e resultados indesejáveis

Como vimos na introdução, existem seis indicadores principais de sustentabilidade relacionados aos sistemas de águas subterrâneas: 1) redução crônica dos níveis de águas subterrâneas, 2) redução do armazenamento de águas de subsolo, 3) intrusão da água do mar, 4) qualidade degradada da água, 5) subsidência da terra e 6) depleções das águas de superfície conectadas (CDWR, 2016i). Os resultados indesejáveis podem ser definidos como a ocorrência significativa e insensata de quaisquer desses seis indicadores de sustentabilidade (CDWR, 2016i). Os valores quantitativos escolhidos para representar ou indicar efeitos significativos ou insensatos variam entre regiões específicas de uma bacia do sistema subterrâneo. Por exemplo, em algumas áreas, um baixo grau de subsidência da terra pode ser aceitável (p. ex., terras agrícolas etc.), mas em outras, até mesmo um baixo grau pode alterar e arruinar importantes projetos de infraestrutura, podendo ser considerado significativo ou insensato (Borchers e Carpenter, 2014; Galloway et al., 1999).

Limiares mínimos

Os limiares mínimos são objetivos quantificáveis que indicam uso excessivo de um determinado recurso e devem estar associados à implementação de ações de gestão específicas, como restrições ao uso da água. Os limiares mínimos podem também informar ações de gestão de longo prazo, esperadas para que se alcancem os objetivos de sustentabilidade. Constituem exemplos de limiares mínimos os limites mais baixos dos níveis ou dos volumes de armazenamento das águas de subsolo ou dos limites mais elevados de salinidade ou cloreto nos aquíferos costeiros sujeitos à intrusão da água do mar. Os critérios para os resultados indesejáveis devem ser baseados em dados quantitativos que excedam uma combinação de limiares mínimos. Os limiares mínimos normalmente se aplicam a todos os seis principais indicadores de sustentabilidade e devem ser desenvolvidos considerando-se o seu impacto sobre as partes interessadas na bacia (CDWR, 2016i). Em virtude da importância dos valores limítrofes, o processo de definição desses valores deve levar em consideração todas as informações disponíveis e ser respaldado pelos modelos. A relação entre os limiares mínimos deve ser avaliada, devendo-se entender as interações entre os critérios (CDWR, 2016i). Devem existir ou ser desenvolvidas redes de monitoramento capazes de medir quantitativamente cada valor limítrofe se esses valores forem úteis. A métrica sugerida para os limiares mínimos encontra-se na Tabela 2. É recomendável que seja padronizada dentro de uma determinada região, a fim de garantir a consistência dentro das bacias do sistema de águas subterrâneas (CDWR, 2016i).

Tabela 2 – Critérios mínimos (medidas dos limiares) para os indicadores de sustentabilidade.

Indicador de sustentabilidade	Exemplos de medidas ou critérios de definição dos limiares mínimos
Redução dos níveis das águas de subsolo	Elevação mínima permissível das águas subterrâneas
Redução do volume de armazenamento	Volume crítico total de armazenamento
Intrusão da água do mar	Excesso de concentração de cloreto nos poços de monitoramento
Degradação da qualidade da água	Migração de plumas de contaminantes para o poço de monitoramento O contaminante excede o limite permissível Localização do isocontorno de contaminação
Subsidência da terra	Taxa e extensão de subsidência
Depleção das águas de superfície	Volume ou taxa de depleção das águas de superfície

Fonte: adaptada de CDWR, 2016i.

Objetivos mensuráveis

Os objetivos mensuráveis são metas quantitativas para um indicador de sustentabilidade que representam a condição desejada das bacias do sistema de águas subterrâneas. Deve haver uma flexibilidade razoável entre o objetivo mensurável e o limiar mínimo para que qualquer indicador de sustentabilidade seja responsável por mudanças climáticas, variabilidade sazonal, secas, atividades de gestão das águas de subsolo e por outras operações (CDWR, 2016i).

Metas de sustentabilidade

Devem-se desenvolver metas de sustentabilidade aplicáveis a toda a bacia de águas subterrâneas. As metas de sustentabilidade escritas devem ser descritas em detalhes e incluir uma discussão das ações a serem implementadas e uma explicação de como as ações devem respaldar a consecução da sustentabilidade (CDWR, 2016i). Essas metas devem procurar eliminar resultados indesejáveis no decorrer de um prazo específico e operar a bacia de águas subterrâneas dentro de seus limites de vazão sustentável. Em razão de sua dependência dos limiares mínimos e da modelagem dos efeitos de diversos cenários de gestão sobre os objetivos mensuráveis, as metas de sustentabilidade geralmente são o último componente estabelecido em um plano de gestão (CDWR, 2016i).

As ações de gestão que afetam a sustentabilidade das águas subterrâneas regionais, incluindo a conservação, a recarga das águas de subsolo geridas e a reciclagem e reutilização, variam de região para região e dependem fortemente das condições locais (CDWR, 2016i; Psomas et al., 2017). Como vimos anteriormente, mais de uma área de gestão pode ser definida dentro de uma bacia e diferentes áreas podem ter diferentes limiares mínimos e objetivos em comparação com a bacia como um todo (CDWR, 2016i). As ações de gestão devem ser formalizadas e implementadas para a área de gestão de cada sub-bacia, conforme necessário.

A rede de monitoramento

O desenvolvimento e a manutenção de uma rede de monitoramento constituem um componente essencial da implementação de um programa de sustentabilidade de águas subterrâneas. O monitoramento é um componente fundamental necessário para medir o progresso em relação à realização de qualquer meta de gestão e, como tal, todos os planos de sustentabilidade devem conter um programa e uma rede de monitoramento bem integrados (CDWR, 2016f). Durante o desenvolvimento do HCM, do equilíbrio da massa hídrica e dos modelos matemáticos, a infraestrutura e os dados de monitoramento existentes já devem ter sido totalmente avaliados e descritos. A expectativa é de que, na maioria dos casos, a infraestrutura de monitoramento existente precise ser organizada em uma rede e que o monitoramento e a gestão de dados precisem ser modificados ou melhorados como parte do plano de ação de sustentabilidade.

Identificação e preenchimento das lacunas de dados

As lacunas de dados, incluindo os fatores espaciais e temporais, precisam ser identificadas e retificadas (CDWR, 2016g). A Figura 6 é um fluxograma ilustrativo das etapas de análise e retificação das lacunas de dados nas redes de monitoramento (CDWR, 2016g). A criação de protocolos de coleta de dados baseados nos melhores métodos científicos existentes é essencial. Os protocolos aplicados de forma consistente a todas as bacias têm mais probabilidade de produzir dados comparáveis. A consistência dos métodos de coleta de dados reduz a incerteza na comparação de dados e facilita o compartilhamento de dados dentro das bacias e entre elas, aumentando a transparência dos dados. Os objetivos de qualidade dos dados devem ser estabelecidos (USEPA, 2006). Uma abordagem sólida em relação à qualidade dos dados garante que estes sejam coletados com uma finalidade específica em mente e que os esforços de monitoramento sejam os mais eficientes possíveis para atender às necessidades e aos objetivos do plano de sustentabilidade. Os dados coletados a partir de programas de monitoramento devem respaldar as metas de sustentabilidade e os resultados esperados (CDWR, 2016f; CDWR, 2016g).

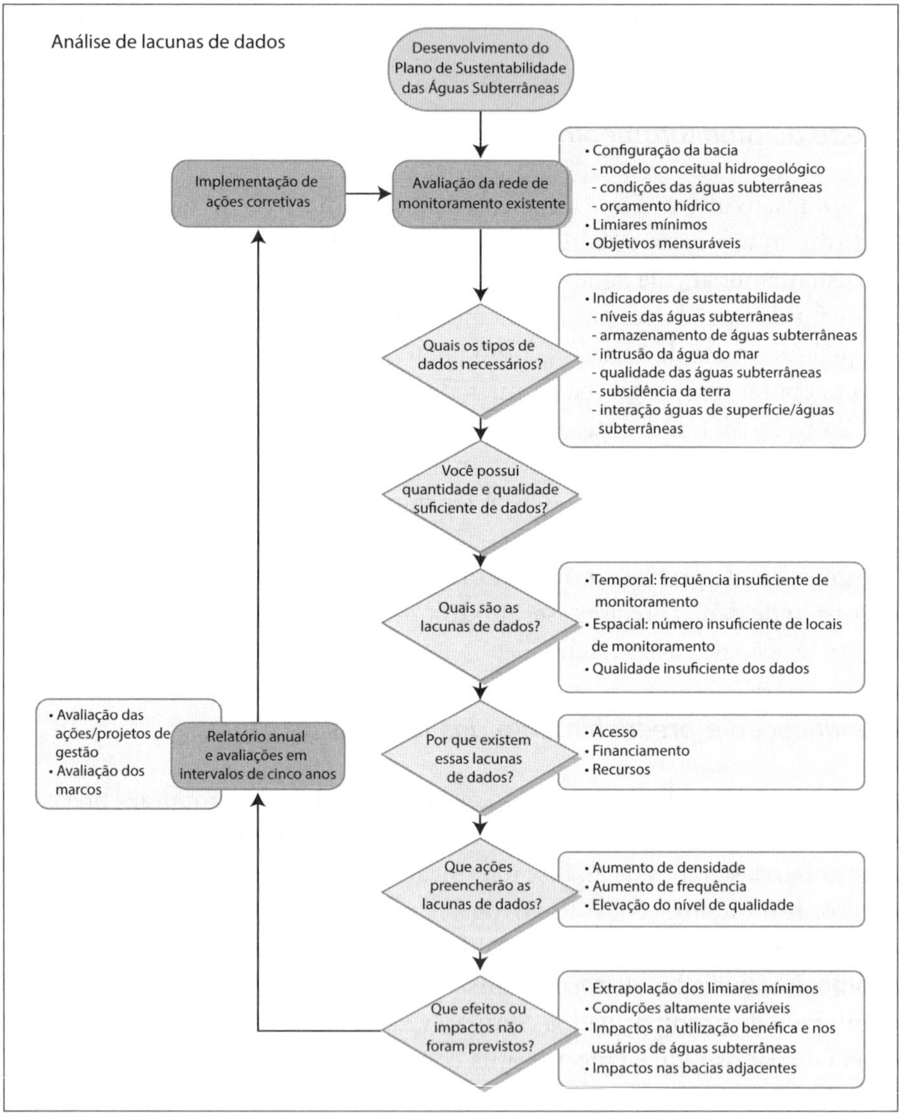

Figura 6 – Fluxograma para a análise e retificação de lacunas nos dados
Fonte: CDWR, 2016g.

Garantia e controle da qualidade

Todas as atividades de monitoramento devem envolver rigorosos requisitos de garantia e controle da qualidade (CDWR, 2010; CDWR, 2016f; Heath, 1976; Hopkins, 1994; Sophocleous, 1983; USEPA, 2006). O plano de sustentabilidade deve conter objetivos de qualidade dos dados e outros padrões de qualidade. É possível que as redes de monitoramento precisem ser avaliadas e melhoradas para garantir o atendimento dos objetivos de qualidade dos dados contidos no plano de sustentabilidade. A coordenação das atividades de monitoramento e a divulgação dos resultados de monitoramento e análise são fundamentais para facilitar o envolvimento das partes interessadas. Portanto, manter a confiança das partes interessadas na qualidade dos dados e na integridade da análise de dados é essencial para a implantação do plano de ação.

Gerenciamento de dados

O uso de um sistema de gerenciamento de dados capaz de armazenar e relatar todas as informações relativas ao desenvolvimento e à implementação do plano de gestão, incluindo a clara identificação de todos os sítios de monitoramento e uma descrição das verificações de garantia e controle da qualidade dos dados computados, é altamente recomendável (CDWR, 2016f; CDWR, 2016g). A manutenção desse tipo de sistema permitirá a condução de análises científicas de complexos sistemas de águas subterrâneas que exigem diversos conjuntos de dados. A transparência dos dados é um componente importante para que se mantenha o envolvimento das partes interessadas durante a implementação de um programa de sustentabilidade.

Os valores limítrofes e os indicadores de sustentabilidade devem ser medidos com resolução e acurácia suficientes para determinar se as ações implementadas nos termos do plano de sustentabilidade são eficazes (CDWR, 2016g). Uma rede de monitoramento deve capturar dados sobre a distribuição espacial e a frequência temporal adequadas para demonstrar as tendências de curto prazo, sazonais e de longo prazo das condições da bacia para cada um dos indicadores de sustentabilidade, além de fornecer informações suficientes para avaliar a implementação do plano de ação. O grau de monitoramento deve ser compatível com a intensidade de uso das águas de subsolo e os demais fatores – como a geologia – que determinam os níveis de densidade e frequência de monitoramento necessários (CDWR, 2016g). As Tabelas 3 e 4 e a Figura 7 fornecem orientação sobre as frequências espacial e temporal de monitoramento em função de alguns desses fatores (CDWR, 2016g). As áreas sujeitas a um maior bombeamento de águas subterrâneas, oscilações das condições, recarga significativa, aquíferos rasos e não confinados ou projetos específicos podem exigir um monitoramento mais rigoroso (temporal e/ou espacial) do que aquelas sujeitas a menos atividade (Figura 7). Por exemplo, as necessidades de monitoramento podem ser maiores nas proximidades de grandes projetos de infraestrutura que possam ser afetados por baixos graus de subsidência da terra (CDWR, 2016g).

Tabela 3 – Considerações relativas ao monitoramento da densidade dos poços.

Referência	Monitoramento da densidade do poço (poços por 100 milhas²)
Heath (1976)	0,2 - 10
Sophocleous (1983)	6,3
Bacias que bombeiam mais de 10.000 acres-pés/ano por 100 milhas (Hopkins, 1994)	4,0
Bacias que bombeiam entre 1.000 e 10.000 acres-pés/ano por 100 milhas (Hopkins, 1994)	2,0
Bacias que bombeiam entre 250 e 1.000 acres-pés/ano por 100 milhas (Hopkins, 1994)	1,0
Bacias que bombeiam entre 100 e 250 acres-pés/ano por 100 milhas (Hopkins, 1994)	0,7

Fonte: adaptada de CDWR, 2016g.

Tabela 4 – Frequência de monitoramento sugerida com base no tipo e no nível de retirada do aquífero.

Tipo de aquífero	Níveis de retirada do aquífero em longo prazo		
	Baixos níveis de retirada	**Níveis moderados de retirada**	**Altos níveis de retirada**
Não confinado			
Baixa recarga (< 10 cm/ano)	Trimestral	Trimestral	Mensal
Alta recarga (> 10 cm/ano)	Trimestral	Mensal	Diária
Confinado			
Baixa condutividade hidráulica (< 60 m/d)	Trimestral	Trimestral	Mensal
Alta condutividade hidráulica (> 60 m/d)	Trimestral	Mensal	Diária

Fonte: adaptada de CDWR, 2016g.

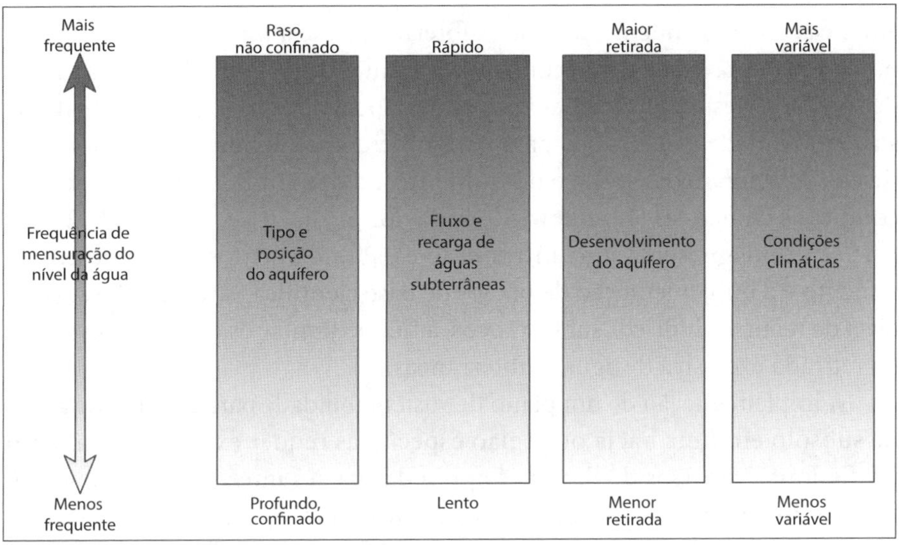

Figura 7 – Frequência de monitoramento das diversas condições das águas subterrâneas da bacia
Fonte: CDWR, 2016g.

O ideal é que as redes de monitoramento abranjam várias bacias ou sub-bacias e facilitem a gestão das águas subterrâneas entre as bacias conectadas. As redes de monitoramento devem coletar e compartilhar os diversos dados de forma coordenada, incluindo informações sobre os níveis de água de subsolo, a qualidade da água, a elevação da superfície da terra e as condições de descarga de águas de superfície (CDWR, 2016g). Um programa de monitoramento digno de crédito é fundamental para demonstrar a conformidade ou o progresso em relação aos planos e objetivos de gestão das águas subterrâneas (CDWR, 2016g). O julgamento profissional em relação aos requisitos de cada bacia é essencial para determinar o grau de monitoramento necessário para medir os indicadores de sustentabilidade pertinentes no tempo e no espaço (CDWR, 2016g).

CONSIDERAÇÕES FINAIS

As águas subterrâneas constituem um importante recurso natural que se encontra ameaçado em muitas regiões do mundo em virtude da falta de um planejamento de gestão sustentável (Barlow e Leake, 2012; Konikow e Kendy, 2005; Psomas et al., 2017). Em vez de tratar as águas de subsolo como um recurso ilimitado, os gestores ambientais e de recursos hídricos que atuam em áreas que dependem das águas subterrâneas, seja uma fonte de irrigação ou de água potável, devem reconhecer os limites de disponibilidade das águas de subsolo. Mesmo em regiões com abundância de água, o planejamento da sustentabilidade é necessário para garantir a disponibilidade de recursos hídricos subterrâneos em face do aumento da demanda e da incerteza das condições climáticas (Konikow, 2015; Taylor et al., 2013; Verdi et al., 2006). Este capítulo apresenta uma introdução e os fundamentos para o desenvolvimento e a implementação de planos de base científica para a gestão sustentável de recursos hídricos subterrâneos, a fim de limitar os efeitos indesejáveis da retirada excessiva de águas subterrâneas.

A implementação de um plano de sustentabilidade para a gestão de águas de subsolo em uma bacia ou região específicas requer extenso julgamento profissional, recursos dedicados e apoio das partes interessadas na bacia. É necessário determinar os indicadores de sustentabilidade mais importantes para a bacia, estabelecer as metas de sustentabilidade e selecionar a métrica (valores limítrofes) de sustentabilidade. O modelo conceitual, o equilíbrio hídrico e os modelos matemáticos são ferramentas que conduzem a um plano de ação para a sustentabilidade. O plano de ação deve ser implantado pelas partes interessadas na bacia e respaldado pelos melhores métodos científicos e de coleta e análise de dados possíveis. O planejamento da sustentabilidade dos recursos hídricos subterrâneos é iterativo e os planos de sustentabilidade devem ser documentos vivos atualizados à medida que as práticas de monitoramento e coleta de dados melhoram e as projeções dos modelos são ajustadas. É importante reconhecer a incerteza gerada pelas lacunas de dados, as limitações do monitoramento e a modelagem de sistemas subterrâneos complexos, além de revisar os planos e atividades conforme necessário para alcançar os objetivos de sustentabilidade. Como ocorre com todas as atividades de gestão, o envolvimento das partes interessadas é fundamental para a realização dos objetivos de sustentabilidade dos recursos hídricos subterrâneos.

REFERÊNCIAS

BARLOW, P.M.; LEAKE, S.A., 2012, Streamflow depletion by wells – Understanding and managing the effects of groundwater pumping on streamflow: U.S. Geological Survey, Circular 1376. Disponível em: http://pubs.usgs.gov/circ/1376/.

BARLOW, M.; ZAITCHIK, B.; PAZ, S. et al. A Review of Drought in the Middle East and Southwest Asia. *Journal of Climate*. 29:8547-8574, 2016.

BARNETT B., TOWNLEY, L.R.; POST, V. ; EVANS, R.E.; HUNT, R.J. et al. 2012. Australian groundwater modelling guidelines, National Water Commission, Canberra, June, 191 p. Disponível em: http://archive.nwc.gov.au/library/waterlines/82.

BEDROSIAN, P.A.; SCHAMPER, C.; AUKEN, E. A comparison of helicopter-borne electromagnetic systems for hydrogeologic studies. *Geophysical Prospecting*. 64:192-215, 2016.

BORCHERS, J.W.; CARPENTER, M. 2014. Land Subsidence from Groundwater Use in California. California Water Foundation, Sacramento, CA. Disponível em: https://www.water.ca.gov/LegacyFiles/waterplan/docs/cwpu2013/Final/vol4/groundwater/13Land_Subsidence_Groundwater_Use.pdf.

[CDWR] CALIFORNIA DEPARTMENT OF WATER RESOURCES. 2010. *California statewide groundwater elevation monitoring (CASGEM) groundwater elevation monitoring guidelines*, December. Disponível em: http://www.water.ca.gov/groundwater/casgem/documents.cfm.

______. 2016a. *California's Groundwater: Working Toward Sustainability*. Bulletin 118 Interim Update 2016. 58 p. Disponível em: http://www.water.ca.gov/groundwater/bulletin118/docs/Bulletin_118_Interim_Update_2016.pdf.

______. 2016b. *Sustainable Groundwater Management Act Draft Emergency Regulations for Groundwater Sustainability Plans and Alternatives*. Disponível em: http://www.water.ca.gov/groundwater/sgm/pdfs/DRAFT_GSP_Emergency_Regulations_021816.pdf.

______. 2016c. *Water Budget BMP*. Disponível em: http://www.water.ca.gov/groundwater/sgm/pdfs/BMP_Water_Budget_Final_2016-12-23.pdf.

______. 2016d. *Hydrogeologic Conceptual Model BMP*. Disponível em: http://www.water.ca.gov/groundwater/sgm/pdfs/BMP_HCM_Final_2016-12-23.pdf.

______. 2016e. *Modeling BMP*. 43 p. Disponível em: http://www.water.ca.gov/groundwater/sgm/pdfs/BMP_Modeling_Final_2016-12-23.pdf.

______. 2016f. *Monitoring Protocols, Standards, and Sites BMP*. Disponível em: http://www.water.ca.gov/groundwater/sgm/pdfs/BMP_Monitoring_Protocols_Final_2016-12-23.pdf.

______. 2016g. *Monitoring Networks and Identification of Data Gaps. BMP*. Disponível em: http://www.water.ca.gov/groundwater/sgm/pdfs/BMP_Monitoring_Networks_Final_2016-12-23.pdf.

______. 2016h. *Best Management Practice Framework. BMP*. Disponível em: http://www.water.ca.gov/groundwater/sgm/pdfs/BMP%20Framework.pdf.

______. 2016i. *Sustainable Management Criteria. BMP*. Disponível em: http://www.water.ca.gov/groundwater/sgm/pdfs/BMP_Sustainable_Management_Criteria_2017-11-06.pdf.

CAMARILLO, M.K.; WEISSMANN, G.A.; GULATI, S. et al. Pairing long-term continuous data and a link-node model to manage dissolved oxygen impairment in a dredged estuary. *Environmental Monitoring and Assessment*. 188(8):1-18, 2016.

DO ROSARIO, F.F.; CUSTODIO, E.; DA SILVA, G.C. Hydrogeology of the Western Amazon Aquifer System (WAAS). *Journal of South American Earth Sciences*. 72:375-386, 2016.

FINSTERLE, S.; SONNENTHAL, E.L.; SPYCHER, N. Advances in subsurface modeling using the TOUGH suite of simulators. *Computers & Geosciences*. doi:10.1016/j.cageo.2013.06.009, 65, 2-12, 2014.

GALLOWAY, D.; RILEY, F.S. (1999), San Joaquin Valley, California–Largest human alteration of the Earth's surface, in Land Subsidence in the United States, U.S. Geol. Surv. Circ. 1182, edited by D. Galloway, D. R. Jones, and S. E. Ingebritsen, pp. 23–34, U.S. Geol. Surv., Reston, Va. Disponível em: http://pubs.usgs.gov/circ/circ1182/.

GALLOWAY, D.; JONES, D.R.; INGEBRITSEN, S.E. Land Subsidence in the United States, U.S. Geological Survey Circular 1182. U.S. Department of the Interior, U.S. Geological Survey, 1999.

HEATH, R.C. Design of ground-water level observation-well programs. *Ground Water*. Vol. 14, n. 2, p. 71-7, 1976.

HOPKINS, J. *Explanation of the Texas Water Development Board groundwater level monitoring program and water-level measuring manual*: UM-52, 1994, 53 p. Disponível em: http://www.twdb.texas.gov/groundwater/docs/UMs/UM-52.pdf.

KONIKOW, L.F. Long-Term Groundwater Depletion in the United States. *Groundwater*. 53:2-9, 2015.

______; Kendy, E. Groundwater depletion: A global problem. *Hydrogeology Journal*. 13:317-320, 2005.

MPELASOKA, F.; AWANGE, J.L.; GONÇALVES, R.M. Accounting for dynamics of mean precipitation in drought projections: A case study of Brazil for the 2050 and 2070 periods. *Science of the Total Environment*. 622:1519-1531, 2018.

PSOMAS, A.; PANAGOPOULOS, Y.; STEFANIDIS, K. et al. Assessing future water supply and demand in a water-stressed catchment after environmental restrictions on abstractions. *Journal of Water Supply Research and Technology-Aqua*. 66:442-453, 2017.

RICHEY, A.S.; THOMAS, B.F.; LO, M.-H. et al. Quantifying renewable groundwater stress with GRACE. *Water Resour. Res*. 51:5217-5238, 2015. doi:10.1002/2015WR017349.

ROY, D.K.; DATTA, B. Saltwater intrusion processes in coastal aquifers – modelling and management: a review. *Desalination and Water Treatment*. 78:57-89, 2017.

TAYLOR, R.G.; SCANLON, B.; DOLL, P. et al. Ground water and climate change. *Nature Climate Change*. 3:322-329, 2013.

SINGH, A. Simulation and Optimization Modeling for the Management of Groundwater Resources II: Combined Applications. *Journal of Irrigation and Drainage Engineering*. 140, 2014.

Sophocleous, M. Groundwater observation network design for the Kansas groundwater management districts, USA. *Journal of Hydrology*. vol. 61, p. 371-89, 1983.

SOPHOCLEOUS, M. Interactions between groundwater and surface water: the state of the science. *Hydrogeology Journal*. 10:52-67, 2002.

TONKIN, M.; LARSON, S. Kriging Water Levels with a Regional-Linear and Point-Logarithmic Drift. *Ground Water*, Mar-Abr, 2002.

[USEPA] U.S. ENVIRONMENTAL PROTECTION AGENCY, 2006. *Guidance on Systematic Planning Using the Data Quality Objectives Process*. EPA/240/B-06/001. Disponível em: https://www.epa.gov/sites/production/files/2015-06/documents/g4-final.pdf.

[USEPA] U.S. ENVIRONMENTAL PROTECTION AGENCY. 1988. *Guidance for Ground-Water Classification Under the EPA Ground-Water Protection Strategy*. 810R88001. 253 p. Disponível em: https://nepis.epa.gov/Exe/ZyPURL.cgi?Dockey=9100L950.txt.

[USGS] U. S. Geological Survey, 2000a. Land Subsidence in the United States. Fact Sheet-165-00. Disponível em: https://water.usgs.gov/ogw/pubs/fs00165/.

______. 2000b. Land-Subsidence and Ground-Water Storage Monitoring in the Tucson Active Management Area, Arizona. USGS Fact Sheet 084-00. U.S. Department of the Interior, U.S. Geological Survey. Disponível em: https://pubs.usgs.gov/fs/0084-00/report.pdf.

______. 2017a. Current Land Subsidence in the San. Joaquin Valley. Disponível em: https://ca.water.usgs.gov/projects/central-valley/land-subsidence-san-joaquin-valley.html.

______. 2017b. Land Subsidence: Cause & Effect. Disponível em: https://ca.water.usgs.gov/land_subsidence/california-subsidence-cause-effect.html.

VERDI, R.J.; TOMLINSON, S.A.; MARELLA, R.L. The Drought of 1998-2002: Impacts on Florida's Hydrology and Landscape. Circular 1295. U.S. Department of the Interior, U.S. Geological Survey, Denver, CO, 2006.

ABREVIATURAS

CDWR – California Department of Water Resources (Departamento de Recursos Hídricos da Califórnia)
USEPA – United States Environmental Protection Agency (Agência de Proteção Ambiental dos Estados Unidos)
HCM – hydrogeologic conceptual model (modelo conceitual hidrogeológico)
m^3/ano – metros cúbidos por ano
SDT – sólidos dissolvidos totais
USGS – United States Geological Survey (Levantamento Geológico dos Estados Unidos)

22 Reúso de água, produtividade agrícola e sustentabilidade em bacia hidrográfica

Miguel Mansur Aisse
Engenheiro civil, Universidade Federal do Paraná, UFPR

Rafael Kopschitz Xavier Bastos
Engenheiro civil, Universidade Federal de Viçosa, UFV

INTRODUÇÃO

A água foi, por muito tempo, tida como um recurso inesgotável e, talvez por isso, mal gerido. Como resultados, não faltam hoje exemplos de escassez de oferta e de deterioração da qualidade da água, que podem constituir causa ou consequência de conflitos de uso e colocar em risco a desejada sustentabilidade dos usos múltiplos da água; risco este que se torna maior quando o acesso equânime aos recursos hídricos não é resguardado. No Brasil, a crise hídrica é agravada, entre outros aspectos, pelo já crônico baixo nível de cobertura dos serviços de coleta e tratamento de esgotos, pela não observação de boas práticas agropecuárias, ou pela fragilidade na implementação de programas e ações de gestão de recursos hídricos e de proteção de mananciais, em que pese a existência no país de um importante e moderno marco regulatório nesse sentido. É também agravada pela má distribuição geográfica dos recursos hídricos, muitas vezes, em descompasso com a distribuição demográfica da população brasileira. Tudo isso, mais fatores climáticos, faz com que crises hídricas não mais se limitem a regiões áridas do país, mas se alastrem também por regiões outrora acostumadas à abundância de água, ou iludidas com isso.

Assim, torna-se urgente o estabelecimento de uma nova relação com os recursos hídricos, pautada no uso parcimonioso, no combate a perdas e desperdícios e em novos paradigmas de gestão, como a conservação e o reúso da água. Entre as formas possíveis de reúso inclui-se a utilização de esgotos sanitários tratados para fins diversos, tais como: usos urbanos (p. ex., paisagismo, limpeza de ruas, usos prediais), usos industriais (como insumo de produção), aquicultura, uso agrícola (irrigação) e até mesmo a recarga de aquíferos (amplamente praticada, p. ex., nos Estados Unidos – USEPA, 2012) e para uso potável (com o impressionante exemplo, por questões tecnológicas e de escala, de Windhoek, capital da Namíbia – van Rensburg, 2016). Índia e Ásia são exemplos de experiência de longa data de uso de esgotos sanitários em piscicultura (Jana et al., 2018). Em relação ao uso em irrigação, também por escala e complexidade, emblemáticos são os exemplos, entre vários outros, de Israel e da cidade do México (Arlosoroff, 2007; Jiménez, 2012).

Este capítulo é dedicado ao uso agrícola de esgotos tratados, como opção de reúso de água e reciclagem de nutrientes, proporcionando: (i) alívio na demanda e preservação da oferta de água para usos múltiplos; (ii) reciclagem de nutrientes e economia de insumos agrícolas; (iii) ampliação de áreas irrigadas e recuperação de áreas improdutivas ou degradadas; (iv) redução do lançamento de esgotos em corpos receptores, contribuindo para a redução de impactos de poluição, contaminação e eutrofização (Florêncio et al., 2006).

Embora a utilização de esgotos em irrigação seja uma prática mais que centenária, é também um conceito moderno, na medida em que ganha cada vez mais reconhecimento como importante estratégia para o desenvolvimento sustentável. Os exemplos em todo o mundo vão desde sistemas rigidamente controlados por diretrizes governamentais, com elevados níveis de planejamento e respaldados em políticas de gestão de recursos hídricos, até as iniciativas espontâneas de pequenos agricultores envolvendo sérios riscos à saúde pública (Jiménez, 2012; USEPA, 2012). Entretanto, apenas recentemente foram se consolidando as bases técnicas e científicas para o reúso controlado, referido por Bastos e Marques (2003) como a utilização segura do ponto de vista sanitário, sustentável do ponto de vista ambiental e viável do ponto de vista da produção. Por outro lado, em termos de percepção de risco e aceitação, o reúso ainda suscita desconfiança, não somente do público em geral, leigo, mas também no meio técnico, o que demanda comunicação em bases convincentes, técnicas, sendo isso o que se pretende com este capítulo.

TRATAMENTO DE ESGOTOS VISANDO AO REÚSO

Características dos esgotos sanitários e potencial de remoção em processos de tratamento

Por esgotos sanitários se entende aqui as águas residuárias urbanas, compostas, fundamentalmente, por efluentes de unidades residenciais, comerciais, edificações públicas e, eventualmente, indústrias. Muitas vezes as redes de esgotos urbanas recebem também contribuições de águas pluviais.

De maneira geral, do ponto de vista volumétrico, o esgoto sanitário possui aproximadamente 99,9% de água em sua composição e, por conseguinte, apenas 0,01% de material particulado (sólido). As características do esgoto podem variar de acordo com os hábitos, costumes e situação econômica da população contribuinte, bem como por aspectos climáticos. Nas Tabelas 1-3 são apresentadas características típicas do esgoto sanitário, as quais variam em concentração de acordo com o padrão de consumo de água, que, por sua vez, está em função, fundamentalmente, de aspectos socioeconômicos (von Sperling, 2014). De toda forma, comparativamente a outros efluentes (industriais e agroindustriais, p. ex.), o esgoto sanitário é bem diluído, pois o ser humano faz uso de quantidades elevadas de água em seu cotidiano urbano e doméstico. O acréscimo indevido das águas pluviais nos sistemas de coleta de esgoto também pode alterar as concentrações de esgoto em períodos chuvosos. Posto isso, é de se esperar também que as características dos esgotos apresentem variações regionais ou locais.

Na Tabela 1 são apresentadas características típicas dos esgotos sanitários de interesse ambiental, isto é, com potencial de impacto poluidor em corpos receptores – concentrações de matéria orgânica, teor de sólidos e de nutrientes; são apresentadas também eficiências típicas de remoção desses constituintes por meio de técnicas mais usuais de tratamento primário e secundário de esgotos. A Tabela 3 traz informações semelhantes relativas a características microbiológicas – organismos patogênicos e indicadores de contaminação (*E. coli*). Na Tabela 2 são apresentadas concentrações de variáveis de interesse agrícola, usualmente encontradas em efluentes de sistemas de tratamento secundário; como esses sistemas são pouco efetivos na remoção dos constituintes em questão, as faixas de valores em geral encontradas em esgoto bruto não diferem muito das apresentadas na Tabela 2 (à exceção da alcalinidade, que tende a aumentar como resultado do tratamento biológico).

Na Tabela 1 nota-se que o esgoto sanitário contém macronutrientes (NPK) em concentrações tais que tornam atrativa a utilização agrícola (como se demonstrará no item a seguir). Por outro lado, as informações da Tabela 2 mostram que águas servidas podem conter sais (provenientes, p. ex., da própria dieta humana e de produtos de limpeza, ou mesmo da água de abastecimento) que podem impor restrições para uso em irrigação (p. ex., sais de Ca, Na, Mg, cloretos), por conta de impactos negativos ao solo e às plantas (como discutido mais adiante). Por fim, é preciso registrar que o esgoto sanitário é, reconhecidamente, veículo de diversos organismos patogênicos (Tabela 3), demandando, assim, tratamento adequado para fins de reúso seguro do ponto de vista sanitário.

Tabela 1 – Composição típica do esgoto sanitário bruto e potencial de remoção por técnicas de tratamento – características de interesse ambiental

Esgoto bruto – concentrações típicas (mg L^{-1})[(1)]					
Variável	DBO	DQO	SS	N total	P total
Faixa de valores	400-500	800-1000	150-300	40-70	8-15
Sistema de tratamento – Potencial de remoção %					
Tratamento primário[(2)]	30-40	20-30	50-60	30	30
Tanque séptico + filtro anaeróbio	60-70	50-70	80-90	40	30
Tratamento secundário convencional[(3)]	85-95	80-90	85-95	50	35
Lagoas de estabilização					
Anaeróbia + facultativa	75-85	65-80	70-80	60	35
Anaeróbia + facultativa + maturação	80-85	70-80	70-80	70	50
Aerada	75-85	65-80	70-80	30	35
Disposição no solo (escoamento superficial)	80-90	75-85	80-90	60	40
Wetlands construídas	80-90	75-85	80-90	60	40
Reator UASB	60-80	50-70	65-80	30	30
UASB + tratamento secundário convencional	80-95	80-90	85-95	60	35
UASB + lagoas de polimento	75-85	70-85	75-85	70	50

[(1)] os valores apresentados referem-se, em geral, à capacidade máxima de remoção; [(2)] tanque séptico ou decantação primária em sistemas de tratamento convencional; [(3)] lodos ativados, filtros percoladores, entre outros.

Fonte: adaptada de von Sperling (2014).

Tabela 2 – Composição típica do esgoto sanitário tratado – características de interesse agrícola

Variável	Faixa de valores
pH	6,5-9,0
Alcalinidade (mg $CaCO_3$ L^{-1}) [(1)]	200-400
Sódio (mg.L^{-1})	30-150
Potássio (mg.L^{-1})	15-30

(continua)

Tabela 2 – Composição típica do esgoto sanitário tratado – características de interesse agrícola (*continuação*)

Variável	Faixa de valores
Cálcio ($mg.L^{-1}$)	5-50
Magnésio ($mg.L^{-1}$)	5-50
Cloretos ($mg.L^{-1}$)	50-200
RAS $(mmol.L^{-1})^{0,5}$	2-10
Condutividade elétrica ($dS\ m^{-1}$)	0,2-2

(1) 100-200 mg $CaCO_3$ L^{-1} em esgoto bruto

Fonte: Adaptada de Chernicharo et al. (2006).

Tabela 3 – Composição típica do esgoto sanitário bruto e potencial de remoção por técnicas de tratamento – características microbiológicas

Esgoto bruto – contagens microbianas típicas					
Organismos	Bactérias: E.coli	Bactérias: patogênicas[1]	Vírus[2]	Protozoários[3]	Helmintos[4]
Unidade	org/100 mL		org/L	(oo)cisto s/L	ovos/L
Faixa de valores	10^6-10^8	10-10^4	10^2-10^5	10^1-10^4	10^1-10^3
Sistema de tratamento – Potencial de remoção (log)					
Tratamento secundário (TS) convencional + decantação secundária	0-2		0-2	0-1	1-2
Reator UASB	0-1		0-1	0-1	0-1
Lagoas de estabilização[5]	1-6		1-4	1-4	1-3
Wetlands construídas	0,5-3		1-2	0,5-2	1-3
Reator UASB	0,5-1,5		0-1	0-1	0,5-1
TS + filtração terciária	1-2		1-2	1-3	1-3
TS + desinfecção	2-6		1-4	0-3	0-1
TS + filtração terciária + desinfecção	2-6		1-4	1-4	1-3
Filtração em membranas	3-6		3-6	> 6	> 6

(1) ex. *Salmonella; Shigella; Vibriocholerae;* (2) enterovírus, rotavírus, norovírus, entre outros; (3) destaque para *Giardia* e Cryptosporidium, (4) destaque para *Ascaris lumbricoides,* entre outros nematoides intestinais humanos; (5) valores mais elevados referem-se ao emprego de séries de lagoas de maturação ou polimento.

Fonte: Adaptada de Bastos et al. (2003) e WHO (2006).

Das Tabelas 1 e 3 depreende-se que a tecnologia de tratamento biológico secundário de esgotos tem capacidade elevada de remoção de matéria orgânica (DBO e DQO). Contudo, a remoção de nitrogênio e de fósforo é, em geral, limitada. Sistemas de lagoas que incluam lagoas de maturação e de polimento até podem alcançar remoção considerável de nitrogênio, particularmente de amônia, mas à custa de elevada demanda de área. Observações similares cabem para sistemas por disposição no solo e *wetlands*, porém ainda com limitações de remoção N e P, e também com demanda elevada de área. Remoção mais efetiva de nitrogênio pode, sim, ser alcançada em sistemas biológicos de tratamento, especialmente concebidos para tal (em geral, incluem a combinação de processos de nitrificação e desnitrificação), de maior complexidade e custos. Entretanto, a remoção de fósforo por processos biológicos de tratamento será sempre baixa e somente a previsão de tratamento terciário, físico-químico, pode render resultados mais efetivos.

De forma similar, nota-se na Tabela 3 que as técnicas de tratamento biológico secundário de esgotos são limitadas em termos de remoção de patógenos. Exceção são os sistemas de lagoas, mas, aqui também, valores elevados de remoção, de bactérias e vírus principalmente, exigem grandes áreas. Até mesmo a desinfecção pode não ser de todo efetiva, pois, apesar de bactérias e vírus serem sensíveis à inativação por ação dos desinfetantes, protozoários e helmintos são altamente resistentes, em particular ao cloro. Assim, afora as lagoas, a remoção efetiva de toda a gama de patógenos possíveis de estarem presentes nos esgotos exigirá tratamento terciário (combinando filtração e desinfecção) ou filtração em membranas, isto é, processos de tratamento complexos e/ou caros.

Breve descrição de algumas técnicas de tratamento

Em linhas gerais, as tecnologias de tratamento de esgotos são desenvolvidas tendo como objetivos principais a remoção de poluentes/contaminantes e o controle dos respectivos impactos ambientais e de saúde decorrentes do lançamento de efluentes em corpos d'água: (i) remoção de matéria orgânica (DBO) – controle de poluição (consumo de oxigênio do corpo d'água); (ii) nutrientes (N e P) – controle de eutrofização (proliferação de microalgas e de cianobactérias); (iii) organismos patogênicos – veiculação de doenças.

Costumam-se classificar os processos de tratamento de esgotos de acordo com os seguintes níveis (von Sperling, 2014):

- Tratamento preliminar: objetiva a remoção de sólidos grosseiros, como areia e toda sorte de materiais inertes e estranhos à composição "natural" dos esgotos, a exemplo de plásticos, cotonetes, preservativos, panos; em geral, é composto por grades e sarenadores.
- Tratamento primário: visa à remoção de sólidos sedimentáveis, incluindo já parcela de matéria orgânica; usualmente são utilizados decantadores primários.
- Tratamento secundário: em geral ocorre em reatores biológicos, com o objetivo primeiro de remoção de matéria orgânica (DBO e DQO); alguns poucos processos conseguem conjugar também a remoção de nutrientes e de patógenos, mas nem sempre de forma efetiva.
- Tratamento terciário: objetiva a complementação do tratamento secundário, incluindo a remoção de patógenos e de nutrientes, ou ainda de constituintes químicos específicos, tóxicos e/ou não biodegradáveis; geralmente incluem processos químicos (p. ex., desinfecção com agentes químicos), físicos (p. ex., separação por membranas ou desinfecção com agentes físicos – como radiação UV), ou físico-químicos (p. ex., uso de coagulantes e precipitação química).

A seguir são apresentadas, de forma sucinta, algumas das chamadas técnicas simplificadas (em geral, não mecanizadas) de tratamento de esgotos, comumente utilizadas no Brasil e aptas à produção de efluentes adequados a modalidades diversas de reúso: (i) lagoas de estabilização; (ii) disposição no solo; (iii) *wetlands* construídas[1]; (iv) reatores anaeróbios. São técnicas de tratamento secundário, portanto, com capacidade elevada de remoção de DBO, mas relativa e variada em termos de remoção de patógenos e nutrientes, como exemplificado nas Tabelas 1 e 3 e discutido brevemente a seguir. Informações mais aprofundadas sobre essas técnicas de tratamento se encontram disponíveis em diversas publicações da área; organizações de conteúdo bem didáticas se encontram em Chernicharo et al. (2006) e em von Sperling (2014); e a primeira traz, particularmente, o enfoque da associação tratamento – reúso.

---

[1] *Constructed wetlands* é o termo consagrado, na literatura em língua inglesa, com a intenção de diferenciar esta técnica de tratamento de esgotos das *wetlands* naturais. A literatura brasileira tem tentado traduções ou adaptações diversas, como, por exemplo: sistemas alagados construídos ou terras úmidas construídas. Como nenhum desses termos ganhou ainda predominância sobre os demais e "*wetlands* construídas" tem sido também utilizado, optamos aqui por manter referência ao termo original em inglês.

Lagoas de estabilização

A Figura 1 apresenta um fluxograma típico de um sistema "completo", não mecanizado, de lagoas em série. O arranjo da série depende dos objetivos (ou exigências) do tratamento e da disponibilidade de área. Informações mais detalhadas podem ser encontradas em Aisse (2000), Chernicharo et al. (2006) e von Sperling (2014, 2017), referências nas quais está baseado o texto a seguir.

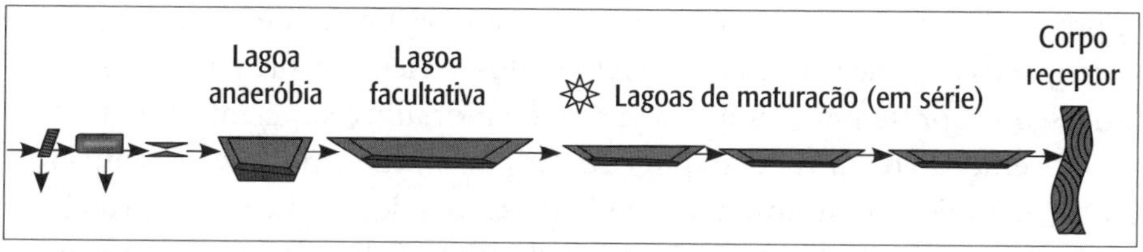

Figura 1 – Fluxograma típico de um sistema de lagoas de estabilização (anaeróbia + lagoa facultativa) seguidas por lagoas de maturação em série.
Fonte: von Sperling (2017).

Nas lagoas anaeróbias, em virtude da elevada carga orgânica afluente, não existe oxigênio dissolvido (OD); os sólidos sedimentam e se acumulam no fundo, onde são digeridos anaerobiamente; a fase líquida é também tratada pela ação de bactérias anaeróbias, cuja eficiência é limitada comparativamente ao tratamento aeróbio. Assim, o efluente de uma lagoa anaeróbia, em geral, é direcionado a uma lagoa facultativa para complementação do tratamento, essencialmente remoção de matéria orgânica (DBO). A inclusão de uma lagoa anaeróbia reduz bastante a carga orgânica afluente à lagoa facultativa (em cerca de 60%) e, portanto, o tamanho desta. Assim, a previsão, ou não, de uma lagoa anaeróbia depende, essencialmente, da disponibilidade de área. Nas lagoas facultativas coexistem condições aeróbias e anaeróbias. Nas camadas superiores, a atividade fotossintética das microalgas (que se desenvolvem naturalmente com a disponibilidade de luz solar e nutrientes), produz o oxigênio demandado por bactérias aeróbias para a degradação da matéria orgânica, o que, por sua vez, libera o gás carbônico utilizado pelas microalgas na fotossíntese. Essa relação de mutualismo entre microalgas e bactérias aeróbias constitui o principal mecanismo de tratamento dos esgotos (remoção de matéria orgânica) em lagoas de estabilização e, por isso (ou para que esse mecanismo seja potencializado), as lagoas facultativas devem ser rasas e apresentar elevada área superficial. O material particulado se deposita no fundo da lagoa facultativa, onde é digerido por atividade anaeróbia.

Bactérias e vírus são removidos (inativados) nas lagoas (facultativas e de maturação, mas principalmente nas segundas) pela ação da radiação solar (raios UV), o que é potencializado pelas próprias características das lagoas: elevado tempo de detenção hidráulica, pequena profundidade e, por conseguinte, elevada área superficial, promovendo elevação de pH e dos teores de OD. Elevado tempo de detenção hidráulica é o que torna as lagoas eficientes também na remoção de cistos de protozoários e ovos de helmintos, neste caso por sedimentação. Assim, as lagoas de maturação se fazem necessárias quando se pretende elevada remoção de patógenos, em particular de bactérias e vírus, visto que os ovos de helmintos são removidos eficientemente nas lagoas facultativas, que apresentam tempo de detenção hidráulica suficiente para tanto.

A remoção de nitrogênio pode se dar por mecanismos diversos, incluindo: (i) volatilização de amônia; (ii) nitrificação – desnitrificação e, principalmente (iii) assimilação de amônia pela biomassa de microalgas e remoção por sedimentação ou pelo carreamento das células das algas com o efluente. Como já pontuado anter, sistemas que incluam séries de lagoas de maturação podem alcançar remoção considerável de nitrogênio, particularmente de amônia, porém com elevada demanda de área. Em situações de disponibilidade limitada de área pode-se recorrer às lagoas aeradas. Nestas, os mecanismos de remoção da DBO são similares aos de uma lagoa facultativa, no entanto, o oxigênio é fornecido por aeradores mecânicos, em vez da fotossíntese. Dependendo da intensidade de aeração, pode ser preciso a incorporação de uma lagoa de decantação, para remoção dos sólidos suspensos. O fornecimento mecânico de OD é muito mais intenso que o natural por fotossíntese e, por conseguinte, as lagoas aeradas são bem menores que as facultativas. De toda forma, lagoas de maturação se farão necessárias para a efetiva remoção de patógenos.

Entre as lagoas de estabilização convencionais e as aeradas se encontram as chamadas lagoas de alta taxa, com grau intermediário de mecanização (o líquido é mantido em movimento por propulsão por meio de agitação moderada com equipamento de baixa potência) e também de demanda de área. O objetivo principal é maximizar a produção de microalgas; a remoção de nitrogênio é favorecida e a de patógenos (bactérias mais especificamente) não é comprometida.

Por fim, cabe destacar que sistemas de lagoas são particularmente adequados à associação com o reúso, pois, dependendo de sua configuração (i. e., do número de lagoas em série): removem organismos patogênicos efetivamente; removem nutrientes (N) consideravelmente, ou podem conservá-los (N e P); produzem quantidades consideráveis de plâncton; podem funcionar como reservatórios de água. Assim, sistemas de lagoas podem ser concebidos com flexibilidade para: utilização do efluente em período de estiagem e armazenamento de água e/ou lançamento em corpos receptores em períodos de chuvas (neste último caso, restaria a limitação das exigências ambientais em relação ao fósforo). Caso se quisesse a irrigação, poderiam ser utilizados os efluentes das lagoas mais no início da série, onde a remoção de nitrogênio ainda seria limitada e a qualidade microbiológica seria compatibilizada com a cultura a ser irrigada (ver mais adiante os conceitos de irrigação restrita e irrigação irrestrita). Ao se pretender a piscicultura, devem ser utilizados os efluentes das lagoas mais ao final da série, onde a remoção de nitrogênio (tóxico aos peixes, em especial a amônia) já se deu mais efetivamente, mas o fósforo ainda se mantém como fertilizante desejado para os tanques de peixes (para produção de plâncton como alimento natural para os peixes), além do que a produção de plâncton nas próprias lagoas é mais acentuada nas ultimas unidades. Ademais, tanques de piscicultura podem cumprir papel de polimento (tratamento complementar) de efluentes das lagoas. Na Figura 2 ilustra-se o sugerido.

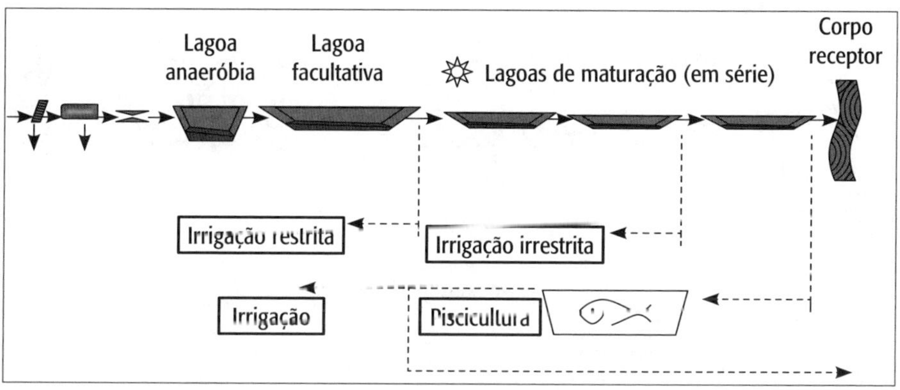

Figura 2 – Ilustração esquemática da concepção multiuso de um sistema de lagoas de estabilização: tratamento de esgotos, armazenamento de água, uso de efluentes em irrigação e/ou piscicultura.

Disposição no solo – escoamento superficial

No tratamento por disposição no solo e escoamento superficial, o esgoto é distribuído na parte superior do terreno, em rampas preparadas com declividade adequada e com cobertura vegetal. Escoa por gravidade e em seu percurso é tratado por uma combinação de mecanismos físicos, químicos e biológicos que ocorrem no sistema solo-água-planta, sendo recolhido ao final como efluente tratado. Os mecanismos de tratamento do esgoto incluem:

degradação da matéria orgânica pelo biofilme bacteriano que se forma na interface do colo das plantas e a superfície do solo; mineralização de nutrientes no solo e absorção pelas plantas, interações químicas com o solo, remoção de patógenos por inativação pela radiação solar (UV), por retenção física no biofilme, por competição e com predação pela biota do solo e do biofilme. Como coberturas vegetais, em geral, são utilizadas gramíneas e forrageiras, em função da fácil propagação e rápido crescimento, formação de cobertura densa, alta taxa de remoção de nutrientes, tolerância a condições de alagamento e a elevadas cargas de poluentes.

Wetlands *construídas*

As *wetlands* são construídas em canais rasos preenchidos com um leito (p. ex., brita ou areia) que dá suporte ao crescimento de macrófitas aquáticas; podem ser de fluxo superficial ou subsuperficial (Figura 3).

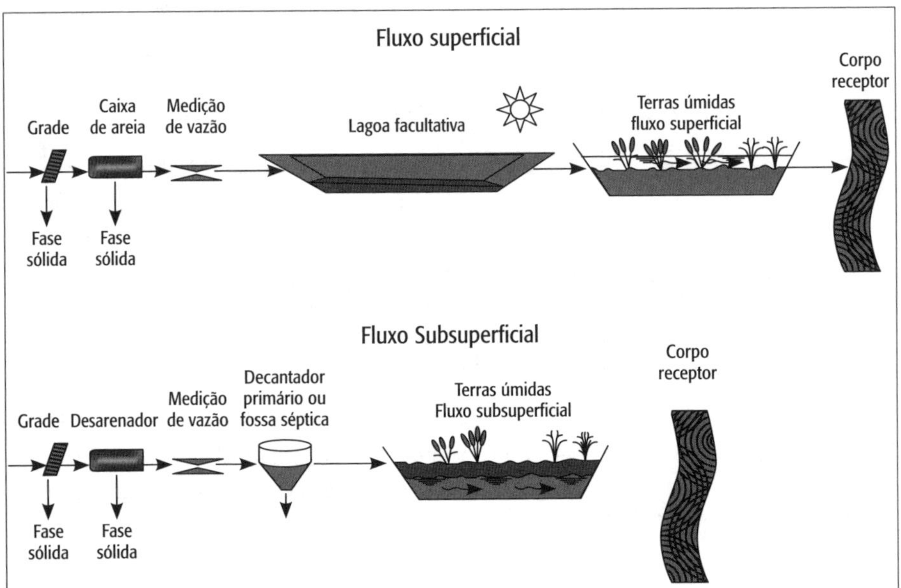

Figura 3 – Fluxogramas típicos de *wetlands* contruídas (em vez do tratamento primário, pode-se ter reatores anaeróbios).

Fonte: Chernicharo et al. (2006).

A remoção (degradação) de matéria orgânica em *wetlandss* se dá pela ação de bactérias que se desenvolvem dispersas no meio líquido e, principalmente, aderidas ao biofilme formado sobre o meio suporte e entre as raízes das plantas. Os mecanismos responsáveis pela remoção de nitrogênio incluem: nitrificação – desnitrificação, assimilação pelas plantas, assimilação por microrganismos, adsorção no meio suporte e volatilização da amônia (somente para unidades de fluxo superficial). Os mecanismos de remoção de fósforo em unidades são: adsorção ao substrato, armazenamento na biomassa vegetal e microbiológica e precipitação de compostos insolúveis. Por sua vez, os mecanismos determinantes da remoção de patógenos incluem: retenção nas raízes das plantas e no biofilme, sedimentação, predação, competição e morte natural, efeito biocida resultante do material excretado por algumas macrófitas e radiação solar (em unidades de fluxo superficial). A seleção das plantas se dá com base em critérios similares aos apresentados para a cobertura vegetal dos sistemas de disposição no solo. Alguns exemplos de macrófitas aquáticas emergentes utilizadas em *wetlands* no Brasil são: *Juncus* sp. (junco), *Typha* sp. (taboa), *Eleocharis* sp. e *Scirpus* sp.

Informações complementares sobre tratamento de esgotos em *wetlands* construídas podem ser encontradas em Dotro et al. (2017).

Tanto o tratamento por escoamento superficial no solo como as *wetlands* construídas apresentam elevada capacidade de remoção de DBO; removem também nutrientes, principalmente nitrogênio, embora com alguma limitação. A remoção de protozoários e helmintos também pode ser elevada, mas a de bactérias e vírus é, em geral, mais limitada. Comparando *wetlands* e lagoas, Bastos et al. (2010) e von Sperling et al. (2010) pontuam que: (i) *wetlands* removem DBO e sólidos de forma mais efetiva do que as lagoas; (ii) lagoas removem nitrogênio, coliformes e ovos de helmintos mais eficientemente que as *wetlands*; (iii) lagoas e *wetlands* apresentam demanda de área similar para a produção de efluente com qualidade bacteriológica compatível com os critérios da OMS para irrigação irrestrita (10^3 *E. coli*/100 mL); (iv) *wetlands* apresentam demanda de área bem mais elevada que as lagoas para atendimento ao padrão de amônia para o lançamento de efluentes estabelecido na Resolução Conama n. 357/2005 (20 mg L^{-1}), bem como para alcance do critério de qualidade parasitológica recomendado pela OMS para irrigação com esgotos (1 ovo de helminto por litro).

Reatores UASB

Reatores anaeróbios, mais especificamente os reatores anaeróbios de manta de lodo e de fluxo ascendente, ou reatores UASB[2] (sigla do termo ori-

[2] No Brasil, este tipo de reator também é conhecido como Dafa (Digestor Anaeróbio de Fluxo Ascendente), Rafa (Reator Anaeróbio de Fluxo Ascendente), Ramal (Reator Anaeróbio de

ginal em inglês *Upflow Anaerobic Sludge Blanket*), encontram ampla aplicação no Brasil, em grande parte por constituírem solução compacta, com elevada capacidade de remoção de DBO e de sólidos, simplicidade e baixo custo operacional.

A DBO é convertida anaerobiamente, por um consórcio de bactérias presentes no manto de lodo, que se forma na parte inferior pelos sólidos que se sedimentam e que é permeado pelo fluxo ascendente do esgoto. A parte superior do reator é dividida nas zonas de sedimentação e de coleta de gás, a zona de sedimentação permite a saída do efluente clarificado e o retorno dos sólidos (biomassa) ao sistema, aumentando a sua concentração no reator. Entre os gases formados inclui-se o metano. A produção de lodo é baixa e o lodo já sai adensado e estabilizado. O sistema dispensa também o tratamento primário. O fluxograma de um sistema de tratamento de esgotos com reatores UASB é apresentado na Figura 4.

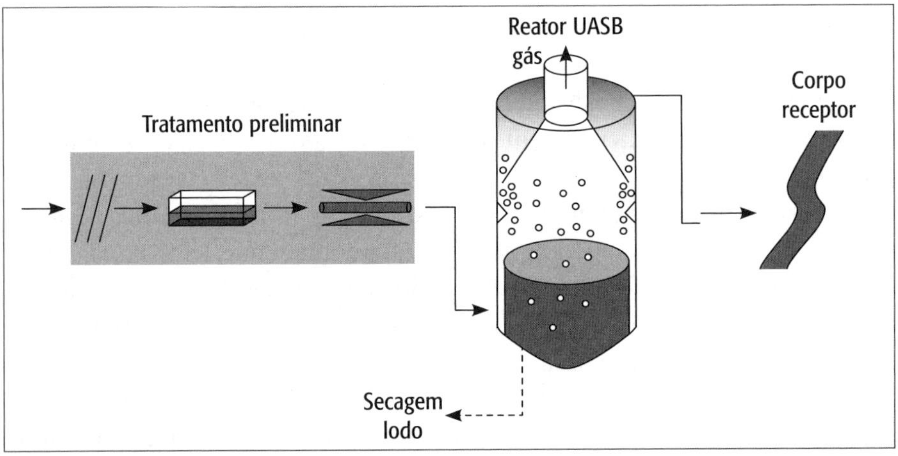

Figura 4 – Fluxograma típico de um sistema de tratamento de esgotos por reatores UASB.

Fonte: Chernicharo et al. (2006).

Os reatores UASB geralmente não produzem efluentes que se adéquem aos padrões de lançamento, pois alcançam cerca de 70% de remoção de DBO e apresentam remoção limitada de patógenos e de nutrientes. Por esse motivo, frequentemente é necessária a incorporação de pós-tratamento, que pode ser biológico (aeróbio ou anaeróbio) ou físico-químico (com adição de coa-

Manto de Lodo), Rafal (Reator Anaeróbio de Fluxo Ascendente), ou Ralf (Reator Anaeróbio de Fluxo Ascendente).

gulantes), com os objetivos de remoção complementar de DBO, ou para remoção de patógenos e/ou de nutrientes. Praticamente todos os processos de tratamento de esgotos podem ser usados como pós-tratamento dos efluentes de reatores UASB. Nesses casos, a eficiência global do sistema é, em geral, similar à que seria alcançada se o processo de pós-tratamento fosse aplicado ao esgoto bruto. No entanto, os requisitos de área, volume e energia, bem como a produção de lodo, são bem menores.

QUALIDADE E DESTINO FINAL DO EFLUENTE TRATADO: LANÇAMENTO EM CORPOS D'ÁGUA E REÚSO

As estatísticas de tratamento de esgotos no país são alarmantes: segundo publicação da Agência Nacional de Águas (ANA) e do Ministério das Cidades de 2017 o atendimento com redes coletoras de esgotos alcançava cerca de 60% da população urbana do país (nos extremos, 16% na região Norte e 80% na região Sudeste); estimava-se, ainda, que cerca de 70% do volume de esgotos coletado, mas apenas 40% do volume total gerado (nos extremos, 12% na região Norte e 54% na região Sudeste), sejam tratados. Ou seja, a parcela atendida com coleta e tratamento dos esgotos representa 42,6% da população urbana total. Desse modo, 96,7 milhões de pessoas não dispõem de tratamento coletivo de esgotos. Visto da perspectiva de impacto ambiental, esses dados revelam que, de toda a carga orgânica[3] gerada no país (9,1 mil toneladas de DBO/dia), apenas 39% é removida com a infraestrutura de tratamento de esgotos existente nas sedes dos municípios brasileiros. Como resultado, em termos de carga orgânica remanescente, cerca de 5,5 mil toneladas DBO/dia podem alcançar os corpos receptores (ANA, 2017a).

Revela-se assim, nitidamente, um quadro de relevantes impactos ambientais e de risco à saúde, não obstante a regulamentação ambiental relativa à preservação da qualidade e de usos múltiplos de águas superficiais, por conseguinte, de padrão de lançamento de efluentes, ser bem restritiva[4]. Dependendo da classe de enquadramento do curso d'água e dos usos que se

[3] Carga orgânica (kg de DBO/dia) = vazão (m^3/dia) ´ concentração do esgoto (g DBO/m^3), ou *per capita* de 54g DBO/hab.dia × população.

[4] No momento da publicação deste texto, a regulamentação em questão vigente era a Resolução Conama n. 357, de 17 de março de 2005, que dispõe sobre a classificação dos corpos de água e diretrizes ambientais para o seu enquadramento, bem como estabelece as condições e padrões de lançamento de efluentes.

queiram preservar (p. ex., abastecimento para consumo humano), as exigências de tratamento de efluentes são elevadas.

No entanto, como destacado em itens anteriores, poucas são as opções de tratamento de esgotos capazes de cumprir, de forma simultânea, por si e com custos relativamente baixos, os três objetivos principais do tratamento: remoção de matéria orgânica, de nutrientes e de organismos patogênicos. A questão dos nutrientes (N, P) é particularmente emblemática, pois sua remoção, em geral, requer o emprego de processos de tratamento mais caros e/ou mais complexos. Tal paradoxo (de um lado, o enorme déficit de tratamento de esgotos no país, de outro, as rigorosas restrições de lançamento de efluentes), levou inclusive, pragmaticamente, a se isentar os sistemas de tratamento de esgotos sanitários do cumprimento do padrão de lançamento de nitrogênio amoniacal total (20 mgL^{-1}), o qual, entretanto, segue vigente para efluentes de outra natureza (industriais e agroindustriais, p. ex.)[5]. Porém, um padrão indireto de lançamento (tanto de nitrogênio como de fósforo) permanece aplicável aos esgotos sanitários, pois, em qualquer caso, o lançamento de efluentes não pode ocasionar situações em desacordo com os padrões de qualidade de água estabelecidos para a respectiva classe de enquadramento do corpo receptor; ademais, dependendo das condições de diluição do efluente no corpo receptor, as exigências serão ainda bastante restritivas. De toda maneira, contradição maior é a situação cada vez mais preocupante de eutrofização de corpos d'agua em todo o país, com implicações ambientais e de saúde pública (proliferação de microalgas e de cianobactérias).

No contexto desse impasse aparece a oportunidade do reúso, pois, como enunciado por Florêncio et al. (2006), se "o que é ruim para as águas é bom para o solo" (e para as plantas), processos de tratamento de esgotos pouco eficientes na remoção de nutrientes (N e P) são, por outro lado, adequados para fornecer efluentes aptos para uso agrícola. Na realidade, mais que oportunidade, necessidade. Estudos da ANA, simulando projeções para 2035 dos impactos das cargas de nutrientes nas captações de água para abastecimento público, identificaram que 1234 e 810 municípios necessitam de atenção especial quanto à remoção, respectivamente, de fósforo (eutrofização) e nitrogênio (presença de nitratos) (ANA, 2017a). Esse estudo aponta ainda que, em 2035, em 316 municípios do país (mas que concentram grande contingente populacional, quase 55 milhões de habitantes) será necessário buscar "soluções

---

[5] Resolução Conama n. 430, de 13 de maio de 2011: dispõe sobre as condições e padrões de lançamento de efluentes, complementa e altera a Resolução n. 357, de 17 de março de 2005, do Conselho Nacional do Meio Ambiente.

complementares" ao tratamento de esgotos, como "busca de novo corpo receptor, disposição no solo ou reúso do efluente, em função do município apresentar baixa relação entre disponibilidade hídrica e carga orgânica lançada". Além disso, em 470 municípios do semiárido brasileiro (9 milhões de habitantes), onde o principal corpo receptor é intermitente ou efêmero, além dos requisitos de remoção de DBO, será importante considerar a "possibilidade de reúso do efluente tratado, a disposição no solo, e/ou priorizar processos de tratamento que resultem em elevada remoção de microrganismos patogênicos" (ANA, 2017a).

Claro está que o uso agrícola de esgotos requer cuidados outros, com o devido controle de impactos sobre o solo e as plantas. Afinal, a irrigação com esgotos pode ser vista como uma prática de fertirrigação, entretanto, sem controle balanceado de aplicação de nutrientes; pode ser vista, também, essencialmente, como uma prática de irrigação com água salina. Porém, como apontado por Bastos et al. (2003a) e Florêncio et al. (2006), se todos esses desafios têm sido enfrentados com sucesso pela engenharia agrícola, nada impede que também o sejam no caso da irrigação com esgotos; fundamentalmente, trata-se de respeitar as mesmas boas práticas aplicáveis à agricultura convencional, isto é, o manejo adequado do sistema solo-água-planta, fazendo observar a devida compatibilidade entre qualidade da água, técnica de irrigação, tipo de solo e culturas irrigadas.

Por fim, algumas considerações importantes de ordem quantitativa e associadas a uma das principais motivações do uso de esgotos em irrigação: o reúso da água, que proporciona alívio na demanda e preservação de oferta de recursos hídricos para outros usos, pois a agricultura irrigada constitui o principal uso de água no país. A irrigação constitui também o principal uso consuntivo de água no país, isto é, do total utilizado, pouco retorna diretamente aos corpos d'água. Em contraste, grande parte (cerca de 80%) da água utilizada no meio urbano retorna aos recursos hídricos sob a forma de esgotos sanitários, porém com impactos de magnitude elevada sobre a qualidade das águas em função dos baixos índices de tratamento de esgotos no país.

Nesse sentido, cabem os exemplos a seguir, simples, mas de efeito didático.

A questão pode ser vista em escala macro, conforme abordado por Itaborahy et al. (2014). De acordo com a Agência Nacional de Águas (ANA), em 2016, a vazão média anual de retirada[6] de água dos mananciais no país foi 2.096 $m^3.s^{-1}$; destes, 46,2% (969 $m^3.s^{-1}$) eram destinados à irrigação, 23,3%

---

[6] Na terminologia utilizada pela ANA (2017b):
Retirada: refere-se à água total captada para determinado uso.

para abastecimento urbano (488,3 $m^3.s^{-1}$), 10,3% para termoelétricas, 9,2% para uso industrial, 7,9% para abastecimento animal, 1,6% para abastecimento rural e 1,6% para mineração. No mesmo ano, a vazão total de água consumida[6] foi 1.109 m^3s^{-1}, sendo 67,2% em irrigação (745 $m^3.s^{-1}$), seguida do abastecimento animal (11,1%), uso industrial (9,5%), abastecimento urbano (8,8% ≈ 97,7 $m^3.s^{-1}$), abastecimento rural (2,4%), mineração (0,8%) e termoelétricas (0,3% (ANA, 2017b).

Dados da ANA estimam ainda que a área irrigada total no país em 2015 alcançava 6,95 milhões de hectares (ANA, 2017b); assim, a vazão de retirada de água dos mananciais brasileiros para atender à demanda da irrigação poderia ser computada como 0,139 $m^3.s^{-1}$ por 1.000 ha ((969 $m^3.s^{-1}$ / 6,95 ´ 10^6 ha) ´ 1.000). Por sua vez, a geração de esgotos urbanos no país em 2017era estimada em 390,6 $m^3.s^{-1}$ – com base na diferença entre a retirada e o consumo médios de água pelo setor urbano (488,3 – 97,7 $m^3.s^{-1}$)[6]. Portanto, as águas residuárias (esgotos) produzidas nas cidades brasileiras representam potencial de alívio na retirada de água dos mananciais para irrigação da ordem de 37%. Por outro ângulo, admitindo o valor estimado de demanda (ou retirada) de água 0,139 $m^3.s^{-1}$ por 1.000 ha de área irrigada, se todo o esgoto urbano do Brasil fosse coletado, isso significaria oferta de água para irrigar 2,8 milhões de hectares – o que, de novo, pode ser visto como potencial de alívio no atendimento da demanda atual de água para irrigação, ou como potencial de expansão da fronteira de agricultura irrigada.

Mas o problema pode ser visto também em menor escala. Considerando uma contribuição *per capita* de esgotos de 120 $L.hab^{-1}.d^{-1}$ e uma demanda de água para irrigação de 800 mm(= 0,8 $m^3.m^{-2}$), digamos em um período de irrigação de seis meses, em tese, os esgotos produzidos por uma pessoa neste período seriam suficientes para irrigar cerca de 27 m^2; ou seja, uma população de 10.000 habitantes produziria água para cultivo de milho em área irrigada de 27ha. Ou, apenas para trabalhar com outros números, como exemplificado por Braga et al. (2012) em um caso hipotético de uma cidade de 20.000 habitantes na Região Semiárida do Brasil: considerando um consumo de água um pouco mais baixo que no exemplo anterior (100 $L.hab^{-1}.d^{-1}$) e a usual relação esgoto/água: 80%, teríamos uma produção de esgotos de 1.600 $m^3.d^{-1}$;

Consumo: refere-se à água retirada que não retorna diretamente aos corpos hídricos; é a diferença entre a retirada e o retorno. Exemplo: água retirada para abastecimento urbano menos a água que retorna como esgoto.
Retorno: refere-se à parte da água retirada para determinado uso que retorna para os corpos hídricos. Exemplo: esgotos decorrentes do uso da água para abastecimento urbano.

considerando ainda uma evapotranspiração média de 10 mm d^{-1} e um sistema de irrigação com eficiência de 80%, esse volume de esgotos seria suficiente para irrigar diariamente uma área de 12,8 ha.

O potencial de utilização de esgotos em piscicultura, como reúso de água e alívio de pressão de demanda sobre recursos hídricos (menor, comparativamente à agricultura), também pode ser exemplificado Considerando uma contribuição *per capita* de esgotos de 120 $L.hab^{-1}.d^{-1}$ e uma demanda de água para piscicultura de 10 $L\ s^{-1}\ ha^{-1}$, constata-se que os esgotos produzidos por uma população de 10.000 habitantes produziriam "água" para o cultivo de peixes em cerca de 1,5 ha (Bastos et al., 2003a).

De toda forma, como pontuado por Florêncio et al. (2006), o que de início se apresenta como enorme potencial, pode também constituir limitação, na medida em que a oferta de água (esgotos) pode em muito superar a demanda (enormes áreas irrigadas a suprir). Do ponto de vista de balanço, isso pode significar que, mesmo com o reúso agrícola, parcelas dos esgotos gerados em determinada comunidade ainda tenham como destino o lançamento em corpos receptores. Outro fator a ser considerado é que em muitas regiões a irrigação é sazonal; portanto, em épocas de chuvas o esgoto tratado deverá ser lançado em corpos d'água, restringindo-se a aplicação agrícola aos meses secos.

Por outro lado, e em contraponto a essas potenciais limitações, cabem as seguintes ponderações. A grande maioria dos municípios brasileiros é de pequeno porte[7], o que ameniza a primeira limitação do descompasso entre a produção de esgotos e a demanda de água para irrigação. É de se notar também que, muito frequentemente, municípios de pequeno porte apresentam vocação agrícola e, por vezes, contam com lagoas de estabilização para o tratamento de esgotos[8], ou são propícias a recebê-las pela menor demanda e maior disponibilidade de área, bem como pelos menores requisitos de operação e manutenção e de demanda de mão de obra especializada (conforme

[7] Em 2017, a maior parte dos municípios brasileiros (68,3%) possuía até 20 mil habitantes, mas abrigava apenas 15,5% da população do país (32,2 milhões de habitantes) (https://agenciadenoticias.ibge.gov.br/16131-ibge-divulga-as-estimativas-populacionais-dos-municipios-para-2017.html).

[8] Dados da ANA de 2017 identificavam 2.768 estações de tratamento de esgotos em operação em 1.592 cidades. Lodos ativados convencional, as poucas unidades (110), abrangiam 24% da população atendida por ETE (cerca de 16,5 milhões de pessoas), principalmente no Sudeste e Centro-Oeste; os processos mais encontrados no país eram as lagoas de estabilização: 210 lagoas facultativas, 364 sistemas de lagoa anaeróbia + lagoa facultativa, 134 sistemas de lagoa anaeróbia + lagoa de maturação, alcançando cerca de 1,4 e 5,5 e 1,9 milhões de pessoas, respectivamente (cerca de 13% do total atendido com ETEs).

já indicado, a associação de lagoas com o reúso agrícola é particularmente atraente). Sobre a limitação do uso apenas sazonal dos esgotos para irrigação, pondera-se que a necessidade de tratamento terciário para remoção de nutrientes e lançamento do efluente em corpos receptores seria também sazonal, reduzindo sobremaneira os custos anuais de tratamento. Vale também lembrar que sistemas integrados de tratamento de esgotos e irrigação podem incluir unidades de reservação de água (integrados a sistemas de lagoas de estabilização) para atender demandas sazonais. A Figura 5 ilustra essas possibilidades.

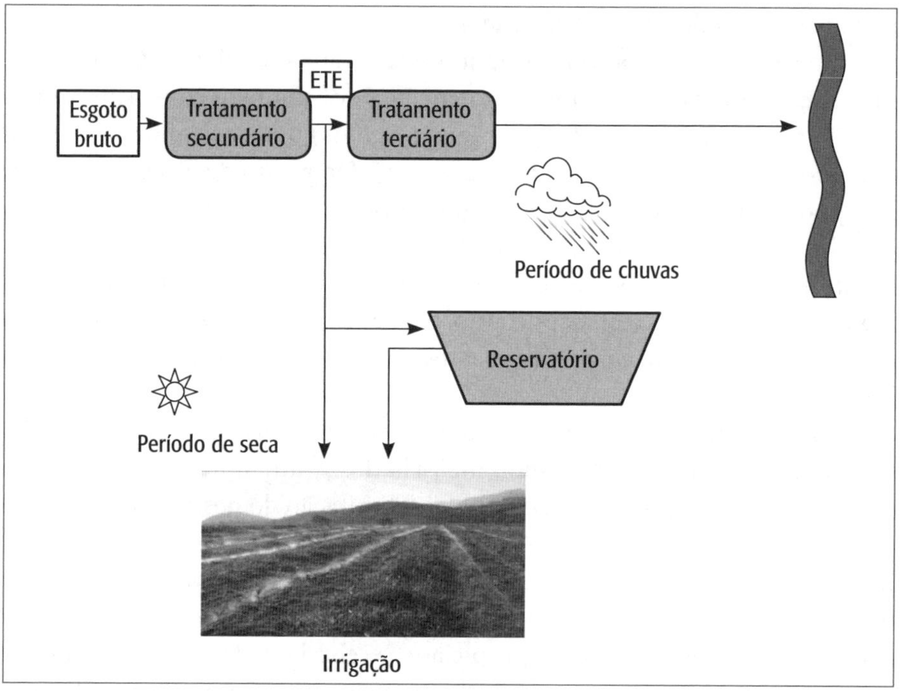

Figura 5 – Ilustração esquemática da concepção de um sistema integrado de tratamento de esgotos, armazenamento e uso de efluentes em irrigação e/ou lançamento em corpos d'água.

NORMAS E CRITÉRIOS DE QUALIDADE DE ÁGUAS RESIDUÁRIAS PARA USO AGRÍCOLA

O texto a seguir tem por base publicações anteriores que contam com a participação dos autores deste capítulo e que tratam com mais detalhamento o conteúdo deste tópico: Bastos et al. (2003b); Bastos e Bevilacqua (2006); e Bastos (2014).

Aspectos de saúde – riscos microbiológicos

No item anterior viu-se que os esgotos sanitários podem conter os mais variados organismos patogênicos. Dependendo de sua origem podem também conter agentes químicos, como metais pesados, substâncias orgânicas e as ditas substâncias emergentes, por exemplo, fármacos e disruptores endócrinos.

Portanto, a irrigação com esgotos envolve, potencialmente, riscos de origem química e microbiológica, os quais, entretanto, têm características bem distintas. Em geral, a exposição ambiental a substâncias químicas provoca efeitos crônicos à saúde, isto é, são decorrentes da exposição prolongada (vários anos ou décadas) a doses[9] baixas. É preciso ainda ponderar que os efeitos à saúde associados a várias das substâncias químicas são ainda desconhecidos ou cercados de incertezas (é o caso, p. ex., de várias das substâncias emergentes). Por sua vez, os riscos de transmissão de doenças microbianas são inquestionáveis e os respectivos efeitos à saúde são bem conhecidos: efeitos agudos, imediatos e, por vezes, de elevada severidade, como no caso de indivíduos imunologicamente vulneráveis. Assim, embora os riscos químicos não devam ser negligenciados, o devido destaque tem sido dado aos riscos microbiológicos (WHO, 2006; USEPA, 2012; Troldborg et al., 2017), e este será também o enfoque aqui.

De acordo com Blumenthal et al. (2000), existem, basicamente, três abordagens para o estabelecimento de critérios de qualidade microbiológica para a irrigação com esgotos: (i) ausência de patógenos na água de irrigação; (ii) medida do risco atribuível à utilização de esgotos para irrigação; (iii) estimativa do risco atribuível à utilização de esgotos para irrigação.

A primeira tem por fundamentação o princípio da precaução, mas tem sido criticada por rigor excessivo e fragilidade em termos de fundamentação epidemiológica – em outras palavras, por constituir meta inalcançável de "risco nulo" (Blumenthal et al., 2000). Na segunda, buscam-se evidências de associação entre irrigação com esgoto e ocorrência de doenças. Essa abordagem permitiria o estabelecimento da qualidade microbiológica da água correspondente à ausência de risco atribuível ou a determinado nível de risco tido como "tolerável". Entretanto, essas evidências são de difícil obtenção, pois dependem de complexos estudos epidemiológicos que, em geral, não apresentam sensibilidade para detectar níveis baixos de risco (Blumenthal et al., 2000). Alternativamente, e também tomando como referência o nível de "risco tolerável",

---

[9] Dose = concentração do contaminante na matriz ambiental × volume ingerido, ou inalado (p. ex. água, ar, solo, alimento).

a qualidade microbiológica da água de irrigação pode ser estabelecida a partir de modelos de Avaliação Quantitativa de Risco Microbiológico (AQRM), os quais permitem a estimativa de risco em base probabilística[10].

A regulamentação do uso de águas residuárias para irrigação, na forma de normas ou diretrizes, é encontrada em países tão diversos como México (1996), Israel (INBAR, 2007), Austrália (NHMRC, 2008), Portugal (Monte e Albuquerque, 2010), Estados Unidos, (USEPA, 2012). Em todo caso, identificam-se duas "escolas", as quais têm servido de referência na formulação de padrões, ou critérios, de qualidade microbiológica de efluentes para irrigação. Uma com fundamentação mais próxima à abordagem do "risco nulo" (portanto, bem rigorosa), representada originalmente pela regulamentação, um tanto pioneira, do estado da Califórnia – EUA e, posteriormente, pelas diretrizes para reúso da água da Agência de Proteção Ambiental dos EUA (USEPA, 2012); outra, mais flexível, fundamentada em avaliação de risco (evidências epidemiológicas e AQRM), representada, principalmente, pelas Diretrizes da OMS para uso agrícola de águas residuárias (WHO, 2006; Mara et al., 2007).

Na Tabela 4, as diretrizes da OMS e da USEPA, para irrigação restrita e irrigação irrestrita (respectivamente, com e sem restrições de culturas irrigadas ou de método de irrigação), são apresentadas de forma bem simplificada[11]. As Diretrizes da OMS são particularmente bem mais detalhadas, com a recomendação de diferentes critérios de qualidade de efluentes para vários cenários de irrigação restrita e irrestrita, por exemplo: nível tecnológico da agricultura, tipo de cultura irrigada, método de irrigação; em outras palavras, diferentes graus de exposição humana. Na Tabela 4, são incluídos apenas os casos mais restritivos das Diretrizes da OMS. Em linhas gerais, as diretrizes relativas à irrigação irrestrita dirigem-se à proteção dos consumidores bem como de trabalhadores que tenham contato direto com a água de irrigação, solo e culturas irrigadas; no caso da irrigação restrita pretende-se a proteção apenas do segundo grupo (já que não há exposição de consumidores).

Para irrigação irrestrita, o critério da USEPA impõe um padrão de qualidade de efluentes semelhante ao padrão de potabilidade da água (ausência de coliformes e de organismos patogênicos, turbidez ≤ 2 uT e cloro residual ≥ 1 mg L^{-1}). Obviamente, um padrão com tais níveis de exigência somente pode ser alcançado por processos rigorosos de tratamento de esgotos, incluin-

---

[10] Maiores informações sobre AQRM e suas aplicações à irrigação podem ser encontradas em Bastos e Bevilacqua, 2006; WHO, 2006; Pachepsky et al., 2011; Troldborg et al., 2018.

[11] Análises mais detalhadas das diretrizes da OMS e da USEPA podem ser encontradas em Bastos e Bevilacqua (2006) ou Bastos (2014).

do filtração e desinfecção. Para a irrigação restrita exige-se também a desinfecção, a garantia de cloro residual ≥ 1 mg L^{-1}, e um padrão bacteriológico ≤ 200 coliformes termotolerantes (CTer) por 100 mL. As diretrizes da OMS associam a remoção de patógenos por meio do tratamento dos esgotos com outras medidas de proteção (como a seleção de culturas e de técnicas de irrigação, e práticas pós-colheita de higiene dos alimentos). No caso de bactérias, vírus ou protozoários, a combinação dessas medidas visa ao alcance do nível de risco anual assumido como tolerável: 10^{-3}-10^{-4} pppa[12], e a remoção desses patógenos por meio do tratamento de esgotos é estimada com base na remoção da bactéria *E. coli*. No que diz respeito aos riscos associados a doenças helmínticas, ao se reconhecer a insuficiência de informações para a aplicação da metodologia de AQRM, o padrão de qualidade de efluentes (< 1 ovo de helminto por litro) permanece baseado nas evidências epidemiológicas disponíveis, as quais sugerem necessidade de controle rigoroso desse patógeno.

Tabela 4 – Resumo das Diretrizes da OMS e da USEPA de qualidade microbiológica de efluentes para uso em irrigação

Modalidade de uso agrícola	Processo de tratamento		Qualidade do efluente	
	OMS	USEPA	OMS	USEPA
Irrigação irrestrita Irrigação de qualquer cultura, incluindo culturas consumidas cruas	NE	Secundário + filtração + desinfecção	E.coli ≤ 10^3/100mL Ovos de helmintos < 1/L	Turbidez ≤ 2 uT CRT ≥ 1 mg/L CTer ND Organismos patogênicos ND
Irrigação restrita Culturas não alimentícias, culturas alimentícias processadas comercialmente, frutíferas, cerealíferas, silvicultura, pastagens e forrageiras	NE	Secundário + desinfecção	E.coli ≤ 10^4/100mL Ovos de helmintos < 1/L	CRT ≥ 1 mg/L CTer ≤ 200/100 mL

NE: não especificado; ND: não detectável.

[12] Risco anual tolerável de 10^{-x} pppa (por pessoa por ano): significa que se admite um caso por ano de infecção por cada 10^{x} pessoas expostas (no caso, consumidores de produtos irrigados ou trabalhadores em contato direto com a água de irrigação, solo e culturas irrigadas). A norma de potabilidade da água dos EUA (USEPA, 2012) se encontra assente em nível de risco tolerável anual de infecção de 10^{-4}, independentemente do agente patogênico em questão. As diretrizes da OMS para irrigação com águas residuárias e para qualidade da água para consumo humano têm, ambas, como referência, níveis de risco toleráveis entre 10^{-3} e 10^{-4} pppa para infecção por bactérias, vírus ou protozoários (WHO, 2006). Conforme já referido, as diretrizes da USEPA (2012) para reúso de água não são fundamentadas em avaliação quantitativa de risco.

Aspectos agrícolas

Como pontuado anteriormente, a irrigação com esgotos pode ser vista como uma prática de fertirrigação com água salina, o que requer, portanto, atenção aos seguintes aspectos, como vantagens ou como limitações: (i) o potencial fertilizante dos esgotos sanitários; (ii) os efeitos negativos da qualidade da água sobre o solo e as plantas; (iii) risco de contaminação de aquíferos.

Potencial fertilizante

O potencial fertilizante dos esgotos pode ser ilustrado a partir do seguinte exercício: considerando uma demanda hídrica teórica para irrigação de 600 mm (0,6 m^3/m^2) e teores de NPK usualmente encontrados no esgoto (50 mg N L^{-1}; 10 mg NP L^{-1}, 20 mg K L^{-1}) (Tabs.1 e 3), ao final do período de irrigação teriam sido aplicados, estimativamente: 300 kg N ha^{-1}; 60 kg P ha^{-1}, 120kg K ha^{-1}. Ou como ilustram Itaborahy et al. (2014) em escala macro: tomando os mesmos teores de NPK acima considerados e a estimativa anteriormente apresentada de produção de esgotos no país de 390,6 $m^3.s^{-1}$, a utilização de todo esse montante em irrigação poderia incorporar anualmente aos solos brasileiros 615.000 toneladas de nitrogênio, 123.000 toneladas de fósforo e 246.000 toneladas de potássio. Voltando ao primeiro exemplo, mesmo se considerássemos efluentes tratados com 60% de remoção de N e 20% de remoção de P e K, ainda assim o aporte de macronutrientes seria considerável: 120 kg N ha^{-1}; 48 kg P ha^{-1}, 96 kg K ha^{-1}.

De um lado, esses números revelam que o esgoto sanitário pode conter macronutrientes em quantidades tais que propiciem o atendimento, integral ou parcial, da demanda da maioria das culturas[13]. Salvo casos mais específicos, em geral, as demandas de nitrogênio e de potássio seriam atendidas com folga, mas as de fósforo não. De outro lado, revelam também a necessidade de manejo adequado, como o devido balanço entre demanda e oferta de água e de nutrientes. O aporte de nutrientes, simplesmente como decorrência do atendimento da demanda hídrica das culturas, pode resultar em aplicação excessiva e implicar impactos agronômicos e ambientais. Nitrogênio em excesso é particularmente problemático, pois pode comprometer a produtividade e a qualidade das culturas, além de provocar contaminação do lençol

[13] Por exemplo, as recomendações de adubação para milho são da ordem de 120 kg N ha^{-1}; 90 kg P_2O_5 ha^{-1}, 50 kg K_2O ha^{-1}(CFSEMG, 1999).

freático por lixiviação de nitratos e, tanto quanto o fósforo, eutrofização de cursos d'água por escoamento superficial.

Novamente, exemplifica-se o problema com um exercício simples, mas didático[14]. Tomemos o mesmo caso hipotético utilizado anteriormente, de uma cidade de 10.000 habitantes, contribuição *per capita* de esgotos de 120 L.hab d^{-1} e irrigação de milho por seis meses. Nesse período (180 dias), a fertirrigação com esgotos contendo 50 mg N L^{-1} resultaria na aplicação de 10.800 kg N (216.000 m^3 ´ 50 g N m^{-3}), ou seja, considerando uma demanda de adubação nitrogenada de 100 kg N ha^{-1}, resultaria em potencial de produção de milho em 108 ha. Entretanto, o exercício para a mesma situação, mas com base na demanda hídrica, resultou em potencial de área irrigável de 27 ha. Em outras palavras, o problema exigiria suplementação da irrigação com água limpa para se aproveitar todo o potencial fertilizante nitrogenado dos esgotos em 108 ha, ou a utilização de apenas parcela do esgoto gerado na cidade para irrigação em 27 ha.

Além disso, o equacionamento do problema com base no elemento crítico (no caso, N), pode exigir adubação química suplementar de outros elementos, fósforo por exemplo. Há também que se considerar que os nutrientes, veiculados de forma gradual via fertirrigação com o esgoto, não necessariamente estarão disponíveis na forma e quantidade exigidas pela planta em determinado estágio de seu crescimento. Por exemplo, as formas mineralizadas são as prontamente assimiláveis pelas plantas (no caso, no nitrogênio, nitrato e amônio), mas os esgotos podem conter teores consideráveis de nutrientes na forma orgânica. Ou, ainda, a fertirrigação pode não ser suficiente para atender adequadamente à demanda de nutrientes (em particular de nitrogênio) no estágio inicial de desenvolvimento das plantas, podendo ser necessária adubação mineral complementar de plantio.

Impactos sobre o solo e as plantas[15]

Os principais problemas relacionados à qualidade da água para irrigação referem-se aos riscos de salinização e sodificação do solo e toxicidade por íons específicos.

---

[14] Abordagem e exemplos mais bem detalhados podem ser encontrados em Marques et al. (2003).

[15] Informações mais aprofundadas sobre o tema devem ser procuradas em literatura mais específica, por exemplo: Ayers e Westcot (1991), Rhoades et al. (2000) ou Almeida (2010).

Sais contidos na água de irrigação podem se acumular no solo no entorno da zona radicular das plantas, comprometendo a absorção de água em virtude de efeitos osmóticos. Mais especificamente, o acúmulo de sódio provoca redução da permeabilidade do solo, comprometendo a infiltração de água. Em ambos os casos os efeitos são similares e cumulativos – queda de produtividade, no extremo, comprometimento da aptidão agrícola do solo. Outro problema refere-se à toxicidade específica de alguns íons, com destaque para o boro, cloretos e sódio. Assim, o manejo adequado da fertirrigação com esgotos, tal qual na irrigação convencional, envolve a compatibilização entre a qualidade da água, as características do solo e das culturas irrigadas.

A salinidade da água é geralmente medida pela condutividade elétrica. A sodicidade é avaliada pela Razão de Adsorção de Sódio (RAS), que expressa a proporção da presença de sódio em relação à de cálcio e magnésio (Equação 1).

$$\text{RAS} = \text{Na} / [(\text{Ca} + \text{Mg}) / 2]\ ½\ (\text{mmolc L}^{-1})\ ½ \qquad (1)$$

Em resumo, a diminuição da permeabilidade do solo é potencializada por concentrações elevadas de Na em relação ao Ca (respectivamente, prejudicial e benéfico à estrutura do solo). Por sua vez, o excesso de Mg trocável no solo pode induzir à deficiência de Ca. Porém, a avaliação da redução da capacidade de infiltração é feita levando em conta, conjuntamente, a RAS e a condutividade elétrica, e a pior combinação seria a de valores elevados de RAS com valores baixos de salinidade.

Naturalmente, diferentes plantas apresentam sensibilidade/tolerância variada à salinidade (capacidade de adaptação osmótica) e à toxicidade. Na Tabela 5 apresenta-se uma abordagem genérica sobre critérios para avaliar a qualidade da água para fins de irrigação, tendo em consideração o grau de restrição de uso de águas em relação aos problemas de salinidade (CE), sodicidade (RAS) e toxicidade de elementos químicos específicos, sugerindo cuidados na seleção. Restrição moderada significa que devem ser evitadas culturas muito sensíveis à salinidade e a irrigação em solos naturalmente mais compactados (p. ex., argilosos); no caso de restrição severa, a irrigação deveria se limitar a culturas altamente tolerantes à salinidade e a solos muito permeáveis (arenosos).

A Tabela 3, já apresentada, registra valores de condutividade elétrica, RAS e cloretos encontrados no monitoramento de 17 sistemas de tratamento de esgotos no Brasil, de diferentes modalidades. No que se refere a problemas potenciais de salinidade (avaliados com base na CE) e de sodicidade (avaliados com base na CE e na RAS), o grau de restrição para uso desses efluentes em irrigação variaria de nenhum a moderado. Em alguns poucos casos, as restrições seriam mais severas, em virtude de concentrações atípicas de Na e cloretos nos esgotos, creditadas à infiltração de água do mar na rede de esgotos e/ou à presença de concentrações elevadas já na água de origem do efluente (Chernicharo et al., 2006).

Tabela 5 – Diretrizes para interpretar a qualidade da água para irrigação

Variável	Grau de restrição para uso		
	Nenhum	Moderado	Severo
	Salinidade		
CEa (dSm^{-1})	< 0,7	0,7-3,0	> 3,0
	Infiltração		
RAS		CEa (dSm^{-1})	
0-3	> 0,7	07-0,2	< 0,2
3-6	> 1,2	1,2-0,3	< 0,3
6-12	> 1,9	1,9-0,5	< 0,5
12-20	> 2,9	2,9-1,3	< 1,3
2-40	> 5,0	5,0-2,9	< 2,9
	Toxicidade de íons específicos		
Sódio			
Irrigação por superfície (RAS)	< 3	3-9	> 9
Irrigação por aspersão (meq L^{-1})	< 3	> 3	
Cloreto			
Irrigação por superfície (meq L^{-1})	< 4	4,0-10	> 10
Irrigação por aspersão (meq L^{-1})	< 3	> 3	
Boro (mg L^{-1})	< 0,7	0,7-3,0	> 3,0
Bicarbonato (HCO_3)			
Irrigação por aspersão (mg L^{-1})	< 90	90-500	> 500

Fonte: adaptada de Ayers e Westcot (1991).

Regulamentação no Brasil

Desde 2005 dispõe-se no Brasil de diretrizes gerais para a prática de reúso direto não potável de água, estabelecidas em resolução do Conselho Nacional de Recursos Hídricos – a Resolução n. 54/2005. Esta tem o mérito de oficializar e incentivar o reúso da água no país como prática de racionalização e de conservação de recursos hídricos e de definir as modalidades previstas de reúso, entre as quais: (i) reúso para fins urbanos – irrigação paisagística, lavagem de logradouros públicos e veículos, desobstrução de tubulações, construção civil, edificações, combate a incêndio; (ii) reúso para fins agrícolas e florestais; (iii) reúso para fins ambientais – projetos de recuperação do meio ambiente; (iv) reúso para fins industriais; e (v) reúso na aquicultura. Define água de reúso como "água residuária, que se encontra dentro dos padrões exigidos para sua utilização nas modalidades pretendidas", porém remete para regulamentação complementar pelos "órgãos competentes" a definição de diretrizes, critérios e parâmetros específicos para as modalidades previstas de reúso.

Portanto, até o momento da publicação do presente texto ainda não contávamos no país com regulamentação de critérios de qualidade de água de reúso para fins agrícolas. Na visão de Bastos (2014), rigorosamente, não dispomos sequer de critérios específicos de qualidade para água de irrigação em geral, pois os critérios estabelecidos na Resolução Conama n. 357/2005 se inserem em contexto mais amplo de classificação e enquadramento dos corpos de água. Não obstante, conforme o mesmo autor, o uso da água para irrigação constitui um dos pontos de corte importantes entre as várias classes de qualidade da água estabelecidas na Resolução Conama n. 357/2005, e os respectivos critérios de qualidade microbiológica (resumidos na Tabela 6) são de fato referências vigentes.

Tabela 6 – Critérios de qualidade microbiológica de águas superficiais para uso em irrigação, Resolução Conama n. 357/2005

Tipo de irrigação	Critério de qualidade
Hortaliças que são consumidas cruas e frutas que se desenvolvem rentes ao solo e que sejam ingeridas cruas sem remoção de película	200 *E. coli* / 100 mL
Hortaliças, plantas frutíferas e de parques, jardins, campos de esporte e lazer, com as quais o público possa vir a ter contato direto	1000 *E. coli* / 100 mL
Culturas arbóreas, cerealíferas e forrageiras	4000 *E. coli* / 100 mL

Em resumo, se comparados às diretrizes da OMS para irrigação com águas residuárias, os critérios para qualidade da água para irrigação da Resolução Conama n. 357/2005 soam bastante restritivos. Para a situação mais desfavorável (hortaliças e frutas que se desenvolvem rentes ao solo e que são ingeridas cruas; irrigação irrestrita na terminologia da OMS), o limite de 200

E.coli/100 mL é mais rigoroso que a recomendação da OMS para irrigação com águas residuárias em cenários análogos de exposição (10^3 *E.coli*/100 mL) (Tabela 6). Nas classes seguintes, para irrigação das demais hortaliças e plantas frutíferas e de culturas arbóreas, cerealíferas e forrageiras (na terminologia usada pela OMS, irrigação restrita) impõem-se limites de, respectivamente, 1.000 e 4.000 *E.coli*/ 100 mL, enquanto a OMS recomenda, nos cenários mais desfavoráveis de irrigação restrita e irrestrita, respectivamente, 10^4 *E.coli*/100 mL e 10^3 *E.coli*/100 mL.

Há discussões acerca da necessidade ou praticidade de se ter regulamentação específica de qualidade de água para irrigação, e se na forma de normas (de cumprimento obrigatório) ou de diretrizes de boas práticas (Pachepsky et al., 2011). No caso do reúso da água, mais especificamente do uso de águas residuárias para irrigação, critérios relativos a aspectos agrícolas e ambientais talvez possam permanecer apenas como recomendações de boas práticas. Porém, critérios de qualidade microbiológica merecem a devida regulamentação e a melhor fundamentação científica, de forma que cumpram o necessário papel de proteção à saúde e sejam, ao mesmo tempo, de implementação factível.

REÚSO DA ÁGUA E A BACIA HIDROGRÁFICA

Ecossistemas e suas zona de entrada e zona de saída

O ecossistema é uma unidade funcional básica da ecologia, pois inclui tanto os organismos vivos como o ambiente abiótico (não vivo). Chama-se ecossistema qualquer unidade que abranja a comunidade biótica numa dada área, interagindo com o ambiente físico. O nível de organização – cada um influencia as propriedades do outro – deve ser uma preocupação na implantação de sistemas holísticos para resolução de problemas ambientais.

Todos os ecossistemas são sistemas abertos, existindo tanto um ambiente de entrada como um ambiente de saída, acoplados e essenciais para que o ecossistema funcione e se mantenha. O tamanho dos ambientes varia muito, em função de certos parâmetros, tais como: o tamanho do sistema, a intensidade metabólica, o equilíbrio autotrófico-heterotrófico e o estágio de desenvolvimento, sistemas jovens diferem dos sistemas maduros (Figura 6).

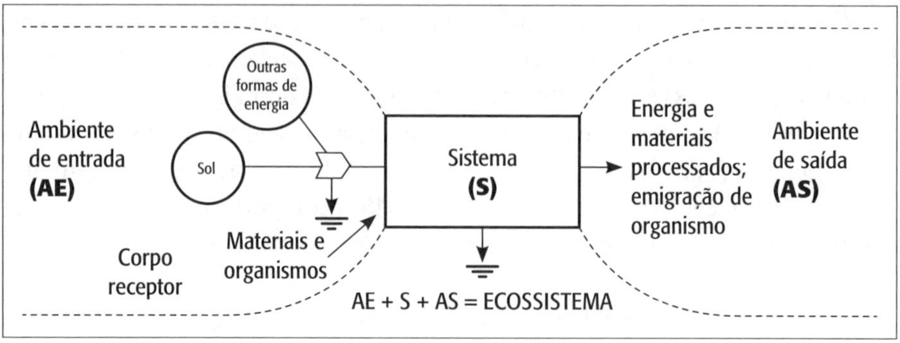

Figura 6 – Modelo de um ecossistema.
Fonte: Odum (1986).

Uma cidade, uma atividade industrial ou empreendimento agropastoril caracterizam-se como um ecossistema incompleto ou heterotrófico, dependente de grandes áreas externas a ele para obtenção de energia, alimentos, água e outros materiais. Como mostra a Figura 7, a cidade difere de um ecossistema heterotrófico natural, tal como um recife de ostras, por exemplo, uma vez que apresenta: um metabolismo mais intenso por unidade de área, uma grande necessidade de entrada de materiais, acima e além do necessário para o sustento da própria vida. Uma saída maior e mais "venenosa" de resíduos. Dessa forma, os ambientes de entrada e saída são relativamente mais importantes para sistemas urbanos do que para o caso de um sistema autotrófico, tal como uma floresta (Figura 7).

O tamanho do ambiente de entrada de uma cidade dos Estados Unidos provavelmente é maior que o de cidades de países menos desenvolvidos. No entanto, a falta de infraestrutura para o tratamento das águas residuárias muitas vezes resulta num impacto local mais grave, ampliando a área do ambiente de saída, em relação ao de países desenvolvidos.

Estimativa da demanda da água na área do manancial

Uma cidade brasileira, com 1.000 habitantes, que ocuparia uma área no perímetro urbano de 0,25 km^2 (densidade demográfica assumida de 40 hab/ha), necessitaria de cerca de 1 km^2 para abastecê-la de água potável, considerando-se apenas os aspectos quantitativos (Aisse, 1991). Na estimativa da área consideraram-se as seguintes variáveis:

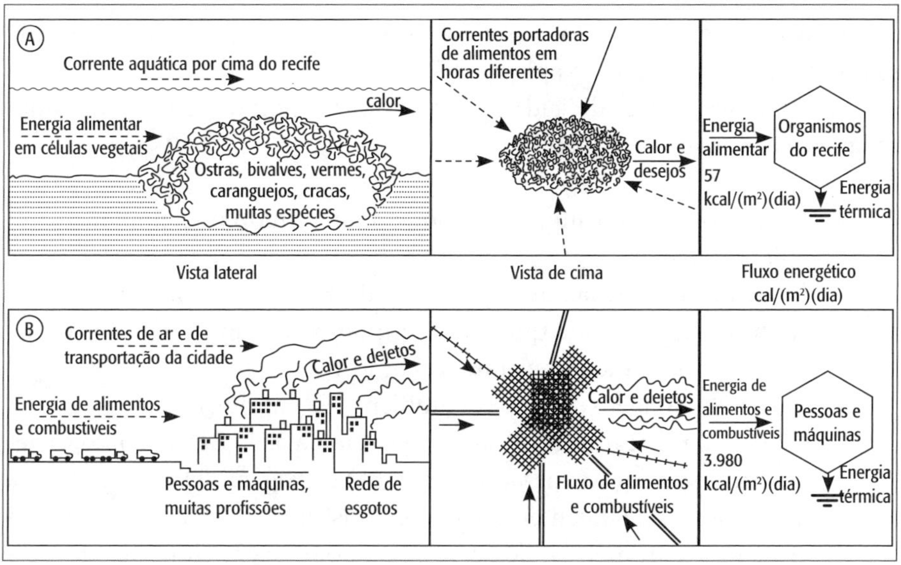

Figura 7 – Ecossistemas heterotróficos: a) um recife de ostras; b) uma cidade.
Fonte: Odum (1986).

a) Necessidade de água potável:

$Q = (P.q.k_1) / 86.400$ (2)

Onde:

Q: vazão de água em L/s;

P: população em hab.;

q: *per-capita* adotado 150 L/hab.dia;

k_1: coeficiente de majoração (dia de maior consumo), adotado geralmente como 1,25, mas nem sempre empregado nos estudos de outorga de água.

Assim:

$Q = 1{,}7.\ k_1 L/s$

b) Disponibilidade do manancial:

A vazão específica de estiagem (qe 7,10) do manancial superficial (rio, córrego...) foi considerada como 3,5 L/s.km², característica da região metropolitana de Curitiba-PR, por exemplo. Também se adotou uma vazão de jusante (vazão ecológica ou de sobra) de igual valor à de outorga.

c) Área de entrada

$A = 0{,}45 + 0{,}45\ km^2 = 0{,}9\ km^2$

Essa área resultou muitas vezes maior que a área da própria cidade, cerca de 4 vezes, para o cenário apresentado.

A estimativa da área de saída é mais complexa, pois deverão ser consideradas variáveis como (ver Figura 8):

- DBO_5 do esgoto bruto, o qual pode ser assumido inicialmente como 300 mg/L.
- Eficiência da Estação de Tratamento do Esgoto (ETE).
- Relação Esgoto/Água que pode resultar na vazão do esgoto, a qual poder ser assumida inicialmente como 1.
- Vazão de estiagem do rio (ver ambiente de entrada).
- Classe do rio segundo a Resolução Conama 357 (Brasil, 2005), especialmente a adoção dos valores de DBO e Oxigênio Dissolvido – OD, a montante do lançamento (zona de mistura). Ao se reportar apenas esses dois parâmetros, fica evidente a abordagem simplificada, pois não se está considerando o aporte indesejável dos macronutrientes como N e P. Num estudo inicial pode ser adotada a Classe 2 para o rio receptor dos esgotos.

A amplitude da área de saída, tanto a montante (vazão necessária para diluição do esgoto) como a jusante (depleção do OD, p. ex.) do lançamento resulta maior que a área de entrada (Aisse, 1991).

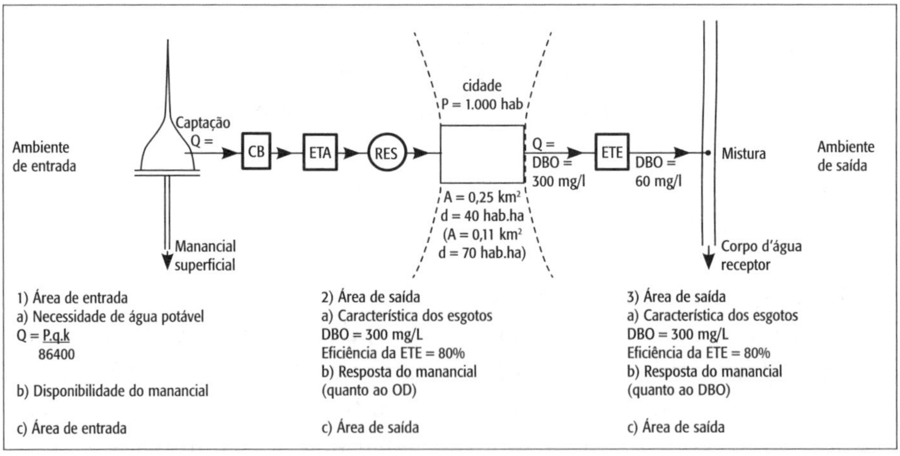

Figura 8 – Ambiente de entrada e de saída de uma cidade apoiado no conceito do ciclo da água.

Fonte: adaptada de Aisse (1991).

Impacto do reúso da água na área do manancial

No item anterior, a amplitude da zona de entrada e de saída foi exemplificada empregando-se a cidade como o ambiente heterotrófico. No entanto, a mesma amplitude pode ser simulada para uma indústria ou um empreendimento de irrigação agrícola, por exemplo. Para cada situação a Relação A entrada/A cidade irá variar e um adequado planejamento poderá diminuir a relação citada, destacando-se:

- Aumento da oferta de água de abastecimento, com a implantação de reservatórios (barragens), os quais acumularão água no período de verão (no caso do sul do Brasil, p. ex.) para ser liberada no período de estiagem.
- Diminuição do consumo de água (práticas de conservação da água).
- "Substituição das fontes", utilizando-se água de qualidade inferior para demandas menos restritivas (usos não potáveis). A prática do reúso da água (uso do esgoto tratado) insere-se nesse contexto, diminuindo a pressão sobre o manancial de abastecimento. Igualmente, será também observada importante redução da zona de saída, pela redução da vazão do esgoto lançado no corpo receptor.

CONSIDERAÇÕES FINAIS

O uso racional, o controle de perdas e desperdícios e o reúso da água, incluindo a utilização de esgotos sanitários para diversos fins, têm se tornado imperativos. A utilização dos esgotos oferece oportunidades de natureza econômica, ambiental e social, porém, em situações de acentuada escassez de recursos hídricos pode mesmo constituir uma necessidade.

O presente capítulo apresentou algumas técnicas simplificadas de tratamento de esgotos, comumente utilizadas no Brasil, e aptas à produção de efluentes adequados a modalidades diversas de reúso. Por se constituírem em técnicas de tratamento secundário, possuem a capacidade de remoção de sólidos suspensos e DBO, mas eficiência relativa e variada em termos de remoção de patógenos e nutrientes.

Discorreu-se, então, sobre os efeitos à saúde associados a essa prática. O uso agrícola de esgotos também requer o adequado controle de impactos sobre o solo e as plantas. Como destacado anteriormente, no caso do uso de águas residuárias para irrigação, critérios relativos a aspectos agrícolas e ambientais talvez possam permanecer apenas como recomendações de boas práticas. Porém, critérios de qualidade microbiológica merecem a devida regulamentação e a melhor fundamentação científica, de forma que cumpram o necessário papel de proteção à saúde e sejam, ao mesmo tempo, de implementação factível.

A prática do reúso da água (uso do esgoto tratado) insere-se no contexto da utilização da água de qualidade inferior para demandas menos restritivas, diminuindo a pressão sobre o manancial de abastecimento. Igualmente, será também observada importante redução da vazão do esgoto lançado no corpo receptor.

As águas provenientes das bacias hidrográficas podem operar como fator importante ao desenvolvimento nas regiões ribeirinhas, servindo a usos múltiplos, como irrigação, abastecimento humano, aquicultura, pesca artesanal, dessedentação animal, turismo e lazer.

A aplicação orientada de reúso de efluentes na agricultura é benéfica sob o ponto de vista ecológico e econômico. Comumente os esgotos vêm sendo desperdiçados como fonte nutricional adicional para cultivos agrícolas. Associado a isso, o crescente aumento populacional sugere tendência ao aumento do lançamento de esgotos nos corpos hídricos, impactando a qualidade das águas. Ações que colaboram para reduzir a aceleração do processo de eutrofização da água, como a prática do reúso, contribuem para a sustentabilidade dos recursos hídricos.

Os potenciais impactos gerados pelos esgotos nas bacias hidrográficas são amplos, destacando-se regiões onde a água é fator limitante para o desenvolvimento e sofrem forte influência das mudanças climáticas. A prática do reúso vem sendo uma importante ferramenta para gestão sustentável das águas, a fim de minimizar os impactos nos corpos hídricos.

REFERÊNCIAS

ALMEIDA, O.A. *Qualidade da água de irrigação*. Cruz das Almas: Embrapa Mandioca e Fruticultura, 2010. Disponível em www.cnpmf.embrapa.br/publicacoes/livro_qualidade.pdf.

[ANA] AGÊNCIA NACIONAL DE ÁGUAS. Atlas esgotos: despoluição de bacias hidrográficas. Agência Nacional de Águas, Secretaria Nacional de Saneamento Ambiental. Brasília: ANA, 2017a, 88 p.

______. Conjuntura dos recursos hídricos no Brasil 2017: relatório pleno. Brasília: ANA, 2017b, 169 p.

ARLOSOROFF, S. Wastewater Management, Treatment, and Reuse in Israel. In: ZAIDI. M.K. (ed). *Wastewater Reuse–Risk Assessment, Decision-Making and Environmental Security*. Dordrecht: Springer, 2007; p. 55-64 (NATO Science for Peace and Security Series).

AYERS, R.S.; WESTCOT, D.W. *A qualidade da água na agricultura*. Trad. Gheyi, H.R; Medeiros, J.F.; Damasceno, F.A.V. Estudos FAO de Irrigação e Drenagem, 29, revisado 1. Campina Grande: UFPB, 1991.

AISSE, M.M. Ciclos Naturais e Ciclos Artificiais. *Revista Acadêmica*, II(4):26-38, 1991.

______. *Sistemas Econômicos de Tratamento de Esgotos Sanitários*. Rio de Janeiro: Abes, 2000; 192 p.

BASTOS, R.K.X. Qualidade microbiológica da água para irrigação de hortaliças. In: BRAGA, M.B; LIMA, C.E.P. (eds.). *Reúso de água na agricultura*. Brasília, DF: Embrapa, 2014; p.131-158.

BASTOS, R.K.X.; MARQUES, M.O. Utilização de esgoto tratado em fertirrigação, hidroponia e piscicultura. Uma análise crítica. In: BASTOS, R.K.X. (coord.).*Utilização de esgotos tratados em irrigação, hidroponia e piscicultura*. Rio de Janeiro: Abes, RiMa Artes e Texto, 2003; p.247-253 (Projeto Prosab).

BASTOS, R.K.X; ANDRADE NETO, C.O.; CORAUCCI FILHO, B. et al. Utilização de esgotos tratados em irrigação, hidroponia e piscicultura. Introdução. IN: BASTOS, R.K.X. (coord.). *Utilização de esgotos tratados em irrigação, hidroponia e piscicultura*. Rio de Janeiro: Abes, RiMa Artes e Texto, 2003a; p.1-22 (Projeto Prosab).

BASTOS, R.K.X; BEVILACQUA, P.D. Normas e critérios de qualidade para reúso da água. In: FLORÊNCIO, L; BASTOS, R.K.X; AISSE, M. M.(coord.). *Tratamento e utilização de esgotos sanitários*. Rio de Janeiro: Abes, 2006; p.17-61 (Projeto Prosab).

BASTOS, R.K.X.; BEVILACQUA, P.D.; ANDRADE NETO, C.O. et al. Utilização de esgotos sanitários em irrigação – aspectos sanitários. In: BASTOS, R.K.X. (coord.). *Utilização de esgotos tratados em irrigação, hidroponia e piscicultura*. Rio de Janeiro: Abes, RiMa Artes e Texto, 2003b; p.23-59 (Projeto Prosab).

BASTOS, R.K.X.; CALIJURI, M.L.; BEVILACQUA, P.D. et al. Post-treatment of UASB reactor effluent in waste stabilization ponds and in horizontal flow constructed wetlands: a comparative study in pilot scale in Southeast Brazil. *Water Science and Technology*, v.61, p.995-1002, 2010.

BLUMENTHAL, U.J.; MARA, D.D.; PEASEY, A. et al. Guidelines for the microbiological quality of treated wastewater used in agriculture: recommendations for revising WHO guidelines. *Bulletin of the World Health Organization*, Geneva, v.78, n. 9, p.1001-1116, 2000.

BRAGA, M.B; MAROUELLI, W.A.; LIMA, C.E.P. Reúso de água como fator na produção de alimentos. In: BRAGA, M.B; LIMA, C.E.P. (eds.). *Reúso de água na agricultura*. Brasília, DF: Embrapa, 2014; p.13-26.

BRASIL. Conselho Nacional de Meio Ambiente. Resolução n. 357 – 17 mar. 2005. Dispõe sobre a classificação dos corpos de água e diretrizes ambientais para o seu enquadramento, bem como estabelece as condições e padrões de lançamento de efluentes, e dá outras providências. Diário Oficial da União, Brasília, 18 mar. 2005.

______. Conselho Nacional de Recursos Hídricos. Resolução n. 54, de 28 nov. 2005. Estabelece modalidades, diretrizes para a prática de reúso direto não potável de água e dá outras providências. Diário Oficial da União, Brasília, 9 mar. 2006.

______. Ministério das Cidades. Secretaria Nacional de Saneamento Ambiental. Sistema Nacional de Informações sobre Saneamento: Diagnóstico dos Serviços de Água e Esgotos – 2012. Brasília: SNSA/MCIDADES, 2014.164 p.

CHERNICHARO, C.A.L.; FLORÊNCIO, L; BASTOS, R.K.X. et al. Tratamento de esgotos e produção de efluentes adequados a diversas modalidades de reúso da água. In: FLORÊNCIO, L.; BASTOS, R.K.X; AISSE, M.M. (coord.). *Tratamento e utilização de esgotos sanitários*. Rio de Janeiro: Abes, 2006; p.63-110 (Projeto Prosab).

[CFSEMG] COMISSÃO DE FERTILIDADE DO SOLO DO ESTADO DE MINAS GERAIS; RIBEIRO, A.C.; GUIMARÃES, P.T.G.; ALVAREZ, V.H. (eds.). *Recomendações para o uso de corretivos e fertilizantes em Minas Gerais* – 5ª Aproximação. Viçosa, MG: UFV, 1999.

DOTRO, G.; LANGERGRABE, G.; MOLLE, P. et al. *Treatment Wetlands*. Biological wastewater treatment series, v. 7. London: IWA Publishing, 2017; 172 p.

FLORÊNCIO, L; BASTOS, R.K.X; AISSE, M.M. et al. Utilização de esgotos sanitários – Marcos conceituais e regulatórios. In: FLORÊNCIO, L.; BASTOS, R.K.X; AISSE, M.M. (coord.). *Tratamento e utilização de esgotos sanitários.* Rio de Janeiro: Abes, 2006; p.1-15 (Projeto Prosab).

HESPANHOL, I. Potencial de reúso de água no Brasil: agrícola, indústria, município e recarga de aquíferos. In: MANCUSO, P.C.S.; SANTOS, H.F. (eds.). *Reúso da Água.* Barueri, SP: Manole, 2003.

INBAR, Y. New Standards for treated wastewater reuse in Israel. In: Zaidi, M.K. (ed.) *Wastewater Reuse – Risk Assessment, Decision-Making and Environmental Security.* Dordrecht: Springer, 2007; p.291-296 (NATO Science for Peace and Security Series).

ITABORAHY, C.R.; LIMA, C.V.F.; NASCIMENTO, V.M.C. ET AL. Reúso de água na agricultura no contexto da gestão de recursos hídricos no Brasil. In: BRAGA, M.B; LIMA, C.E.P. (eds.). *Reúso de água na agricultura.* Brasília, DF: Embrapa, 2014; p.59-96.

JANA, B.; MANDAL, R.; JAYASANKAR, P. (eds.). *Wastewater management through aquaculture.* Singapore: Springer, 2018.

JIMÉNEZ, B.C. The planned and unplanned reuse of Mexico City's wastewater. In: United States Environmental Protection Agency. *2012 Guidelines for water reuse.* Washington DC: 2012, p.E-76 – E-78 (EPA/600R/R-12/618).

MARA, D.D.; SLEIGH, P.A.; BLUMENTHAL, U. ET AL. Health risks in wastewater irrigation: Comparing estimates from quantitative microbial risk analyses and epidemiological studies. *Journal of Waterand Health,* v.5, n.1, p.39-50, 2007.

MARQUES, M.O.; CORAUCCI FILHO, B.; BASTOS, R.K.X. et al. Utilização de esgotos tratados em irrigação: aspectos agronômicos e ambientais. In: BASTOS, R.K.X. (coord.). *Utilização de esgotos tratados em irrigação, hidroponia e piscicultura.* Rio de Janeiro: Abes, RiMa Artes e Texto, 2003; p.61-118 (Projeto Prosab).

MÉXICO. Secretaria de Medio Ambiente, Recursos Naturales y Pesca. Norma Oficial Mexicana NOM-001-ECOL-1996, que estabelece los límites máximos permisibles de contaminantes en las descargas de aguas residuales en aguas y bienes nacionales. Diario Oficial de La Federación, México DF, 11 dec. 1996.

MONTE, H.M.; ALBUQUERQUE, A. *Reutilização de águas residuais.* Lisboa: Entidade Reguladora dos Serviços de Águas e Resíduos, Instituto Superior de Engenharia, 2010, 339p.

NATIONAL HEALTH AND MEDICAL RESEARCH; COUNCIL NATURAL RESOURCE MANAGEMENT MINISTERIAL COUNCIL; ENVIRONMENT PROTECTION AND HERITAGE COUNCIL. *Australian Guidelines for Water Recycling: Managing Health and Environmental Risks (Phase 2) Augmentation of Drinking Water Supplies.* Canberra: NHMRC, 2008.

ODUM, E.P. *Ecologia.* Rio de Janeiro: Guanabara, 1986.

PACHEPSKY, Y.; SHELTON, D.R.; MCLAIN, J.E.T. ET AL. Irrigation waters as a source of pathogenic microorganisms in produce: a review. *Advances in agronomy,* San Diego, v.113, p.73-138, 2011.

PINTO, M.A.T.; FORESTI, E.; MARQUES JÚNIOR, J. Reúso das águas residuárias. Uma análise crítica. In: FLORÊNCIO, L.; BASTOS, R.K.X; AISSE, M.M. (coord.). *Tratamento e utilização de esgotos sanitários.* Rio de Janeiro: Abes, 2006; p.393-403. (Projeto Prosab).

RHOADES, J.D.; KANDIAH, A.; MASHALL. A.M. *Uso de águas salinas para produção agrícola.* Trad. Gheyi, H.R; Souza, J.S.; Queiroz, J.E. Campina Grande: UFPB, 2000. (Estudos FAO de Irrigação e Drenagem, 48).

TCHOBANOGLOUS, G.; BURTON, F.L.; STENSEL, H.D. *Wastewater engineering treatment disposal reuse.* Metcaf & Eddy INC. 4.ed. Nova York: McGraw-Hill, 2003; p.1819.

TROLDBORG, M.; DUCKETT, D.; ALLAN, R. ET AL. A risk-based approach for developing standards for irrigation with reclaimed water. *Water Research,* v.126, p.372-384, 2017.

[USEPA] UNITED STATES ENVIRONMENTAL PROTECTION AGENCY. *2012 Guidelines for water reuse.* Washington DC, 2012, 643 p. (EPA/600R/R-12/618).
VAN RENSBURG, P. Overcoming global water reuse barriers: the Windhoek experience. *International Journal of Water Resources Development,* v.32, n.44, p.1-15, 2016.
VON SPERLING, M. *Introdução à qualidade da água e ao tratamento de esgotos.* 4.ed. Princípios do tratamento biológico de águas residuárias, v. 1. Belo Horizonte: Editora UFMG, 2014.
______. Lagoas de estabilização. 3.ed. Princípios do tratamento biológico de águas residuárias, v. 3. Belo Horizonte: Editora UFMG, 2017.
VON SPERLING, M.; DORNELAS, F.L.; ASSUNÇÃO, F.A.L. et al. Comparison between polishing (maturation) ponds and subsurface flow constructed wetlands (planted and unplanted) for the post-treatment of the efluente from UASB reactors. *Water Science and Technology.* V.61, p.1201-1209, 2010.
[WHO] WORLD HEALTH ORGANIZATION. *Guidelines for drinking water quality.* 4. ed. Genebra: WHO, 2011.
______. *Guidelines for the safe use of wastewater, excreta and greywater. v. 2. Wastewater use in agriculture.* Genebra: WHO, 2006.

23 Gestão de micropoluentes em rios urbanos: experiência internacional e brasileira no uso de fármacos

Harry Alberto Bollmann
Engenheiro civil, PUC-PR

Demian da Silveira Barcellos
Engenheiro ambiental, PUC-PR

Carlos Alberto Cioce Sampaio
Administrador, Furb e Universidade Positivo

Patrícia Bilotta
Química, Universidade Positivo

INTRODUÇÃO

Registros históricos sobre a gravidade do problema da qualidade dos rios urbanos remontam à segunda metade do século XX, sobretudo com a Revolução Química[1], em que se passou a lançar toneladas de agentes químicos no meio ambiente, gerando poluição ambiental sem precedentes e o surgimento de diversas anomalias em animais silvestres (Colborn et al., 2002).

Estima-se que entre 1940 e 1983, a produção de substâncias sintéticas aumentou 350 vezes e diversos poluentes químicos passaram a ser encontrados, inclusive em localidades extremamente isoladas, como a Antártida e o Ártico, e em animais silvestres que habitam essas regiões (Colborn et al., 2002). Nas cidades, os efeitos da poluição puderam ser notados muito antes das regiões prístinas[2].

Mesmo nas Idades Antiga e Média, os rios urbanos recebiam significativa carga poluidora, mas a partir do século XIX, com o advento da Revolução Industrial, a poluição agravou-se significativamente, deteriorando ainda mais

[1] Revolução Química se refere ao período da segunda metade do século XX, que começou por volta da Segunda Guerra Mundial, quando houve uma explosiva expansão na produção de agentes químicos sintéticos, que transformou completamente as condições da vida moderna (Colborn et al., 2002).

[2] Regiões prístinas são áreas com mínima interferência humana.

a salubridade das cidades (Baptista e Cardoso, 2013), onde o desenvolvimento da indústria química contribuiu intensamente para poluição dos rios urbanos.

Por algum tempo a poluição por substâncias químicas permaneceu em estado latente, já que sua concentração no ambiente costuma ser muito pequena. Porém, com a observação dos efeitos ambientais e sanitários dessas substâncias, mesmo em baixas concentrações (Colborn et al., 2002), e com os avanços nas técnicas de medição, os micropoluentes passaram a ser alvo de investigação (Santos et al., 2010).

Contemporaneamente, os compostos químicos representam a maior parte da poluição hídrica e quando ocorrem misturas de substâncias, como acontece nos rios urbanos, os efeitos adversos podem ser potencializados (Schwarzenbach et al., 2006). Os micropoluentes podem ser encontrados em águas superficiais (marinhas, doces e salobras), subterrâneas, residuárias e até mesmo em águas de abastecimento em diversas regiões do planeta (Bila; Dezotti, 2003).

Diante desse cenário, este capítulo contextualiza a gestão de residuais farmacêuticos em rios urbanos, considerando a experiência internacional e brasileira, ilustrando essa problemática com a análise da situação da bacia hidrográfica do Rio Belém, em Curitiba – PR.

RIOS URBANOS, MICROPOLUENTES E SUA GESTÃO

Nos últimos anos, a poluição dos rios urbanos transcendeu a fronteira dos tradicionais indicadores físicos, químicos e microbiológicos de avaliação da qualidade das águas. A maioria dos poluentes convencionais, que contaminam os rios, é conhecida, isto é, sabe-se origens, rotas de contaminação, efeitos ambientais, implicações sanitárias e meios para evitar, mitigar ou eliminar sua presença. Porém, a questão dos micropoluentes surge como um novo desafio de proporções e relevância sanitária e ambiental.

Nos países chamados desenvolvidos, esse tema ocupa centralidade em estudos e discussões sobre a qualidade das águas, pois a presença de micropoluentes em rios urbanos reflete a clara expressão do agravamento da crise da qualidade dos recursos hídricos que, por sua vez, está intrinsicamente relacionada à gestão das águas residuárias e pluviais das cidades. Além disso, evidencia-se que sistemas convencionais de tratamento de água para abastecimento e de esgoto sanitário deixaram de ser suficientes para garantir a qualidade das águas para os usos múltiplos. Diante dessa nova realidade e da meta de universalização do saneamento, juntamente com a necessidade de medidas de estruturação sanitária urbana mais adequadas, os países chamados em desenvolvimento precisam também de sistemas de tratamento de água e de esgoto mais avançados, muitas vezes mais onerosos do que os sistemas atualmente em operação.

Micropoluentes são, por definição, compostos encontrados em concentrações muito baixas nas matrizes ambientais e, por isso, recebem essa denominação. Utilizado na literatura científica, o termo ganha evidência nas décadas de 1970/80 para designar compostos presentes no meio ambiente em concentrações abaixo de 1 mg/L (Reis Filho et al., 2006). Todavia, apesar das baixas concentrações, que geralmente variam de ng/L a μg/L, os micropoluentes podem provocar muitos efeitos adversos aos seres vivos, como: toxicidade aquática, genotoxicidade, interferência endócrina e seleção de bactérias patogênicas resistentes (Halling-Sørensen et al., 1998; Schwarzenbach et al., 2006; Kim; Aga, 2007; Kümmerer, 2009).

Milhares de compostos são considerados micropoluentes, mas os principais grupos de interesse são: (i)Poluentes Orgânicos Persistentes (POPs) – com longa permanência nas matrizes ambientais e, por isso, seu efeito é agravado por acumulação; (ii) Poluentes Orgânicos Emergentes (POEs) – para os quais não existem ainda parâmetros legais de controle da sua concentração no ambiente; e (iii) Metais Pesados – elementos importantes para a saúde ambiental, com potencial toxicidade e valores elevados de densidade e massa atômica.

A presença desses compostos no meio ambiente pode ocorrer diretamente pelo descarte de efluentes de atividades industriais, ou ainda indiretamente pelo consumo de produtos industrializados pela população e posterior descarte dos resíduos e efluentes (Petrovic; Barceló, 2006; Teijon et al., 2010). A maioria dos micropoluentes chega aos corpos hídricos por meio do lançamento de efluentes tratados ou não, já que os sistemas de tratamento convencionais comumente empregados não são capazes de removê-los por completo. É o caso dos hormônios naturais e sintéticos, produtos de cuidado pessoal, detergentes e resíduos de produtos farmacêuticos, pois os medicamentos não são completamente metabolizados pelo organismo humano ou são despejados nas águas residuárias pelos usuários ao final do tratamento médico ou quando estão vencidos (Kümmerer, 2009; Teijon et al., 2010). Outra parcela dos micropoluentes tem sua origem nos efluentes de atividades industriais ou de produtos industrializados que alcançam os rios, como é o caso de petroquímicos, solventes, aditivos, lubrificantes, retardadores de chama, agroquímicos, traços de metais e outros elementos inorgânicos – como cianeto e arsênio. Ainda existem os micropoluentes derivados do processo de tratamento de água de abastecimento, tais como os trialometanos e as cianotoxinas provenientes de ambientes aquáticos, geralmente lênticos, com enriquecimento principalmente de nitrogênio e fósforo (Schwarzenbach et al., 2006).

Dentre os compostos considerados micropoluentes, os metais pesados e o grupo dos Poluentes Orgânicos Persistentes são controlados por instrumentos legais de qualidade da água na maior parte dos países, sejam eles em desenvolvimento – como o Brasil, México e Chile – ou desenvolvidos – como os países da União Europeia, Estados Unidos, Canadá e Austrália (SSM, 1994; UE, 1998; NCO, 2005; USEPA, 2009; AG, 2011; Brasil, 2011; HC, 2014)[3]. No entanto, o grupo dos Poluentes Orgânicos Emergentes tem recentemente chamado a atenção da comunidade científica pela sua frequência de ocorrência nas águas dos rios urbanos, pela sua relação com efeitos deletérios ao meio ambiente e, possivelmente, à saúde humana, por serem persistentes aos tratamentos convencionais, pelo amplo uso desses compostos pela sociedade moderna e, principalmente, por ainda não terem suas concentrações máximas devidamente reguladas por instrumentos de gestão (Boxall, 2012). Dentro desse grupo, a partir de meados dos anos 1990, pesquisas têm-se dedicado intensivamente à classe dos residuais farmacêuticos (Kümmerer, 2009), que são considerados na atualidade os poluentes emergentes prioritários para estudo nas águas urbanas. Por conseguinte, existem diversas estratégias de gestão, especialmente nos países desenvolvidos, para a redução do aporte de fármacos nas águas das bacias hidrográficas urbanas (Kümmerer, 2009).

O problema dos residuais farmacêuticos em bacias hidrográficas tem sido enfatizado internacionalmente pela sua abrangência e importância, tanto para o ambiente como para a saúde pública. Essa classe de poluentes é liberada extensivamente nos sistemas sanitários das cidades, tanto em sua forma inalterada quanto na forma de metabolitos, e vários desses compostos são resistentes ao tratamento de águas residuárias e de abastecimento (Aquino et al., 2013; Dias, 2014). Atualmente, dentre os efeitos comprovados e mais discutidos sobre os residuais farmacêuticos em bacias hidrográficas está o desenvolvimento da resistência bacteriana pela exposição a residuais de antibióticos e a interferência no sistema endócrino de organismos aquáticos por residuais de compostos hormonalmente ativos, como os estrogênios (Bila e Dezotti, 2003).

[3] Todas as legislações referenciadas correspondem aos padrões de potabilidade, que, como estão ligados à saúde pública, são os instrumentos de gestão da qualidade das águas mais restritivos. Porém, tanto os POPs como os metais pesados também fazem parte de diversas regulamentações voltadas para a qualidade das águas superficiais nos corpos hídricos.

Do ponto de vista dos marcos legais estabelecidos no território nacional, a gestão dos recursos hídricos tem caráter quantitativo e qualitativo, que prioriza os usos múltiplos da água (Brasil, 1997). Todavia, a gestão dos micropoluentes é um novo desafio para as abordagens tradicionais políticas e técnicas de gestão da qualidade das águas (Metz; Ingold, 2014), no sentido de minimizar a concentração dos micropoluentes a níveis seguros para o ambiente e a saúde humana (Schwarzenbach et al., 2006). Apenas na década de 1990 os modelos de gestão do saneamento urbano passaram a considerar a gestão dos micropoluentes prioritários.

Até a década de 1970, os modelos de gestão do saneamento urbano de que se tem registro apresentavam medidas ainda rudimentares, embora os rios das grandes cidades apresentassem níveis consideráveis de poluição. De acordo com Tucci (2008), essa foi a fase "higienista", focada no abastecimento de água, enquanto o esgoto doméstico era lançado sem tratamento a jusante da captação de água. Entre os anos de 1970 e 1990, na fase "corretiva" da gestão do saneamento, alguns países buscaram a mensuração dos impactos dos poluentes, o tratamento dos esgotos, o amortecimento quantitativo da drenagem urbana e a melhoria da qualidade das águas pluviais. A fase "sustentável" surgiu a partir da década de 1990, quando alguns países passaram a exigir maior rigor no planejamento da ocupação do espaço urbano, privilegiando mecanismos de escoamento naturais, controle de micropoluentes prioritários e da poluição difusa, além da desimpermeabilização do solo urbano (Tucci, 2008; Vasconcelos, Miguez e Vazquez, 2016). Mesmo assim, de acordo com os autores, a maioria dos países chamados em desenvolvimento ainda não superaram a fase "higienista", pois os rios recebem grandes cargas de esgoto sem tratamento ou com tratamento insuficiente, bem como a gestão e o conhecimento sobre os micropoluentes permanecem incipientes.

EXPERIÊNCIAS INTERNACIONAIS DE GESTÃO DE RESIDUAIS FARMACÊUTICOS EM RIOS URBANOS

Uma das primeiras alternativas utilizadas para a redução da quantidade de residuais de produtos farmacêuticos no ambiente foi a logística reversa de medicamentos.

Na Europa, os sistemas de logística reversa de resíduos pós-consumo de medicamentos – que incluem sobras e produtos vencidos – encontram-se consolidados há bastante tempo em alguns países; no entanto, a regulamentação da União Europeia (UE) para esses sistemas é recente. As datas de início dos sistemas de coleta e destinação final de resíduos farmacêuticos da UE foram diferentes em cada país, mas o primeiro país da Europa a dispor de um sistema com esse objetivo foi a Itália no final da década de 1970 (Carazza et al., 2014). Entretanto, de acordo com Carazza et al. (2014), apesar de várias iniciativas serem anteriores, foi a Diretiva da União Europeia 2004/27/CE que instituiu legalmente a captação de resíduos pós-consumo de medicamentos a todos os Estados-membros. De acordo com os autores, dos 27 Estados-membros da UE, 19 possuem programas de coleta de resíduos de medicamentos.

A base dos sistemas de logística reversa na Europa é o enfoque mandatário com predominância da responsabilidade ampliada do produtor, no qual o produtor tem a responsabilidade pelo produto até o final de seu ciclo de vida – isso por meio de uma taxa agregada ao valor de mercado do produto (Carazza et al., 2014). A existência de um marco regulatório para todos os Estados-membros da UE garante que as experiências de logística reversa de medicamentos sejam mais ou menos homogêneas, mas com certas singularidades em cada país, como variações no desenho do sistema de coleta e a forma de financiamento dos programas – sendo que metade deles são financiados pela indústria farmacêutica e farmácias e os demais pelos municípios ou governos (Carazza et al., 2014).

No caso dos Estados Unidos e Canadá, não há arcabouço legal federal que regulamente os programas de logística reversa de medicamentos. Os programas ocorrem de forma não ou pouco coordenada, com iniciativas que se multiplicam nos estados ou províncias desses países. Tanto nos Estados Unidos como no Canadá, as características gerais referentes à estrutura e ao financiamento desses programas são bastante diversas, ao contrário do que ocorre na UE. Os programas norte-americanos podem apresentar financiamento da indústria, governo, município, usuários, outras instituições, ou ter vários financiadores. Os sistemas norte americanos de logística reversa de resíduos de medicamentos têm como base o enfoque da autorregulamentação, com uma base comunitária constituída por agentes sociais proativos. Nos EUA, esses programas de coleta e destinação de resíduos de medicamentos encontram-se em estágio inicial, sendo que o estado pioneiro na criação de uma legislação e de um programa piloto foi Maine, em 2003. São reportados 61 programas dessa natureza no país, e alguns estados possuem mais de um, como é o caso de Washington (Carazza et al., 2014).

No Canadá, os programas de descarte de medicamentos estão mais bem estruturados, já que são mais antigos. Em 1988, na província canadense de Alberta, já havia um programa com essa finalidade, mas foi o programa da província de British Columbia, iniciado em 1996, que foi considerado modelo no país por sua eficiência ambiental, regulatória e econômica. Apesar de a logística reversa de medicamentos ser uma medida importante na gestão de traços dessas substâncias no ambiente, o descarte inadequado de medicamentos não é a única fonte poluidora dos rios urbanos. Grande parte dos residuais é excretado no esgoto pelo corpo humano e, consequentemente, atinge os rios (Carazza et al., 2014).

Na Europa tem-se registro de várias iniciativas colaborativas que buscam melhor compreender a dinâmica dos residuais farmacêuticos, bem como propor alternativas de gestão, identificar poluentes prioritários e reunir diversos setores da sociedade para a busca de formas de controle desses compostos em corpos hídricos (Start, 2008; Pills, 2012; Nopills, 2015).

As iniciativas de cooperação fazem parte de um modelo de governança ambiental bem-sucedido dos países desenvolvidos, que formam redes de articulação envolvendo diversos setores da sociedade (Frey, 2012). Esse modelo, dentre as suas várias funções, traz visibilidade ao problema e indica o imperativo papel do governo para estabelecer políticas públicas e medidas corretivas estruturais. De acordo com Metz e Ingold (2014), as iniciativas em rede para a gestão dos recursos hídricos na Europa foram também bem-sucedidas na gestão dos macropoluentes aquáticos. Os autores chamam esse tipo autônomo de parcerias institucionais de instrumentos políticos de informação, que podem se desenvolver por meio de pesquisas com o objetivo de propiciar melhor entendimento do problema e incentivar ações voluntárias mediante campanhas de educação ambiental e melhores práticas ambientais.

No contexto das iniciativas colaborativas para a gestão dos recursos hídricos surgiu o projeto Start, uma cooperação entre instituições alemãs para analisar o problema da entrada de residuais farmacêuticos no ciclo das águas e identificar soluções viáveis (Start, 2008). O projeto resultou em um guia prático para políticos, administradores, indústrias e organizações em geral, com estratégias para reduzir a entrada de residuais farmacêuticos em cursos de água, organizadas em três categorias: técnica (curto a médio prazo); educativa (médio prazo); e mudanças no processo produtivo (longo prazo), por meio da incorporação do conceito de Química Verde[4] (Figura 1).

Outro caso de iniciativa colaborativa é o projeto Pills, uma cooperação entre instituições da Alemanha, França, Reino Unido, Holanda, Suíça e Luxemburgo (Pills, 2012). Esse projeto verificou, a partir do estudo de nove hospitais, distribuídos nos países membros do projeto, que a contribuição

[4] Química Verde refere-se ao desenvolvimento de produtos químicos e processos que reduzem ou eliminam a geração de substâncias perigosas (USEPA, 2017).

média de residuais farmacêuticos nos efluentes hospitalares para as bacias hidrográficas chegava a cerca de 20%, enquanto os 80% restantes eram oriundos de indústrias, comércio e esgoto doméstico. O estudo também evidenciou que a redução intensiva da quantidade de fármacos nos corpos hídricos apenas utilizando-se soluções técnicas de pós-tratamento dos efluentes seria inviável, pelo elevado custo econômico e demanda energética (Pills, 2012). Diante disso, um segundo projeto, denominado noPILLS, foi elaborado, com a inserção de uma estratégia educacional de longo prazo, que incluiu o consumo consciente e a destinação adequada dos produtos farmacêuticos. Os resultados do projeto noPILLS, além de ressaltarem a importância de uma intervenção em toda a cadeia de medicamentos (processos e atores envolvidos), forneceu subsídios para ações com foco no consumo de medicamentos, no tratamento de águas residuárias e no engajamento dos *stakeholders* (Nopills, 2015).

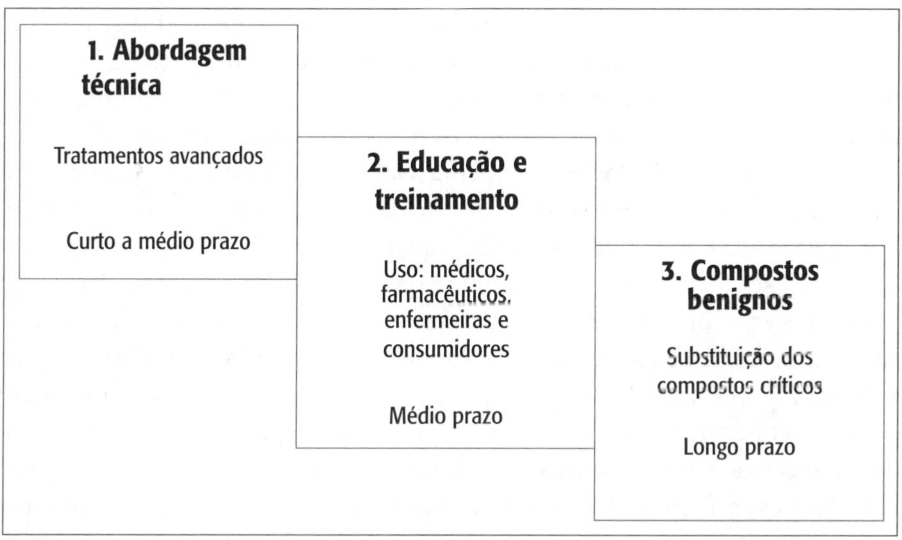

Figura 1 – Estratégias segundo o projeto Start para a redução de fármacos em corpos hídricos.
Fonte: Start (2008).

Diante da problemática dos residuais farmacêuticos em rios e sua gestão, atualmente seis fármacos constam na lista de vigilância da Diretiva da Água da União Europeia, principal instrumento legal da UE relativo à água. Esse marco regulatório determina os limites de diversos micropoluentes, do grupo dos POPs e dos metais pesados, para as águas superficiais europeias. Os compostos controlados são os que constituem a lista de substâncias prioritárias, que foi regulamentada pela Diretiva 2008/105/CE (UE, 2008).

A lista de vigilância é um novo mecanismo, instituído na atualização de 2013 da Diretiva da Água, para obter dados de monitoramento para estabelecimento das prioridades futuras (UE, 2013). De acordo com a UE (2013), a lista é focada especialmente nos poluentes emergentes, dos quais os dados disponíveis para avaliar seus riscos ainda são insuficientes para permitirem conclusões sobre os seus efeitos, embora as informações existentes mostrem significativos riscos para as concentrações encontradas na água. Além disso, a atualização de 2013 da Diretiva da Água também solicitou que a Comissão Europeia desenvolvesse uma abordagem estratégica, que leve em conta os impactos dos produtos farmacêuticos no ambiente aquático antes de sua colocação no mercado (UE, 2013).

Os primeiros fármacos que passaram a integrar a lista de vigilância foram os hormônios 17β-estradiol, 17α-etinilestradiol e o analgésico diclofenaco. Conforme menciona a Diretiva (UE, 2013), especialmente no que se refere a esses três fármacos, é importante recolher mais informações para definir seus limites adequados em face do risco que representam. Em 2015 foram adicionados mais três produtos farmacêuticos na lista de vigilância, os antibióticos da família dos macrólidos: eritromicina, claritromicina e azitromicina (UE, 2015). No que diz respeito à água destinada ao consumo humano, a União Europeia ainda não regulamentou qualquer fármaco (UE, 1998).

Nos Estados Unidos, a norma de qualidade da água potável divide os poluentes em dois grupos: (i) os primários – aqueles que podem oferecer risco sanitário, (ii) e os secundários – aqueles relacionados à qualidade organoléptica (USEPA, 2009). Tanto os poluentes primários como os secundários possuem concentrações limite para sua presença na água. Porém, como etapa de avaliação do risco à saúde, a *United States Environmental Protection Agency* (USEPA) também realiza programas de monitoramento de poluentes que ainda não são regulamentados, mas que, por poderem oferecer perigo à saúde, requerem uma detalhada avaliação de risco. Esses poluentes fazem parte da *Contaminant Candidate List* (CCL) e podem futuramente compor o grupo dos poluentes primários se realmente mostrarem que seu controle é relevante para o abastecimento público. Nesse grupo estão incluídos mais de 100 contaminantes, que englobam alguns fármacos, como 17β-estradiol, 17α-etinilestradiol, estriol, estrona, mestranol, entre outros (USEPA, 2016). Para as águas superficiais, as regulamentações dos EUA ainda não vislumbram o controle dos fármacos, não fazendo referência a qualquer produto farmacêutico (USEPA, 2002).

Nota-se que não existem limites regulamentados para as concentrações defármaco nas águas superficiais ou de abastecimento nos países da UE e nos EUA. Porém, enquanto nos EUA alguns residuais farmacêuticos já são candidatos a entrarem na lista de poluentes controlados em águas de abastecimento, na UE os poluentes dessa classe são candidatos a serem controlados nas águas superficiais. O caso da UE é particularmente interessante, pois ocorreram diversas discussões sobre a adição de 17α-etinilestradiol e diclofenaco na lista de substâncias prioritárias, já que ambos têm efeitos ambientais comprovados em concentrações traço na água (Gilbert, 2012; Owen e Jobling, 2012; Cunha et al., 2016).

Todavia, o controle da concentração desses residuais não foi incluído na atualização da Diretiva da Água em 2013, pela resistência de alguns governos e da indústria farmacêutica (Gilbert, 2012; Owen; Jobling, 2012). Essa decisão, de acordo com Gilbert (2012) e Owen e Jobling (2012), deve-se aos dispendiosos custos necessários para a modernização das estações de tratamento de águas residuárias para atendimento das concentrações limites, pré-estabelecidas pelos toxicologistas como seguras nas águas superficiais – a concentração sugerida para o 17α-etinilestradiol foi de 0,035 ng/L. Portanto, um dos grandes desafios para que os residuais farmacêuticos sejam controlados nos corpos hídricos é o elevado investimento necessário em tecnologias de tratamento de águas residuárias.

A modernização das tecnologias de tratamento de efluentes realizada pelos governos dos Estados Unidos, Canadá e União Europeia foi uma medida estrutural, cujo foco, muitas vezes, foram os contaminantes, como, metais, patógenos e nutrientes; porém, essa estratégia ao mesmo tempo reduziu a contaminação ambiental por resíduos farmacêuticos (Doer-Macewen; Haight, 2006). De acordo com esses autores, no Canadá, EUA e em todos os Estados-membros da UE é obrigatória a utilização de, no mínimo, sistemas de tratamento de esgotos em nível secundário.

Tecnologias existentes com potenciais para remover residuais farmacêu ticos da água atualmente são bem diversas, como a adsorção, Processos Oxidativos Avançados (POAs), separação por membranas, fitorremediação, entre outras (Kümmerer, 2009). Mas, a grande discussão que tem sido realizada é sobre a alternativa mais viável, considerando especialmente a esfera econômica, já que os tratamentos avançados de águas residuárias costumam ter elevado custo. Esse tem sido o maior entrave das soluções técnicas, levando autores, como Jones et al. (2007), a questionarem se os tratamentos avançados realmente são adequados para o controle dos micropoluentes pois, além do elevado custo, o consumo energético é igualmente alto. Para esses autores, a simples reconfiguração das estações de tratamento de esgoto (ETE) atuais, com o aumento da idade do lodo e do tempo de retenção hidráulica, acompanhada de etapas adicionais de remoção de nutrientes e de condições diferentes de Potencial Redox podem obter eficiência similar aos sistemas avançados sem incrementos significativos no custo e na demanda energética (Jones et al., 2007).

Nesse contexto, a fitorremediação tem-se apresentado como uma alternativa para a remoção de micropoluentes. É descrita como um processo que utiliza plantas como agentes de purificação de ambientes aquáticos ou terrestres contaminados, usando a habilidade de concentrar elementos e compostos do ambiente e de metabolizar várias moléculas em seu tecido (UNEP, 2017). A habilidade natural de certas plantas em bioacumular, degradar ou tornar inofensivos os contaminantes tem apresentado um grande potencial para a remoção de farmacêuticos em água, com vantagens competitivas perante os processos físico-químicos, incluindo: menor custo de tratamento comparado aos processos tradicionais, facilidade de monitoramento das estações de tratamento, possibilidade de recuperação de produtos (principalmente metais) e o fato de que essa tecnologia é potencialmente menos impactante ao ambiente quando usa organismos de ocorrência natural local. Kotyza et al. (2010) reportam o uso desta técnica e o emprego de células cultivadas *in vitro* de Armoracia rusticana e Linum usitatissimum, bem como Lupinus albus, Hordeum vulgaris e Phragmites australis cultivados hidroponicamente em laboratório para a remoção de medicamentos selecionados (diclofenaco, ibuprofeno e acetaminofeno). Os resultados demonstraram 100% de remoção do diclofenaco e ibuprofeno nos experimentos *in vitro* e 100% de remoção do acetaminofeno no arranjo hidropônico.

Por outro lado, alternativas de controle voltadas para uso racional de medicamentos, que são utilizados de forma indiscriminada, já estão consagradas como soluções de mitigação viáveis.

O tipo de medicamento que mais tem sido focado nas políticas de uso racional é do grupo dos antibióticos, especialmente pela crescente resistência de bactérias patogênicas a antimicrobianos. De acordo com a Organização Mundial da Saúde (OMS), ou em inglês *World Health Organization* (WHO), esse é um dos problemas de saúde pública mais relevantes do século XXI (WHO, 2000). Essa preocupação tem levado a inúmeras experiências bem-sucedidas com foco no uso racional de antibióticos, ao redor do mundo, em países como Austrália, Chile, China, França, Escócia, África do Sul, Coreia do Sul, Suécia, Taiwan, USA e Vietnã (Huttner et al., 2014). As estratégias de gestão variam de acordo com as condições específicas de cada país – como o consumo de medicamentos, a condição econômica e normativa –, mas, de modo geral, envolvem campanhas de educação para o uso racional de antibióticos (tanto de profissionais da saúde como de usuários) e políticas públicas que controlem o seu uso (Molstad; Cars, 1999; Xiao et al., 2013; Huttner et al., 2014).

Por sua vez, as mudanças nos processos produtivos de fármacos, por meio da utilização dos princípios da Química Verde, podem contribuir com soluções para o problema dos residuais farmacêuticos, porém, esse é um campo de pesquisa em que há muito a avançar (Farias e Fávaro, 2011).

De acordo com Cue e Zhang (2009), no que se refere à poluição por resíduos de ingredientes farmacêuticos ativos, gerados diretamente pelas indústrias farmacêuticas, os solventes representam cerca de 80% dos resíduos. Todavia, já existem vários solventes desenvolvidos seguindo os princípios da Química Verde, para substituir os solventes tradicionais, que são perigosos e indesejáveis ambientalmente (Cue; Zhang, 2009). Nesse sentido, o governo dos EUA instituiu em 1995 o programa "*The Presidential Green Chemistry Challenge*", que premia instituições e indivíduos que desenvolvam tecnologias químicas aplicáveis a processos industriais ou químicos seguindo os princípios da Química Verde – redução da toxicidade ou inflamabilidade, diminuição do uso de substâncias perigosas, otimização do uso dos recursos naturais (como água e energia), menor geração de resíduos, etc. (USEPA, 2017). Essa iniciativa tem corroborado significativamente para o desenvolvimento da Química Verde nos Estados Unidos (Farias; Fávaro, 2011).

REALIDADE BRASILEIRA NA GESTÃO DE RESIDUAIS DE FÁRMACOS NOS RIOS URBANOS

No Brasil recentemente surgiram experiências (políticas, estratégias e instrumentos) voltadas para controle da poluiçao dos rios urbanos por residuais farmacêuticos. Porém, seu estágio ainda embrionário não permite visualizar a eficácia das iniciativas na redução e controle da poluição por fármacos nos rios urbanos.

O Projeto de Lei n. 2.121/2011, que trata da logística reversa na fabricação de medicamentos, ainda está em tramitação na Câmara dos Deputados. Esse documento foi produzido a partir dos resultados de um trabalho coordenado pela Agência Nacional de Vigilância Sanitária (Anvisa), que buscou, por meio de um acordo setorial (entre poder público, fabricantes, importadores e distribuidores ou comerciantes), elaborar uma política pública que regulamente a logística reversa de medicamentos. A iniciativa foi impulsionada pela Lei Federal n. 12.305/2010 (Política Nacional dos Resíduos Sólidos – PNRS), que estabelece a responsabilidade compartilhada pela gestão dos resíduos, descentralizando essa atribuição. A PNRS define que a responsabilidade compartilhada é atribuição individualizada e encadeada dos fabricantes, importadores, distribuidores, comerciantes, consumidores e dos titulares dos serviços públicos de limpeza urbana pelo manejo dos resíduos sólidos. Assim, a partir da PNRS, a logística reversa passou a ganhar destaque como um dos principais instrumentos de gestão dos resíduos sólidos (Ferreira; Graciani, 2014).

Seguindo os pressupostos da responsabilidade compartilhada, vários estados do país já instituíram a logística reversa para o setor de medicamentos como política pública (Ferreira; Graciani, 2014; Medeiros et al., 2014). São eles: Acre (Lei n. 2.720/2013), Ceará (Lei n. 15.192/2012), Distrito Federal (Lei n. 5.092/2013), Paraíba (Lei n. 9.646/2011), Paraná (Lei n. 17.211/2012), Rio Grande do Sul (Lei n. 13.905/2012) e Amazonas (Lei n. 3.676/2011). Além disso, há registros de municípios com programas de logística reversa de resíduos de medicamentos, como é o caso do município de São Paulo, Porto Alegre, Curitiba e Goiânia (Medeiros et al., 2014). Porém, essas iniciativas ainda carecem de maior visibilidade e divulgação para a população, difusão para os demais municípios e/ou estados, maior adesão do setor produtivo e de uma política pública nacional que estabeleça diretrizes gerais.

Também é expressiva no Brasil a preocupação relacionada com o uso excessivo de medicamentos, em especial os antimicrobianos. Inclusive, o dia 5 de maio é considerado o Dia Nacional do Uso Racional de Medicamentos, quando ocorrem mobilizações no país, visando conscientizar a população para a utilização racional dos medicamentos. A campanha, geralmente, é induzida nos estados pelos Conselhos Regionais de Farmácia (CRF), articulados com universidades e prefeituras. Na esfera normativa, a Resolução da Anvisa RDC n. 20/2011 garante minimamente que os antimicrobianos sejam utilizados de forma mais adequada. Esta resolução estabelece quais medicamentos só podem ser comercializados com prescrição médica e retenção da receita.

Em relação ao monitoramento de resíduos farmacêuticos presentes em corpos hídricos, o caso brasileiro ainda é embrionário. Tanto a Resolução do Conama n. 357/2005, que classifica as águas superficiais e estabelece a qualidade necessária para seus usos preponderantes, como a Portaria do Ministério da Saúde n. 2.914/2011, que dispõe sobre o padrão de potabilidade, não determinam limites para os fármacos nem indicam a necessidade de realizar seu monitoramento, como fazem as normas europeias, canadenses e dos EUA. Além disso, os sistemas de tratamento de água para abastecimento humano e industrial, bem como os sistemas de tratamento de esgotos no Brasil são insuficientes para a remoção dos poluentes emergentes (Aquino et al., 2013; Hespanhol, 2014). Como resultado desse cenário, estudos realizados nos últimos anos reportam concentrações significativas de fármacos em águas de abastecimento (Dias, 2014). Os esforços de monitoramento dos resíduos de fármacos em bacias hidrográficas, bem como o levantamento de melhorias na eficiência dos tratamentos existentes, ainda são pontuais e isolados, carecendo de abrangência e articulações em rede.

No campo da Química Verde no setor farmacêutico brasileiro, existem vários grupos de pesquisa, entre universidades e centros de estudos, que atuam em diferentes frentes, tais como: educação, síntese, catálise e biocatálise, solventes alternativos, materiais renováveis, processos e análise do ciclo de vida (Farias; Fávaro, 2011). No entanto, de acordo com esses autores, a contribuição do Brasil nesse campo da ciência ainda é ínfima se comparada com a produção científica de países mais desenvolvidos como EUA e França. Mesmo considerando que se trata de uma área nova da ciência, a sua importância para o controle da poluição por micropoluentes mostra que países em desenvolvimento, como o Brasil, também precisam enfatizar este tema.

POLUIÇÃO POR RESIDUAIS FARMACÊUTICOS NOS RIOS URBANOS: O CASO DO RIO BELÉM EM CURITIBA – PR

A situação dos rios urbanos das grandes metrópoles brasileiras apresenta várias características em comum. Grande parte dos rios encontra-se canalizada, recebe elevada carga orgânica derivada de esgotos domésticos, devido às precárias estruturas sanitárias urbanas, tem uso e ocupação do solo desordenado e/ou voltados para os interesses privados – em detrimento da esfera ambiental – e acolhe variados estratos sociais que coexistem, disputando o território. Apresenta-se, assim, o caso da bacia hidrográfica do rio Belém, em Curitiba/PR.

A bacia hidrográfica do rio Belém é tipicamente urbana e está inteiramente dentro do município de Curitiba (Figura 2). Sua área de drenagem possui 87,85 km² e ocupa 20% do território da cidade. No ano de 2000, abrigava em suas cercanias 502.819 habitantes, entre os 1.587.315 habitantes de Curitiba – o que consiste 31,6% da população da cidade (Carvalho Junior, 2007). Considerando que no ano de 2016, segundo as estimativas do IBGE, a população de Curitiba chegou a 1.893.997 habitantes, o número de habitantes da bacia do rio Belém deve ter alcançado cerca de 600.000 habitantes. De acordo com a Companhia de Saneamento do Paraná (Sanepar), 97% da área da bacia do Belém possui rede de esgoto, mas apenas 45% da população está conectada a ela. O que, consequentemente, reflete em altos níveis de poluição por esgotos domésticos. No que se refere à qualidade geral das águas do rio Belém, ocorre a degradação das nascentes em direção à foz devido a fontes pontuais e difusas de poluição, sendo que cerca de 90% da poluição é oriunda de esgotos domésticos lançados nas redes de drenagem (Bollmann; Edwiges, 2008).

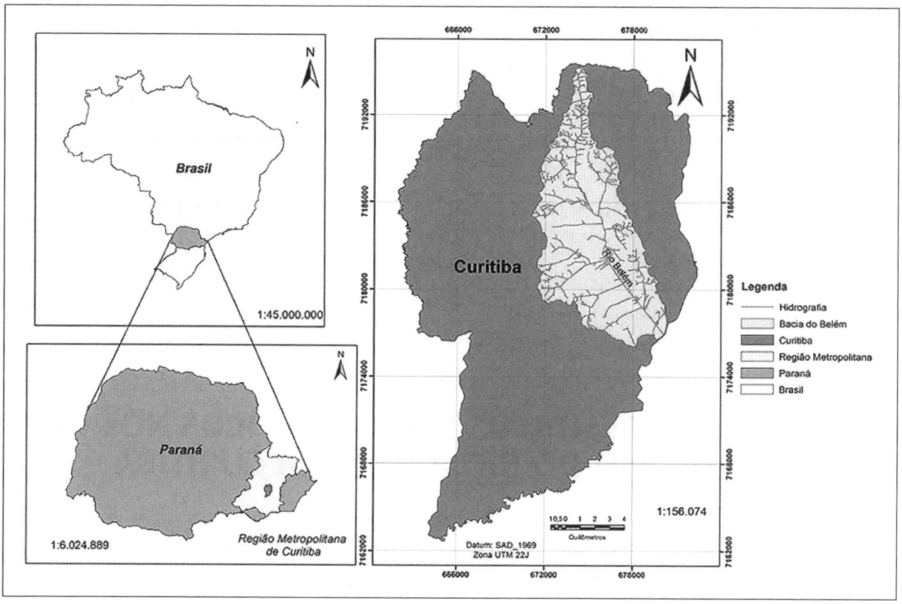

Figura 2 – Localização da bacia hidrográfica do rio Belém.
Fonte: Garcias et al. (2013).

No que tange à poluição por micropoluentes, recentemente vários estudos têm sido realizados no rio Belém, como mostra o Quadro 1. Porém, as campanhas de monitoramento foram meramente exploratórias, com uma rede e uma frequência amostral pouco significativa, medindo apenas alguns compostos de acordo com os interesses de cada pesquisador e em períodos diferentes. Todos esses fatores não permitem ter um diagnóstico seguro e detalhado da poluição na bacia, mas fazem parte de uma etapa exploratória necessária.

Quadro 1 – Micropoluentes nas águas e no sedimento do rio Belém

Classe	Composto	Concentração		Autores de Referência
		Água	Sedimento	
		P0% – P100%	P0% – P100%	
Hormônios	17β -Estradiol	<25 – 5880 ng/L	12710 – 16690 ng/kg	Padilha e Leitzke 2013; IDE, 2014
	17α-etinilestradiol	<48 – 5830 ng/L	31650 – 33890 ng/kg	Padilha e Leitzke 2013; Ide, 2014
	Estrona	<26 – 2420 ng/L	58080 – 128080 ng/kg	Padilha e Leitzke 2013
Anti-hiper-tensivos	Metoprolol	<4,5 – 2125,9 ng/L		Osawa et al., 2015; Osawa, 2013
	Propranolol	<5,8 – 299,7 ng/L		Osawa et al., 2015; Osawa, 2013
	Nadolol	<14,1 – 30 ng/L		Osawa et al., 2015; Osawa, 2013
Anti-infla-matórios	Ibuprofeno	<14 – 729 ng/L	<11800 ng/kg	Kramer, 2012
	Diclofenaco	<9 – 61 ng/L	<19000 ng/kg	Kramer, 2012
	Naproxeno	<9,5 – 640 ng/L		Ide, 2014
	Cetoprofeno	<5,0 – 2540 ng/L		Ide, 2014
Analgésico	Ácido acetilsalicílico	<36,1 – 8570 ng/L		Ide, 2014
	Paracetamol	120* – 261 ng/L	<380 –1290 * ng/kg	Kramer, 2012
Metabólitos	Ácido salicílico	<33,7 – 1550 ng/L		Ide, 2014
Reguladores lipídicos	Genfibrozila	<0,92 – 217 ng/L		Ide 2014
	Fenofibrato	<0,77 – 69 ng/L		Ide, 2014
Filtros de UV	Metoxicinamato de octila	<2,09 – 373 ng/L		Ide, 2014
	Octacrileno	<1,4 – 202 ng/L		Ide 2014
	Metilbenzelideno cânfora	<0,33 – 1 ng/L		Ide, 2014

(continua)

Quadro 1 – Micropoluentes nas águas e no sedimento do rio Belém (*continuação*)

Classe	Composto	Concentração – Água – P0% – P100%	Concentração – Sedimento – P0% – P100%	Autores de Referência
Estimulantes	Cafeína	100 – 59810 ng/L		Ide 2014
Conservantes	Metilparabeno	<1,7 – 1600 ng/L		Santos et al., 2016
	Etilparabeno	<1,4 – 380* ng/L		Santos et al., 2016
	Propilparabeno	<1,7 – 480* ng/L		Santos et al., 2016
	Butilparabeno	<2 – 280* ng/L		Santos et al., 2016
	Benzilparabeno	<1,9 ng/L		Santos et al., 2016
	Triclosan	<0,4 – 325* ng/L		Santos et al., 2016
Metais	Cobre	<0,009 – 0,0471mg/L	<LD – 52,22 mg/kg	Adam et al., 2010; Heinrichet al., 2015; Paraná, 2009
	Níquel	0,0068 – 0,0291 mg/L	<LD – 183,63 mg/kg	Adam et al., 2010; Heinrichet al., 2015; Garcias e Sottoriva, 2010
	Zinco	0,0124 – 0,4999 mg/L	58,78 – 289 mg/kg	Adam et al., 2010; Heinrichet al., 2015; Paraná, 2009
	Prata		<LD	Heinrich et al., 2015
	Cádmio	<0,001 mg/L	<LD	Heinrich et al., 2015; Garcias e Cidreira, 2012; Paraná, 2009
	Cromo	<0,05 mg/L	10,54 – 378,84 mg/kg	Heinrich et al., 2015; Garcias e Sottoriva, 2010; Paraná, 2009
	Chumbo	<0,01 mg/L	<LD – 1495,1 mg/kg	Heinrich et al., 2015; Garcias e Sottoriva, 2010; Garcias e Cidreira, 2012; Paraná, 2009

(*continua*)

Quadro 1 – Micropoluentes nas águas e no sedimento do rio Belém (*continuação*)

Classe	Composto	Concentração		Autores de Referência
		Água	Sedimento	
		P0% – P100%	P0% – P100%	
Metais	Ferro	0,56 – 1,38 mg/L		Garcias e Sottoriva, 2010
	Lítio	<0,05 mg/L		Garcias e Cidreira, 2012
	Mercúrio	<0,0002 mg/L		Garcias e Cidreira, 2012; Paraná, 2009
Hidrocarbonetos policíclicos aromáticos (HPAs)	Antraceno		<LD – 0,26 mg/kg	Heinrich et al., 2015
	Benzo(a)pireno		<LD – 9,07 mg/kg	Heinrich et al., 2015
	Benzo(g,h,i) perileno		<LD – 0,53 mg/kg	Heinrich et al., 2015
	Fluoreno		<LD – 0,46 mg/kg	Heinrich et al., 2015
	Benzo(b) fluoranteno		<LD – 0,06 mg/kg	Heinrich et al., 2015

Nota: LD = limite de detecção; * = valor aproximado.

Na bacia hidrográfica do rio Belém, pode-se observar concentrações significativas de diversas substâncias médicas com impacto ambiental, como é o caso do analgésico diclofenaco, e dos hormônios sexuais femininos 17α-etinilestradiol, 17β-estradiol e estrona. Mas o destaque fica para o hormônio sintético 17α-etinilestradiol, derivado das pílulas anticoncepcionais e dos medicamentos utilizados nas Terapias de Reposição Hormonal (TRP). As concentrações seguras desse composto na água, de acordo com toxicologistas europeus, são de 0,035 ng/L (Gilbert, 2012). Porém, as concentrações encontradas nas águas do rio Belém variaram de <48 – 5.830 ng/L, sendo que 6 ng/L é a concentração necessária para causar grandes danos populacionais nos ecossistemas aquáticos, por interferência endócrina (Figura 3).

Além das concentrações de fármacos nos rios urbanos serem um problema ambiental, elas podem também ser um problema de saúde pública, já que, muitas vezes, as águas com residuais de produtos farmacêuticos são captadas e tratadas para posteriormente serem fornecidas à população. Assim, traços de residuais farmacêuticos têm sido encontrados em concentrações significativas nas águas de abastecimento (Dias, 2014; Sun et al., 2015). Essa preocupação é relevante em muitas regiões do Brasil que apresentam concentrações expressivas de fármacos em mananciais de abastecimento e na água tratada[5] (Ghiselli, 2006; Gerolin, 2008; Moreira, 2008; Dias, 2014). Para o caso do rio Belém, não há preocupações nesse sentido, já que ele não é um manancial de abastecimento.

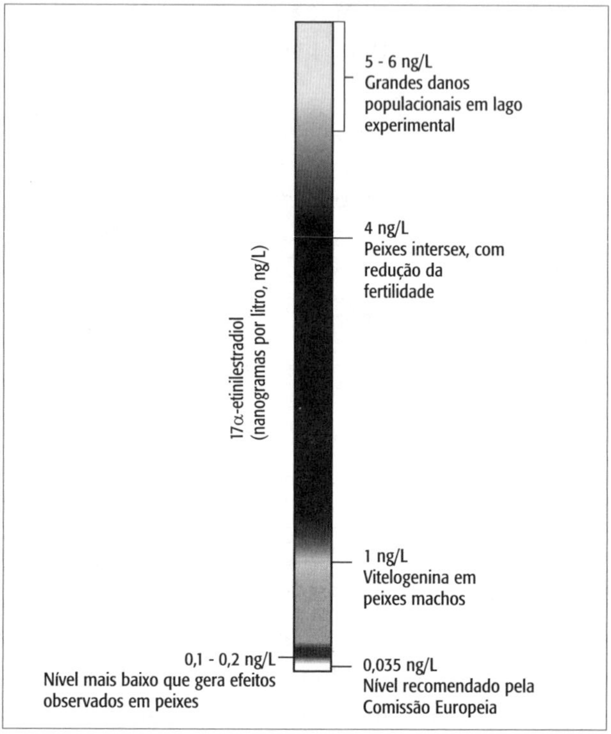

Figura 3 – Efeitos das concentrações de 17α-etinilestradiol em ecossistemas aquáticos.
Fonte: Gilbert (2012).

Uma vez que no rio Belém a deterioração na qualidade das águas é principalmente causada pelo lançamento de esgotos domésticos (Bollmann; Edwiges, 2008), e que os esgotos domésticos também são a fonte majoritária de residuais de produtos farmacêuticos nos rios urbanos, as regiões dessa bacia com menor qualidade das águas provavelmente também são aquelas que apresentam maior concentração de fármacos.

No caso do rio Belém, as substâncias médicas alcançam o corpo hídrico principalmente pelo descarte de esgotos sanitários sem tratamento, onde a

[5] Foram encontradas nas águas tratadas das cidades de São Paulo, Rio de Janeiro e Belo Horizonte, as médias de 17α-etinilestradiol: 6,71ng/L (Sistema Guarapiranga/SP), 155,68 ng/L (Sistema Guandu/RJ) e 6,48 ng/L (Sistema Rio das Velhas/BH) (Dias, 2014).

concentração de fármacos é muito maior. Como no rio Belém não há lançamento de efluentes de ETEs, melhorias na cobertura sanitária da bacia minimizariam o problema da presença de fármacos em suas águas. Dessa forma, o caso do rio Belém permite contextualizar porque as concentrações de fármacos nos rios urbanos brasileiros (Quadro 1), geralmente, são tão superiores às concentrações encontradas nos rios europeus[6], enquanto na Europa a presença de fármacos em rios é causada pelo lançamento de efluentes de ETEs (Gross-Sorokin et al., 2006; Gilbert, 2012), as quais não conseguem remover completamente esses poluentes[7].

CONSIDERAÇÕES FINAIS

Mesmo tendo suas raízes no meio urbano e industrial, a poluição dos corpos d´água por micropoluentes não é um problema específico das cidades. Os limites do fenômeno urbano-industrial extrapolam o domínio edificado das cidades, carregando consigo os problemas característicos das cidades para um espaço geográfico mais abrangente (Lefebvre, 2001). Uma contextualização neste sentido são os agroquímicos utilizados nas áreas rurais, que alcançam as bacias hidrográficas contaminando a água com micropoluentes. Porém, é no domínio edificado das cidades que o grupo dos residuais de produtos farmacêuticos encontra-se em concentrações que podem representar um problema.

As experiências internacionais de gestão de residuais farmacêuticos mostram a importância da articulação em rede para governança ambiental, como nos exemplos europeus dos projetos Start, Pills e noPills. Os projetos cooperativos em rede parecem ser uma alternativa interessante também para os países em desenvolvimento, embora necessitem de adequação cuidadosa, uma vez que as condições sociais, administrativas e, principalmente, econômicas são distintas do contexto para o qual essa estratégia foi estabelecida. Por outro lado, a diversidade de alternativas para o controle da poluição por residuais farmacêuticos em bacias hidrográficas mostra possibilidades viáveis de ação em diversos campos de abordagem técnico-política.

---

[6] As concentrações de 17α-etinilestradiol em rios do Reino Unido, Bavária, Alemanha, República Tcheca e Holanda variam entre <0,1-18,8 ng/L (Young et al., 2004).

[7] Em um estudo encomendado pela Agência Ambiental do Reino Unido foram avaliados 43 pontos de descarga de efluentes de ETEs; em rios da Inglaterra e País de Gales, as concentrações de hormônios encontradas variaram de < 1-100 ng/L para estrona, < 1-22 ng/L para 17β-estradiol, e < 1,0-3,2 ng/L para 17α-etinilestradiol (Gross-Sorokin et al., 2006).

Sobretudo para os países em desenvolvimento, é possível vislumbrar alternativas de baixo custo que podem ser muito úteis, como o uso racional de medicamentos e a logística reversa de produtos farmacêuticos, que precisam ser suportadas por políticas públicas bem estruturadas, assim como devem ser estabelecidas responsabilidades claras no tratamento de esgotos domésticos, seja por meio de legislação ambiental que regulamente limites de lançamento de poluentes em corpos hídricos ou de indução à modernização dos sistemas de tratamento, considerando-se as diversidades do país. Na esfera técnica, a reconfiguração de Estações de Tratamento de Esgoto e mesmo das Estações de Tratamento de Água são medidas que podem garantir mais segurança sanitária e ambiental com baixo custo e sem aumento das demandas energéticas.

De acordo com Hespanhol (2015), a carência de água nos grandes centros urbanos tem trazido como perspectiva o reuso potável direto de esgoto em várias cidades brasileiras – como foi intensamente discutido em São Paulo na ocasião do auge da crise hídrica de 2014/2015. Essa realidade pode tornar os tratamentos avançados e a aplicação da fitorremediação opções viáveis de remoção de micropoluentes das águas servidas com eficiência e custos competitivos.

Porém, o caso brasileiro, ilustrado pela bacia hidrográfica do rio Belém, ainda que os estudos estejam em fase exploratória, aponta concentrações significativas de fármacos, bem maiores que aquelas encontradas nos rios da Europa, pela deficiência na cobertura sanitária das cidades brasileiras. Isso implica em um potencial problema de saúde pública, já que os residuais de medicamentos têm sido encontrados em águas de abastecimento.

Nos rios urbanos brasileiros, ainda se faz necessário estudos de diagnóstico de poluição hídrica com uma rede e frequência amostral ampla, capaz de orientar medidas estruturais e não estruturais de gestão ao longo das bacias, escolhendo os compostos a serem monitorados por meio de uma priorização, orientada pelo uso dos produtos farmacêuticos na região e pela sua importância ambiental e sanitária.

O problema dos micropoluentes, como grande parte dos problemas ambientais de escala global, é claramente um fenômeno complexo que deve ser enfrentado com o envolvimento dos diversos setores da sociedade e a cooperação política e técnica. Considerando que sua origem está relacionada com a industrialização e o desenvolvimento tecnológico, paradoxalmente a alternativa mais promissora para sua mitigação também está no campo tecnológico: a Química Verde. Todavia, como a aplicação dos seus preceitos ainda é embrionária, o que parece mais promissor é que se adquira aprendizados da experiência internacional, ainda que se necessite de adaptação para a realidade brasileira.

AGRADECIMENTOS

Os autores agradecem aos colaboradores do projeto WENSI (Water Environment Micropollutant Science Initiative: A UFABC-PUCPR-GCU Collaborative to explore emergent pollutants in brazilian watercourses) e aos seus financiadores: Coordenação de Aperfeiçoamento de Pessoal de Nível Superior por meio do Edital PGCI n.02/2015 de Cooperação Internacional – Projeto n.004/2016, e Conselho Britânico, por meio do Newton Fund: Institutional Links – application ID 122728076.

REFERÊNCIAS

ADAM, M. L.; TORRES, R. A.; SPONCHIODO, G.; MOTTA, T. S.; OLIVEIRA, C. M. R.; CARVALHO FILHO ET AL. Environmental Degradation at a Public Park in Southern Brazil as Revealed Through a Genotoxicity Test (MN) on Peripheral Blood Cells from Poecilia vivipara (Teleostei). *Water Air Soil Pollut*, v. 211, n. 61–68, 2010.

[AG]AUSTRALIAN GOVERNMENT. *Australian drinking water guideline*. 2011. Disponível em: <https://www.nhmrc.gov.au/_files_nhmrc/file/publications/nhmrc _adwg_6_february_2016.pdf>. Acesso em: 22 jan. 2017.

AQUINO, S. F.; BRANDT, E. M. F.; CHERNICHARO, C. A. L. Remoção de fármacos e desreguladores endócrinos em estaçoes de tratamento de esgoto: revisão de literatura. *Revista Brasileira de Engenharia Sanitária e Ambiental*, v. 18, n. 3, p. 187-204, jul./set. 2013.

BAPTISTA, M.; CARDOSO, A. Rios e cidades: uma longa e sinuosa história. *Revista UFMG*, Belo Horizonte, v. 20, n. 2, p. 124-153, jul./dez. 2013.

BRASIL. Lei n. 9.433, de 8 de janeiro de 1997. Institui a Política Nacional dos Recursos Hídricos. *Diário Oficial da União*, Brasília, DF, 8 jan. 1997.

______. Ministério da Saúde. Portaria n. 2.914. *Diário Oficial da União*, 12 dez. 2011.

BILA, D. M; DEZOTTI, M. Fármacos no meio ambiente. *Química Nova*, v. 26, n. 4, p. 523-30, 2003.

BOLLMANN, H.; EDWIGES, T. Avaliação da qualidade das águas do rio Belém, Curitiba-PR, com o emprego de indicadores quantitativos e perceptivos. *Engenharia Sanitária e Ambiental*, v. 13, n. 4, p. 443-452, out./dez. 2008.

BOXALL, A. B. A. New and Emerging Water Pollutants arising from Agriculture (2012). Disponível em: <https://www.oecd.org/tad/sustainable-agriculture/49848768.pdf>. Acesso em: 08 jun. 2016.

CARAZZA, R. I.; ROSANDISKI, E. N.; HIRATUKA, C.; FRACALANZA, P. S. Resíduos pós-consumo de medicamentos: arcabouços institucionais e sistemas de gestão em experiências internacionais selecionadas. *Revista Brasileira de Ciências Ambientais*, n. 34, dez. 2014.

CARVALHO JUNIOR, M. R. *O interesse popular na gestão dos recursos hídricos sob a ótica do desenvolvimento sustentável: o caso da bacia do Rio Belém em Curitiba – PR*. Dissertação (Mestrado em Gestão Urbana) – PUCPR, Curitiba, 2007. 268p.

COLBORN, T.; DUMANOSKI, D.; MYERS, J. P. *O Futuro Roubado*. Trad. Claudia Buchweitz. Porto Alegre: L&P, 2002. 354 p.

CUE, B. W.; ZHANG, J. Green process chemistry in the pharmaceutical industry. *Green Chemistry Letters and Reviews*, v. 2, n. 4, p. 193-211, dez. 2009.

CUNHA, D. L.; SILVA, S. M. C.; BILA, D. M.; OLIVEIRA, J. L. M.; SARCINELLI, P. N. ET AL. Regulamentação do estrogênio sintético 17α-etinilestradiol em matrizes aquáticas na Europa, Estados Unidos e Brasil. *Cad. Saúde Pública*, Rio de Janeiro, v. 32, n. 3, e00056715, mar. 2016.

DIAS, R. V. A. *Avaliação da ocorrência de microcontaminantes emergentes em sistemas de abastecimento de água e da atividade estrogênica do estinilestradiol*. 2014. 148 p. Dissertação (Mestrado em Saneamento, Meio Ambiente e Recursos Hídricos)- Universidade Federal de Minas Gerais, Belo Horizonte, 2014.

DOERR-MACEWEN, N. A.; HAIGHT, M. E. Expert stakeholders' views on the management of human pharmaceuticals in the environment. *Environ. Manage*, n 38, p. 853-866, 2006.

FARIAS, L. A.; FÁVARO, D. I. T. Vinte anos de Química Verde: conquistas e desafios. *Química Nova*, v. 34, n. 6, p. 1089-1093, 2011.

FERREIRA, G. L. B. V.; GRACIANI, F. S. Descarte de medicamentos: iniciativas regionais para a implementação da logística reversa. Âmbito Jurídico, Rio Grande, v. XVII, n. 122, mar. 2014. Disponível em: <http://ambito-juridico.com.br/site/?n_link=revista_artigos_leitura&artigo_id=14545>. Acesso em: 22 jan. 2017.

FREY, K. Articulação em rede para governança ambiental. In: PHILLIPPI JR., A.; SAMPAIO, C. A. C.; FERNANDES, V. (Orgs.). *Gestão de natureza pública e sustentabilidade*. Barueri: Manole, 2012. p. 147-77.

GARCIAS, C. M.; BOLLMANN, H. A.; BERTOLINO, A.; CIDREIRA, L. E. Revitalização de rios urbanos: estudo de caso da bacia do rio Belém, Curitiba/PR. In: CONGRESSO BRASILEIRO DE ENGENHARIA SANITÁRIA E AMBIENTAL, 27., 2013, Goiânia. *Anais eletrônicos...* Rio de Janeiro: ABES, 2013.

GARCIAS, C. M.; CIDREIRA, L. E. Poluição difusa em ambientes urbanos: cádmio, chumbo e mercúrio. In: CONGRESSO INTERAMERICANO DE ENGENHARIA SANITÁRIA E AMBIENTAL, 33., 2012, Salvador. *Anais eletrônicos*. São Paulo: AIDIS, 2012.

GARCIAS, C. M.; SOTTORIVA, E. M. Poluição difusa urbana decorrente do desgaste dos freios automotivos: estudo de caso na sub-bacia do rio Belém em Curitiba – PR. *REDES*, Santa Cruz do Sul, v. 15, n. 3, p. 5-25, set./dez. 2010.

GILBERT, N. Drug-pollution law all washed up. *Nature*, v. 491, n. 7425, p. 503–504, 2012.

GEROLIN, E. R. R. Ocorrência e remoção de disruptores endócrinos em águas utilizadas para o abastecimento público de Campinas e Sumaré – São Paulo. 2008. 190 p. Tese (Doutorado em Engenharia Civil)- Universidade Estadual de Campinas, Campinas (SP), 2008.

GHISELLI, G. Avaliação da Qualidade das Águas Destinadas ao Abastecimento Público na Região de Campinas: Ocorrência e Determinação dos Interferentes Endócrinos (IE) e Produtos Farmacêuticos e de Higiene Pessoas (PFHP). 2006. 190 p. Tese (Doutorado em Ciências)- Universidade Estadual de Campinas, Campinas (SP), 2006.

GROSS-SOROKIN, M. Y.; ROAST, S. D.; BRIGHTY, G. C. Assessment of Feminization of Male Fish in English Rivers by the Environment Agency of England and Wales. *Environ. Health Perspect.*, v. 114, p. 147-151, 2006.

HALLING-SØRENSEN, B.; NIELSEN, S. N.; LANZKY, P. F.; INGERSLEV, F.; LUTZHEFT, H. C. H. ET AL Occurrence, Fate and Effects of Pharmaceutical Substances in the Environment – A review. *Chemosphere*, v. 36, n. 2, p. 357-393, 1998.

[HC] HEALTH CANADA. Guidelines for Canadian Drinking Water Quality, 2014. Disponível em: <http://www.hc-sc.gc.ca/ewh-semt/alt_formats/pdf/pubs/water-eau/sum_guide-res_recom/sum_guide-res_recom_2014-10_eng.pdf>. Acesso em: 22 jan. 2017.

HEINRICH, A. B.; METZGER, J. W.; FISHER, K. M.; MATHIAS, A. L. Gerenciamento de sedimentos do desassoreamento do rio Belém na área urbana de Curitiba: um estudo de caso. *Revista Brasileira Ciências do Solo*, v. 39, p. 626-636, 2015.

HESPANHOL, I. A Inexorabilidade do Reúso Potável Direto. *Revista DAE*, v. 194, p. 63-82, 2015.

______. Normas Anormais. *Revista DAE*, v. 198, p. 6-23, 2014.

HUTTNER, B; HARBARTH, S.; NATHWANI, D. Success stories of implementation of antimicrobial stewardship: a narrative review. *Clin Microbiol Infect.*, 2014 Oct; 20(10):954-962

IDE, A. H. Produtos farmacêuticos e de higiene pessoal no Rio Iguaçú e seus afluentes. 2014. Dissertação (Mestrado em Ciência e Tecnologia Ambiental).Departamento Acadêmico de Química e Biologia, Universidade Tecnológica Federal do Paraná, Curitiba, 2014.

JONES, O. A. H.; GREEN, P. G.; VOULVOULIS, N.; LESTER, J. N. Questioning the Excessive Use of Advanced Treatment to Remove Organic Micropollutants from Wastewater. *Environ. Sci. Technol.*, v. 41, n. 14, p. 5085-5089, 2007.

KIM, S.; AGA, D. S. Potential ecological and human health impacts of antibiotics and antibiotic-resistant bacteria from wastewater treatment plants. *Journal of Toxicology and Environmental Health*, Part B, v. 10, n. 8, p. 559-573, 2007.

KRAMER, R. D.; IDE, A. H.; SANTOS, M. M.; OLIVEIRA, L. J.; MIZUKAWA, A.ET AL. Determinação de anti-inflamatórios na água e sedimento e suas relações com a qualidade da água na bacia do Alto Iguaçu, Curitiba-PR. *Revista Brasileira de Recursos Hídricos*, v. 20, p. 657-67, 2015.

KÜMMERER, K. The presence of pharmaceuticals in the environment due to human use – present knowledge and future challenges. *Journal of Environmental Management*, v. 90, n. 8, p. 2354-2366, 2009.

LEFÈBVRE, H. O direito à cidade. Tradução Rubens Eduardo Frias. São Paulo: Centauro, 2001 [1968].

MEDEIROS, M. S. G.; MOREIRA, L. M. F.; LOPES, C. C. G. O. Descarte de medicamentos: programas de recolhimento e novos desafios. *Rev Ciênc Farm Básica Apl.*, v. 35, n. 4, p. 651-62, 2014.

METZ, F.; INGOLD, K. Sustainable Wastewater Management: Is it Possible to Regulate Micropollution in the Future by Learning from the Past? A Policy Analysis. *Sustainability*, v. 6, n. 4, p. 1992-2012, 2014.

MOLSTAD, S; CARS, O. Major change in the use of antibiotics following a national programme: Swedish Strategic Programme for the Rational Use of Antimicrobial Agents and Surveillance of Resistance (STRAMA). *Scand J Infect Dis.*, v. 31, n. 2, p. 191-195, 1999.

MOREIRA, D. S. Desenvolvimento de metodologia analítica por cromatografia/espectrometria de massas para avaliação da ocorrência de perturbadores endócrinos em mananciais de abastecimento da região metropolitana de Belo Horizonte. 2008. 124p. Dissertação (Mestrado em Engenharia Ambiental)- Universidade Federal de Ouro Preto, Ouro Preto (MG), 2008.

[NCO] NORMA CHILENA OFICIAL. NCh 409/1.Of – 2005. Disponível em: <http://ciperchile.cl/pdfs/11-2013/norovirus/NCh409.pdf>. Acesso em: 22 jan. 2017.

NOPILLS. noPILLS Report (2015). Disponível em: <http://www.no-pills.eu/>. Acesso em: 22 jan. 2017.

OSAWA, R. A. Determinação de Fármacos Anti-hipertensivos em Aguas Superficiais na Região Metropolitana de Curitiba. 2013. Dissertação (Mestrado em Engenharia de Recursos Hídricos e Ambiental)- Universidade Federal do Paraná, Curitiba, 2013.

OSAWA, R. A.; IDE, A. H.; SAMPAIO, N. M. F. M.; AZEVEDO, J. C. R. Determinação de Fármacos Anti-hipertensivos em Águas Superficiais na Região Metropolitana de Curitiba. *Revista Brasileira de Recursos Hídricos*, v. 20, p. 1039-1050, 2015.

OWEN, R.; JOBLING, S. The hidden cost of flexible fertility. *Nature*, v. 485, n. 7399, p. 441, 2012.

PADILHA, C. F.; LEITZKE, F. L. S. Determinação de Hormônios sexuais femininos na bacia do Alto Rio Iguaçu na região de Curitiba – PR. Trabalho de Conclusão de Curso (Bacharelado em Química Tecnológica com ênfase Ambiental) – Departamento Acadêmico de Química e Biologia, Universidade Tecnológica Federal do Paraná, Curitiba, 2013.

PARANÁ. Qualidade das águas: rios da bacia do Alto Iguaçu na Região Metropolitana de Curitiba 2005 a 2009. Curitiba: Instituto Ambiental do Paraná (IAP), 2009. p. 114.

PETROVIC, M.; BARCELÓ, D. Liquid chromatography–mass spectrometry in the analysis of emerging environmental contaminants. *Analytical and Bioanalytical Chemistry*, v. 385, n. 3, p. 422-424, jun. 2006.

PILLS. PILLS Report (2012). Disponível em: <http://www.pills-project.eu/PILLS_summary_english.pdf>. Acesso em: 22 jan. 2017.

REIS FILHO, R. W.; ARAÚJO, J. C.; VIEIRA, E. M. Hormônios Sexuais Estrógenos: Contaminantes bioativos. *Química Nova*, v. 29, p. 817-822, 2006.

SANTOS, L. H.; ARAÚJO, A. N.; FACHINI, A.; PENA, A.; DELERUE-MATOS, C. ET AL. Ecotoxicological aspects related to the presence of pharmaceuticals in the aquatic environment. *J Hazardous Materials*, v. 175, p. 45-95, 2010.

SANTOS, M. M.; BREHM, F. A.; FILIPPE, T. C.; KNAPIK, H. G.; AZEVEDO, J. C. R. Occurrence and risk assessment of parabens and triclosan in surface waters of southern Brazil: a problem of emerging compounds in an emerging country. *Revista Brasileira de Recursos Hídricos*, v. 21, p. 603-617, 2016.

SCHWARZENBACH, R. P.; ESCHER, B. I.; FENNER, K.; HOFSTETTER, T. B.; JOHNSON, C. A.; ET AL. The challenge of micropollutants in aquatic systems. *Science*, v. 313, n. 5790, p. 1072–1077, 2006.

[SSM] SECRETARÍA DE SALUD DE MÉXICO. Norma oficial mexicana NOM-127-SSA1-1994. Disponível em: <http://www.salud.gob.mx/unidades/cdi/nom/127ssa14.html>. Acesso em: 22 jan. 2017.

START. START: A Practical Guide (2008). Disponível em: <http://www.start-project.de/downloads/start_Practical_Guide.pdf >. Acesso em: 22 jan. 2017.

SUN, J.; LUO, Q.; WANG, D.; WANG, Z. Occurrences of pharmaceuticals in drinking water sources of major river watersheds, China. *Ecotoxicology and Environmental Safety*, v. 117, p. 132-140, 2015.

TEIJON, G.; CANDELA, L.; TAMOH, K.; MOLINA-DÍAZ, A.; FERNÁNDEZ-ALBA, A. R. Occurrence of emerging contaminants, priority substances (2008/105/CE) and heavy metals in treated wastewater and groundwater at Depurbaix facility (Barcelona, Spain). *Science of the Total Environment*, v. 408, p. 3584-3595, 2010.

[EU] UNIÃO EUROPEIA. Diretiva 1998/83/CE. Disponível em: <http://eur-lex.europa.eu/LexUriServ/LexUriServ.do?uri=OJ:L:1998:330:0032:0054:pt:PDF>. Acesso em: 22 jan. 2017.

______. Diretiva 2008/105/CE. Disponível em: <http://eur-lex.europa.eu/legal-content/PT/TXT/PDF/?uri=CELEX:32008L0105&from=PT>. Acesso em: 22 jan. 2017.

______. Diretiva 2013/39/CE. Disponível em: <http://eur-lex.europa.eu/LexUriServ/LexUriServ.do?uri=OJ:L:2013:226:0001:0017:PT:PDF>. Acesso: 22 jan. 2017.

______. Decisão de Execução (UE) 2015/495/CE. Disponível em: <http://publications.europa.eu/en/publication-detail/-/publication/a90868de-d1f9-11e4-9de8-01aa75ed71a1/language-pt>. Acesso em: 22 jan. 2017.

[UNEP] UNITED NATIONS ENVIRONMENTAL PROGRAMME. Phytoremediation: an environmentally sound technology for pollution prevention, control and remediation. Disponível em: <http://www.unep.or.jp/Ietc/Publications/Freshwater/FMS2/index.asp> Acesso em: 2 ago. 2017.

[USEPA] UNITED STATED ENVIRONMENTAL PROTECTION AGENCY. Federal Water Pollution Control ACT, 2002. Disponível em: <http://www.epw.senate.gov/water.pdf>. Acesso em: 22 jan. 2017.

______. National Primary Drinking Water Regulations, 2009. Disponível em: <https://www.epa.gov/sites/production/files/2016-06/documents/npwdr_complete_table.pdf>. Acesso em: 22 jan. 2017.

______. Drinking water Contaminant Candidate List (CCL 4) and Regulatory Determination, 2016. Disponível em: <https://www.epa.gov/ccl/chemical-contaminants-ccl-4>. Acesso em: 22 jan. 2017.

______. Information about the Presidential Green Chemistry Challenge. Disponível em: <https://www.epa.gov/greenchemistry>. Acesso em: 22 jan. 2017.

TUCCI, C. E. M. Gestão integrada das águas urbanas. *Revista de Gestão de Água da América Latina*, v. 5, n. 2, p. 71-81, jul./dez. 2008.

VASCONCELOS, A. F.; MIGUEZ, M. G.; VAZQUEZ, E. G. Critérios de projeto e benefícios esperados da implantação de técnicas compensatórias em drenagem urbana para controle de escoamentos na fonte, com base em modelagem computacional aplicada a um estudo de caso na zona oeste do Rio de Janeiro. *Rev. Eng. Sanit. Ambiental*, v. 2, n. 4, p. 655-662, out./dez. 2016.

[WHO] WORLD HEALTH ORGANIZATION. *Overcoming antimicrobial resistance*: report on infectious diseases, 2000. Disponível em: <http://apps.who.int/iris/handle/10665/66672>. Acesso em: 18 jul. 2016.

XIAO, Y.; ZHANG, J.; ZHENG, B.; ZHAO, L; LI, S. ET AL. Changes in Chinese Policies to Promote the Rational Use of Antibiotics. *PLoS Med.*, v. 10, n. 11, e1001556, 2013. doi:10.1371/journal.pmed.1001556.

YOUNG, W. F.; WHITEHOUSE, P.; JOHNSON, I.; SOROKIN, N. Proposed Predicted-No-Effect- Concentrations (PNECs) for natural and synthetic steroid oestrogens in surface waters, EA R&D Technical Report P2-T04/1, Environment Agency, Bristol, 2004.

24 Piscicultura e sustentabilidade em reservatórios no semiárido

Gérsica Moraes Nogueira da Silva
Bióloga, UFPE

Érika Alves Tavares Marques
Bióloga, UFPE

Ariane Silva Cardoso
Bióloga, Uneb

Maria do Carmo Sobral
Engenheira civil, UFPE

William Severi
Engenheiro de pesca, UFRPE

INTRODUÇÃO

A piscicultura é uma atividade designada para produção de peixes, considerada um segmento da aquicultura que é praticada em todos os estados brasileiros. Além da piscicultura, outras modalidades são praticadas no Brasil como: carcinicultura (camarões), ranicultura (rãs), malacocultura (moluscos: ostras, mexilhões, *escargots*) e a algicultura (algas), esta última praticada em menor escala (Scorvo-Filho, 2004).

Aquicultura define-se como atividade de cultivo de organismos cujo ciclo de vida em condições naturais se dá total ou parcialmente em meio aquático, implicando a propriedade do estoque sob cultivo, equiparada à atividade agropecuária conforme o Art. 2º da Política Nacional de Desenvolvimento Sustentável da Aquicultura e da Pesca, Lei n. 11.959, de 29 de junho de 2009 (Brasil, 2009).

Comparada à atividade agropecuária, a produção de pescados é dividida entre pesca extrativa e aquicultura. A pesca é a atividade que se baseia na retirada de recursos pesqueiros do ambiente natural, e a aquicultura é o cultivo, normalmente em um espaço confinado e controlado, de organismos aquáticos com interesse econômico produtivo (IPEA, 2017).

A produção de organismos aquáticos é uma prática mundial, frente à demanda crescente da população, que encontra na piscicultura contribuição para atingir alguns Objetivos de Desenvolvimento Sustentável (ODS), estabelecidos pelos países-membros da ONU desde 2015, relevantes como: a erradicação da pobreza (ODS-1) e erradicação da fome (ODS-2), contribuindo na geração de emprego e renda local, e no alcance da segurança alimentar, melhoria da nutrição e promoção da agricultura sustentável.

O conceito de sustentabilidade para o uso dos recursos naturais define que os sistemas sustentáveis são aqueles que "maximizam os benefícios socioeconômicos da geração presente, preservando a qualidade ambiental e a capacidade de produção para as gerações futuras" (Sampaio e Salcedo, 1997).

A prática da gestão sustentável na piscicultura pode contribuir ainda com o ODS-6 e o ODS-11, que trata da Água Potável e Saneamento e da Vida aquática, respectivamente, visando até 2030 cumprir metas de forma a assegurar a disponibilidade e gestão sustentável da água e saneamento para todos, dentre as quais, aumento na eficiência do uso da água em todos os setores.

De um lado, situa-se a necessidade de atender à demanda de alimento, exacerbada pelo crescimento populacional e exaustão dos estoques explorados, e, de outro, a urgência em se conservar os recursos naturais e os serviços ecossistêmicos, incluindo a água para abastecimento, que é escassa, mal distribuída e com demanda crescente (Agostinho et al., 2007).

Estudos têm apontado impactos causados à qualidade da água e à biodiversidade, em virtude da produção intensiva e, em alguns casos, inadequada, da atividade piscícola. A utilização de reservatórios de usos múltiplos para desenvolvimento da piscicultura é uma prática que vem sendo criticada, por conta do alto grau de introdução de nutrientes (nitrogênio e fósforo) na ração e fezes, utilização de antibióticos e hormônios, além de espécies exóticas, promovendo riscos que podem comprometer os usos, incluindo o abastecimento público, por desequilíbrio da comunidade fitoplanctônica e liberação de cianotoxinas na água (Gunkel et al., 2015).

É importante considerar as características de cada região e do corpo hídrico na avaliação da qualidade ambiental, para estabelecer áreas suscetíveis de sofrer impactos, quando submetidas ao aporte excessivo de nutrientes. Quanto maior a vulnerabilidade da bacia, menor a chance de recuperação do ambiente. Conhecer a vulnerabilidade de uma área aos fatores de pressão ambiental auxilia na priorização de investimentos públicos e desenvolvimento de políticas públicas adequadas e efetivas (Ferreira Júnior, 2011).

Além dos aspectos antrópicos, o fator climático é um elemento importante na gestão dos recursos hídricos, limitador da disponibilidade para usos múltiplos. O Painel Brasileiro de Mudanças Climáticas (PBMC) apresenta projeções preocupantes para o final do século, ressaltando efeito nos biomas Amazônia e Caatinga em virtude do alto grau de vulnerabilidade das regiões Norte e Nordeste do Brasil. Ambas apresentam tendências de aquecimento na temperatura do ar e de diminuição da chuva maiores do que a variação média global (PBMC, 2014).

Este capítulo contextualiza a gestão da atividade produtiva da piscicultura, considerando os reservatórios como ambiente de produção, crescente no Brasil. O presente texto aborda, como estudo de caso, o desenvolvimento da atividade no trecho semiárido da bacia do rio São Francisco. São apontados os desafios da piscicultura visando à sustentabilidade, considerando seus impactos e potencialidades, assim como principais entraves da cadeia produtiva. Entre os aspectos analisados, está o conflito de usos existentes na região, sobretudo com a pesca artesanal, que tem grande relevância socioeconômica e é tradicionalmente realizada por comunidades ribeirinhas.

PISCICULTURA NO BRASIL E TILAPICULTURA

Tanto a produção como o consumo de pescado no Brasil vêm crescendo a cada ano. O IBGE informou a produção de 483 mil toneladas de peixe em 2015, com incremento de 1,5% em relação a 2014. De acordo com o Ministério da Agricultura, o consumo de pescado no Brasil – de 14,4 kg por habitante/ano – já superou o recomendado pela Organização Mundial da Saúde – 12 kg por habitante/ano.

A chegada de novas empresas, a rápida profissionalização e intensificação tecnológica foram alguns dos fatores observados na aquicultura brasileira, que teve crescimento de 123% entre 2005 e 2015, passando de 257 mil para 574 mil toneladas. O setor dedicado à produção de seres aquáticos, como peixes e crustáceos, costumava ser caracterizado no Brasil como empreendimentos de pequeno porte, sistemas extensivos de produção e baixo nível tecnológico, com exceção da carcinicultura no Nordeste.

O bom desempenho da aquicultura brasileira despertou interesse de importantes instituições financeiras como o banco holandês Rabobank, maior financiador mundial do setor agrícola e o Banco Nacional de Desenvolvimento Econômico e Social (BNDES). Além dos investimentos privados, o aumento na escala de produção tem sido provocado pela organização dos produtores com formação de cooperativas, associações e modelos produtivos alternativos como o condomínio de piscicultura, que reduz custos importantes (Embrapa, 2016).

Segundo Instrução Normativa Interministerial n. 7, de 28 de abril de 2005, do Ministério do Meio Ambiente, que estabelece diretrizes para implantação de parques e áreas aquícolas, a aquicultura pode ocupar até 1%

da área superficial dos corpos d'água fechados ou semiabertos. Esse valor de 1% é bastante variável nas diversas regiões do Brasil, sendo calculado considerando o ponto médio de depleção (valor médio entre a cota mais alta e mais baixa), equivalente a 55 mil hectares de lâmina d'água dos 218 reservatórios federais. Zaniboni et al. (2005) relatam que se esse potencial de área fosse utilizado para produção intensiva de peixes (150 kg/m^3/ano com dois ciclos anuais), produziria 82,5 milhões de toneladas de peixe. Esse valor colocaria o Brasil entre os primeiros no *ranking* mundial de produtores aquícolas.

Segundo o Boletim Estatístico da Pesca e Aquicultura, o Nordeste brasileiro é a região que apresenta maior produção pesqueira nacional, totalizando 454 toneladas, 31,7% da produção nacional (MPA, 2011). A região reúne condições favoráveis para o cultivo de espécies tropicais, como a tilápia do nilo, cujo nome científico é *Oreochromis niloticus* (Linnaeus, 1758), pode ser cultivada durante todo o ano.

Especificamente para produção de tilápia, que representa 50% da produção nacional, regiões mais quentes, como a Centro-Oeste e Nordeste, são mais favoráveis à produção, pois a temperatura da água permanece adequada durante a maior parte do ano (MPA, 2011).

O agronegócio da tilapicultura movimenta mais de 600 milhões de dólares/ano e o Arranjo Produtivo da Produção apresenta, entre os segmentos:

- Produção e criação: corresponde ao processo de criação dos organismos aquáticos, neste caso a tilápia, em ambientes naturais (rios, lagos etc.) e em ambientes artificiais (como açudes, tanques-rede, viveiros e represas).
- Insumos: máquinas e equipamentos, infraestrutura, transporte, mão de obra, ração, medicamento, tanques-rede e diversos outros recursos.
- Indústria de transformação: neste segmento ocorre o abate, evisceração, descamação, posteriormente ocorre a retirada da espinha, filetada a carne, e empacotamento e/ou congelamento do produto, ou simplesmente resfriamento para comercialização do filé fresco, destinando-se para a distribuição.
- Distribuição/comercialização: neste segmento ocorre a comercialização de peixes vivos e comercialização da carne do peixe.
- Consumo final: pode ser realizado por pessoa física ou jurídica que adquira ou utilize o produto final.

O objetivo da cadeia é suprir o consumidor final de produtos com qualidade e quantidade, compatíveis com suas necessidades e preços competitivos. Em razão da grande interdependência desses segmentos, para alcance de maior produtividade é necessário que sua atuação seja integrada e tenha suporte no desenvolvimento tecnológico e apoio de instituições de pesquisa (Scorvo-Filho, 2004).

GESTÃO DA ATIVIDADE PESQUEIRA

A gestão ambiental pode ser entendida como o conjunto de procedimentos que visam à conciliação entre desenvolvimento e qualidade ambiental. Essa conciliação acontece a partir da observância da capacidade de suporte do meio ambiente e das necessidades identificadas pela sociedade civil e/ou pelo governo (Souza, 2000).

Semelhante a outros processos gerenciais e de negociação, a gestão dos recursos naturais, e em especial os hídricos, dá-se mediante objetivos sociais, econômicos e ambientais, em um arcabouço institucional e legal, incorporando múltiplos tomadores de decisão e aspectos técnicos estruturados ou não (Braga, 2008).

De forma a auxiliar na gestão da atividade pesqueira e mediar o interesse dos *stakeholders*, em 1998, a competência relacionada ao apoio da produção e fomento da atividade pesqueira foi adota pelo Ministério da Agricultura, Pecuária e Abastecimento (MAPA), sendo criada, em 2003, a Secretaria Especial da Aquicultura e Pesca (SEAP), ligada à Presidência da República, transformada em 2009 no Ministério da Pesca e Aquicultura (MPA).

Em 2016 iniciou-se uma desarticulação na gestão pesqueira, quando da extinção do Ministério da Pesca e Aquicultura (MPA) e transferência das atividades para o Ministério da Agricultura, Pecuária e Abastecimento (MAPA) e posteriormente em 2017 a Secretaria de Aquicultura e Pesca e o Conselho Nacional de Aquicultura e Pesca foram transferidos para o Ministério da Indústria, Comércio Exterior e Serviços (MDIC), sendo no mesmo ano integrada a Secretaria Especial da Pesca e Aquicultura (SEAP), vinculada à Secretaria da Presidência da República.

Política Nacional de Desenvolvimento Sustentável da Aquicultura e da Pesca

A Lei n. 11.959, de 29 de junho de 2009, dispõe sobre a Política Nacional de Desenvolvimento Sustentável da Aquicultura e da Pesca, regula as atividades pesqueiras, revoga a Lei n. 7.679, de 23 de novembro de 1988, e dispositivos do Decreto-lei n. 221, de 28 de fevereiro de 1967, e dá outras providências (Brasil, 2009).

Em seu art. 1º a política estabelece, como objetivos, promover:

I. O desenvolvimento sustentável da pesca e da aquicultura como fonte de alimentação, emprego, renda e lazer, garantindo-se o uso sustentável dos recursos pesqueiros, bem como a otimização dos benefícios econômicos decorrentes, em harmonia com a preservação e a conservação do meio ambiente e da biodiversidade;
II. O ordenamento, o fomento e a fiscalização da atividade pesqueira;
III. A preservação, a conservação e a recuperação dos recursos pesqueiros e dos ecossistemas aquáticos;
IV. O desenvolvimento socioeconômico, cultural e profissional dos que exercem a atividade pesqueira, bem como de suas comunidades.

A Lei n. 11.959/2009 define recursos pesqueiros como "os animais e os vegetais hidróbios passíveis de exploração, estudo ou pesquisa pela pesca amadora, de subsistência, científica, comercial e pela aquicultura". Contemplando uma definição mais ampla da definição presente no art. 36 da Lei n. 9.605/98, que restringe a pesca aos "peixes, crustáceos, moluscos e vegetais hidróbios", excluindo a captura de outros organismos aquáticos, sejam vertebrados (p. ex. boto, peixe-boi, tartaruga, jacaré), ou invertebrados (corais, anêmonas, entre outros).

Segundo o art. 2º, da seção I da política referente à sustentabilidade do uso dos recursos pesqueiros, compete aos estados e ao Distrito Federal o ordenamento da pesca nas águas continentais de suas respectivas jurisdições, observada a legislação aplicável, podendo o exercício da atividade ser restrito a uma determinada bacia hidrográfica. Essa relação demonstra tendência à descentralização na tomada de decisão quanto ao ordenamento do território pesqueiro, no entanto, não especifica o papel dos órgãos que o farão.

Como embasamento nas questões ambientais é fundamental considerar a Lei n. 6.938, de 31 de agosto de 1981, que estabelece a Política Nacional do Meio Ambiente (PNMA) e tem por objetivo a preservação, melhoria e recuperação da qualidade ambiental propícia à vida, visando a assegurar, no país, condições ao desenvolvimento socioeconômico, aos interesses da segurança nacional e à proteção da dignidade da vida humana.

A Política Nacional de Desenvolvimento Sustentável da Aquicultura e da Pesca, por meio da Lei n. 11.959/2009, em seu art. 3º, inciso I, estabelece que o ordenamento pesqueiro deve considerar as peculiaridades e as necessidades dos pescadores artesanais, de subsistência e da aquicultura familiar, visando a garantir sua permanência e sua continuidade, instituindo aos estados e ao Distrito Federal o ordenamento da pesca nas águas continentais de suas respectivas jurisdições, observada a legislação aplicável, podendo o exercício da atividade ser restrito a uma determinada bacia hidrográfica.

Em se tratando da gestão dos recursos pesqueiros, esta acontece de forma compartilhada entre o Ministério da Pesca e Aquicultura (atual Secretaria Especial da Pesca e Aquicultura) e o Ministério do Meio Ambiente (MMA), o que é regulamentado pelo Decreto n. 6.981, de 13 de outubro de 2009, que cria o sistema de gestão compartilhada do uso sustentável dos recursos pesqueiros. O sistema de gestão compartilhada do uso sustentável dos recursos pesqueiros tem o objetivo de subsidiar a elaboração e implementação de normas, critérios, padrões e medidas de ordenamento do uso sustentável dos recursos pesqueiros, por meio da Comissão Técnica da Gestão Compartilhada dos Recursos Pesqueiros (CTGP), formada por representantes dos Ministérios da Pesca e Aquicultura e do Meio Ambiente, e dos Comitês Permanentes de Gestão (CPG), formados por representantes do governo e da sociedade civil (Brasil, 2009).

Semelhante a outros processos gerenciais e de negociação, a gestão dos recursos naturais, e em especial os hídricos, dá-se mediante objetivos sociais, econômicos e ambientais, em um arcabouço institucional e legal, incorporando múltiplos decisores e com aspectos técnicos estruturados ou não (Braga, 2008).

Instrumentos de gestão dos recursos pesqueiros

A seguir estão apresentados de forma sucinta alguns instrumentos da Política Nacional de Meio Ambiente (PNMA), relevantes na gestão dos recursos pesqueiros, principalmente no tocante aos conflitos e impactos que a atividade de piscicultura pode vir a gerar.

Zoneamento ambiental

Zoneamento ambiental é um dos instrumentos básicos da PNMA que, além de regulamentar a preservação dos recursos naturais, é adequado para dirimir conflitos gerados pelo desenvolvimento simultâneo de várias atividades impactantes numa dada região. Ao identificar áreas representativas dos ecossistemas, o zoneamento retrata o perfil ecológico-territorial e explicita as atividades, usos e tipos de ocupação que devam ser vedados, condicionados ou permitidos nas diversas áreas.

Encontra-se em tramitação um projeto de lei para regularização do território das comunidades tradicionais pesqueiras, que contribui para acompanhamento e mediação de conflitos entre a piscicultura e a pesca artesanal. Enquanto aguarda-se o trâmite, pescadores artesanais tentam garantir a manutenção das áreas prioritárias para a pesca, por meio de outorga do TAUS (Termo de Autorização de Uso Sustentável) junto à Secretaria do Patrimônio da União (SPU). O Termo está previsto na Portaria n. 89, de 15 de abril de 2010, visando disciplinar a utilização e o aproveitamento dos imóveis da União em favor das comunidades tradicionais, com o objetivo de possibilitar a ordenação do uso racional e sustentável dos recursos naturais disponíveis.

A Política Nacional de Desenvolvimento Sustentável da Aquicultura e da Pesca traz, em seu artigo 23º, instrumentos de ordenamento da aquicultura, sendo eles: os planos de desenvolvimento da aquicultura, os parques e áreas aquícolas e o Sistema Nacional de Autorização de Uso de Águas da União para fins de aquicultura, conforme definidos em regulamentação específica.

Licenciamento ambiental

O licenciamento ambiental é um dos instrumentos estabelecidos no artigo 9º da PNMA, com a finalidade de promover o controle prévio à construção, instalação, ampliação e funcionamento de estabelecimentos e atividades utilizadoras de recursos ambientais, considerados efetiva e potencialmente poluidores, bem como os capazes, sob qualquer forma, de causar degradação ambiental.

Antes de iniciar uma aquicultura é necessário que o interessado possua licença ambiental, requerida no órgão ambiental competente, embora, em virtude das muitas dificuldades relacionadas com o licenciamento ambiental, poucos são os aquicultores que possuem licença ambiental do empreendimento e licença do aquicultor, documento que caracteriza o produtor como aquicultor legal (MPA, 2014).

O processo de licenciamento ambiental na aquicultura está disposto na Resolução Conama n. 413, de 26 de julho de 2009, que tem como objeto estabelecer normas e critérios para o licenciamento, seguindo algumas alterações na Resolução n. 459, de 16 de outubro de 2013 (Brasil, 2009; 2013). A expansão da piscicultura no país tem sido limitada pela lentidão do licenciamento ambiental e obtenção da cessão de uso de área aquícola, que depende de vários órgãos quando desenvolvida em rios de domínio da União, sendo eles: Agência Nacional de Águas (ANA), Instituto Brasileiro do Meio Ambiente e dos Recursos Naturais Renováveis (Ibama), Secretaria Especial de Aquicultura e

Pesca e Superintendência do Patrimônio da União (SPU) e Marinha do Brasil (MMB) (Quadro 1). Isso torna o processo de regularização da atividade demorado, fazendo com que muitos pleitos se arrastem por longos períodos e estimulando a instalação e operação de pisciculturas ilegais.

Quadro 1 – Competências das instituições para o licenciamento ambiental e cessão de uso de espaço físico de corpos d'água de domínio da União para fins de aquicultura

Órgão	Competência
Agência Nacional de Águas (ANA)	Outorgar, por intermédio de autorização, o direito de uso de recursos hídricos em corpos d'água de domínio da União
Secretaria do Patrimônio da União (SPU)	Emitir pareceres sobre a regularidade e autorizações de uso para áreas de propriedade da União, reguladas pela Lei n. 9.636/98, que, entre outros aspectos, dispõe sobre a regularização, o aforamento e a alienação de bens imóveis de domínio da União
Secretaria Especial de Aquicultura e Pesca (SEAP)	Centraliza o processo de regularização junto às outras instituições envolvidas para a obtenção da cessão de uso da área aquícola
Instituto Brasileiro do Meio Ambiente e dos Recursos Naturais Renováveis (IBAMA)	Certificado de regularidade do Cadastro Técnico Federal de Atividades Poluidoras e Licenciamento ambiental, delegando poderes aos órgãos estaduais de meio ambiente
Marinha do Brasil (MMB)	Avaliar a execução de obras sob, sobre e às margens das águas sob jurisdição brasileira, emitindo parecer no que concerne ao ordenamento do espaço aquaviário e à segurança da navegação

Avaliação dos impactos ambientais

De forma a mitigar os impactos previstos, o processo de licenciamento e renovação da licença de operação exige o monitoramento da qualidade da água nos empreendimentos de piscicultura, a partir das condições e padrões de lançamento de efluentes estabelecidos na Resolução Conama n. 357, de 17 de março de 2005 (Brasil, 2005). No entanto, a delonga dos processos de regularização e a incipiente fiscalização dos órgãos ambientais favorecem o não cumprimento do processo de monitoramento da qualidade da água, que, por sua vez, ocasiona modificações no ambiente aquático sem seu devido acompanhamento e aplicação de medidas mitigadoras.

Para tanto, faz-se necessária a atuação integrada dos órgãos licenciadores de modo a gerir os recursos hídricos de forma mais efetiva e estimular o desenvolvimento de um sistema de suporte à decisão que enfoque a gestão dos recursos hídricos, os múltiplos usuários e as condições adversas climáticas, como os longos períodos de estiagem que vêm atingindo a região do semiárido, resultando na redução de volume e vazão dos reservatórios.

Conflitos de uso

Os conflitos inerentes à piscicultura são conflitos de natureza política e econômica, originados pela divergência de interesses no uso dos recursos hídricos. É nesse cenário que a piscicultura vem se desenvolvendo e crescendo como setor produtor de alimento.

No tocante à piscicultura desenvolvida no rio São Francisco, a atividade apresenta conflito direto com a pesca artesanal, tanto pela "privatização" desses territórios por meio da desapropriação do uso comunal para o uso industrial (Perez; Gómez, 2014), como pelos diversos impactos relacionados à alteração na qualidade da água e na comunidade biológica (Nogueira da Silva et al., 2018).

Diante dos conflitos de território, a Instrução Normativa Interministerial n. 1, de 10 de outubro de 2007, em seu Art. 10, estabelece os procedimentos operacionais entre a Secretaria Especial da Aquicultura e Pesca (SEAP) e a SPU para a autorização de uso dos espaços físicos em águas de domínio da União para fins de aquicultura. Os critérios de julgamento do processo de licitação, para autorização de uso, são apresentados no art. 1º do Decreto n. 4.895, de 25 de novembro de 2003, e devem considerar parâmetros definidos pela SEAP que levem ao alcance das seguintes finalidades: I – desenvolvimento sustentável, II – aumento da produção brasileira de pescados; III – inclusão social; e IV – segurança alimentar.

As políticas públicas de desenvolvimento territorial iniciadas em 2003 com o Ministério do Desenvolvimento Agrário (MDA) estabeleceram um novo marco para as modalidades de ações governamentais a serem formuladas, instituídas e geridas, em parceria com a sociedade civil organizada (Abramovay, 2006). Das diversas modalidades de políticas públicas com esse viés, segmentos historicamente marginalizados são incorporados com o início desses programas, por exemplo, a agricultura familiar, comunidades tradicionais (quilombolas, índios, ribeirinhos, outros), extrativistas, pescadores e aquicultores, todos hoje alvos de diversas ações, programas e políticas de apoio e fomento ao desenvolvimento sustentável de suas atividades.

No caso específico do público de aquicultores e pescadores a respeito da Política de Desenvolvimento Territorial da Pesca e Aquicultura, em 2004, com a promulgação do Decreto Presidencial n. 4.895/2003, os espaços físicos em corpos d'água pertencentes à União passaram a ter seus usos autorizados para fins da prática de aquicultura, observando-se critérios de ordenamento, localização e preferência (Pereira, Freitas e Freitas, 2013).

Diante desse escopo, se faz necessário desenvolver, em diversas escalas, uma gestão integrada e participativa com os usuários de forma a promover a redução dos impactos ambientais intensificados com os processos de mudanças climáticas nas regiões semiáridas, que vem provocando redução da água disponível e aumento dos conflitos pelo uso da água, com riscos de degradação dos ecossistemas aquáticos.

PRODUÇÃO DA AQUICULTURA *VERSUS* PESCA ARTESANAL

Dados apresentando no SOFIA (The State of World Fisheries and Aquaculture) pela Organização das Nações Unidas para Alimentação e Agricultura (FAO) apontam que a produção de pescado em 2016 alcançou um recorde histórico de 171 milhões de toneladas, resultante da produção estável da pesca extrativa, redução de desperdício e crescimento continuado da aquicultura. Deste total, 88% foram utilizados para consumo humano direto, resultando num elevado consumo per capita de 20,3 kg (FAO, 2018).

A pesca artesanal é uma atividade baseada no extrativismo e no uso dos recursos naturais sem prévio planejamento, enquanto a aquicultura é a atividade controlada pelo homem com o objetivo de exploração produtiva econômica e financeira. A produção de pescado, que por muitos anos teve sua origem na pesca – que passa por uma estagnação, sobretudo pela superexploração dos estoques pesqueiros –, encontrou na aquicultura a saída para a continuidade do crescimento sustentável.

Desde a década de 1980, a aquicultura tem sido responsável por um crescimento impressionante na produção pesqueira para consumo humano, enquanto a produção pela pesca de captura manteve-se relativamente estática (Fig. 1). Considerando o desenvolvimento cronológico, a aquicultura forneceu apenas 7% do pescado para consumo humano em 1974, em seguida apresentou aumento para 26% em 1994 e 39% em 2004, e atualmente os 47% da produção (FAO, 2018).

No Brasil, segundo dados do Ministério da Pesca e Aquicultura, a produção total em 2011 foi de 1,5 milhão de toneladas, das quais 56% foram obtidas por meio da pesca extrativa, e os demais 44%, pela aquicultura, reforçando a importância da pesca artesanal na produção pesqueira, apesar dos efeitos adversos ambientais que a atividade vem sofrendo.

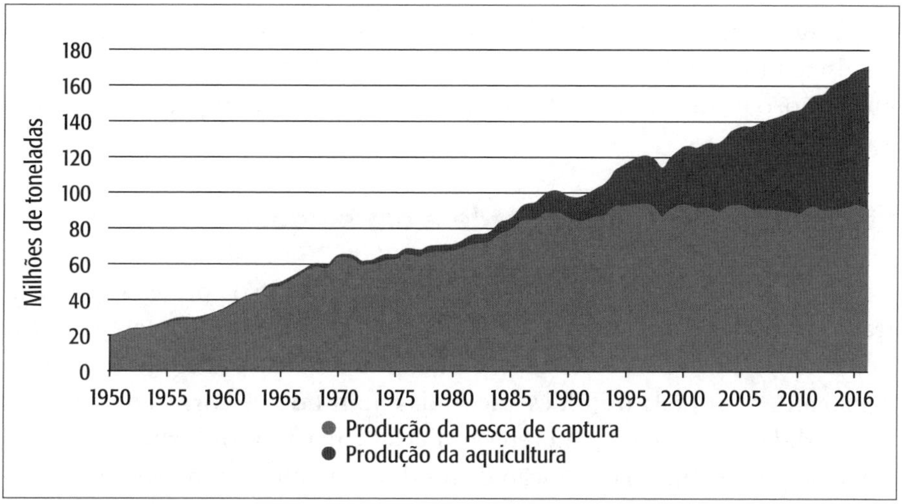

Figura 1 – Produção mundial entre pesca e aquicultura em milhões de toneladas nos anos 1950-2016.

Fonte: modificada de FAO, 2018.

Um aspecto relevante a ser considerado nestes dois tipos de produção pesqueira é o ambiente de produção. Sendo verificada que a pesca de captura é realizada em grande parte (87%) em ambiente Marinho e apenas 13% em água doce. Por outro lado, a aquicultura, realizada em corpos hídricos de água doce (continental), representa 65% da produção aquícola, ou seja, 30% de toda a produção global de pescado (FAO, 2018).

No Brasil a aquicultura continental representa um percentual ainda maior, 86% da produção aquícola, enfatizando a importância dos recursos hídricos de água doce para o desenvolvimento da atividade e, ao mesmo tempo, a preocupação ao risco de eutrofização dos corpos d'água. A criação de peixe (piscicultura) em cativeiro no Brasil apresentou crescimento de 6,6% ao ano nas últimas décadas, o dobro do crescimento médio mundial, com destaque para a tilápia, mas incluindo também a carpa, o tambaqui e o curimatã.

Respondendo a essa demanda, deve-se prezar a gestão sustentável por uma produção socioeconômica equilibrada com a conservação do meio ambiente e a manutenção dos serviços ecossistêmicos, de forma a garantir equilíbrio para o desenvolvimento em conjunto com a pesca artesanal. É necessário forte investimento em tecnologia e manejo sustentável, visando maximizar o desempenho produtivo e minimizar os impactos ambientais.

RESERVATÓRIOS COMO AMBIENTE DE PRODUÇÃO DA PISCICULTURA

Estão apresentados a seguir os principais aspectos do desenvolvimento da piscicultura na área do estudo de caso, com destaque para as formas de produção, o processo de regulamentação e os principais impactos associados à atividade.

Piscicultura em tanques-rede e em tanques escavados

Dois principais tipos de estrutura para produção de peixes são encontrados na maioria dos sistemas de produção da piscicultura, os tanques-rede e os tanques ou viveiros escavados. Os tanques-rede são estruturas flutuantes, construídos com tela ou redes ancoradas no fundo de corpos d'água com profundidade suficiente para reter os peixes e permitir o fluxo contínuo da água, de modo que haja remoção de resíduos orgânicos e metabólitos e fornecimento de oxigênio aos peixes (Barroso e Andrés, 2014).

Os tanques escavados são reservatórios de água, construídos com estruturas próprias para possibilitar a criação de peixes, escavados em terreno apropriado, com aproximadamente 1,0-1,5 m de profundidade, apresentando domínio de nível, entrada e saída de água, controlados por estruturas chamadas de monges e cachimbos. Podem variar de acordo com a finalidade, com 200-5.000 m^2 e profundidade mínima de 0,60 m destinados a alevinagem e reprodutores, e 0,5-4,0 ha para engorda (Igarashi, 2011).

Comparando os dois principais tipos de estrutura para tilapicultura, os tanques-rede necessitam de baixo investimento, além de menor dimensionamento dos custos e maior rapidez de implantação. Em geral, a atividade de piscicultura com monocultivo de tilápia e densidade total aproximadamente de 8 t/ha é indicada para viveiros escavados (Hermes, 2009). De acordo com Kubitza (2010), em cultivos com tanque escavado, a disponibilidade de alimentos naturais na água, como o plâncton, contribui para a redução do custo com ração por quilo de peixe produzido.

Principais impactos oriundos da piscicultura

São apresentados a seguir os impactos positivos e negativos oriundos do desenvolvimento da atividade de piscicultura, com especificações para a produção em tanque escavado e tanque-rede na região semiárida.

Geração de emprego e renda

A atividade de piscicultura tem potencialidade para proporcionar geração de empregos diretos e alto faturamento anual, contribuindo significativamente para o crescimento dos municípios na região onde se instala, para o restabelecimento da oferta de pescado em áreas represadas e inclusão social de famílias de trabalhadores rurais (Silva et al., 2011). O fomento à piscicultura familiar vem se mostrando uma excelente estratégia de desenvolvimento regional.

Na região semiárida, as condições climáticas, que apresentam baixo índice pluviométrico em relação a outras localidades do país, impactam a disponibilidade de opções agropecuárias viáveis; somado a isso, a presença de reservatórios com água de boa qualidade favorece a implantação da atividade de piscicultura na bacia do São Francisco, o que se apresenta como alternativa para a população local não necessitar migrar para outras regiões do país à procura de emprego.

A piscicultura vem demonstrando excelente opção para reposição de pescado em corpos hídricos e garantindo matéria prima para geração de renda, especialmente em bacias hidrográficas que sofreram barramentos, provocando mudança de ambiente lótico para lêntico e alterando a dinâmica reprodutiva dos peixes, que tem como principal consequência a diminuição na disponibilidade do pescado.

Alteração na qualidade da água

A piscicultura é uma boa alternativa para o aproveitamento dos recursos hídricos em reservatórios, porém, em virtude do acréscimo dos nutrientes contidos nas rações utilizadas para alimentação dos peixes, essa atividade favorece o crescimento de plantas aquáticas que, além de degradarem a qualidade da água, podem prejudicar a geração de energia, devendo essa área ser monitorada continuamente (Melo, 2007; Gunkel et al., 2013).

Segundo Silva et al. (2011), dependendo da área e da densidade de estoque, um sistema de piscicultura pode ser tão poluente quanto qualquer fonte doméstica ou industrial. O enriquecimento da coluna de água promove a proliferação de bactérias, organismos planctônicos e aumento da demanda biológica de oxigênio. Tais alterações podem refletir na diminuição da ictiofauna e dominância de espécies, como cianobactérias e macrófitas. Outro impacto é o aumento dos custos para tratamento da água para consumo humano, com grande alteração dos parâmetros físico-químicos, podendo, assim, reduzir a qualidade da água destinada para outros usos e benefícios.

Em geral, os impactos provocados pelos sistemas de produção no meio ambiente ocorrem por meio do consumo de recursos naturais, do processo de transformação e da geração de produtos finais, os resíduos.

Durante o manejo e principalmente na despesca, na maioria dos casos, ocorre o revolvimento do sedimento com liberação de sólidos para a coluna d'água e a liberação de maior volume de água (para os tanques escavados), gerando impacto ambiental no corpo hídrico (Matos et al., 2000).

A descarga de efluentes com alta demanda bioquímica de oxigênio (DBO) pode causar redução no oxigênio das águas receptoras, causando mudanças na produtividade e estrutura da comunidade bentônica adjacente (Primavera, 1993). A ressuspensão do sedimento de fundo durante a despesca e drenagem pode aumentar a concentração de sólidos suspensos totais e turbidez no efluente (Lima, 2010).

A aquicultura depende fundamentalmente dos ecossistemas no qual está inserida. Estes devem permanecer equilibrados para possibilitar a manutenção da atividade. Sendo assim, a preservação ambiental é parte do processo produtivo (Valenti, 2000).

Redução da biodiversidade

A produção de peixes e outros organismos aquáticos diretamente em corpos hídricos pode propiciar grande impacto sobre a fauna nativa, sobretudo a comunidade de peixes, se utilizadas espécies exóticas nos sistemas de produção, como é o caso da tilapicultura no Brasil. Diversos estudos realizados demonstram o poder de competição e adaptação das espécies introduzidas, em contrapartida às espécies nativas (Boncompagni-Júnior et al., 2013).

Troca e Vieira (2012) relatam os impactos ecológicos negativos adquiridos com a manutenção de espécies invasoras utilizadas na piscicultura, assim como Britton e Orsi (2012) discutem sobre a utilização de espécies nativas nessa atividade em vez de espécies introduzidas, que estariam causando risco à diversidade da ictiofauna nativa.

A alta capacidade adaptativa que espécies introduzidas apresentam, quando associada à competição de nicho com as espécies nativas, resulta num potencial para a desestruturação da fauna, uma vez que pode haver redução na disponibilidade dos recursos específicos para uma determinada espécie (Agostinho et al., 2007).

Entre as espécies utilizadas na piscicultura no Brasil, a tilápia do nilo apresenta grandes vantagens competitivas em relação às espécies nativas (Lizama et al., 2007). O sucesso na adaptação da tilápia do nilo às condições climáticas do país e a boa aceitação no mercado contribuíram para a expansão e regulamentação da atividade de piscicultura no Brasil (Barroso e Andrés, 2014). Em 2013, a tilápia foi a espécie mais cultivada no país, representando 43,1% da produção piscícola nacional, seguida pelo tambaqui e seus híbridos (38%) (Muñoz et al., 2015).

Vantagens da utilização da tilápia do nilo, como o conhecimento detalhado das particularidades biológicas e zootécnicas, a ótima adaptação em cativeiro, elevada adaptabilidade, rápida resposta reprodutiva, fácil cultivo e a alta demanda de mercado (Barroso e Andrés, 2014), favoreceram-na como objeto de estudos para fins aquícolas. Some-se a isso a ausência de protocolos de espécies nativas, sazonalidade da reprodução dessas espécies, entre outros entraves que desampararam a disputa competitiva para o emprego de espécies autóctones, que têm pouco incentivo para seu desenvolvimento.

Além da competição de nicho interespecífica com a ictiofauna, a dinâmica populacional de outros organismos pode modificar-se com a alteração dos parâmetros físico-químicos da água nas áreas de piscicultura intensiva, reduzindo a biodiversidade, entre eles, macroinvertebrados bentônicos, macrófitas e comunidade planctônica. Em decorrência da sensibilidade ou maior adaptabilidade às alterações na qualidade da água por algumas espécies, estas tornaram-se bioindicadores da condição ambiental dos recursos hídricos.

Grande aporte de nutrientes juntamente com luminosidade ideal podem modificar a dinâmica de organismos, especialmente o fitoplâncton, favorecendo o crescimento de algumas espécies mais adaptadas a condições adversas, com formação de florações ou *blooms*, passando a dominar o ambiente e competir com maior eficiência com outros grupos fitoplanctônicos, afetando diretamente a biodiversidade, além do risco de liberação de toxinas, diminuição da transparência da água (Mota, 2003) e alteração nas condições anaeróbias no corpo d'água (Cassini, 2011).

Outro organismo bioindicador capaz de interferir na cadeia trófica aquática, que tem ocorrido frequentemente em grande quantidade nas áreas próximas à produção em tanque-rede é a espécie de molusco bivalve *Limnoperna fortunei*, introduzida no Brasil via água de lastro na década de 1990. As características ambientais encontradas no país propiciaram a proliferação, e o mexilhão-dourado se tornou uma espécie exótica invasora, causando impactos ambientais e econômicos, provocando alterações estruturais e funcionais nos ecossistemas e prejuízos às atividades humanas nas regiões Sul, Sudeste, Centro-Oeste e, por último, na região Nordeste, em função da recente detecção na bacia do rio São Francisco.

Contaminação por produtos farmacêuticos

Os desreguladores endócrinos (hormônios) são substâncias exógenas capazes de ocasionar interferência em determinadas funções do sistema endócrino, na fisiologia e na reprodução de diversos seres vivos (Van Der Mude, 2011). Entre os variados desreguladores endócrinos disseminados no ambiente aquático, temos o hormônio andrógeno sintético 17 α-metiltestosterona. O primeiro derivado sintetizado a partir da testosterona, classificado como hormônio esteroide e desregulador endócrino pela sua capacidade de influenciar a síntese e eliminação dos hormônios naturais do corpo (Amaral, 2012).

O 17 α-metiltestosterona é comumente empregado em tanques de piscicultura para produção monossexo macho, uma vez que peixes do sexo masculino representam maior ganho de massa corporal, menor gasto energéticos com reprodução e chegam mais rapidamente à fase adulta, tornando-se mais viáveis economicamente (Yasui et al., 2007). No entanto, o descarte de efluente das pisciculturas contendo esse composto pode levar à contaminação de rios e bacias, trazendo danos ambientais com masculinização de outras espécies no corpo receptor, anomalias fisiológicas e desequilíbrios no desenvolvimento que podem levar à extinção (Amaral, 2012).

Após a administração de hormônio nos cultivos de peixes, além de entrar em contato com o animal e com a água, também entra em contato com o sedimento dos tanques de cultivo, acumulando com o tempo de exposição e podendo voltar à coluna d'água em outras ocasiões futuras. Uma vez que estão sendo encontrados em estações de tratamento de esgoto e fontes de água potável, levantam também o questionamento sobre a eficiência de remoção dessas substâncias nos processos de tratamento conhecidos de água e efluentes (Bila e Dezotti, 2007).

Além de hormônios, antibióticos e antifúngicos são comumente utilizados nos cultivos para tratar doenças relacionadas ao estresse pelo confinamento e aos estoques densamente povoados. Com o espaço reduzido nos tanques-rede, os peixes se colidem e podem sofrer ferimentos, que sem tratamento interferem tanto na qualidade como na estética do produto a ser comercializado.

O estresse reduz o consumo de alimento, estendendo o ciclo de produção, reduzindo a resistência a infecções bacterianas e fúngicas, e, consequentemente, aumentando o risco de ocorrência de doenças e do uso de medicamentos. Entretanto, o uso terapêutico indiscriminado de antibióticos pode levar ao aparecimento de cepas bacterianas cada vez mais resistentes (Gastalho et al., 2014). Portanto, a dieta e as condições da água dos cultivos influenciam diretamente no sistema imunológico dos peixes. O uso de probióticos e prebióticos como suplemento alimentar ajudam a melhorar a flora gastrointestinal dos peixes. Os prebióticos estimulam seletivamente o crescimento ou ativam o metabolismo de bactérias benéficas e simbiônticas no intestino dos peixes, reduzindo o uso de medicamentos veterinários e consequentemente sua liberação na água (Cyrino et al., 2010).

O uso de antibióticos na piscicultura acarreta riscos de contaminação nos ecossistemas aquáticos, pois podem afetar a biodiversidade das comunidades de fitoplâncton e zooplâncton e a saúde dos animais; também representam riscos à saúde pública, pois a presença de antibióticos nos alimentos de origem animal podem interferir na microbiota intestinal humana e trazer repercussões diretas na saúde do indivíduo, além da possibilidade de transmissão de bactérias resistentes aos antibióticos e a disseminação de genes de resistência (Gastalho et al., 2014). A utilização de antibiótico na aquicultura representa uma das vias de entrada desse fármaco no ambiente (Rico et al., 2014), com comprovado efeito tóxico sobre os organismos aquáticos (Kolar et al., 2014).

Geralmente, a utilização dos antibióticos se dá por meio de rações medicadas e adição direta na água (imersão). No entanto, alguns antibióticos não são metabolizados pelos peixes, cerca de 75% são excretados na água, transportados para o ambiente principalmente por meio dos dejetos fisiológicos, e grande parte não é biodegradável nem completamente extinta durante o tratamento de águas residuais (Gastalho et al., 2014). Desse modo, o estudo dos possíveis impactos dos compostos químicos utilizados na piscicultura é essencial na avaliação de riscos e medidas de controle de uso e lançamento nos corpos hídricos.

Faz-se necessária a utilização de técnicas sustentáveis para mitigar os impactos supracitados. Como exemplo, pesquisadores da unidade da Embrapa de Manaus realizam testes sobre os efeitos de plantas medicinais no tratamento antibacteriano, antiparasitário e antifúngico de peixes, tendo como objetivo a redução da quantidade de produtos químicos com potenciais tóxicos na produção e, ao mesmo tempo, diminuição dos custos (Embrapa, 2013).

ESTUDO DE CASO: DESAFIOS DA PISCICULTURA NO TRECHO SEMIÁRIDO DA BACIA DO RIO SÃO FRANCISCO

A bacia hidrográfica do rio São Francisco é a terceira maior bacia hidrográfica do Brasil; com área de 640.000 km², é a única inserida totalmente em território brasileiro. Pela sua diversidade climática, extensão e características topográficas, a bacia é dividida em quatro regiões: o Alto, Médio, Submédio e o Baixo São Francisco. Essas regiões contemplam 57% do seu território inserido na região semiárida, principalmente o trecho Submédio do rio São Francisco, caracterizado por alta evaporação e chuvas médias anuais entre 410-610 mm (ANA, 2004).

O rio São Francisco apresenta em sua calha principal uma série de reservatórios em cascata, desde o Alto São Francisco, com a represa de Três Marias, o Médio com Sobradinho, passando pelo Submédio com os reservatórios de Itaparica, Moxotó, Complexo de Paulo Afonso (PA I, II, III e IV) até o Baixo São Francisco, com o reservatório de Xingó, totalizando sete reservatórios de grande captação (Figura 2). No contexto desses reservatórios, a instalação do Polo de piscicultura no Submédio São Francisco (SBSF) é constituída por projetos instalados na região e que formam a cadeia produtiva da tilapicultura.

Ao longo de visitas a campo e observações *in loco* em empreendimentos de piscicultura no SBSF, realização de reuniões participativas com piscicultores, especialistas da área e gestores da região semiárida, foram estabelecidos os principais desafios da atividade de piscicultura.

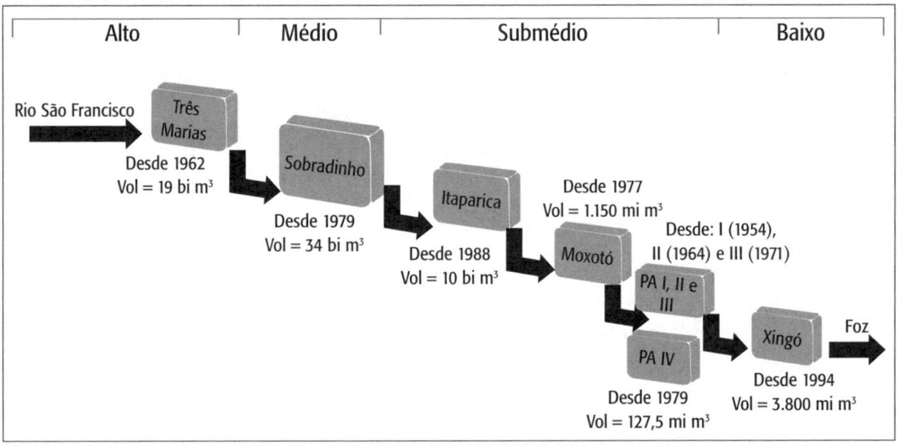

Figura 2 – Principais reservatórios construídos da bacia do rio São Francisco.
Fonte: modificada de Nogueira da Silva et al., 2018.

Entre as atividades econômicas desenvolvidas na região semiárida do Brasil, a piscicultura encontra-se em expansão, como demonstra a estimativa realizada por Ribeiro et al. (2015) da produção de tilápia cultivada nos reservatórios hidrelétricos do Submédio e Baixo São Francisco. Segundo os autores, a produção nos reservatórios totalizou 32.988 toneladas de tilápia em 2014, sendo o reservatório de Itaparica o responsável pela maior produção, com 14.676 t (44,5%). Com isso, tem havido crescentes investimentos na região do sertão que promove emprego e desenvolvimento local, estando a atividade inserida no Arranjo Produtivo Local (Medeiros, 2011).

Entretanto, o crescimento da produção em ambientes dulcícolas tem levado a debates sobre impactos ambientais associados à aquicultura, especialmente a qualidade da água e os efeitos negativos sob a biodiversidade nativa, uma vez que a utilização de espécies exóticas é uma prática cotidiana. A exemplo do reservatório de Itaparica, pescadores artesanais afirmam que, entre as cinco espécies mais capturadas pelos pescadores, quatro são alóctones, ou seja, foram introduzidas no reservatório, sendo elas: a pescada-branca *Plagioscion squamosissimus*, o tucunaré *Cichla* sp., tilápia do nilo *Oreochromis niloticus* e o pacu/CD *Metynnis* sp. (Nogueira da Silva et al., 2018).

As condições futuras podem gerar conflitos, que precisam ser identificados e discutidos para auxiliar no processo de tomada de decisão, de forma a não interferir nas atividades econômicas da região e nos múltiplos usuários dos recursos hídricos na bacia do rio São Francisco.

Entre as dificuldades encontradas para o desenvolvimento da atividade produtiva na bacia hidrográfica do São Francisco foram relatadas: legalização/regularização do empreendimento, dificultando a obtenção de empréstimos e financiamentos; elevado custo da ração (principal insumo); comercialização e escoamento da produção; segurança (roubos); baixo nível na cota dos reservatórios; falta de energia elétrica; alta mortalidade de peixes no verão; baixa infraestrutura e demanda por equipamentos e frigorífico; baixo preço de venda do produto; dificuldade para conquista de novos mercados; mau estado de conservação das estradas; escassez de mão de obra qualificada, de técnicos especializados e assistência técnica.

A morosidade do processo de licenciamento ambiental acarreta atrasos no cronograma de execução das obras, pois, sem a licença ambiental, a produção fica sendo ilegal, ocasionando autuações e multas. Sem a documentação completa o produtor fica impossibilitado de acessar as linhas de crédito específicas para a atividade. Há, então, retardo produtivo com consequências para o setor. Na maioria das vezes, a produção fica irregular ou ilegal, agravando a situação em virtude da ausência de monitoramento, fiscalização e controle para o impedimento das irregularidades. Dessa forma, perdem todos: o produtor, que não consegue acesso às políticas públicas e tem dificuldade de acesso ao mercado; o setor, pelo afastamento de grandes investidores; o meio ambiente, pela falta de monitoramento ambiental; e o consumidor, pelos riscos à saúde pública e disseminação de doenças (Embrapa, 2016).

De forma a exemplificar a expansão da piscicultura na região do Submédio rio São Francisco, foi realizado levantamento prévio de licenças ambientais (Licenças Prévias, Licenças de Instalação e Licenças de Operação) emitidas aos empreendimentos de piscicultura no reservatório de Itaparica, observando um crescimento contínuo da atividade desde 2009, constando, até o ano de 2015, mais de 35 licenças ambientais emitidas, que contemplam 22 empreendimentos no estado de Pernambuco (Figura 3).

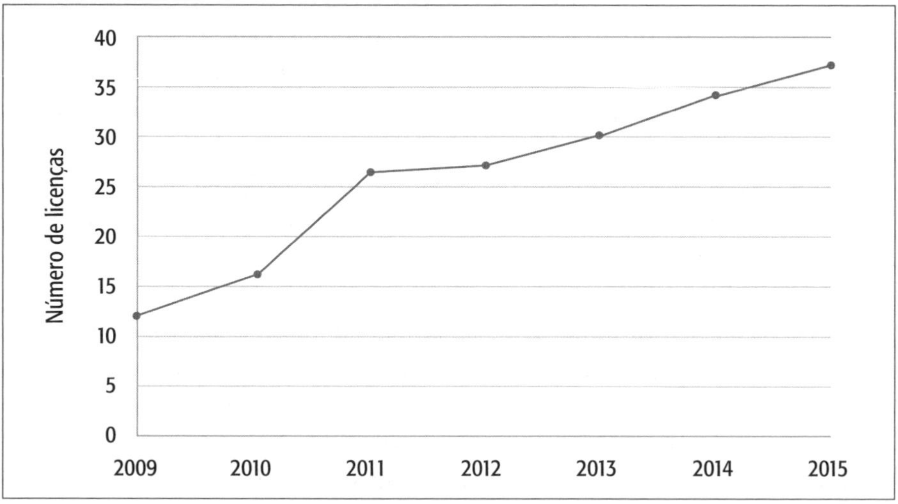

Figura 3 – Licenças ambientais concedidas entre os anos de 2009 e 2015 para o empreendimento de piscicultura no reservatório de Itaparica.
Fonte: autoria própria, 2015.

Um desafio que a atividade tem enfrentado a partir da Resolução Conama n. 413, de 26 de julho de 2009 é a apresentação pelos empreendimentos de aquicultura de um projeto de tratamento de efluentes quando necessário para o licenciamento ambiental (Brasil, 2009), o que por um lado se torna um gargalo na piscicultura intensiva em viveiros escavados, mas por outro lado é fundamental para controle dos efluentes. Exigências regulamentares afetam o custo de produção, a exemplo da formalização da mão de obra, da segurança do trabalho, das boas práticas de manejo na produção aquícola, no controle de sanidade e na conservação dos recursos hídricos, estando, assim, alinhada à ética e à responsabilidade social (Embrapa, 2016).

Além dos aspectos relacionados à gestão da atividade, seus fatores legais e institucionais, há na região semiárida a condição climática, uma vez que a bacia do São Francisco é impactada com alterações do regime de chuvas, que interfere tanto na quantidade como na qualidade da água, podendo aumentar a ocorrência de conflitos entre usuários da água (Freitas e Soito, 2008). As estiagens prolongadas também afetam a piscicultura na bacia, principalmente pela redução da capacidade de suporte e da produtividade das pisciculturas de forma geral, como ocorreu em consequência da crise hídrica que afetou vários estados brasileiros entre 2012 e 2015 (Embrapa, 2016). Entre as vulnerabilidades apresentadas pelos recursos hídricos nordestinos estão questões relacionadas à qualidade das águas, a eutrofização de açudes e o lançamento de efluentes diretamente nos corpos hídricos (CGEE, 2012).

MANEJO (PRODUÇÃO) SUSTENTÁVEL

A natureza dos impactos causadas pela piscicultura podem variar, dependendo de diversos fatores como o processo de produção, as características do corpo hídrico receptor e o manejo aplicado no sistema (Américo et al., 2013). Na produção intensiva em tanques escavados destaca-se como um dos principais impactos a geração de efluentes, ricos em nutrientes. Já no sistema de tanques-rede, além do aumento de nutrientes provenientes das rações disponibilizados na água, também são observados problemas oriundos do escape de espécies exóticas para o corpo hídrico, o que ocorre em menor escala em tanques escavados. Por isso o manejo sustentável se diferencia conforme o sistema de produção aplicado.

O termo "ambientalmente sustentável" tem predominado nos debates sobre aquicultura, apesar de tais debates ainda não terem gerado medidas práticas de grande amplitude. Pelo menos no Brasil, estudos sobre sustentabilidade ainda estão voltados exclusivamente para os aspectos ambientais da produção, e os conceitos como "ecodesenvolvimento" e "tecnologias apropriadas" ou "alternativas" passaram a ocupar um crescente espaço no debate acadêmico (Castilho, Pereira e Pie, 2007).

Manejo em sistema de tanque escavado

O reúso da água de tanques escavados para piscicultura vem sendo destacado como uma das alternativas para a produção sustentável na região semiárida, onde a água é um fator limitante para o desenvolvimento. Segundo Boyd e Gross (2000), o reúso de efluentes está entre as técnicas capazes de contribuir para a redução de impactos e da demanda de água captada para o setor agrícola. Essa prática na agricultura irrigada e na aquicultura é considerada viável economicamente, pois contém nutrientes provenientes dos dejetos dos peixes, apresentando potencial fonte para outros tipos de cultivos (Rosa, 2014), além de contribuir com a redução do uso de fertilizantes comerciais, reduzindo os impactos nos recursos hídricos, constituindo uma alternativa de produção mais sustentável (Hundley, 2013).

Para que seja possível a reutilização da água, ela deve atender a padrões de uso, e para isso o conhecimento das características do efluente é indispensável, assim como o tratamento prévio. O reúso, quando atrelado a técnicas de tratamento de efluente, podem fornecer maior confiabilidade para sua aplicação. A prática do uso de sistemas de tratamento de efluente por biorremediação pode ser eficaz na diminuição ou remoção de alguns parâmetros físico-químicos que contribuem para o aumento da eutrofização, apresentando melhoria na qualidade da água, além de serem viáveis para os produtores (Santos, 2012).

Entre as várias técnicas encontradas na literatura para tratamento de efluente de piscicultura destacam-se os sistemas de tratamento por reatores, bioflocos, fitorremediação e utilização de moluscos. O modelo denominado *wetland* é construído a partir da aplicação da fitorremediação, em que macrófitas aquáticas são utilizadas com êxito no tratamento de efluentes da aquicultura, com tanques que podem ser preenchidos por cascalho no fundo e sistemas de drenagem e recirculação associados (Pinheiro, 2015). Ainda, a biomassa vegetal produzida nesses sistemas pode ser reaproveitada, pois as plantas devem ser retiradas periodicamente para otimizar a remoção de nutrientes.

Embora ambas as macrófitas aquáticas apresentem valores nutritivos superiores com relação a outras plantas forrageiras, a utilização dessas espécies na alimentação animal necessita ser investigada de forma mais aprofundada, visando a quantificar o grau de aceitabilidade e de digestibilidade desses vegetais pelos animais consumidores (Henry-Silva e Camargo, 2006).

Estudos mostram a eficácia na remoção do nitrogênio, do fósforo e da turbidez dos efluentes gerados por pisciculturas mediante tratamento por fitorremediação (Sipaúba-Tavares e Braga, 2008) na retenção e filtração de materiais particulados, sedimentos e metais pesados (Pedralli; Teixeira, 2003).

A prática do reúso de efluente, rico em nutrientes, é comprovadamente eficiente para o uso integrado em diversos cultivos, como o de plantas em aquaponia (Carneiro et al., 2015), alface e agrião (Castellani et al., 2009), manjericão e manjerona (Hundley, 2013), entre outros. De acordo com Carneiro et al. (2015), a literatura brasileira ainda é embrionária sobre o tema.

Para impulsionar o reúso de efluente em sistemas de aquaponia no Brasil, um projeto de lei aguarda votação na Comissão de Meio Ambiente, Defesa do Consumidor e Fiscalização e Controle e dá benefícios ao produtor como prioridade na concessão e renovação de outorga de direitos de uso de recursos hídricos, incentivos fiscais, prioridade para o produtor como fornecedor da produção aquícola e agrícola dentro do Programa de Aquisição de Alimentos do governo e acesso ao crédito rural com juros diferenciados.

O reúso faz parte de um conjunto de ações estratégicas que dependem de diversos fatores além dos ambientais, tais como decisão política, esquemas institucionais, disponibilidade técnica e fatores econômicos, sociais e culturais. Entre essas ações para o fortalecimento da cadeia produtiva do pescado, as principais são:

- regularização ambiental dos empreendimentos;
- uso de tecnologias de tratamento de água e reúso de água;
- assistência técnica continuada aos micro e pequenos produtores;
- formação e capacitação de mão de obra qualificada;
- acesso às novas tecnologias para aumento de produtividade;
- desenvolvimento de tecnologia para produção de novas espécies, com ênfase em espécies nativas;
- redução dos custos de produção;
- acesso ao crédito;
- programas governamentais de incentivo à produção de pequena escala;
- desenvolvimento e agregação de valor a novos produtos (Sebrae, 2015).

O controle e o manejo eficiente do efluente das atividades aquícolas é de suma importância para manter o equilíbrio nos cultivos de peixes, assim como no corpo receptor. Uma vez que, comumente, o efluente é lançado no mesmo corpo hídrico do qual é retirada a água para abastecer os tanques escavados, o tratamento e reúso dos efluentes é de extrema importância como ferramenta para gestão sustentável da piscicultura.

Manejo em sistema de tanque-rede

Em sistemas intensivos com tanques-rede, a contribuição de nutrientes, como nitrogênio e fósforo no meio aquático, se dá principalmente pelo uso de rações como base alimentar dos cultivos, além das excretas dos peixes. Estratégias como o uso de dietas balanceadas é importante para a produção sustentável no setor, pois podem minimizar o potencial poluente das rações.

Segundo Bueno et al. (2012), o conhecimento acerca das concentrações necessárias de fósforo na ração para cada espécie de peixe comercial e estudos de digestibilidade são importantes na formulação de dietas de baixo custo e diminuição das excreções metabólicas no meio aquático, promovendo melhor aproveitamento da dieta e redução de nutrientes na água por não assimilação completa pelos peixes.

Somado a essa questão, os piscicultores e órgãos reguladores devem considerar não somente a quantidade e qualidade da água, mas estudos da capacidade de suporte dos recursos hídricos antes de implantar ou ampliar os cultivos, que associados às práticas efetivas são capazes de fazer grande diferença na redução de impactos dos cultivos nos corpos hídricos.

O "Manual de Boas Práticas de Manejo para Piscicultura" produzido pela Embrapa (2016), relaciona a falta de adoção de Boas Práticas de Manejo (BPM) ao comprometimento da sustentabilidade na produção de peixes. Muitos piscicultores não adotam as BPM corretamente pela dificuldade de identificação, seleção e aplicação, além da falta de compreensão de quais são os fatores que afetam a produção e de como correlacioná-los às BPM mais adequadas para cada caso (Embrapa, 2016).

Entre as Boas Práticas de Manejo (BPM) da piscicultura que visam a minimizar problemas enfrentados pelos cultivos de tanque-rede, destacam-se:

- Confecção de tanques-redes com materiais resistentes, proporcionando maior segurança ao cultivo e evitando a fuga dos indivíduos para o ambiente natural, aconselhando-se a cobertura dos tanques com telas leves e de baixo custo.
- Instalação de tanques em área com profundidade suficiente para permitir a boa circulação no fundo; dependendo da altura do tanque, a profundidade deve ser no mínimo três metros, de forma linear e perpendicular à corrente, de maneira que a água proveniente de um tanque não seja direcionada para o outro. Em reservatório com grande redução de vazão, que ocasiona aumento do tempo de residência, indica-se profundidade superior a dez metros, principalmente quando há presença intensa de macrófitas aquáticas que reduzem ainda mais a circulação.
- Avaliação das densidades de estocagem dos animais, previstas segundo o enquadramento do órgão ambiental responsável pelo licenciamento.
- Redução da carga orgânica, utilizando ração peletizada e estrusada de alta qualidade que contenha concentrações adequadas de nutrientes, sem excesso de nitrogênio e fósforo; para engorda de tilápia usar rações que

contenham de 28-32% de proteína bruta, 4,5-5,1% de nitrogênio e 0,75-1,0% de fósforo.

- Redução da carga orgânica por meio da produção de alevinos maiores (alevinão), o que diminui o tempo de permanência no tanque-rede e a oferta de ração/nutrientes lançados ao ambiente. O manejo pode ser ainda associado a sistemas de biorremediação, que auxiliam na retirada de nutrientes no sistema aquático.
- Monitoramento mensal da qualidade da água. E, mais frequentemente, aferir a temperatura da água dos reservatórios; selecionar quais variáveis de qualidade da água estão afetando o consumo de ração, pois parâmetros como temperatura e pH podem modificar a alimentação do pescado, reduzir o apetite e aumentar o percentual de amônia não ionizada na água.
- Controle da quantidade de ração oferecida aos peixes, observando se há acúmulo de ração na superfície da água dos tanques-rede e, constantemente, da concentração de oxigênio dissolvido.
- Monitoramento da qualidade da água, essencial para gerar informações adequadas que subsidiem a escolha das melhores estratégias para promover uma produção sustentável na piscicultura. As geotecnologias de monitoramento – como imagens de satélite, sistemas de informações geográficas e modelagem matemática para propor cenários – podem ser usadas para entender a relação entre a quantidade e qualidade da água e a atividade de piscicultura.
- Redução no uso de embarcações motorizadas nas proximidades da área do cultivo, a fim de prevenir a contaminação do produto com hidrocarbonetos oriundos dos combustíveis e óleos de motores.
- Rotação dos tanques em diferentes áreas após o período que compreende um ciclo de cultivo, possibilitando que o ambiente tenha tempo de se recuperar dos impactos causado pela piscicultura, retornando à sua condição original antes do novo período de cultivo.

Além das medidas no manejo da piscicultura, seja em tanque-rede ou tanque escavado, outras medidas no entorno dos reservatórios podem auxiliar na redução da entrada de carga: controlar a erosão e aporte de sedimentos nos reservatórios; proteger as margens; construir terraços ou valetas para desviar o excesso de escoamento superficial do entorno dos reservatórios; construir um reservatório adicional ou uma área de inundação para aumentar a capacidade de armazenamento da água nas áreas de drenagem à montante dos reservatórios; evitar a criação de gado e outros animais às margens dos reservatórios.

CONSIDERAÇÕES FINAIS

O presente trabalho contribui na obtenção de informações relevantes para a gestão da piscicultura em reservatórios, compilando os principais instrumentos de gestão e os gargalos observados no desenvolvimento da atividade, com destaque para o trecho semiárido da bacia do rio São Francisco, que vem apresentando crescimento notório, proporcional à aquicultura brasileira nos últimos anos.

A região Nordeste tem se destacado na produção piscícola nacional, entretanto, vem enfrentado inúmeros desafios para o manejo sustentável, entre eles destacam-se a falta de regularização dos empreendimentos, os conflitos pelos usos múltiplos da água e os impactos ambientais associados aos ecossistemas aquáticos pelo manejo inapropriado. Uma vez que o ecossistema se encontra em desequilíbrio, torna-se este mais um aspecto que reduz o potencial de competitividade da pesca artesanal com a piscicultura.

Em contraste com a piscicultura, a grande prioridade ambiental para a pesca artesanal é a manutenção dos estoques pesqueiros, que se encontram atualmente sobre-explorados e sob pressão constante com a introdução de espécies exóticas e as modificações no regime de vazão dos reservatórios, em virtude das alterações no período chuvoso nas regiões semiáridas.

A expansão do setor aquícola no semiárido intensifica ainda mais esses desafios, já que o regime hidrológico vem sendo alterado com as mudanças climáticas, potencializando a necessidade de conservação e revitalização dos corpos hídricos, entre eles o rio São Francisco. A manutenção da boa qualidade da água em reservatórios é relevante nos contextos ambiental, econômico, cultural e social. Com isso, a piscicultura, num contexto integrado e complexo, pode impactar diretamente os usos múltiplos que dependem de qualidade ambiental como: abastecimento humano; outras atividades econômicas, incluindo outras pisciculturas e pesca profissional; recreação; entre outras.

Investimentos em boas práticas de manejo para auxiliar a gestão ambiental sustentável da piscicultura são imprescindíveis, a fim de minimizar os impactos ambientais e contribuir com o desenvolvimento da região. A qualidade e quantidade das águas associadas às mudanças climáticas poderão representar uma barreira para o crescimento do setor, sendo essenciais os estudos de monitoramento ambiental e a fiscalização dos órgãos ambientais na gestão sustentável da atividade.

É necessária a formulação de políticas públicas que se baseiem nas especificidades locais, considerando os fatores climáticos e a gestão participativa, de grande importância para promover o uso sustentável dos recursos hídricos, a fim de garantir os múltiplos usos da água e o contínuo desenvolvimento das atividades econômicas.

Por fim, a análise desenvolvida neste capítulo permite extrapolar as proposições do manejo sustentável para os demais segmentos da produção de organismos aquáticos, com a perspectiva de melhoria na fiscalização e no monitoramento ambiental, possibilitando a inserção de novas ferramentas de avaliação e da tecnologia na cadeia produtiva, visando ao uso sustentável dos recursos hídricos.

AGRADECIMENTOS

Este trabalho não seria possível sem o apoio das instituições de fomento à pesquisa, que contribuem com o desenvolvimento da ciência e tecnologia, relevante no desenvolvimento do País, entre elas, CNPq, Capes, Fapesp, Facepe, entre outras. À Fundação de Amparo à Ciência e Tecnologia de Pernambuco (Facepe) pela concessão do Projeto APQ (1248_3.07/15).

REFERÊNCIAS

ABRAMOVAY, R. Para una teoría de los estúdios territoriales. In: Manzanal, M. et al. (orgs.). *Desarrollo rural: organizaciones, instituciones y territorios*. Buenos Aires: Ciccus, 2006.

[ANA] AGÊNCIA NACIONAL DE ÁGUAS. *Plano Decenal da Bacia Hidrográfica do Rio São Francisco*: Plano da Bacia Hidrográfica do Rio São Francisco (2004-2013). Brasília, 2004.

AGOSTINHO, A.A.; Gomes, L.C.; Pelicice, F.M. *Ecologia e manejo de recursos pesqueiros em reservatórios do Brasil.* Maringá-PR: Eduem, 2007.

ALMEIDA, I.; BATISTA, L.X. Caracterização da pesca e perfil socioeconômico dos pescadores de Glória (BA). In: Marques, J. *Ecologias do São Francisco*. 2006; p.259-268.

AMARAL, B.R. do. *Degradação eletroquímica de desreguladores endócrinos: o hormônio metiltestosterona*. São Carlos, 2012, 107 p. Dissertação apresentada ao Programa de Pós-graduação em Química, pela Universidade de São Paulo – USP.

AMÉRICO, J.H.P.; TORRES, N.H., MACHADO, A.A. et al. Piscicultura em tanques-rede: impactos e consequências na qualidade da água. *Revista Científica ANAP*. V.6, n.7, p.137-150, 2013.

BARROSO, R.M.; ANDRÉS, M.P. *A Tilápia e o Desenvolvimento do Sertão de Itaparica/ PE – Análise Econômica para Investimentos de Desenvolvimento na Região.* Documentos 4: Embrapa Pesca e Aquicultura, ed. 1, 44 p., Palmas – TO, 2014.

BILA, D.M.; DEZOTTI, M. Desreguladores endócrinos no meio ambiente: efeitos e consequências. *Quim. Nova*. V.30, n.3, p.p.651-666, 2007.

BONCOMPAGNI-JÚNIOR, O. et al. Reproductive Biology of *Prochilodus argenteus* Agassiz, 1829 (Pisces: Prochilodontidae) in São Francisco River, Brazil. *J. Appl. Ichtiol.* V.29, pp.132-138, 2013.

BOYD, C.E.; GROSS, A. Water use andconservation for inlandaquacultureponds. *Fisheries Management and Ecology*, USA. 7:55-63, 2000.

BRAGA, C.F.C. *Modelagem de preferências e consenso na gestão de recursos hídricos*. Campina Grande/PB, 2008. Tese (Doutorado). Programa Institucional de Doutorado Temático em Recursos Naturais da Universidade Federal de Campina Grande,PB.

BRASIL. Ministério do Meio Ambiente. Portaria do Ibama n.145-N, de 29 de outubro de 1998. Estabelece normas para a introdução, reintrodução e transferência de peixes, crustáceos, moluscos e macrófitas aquáticas para fins de aquicultura, excluindo-se as espécies animais ornamentais. Diário Oficial [da] República Federativa do Brasil, Brasília, 30 de outubro de 1998, Seção 1, p. 31.

______. Conselho Nacional de Meio Ambiente. Resolução Conama n. 357 de 17 de março de 2005. Dispõe sobre a classificação dos corpos de água e diretrizes ambientais para o seu enquadramento, bem como estabelece as condições e padrões de lançamento de efluentes, e dá outras providências. Publicação DOU:18/03/2005.

______. Lei n. 11.959, de 29 de junho de 2009. Dispõe sobre a Política Nacional de Desenvolvimento Sustentável da Aquicultura e da Pesca, regula as atividades pesqueiras, revoga a Lei n. 7.679, de 23 de novembro de 1988, e dispositivos do Decreto-Lei n. 221, de 28 de fevereiro de 1967, e dá outras providências. Diário Oficial [da] República Federativa do Brasil, Brasília, 30 jun. 2009 a. Seção 1.

______. Resolução Conama n. 413, de 26 de junho de 2009. Dispõe sobre o licenciamento ambiental da aquicultura, e dá outras providências. Diário Oficial [da] República Federativa do Brasil, Brasília, 30 jun. 2009 b. Seção 1, p. 126-129.

______. Resolução Conama n. 459, de 16 de outubro de 2013. Altera a Resolução n. 413, de 26 de junho de 2009, do Conselho Nacional do Meio Ambiente – a Conama, que dispõe sobre o licenciamento ambiental da aquicultura. Diário Oficial [da] República Federativa do Brasil, Brasília, n. 194, 07 out. 2013, 76pp.

BRITTON, J.R.; ORSI, M.L. Non-native fish in aquaculture and sport fishing in Brazil: economic benefits versus risks to fish diversity in the upper River Paraná Basin. *Reviews in Fish Biology and Fisheries,* Online First. V.7, Feb 2012. (Doi:10.1007/s11160-012-9254-x).

BUENO, G.W.; FEIDEN, A.; NEU, D.H. et al. Digestibility of phosphorus in feed as a nutritional strategy for reduce of effluents from tilapia culture. *Arq Bras Med Vet Zoo.* 64 (1): 183-191. 2012.

CARNEIRO, P.C.F.; MORAIS, C.A.R.S.; NUNES, M.U.C. et al. *Produção integrada de peixes e vegetais em aquaponia.* Documentos 198, Aracaju: Embrapa Tabuleiros Costeiros, 2015. Disponível em: https://www.embrapa.br/busca-de-publicacoes/-/publicacao/ 1025991/ producao-integrada-de-peixes-e-vegetais-em-aquaponia. Acesso em: 12 nov. 2018.

CARVALHO, M.C.M.O.C. *Avaliação dos perímetros de irrigação na perspectiva da sustentabilidade da agricultura familiar no semiárido pernambucano.* Pernambuco, 2010. Tese do Programa de Pós-Graduação de Engenharia Civil da UFPE.

CASSINI, P.S. *Aplicação do modelo EPA Aquatox à Baía de Vitória (ES).* Dissertação (Mestrado). Vitória-ES, 2011, 121p. Universidade Federal do Espírito Santo-UFES.

CASTELLANI, D.; CAMARGO, A.F.M.; ABIMORAD, E.G. Aquaponia: aproveitamento do efluente do berçário secundário do Camarão-da-Amazônia (*Macrobrachium amazonicum*) para produção de alface (*Lactuca sativa*) e agrião (*Rorippa nasturtium aquaticum*) hidropônicos. *Bioikos*, Campinas. 23: 67-75, 2009.

CASTILHO, G.G.; PEREIRA, L.A.; PIE, M.R. Aquicultura, segurança alimentar, sanidade e meio ambiente. In: Ostrensky, A.; Borghetti, J.R.; Soto, D. *Cultivo Integrado de Aquicultura e Estudos Ambientais.* Curitiba: Grupo Integrado de Aquicultura e Estudos Ambientais, 2007; 313p.

[CGEE] CENTRO DE GESTÃO E ESTUDOS ESTRATÉGICOS . *A Questão da Água no Nordeste,* Agência Nacional de Águas. Brasília, DF: CGEE, 2012, p.24.

CYRINO, J.E.P.; BICUDO, A.J.A.; SADO, R.Y. et al. A piscicultura e o ambiente – o uso de alimentos ambientalmente corretos em piscicultura. *R. Bras. Zootec.* V.39, p.68-87, 2010.

[EMBRAPA] EMPRESA BRASILEIRA DE PESQUISA AGROPECUÁRIA. Plano Estratégico da Embrapa Amazônia Ocidental para a Aquicultura. Antônio Cláudio Uchôa Izel... [et al.]. Manaus: Embrapa Amazônia Ocidental, 2013. 93p. ISSN 1517-3135, 110.

______. Empresa Brasileira de Pesquisa Agropecuária Discussão sobre a regularização da piscicultura brasileira: da produção à comercialização. Renata Melon Barroso... [et al.]. Palmas, TO: Embrapa Pesca e Aquicultura, 2016.

[FAO] FOOD AND AGRICULTURE ORGANIZATION OF THE UNITED NATIONS. The State of World Fisheries and Aquaculture – Meeting the sustainable development goals. Rome, Itália, 2018, 227 pp. Disponível em: https://www.fao.org/3/i9540en/I9540EN.pdf. Acesso em: 12 dez. 2018.

FERREIRA JÚNIOR, M.G. *Uso de modelagem na avaliação da capacidade de suporte de reservatórios com projetos de aquicultura, tendo o fósforo como fator limitante.* Rio de Janeiro, 2011, 142 p. Tese (Doutorado). Universidade Federal do Rio de Janeiro – UFRJ.

FREITAS, M.A.V. de; SOITO, J.L. da S. Energia e recursos hídricos. *Parcerias Estratégicas*, Brasília-DF. N.27, pp.177-215, dezembro 2008.

GASTALHO, S.; SILVA, G.J. da; RAMOS, F. Uso de antibióticos em aquacultura e resistência bacteriana: Impacto em saúde pública. *Acta Farmacêutica Portuguesa.* Vol. 3, n.1, pp.29-45, 2014.

GUNKEL, G.; SILVA, G.J.A.; SOBRAL, M.C. (eds.). *Sustainable Management of Water and Land in Semiarid Areas.* Recife: Editora Universitária UFPE, 2013; p. 99-117. ISBN 978-85-415-0259-7.

______; Matta, E.; Selge, F. et al. Carrying capacity limits of net cage Aquaculture in Brazilian reservoirs. *RBCIAMB.* N.36, pp.128-144, jun. 2015. DOI: 10.5327/Z2176-947820151008.

HENRY-SILVA, G.G.; CAMARGO, A.F.M. Composição química de macrófitas aquáticas flutuantes utilizadas no tratamento de efluentes de aquicultura. *Planta Daninha.* V.24, n.1, pp.21-28, Viçosa-MG, 2006.

HERMES, C.A. *Sistema agroindustrial da tilápia na região de Toledo/PR e comportamento de custos e receitas.* Jaboticabal, 2009, 142 p. Tese (Doutorado em Aquicultura apresentado ao Curso de Pós-graduação em Aquicultura). Centro de Aquicultura da UNESP.

HUNDLEY, G.C.; NAVARRO, R.D. Aquaponia: a integração entre piscicultura e a hidroponia. *Revista Brasileira de Agropecuária Sustentável.* V.3, n.2, pp.52-61, 2013.

[IPEA] INSTITUTO DE PESQUISA ECONÔMICA APLICADA. Evolução da piscicultura no Brasil: diagnóstico e desenvolvimento da cadeia produtiva de tilápia. Texto para discussão, Brasília, Rio de Janeiro, n. 2328, ISSN 1415-4765, Agosto, 2017.

IGARASHI, M.A. *Piscicultura.* Série de Cadernos Técnicos da Agenda Parlamentar: CREA-PR, 41 p., 2011.

KOLAR, B.; ARNUS, L.; JERETIN, B. et al. The toxic effect of oxytetracycline and trimethoprim in the aquatic environment. *Chemosphere.* 115:75-80, 2014.

KUBITZA, F. Tilápias no Brasil. Para onde segue a produção de? *Panorama da Aquicultura.* p.14-25, nov./dez. 2010.

LIMA, E.L.R. *Qualidade da água e dos efluentes em viveiros de reprodução de* Astianax lacustris *(Reinhardt, 1874) na Estação de Piscicultura de Paulo Afonso – BA.* Recife, 2010. 62p. Dissertação (Mestrado, Programa de Pós-graduação em Engenharia de Pesca). Universidade Federal Rural de Pernambuco.

LIZAMA, M.A.P.; TAKEMOTO, R.M.; RANZANI-PAIVA, M.J.T. et al. Relação parasito-hospedeiro em peixes de pisciculturas da região de Assis, Estado de São Paulo, Brasil. 1. *Oreochromis niloticus* (Linnaeus, 1758). *Acta Scientiarum Biological Sciences.* V.29, n.2, pp.223-231, 2007.

MATOS, A.C.; BOLL, M.G.; TESTOLIN, G. Qualidade da água de cultivo de peixes e a legislação. In: Simpósio Brasileiro de Aquicultura, 11, 2000, Florianópolis, SC. Anais... Florianópolis: Simbraq, 2000. [s.p.]. CD – ROM.

MEDEIROS, W.C. *Diagnóstico dos arranjos produtivos do Estado e análises de estudo de caso.* Relatório Final de Consultoria de Contrato n. 34/2010. Programa Pernambuco Rural Sustentável. 2011.

MELO, G.L. *Estudo da Qualidade da Água do Reservatório de Itaparica Localizado na Bacia do Rio São Francisco.* Recife, 2007, 99p. Dissertação (Mestrado). Universidade Federal de Pernambuco-UFPE.

MERCANTI, C.T.J.; CABIANCA, M.A.; SILVA, D. et al. Water quality in fee-fishing ponds located in the metropolitan region of São Paulo city, Brazil: an analysis of the eutrophication process. *Acta Limnologica Brasiliensia*, v.16, n.1, pp.95-102, 2004.

[MPA] MINISTÉRIO DA PESCA E AQUICULTURA. Instrução Normativa n. 17, DE 11 de agosto de 2014. Net. 2017. Disponível em: http://www.lex.com.br/legis_25830625_INSTRUCAO_NORMATIVA_N_17_DE_11_DE_AGOSTO_DE_2014.aspx. Acessado em: 19 dez. 2017.

______. *Boletim Estatístico da Pesca e Aquicultura 2011.* Brasília: MPA, 2011; 60p.

MOTA, S. *Introdução à Engenharia Ambiental.* 3 ed. Rio de Janeiro: Abes, 2003.

MUÑOZ, A.E.P.; FLORES, R.V.; RODRIGUES, A.P.O. et al. Aquicultura: atividade em ascensão. *Boletim Ativos da Aquicultura.* Confederação da Agricultura e Pecuária do Brasil, ano 1, ed. 1, 2015.

NOGUEIRA DA SILVA, G.M.; CARVALHO, R.M.C.M.O.; EL-DEIR, A.C.A. et al. Artisanal fisheries of the Itaparica reservoir, São Francisco River, Brazil: socioeconomic profile, environmental dynamics, and management recommendations. *Regional Environmental Change.* V.1, p.1-11, 2018.

[PBMC] PAINEL BRASILEIRO DE MUDANÇAS CLIMÁTICAS. *Base Científica das Mudanças Climáticas.* Volume 1 – Primeiro relatório de avaliação nacional. Ambrizzi, T., Araujo, M. [Eds.]. Rio de Janeiro: UFRJ, 2014. 464 pp. ISBN: 978-85-285-0207-7.

PEDRALLI, P.; TEIXEIRA, M. do C. Macrófitas aquáticas como agentes filtradores de materiais particulados, sedimentos e nutrientes. In: Henry, R. *Ecótonos nas interfaces dos ecossistemas aquáticos.* São Carlos: Rima, 2003; pp.177-198.

PEREIRA, E.A.; FREITAS, A.F.; FREITAS, A.F. O Papel da Coopeixe no Desenvolvimento do Território da Pesca e Aquicultura do Médio São Francisco, Minas Gerais. *Desenvolvimento em Questão*, Editora Unijuí, ano 11. N.24, p.204-234, set./dez. 2013.

PEREZ, M.S.; GÓMEZ, J.R.M. Políticas de desenvolvimento da pesca e a aquicultura: Conflitos e resistências nos territórios dos pescadores e pescadoras artesanais da Vila do Superagüi, Paraná, Brasil. *Soc. & Nat.*, Uberlândia. 26(1):37-47, jan/abr/2014.

PINHEIRO, I.C. *Produção de halófita* Sarcocornia ambigua *e* Litopenaeus vannamei *em sistema de aquaponia com bioflocos.* Florianópolis, 2015. Dissertação apresentada ao programa de Pós-graduação em Aquicultura. Universidade Federal de Santa Catarina – UFSC.

PRIMAVERA, J.H. A critical review of shrimp pond culture in the Philippines. *Reviews in Fisheries Science.* 1(2):151-201, 1993.

RIBEIRO, M.R.F.; SANTOS, J.P.; SILVA, E.M. et al. A piscicultura nos reservatórios hidrelétricos do Submédio e Baixo São Francisco, região semiárida do Nordeste do Brasil. *Acta Fish. Aquat. Res.* V.3, n.1, p.91-108, 2015. DOI 10.2312/ActaFish.2015.3.1.91-108.

RICO, A.; OLIVEIRA, R.; MCDONOUGH, S. et al. Use, fate and ecological risks of antibiotics applied in tilápia cage farming in Thailand. *Environmental Pollution.* 191:8-16, 2014.

ROSA, L.C. Crescimento e sobrevivência da ostra *Crassostrea brasiliana* (Lamarck, 1819) mantida em um viveiro de cultivo de camarão. *Arq. Ciên. Mar.* 47(1):64-68, Fortaleza, 2014.

SAMPAIO, E.V.S.B.; SALCEDO, I.H. Diretrizes para o manejo sustentável dos solos brasileiros: Região semi-árida. In: Simpósio Diretrizes para o manejo sustentável dos solos brasileiros. E Congresso Brasileiro de Ciência do Solo, 26. 1997. Anais... Rio de Janeiro, 1997. CD-ROM.

SANTOS, A.A.O. *Sustentabilidade ambiental da criação de camarões de água doce e uso de aguapé no tratamento de efluentes*. Jaboticabal-SP, 2012. Tese apresentada ao Programa de Pós-Graduação em Aquicultura. Universidade Estadual Paulista – UNESP.

SCORVO-FILHO, J.D. O agronegócio da aquicultura: perspectivas e tendências. Congresso Internacional de Zootecnia (ZOOTEC), VI, 2004. *Anais*... Brasília, 28 a 31 de maio de 2004.

SEBRAE AGRONEGÓCIO. SERVIÇO DE APOIO ÀS PEQUENAS E MICROEMPRESAS. *Aquicultura no Brasil*. Série Estudos Mercadológicos. Brasília-DF: SEBRAE, 2015; 76p.

SILVA, R.F.; SILVA, J.L.A.; BARBOSA, A.D. Gestão do uso e reúso da água de cultivos de alevinos em Itacuruba – PE. In: Congresso Mundial da Água (World Water Congress, XIV, 2011 – International Water Resources Association). *Anais*... Gerenciamento adaptativo da água e o desenvolvimento sustentável. Ipojuca, Porto de Galinhas, PE, 2011.

SIPAÚBA-TAVARES, L.H.; BRAGA, F.M. de S. Constructed wetland in waste-water treatment. *Acta Scientiarum. Biological Sciences*, Maringá. 30(3):261-265, 2008.

SOARES, M.C.F.; LOPES, J.P.; BELLINI, R. et al. A piscicultura no rio São Francisco: é possível conciliar o uso múltiplo dos reservatórios? *Revista Brasileira de Engenharia de Pesca*, São Luís. V.2, n.2, p.69-83, 2007.

SOUZA, M.P. Instrumentos de gestão ambiental: fundamentos e prática. São Carlos: Editora Riani Costa, 2000.

TROCA, D.F.A; VIEIRA, J.P. Potencial invasor dos peixes não nativos cultivados na região costeira do Rio Grande do Sul, Brasil. *Bol. Inst. Pesca*, São Paulo. V.38, n.2, p.109-120, 2012.

VALENTI, W.C.; POLI, C.R.; PEREIRA, J. A. et al. Aquicultura no Brasil: bases para um desenvolvimento sustentável. Brasília: CNPq/MCT, 2000; p.25-32.

VAN DER MUDE, A. Endocrine-disrupting chemicals: testing to protect future generations. *Boston College Environmental Affairs Law Review*. N.38, p.509-535, 2011.

YASUI, G.S; SANTOS, L.C; SHIMODA, E. et al. Masculinização de três linhagens de tilápias do Nilo utilizando o andrógeno sintético 17-a-metiltestosterona. *Zootecnia tropical*. 25(4):307-310, 2007.

ZANIBONI, E.F. et al. *Cultivo de peixes em tanques-rede e impactos ambientais*. Anais: Cultivo de Peixes em tanques-rede: desafios e oportunidades para um desenvolvimento sustentável. Belo Horizonte: EPAMIG, 2005; 104p

25 Atendimento energético do Nordeste e gestão de usos múltiplos da água na bacia do rio São Francisco

Alessandra Maciel de Lima Barros
Engenheira civil, Operador Nacional do Sistema Elétrico, ONS

Luana Ferreira Gomes de Paiva
Engenheira civil, Operador Nacional do Sistema Elétrico, ONS

Saulo José Nascimento Cisneiros
Engenheiro elétrico, Operador Nacional do Sistema Elétrico, ONS

INTRODUÇÃO

O Sistema Interligado Nacional é constituído por quatro subsistemas: Sul, Sudeste/Centro-Oeste, Nordeste e Norte. A interconexão dos sistemas elétricos, por meio da malha de transmissão, propicia a transferência de energia entre subsistemas, permite a obtenção de ganhos sinérgicos e explora a diversidade entre os regimes hidrológicos das bacias. A integração dos recursos de geração e transmissão permite o atendimento ao mercado com segurança e economicidade. A Figura 1 apresenta as regiões eletrogeográficas do SIN.

O Sistema Interligado Nacional (SIN) é um sistema hidro-termo-eólico de grande porte de dimensões continentais, com predominância de usinas hidrelétricas e com numerosos proprietários e grandes usinas distantes dos centros de carga, que são interligados por longas linhas de transmissão. Ao final de 2017, o SIN tinha uma capacidade instalada de geração de mais de 155 GW e mais de 130.000 km de linhas de transmissão em tensão igual ou superior a 230 kV. A capacidade instalada de geração tem 68% de hidráulicas e 85% de renováveis (hidro + biomassa + eólica + solar), o que torna o Brasil um país de grande matriz renovável e referência mundial em energia renovável. A geração solar fotovoltaica começa a emergir, em especial na região semiárida do Brasil, que compreende o norte do estado de Minas Gerais e a área central do Nordeste, em função da sua elevada radiação solar durante todo o ano. Em 2022, a energia eólica deverá atingir 9% dessa matriz, com mais de 15 GW, dos quais 85% estarão na região Nordeste do Brasil. Essas características tornam o SIN um sistema quase ímpar no mundo, de tal forma que seu planejamento, projeto e operação se revestem de grande complexidade, o que requer estratégias, diretrizes e procedimentos com essa finalidade.

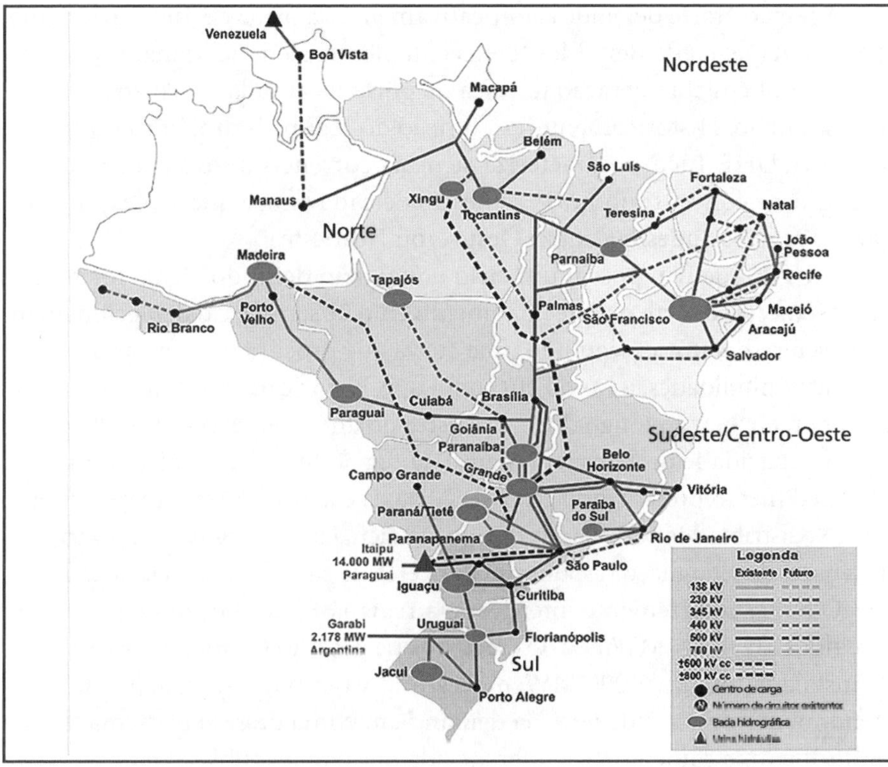

Figura 1 – As regiões eletrogeográficas do SIN.
Fonte: ONS, 2017.

A capacidade instalada de geração do SIN é composta, principalmente, por usinas hidrelétricas distribuídas em dezesseis bacias hidrográficas nas diferentes regiões do país. Nos últimos anos, a instalação de usinas eólicas, principalmente, nas regiões Nordeste e Sul, apresentou um forte crescimento, aumentando a importância dessa geração para o atendimento do mercado. As usinas térmicas, em geral, localizadas nas proximidades dos principais centros de carga, desempenham papel estratégico relevante, pois contribuem para a segurança do SIN. Essas usinas são despachadas em função das condições hidrológicas vigentes, permitindo a gestão dos estoques de água armazenada nos reservatórios das usinas hidrelétricas, para assegurar o atendimento futuro. Os sistemas de transmissão integram as diferentes fontes de produção de energia e possibilitam o suprimento do mercado consumidor (ONS, 2017).

Segue uma breve descrição sobre a oferta de energia e o atendimento energético nas quatro grandes regiões do Brasil – Norte, Sul, Sudeste/Centro-Oeste e Nordeste.

A região Norte depende significativamente da usina de Tucuruí e, agora, também da usina de Belo Monte. Recentemente, além de Manaus, passou a contar também com geração térmica de porte localizada no Porto do Itaqui no Maranhão. Historicamente, em função do regime hidrológico do rio Tocantins, a UHE Tucuruí caracteriza-se pela ocorrência de excedentes energéticos que se concentram no 1º semestre de cada ano, e que são exportados para as regiões Sudeste/Centro-Oeste e/ou Nordeste.

A UHE Tucuruí possui um ciclo anual bem definido, de tal forma que no 1º semestre ocorre o replecionamento e no 2º semestre o deplecionamento do seu reservatório, seguindo uma curva que procura maximizar o uso das suas disponibilidades, levando em conta que, historicamente, seu reservatório sempre reencheu ao longo do 1º semestre do ano, com exceção de 2016.

A capacidade de armazenamento da região Sul totaliza cerca de 19.873 MWmed.mês, representando cerca de 7,0% da capacidade de armazenamento do SIN, distribuídos pelas bacias dos rios Iguaçu, Jacuí, Uruguai e Capivari, sendo a bacia do rio Iguaçu responsável por cerca de 51% desse armazenamento.

O Sul está fortemente interligado à região SE/CO, por onde podem ser recebidos até 6.000 MWmed. Os recursos de geração térmica, cuja capacidade instalada totaliza 5.000 MW, mais a importação de energia, possibilita o atendimento de cerca de 60% da demanda máxima desse subsistema, conferindo-lhe uma característica diferenciada dos demais subsistemas.

Na ocorrência de uma hidrologia desfavorável na região Sul, principalmente na bacia do rio Iguaçu, onde estão localizadas suas principais usinas e reservatórios, a estratégia de operação energética prioriza inicialmente a maximização do recebimento de energia da região SE/CO, caso haja excedentes energéticos, para em seguida fazer uso da geração térmica local, visando a preservar a segurança do atendimento eletroenergético da região.

A capacidade máxima de armazenamento do subsistema SE/CO é de cerca de 205.002 MWmed.mês, representando 71% da capacidade de armazenamento do SIN, estando distribuída pelas bacias dos rios Paranaíba (37,2%), Grande (25,4%), Paranapanema (5,7%) e Tocantins/serra da Mesa (17,2%). As bacias dos rios Paranaíba e Grande são responsáveis por cerca de 63% desse armazenamento. A geração do subsistema, além das usinas com grandes reservatórios, provém principalmente de usinas a fio d'água de média e grande capacidade, com destaque especial para a usina binacional de Itaipu (14.000 MW). Em virtude de sua localização, a jusante da bacia do rio Paraná, tira proveito das vazões regularizadas pelos reservatórios situados nas bacias dos rios Grande, Paranaíba, Tietê e Paranapanema. A geração térmica convencional e nuclear representa cerca de 20% da demanda máxima desse subsistema.

A região SE/CO está interligada às regiões Sul, Norte e Nordeste, o que possibilita uma intensa otimização energética dos recursos de geração disponíveis entre as regiões. Entretanto, a região SE/CO, com cerca de 60% da carga própria do SIN, é atendida principalmente por meio dos seus próprios recursos de geração.

Pelas suas características, a região SE/CO apresenta uma grande inércia, de tal forma que as transferências de energia com as outras regiões representam menos de 5% de sua oferta. Dessa forma, num quadro de restrição de oferta, as transferências das demais regiões para o SE/CO, embora sejam importantes, não são suficientes para evitar um eventual contingenciamento ditado por uma hidrologia criticamente desfavorável.

A oferta hidráulica de energia elétrica da região Nordeste depende praticamente do rio São Francisco, cuja capacidade máxima de armazenamento é de 51.860 MWmed/mês, representando 20% da capacidade de armazenamento do SIN. O rio São Francisco concentra 97% da capacidade de armazenamento dessa região, distribuídos pelos reservatórios de Três Marias (31%), Sobradinho (59%) e Itaparica (7%).

O Quinto Relatório de Avaliação do Painel Intergovernamental sobre Mudanças Climáticas (IPCC AR5, 2014) adverte que as mudanças climáticas globais são uma realidade e decorrem, sobretudo, do aumento das emissões de gases de efeito estufa pelo consumo de combustíveis fósseis. Sem dúvida, um esforço mundial já vem sendo desenvolvido para uso cada vez mais intenso das energias de fontes renováveis que causem menor impacto socioambiental nos próximos anos, como mitigar os efeitos do aquecimento global. Além da redução de emissões dos gases de efeito estufa, esses esforços promovem o desenvolvimento sustentável e em equilíbrio com o meio ambiente. É também sabido que a segurança energética de um país depende da pluralidade das fontes de energia que compõem sua matriz energética.

O Brasil possui uma matriz energética renovável que representa 85,6% de sua capacidade instalada total e com grande dependência hidráulica (67,8%). A matriz de energia elétrica com a indicação do percentual de cada fonte está apresentada na Tabela 1.

Tabela 1 – Evolução da matriz de energia elétrica por fonte

Tipo	2017		2022		2017-2022	
	MW	%	MW	%	MW	%
Hidráulica	105.406	67,8	114.395	65,6	8.989	8,5
Nuclear	1.990	1,3	1.990	1,1	0	0,0
Gás/GNL	12.597	8,1	15.641	9,0	3.044	24,2
Carvão	3.138	2,0	3.420	2,0	282	9,0
Óleo/Diesel	4.732	3,0	5.018	2,9	286	6,0
Biomassa	14.402	9,3	14.779	8,4	377	2,6
Eólica	12.309	7,9	15.373	8,8	3.064	24,9
Solar	952	0,6	3.638	2,1	2.686	282,1
Total	155.526	100,0	174.254	100,0	18.728	12,0

Fonte: ONS, 2017.

Em função das características do SIN, as interligações inter-regionais têm um papel fundamental nos intercâmbios energéticos entre regiões para otimizar as disponibilidades existentes, visando à garantia do atendimento energético. Por conta disso, as interligações entre as regiões Sul, Sudeste/ Centro-Oeste, Nordeste e Norte têm sido expandidas com o objetivo de aproveitar os excedentes sazonais de geração hidráulica e de outras fontes existentes em cada região. Essas interligações funcionam como se fossem "usinas virtuais" para as regiões recebedoras. Nesse contexto, cada região tem suas estratégias específicas de atendimento energético.

A base predominantemente hidráulica do SIN, com usinas localizadas em diversas bacias de diferentes regiões geográficas, interligadas por um extenso sistema de transmissão, conduz a um planejamento e operação do SIN integrados, considerando a otimização dos recursos energéticos nacionais. Essa otimização tem como princípio básico a distribuição, entre todas as regiões e agentes, do ônus e bônus decorrentes da operação interligada, mantendo o princípio da cooperação no ambiente competitivo.

Dessa forma, as interligações inter-regionais têm sido operadas visando a otimizar o uso dos recursos energéticos de cada região, observando o ótimo sistêmico. Isso significa que os intercâmbios inter-regionais serão definidos com o objetivo de procurar igualar a segurança energética entre as regiões, até os limites elétricos de capacidade dessas interligações. Para que esse princípio seja praticado de forma equitativa em todo o SIN, faz-se necessário que os recursos energéticos excedentes em uma região sejam transferidos, via sistema de transmissão, para outras regiões que estejam mais carentes.

Em situações hidrológicas críticas, a preservação dos estoques armazenados nos reservatórios localizados nas cabeceiras dos rios Grande (Furnas e Mascarenhas), Paranaíba (Emborcação e Itumbiara), Tocantins (Serra da Mesa) e São Francisco (Três Marias e Sobradinho), passa a ter um papel fundamental no alcance de dois grandes objetivos:

- Garantir o atendimento aos requisitos energéticos e de potência do SIN ao longo do período crítico;
- Permitir o controle da gestão hídrica dos reservatórios de cabeceira para fins de uso múltiplo das águas por todos os usuários. Caso contrário, todos sairão perdendo.

Nesse sentido, há necessidade de flexibilizar os requisitos de usos múltiplos da água e de condicionantes ambientais com o objetivo de reduzir as inflexibilidades hidráulicas dos reservatórios do SIN, utilizando, para isso, recursos térmicos e energéticos existentes em todas as regiões. As principais restrições nos aproveitamentos das bacias hidrográficas do SIN são decorrentes de razões ambientais e de uso múltiplo dos recursos hídricos e, para cada caso, estão identificadas as flexibilizações requeridas para maximização do uso dos recursos disponíveis para atendimento energético do SIN. Dentro desse contexto, é importante salientar que os requisitos locais não podem se contrapor ao objetivo maior que é o atendimento energético nacional do país. Cabe, para isso, identificar as ações necessárias para mitigar os impactos locais provenientes da flexibilização das restrições existentes.

ESCASSEZ HÍDRICA NO BRASIL

A escassez hídrica tem afetado a região Sudeste e, de forma mais significativa, a região Nordeste, que juntas representam mais de 90% da capacidade de armazenamento do SIN. Como consequência dessa escassez, o armazenamento equivalente dos subsistemas Sudeste e Nordeste vem apresentando valores mais baixos. A Figura 2 mostra o armazenamento equivalente para o período de 2001 a 2018 da região Sudeste. Em nenhum dos anos esse armazenamento atingiu 100%, e a partir de 2011 vem decaindo ano a ano.

Desde o ano de 2010, o rio São Francisco passa por um período de extrema escassez hídrica, que se agravou a partir de 2013. A vazão mínima defluente da UHE Sobradinho foi reduzida de 1.300 m^3/s, em 2013, para 560 m^3/s, em 2017. No período de 2014-2015 o reservatório de Sobradinho atingiu os menores níveis de armazenamento do histórico, registrando apenas 1,04% no início de dezembro/2015. O reservatório da UHE de Três Marias atingiu pouco mais de 2% no início de novembro/2014.

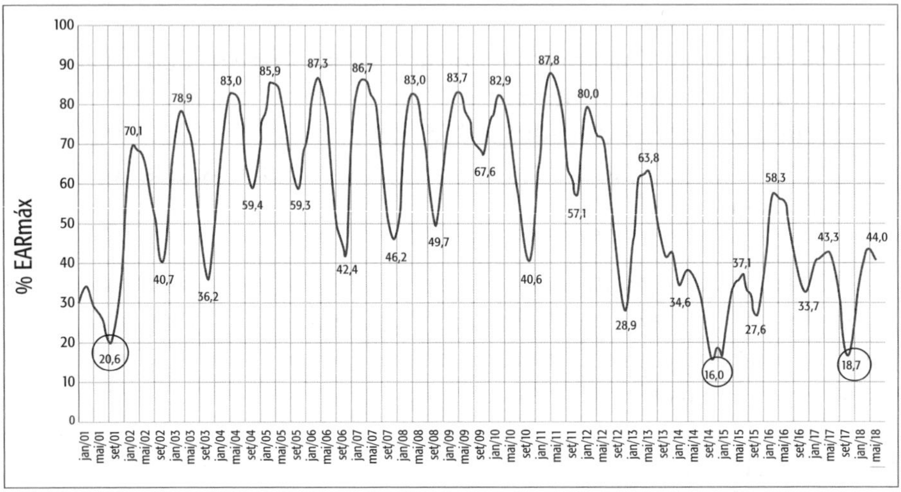

Figura 2 – Evolução da energia mensal armazenada no subsistema Sudeste no período de 2001 a 2018.
Fonte: ONS, 2018.

Em relação às vazões naturais a Sobradinho, o ano de 2017 foi o pior do histórico disponível (1931-2017). Desde o ano de 2010, vem-se quebrando recordes, ano a ano, de escassez hídrica. A Tabela 2 apresenta as vazões incrementais e naturais verificadas nos piores septênios (sete anos seguidos) do histórico, e a Tabela 3 detalha as vazões incrementais e naturais verificadas no período de 2013-2017, considerando os dados do histórico conhecido de 1931-2017, o que significa uma vazão ser a 1ª pior é que ela é a menor vazão no histórico de 87 anos.

Tabela 2 – Vazões incrementais e naturais verificadas nos piores sete anos

Septênio	Incremental[1]		Septênio	Natural[2]	
	Vazão Média (m^3/s)	Posição Histórico		Vazão Média (m^3/s)	Posição Histórico
2011-2017	996	1º	2011-2017	1444	1º
2010-2016	1091	2º	2010-2016	1602	2º

(continua)

Tabela 2 – Vazões incrementais e naturais verificadas nos piores sete anos (*continuação*)

Septênio	Incremental[1]		Septênio	Natural[2]	
	Vazão Média (m^3/s)	Posição Histórico		Vazão Média (m^3/s)	Posição Histórico
2009-2015	1214	3º	2009-2015	1789	3º
2008-2014	1288	4º	2008-2014	1929	4º
1996-2002	1297	5º	1998-2004	1930	5º

[1] Vazão incremental: vazão que entra em um trecho do rio.

[2] Vazão natural: vazão que ocorreria em uma seção do rio se não houvesse, a montante, ações antrópicas na bacia, como a regularização de reservatórios, as transposições de vazão e as captações para diversos fins.

Fonte: ONS, 2017.

Tabela 3 – Vazões naturais e incrementais verificadas no período de 2013-2017

Vazões	Janeiro a Dezembro				
	2013	2014	2015	2016	2017
Três Marias Natural	67%	26%	40%	55%	30%
	17º pior	1º pior	3º pior	7º pior	2º pior
Sobradinho Incremental	60%	54%	38%	42%	30%
	6º pior	4º pior	2º pior	2º pior	1º pior
Sobradinho Natural	61%	48%	39%	45%	31%
	5º pior	4º pior	2º pior	3º pior	1º pior

Fonte: ONS, 2017.

Como consequência das reduzidas vazões, o armazenamento equivalente do subsistema Nordeste vem apresentando ano a ano valores mais baixos. A Figura 3 apresenta o armazenamento equivalente para o período de 2001-2018. A última vez que o reservatório equivalente do Nordeste atingiu o armazenamento máximo de 100% foi no ano de 2009. Em 2010, atingiu níveis abaixo de 80%, e em 2011, 90%, e assim iniciou uma sucessão de níveis reduzidos de armazenamento, até atingir o valor máximo de 21,5%, em 2017.

A operação atual da cascata do rio São Francisco é hídrica e não mais energética, ou seja, o objetivo é minimizar a defluência nessa cascata, independentemente da otimização energética com o objetivo de evitar a operação a fio d'água a partir de Sobradinho, quando não se teria mais controle algum sobre o fluxo de água.

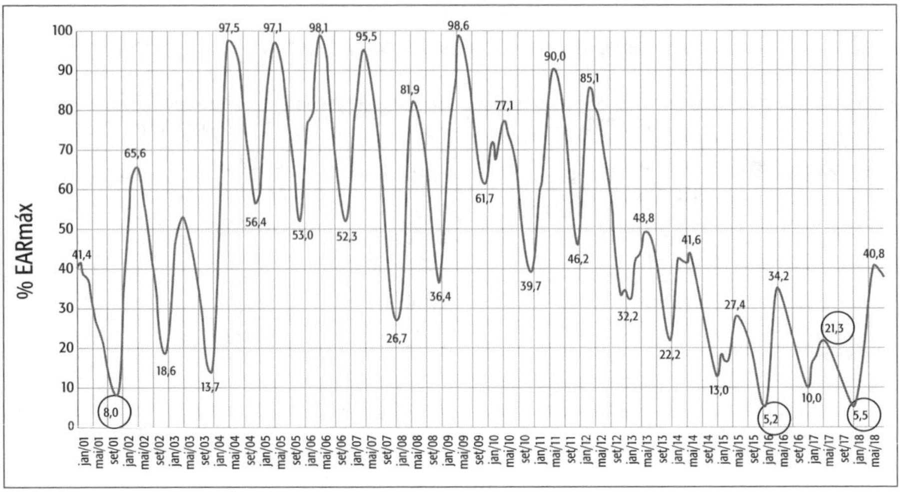

Figura 3 – Evolução da energia mensal armazenada no subsistema Nordeste no período de 2001 a 2018.
Fonte: ONS, 2018.

A atual crise hídrica da bacia do rio São Francisco culminou na necessidade de aprimoramento do processo de gestão dos usos múltiplos da água e, como consequência, trouxe desafios para o atendimento energético do subsistema Nordeste.

A crise hídrica fez com que o cenário de atendimento energético do subsistema Nordeste fosse alterado, sendo necessário buscar geração de outras fontes de energia, que não a hidráulica. A geração de energia passou a não ser prioritária no rio São Francisco, sendo uma consequência da defluência mínima estabelecida para permitir os usos múltiplos da água, quais sejam: irrigação, abastecimento humano, dessedentação de animal, pesca, navegação e lazer. Nessa situação de afluência reduzida no rio São Francisco, o atendimento energético à região Nordeste tem sido feito na seguinte sequência de prioridade: (1) geração hidráulica das usinas do rio São Francisco para a vazão mínima estabelecida; (2) geração eólica disponível; (3) geração fotovoltaica disponível; (4) geração térmica despachada por ordem de mérito até o Custo Marginal de Operação semanal; (5) recebimento de energia das demais regiões; (6) complementação com geração térmica local por razões de segurança elétrica para respeitar os limites de transmissão.

Em qualquer situação, a geração eólica e fotovoltaica entra prioritariamente como geração de base. O recebimento de energia das demais regiões é feito por meio das interligações Norte/Nordeste, Sudeste/Nordeste e Norte/Sudeste. Nessas situações, o recebimento de energia é maximizado até o esgotamento dos limites elétricos das interligações inter-regionais, desde que haja excedentes disponíveis nessas regiões. Caso não haja energia disponível em outras regiões, são despachadas usinas térmicas da região Nordeste, por razões de garantia energética, além daquela que já é normalmente feita por ordem de mérito econômico nos programas mensais de operação e suas revisões semanais. Em função das reduzidas afluências do rio São Francisco, a geração térmica na região Nordeste tem sido usada em larga escala desde maio de 2013, quando foi iniciado o processo de redução da vazão mínima do São Francisco que passou de 1.300 m³/s para 1200 m³/s, com isso, foi necessário o aumento do despacho das usinas térmicas para atendimento do subsistema Nordeste. A Figura 4 ilustra o balanço energético e a participação por fonte de geração no período de outubro/2009 a agosto/2018.

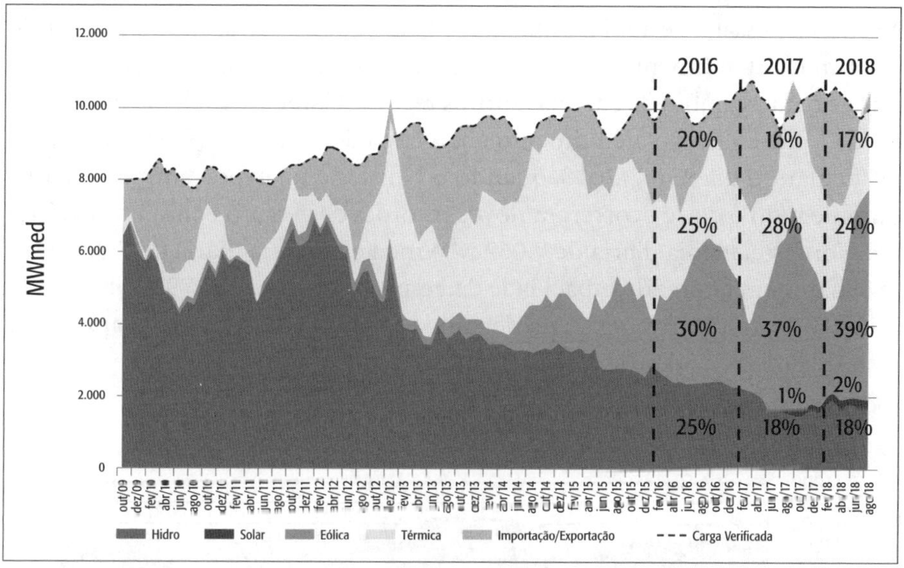

Figura 4 – Balanço energético do subsistema Nordeste – Out/2009 – Ago/2018.
Fonte: ONS, 2018.

A região Nordeste do Brasil apresenta forte dependência energética em relação às regiões Norte e Sudeste, uma vez que parte da energia consumida no Nordeste é importada. Porém, em meio à crise hídrica, uma fonte de geração emergiu na matriz energética brasileira, que foi a geração de energia por meio da força dos ventos. Essa crescente inserção de geração eólica vem reduzindo a dependência externa.

Em decorrência da crise hídrica no rio São Francisco, em maio de 2013, foi iniciado o processo de redução da vazão mínima nesse rio, sendo necessário o aumento do despacho das usinas térmicas para atendimento da demanda do subsistema Nordeste. Até julho/2014, a geração hidráulica preponderava no atendimento à carga do subsistema Nordeste. No período de agosto/2014 a abril/2015, a geração térmica atendeu a maior parte da carga. Porém, em 2016 e 2017, a geração eólica foi a fonte de geração preponderante no atendimento à carga do subsistema Nordeste, atendendo em média 30 e 34% da carga, respectivamente. Esse valor tende a aumentar ao longo dos anos, contribuindo para a redução da dependência externa. Em decorrência da crise hídrica dos últimos anos, que culminou com a redução da vazão mínima no São Francisco desde abril/2013, a geração hidráulica ficou em segundo lugar, atendendo 25% da carga. A geração térmica atendeu em média 25% da carga, e o intercâmbio 20%.

Assim, muitas lições foram aprendidas e muitas mudanças foram necessárias no que tange à operação para atendimento energético do subsistema Nordeste. Ressalta-se aqui o importante papel que as outras fontes de geração tiveram no atendimento desse subsistema, destacando as energias eólica, térmica e o intercâmbio de energia entre as regiões. Como exemplo da importância da fonte eólica no atendimento energético do Nordeste, mostra-se o caso particular do dia 23/07/2018, quando o Nordeste foi exportador de energia durante todo o dia, e ocorreram novos recordes de geração eólica no subsistema Nordeste, média diária de 7.062 MWmed e máxima diária de 7.829 MW às 09h36, com fatores de capacidade de, respectivamente, 71 e 79%, atendendo a 72 e 77%, respectivamente, da demanda total do NE, com uma capacidade instalada de eólica de 10.017 MW, conforme mostrado na Figura 5.

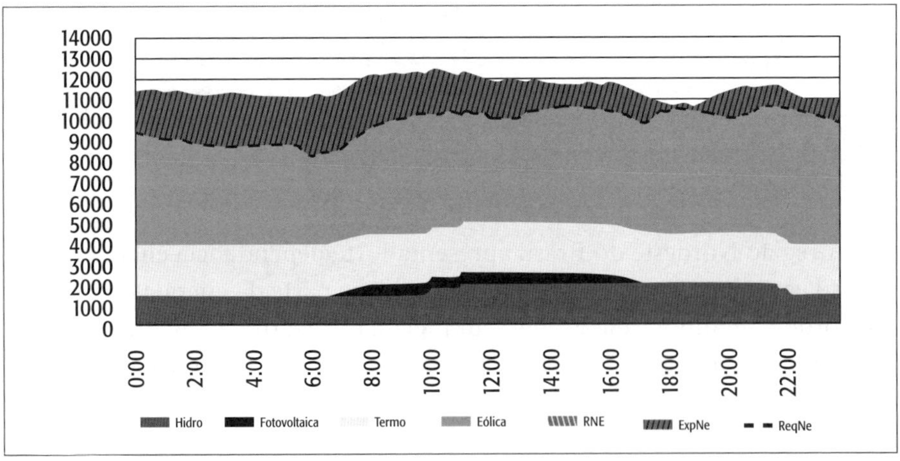

Figura 5 – Composição do Requisito do Nordeste no dia 23.07.2018.
RNE: Recebimento do NE; ExpNE: Exportação do NE; ReqNE: Requisito de carga do NE.
Fonte: ONS, 2018.

O CASO DA BACIA DO RIO SÃO FRANCISCO

A bacia hidrográfica do rio São Francisco corresponde a 8% do território nacional, com uma extensão de 2.863 km e uma área de drenagem de mais de 639.219 km², e estende-se desde Minas Gerais, onde o rio nasce, na Serra da Canastra, até o oceano Atlântico, onde deságua, na divisa dos estados de Alagoas e Sergipe, integrando as regiões Nordeste e Sudeste do país, percorrendo 507 municípios, em seis estados (Minas Gerais, Goiás, Bahia, Pernambuco, Alagoas e Sergipe), além do Distrito Federal. A bacia foi dividida, para fins de planejamento, em quatro regiões: Alto, Médio, Submédio e Baixo São Francisco.

Figura 6 – Principais reservatórios existentes na bacia do rio São Francisco.
Fonte: ONS, 2018.

Entre os principais reservatórios existentes no rio São Francisco, para controle de sua vazão e/ou geração de energia hidrelétrica, estão: Três Marias, em Minas Gerais; Sobradinho, Paulo Afonso e Itaparica, na Bahia; e Xingó, localizado entre os estados de Alagoas e Sergipe. A Figura 7 apresenta os principais reservatórios da bacia. A importância energética da bacia do rio São Francisco para o Nordeste pode ser caracterizada pelo fato de que 94% da capacidade instalada de geração hidráulica dessa região está concentrada nesse rio. A geração hidráulica correspondeu a 67,8% da capacidade instalada de geração de energia elétrica da região Nordeste ao final de 2017.

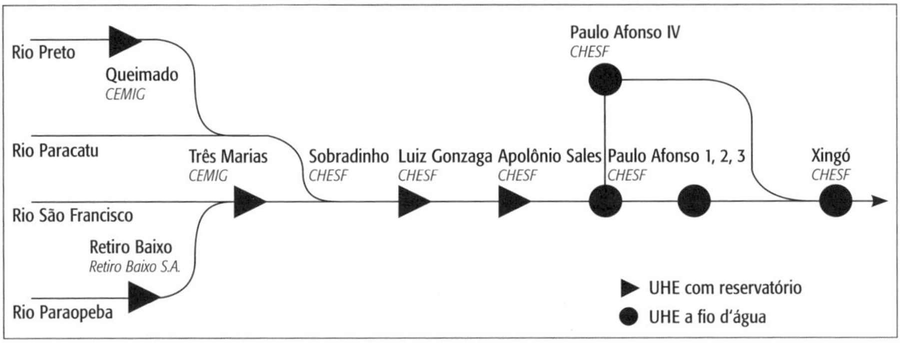

Figura 7 – Principais reservatórios existentes na bacia do rio São Francisco.
Fonte: ONS, 2018.

GOVERNANÇA DA ÁGUA

Para toda a população, a água é um dos insumos básicos para suas vidas, e, ao mesmo tempo, os efluentes gerados são potencialmente danosos ao meio ambiente, entretanto, também são passíveis de reúso. Dessa forma, cresce o número de cidades e empresas que adotam posturas proativas para gestão e uso racional da água. A gestão ineficiente desse insumo aumenta os riscos de não atendimento a normas, padrões e legislação vigentes ao mesmo tempo que aumenta os gastos de produção. Complementarmente, deve-se observar os usos múltiplos da água: produção de alimentos, geração de energia, serviços ecossistêmicos e outros usos.

Enfrentamos uma série de questões em relação aos recursos hídricos e que podem ser agravadas em face das mudanças climáticas, o que resulta em maior pressão dos órgãos gestores e da sociedade sobre o setor empresarial. A economia globalizada também determina que sejam adotados padrões mais rigorosos de desempenho ambiental e social. Os poderes constituídos deveriam monitorar efetivamente os riscos inerentes à questão hídrica, sob todos os aspectos.

Assim, são questionamentos para todos os cidadãos: Como reduzir o consumo de água? Tenho ou terei problemas com o suprimento deste recurso? Preciso envolver fornecedores? Como medir e reportar esses dados? Quais são as métricas envolvidas? É possível comparar produtos em relação ao consumo de água? Como reduzir os custos? Como implementar e aprimorar programas de uso racional da água? Quais as ferramentas mais indicadas? Como implementar programas e ferramentas voltados ao uso racional da água?

O desafio da governança da água consiste em estabelecer mecanismos que alinhem interesses, tendo em vista a sua conservação, a garantia de suprimento, o uso racional e a licença para operar de forma a promover a redução de custos, o aumento de receita, o gerenciamento dos riscos e a melhoria da imagem de cada usuário.

Considera-se que a abordagem tecnológica é parte integrante da governança, contemplando: o uso das melhores tecnologias disponíveis; a otimização dos processos; as mudanças de insumos, matérias-primas e de processos de transformação; o reúso e a reciclagem, entre outros.

A governança da água mediante um sistema de gestão deve buscar, entre outros aspectos, a otimização do uso da água, minimizando e prevenindo os impactos ambientais, enquanto mantém a viabilidade econômica do negócio.

São premissas para o sucesso desse tipo de programa: comprometimento dos poderes constituídos; envolvimento da população e, em particular, dos usuários; controle adequado dos custos; abordagem realizada por equipe multidisciplinar; integração com os demais programas e projetos implantados ou em desenvolvimento; e abordagem que considere os aspectos locais e usos múltiplos.

GESTÃO DOS RECURSOS HÍDRICOS

De acordo com o saber histórico, técnico e científico da humanidade, a gestão dos recursos hídricos surgiu da necessidade de resolver os conflitos, que exigiam água em abundância e de melhor qualidade. A gestão das águas é uma atividade complexa que inclui os seguintes componentes: a política de águas; o plano de uso, controle e proteção das águas; o gerenciamento e o monitoramento dos usos da água. De acordo com Lanna (1999), uma política de águas contém um conjunto de "princípios doutrinários que conformam as aspirações sociais e/ou governamentais no que concerne à regulamentação ou modificação nos usos, controle e proteção das águas" e estabelece as diretrizes gerais para o tratamento destas.

No Brasil, a Política Nacional de Recursos Hídricos – PNRH foi instituída pela Lei Federal n. 9.433/97 e estabeleceu que a gestão dos recursos hídricos deve sempre proporcionar o uso múltiplo das águas e, em situações de escassez, o uso prioritário dos recursos hídricos é o consumo humano e a dessedentação de animais. De acordo com a PNRH, a gestão dos recursos hídricos deve ser descentralizada e contar com a participação da sociedade civil, do poder público, das organizações de classes e dos usuários. A bacia hidrográfica é a unidade territorial do planejamento e gestão dos recursos hídricos. Em 2000, foi criada a Agência Nacional de Águas (ANA), entidade federal de implementação da Política Nacional de Recursos Hídricos e de coordenação do Sistema Nacional de Gerenciamento dos Recursos Hídricos.

Para que uma política pública tenha êxito, além da capacidade financeira, instrumental e operacional do estado, é necessário construir espaços nos quais tal política seja negociada de modo efetivo e mobilizar os grupos para que a apoiem (Campos, 2008). Caso um desses itens seja débil, o processo de implantação da referida política será prejudicado.

Além disto, no âmbito de uma política das águas, deve ser adotado também um gerenciamento de recursos hídricos, ou seja, um conjunto de ações "destinadas a regular o uso, o controle e a proteção das águas, e a avaliar a conformidade da situação corrente com os princípios doutrinários estabelecidos pela Política das Águas" (ABRH, 1986 apud Lanna, 1999). O objetivo disso é alcançar "a distribuição equitativa das disponibilidades hídricas entre usos e usuários competitivos. Quanto maior a escassez de água, maior a necessidade e a importância do seu gerenciamento. De outra parte, o gerenciamento dos recursos hídricos também deve assegurar padrões de qualidade compatíveis com as necessidades dos usuários" (CRH, 2000, s/p).

Atualmente, tem sido amplamente adotado o modelo de gerenciamento sistêmico participativo, visto como "um processo de negociação social, sustentado por conhecimentos científicos e tecnológicos, que visa a compatibilização das demandas e das oportunidades de desenvolvimento da sociedade com o potencial existente e futuro do meio ambiente[...] no longo prazo" (Lanna, 1995 *apud* Neder, 2002, p. 34). Isso tem sido possível graças ao processo de redemocratização vivido nas últimas décadas.

Historicamente, pode-se destacar que a gestão das águas, no Brasil, ocorreu de forma fragmentada e centralizada. Como destacam Lanna e Neder, anteriormente citados, essa gestão ocorreu de forma fragmentada porque cada setor – energia elétrica, agricultura irrigada, saneamento, preservação ambiental etc. – realizava seu próprio planejamento e propunha medidas correlatas; e ocorreu de forma centralizada porque o governo federal e, em menor medida, os governos estaduais definiam a política das águas sem que houvesse a participação dos governos municipais, dos usuários da água e da sociedade civil (Abers e Jorge, 2005 *apud* Campos e Fracalanza, 2010).

A atual limitação de oferta hídrica da bacia do rio São Francisco implica perdas econômicas e sociais significativas para as atividades de geração de energia, industriais, agrícolas, abastecimento humano, entre outras, que dependem diretamente dessa água. Dessa forma, faz-se necessário definir usos prioritários para a água.

Visando a uma melhor gestão dos recursos hídricos da bacia do rio São Francisco, a Agência Nacional de Águas estabeleceu a realização de videoconferências quinzenais e, posteriormente, semanais. A reunião tem por objetivo definir as diretrizes de utilização da água do rio São Francisco por meio da gestão compartilhada com a participação do Operador Nacional do Sistema Elétrico, Companhia Hidrelétrica do São Francisco, Ministério Público Federal, companhias de abastecimento de água dos estados de Sergipe e Alagoas, comitê da bacia hidrográfica do rio São Francisco, Instituto Nacional de Meio Ambiente, Companhia Energética de Minas Gerais – Cemig, Centro Nacional de Monitoramento e Alertas de Desastres Naturais – Cemaden, Capitania Fluvial do São Francisco do Comando do 2º Distrito Naval, representantes dos projetos de irrigação de Nilo Coelho e Jaíba, entre outros.

Nessa reunião, o ONS faz uma apresentação do acompanhamento hidrológico e energético, abordando questões operacionais. Os diversos usuários da bacia têm a oportunidade de acompanhar a real situação hidrometeorológica da bacia do rio São Francisco e se posicionar, bem como relatar problemas que estejam ocorrendo em sua área de interesse.

Conforme ressalta Silva (2006), é fundamental a articulação entre os gestores de recursos hídricos – em nível federal e estadual – e entre os comitês de uma mesma bacia – comitê do rio principal e de rios afluentes – a fim de superar as divergências que poderão surgir em função dos diversos interesses envolvidos numa bacia hidrográfica e efetuar de fato uma gestão participativa, descentralizada e compartilhada dos recursos hídricos. Para alcançar esse objetivo, é necessário estabelecer critérios e regras de convivência entre os diferentes organismos de uma mesma bacia, diante da indefinição legal quanto à relação entre eles.

GERAÇÃO DE ENERGIA *VERSUS* USOS MÚLTIPLOS NO RIO SÃO FRANCISCO

Diversos são os usos dos recursos hídricos. Entre esses diversos usos da água na bacia, destacam-se: a) abastecimento público, efetuado pelas companhias de abastecimento d'água dos estados de Alagoas, Bahia, Minas Gerais, Pernambuco, Sergipe, Goiás e Distrito Federal; b) geração de energia; c) regularização de enchentes; d) abastecimento industrial; e) navegação; f) piscicultura; g) irrigação, em que se destacam os Projetos Jaíba, Nilo Coelho; e h) diluição de efluentes.

Considerando os dados disponíveis, a vazão outorgada na BHSF é distribuída da seguinte forma em relação aos diversos usos (principais), independentemente do órgão responsável pela outorga (plano da bacia):

- irrigação – 556,6 m³/s (77%);
- abastecimento público (e consumo humano) – 52,4 m³/s (7%);
- indústria e mineração – 34,7 m³/s (5%);
- pesca e aquicultura – 3,5 m³/s (1%);
- criação animal – 1,8 m³/s (~0%);
- outros usos ou indeterminado – 73,8 m³/s (10%).

Apresenta-se a seguir uma descrição de alguns usos da água na bacia do rio São Francisco.

Geração de energia

Historicamente, a geração de energia na bacia do rio São Francisco tem tido um papel de extrema importância no desenvolvimento da região Nordeste, tendo em vista que as principais usinas hidrelétricas que suprem essa região estão localizadas na calha principal do rio São Francisco. Dentro do processo de geração de energia, é importante destacar a regularização no rio que é feita pelos reservatórios que contêm as usinas hidrelétricas usadas para essa geração de energia. Essa regularização é importante tanto nos momentos de cheias como nos momentos de secas. Como exemplo deste último, destacam-se as vazões naturais afluentes verificadas da ordem de 280 m³/s, enquanto a vazão mínima defluída do reservatório de Xingó foi 550 m³/s, ou seja, praticamente o dobro da vazão, caso não existisse o reservatório.

O rio São Francisco, cujas nascentes estão na região Sudeste, no estado de Minas Gerais, é de suma importância na geração de energia para a região

Nordeste do Brasil. Os aproveitamentos de Sobradinho, Itaparica, Complexo de Paulo Afonso e Xingó correspondem a 93,6% da capacidade de geração hidráulica instalada no Nordeste. Além desses aproveitamentos, ressaltam-se os aproveitamentos de Três Marias e Queimado, localizados mais a montante da bacia do rio São Francisco. A Figura 8 apresenta a localização desses aproveitamentos, bem como os principais postos hidrométricos ao longo do rio.

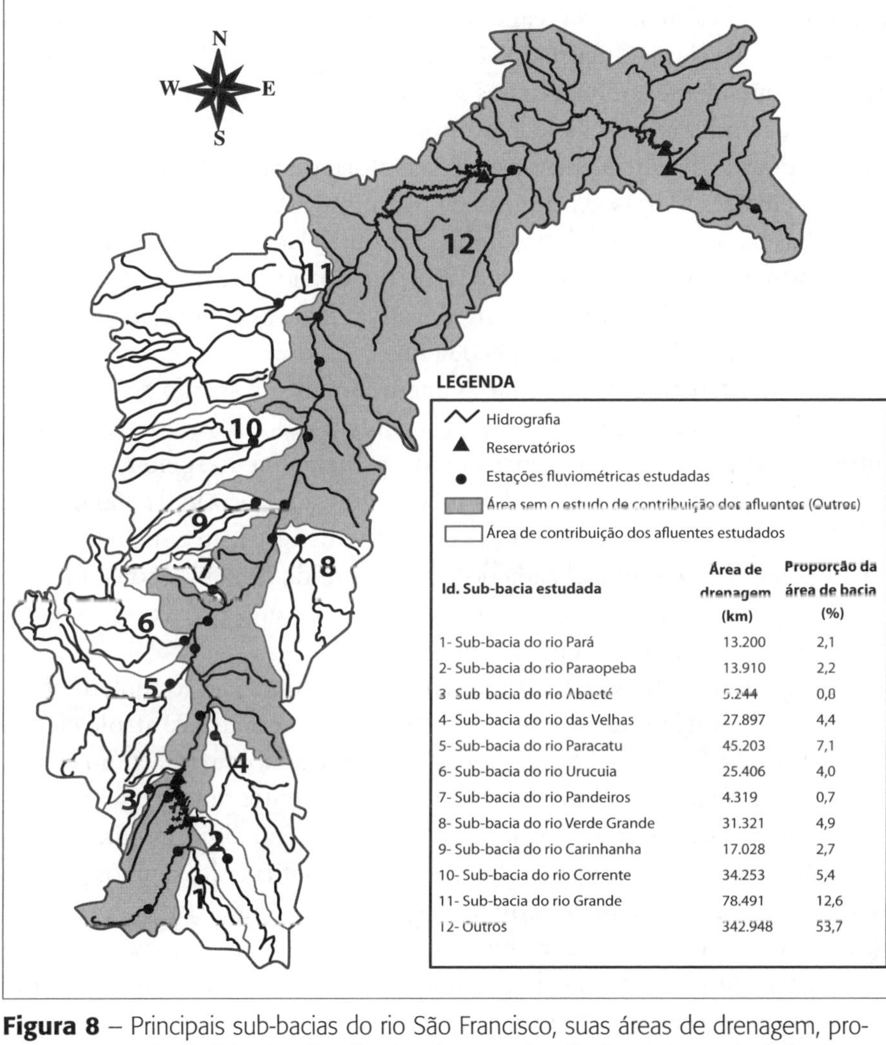

LEGENDA

- Hidrografia
- ▲ Reservatórios
- ● Estações fluviométricas estudadas
- Área sem o estudo de contribuição dos afluentes (Outros)
- Área de contribuição dos afluentes estudados

Id. Sub-bacia estudada	Área de drenagem (km)	Proporção da área de bacia (%)
1- Sub-bacia do rio Pará	13.200	2,1
2- Sub-bacia do rio Paraopeba	13.910	2,2
3- Sub-bacia do rio Abaeté	5.244	0,8
4- Sub-bacia do rio das Velhas	27.897	4,4
5- Sub-bacia do rio Paracatu	45.203	7,1
6- Sub-bacia do rio Urucuia	25.406	4,0
7- Sub-bacia do rio Pandeiros	4.319	0,7
8- Sub-bacia do rio Verde Grande	31.321	4,9
9- Sub-bacia do rio Carinhanha	17.028	2,7
10- Sub-bacia do rio Corrente	34.253	5,4
11- Sub-bacia do rio Grande	78.491	12,6
12- Outros	342.948	53,7

Figura 8 – Principais sub-bacias do rio São Francisco, suas áreas de drenagem, proporções em relação à bacia e localização das estações fluviométricas estudadas.
Fonte: Pereira et al., 2007.

Regularização de enchentes

Os reservatórios também têm grande importância no controle de enchentes. Destaca-se que anualmente são efetuados estudos de controle de cheias que visam a deixar espaço vazio nos reservatórios, objetivando respeitar as restrições de vazão máxima na calha do rio a jusante, para um determinado tempo de retorno.

Na bacia do rio São Francisco o controle de cheias é exercido pelos reservatórios de Três Marias, Queimado, Sobradinho e Itaparica. Em virtude da topologia do sistema e das características físicas dessa bacia, os reservatórios de Três Marias e Queimado são operados, para controle de cheias, de forma independente em relação aos reservatórios de Sobradinho e Itaparica, visando a atender apenas as suas próprias restrições. Isso se deve principalmente à grande distância entre esses reservatórios e Sobradinho, pois a água liberada em Três Marias, em função da magnitude das vazões, pode levar de 10-35 dias para chegar até Sobradinho. Por outro lado, o aproveitamento de Queimado, localizado no rio Preto, afluente do rio Paracatu, com área de drenagem de 3.760 km^2, não afeta significativamente as afluências a Sobradinho, com área de drenagem de 499.084 km^2.

O aproveitamento de Três Marias opera com uma restrição de 4.000 m^3/s na cidade de Pirapora, influenciada pela contribuição da vazão incremental entre Três Marias e Pirapora representada, principalmente, pelo rio Abaeté.

A restrição de Queimado é definida em função da vazão de 300 m^3/s na cidade de Unaí, localizada a jusante. Esse valor de restrição em Unaí foi obtido mediante avaliação realizada no período úmido de 2007, indicando que valores superiores provocariam transbordamento na área próxima à captação do Serviço Autônomo de Água e Esgoto – SAAE.

Todo o trecho do rio São Francisco entre Pirapora e as localidades próximas ao reservatório de Sobradinho encontra-se sem um controle efetivo das cheias, que são acrescidas das contribuições de tributários, como os rios das Velhas, Paracatu, Urucuia, Corrente e Grande, entre outros.

No trecho de Sobradinho até a foz do rio São Francisco, em função dos levantamentos efetuados após a cheia de 1979 e confirmados com os eventos de 1980, 1983 e 1992, tem-se como restrição de vazão 8.000 m^3/s. Portanto, a alocação de volumes de espera em Sobradinho e Itaparica objetiva o controle de cheias de 17 e 21 anos de período de retorno, respectivamente, com defluências desses reservatórios de até 8.000 m^3/s.

Desde a entrada em operação de Itaparica, a CHESF efetua medidas de prevenção de enchentes, priorizando a proteção da cidade de Belém de São Francisco em virtude da não conclusão das obras de proteção nessa cidade, localizada na extremidade do reservatório. A Tabela 4 e a Figura 9 mostram as principais restrições usadas nos estudos de controle de cheias da bacia do rio São Francisco.

Tabela 4 – Aproveitamentos e restrições usadas nos estudos de controle de cheias da bacia do rio São Francisco

Empresa	Aproveitamento	Dist. até a foz (km)	AD (km²)	VU (km³)	Pot. Inst. (MW)	Restrição operativa	
						Montante (m)	Jusante (m³/s)
CEMIG	Três Marias	2.220	50.732	15,278	396	–	4.000[1]
CEMIG	Queimado		3.760	0,389	105	–	300[2]
CHESF	Sobradinho	800	499.084	28,669	1.050	–	8.000
CHESF	Itaparica	310	593.384	3,549	1.500	NAmax = 304,00[3]	8.000
CHESF	Moxotó	270	606.270	0,158	400	–	–
CHESF	P. Afonso I, II e III	270	606.294	0,0	1.423	–	–
CHESF	P. Afonso IV	270	606.270	0,0	2.460	–	–
CHESF	Xingó	210	610.544	0,065	3.162	–	8.000

(1) Na cidade de Pirapora; (2) Na cidade de Unaí; (3) Na cidade de Belém do São Francisco.

A Figura 10 apresenta os volumes vazios que foram calculados e deixados nos reservatórios de Sobradinho e Itaparica no período de setembro/2018 a maio/2019 com o objetivo de controle de cheias. A curva preta apresenta o armazenamento máximo permitido para o reservatório da UHE de Sobradinho, e a curva cinza representa o volume máximo permitido para o reservatório da UHE de Itaparica, ambos calculados no estudo de controle de cheias para um tempo de retorno de 20 e 22 anos, respectivamente.

Abastecimento industrial

O Alto São Francisco responde por cerca de 90% da vazão retirada em toda a bacia para uso industrial, dada a importância da diversidade do setor na Região Metropolitana de Belo Horizonte, onde a sua demanda hídrica é menor apenas que a de abastecimento público (Plano São Francisco).

Navegação

Os principais trajetos de navegação estão nos trechos Três Marias/Pirapora, Sobradinho/Itaparica e Xingó/Foz. O rio São Francisco também oferece condições naturais de navegação entre a cidade de Pirapora, em Minas Gerais, e Juazeiro, na Bahia. O rio também é navegável no Baixo São Francisco, que vai de Piranhas até sua foz. Em virtude da redução da vazão defluente a jusante de Sobradinho e Xingó, as prefeituras realizam solicitações à CHESF por meio de ofício para elevação da vazão defluente a fim de viabilizar a navegação para realização de eventos no rio.

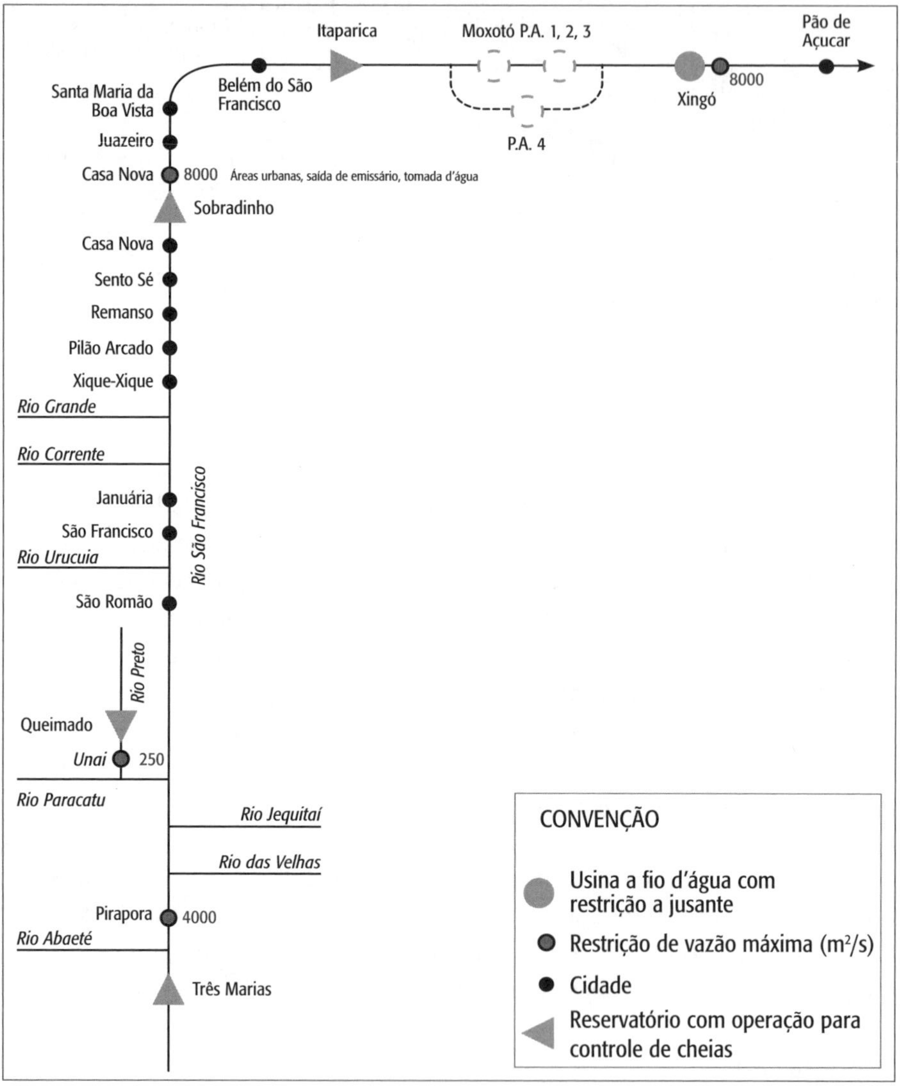

Figura 9 – Aproveitamentos, principais postos hidrométricos e restrições usadas nos estudos de controle de cheias da bacia do rio São Francisco.

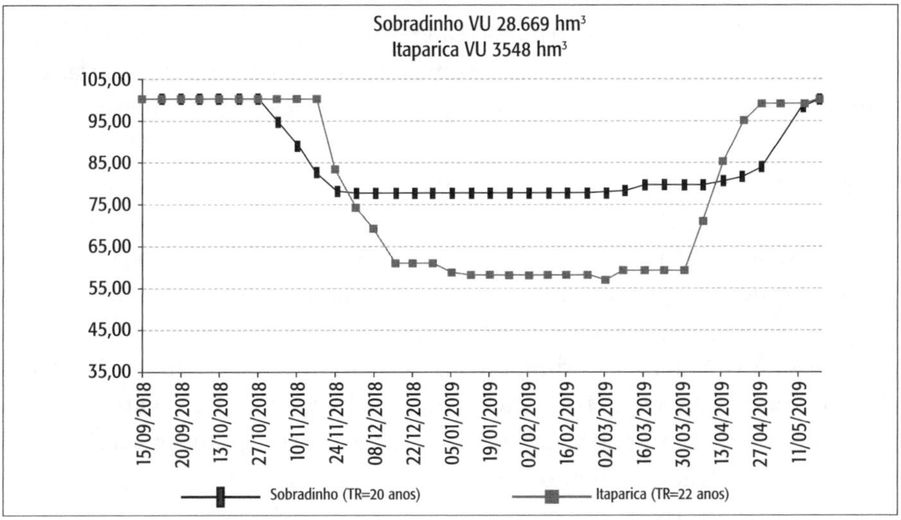

Figura 10 – Curva de volume de espera dos reservatórios de Sobradinho e Itaparica.

Irrigação

Entre os projetos de irrigação na bacia, destacam-se o Projeto Jaíba e Nilo Coelho, descritos a seguir.

O Projeto Jaíba está situado no Médio São Francisco, nos municípios de Jaíba, de Matias Cardoso e de Verdelândia, no estado de Minas Gerais, na margem direita do rio São Francisco. A área total do projeto é de 107,6 mil ha e área irrigável estimada em 68,5 mil ha. A vazão atual de captação é de 65 m³/s. A Codevasf e o governo do estado de Minas Gerais sao responsáveis pela sua implantação e operaçao.

O Projeto Nilo Coelho, o perímetro irrigado Nilo Coelho (DINC) se entende desde o município de Casa Nova (norte do estado da Bahia) até o município de Petrolina (sudoeste do estado de Pernambuco). Em termos de área 20% está no estado da Bahia e 80% em Pernambuco. A fonte hídrica é a água do reservatório da barragem de Sobradinho-BA onde capta mediante uma tomada d'água, na margem esquerda do lago. Seu funcionamento teve início no ano de 1984 com a conclusão das obras da área Nilo Coelho, surgindo posteriormente à segunda fase que compreende a área Maria Tereza. A área irrigável total é de 23.486,20 ha.

Além desses projetos, existem várias captações menores ao longo do rio, com destaque para as existentes no lago de Sobradinho e no trecho entre as barragens de Sobradinho e Itaparica, onde existe a maior produção de frutas nobres de alta qualidade no Brasil, de tal forma que essa região é a maior exportadora dessas frutas do Brasil para mercados do exterior. Além disso, a qualidade das uvas com duas colheitas ao ano propiciou a implantação de indústrias produtoras de vinho nessa mesma região, que têm reconhecimento internacional.

Outros usos

Além desses principais usos, existem outras atividades propiciadas pelo rio São Francisco, quais sejam: procissões e festas comemorativas das comunidades ribeirinhas, piscicultura e lazer.

Dessa forma, para atendimento aos usos múltiplos da água, ações coordenadas entre ONS e CHESF são realizadas para viabilizar o aumento da vazão defluente para realização de procissões no rio. O aumento da vazão defluente é realizado mediante autorização da ANA.

Transposição de água do São Francisco

Na bacia do São Francisco existem duas transposições de água: o Projeto de Integração do Rio São Francisco (PISF), que consiste na transposição de água para locais da região semiárida, nos estados de Pernambuco (PE), Ceará (CE), Paraíba (PB) e Rio Grande do Norte (RN), com uma demanda de 26,4 m^3/s; e a captação da DESO (Companhia de Saneamento de Sergipe), para atender a cidade de Aracaju e outras cidades do estado de Sergipe, com uma vazão de retirada de 2,8 m^3/s.

O PISF é um projeto do governo federal de deslocamento de parte das águas do rio São Francisco, nomeado pelo governo brasileiro como "Projeto de Integração do Rio São Francisco com Bacias Hidrográficas do Nordeste Setentrional". A obra contempla a construção de mais de 700 quilômetros de canais de concreto para o desvio das águas do rio em dois grandes eixos: Leste para atender aos estados de Pernambuco, Paraíba e Rio Grande do Norte, e Norte para atender aos estados de Pernambuco e Ceará, incluindo a construção de nove estações de bombeamento de água. O eixo Leste está operando em teste desde março/2017. Deve-se destacar que os valores de projeto para retirada de água do rio São Francisco são inferiores aos valores dos usos consuntivos atualmente verificados no trecho submédio do rio.

Apresenta-se em seguida uma breve descrição dos eixos Leste e Norte.

Eixo Leste: as águas deste eixo percorrerão a distância de 220 km, a partir da barragem de Itaparica, no município de Floresta (Pernambuco), alcançarão o rio Paraíba, na Paraíba, e deverão atingir os reservatórios existentes nas bacias receptoras: Poço da Cruz, em Pernambuco, e Epitácio Pessoa (Boqueirão), na Paraíba.

Ramificações serão construídas para transferir parte da vazão para as bacias do rio Pajeú, do rio Moxotó e para a região agreste de Pernambuco, por meio da construção de um ramal de 70 km que interligará o Eixo Leste à bacia do rio Ipojuca. A vazão máxima prevista é de 28 m^3/s, mas a vazão média operacional será de 10 m^3/s.

Eixo Norte: Constitui-se em um percurso de aproximadamente 400 km, com ponto de captação de águas próximo à cidade de Cabrobó, Pernambuco. As águas serão transpostas aos rios Salgado e Jaguaribe até os reservatórios de Atalho e Castanhão no Ceará; ao Rio Apodi, no Rio Grande do Norte; e Rio Piranhas-Açu, na Paraíba e Rio Grande do Norte, chegando aos reservatórios de Engenheiro Ávidos e São Gonçalo, ambos na Paraíba, e Armando Ribeiro Gonçalves, Santa Cruz e Pau dos Ferros, no Rio Grande do Norte.

Em Pernambuco, prevê-se a disponibilização de água para atender a demanda dos municípios banhados pelas bacias dos rios Brígida, Terra Nova e Pajeú, que compartilham a Bacia do São Francisco. Na região de Brígida, uma ramificação do canal de transposição com cerca de 200 km de extensão está prevista para conduzir parte das águas até os açudes de Entremontes e Chapéu. O projeto prevê uma vazão máxima de 99 m^3/s e uma vazão de operação de 16,4 m^3/s.

Diluição de efluentes

De acordo com informações do plano da bacia do rio São Francisco, apesar dos investimentos que estão sendo realizados, a região do Alto São Francisco continua sendo a região que apresenta maior concentração de carga orgânica.

GESTÃO DOS RECURSOS HÍDRICOS EM FACE DA CRISE NA BACIA DO RIO SÃO FRANCISCO

As condições hidrometeorológicas, que levaram a uma queda significativa no armazenamento de água dos reservatórios da região Nordeste, tornaram imprescindível a tomada de diversas providências aplicadas à gestão dos usos múltiplos para enfrentamento da crise hídrica.

Visando à gestão adequada dos recursos hídricos da bacia do rio São Francisco, a Agência Nacional de Águas estabeleceu a realização de videoconferências quinzenais e, posteriormente, semanais. Nessa reunião, o ONS faz uma apresentação do acompanhamento hidrológico e energético, abordando questões operacionais. Nessa mesma videoconferência os diversos usuários têm a oportunidade de acompanhar a real situação do rio São Francisco e se posicionar, bem como relatar problemas que estejam ocorrendo em sua área de interesse.

A seguir são apresentadas algumas ações gerenciais e operacionais para uma melhor utilização dos recursos hídricos da bacia:

- Ajuste das vazões defluentes dos reservatórios de Três Marias, Sobradinho e Xingó.
- Gerenciamento da demanda: foi criado o dia do Rio e neste dia não é permitida a utilização dos recursos hídricos para os diversos fins, excluindo o abastecimento humano.
- Adequação das captações na cidade de Propriá para atendimento à cidade de Aracaju.
- Solicitação de recursos, pela Companhia de Abastecimento de Água de Alagoas (Casal), ao Ministério da Integração Nacional para deslocar em 5 km (para a cidade de Penedinho) a captação para atendimento à cidade de Piaçabuçu, que se encontra salinizada, em função da maré no momento da captação.
- Abastecimento de água em várias cidades de Sergipe e Alagoas com o uso de caminhão pipa, tendo em vista a dificuldade e até impossibilidade de captação da água para abastecimento diretamente do rio.
- Elevação de defluência em Sobradinho e Xingó para viabilizar a procissão de Bom Jesus dos Navegantes.
- Desassoreamento do canal de captação do Projeto de Irrigação Jaíba, de forma provisória, e em planejamento de forma definitiva.

Com relação ao item gerenciamento da demanda, destacam-se as seguintes ações operacionais:

- adequação das captações às condições da operação dos reservatórios;
- adoção de medidas de restrição de usos na bacia, abrangendo o rio principal e seus afluentes perenes;
- fiscalização das medidas de restrição de uso da água pelo órgão gestor dos recursos hídricos;
- divulgação ampla das medidas de restrição dos usos da água.

Visando à garantia dos usos múltiplos dos recursos hídricos da bacia, várias ações foram efetuadas, com destaque para a redução da vazão mínima defluente dos reservatórios das usinas hidrelétricas de Sobradinho e Xingó, cujo histórico é apresentado na Tabela 5.

Tabela 5 – Redução das vazões mínimas defluentes das UHE Sobradinho e Xingó

Mês	Redução
mai/13	1300 m³/s para 1200 m³/s
dez/13	1200 m³/s para 1100 m³/s
abr/15	1100 m³/s para 1000 m³/s
jun/15	1000 m³/s para 900 m³/s
jan/16	900 m³/s para 800 m³/s
nov/16	800 m³/s para 750 m³/s
jan/17	750 m³/s para 700 m³/s
mai/17	700 m³/s para 650 m³/s
mai/17	650 m³/s para 600 m³/s
ago/17	600 m³/s para 580 m³/s
set/17	580 m³/s para 560 m³/s
out/17	560 m³/s para 550 m³/s

Caso essas reduções de vazão defluente não tivessem sido efetivadas, o reservatório de Sobradinho já teria entrado no volume morto desde o mês de novembro de 2014, atingindo o colapso total, conforme apresentado na Figura 11.

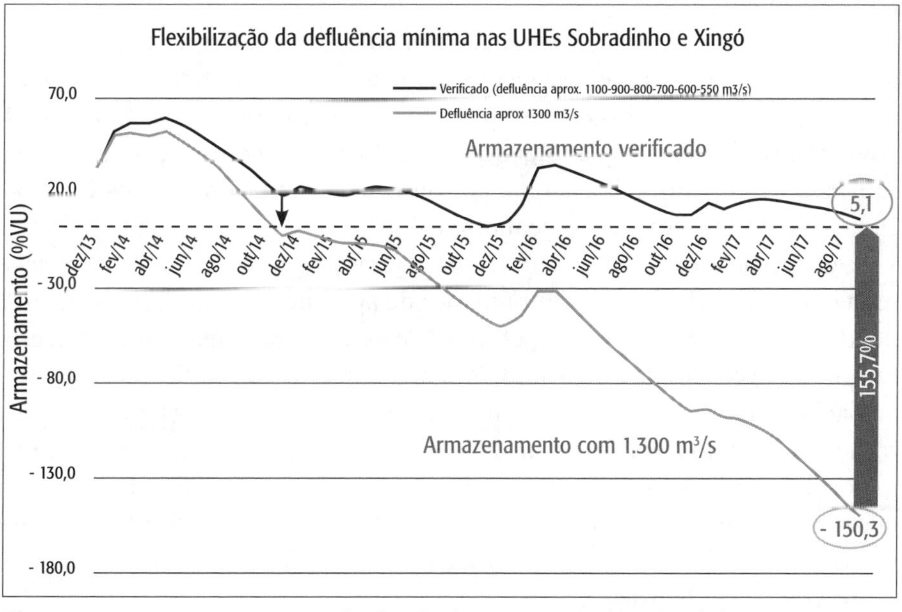

Figura 11 – Armazenamento real e fictício do reservatório de Sobradinho – 2013-2017.
Fonte: ONS, 2017.

CONSIDERAÇÕES FINAIS

Em virtude da crise hídrica, em maio de 2013, foi iniciado o processo de redução da vazão mínima do São Francisco que passou de 1.300 m^3/s para 550 m^3/s (2017), com isso, foi necessário o aumento do despacho das usinas térmicas para atendimento do subsistema Nordeste. Dessa forma, o cenário de atendimento energético do subsistema Nordeste foi alterado, sendo necessário buscar geração de outras fontes de energia, que não a hidráulica.

As reduções de vazão defluente evitaram o colapso do reservatório de Sobradinho, que teria entrado no volume morto desde o mês de novembro de 2014, de tal forma que não seria mais possível controlar a vazão defluente dessa usina até o esvaziamento completo do reservatório.

A geração de energia passou a não ser prioritária no rio São Francisco, sendo uma consequência da defluência mínima estabelecida para permitir os usos múltiplos da água. Muitas lições foram aprendidas e muitas mudanças foram necessárias no que tange à operação para atendimento energético do subsistema Nordeste. Ressalta-se o importante papel que as outras fontes de geração tiveram no atendimento desse Subsistema, destacando-se a geração eólica, térmica e o intercâmbio de energia entre as regiões. Em 2016 e 2017, a geração eólica atendeu a maior parcela da carga do Nordeste, 30 e 34%, respectivamente.

A crescente demanda de energia e alimentos vem acarretando profundas mudanças no meio ambiente e na qualidade de vida, colocando as sociedades diante de novos desafios em um planeta com recursos naturais finitos. O crescimento da demanda energética, somado à perspectiva de redução dos suprimentos de fontes de energias convencionais, tem sido motivo de preocupação com implicações na economia global.

As perspectivas futuras são de que a geração de energia hidráulica seja uma consequência das disponibilidades de água no rio São Francisco, tendendo a não ser mais a principal fonte de geração na região Nordeste, em função da necessidade de atendimento aos outros usos múltiplos existentes na bacia do rio São Francisco, bem como da inserção em larga escala da geração eólica, cujo fator de capacidade dessa geração na região Nordeste é o maior do mundo (GWEC, 2017), e do surgimento da geração solar fotovoltaica, tendo em vista que há radiação solar durante todo o ano na região semiárida do Brasil, que inclui o norte do estado de Minas Gerais e a área central da região Nordeste.

Dentro desse contexto, salienta-se o importante papel das usinas hidráulicas com reservatório no armazenamento de energia das fontes renováveis intermitentes e amortecimento de suas variações. No nível sistêmico, as usinas hidráulicas com reservatório representam o melhor meio para armazenar a geração das fontes renováveis intermitentes, tais como eólica e solar, reduzindo a necessidade de instalação massiva de outros meios de armazenamento, por exemplo, grandes baterias.

É importante salientar que a operação conjunta das usinas hidráulicas com reservatório mais as fontes renováveis intermitentes maximiza os benefícios técnicos e econômicos que podem ser obtidos considerando as características das demais fontes disponíveis.

REFERÊNCIAS

[AGB PEIXE VIVO] ASSOCIAÇÃO EXECUTIVA DE APOIO À GESTÃO DE BACIAS HIDROGRÁFICAS PEIXE VIVO. Plano de Recursos Hídricos da Bacia do Rio São Francisco. RP2 – Diagnóstico Consolidado da Bacia do Rio São Francisco. Volume I – Relatório de Diagnóstico. 2015

BRASIL (1997). *Lei Federal n. 9.433, de 17 de janeiro de 1997.* Dispõe sobre a Política Nacional de Recursos Hídricos e Institui o Sistema Nacional de Gerenciamento dos Recursos Hídricos.

CAMPOS, V.N.O. O Comitê de Bacia Hidrográfica do Alto Tietê e o Consejo de Cuenca del Valle de México: potencialidades e limites da gestão participativa da água. 1980-2005. Tese (Doutorado em Integração da América Latina). Universidade de São Paulo, São Paulo, 2008.

CAMPOS, V.N.O.; FRACALANZA, A.P. Governança das Águas no Brasil: conflitos pela apropriação da água e a busca da integração como consenso. *Revista Ambiente & Sociedade*, Campinas, v. XIII, n. 2 p. 365-82, 2010.

[CBHSF] COMITÊ DE BACIA HIDROGRÁFICA DO RIO SÃO FRANCISCO. Plano de Recursos Hídricos da Bacia Hidrográfica do rio Sao Francisco 2016-2025. RP1A – Diagnóstico da Dimensão Técnica e Institucional. Volume 1 – Caracterização da bacia hidrográfica – 1ª parte. 2015. 324p.

COUTO, A.P.; COSTA, L., RODRIGUES, V. et al. Impact of Weather Regimes on the Wind Power Ramp Forecast in Portugal. *IEEE Trans. Sustain. Energy*. Vol. 6, n.3, pp.934-942, 2015.

[GWEC] GLOBAL WIND REPORT. Disponível em: http://www.gwec.net/wp-content/uploads/vip/GWEC_PRstats2018_EN_WEB.pdf, 2017.

[IPCC] AR5. Quinto Relatório de Avaliação do Painel Intergovernamental sobre Mudanças Climáticas. 2014. Disponível em: http://www.pbmc.coppe.ufrj.br/pt/noticias/373-quinto-relatorio-do-ipcc-mostra-intensificacao-das-mudancas-climaticas

LANNA, A.E. Gestão das Águas. IPH – UFRGS, 1999. Notas de aulas.

NEDER, R.T. *Crise socioambiental. Estado & sociedade civil no Brasil (1992-1998).* São Paulo: Annablume/Fapesp, 2002.

[MME] MINISTÉRIO DE MINAS E ENERGIA. *Energia Eólica no Brasil e no Mundo.* Ano de referência 2015. 2016. Disponível em: http://www.mme.gov.br/documents/10584/3894319/Energia+E%C3%B3lica+-+ano+ref++2015+%283%29.pdf/f5ca897d-bc63-400c-9389-582cd-4f00ea2. Acesso em: 08 fev. 2019.

______. Estudos de Planejamento da Expansão da Geração. Avaliação da Geração de Usinas Híbridas Eólico-Fotovoltaícas. Proposta metodológica e estudos de caso. 2017. 32p.

[ONS] OPERADOR NACIONAL DO SISTEMA ELÉTRICO. Histórico de Operação. (2017). Disponível em: www.ons.org.br.

______. RE 3/0123/2017: Plano Anual de Prevenção de Cheias – Ciclo 2017/2018. Rio de Janeiro, 2017.

______. *Boletim Mensal de Geração Eólica*. Agosto/2018. Disponível em: http://www.ons.org.br/download/resultados_operacao/boletim_mensal_geracao_eolica/Boletim_Eolica_abr_2017.pdf.

RELATÓRIO MENSAL DA ABEEÓLICA (junho/2017). Disponível em: http://www.abeeolica.org.br/wp-content/uploads/2017/06/Dados-Mensais-ABEEolica-06.2017.pdf. Acesso em: 08 fev. 2019.

SILVA, S.R. *A integração entre os níveis de planejamento de recursos hídricos – estudo de caso: a bacia hidrográfica do rio São Francisco*. Recife, 2006, 301 f. Tese (Doutorado em Tecnologia Ambiental e Recursos Hídricos). Universidade Federal de Pernambuco.

WALTON, R.A.; GALLUS, W.A.; TAKLE, E.S. Wind Ramp Events at Turbine Height-Spatial Consistency and Causes at two Iowa Wind Farms. *Fourth Conf. Weather. Clim. new energy Econ.* Austin, TX., 2013.

Saneamento básico no Brasil e gestão de bacias hidrográficas

26

Cyntya Eustáquio de Sousa
Bióloga, Universidade Federal da Paraíba, UFPB

Maria Cristina Basílio Crispim da Silva
Bióloga, Universidade Federal da Paraíba, UFPB

INTRODUÇÃO

A Lei Federal n. 11.445 de 2007 estabelece as diretrizes nacionais para o sistema de saneamento básico e o define como o conjunto de quatro serviços: abastecimento de água potável; esgotamento sanitário; limpeza urbana e manejo de resíduos sólidos; drenagem urbana. Dessa forma, é um instrumento essencial no desenvolvimento urbano e na qualidade de vida.

A saúde da população, bem como a qualidade de vida, está intimamente associada ao sistema de saneamento adequado, visto que, a maior parte das doenças é decorrente do uso de água de má qualidade e da ausência de esgotamento sanitário (Castro e Araújo, 2010; Lacerda et al., 2011). Por outro lado, a presença de saneamento básico é essencial também para a manutenção da saúde ambiental, principalmente na manutenção de serviços de ecossistemas aquáticos. A poluição por esgotos é uma das principais causas de degradação de bacias hidrográficas (Souza e Gastaldini, 2014) no Brasil e em outros países.

Estima-se que 80% das doenças humanas estejam relacionadas, direta ou indiretamente, com o saneamento precário e a falta de informações sobre condições básicas de higiene (Ayach et al., 2012). Sendo assim, a precariedade das condições sanitárias é o principal fator de veiculação de doenças nos humanos (Follador et al., 2015). A diarreia é uma dessas enfermidades, considerada a que mais aflige a humanidade, acometendo mais de quatro bilhões de pessoas por ano (Flohr et al., 2006).

No Brasil, não é definido qual ente governamental é o responsável pelos serviços de saneamento básico, o que torna difusa a aplicação de recursos para esse setor, (Leoneti, Prado e Oliveira, 2011). Uma série de leis, decretos, resoluções, portarias e instruções normativas regem o setor, desde o enquadramento dos corpos hídricos até os padrões de lançamento dos efluentes, deixando, assim, implícitos deveres comuns e concorrentes aos municípios, estados e governo federal.

Este capítulo tem por objetivo mostrar indicadores e a legislação do saneamento básico no Brasil, bem como a relação com a qualidade das bacias hidrográficas, evidenciando a importância de propostas de tecnologias socioambientais e ecológicas que contribuem para a conservação e qualidade da água das bacias e, consequentemente, para os seus recursos hídricos.

INDICADORES DE SANEAMENTO BÁSICO NO BRASIL

O censo demográfico sobre indicadores sociais municipais apresenta dados do sistema de saneamento básico no Brasil, sendo expostas informações a partir de um índice de adequabilidade do tipo de saneamento, expresso sob a classificação dos domicílios em três tipos (IBGE, 2011):

- Domicílios com saneamento adequado: domicílio com abastecimento de água, com esgoto ligado à rede geral ou a uma fossa séptica e com coleta de lixo adequada.
- Domicílios com saneamento semiadequado: domicílios com pelo menos um dos serviços: abastecimento de água, esgotamento sanitário e/ou coleta de lixo adequada.
- Domicílios com saneamento inadequado: domicílio que não apresenta serviços de saneamento básico.

De acordo com o censo do IBGE de 2010, houve um crescimento significativo (45,3% para 61,8%) nos domicílios brasileiros com saneamento adequado entre 1991 e 2010. Nesse caso, o índice de adequabilidade do tipo de saneamento foi relacionado com o tamanho da população dos municípios, sendo obtidos os resultados como uma relação positiva, visto que, quanto maior o tamanho da população maior foi a proporção de saneamento adequado. Os municípios com população acima de 500.000 habitantes apresentaram uma proporção de 82,5% de domicílios com saneamento adequado, enquanto os municípios com uma população de até 5.000 habitantes obtiveram uma proporção de 30,8% de domicílios com saneamento adequado.

Essa relação saneamento *versus* tamanho da população evidencia que esse sistema é mais desenvolvido nas cidades mais populosas, sendo notória a falta de saneamento adequado nas pequenas cidades, que possuem baixa densidade populacional.

A disparidade também foi observada na relação do saneamento com o tamanho populacional nas cinco regiões do país. Os municípios do Sudeste com população acima de 500.000 apresentaram uma proporção de 90,7% dos domicílios com saneamento adequado, ao passo que os municípios das regiões Norte e Nordeste apresentaram, respectivamente, uma proporção de apenas 51,7 e 66,6% (Censo Demográfico, IBGE, 2010), comprovando um maior desenvolvimento da região Sudeste.

A partir dessas informações é perceptível que há evidente falta de investimentos no sistema de saneamento. É incontestável que o atual modelo de saneamento não abrange completamente a população. O desafio da universalização requer inovações, com destaque para a avaliação de todo o modelo vigente, visando a novas e mais adequadas proposições em âmbito nacional (Juliano et al., 2012).

Segundo Mello (2005), a situação do saneamento no Brasil é precária e o autor expôs uma preocupação com a população mais carente, visto que o sistema não tem prioridade de atendimento, deixando aqueles de classes sociais menos favorecidas sem o saneamento apropriado (Ayach et al., 2012).

RANKING BRASILEIRO DO SANEAMENTO

O Instituto Trata Brasil (ITB), Organização da Sociedade Civil de Interesse Público (OSCIP), tem o objetivo de coordenar uma mobilização em todo o país, com o intuito de avançar na universalização do esgotamento sanitário.

O ITB realizou um Ranking do Saneamento, a partir de informações do Sistema Nacional de Informações sobre Saneamento (SNIS), dos 100 maiores municípios do Brasil. Aqui é dada ênfase à parte de coleta e tratamento de esgotos, que afetam mais diretamente a qualidade da água de uma bacia hidrográfica.

Para calcular a situação de coleta de esgotos dos municípios, o Instituto Trata Brasil (2013), com dados do SNIS, utilizou o Índice de Atendimento Total de Esgoto relacionado com os municípios atendidos com água (%). Esse indicador apresenta o percentual da população dos municípios que têm esgotos coletados. Quanto maior essa porcentagem, mais a população tem esgotos coletados. Como pode ser visto na Tabela 1, o Brasil apresenta desde municípios com 100% de coleta, como Belo Horizonte-MG, Santos-SP e Franca-SP, até outros com 0% de coleta de esgoto, como Ananindeua e Santarém, ambos no Pará.

Tabela 1 – Ranking de coleta de esgoto, entre os 100 maiores municípios do Brasil. Os 20 melhores e os 10 piores índices de coleta

Colocação	Município	UF	Índice de coleta de esgoto (%)
1	Belo Horizonte	MG	100
2	Santos	SP	100
3	Franca	SP	100
4	Piracicaba	SP	99,9
5	Volta Redonda	RJ	99,0
6	Jundiaí	SP	98,3
7	Uberaba	MG	98,0
8	Santo André	SP	97,9
9	Ribeirão Preto	SP	97,7
10	Contagem	MG	97,5
11	Governador Valadares	MG	97,4
12	Uberlândia	MG	97,3
13	Limeira	SP	97,0
14	Juiz de Fora	MG	97,0
15	Bauru	SP	96,8
16	Taubaté	SP	96,6
17	Sorocaba	SP	96,4
18	Diadema	SP	96,3
19	São Paulo	SP	96,1
20	São José dos Campos	SP	95,9

Colocação	Município	UF	Índice de coleta de esgoto (%)
91	Joinville	SC	18,0
92	Canoas	RS	17,4
93	Teresina	PI	16,0
94	Belém	PA	8,1
95	Jaboatão dos Guararapes	PE	6,8

(continua)

Tabela 1 – Ranking de coleta de esgoto, entre os 100 maiores municípios do Brasil. Os 20 melhores e os 10 piores índices de coleta (*continuação*)

Colocação	Município	UF	Índice de coleta de esgoto (%)
96	Macapá	AP	6,1
97	Blumenau	SC	4,9
98	Porto Velho	RO	2,7
99	Ananindeua	PA	0,0
100	Santarém	PA	0,0

Fonte: Instituto Trata Brasil (2013).

Comparando os cem maiores municípios do Brasil, a partir de dados do SNIS, Kronemberger (2014) constatou que, em 60 das 100 cidades, os baixos índices de população com coleta de esgoto resultaram em altas taxas de internação por diarreia, comprovando a relação intrínseca do saneamento com a saúde pública.

Analisando os municípios que tratam os seus esgotos, verifica-se que alguns, que apresentam percentuais consideráveis de coleta, não tratam os seus esgotos (Tabela 2), por exemplo: Governador Valadares-MG, que apresenta 97,3% de coleta, mas 0% para tratamento. Dessa forma, constata-se que coletar esgoto não significa que este seja tratado. Não sendo tratados, os esgotos coletados são direcionados para os cursos de água mais próximos, em geral os que passam nas cidades, o que afeta negativamente os recursos hídricos e, dessa forma, contribui de forma significativa com o aumento do seu estado trófico, levando à degradação dos recursos hídricos das bacias hidrográficas.

Tabela 2 – Ranking de tratamento de esgoto nos 100 maiores municípios do Brasil. Os 20 melhores e os 10 piores municípios

Colocação	Município	UF	Índice de coleta de esgoto (%)
1	Sorocaba	SP	93,6
2	Niterói	RJ	92,7
3	Jundiaí	SP	91,4
4	Maringá	PR	90,1
5	S. José do Rio Preto	SP	89,2
6	Curitiba	PR	87,2

(*continua*)

Tabela 2 – Ranking de tratamento de esgoto nos 100 maiores municípios do Brasil. Os 20 melhores e os 10 piores municípios (*continuação*)

Colocação	Município	UF	Índice de coleta de esgoto (%)
7	Londrina	PR	82,9
8	Ribeirão Preto	SP	81,5
9	Limeira	SP	80,8
10	Petrópolis	RJ	80,1
11	Salvador	BA	79,2
12	Uberlândia	MG	79,1
13	Montes Claros	MG	77,9
14	Santos	SP	76,9
15	Franca	SP	76,4
16	Ponta Grossa	PR	75,9
17	Taubaté	SP	70,1
18	Foz do Iguaçu	PR	69,2
19	São José dos Campos	SP	67,5
20	Campina Grande	PB	66,0

Colocação	Município	UF	Índice de tratamento de esgoto (%)
91	Ribeirão das Neves	MG	3,8
92	Duque de Caxias	RJ	3,7
93	Itaquaquecetuba	SP	3,5
94	Belém	PA	1,6
95	Nova Iguaçu	RJ	0,4
96	Ananindeua	PA	0,0
97	São João do Meriti	RJ	0,0
98	Porto Velho	RO	0,0
99	Santarém	PA	0,0
100	Governador Valadares	MG	0,0

Fonte: Instituto Trata Brasil (2013).

Comparando coleta e tratamento, verifica-se que os 20 melhores municípios estão com 95,9% de coleta, enquanto os 20 melhores municípios em termos de tratamento de esgoto ficam apenas com 66% de tratamento, o que significa que muito do que é coletado não é tratado, sendo ainda lançado inadequadamente nos cursos de água. Analisando os maiores municípios com os piores índices de coleta, verifica-se que dois, no Pará, apresentam 0% de coleta, ao passo que, com relação aos municípios que tratam os seus esgotos, são registrados cinco que não tratam.

Isso demonstra o quanto a legislação brasileira tem sido desrespeitada, e mesmo que tenha avançado nos últimos anos, ainda tem muito o que caminhar, até que o sistema de esgotos torne-se adequado em termos nacionais. Somente assim os impactos ambientais poderão ser diminuídos e, dessa forma, contribuir efetivamente para a recuperação dos rios brasileiros, com especial menção para os urbanos.

LEGISLAÇÃO DO SANEAMENTO BÁSICO

A gestão dos serviços públicos de saneamento básico exige, para sua implantação, cooperação da União, estados e munícipios (Trata Brasil, 2012). Todavia, para obter a prestação adequada desse serviço, é necessária a junção de esforços de todos os governos.

Em 1970, foi implantado o Sistema Nacional de Saneamento, integrado pelo Plano Nacional de Saneamento (Planasa) e pelas Companhias Estaduais de Saneamento Básico (CESB). Tinha como fonte de recursos o Banco Nacional da Habitação (BNH) e o Fundo de Garantia por Tempo de Serviço (FGTS) (Hohmann, 2012). Além desses recursos, foram criados Fundos de Água e Esgoto Estaduais (FAE) e Programas estaduais trienais (Galvão-Junior et al., 2009).

A finalidade do Planasa era a expansão dos serviços de abastecimento de água e de esgotamento sanitário no sentido de sua universalização. Sua intenção foi importante e permitiu a implantação significativa desses serviços (Hohmann, 2012), porém, segundo Turolla (1999), foi insuficiente para atender a demanda crescente do processo de urbanização em curso no país naquela época.

Na Constituição de 1988 três artigos fazem referência ao saneamento básico (Brasil, 1988):

> Artigo 21 (XX): atribui à competência da União "instituir diretrizes para o desenvolvimento urbano, inclusive habitação, saneamento básico e transportes urbanos".
>
> Artigo 23 (IX): diz que é de competência comum da União, dos estados, do Distrito Federal e dos municípios "promover programas de construção de moradias e de melhoria das condições habitacionais e de saneamento básico".
>
> Artigo 200 (III): diz que compete ao Sistema Único de Saúde "participar da formulação da política e da execução das ações de saneamento básico".

Esses artigos expressam o interesse público no assunto saneamento. Entretanto, o fato de estar inserido na Constituição Federal não tem garantido vontade política nem os investimentos necessários para o cumprimento dos preceitos constitucionais, trazendo avanços à sociedade brasileira que possam melhorar a saúde pública.

Em relação às resoluções que envolvem o saneamento básico, em 1986 foi editada a Resolução Conama (Conselho Nacional do Meio Ambiente) n. 20/86, que tratava da classificação e enquadramento dos corpos de água no Brasil. Em 2005, houve alteração a esta Resolução com a edição da n. 357/2005, que também foi alterada em 2008 pela Resolução Conama n. 397/2008. Esta última dispõe sobre a classificação dos corpos de água e as diretrizes ambientais para o seu enquadramento, bem como estabelece as condições e padrões de lançamento de efluentes.

Em 2011, o Conama publicou outra importante resolução, a de n. 430/2011, que trata das condições, parâmetros, padrões e diretrizes para a gestão do lançamento de efluentes em corpos de água receptores, que complementa e altera a Resolução n. 357/2005. As unidades dos sistemas de esgotamento sanitário, tanto as estações de tratamento de efluentes domésticos como as de efluentes industriais, devem manter os valores dos parâmetros exigidos nessa resolução.

O cumprimento dessas resoluções em muitos casos não é realizado pelos agentes responsáveis, incluindo administrações públicas e indústrias, que lançam seus efluentes sem tratamento adequado nos corpos hídricos, ou, ainda, por estações de tratamento de esgotos que não respeitam os parâmetros exigidos na legislação.

Exemplo disso ocorreu na Paraíba, onde, no ano de 2008, a Oscip Escola Viva Olho do Tempo (Evot), junto com a Organização não Governamental Associação Paraibana dos Amigos da Natureza (Apan) impetraram processo jurídico junto à Curadoria Estadual do Meio Ambiente e ao Ministério Público Federal. Esse processo foi originado em virtude da poluição que estava sendo lançada no rio Gramame, causava danos ao curso de água e perda de qualidade de vida para as populações ribeirinhas. Com isso, conseguiram que fossem convocadas três empresas do Distrito Industrial de João Pessoa para firmar Termo de Ajustamento de Conduta (TAC), que gerou um projeto de monitoramento e controle da emissão de efluentes industriais na bacia hidrográfica do rio Gramame, com avaliação da qualidade da água (Turnell, 2012). Esse diagnóstico foi refeito em 2016.

O processo apontado demonstra relevância e importância, por evidenciar o poder da população na gestão dos recursos hídricos, vislumbrando a possibilidade de que, em casos de perda de qualidade de vida, em consequência da perda de qualidade da água dos rios, a população se una com o apoio do Ministério Público e dos Termos de Ajustamento de Conduta, enquadrando os poluidores a cumprir a legislação, diminuir a poluição emitida e, com isso, contribuir com a gestão das bacias hidrográficas.

As questões relacionadas com o saneamento também podem ser observadas na Política Nacional de Meio Ambiente, instituída pela Lei n. 6.938/81, a qual tem como objetivo primordial "a preservação, melhoria e recuperação da qualidade ambiental propícia à vida, visando a assegurar condições ao desenvolvimento socioeconômico e à proteção da dignidade da vida humana" (Brasil, 1981). Nesse contexto, a lei remete ao saneamento, que está intimamente ligado a uma vida digna, tanto na questão de bem-estar como, principalmente, na saúde.

A Política Nacional de Recursos Hídricos (Lei n. 9.433/97) tem influência direta na organização e no desempenho do setor de saneamento básico, tanto no controle sobre o uso da água para abastecimento como na disposição final do esgoto (Brasil, 1997).

A principal lei que rege o saneamento básico, indicada na abertura do capítulo, é a Lei n. 11.445/2007, que estabelece as diretrizes nacionais para o saneamento básico e para a Política Federal de Saneamento Básico (PFSB). Outro aspecto importante da lei, expresso no art. 52, aponta a competência da União para elaborar o Plano Nacional de Saneamento Básico (PNSB), com a finalidade de estabelecer metas e ações para o alcance de níveis crescentes dos serviços de saneamento básico no território nacional e a sua universalização (Brasil, 2007), desafio legítimo das políticas públicas, uma vez que gera impactos no ambiente, na saúde e na cidadania (Galvão-Junior, 2009).

Cumpre ressaltar que a Lei n. 11.445 que instituiu o Sistema Nacional de Informações em Saneamento Básico (Sinisa), cujo objetivo é coletar e sistematizar dados da prestação de serviços públicos de saneamento básico e tornar essas informações acessíveis ao público (Brasil, 2007). Esses dados são de suma importância para a população acompanhar o desenvolvimento do saneamento, e, sempre que necessário, ter dados e elementos suficientes para cobrar das instâncias governamentais os investimentos no setor.

Os efeitos da Lei n. 11.445/2007 ainda são pouco perceptíveis, porém, cabe mencionar que uma das exigências da lei tem avançado, com a criação de agências reguladoras de serviços de saneamento básico no Distrito Federal e em vários estados, podendo contribuir para a maior eficácia e efetividade da lei.

BACIAS HIDROGRÁFICAS E QUALIDADE DA ÁGUA

Como visto anteriormente, o saneamento básico precário, principalmente em consequência da falta de esgotamento sanitário e de tratamento, traz consequências ambientais para as bacias hidrográficas nas quais o sistema está inserido, visto que, o que não é tratado, alcança os corpos hídricos, com altos teores de nutrientes, aumentando a eutrofização dos sistemas aquáticos, com elevados riscos para a saúde humana e ambiental.

A eutrofização é resultado da entrada de nutrientes nos ecossistemas aquáticos, o que gera diminuição da biodiversidade; aumento de produção primária; aumento de biomassa microalgal ou de macrófitas; aumento de cianobactérias potencialmente tóxicas; substituição de espécies; aumento do pH, em consequência do aumento das taxas de fotossíntese na água; diminuição das concentrações de oxigênio, principalmente durante a noite, o que pode causar anoxia no ambiente com a consequente mortalidade de peixes; mau odor, entre outros fatores, o que contribui para a perda de qualidade da água (Esteves, 1988).

Analisando a realidade e os dados estatísticos, vê-se que mesmo quando os dados apresentados são positivos, como a presença de Estações de Tratamento de Esgoto (ETE), infelizmente isso ainda não significa que essa água é tratada de forma adequada para ser lançada em cursos de água. A grande maioria das ETE no Brasil apresenta apenas tratamento secundário, sem biotratamento que auxilie na retirada de nutrientes desses efluentes. Como ilustração, pode ser citada a ETE de João Pessoa, cujo lançamento de efluentes ainda apresenta concentrações de amônia de 9,96 $mg.L^{-1}$, de nitrito 0,01 $mg.L^{-1}$, de ortofostato 2,68 $mg.L^{-1}$, de clorofila 128,0 $\mu g.L^{-1}$, valores de transparência do disco de Secchi de 0,10 m, 881,8 $\mu S.cm^{-1}$ de condutividade elétrica, e 51.375 $cél.mL^{-1}$ de fitoplâncton, sendo a maioria representada por cianobactérias (Sousa, 2015). A apresentação desse caso concreto reflete a realidade da maioria das ETE que funcionam apenas com tratamento secundário.

Na França, a empresa francesa Phytorestore, detentora da marca Jardins Filtrantes, com o projeto de seu fundador, o arquiteto e paisagista Thierry Jacquet, desenvolveu um sistema de tratamento de esgoto, também à base de *wetlands* para auxiliar na despoluição das águas do rio Sena em Nanterre, Paris. O maior diferencial dessa estação de tratamento de esgotos é que ela é aberta à visitação pelo público, que pode desfrutar das belas paisagens e passarelas (Figura 1), sem sentir mau odor.

Figura 1 – Estação de tratamento de água em Nanterre, Paris, França, à base de jardins filtrantes e aberta para o público.

Fonte: https://www.youtube.com/watch?v=44xuoigQ2do.

Dessa forma, a obtenção de uma gestão visando à sustentabilidade demanda observar não apenas o número de municípios com coleta de esgoto e ETE, mas principalmente o tipo de tratamento aplicado nessas Estações de Tratamento de Esgoto. Cabe mencionar que sistemas de tratamento secundário não são eficientes no tratamento de esgotos, e a quantidade de nutrientes contribui, junto com outras atividades, para a degradação da qualidade de água dos corpos hídricos, sejam esses lênticos ou lóticos. Dessa forma, é necessário que a legislação e a gestão pública avancem, fazendo com que as ETE apresentem tratamento completo, incluindo, por exemplo, tratamento por fitorremediação e por biorremediação por biofilme, que já comprovou reter nutrientes e evitar que alcancem os rios. Além da retenção de nutrientes, o biofilme tem a capacidade de mudar a comunidade fitoplanctônica dominada por cianobactérias para uma comunidade dominada por clorofíceas (Sousa, 2015).

A fitorremediação não é apenas usada em ETE, mas também para a restauração de ambientes aquáticos. Por exemplo, nas Filipinas, na cidade de Manila, foi aplicado o sistema de jardins flutuantes, pela empresa Biomatriz Water Solutions para a recuperação do canal Paco, com resultados bastante positivos (Figura 2) (Carvalho, 2014).

Por outro lado, quando se analisam estudos de saneamento básico, verifica-se que grande parte das áreas urbanas, que ainda não têm coleta de esgoto, apresentam fossas sépticas. No entanto, se observado com mais atenção, mesmo em bairros com fossas, é comum observar as águas cinzas (águas de lavagem) escoando a céu aberto (Figura 3). Ao não atribuir risco a essas águas, pela ausência de fezes, as pessoas lançam-nas na rua, para evitar encher as fossas. Porém, sua presença em ruas, em direção aos sistemas de drenagem pluvial, traz problemas sérios de insalubridade (SES/SP, s/d), ao servirem de *habitat* para vetores de doenças como bactérias, fungos e outros vetores de zoonoses.

Figura 2 – Biotratamento com jardins flutuantes no canal Paco, Filipinas.
Fonte: http://www.hypeness.com.br/2014/06/sistema-ecologico-despolui-rios-e-ainda-preserva-paisagem-natural/.

Figura 3 – Rua com águas cinzas correndo a céu aberto no município de Bayeux, Paraíba.
Foto: Alinne Gurjão (2016).

Segundo relatos do IBGE (2011), apesar de no Brasil mais de 90% das residências possuírem algum tipo de abastecimento de água, o mesmo não se verifica para a coleta dessa água na forma de esgoto. Menos de 50% dessas residências possuem rede de esgoto, ou seja, mais da metade da água distribuída no Brasil acaba sendo disposta de forma inadequada no ambiente.

Uma forma ecológica de equacionar esse problema poderia ser a adoção de sistemas de saneamento básico propostos na permacultura, método agrário fundamentado em ética e princípios de cuidado com o planeta Terra, e que busca criar ambientes ecologicamente equilibrados e economicamente viáveis, que supram necessidades de produtores e se sustentem no longo prazo. Visa também à criação de *design* que otimize os recursos energéticos e hídricos, valorizando a cooperação entre as pessoas no uso do espaço e dos recursos (Mollison e Slay, 1994).

Como propostas bastante interessantes há os tanques de evapotranspiração, que são fossas produtivas, para o tratamento de águas negras (sanitário) e os círculos de bananeiras, para o tratamento de águas cinzas. A primeira fossa é impermeável e realiza um tratamento anaeróbio dos dejetos, aproveita os nutrientes para a produção de alimentos e o excesso de água é evapotranspirado para a atmosfera, pelas plantas, de forma pura. Ou seja, essa fossa realiza o tratamento dos esgotos em nível domiciliar, evitando o transporte e tratamento em ETE. Além disso, não enche, trazendo vantagem econômica, por não ter de esvaziar as fossas e também pela produção de alimentos. Em áreas de semiárido essa tecnologia seria muito adequada, pelo reuso de água de resíduos líquidos domiciliares. A segunda fossa não é impermeabilizada, trata os resíduos líquidos de águas servidas, evitando a escorrência a céu aberto para o ambiente, também produzindo alimentos. As bananeiras, por sua elevada capacidade de absorção de água e evapotranspiração, são espécies-chave nesses sistemas de tratamento biológico.

Essa mudança de tipo de saneamento básico para um sistema de saneamento ecológico requer não apenas mudança de tecnologia, mas também mudança de pensamento e relação com o meio ambiente, até porque o sistema de tratamento é biológico, e o tipo de produtos químicos a serem utilizados devem levar em consideração o fato de serem biodegradáveis. Segundo Paes (2014, *apud* Esrey e Andersson, 2001):

O saneamento ecológico é uma abordagem sistêmica, que representa uma mudança na forma de pensamento e de atuação das pessoas em relação aos esgotos domésticos, reconhecendo a necessidade e os benefícios da promoção da saúde e ao bem-estar humano e ambiental, com a proteção e conservação das águas e solos ao mesmo tempo que promove o fluxo circular, com a recuperação e reciclagem de nutrientes para a produção de alimentos e ornamentação local (Paes, 2014, p. 100-1).

CONSIDERAÇÕES FINAIS

O saneamento básico é um serviço essencial à dignidade humana, associado diretamente à saúde e à qualidade de vida. Apesar da correlação direta dos efeitos do saneamento com a saúde, ainda há poucos investimentos do poder público nesse âmbito.

De acordo com os dados apresentados, pode-se verificar que a gestão da qualidade de água em bacias hidrográficas depende grandemente de uma gestão integrada, em que todos os habitantes e usuários dessas bacias têm direitos e deveres, seja por meio de governos, como os municipais, seja por meio de iniciativas próprias, em que individualmente cada morador poderá fazer a diferença. Assim, a propagação da educação ambiental tornará os cidadãos mais sensibilizados em relação às problemáticas individuais e mais capacitados para a tomada de decisões, no que tange à proteção dos recursos hídricos, visto que estes são essenciais para a manutenção dos serviços ecossistêmicos.

Coleta e tratamento de esgotos por parte dos municípios é fundamental para a manutenção da saúde humana e ambiental, não adianta apenas coletar e jogar nos rios, assim como não adianta tratar de forma incompleta em ETE e lançar efluentes altamente ricos em nutrientes, contribuindo para a eutrofização dos corpos receptores.

No Brasil, existem ainda muito poucas ETE com tratamento biológico, o único que retira de forma eficiente nutrientes das lagoas de estabilização, sendo assim, o biotratamento deveria ser uma norma obrigatória, visto que o preço de tratamento não aumentaria tanto e seria muito mais eficiente.

Controlar a poluição difusa e as águas cinzas, com o saneamento ecológico, com as metodologias alternativas: círculo de bananeiras e tanque de evapotranspiração em zonas urbanas são apenas algumas das ações, associadas ao saneamento básico, que devem ser realizadas, quando se pensa em gestão de bacias hidrográficas, contribuindo para a conservação dos recursos hídricos e visando ao desenvolvimento sustentável.

Nas zonas rurais, onde a eficiência da coleta e tratamento de esgoto doméstico é ainda mais precária, e onde não é viável a coleta de esgoto pela distância entre as residências, o tratamento domiciliar com o uso de fossas ecológicas deveria ser fomentado em todo o país.

Todas as ações que são realizadas sobre o solo das bacias hidrográficas devem sofrer gestão adequada, de forma que os recursos hídricos dessas bacias não acumulem indefinidamente nutrientes que causam a proliferação de plantas aquáticas, que por si só também apresentam grande número de impactos, quando os seus bancos ocupam toda a superfície da água. Assim, mudar as formas de tratamento de esgotos, seja no nível de ETE ou residencial, é urgente. Na pecuária, o uso de biodigestores para controle de excretas animais também é desejável, evitando que as excretas de animais confinados alcancem os ecossistemas aquáticos.

A grande maioria dos rios encontra-se eutrofizada, o que reduz a qualidade da água, os múltiplos usos e leva à perda de qualidade das comunidades humanas, principalmente as ribeirinhas, que usam os rios para a pesca, e as que usam a água para fins mais nobres, como o consumo. Tratamentos alternativos, ecológicos e de baixo custo deveriam ser divulgados, incentivados, proporcionados e financiados, para que esse efeito fosse sentido ao longo de todas as bacias hidrográficas.

REFERÊNCIAS

ÁGUAS DE JUTURNAÍBA. *Relatório de monitoramento: Efluentes de Estações de Tratamento de Esgoto*. Disponível em: http://www.grupoaguasdobrasil.com.br/aguas-juturnaiba/wp-content/blogs.dir/6/files/2016/02/Relat%C3%B3rio-ETEs-2015-11.pdf. Acesso em: 01 jul. 2017.

AYACH, L.R.; GUIMARÃES, S.T.L.; CAPPI, N. et al. Saúde, saneamento e percepção de riscos ambientais urbanos. *Cadernos de Geografia*. V.22, n.37, p. 47-64, 2012.

BENJAMIN, A.M. *Bacia de evapotranspiração Tratamento de efluentes domésticos e de produção de alimentos*. Lavras, 2013, 50 p. Dissertação (Mestrado. Programa de Pós-Graduação em Engenharia Agrícola. Universidade Federal de Lavras.

BRASIL. Lei n. 6.938, de 31 de Agosto de 1981. Dispõe sobre a Política Nacional do Meio Ambiente. Diário Oficial da República Federativa do Brasil. Brasília, DF, 1981.

______. Constituição da República Federativa do Brasil. Brasília, DF: Senado Federal. 1988.

______. Lei n. 9.433, de 08 de Janeiro de 1997. Institui a Política Nacional de Recursos Hídricos. Diário Oficial da República Federativa do Brasil. Brasília, DF, 1997.

______. Lei n. 11.445, de 5 de janeiro de 2007. Estabelece diretrizes nacionais para o saneamento básico. Diário Oficial da República Federativa do Brasil. Brasília, DF, 2007.

CARVALHO, V. Sistema ecológico permite transformar rios poluídos em incríveis jardins flutuantes. Disponível em: http://www.hypeness.com.br/2014/06/sistema-ecologico-despolui--rios-e-ainda-preserva-paisagem-natural/. Acesso em: 10 jan. 2014.

CASTRO, P.M.; ARAÚJO, R.L.C. Saneamento básico: competências constitucionais da união, estados e municípios. *Revista do núcleo interdisciplinar de pesquisa e extensão,* v.2, n.7, p.86-92, 2010.

CIRINO, J.F.; FARIA, L.V.P. Biodigestor para geração de energia elétrica a partir da suinocultura: análise de viabilidade para um sítio em Coimbra-MG. *Revista de C. Humanas,* Viçosa. 13(2):421-40, 2013.

[CONAMA] CONSELHO NACIONAL DO MEIO AMBIENTE. Resolução N. 20, de 18 de junho de 1986. Dispõe sobre a classificação das águas doces, salobras e salinas do território nacional. Diário Oficial da União: República Federativa do Brasil, Poder Executivo, Brasília, DF, 1986.

______. Resolução n. 357, de 17 de março de 2005. Dispõe sobre a classificação dos corpos de água e diretrizes ambientais para o seu enquadramento, bem como estabelece as condições e padrões de lançamento de efluentes. Diário Oficial da União: República Federativa do Brasil, Poder Executivo, Brasília, DF, 2005.

______. Resolução n. 397, de 3 de abril de 2008. Dispõe sobre a classificação dos corpos de água e diretrizes ambientais para o seu enquadramento, bem como estabelece as condições e padrões de lançamento de efluentes. Diário Oficial da União: República Federativa do Brasil, Poder Executivo, Brasília, DF, 2008.

______. Resolução n. 430, de 13 de maio de 2011. Dispõe sobre condições e padrões de lançamento de efluentes, complementa e altera a Resolução no 357, de 17 de março de 2005, do ______. Diário Oficial da União: República Federativa do Brasil, Poder Executivo, Brasília, DF, 2011.

ESTEVES, F.A. Fundamentos de Limnologia. Rio de Janeiro: Interciência. Finep, 1988; 575p.

FERREIRA, J. *Produção de biogás e funcionamento de biodigestores no ensino de ciências*. Curitiba, 2013, 44 p. Monografia de Especialização. Curso de Especialização no Ensino de Ciências. Universidade Tecnológica Federal do Paraná.

FILHO-OLIVEIRA, A. *Institucionalização e desafios da política nacional de saneamento: Um balanço prévo*. Disponível em: http://www.assemae.org.br/arquivoArtigos/abelardo2.pdf. Acesso em: 27 dez. 2013.

FLOHR, C.; TUYEN, L.N.; LEWIS, S. et al. Poor sanitation and helminth infection protect against skin sensitization in Vietnamese children: A cross-sectional study. *J Allergy and Clin Immun*. V.118, n.6, p.1305-1311, 2006.

FOLLADOR, K.; PRADO, G.P.; PASSOS, M.G. et al. Saneamento básico: Meio ambiente e saúde. *Revista Uningá*. V.23, n.1, p.24-28, 2015.

GALVÃO-JUNIOR, A.C. Desafios para a universalização dos serviços de água e esgoto no Brasil. *Rev. Panam Salud Publica*. V.25, n.6, p.548-556, 2009.

GALVÃO-JUNIOR, A.C.; NISHIO, S.R.; BOUVIER, B.B. et al. Marcos regulatórios estaduais em saneamento básico no Brasil. *Revista de administração pública*. 43(1): 207-27, 2009.

GASPAR, R.M.B.L. *Utilização de biodigestores em pequenas e médias propriedades rurais com ênfase na agregação de valor: um estudo de caso na região de Toledo-PR*. Florianópolis, 2003, 119p. Dissertação (Mestrado. Programa de Pós-Graduação em Engenharia de Produção e Sistemas). Universidade Federal de Santa Catarina.

HOHMANN, A.C.C. Regulação e Saneamento na Lei Federal n. 11.445/2007. *Revista Jurídica da Procuradoria Geral do Estado do Paraná*, Curitiba. n.3, p. 211-44, 2012.

[IBGE] INSTITUTO BRASILEIRO DE GEOGRAFIA E ESTATÍSTICA. Indicadores sociais ambientais: uma análise dos resultados do censo demográfico 2010. Rio de Janeiro, 2011.

INSTITUTO TRATA BRASIL. Manual do Saneamento Básico: Entendendo o saneamento básico ambiental no Brasil e sua importância socioeconômica, 2012.

______. Ranking do saneamento – resultados com base no SNIS 2011. GO Associados, 2013.

PREFEITURA MUNICIPAL DE JOÃO PESSOA. Disponível em: http://www.joaopessoa.pb.gov.br/secretarias/setrab/cinturaoverde/. Acesso em: 3 jul. 2017.

JULIANO, E.F.G.A.; FEUERWERKER, L.C.M.; COUTINHO, S.M.V. et al. Rationale and knowledge for the universal implementation of sanitation in areas of social vulnerability. *Revista Ciência e Saúde Coletiva*. 17(11):3037-3046, 2012.

KRONEMBERGER, D.M.P. *Esgotamento sanitário inadequado e impactos na saúde da população* – Estudo: Impactos na saúde e no sistema único de saúde decorrentes de agravos relacionados ao esgotamento sanitário inadequado dos 100 maiores municípios no período 2008-2011. São Paulo: Instituto Trata Brasil, 2014. Disponível em: http://www.tratabrasil.org.br/esgotamento-sanitario-inadequado-e-impactos-na-saude-da-populacao. Acesso em: 19 ago. 2014.

LACERDA, E.; OLIVEIRA, E.A.; MORAIS, T.A. et al. Análise da cobertura do saneamento básico no Brasil, por regiões, no decênio 1997 a 2006. *Revista Science in Health*. V. 2, n. 1, p.20-9, 2011.

LEONETI, A.B.; PRADO, E.L.; OLIVEIRA, S.V.W.B. Saneamento básico no Brasil: considerações sobre investimentos e sustentabilidade para o século XXI. *Revista de Administração Pública*. V. 45, n. 2, p. 331-48, 2011.

MATTOS, L.C.; FARIAS JÚNIOR, M. *Manual do Biodigestor Sertanejo*. Projeto Dom Helder Câmara. Recife: Ed. Recife, 2011; 60p.

MELLO, M.F. Privatização do setor de saneamento no Brasil: quatro experiências e muitas lições. *Revista Econ. Aplic.* V. 9, n. 3, p. 495-517, 2005.

MOLLISON, B.; SLAY, R.M. Introdução à permacultura. Tradução: André Luis Jaeger Soares. 2.ed. Brasília: MA/SDR/PNFC, 1994.

PAES, W.M. *Técnicas de permacultura como tecnologias socioambientais para a melhoria na qualidade da vida em comunidades da Paraíba.* João Pessoa, 2014, 173 p. Dissertação (Mestrado. Programa de Pós-Graduação em Desenvolvimento e Meio Ambiente-Prodema). UFPB.

RIBEIRO, E.M.F.; MAIA, J.O; WARTHA, E.J. As Questões Ambientais e a Química dos Sabões e Detergentes. *Química Nova na Escola.* 32(3):169-75, 2010.

[SES/SP] Secretaria de Estado da Saúde de São Paulo. Disponível em: ftp://ftp.cve.saude.sp.gov.br/doc_tec/hidrica/doc/dta09_pergresp.pdf. Acesso em: 1 jul. 2017.

SILVA, J. Sistema para saneamento rural integra discussão sobre adoção de tecnologias sociais para o Semiárido paraibano. Disponível em: https://www.embrapa.br/web/mobile/noticias/-/noticia/7301968/sistema-para-saneamento-rural-integra-discussao-sobre-adocao-de-tecnologias-sociais-para-o-semiarido-paraibano. Acesso em: 01 jul. 2017.

SOUSA, C.E. *Avaliação de sistemas biorremediadores em efluentes da lagoa facultativa da estação de tratamento de esgotos em Mangabeira, João Pessoa, PB.* João Pessoa, 2015, 75p. Dissertação (Mestrado. Programa de Pós-Graduação em Desenvolvimento e Meio Ambiente – Prodema). UFPB.

SOUZA, M.M.; GASTALDINI, M.C.C. Avaliação da qualidade da água em bacias hidrográficas com diferentes impactos antrópicos. *Eng. Sanit. Ambient.* 19(3):263-74, 2014.

TURNELL, M.V. *Assembleias de peixes como parâmetro para avaliação de impactos ambientais na bacia do Rio Gramame – Paraíba e sua importância para as comunidades ribeirinhas.* João Pessoa, 2012, 272 p. Dissertação (Mestrado). Programa de Pós-Graduação em Desenvolvimento e Meio Ambiente – Prodema. UFPB.

TUROLLA, F.A. Provisão e operação de infraestrutura no Brasil: o setor de saneamento. São Paulo, 1999. Dissertação (Mestrado em Economia de Empresas). Fundação Getúlio Vargas.

VIEIRA, I. Círculo de bananeiras. SeteLombas, 2006. Disponível em: <http://www.setelombas.com.br/2006/10/circulo-de-bananeiras/>. Acesso em: 21 mai. 2012.

27 Papel da economia na gestão sustentável de bacias hidrográficas

Márcia Maria Guedes Alcoforado de Moraes
Engenheira elétrica, Universidade Federal de Pernambuco, UFPE

Gerald Norbert Souza da Silva
Engenheiro civil, Universidade Federal de Campina Grande, UFCG

INTRODUÇÃO

A economia na gestão de recursos hídricos é muitas vezes considerada de forma restrita a questões financeiras e, por isso mesmo, frequentemente confundida com contabilidade. Na verdade, segundo Griffin (2006), princípios contábeis são úteis especialmente na gestão operacional das companhias de produção, no tratamento e distribuição de águas bem como no acompanhamento de projetos de infraestrutura hídrica. No entanto, na maior parte das decisões direcionadas a gerir os recursos hídricos de uma forma sustentável, a Economia como orientadora de ações transcende o aspecto contábil, mesmo que ocasionalmente faça uso dele.

Esse entendimento univocamente financeiro por parte de muitos, pode ser atribuído ao fato de que a abordagem mais tradicional de gestão de águas (gestão de oferta) está muito relacionada e, em geral, é de responsabilidade da engenharia civil. Na construção, operação e manutenção da infra-estrutura hídrica, por exemplo, a maioria dos conceitos e técnicas utilizados são da área, e em relação a questões econômicas, enfatizam a questão contábil e arrecadatória. À medida que a escassez se configura, a gestão vai se tornando mais complexa e requer a incorporação do lado da demanda, seus efeitos passam a gerar diversos e muitas vezes conflitantes impactos sociais, ambientais e econômicos, o que torna o conhecimento da economia tradicional mais importante. No seu sentido original, a economia é a ciência da alocação dos recursos escassos e tem instrumentos e técnicas para mensurar benefícios e custos identificando soluções de compromisso por isso mesmo grande parte dos seus conceitos veem sendo incorporados na gestão de águas no sentido de ampliar o entendimento e a solução dos conflitos.

Segundo Lund et al. (2006), a "fertilização cruzada" entre essas duas áreas do conhecimento – Economia e Engenharia – tem uma longa tradição. As duas disciplinas vêm trocando conhecimento ao longo de sua história e compartilham ancestrais comuns. A continuidade dessa interação e a simultaneidade da aplicação de técnicas das duas áreas na gestão de recursos hídricos deve não apenas apoiar a solução dos grandes desafios na gestão sustentável das águas, mas também levar ao desenvolvimento intrínseco das duas áreas. Nessa direção o que vem ocorrendo, é o uso de técnicas de Engenharia de Sistemas[1] para modelar sistemas hídricos, como unidades complexas e inter-dependentes, associando-se a essas metodologias a teoria econômica, configurando-se assim em uma "Economia da Engenharia da Gestão de Recursos Hídricos" ou simplesmente uma "Economia da Gestão de Recursos Hídricos", que propõe e instrumentaliza o amplo uso de técnicas de Engenharia ao lado de princípios econômicos para a tomada de decisão numa gestão flexível e integrada desses recursos.

De acordo com definição da GWP (Global Water Partnership), a Gestão Integrada de Recursos Hídricos é "um processo que promove o desenvolvimento e a gestão de água, terra e recursos naturais relacionados com o objetivo de maximizar o bem-estar econômico e social de uma maneira equitativa sem comprometer a sustentabilidade de ecossistemas vitais ao planeta". A maximização que a definição menciona, ou de forma mais geral, a estratégia de otimizaçao, tem uma relevância grande na teoria econômica – que inerentemente envolve alocação ótima de recursos escassos – e é considerada por muitos o principal link entre engenharia e economia.

Recente relatório do Banco Mundial (World Bank Group, 2016) sobre os impactos das mudanças climáticas na segurança hídrica aponta como uma das políticas prioritárias para auxiliar os países a desenvolver economias resilientes a mudanças do clima e a escassez hídrica a otimização do uso da água por meio de melhor planejamento e incentivos adequados. Essa otimização, segundo o relatório, requererá as melhores formas de alocar os recursos hídricos escassos entre os setores econômicos, transferindo-os para usos que agreguem um maior valor para a sociedade, ao mesmo tempo assegurando acesso aos menos favorecidos e protegendo o meio ambiente. Para isso, pla-

[1] A arte e a ciência de selecionar as melhores alternativas dentro de uma gama de soluções possíveis para um problema de engenharia dentro de um conjunto de restrições e de objetivos estabelecidos. (Hall & Dracup, 1970)

nejamento e regulação não só obtidos por meio dos instrumentos de comando-e-controle, mas também especialmente usando os incentivos econômicos, serão importantes. Fazer isso não é trivial e dependerá em grande medida da credibilidade das instituições, das leis e especialmente das políticas públicas de águas estabelecidas. Muito dependerá de como tais políticas serão desenhadas e implementadas. Nesse sentido, o uso da otimização deve ser crucial ao guiar as decisões (abordagem prescritiva no lugar da descritiva) e apontar os caminhos no estabelecimento de políticas públicas de água.

No Brasil, a legislação sobre águas no plano federal segue a Lei n. 9.433, de 8 de janeiro de 1997, que substituiu o Código de Águas do início do século. A lei dispõe sobre a Política Nacional de Recursos Hídricos e é considerada pelos especialistas (Granziera, 2000) um instrumento hábil para que se possa gerir as águas do Brasil considerando critérios mais modernos. Ao mesmo tempo, o fato de essa legislação só ter sido sancionada no início de 1997, permitiu que as especificidades regionais pudessem ser evidenciadas em uma série de leis que, elaboradas pelos estados, buscam solucionar seus próprios problemas (Garrido, 1998). Dessa forma, com as normas estaduais e a Lei Federal n. 9.433/97, foram incorporados à ordem jurídica brasileira novos e importantes conceitos, que inclusive potencializam o uso da otimização como suporte à decisão, em especial na definição e uso de instrumentos econômicos na gestão de águas. Os principais conceitos são: a bacia hidrográfica ser considerada como unidade de planejamento e gestão e a água como bem econômico passível de ter a sua utilização cobrada (Granziera, 2000).

Este capítulo foca no papel da economia (ou da Economia da Gestão de Recursos Hídricos) no processo decisório de estabelecimento de políticas públicas que instrumentalizem uma gestão sustentável de bacias hidrográficas. Essas decisões cada vez mais requerem métodos científicos pela sua complexidade e pelo grande número de fatores envolvidos. Por ter um papel cada vez mais importante entre esses fatores, nossa abordagem considera a componente econômica de forma endógena, ou seja, é essa componente que guia as decisões, sem deixar de incorporar restrições técnicas, institucionais e ambientais. Para isso, parte-se da identificação de uma alocação econômica ótima dos recursos hídricos escassos entre os setores econômicos numa determinada bacia hidrográfica. Emergem então vários outros aspectos tratados pela Teoria Econômica integrados a essa otimização, tais como: valoração econômica da água; mensurações de benefícios e custos associados às decisões; curvas de demanda pela água no lugar de requerimentos fixos dos usuários; instrumentos de regulação de comando-e-controle e os econômicos.

A ideia é que, tendo as decisões de alocação de água grandes implicações econômicas em nível de bacia, é necessária a especificação e aplicação de efetivos instrumentos de gestão que induzam ou se aproximem das alocações economicamente ótimas. Para isso, os chamados modelos hidroeconômicos (Harou et al., 2009) – e os sistemas automatizados que os disponibilizam – que identificam o ótimo econômico são adequados e serão descritos no primeiro tópico da seção de métodos científicos disponibilizados pela Economia da Gestão Hídrica.

Ademais, a modelagem hidroeconômica requer identificação do valor econômico e da curva de demanda pela água de cada um dos usos/usuários, bem como a mensuração de custos e benefícios resultantes das decisões de alocação. O uso de curvas de demanda em vez de requerimentos fixos é uma das características da modelagem hidroeconômica e está intrinsecamente ligado à identificação do valor econômico da água (e os benefícios associados) e à premissa de que esse valor econômico varia em função da disponibilidade do recurso hídrico. A valoração econômica da água é tratada usando-se principalmente métodos dedutivos, que partem da premissa de que os agentes que usam a água como insumo de produção maximizam seus lucros. Técnicas dedutivas baseiam-se na programação matemática, exigindo habilidade na construção de modelos e conhecimento na área de otimização.

Para efetivo apoio à decisão na especificação dos instrumentos alocativos de gestão (econômicos ou não) que induzam ou se aproximem do ótimo econômico entre os múltiplos usos – Economia Normativa –, é necessário avaliar esses instrumentos no que se refere ao alcance deste ótimo – Economia Positiva. Estudos realizados pelo IFPRI (International Food Policy Research Institute) e pelo Banco Mundial (Rosegrant, 1994) afirmam que a água potencialmente pode ser alocada por meio dos seguintes processos: (i) sob alocação administrativa (outorgas), a autoridade pública ou quase pública (por exemplo, um comitê de bacia) identifica usos alternativos e simplesmente realoca direitos existentes para usos de mais alto valor; (ii) sob cobrança; e através de mercados de água – estes instituídos através de outorgas comercializáveis –, usa-se a resposta dos usuários aos preços para realocar água. Métodos científicos descrevem então os principais instrumentos de regulação que podem ser usados na implementação do ótimo econômico, bem como o uso da modelagem hidroeconômica na sua avaliação.

Após apresentação dos principais métodos científicos da Economia da Gestão de Recursos Hídricos, segue-se um breve histórico sobre a sua utilização no Brasil. Mais especificamente, são descritos os principais resultados de modelos hidroeconômicos desenvolvidos para bacias do Nordeste do

Brasil, que envolveram identificação de curvas de demanda dos usuários diretos e avaliação de instrumentos alocativos aplicados ou sendo discutidos para as bacias.

Finalmente, discute-se a potencialidade desses métodos no planejamento e na gestão de bacias hidrográficas diante de incertezas futuras tais como mudanças de uso do solo e clima, bem como os principais desafios para a efetiva implementação dos resultados teóricos obtidos na prática da gestão sustentável dos recursos hídricos.

MÉTODOS CIENTÍFICOS DA ECONOMIA DA GESTÃO DE RECURSOS HÍDRICOS

Até bem recentemente, a principal estratégia utilizada na gestão de recursos hídricos resumia-se a gerir investimentos para aumentar a *oferta* de água. No entanto, em economias caracterizadas pela crescente escassez hídrica (Randall, 1981) e por crescentes requerimentos de transferências de água entre bacias e regiões, cada vez mais é requerida a chamada *gestão de demanda*, ou também chamada gestão de recursos hídricos com foco na demanda. Métodos científicos da Economia da Gestão Hídrica são decisivos para apoiar o desenvolvimento de políticas que viabilizem uma gestão da demanda efetiva, ou seja, que entre outros resultados: tornem o uso da água mais eficiente, reduzam as perdas e priorizem os usos que contribuem para o desenvolvimento social e econômico da bacia/região. Políticas assim desenhadas incorporam uma combinação de incentivos do lado da demanda, especialmente os econômicos, e devem promover flexibilidade, resiliência e colaboração em face de crescente stress e incerteza.

Modelos hidroeconômicos e os sistemas automatizados

Os modelos hidroeconômicos assentam-se sobre uma plataforma conceitual (Bear et al. 1964; Gisser e Mercado, 1972; Noel et al. 1980) para gestão integrada de recursos hídricos em escala regional onde a água é alocada e gerida de forma a maximizar benefícios líquidos derivados de curvas econômicas de demanda de água (Harou et al., 2009).

Esses modelos de otimização, cujo objetivo é encontrar estratégias eficientes de alocação de água de um ponto de vista econômico, ao mesmo tempo que incorporam restrições hidrológicas e ambientais, o fazem representando todos esses aspectos (hidrológicos, ambientais e econômicos) numa plataforma única e incluindo os conceitos econômicos no coração das estratégias de alocação de água. Têm emergido como uma ferramenta privilegiada para a implementação de uma gestão integrada[2] de recursos hídricos e têm avançado rapidamente nos últimos anos, devendo impactar significativamente nas abordagens conceituais e práticas de gestão de recursos hídricos (Mayer e Muñoz-Hernandez, 2009).

As principais características comumente encontradas nos modelos hidroeconômicos são (adaptado de Harou et al., 2009):

- Existe uma representação espacial distribuída dos componentes hidrológicos e econômicos através de uma rede de nós e links, que contempla as diferentes escalas, desde os usuários, sub-bacias até a bacia completa. Esses nós representam as entidades físicas e os links, as conexões entre essas entidades. Os nós da rede incluem os nós-fonte, tais como trechos de rio, afluentes, reservatórios, etc., e os nós-demanda, que podem ser usuários de irrigação, áreas urbanas, hidroelétricas, etc. Esses nós são espacialmente conectados e constituem a rede representativa da bacia. Os links entre os nós-fonte e demanda é que estabelecem a base para o acoplamento dos sistemas hidrológicos e econômicos nos modelos (Cai, 2008).
- As demandas de água não são representadas por requerimentos "fixos", definidos por meio de outorgas, prioridades, etc., mas sim pelo conceito econômico de valor. Isso é possível com o uso de curvas de demanda por água nos modelos. Essas curvas representam a disposição a pagar dos consumidores variando com diferentes quantidades de água alocadas.
- Usam a maximização de benefícios líquidos (ou de forma equivalente à minimização dos custos de escassez, ou seja, os benefícios líquidos perdidos) para identificar a alocação ótima entre os usos. Dessa forma, os modelos realocam água até que os benefícios marginais líquidos sejam iguais entre todos os usos (princípio da equimarginalidade microeconômica).

A estratégia de otimização tem uma relevância grande na teoria econômica, e a maioria dos modelos hidroeconômicos consiste de modelos de otimização[3], o que não impede que alguns deles incluam componentes de simulação.

---

[2] Gestão Integrada como definida pelo Global Water Partnership (ver http://www.gwp.org).

[3] *Integrated water resources optimization models* (IWROMs) segundo Mayer e Muñoz-Hernandez (2009) ou *water resources – economic optimization* (WREO) segundo Cai (2008).

Uma plataforma conceitual para o desenvolvimento desses modelos de otimização (IWROMs) foi descrita por McKinney et al. (1999) e ainda se mantém atual, pois incorpora todos os elementos para uma modelagem de gestão de água em nível de bacia, alinhada com as tendências correntes. Ela inclui decisões em vários níveis de bacia (Figura 1) e sub-bacia, tais como quantidade de água retirada de rios/ reservatórios e requerimento de fluxo para fins ambientais, entre outros, e incorpora todos os possíveis usos, não consuntivos – incluindo geração de energia, lazer – e os consuntivos, tais como agricultura e uso doméstico e industrial. Maximizam-se os benefícios líquidos socioeconômicos da bacia, na medida em que se agregam os benefícios e prejuízos de cada uso. Esses valores ótimos realimentam o bloco de controle do sistema, que inclui tanto as questões institucionais como os incentivos econômicos, que restringem ou estimulam decisões de consumo, bem como operações hidrológicas. Assim, o sistema hidrológico interage com as diversas decisões de uso da água. A operação do sistema hidrológico é dirigida pelos usos econômicos da água e, ao mesmo tempo, as decisões de consumo da água são restritas pelo sistema hidrológico. Além disso, a plataforma representa a bacia como um todo, o que possibilita a representação de todas as conexões entre fontes e usos de água e entre consumidores a montante e a jusante, considerando-se inclusive o processo de fluxo de retorno no modelo. Dessa forma, a plataforma tanto pode servir como uma ferramenta de auxílio na avaliação de políticas de água, como um sistema de apoio a decisão das questões operativas hidrológicas.

As duas estratégias existentes para combinar componentes econômicas e hidrológicas nos modelos de otimização são modelagem compartimentada e modelagem holística (Braat e Lierop, 1987). Na primeira, tratam-se os componentes hidrológico e econômico como submodelos cujas soluções individuais são modificadas por algum método de coordenação que os una. Na modelagem holística, ao contrário, os submodelos são combinados em um único, que em geral é resolvido de uma só vez. Nessa modelagem, os componentes do modelo são estreitamente conectados em um único, de forma que a informação entre eles ocorre endogenamente.

O tratamento endógeno das relações hidrológicas e econômicas apresenta uma série de vantagens, tais como i) permite uma análise econômico-ambiental mais efetiva; ii) consegue apreender as relações entre o homem e o meio; iii) imitam o impacto do ambiente, podendo efetivamente apoiar decisões relacionadas a um desenvolvimento econômico sustentável (adaptado de Cai, 2008).

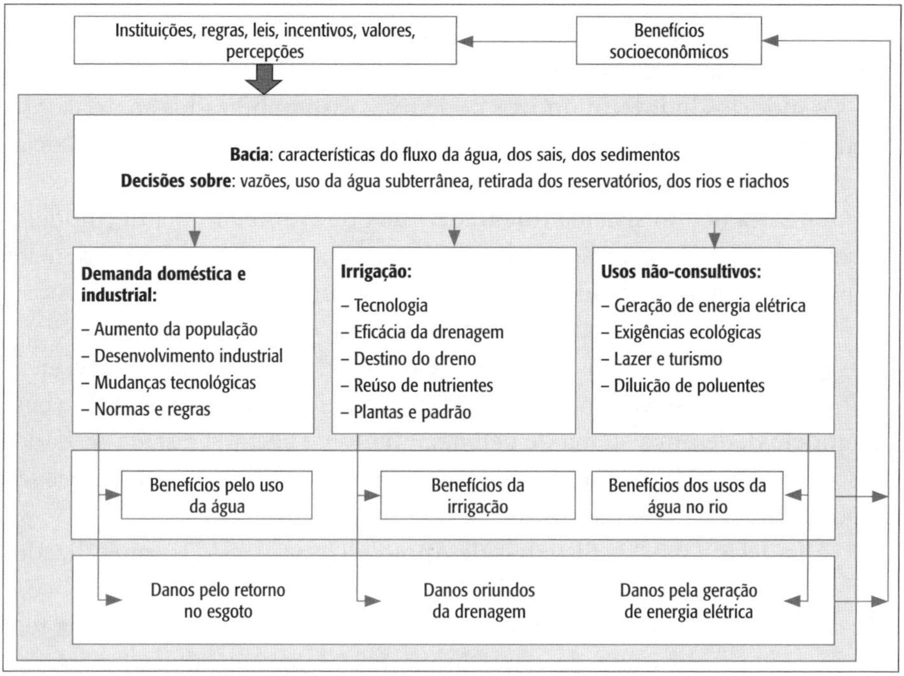

Figura 1 – Plataforma conceitual para o desenvolvimento de modelos econômico-hidrológicos integrados (modelos de otimização).
Fonte: McKinney et al., 1999.

Os modelos holísticos (*holistic water resources-economic models* – HWREMs) têm se apresentado como uma ferramenta importante para a gestão integrada de bacias e despertado crescente interesse de estudo. São particularmente úteis em regiões onde a competição por água é intensa, usos econômicos da água dominam, há interesse pelos impactos econômicos e operacionais de instrumentos de gestão, e dados são disponíveis para calibrar os modelos econômicos (Marques et al., 2006).

Deve-se ressaltar que, na literatura, encontram-se outras abordagens voltadas a incorporar conceitos econômicos na alocação e às vezes também chamadas hidroeconômicas. São modelos, que podem ser descritivos ou prescritivos, mas incorporam uma avaliação econômica à alocação sem envolver otimização econômica. Isso significa que a alocação obtida não é economicamente ótima, ou seja, não envolve o princípio da equimarginalidade microeconômica. Esse tipo de abordagem não está associado ao conceito explorado neste capítulo. Ele fornece elementos relativos aos benefícios e ineficiências de diferentes configurações de alocação, que são guiadas por critérios outros que não os econômicos. Por isso provém, a posteriori, apenas uma avaliação econômica de alternativas de alocação definidas por outros critérios (George et al., 2011).

Os modelos hidroeconômicos podem ser disponibilizados ao decisor de diferentes formas. Algumas vezes aparecem de forma isolada apenas associados a uma interface gráfica e uma base de dados. Outras vezes aparecem como componentes de um sistema integrado que pode também incluir: modelos hidrológicos de chuva-vazão para gerar entradas ao sistema hídrico; modelos de qualidade da água; modelos de avaliação econômica associando custos e benefícios a valores de fluxos e volumes de água, etc. Assim, para subsidiar a decisão usando os modelos estudados, é requerido, além do desenvolvimento do modelo em si, de um sistema que o gerencie de forma adequada (base de modelos), de um sistema de gerenciamento de entrada e saída de dados (base de dados) e de uma interface gráfica. Para isso, diferentes estratégias são disponibilizadas através dos softwares existentes.

Uma delas é usar os Sistemas de Apoio à Decisão (SAD) generalizados voltados à gestão de recursos hídricos, muitos deles de domínio público, e que disponibilizam diversos modelos de simulação e otimização. Essa tem sido historicamente a abordagem mais popularmente aplicada nas duas últimas décadas.

No entanto, usar esses sistemas generalizados para incluir modelos específicos requer dos seus desenvolvedores um esforço para construir, manter e estender a interface para adaptá-los. Ademais, como se tratam de sistemas integrados incluindo já diversos modelos predefinidos para as diferentes funções, nem sempre é válido o uso do SAD generalizado se não há interesse na utilização da maior parte dos modelos já disponibilizados.

Outra estratégia é a criação de um SAD específico para o usuário, através do desenvolvimento de modelos direcionados a suas necessidades próprias, implementando-os através de sistemas de modelagem genéricos, disponíveis comercialmente tanto para otimização como para simulação.

Para o desenvolvimento da interface gráfica e do sistema de gerenciamento de entrada e saída de dados existiriam algumas opções. Uma delas seria o uso dos próprios recursos dos sistemas de modelagem genéricos já mencionados, que em maior ou menor grau facilitam a construção dessas interfaces. Outra opção mais recente é o uso de uma plataforma de modelos que poderia ligar diversos modelos desenvolvidos na maioria dos sistemas de modelagem existentes (planilhas eletrônicas do Excel, GAMS, MATLAB, FORTRAN, etc.) a uma interface e um gerenciador de dados genérico. Harou et al. (2009) descrevem um exemplo desse tipo de plataforma, o HydroPlatform, como sendo uma plataforma de modelos aberta, geograficamente referenciada, que trabalha com diversos modelos construídos em sistemas de modelagem comerciais, como por exemplo o GAMS.

Uma plataforma de modelos com essas características possibilita a inserção, gestão e visualização de entradas e saídas de modelos e disponibiliza isso através de funções de entrada e saída. Os modelos não ficam na plataforma, pois ela tem condições de habilitar diversos modelos externos, que não mais necessitam de uma interface ou gestão de dados própria (Harou et al., 2009).

Segundo Sprague (1989), os SADs devem possuir um conjunto de recursos que facilitem uma rápida e fácil configuração e permitam modificações em resposta a mudanças requeridas pelo usuário. Sendo assim, devem possibilitar a criação de uma base a partir da qual aplicações específicas possam ser constantemente desenvolvidas e modificadas com a cooperação direta do usuário, e pouco consumo de tempo e esforço.

Valoração econômica da água e obtenção das curvas de demanda

Uma das dificuldades no estabelecimento de uma gestão eficiente dos recursos hídricos está relacionada com a dificuldade no estabelecimento do valor econômico da água. Segundo Harou et al. (2009), um conceito chave para a alocação eficiente da água é que o valor econômico da água e os custos variam com a quantidade utilizada. Além disso, fatores como localização, tipo de uso (produção agrícola, industrial e consumo residencial), disponibilidade do recurso (abundante em água ou que apresenta escassez) também impactam nesse valor econômico (Figueiredo e Moraes, 2015).

Assim, para efetivamente atuar na gestão sustentável de recursos hídricos, especialmente diante de cada vez mais prováveis cenários de escassez hídrica, é necessário mais do que identificar um valor econômico pontual para a água, ou seja, um único valor de benefício marginal associado a uma dada disponibilidade. É necessária uma relação funcional entre valores e quantidades alocadas, as chamadas curvas de demanda, pois a realidade é que o aumento da escassez altera o valor econômico do recurso.

Representando assim os valores econômicos da água diante de diferentes quantidades disponibilizadas, a curva de demanda modela o comportamento do usuário, sendo essencial para a análise econômica e elemento chave para os modelos hidroeconômicos (Griffin, 2006). Além de ser representativa de benefícios marginais, pode ser utilizada para mensurar os benefícios econômicos totais derivados de uma determinada alocação da água ou o custo de escassez de uma eventual redução na alocação (cálculo da área sob a curva).

Para estimar a função de demanda dos recursos hídricos, são necessários dados da quantidade total do recurso, bem como dos benefícios econômicos associados. Há muitas maneiras de usar a água, seja para uso direto ou indireto em um processo de produção, como a produção de alimentos, ou como serviços básicos de ecossistemas. Devido a essa diversidade no uso dos recursos hídricos e suas características específicas, uma variedade de métodos para estimar as demandas econômicas de água foram desenvolvidos e continuam a se desenvolver (Booker et al., 2012).

Griffin (2006) relaciona como métodos "funcionalmente capazes" para estimar a curva de demanda por água: o método de expansão de ponto, os baseados em programação matemática, o de valoração contingente e os métodos estatísticos de regressão. A despeito do fato de que alguns métodos são mais apropriados para determinados usos, o autor faz uma revisão de resultados empíricos para os três setores (residencial, comercial/ industrial e agrícola) e conclui que há uma clara dominância de duas dessas estratégias: os métodos estatísticos e a programação matemática.

Com base em trabalhos da literatura acerca da demanda por água na agricultura, é comum classificar os métodos estatísticos como métodos indutivos e os de programação matemática como métodos dedutivos. Harou et al. (2009) destacam que as técnicas indutivas dependem sobremaneira dos dados observados para inferir o valor econômico através das técnicas estatísticas, e por isso são considerados intensivos em dados. Os métodos dedutivos, por sua vez, associados ao uso da programação matemática ou da chamada otimização, apresentam característica de serem computacionalmente intensivos e são considerados como uma abordagem normativa, ou seja, buscam inferir uma solução ótima.

Por não serem intensivos em dados, os métodos da programação matemática que envolvem otimização linear ou não linear vêm sendo muito usados na identificação das curvas de demanda pela água. No entanto, segundo Griffin, 2006, eles são mais adequados quando a água é um insumo importante nos processos produtivos associados aos usos, tais como na agricultura e indústria, mas não são indicados, por exemplo, no caso do abastecimento humano. Para tal, um método que tem se mostrado extremamente importante e útil é o método de expansão de ponto, que a partir de uma estimativa de elasticidade-preço dada de forma exógena para um determinado uso, estima a curva de demanda de forma rápida usando o pressuposto de que a elasticidade é constante ao longo dessa curva. Abaixo segue descrição dos métodos de (i) programação matemática e o de (ii) expansão de ponto para a obtenção das curvas de demanda.

Expansão de ponto

A técnica da expansão de ponto já foi aplicada em inúmeros trabalhos e representa importante instrumento para a estimação da demanda (Harou et al., 2009; Griffin, 2006). O método é relativamente fácil na aplicação, dado que toda curva de demanda é obtida utilizando-se apenas um ponto conhecido da função (normalmente o ponto de operação atual) e a elasticidade-preço da demanda, que é exógeno e assumido como sendo constante. A elasticidade-preço da demanda é definida como a variação na quantidade demandada em relação uma variação no preço (Griffin, 2006; Varian, 2006):

$$\eta = \frac{\frac{\Delta Q}{Q}}{\frac{\Delta P}{P}} \qquad \text{(Equação 1)}$$

Sendo: Q = Quantidade de água
P = Preço de água, valor econômico da água ou benefício marginal
η = Elasticidade-preço da quantidade demandada

Resolvendo-se a equação diferencial (dq=f(dp)) ao substituir-se os ΔQ e ΔP por diferenciais e assumindo-se a elasticidade-preço constante, chega-se na seguinte função de demanda inversa:

$$Q = kP^{\eta} \qquad \text{(Equação 2)}$$

Conhecendo-se um ponto conhecido na função 2 acima, a constante k, que representa uma condição de contorno da equação diferencial, pode ser obtida, e a curva de demanda, traçada. Para esse ponto em geral, utiliza-se o ponto da operação atual do usuário, ou seja, a quantidade do recurso atualmente utilizada e os custos médios atuais incorridos para a obtenção do mesmo como condição de contorno. Deve-se salientar que, conquanto mais fácil de obter, o custo médio não é igual ao custo marginal (que é igual ao benefício marginal no ponto de ótimo), mas é uma boa proxy dele, pelo menos para os usuários que utilizam o recurso de forma eficiente (o ponto de mínimo do custo médio ocorre quando ele se iguala ao custo marginal).

Entretanto, a função 2 proposta por Griffin (2006) tem certas limitações referentes à utilização na prática, pois a função assintota os eixos P e Q em direção ao infinito. Assim, por exemplo, quando a quantidade de água alocada tende a zero, o valor da água tende ao infinito. Na teoria, isso representaria uma tendência real, mas, na prática, a função resulta em benefícios econômicos infinitos para valores alocados de água maiores que zero (benefícios econômicos totais dado pela área sob a curva de demanda de zero até o valor alocado). Por isso, na maioria das aplicações dessas curvas de demanda em modelos hidroeconômicos, elas são utilizadas para calcular a perda dos benefícios econômicos (área sob a curva entre o valor atual e o valor alocado) devido a reduções na alocação, o chamado custo de escassez.

Moraes et al. (2006) propuseram uma função 3 similar, mas que interceptasse o eixo das ordenadas através da introdução de duas constantes C2 e C1 (ao invés de um único k), e, portanto, possibilitasse o cálculo dos benefícios totais através do deslocamento da função. A ideia é que, na prática, o valor econômico associado à quantidade alocada nula seria mensurável e não infinito. Ademais, os valores dos benefícios econômicos atualmente obtidos seriam usados como uma outra condição de contorno e a curva então se adaptaria de forma que a área sob a mesma no ponto de operação se aproximasse do benefício atual obtido pelo usuário com a quantidade de água atual (ponto de operação).

$$P(Q_{aloc}) := e^{\ln\left[\left(\left|Q_{aloc} - C_2\right|\right)^{\frac{1}{\eta}}\right] + C_1}$$

ou (Equação 3)

$$P(Q_{aloc}) = k(Q_{aloc} - C_2)^{1/\eta} \quad e = k = e^{C1}$$

A curva da função 3 passaria a interceptar o eixo dos preços (quantidade zero) e o eixo da quantidade alocada na qual o preço tende a zero (consumo autônomo).

Programação matemática positiva (PMP)

A partir da década de 1990, a programação matemática é integrada como método de modelagem para a demanda de água para irrigação como trabalho de Howitt (1995), que desenvolve uma técnica denominada Programação

Matemática Positiva (PMP). Os métodos para obtenção de curvas de demanda através da PMP se baseiam em um determinado preço e estimam a quantidade de água que maximiza o lucro do agricultor. A variação do preço da água induz diferentes quantidades de água ideais. Essas informações são diretamente usadas para representar a demanda derivada da água para irrigação. Várias hipóteses são feitas a respeito da função rendimento da cultura à água de irrigação.

O PMP é um procedimento de autocalibração, em três estágios. O primeiro estágio consiste em um modelo de programação linear definido como:

$$\text{Max} \prod_{x_{gi,l\wedge \geq 0}} \sum_{g} \sum_{i} \left(v_{gi} yld_{gi} - \sum_{j} \omega_{gji} a_{gji} \right) x_{gi,terra} \qquad \text{(Equação 4)}$$

$$\sum_{i} a_{gij} x_{gi,terra} \leq b_{gj} \qquad \forall g, j \qquad \text{(Equação 5)}$$

$$x_{gi,terra} \leq \tilde{x}_{gj,terra} + \varepsilon \qquad \text{(Equação 6)}$$

Onde (4) é a função objetivo e $x_{gi,terra}$ (hectares plantados por região g e cultura i) indica as variáveis de decisão. A receita marginal é dada por v_{gi} e a produtividade média e custos variáveis médios por yld_{gi} e ω_{gji}. Os parâmetros a_{gji} sao definidos pela razao do total de insumos normalizados pela área plantada. A restrição dos recursos é dada pelas equações (5), e o conjunto (6) representa os limites da calibração, onde $x_{gi,terra}$ é a quantidade de área plantada atualmente observada, e ε é um erro de tolerância.

O segundo estágio consiste na calibração de uma função custo quadrática e de uma função de produção com elasticidade constante conforme descrita abaixo:

$$TC_{gi}\,(x_{gi,terra}) = \alpha_{gi} x_{gi,terra} + \frac{1}{2} y_{gi} x^2_{gi,terra} \qquad \text{(Equação 7)}$$

$$Y_{gi} = \tau_{gi} \left[\sum_{j} \beta_{gij} X_{gij}{}^{\rho} \right]^{\frac{v}{\rho}} \qquad \text{(Equação 8)}$$

Onde Y_{gi} é o produto da cultura i na região g, τ_{gi} é o parâmetro de escala da função de produção CES, e os parâmetros de participação de um dado recurso j são dados por β_{gi}. A elasticidade de substituição é $\sigma=1/((1-\rho))$ e α_{gi} e γ_{gi} são os interceptos e a inclinação da função custo marginal linear da cultura i da região irrigada g.

Por fim, o terceiro estágio consiste em resolver um programa de maximização não linear com restrição. A função objetivo pode ser escrita de forma que:

$$\mathrm{Max}_{x\geq 0} \prod \sum_{g}\sum_{i} v_{gj} Y_{gi} - \sum_{g}\sum_{i}\left(\alpha_{gi} x_{gi,terra} + \frac{1}{2}\omega_{gi} x^2_{gi,terra}\right) - \sum_{g}\sum_{i}\sum_{j\neq terra}(\omega_{gji} x_{gij}) \quad \text{(Equação 9)}$$

$$\sum_i a_{gij} x_{gi,terra} \leq b_{gj} \qquad \forall g,j \qquad \text{(Equação 10)}$$

$$\sum_i x_{gi,água} \leq Avail.b_{água,g} \qquad \forall g \qquad \text{(Equação 11)}$$

Onde Y_{gi} é definida pela função de produção e pelos parâmetros τ_{gi} e β_{gij} da equação (8). O segundo termo é a função custo quadrática calibrada (equação 7). O conjunto de restrições (equação 10) tem uma parte idêntica (equação 5) à utilizada no problema de maximização linear (equação 4). Deste último não se usam as restrições de calibração (equação 6) e ainda acrescenta-se um novo conjunto de restrições exclusivo para o uso da água anual (ver equação 11).

Os procedimentos utilizados para a calibração do problema PMP são descritos em Howitt et al. (2012), e especificamente a calibração da função CES e a calibração da função custo quadrática são descritas nos trabalhos de Medellín-Azuarra et al. (2009) e Maneta et al. (2009a).

Instrumentos de gestão e a sua avaliação usando a economia da gestão dos recursos hídricos

Com base nos três níveis de intervenção identificados por Bhatia et al. (1995), foram classificados por Unep Dtie (2011) e são descritos a seguir quatro tipos de instrumentos que podem ser utilizados na gestão dos recursos hídricos com foco principalmente na demanda:

- *Habilitar Condições*, isto é, promover mudanças no ambiente institucional e legal no qual a água é fornecida e utilizada. Podem incluir a criação de instituições ou processos, tais como mecanismos para outorgar os direitos de água e para a tomada de ações coletivas (por exemplo, associações de usuários de água que gerenciam a alocação de água em sistemas de irrigação), bem como a privatização de serviços de abastecimento.
- *Instrumentos baseados no mercado*: aqueles que influenciam diretamente o comportamento dos usuários, fornecendo incentivos econômicos para conservar a água. Incluem preços e mercados de água (por exemplo, direitos de uso de água comercializável e, mais recentemente, comércio de poluição de água), efluentes e outros tipos de impostos, bem como os subsídios.
- *Instrumentos não mercantis ou abordagens de comando e controle*: representados pelas outorgas de direito de uso da água, licenças e controles de poluição.
- *Intervenções diretas*: como investimentos em programas de conservação e de eficiência no uso da água. Podem incluir a instalação e restauração de infraestrutura hídrica, neste caso sendo instrumentos de gestão de oferta.

As abordagens de comando e controle ou instrumentos não mercantis, não só na gestão de recursos hídricos, mas na gestão ambiental de uma forma mais geral, são os instrumentos de regulação mais frequentemente utilizados para corrigir falhas do mercado. As abordagens baseadas no mercado vêm sendo introduzidas para aumentar a flexibilidade na aplicação das políticas e minimizar os custos de implementação. Cada instrumento tem benefícios e apresenta desafios em termos de eficácia e eficiência e, na maioria dos casos, é utilizada uma combinação dos diferentes tipos de instrumentos de política para a gestão dos recursos hídricos. O conjunto específico de instrumentos de política utilizados variará de um local para outro, dependendo de fatores como o estado do desenvolvimento económico, o nível de escassez de água, o desenvolvimento histórico e a capacidade institucional, entre outros. Além de diferenças conceituais, todos os instrumentos enfrentam barreiras de implementação, que podem variar muito (Thomas e Callan, 2010).

O Quadro 1 classifica e dá exemplos de instrumentos de política ambiental que são usados na gestão de recursos hídricos com foco na demanda, tanto no que se refere a aspectos quantitativos como a aspectos qualitativos dos recursos hídricos.

Quadro 1 – Instrumentos de gestão ambiental aplicáveis a gestão de recursos hídricos

Instrumentos de gestão	Exemplo	Descrição/objetivo	Avaliação	
			Vantagens	Desvantagens
Habilitar condições	Estabelecimento da necessidade de concessão de outorgas para uso da água	Governo estabelece e concede direitos de uso da água.	(i) Favorece investimentos em infraestrutura hídrica, pois o acesso à água é considerado seguro. (ii) Favorece possibilidades de compensação quando a água é requerida por outros usos.	É geralmente difícil conceder e assegurar direitos de água para comunidades remotas e mais vulneráveis.
Instrumentos de comando e controle*	Padrões baseados em níveis: cotas, outorgas, níveis máximos de constituintes em efluentes	Determina uniformemente níveis de retirada de água ou concentrações máximas de efluentes em corpos hídricos pelos usuários. Serve como um objetivo a ser alcançado, levando em conta impactos na quantidade e qualidade de água	(i) Fácil de implementar e fiscalizar. (ii) Adaptável a diferentes fontes de efluentes. (iii) Podem ser integrado a outros instrumentos de comando e controle bem como a instrumentos mercantis.	(i) Os níveis estabelecidos não necessariamente consideram custos e benefícios econômicos associados (não asseguram eficiência alocativa). Em geral, apenas os benefícios sociais e ambientais são considerados. (ii) Quando os níveis estabelecidos são uniformes para várias fontes poluidoras (no caso de concentrações máximas de efluentes permitidas), esta abordagem não é custo-efetiva, pois recursos econômicos serão desperdiçados já que os produtores para os quais as reduções são caras são forçados a reduzir a poluição ao mesmo nível que aqueles para os quais os custos envolvidos são menores.
Instrumentos de comando e controle *	Padrões baseados em tecnologia para quantidade e qualidade de águas	Estabelece o tipo de tecnologia que deve ser adotado quando da utilização dos recursos hídricos. O objetivo é assegurar níveis de retirada de água específicos bem como de emissões ao determinar como esses níveis devem ser alcançados.	Permitem a obtenção dos níveis de quantidade e qualidade de águas desejáveis.	(i) Não necessariamente consideram custos e benefícios econômicos associados (não asseguram eficiência alocativa). Em geral, apenas os benefícios sociais e ambientais são considerados. (ii) Retira dos agentes econômicos a possibilidade de escolha da tecnologia que minimizaria seus custos (não é custo-efetiva).

(continua)

Quadro 1 – Instrumentos de gestão ambiental aplicáveis a gestão de recursos hídricos (*continuação*)

Instrumentos de gestão	Exemplo	Descrição/objetivo	Avaliação	
			Vantagens	Desvantagens
Instrumentos de comando e controle *	Padrões baseados no ambiente para quantidade e qualidade das águas: carga máxima diária de efluentes	Estabelece permissíveis padrões de quantidade e qualidade de águas para o ambiente, que pode ser uma bacia ou um reservatório usualmente com múltiplos usuários. O objetivo também é assegurar adequadas condições aos corpos d'água. Neste caso, nem os níveis nem a tecnologia a ser utilizada são definidas.	Permitem aos agentes poluidores escolher como reduzir impactos negativos aos corpos d'água, observando os limites legais, mas favorecendo reduções de custos quando comparados com os padrões que estabelecem níveis de reduções ou tecnologias a se utilizar. Portanto, favorece o custo-efetividade.	(i) Não necessariamente consideram custos e benefícios econômicos associados (não asseguram eficiência alocativa). Em geral, apenas os benefícios sociais e ambientais são considerados. (ii) Só este instrumento aplicado de forma isolada não assegura o custo-efetividade quando os custos das reduções de quantidade ou qualidade dos diversos agentes diferem.
Instrumentos baseados em mercado*	Cobrança: preços e taxas.	Taxas cobradas de acordo com a quantidade e/ou qualidade dos recursos hídricos usados. Internaliza os custos sociais do uso da água.	(i) Usam a motivação econômica natural de forma que aqueles que têm menores custos conseguem as maiores reduções. (ii) Internalizam externalidades imputadas a outros usos (estratégia custo-efetiva e eficiência técnica). (iii) Geram recursos financeiros que ajudam na fiscalização e no controle da aplicação dos instrumentos.	(i) Dificuldade na determinação do valor a ser cobrado que induzirá os usos que trarão benefícios a toda a sociedade (não assegura eficiência alocativa). (ii) Implicações distributivas relacionadas a aumento de preços de produtos que usem água como insumo. (iii) Acréscimo de custos para assegurar que não haja uso ilegal dos recursos.

(continua)

Quadro 1 – Instrumentos de gestão ambiental aplicáveis a gestão de recursos hídricos (*continuação*)

Instrumentos de gestão	Exemplo	Descrição/objetivo	Avaliação	
			Vantagens	Desvantagens
Instrumentos baseados em mercado*	Subsídios: concessões, descontos, isenções e créditos fiscais.	Pagamentos ou reduções de taxas de forma a prover as atividades econômicas de condições financeiras para reduzir suas atividades e assim diminuir o impacto sobre os recursos hídricos. Internalização dos benefícios sociais devido ao não uso ou à preservação da qualidade dos recursos hídricos.	(i) Se os subsídios são viáveis por unidade de recursos hídricos, isto pode levar a custo-efetividade, já que os subsídios seriam independentes do método usado e preveniriam distorções tecnológicas. (ii) Pode levar a reduções de impactos totais sobre os recursos hídricos já que cada poluidor reduz as suas emissões individuais, prevenindo emissões agregadas maiores que as originais.	(i) Em geral, são estabelecidos em associação a um método ou tecnologia de redução de impactos em vez de deixar a motivação econômica natural dos agentes obter algum método custo-efetivo. (ii) Pode levar a aumentos nos impactos nos recursos hídricos desde que a redução de custos promovida pelos subsídios e maiores lucros possam encorajar novos entrantes. (iii) Dificuldade no estabelecimento dos valores dos subsídios que levem a um real aumento nos benefícios para toda a sociedade (não assegura eficiência alocativa). (iv) É financiado com recursos do governo, impondo assim os custos a toda a sociedade.
Instrumentos baseados em mercado*	Sistema de pagamento para reservar terras sem uso.	Representa uma quantidade a ser paga para um proprietário de terras para que seja garantida a sua não utilização, assegurando assim as condições naturais originais da terra, o que garantiria que os recursos hídricos não fossem impactados. Integra vantagens de outros instrumentos baseados em mercado como subsídios e sistemas de reembolso, como redução de custos e gastos com fiscalização e controle	O sistema de reembolsos encoraja o comportamento apropriado de não impacto sobre os recursos hídricos sem adicionar custos significativos em fiscalização.	A identificação dos valores a reembolsar compatíveis com os custos de oportunidade das atividades que levam aos impactos ambientais pode levar algum tempo para se ajustar, o que deve fazer com que a sociedade incorra em custos que não necessariamente trarão benefícios.

(*continua*)

Quadro 1 – Instrumentos de gestão ambiental aplicáveis à gestão de recursos hídricos (*continuação*)

Instrumentos de gestão	Exemplo	Descrição/objetivo	Avaliação	
			Vantagens	Desvantagens
Instrumentos baseados em mercado*	Mercados de água	Um mercado é estabelecido para detentores de direitos de uso da água, podendo se referir tanto à sua quantidade como à sua qualidade. Quantidade e qualidade das águas socialmente desejáveis serão estabelecidas, enquanto o mercado estabelece o preço.	(i) Agentes que podem reduzir os impactos eficientemente recebem incentivos para fazê-lo através da aquisição desses direitos dos agentes menos eficientes (esses resultados alcançam a custo-efetividade e a eficiência técnica). (ii) O benefício para a sociedade é alcançado, pois os usuários mais eficientes, encorajados pelos incentivos econômicos, minimizam custos (eficiência técnica). (iii) Tomadores de decisão não necessitam estabelecer preços para alcançar a redução de impactos desejada. Partindo do nível socialmente desejável, o mercado estabelece os preços (favorece a eficiência alocativa). (iv) O sistema de negociação é mais flexível com respeito ao número de direitos de uso e pode ser alterado para mudar o objetivo ambiental.	(i) O sistema não gera renda para o governo a não ser que ele adquira e venda alguns dos direitos de uso. (ii) Áreas perigosas podem ser criadas, com altas concentrações de poluentes onde a maioria das trocas dos direitos de emissões sejam feitas. (iii) Mais altos custos administrativos são possíveis de ocorrer para manter o comércio entre compradores e vendedores.
Intervenções diretas	Campanhas de educação e informação	Aumentar o conhecimento do público em geral com respeito a certos tópicos: campanhas sobre impactos da qualidade da água e como fontes pontuais e difusas podem afetar a saúde e o ambiente.	(i) Pode ter consideráveis impactos (ii) Baixos custos	É difícil passar informação sem parcialidade, isto é, campanhas geralmente advogam apenas um ponto de vista ou perspectiva.

Nota: Itens marcados com asterisco (*) foram baseados em Thomas e Callan (2010).

Fonte: Adaptado de Unep (2011).

A formulação de políticas através da implementação desses instrumentos de gestão deve ser apoiada por dados e modelos que possam avaliá-los, podendo ser usados nessa avaliação tanto os critérios de eficiência alocativa (alocação econômica ótima) como o de custo-efetividade (eficiência técnica).

A eficiência alocativa de um instrumento requer que a resultante alocação de água entre os setores seja economicamente ótima. Nessa alocação ótima, cada setor obtém a mesma utilidade da unidade marginal do recurso alocada, ou seja, o princípio da equimarginalidade econômica é atendido. Essa é uma alocação teórica, posto que, na prática, ela envolve uma série de dificuldades. Mesmo na modelagem hidroeconômica – que é a que melhor pode avaliar a efetividade dos instrumentos segundo esse critério – o princípio da equimarginalidade não é sempre atendido (nem espacialmente na rede, nem temporalmente), dado que restrições não econômicas, tais como as hidrológicas e as institucionais, são incorporadas (Harou et al., 2009).

Isso não impede que esses modelos sejam úteis para comparar os diversos mecanismos econômicos alocativos segundo o referido critério, pois podem mensurar benefícios e custos por usuário, incorporar restrições e avaliar *trade-offs*. Assim, os instrumentos podem ser comparados quanto à sua efetividade como implementadores de um bem-estar máximo.

Dada a abordagem prescritiva (otimização) da maioria dos modelos hidroeconômicos, há uma tendência natural de eles serem usados na avaliação dos instrumentos baseados em mercado (ver Quadro 1), tais como cobrança e mercados de água. Esses instrumentos podem influenciar diretamente o comportamento dos usuários, fornecendo incentivos econômicos para o uso racional da água. Diferentemente dos mercados, que não são permitidos em muitos países, inclusive no Brasil, a cobrança é um instrumento mais abrangente, mas apesar disso, em nível global, é considerada subutilizada (Griffin, 2006) no sentido de responder efetivamente às questões de escassez de água. No Brasil, a maioria dos preços estabelecidos pela água bruta são definidos com objetivos arrecadatórios e não econômicos, ou seja, a preocupação é obter o valor necessário para a operacionalização dos planos de bacia e não induzir ao uso eficiente (Sousa et al., 2010).

Modelos hidroeconômicos podem subsidiar a decisão na determinação do valor a ser cobrado que trará benefícios a toda a sociedade. Outros modelos econômicos mais tradicionais, tais como os modelos de *input/output* e de equilíbrio geral, podem prever implicações distributivas relacionadas a maiores preços dos produtos que usam água como matéria-prima (Moraes et al., 2015).

Uma alternativa ao critério da alocação econômica ótima é o critério de custo-efetividade (o segundo melhor critério, também conhecido como "critério de eficiência técnica"), ou seja, os instrumentos são avaliados com relação ao custo incorrido para atingir um determinado objetivo (Thomas e Callan, 2010).

Embora instrumentos de comando e controle possam atender ao critério de eficiência técnica (custo-efetividade) (Quadro 1), são principalmente os instrumentos mercantis que podem promover soluções custo-efetivas, pois permitem aos produtores reagirem de acordo com os seus próprios interesses, deixando-os livres para identificar a melhor estratégia (Unep, 2011).

Na verdade, a gestão integrada de recursos hídricos deve-se privilegiar de uma integração de instrumentos regulatórios e econômicos, criando sinergias e diminuindo os conflitos, de forma a contribuir para uma alocação intersetorial que viabilize o desenvolvimento econômico com sustentabilidade. Segundo Thomas e Callan (2010), é essa a tendência atual na gestão de recursos naturais: a aplicação de instrumentos econômicos, combinados com as abordagens mais tradicionais de comando-e-controle.

A gestão de recursos hídricos no Brasil

A preocupação com a questão da escassez dos recursos hídricos no Brasil é relativamente recente, exceto em regiões mais secas como o Nordeste, e mesmo assim em alguns períodos mais críticos. Isso pode ser em parte explicado pelo fato de o nosso país ser o maior detentor de a água potável do planeta, com nada menos que 12% das reservas existentes. Tendo abundância, bens públicos não têm valor econômico.

Os recursos hídricos brasileiros tradicionalmente foram geridos por seus usuários, de forma que cada setor da sociedade utilizava a água como bem de consumo, tratando-a como se fosse inesgotável. Não havia preocupação por parte dos setores usuários com as condições sociais, econômicas e políticas que possibilitam o uso coletivo dos recursos hídricos do país. De uma forma geral, pode-se afirmar que, durante o século passado, no que se relaciona aos aspectos quantitativos, a ótica adotada no Brasil foi sempre de expansão da oferta. Inexistiu a preocupação com o que acontece na parte final do processo: o gerenciamento da demanda. No que se refere aos aspectos qualitativos, as dificuldades de monitoramento e fiscalização pelos órgãos ambientais comprometeram o aparato legal e institucional proposto no início da década de 1980 quando o país aprovou a sua Política Nacional de Meio Ambiente (Ribeiro, 2000).

Em economias caracterizadas por escassez de água e necessidades de transferências crescentes, a gestão de demanda torna-se crítica, e o foco deve deslocar-se para essa gestão, de forma a obter água "poupada" através de diminuição de perdas de evaporação, redução da poluição e de usos não benéficos (Randall, 1981, apud Unep, 2011).

Conforme já mencionadas e descritas, as políticas que podem ser usadas para a implementação da gestão de recursos hídricos com foco na demanda são: habilitar condições; incentivos baseados em mercado; abordagens de comando-e-controle ou instrumentos regulatórios não baseados em mercado e intervenções diretas.

No que se refere ao uso da primeira delas, ou seja, o uso de políticas relacionadas à habilitação de condições legais e institucionais para a oferta e uso da água, pode-se considerar como importante marco no Brasil a edição da Lei n. 9.433, de 8 de janeiro de 1997, em substituição ao Código de Águas do início do século.

Segundo Granziera (2000), a legislação sobre águas, no plano federal, até a edição dessa Lei, que dispõe sobre a Política Nacional de Recursos Hídricos, não fornecia os instrumentos necessários à administração dos recursos hídricos no que se refere à proteção e melhoria dos aspectos de qualidade e quantidade. É ela que se constitui, hoje, no instrumento hábil para que se possa gerir as águas do Brasil de acordo com os critérios mais modernos que existem.

Ao mesmo tempo, o fato de a referida legislação só ter sido sancionada no início de 1997 fez com que as especificidades regionais pudessem ser evidenciadas em uma série de leis que, elaboradas pelos estados, buscavam solucionar seus próprios problemas (Garrido, 1998). Segundo Carrera-Fernandez (1999), o Brasil encaminhou, assim, a solução dos problemas de seus recursos hídricos a partir dos Estados e de uma abordagem regional, com o avanço dos mesmos na elaboração de suas leis de organização administrativa para o setor.

Assim, as normas estaduais e a Lei Federal n. 9.433/97, foram incorporados à ordem jurídica brasileira, delegando a gestão das águas a comitês e conselhos de recursos hídricos, com a participação, além da União e dos Estados, de Municípios, usuários de recursos hídricos e da sociedade civil (Granziera, 2000). Deve-se salientar, no entanto, que, a partir da edição dessas normas, o domínio das águas, repartido assim entre a União e os Estados, tornou-se um fator de dificuldade para a implantação das políticas de recursos hídricos, o que determinou a criação de mecanismos de articulação para viabilizar a gestão de forma mais efetiva e sem entraves (Granziera, 2000).

Em panorama descrito à época, no jornal de notícias da ABRH em 2001 (nr. 4), observa-se que na maioria dos Estados as unidades administrativas com gerência direta e indireta sobre os recursos hídricos atuavam de forma bastante desarticulada. Instituições representativas dos segmentos envolvidos (poderes públicos estaduais e municipais, usuários e sociedade civil) criadas com competências concorrentes com as de outros órgãos do Estado levavam a atribuições sobrepostas. Não havia harmonização nas relações interinstitucionais, não havendo clareza nos papéis dos vários órgãos e entidades dos Estados atuando no âmbito dos Sistemas de Gerenciamento de Recursos Hídricos (SGRH).

Com o objetivo de melhorar essa plataforma, foram criadas instituições como o Conselho Nacional de Recursos Hídricos (CNRH) e as Secretarias de Recursos Hídricos (Ministério do Meio Ambiente) e de Infraestrutura Hidráulica (Ministério da Integração). Em 2000, criou-se a Agência Nacional de Águas (ANA) para estimular e contribuir com a viabilização de uma cultura tão desejada de gestão integrada dos recursos hídricos. Desde então, reconhece-se uma evolução na gestão de RH no Brasil, sem negar, no entanto, que grandes desafios ainda devem ser solucionados.

Um deles, reconhecido pela ANA, em uma série de debates estratégicos sobre a Questão das Águas no Nordeste entre julho e dezembro de 2009, é a consideração da água como fator econômico escasso e a utilização de mecanismos que induzam um uso mais eficiente. Esses são exatamente os instrumentos baseados em mercado descritos no Quadro 1, alguns já admitidos na nova legislação.

Na verdade, a Lei n. 9.433/97 estabelece, como um dos fundamentos da política nacional de recursos hídricos, que a água é um recurso natural limitado e dotado de valor econômico, e inclui entre os instrumentos de gestão a cobrança (incentivo baseado em mercado), além das outorgas e enquadramentos (abordagens de comando-e-controle).

Para a formulação de políticas realmente efetivas, o uso desses instrumentos regulatórios e econômicos deveriam ser parte de uma análise de alocação intersetorial integrada que avaliasse custos e benefícios e incluísse os custos de oportunidade dos usos. Assim, a ideia é que essas políticas sejam construídas e avaliadas de forma a não só focar nas questões de eficiência no uso (nos aspectos de quantidade e qualidade de água) como também incorporar custos e benefícios socioeconômicos. É com essas características que as mesmas se tornam agentes de um real processo de Gestão Integrada dos Recursos Hídricos (Integrated Water Management Systems – IWRM), viabilizando o desenvolvimento econômico e o bem-estar social de forma sustentável.

Conforme já explicitado na seção anterior, integrando aspectos hidrológicos, ambientais e econômicos, e incluindo a teoria econômica no centro das estratégias de alocação, os modelos hidroeconômicos emergem como uma ferramenta privilegiada para a modelagem de tais políticas. Segundo Fisher et al. (2002), esses modelos podem apoiar e orientar os tomadores de decisão na formulação de políticas realmente eficazes.

APLICAÇÕES DE MODELOS HIDROECONÔMICOS NO NORDESTE DO BRASIL

Harou et al. (2009), em recente revisão, concluem que a modelagem hidroeconômica tem sido usada principalmente no meio acadêmico, tendo limitadas implementações de recomendações de estudos efetivadas por gestores de água. Segundo os autores, para alcançar relevância fora do meio acadêmico, modeladores devem trabalhar diretamente com gestores, usar e estender modelos já estabelecidos, desenvolver e incorporar dados econômicos e oferecer sistemas com interface amigável.

Os modelos hidroeconômicos, de forma especial, os holísticos (HWREMs), são particularmente úteis onde a competição por água é intensa, os usos econômicos dominam, e impactos econômicos e operacionais de políticas de gestão alternativas são de interesse (CAI, 2008).

O caso do Nordeste do Brasil apresenta todas essas características. A água na região é um fator escasso, limitante para o desenvolvimento econômico. Ademais, a água tem uma dimensão social que é muito importante, especialmente na região pobre do semiárido nordestino. Essa região semiárida perpassa nove estados, onde o balanço hídrico é negativo durante a maior parte do ano e onde a variabilidade climática produz eventos extremos que frequentemente resultam em secas e cheias. Isso impõe um grave risco para as atividades econômicas, em particular para a agricultura de subsistência, que dependem das chuvas incertas e irregulares. Por outro lado, a disponibilidade de recursos de água e solo, combinados, limita as possibilidades de irrigação a apenas 3% do território do semiárido. O Nordeste possui apenas 3% das águas brasileiras, tem apenas dois rios perenes – o São Francisco, que concentra 63% das águas do Nordeste, e o Parnaíba, com 15%. Os outros rios são intermitentes, isto é, só fluem em épocas de inverno (como se chama no Nordeste a estação chuvosa) e pouco fluem em anos de secas. As bacias hidrográficas desses rios intermitentes detêm os outros 22%.[4]

---

[4] Informações obtidas em uma série de debates estratégicos sobre a Questão das Águas no Nordeste ocorrido na ANA entre julho e dezembro de 2009. Ver http://www.cgee.org.br/eventos/Agua_Nordeste.

Até a década de 1990, a política de água para o Nordeste consistia unicamente na construção de açudes. Do lado dos usuários, estimulava-se a irrigação pública e o abastecimento urbano. Não existia propriamente uma política de gerenciamento da água para o Nordeste (como não existia para o Brasil).[5]

A partir de então, mais especificamente após a implementação da base institucional já descrita voltada a possibilitar uma gestão de RH, observa-se no NE e no Brasil como um todo, a aplicação principalmente dos instrumentos regulatórios (comando-e-controle) para viabilizar a gestão: outorga, enquadramento e licenciamento ambiental. Com relação ao uso de instrumentos econômicos, o Estado do Ceará é o primeiro no Brasil a regulamentar a sua lei estadual e estabelecer a cobrança para abastecimento público e indústrias, posteriormente estendendo a outros usos tais como irrigação e aquicultura.

A gestão de RH no NE (e no Brasil) deve se privilegiar de uma integração dos instrumentos regulatórios e econômicos, criando sinergias e diminuindo os conflitos, de forma a contribuir para uma alocação intersetorial que viabilize o desenvolvimento econômico com sustentabilidade.

Em revisão sobre as experiências brasileiras de aplicações de mecanismos de alocação de água, Lopes e Freitas (2007) relatam que o modelo utilizado pelos órgãos brasileiros pode ser caracterizado como o de alocação de água definido pelo poder público, segundo classificação sugerida por Dinar et al. (1997). Isso reduz enormemente o esforço administrativo necessário na sua implementação e manutenção, além de implicar grande segurança aos usuários já estabelecidos e regularizados. No entanto, ao mesmo tempo, dado que se aceita a evolução natural dos usos de recursos hídricos até o limite predefinido pelo critério de outorga, a possibilidade de rearranjo de quantidades alocadas é praticamente inexistente, tanto espacialmente como entre setores usuários.

Trabalho do IFPRI em parceria com o The World Bank (Rosegrant, 1994) salienta que, quando a economia cresce e a competição por água e o valor da água crescem, os benefícios da realocação da água crescem significativamente. Uma série de fatores que aumenta o valor da água e, por conseguinte, os benefícios da alocação eficiente, é apontada pelos autores: a oferta de longo prazo da água torna-se inelástica; a demanda por água aumenta rapidamente; a competição por água entre os usos agrícolas, industrial, urbano e não consuntivo aumenta; os problemas de externalidade tais como salinização de águas subterrâneas e da terra tornam-se mais importantes.

---

[5] Idem.

Aplicação na bacia do Pirapama

O modelo econômico-hidrológico integrado desenvolvido na UFPE (Moraes, 2003), numa parceria entre o Laboratório de Hidráulica e o Departamento de Economia, com recursos do CT-HidroIDRO/Finep, usa uma metodologia baseada em Cai e Wang (2006), estendendo-a de forma a combinar aspectos de quantidade e qualidade de águas. Na verdade, modelos anteriores incorporaram salinidade na água usada para irrigação (Cai et al. 2003; Cai e Wang, 2006), mas não DBO (Demanda Bioquímica de Oxigênio) ou OD (Oxigênio Dissolvido), que requerem formas funcionais mais complexas (Moraes et al., 2010).

A ideia central do modelo é determinar a alocação ótima por meio da maximização de uma função objetivo representando o benefício social líquido. Isso leva a uma alocação mais eficiente, diante das imperfeições da economia dos mercados de águas e do gerenciamento dos recursos hídricos. O valor ótimo ainda deve ser tal que todas as restrições, sejam de disponibilidade ou de qualidade das águas, sejam institucionais, venham a ser respeitadas (Moraes et al., 2006).

Possui todas as características comumente encontradas num modelo hidroeconômico, conforme descrito em seção específica anterior, e da mesma forma que outros modelos já citados (McKinney et al., 1999; Rosegrant et al., 2000; Cai et al., 2003; Ward e Lynch, 1996; Lund et al., 2006; Jenkins et al., 2004) é adequado para avaliação de políticas de gestão de águas.

O modelo foi desenvolvido para o primeiro trecho da bacia do Pirapama, a montante do reservatório de mesmo nome, localizado na Região Metropolitana de Recife (RMR), no estado de Pernambuco, Nordeste do Brasil. Nesse trecho, há uma significativa produção de etanol a partir da cana-de-açúcar. A produção de cana na região se dá utilizando práticas controladas de fertirrigação, que apresenta potencialmente significativos efeitos adversos no ambiente. Para avaliar alocação de água com sustentabilidade, a modelagem integra aspectos de quantidade e qualidade de águas. Dessa forma, pôde ser estudado o impacto de padrões de qualidade estabelecidos para a fertirrigação. A principal vantagem do modelo é a habilidade de refletir as relações entre os componentes hidrológicos, agronômicos e econômicos, explorando, ao mesmo tempo, consequências econômicas e ambientais de diferentes escolhas de políticas.

O modelo pode ser usado para apoiar o decisor no estabelecimento de mecanismos econômicos baseados nas estimativas de poluição difusa (NPP – *nonpoint source pollution*) provenientes das áreas de cana fertirrigadas, diante de diferentes formas de disposição e tratamento desses efluentes.

A possibilidade de tratamento do efluente antes da fertirrigação, bem como o seu aproveitamento econômico, através da produção de biogás, foram recentemente avaliados usando a referida modelagem. A ideia da aplicação partiu da necessidade de apoiar decisores em busca de uma regulação eficiente que leve os produtores da região a internalizarem os custos ambientais da utilização da vinhaça.

Também usando a modelagem, foram obtidos custos de oportunidade na alocação de efluentes em áreas plantadas de cana, a partir da solução ótima do problema de maximização (Germano et al., 2010). Ademais, simulando-se novos valores para os coeficientes de custos de transporte, bem como para os valores dos custos de tratamento e de aspersão de efluentes, foram sugeridos subsídios ou taxas que devem incentivar a alocação de efluentes nas áreas de cana mais afastadas, favorecendo a manutenção dos índices de qualidade do rio em níveis admissíveis pela legislação.

Outras aplicações da modelagem apresentam uma avaliação de alguns instrumentos alocativos (instrumentos de gestão de RH previstos pela Lei Federal n. 9433/97) no que se refere a sua efetividade no alcance dos objetivos. Para isso comparam-se os resultados obtidos através da sua aplicação com o valor de alocação ótima econômica, resultado do problema de otimização do modelo, que funciona como uma referência.

Moraes et al. (2009) comparam a outorga controlada e a cobrança por custo marginal: os resultados mostram que o mecanismo de outorga em suas diversas formas introduz perdas em relação a alocação eficiente, e os ganhos, quando ocorrem, não compensam as referidas perdas. No que se refere à cobrança por custo marginal, nela verifica-se a presença de perdas maiores, pois incluem não só as perdas decorrentes do consumo reduzido como também aquelas decorrentes da arrecadação do que se continua consumindo.

Mendes (2007) compara duas metodologias de cobrança de água, uma com objetivo arrecadatório (financeiro) e outra com objetivo econômico. A análise da proximidade ou distanciamento dos benefícios da alocação ótima, após o estabelecimento dos preços de cada uma das metodologias, mostrou que, em algumas situações, na presença de escassez hídrica, a introdução dos preços levou a menores reduções nos benefícios dos usuários como um todo.

Aplicação no submédio da bacia hidrográfica do rio São Francisco

Recentemente um modelo hidroeconômico foi desenvolvido e empregado no Submédio do São Francisco (SMSF) (Silva, 2017). O estudo utilizou curvas de demanda para os principais usuários consuntivos ao longo dessa região hidrográfica do rio São Francisco, que incluiu perímetros irrigados, irrigação difusa, abastecimento humano e o projeto de integração do rio São Francisco com as bacias hidrográficas do Nordeste Setentrional. Ademais, a produção de energia e os benefícios econômicos das usinas hidroelétricas instaladas na área de estudo foram considerados. O modelo identificou a alocação econômica ótima em cenários alternativos das regras operacionais atualmente utilizadas na operação dos reservatórios, bem como em cenários futuros de mudanças no uso do solo e clima. Os resultados mostram que os custos ambientais para a manutenção dos ecossistemas são elevados em todos os cenários e têm impactos em todos os usos consuntivos e na produção hidroelétrica durante períodos de escassez. Em relação às mudanças no uso de solo e clima, foi notado que a variabilidade climática pode ter maior impacto do que as projeções de mudanças de clima e uso de solo, ou seja, a escassez de água durante o período de estiagem prolongado (2012-2016) foi maior do que nos cenários futuros analisados, que não mostraram períodos de estiagem tão extensas. O cenário futuro com expansão das áreas irrigadas (SRES A2) mostra um aumento de competição entre os usos e em períodos de pouca disponibilidade hídrica, custos de escassez muito elevados para todos os usos na alocação econômica ótima. O aumento do *trade-off* entre a produção hidroelétrica e a da agricultura irrigada causa custos de escassez muito mais elevados em períodos de menor disponibilidade hídrica. Principalmente a expansão de áreas de cana–de-açúcar irrigada, com baixos custos e altos requerimentos de água em perímetros ainda com baixa eficiência econômica, precisa de reformas nos instrumentos de regulação. Incentivos ou penalidades econômicas precisam ser implementados efetivamente, como por exemplo, a incorporação nos valores da cobrança que levem em consideração a eficiência econômica dos usuários de água.

DESAFIOS E POTENCIALIDADES NA IMPLEMENTAÇÃO DOS MODELOS HIDROECONÔMICOS

Levantamento das curvas de demanda e a questão da valoração do uso da água

As curvas de demanda dos usuários de água indicam o valor econômico ou disposição de pagar para diferentes quantidades de águas alocadas no modelo. Existem vários métodos que podem ser empregados para determinar as curvas de demanda. No entanto, em geral, não se encontram ainda no

Brasil valores estimados para as curvas de demanda dos principais usuários, mas apenas requerimentos fixos.

No estudo do Submédio do São Francisco (Silva, 2017), foram obtidas as curvas de demanda utilizando o método PMP (Medellín-Azuara et al., 2009) e a expansão de ponto (Moraes et al., 2006). Este último método foi utilizado para as curvas de demanda para a irrigação difusa, devido a não existência de dados que pudessem possibilitar o uso do PMP e também para o abastecimento humano. As curvas de demanda da água para a agricultura irrigada obtidas para o Submédio do São Francisco mostraram características variáveis de acordo com as práticas dos usuários, especialmente no que se refere ao mix de cultivos utilizado. O PMP se adaptou bem aos dados existentes para os perímetros públicos localizados no SMSF. Os resultados do método de expansão de ponto para a irrigação difusa mostraram algumas semelhanças nas ordens de grandeza dos valores obtidos para as curvas de demanda dos perímetros públicos irrigados, obtidas para a mesma área de estudo, utilizando a Programação Matemática Positiva.

É importante salientar que, nesse estudo do São Francisco, como os dados dos projetos públicos de irrigação não estavam disponíveis para todos os projetos num mesmo nível de quantidade e qualidade suficientes para a aplicação do método (Codevasf, 2006), foram usados dados primários em nível de município e proporcionalizados para os projetos públicos. Esses dados municipais referentes ao uso da terra e produção agrícola foram obtidos do Censo Agropecuário Brasileiro de 2006. No caso do uso da água, utilizaram-se também dados agregados municipais obtidos na Matriz de Coeficientes Técnicos do Ministério do Meio Ambiente, em vez de usar dados locais dos perímetros públicos de irrigação. Os dados de uso da água na agricultura irrigada por município também foram obtidos do Ministério do Meio Ambiente. Valores agregados como esses utilizados em nível municipal, ao invés de dados específicos para os projetos de irrigação, podem sobre ou subestimar as curvas de demanda do PMP, o que altera consequentemente a alocação ótima obtida pelo modelo hidroeconômico. Além disso, a incerteza sobre os dados no ponto de operação utilizado no método de expansão de ponto também tem impactos sobre as curvas de demanda obtidas para os usuários da irrigação difusa e influenciam também os resultados obtidos na modelagem hidroeconômica.

Envolvimento dos decisores

Relata-se em Mayer e Muñoz Hernandez (2009) a importância do envolvimento dos tomadores de decisão no desenvolvimento dos IWROMs (modelos econômicos de otimização). Segundo os autores, essa participação apresenta várias vantagens. Inicialmente, sendo o IWROM desenvolvido sob um processo interativo e transparente que envolva os decisores, são aumentadas as possibilidades de adoção dos resultados e eventual transformação em políticas (CAI, 2008). O envolvimento dos decisores na modelagem de processos (por exemplo, hidrológicos), bem como na definição de funções-objetivo e restrições, deve aumentar sua confiança nos resultados e, portanto, aumentar as chances de real aplicação. Ademais, na medida em que os modeladores envolvem os decisores, aqueles podem apreender a importância social e política das instituições envolvidas na gestão de RH. Uma avaliação crítica da capacidade dessas instituições em apoiar e incorporar políticas de gestão recomendados pelos modelos hidroeconômicos de otimização é importante para o sucesso das referidas aplicações.

A questão dos mercados de água

Outra dificuldade relatada por Harou et al. (2009) é a ideia associada à aplicação de modelos hidroeconômicos de que eles necessariamente imporiam soluções de mercado ou neoliberais para os problemas de gestão de RH.

Por razões históricas e institucionais, a maioria das estratégias de gestão resultam em alguma ineficiência. Os modelos hidroeconômicos podem ajudar a identificar áreas onde práticas de gestão correntemente usadas não estão mais de acordo com disponibilidades de água e/ou com atitudes sociais e ambientais associadas a equidade e qualidade de águas. A ideia do uso de modelos hidroeconômicos é aumentar a transparência e racionalidade no uso dos recursos naturais e não o de advocar uma ideologia particular (Harou et al., 2009).

As prováveis mudanças climáticas

Conforme mencionado anteriormente, modelos hidroeconômicos propõem uma real integração entre as componentes hidrológica e econômica – que envolve uma série de desafios – nos modelos de alocação em nível de bacia, o que os têm feito emergir como uma ferramenta privilegiada para a implementação de uma gestão integrada de recursos hídricos.

Segundo Novoa (2012), também na análise de mudanças climáticas para gestão de recursos hídricos, o desafio da real integração entre os componentes hidrológico e econômico se apresenta. Os autores relatam que, em geral, essa análise tem focado tradicionalmente nos impactos físicos (disponibilidade de água) de diferentes previsões climáticas com uma representação limitada da dinâmica socioeconômica dentro dos sistemas hídricos. Ao mesmo tempo, a análise econômica de impactos de mudanças de clima nos RHs não têm recebido adequado tratamento dos seus aspectos físicos.

Os modelos hidroeconômicos têm o potencial de fazer essa ligação e podem assim se constituir numa plataforma apropriada para o estudo de como mudanças de disponibilidade, devido a mudanças de clima, afetam o bem-estar social e como diferentes políticas podem ajudar a reduzir riscos e aproveitar possíveis oportunidades que possam surgir diante de novos cenários climáticos (Novoa, 2012).

Dois cenários futuros foram analisados no contexto de mudanças de solo e clima no estudo do Submédio do São Francisco (Silva, 2017). O primeiro cenário, chamado fragmentação, baseou-se no cenário A2 do SRES (Special Report on Emissions Scenarios) (Nakicenovic e Swart, 2000), que representa um crescimento econômico e populacional elevado combinado com pouca consciência ambiental e mais heterogêneo (fragmentação entre países pobres e ricos). O segundo cenário, consciência global, é baseado no cenário B1 SRES (Nakicenovic e Swart, 2000) e simula a globalização com foco na consciência ambiental que leva a um menor crescimento populacional e um crescimento económico sustentável. Os resultados mostram que, com o crescimento do uso da água para irrigação na região, a importância econômica relativa aos outros usos da produção de energia hidroelétrica diminui, mas não há incentivos para racionalizar o uso da água na agricultura irrigada. Por exemplo, a expansão dos perímetros públicos e das áreas projetadas de cana-de-açúcar irrigada simulada pelos modelos de uso de solo e clima resultam num crescimento da alocação econômica ótima de água para perímetros que tenham com cultivo principal a cana–de-açúcar no cenário A2. Isso mostra que, diante de manutenção das políticas de água atuais, haverá incentivo econômico para a produção de culturas com altos requerimentos de água nessa região. Esse caso é mais grave, quando se considera que, nas próximas duas décadas (até 2035), os cenários climáticos mostram maior disponibilidade hídrica, o que pode possibilitar a expansão de áreas irrigadas com essa cultura, para em seguida diminuir bastante a partir de 2050. Isso deve aumentar a possibilidade de conflitos a longo prazo. O cenário B1 mostra um cenário futuro mais crítico em termos da disponibilidade de água, junto com usos moderados (pouco crescimento da demanda em comparação ao cenário A2). O principal *trade-off* nesses cenários foi entre os usos consuntivos e a vazão ecológica. A vazão mínima ecológica (do plano da bacia hidrográfica atual, igual a 1.300 m^3/s) não pôde ser atendida e impõe custos de escassez muito elevados para todas as demandas (consuntivos, não consuntivos, ambientais).

As transferências de águas entre bacias e regiões

As transferências de águas entre bacias (TEBs) vem sendo cada vez mais usadas como estratégia para estimular o desenvolvimento econômico em locais de escassez hídrica regional. Os TEBs envolvem a realocação de água de uma bacia para outra através da criação de uma infraestrutura de engenharia, que inclui: canais, aquedutos, estações de bombeamento e outras instalações. Assim, os TEBs nada mais são do que uma solução tecnológica que tenta compatibilizar as demandas humanas e suas reservas limitadas (Mayer, 2016). Apesar de bastante antigo, nos últimos 100 anos, o uso de TEBs tem se intensificado como uma abordagem para ampliação do acesso à água, trazendo com ela uma série de dificuldades (Saurı e Moral, 2001; Howe e Goemans, 2003; Amarasinghe e Sharma, 2008; Gupta e Zaag, 2008; Scott e Banister, 2008; Prichard e Scott, 2013; Crow-Miller, 2015; Gleick, 2002). Em primeiro lugar, a gestão das TEBs baseia-se quase exclusivamente em uma infraestrutura e tomada de decisões centralizada, criando barreiras à inovação e flexibilidade. Ademais, as TEBs vêm gerando impactos desproporcionalmente negativos na bacia hidrográfica exportadora (Hussey e Pittock, 2012), criando uma série de desafios sociais, políticos e econômicos para a sociedade em geral e, em alguns casos, institucionalizando uma nova geografia da desigualdade (Gupta e Zaag, 2008; Moore, 2014).

Na verdade, essa realocação aparentemente simples do ponto de vista da Engenharia, pois nesse aspecto teria a sua tecnologia já desenvolvida, é de fato do ponto de vista econômico e social caracterizada por um alto grau de incerteza com impactos muitas vezes imprevisíveis (Rittel e Webber, 1973). O uso de métodos e modelos econômicos deve auxiliar na busca de soluções que enfatizem a eficiência no uso dos recursos hídricos através de uma gestão de demanda sustentável que alavanque o desenvolvimento econômico e social.

O caso da interligação de bacias a partir do Submédio do São Francisco (Silva, 2017) foi analisado através do modelo hidroeconômico. Os resultados mostraram que os custos da transposição são mais elevados durante períodos de estiagem (CV – variabilidade climática – 2010-2016) e cenários futuros mais secos (Figura 2). Principalmente o setor da produção hidroelétrica tem as maiores perdas associadas com a alocação para o PISF. Outro *trade-off* importante é entre os perímetros irrigados na bacia doadora e o PISF. No caso do cenário A2, que representa uma maior expansão das áreas irrigadas na bacia doadora e receptora junto com uma maior disponibilidade hídrica, o custo de escassez dos irrigantes aumenta para ambas as bacias, 1,32 bilhões para a bacia receptora e 100,5 milhões para as bacias receptoras (custos de escassez dos usos consuntivos num período de 7 anos).

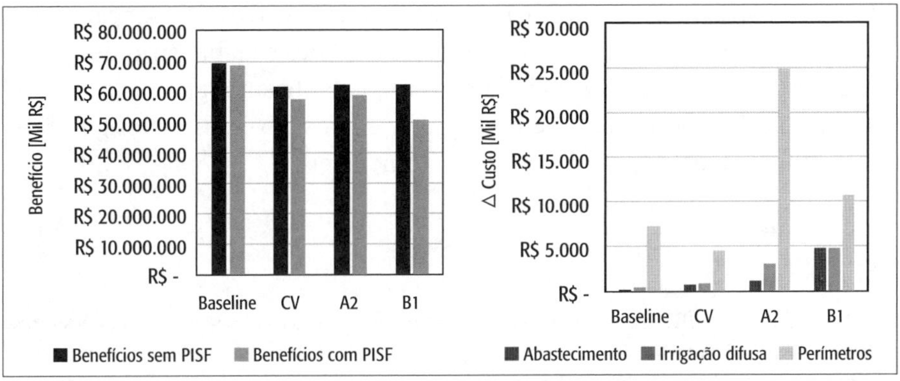

Figura 2 – Diferença nos benefícios das hidroelétricas e dos custos de usos consuntivos na bacia doadora com e sem PISF nos cenários na solução ótima.

Considerando a demanda para o PISF de 110m³/s, a alocação econômica ótima média para o PISF foi de 92%, resultando em um aumento dos custos de escassez dos usuários consuntivos da bacia doadora de 34,3% (R$ 8,89 milhões para R$ 11,94 milhões) para irrigação difusa e 40,2% (R$ 61,95 milhões para R$ 86,83 milhões) nos perímetros públicos em relação a referência sem PISF durante um período de 7 anos. Os custos de escassez do abastecimento na bacia doadora aumentaram 184% (R$ 0,62 milhões para R$ 1,76 milhões) na solução ótima, em comparação a referência sem PISF.

CONSIDERAÇÕES FINAIS

A gestão de recursos hídricos começa a ter o seu o foco deslocado para a gestão de demanda, que requer uma análise de alocação intersetorial integrada valendo-se de mecanismos regulatórios e econômicos para indução ao uso mais eficiente. Aliados aos mecanismos regulatórios (abordagem de comando-e-controle) como, por exemplo, as outorgas e os padrões de emissão, os instrumentos econômicos, tais como a cobrança e os mercados de água, podem influenciar diretamente o comportamento dos usuários, fornecendo incentivos para o uso racional da água. Nesse contexto, o uso de métodos científicos da Economia da Gestão de Recursos Hídricos começa a ser cada vez mais requerido. O uso de modelos econômicos deve ajudar a estabelecer políticas de alocação de recursos hídricos, que identifiquem adequadamente os *trade--offs* entre diferentes usos. A mensuração dos efeitos socioeconômicos de diferentes estratégias de alocação, estabelecidas através dos mecanismos alocativos citados, deve apoiar a tomada de decisões e viabilizar o desenvolvimento sustentável. Isso será ainda mais importante em regiões com menores disponibilidades hídricas, e pode evitar efeitos adversos de longo prazo especialmente para as populações mais vulneráveis.

REFERÊNCIAS

BEAR, J.; LEVIN, O.; BURAS, N. *Optimal utilization of aquifers as elements of water-resources systems. Progress Report No. 1: Basic Concepts and Program of Research, Technion.* Haifa: Israel Institute of Technology, Hydraulic Laboratory, 1964.

BHATIA, R.; CESSTI, R.; WINPENNY, J. *Water conservation and reallocation:* Best practice cases in improving economic efficiency and environmental quality. A World Bank-Overseas Development Institute Joint Study. Washington, D.C.: World Bank, 1995.

BOOKER, J.F. et al. Economics and the Modeling of Water Resources and Policies. *Nat Resour Model J,* v.25, n.1, p.168-218, 2012.

BRAAT, L.C.; LIEROP, W.F.J. *Integrated economic-ecological modeling.* Amsterdam: North-Holland, 1987.

CAI, X.M. Implementation of holistic water resources – economic optimization models for river basin management – Reflective experiences. *Environ Model Softw,* v.23, n.1, p.2-18, 2008.

CAI, X.M.; MCKINNEY, D.C.; LASDON, L.S. Integrated hydrologic-agronomic-economic model for river basin management. *Journal of Water Resources Planning and Management,* v.129, n.1, p. 4-17, 2003.

CAI, X.; WANG, D. Calibrating holistic water resources – economic models. *J W Resour Plan Manage,* v.132, n.6, p. 414-423, 2006.

CARRERA-FERNANDEZ, J. *Estudo de cobrança pelo uso da água na bacia hidrográfica do rio Pirapama.* [S.l.]: CPRH, 1999.

DINAR, A.; ROSEGRANT, M. W.; MEINZEN-DICK, R. *Water allocation mechanisms – principles and examples.* Policy, Research Working Paper, 1779. ed. Washington: World Bank, 1997.

FIGUEIREDO, L.E.N.; MORAES, M.M.G.A. A demanda da água para irrigação para os perímetros públicos do Submédio do Rio São Francisco. XXI Simpósio Brasileiro de Recursos Hídricos, Brasília, 2015.

FISHER, F.M. et al. Optimal water management and conflict resolution: the Middle East water project. *Water Resour Res,* v.38, n.11, p.1-17, 2002.

GARRIDO, R.J.S. *Curso de gestão de recursos hídricos: Aspectos institucionais* – volume I. Universidade Católica de Salvador: [s.n.], 1998.

GEORGE, B. et al. An integrated hydro-economic modelling framework to evaluate water allocation strategies II: Scenario assessment. *Agric Water Manage,* v.98, n.5, p.747-758, 2011.

GERMANO, B.N.; MORAES, M.M.G.A.D.; RAMOS, F.S. Custos de oportunidade para alocação de efluentes nas áreas plantadas de cana na bacia do rio Pirapama. *Estudos Econômicos*, USP, v.40, p.679-711, 2010.

GISSER, M.; MERCADO, A. Integration of the agricultural demand function for water and the hydrologic model of the Pecos basin. *Water Resour Res,* v.8, n.6, p.1373-1384, 1972.

GRANZIERA, M.L.M. A cobrança pelo uso da água. R CEJ, Brasília, v.4, n. 12, p.71-74, 2000.

GRIFFIN, R.C. *Water resource economics: the analysis of scarcity, policies, and projects.* Cambridge: MIT Press, 2006.

[GWP] GLOBAL WATER PARTNERSHIP. Disponível em: ://www.gwp.org. Acesso em 2fev. 2018.

HALL, W. A.; DRACUP, J.A. *Water resources Systems Engineering.* New York: McGraw-Hill, 1970.

HAROU, J.J. et al. Hydro-economic models: concepts, design, applications, and future prospects. *J Hydrology*, v.375, n.3-4, p. 627-643, 2009.

HOWITT, R.E. Positive Mathematical Programming. *Am J Agric Econ,* v.77, n.2, p.329-342, 1995.

HOWITT, R.; MEDELLÍN-AZUARA, J.; MACEWAN, D.L.J.R. Calibrating disaggregate economic models of agricultural production and water management. *Environ Model Softw*, v.38, p. 244-258, 2012.

[IBGE] INSTITUTO BRASILEIRO DE GEOGRAFIA E ESTATÍSTICA. *Censo agropecuário 2006.* Brasilia: [s.n.], 2006. Disponivel em: <http://www.ibge.gov.br/>. Acesso em: 20 dez. 2015.

JENKINS, M.W. et al. Optimization of California's water system: results and insights. *J Water Resour Plan Manage,* v.130, n.4, p. 271–280, 2004.

LOPES, A.V.; FREITAS, M.A. A alocação de água como instrumento de gestão de recursos hídricos: experiências brasileiras. *REGA*, v.4, n.1, p.5-28, 2007.

LUND, J. R.; CAI, X.; CHARACKLIS, G.W. Economic engineering of environmental and water resource systems. *J Water Resour Plan Manage*, v.132, n.6, p. 399–402, 2006.

MANETA, M. et al. A spatially distributed hydro-economic model to assess the effects of drought on land use, farm profits, and agricultural employment. *Water Resour Res*, v.45, n.11, W11412, doi:10.1029/2008WR007534, 2009.

MARQUES, G.F. et al. Economically driven simulation of regional water systems: Friant-Kern, California. *J Water Resour Plan Manage*, v.132, n.6, p. 468-479, 2006.

MAYER, A.; MUÑOZ-HERNANDEZ, A. Integrated water resources optimization models: an assessment of a multidisciplinary tool for sustainable water resources management strategies. *Geo Compass*, v.3, n.3, p. 1176-1195, 2009.

MCKINNEY, C.D. et al. *Integrated basin-scale water resources management modeling: review and future directions.* Sri Lanka: [s.n.], 1999.

MEDELLIN-AZUARA, J. et al. A calibrated agricultural water demand model for three regions in Northern Baja California. *Agrociência*, v.43, n.2, p. 83-96, 2009.

MENDES, G. *Avaliação da Cobrança como Mecanismo Econômico Alocativo na Gestão de Bacias Hidrográficas: O Caso da Bacia do Rio Pirapama*, Dissertação (Mestrado). Departamento de Economia, Universidade Federal de Pernambuco. Recife: UFPE, 2007.

MORAES, M. et al. Joint water quantity-quality management in a biofuel production area – integrated economic-hydrologic modeling analysis. *Water Resour Plzn Manage*, v.136, n.4, p.502-511, 2010.

MORAES, M.M.G.A.; CIRILO, J.A.; SAMPAIO, Y. Integração dos componentes econômico e hidrológico na modelagem de alocação ótima de água para apoio a gestão de recursos: uma aplicação na bacia do Pirapama. *Revista Economia*, v.7, n.2, p.331–364, 2006.

MORAES, M.M.G.A.D. et al. Gestão de Recursos Hídricos usando modelagem econômico-hidrológica integrada na identificação de alocação ótima de água entre usos múltiplos. *REGA – Revista de Gestão de Águas da América Latina*, v.3, n.1, p. 29-44, 2006.

______. Avaliação de Instrumentos Econômicos alocativos na gestão de bacias hidrográficas usando modelo econômico-hidrológico integrado. *REGA – Revista de Gestão de Águas da América Latina,* v.6, n.2, p.49-64, 2009.

______. Integrated economic models to support decisions on water pricing in biofuel production river basins: three case studies from Brazil. *Biofuels, Bioproducts & Biorefining*, 2015. doi: 10.1002/BBB.1581.

NAKICENOVIC, N.; SWART, R. *Special Report on Emissions Scenarios (SRES).* Cambridge: Cambridge University Press, 2000.

NOEL, J.E.; GARDNER, B.D.; MOORE, C.V. Optimal regional conjunctive water management. *Am J Agric Econ*, v.62, n.3, p.489-498, 1980.

NOVOA, D.C. Hydro-economic analysis for water resources management in a changing climate. *Climate Change and the Sustainable Use of Water Resources*, p. 127-141, 2012. doi: 10.1007/978-3-642-22266-5_8.

[ONS] OPERADOR NACIONAL DO SISTEMA ELÉTRICO. *Atualização de séries históricas de vazões – Período 1931 a 2015.* Rio de Janeiro: [s.n.], 2015.

RANDALL, A. Property entitlements and pricing policies for a maturing water economy. *Aust J Agric Econ,* v.25, n.3, p. 192-220, 1981.

RIBEIRO, M.M.R. *Alternativas para a outorga e a cobrança pelo uso da água.* Tese (Doutorado). Porto Alegre: UFRGS, 2000.

ROSEGRANT, M.W.; BINSWANGER, H.P. Markets in tradable water rights: potential for efficiency gains in developing country water resource allocation. *World Develop J*, v.22, n.11, p.1613-1625, 1994.

ROSEGRANT, M.W. et al. Integrated economic–hydrologic water modeling at the basin scale: the Maipo river basin. *Agric Econ*, v.24, n.1, p. 33–46, 2000.

SILVA, G.S.D. *Apoio à gestão sustentável de recursos hídricos analisando um modelo hidro-econômico desenvolvido em diferentes cenários de uso do solo e clima: o caso do Sub-médio do São Francisco.* Recife: UFPE, 2017.

SOUSA, A.; RIBEIRO, M.M.R.; VIEIRA, Z.M.C.L. Gestão das águas subterrâneas no Estado da Paraíba: proposta de modelo de cobrança. *Revista Brasileira de Recursos Hídricos*, v.15, n.4, p.121-134, 2010.

SPRAGUE, R.H. A framework for the development of decision support systems. In: SPRAGUE, R.H.; WATSON, H.J. *Decision Support Systems.* New Jersey : Prentice-Hall, 1989.

THOMAS, J.M.; CALLAN, S.J. *Environmental Economics and Management: Theory, Policy, and Applications.* 5. ed. Mason, Ohio: South-Western/Cengage Learning, 2010. ISBN: 978-85-221-0652-3.

[UNEP] UNITED NATIONS ENVIRONMENT PROGRAMME. Oeko-Institut and IEA Bioenergy Task 43. *Zooming in on the Bioenergy and Water Nexus*, 2011. ISSN ISBN 978-92-807-3157-6.

VARIAN, H.R. *Microeconomia: conceitos básicos.* 7. ed. Rio de Janeiro: Elsevier, 2006.

WARD, F.A.; LYNCH, T.P. Integrated river basin optimization: Modeling economic and hydrologic interdependence. *Water Resour Bull*, v.32, n.6, p.1127–1138, 1996.

WORLD BANK GROUP. *High and Dry: Climate Change, Water, and the Economy*. Executive Summary. Washington: The World Bank, 2016.

PARTE V

Gestão Integrada e Governança

Aspectos institucionais e conceituais da governança da água: instrumentos, inovações e desafios

28

Pedro Roberto Jacobi
Cientista social, Instituto de Energia e Ambiente, USP

Ana Lucia Gerardi Spínola
Bióloga, Instituto de Energia e Ambiente, USP

INTRODUÇÃO

Historicamente, por muito tempo, a água foi vista como um recurso ilimitado. O mito da abundância esteve sempre atrelado a estruturas de poder por estruturas de poder e hábitos que influenciaram na desconexão entre a natureza e o indivíduo. Com o aumento do ritmo do crescimento urbano, há uma tendência das pessoas se aglomerarem em cidades e ocuparem verticalmente os espaços artificialmente produzidos. As cidades acabam por fabricar sintomas da transformação dos sistemas ecológicos sociais pelo ser humano, o que as torna distantes da realidade cotidiana do ambiente, provocando alheamento em relação aos ciclos naturais e distorções geradas por muitas camadas de informação entre os gestores que tomam decisões e o ambiente natural. Segundo Moran (2008), esses gestores são movidos por outros incentivos que vão além de assegurar a boa gestão ambiental, como pressão política, avaliação incorreta dos recursos, interesse próprio e corrupção.

Globalizado, o mundo atual é metropolitano, com dimensões internas portadoras de déficits decorrentes da construção histórica desordenada das metrópoles. A concentração populacional nas grandes cidades, ocorrida em período relativamente curto, especialmente nos países em desenvolvimento, nutrida pela incapacidade das políticas de desenvolvimento urbano em permitirem justo acesso ao solo, conformam o estabelecido desajuste socioespacial e a degradação ambiental presentes. Urbanização pressupõe acomodar pessoas num suporte espacial restrito, passível de provocar desequilíbrio e discordância à escala local entre quantidade de pessoas, suas atividades e os recursos naturais disponíveis (Monteiro, 2011). Este grande conglomerado apresenta um conjunto de problemas que têm se avolumado, como a articulação entre instâncias de gestão responsáveis por infraestruturas de saneamento, garantia da qualidade de vida para a população e o controle dos riscos e vulnerabilidades associados às desigualdades socioambientais (Ribeiro, 2011).

Atualmente, nenhuma fonte de água parece ser profunda ou distante o suficiente para sua utilização, visto que a construção de barragens cada vez maiores e a confecção de bombas e maquinarias cada vez mais potentes torna-a acessível em qualquer ponto, desde que haja recursos financeiros suficientes para o seu transporte. Nos últimos anos, mudamos drasticamente nosso relacionamento com a natureza, aumentando gradativamente os impactos nos recursos hídricos. A água – um bem dotado de valor econômico e visto como recurso – tornou-se objeto de disputas e conflitos ao redor do mundo. O risco da crise hídrica não se encontra mais atrelado somente à escassez de água e sim, principalmente, envolto de problemas relacionados à sua governança.

Segundo a Agência Nacional de Águas (ANA), no Brasil, os casos de estiagem que levaram a decretos de situação de emergência ou calamidade pública no país se ampliaram entre 2003 e 2015, levando a um aumento de 409% no número desses episódios. As preocupações referentes aos desafios enfrentados no gerenciamento hídrico, os quais têm aumentado de complexidade nos últimos anos, são reflexo da crescente conscientização das incertezas colocadas sobre a situação da hidrosfera e da insustentabilidade das práticas de gestão da água em muitas áreas. Isto traz à tona a necessidade da abordagem interdisciplinar na pesquisa relacionada aos recursos hídricos. Apesar do alto grau de sofisticação atingido nos campos técnico-científicos relacionados à água – como hidrogeologia, engenharia hidráulica ou biotecnologia – ainda nos encontramos muito distantes de compreender os processos históricos, socioeconômicos, culturais e políticos por trás dos problemas que envolvem a disponibilidade hídrica. Essa lacuna entre os campos de conhecimento pode contribuir para explicar por que o enorme progresso tecnológico feito em relação à água nas últimas décadas não se refletiu em práticas mais sustentáveis na gestão desse bem comum (Castro, 2007).

Desde 2010, a ONU reconhece a água como direito humano básico. Alcançar o acesso universal e equitativo da água potável para todos está dentre um dos objetivos de desenvolvimento sustentável para 2030. Até 2050, mais da metade do planeta viverá em áreas com risco de estresse hídrico, onde o suprimento não conseguirá atender de forma sustentável à demanda. O relatório *Water for a Sustainable World*, publicado pela Unesco em 2015, aponta para falhas de governança e formas de desenvolvimento insustentável que têm afetado a disponibilidade de recursos hídricos no mundo (Unesco, 2015). Cabe ressaltar que a demanda global por água é largamente influenciada pelo crescimento populacional, pela urbanização, por políticas de segurança alimentar e energética e processos como globalização e mudanças na dieta alimentar. Adicionalmente, quanto maior o poder aquisitivo da população, mais água é utilizada para realizar as tarefas diárias. Nas últimas décadas, o consumo de água aumentou 200% em relação ao aumento da população e a estimativa é que a demanda cresça 55% mais até 2050. Devido a esses fatores, se não houver uma gestão equilibrada entre demanda e oferta, o déficit global de água se consolidará (Aviv, 2016). Segundo Ribeiro (2008), a escassez de água nesses casos muitas vezes não será resultado das disparidades nos recursos naturais, e sim decorrência de processos políticos que agravam as desigualdades socioespaciais, principalmente no que diz respeito ao acesso e distribuição para as comunidades mais pobres. Este capítulo trata da problemática da água na sociedade contemporânea, enfatizando os aspectos institucionais da governança da água, bem como ferramentas e inovações para lidar com os desafios da escassez hídrica no Brasil e no mundo.

ASPECTOS CONCEITUAIS DA GOVERNANÇA DA ÁGUA

A governança é um termo mais inclusivo do que governabilidade, já que compreende as relações entre mercado, sociedade, leis, instituições, políticas públicas e decisões governamentais, implicando no estabelecimento de um sistema de regras, padrões e comportamentos que refletem os valores dos indivíduos inseridos nesse arcabouço regulatório (Jacobi, Gunther e Giatti, 2012). O conceito de Governança centra-se na noção de "poder social" que media as relações entre Estado e sociedade civil, como espaço de construção de alianças e cooperação, desafiando os limites entre o público e o privado e ampliando os mecanismos de gestão participativa. Apesar de a governança abrir espaço para múltiplos atores, para Jacobi et al. (2015), o Estado continua sendo o mais importante. A governança pode ser compreendida como um processo onde novos caminhos – teóricos e práticos – são propostos e adotados, visando estabelecer uma relação alternativa entre o nível governamental e as demandas sociais, gerindo interesses de vários setores. Legalmente, essa é possibilitada pela consolidação de novas engenharias institucionais, que criam espaços de diálogo, contribuição e decisão para receber os setores da sociedade, em oposição à tradicional perspectiva *top-down* da administração centralizada (Jacobi & Barbi, 2007; Jacobi, Fracalanza e Silva-Sánchez, 2015).

No caso da governança da água, a construção de fóruns deliberativos torna-se crucial para lidar com uma série de conflitos (aparentemente interligados) decorrentes das assimetrias sociais e territoriais existentes, os quais constroem um cenário com complexidades que vão além do domínio de um único ator governamental (Fracalanza e Campos, 2006). A água possui características locais, regionais, nacionais e internacionais, portanto, um dos principais desafios da governança seria conciliar essas características naturais com aquelas impostas pelas fronteiras políticas e econômicas. Conforme Jacobi (2009), a governança da água implica na predominância da lógica que articula governo, sociedade civil e tomadores de decisão. Sua efetividade é árdua e complexa, e seu sucesso se baseia na maior participação da sociedade civil, qualificada através de um processo de aprendizagem social e com coordenação política articulada. Representa, assim, uma forma de lidar com problemas multifacetários, mediante uma (tentativa de) abordagem interdisciplinar, isto é, com atores, métodos e discussões oriundos de diversas áreas do conhecimento científico, empírico e do senso comum. Em outras palavras, é irrefutável a evidência de que a ciência tradicional, dotada de leis e certezas, não consegue mais fornecer respostas únicas aos desafios sociais contemporâneos. Sendo assim, torna-se fundamental promover o protagonismo entre os saberes que vão além dos científicos (Jacobi et al., 2016).

Atualmente, na gestão hídrica, a governança representa um enfoque que propõe caminhos teóricos e práticos alternativos que façam uma real ligação entre as demandas sociais e sua interlocução em nível governamental. A governança da água seria realizada mediante participação, envolvimento e negociação de multiatores e transferência de poder para o governo local. Ao usar o termo governança da água, pretende-se extrapolar os alcances das instituições governamentais, hierárquicas e rígidas, e promover um espaço de discussão que envolva atores de diferentes setores. Para que os processos de governança da água possam se concretizar, são necessárias algumas condições. Apesar das inúmeras definições de governança que surgiram nas últimas décadas, alguns princípios-chave, particularmente na governança da água, parecem ser abordados em todas as situações (Wiek e Larson, 2012):

- *Perspectiva sistêmica*: interliga os aspectos ecológico, social, econômico, técnico, legal, e cultural da gestão da água no nível local ou regional;
- Ênfase *nos atores sociais*: identifica quem são os usuários responsáveis pelos problemas e quem deveria estar agindo na mitigação (ou está disposto a agir na mitigação) dos problemas de ordem hídrica;

- *Transparência*: mantém as informações públicas e em linguagem acessível, tornando claras as preferências e visões dos atores locais ou regionais envolvidos na gestão da água;
- *Perspectiva sustentável*: prioriza o aspecto socioambiental da gestão da água, equidade no acesso e justiça social.

Os conceitos de transparência, *accountability* e acesso à informação estão entre as práticas recomendadas por organizações internacionais para a "boa governança" dos recursos hídricos. Para Empinotti et al. (2016), a transparência é entendida como o acesso à informação a ser provida pelo Estado e qualquer outro ator envolvido nos processos de tomada de decisão que orientam o manejo dos recursos hídricos. Já a *accountability* adquire uma centralidade na teoria democrática na medida em que proporciona formas de gestão pública abertas à participação da sociedade, tornando a governança legítima mediante a responsabilização dos agentes públicos diante dos cidadãos. Empinotti et al. (2016) conclui caracterizando a política da transparência e acesso à informação como forma de garantir a participação simétrica dos atores envolvidos, uma vez que todos teriam o mesmo acesso às informações.

A disponibilidade de dados e informações acessíveis e de boa qualidade sobre recursos hídricos varia entre os estados. Segundo Empinotti et al. (2016, p. 63), "a transparência é entendida como o acesso à informação a ser provida pelo Estado e qualquer outro ator envolvido nos processos de tomada de decisão que orientam o manejo dos recursos hídricos". Essa é importante para diminuir a assimetria do poder no processo de tomada de decisões e garantir a distribuição equitativa dos recursos hídricos. A Lei Federal n. 9.433/1997 estabelece práticas de transparência como fundamentais na implantação de uma governança da água efetiva e do maior controle social dos gastos e investimentos públicos. Entretanto, por outro lado, a disponibilização de dados de baixa qualidade e desatualizados pode ser uma forma de centralização e controle ao acesso da informação; consequentemente, a transparência pode ser usada em outro contexto, como um instrumento disciplinar. Por exemplo, o fato das informações e problemas existentes no abastecimento de água de grandes cidades como São Paulo não ficarem claros dificulta a identificação dos fatores que levaram a tal situação. A falta de dados e de sua disponibilização, nesse caso, leva ao controle da situação por poucos atores sociais, geralmente aqueles que detêm o conhecimento técnico, o que pode ocasionar distorções da realidade e propensão à escolha de ações que favorecem grupos seletos e dificultariam o acesso universal à água (Empinotti et al., 2016).

A chave para se alcançar a governança sustentável, segundo Costanza et al. (1999), é a integração entre disciplinas e *stakeholders* baseada no paradigma da gestão adaptativa, o qual reconhece a incerteza do conhecimento científico na formulação das políticas. Esse se baseia nos seis princípios de Lisboa[1], que incluem o princípio da precaução; a participação de todos os *stakeholders* na formulação e implementação das decisões e ressaltam a importância do uso da escala correta, já que problemas que afetam o capital social e natural raramente encontram-se dentro de uma escala única. Desta forma, a governança deve ser entendida como uma estratégia que ressalta a necessidade de participação social em processos de decisão política, a descentralização de poder e a compilação de inúmeros interesses, objetivos e valores sobre um bem comum. Assim, enquanto condição básica de qualquer experiência em governança, a participação social torna-se um elemento central, tanto de processo quanto de análise. Portanto, do ponto de vista político, a participação pode chamar atenção para os conflitos envolvendo a apropriação da água, que evidenciam as desigualdades econômicas e sociais entre os diferentes grupos e territórios.

Tundisi (2008) insiste que a solução para o enfrentamento das consequências dos efeitos das mudanças globais nos recursos hídricos é adaptar-se a essas alterações, promovendo melhor governança em nível de bacias hidrográficas, desenvolvendo tecnologias avançadas de monitoramento e gestão e ampliando a participação da comunidade nesse processo. A pesquisa interdisciplinar dos conflitos socioambientais pode ser um instrumento para desenvolver metodologias inovadoras que possibilitem promover a governança socioambiental por meio do fortalecimento do diálogo entre atores públicos e privados numa perspectiva intersetorial e de aprendizagem social. Ribeiro (2009) salienta que uma boa governança não envolve apenas a participação social, mas também abre espaço para essa participação, e cria instituições que assimilem as sugestões dos foros de participação popular e capacita operadores estatais a ouvirem pontos de vista externos à lógica estatal e a buscarem alternativas técnicas para as demandas sociais.

A ideia de governança parece se adequar aos desafios do século XXI, já que apresenta trajetórias para a resolução cooperativa de conflitos. Essa é capaz de se adaptar ao surgimento de atores ou às transformações das fun-

---

[1] Princípios de Lisboa: conjunto de seis princípios que objetivam atingir a governança sustentável dos oceanos. São eles: (1) princípio da responsabilidade; (2) princípio da adaptação à escala; (3) princípio da precaução; (4) princípio do gerenciamento adaptativo; (5) princípio da alocação de custo total e (6) princípio da participação.

ções de atores antigos, assim como capturar as crescentes interdependências entre eles (Jacobi, 2009). No mundo contemporâneo, a escassez de água permanece como um dilema social – um problema que requer atenção no contexto social, o qual modela a tomada de decisões, atitudes e comportamentos e, portanto, não pode ser resolvida apenas com soluções técnicas (Brooks, Brandes e Gurman, 2011). A natureza social da escassez hídrica destaca a realidade de que a crise é substancialmente produzida pela sociedade, efetivamente, trata-se de uma crise de governança, que para ser superada irá requerer mudanças profundas na forma como administramos nossos recursos naturais, especialmente os recursos hídricos. Essas mudanças passam pelo gerenciamento e governança adaptativos, guiados por decisões baseadas em precaução e preparados para encarar choques esperados ou inesperados, que apresentem resiliência e se adaptem às particularidades locais (Jacobi, 2009).

INSTRUMENTOS DA GOVERNANÇA DA ÁGUA NO BRASIL

A governança da água que considera a bacia hidrográfica como unidade de gestão ganhou força no início de 1990, quando os Princípios de Dublin foram acordados na reunião que precedeu a Rio-92 ou Cúpula da Terra. Entre esses princípios, encontra-se o de que a gestão de recursos hídricos, para ser efetiva, deve ser integrada e considerar os aspectos físicos, sociais e econômicos. Com a finalidade de que essa integração seja adequada, sugere-se que a gestão esteja baseada em bacias hidrográficas (Jacobi, 2009).

Outra forte influência foi trazida pelo modelo francês de gestão hídrica, que também adotou a bacia hidrográfica como base territorial da gestão dos recursos hídricos (ao invés das unidades político-administrativas, como estados e municípios), com o objetivo de fortalecer a participação social no planejamento de bacias. A participação social no gerenciamento da água da França é antiga e atua como elemento-chave no sistema de governança das bacias hidrográficas. Essa foi introduzida com a criação das Agências da Água pela Lei das Águas de 1964, e estendida pela introdução do planejamento colaborativo em 1992. A Lei de 1992 instituiu dois instrumentos para o planejamento colaborativo: o plano diretor e o plano de gerenciamento (ou colaborativo). O plano colaborativo pode ser resultado de uma demanda específica ou emergir de iniciativas locais, geralmente é pouco organizado e abrange uma escala hidrográfica menor. O Plano de Gerenciamento do *Vallé de l'Ain*, por exemplo, foi elaborado com o fim de estabelecer novas regras para o uso da água do rio *Ain* pelo produtor de eletricidade, já que esse rio tem uma intensa atividade de pesca no verão (Allain, 2010). Em muitos casos, a participação social é condição legal à realização dos planos de gerenciamento, o que evidencia o estímulo do Estado em criar tais fóruns de discussão. Por outro lado, é comum que agentes do Estado possam contribuir negativamente com a participação social, o que certamente torna o processo mais complexo e menos interessante à plena realização dos interesses setoriais. Além do que, para Allain (2010), o grau de envolvimento da sociedade civil no processo de decisão ainda não é claro. O modelo francês de governança foi expandido para países da Europa e adotado pelo Banco Mundial e por agências internacionais relacionadas à água, como o World Water Council e a Global Water Partnership, além de servir como inspiração para políticas hídricas de vários países da América Latina, inclusive no Brasil (Finger, Tamiotti e Allouche, 2006).

A Constituição Brasileira de 1998 considera três níveis de administração com autonomia política: governos federal, estadual e municipal – criando assim mais autonomia para estados e municípios. Entretanto, na área de gestão de recursos hídricos, há um quarto nível que deve ser considerado, o de bacia hidrográfica, já que na maioria das vezes esta não corresponde aos limites estaduais e municipais. Essa foi instituída como unidade de gerenciamento de Recursos Hídricos pela Política Nacional. No âmbito da Lei 9.433/1997, a gestão dos recursos hídricos é realizada de maneira descentralizada e por diversas partes interessadas (*stakeholders*): o Estado, representado pelos diferentes níveis de governo e agências estatais; representantes do setor privado e representantes da sociedade civil – movimentos sociais, ONGs, sindicatos etc. Estabelece como fundamento que a água é dotada de valor econômico, e isto está relacionado, na legislação federal, à cobrança pelo uso dos recursos hídricos como forma de administrar a exploração dos recursos hídricos federais e estaduais para a geração de fundos que permitam investimentos na preservação dos próprios rios e bacias. Também provoca um maior rigor no controle sobre os efluentes despejados nos rios. Isso porque a legislação sobre a cobrança pelo uso da água se baseia no conceito de usuário-pagador, no qual se incluem todos os que utilizam recursos naturais para a produção industrial, sua comercialização e consumo.

Em suma, os principais instrumentos de gestão dos recursos hídricos são os planos de recursos hídricos (elaborados por bacia hidrográfica), a outorga do direito do uso da água, a cobrança pela água, o enquadramento dos corpos d'água em classes de uso e o Sistema de Informações de Recursos Hídricos.

Os Planos de Recursos Hídricos são documentos programáticos que definem a agenda de recursos hídricos de uma região e visam à construção de consenso na Bacia Hidrográfica. Neles são identificadas ações de gestão, programas, projetos, obras e investimentos prioritários dentro da perspectiva de construção de uma visão integrada dos usos múltiplos da água, com o envolvimento de órgãos governamentais, da sociedade civil, dos usuários e das diferentes instituições que participam do gerenciamento dos recursos hídricos. Os planos já cobrem mais de 50% do território nacional. Entre os planos concluídos estão: o Plano Estratégico de Recursos Hídricos da Bacia Hidrográfica dos Rios Tocantins-Araguaia, o Plano Integrado de Recursos Hídricos da Bacia Hidrográfica do Rio Doce, o Plano de Recursos Hídricos dos Afluentes da Margem Direita do Rio Amazonas, a revisão do plano das bacias PCJ e o Plano Diretor de Recursos Hídricos da Bacia do Rio Verde Grande, o PRH-Paranaíba e o Plano Integrado e Recursos Hídricos da Bacia do Paranapanema.

O regime de outorga de direitos de uso de recursos hídricos tem como objetivos assegurar o controle quantitativo e qualitativo dos usos da água e o efetivo exercício dos direitos de acesso à água. A outorga de direito de uso dos recursos hídricos é o instrumento de controle por meio do qual o Poder Público autoriza, concede ou permite o usuário a utilizar determinado volume de água sob seu domínio por período pré-determinado, nos termos e nas condições expressas em ato administrativo. No âmbito estadual, o instrumento de outorga já foi implementado em 24 das 27 unidades da federação. Os estados do Amapá, Amazonas e Mato Grosso do Sul não emitem outorgas de recursos hídricos. O estado do Acre começou a outorgar o uso dos recursos hídricos sob seu domínio no ano de 2015.

A cobrança pelo uso de recursos hídricos é um dos instrumentos de incentivo com o objetivo de dar ao usuário uma indicação do real valor da água, incentivar o uso racional, além de obter recursos financeiros para a recuperação das bacias hidrográficas do País. A cobrança não é um imposto, mas uma remuneração pelo uso de um bem público, cujo preço é fixado a partir da participação dos usuários da água, da sociedade civil e do poder público no âmbito dos comitês de bacia hidrográfica – CBHs, a quem a Legislação Brasileira estabelece a competência de sugerir ao respectivo conselho de recursos hídricos os mecanismos e valores de cobrança a serem adotados na sua área de atuação. Além disso, a legislação estabelece uma destinação específica para os recursos arrecadados: a recuperação das bacias hidrográficas em que são gerados (ANA, 2017). Até o momento, em rios de domínio da União, a cobrança foi implementada na Bacia do Rio Paraíba do Sul, nas

Bacias dos Rios Piracicaba, Capivari e Jundiaí (PCJ), na Bacia do Rio São Francisco e na Bacia do Rio Doce. Nos estados, a cobrança está sendo implementada no Rio de Janeiro, Minas Gerais, Ceará, Bahia e no DF.

Segundo Porto e Porto (2008), apenas com a plena e concreta aplicação dos instrumentos de gestão é que se pode avaliar a eficácia da implementação da política de recursos hídricos; entretanto, a Lei 9.433/97 não obriga a aplicação de todos os instrumentos a todas as bacias hidrográficas, nem limita que os instrumentos de gestão utilizados sejam apenas os citados anteriormente. Assim, o que se observa é uma implementação desigual de alguns instrumentos e o questionamento da aplicação de outros em algumas bacias como, por exemplo, a cobrança pelo uso da água nos rios da região amazônica. A coleta e utilização da cobrança pelo uso dos recursos hídricos ainda exige esclarecimento entre os níveis de governo e com o Ministério da Fazenda. Há um impasse no processo de coleta e utilização da cobrança pelo uso dos recursos hídricos que são considerados recursos públicos. Isso proporciona pouco incentivo para se aplicar corretamente os instrumentos econômicos em nível de bacia, porque não há nenhum mecanismo que assegure que os recursos arrecadados são utilizados de forma oportuna e custo-efetiva para o benefício final dos usuários da água dentro da área da bacia hidrográfica. Esse é um elemento essencial do princípio beneficiário-pagador e poluidor-pagador. Se essa questão não for tratada, é provável que a cobrança pelo uso dos recursos hídricos torne-se um "imposto fiscal" regular, sujeito à oposição gradual dos usuários da água (OECD, 2015).

Além do mais, outro fator que torna complexas a implementação efetiva dos instrumentos e a descentralização e integração propostas na lei é a existência de inúmeros departamentos insulares espalhados por diversos níveis de governo no domínio do planejamento dos recursos hídricos: água potável e águas residuárias são responsabilidades regionais/estaduais, gestão de águas pluviais é gerenciada no nível municipal e um departamento distinto controla regulamentos do código de canalização e de construção, o que acaba por promover a desconexão da gestão das águas urbanas. A falta de relações de comunicação ou colaboração também existe dentro dos limites do governo municipal: abastecimento de água, a eficiência da água, finanças, desenvolvimento econômico, e os departamentos de construção raramente colaboram de maneira significativa, apesar da natureza de conexão dos seus mandatos de longo prazo (Brandes, 2011; Gilbride e Maas, 2012). O isolamento setorial dos ministérios e órgãos públicos ainda dificulta a coerência política entre os setores de recursos hídricos, agricultura, energia, licenciamento ambiental e uso do solo. O fato de que os municípios estão em geral ausentes dos comitês de bacias hidrográficas e que o Conselho Nacional de Recursos Hídricos não cumpre plenamente seu papel são fatores que reforçam essa situação (OECD, 2015). Portanto, algumas lacunas ainda permanecem na gestão dos recursos hídricos, mesmo após vinte anos da implantação da Lei das Águas, como a falta de integração da questão ambiental com a legislação de uso do solo, a qual exigiria uma maior participação dos municípios nos Comitês e Conselhos de Bacia. Segundo Porto e Porto (2008, p. 53), "a Constituição Federal deixou a gestão territorial quase integralmente para apenas um dos entes federados que é o município. É muito difícil, portanto, haver interferência do setor dos recursos hídricos sobre a questão da ocupação do território". Outras zonas cinzentas dizem respeito à relação e às interfaces entre a ANA e a Secretaria de Recursos Hídricos e Ambiente Urbano, que nem sempre são suficientemente esclarecidas, e certas funções do Conselho Nacional de Recursos Hídricos, as quais colidem com as da ANA, especialmente no que diz respeito ao papel das câmaras técnicas (OECD, 2015).

REALIDADE INSTITUCIONAL E DESAFIOS DA GOVERNANÇA DA ÁGUA NO BRASIL

De acordo com o artigo 33 da Lei de Recursos Hídricos de 1997 (alterado pelo artigo 30 da Lei n. 9984/2000), o Sistema Nacional de Gerenciamento de Recursos Hídricos (SINGREH) é composto pelo Conselho Nacional de Recursos Hídricos (CNRH); Agência Nacional de Águas (ANA); Conselhos Estaduais de Recursos Hídricos e do Distrito Federal; comitês de bacias hidrográficas; autoridades públicas federais, estaduais, municipais e do Distrito Federal e agências de água com jurisdição sobre a gestão dos recursos hídricos (OECD, 2015).

Esta reorganização do sistema de gestão de recursos hídricos, propiciada pela Política Nacional, distribuiu o poder para as instituições descentralizadas das bacias, demandando, assim, um processo de negociação entre os diversos agentes públicos, usuários e sociedade civil organizada. A ANA foi criada com objetivo de auxiliar na descentralização da gestão da água a partir da década de 1990 e é uma autarquia com autonomia administrativa e financeira e status de agência reguladora, cujo maior objetivo é implementar a Política Nacional de Recursos Hídricos; entretanto, o seu papel ainda é pouco claro no cenário político brasileiro. Por sua vez, o Ministério do Meio Ambiente possui uma instituição-chave para qual a ANA presta contas como agência de implementação: a Secretaria de Recursos Hídricos e Ambiente Urbano

(SRHU). À ANA cabe participar da elaboração do Plano Nacional de Recursos Hídricos e prestar apoio, na esfera federal, à elaboração dos planos de recursos hídricos. Esses planos, além de investimentos, incluem ações voltadas ao fortalecimento do sistema de gestão de recursos hídricos da bacia, implantação dos sistemas de informações, de redes de monitoramento e instituições de gerenciamento. Cabe também à ANA a outorga, por meio de autorização, do direito de uso de águas de domínio da União, assim como fiscalizar diversos usos e arrecadar, distribuir e aplicar as receitas auferidas de cobrança (OECD, 2015).

O Conselho Nacional de Recursos Hídricos foi criado em 1997 pela Lei de Recursos Hídricos e é um órgão coordenador, consultivo e deliberativo, que reúne atores dos ministérios e governo federal, representantes dos conselhos estaduais de recursos hídricos, representantes dos usuários da água e representantes de organizações não governamentais. O CNRH é composto por dez câmaras técnicas, que recebem o apoio de vinte e dois grupos de trabalho (OECD, 2015).

Os conselhos estaduais de recursos hídricos (CERH) são órgãos normativos e deliberativos com funções semelhantes às do Conselho Nacional de Recursos Hídricos (CNRH). Entre os membros que compõem o CERH, estão incluídos representantes das secretarias estaduais, dos municípios, usuários de água e sociedade civil. A Figura 1 ilustra a articulação dos componentes do Sistema Nacional de Recursos Hídricos, suas funções e níveis hierárquicos.

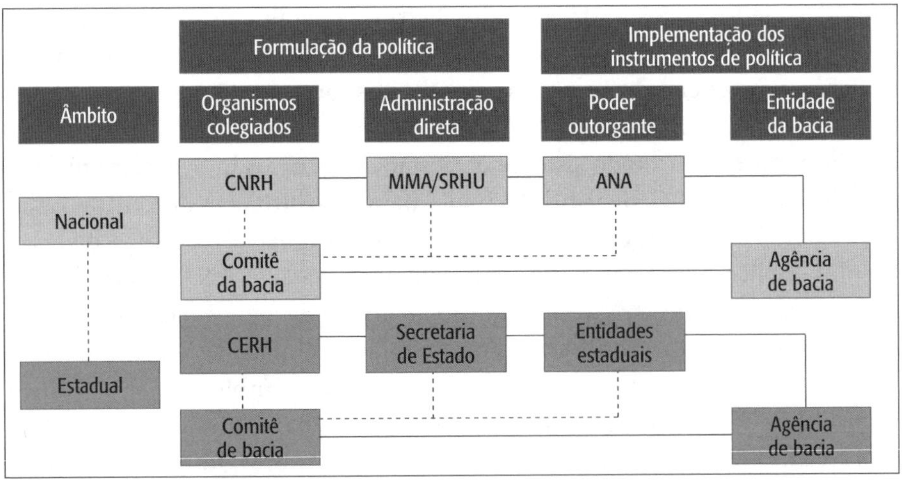

Figura 1 – Articulação dos componentes do Sistema Nacional de Recursos Hídricos.
Fonte: ANA, 2017.

Os comitês de bacias hidrográficas são plataformas consultivas e deliberativas para a gestão dos recursos hídricos na escala hidrográfica. Em 2016, já se contam 195 comitês de bacias estaduais, notadamente nas regiões Sudeste e Sul, e nove federais, mas que ainda carecem de implementação de ferramentas básicas como a cobrança pelo uso da água e criação de suas agências (ou entidades delegatárias) para que possam cumprir suas responsabilidades legais. Quase duas décadas após a aprovação da lei das águas no país, nenhum sistema foi operacionalizado por completo.

De acordo com a Lei de Recursos Hídricos de 1997 (Art. 38), os comitês devem promover debates e coordenação sobre temas pertinentes; arbitrar disputas em primeira instância administrativa; aprovar os planos de bacia hidrográfica; acompanhar a implementação dos planos e propor medidas para cumprir as metas estabelecidas; propor aos conselhos nacionais e estaduais a isenção de outorga para usos insignificantes; estabelecer mecanismos para a cobrança e propor os montantes a serem coletados; estabelecer critérios e promover a partilha dos custos das estruturas para usos múltiplos e de interesse comum (OECD, 2015).

A composição dos comitês de bacia hidrográfica varia entre os estados. A resolução CNRH n. 5 de 2000 (Art. 8) estabelece a regra para os comitês de bacias hidrográficas localizados em domínios da União, em que o número de representantes do poder público (governo federal, estados e municípios) não deve nunca estar acima de 40% do total e o número de representantes da sociedade civil (usuários de água e órgãos relacionados) nunca deve estar abaixo de 20%. Como um padrão bastante geral (à exceção de São Paulo, por exemplo), os comitês seguem uma composição "tripartite", com um terço dos membros provenientes do poder público, um terço dos usuários da água, e um terço da "sociedade civil organizada". Nos rios transfronteiriços deve haver um representante do Ministério das Relações Exteriores no componente do setor público, e quando há territórios indígenas na bacia deve haver um representante da Fundação Nacional do Índio (Funai) e um representante das comunidades indígenas. Algumas experiências, no entanto, desviam-se do modelo "padrão", como o Estado do Paraná, onde os usuários da água e os municípios desempenharam papel mais relevante na governança da água, juntamente com as autoridades estaduais, apesar da descontinuidade devida a mudanças políticas em nível estadual (OECD, 2015).

Em regiões nas quais as agências de bacias hidrográficas estão presentes, como nos rios Paraíba do Sul, Piracicaba, Capivari e Jundiaí, São Francisco e Doce, essas atuam como secretarias executivas dos comitês de bacias hidrográficas. De acordo com o Artigo 43 da Lei de Recursos Hídricos de 1997, os pré-requisitos para a criação de agências incluem a existência de um comitê de bacia e alguma sustentabilidade financeira garantida pelas cobranças de água nela. Nos locais onde as agências de bacia hidrográfica ou agências delegadas não existem, os órgãos gestores estaduais de recursos hídricos desempenham esse papel, o que tem efeitos positivos e negativos. Por um lado, os comitês de bacias hidrográficas tornam-se dependentes da autoridade estadual para implementar suas decisões. Por outro lado, esse papel dúbio pode ser justificado pela ausência de recursos humanos e financeiros para criar instituições autônomas, e pode ajudar a reduzir os custos de transação e promover uma presença mais consistente. O desafio, no entanto, reside no fato de que os comitês de bacias hidrográficas são vistos principalmente como órgãos deliberativos, ao invés de órgãos consultivos para discutir políticas e construir o consenso (OECD, 2015).

A representatividade e a continuidade dentro dos comitês de bacias hidrográficas são um desafio, devido aos impactos dos ciclos políticos sobre os membros do setor público – como mudanças frequentes e baixa memória institucional dos recém-chegados. Nesse sentido, os representantes dos usuários e da sociedade civil trazem alguma estabilidade e continuidade para essas estruturas, o que é positivo. Muitas vezes, o interesse principal dos usuários nos comitês de bacias hidrográficas é monitorar as decisões que podem influenciar nos seus direitos ou gerar custos (por exemplo, aumento da conta de água e alterações em regimes de alocação), ao invés de encontrar soluções para os problemas da bacia. Esse tipo de motivação tem impacto sobre o funcionamento dos comitês de bacias hidrográficas e está no cerne dos desafios ligados à sua governança (OECD, 2015).

A fórmula proposta é uma gestão pública colegiada dos recursos hídricos, com negociação sociotécnica, mediante Comitês e Consórcios de Bacias Hidrográficas (Guivant; Jacobi, 2003; Jacobi, 2009), e se reserva à sociedade civil uma responsabilidade central na condução da política e da gestão dos recursos hídricos. Os usuários da água, fundamentalmente, terão que se organizar e participar ativamente dos comitês, defender seus interesses quanto aos preços a serem cobrados pelo uso, assim como sobre a aplicação dos recursos arrecadados e sobre a concessão justa das outorgas dos direitos de uso. Estes acertos e soluções serão conseguidos a partir de complexos processos de negociações e resolução de conflitos diversos (Jacobi, 2004). Os alcances das experiências têm sido desiguais, destacando a constituição de organismos colegiados de tomada de decisão. Enquanto é prerrogativa do plano federal legislar sobre a água, os Estados têm suas próprias leis complementares.

Observa-se que as questões referentes às práticas participativas e dinâmicas descentralizadas do sistema de gestão brasileiro ainda constituem parte dos desafios para a governança da água. A influência de fatores não apenas técnicos – mas também de caráter político, econômico e cultural – torna o processo muito mais complexo, e o estilo de gestão que tende a prevalecer obedece a uma lógica sociotécnica. O modelo adotado permitiu a formação de fóruns de discussão participativos, onde os interesse e problemas regionais que afetam e são afetados pelos recursos hídricos são discutidos e apresentados. Atualmente, uma das maiores necessidades é aumentar sua efetividade, transparência e a participação de todos os usuários. Entretanto, após vinte anos da criação da Lei das Águas, outras questões começam a despontar. Hoje, os principais desafios estão relacionados tanto à gestão da demanda quanto ao aumento e à garantia da oferta de água em regiões hidrográficas. Questões relacionadas à baixa qualidade da água em consequência da poluição doméstica e industrial começam a limitar a disponibilidade hídrica em regiões de alta concentração populacional. Esta problemática fica ainda mais evidente com a ocorrência de período de seca.

Ao mesmo tempo, o sistema não está sendo capaz de incentivar as ações com relação aos investimentos necessários referentes à coleta e ao tratamento de esgoto dos centros urbanos, uma vez que estas decisões ainda são feitas de forma centralizada pelo governo e pelas companhias de saneamento, sem considerar as indicações dos planos de recursos hídricos elaborados com a participação dos usuários, organizações da sociedade civil e do estado, como definido por lei. Por fim, com a ocorrência da escassez hídrica decorrente da pressão da demanda pela água, que reflete as práticas de consumo, ganha atenção o papel efetivo da água subterrânea como uma fonte a ser utilizada. Entretanto, tal discussão não foi internalizada pelo sistema, o que abre caminho para a sua exploração descontrolada. A falta de monitoramento e controle sobre os aquíferos e a contínua pressão sobre a sua exploração evidencia a inabilidade do sistema em se adiantar às problemáticas e sugerir ações para o uso controlado deste recurso.

Conforme visto anteriormente, no contexto de gerência dos recursos hídricos, o termo "governança" representa um enfoque conceitual que implica em fazer uma real ligação entre as demandas sociais e sua interlocução em nível governamental. A busca por um aperfeiçoamento da gestão ocorre em razão da compreensão de que existe uma diversidade de situações e que isto representa um desafio para efetivar uma governança das águas, seja em sua origem, objetivos e níveis de alcance. A adoção da bacia hidrográfica como unidade regional de planejamento e gerenciamento das águas resultou na delimitação de unidades de gerenciamento de recursos hídricos, cujos órgãos consultivos e deliberativos de gerenciamento são denominados Comitês de Bacias Hidrográficas. O sistema – baseado na tríade descentralização, participação e integração – considera, principalmente, a qualidade e a quantidade das águas por meio de ações que promovam os usos múltiplos dos recursos hídricos.

A efetivação do processo de gestão em bacias hidrográficas ainda é embrionária, e a prioridade dos organismos de bacia se centra na criação dos instrumentos necessários para gerir. A lei ainda fortalece a gestão descentralizada de cada bacia hidrográfica – distribuindo atribuições aos comitês, subcomitês e agências – e estabelece como fundamento que a água é dotada de valor econômico, além de instituir a cobrança pelo uso do recurso como um dos principais instrumentos de atuação desses órgãos. Portanto, a fórmula proposta é uma gestão pública colegiada dos recursos, com negociação sociotécnica por meio de Comitês de Bacias Hidrográficas e se reserva à sociedade civil uma responsabilidade central na condução da política e da gestão dos recursos hídricos. Os usuários da água, fundamentalmente, terão que se organizar e participar ativamente dos grupos de gestão, defender seus interesses quanto aos preços a serem cobrados pelo uso, assim como a aplicação dos recursos arrecadados e a concessão justa das outorgas dos direitos de uso. Obviamente, estes acertos e soluções serão conseguidos a partir de complexos processos de negociações e resolução de conflitos. A lógica do colegiado permite que os atores envolvidos atuem, em princípio, tendo um referencial sobre seu rol, responsabilidades e atribuições, no intuito de neutralizar práticas predatórias orientadas pelo interesse econômico ou político. A dinâmica do colegiado facilita uma interação mais transparente e permeável no relacionamento entre os diferentes atores envolvidos – governos, empresários e usuários. Isto limita as chances de abuso do poder, entretanto não necessariamente da manipulação de interesses pelo Executivo. Isso dependerá, principalmente, da capacidade de organização dos segmentos da sociedade civil. Outros riscos são sensivelmente atenuados, como, por exemplo, a captura da instituição por interesses específicos, que contrastam com a sua finalidade coletiva.

INOVAÇÕES CONCEITUAIS E TENDÊNCIAS PARA UMA MUDANÇA PARADIGMÁTICA

Diante de um futuro caracterizado por incertezas e em relação à disponibilidade hídrica, diversas mudanças na gestão da água têm sido propostas por gestores ao redor do mundo. Entre essas, destaca-se uma abordagem implementada inicialmente no Canadá, e posteriormente expandida para os EUA e alguns países da Ásia: o *water soft path* (WSP). Essa proposta foi inicialmente aplicada para a gestão de energia – visando uma maior eficiência no uso de opções descentralizadas de fontes alternativas – e então expandida para a gestão de recursos hídricos (Gleick, 2002). O adjetivo *soft* (suave) faz referência aos componentes não estruturais de um uso e gerenciamento mais sustentável da água, incluindo, entre outros fatores: acesso equitativo; participação pública na tomada de decisões e incentivos para o uso mais eficiente do recurso hídrico mediante ações de gestão da demanda (Brooks, Brandes e Gurman, 2011).

Segundo os autores que conceituaram essa abordagem, a gestão da água é dependente de caminhos ou trajetórias, ou seja, ações disponíveis para os gestores. Essas seriam limitadas pela infraestrutura atual, constrangimentos institucionais e legais, além dos recursos humanos e financeiros disponíveis. Portanto, existiriam dois caminhos possíveis para suprir as necessidades relacionadas com a água da população. O primeiro, baseado quase que exclusivamente em infraestrutura e decisões centralizadas como represas e reservatórios, canalizações e estações de tratamento, estaria ancorado no paradigma dominante da gestão da oferta (Wolff e Gleick, 2002). Como alternativa, os autores propõem um caminho baseado nos princípios de eficiência da gestão da demanda. O WSP também pode depender da infraestrutura centralizada, porém enfatiza investimentos extensivos em instalações descentralizadas, além de capital humano em escala local. Por sua vez, Brandes et al. (2006) apresentam três caminhos possíveis para a gestão da água: gestão da oferta, gestão da demanda e WSP, os quais representariam passos sequenciais em direção a uma gestão mais sustentável.

A abordagem do WSP visa, inicialmente, assegurar o atendimento das necessidades de água do ecossistema e, posteriormente, reduzir a quantidade de água nos usos preponderantes a fim de permitir o aproveitamento completo do potencial da gestão da demanda. Essa transição ocorre mediante alteração de hábitos, tecnologias e práticas, dentro dos limites ecológicos locais e promovendo a participação pública para garantir a sustentabilidade dos recursos hídricos. A gestão da demanda seria apenas uma das dimensões da nova abordagem, sendo utilizada para promover medidas que permitam atingir uma eficiência técnica e econômica, melhorando os retornos de água, a partir do investimento em tecnologias que aumentam a eficiência e reduzem o desperdício (Brooks, Brandes e Gurman, 2011).

Entretanto, enquanto a gestão da demanda está geralmente restrita à eficiência hídrica, o WSP encoraja tanto a eficiência, quanto a conservação da água – os quais são conceitos diferentes, porém complementares. O aumento da eficiência no uso da água foca em maneiras de se reduzir a quantidade usada para uma determinada tarefa, ou seja, a ênfase no "como" realizar determinada tarefa com menos água, enquanto a conservação foca em mudar a tarefa de forma que a água não seja necessária ou tenha sua quantidade extremamente reduzida, ou seja, a ênfase muda para o porquê de utilizar água para realizar aquela tarefa. Porém, gradativamente, as medidas de conservação de água se tornam mais difíceis de serem executadas. Esse fenômeno é derivado do fato de que as ações mais facilmente aceitas pela população são implementadas primeiro no processo político. Por outro lado, conforme o avanço da tecnologia, inovações poderiam aumentar a sustentabilidade econômica das medidas de conservação de água. Ao longo desse processo, para angariar suporte público para as medidas do WSP, a educação ambiental e os programas de difusão de informação são essenciais (Brooks, Brandes e Gurman, 2011; Brooks et al., 2015).

Moderar a demanda por água deveria ser prioridade para gestores e tomadores de decisões na gestão dos recursos hídricos locais. Dessa forma, a busca de novas fontes de água potável poderia ser utilizada apenas como última opção, já que contraria o princípio da sustentabilidade. Entretanto, na maioria das vezes, as medidas de eficiência da gestão da demanda são vistas, sobretudo, como estratégias para aliviar a escassez em curto prazo. Essa concepção se deve ao pressuposto de que os níveis dos mananciais de abastecimento irão se normalizar com a chegada do período chuvoso, tornando desnecessárias as medidas de gestão da demanda de água. Face às incertezas climáticas e aumento de complexidade dos ambientes urbanos, reduzir a demanda por água, mediante ações de conservação, pode ser a única opção para suprir déficits hídricos em comunidades que enfrentam períodos recorrentes de estiagem (Brooks; Brandes; Gurman, 2011; Scott; Lutz-Ley, 2016).

O WSP poderia mudar a forma como as companhias de abastecimento de água operaram nos últimos anos, já que requer a equiparação das diferentes qualidades de água aos seus respectivos usos. Apesar de termos resoluções e leis recomendando esse procedimento no Brasil, muitos usos que poderiam ser satisfeitos com água de reuso e água da chuva ainda operam com água potável. Essa prática superestima a quantidade de água atualmente necessária e inflaciona os custos reais de provê-la. O WSP propõe um sistema que forneça água de diferentes qualidades, sendo que a água de melhor qualidade seria reservada para usos nobres, como para cozinhas, hospitais e dessedentação de animais. Por outro lado, águas da chuva, água cinza e esgoto tratado poderiam ser usados para irrigação e outros fins não potáveis. Raramente essas fontes alternativas de água são consideradas no planejamento tradicional (Brooks, Brandes e Gurman, 2011). Além do mais, o WSP acredita que opções descentralizadas são equiparáveis economicamente às grandes opções centralizadas, desde que existam investimentos adequados em capital humano. Por exemplo, a captação de água da chuva para irrigação a partir de instalações descentralizadas seria tão confiável ou rentável quanto a captação a partir de instalações centralizadas (Wolff e Gleick, 2002).

O WSP reconhece a função ecológica da água como papel fundamental e não secundário. Ao colocar em evidência os limites ecológicos de captação de água, engaja indivíduos e comunidades a serem parte da solução. Portanto, o WSP demanda que as agências de água trabalhem em parceria com os usuários, a fim de engajar indivíduos, empresas, sociedade civil e governos em uma análise ampla dos padrões de consumo local, considerando o quanto de água (e qual a qualidade desejada) é necessário para cada atividade, bem como os impactos ambientais que cada uso desencadeará. Opostamente, a gestão da oferta é governada pela mentalidade técnica de engenheiros, os quais estão acostumados a satisfazer necessidades genéricas da população, promovendo soluções em larga escala e com tomada de decisões de maneira *top-down* (Brandes, 2011).

A questão central do WSP reside em "Como podemos fornecer serviços que utilizam água de maneira a reconhecer a necessidade pela sustentabilidade econômica, social e ecológica?" Para isso, uma visão interdisciplinar do processo é necessária, com o objetivo de agregar indicadores que dizem respeito aos sujeitos e suas relações. De fato, a chave do relacionamento e da integração entre disciplinas é o próprio sujeito. A formação disciplinar, o aumento progressivo do domínio da natureza e o desenvolvimento da tecnologia acabam por distanciá-lo de si mesmo e do ambiente natural. A interdisciplinaridade instiga um olhar global capaz de se aproximar da complexidade, além da abertura para os saberes não acadêmicos, estimulando a abordagem participativa (Paul, 2015; Wolff e Gleick, 2002). Em suma, o *water soft path* baseia-se em quatro princípios (Brooks, Brandes e Gurman, 2011):

1. *Mudar o conceito de água como produto e começar a tratar a água como um serviço*

   Esse conceito já foi aplicado anteriormente no setor energético, quando houve o reconhecimento de que a energia não era necessária, e sim os serviços providos por ela, portanto, é um bem intermediário e não um bem final.

O mesmo critério pode ser aplicado para a água, na maioria dos seus usos. Em vez de ser usada como um produto final, a água é requerida para realizar tarefas como afastamento e diluição de esgotos, resfriamento de equipamentos e irrigação de colheitas. O consumo de água potável seria uma exceção crítica, porém quantitativamente pequena em relação ao restante. A mudança da percepção da água como um meio e não como um fim abre portas para a inovação e desenvolvimento de serviços que podem nem sequer utilizá-la, além de tornar a transição mais acessível, além das tecnologias tradicionais e construção de infraestrutura em larga escala.

2. *Fazer da sustentabilidade ecológica um critério fundamental*

Um pilar fundamental do WSP está em viver dentro dos limites ecológicos com o objetivo de garantir a viabilidade futura de recursos de água doce. Dessa forma, o planejamento nesse caminho se diferencia dos programas de eficiência tradicionais. Esses, apesar de reduzirem impactos nos ecossistemas, não incorporam o ambiente nos processos de tomada de decisão ou atribuem valor aos serviços ecológicos. O WSP atribui voz ao ecossistema como parte interessada igual e usuário legítimo de água doce, da mesma forma que amplia as decisões para a comunidade em geral (Gilbride e Maas, 2012).

3. *Combinar a qualidade da água com os usos correspondentes*

A análise pelo WSP garantiria que a água fornecida para qualquer serviço teria a qualidade apropriada, visto que fornecer água potável para descarga em banheiros é quase tão ineficaz quanto perder água em um vazamento. Segundo Brooks (2005), para fins práticos, existem três níveis de qualidade de água: potável; de qualidade secundária, que contém substâncias que a tornam inaceitáveis para o consumo humano, porém não possui substâncias tóxicas ou organismos patogênicos (como água cinza); e a de qualidade terciária, a qual inclui aquela proveniente de descargas de banheiro. O autor sugere que apenas com tecnologias simples em escala doméstica, a água cinza poderia ser tratada para reutilização em jardins.

4. *Construção de cenários sustentáveis*

O planejamento em longo prazo (no horizonte de trinta a cinquenta anos) é parte essencial do WSP, já que este seria capaz de revelar os impactos ambientais e financeiros decorrentes do desenvolvimento e expansão de infraestruturas. No planejamento a curto ou médio prazos, esses impactos, muitas vezes, passariam despercebidos. Para completar esse passo da análise, seria necessário definir um cenário base: com informações demográficas, disponibilidade de recursos hídricos e usos preponderantes da água. Em seguida, deve-se projetar o cenário econômico por, no mínimo, vinte e cinco anos; e converter a projeção para um novo cenário, adicionando alternativas do WSP para os recursos hídricos e seus usos correspondentes (York Region, 2011; Brooks, 2005).

Esses princípios mudariam a perspectiva existente em relação à água, expandindo o foco além das infraestruturas e tecnologias tradicionais, permitindo, assim, que gestores e tomadores de decisões inovassem na busca de iniciativas para serviços que usam água como veículo, e não como fim. Além do que, segundo essa perspectiva, a maioria das transposições interbacias é considerada inaceitável do ponto de vista da sustentabilidade, já que contradizem o objetivo de viver com a água que possuímos. Focam também em políticas que irão conectar o futuro ao presente. O principal desafio no WSP seria planejar o presente de acordo com o que almejamos no futuro, considerando cenários com impactos de mudanças climáticas, como mudança nos padrões de precipitação, períodos maiores de estiagem e maiores taxas de evaporação. Utilizando a nova abordagem, raramente haverá uma trajetória única. Essa análise pode ser usada para identificar possíveis rotas, seus benefícios e custos e caberá à sociedade, operando mediante espaços participativos e democráticos, escolher qual caminho será apropriado segundo os valores coletivos. Objetivos sociais, como geração de emprego e distribuição equitativa do poder econômico e político também devem ser incorporados (Brooks, Brandes e Gurman, 2011).

CONSIDERAÇÕES FINAIS

O sistema de gestão entra em um novo momento, onde o desafio da gestão dos recursos hídricos impõe a necessidade de ajuste e, ao mesmo tempo, a ativação de instrumentos e espaços de negociação para que a governança da água seja exercida de forma construtiva e proativa, ao invés de apenas reagir às problemáticas atuais. A criação de condições para uma nova proposta de sociabilidade deve ser crescentemente apoiada em processos educativos orientados para a deliberação pública. Esta se concretizará principalmente pela presença crescente de uma pluralidade de atores que, por meio da ativação do seu potencial de participação, terão cada vez mais condições de intervir consistentemente e sem tutela nos processos decisórios de interesse público, legitimando e consolidando propostas de gestão baseadas na garantia do acesso à informação e na consolidação de canais abertos para a participação que, por sua vez, são pré-condições básicas para a institucionalização do controle social. Não basta assegurar legalmente à população o direito de participar da gestão ambiental, estabelecendo-se conselhos, audiências públicas, fóruns, procedimentos e práticas. Isto implica em mudanças no sistema de prestação de contas à sociedade pelos gestores públicos e privados, mudanças culturais e de comportamento.

Dependemos de uma mudança de paradigma para assegurar uma cidadania efetiva, uma maior participação e a promoção do desenvolvimento sustentável. Havendo vontade política e não se permitindo práticas de cooptação, o papel dos diversos instrumentos de participação na gestão poderão mudar os padrões de governança, estabelecendo novas mediações entre Estado e sociedade civil, baseadas no aprimoramento dos princípios de participação na gestão descentralizada e compartilhada dos recursos hídricos e das políticas ambientais. O novo paradigma do *water soft path* (WSP) resgata a relação da água com as pessoas – que ficou esquecida devido ao modelo de urbanização das cidades – possibilitando, assim, enxergar problemas que permanecem camuflados na abordagem tradicional da gestão da oferta. Além do mais, a abordagem do WSP estimula a participação social e construção de soluções para economia e conservação da água, mediante práticas descentralizadas, ancoradas na gestão da demanda e desenvolvidas com recursos locais.

A participação de atores qualificados e representativos assume, portanto, um papel cada vez mais relevante na denúncia das contradições entre os interesses privados e os interesses públicos na construção de uma cidadania ambiental que supere a crise de valores e identidade e proponha outra, com base em valores de sustentabilidade. Isto potencializa a ampliação de um compromisso com os problemas ambientais, e sua tradução em ações efetivas de uma população organizada e informada de maneira correta, que está preparada para conhecer, entender, reclamar seus direitos e também exercer sua responsabilidade. Isto reforça a necessidade de identificar os papéis e as responsabilidades dos diversos atores, e a necessidade de construir consensos em torno deles. Na medida em que o Estado terá, cada vez mais, que dar respostas em relação a políticas orientadas para o desenvolvimento sustentável, os cidadãos devem ser parte integrante de uma visão comum de longo prazo.

Os desafios para ampliar a participação estão intrinsecamente vinculados à predisposição dos governos de criar espaços públicos e plurais de articulação e participação, nos quais os conflitos se tornam visíveis e as diferenças se confrontam, enquanto base constitutiva da legitimidade dos diversos interesses em jogo. Pode-se concluir que os mecanismos para promover espaços comunicativos e democráticos que possibilitem uma participação cidadã mais qualificada estão inseridos dentro de uma perspectiva de governança; que apesar dos avanços ocorridos principalmente na última década, se confronta com o fato dos problemas ambientais não entrarem de forma efetiva na agenda pública.

REFERÊNCIAS

[ANA] AGÊNCIA NACIONAL DAS ÁGUAS. Conjuntura dos Recursos Hídricos no Brasil: informe 2017, 2017.

ALLAIN, S. Social Participation in French Water Management: Contributions to River Basin Governance and New Challenges. In: BERRY, K.; MOLLARD, E. *Social Participation in Water Governance and Management.* London: Earthscan, 2010.

AVIV, T. Liquidity crisis. *The Economist*, nov. 2016. Disponível em: <http://www.economist.com/news/briefing/21709530-water-becomes-ever-more-scant-world-needs-conserve-it-use-it-more-efficiently-and?frsc=dg%7Ca>. Acesso em: 7 nov. 2016.

BRANDES, O. M. Practising Ecological Governance: The Case for the Soft Path for Water. In: BROOKS, D. B.; BRANDES, O. M.; GURMAN, S. (ed.). *Making the Most of the Water We Have. The Soft Path Approach to Water Management.* Washington, DC: Earthscan, 2011. p. 273.

BRANDES, O. M.; BROOKS, D. B.; M'GONIGLE, M. Moving Water Conservation to Centre Stage. In: BAKKER, K. (ed.). *Eau Canada: The Future of Canada's Water.* Vancouver, CAN: UBC Press, 2006.

BROOKS, D. B. Beyond Greater Efficiency: The Concept of Water Soft Paths. *Canadian Water Resources Journal*, v. 30, n. 1, p. 83–92, 2005.

BROOKS, D. B.; BRANDES, O. M.; GURMAN, S. (ed.). *Making the most of the water we have. The Soft Path Approach to Water Management.* Washington, DC: Earthscan, 2011.

BROOKS, D. B.; MAAS, C.; BRANDES, O. M.; BRANDES, L. Applying Water Soft Path Analysis in Small Urban Areas: Four Canadian Case Studies. *International Journal of Water Resources Development*, v. 31, n. 4, p. 750–764, 2 out. 2015.

CASTRO, J. E. Water governance in the twentieth-first century. *Ambiente & Sociedade*, v. 10, n. 2, p. 97–118, dez. 2007.

COSTANZA, R.; ANDRADE, F.; ANTUNES, P.; VAN DEN BELT, M.; BOESCH, D. et al. Ecological economics and sustainable governance of the oceans. *Ecological Economics*, v. 31, n. 2, p. 171–187, nov. 1999.

EMPINOTTI, V. L.; JACOBI, P. R.; FRACALANZA, A. P. Transparência e a governança das águas. *Estudos Avançados*, v. 30, n. 88, p. 63–75, dez. 2016.

FINGER, M.; TAMIOTTI, L.; ALLOUCHE, J. Introduction: Conceptual Elements. In: FINGER, M.; TAMIOTTI, L.; ALLOUCHE, J. (eds.) *The Multi-Governance of Water.* New York: Suny, 2006.

FRACALANZA, A. P.; CAMPOS, V. N. de O. Produção social do espaço urbano e conflitos pela água na Região Metropolitana de São Paulo. *São Paulo em Perspectiva*, v. 20, n. 2, p. 32–45, 2006.

GILBRIDE, P.; MAAS, C. *Walking the Water Soft Path: York Region Water Strategy Puts Theory Into Practice.* Victoria: POLIS Project on Ecological Governance, 2012.

GUIVANT, J. S.; JACOBI, P. R. Da hidro-técnica à hidro-política: novos rumos para a regulação e gestão dos riscos ambientais no Brasil. *Cadernos de Pesquisa Interdisciplinar em Ciências Humanas*, v. 4, n. 43, p. 2–26, 2003.

JACOBI, P. R. Governança da Água no Brasil. In: RIBEIRO, W. C. (ed.). *Governança da Água no Brasil: uma visão interdisciplinar*. São Paulo: Annablume, 2009.

JACOBI, P. R.; BARBI, F. Democracy and participation in the management of water resources in Brazil. *Revista Katálysis*, v. 10, n. 2, p. 237–244, dez. 2007.

JACOBI, P. R.; CIBIM, J. C.; SOUZA, A. N. Crise da água na região metropolitana de São Paulo – 2013/2015. *GEOUSP: Espaço e Tempo* (on-line), v. 19, n. 3, p. 422–444, 6 dez. 2015.

JACOBI, P. R.; FRACALANZA, A. P.; SILVA-SÁNCHEZ, S. Governança da água e inovação na política de recuperação de recursos hídricos na cidade de São Paulo. *Cadernos Metrópole*, v. 17, n. 33, p. 61–81, 29 maio 2015.

JACOBI, P. R.; GIATTI, L. L.; JACOBI, P. R.; GIATTI, L. L. Dilemas ambientais e fronteiras do conhecimento. *Estudos Avançados*, v. 30, n. 88, p. 7–9, dez. 2016.

JACOBI, P. R.; GÜNTHER, W. M. R.; GIATTI, L. L. Agenda 21 e Governança. *Estudos Avançados*, v. 26, n. 74, p. 331–340, 2012.

MONTEIRO, A. A cidade: um espaço de (des)encontros entre a evolução do conhecimento e a qualidade de vida dos seres humanos. *Revista Mercator*, v. 9, n. 1, p. 7 a 23, 1 dez. 2011.

MORAN, E. F. *Nós e a natureza*: uma introdução às relações homem-ambiente. Tradução: Carlos Szlak. São Paulo: Senac São Paulo, 2008.

[OECD] ORGANIZAÇÃO PARA A COOPERAÇÃO E DESENVOLVIMENTO ECONÔMICO. *Governança dos Recursos Hídricos no Brasil*. Paris: OECD Publishing, 2015.

PORTO, M. F. A.; PORTO, R. L. L. Gestão de bacias hidrográficas. *Estudos Avançados*, v. 22, n. 63, p. 43–60, 2008.

RIBEIRO, W. C. Water supply and water stress in the Metropolitan Region of São Paulo. *Estudos Avançados*, v. 25, n. 71, p. 119–133, abr. 2011.

SCOTT, C. A.; LUTZ-LEY, A. N. Enhancing Water Governance for Climate Resilience: Arizona, USA–Sonora, Mexico Comparative Assessment of the Role of Reservoirs in Adaptive Management for Water Security. In: TORTAJADA, C. (ed.). *Increasing Resilience to Climate Variability and Change*. Water Resources Development and Management. [s.l.] Springer Singapore, 2016. p. 15-40.

TUNDISI, J. G. Water resources in the future: problems and solutions. *Estudos Avançados*, v. 22, n. 63, p. 7–16, 2008.

[UNESCO] UNITED NATIONS EDUCATIONAL, SCIENTIFIC AND CULTURAL ORGANIZATION. *Water for a sustainable world*. Paris: Unesco, 2015.

WIEK, A.; LARSON, K. L. Water, People, and Sustainability – A Systems Framework for Analyzing and Assessing Water Governance Regimes. *Water Resources Management*, v. 26, n. 11, p. 3153–3171, 1 jun. 2012.

WOLFF, G.; GLEICK, P. H. The Soft Path for Water. In: *The World's Water: Biennial Report on Freshwater Resources*. Washington, DC: Island Press, 2002.

YORK REGION. *Long Term Water Conservation Strategy*, 31 mar. 2011. Disponível em: <http://www.york.ca/wps/wcm/connect/yorkpublic/ad0e7ca5-70e9-47f3-98ca-077ff35c0c00/2016_LT-WCS_Update_%2B_Annual_Report.pdf?MOD=AJPERES>. Acesso em: 29 mai. 2018.

Desafios e estratégias da gestão integrada de bacias hidrográficas

29

Charles Carneiro
Engenheiro agrônomo, Instituto Superior de Administração e Economia do Mercosul, Isae, e Companhia de Saneamento do Paraná, Sanepar

Cleverson V. Andreoli
Engenheiro agrônomo, Andreoli Eng. Associados e Instituto Superior de Administração e Economia do Mercosul, Isae

Fabiana De Nadai Andreoli
Engenheira civil, Pontifícia Universidade Católica do Paraná, PUC-PR

INTRODUÇÃO

As questões ambientais têm sido prioridade nas políticas governamentais em todo o mundo. Embora muitos problemas ambientais continuem ocorrendo e diversas sejam as dificuldades relacionadas à fiscalização e aplicação das legislações, vários países buscam minimizar as pressões e a degradação dos recursos naturais.

Os recursos naturais, assim como o capital empresarial, as ferramentas e o trabalho constituem-se nos fatores essenciais de produção em qualquer atividade econômica. O solo, a água, a vegetação e a luz são os principais recursos naturais, sendo, contudo, os três primeiros, esgotáveis e muito suscetíveis ao uso e ao manejo aplicados na exploração. A caracterização do potencial de fragilidade destes torna-se imprescindível para determinar a racionalidade de seu uso e manejo, harmonizando exploração com o menor impacto ambiental possível.

A escassez da água, que era considerada num passado recente como uma hipótese restrita a regiões áridas, assume uma importância estratégica em várias regiões do mundo. Com o crescimento das populações e atividades industriais, a qualidade ambiental também tem sido cada vez mais afetada, com consequências socioeconômicas diretas e indiretas sobre as pessoas. As bacias urbanas são as mais vulneráveis pelo maior potencial de contaminação. Os recursos hídricos são entendidos como oportunidade de desenvolvimento e, em condições de escassez, como fator limitador de crescimento.

Com o aumento dos problemas de qualidade e quantidade nas águas superficiais, tem-se buscado cada vez mais a utilização de águas subterrâneas. Ademais, soma-se a isso o surgimento de novas tecnologias de exploração, tecnologias de tratamento modernas e acessíveis e serviços técnicos rápidos e seguros, fazendo com que o Brasil, que tem grandes reservas de águas subterrâneas disponíveis, passe a explorar cada vez mais os aquíferos. Hoje, em várias regiões, a água subterrânea já representa a principal fonte de abastecimento, com usos múltiplos: agropecuária, indústria, consumo doméstico e lazer. Com o uso e a exploração, vêm os problemas. Ainda que mais protegidas, as águas subterrâneas estão suscetíveis a problemas antrópicos e naturais semelhantes às águas superficiais. E ainda são necessárias informações técnico-científicas mais consistentes acerca do uso e manejo dos aquíferos.

Apesar da crescente maior exigência dos órgãos ambientais na busca do atendimento aos critérios preconizados pelas legislações, e, em tese, de legislações rígidas na manutenção da qualidade e propriedade de corpos d'água, há uma grande dificuldade em atingir esses objetivos, quer seja pela falta de efetivo nas instituições, quer por legislações que pecam pelo excesso em um país que sofre para atingir padrões mínimos, ou ainda pela falta de recursos para alcançar os padrões desejados, além de outros fatores. Fato é que o país ainda tem um grande desafio em assegurar a disponibilidade e qualidade da água. Muitas vezes, regulamentações excessivamente restritivas não induzem a uma melhoria na qualidade ambiental, mas, ao contrário, desestimulam a adoção de práticas sustentáveis e ampliam a insegurança jurídica dos procedimentos que dependem de licenciamento ambiental.

Um modelo sustentável de gestão de recursos hídricos, com adequada governança e adoção de tecnologias que considerem a preservação do ecossistema, é o que se pretende. É perfeitamente possível desenvolver atividades exploratórias com responsabilidade e de forma sustentável, atendendo, assim, diferentes necessidades sociais, desde a base da cadeia produtiva até o consumidor final. O desenvolvimento de atividades fora destes princípios pode trazer vantagens em curto prazo, contudo, acaba por comprometer o potencial produtivo, com reflexos danosos ao ambiente.

Invariavelmente, mesmo que todas as precauções e medidas de segurança sejam tomadas, o risco de poluição das águas continuará existindo em virtude do avançado processo tecnológico industrial e exploração de recursos que existem hoje. A minimização dos vários problemas envolvendo recursos hídricos tem como premissa básica o gerenciamento responsável e integrado de ações.

BACIAS HIDROGRÁFICAS E FATORES DE INFLUÊNCIA

Bacia hidrográfica ou bacia de drenagem é a extensão de solo que faz a drenagem correspondente da água das precipitações afluindo para o curso hídrico, e que depois deságua em outra bacia ou para o mar, dependendo da geomorfologia da bacia e orientação do corpo hídrico. A delimitação entre uma bacia e outra, que obviamente se dá na cota ou curva de nível mais alta, é chamada de divisor de águas (ou crista).

Independentemente do tipo de atividade desenvolvida, se de cunho agropecuário ou urbano, alguns fatores e propriedades dos solos, da geologia, da geografia, ou mesmo de ordem antropogênica, devem ser cuidadosamente observados e analisados no planejamento de uso, já que têm influência direta sobre o grau de impacto a ser causado no meio. Esses fatores subsidiam as previsões de comportamento da bacia, potenciais impactos no meio hídrico, e orientam diferentes alternativas sustentáveis para uso.

Tudo o que acontece na bacia se reflete no corpo hídrico: esgotos sem tratamento aumentam o risco de doenças transmitidas pela água; efluentes industriais e orgânicos reduzem o oxigênio e geram contaminação química; erosão aumenta a turbidez e assoreamento dos rios, além de poluir; agrotóxicos utilizados na agricultura podem ser carreados e causar problemas à fauna aquática e às pessoas que utilizam aquela mesma água a jusante; enfim, a água é o "espelho" que reflete as condições do uso e ocupação da bacia.

Existem três principais circunstâncias que ocasionam a deterioração da qualidade das águas por elementos orgânicos e inorgânicos:

- Introdução direta de elementos prejudiciais à qualidade da água, como erosão, agrotóxicos, esgotos, resíduos agrícolas, descargas industriais;
- Decomposição de matéria orgânica; o próprio material de origem dos solos e atividade agropecuária (agrotóxicos, fertilizantes e resíduos);
- Decomposição da própria biota aquática.

A seguir são apresentados simplificadamente alguns dos principais fatores de influência que afetam a qualidade e quantidade da água, buscando destacar os aspectos mais importantes (Mackenthun et al., 1964; Malavolta, 1980; Mello, 1984; Embrapa, 1992; Carneiro, 2008; Steinblums et al.; 1984; Junk, 1989; Sioli, 1991). A maioria destes aspectos – físicos, químicos e biológicos – ocorre de forma inter-relacionada, contudo, são apresentados de forma segmentada.

Aptidão do solo

Um dos principais aspectos a serem analisados em primeira ordem é a aptidão dos solos, que determinarão o potencial racional de uso e manejo, visando reduzir a níveis aceitáveis os desgastes e impactos. A determinação da capacidade de uso fornece elementos importantes para o planejamento do uso e ocupação e avalia tecnicamente as potencialidades e limitações de utilização. Conhecer o meio físico permite a análise das características e condições da bacia, com as quais se determina sua capacidade de uso. Os principais aspectos para determinar a capacidade de uso são condição hídrica, suscetibilidade à erosão, impedimentos à mecanização, fertilidade, profundidade, textura e uso atual. A utilização do solo acima de sua capacidade de suporte pode levar à degradação, além de provocar outros problemas, tais como assoreamento, eutrofização e poluição.

Textura

A textura é a proporção entre areia, silte e argila na composição do solo. A textura tem influência direta na taxa de infiltração da água, no armazenamento da água no solo, na aeração, na facilidade de compactação/mecanização, na fertilidade do solo e na suscetibilidade à erosão. Em uma conceituação mais simplista, os solos mais arenosos têm dificuldade para reter a água em quantidade, enquanto os solos argilosos conseguem reter água por muito mais tempo, nos espaços entre os coloides, mas podem apresentar problemas de falta de aeração pela drenagem deficiente.

Estrutura

A estrutura do solo é a forma como as partículas de areia, silte e argila estão arranjadas conjuntamente com a matéria orgânica; consequentemente, ela influencia toda a dinâmica do solo, taxa de infiltração, resistência à erosão, crescimento de raízes, movimento de água e ar, atividade microbiana, entre outros. Fatores climáticos como inundações e estiagem, assim como atividade biológica e antrópica, principalmente o preparo do solo para atividades agrícolas, podem promover alterações na estrutura. A matéria orgânica em decomposição, assim como compostos intermediários produzidos, tais como ácidos poliurônicos, fúlvicos e húmicos, têm papel muito importante na estruturação dos solos, modificando a porosidade e aumentando a capacidade de retenção de água.

Porosidade

A porosidade é a medida dos espaços entre as partículas de solo, proporção entre ar e água, e tem relação direta com o teor e tipo de argila e estrutura do solo. É definida como o volume dos poros dividido pelo volume total do solo. A intensidade de porosidade pode variar em função da força e velocidade de movimentação da água, da força de penetração radicial, da presença e tipo de organismos (micro, meso e macrofauna), da expansão de gases, da organização dos agregados e da própria porosidade da partícula. Esta característica é influenciada pelo manejo adotado para o preparo do solo, que tem influência direta na sua compactação. A quantidade e tamanho dos poros têm relação direta com a textura e a estrutura do solo e influenciam na permeabilidade e velocidade de infiltração de água.

Fertilidade

A fertilidade diz respeito ao teor e disponibilidade de nutrientes às plantas, caracterizando alguns solos como mais férteis e outros menos férteis. Quando a camada superficial do solo é perdida por erosão, o solo perde muito de sua fertilidade, já que esta geralmente é maior quanto mais próximo da superfície. Esta perda torna o solo empobrecido em nutrientes, dificultando ou muitas vezes limitando o crescimento de plantas, aumentando seu potencial de fragilidade. Nutrientes perdidos via erosão ou lixiviação necessariamente terão que ser repostos artificialmente para restabelecer a capacidade produtiva. Solos ricos em matéria orgânica geralmente têm elevados teores de nutrientes, principalmente nitrogênio, embora deva-se apontar que a intensidade e a forma de mineralização da matéria orgânica dos solos é que torna disponíveis seus nutrientes às plantas. Degradação do solo é um processo em que a qualidade do solo é alterada para uma condição inferior em relação à sua condição inicial. O grau de degradação significa o nível de alteração das características químicas e físicas do solo e predisposição à erosão, como consequência de ações de origem antrópica ou natural.

Declividade

A declividade é a inclinação da superfície do terreno em relação à linha horizontal, em que o nível plano corresponde a angulações entre 0 – 3%, o suave ondulado a 3 – 8%, o ondulado a 8 – 20%, o forte ondulado a 20 – 45%, o montanhoso a 45 – 75% e o escarpado é maior que 75%. A declividade é fator determinante na conexão entre os divisores de águas e os leitos fluviais, tendo influência direta sobre a suscetibilidade dos solos à erosão, velocidade de escoamento de calhas, taxa de infiltração, riscos de solapamentos e deslocamentos de massa. A declividade e intensidade de chuva determinam diretamente a capacidade de transporte das partículas de solo e a capacidade de desagregar solo por escoamento superficial. Em geral, quanto maior o "tempo de concentração" (ver adiante) e a declividade da bacia, maior será a vazão de escoamento e maior a erosão, muito embora o tipo de cobertura vegetal, a rugosidade do terreno e o perfil de saturação também exerçam influência.

Tempo de concentração

O volume de água de chuva não infiltrado é escoado por meio de uma rede de drenagem, hierarquicamente das áreas mais altas para as mais baixas, convergindo para um mesmo ponto, que pode ser o corpo hídrico principal. O tempo necessário para que uma determinada partícula se desloque por meio da rede de drenagem, do ponto mais distante da bacia (cabeceiras de drenagem) ao corpo hídrico ou outra cota intermediária que se queira avaliar, é denominado Tempo de Concentração (Tc). Existem diferentes métodos para se estimar Tc, devendo a escolha ser baseada nas características físicas de cada área da bacia, tais como: declividade, comprimento do talvegue, tipo de cobertura de solo e percentual de urbanização. Em ambientes naturais, o coeficiente de rugosidade determina uma distribuição da vazão no tempo, enquanto que a impermeabilização de áreas, associada a sistemas de drenagem, aumentam a velocidade de escoamento superficial, reduzindo o tempo de concentração e consequentemente ampliando as cheias.

Cobertura vegetal e áreas de proteção permanente

A cobertura de solo (verde ou morta) minimiza significativamente os processos erosivos e a velocidade de escoamento, facilitando a infiltração e recarga. Solos descobertos promovem grandes arrastes de sedimentos pelo afluxo de água. Neste sentido, as áreas de preservação permanente – APPs (Lei n. 12.651/2012 – Brasil, 2012) cumprem papel determinante na proteção dos corpos hídricos. As APPs são áreas protegidas, cobertas ou não por vegetação nativa, com função ambiental de preservar os recursos hídricos, o solo, a paisagem, a estabilidade geopedológica, a biodiversidade, o fluxo gênico de fauna e flora e o bem-estar das populações humanas. São consideradas APPs: as áreas com altitudes superiores a 1.800m; áreas nos topos de morros, montes, montanhas e serras; áreas nas bordas dos tabuleiros ou chapadas; veredas; encostas com mais de 45° de declividade; restingas, dunas, manguezais, faixas marginais de nascentes, cursos de água, lagos naturais e artificiais. A Figura 1 apresenta uma situação bastante comum com perda de APPs: encostas e topo de morro em área rural. Destaca-se que vários estudos demonstram que, especialmente em terrenos declivosos, o uso de montante das áreas ciliares tem influência determinante na qualidade das águas.

Figura 1 – Degradação em área de preservação permanente (APP): alteração de topo de morro + áreas com inclinação superior a 45°, Florianópolis, SC.

Áreas úmidas – entornos protetivos

As áreas úmidas ou várzeas são áreas planas em posição de baixada com formações vegetais que acompanham os cursos d'água. São ambientes intermediários entre água e continente, geralmente hidromórficos e com função complexa, especialmente em razão do regime hídrico. As principais funções das várzeas são: o próprio fluxo hidrológico; atuar como filtro entre o continente e o curso hídrico (entorno protetivo); exercer função tamponante química, hídrica e até térmica; e por vezes, tem importância agrícola. Os solos das áreas de várzea apresentam fertilidade variável, já que sua constituição sofre grande influência de materiais transportados hidricamente ou por erosão, mas geralmente são de solos de alta fertilidade, contendo grande quantidade de matéria orgânica. A supressão de vegetação ou alteração pode modificar drasticamente as condições do ecossistema (fauna aquática e terrestre), bem como trazer problemas de qualidade e quantidade de água.

Hidromorfismo

O grau de hidromorfismo representa a quantidade e o tempo de permanência de água presente no solo. A condição hidromórfica geralmente é caracterizada pela presença de uma zona de redução (anaerobiose ou anoxia) onde ocorre a alteração de óxido férrico (Fe_2O_3) para óxido ferroso (FeO), em decorrência do nível freático oscilante em profundidades bastante próximas à superfície do solo. O hidromorfismo pode ser identificado em observação de campo, pela presença de água próxima à superfície do solo e pela presença de gleização, que determinam uma coloração cinza ou mosqueada, resultante da redução do ferro presente nos horizontes superficiais e subsuperficiais do solo.

Fase de erosão

A fase erosiva identifica a quantidade de horizonte superficial removido, grau de desenvolvimento e predisposição à erosão. A erosão causa grandes impactos na qualidade e quantidade de água, além de comprometer o potencial produtivo do solo. Vários fatores podem promover perdas de solos por erosão e, preponderantemente, estão relacionados ou à ação antrópica (homem) ou à ação de agentes naturais (chuva, vento etc.), ou ainda à ação de ambos. A intensidade da erosão também depende do grau de desenvolvimento do solo, da suscetibilidade à erosão (fatores pedogenéticos) e intensidade das chuvas. A erosão ocorre principalmente em superfície, porém, pode ocorrer também em subsuperfície, em decorrência dos escoamentos horizontais (*interflow*), deslocando coloides e outros materiais dissolvidos; também pode haver perda de material particulado para o freático. A água de chuva é o principal agente natural causador de erosão. Os processos erosivos podem levar à perda de toneladas de solo e atingir camadas muito profundas, tornando o solo irreversivelmente degradado.

Profundidade e profundidade efetiva

Trata-se da espessura da camada de solo, a partir da superfície até a parte inferior do último horizonte do perfil ou até chegar à rocha; é a porção com melhor indicação de uso e facilidade para trabalho. A profundidade efetiva, mais especificamente, tem relação direta com o crescimento radicial, e assim, com o desenvolvimento e a sustentação de plantas, pois corresponde à porção do solo com maior fertilidade e maior capacidade de dar suporte físico e químico e, portanto, onde se encontra a maior parte das raízes das plantas. Um menor volume de solo (solo raso), além de desfavorecer o desenvolvimento da cobertura vegetal que protege o solo, afetará o movimento de águas de superfície e subsuperfície, recarga do aquífero e disponibilidade de nutrientes.

Pedregosidade

O índice de pedregosidade denota os afloramentos rochosos e a presença de pedras, matacões e cascalho, tanto na superfície do terreno quanto em profundidade ao longo do perfil do solo, que aumentam o grau dificuldade de intervenções e de possibilidades de uso. O grau de pedregosidade ou rochosidade, associado à declividade, definirá o nível de limitação à mecanização e alguns tipos de uso.

Urbanização

Como já mencionado, conhecer e respeitar a vocação ou aptidão da bacia, considerando suas potencialidades e limitações, garantirá o melhor aproveitamento do potencial e a continuidade de uso. Assim, planejamento, zoneamento e regulação são decisivos para a sustentabilidade exploratória.

Geralmente, os problemas que afetam bacias hidrográficas, localizadas dentro ou próximas a ocupações urbanas, são relativamente semelhantes: atividade e expansão industrial, crescimento populacional e de áreas urbanizadas, poluição difusa (por vez pontual), esgotos irregulares, drenagem urbana inadequada, falta de áreas com matas ciliares urbanas, entre vários outros. Estes problemas, em maior ou menor grau, são frequentes nas bacias que enfrentam problemas de urbanização e contribuem amplamente para a deterioração da qualidade de águas que adentram áreas densamente habitadas. Soma-se a isso a falta de informações técnicas adequadas e consistentes, a regulamentação e o plano de zoneamento inadequados e, principalmente, a falta de conscientização dos usuários de que precisam proteger o ecossistema. Este último aspecto é o mais impactante e relevante, e também o mais difícil de obtenção de resultados.

A maior parte dos impactos advindos da urbanização incide sobre os regimes hidrológicos e qualidade da água de rios menores, onde as consequências são mais significativas, comparativamente a rios maiores. Em geral, há aumento nos volumes e picos de escoamento, erosão, assoreamento e deterioração da qualidade da água. O aumento do volume e da velocidade do escoamento da água, consequência da maior impermeabilização do solo nas cidades, promove uma maior descarga aos rios, causando maior erosão, maior arraste de poluentes e acréscimo de carga poluidora, degradação do ambiente aquático e alteração do percurso e formato da malha hídrica. Caso a água não consiga percorrer rapidamente o caminho ao corpo hídrico, as inundações tomam lugar, e o problema pode ser ainda maior (Figura 2).

Além de afetar a qualidade de águas, os efeitos da urbanização podem ser amplamente sentidos na qualidade do ar, na biodiversidade, na temperatura (ilhas de calor), no aquecimento da água de chuva pelo contato com áreas de ruas, rodovias e telhados. O avanço das áreas urbanas causa o desflorestamento, que por sua vez afeta os estoques de carbono, a qualidade do ar e o balanço

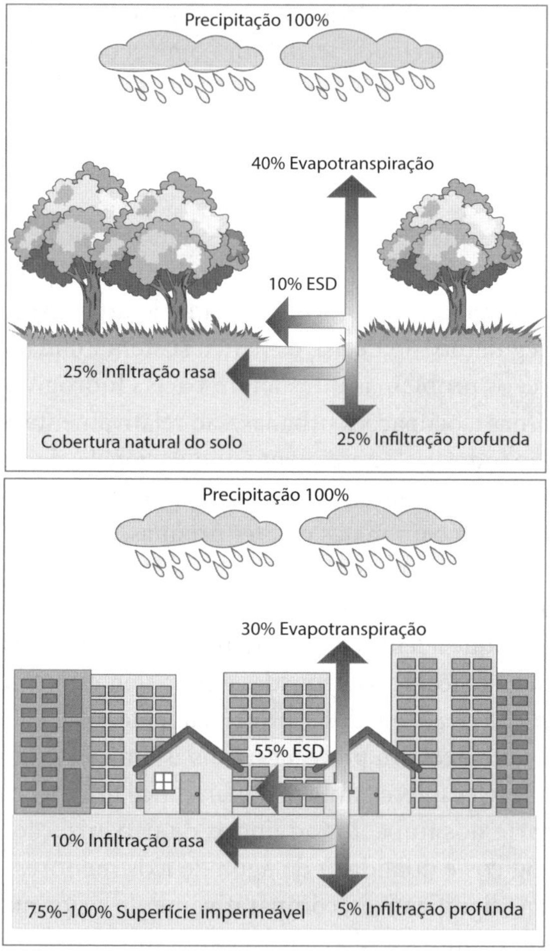

Figura 2 – Efeito da impermeabilização do solo sobre a taxa de infiltração, escoamento superficial direto e evapotranspiração em áreas urbanizadas.

ESD: escoamento superficial direto.

Fonte: adaptada de Carneiro et al. (2014a).

hídrico, provoca maior consumo de energia, maior emissão de poluentes e gases de efeito estufa, entre outros fatores. Todos estes aspectos, direta ou indiretamente, levam a uma pressão cada vez maior sobre os recursos hídricos.

DESAFIOS E PREOCUPAÇÕES

Questões relacionadas à quantidade de água

Disponibilidade hídrica

Quando se fala em disponibilidade de água para a população, alguns dados de estudos recentes preocupam bastante. Segundo a Unesco (2016), no ano de 2050, a expectativa de aumento da demanda hídrica mundial é de 55% principalmente pela crescente demanda do setor industrial, pela maior demanda dos sistemas de geração de energia termoelétrica, e também pela crescente demanda dos usuários domésticos. Somente a indústria manufatureira aumentará a demanda de água em 400% entre 2000 e 2050. Neste ritmo, em 2030, 40% da população mundial terá déficit de água. Atualmente, cerca de 750 milhões não têm acesso à água de qualidade. Outro dado alarmante, de acordo com a UNFPA (2011), é que desde o ano 1900, mais de 11 milhões de pessoas já morreram em razão da falta de água. Se considerarmos ainda o uso de água não potável como veículo de diversas doenças e fonte de contaminação, esse problema assume enorme proporção.

A essencialidade da água nos mais variados processos, desde os mais simples aos mais complexos, tornou o consumo no planeta extremamente elevado, com uso variando de continente para continente, região para região, de cidade para cidade. Ainda assim, um levantamento recente da FAO (2016) mostrou que o uso preponderante global continua sendo pela agricultura (69%) (Figura 3).

Embora não haja uma definição precisa dos quantitativos de água no planeta, há um consenso teórico até então de que 96,5% da disponibilidade total de água está nos oceanos, ou seja, é água salina ou salobra, restando 2,5% de água doce, a qual, por sua vez, está assim distribuída: 30% em aquíferos, 68,7% em calotas polares e regiões montanhosas, 0,3% em rios, lagos e reservatórios e 0,97% em outros compartimentos, como, por exemplo, nuvens, pântanos e solos (Shiklomanov, 2009; Winter et al., 1998; Georgiyevsky e Shiklomanov, 2003). Informações mais detalhadas sobre os compartimentos e seus estoques encontram-se na Tabela 1.

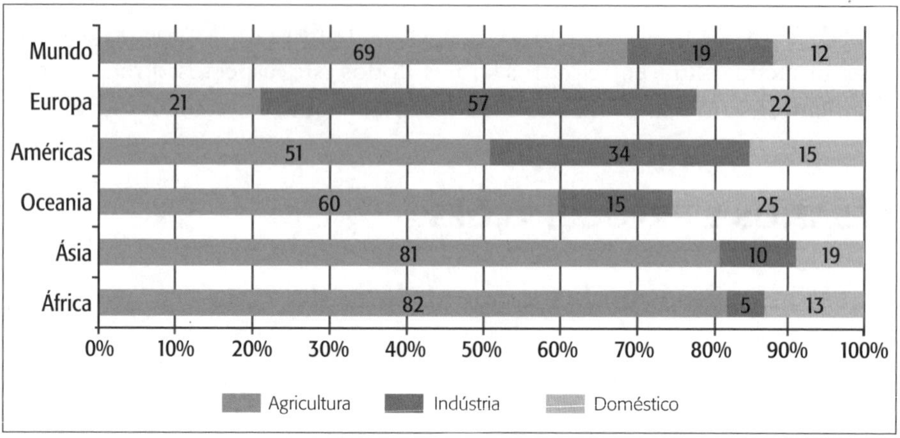

Figura 3 – Principais usos da água no mundo em função do continente.
Fonte: adaptada de FAO (2016).

Tabela 1 – Estimativa da distribuição global de água em função do compartimento-estoque (valores aproximados, logo, não alcançam 100%)

Compartimento	Volume (km^3)	% de água doce	% da água total
Mares e oceanos	1.338.000.000		96,5
Calotas polares, geleiras e neve permanente	24.064.000	68,7	1,74
Água subterrânea	23.400.000		1,69
Doce	10.530.000	30,1	0,76
Salina	12.870.000		0,93
Solo	16.500	0,05	0,001
Gelo de solo e permafrost	300.000	0,86	0,022
Lagos	176.400		0,013
Doce	91.000	0,26	0,007
Salina	85.400		0,006
Atmosfera	12.900	0,04	0,001
Pântano	11.470	0,03	0,0008
Rios	2.120	0,006	0,0002
Água biológica	1.120	0,003	0,0001

Fonte: adaptada de Shiklomanov (2009).

O Brasil possui a maior reserva mundial de água potável, aproximadamente 12% do total global. Contudo, em função de uma conjuntura de fatores (entre eles fatores climáticos, fisiografia, densidade demográfica e de uso e ocupação do solo), há uma grande heterogeneidade na disponibilidade hídrica no território brasileiro, o que leva o país a enfrentar vários problemas com a gestão do recurso, ora escassez, ora inundações.

Uma alternativa que tem sido amplamente utilizada pelos estados brasileiros para a preservação de água e regularização de cheias é a construção de represas ou reservatórios artificiais. Estes grandes lagos, leia-se aqui os naturais também, exercem um papel estratégico e determinante na gestão dos recursos hídricos. São vitais para o desenvolvimento e bem-estar humano, bem como para a preservação de ecossistemas que garantem a vida e preservação da biodiversidade. Seus valores e recursos são numerosos e fornecem muitos usos de diferentes formas para a humanidade. Por outro lado, os ecossistemas lacustres e suas características únicas não têm recebido a devida atenção por parte dos gestores. Apenas se está começando a entender os riscos das complexas interações entre os corpos de água e suas bacias de contribuição, bem como a extensão das consequências. A maioria dos problemas geralmente tem início na bacia e são comumente induzidos pelo homem, logo, espera-se que o próprio homem apresente soluções.

Andreoli et al. (2011) apontam duas formas clássicas para o aumento da disponibilidade de água: importação de água de bacias mais distantes, denominada transposição de bacias (recalque), e a construção de barragens artificiais, que regularizam vazão e permitem o acúmulo da água excedente em períodos de maior precipitação. Uma barragem pode aumentar abundantemente a disponibilidade de captação, podendo alcançar cinco vezes o volume disponível em captações a fio d'água. Contudo, é importante observar a vazão ecológica, de forma a garantir vazão mínima para a manutenção dos processos ecológicos essenciais.

A escassez de recursos hídricos é determinada pela relação entre sua disponibilidade e demanda. A tendência é que a demanda por água aumente significativamente nos próximos anos, conforme mencionado no estudo da Unesco (2015). Considerando a constância dos recursos hídricos, a disponibilidade de água deve reduzir. Vários índices têm sido utilizados ao longo dos anos para estimar a disponibilidade hídrica de regiões e níveis de estresse hídrico. Wallace e Gregory (2002) e Brown e Matlock (2011) compilaram alguns dos principais índices para verificar situações de estresse hídrico: índices propostos por Gleick (1990)[1], Raskin (1997)[2], Meigh et al. (1999)[3] e Epa (2002)[4] basearam-se em indicadores para a disponibilidade de água; por sua vez, Oecd (2002)[5], Seckler et al. (1998)[6] e Heap et al. (1998)[7] desenvolveram indicadores para estimar a escassez de água; a Who (2000)[8] fez uso de um índice quanto ao acesso à água de consumo e serviços de saneamento; Asheesh (2003)[9] associou a demanda por recursos hídricos e o crescimento demográfico; Hoekstra et al. (2003)[10] introduziu a pegada hídrica, que consideraram também fatores socioeconômicos, ecológicos e industriais; índices propostos por Sullivan (2002)[11], Vorosmarty et al. (2005)[12] e Chaves e Alipaz (2007)[13] consideram a sustentabilidade ecológica; Pfister et al. (2009)[14] consideraram também os danos no ecossistema; ainda em Ridoutt et al. (2009)[15] associou-se pegada de água com stress e danos – desenvolvido por Pfister et al. (2009). Uma das proposições mais bem aceitas e utilizadas até hoje pela simplicidade e pioneirismo foi desenvolvida por Falkenmark (1989). O índice estabeleceu 1.700 m^3/hab/ano como limite acima do qual há poucas chances de ocorrer escassez, enquanto que abaixo deste nível, a escassez de água pode surgir em diferentes níveis de gravidade, sendo que abaixo de 500 m^3/hab/ano há estabelecida uma situação de escassez. Apesar da ampla utilização global, este indicador apresenta algumas limitações, como considerar apenas os fluxos de água renováveis subterrâneas e desconsiderar as variações sazonais ou pontuais (baseia-se na média), além de também não considerar a qualidade da água, restringindo-se à quantidade. A Tabela 2 mostra os níveis críticos de disponibilidade hídrica aplicados pelo *Falkenmark Water Stress Indicator*.

---

[1] apud Wallace e Gregory (2002).
[2] apud Wallace e Gregory (2002).
[3] apud Wallace e Gregory (2002).
[4] apud Wallace e Gregory (2002).
[5] apud Wallace e Gregory (2002).
[6] apud Wallace e Gregory (2002).
[7] apud Wallace e Gregory (2002).
[8] apud Wallace e Gregory (2002).
[9] apud Brown e Matlock (2011).
[10] apud Brown e Matlock (2011).
[11] apud Brown e Matlock (2011).
[12] apud Brown e Matlock (2011).
[13] apud Brown e Matlock (2011).
[14] apud Brown e Matlock (2011).
[15] apud Brown e Matlock (2011).

Tabela 2 – Índices para níveis críticos de disponibilidade hídrica

Nível (m³/hab. ano)	Categoria/Condição
>1,700	Sem estresse hídrico
1,000-1,700	Com estresse hídrico
500-1,000	Escassez
<500	Escassez absoluta

Fonte: adaptada de Falkenmark (1989).

Segundo a ANA (2016), a disponibilidade hídrica pode ser entendida como uma vazão de alta garantia no tempo, acessível em grande parte dele, mesmo em períodos secos. Estima-se que a disponibilidade hídrica no Brasil seja em torno de 12.000 m³/s ou 22% da vazão média, excluindo-se a contribuição da bacia amazônica. Ainda segundo a ANA (2016), passam pelo território brasileiro cerca de 260.000 m³/s de água, dos quais 205.000 m³/s estão localizados na bacia do rio Amazonas, restando cerca de 55.000 m³/s de vazão média para todo o restante.

Em se tratando de Brasil, há grande oferta de água, contudo, sabidamente, há enorme disparidade de distribuição no território. Ainda que com 12% da água doce do planeta, 70% dessa água está na Bacia Amazônica, que tem a menor densidade populacional do país. Já o Nordeste, onde vive cerca de 30% da população, possui apenas 5% desta água. As regiões Sul e Sudeste, que concentram as maiores rendas *per capita* e industrial, dispõem de 12,5% da água doce, com cerca de 60% da população (Tabela 3).

Tabela 3 – Disponibilidade hídrica, *per capita* e nível de utilização por estado brasileiro

Estados	Potencial hídrico (km³/ano)	Densidade (hab/km²)	Disponibilidade *per capita* (m³/hab/ano)	Utilização no estado (km³/ano)	Nível de utilização (%)
Rondônia	150,2	5,81	122.183	0,054	0,04
Acre	154,0	3,02	318.450	0,046	0,03
Amazonas	1.848,3	1,5	773.581	0,191	0,01
Roraima	372,3	1,21	1.506.488	0,023	0,01
Pará	1.124,7	4,43	204.088	0,253	0,02
Amapá	196,0	2,33	516.525	0,026	0,01
Tocantins	122,8	3,66	117.104		
Maranhão	84,7	15,89	16.219	0,319	0,38

(continua)

Tabela 3 – Disponibilidade hídrica, *per capita* e nível de utilização por estado brasileiro (*continuação*)

Estados	Potencial hídrico (km^3/ano)	Densidade (hab/ km^2)	Disponibilidade *per capita* (m^3/hab/ano)	Utilização no estado (km^3/ano)	Nível de utilização (%)
Piauí	24,8	10,92	9.278	0,270	1,09
Ceará	15,5	46,42	2.276	1,764	11,38
Rio Grande do Norte	4,3	49,15	1.681	0,530	12,32
Paraíba	4,6	59,58	1.392	0,569	12,36
Pernambuco	9,4	75,98	1.270	1,983	21,10
Alagoas	4,4	97,53	1.671	0,419	9,52
Sergipe	2,6	73,97	1.601	0,261	10,06
Bahia	35,9	22,6	2.862	2,170	6,04
Minas Gerais	193,9	28,34	11.630	4,368	2,25
Espírito Santo	18,8	61,25	6.708	0,625	3,32
Rio de Janeiro	29,6	305,35	2.208	3,003	10,15
São Paulo	91,9	137,38	2.694	12,726	13,85
Paraná	113,4	43,92	12.595	1,702	1,50
Santa Catarina	62,0	51,38	12.717	1,784	2,88
Rio Grande do Sul	190,0	34,31	19.720	9,779	5,15
Mato Grosso do Sul	69,7	5,42	36.155	0,335	0,48
Mato Grosso	522,3	2,62	233.604	0,199	0,04
Goiás	283,9	12,81	62.880	0,799	0,28
Distrito Federal	2,8	303,85	1.537	0,273	9,76
BRASIL	5.732,8	18,5	36.498	44,5	0,78

Fonte: adaptada de Rebouças (1999) e Câmara Neto (2011).

O Brasil tem se caracterizado por sazonalidades bem definidas, contudo, nos últimos anos, em virtude de mudanças climáticas, tem havido uma magnificação de eventos de clima, alterando significativamente séries históricas. As mudanças já evidenciadas são: aumento na intensidade dos eventos (estiagens e chuvas); maior escoamento superficial, logo maior arraste de poluentes e menor recarga de aquíferos; maior evaporação em lagos e reservatórios; e, ainda, elevação do nível dos mares e intrusão de cunha. Além disso, o mau uso das bacias, atividades agropecuárias e industriais intensas, elevada pressão ocupacional e desmatamento têm elevado o aumento na escassez de água de qualidade. Ambientes em que há remoção de cobertura vegetal e maior impermeabilização de solo apresentam cotas de cheia ampliadas e, por conseguinte, menor recarga de aquífero e maior problema com inundações. A utilização de várzeas, quer seja urbana quer seja rural, reduz as áreas de amortecimento, ampliando os limites críticos de vazão e agravando as cheias e secas, tendo como reflexo direto a redução da disponibilidade de água (Andreoli et al., 2011).

Em decorrência do efeito estufa, há uma tendência do aumento da temperatura e a ampliação dos extremos climáticos nos próximos anos, sendo, portanto, necessária uma adaptação da sociedade às novas características dos regimes hídricos. É preciso se adaptar a isso. Ora haverá estiagem, ora chuva intensa; ora frio, ora calor excessivo. É fundamental, então, ter informação preditiva para poder minimizar os riscos nas atividades e prevenir certos desastres. E, neste sentido, órgãos de governo e instituições de pesquisa assumem função estratégica. Por outro lado, grande parte da população que vive em condições de estresse hídrico encontra-se atualmente em bacias hidrográficas onde o uso de recursos hídricos excede em muito a capacidade de renovação da água e/ou o uso dos recursos hídricos é de tal forma inadequado, que os problemas se tornam maiores ainda.

Perdas de água

A maioria dos sistemas de distribuição de água, em qualquer lugar do mundo – até mesmo os mais tecnificados –, tem perdas no processo da produção e no transporte da água até o consumidor final. A quantidade perdida é extremamente variável e depende de uma série de fatores, tais como: vazamentos de diversas causas (qualidade do material, vida útil, rompimentos causados por obras de terceiros, tráfego com peso acima do permitido etc.); erros de medição, uso público não previsto (por exemplo, hidrantes); roubos e desvios, entre outros (ver Figura 4). No entanto, os vazamentos se caracterizam como a principal causa de perdas. No Brasil não é diferente entre as regiões, há grande variação nos valores de perdas de água, desde 21,3% em Goiânia, por exemplo, até 73,6% em Macapá (dados SNIS – 2013).

As perdas nas operações da água são caracterizadas de duas formas: i) perdas aparentes ou não físicas: correspondem a imprecisões de medição, erros no sistema de faturamento e consumo não autorizado; e ii) perdas reais ou físicas: significam os volumes perdidos do sistema de distribuição, incluindo vazamentos e extravasamentos.

Existem intervenções específicas para combater as perdas aparentes e reais, que devem constituir um programa de controle de perdas. Programas de controle de perda de água são muitas vezes a solução mais econômica para o aumento da demanda, especialmente no curto prazo. O bom gerenciamento de qualquer recurso requer que o indivíduo ou empresa mensure e mantenha registros precisos de todas as transações. Um eficiente programa de controle de perdas começa por um eficiente controle de entradas e saídas de água, desde a captação, tratamento, transporte, distribuição e entrega ao cliente.

Segundo EPA (2013), estruturalmente um programa de controle de perda de água deve ser composto essencialmente de três eixos, sendo: 1) auditoria: identificação e quantificação dos usos e perdas no sistema de água; 2) intervenção: plano de ação para reduzir e eliminar as perdas; e 3) avaliação: utiliza indicadores de desempenho para medir o sucesso das ações implanta-

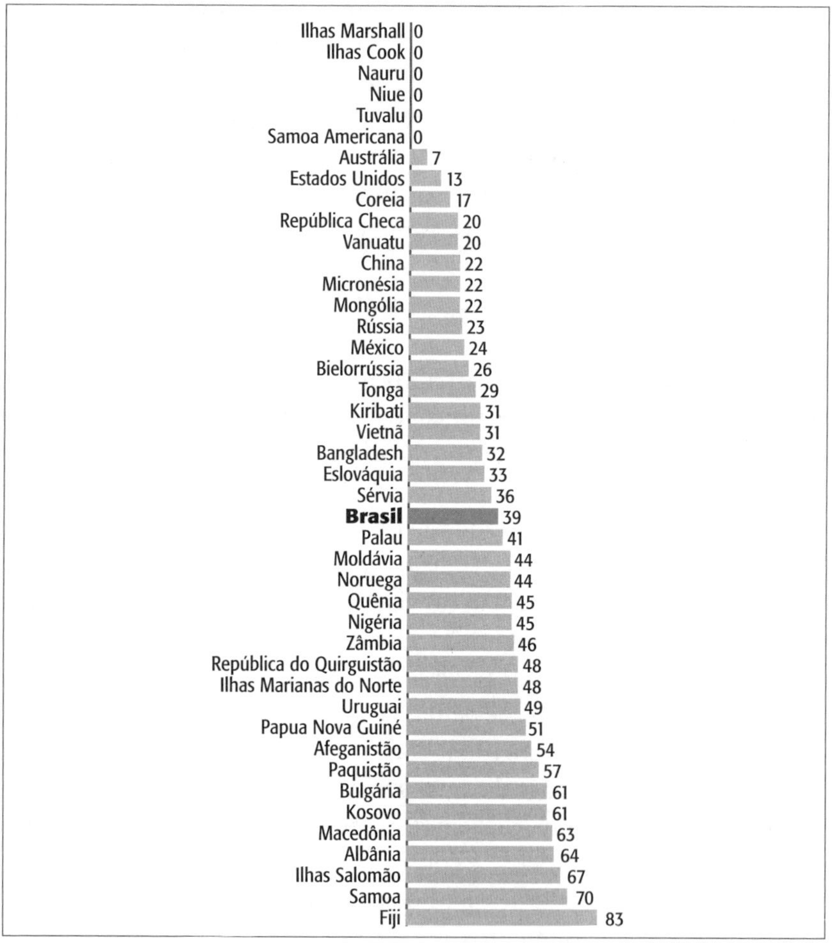

Figura 4 – Perdas de água tratada (%) em alguns países – ano base 2011.

Fonte: Trevizan (2015), a partir da base de dados de 2011 de IBNET – The Internacional Benchmarking Network for Water and Sanitation Utilities.

das. As ações incluem desde o gerenciamento dos vazamentos, passando por tecnologias para identificação e quantificação de perdas nas tubulações, até ações de repressão ao consumo não autorizado.

Tais medidas podem reduzir a necessidade de expansão e também reduzir a necessidade de fontes adicionais, a fim de acompanhar o crescimento populacional e aumento de demanda. Reduzir perdas reais e aparentes é uma medida que tem um dos melhores custos-benefícios em termos de retorno para as empresas de saneamento.

Nos últimos anos, no mundo, apesar das recentes crises hídricas, os programas de redução de perdas não têm avançado como em anos anteriores. Independentemente da (ou das) causa(s) precisa(s) do não avanço – falta de comprometimento de gestores, falta de novidades tecnológicas ou tecnologias mais apuradas, custo-benefício entre redução e perda (por vezes o custo da ação para redução é tão elevado ou de grau de dificuldade elevado para execução, que o custo da perda é compensatório) – fato é que os programas de controle de perdas carecem de novo fôlego e estímulo.

É preciso mais comprometimento e reeducação – que significa uma melhor relação entre companhia e cliente com bons serviços prestados e forma sustentável, bem como mais conscientização dos usuários. É preciso mais tecnologia: inovações tecnológicas, com profissionais devidamente habilitados e atuantes, e com estratégia para atuação. É preciso aprimorar a gestão: fala-se aqui de planejamento, meta, ação e controle.

Questões relacionadas à qualidade de água

A qualidade da água traduz a forma de gestão do ambiente. O manejo, a ocupação da bacia, bem como as características geomorfológicas e geopedológicas, têm grande influência na quantidade e qualidade da água.

O comprometimento da qualidade da água limita o uso potencial afetando diversos setores, desde o próprio ecossistema até a economia do país. Atividades humanas, assim como processos naturais, podem alterar as características físicas, químicas e biológicas da água. Contudo, indústria, agropecuária e urbanização respondem juntos por mais de 90% da poluição para a maioria das bacias. Drenagem urbana e rural têm invariavelmente como destino os cursos de água. Considerando que os usos múltiplos da água têm exigências distintas quanto à qualidade, a alteração das características naturais pode limitar seu uso.

A qualidade da água é afetada de diversas formas, nas suas diferentes fases (líquida, sólida e gasosa), alterações que podem ser de ordem química, física e biológica. Nos últimos anos, alguns destes problemas de qualidade merecem uma atenção especial dos gestores, quer seja pela magnificação, bioacumulação ou descoberta recente, como excesso de nutrientes e eutrofização; contaminantes emergentes – fármacos, hormônios e produtos de higiene pessoal, disruptores endócrinos; e substâncias tóxicas persistentes e espécies invasoras. Muitos destes contaminantes se combinam sinergicamente, ou ainda geram subprodutos, que podem causar impactos ainda maiores do que aqueles provocados pelo contaminante original.

A seguir, uma breve apresentação sobre a problemática de alguns destes grupos de contaminantes indesejáveis que atualmente representam um maior desafio aos gestores.

Excesso de nutrientes e eutrofização

A dinâmica de nutrientes em água e sedimento tem sido muito estudada ao longo dos últimos anos (Hutchinson, 1957; Esteves, 1998; Vollenweider, 1968; Kleeberg, 2010; Khalil; Rifaat, 2013; Carneiro et al., 2014b), não apenas na busca por maximizar o uso dos elementos químicos, mas também por problemas decorrentes do uso equivocado.

Um problema que tem crescido substancialmente nos últimos anos em todo o mundo, à medida que aumentam as pressões urbanas sobre áreas de mananciais, e também em virtude da utilização incorreta das áreas de influência das bacias, é o fenômeno da eutrofização. Eutrofização é o enriquecimento de nutrientes no corpo hídrico, levando a uma progressiva degradação da qualidade, notadamente em ambientes lênticos, proporcionando condições para o aumento excessivo de produtividade primária, comumente florações de algas ou macrófitas, o que interfere em toda a dinâmica do ecossistema. Em caso de microalgas e cianobactérias, o problema torna-se especialmente preocupante, face à potencialidade de produção e liberação de substâncias tóxicas destes organismos ao meio.

Os ambientes eutrofizados caracterizam-se então por apresentar alto teor de nutrientes (especialmente nitrogênio e fósforo), transparência limitada, pouca profundidade, e altos teores de matéria orgânica no sedimento e na água. O sedimento é uma das principais fontes ou sumidouros de nutrientes em muitos ecossistemas aquáticos. N e P são considerados os principais fatores limitadores desse aumento de produtividade primária, mas nem sempre os únicos; variáveis morfométricas e climáticas também podem ser determinantes. Os efeitos da sazonalidade no ciclo dos nutrientes em bacias de mananciais podem ser marcantes, e influenciados por vários processos abióticos e bióticos. Por exemplo, nas regiões tropicais e subtropicais, as temperaturas mais baixas no inverno são comumente associadas a menor precipitação e redução do escoamento e, com isso, menor aporte de cargas aos corpos hídricos. Menor precipitação também leva a menores fluxos de água e, consequentemente, maior tempo de permanência em lagos e reservatórios, o que leva a outras consequências (Esteves, 1998; Jorgensen; Vollenweider, 1989). A temperatura é outra variável de grande influência.

A utilização de balanços de massa de nutrientes é uma ótima ferramenta para ajudar a elucidar as entradas, saídas e acúmulos de nutrientes nos corpos hídricos, principalmente a poluição difusa, que tem maior dificuldade para identificação e mensuração e, portanto, é uma excelente ferramenta para apoiar a gestão de bacias hidrográficas, direcionando melhor os esforços para reduzir as cargas de nutrientes (Jorgensen; Vollenweider, 1989; Bennett et al., 1999; Kelderman et al., 2005; Müller et al., 2007; Carneiro et al., 2016).

O aumento da carga de nutrientes para lagos e águas costeiras comumente resulta no desenvolvimento em massa de cianobactérias em muitas águas (Vollenweider, 1968; Sharpley; Halvorson, 1994; Esteves, 1998; Bollmann et al., 2005), contudo, ambientes lóticos com baixa velocidade ou remansos também podem eventualmente apresentar o problema.

As florações de cianobactérias podem promover alterações de grandes proporções no ambiente, desde mudanças físico-químicas, até gosto, cheiro da água, e liberação de organotoxinas . Os prejuízos também atingem grandes proporções, desde econômicos até perdas de vidas humanas (Azevedo et al., 2002; Sanseverino et al., 2016).

A toxicidade potencial das cianobactérias tem sido motivo de preocupação em razão dos significativos malefícios à saúde humana (Carmichael; Falconer, 1993; Chorus; Bartram, 1999; Fernandes et al., 2005). As toxinas de cianobactérias podem ser extremamente prejudiciais aos seres humanos, mesmo em concentrações muito pequenas. Vários países no mundo relataram problemas com toxinas de cianobactérias: Austrália, Canadá, Estados Unidos, Argentina, vários países europeus, Japão, entre outros. No Brasil, os estados de São Paulo, Paraná, Rio de Janeiro, Minas Gerais, Bahia, Paraná e Pernambuco tiveram problemas relacionados às toxinas de cianobactérias. Em Pernambuco, cerca de 60 pessoas morreram e mais de 200 apresentam sequelas até hoje após intoxicação por um tipo de cianotoxina (microcistinas), ocorrida no centro de hemodiálise de Caruaru – Brasil, em 1996. Este foi o episódio mais sério atribuído a toxinas de cianobactérias no mundo (Azevedo et al., 2002; Metcalf e Codd, 2009). De acordo com Carmichael (1994), a razão para a síntese de cianotoxinas ainda não é totalmente compreendida, mas acredita-se que busca minimizar os efeitos da herbivoria. O mecanismo de ação das cianotoxinas varia dependendo do tipo de organismo. Nos seres humanos, as toxinas podem afetar o sistema nervoso, o sistema hepático ou mesmo causar problemas de epiderme.

Nesse contexto, quando um reservatório é utilizado para o fornecimento de água à população, autoridades e gestores devem tomar cuidado extra para garantir a qualidade da água fornecida, especialmente quando se trata de reservatórios propensos à eutrofização.

Contaminantes emergentes: fármacos, hormônios e produtos de higiene pessoal (PPCP), disruptores endócrinos (EDC) e substâncias tóxicas persistentes (PTS)

A contaminação do ambiente aquático por contaminantes emergentes tem sido motivo de preocupação sobre as ameaças à saúde pública e aos ecossistemas.

A sigla PPCP vem do inglês *Pharmaceuticals and Personal Care Products*, ou seja, fármacos e produtos de cuidado pessoal, provenientes da indústria, agricultura, hospitais e uso doméstico. Os PPCPs são adicionados ao ambiente por meio da excreção, atividades de higiene do homem, ou ainda eliminação de medicamentos via esgoto ou lixo. Os grupos de substâncias mais comuns consideradas PPCPs incluem os produtos cosméticos e de proteção individual, os fármacos, as drogas veterinárias, os agentes diagnósticos e produtos nutricionais. Estão à frente dessa lista os cremes de pele, protetores solares, detergentes, analgésicos, antidepressivos antibióticos, anti-inflamatórios e pílulas anticoncepcionais. Boa parte dos PPCPs podem ser considerados também disruptores endócrinos (EDC – *Endocrine Disrupting Compounds*) pela interferência no sistema hormonal. Os EDCs são substâncias naturais ou sintéticas que interferem no funcionamento dos sistemas hormonais resultando em respostas não naturais. Vários hormônios esteroides naturais e sintéticos, agrotóxicos, compostos orgânicos, hidrocarbonetos poliaromáticos e dioxinas já tiveram evidenciadas suas ações como EDCs, ainda que comprovações científicas de perturbação ou atividade endócrina precisam ser melhor investigadas (Birklett; Lester, 2003; Unep, 2008; Rahman et al., 2009). Outro grupo de contaminantes importante é o das substâncias tóxicas persistentes (PTS – *Persistent Toxic Substances*), composto essencialmente pelos poluentes orgânicos persistentes (POP – *Persistent Organic Products*), que são substâncias químicas orgânicas (à base de carbono), como Bifenilas Policloradas – PCBs, dioxinas e furanos etc., contemplados pela Convenção de Estocolmo, e também compostos não orgânicos com características semelhantes aos POPs, ou seja: persistentes, tóxicos, bioacumulativos e facilidade para transporte a grandes distâncias, como organometálicos, por exemplo (Unep, 2008; Harrad, 2009; Unep, 2010).

Pouco se sabe ainda sobre a predominância, distribuição e destino final de muitos desses compostos e seus subprodutos. Entre outros fatores, isso se deveu ao desconhecimento da existência de certas substâncias e do perigo potencial, a dificuldade em relacionar os efeitos na saúde humana, bem como à falta de ferramentas analíticas que pudessem detectar essas substâncias, já que algumas se encontram em níveis traço.

Nos últimos anos, as pesquisas têm se intensificado, assim como os equipamentos, técnicas e marchas analíticas para determinação, aumentando muito o número de estudos e trabalhos na área. Os efeitos e impactos na saúde humana ainda não são bem conhecidos, contudo, pela própria natureza dos compostos, é possível que possam provocar efeitos. Sobre a vida selvagem já existem várias investigações associando os efeitos dos PPCPs e EDCs com alterações fisiológicas e disrupção endócrina, por alterarem o funcionamento hormonal, quer seja substituindo por semelhança funcional, inibindo ou estimulando a formação, alterando comportamento ou agindo em momento inadequado (Unep, 2008; Markey et al., 2002; Rahman et al., 2009).

Vários estudos têm relatado a ocorrência de agrotóxicos e seus metabólitos em águas superficiais e subterrâneas (Hua et al., 2006). Certas substâncias, mesmo algumas não consideradas como POPs, avançam limites geográficos e contaminam novas áreas. Alguns inseticidas, já banidos em vários países no mundo, continuam a ser utilizados em vários locais, como no caso dos organoclorados e organofosforados. Além da característica de persistência, estes POPs são bioacumulativos, causando uma série de problemas, como, por exemplo, problemas com a puberdade, precocidade e infertilidade em homens (Sharpe; Irvine, 2004; Colon et al., 2000; Environmental Defense, 2005; Environmental Defense, 2006). Os organoclorados são reconhecidamente carcinogênicos e afetam o sistema reprodutor, além de provavelmente atuarem como disruptores hormonais. Falconer et al. (2006) associou lesões neurológicas e alterações cognitivas e comportamentais por exposição às dioxinas e PCBs. Os PCBs são produtos químicos altamente tóxicos, persistentes e bioacumulativos, e também sabidamente são causadores de alguns tipos de câncer, podem provocar transtornos reprodutivos, de desenvolvimento, danos no sistema nervoso e imunológico, além da suspeita de serem disruptores endócrinos. Ainda, outro efeito já apontado por alguns estudos, no caso de uso indiscriminado de fármacos, é a seleção de cepas bacterianas altamente resistentes, outra situação que carece de investigações mais aprofundadas.

Algumas substâncias têm degradação fácil e rápida, enquanto outras são de difícil decomposição, sendo até mesmo persistentes no ambiente (POPs). Os principais fatores que influenciam o grau de degradação no organismo são a composição e concentração da substância, e a habilidade e forma com que o organismo processa a substância – grau de absorção e lise. A degradabilidade no ambiente é variável, contudo, em geral são compostos bastante estáveis, altamente persistentes, de baixa solubilidade em água e alta solubilidade em gorduras, e com resistência à degradação química, biológica e fotolítica (Unep, 2008; Harrad, 2009). Por sua vez, nos sistemas de tratamento de efluentes, em geral, grande parte dos PPCPs, EDCs e PTS não é removida pelos processos de tratamento convencionais, necessitando a implantação de tratamentos mais avançados para tal. Já há tecnologias que possibilitam remoção e tratamento eficientes, entretanto, com custo relativamente alto (Unep, 2008; Virkutyte et al., 2010). Considerando que o país ainda enfrenta muitos outros problemas básicos e das mais variadas ordens, a recomendação de implantação de um tratamento avançado deve ser feita com todo rigor técnico e responsabilidade.

Nesse sentido, a minimização dos problemas decorrentes dos PPCPs, EDCs e PTS deve passar prioritariamente por um amplo programa preventivo associado à produção industrial e consumo doméstico conscientes destas substâncias. Ações de redução são mais eficientes e economicamente mais vantajosas. Também é mandatório o avanço nas pesquisas, desde os potenciais efeitos até a customização tecnológica; práticas adequadas de disposição de fármacos; melhoria na comunicação à população dos riscos associados com o uso indiscriminado e políticas públicas voltadas à minimização do problema.

Espécies invasoras

Alguns tipos de indivíduos (essencialmente plantas e animais não nativos) podem causar sérios danos quando, acidentalmente ou não, são liberados fora de sua região natural. Espécies invasoras são resultantes de atividades humanas, ocorrendo em uma condição acima da distribuição normal e colocando em risco o equilíbrio do ecossistema, com efeitos que podem ser graves (Cohen, 2002; Beck et al., 2006; Nisc, 2006; Unep, 2008).

A maioria dos problemas refere-se a introdução de espécies de peixes, mas também outros invasores como, por exemplo, os mexilhões, que resultam em problemas graves e de difícil combate. Mariposa cigana, mexilhão zebra, mexilhão dourado, macrófitas aguapé e erva-de-jacaré, peixe *black bass* e trepadeira *kudzu* são alguns exemplos de espécies exóticas que causaram perdas econômicas e ecológicas maciças quando habitaram novos locais porque seus controles naturais não estavam lá (Epa, 2008; Unep, 2008).

Segundo EPA (2016), em função da agressividade das espécies invasoras, acredita-se que elas possam estar envolvidas em 70% das extinções de espécies aquáticas nos últimos 100 anos, e em 42% das espécies atuais. Estima-se que os danos causados por espécies invasoras seria algo em torno de US$ 138 bilhões por ano, por danos na agricultura, pastagens, florestas, casas e estaleiros, saúde humana e animal, abastecimento alimentar, pesca e passeios de barco, recreação ao ar livre, entre outros.

A dispersão via água de lastro de navios parece ser responsável pela maior parte das invasões, especialmente aquelas em maior escala. A globalização tem ampliado enormemente o transporte de modo geral, fazendo com que as vias navegáveis sejam bastante alteradas. A seguir algumas das principais fontes de introdução de espécies invasoras em bacias hidrográficas:

- Água de lastro
- Transporte de veículos em geral
- Plantações e comercialização de espécies
- Novas conexões entre corpos de água
- Descarte de iscas de pesca
- Contaminação de equipamentos e instrumentos recreativos
- Liberação irregular de espécies
- Disseminação de patógenos para espécies vulneráveis
- Disseminação de propágulos de plantas invasoras
- Fuga de espécies em sistemas de produção
- Uso de espécie não nativa para controlar um invasor
- Contaminação de sementes e substratos
- Alterações do ambiente natural causando favorecimentos.

As invasões ocorrem em decorrência do estabelecimento bem-sucedido de uma determinada espécie fora da sua área natural, tolerância fisiológica a alterações físico-químicas do meio; semelhança de habitat; e diversidade no novo ecossistema hospedeiro, e alta taxa de fecundidade da espécie invasora (Esteves, 1998; Unep, 2008; ANA, 2013).

Segundo EPA (2016), as espécies invasoras têm o seguinte perfil:

- Capazes de causar danos significativos aos ecossistemas, à economia ou à saúde pública;

- Aparentemente não têm controles naturais aparentes, como predadores ou doenças;
- Nível populacional descontrolado;
- Causam mudanças rápidas no ecossistema, que tem dificuldade de se reacomodar;
- Alteração dos principais processos ecológicos (cadeia trófica, ciclagem de nutrientes, hidrologia, hidrodinâmica);
- Redução da biodiversidade, causando extinções;
- Redução ou eliminação de um serviço ecossistêmico ou outro serviço dotado de valor econômico.

As principais consequências ocasionadas pela presença de espécies invasoras vão desde impactos na saúde humana até impactos econômico-financeiros: 1) impactos para a saúde humana: infecções respiratórias e plantas venenosas; 2) impactos nos recursos naturais: diminuição do habitat dos animais selvagens, redução na disponibilidade de madeira, diminuição da estabilidade do solo e interrupção no processo de sucessão de florestas, mudanças na frequência e intensidade de incêndios, uso excessivo de recursos naturais – competição, supressão de indivíduos por alelopatia, diminuição da capacidade de produção pecuária; e 3) impactos sobre oportunidades recreativas e outros valores humanos: diminuição no valor das propriedades, diminuição da pesca esportiva, redução nas oportunidades de negócios, e decréscimo nas oportunidades de atividades recreativas.

Por outro lado, pode-se manejar adequadamente uma invasão biológica com monitoramento e avaliação de risco, além de plano de intervenção e contingência, se necessário, sempre priorizando as ações preventivas. Assim, em tese, seria possível manter a biodiversidade nativa e a funcionalidade do ecossistema.

Questões relacionadas às mudanças climáticas

As questões relacionadas ao aquecimento global, que pareciam ser apenas objeto de estudo de institutos e da Academia, já faz parte da nossa realidade. Os recentes estudos têm apontado invariavelmente que as mudanças climáticas alterarão o cenário socioeconômico, provocando maior estresse e conflito em várias regiões do planeta. Já é praticamente um consenso entre os pesquisadores e estudiosos do tema que a temperatura global média tem aumentado, que a frequência e intensidade de eventos climáticos extremos têm se ampliado, que houve elevação do nível dos mares, entre outros.

O ciclo hidrológico é afetado pelas mudanças de temperatura e balanço de radiação. Um estudo da ANA (2015) sobre o efeito das alterações de clima sobre os recursos hídricos aponta que, com o aquecimento da atmosfera, segundo os modelos, espera-se mudanças nos padrões da precipitação, aumento da intensidade e na variabilidade, o que poderá afetar significativamente a disponibilidade e a distribuição temporal da vazão nos rios, muito embora isso já tenha sido percebido em várias regiões brasileiras, com significativas alterações de padrão das séries históricas de vazão. O estudo sinaliza sobre prováveis mudanças na demanda dos setores usuários, que deve aumentar acima do padrão, pela elevação da temperatura e evapotranspiração, demandando mais irrigação, refrigeração e consumo humano em determinados períodos.

Um relatório recente (*5º Relatório de Avaliação do Clima: Impactos, Adaptação e Vulnerabilidade*) do Painel Intergovernamental de Mudanças Climáticas (IPCC), vinculado às Nações Unidas, reportou que o aquecimento global é uma realidade irreversível, que o ser humano exerce papel determinante nestas questões envolvendo mudanças climáticas, que os países não estão preparados ou adaptados, e que já há certeza sobre vários efeitos, mas a extensão dos danos ainda não é bem conhecida (IPCC, 2014). O estudo, que fornece subsídios para o desenvolvimento de ações de adaptação às mudanças climáticas, aponta as principais percepções para o século XXI sobre a gestão de recursos hídricos:

- Maior risco de impactos danosos aos ecossistemas e pessoas;
- Aumento da acidificação e redução da oxigenação dos oceanos;
- Aumento do nível dos mares (1,7 no cenário otimista até 16 mm/ano no cenário mais pessimista);
- Os oceanos continuarão aquecendo durante todo o século XXI: aquecimento em superfície para regiões tropicais e hemisfério do norte subtropical; no oceano Antártico, o aquecimento será mais pronunciado em maior profundidade;
- Redução no padrão de circulação de alguns oceanos, como, por exemplo, o oceano Atlântico Meridional – redução de 11%;
- Com maior intrusão da cunha salina pela elevação do nível do mar, o problema das cianobactérias será aumentado, dificultando o uso dos ecossistemas lacustres costeiros;
- Geleiras com profundidade de até 3,5 m podem alcançar desde 37% até 81% de redução na espessura;
- Redução de biodiversidade marinha nas regiões mais sensíveis;

- Risco de extinção de uma série de espécies terrestres, marinhas e de água doce pela modificação de habitats, sobre-exploração de reservas, poluição, eutrofização e espécies invasoras;
- Vários desafios na produção de peixes para atender a demanda de consumo;
- Aumento no número de enchentes e erosões;
- Países de regiões mais baixas e ilhas provavelmente devem enfrentar impactos maiores;
- O aquecimento das águas superficiais poderá aumentar a concentração de toxinas em peixes e frutos do mar, elevando envenenamentos por ingestão;

Questões relacionadas à gestão de água

Gestão de recursos hídricos na Europa

A gestão de lagos na Europa acontece de forma integrada entre os países, visto que boa parte dos principais rios e lagos atravessam fronteiras, e, portanto, requerem gestão compartilhada a fim de atender os usos e necessidades múltiplas. Obviamente que também há gestão independente (zoneamento locais) nos países para cursos de água que não transcendem limites de fronteira, e para esta condição existem diferentes formas de gestão, desde aquelas realizadas por comitês de bacia, até aquelas realizadas por prefeituras locais. Um aspecto importante neste contexto é que, assim como ocorre no Brasil, uma legislação não pode abrandar uma preconização já existente, apenas ser mais restritiva.

A plataforma *Water Framework Directive* (WFD) define objetivos para todas as categorias de águas na Europa, desde rios e lagos, até águas subterrâneas, costeiras e transfonteiriças. As diretivas preconizam que: i) a meta de tempo para alcançar a condição de água boa; ii) o uso deve ser sustentável; iii) a proteção englobe todas as águas; iv) é necessário plano de gestão de bacia, se transacional requer cooperação entre países; v) a participação de todos *stakeholders*; vi) a aplicação do princípio usuário-pagador; e vii) o equilíbrio de interesses: ecossistema e usuários.

A WFD estabelece padrões para alcançar a sustentabilidade dos recursos hídricos por meio de Planos de Gestão de Bacias de Rios (RBMPs) e Medidas de Programa (PoMs), que possuíam metas estipuladas para alcance em 2015, porém já em fase de revisão com replanejamento para aquelas que não foram atingidas para 2020 e adiante (European Commission, 2015a; 2015b).

As PoMs, a serem adotadas pelos países, consistem basicamente em implementar a legislação para a proteção das águas e alcançar o padrão ambiental, e são apresentadas nos artigos e anexos da WFD. Isto significa medidas que vão desde ações na bacia até medidas administrativas e regulatórias, de modo a permitir às autoridades e aos gestores o completo controle sobre todas as atividades de impacto na bacia. Medidas complementares específicas de natureza diversa necessariamente precisarão ser tomadas pelos países, visto que o WFD apresenta objetivos e enfoques de caráter mais amplo.

A estratégia utilizada para garantir que todos os países membros atendam as premissas do WFD passa por um planejamento cíclico, progressivo e revisional, incluindo análise financeira. Inicialmente, os corpos de água são caracterizados a partir de dados de monitoramento existentes visando qualificar o grau de risco do ambiente, a saber: risco existente, risco possível e risco leve ou inexistente, que deve considerar o estado químico e o ecossistema. O sistema de classificação da qualidade da água empregado pelo WFD considera cinco classes de estado da água: excelente, bom, razoável, ruim e péssimo. A condição excelente ou de referência considera nenhuma ou mínima pressão antrópica, e em tese, seria a melhor condição possível, tomada então como a situação a ser buscada. As demais classes de qualidade da água baseiam-se no grau de afastamento das condições de referência. A classe "condição boa" significa que há um ligeiro afastamento, enquanto que uma "condição razoável" implica um afastamento moderado, e assim por diante. Uma série de parâmetros bióticos e abióticos é considerada para a classificação. Posteriormente, é definida uma rede de monitoramento na bacia de modo a atender os preceitos do WFD e permitir um refinamento e verificação da classificação de risco do ambiente. A última etapa prevê a implementação de um plano de ação específico para a bacia, este devidamente validado pelas autoridades quanto à amplitude, pertinência, e ter sido amplamente discutido com todos os atores. Em geral, os planos são revisados a cada seis anos.

A Comunidade Europeia, por meio da Comissão e outros institutos e universidades, tem avaliado o alcance das metas e objetivos (Diretiva-Quadro) definidos ao longo dos últimos anos, e tem verificado que houve significativos avanços com relação aos recursos hídricos, tanto em termos de quantidade quanto em qualidade. Boa parte dos países europeus tem água de torneira de boa qualidade, águas de recreação e marítimas em boas condições de uso, além do bom trabalho na redução das inundações, com o mapeamento de áreas de risco e planos de prevenção e contingência. Os bons resultados da aplicação da Diretiva-Quadro Água têm influenciado outros setores também, como o setor energético, agropecuária, transportes e turismo.

Por outro lado, há muito ainda para avançar. Segundo a European Commission (2012; 2015a), cerca de 50% dos corpos de água europeus encontram-se numa condição de "bom estado ecológico", várias situações envolvem bacias que precisam melhorar a qualidade da água – a poluição difusa proveniente de agricultura ainda afeta 90% das bacias hidrográficas, e 40% ainda não têm informações de monitoramento suficientes para permitir avaliações consistentes. Com o crescimento industrial e a pressão exercida pelas atividades humanas, associados ao efeito já percebido das mudanças climáticas em determinadas regiões (escassez no sul da Europa e inundações ao norte), notadamente os problemas têm se concentrado em excesso de poluição, sobre-explotação de captações e alterações morfométricas e físico-químicas de rios, prejudicando o estado ecológico e toda biota aquática; além, naturalmente, da governança ineficaz em muitas situações, falta de informações técnicas e de recursos.

Desta forma, torna-se necessária a revisão das metas, a integração de políticas e análise de lacunas para planos de ação específicos, estratégicos e que envolvam a participação de todas as partes interessadas, mesmo aquelas que não são atualmente estados membros da União Europeia. Medidas como melhorias no procedimento de tarifação de água, receitas com a aplicação do princípio do poluidor-pagador, controle mais rigoroso na utilização de água industrial, combate mais eficaz da poluição difusa proveniente da atividade agropecuária e programas educacionais e de desenvolvimento rural e regional para proteção das águas estão entre as principais ações que estão sendo avaliadas no intuito de buscar resultados mais efetivos. Sob o aspecto tecnológico, a orientação é para o uso de técnicas mais sustentáveis, e que considerem toda a bacia hidrográfica como unidade de trabalho, como, por exemplo, a ampliação do uso de engenharia verde, criação e proteção de áreas úmidas e restauração de planícies aluviais e meandros.

Recentemente, a Comissão Europeia anunciou a Revisão da Implementação da Legislação Ambiental como forma de ajudar os Estados-Membros a aplicar as regras em benefício dos cidadãos, dos gestores e da economia. A comissão, em conjunto com os Estados-Membros, buscará as causas das lacunas para a implementação da política ambiental, bem como soluções para os problemas antes que se tornem ainda mais urgentes (fraquezas e oportunidades). E não apenas diretamente na área de qualidade da água, mas também em áreas como gestão dos resíduos, biodiversidade e qualidade do ar. Segundo a European Commission (2017), a aplicação da legislação ambiental na íntegra poderia resultar em uma economia de 50 bilhões de euros por ano, evitando gastos com saúde, com ações mitigadoras no ambiente e criando milhares de postos de trabalho.

Gestão de recursos hídricos na América do Norte

Os recursos hídricos no continente norte-americano – trata-se aqui de Canadá, Estados Unidos e México – estão sendo bastante impactados pelas mudanças climáticas, a urbanização, o crescimento populacional e as demandas concorrentes de outros usos, tais como, agricultura, produção de energia ou mesmo recreação (Sanseverino et al., 2016; Cross, 2017).

Segundo Toledo (2008), embora 86% do PIB mundial das Américas sejam gerados na porção norte, a região conta com somente 26% dos recursos hídricos disponíveis. Outro aspecto relevante é que, ainda que o regime pluviométrico seja similar nos três países, há grande diferença em densidade populacional, desde 3 hab/km^2 no Canadá até 54 hab/km^2 no México, fazendo com que a disponibilidade *per capita* seja muito diferente entre os países (Tabela 4). Ainda assim, encontram-se em uma condição razoavelmente confortável, segundo Falkenmark (1989) (ver Tabela 2).

Tabela 4 – Disponibilidade hídrica *per capita* na América do Norte

País	Precipitação (mm/ano)	Disponibilidade total (km^3/ano)	Densidade populacional (hab/km^2)	Disponibilidade *per capita* (m^3/km^2/hab)
Canadá	537	2.902	3	89.926
Estados Unidos	715	3.051	31	10.175
México	760	458	54	4.312
Continente	*637*	*6.411*	*20*	*14.640*

Fonte: adaptada de Toledo (2008) apud Environment Defense (2005), USGS (2004) e Conágua (2007)

Assim como o Brasil, tanto Canadá, como Estados Unidos e México enfrentam problemas locais relacionados à irregularidade na disponibilidade hídrica. Por exemplo, Toledo (2008) reporta que 85% da população do Canadá está concentrada na porção mais ao sul do país, enquanto 60% da água disponível se desloca para o norte. Nos Estados Unidos, vários estados, como Texas, Oklahoma, Arizona, Kansas, Novo México, Nevada e Califórnia, com certa frequência enfrentam problemas com falta de água, chegando a situações críticas de perdas de safras , falta de água e até mesmo racionamento. No

México; as regiões mais secas ficam no norte e nordeste; na região do Valle de México, se observa a menor disponibilidade hídrica – apenas 186 m^3/hab/ano, enquanto na região sul é de 24 mil m^3/hab/ano. Estudos recentes têm colocado o México como um dos países que terão os níveis mais críticos de falta de água nos próximos anos. Hoje, cerca de 90 milhões de pessoas no país já enfrentam problemas de acesso à água.

Os problemas da heterogeneidade na distribuição dos recursos hídricos são reduzidos no Canadá e Estados Unidos em razão de um grande número de reservatórios e represas. Os maiores reservatórios do mundo estão no Canadá, junto à fronteira com os Estados Unidos – região dos Grandes Lagos – reservando cerca de 20% da água doce total do planeta (incluindo as não-disponíveis também), que é compartilhada por ambos os países. São cinco lagos de grande porte: Superior, Michigan, Huron, Erie e Ontario (Figura 5). Estados Unidos e México também compartilham algumas bacias na fronteira entre os dois países.

Cerca de 37% da água utilizada no México é oriunda de aquíferos, o restante depende de águas superficiais. Dessa totalidade, quase 80% vai para a agricultura, colocando o México como um dos países que tem o maior consumo agrícola de água. Já os Estados Unidos utilizam cerca de 40% com a agricultura (há estados essencialmente agrícolas em que os consumos são mais elevados), e o Canadá menos ainda. O segundo maior uso nos EUA é com resfriamento de termoelétricas – 39%; o uso doméstico e industrial é baixo: 14% e 6%, respectivamente. Em relação ao consumo de água *per capita*, os números do Canadá superam em muito os demais países (>700 L/dia/hab), sugerindo que há muita margem para se trabalhar na gestão e uso racional da água no país.

Quanto à gestão das águas, obviamente há diferenças entre os países, contudo, em todos a distribuição estrutural de gestão é bastante parecida. Os serviços de saneamento são responsabilidade da municipalidade e os gestores dos estados e províncias atuam mais na regulação. Enquanto a gestão de bacias geralmente é dos estados nos EUA e Canadá, no México é do Governo Federal, que também é responsável pelas outorgas e autorizações para lançamentos. Os três países possuem um acordo de cooperação (CEC – Comissão para Cooperação Internacional) para questões que envolvam a gestão de águas e que sejam de interesse comum (Toledo, 2008). O Quadro 1 busca sintetizar as principais instituições e órgãos envolvidos na gestão das águas em cada um dos países do continente norte-americano.

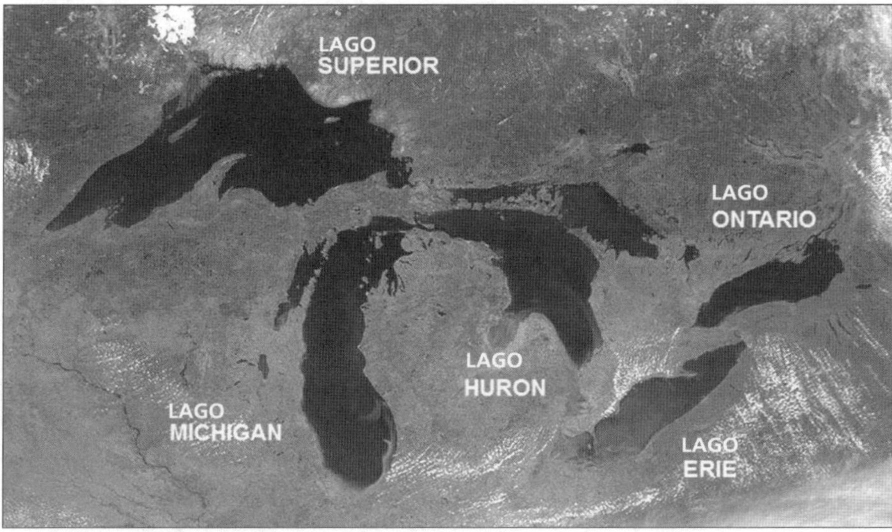

Figura 5 – Espacialização dos cinco lagos que compõem a Região dos Grandes Lagos na América do Norte, divisa entre Canadá e Estados Unidos da América – Imagem de Satélite – ano 2000.

Fonte: Nasa (2000).

Quadro 1 – Órgãos envolvidos com a gestão das águas no continente norte-americano em função do país

País	Órgão	Função
Canadá	Municípios	Execução dos serviços de saneamento
	Províncias	Concessões, controle, fiscalização e preservação dos ecossistemas e controle dos serviços de saneamento
	Governo Federal	Controle e integração entre os vários departamentos e agências que promovem a gestão da água
	Environment Canadá	Gestão da água, interesses múltiplos e conflitos
	CWWA – Canadian Water and Wastewater Association	Reúne os prestadores de serviços de saneamento
Estados Unidos	Municípios	Execução dos serviços de saneamento
	Órgãos Ambientais Estaduais	Controle, fiscalização e preservação dos ecossistemas. Alguns responsáveis pelo fornecimento de água
	ESACE – United States Army Corps of Engineers	Licenças para áreas úmidas
	USBR – The Bureau of Reclamation	Desenvolvimento e gestão de águas no oeste

(continua)

Quadro 1 – Órgãos envolvidos com a gestão das águas no continente norte-americano em função do país (*continuação*)

País	Órgão	Função
Estados Unidos	EPA – Environmental Protection Agency	Controle, fiscalização e preservação dos ecossistemas em nível nacional
	USGS – The United States Geological Survey	Base de dados e pesquisa
	WEF – Water Environment Federation	Apoio à gestão da água
	AWRA – America Water Resources Association	Apoio à gestão da água
	AWWA – American Water Works Association	Reúne os prestadores de serviços de saneamento
México	Conagua – Comissão Nacional da Água	Órgão deliberativo mais voltado para questões de infraestrutura e vigilância sanitária
	Agências de bacia	Órgãos executores da política de gestão
	Conselhos de bacia	Apoiam as agências e Conagua
	IMTA – Instituto Mexicano de Tecnologia da Água	Pesquisa, desenvolvimento e inovação tecnológica
	Cofepris – Comissão Federal para Proteção a Riscos Sanitários	Vigilância sanitária
	Departamento de Saúde	Vigilância sanitária
	Profepa – Agência Federal de Proteção Ambiental	Controle, fiscalização e preservação dos ecossistemas
	Conselho Consultivo da Água	Órgão consultivo
	Aneas – Associação Nacional das Empresas de Saneamento	Reúne os prestadores de serviços de saneamento
	Municípios	Execução dos serviços de saneamento

Gestão de recursos hídricos na América do Sul

A América do Sul é um continente muito heterogêneo, tem desde a maior bacia hidrográfica do mundo (e mais rica em biodiversidade), a Amazônica, até o deserto mais seco do mundo – Atacama. O continente é de fato privilegiado em termos de disponibilidade hídrica (6% da população mundial e 26% da disponibilidade hídrica), porém de forma bastante irregular.

A Conferência Rio-92 pode ser considerada um marco referencial para a gestão ambiental na América do Sul. Consequências da conferência podem ser percebidas até hoje; contudo, a gestão ambiental no continente permanece frágil e com sérios problemas de governança e sustentabilidade. A degradação continua acontecendo, é preciso dizer que a passos largos em alguns setores como o de florestas, sem que um esforço maior de desaceleração e controle efetivo seja tomado.

O elenco de problemas enfrentados ou desenvolvidos pelos países na gestão dos recursos hídricos tem características de similaridade: governança ineficiente, material humano em qualidade e quantidade para promover a regulação de uso, ineficácia da administração, punição branda ou inexistente, cultura ambiental pobre, cultura exploratória rica, serviços de saneamento inadequados ou insuficientes, crescimento e ocupação desordenados, falta de conscientização para a racionalização do uso e para proteção da riqueza existente e corrupção entranhada. Soma-se a isso outros problemas crônicos que estes países enfrentam, e que direta ou indiretamente, afetam a gestão de todos os recursos naturais: infraestrutura de transporte e logística defasadas ou inexistentes e com custos elevados; baixo investimento em inovação tecnológica e educação; políticas públicas inadequadas e grande desigualdade social com poucas oportunidades para alteração do quadro atual; sem falar dos problemas da insegurança pública.

Todos estes problemas e desafios afetam de forma significativa a gestão de recursos hídricos no continente latino. Além disso, leis antigas suplantadas por lei novas, mas ambas convivendo conjuntamente; sombreamento de legislação; lacunas legais; e legislação ora genérica, ora super-restritiva que dificulta o atendimento são o cenário e contexto de macrogovernança de recursos hídricos na América do Sul. Há pouca ou nenhuma interação e integração multi-institucional entre os países. Essas condições – diga-se não-peculiares somente desta parte do planeta –, associadas aos já conhecidos problemas socioeducacionais e financeiros dos países em desenvolvimento, tornam a gestão de recursos hídricos nestas áreas um grande desafio.

Em termos de estrutura de gestão na América do Sul, a maioria dos países definiram ministérios para administrar o meio ambiente, estes por sua vez têm criado subórgãos e agências para criar e executar políticas de planejamento territoriais, por vezes com a participação dos estados, mas na maioria das vezes com caráter *top-down*.

A Colômbia é um país privilegiado em se falando de recursos hídricos, embora assim como no Brasil, haja enorme irregularidade em termos de disponibilidade hídrica. Enquanto há escassez em algumas partes em virtude de condições naturais e antropização, há diversas regiões com elevados índices de pluviosidade: enquanto em cidades como Bogotá, o acesso é quase universal e de excelente qualidade, na maioria das áreas rurais é limitado, de qualidade duvidosa e intermitente (Aguilar-Barajas et al., 2015).

A Política Nacional de Gestão Integrada de Recursos Hídricos (PNGIRH) da Colômbia foi instituída em 2009 pelo Conselho Nacional do Meio Ambiente (Conama) e estabelece objetivos, metas, indicadores e estratégias para a gestão da água no país, considerando um horizonte de 12 anos (até 2022). A política visa garantir a sustentabilidade dos recursos hídricos, de forma integrada ao uso, ocupação e ordenamento do solo e conservação dos ecossistemas que regulam o abastecimento de água; e para tal tem como estratégias: i) conservar o ecossistema e processos hidrológicos; ii) caracterizar, quantificar e otimizar a demanda de água no país; iii) melhorar a qualidade de água e minimizar contaminações; iv) gestão integrada para minimização de riscos à oferta e qualidade da água; v) criar condições para o fortalecimento da governança institucional; e vi) consolidar e fortalecer a governabilidade de gestão (participação, educação e conflitos) dos recursos hídricos. A Figura 6 apresenta o organograma funcional da política para a gestão dos recursos hídricos na Colômbia.

Figura 6 – Organograma estratégico de gestão para a política nacional de recursos hídricos da Colômbia.
Fonte: adaptado de MAVDT (2010).

Segundo Bermúdez (2012), na Colômbia há uma ampla competitividade por espaço e entendimento quanto ao uso do território. Destacam-se como problemas a existência de legislações trabalhistas e fundiárias incidentes sobre a gestão de recursos hídricos; outorgas e licenças ambientais que muitas vezes ignoram as comunidades locais; normas de mineração e até grandes obras de infraestrutura, como rodovias e aquedutos, que tem facilitada a exploração e execução das atividades pela ausência de permissões ambientais.

O Chile é um país onde a gestão de água caminha um pouco melhor comparativamente aos países vizinhos. A legislação ambiental do Chile foi estabelecida em 1994 – Lei Ambiental nº 19.300 – pelo Conama – Comissão Nacional do Meio Ambiente (Conama, 2008), órgão similar ao órgão brasileiro. Esta lei estabelece procedimentos e padrões ambientais para prevenir e controlar a poluição, sendo: Padrões Primários (proteção humana), Padrões Secundários (proteção ambiental) e Padrões de Efluentes. O Código de Águas (proposto em 1981) define as responsabilidades compartilhadas sobre a gestão dos recursos hídricos no país, considerando as diferentes organizações e usuários e define as diretrizes para o uso compartilhado: direitos e deveres; forma de participação e gestão diretiva; mecanismos de resolução de conflitos e; mecanismos de financiamento para gestão. Em 2008, foi instituído o EIA – Estudo de Impacto Ambiental, o que significou um avanço na proteção dos recursos naturais no país, hoje uma exigência estatutária.

O Ministério das Obras Públicas, onde está posicionado o Serviço Nacional de Águas do Chile – DGA, é responsável pelas outorgas de uso da água – águas superficiais e subterrâneas. Com escritórios em todas as capitais e cidades mais representativas, o DGA também gerencia os estudos hidrológicos, monitoração dos recursos hídricos, e informações e abastecimento da base de dados em todo o país, enquanto o Conama propõe e coordena as ações decorrentes de políticas definidas e estratégias governamentais sobre água e outras questões ambientais; propõe normas e diretrizes sobre os padrões de qualidade de água; e administra o Sistema de Avaliação de Impacto Ambiental (SEIA). Por sua vez, o Ministério da Saúde monitora a qualidade da água e seus efeitos sobre a saúde da população.

O papel do governo é estabelecer a legislação sobre os recursos hídricos e atuar como agente regulador. Sob condições de extrema escassez hídrica, é facultado ao Presidente da República, com subsídio do DGA, declarar estado de emergência. Esta declaração permite que o DGA possa intervir junto aos usuários sobre o uso da água e se necessário readequar a distribuição, com a devida compensação pelo Estado. No caso dos lagos, também é incluída a instituição Directemar pertencente ao Exército Naval chileno, que também fica responsável pelo monitoramento da qualidade da água. Além disso, a Superintendência de Serviços Sanitários (SISS), criada em 1990, tem funções regulatórias em empresas privadas, controlando as performances do setor de saneamento e efluentes industriais.

Por sua vez, no Brasil, a gestão da água é amplamente subsidiada em legislações, desde a própria constituição do país. A Constituição Federal de 1988 já apontava as competências de gestão, sendo: águas superficiais interestaduais e internacionais de domínio da União; as demais e águas subterrâneas de domínio dos estados. A Política Nacional de Recursos Hídricos (Lei n. 9.433/1997) dá as diretrizes de gestão e, entre outros fatores, estabelece os instrumentos da política: enquadramento dos corpos de água em classes de uso; outorga de direito de uso; e cobrança pelo uso e sistema de informações. Também define a estruturação do sistema de gestão, como segue por ordem decrescente de hierarquia: Conselho Nacional de Recursos Hídricos (Conama), Agência Nacional de Águas (Ana), conselhos de recursos hídricos nos estados; Comitês de Bacia; Agências de Água – agências reguladoras e órgãos gestores federal, estadual e municipal. A Política estabelece também o Plano Nacional, com metas, diretrizes e programas para as bacias hidrográficas brasileiras. Os comitês de bacia ainda precisam ser mais efetivos no país e melhorar a comunicação com usuários e sociedade, mas têm papel bastante importante, se atuantes. Os comitês de bacia no Brasil têm caráter deliberativo, consultivo e propositivo, e com participação do poder público, dos usuários da água na bacia e da sociedade civil.

Quanto ao enquadramento dos corpos de água no Brasil, a Lei n. 9.433 de 1997, que instituiu a Política Nacional de Recursos Hídricos, é que garante a disponibilidade e a qualidade dos corpos d'água no Brasil. Entretanto, a classificação e o enquadramento dos rios, bem como o lançamento de efluentes, são tratados pela resolução Conama 357/2005 (que tem atualização em andamento). O sistema de classificação das águas e enquadramento dos corpos d'água é baseado no uso preponderante; para tal, são utilizados parâmetros e indicadores específicos.

Quanto à potabilidade das águas para consumo, a Portaria 2914/2011 do Ministério da Saúde é a legislação que orienta estes procedimentos e dá diretrizes e padrões de qualidade, abrangendo aspectos geoquímicos, biológicos, padrões de toxinas, agrotóxicos, poluentes orgânicos, compostos voláteis, entre outros.

Alguns poucos comitês de bacia já iniciaram a cobrança pelo uso da água, que tem valor acordado no âmbito do comitê. O pagamento é devido por todos os usos sujeitos à outorga. Os valores arrecadados devem ser revertidos em melhorias na própria bacia, segundo um plano de ação e investimentos aprovado pelo comitê.

Muito embora existam inúmeros problemas na governança dos recursos hídricos na América do Sul, com bastante dificuldade para aplicação e atendimento a esse conjunto de leis, em quase todos os países identifica-se um enorme arcabouço legal ambiental, e com grande completude, é preciso destacar isto. Cabe então aos órgãos de governo uma melhor compilação e simplificação destas bases legais, o que facilitaria e aprimoraria a gestão.

PLATAFORMAS MUNDIAIS DE GESTÃO DE BACIAS LACUSTRES COMO ESTRATÉGIAS INTEGRADAS DE GOVERNANÇA

Conforme já amplamente discutido nos tópicos anteriores, as bacias hidrográficas, em especial aquelas destinadas ao abastecimento público, não têm recebido a devida atenção pelos gestores e usuários, de modo a garantir o seu uso sustentável agora e nos próximos anos. A dificuldade em abordar a complexidade das questões ambientais sugere que os planos de gestão de bacias sejam multidisciplinares e multi-institucionais, de modo a alcançar todas as várias interfaces. Os planos necessitam considerar não apenas a área da bacia e o corpo de água, mas também todas as áreas de influência. A qualidade da água invariavelmente será afetada por todas estas variáveis.

Com o avanço da ciência e desenvolvimento de novas tecnologias, muitas mais ferramentas e conhecimentos estão disponíveis para aplicação, contudo ainda há grande dificuldade para implementação e gestão. Como evidenciado acima, praticamente todas as partes do mundo enfrentam problemas de governabilidade.

As plataformas Integrated Lake Basin Management (ILBM) e World Lake Vision (WLV0 – a Manejo Integrado de Bacias Lacustres e Visão Mundial de Lagos, respectivamente – buscam, por meio de princípios e orientações, auxiliar a gestão sustentável de lagos e bacias. Contudo, antes de discutir as plataformas, é pertinente apresentar e destacar o trabalho do International Lake Environment Committee Foundation (Comitê Internacional para Gestão de Ambientes Lacustres – Ilec), idealizador e grande disseminador das plataformas. Fundado em 1986 no Japão e sediado às margens do Lago Biwa na cidade de Kusatsu, estado de Shiga, Ilec é uma fundação de interesse público que tem como missão ajudar os países a desenvolver planos de manejo sustentáveis para lagos e suas bacias hidrográficas. Ilec tem um Comitê Científico, de caráter consultivo, composto por cientistas e especialistas de renome internacional na gestão e conservação de lagos e reservatórios.

Ilec tem organizado e proporcionado inúmeros cursos, treinamentos e projetos em parceria com várias instituições e eventos de escopo mundial para a promoção da gestão racional dos recursos hídricos. Sistematicamente tem apoiado a organização das Conferências Mundiais de Lagos e assistido organizações locais e regionais na gestão de bacias. E sempre utilizando como referência os eixos norteadores das plataformas Integrated Lake Basin Management (ILBM) e World Lake Vision (WLV), que serão apresentadas a seguir, como proposta para aplicação na gestão de bacias hidrográficas brasileiras. As ferramentas já têm seu uso consolidado em várias partes do mundo e com vários exemplos de sucesso, notadamente pela simplicidade e amplitude que consideram e integram as partes envolvidas (Ilec, 2005; Ilec, 2007a; Ilec, 2007b).

Plataforma ILBM – Integrated Lake Basin Management

A plataforma ILBM nada mais é do que orientações e diretrizes a serem consideradas para a gestão sustentável de lagos e suas bacias. Portanto, uma ferramenta bastante útil para gestores, tomadores de decisão e usuários.

Basicamente, a plataforma preconiza que um determinado plano de ação de bacia deve minimamente considerar seis grandes pilares de sustentação para que se alcance e desenvolva governança e exploração sustentáveis, a saber: 1) instituições; 2) políticas; 3) participação; 4) ciência; 5) tecnologia e; 6) recursos. A Figura 7 mostra os eixos da plataforma, ao mesmo tempo em que sugere a necessidade de integração entre eles. Na falta ou déficit de algum dos pilares, haverá o comprometimento de toda a estrutura. Em outras palavras, todos estes aspectos devem ser considerados e desenvolvidos no plano de ação, sob risco de insucesso caso um certo segmento seja negligenciado.

A gestão integrada de bacias de reservatórios requer uso de ciência, para que os problemas possam ser devidamente conectados às suas causas e ter suas consequências previstas: a continuidade é fundamental, muitos resultados só aparecem em longo prazo, especialmente em bacias muito impactadas; recursos financeiros são determinantes para que as ações e tecnologias possam ser implementadas; é preciso monitorar e medir, indicadores permitirão aprimorar a gestão; e por fim, são necessidades políticas voltadas à proteção e dedicadas à bacia, para que possa dar o devido subsídio à organização, fiscalização e controle. A seguir, uma breve descrição de cada um dos seis pilares da plataforma ILBM (Ilec, 2007a; Ilec, 2007b):

- **Instituições**: um sistema de gestão organizacional adequado, com atribuições bem definidas e sem sobreposição interinstitucional. Gestão com

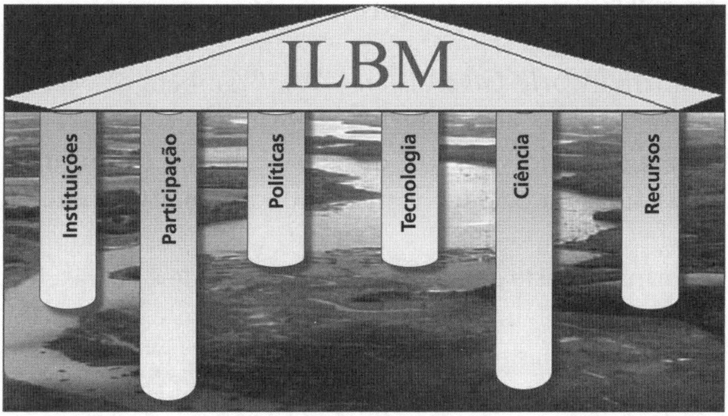

Figura 7 – Os seis pilares norteadores da plataforma ILBM (Integrated Lake Basin Management), orientações e diretrizes para a gestão sustentável de lagos e suas bacias.
Fonte: adaptada de Ilec (2007b).

ações integradas e responsabilidades compartilhadas. As instituições também precisam garantir a continuidade dos programas e ações.

- **Ciência**: o conhecimento científico e a percepção pública a respeito do manejo de lagos e suas bacias podem não ser os mesmos. O que requer que as investigações sejam realizadas com o devido rigor técnico-científico, e que haja troca efetiva de informações, evitando assim desperdício de recursos humanos e financeiros.
- **Políticas**: ferramentas políticas devem ser desenvolvidas para organizar, estimular e facilitar ações conjuntas em prol do uso sustentável da bacia, como por exemplo, o plano de zoneamento.
- **Tecnologia**: sempre que possível novas tecnologias devem ser aplicadas, podendo resultar em significativa melhora dos ambientes.
- **Participação**: todos os *stakeholders* (partes interessadas) devem ter um papel definido e participativo no processo de tomada de decisão das questões envolvendo a bacia. Todo indivíduo precisa perceber que é parte importante do processo.
- **Recursos**: o aporte financeiro deveria ser proveniente de todas as partes que se beneficiam financeiramente, direta ou indiretamente, do lago e de sua bacia. Esforços devem ser feitos para desenvolver novas formas de angariamento de recursos para serem usados localmente na bacia. Não é possível fazer gestão adequada sem recursos.

Plataforma World Lake Vision – WLV

A plataforma *World Lake Vision* – WLV também oferece preceitos e diretrizes para a gestão sustentável de lagos e suas bacias. Tem como objetivo maior o desenvolvimento de senso comum e consenso entre as partes interessadas da bacia, considerando a situação atual e futura do ecossistema.

A plataforma consiste de sete princípios orientadores para a identificação de problemas, desenvolvimento de soluções práticas e exploração racional, considerando o uso pelas próximas gerações (Ilec, 2005; Ilec, 2007a).

São princípios norteadores considerados pela plataforma *World Lake Vision*:

- Relação harmoniosa entre o ser humano e a natureza;
- A bacia hidrográfica deve ser a unidade de planejamento e gestão;
- Priorizar a gestão preventiva;
- A ciência como referencial teórico para o desenvolvimento de políticas e tomadas de decisão;
- Bom senso dos usuários da bacia para resolver conflitos e considerar as futuras gerações;
- Usuários devem ser estimulados a participar da resolução dos problemas da bacia;
- Boa governança, baseada na justiça, transparência e fortalecimento, que dê poder a todas as partes interessadas.

DESAFIOS E ESTRATÉGIAS DE IMPLEMENTAÇÃO DE PLANOS DE GESTÃO INTEGRADOS DE BACIAS

O Brasil é um país que enfrenta vários problemas relacionados à estrutura social, segurança, desigualdade, corrupção, educação, saúde, habitação, entre outras, em grande parte em razão da má gestão pública. A disparidade social e o déficit educacional levam, por sua vez, a vários outros problemas sociais e culturais graves, como o desrespeito ao meio ambiente e a inadequada aplicação de recursos monetários.

Nesse sentido, é importante compreender melhor os princípios que regem a gestão integrada da bacia, bem como identificar e compreender os desafios e a melhor maneira de resolvê-los, facilitando o desenvolvimento de ações. Os problemas indicados no Quadro 2 representam alguns dos principais desafios de implementação e gestão de planos de bacia integrados no Brasil. Estes desafios-problema têm diferentes graus de complexidade e, portanto, devem ser conduzidos de forma diferente. Enquanto um dado desafio como "falta de informação técnica" tem uma diretriz clara e relativamente simples para resolução, outros, como "cumprimento à legislação" têm alto grau de complexidade e envolvem todas as diretrizes da plataforma ILBM.

Quadro 2 – Análise crítica dos principais desafios à gestão das águas no Brasil sob a ótica da plataforma ILBM

Eixo	Problema	Alternativas para solução
Recursos	Recursos para pesquisa	Criar um fundo estatal específico para pesquisa na bacia. Garantir parte do recurso arrecadado pelo comitê de bacia para pesquisa.
	Recursos para gestão	Garantir parte do recurso arrecadado pelo comitê de bacia para gestão: reuniões, workshops, infraestrutura de comunicação; diagnósticos, monitoração.
	Recursos para uso de tecnologia	Garantir parte do recurso arrecadado pelo comitê de bacia. A governança da bacia deve buscar recursos a fundo perdido do Governo Federal, instituições de estado, privadas, entre outras.
	Recursos para obras (é a maior necessidade)	Garantir a ampla maioria do recurso arrecadado pelo comitê de bacia (se não há comitê, todo usuário que da bacia gera recursos deve contribuir regularmente). A governança da bacia deve buscar recursos a fundo perdido do Governo Federal, instituições de estado, privadas, entre outras.
Ciência	Consistência e confiabilidade de informações	Utilizar o máximo rigor técnico para a obtenção de dados consistentes e confiáveis.
	Falta de informação técnico-científica	Governança da bacia ou principais partes interessadas devem estimular e organizar a academia e outras instituições para a realização de pesquisa aplicada. Incentivo financeiro e estrutural à Pesquisa & Desenvolvimento.
	Inexistência de registro de informações adequado e integrado	Criar um banco de dados para armazenamento de informações. Banco de dados deve ser acessível e conhecido por todos. Os geradores de informação devem atuar de forma organizada para evitar sombreamento.
	Zoneamento sem subsídio técnico-científico	O zoneamento e plano de uso da bacia devem ser fundamentados em estudos técnicos e científicos aprofundados, elaborados com qualidade e multi-institucionais.
Tecnologia	Falta de subsídio técnico aos usuários	Organização de palestras frequentes aos usuários. Órgãos de extensão devem desenvolver ou ampliar programas de extensão. Novidades tecnológicas devem sempre ser levadas aos usuários via extensão, workshops e canais de comunicação.

(continua)

Quadro 2 – Análise crítica dos principais desafios à gestão das águas no Brasil sob a ótica da plataforma ILBM (*continuação*)

Eixo	Problema	Alternativas para solução
Tecnologia	Resistência ao uso de novas tecnologias	É preciso que a governança da bacia estimule e solicite aos usuários o uso de tecnologia sustentável e inovadora. A inovação tecnológica deve ser estimulada e solicitada aos usuários.
	Tropicalização tecnológica	Elaborar estudos de bancada e piloto antes de implantação em escala. Avaliar cuidadosamente tecnologias externas quanto à aplicação e assistência técnica.
	Janela tecnológica	Governança da bacia, assim como instituições de estudo, devem sempre atualizar o estado da arte tecnológico em busca de novidades que possam ser aplicadas.
Participação	Falta de canal de comunicação entre usuários e gestores	Criar canais de comunicação fácil entre gestores e usuários: telefones, internet e contato direto. Os canais de comunicação devem possibilitar fazer reclamações, sugestões, elogios e solicitações.
	Dificuldade para envolver todos os *stakeholders* na gestão	Repasse constante de informações aos usuários acerca da bacia via canais de comunicação. Promover encontros sistematicamente entre todos os usuários. Promover ações de educação socioambiental nos vários níveis. É fundamental possibilitar a todos participação no processo decisório da bacia.
	Cumprimento à legislação	Os usuários precisam se conscientizar e ser conscientizados quanto ao uso racional dos recursos. A governança da bacia com os demais *stakeholders* deve estimular outros *stakeholders* ao uso racional e cumprimento do zoneamento e legislação. A autocobrança e autovigilância são bons mecanismos de controle e disseminação do uso sustentável. Se há medidas punitivas instituídas, estas devem ser de conhecimento de todos, estando disponíveis e encaminhadas a todos pelos canais de comunicação.
Instituições	Responsabilidade institucional	Melhorar a integração entre os órgãos atuantes na bacia. Definir e publicar a atribuição específica de cada órgão e agente. Comunicar a todas as partes interessadas e se manter disponível.
	Cumprimento à legislação	Definir a política de zoneamento da bacia. Melhorar os canais de divulgação e acesso à informação da política de zoneamento e outras normativas pertinentes. Melhorar a estrutura de fiscalização e controle. Adotar e aplicar medidas punitivas.
	Inexistência de um sistema de avaliação de desempenho	Criar um sistema de avaliação de desempenho das instituições em relação às suas atribuições na gestão da bacia (indicadores), possibilitando melhoria de performance.

(*continua*)

Quadro 2 – Análise crítica dos principais desafios à gestão das águas no Brasil sob a ótica da plataforma ILBM (*continuação*)

Eixo	Problema	Alternativas para solução
Políticas	Falta de política dedicada à bacia	*Stakeholders* devem solicitar à principal instituição responsável (varia entre bacias) a elaboração de políticas e programas dedicados à bacia.
	Ausência de zoneamento	Instituição responsável (varia entre bacias) deve organizar a execução do zoneamento. *Stakeholders* devem cobrar a instituição responsável principal pela coordenação da atividade.
	Falta de regulação do zoneamento	Instituição responsável (varia entre bacias) deve capitanear o processo de regulação. *Stakeholders* devem cobrar a instituição responsável principal pela coordenação da atividade de regulação.

No contexto brasileiro, são muitos os desafios para garantir o sucesso de planos de ação integrados em bacias, mas é preciso começar; de fato começar, porque as ações integradas em bacias que tem eventualmente acontecido no país têm caráter emergencial, pontual e não contínuo, exatamente o oposto do que se busca e do que preconizam as plataformas mundiais. É preciso encontrar o equilíbrio entre as necessidades humanas e a capacidade que a natureza tem para atender estas demandas.

Assim, considerando este cenário, é que a adoção das plataformas sugeridas como ferramentas de gestão sustentável aparece como ótima alternativa, desde que devidamente aplicadas (Figura 8). As ferramentas auxiliariam, então, desde as comunidades das bacias até os tomadores de decisão. São inúmeros os casos de sucesso de países que aplicaram os preceitos ILBM e WLV na gestão de bacias. Estes casos e suas estratégias para o alcance das metas são amplamente detalhados em publicações (UNEP-IETC / Ilec, 2002; Ilec, 2005; Ilec 2007a; Nakamura e Rast, 2012; RCSE / Ilec, 2014) e *website* do Ilec.

O Ilec utiliza algumas estratégias para fazer disseminar e implementar as ferramentas ILBM e WLV: i) coleta e disseminaçao de informaçoes e dados ambientais de bacias de lagos em todas as partes do mundo; ii) promove investigação científica sobre gestão e manejo de lagos e bacias; iii) auxilia países em desenvolvimento na gestão ambiental sustentável de lagos e suas bacias; iv) promove treinamentos e oficinas sobre questões técnicas e de gestão para o ambiente de lagos; v) promove interação com agências governamentais, institutos de pesquisa e ONGs no mundo que realizam cooperação internacional em manejo de lagos e bacias e; vi) sempre busca novas alternativas para promover a gestão ambiental sustentável de ambientes lacustres e bacias hidrográficas. Algumas destas estratégias poderiam perfeitamente ser aplicadas às bacias brasileiras, ou mesmo buscar o envolvimento nas ações promovidas por Ilec.

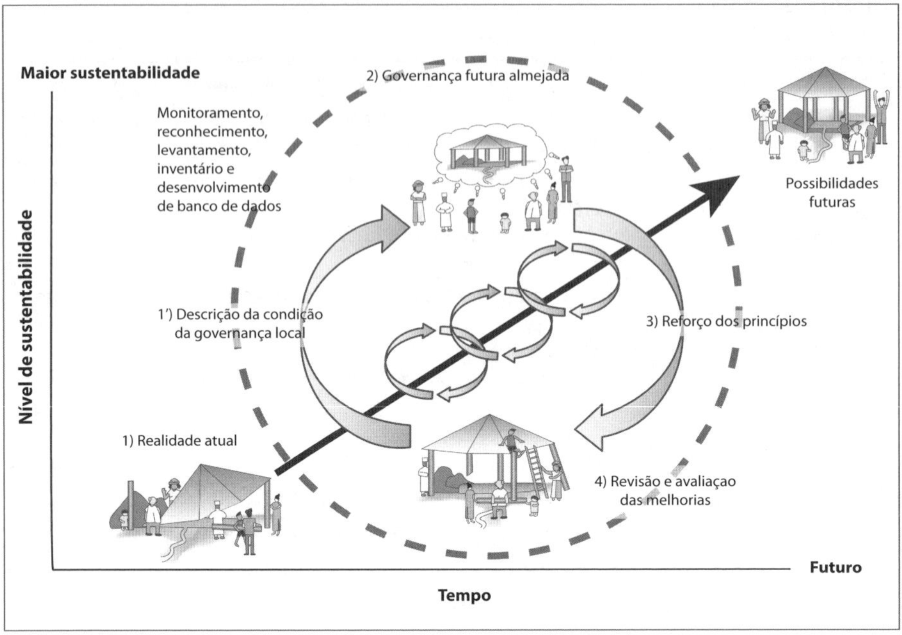

Figura 8 – Ilustração esquemática do processo cíclico de implementação e gestão da plataforma ILBM.
Fonte: Ilec (2007b).

Geralmente no Brasil, a implementação de um plano de ações tem mais caráter curativo e mitigador, até mesmo compensador, do que preventivo, infelizmente. Seria muito importante a sensibilização de gestores e usuários para essa mudança de comportamento. Este parece ser o primeiro passo estratégico para o redirecionamento em prol do uso sustentável de bacias.

Perguntas do tipo: que ações realizar? Como e onde tomar medidas? Quais são as prioridades? Que medidas devem ser adotadas e desenvolvidas na bacia? Com que recurso? Como envolver todos os usuários? São perguntas que podem ser equacionadas, ao menos parcialmente, um plano de ação integrado multi-institucional de acordo com os preceitos ILMB e WLV.

CONSIDERAÇOES FINAIS

O processo acelerado de formação e expansão das cidades no Brasil atropelou princípios básicos de planejamento e ordenamento do território e de gestão urbana. Com isso, as áreas de mananciais sofreram e sofrem uma enorme pressão, com impactos significativos na qualidade da água.

A escassez de água provavelmente limitará o crescimento econômico de vários países. É provável que ela ocorra em vários locais no planeta por períodos prolongados. Sendo a disponibilidade de água altamente dependente da qualidade, a água de qualidade inferior pode ter uso proibitivo em virtude do custo de tratamento, potencializando o problema da falta desta.

Com a maior dificuldade de acesso à água, haverá maior disputa dos usuários pelo uso na agricultura, uso urbano, industrial, na produção de energia, e para a própria manutenção do ecossistema. Os potenciais impactos na economia e mercado de trabalho são reais e possivelmente graves. Ásia, África, América do Sul e Oriente Médio são regiões do planeta que certamente enfrentarão estes problemas.

Os efeitos das mudanças climáticas já são percebidos nos mais diversos setores, sendo os recursos hídricos um dos mais afetados. Considerando esta realidade, ter informação preditiva e pesquisa é fundamental para poder minimizar riscos nas atividades e prevenir certos desastres. Assim, órgãos de governo e instituições de pesquisa assumem função estratégica.

Por outro lado, a mudança climática também pode oportunizar emprego em atividades de mitigação e adaptação. A opção de avaliação econômica de serviços ecossistêmicos aparece como uma das alternativas promissoras, desde que um programa adequado e consistente seja proposto.

A dificuldade em abordar a complexidade das questões ambientais conduz à necessidade de se integrar pesquisa, desenvolvimento e aplicação. São problemas complexos, e que, portanto, requerem envolvimento interdisciplinar e multi-institucional. É necessária a adoção de estratégias específicas para a conservação de mananciais de abastecimento, buscando a definição de metodologias adequadas às diferentes situações antrópicas e ambientais.

Conhecer a bacia com riqueza de detalhes é fundamental para fornecer subsídios e diretrizes importantes para o planejamento de uso, desenvolvimento de políticas e compatibilizar uso e aptidão da área. As ações de gestão e proteção devem envolver não apenas a bacia e o corpo de água, mas também toda a área de influência indireta. Aspectos como ciências e políticas socioeconômicas, socioeducacionais e socioambientais assumem igual ou maior importância comparativamente a aspectos químicos, biológicos e físicos, todos com grande relevância.

A melhoria do estado das bacias hidrográficas do Brasil e do mundo pode ser alcançada por meio da aplicação das plataformas ILBM e WLV com o envolvimento de todos e compromissos fortes e continuados. É necessário o envolvimento de todos os *stakeholders*, produtores rurais e urbanos, comunidades, órgãos públicos, instituições de ensino e pesquisa, consumidores, enfim, todos que direta ou indiretamente estão envolvidos com a bacia. O Brasil precisa rapidamente melhorar a gestão e a governança de suas bacias, sob risco de perda de vários mananciais de abastecimento.

A preservação da vida em toda a sua complexidade reza obrigatoriamente pela necessidade de buscarmos melhores condições para a produção de maneira sustentável e ambientalmente correta; e a punição daqueles que decidiram evoluir em curto prazo à custa da degradação ambiental.

REFERÊNCIAS

AGUILAR-BARAJAS, I.; MAHLKNECHT, J.; KALEDIN, J.; KJELLÉN, M.; MEJÍA-BETANCOURT, A. *Water and cities in Latin America – challenges for sustainable development*. Oxon: Routledge, 2015, 282 p.

[ANA] AGÊNCIA NACIONAL DE ÁGUAS. *Cuidando das águas*: soluções para melhorar a qualidade dos recursos hídricos. 2. ed. Brasília: Agência Nacional de Águas / Programa das Nações Unidas para o Meio Ambiente, 2013, 157 p.

______. *Os efeitos das mudanças climáticas sobre os recursos hídricos*: desafios para a gestão. Brasília: ANA, 2015, 20 p.

______. *Conjuntura dos recursos hídricos*: Informe 2016, Brasília – DF: ANA, 2016, 95 p.

ANDREOLI, C. V.; CARNEIRO, C.; GUTSEIT, K. C.; XAVIER, C. F. Caracterização Geral da Bacia. In: *Eutrofização em Reservatórios: gestão preventiva*. Estudo interdisciplinar na bacia do Rio Verde, PR. Curitiba: Editora UFPR, 2011, 515 p.

AZEVEDO, S. M. F. O.; CARMICHAEL, W. W.; JOCKIMSEN, E. M.; RINEHART, K. L.; LAU, S. ET AL. Human intoxication by microcystins during renal dialysis treatment in Caruaru-Brazil. *Toxicology*, Irlanda, v. 181, p. 441-446, 2002.

BECK, G. K.; ZIMMERMAN, K.; SCHARDT, J. D.; STONE, J.; LUKENS, R. R.; ET AL. Invasive species defined in a policy context: recommendations from the Federal Invasive Species Advisory Committee. *Invasive Plant Science and Management*, v. 1, n. 4, p. 414-421, 2006.

BENNETT, E. M.; REED-ANDERSEN, T.; HOUSER, J. N.; GABRIEL, J. R.; CARPENTER, S. R. (1999) A phosphorus budget for the lake mendota watershed. *Ecosystems*, v. 2, n. 1, p. 69-75, jan 1999.

BERMÚDEZ, O. B. (2012) *Gestão dos recursos hídricos em duas áreas metropolitanas da América do Sul*: Cali – Colômbia e Campinas – Brasil. 2012. 335 f. Dissertação (Doutorado em Geografia). UNESP, 2012.

BIRKLETT, J. W. Scope of the problem. In: BIRKETT, J. W.; LESTER, J. N. (eds.). *Endocrine Disruptors in Wastewater and Sludge Treatment Processes*. Florida, USA: Lewis Publishers, 2003.

BOLLMANN, H. A.; CARNEIRO, C.; PEGORINI, E. S. Qualidade da água e dinâmica de nutrientes. In: ANDREOLI, C. A.; CARNEIRO, C. (eds.). Gestão Integrada de Mananciais de Abastecimento Eutrofizados. Curitiba: Editora Capital, 2005, 500 p.

BRASIL (2012). *Lei nº 12.651, de 25 de maio de 2012* – Dispõe sobre a proteção da vegetação nativa. Disponível em: <http://www.planalto.gov.br/ccivil_03/_Ato2011-2014/2012/Lei/L12651.htm>. Acesso em: 20 abr. 2017.

BROWN, A.; MATLOCK, M. D. A Review of Water Scarcity Indices and Methodologies. The Sustainability Consortium. Fayetteville, AK, USA: University of Arkansas, 2011, 19 p.

CÂMARA NETO, H. F. da. A "tragédia da hemodiálise" 12 anos depois: poderia ela ser evitada? 2011. 171 f. Dissertação (Doutorado em Saúde Pública). Centro de Pesquisas Aggeu Magalhães, Recife, 2011.

CARNEIRO, C. *A movimentação por veiculação hídrica do fósforo e outros macroconstituintes químicos sob a influência de fatores naturais e tecnogênicos na bacia do rio Timbú, tributário do reservatório Iraí – Região Metropolitana de Curitiba*. 2008. 222 f. Tese (Doutorado) – Universidade Federal do Paraná, Curitiba, 2008.

CARNEIRO, C.; KELDERMAN, P.; IRVINE, K. Assessment of phosphorus sedimentwater exchange through water and mass budget in Passaúna Reservoir (Paraná State, Brazil). *Environmental Earth Sciences*, v. 75, n. 564, 2016.

CARNEIRO C.; ANDREOLI, C. V.; GUTSEIT, K. C.; KONDAGESKI, J. H.; LAGOS, P. E. D. ET AL. Assessing the pollution potential of lake basins: concentrations and loads. In: CARNEIRO, C.; ANDREOLI, C. V.; CUNHA, C.; GOBBI, E. F. (eds.). *Reservoir Eutrophication*: Preventive Management – An applied example of Integrated Basin Management Interdisciplinary Research. London: IWA Publishing, 2014a, 478 p.

CARNEIRO C.; GUTSEIT, K. C.; ANDREOLI, C. V.; LIMA, R. L. D. Sediment analysis. In: CARNEIRO, C.; ANDREOLI, C. V.; CUNHA, C.; GOBBI, E. F. (eds.). *Reservoir Eutrophication*: Preventive Management – An applied example of Integrated Basin Management Interdisciplinary Research. London: IWA Publishing, 2014b, 478 p.

CARMICHAEL, W. W.; FALCONER, I. R. Disease related to freshwater algal blooms. In: CALLOW, J. A. (ed.). *Advances in botanical research*. London: Academic Press, 1993, p. 187–210.

CARMICHAEL, W. W. The toxins of Cyanobacteria. *Scientific American*, v. 270, n. 1, p. 78-86, 1994.

CHORUS, I.; BARTRAM, J. *Toxic cyanobacteria in water*. A Guide to their public health consequences, monitoring and management. Boca Raton: Taylor and Francis, 1999, 416 p.

COHEN, A. N. Success factors in the establishment of human-dispersed organisms. In: BULLOCK, J. M., KENWARD, R. E., HAIL, R. S. (eds.). *Dispersal ecology*. London: Blackwell, 2002, p. 4-394.

COLON, I.; CARO, D.; BOURDONY, C. J.; ROSARIO, O. Identification of phthalate esters in the serum of young Puerto Rican girls with premature breast development. *Environ. Health Perspect.*, v. 108, n. 9, p. 895-900, 2000.

[CONAGUA] COMISIÓN NACIONAL DEL AGUA. Análisis de la Información del agua de los censos y conteos 1990 a 2005. 2007. 35 p.

[CONAMA] COMISSÃO NACIONAL DO MEIO AMBIENTE. Anteproyecto de Normas Secundarias de Calidad Ambiental para la protección de las aguas del Lago Llanquihue. Resolución Exenta N° 4275, 03 de Noviembre de 2008. *Diario Oficial*, Dirección Ejecutiva CONAMA, Chile, 15 nov. 2008.

CROSS, K. Water quality from space: 'A giant leap' for public and environmental health. IWA – International Water Association, Communication, 2017. Disponível em: http://www.iwa-network.org/water-quality-from-space-a-giant-leap-for-public-and-environmental-health/. Acesso em: 10 maio 2017.

[EMBRAPA] EMPRESA BRASILEIRA DE PESQUISA AGROPECUÁRIA. Manejo de água em agricultura irrigada. Empresa Brasileira De Pesquisa Agropecuária, Circular Técnica, Teresina, PI, n. 10, 1992, 38 p.

ENVIRONMENTAL DEFENCE. *Polluted Children, Toxic Nation*. A Report on Pollution in Canadian Families. Canada, Toronto: Environmental Defence, 2006, 58 p.

______. *Toxic Nation*: A Report on Pollution in Canadians. Canada, Toronto: Environmental Defence, 2005, 42 p.

[EPA] UNITED STATES ENVIRONMENTAL PROTECTION AGENCY. *Effects of climate change for aquatic invasive species and implications for management and research*. Washington, DC: National Center for Environmental Assessment, 2008, EPA/600/R-08/014, 337 p.

______. *Water audits and water loss control for public water systems*. 2013, EPA 816-F13-002, 7p.

______. United States Environmental Protection Agency. *Invasive non-native species*. Water Topics. 2016. Disponível em: <https://www.epa.gov/watershedacademy/invasive-non-native-species>. Acesso em: 04 maio 2017.

ESTEVES, F. A. *Fundamentos de Limnologia*. 2. ed. Rio de Janeiro: Interciência, 1998. 602 p.

EUROPEAN COMMISSION. *A Blueprint to Safeguard Europe's Water Resources*. Communication from the commission to the european parliament, the council, the european economic and social committee and the committee of the regions, Brussels, 2012, 24 p.

______. *The Water Framework Directive and the Floods Directive*: Actions towards the 'good status' of EU water and to reduce flood risks. Communication from the commission to the european parliament and the council, Brussels, 2015a, 14 p.

______. *Report on the progress in implementation of the Water Framework Directive Programmes of Measures*. Brussels, 2015b, 143 p.

______. *Improving the implementation of European environmental policy*. Announcement, Brussels, 2017, 2 p.

FALCONER, I. R.; CHAPMAN, H. F.; MOORE, M. R.; RANMUTHUGALA, G. Endocrine-disrupting compounds: a review of their challenge to sustainable and safe water supply and water reuse. *Environ. Toxicol*. v. 10, n. 1002, p. 181-191, 2006.

FALKENMARK, M. The massive water scarcity threatening Africa-why isn't it being addressed. *Ambio*, v. 18, n. 2, p. 112-118, 1989.

[FAO] FOOD AND AGRICULTURE ORGANIZATION OF THE UNITED NATIONS. Disponível em http://www.fao.org/nr/water/aquastat/water_use/index.htm. Acesso em: 07 jul. 2016.

FERNANDES, L. F.; LAGOS, P. D.; WOSIACK, A. C.; PACHECO, C. V.; DOMINGUES, L.; ET AL. Comunidades Fitoplanctônicas em Ambientes Lênticos. In: ANDREOLI, C. V.; CARNEIRO, C. (eds.). Gestão integrada de mananciais de abastecimento eutrofizados. Curitiba: SANEPAR / FINEP, 2005, 500 p.

GEORGIYEVSKY, V. Y; SHIKLOMANOV, I. A. Climate change and water resources. In: SHIKLOMANOV, I. A. (ed.). *World water resources at the beginning of the 21 st century*. Cambridge: Univ. Press, 2003, p. 390-413.

HARRAD, S. *Persistent Organic Pollutants*. Chichester, UK: John Wiley & Sons, 2009.

HUA, W., BENNETT, E. R.; LETCHER, R. J. Ozone treatment and the depletion of detectable pharmaceuticals and atrazine herbicide in drinking water sourced from the upper Detroit river, Ontario, Canada. *Water Resources*, v. 40, p. 2259-2266, 2006.

HUTCHINSON, G. E. *A treatise on Limnology*. I – Geography, physics and chemistry. New York: John Wiley, 1957, 1015 p.

[ILEC] INTERNATIONAL LAKE ENVIRONMENT COMMITTEE. *Managing lakes and their basins for sustainable use*. Otsu, Japão, 2005, 146 p.

______. *World lake vision* – action report. Kusatsu, Shiga, Japão, 2007a, 394 p.

______. *Integrated Lake Basin Management*: An Introduction. Kusatsu, Japan: International Lake Environment Committee Foundation, 2007b, 23 p.

[IPCC] INTERGOVERNMENTAL PANEL ON CLIMATE CHANGE. Climate Change 2014: Impacts, Adaptation, and Vulnerability. Part A: Global and sectoral aspects. contribution of working group ii to the fifth assessment report of the intergovernmental panel on climate change. In: FIELD, C. B.; BARROS, V. R.; DOKKEN, D. J.; MACH, K. J.; MASTRANDREA, M. D.; ET AL. (Eds.)]. Cambridge, United Kingdom – New York, NY, USA: Cambridge University Press, 2014, 1132 p.

JORGENSEN, S. E.; VOLLENWEIDER, R. A. *Guidelines of lake management*. v. 1. Principles of lake management. Otsu: ILEC – UNEP, 1989.

JUNK, W. J. General aspects of floodplain ecology with special reference to Amazonian floodplains. In: JUNK, W. J. (ed.). The Central Amazon Floodplain: ecology of a pulsing system. *Ecological studies*, v. 126, p. 3-20, 1989.

KELDERMAN, P.; WEI, Z.; MAESSEN, M. Water and mass budgets for estimating phosphorus sediment–water exchange in Lake Taihu (China P. R.). *Hydrobiol.*, v. 544, p. 167-175, 2005.

KHALIL, M. K.; RIFAAT, A. E. Seasonal fluxes of phosphate across the sediment-water interface in Edku Lagoon, Egypt. Oceanol, v. 55, n. 1, p. 219-233, fev. 2013. DOI: http://dx.doi.org/10.5697/oc.55-1.219

KLEEBERG, A.; HERZOG, C.; JORDAN, S.; HUPFER, M. What drives the evolution of the sedimentary phosphorus cycle? *Limnologica*, v. 40, n. 2, p. 102-113, mai. 2010. DOI: http://dx.doi.org/10.1016/j.limno.2009.11.001

MACKENTHUN, K. M.; INGRAM, W. M.; PORGES, R. Limnological aspects of recreational lakes. *Public Health Serv. Publ.*, Wash., v. 1167, 176 p, 1964.

MALAVOLTA, E. *Manual de química agrícola*: nutrição de plantas e fertilidade do solo. São Paulo, Edit. Agronômica Ceres, 1980. 528 p.

MARKEY, C. M.; RUBIN, B. S.; SOTO, A. M.; SONNENSCHEIN, C. Endocrine disruptors: from wingspread to environmental development biology. *Journal of Steroid Biochemistry and Molecular Biology*, v. 83, p. 235-244, 2002.

[MAVDT] MINISTÉRIO DO AMBIENTE, HABITAÇÃO E DESENVOLVIMENTO TERRITORIAL. Política Nacional para la Gestión Integral del Recurso Hídrico. Bogotá, D.C.: Colombia, 2010, 124 p.

MELLO, F. A. F.; BRASIL SOBRINHO, M. O. C.; ARZOLLA, S.; SILVEIRA, R. I.; NETTO, A. C.; KIEHL, J. C. *Fertilidade do solo*. 2. ed. Piracicaba, 1984. 400 p.

METCALF, J.S.; CODD, G.A. Cyanobacteria, neurotoxins and water resources: are there implications for human neurodegenerative disease? Amyotrofic Lateral Sclerosis, 10, Suppl 2(s2):74, 78, 2009.

MÜLLER, B.; FINGER, D.; STURM, M.; PRASUHN, V.; HALTMEIER, T.; ET AL. Present and past bio-available phosphorus budget in the ultra-oligotrophic Lake Brienz. *Aquat. Sci*, v. 69, n. 2, p. 227-239, jun. 2007. Disponível em: <http://dx.doi.org/10.1007/s00027-007-0871-8>. Acesso em: 19 jul. 2018.

NASA – NATIONAL AERONAUTICS AND SPACE ADMINISTRATION. SeaWiFS Project, NASA / Goddard Space Flight Center e ORBIMAGE – https://eoimages.gsfc.nasa.gov/images/imagerecords/54000/54379/S2000115180940_md.jpg. (2000) Acesso em: 30 jul. 2018.

NAKAMURA, M.; RAST, W. *Guidelines for lake brief preparation*. Japan: Research Center for Sustainability and Environment, Shiga University (RCSE-SU) and International Lake Environment Committee Foundation (ILEC), 2012, 17p.

NISC – National Invasive Species Council. *Invasive species definition clarification and guidance white paper*. 2006. Invasive Species Advisory Committee (ISAC), 11 p.

PFISTER, S., KOEHLER, A. AND HELLWEG, S. Assessing the Environmental Impacts of Freshwater Consumption in LCA. *Environ. Sci. & Technol.*, 43, 4098-4104.

RAHMAN, M. F.; YANFUL, E. K.; JASIM, S. Y. Endocrine disrupting compounds (EDCs) and pharmaceuticals and personal care products (PPCPs) in the aquatic environment: implications for the drinking water industry and global environmental health. *Journal Water Health*, v. 7, n. 2, p. 224-43, 2009.

REBOUÇAS, A. Águas subterrâneas. In: REBOUÇAS, A. C.; BRAGA, B.; TUNDISI, J. G. Águas doces no Brasil. São Paulo: Escrituras, 1999, p. 117-151.

[RCSE/ILEC] RESEARCH CENTER FOR SUSTAINABILITY AND ENVIRONMENT AND INTERNATIONAL LAKE ENVIRONMENT COMMITTEE. Development of ILBM Platform

Process Evolving Guidelines through Participatory Improvement. 2. ed. Japão: RCSE; Shiga University; ILEC, 2014, 85 p.

SANSEVERINO, I.; CONDUTO, D.; POZZOLI, L.; DOBRICIC, S.; LETTIERI, T. *Algal bloom and its economic impact*. Italy: Joint Research Centre, European Commission, 2016, 49 p.

SHARPE, R. M.; IRVINE, D. S. How strong is the evidence of a link between environmental chemicals and adverse effects on human reproductive health? *Brit. Med. Journal*, 328, p. 447--451, 2004.

SHARPLEY, A. N.; HALVORSON, A. D. The management of soil Phosphorus Availability and its impact on surface Water Quality. In: LAL, R.; STEWART, B. A. *Soil process and Water quality*. Advances in soil science. Boca Raton: Lewis publishers, 1994, 398 p.

SHIKLOMANOV, I. A. World Water balance. In: ______. (ed.) *Hydrological Cycle* – Encyclopedia of Life Support Systems (UNESCO-EOLSS). Oxford, UK: Eolss Publishers, 2009, p. 1-18.

SIOLI, H. *Amazonia*: fundamentos de ecologia da maior região de florestas tropicais. 3. ed. Petrópolis: Vozes, 1991. 72 p.

STEINBLUMS, I. J.; FROEHLICH, H. A.; LYONS, J K. Designing stable buffer strips for stream protection. *Jornal of Forestry*, v. 82, n. 1, p. 49-52, 1984.

TOLEDO, C. H. Informe da subregião América do Norte. Fórum de águas das Américas. Documento Banco Interamericano de Desenvolvimento, 2008, 27 p.

TREVIZAN, K. Brasil fica na 20ª posição em ranking internacional de perda de água. *G1*, São Paulo, 08 abr. 2015. Disponível em: <http://g1.globo.com/economia/crise-da-agua/noticia/2015/03/brasil-fica-na-20-posicao-em-ranking-internacional-de-perda-de-agua.html>. Acesso em: 06 maio 2017.

[UNEP/IETC/-ILEC] UNITED NATIONS ENVIRONMENT PROGRAMME.INTERNATIONAL ENVIROMENT TECHNOLOGY CENTRE AND INTERNATIONAL LAKE ENVIRONMENT COMMITTEE. *Lakes and Reservoirs*: how to involve the public in protection them from degradation. Kusatsu, Shiga, Japão, 2002, 26 p.

[UNEP] UNITED NATIONS ENVIRONMENT PROGRAMME. Global Environment Monitoring System/Water Programme. (2008). *Water Quality for Ecosystem and Human Health*. 2. Ed. Burlington: UNEP GEMS/Water Programme, 2008, 132 p.

______. *Ridding the world of POP's*: A guide to the Stockholm convention on persistent organic pollutants. Geneva, Switzerland, 2010, 20 p.

[UNESCO] UNITED NATIONS EDUCATIONAL, SCIENTIFIC AND CULTURAL ORGANIZATION. *Water for a sustainable world*. The United Nations World Water Development Report. Paris: UNESCO, 2015, 122 p.

______. *The United Nations world water development report 2016*. Paris: UNESCO, 2016. 148 p.

[UNFPA] FUNDO DE POPULAÇÃO DAS NAÇÕES UNIDAS. Situação da População Mundial. 2011, New York. Disponível em: <http://brasil.unfpa.org/pt_br/publications/situa%-c3%A7%c3%A30-da-popula%c3%A7%C3%A3000-mundial-2001>.

[USGS] UNITED STATES GEOLOGICAL SURVEY. Estimated use of water in the United States in 2000. USGS circular 1268, 2004. Disponível em http://pubs.usgs.gov/circ/2004/circ/1268/.

WALLACE, J. S.; GREGORY, P. J. Water resources and their use in food production. *Aquatic Sciences*, v. 64, n. 4, p. 363-375, 2002.

WINTER, T. C.; HARVEY, J. W.; FRANKE, O. L.; ALLEY, W. M. Ground water and surface water: a single resource. *U.S. Geological Survey*, 1139, Series Hydrology, 1998, 79 p.

VOLLENWEIDER, R. A. Scientific Fundamentals of the Eutrophication of Lakes and Flowing Waters, with Particular Reference to Nitrogen and Phosphorus as Factors in Eutrophication. *OECD-Report* DAS/CSI/68.27, Paris, 1968, 220 p.

VIRKUTYTE, J.; VARMA, R. S.; JEGATHEESAN, V. *Treatment of micropollutants in water and wastewater*. London: IWA Publishing, 2010, 520 p.

Indicadores de sustentabilidade aplicados à gestão dos recursos hídricos

30

Tadeu Fabrício Malheiros
Engenheiro civil e ambiental, Escola de Engenharia de São Carlos, USP

Alejandra Daniela Mendizábal Cortes
Bióloga, Consultoria e Logística Ambiental, BCS, México

Bruna Lopes Coêlho
Engenheira ambiental, Universidade Federal do Triângulo Mineiro, UFTM, e Escola de Engenharia de São Carlos, USP

Rodrigo Martins Moreira
Gestor ambiental, Escola de Engenharia de São Carlos, USP

INTRODUÇÃO

Este capítulo tem como objetivo apresentar sistemas de indicadores de sustentabilidade voltados à gestão de recursos hídricos. Na parte inicial é destacada a importância da informação na tomada de decisão e sua tradução em indicadores de sustentabilidade. Posteriormente, alguns modelos e aplicações ilustram seu potencial no contexto dos recursos hídricos no Brasil. Por fim, o texto lista algumas bases de dados para busca de informações.

IMPORTÂNCIA DA INFORMAÇÃO PARA A TOMADA DE DECISÃO EM RECURSOS HÍDRICOS

O crescimento populacional associado a padrões que não consideraram a capacidade de carga dos ecossistemas naturais, principalmente no século XX, está entre as causas principais da mudança do estado do meio ambiente. O impacto na qualidade e disponibilidade de recursos hídricos representa grande ameaça para o desenvolvimento sustentável. Diversos tratados de referência internacional reforçam o papel da água como um dos principais pilares na construção de uma sociedade mais justa, economicamente viável e que respeita a capacidade de suporte dos ecossistemas naturais.

A Resolução da Organização das Nações Unidas (ONU) n. 64/292 de 2010 reforça a necessidade de países e organizações internacionais proverem recursos financeiros, ajudar na formação de recursos humanos e tecnologia para ajudar países em desenvolvimento a disponibilizarem água potável e acessível. Ainda, reconhecem que o saneamento é essencial para a universalização dos direitos humanos (ONU, 2010).

Os Objetivos de Desenvolvimento Sustentável (Resolução ONU A/RES/70/1), em seu objetivo n. 6, visa a "assegurar a disponibilidade e gestão sustentável da água e esgotamento sanitário para todas e todos" em que as metas específicas para 2030 são (ONU, 2015, p.25):

> 6.1 Até 2030, alcançar o acesso universal e equitativo à água potável e segura para todos.
>
> 6.2 Até 2030, alcançar o acesso a esgotamento sanitário e higiene adequados e equitativos para todos, e acabar com a defecação a céu aberto, com especial atenção para as necessidades das mulheres e meninas e daqueles em situação de vulnerabilidade.
>
> 6.3 Até 2030, melhorar a qualidade da água, reduzindo a poluição, eliminando despejo e minimizando a liberação de produtos químicos e materiais perigosos, reduzindo à metade a proporção de águas residuais não tratadas e aumentando substancialmente a reciclagem e reutilização segura globalmente.
>
> 6.4 Até 2030, aumentar substancialmente a eficiência do uso da água em todos os setores e assegurar retiradas sustentáveis e o abastecimento de água doce para enfrentar a escassez de água, e reduzir substancialmente o número de pessoas que sofrem com a escassez de água.
>
> 6.5 Até 2030, implementar a gestão integrada dos recursos hídricos em todos os níveis, inclusive via cooperação transfronteiriça, conforme apropriado.
>
> 6.6 Até 2020, proteger e restaurar ecossistemas relacionados com a água, incluindo montanhas, florestas, zonas úmidas, rios, aquíferos e lagos.
>
> > 6.a Até 2030, ampliar a cooperação internacional e o apoio à capacitação para os países em desenvolvimento em atividades e programas relacionados à água e esgotamento sanitário, incluindo a coleta de água, a dessalinização, a eficiência no uso da água, o tratamento de efluentes, a reciclagem e as tecnologias de reúso.
> >
> > 6.b apoiar e fortalecer a participação das comunidades locais, para melhorar a gestão da água e do esgotamento sanitário.

Nesse contexto, a elaboração e aplicação de instrumentos políticos que subsidiem o planejamento e que permitam integrar a gestão sustentável de recursos hídricos dependem de informações estratégicas, que consigam captar os diferentes usos e demandas da água em uma bacia hidrográfica, favoreçam transparência, avaliem qualidade e quantidade, entre outros parâmetros (Braga e Lotufo, 2008).

No entanto, a governança dos recursos hídricos é um desafio principalmente para os países de grande extensão e diferentes realidades internas, como é o caso do Brasil, onde há zonas com excesso de chuvas e outras de seca, grandes centros urbanos e vilas em amplas zonas de florestas (Wolkmer e Pimmel, 2013).

O Brasil é um dos países com maior disponibilidade de água doce no mundo, possui uma das maiores reservas de águas subterrâneas, e tem um índice pluviométrico em 90% de seu território que varia entre 1.000-3.000 mm/ano (Rebouças, 2003). De acordo com os dados preliminares do Diagnóstico dos Serviços de Água e Esgotos – 2016 (Brasil, 2018), dos 5.570 municípios brasileiros, 5.161 possuem serviço de abastecimento de água (92,6%); porém, só 2.473 possuem serviço de esgotamento sanitário. Para buscar soluções duráveis para esse problema é preciso um sistema de informações sobre recursos hídricos que favoreça mapear as fragilidades crônicas do sistema atual e, ao mesmo tempo, identificar onde os esforços devem ser aplicados para que se acelere a transição para a universalização do uso sustentável dos recursos hídricos.

A governança exercida no Brasil, de tipo participação social, tem base na Política Nacional de Recursos Hídricos (Wolkmer e Pimmel, 2013), Lei n. 9.433/1997, que estabelece a água como bem de domínio público; limitado, dotado de valor econômico; de uso prioritário para o consumo humano e a dessedentação de animais em situações de escassez. Também indica que a gestão dos recursos hídricos deve sempre proporcionar o uso múltiplo das águas e estabelece a bacia hidrográfica como unidade territorial para a implementação da própria Política e do Sistema Nacional de Gerenciamento de Recursos Hídricos. Finalmente, indica que a gestão dos recursos hídricos deve ser descentralizada e contar com a participação do poder público, dos usuários e das comunidades.

A Política Nacional de Recursos Hídricos mostra-se alinhada ao conceito de sustentabilidade, quando objetiva assegurar a disponibilidade de água à atual e às futuras gerações

> em padrões de qualidade adequados aos respectivos usos; a utilização racional e integrada dos recursos hídricos, incluindo o transporte aquaviário, com vistas ao desenvolvimento sustentável; a prevenção e a defesa contra eventos hidroló-

> gicos críticos de origem natural ou decorrentes do uso inadequado dos recursos naturais; e incentivar e promover a captação, a preservação e o aproveitamento de águas pluviais. (Brasil, 1997)

Por fim, a Política indica como seus instrumentos os Planos de Recursos Hídricos; o enquadramento dos corpos de água em classe; a outorga dos direitos de uso de recursos hídricos; a cobrança pelo uso de recursos hídricos; a compensação a municípios; e Sistema Nacional de Informações sobre Recursos Hídricos (SNIRH).

Este último, o SNIRH, tem o objetivo de:

> reunir, dar consistência e divulgar os dados e informações sobre a situação qualitativa e quantitativa dos recursos hídricos no Brasil; atualizar permanentemente as informações sobre disponibilidade e demanda de recursos hídricos em todo o território nacional; e fornecer subsídios para a elaboração dos Planos de Recursos Hídricos. (Brasil, 1997)

Em termos gerais, os sistemas de monitoramento permitem obter informações ao longo de determinados períodos e, assim, estudar tendências e formular perguntas-chave para otimizar o sistema, impulsionando mudanças de gestão e, em muitos casos, alavancando a inovação. Para se realizar avaliação e desenvolver cenários eficientes do uso sustentável da água é necessária uma visão sistêmica das informações, utilizando de maneira integrada as informações de demanda, oferta e gestão sensíveis na escala de bacias hidrográficas.

Além disso, de acordo com os trabalhos agregados por Chen (2016), bases adequadas de informação para a questão dos recursos hídricos favorecem:

- Alocação de infraestruturas para captação de água, proteção de recursos naturais, eficiência e qualidade nos processos de saneamento;
- Desenvolvimento de estratégias de zoneamento nas áreas urbanas e rurais;
- Aplicação de instrumentos de regulação e de adaptação para situações de escassez, e elaboração de programas para combater a iniquidade.
- Monitoramento de desempenho e processos de *benchmarking*;
- Identificação de tendências, alavancando a inovação e, principalmente, estruturando processo de melhoria continuada.

O SNIRH dispõe de três sistemas por meio dos quais disponibiliza informação sobre divisão hidrográfica, quantidade, disponibilidade, qualidade e usos das águas, assim como informação sobre os "eventos hidrológicos críticos, planos de recursos hídricos, regulação e fiscalização dos recursos hídricos e programas voltados à conservação e gestão dos recursos hídricos".[1] São estes:

- Sistemas para gestão e análise de dados hidrológicos;
- Sistemas para regulação dos usos de recursos hídricos;
- Sistemas para planejamento e gestão de recursos hídricos.

Para implementar a Política Nacional de Águas, criou-se a Agência Nacional de Águas (ANA), entidade federal. Em relação às informações, essa agência trabalha na coordenação do Sistema Nacional de Gerenciamento de Recursos Hídricos (SNGRH) e, como tal, é responsável pelo SNIRH, o Acervo de Dados Hidrológicos (sistema Hidroweb), os dados hidrológicos em tempo real (sistema Telemetria) e o monitoramento por satélite (sistema Hidrostat) e, em tempo real, o Sistema de acompanhamento da operação dos reservatórios (SAR).

Anualmente a ANA publica, desde 2009, os livros de conjuntura dos recursos hídricos no Brasil, nos quais informa, por meio de indicadores, a quantidade, qualidade, disponibilidade e usos das águas no Brasil. Além disso, a ANA é responsável pelo GEO Brasil Recursos Hídricos, o qual "se propõe a contribuir para uma avaliação abrangente e integrada dos conceitos e fundamentos, do aparato institucional e legal, bem como dos instrumentos de gestão das águas que hoje integram o Sistema Nacional de Gerenciamento de Recursos Hídricos (SINGREH)" (MMA e ANA, 2007). Os indicadores apresentados no processo GEO Brasil Recursos Hídricos seguem o modelo Pressão-Estado-Resposta (PER), o qual está descrito nas seções posteriores.

Os indicadores propostos pela Política Nacional de Recursos Hídricos, e seus desdobramentos nos âmbitos das Políticas Estaduais visam a otimizar o processo de tomada de decisão a partir de processos de gestão integrada no âmbito das bacias hidrográficas. O Sistema Nacional de Informações de Recursos Hídricos dá suporte tecnológico nos âmbitos institucionais, legislativos e executivos. Em termos práticos, o suporte tecnológico é baseado no constante aperfeiçoamento e modernização de redes de monitoramento, consolidando bancos de dados confiáveis (Tundisi, 2006).

As informações disponíveis são a divisão hidrográfica do país, dados qualitativos e quantitativos, tipos de usos de água, disponibilidade hídrica. Esses dados dão subsídio à previsão de eventos hidrológicos críticos, formulação e atualização

[1] Informações obtidas da página do SNIRH (www.snirh.gov.br).

de planos de recursos hídricos, suporte a ações de regulação, fiscalização, e postulação de programas voltados à conservação e gestão de recursos hídricos.

A GOVERNANÇA DOS RECURSOS HÍDRICOS

A existência de um amplo leque de indicadores não é indicativa do correto uso e interpretação da informação, sendo, então, a aplicação de marcos teóricos e o traçado de metas e objetivos necessários. De acordo com Rogers e Hall (2003), a governança efetiva das águas deve olhar os seguintes princípios: participação, transparência, equidade, responsabilidade, coerência, sensibilidade, integração, ética e sustentabilidade, os quais estão descritos a seguir:

Participação: deve existir participação cidadã em todas as etapas de formulação e decisão nos diferentes níveis de governo.

Transparência: tanto a informação como os processos de decisão devem ser transparentes a toda a população.

Equidade: toda a população deve ter a possibilidade de melhorar seu acesso aos recursos.

Responsabilidade: cada setor e representante deve ser responsável pelos interesses dos seus representados.

Coerência: políticas apropriadas e coerentes com a complexidade das questões relacionadas aos recursos hídricos.

Sensibilidade: deve ser sensível às mudanças necessárias e aos requisitos de todos os setores.

Integração: o foco deve ser integral e holístico.

Ética: a governança deve estar sob os pilares éticos da sociedade.

Sustentabilidade: requer uma visão ecossistêmica na sua aplicação.

Em relação à governança no Brasil, a redemocratização na década de 1980 impulsionou a descentralização da gestão da água, abrindo espaço para a criação das Unidades de Gerenciamento de Recursos Hídricos (UGRHI) no estado de São Paulo. No nível nacional, a bacia hidrográfica foi adotada como unidade mínima de gestão e gerenciamento da água. Os conselhos, comitês ou agências de bacias hidrográficas passaram a gerenciar os recursos hídricos com participação paritária do governo, da sociedade civil e da empresa privada. (Campos e Fracalanza, 2010).

Ainda em relação aos comitês de bacias, estes devem atuar como mecanismos de coordenação entre municípios e estado, com o objetivo de preencher as lacunas administrativas e ajustar as políticas de recursos hídricos ao contexto local. Esses órgãos enfrentam desafios, como meios limitados de implementação e conflitos crescentes entre o setor público e a sociedade no que se refere às prioridades para a tomada de decisão (OECD, 2015).

Para reduzir a dificuldade de comunicação entre as diferentes instâncias de gestão de recursos hídricos, às vezes insuficiente, é necessário um conjunto de dados que permitam um sistema de apoio às decisões em nível nacional, estadual e local, muitas vezes dificultado pelas disparidades da qualidade de dados entre comitês em virtude das diferenças nas capacidades de monitoramento e no cumprimento das normas (OECD, 2015).

INDICADORES NA TOMADA DE DECISÃO

O uso de indicadores na tomada de decisão relacionada a recursos hídricos permite apontar a existência de riscos, potencialidades e tendências no desenvolvimento de um determinado território para que, em conjunto com a comunidade, decisões possam ser tomadas de forma mais adequada (Tunstall, 1994; Guimarães, 1998).

Há várias definições sobre o que é um indicador. Ele pode ser quantitativo ou qualitativo. Também não é apenas uma base de dados ou estatística. Essencialmente, os indicadores são sinais que orientam a tomada de decisão e, para isso, devem ser claros e oportunos sobre um processo (Quiroga, 2009).

Os indicadores se referem a uma mudança em uma variável observável e, como tal, podem ser expressos em função dessa mudança. Assim, um indicador (I) pode ser descrito em função de uma ou mais variáveis I(x) que assumirão diversos valores ao longo do tempo.

Quanto aos critérios de seleção de indicadores, é importante que os processos sejam participativos, capazes de garantir que as informações colhidas sejam relevantes e, principalmente, pertinentes para a tomada de decisão a que se destinam. Para tanto, é necessário que alguns princípios sejam observados para que se potencialize a qualidade dos indicadores (Gomes e Malheiros, 2012).

De acordo com The World Bank (1997, p. 84) e a OECD (1993, p. 7), para selecionar bons indicadores deve-se considerar que sejam: construídos dentro de um modelo conceitual aceito; claramente definidos; mostrem tendências de médio e longo prazos; cientificamente credíveis; politicamente orientados; relevantes e aceitáveis para os usuários; sensíveis às mudanças ambientais e atividades humanas, em especial aos aspectos que se deseja monitorar com os indicadores; disponham de limiar ou valor de referência para sua avaliação; passíveis de agregar em diversas escalas; objetivos, ou seja, que independam de quem avalia; e que apresentem disponibilidade e custo adequado em relação aos dados. De acordo com Woerden et al. (2007), indicadores que fornecem informações inadequadas e imprecisas sobre o que está sendo mensurado são considerados indicadores inadequados; por exemplo, um indicador que reflete uma mudança em longa escala de tempo, quando os decisores necessitam de conhecimento sobre as alterações em curta escala de tempo. Não obstante, são também considerados indicadores de baixa capacidade de informação para a tomada de decisão adequada aqueles que apresentam apenas a visão técnica de mensuração e tratamento dos dados, ignorando, por exemplo, a dinâmica do construto em observação, sua inferência na capacidade de suporte do meio, a participação do usuário na discussão de sua relevância, enfim, impossibilitando sua utilização para o desenvolvimento de planos e políticas voltadas para a sustentabilidade (Gomes e Malheiros, 2012).

MODELOS

No contexto da Política Nacional de Recursos Hídricos, a Agência Nacional de Águas (ANA) foca os indicadores no enquadramento de uso, o qual classifica as águas pela qualidade que devem possuir ou manter para atender às demandas sociais. Em outra linha, o Ministério do Meio Ambiente (MMA), em 2007, assumiu "o compromisso junto ao Fórum de Ministros da América Latina e do Caribe, para compilação de um conjunto de indicadores que pudessem ser padronizados com os demais países da região. O resultado foi o Relatório de Acompanhamento da Iniciativa Latino Americana e Caribenha, a ILAC Brasil – 2007" (MMA, 2013). Tendo como base o marco ordenador Pressão-Estado-Resposta (PER), foram escolhidos diversos indicadores para cada uma das temáticas ambientais. A respeito do quesito água, foram escolhidos seis indicadores classificados em três subtemas: disponibilidade (1 indicador), qualidade (3) e gestão (2).

Ainda que ambas instituições foquem aspectos complementares da gestão de recursos hídricos para a sustentabilidade, e as informações geradas alimentem o Sistema Nacional de Informações sobre Recursos Hídrico (SNIRH), também instituído pela Lei da Águas, não existe um marco ordenador comum explícito nessa questão dos recursos hídricos que agregue os indicadores usando efetivamente as lentes da sustentabilidade.

Os indicadores – unidades de análise – devem ser estruturados conforme um modelo que contribua para a consideração de todas as dimensões da sustentabilidade do objeto a ser estudado. O modelo adotado dependerá de diversos fatores, como as condições socioeconômicas, o ambiente, a cultura, a disponibilidade de informações e de recursos humanos e financeiros.

De modo a ilustrar a aplicabilidade de sistemas de indicadores para o contexto da gestão dos recursos hídricos, são abordados a seguir quatro modelos: o Pressão-Estado-Resposta (PER); os princípios de sustentabilidade propostos por Gibson; o modelo dos Pontos de alavancagem, de Donella Meadows; e a Pegada hídrica. Esses modelos foram escolhidos pela sua ampla aceitação, assim como pela sua utilização em nível mundial.

Modelo Pressão-Estado-Resposta (PER)

O Modelo Pressão-Estado-Resposta (PER), formulado pelo Statistics Canada e adotado pela Organization for Economic Cooperation and Development – OECD (Organização para a Cooperação e Desenvolvimento Econômico) (OECD,1993) é recomendado na apresentação de indicadores ambientais e de desenvolvimento sustentável. Fundamenta-se no conceito de abordagem dos problemas segundo uma relação de causalidade, buscando responder às seguintes questões: O que acontece com o ambiente? Por que está acontecendo? Qual a reação da sociedade?

O modelo PER consiste em três grupos-chave de indicadores:

- Pressão – por caracterizarem as pressões sobre os sistemas ambientais, podem ser traduzidos por indicadores de emissão de contaminantes, eficiência tecnológica, intervenção no território e de impacto ambiental.
- Estado – refletem a qualidade do ambiente num dado horizonte espaço/tempo; são exemplos os indicadores de sensibilidade, risco e qualidade ambiental.
- Resposta – uma vez que avaliam as respostas da sociedade às alterações e preocupações ambientais, podem ser incluídos neste grupo os indicadores de adesão social, de sensibilização e de atividades de controle, como número de vistorias, multas ou autuações objetivando controlar a poluição de rios.

Uma das maiores vantagens da utilização desse modelo deve-se ao fato de oferecer uma visão global dos vários componentes de determinado problema ambiental, facilitando o diagnóstico e a formulação das políticas públicas adequadas. Na Figura 1 observa-se, de forma esquemática, o modelo PER, estabelecendo as atividades humanas como formas de pressão, o estado do ambiente e as respostas dos agentes econômicos e ambientais.

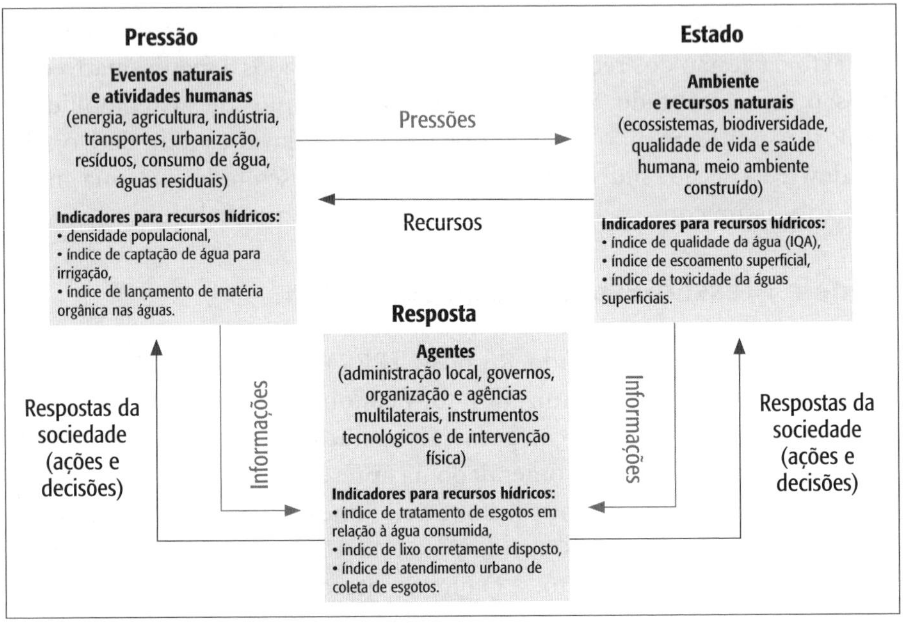

Figura 1 – Modelo Pressão-Estado-Resposta.
Fonte: adaptado de Maranhão (2007).

Indicadores no contexto nacional

Para exemplificar esse modelo, utilizaram-se os indicadores dispostos pela Cetesb, ANA e MMA para recursos hídricos com base nos temas propostos pelo Comitê Consultivo sobre Informação de Água (ACWI – *Advisory Committee on Water Information*), sob responsabilidade do Ministério do Interior dos Estados Unidos (SWRR, 2010): indicadores de disponibilidade de água,) qualidade da água,) usos da água e saúde,) saúde ambiental e institucional.

A escolha desses indicadores para esse marco ordenador se deu porque este último atende aos temas abordados no SNIRH, agrupando-os com outros aspectos, em categorias focadas na sustentabilidade dos recursos hídricos.

Disponibilidade de água

Os indicadores de disponibilidade de água referem-se a informações que possibilitam o diagnóstico e monitoramento da quantidade de água necessária para o consumo humano, para as atividades agroindustriais e para a manutenção das funções ecossistêmicas.

Os indicadores de disponibilidade de água são aqueles que descrevem o abastecimento potencial de água aos ecossistemas, a quantidade da água presente no ambiente e a sustentabilidade do seu uso.

- Disponibilidade de água renovável: indicadores que medem a quantidade de água máxima fornecida pela precipitação, águas superficiais e subterrâneas que fluem de uma região para outra. Exemplos de indicadores:
  a) Precipitação anual (m^3/ano): corresponde à quantidade de água precipitada em um lugar delimitado, ao longo de um ano.
  b) Aporte de mananciais por ano (m^3/ano): captação de água de nascentes a montante, em uma região determinada.
- Água no ambiente: medem a quantidade de água que permanece no ambiente após o consumo humano, seja este direto ou para atividades econômicas. Exemplos de indicadores:
  a) Água disponível para uso exclusivo dos ecossistemas: corresponde à quantidade de água que fica disponível para uso, consumo de animais e plantas silvestres, depois da captação para uso humano.
  b) Água disponível para manutenção dos níveis freáticos dos corpos de água em uma determinada regiao: corresponde à quantidade de água remanente depois da captação para uso humano e para uso dos ecossistemas.
- Sustentabilidade do uso da água: monitoram o grau de atendimento das necessidades que a quantidade de água de uma região outorga. Exemplos de indicadores:
  a) Disponibilidade de água para os ecossistemas: indica a quantidade de água que está disponível para cobrir os requisitos dos ecossistemas.
  b) Situação de oferta de água para abastecimento humano urbano: diagnostica e classifica em três categorias a quantidade de água que está disponível para cobrir as necessidades e atividades humanas em zonas urbanas.

Qualidade da água

Os indicadores de qualidade referem-se à qualidade necessária que a água deve apresentar para sustentar as funções ecossistêmicas e os usos humanos.

Incluem-se indicadores que medem a qualidade da água conforme uso, assim como o grau em que a qualidade de água identificada satisfaz às diferentes funções e usos.

- Qualidade da água para uso humano: monitoramento da qualidade da água utilizada para consumo, recreação, indústria e agricultura.
  a) IQA – Índice de Qualidade das Águas: elaborado originalmente pela *National Sanitation Foundation em 1970,* foi introduzido pela Cetesb no estado de São Paulo a partir de 1975 e posteriormente em todo o país (ANA, 2010). É composto por nove parâmetros que são adicionados de acordo com pesos específicos outorgados por especialistas. Apesar de não incluir alguns parâmetros importantes, como nível de toxicidade, este índice é o de maior utilização no Brasil.
  b) ISTO – Índice de Substâncias Tóxicas e Organolépticas (Cetesb, 2014): este índice mede a toxicidade e a qualidade organoléptica da água. É, portanto, composto por dois grupos principais de variáveis:
  Variáveis que indicam a presença de substâncias tóxicas (Potencial de Formação de Trihalometanos – PFTHM, Número de Células de Cianobactérias, Cádmio, Chumbo, Cromo Total, Mercúrio e Níquel);
  Variáveis que afetam a qualidade organoléptica (Ferro Dissolvido, Manganês, Alumínio Dissolvido, Cobre Dissolvido e Zinco);
  IAP – Índice de Qualidade das Águas Brutas para Fins de Abastecimento Público (Cetesb, 2014): este índice é o produto da ponderação dos IQA e do ISTO e, portanto, é uma medida mais real da qualidade das águas que o IQA.
- Qualidade da água no ambiente: medidas da qualidade da água que suporta a flora e fauna e processos ecossistêmicos relacionados.
  a) IPMCA – Índice de Variáveis Mínimas para a Preservação da Vida Aquática. Conforme a descrição outorgada pela Cetesb (2014), este índice avalia a qualidade das águas conforme os requisitos para a preservação da vida aquática. Na sua metodologia considera dois grupos de variáveis. No primeiro grupo estão as variáveis essenciais, que correspondem a oxigênio dissolvido, pH e toxicidade; e, no segundo grupos, as variáveis de toxicidade, que correspondem a níveis de cobre, zinco, chumbo, cromo, mercúrio, níquel, cádmio, surfactantes e fenóis.
  b) IET – Índice do Estado Trófico de Carlson modificado por Toledo (1990) (Cetesb, 2014): classifica os corpos d'água quanto ao enriquecimento por nutrientes e seu efeito de eutrofização. Este índice é constituído por duas variáveis: clorofila a e fósforo total.

c) IVA – Índices de Qualidade das Águas para Proteção da Vida Aquática e de Comunidades Aquáticas (Cetesb, 2014): este índice pretende avaliar a qualidade das águas para fins de proteção da fauna e flora em geral. O IVA considera os níveis de contaminação de químicos tóxicos, sua toxicidade sobre organismos aquáticos, o pH e o oxigênio dissolvido.

- Sustentabilidade da qualidade da água: mede o grau em que a qualidade da água satisfaz às necessidades humanas e dos ecossistemas.
  a) Porcentagem de água disponível que cumpre com os parâmetros de qualidade requeridos pelos ecossistemas para o seu funcionamento.
  b) Porcentagem da água disponível que cumpre com os parâmetros de qualidade requeridos para os usos humanos (irrigação, consumo, produção).

Indicadores de usos e saúde humana

Estes indicadores se referem aos usos da água e dos recursos dependentes da água por parte da sociedade, que podem afetar a sua saúde dadas as condições ambientais. Incluem-se indicadores que medem a quantidade de água consumida, a quantidade de água requerida para assimilar a contaminação, o grau de dependência da água e dos recursos que dependem de água, e o grau de afetação que os recursos hídricos e os recursos dependentes de água podem causar.

- Retirada e utilização de água: medidas da quantidade de água retirada do ambiente e dos usos outorgados.
  a) Água requerida/utilizada por indivíduo/comunidade/cidade em um ano.
  b) Água utilizada por uso direto/indireto em um ano por indivíduo/comunidade/cidade.
- Utilização humana da água no ambiente: medem o uso da água para a assimilação, transporte dos resíduos.
  a) ICTEM – Indicador de Coleta e Tratabilidade de Esgoto da População Urbana de Município (Cetesb, 2007): este indicador faz parte do índice de avaliação ambiental dos municípios do estado de São Paulo que participam do Programa Município Verde da Secretaria do Meio Ambiente (SMA). Este indicador considera a existência e eficiência do sistema de tratamento do esgoto coletado, a coleta de águas residuais, a remoção da carga orgânica, a destinação adequada de lodos

e resíduos gerados no tratamento, bem como o atendimento aos padrões de qualidade do corpo receptor dos efluentes.

b) Porcentagem de água reciclada (%).

- Uso de recursos dependentes de água: indicadores que medem a magnitude em que as pessoas usam recursos que dependem de recursos hídricos.
  a) Dependência econômica de atividades extrativas em corpos de água (pesca).
  b) Consumo médio de produtos provenientes dos corpos de água (peixes, mariscos).
- Saúde humana: mede o nível em que a saúde humana pode ser afetada pelo uso da água e recursos dependentes de água.
  a) IB – Índice de Balneabilidade: este índice, elaborado pela Cetesb, "avalia a qualidade dos corpos d'água para a recreação de contato primário, sendo utilizada tanto em praias litorâneas como em águas interiores". No Brasil, é o Conselho Nacional do Meio Ambiente (Conama) que estabelece os limites entre águas próprias e impróprias para contato primário, de acordo com a Resolução Conama n. 274, de 29 de novembro de 2000.

No Brasil, em nível nacional, os indicadores de qualidade da água são regidos pelos seguintes instrumentos legais:

A Resolução Conama n. 357/2005, que dispõe sobre condições e padrões de qualidade para classificação de corpos hídricos e lançamento de efluentes, classifica os corpos hídricos em três classes, que se subdividem em outras 13 subclasses; assim, cada tipo de corpo hídrico deverá responder a limites de qualidade diferentes. Sendo as seguintes:

- Águas doces – cinco classes;
- Salinas – quatro classes;
- Salobras – quatro classes.

A Portaria n. 2.914, de 2011, do Ministério da Saúde dispõe sobre controle e vigilância da qualidade da água para consumo humano e seu padrão de potabilidade.

A Resolução Conama n. 430/2011 dispõe sobre as condições e padrões de lançamento de efluentes em corpos hídricos, trazendo em seu art. 16 um amplo aparato de indicadores de qualidade físico-químicos e microbiológicos, além de complementar e alterar a Resolução n. 357.

Esses instrumentos propõem que a água própria para o consumo deve obedecer certos requisitos, e têm sido utilizados tanto para monitoramento de corpos hídricos por parte de iniciativas públicas, quanto privadas. Além disso, os limites estipulados por estes instrumentos têm sido amplamente aplicados em pesquisas acadêmicas, nas quais é realizada a comparação dos valores obtidos pelos pesquisadores e os limites impostos pela legislação.

Indicadores de saúde ambiental

As pessoas usam recursos terrestres, hídricos e dependentes de água de formas que afetam as condições dos ecossistemas. Neste grupo estão os indicadores de condição biológica, infraestrutura e de quantidade e qualidade de recursos vivos.

- Índices de condição biológica: medidas de saúde dos ecossistemas.
  a) ICF – Índice da Comunidade Fitoplanctônica (Cetesb, 2014): este índice pretende avaliar a estrutura da comunidade fitoplanctônica mediante o grau de dominância dos grandes grupos de fitoplâncton, a densidade dos organismos e o Índice de Estado Trófico (IET).
  b) ICB – Índice da Comunidade Bentônica (Cetesb, 2014): este índice classifica a estrutura das comunidades bentônicas por meio da análise de seis variáveis: Riqueza (No. de categorias taxonômicas); Índice de Diversidade de Shannon-Wiener (H'); Índice de Comparação Sequencial (ICS); Razão Tanytarsini/Chironomidae (Tt/Chi); Riqueza de taxas sensíveis (Ssens); e Dominância de grupos tolerantes (T/DT).
- Quantidade e qualidade dos recursos vivos: medidas da produtividade dos ecossistemas.
  a) PPB – Produtividade primária bruta: mede a produtividade de um ecossistema pela contabilidade de matéria orgânica produzida durante certo tempo, em uma determinada área ambiental. Mede-se em gramas/dia/cm^2.
  b) PPL – produtividade primária líquida: derivada da PPB, calcula-se restando a quantidade de matéria orgânica consumida, durante o mesmo período, no processo de respiração. Em um ecossistema estável, a produção iguala o consumo, portanto PPL é zero.

Infraestrutura e instituições

A infraestrutura e as instituições são elementos essenciais para o uso sustentável da terra, da água e dos recursos dependentes da água.

- Capacidade e confiabilidade da infraestrutura: medidas da capacidade e confiabilidade da infraestrutura para atender às necessidades humanas e dos ecossistemas.
  a) População Urbana com Acesso a Sistemas Adequados de Abastecimento de Águas (MMA, 2013): este indicador corresponde à porcentagem de população com acesso aos serviços de abastecimento de água, considerando como base a população total do município.
  b) População Urbana com Acesso a Serviços de Coleta de Esgotos Sanitários (MMA, 2013). Indica a porcentagem da população urbana que conta com abastecimento de água e sistema de coleta de esgoto sanitário, considerando como base a população urbana nos municípios.
  c) Eficiência de programas de redução no consumo de água: este indicador mede, em porcentagem, a redução no consumo de água ao comparar o consumo antes e o consumo depois da aplicação de uma medida/programa de redução de água.
  d) Número de ocorrências (reclamos) por unidade de extensão: mede o número de ocorrências por quilômetro de rede.
- Eficácia das instituições: medidas da eficácia dos quadros jurídicos e institucionais na gestão da água e dos recursos afins de forma sustentável.
  a) Cobertura do Território com Comitês de Bacia Hidrográfica ou Outros Tipos de Colegiados Instituídos nas Bacias (ANA, 2011): corresponde à área coberta por Comitês de Bacias Hidrográficas, ou outros órgãos colegiados similares constituídos para a gestão dos recursos hídricos em relação à área total do país.
  b) Multas e processos por desrespeito à legislação em matéria de recursos hídricos por ano.

No Quadro 1 podem-se observar os indicadores listados por subtema e tema. O Brasil dispõe em suas bases de dados de diferentes índices e indicadores que cobrem os diversos temas propostos pelo modelo PER.

Quadro 1 – Resumo dos indicadores usados em nível nacional, agrupados conforme o modelo PER

Temas	Subtemas	Indicadores
Disponibilidade de água	Disponibilidade de água renovável	Precipitação anual (m^3/ano)
		Aporte de geadas e mananciais por ano (m^3/ano)

(continua)

Quadro 1 – Resumo dos indicadores usados em nível nacional, agrupados conforme o modelo PER (*continuação*)

Temas	Subtemas	Indicadores
Disponibilidade de água	Água no ambiente	Água disponível para uso exclusivo dos ecossistemas
		Água disponível para manutenção dos níveis freáticos dos corpos de água em uma determinada região
	Sustentabilidade do uso da água	Disponibilidade de água para os ecossistemas
		Situação de oferta de água para abastecimento humano urbano
Qualidade da água	Qualidade da água para uso humano	IQA – Índice de Qualidade das Águas (Cetesb, 2014)
		Isto – Índice de Substâncias Tóxicas e Organolépticas (Cetesb, 2014)
		IAP – Índice de Qualidade das Águas Brutas para Fins de Abastecimento Público (Cetesb, 2014)
	Qualidade da água no ambiente	IPMCA – Índice de Variáveis Mínimas para a Preservação da Vida Aquática
		IET – Índice do Estado Trófico de Carlson modificado por Toledo (1990) (Cetesb, 2014)
		IVA – Índices de Qualidade das Águas para Proteção da Vida Aquática e de Comunidades Aquáticas (Cetesb, 2014)
	Sustentabilidade da qualidade da água	Porcentagem de água disponível que cumpre com os parâmetros de qualidade requeridos pelos ecossistemas para o seu funcionamento
		Porcentagem da água disponível que cumpre com os parâmetros de qualidade requeridos para os usos humanos (irrigação, consumo, produção)
Indicadores de usos e saúde humana	Retirada e utilização de água	Água requerida/utilizada por indivíduo/comunidade/cidade em um ano
		Água utilizada por uso direto/indireto em um ano por indivíduo/comunidade/cidade
	Utilização humana da água no ambiente	ICTEM – Indicador de Coleta e Tratabilidade de Esgoto da População Urbana de Município (Cetesb, 2007)
		Porcentagem de água reciclada (%)

(*continua*)

Quadro 1 – Resumo dos indicadores usados em nível nacional, agrupados conforme o modelo PER (*continuação*)

Temas	Subtemas	Indicadores
Indicadores de usos e saúde humana	Uso de recursos dependentes de água	Dependência econômica de atividades extrativas em corpos de água (pesca)
		Consumo médio de produtos provenientes dos corpos de água (peixes, mariscos)
	Saúde humana	IB – Índice de Balneabilidade
Indicadores de saúde ambiental	Índices de condição biológica	ICF – Índice da Comunidade Fitoplanctônica (Cetesb, 2014)
		ICB – Índice da Comunidade Bentônica (Cetesb, 2014)
	Quantidade e qualidade dos recursos vivos	PPB – produtividade primária bruta
		PPL – produtividade primária líquida
Infraestrutura e instituições	Capacidade e confiabilidade da infraestrutura	População urbana com acesso a sistemas adequados de abastecimento de água (MMA, 2013)
		População urbana com acesso a serviços de coleta de esgotos sanitários (MMA, 2013)
		Eficiência de programas de redução no consumo de água
		Número de ocorrências (reclamos) por unidade de extensão
	Eficácia das instituições	Cobertura do território com comitês de bacia hidrográfica ou outros tipos de colegiados instituídos nas bacias (ANA, 2011)
		Multas e processos por desrespeito à legislação em matéria de recursos hídricos por ano

Indicadores utilizados no contexto de bacia hidrográfica

No contexto de gestão de bacias hidrográficas, tem-se como exemplos de indicadores de pressão, de estado e de resposta, os apresentados a seguir.

Indicadores de pressão

Indicadores que se referem à pressão (demanda) exercida sobre os recursos hídricos para a satisfação das funções ecossistêmicas e usos humanos.

- Sobre os estoques hídricos
  a) Densidade populacional – É a medida expressa pela relação entre a população e a superfície do território (hab./km^2).
  b) Índice de urbanização – Reflete a taxa projetada de variação média do tamanho da população urbana durante o período determinado (%/ano).
- Sobre as demandas
  a) Índice de captação de água para abastecimento urbano (m^3/hab): quantidade de água captada pelo sistema dividida pelo número de habitantes da área urbana. Índice de captação de água para irrigação (m^3/m^2). Quantidade de água captada pelo sistema dividida pela área irrigada.
- Poluição
  a) Índice de lançamento de matéria orgânica nas águas (DBO/hab./dia).
  b) Índice de utilização de fostato na agricultura (kg/ha) ou (kg/hab): quantidade de fosfato adicionado nos sistemas agrícolas por hectares ou habitantes de uma região delimitada.

Indicadores de estado

Indicadores que se referem à qualidade e quantidade dos recursos hídricos.

- Qualidade da água
  a) Taxa de conformidade da água em relação à DBO (% de amostras conformes): refere-se à porcentagem de amostras em conformidade com o padrão preestabelecido por lei de Demanda Biológica de Oxigênio.
  b) Taxa de conformidade da água em relação à OD (% de amostras conformes): corresponde à porcentagem de amostras em conformidade com os padrões legais de oxigênio dissolvido.
  c) Índice de toxicidade das águas superficiais: refere-se à média anual da concentração de agentes tóxicos.
  d) IQA: corresponde à média do Índice de Qualidade de Água (descrito na seção "Índices de qualidade").
- Quantidade de água
  a) Vazões mínimas de um número determinado de dias consecutivos em um número dado de anos de recorrência. Podem ser medidos em litros por segundo, por metro quadrado (l/s/m^2) ou por metro cúbico por habitante ao ano (m^3/hab/ano).

b) Coeficiente de escoamento superficial: também conhecido por Coeficiente Runoff, ou coeficiente de deflúvio, é definido como a razão entre o volume de água escoado superficialmente e o volume de água precipitado. Pode ser relativo a uma chuva isolada ou relativo a um intervalo de tempo em que várias chuvas ocorreram (adimensional).

- Meios aquáticos
  a) Índice de cobertura vegetal (%/ano): área coberta por vegetação em relação à área total previamente delimitada.

Indicadores de resposta

- Serviços de abastecimento de água e saneamento
  a) Índice de tratamento de esgotos coletados (%): quantidade de esgotos coletados para tratamento em relação ao total de esgotos existentes em uma unidade territorial.
  b) Índice de tratamento de esgotos em relação à água consumida (%): porcentagem de água tratada em relação ao total de água consumida em uma unidade territorial.
  c) Índice de atendimento urbano de coleta de esgotos (%): quantidade de esgotos recolhidos em relação ao total em uma dada cidade.
  d) Índice de lixo corretamente disposto (%): porcentagem de lixo que é coletado e disposto adequadamente em relação ao total de lixo coletado/gerado em uma unidade territorial dada.

O modelo PER permite obter um panorama do *status* original, a intensidade da mudança (impacto) e a situação final. Dado que os problemas são complexos, há autores que criticam o modelo PER pela simplificação que faz utilizando uma lógica mais linear, motivo pelo qual outros modelos têm sido propostos.

Modelo sistêmico – Princípios de Gibson

Baseado na Teoria Geral de Sistemas, o enfoque sistêmico observa os indivíduos e sociedades como sistemas abertos que estabelecem relações com o meio que os circunda, mas também entre as unidades que o compõem. Traduzido em modelos, este enfoque observa os sistemas ambientais e sociais como unidades que se integram e relacionam e, portanto, se influenciam.

Os Princípios de Gibson (Gibson, 2006) se concentram nessas interações entre os sistemas ambientais e sociais, podendo aplicar-se a diferentes contextos e escalas.

Integridade do sistema socioecológico: construir relações sociedade-ambiente que estabeleçam e mantenham a integridade dos sistemas socioambientais em longo prazo e protejam as funções ecológicas que são insubstituíveis, das quais dependem a vida humana e a qualidade ambiental. Exemplos: qualidade da água; capacidade de diluição de contaminantes; é um objetivo da PNRH "a utilização racional e integrada dos recursos hídricos [...] com vistas ao desenvolvimento sustentável".

Recursos suficientes para subsistência e acesso a oportunidades: garantir que cada indivíduo e cada comunidade tenham sustento suficiente para uma vida digna e que todos tenham oportunidade de buscar melhorias, de forma a não comprometer a capacidade de sustento das gerações futuras. Exemplos: acesso a sistemas adequados de abastecimento de água e de sistemas de coleta de esgoto; é uma diretriz da PNRH "a adequação da gestão de recursos hídricos às diversidades físicas, bióticas, demográficas, econômicas, sociais e culturais das diversas regiões do País".

Equidade intrageracional: garantir que suficiência e oportunidade de escolha estão sendo buscadas para todos de modo a reduzir lacunas entre os ricos e pobres (de saúde, segurança, reconhecimento social, influência política etc.). Exemplos: cobertura dos sistemas de abastecimento de água e coleta de esgoto; é uma diretriz da PNRH "a adequação da gestão de recursos hídricos às diversidades físicas, bióticas, demográficas, econômicas, sociais e culturais das diversas regiões do País".

Equidade intergeracional: favorecer opções e ações no presente que são mais passíveis de manter ou aumentar as oportunidades e capacidades das gerações futuras de viver sustentavelmente, o que está relacionado a dependência econômica, ameaças culturais, impactos ambientais cumulativos. Exemplo: planejamento de cobertura para demanda futura de sistemas de abastecimento de água e coleta de esgoto; é um objetivo da PNRH "assegurar à atual e às futuras gerações a necessária disponibilidade de água, em padrões de qualidade adequados aos respectivos usos".

Manutenção de recursos naturais e eficiência: proporcionar uma base maior para garantir meios de subsistência sustentáveis para todos, enquanto reduz ameaças em longo prazo para a integridade de sistemas socioambientais, evitando resíduos e reduzindo o consumo de matéria e energia. Em outras palavras, minimização e mitigação de impactos ao longo do ciclo de vida, considerando a ecoeficiência. Exemplo: é uma diretriz da PNRH "a gestão sistemática dos recursos hídricos, sem dissociação dos aspectos de quantidade e qualidade"; é um fundamento da PNRH que "a gestão dos recursos hídricos deve sempre proporcionar o uso múltiplo das águas".

Civilidade socioambiental e governança democrática: criar capacidade, motivação e inclinação em indivíduos, comunidades e outros órgãos de decisão para aplicar requisitos de sustentabilidade, por meio de decisões mais abertas e baseadas em boas informações; de estímulos à conscientização mútua e à responsabilidade coletiva; e do emprego de práticas mais integradas em decisões administrativas, de mercado e pessoais. Por exemplo: transparência e participação social em Comitês de Bacia; é um fundamento da PNRH que "a gestão dos recursos hídricos deve ser descentralizada e contar com a participação do poder público, dos usuários e das comunidades".

Precaução e adaptação: respeitar incertezas, evitar os riscos de danos graves ou irreversíveis, para os fundamentos da sustentabilidade, mesmo que sejam pouco compreendidos. Planejamento deve ser voltado à aprendizagem; deve haver preparo para situações de risco e incerteza; e desenvolvimento de gestão adaptativa e flexibilidade à mudança. Por exemplo: abordagem de recursos hídricos em estudos de impacto ambiental (EIA) – instrumento da PNMA; adaptabilidade dos planos de gerenciamento de recursos hídricos às mudanças de cenários; é um objetivo da PNRH "a prevenção e a defesa contra eventos hidrológicos críticos de origem natural ou decorrentes do uso inadequado dos recursos naturais".

Integração entre situação atual e de longo prazo: aplicar todos os princípios de sustentabilidade ao mesmo tempo, buscando benefícios mútuos e ganhos múltiplos. Identificar oportunidade de sinergias positivas e questionar se o cenário atual está levando a um futuro desejável. Exemplo: em transição de gestão ou adaptação do governo, utilizar bases de informações existentes em recursos hídricos como ferramentas; são diretrizes gerais para implementação da PNRH "a integração da gestão de recursos hídricos com a gestão ambiental", "a articulação do planejamento de recursos hídricos com o dos setores usuários e com os planejamentos regional, estadual e nacional" e "a articulação da gestão de recursos hídricos com a do uso do solo".

Esta estrutura de organização dos indicadores, conforme os princípios de Gibson, favorece um olhar transversal para o tema dos recursos hídricos.

Pontos de alavancagem

A ideia presente neste modelo é que esforços mínimos podem resultar na promoção de grandes mudanças e resultados satisfatórios. Para tanto, deve-se identificar "pontos de apoio" dentro de um sistema; os pontos podem ser as políticas, os recursos, os paradigmas, enquanto o sistema pode ser uma corporação, um organismo, um ecossistema.

É um modelo sistêmico, dinâmico e hierárquico, uma vez que as prioridades podem ser direcionadas e reagrupadas estrategicamente, de acordo com o foco, metas, objetivos e com a eficiência com que os resultados são alcançados.

São considerados pontos de maior alavancagem: mudança de paradigmas ou objetivos, resiliência, evolução e adaptação do sistema; os pontos de alavancagem intermediária são: estabelecimento de regras do sistema, disponibilidade de informação e retroalimentação de *feedbacks*; e de menor alavancagem: foco em atrasos, estoques, fluxos e parâmetros. Os doze pontos, apresentados na sequência, estão em ordem crescente de relevância dentro do modelo.

12. Constantes, parâmetros, números: como o nome indica, refere-se a constantes, parâmetros e números, que expressam as características ou condições atuais do sistema e que podem ser mudados em favor do objetivo final. São exemplos de valores: quantidade de terra reservada para conservação, salário mínimo, valor gasto com saúde, estatísticas. É considerado um ponto de baixa alavancagem pela ineficácia de se trabalhar com base em números quando os objetivos ou paradigmas não são repensados. Em recursos hídricos, são exemplos os padrões estabelecidos em legislação para lançamento de efluentes.

11. Proteção e estabilização de estoque e fluxo: corresponde a estratégias para garantir o estoque, por entender que grandes estoques em relação ao seu fluxo tendem a ser mais estáveis. É um exemplo a construção de reservatórios para garantir o abastecimento de água; os reservatórios são então uma medida que protege o abastecimento e estabiliza a disponibilidade de água.

10. Estrutura de material e estoque de fluxo: são as estruturas físicas feitas para dar suporte ao fluxo e ao estoque de material e à estrutura organizacional do fluxo. Um exemplo pode ser o sistema de tubulação para a distribuição de água em cidades. Depois que a estrutura está construída, alterá-las pode não ser simples, e a alavancagem se torna uma compreensão das limitações e dificuldades existentes.

9. Atrasos em relação à taxa de alteração do sistema: trata das ações para diminuir a discrepância entre o estado percebido e os objetivos desejados do sistema. Um exemplo é a projeção da demanda de uma hidrelétrica e a demanda efetiva uma vez construída.

8. Retroalimentação de *feedbacks* negativos: este ponto refere-se a sinais ou produtos do sistema, que entorpecem o seu funcionamento normal. Correspondem a impactos negativos que devem ser ajustados para que o sistema consiga se manter. São exemplos as reduções de impactos por meio de instrumentos de comando e controle ou econômicos, como leis e taxas sobre poluição hídrica.

7. Retroalimentação de *feedbacks* positivos: refere-se a situações, sinais ou produtos do sistema que reforçam o funcionamento do próprio sistema e que, se continuarem, podem levar ao seu colapso. Um exemplo é a demanda de água. O aumento da demanda leva a ampliar o sistema de distribuição, o qual colapsaria se esta fosse indefinida. Nesse sentido, as campanhas de uso responsável e sustentável de água são medidas para manter ou diminuir o incremento da demanda.

6. Estrutura de fluxo de informação: corresponde ao sistema (infraestrutura) de informação e a sua divulgação (transparência). A disponibilidade de informação clara e oportuna permite a tomada de decisão acertada, assim como a demanda da população por serviços adequados. Esse ponto de alavancagem se baseia na ideia de que o acesso à informação tem potencial para gerar mudança de comportamento. No contexto do uso dos recursos hídricos, um exemplo é a entrega da informação outorgada a consumidores sobre o consumo de água e os custos associados; isso permite ao usuário ter consciência da água utilizada e estimula a redução de padrões de consumo.

5. Regras do sistema (incentivos, punições, restrições): este ponto diz respeito às diretrizes que regem o sistema, seja o processo ou o consumo. A mudança de uma regra pode gerar tanto os objetivos desejados como consequências negativas. Como exemplo temos os incentivos para diminuir o consumo de água ou os incentivos/punições para diminuir o volume de descarga sobre corpos d'água. As mudanças nos tipos e valores dessas medidas podem alterar os objetivos, parâmetros e regras com que as empresas operam.

4. Poder de alteração, evolução ou auto-organização da estrutura do sistema: refere-se à capacidade do sistema de evoluir ou de se adaptar em um processo de autorregulação. Na Biologia temos a evolução; já em um meio social, temos a revolução social; podem ser adicionadas novas estruturas como "cérebros" e "asas" a um sistema. No contexto de recursos hídricos, tem-se a capacidade de autodepuração de um corpo receptor.

3. Objetivos do sistema: corresponde à mudança de objetivos do sistema. É importante que o objetivo esteja bem definido: sobreviver, resistir, diferenciar, evoluir. Ao mudar um objetivo, se estabelecem mudanças significativas na estrutura, processos e consumo que fazem parte dele. Um exemplo são as alterações de uso de determinado corpo hídrico, quando estas passam de objetivos de recreação para consumo humano.

2. Mentalidade ou paradigma a partir do qual o sistema surge (objetivos, estrutura, atrasos, parâmetros): refere-se à mudança de mentalidade utilizada para dar continuidade aos processo e fluxos, ou seja, mudança na forma como os objetivos e parâmetros são estabelecidos. Pessoas que conseguem intervir em um sistema a nível paradigmático atingem um ponto de alavancagem que transforma totalmente o sistema. Como exemplo, passar a promover o consumo sustentável de água significou mudar objetivos e parâmetros esperados de consumo.

1. **Paradigmas do sistema:** refere-se à visão do serviço, processo ou fluxo sob o qual o sistema opera, ao mesmo tempo em que permanece flexível para aprender. É o ponto de alavancagem mais importante e o mais difícil de alinhar à ideia de sustentabilidade, pois ainda maior do que alterar um paradigma é transcender um paradigma, reconhecer que em si existe também um paradigma. Uma mudança de paradigma no uso da água ocorreu com a alteração da percepção da água enquanto recurso infinito para recurso finito.

Este modelo tem seu ponto forte na medida em que ajuda a focar os pontos principais de mudança, portanto, favorece o aceleramento de processos de transição para economias de baixo consumo de recursos hídricos.

Pegada hídrica

A pegada hídrica (PH), baseada nos princípios da pegada ecológica, é um indicador do consumo de água, cujo objetivo é monitorar o volume de água total usada direta e indiretamente durante a produção e o consumo de bens e serviços. Este indicador considera o ciclo de vida e pode ser aplicado às comunidades, processos e produtos.

Assim, a PH pode ser medida para atividades da agricultura e indústria, mediante contabilização da quantidade de água utilizada no cultivo ou na produção de bens e sua multiplicação pela quantidade de unidades cultivadas ou produzidas. Analogamente, a PH de um indivíduo ou comunidade será o seu consumo e uso direto de água, somados à quantidade de água requerida para a produção de bens e serviços que consome, em um determinado período de tempo ou ao longo de sua vida. Para países, a PH consta de duas partes: a PH interna se refere ao uso de água dentro da nação, e a PH externa corresponde à quantidade de recursos hídricos utilizados em outro país com vista à produção de bens e serviços importados que são consumidos pela população (Hoekstra et al., 2011).

Tipos de pegadas hídricas

A PH total de um indivíduo ou comunidade se divide em três componentes: azul, verde e cinza (Hoekstra et al., 2011).

PH azul: indica o consumo de água doce superficial e/ou subterrânea, seja por evaporação, incorporação aos produtos, pelo não retorno da água – à bacia hidrográfica, por exemplo – de onde foi retirada (mas para outra área ou o mar) ou retornada, mas em período diferente (estiagem/chuvoso).

PH verde: consumo de água originada nas precipitações, mas que não é retirada nem armazenada pelos mananciais ou corpos d'água, mas é armazenada temporariamente no solo ou na vegetação. Corresponde à água proveniente da chuva que é consumida durante o processo de produção.

PH cinza: indica o grau de poluição de água doce associada ao processo de produção. Ou seja, corresponde ao volume de água doce necessário para assimilar a carga de poluentes.

PH direta: consumo de água e nível de poluição relacionados ao uso de água em atividades domiciliares, rurais e industriais.

PH indireta: refere-se ao consumo e ao nível de poluição de águas que estão diretamente associados ao processo de produção de bens e serviços usados pelo processo, atividade, indivíduo ou comunidade que se deseja avaliar.

Sustentabilidade da pegada hídrica

O resultado da PH deve ser contextualizado à região de avaliação, toda vez que uma PH pequena não é sinônimo de sustentabilidade. Ou seja, em regiões de escassez de água, uma PH pode ser ainda insustentável; no entanto, uma PH grande em uma região abundante em água pode ser ainda classificada como sustentável (Silva et al., 2013).

A PH tem como vantagem o seu poder comunicacional e didático, em qualquer uma das suas variantes. É um cálculo que permite identificar a pressão que cada indivíduo, comunidade ou país exerce nos recursos hídricos. No contexto da sustentabilidade, a Pegada Hídrica, complementada com indicadores sociais, como o IDH (Índice de Desenvolvimento Humano), é uma forte ferramenta de avaliação.

CONSIDERAÇÕES FINAIS

Este capítulo apresenta uma discussão do uso potencial de indicadores de sustentabilidade aplicados ao contexto dos recursos hídricos e bacias hidrográficas, com destaque para a escolha de modelos integradores, que trabalhem nas interfaces água e sociedade.

Ao observar o panorama de disponibilidade de dados no Brasil, percebe-se que o país tem uma base de informações bem consolidada e relativamente pronta para ser traduzida em ferramentas de tomada de decisão, no entanto, parece não ter alcançado de forma efetiva os diversos atores do setor. E é exatamente esse o ponto central na questão dos indicadores.

Para se ter bons indicadores, conforme discutido no texto, é fundamental que estes alcancem as partes interessadas e sejam ferramentas de mudança de paradigma. Isso requer trabalhar com poucos, mas poderosos, indicadores; processos participativos; programas permanentes de comunicação, educação e sensibilização.

Essas questões refletem no contexto da governança para sustentabilidade. Embora as bases de dados sobre corpos hídricos e bacias hidrográficas estejam fortalecidas, elas apresentam deficiência em informações de governança. Em várias regiões do país, as informações quanto à qualidade da água dos cursos hídricos também apresentam fragilidade em função da coleta irregular desses dados. Mesmo que equipamentos automatizados para coleta e análise de água já estejam disponíveis no mercado, seu custo de obtenção e manutenção impossibilita a aquisição por pequenas prefeituras ou organizações, por exemplo.

Outros desafios encontrados referem-se à análise das informações e tradução destas para subsidiar processos de tomada de decisão, baixa disponibilidade de séries históricas, pouca experiência em modelagem e proposição de cenários. A ausência de recursos humanos capacitados para compreensão integrada das diferentes escalas temporais e espaciais ampliam os desafios, principalmente nos municípios de médio e pequeno portes.

Além disso, prover informações para dar suporte à tomada de decisão apresenta algumas complicações, principalmente em virtude da diferença de perfis dos usuários que acessam essas informações.

Por fim, é preciso então considerar como a informação deve ser disponibilizada de maneira acessível a diferentes usuários, com diferentes habilidades e níveis de conhecimento, e com formações variadas; atentar para as múltiplas necessidades de informações, o que requer dados em diferentes escalas de tempo e espaço, com diferentes níveis de síntese e análise; fortalecer a participação pública, disponibilizando dados acessíveis a não especialistas.

Em suma, para que ocorra uma tomada de decisão baseada em informações, estas devem ser confiáveis e apresentar uma série histórica, as informações devem representar todos os aspectos da bacia hidrográfica, ou do corpo hídrico, e deve ser acessível a técnicos e comunidade, caso a gestão seja centralizada ou descentralizada. Ainda, o uso dessas informações, como explicitado neste capítulo, possibilita a gestores e tomadores de decisão o desenvolvimento de avaliações temporais, elaboração e análises de políticas, análises técnicas, desenvolvimento de modelos e cenários. Quando inseridas em uma plataforma digital, possibilitam um estudo integrado de informações operacionais, técnicas e de gestão, logo, sua tradução em indicadores e índices possibilita o diagnóstico de tendências dentro do sistema, como problemas relacionados à escassez de água ou déficit na disponibilidade média de água em função de padrões de consumo, perdas da rede de abastecimento e estudo estratégico da universalização dos serviços de abastecimento de água e saneamento, abordando-os de maneira preventiva ou reacionária.

REFERÊNCIAS

[ANA] AGÊNCIA NACIONAL DE ÁGUAS. *Conjuntura dos recursos hídricos no Brasil: informe 2011*. Brasília: ANA, 2011.

______. *Indicadores de Qualidade – Índice de Qualidade das Águas (IQA)*. 2010. Disponível em: http://portalpnqa.ana.gov.br/indicadores-indice-aguas.aspx. Acesso em: 22 mar. 2018.

BRAGA, B.P.F.; LOTUFO, J.G. Integrated river basin plan in practice: the Sao Francisco river basin. *International Journal of Water Resources Development*, v. 24, n. 1, p. 37-60, 2008.

BRASIL. Lei n. 9.433, de 8 de janeiro de 1997. Institui a Política Nacional de Recursos Hídricos, cria o Sistema Nacional de Gerenciamento de Recursos Hídricos, regulamenta o inciso XIX do art. 21 da Constituição Federal, e altera o art. 1º da Lei n. 8.001, de 13 de março de 1990, que modificou a Lei n. 7.990, de 28 de dezembro de 1989.

______. Ministério das Cidades. Secretaria Nacional de Saneamento Ambiental – SNSA. Sistema Nacional de Informações sobre Saneamento: Diagnóstico dos Serviços de Água e Esgotos – 2016. Brasília: SNSA/MCIDADES, 2018. 218 p.

CAMPOS, V.N.D.O.; FRACALANZA, A.P. Governança das águas no Brasil: conflitos pela apropriação da água e a busca da integração como consenso. *Ambiente & sociedade*, v. 13, n. 2, p. 365-82, 2010. DOI: http://dx.doi.org/10.1590/S1414-753X2010000200010.

[CETESB] COMPANHIA AMBIENTAL DO ESTADO DE SÃO PAULO. Cetesb desenvolve indicadores para classificar esgotos gerados nos municípios. Disponível em: http://www.cetesb.sp.gov.br/noticentro/2007/12/04_indicador.pdf. Acesso em: 27 dez. 2016.

______. *Qualidade das águas superficiais no estado de São Paulo 2013: Apêndice D.* [recurso eletrônico]. Série Relatórios/Cetesb, 2014. Disponível em: http://www.cetesb.sp.gov.br/agua/aguas-superficiais/35-publicacoes-/-relatorios. Acesso em: 10 fev. 2019.

CHEN, D.H. (ed.). *Sustainable Water Management*. Boca Raton (FL): CRC Press, 2016.

[CONAMA] CONSELHO NACIONAL DE MEIO AMBIENTE. Resolução n. 274, de 29 de novembro de 2000. Revisa os critérios de Balneabilidade em Águas Brasileiras. Brasília, 2000.

______. *Resolução n. 430 de 13 de maio de 2011*. Dispõe sobre as condições e padrões de lançamento de efluentes, complementa e altera a Resolução 357. Brasília, 2011.

______. *Resolução n. 357 de 17 de março de 2005*. Dispõe sobre a classificação dos corpos de água e diretrizes ambientais para o seu enquadramento, bem como estabelece as condições e padrões de lançamento de efluentes. DOF, Brasília, 2005.

GIBSON, R.B. Beyond the pillars: sustainability assessment as a framework for effective integration of social, economic and ecological considerations in significant decision making. *Journal of Environmental Assessment Policy and Management*. v. 8, n. 3, p. 259-80, 2006. Disponível em: http://dx.doi.org/10.1142/S1464333206002517. Acesso em: 10 fev. 2019.

GOMES, P.R.; MALHEIROS, T.F. Proposta de análise de indicadores ambientais para apoio na discussão da sustentabilidade. *Revista Brasileira de Gestão e Desenvolvimento Regional*, v. 8, n. 2, 2012.

GUIMARÃES, R. *Aterrizando una cometa: indicadores territoriales de sustentabilidad*. ILPES Documento 18/98. Serie investigación. Santiago de Chile, 1998.

HOEKSTRA, A.Y.; CHAPAGAIN, A.K.; ALDAYA, M.M. et al. *The water footprint assessment manual*. 1.ed. London: Water Footprint Network, 2011.

MARANHÃO, N. *Sistema de indicadores para planejamento e gestão dos recursos hídricos de bacias hidrográficas*. Rio de Janeiro: UFRJ, 2007.

[MMA] MINISTÉRIO DO MEIO AMBIENTE. *Indicadores Ambientais*. 2013. Disponível em: http://www.mma.gov.br/component/k2/itemlist/category/99-informacoes-ambientais. Acesso em: 19 ago. 2018.

[MMA/ANA] MINISTÉRIO DO MEIO AMBIENTE/AGÊNCIA NACIONAL DE ÁGUAS. *GEO Brasil: recursos hídricos: resumo executivo*. Brasília: Ministério do Meio Ambiente/Agência Nacional de Águas/Programa das Nações Unidas para o Meio Ambiente, 2007).

[OECD] ORGANIZATION FOR ECONOMIC CO-OPERATION AND DEVELOPMENT. Core set of indicators for environmental performance reviews: a synthesis report by the group on the state of the environment. *Environment Monographs (83)*. Paris: OECD, 1993.

______. *Governança dos Recursos Hídricos no Brasil*. OECD Publishing2015. DOI: http://dx.doi.org/10.1787/9789264238169-pt.

[ONU] ORGANIZAÇÃO DAS NAÇÕES UNIDAS. Transformando Nosso Mundo: A Agenda 2030 para o Desenvolvimento Sustentável. 2015. Disponível em: https://sustainabledevelopment.un.org. Acesso em: 19 fev. 2018.

______. United Nations General Assembly Resolution A/RES/64/292. The human right to water and sanitation. 2010.

QUIROGA, M.R. *Guía metodológica para desarrollar indicadores ambientales y de desarrollo sostenible en países de América Latina y el Caribe*. Santiago de Chile: Cepal, 2009. Disponível em: http://repositorio.cepal.org/bitstream/handle/11362/5502/S0900307_es.pdf?sequence=1&isAllowed=y. Acesso em: 14 dez. 2016.

REBOUÇAS, A.D.C. Água no Brasil: abundância, desperdício e escassez. *Bahia análise & dados*. v. 13, p. 341-345, 2003.

ROGERS, P.; HALL, A.W. *Effective water governance*, v. 7, 2003. Stockholm: Global water partnership. Disponível em: http://hdl.handle.net/10535/4995. Acesso em: 19 ago. 2018.

SILVA, V.D.P. DA; ALEIXO, D.D.O.; NETO, J.D. et al. Uma medida de sustentabilidade ambiental. Pegada hídrica. *Revista Brasileira de Engenharia Agrícola e Ambiental*, v. 17, n. 1, p. 100-105, 2013.

[SWRR] SUSTAINABLE WATER RESOURCES ROUNDTABLE. *Meeting Proceeding*. (Versão Preliminar) Palo Alto, Ca. abr. 27-28, 2010. Disponível em: https://acwi.gov/swrr/proceedings/SWRR-Proceedings_Palo-Alto-april-27-2010.pdf. Acesso em: 01 fev. 2017.

THE WORLD BANK. *Expanding the measure of wealth: indicators of environmentally sustainable development*. Environment Department, Washington DC, USA: World Bank, 1997.

TUNDISI, J.G. Novas perspectivas para a gestão de recursos hídricos, *Revista USP*, n. 70, p. 24-35, 2006.

TUNSTALL, D. Developing and using indicators of sustainable development in Africa: an overview. *Proceedings from the Network for Environment and Sustainable Development in Africa (NESDA). NESDA, Banjul, The Gambia*, 1994.

WOERDEN, J.V. et. al. *GEO Resource Book: a training manual on integrated environmental assessment and reporting*. UNEP, 2007 (Training Module 4 – monitoring data and indicators).

WOLKMER, M. DE F.S.; PIMMEL, N.F. Política Nacional de Recursos Hídricos: governança da água e cidadania ambiental. *Seqüência* (Florianópolis), n. 67, p. 165-198, dez. 2013. DOI: http://dx.doi.org/10.5007/2177-7055.2013v34n67p165.

31 Pegada ecológica como ferramenta de gestão sustentável de bacias hidrográficas: o caso das bacias hidrográficas dos rios Cubatão e Cachoeira, SC

Therezinha Maria Novais de Oliveira
Engenheira sanitarista, Universidade da Região de Joinville, Univille

Denise Lemke Carletto
Pedagoga, Universidade da Região de Joinville, Univille

Elaine Cristine Scheunemann Fischer
Economista, Comitê de Gerenciamento das Bacias Hidrográficas dos Rios Cubatão e Cachoeira

Virgínia Grace Barros
Engenheira sanitarista, Universidade do Estado de Santa Catarina, Udesc

INTRODUÇÃO

O uso da bacia hidrográfica como unidade de gestão permite avaliar o potencial de desenvolvimento e a produtividade biológica dessa área geográfica, de forma a determinar as melhores formas de aproveitamento da região com os menores impactos possíveis. O planejamento e a implementação de projetos de restauração ecológica mostraram benefícios econômicos significativos quando implementados em grandes escalas, incluindo a melhoria dos retornos de investimentos e a captura de economias que são perdidas por meio de esforços graduais em escalas locais (Kraff e Steinman, 2018). Possibilita, ainda, a democratização das decisões, congregando as autoridades, os planejadores e os usuários, bem como os representantes da comunidade para a conservação de recursos naturais (Pires, Santos e Del Prette, 2002). Mudanças na resposta de uma bacia hidrográfica ao longo do tempo podem ocorrer por fatores naturais, pela predisposição do meio à degradação e por fatores antrópicos que interferem de forma direta ou indireta no desempenho de uma bacia.

Para analisar a sustentabilidade de um ecossistema, como uma bacia hidrográfica, faz-se necessário um olhar abrangente, apoiado na multidisciplinaridade e capaz de incluir a relação do ser humano consigo mesmo, com o outro e com seu meio (Paulista, Varvakis e Montibeller-Filho, 2008). Indicadores de sustentabilidade constituem alternativas válidas e importantes para descrever a sustentabilidade de sistemas e funcionam como um sinal de alerta para manifestar a situação do sistema avaliado, haja vista serem valores estáticos, ou seja, dão uma fotografia do momento atual (Siche et al., 2007). O indicador de desenvolvimento sustentável pegada ecológica é uma ferramenta para a estimativa da quantidade média de terra produtiva de que uma determinada população necessita para suprir seu consumo físico e assimilar os resíduos produzidos do seu estilo de vida (Philippi Jr, Malheiros e Aguiar, 2005). Tal indicador, portanto, mostra-se adequado para avaliar a sustentabilidade de bacias hidrográficas.

A pegada é dividida em cinco categorias de consumo: carbono (uso de energia em casa e no transporte), alimentação, moradia, bens e serviços. A Pegada Ecológica reflete a demanda das atividades humanas, enquanto a biocapacidade representa o quanto os recursos naturais têm capacidade de suprir. Quando a área demandada (pegada ecológica) excede a capacidade de suporte (biocapacidade), tem-se um déficit ecológico. Esses dois indicadores permitem ser comparados entre si por apresentarem a mesma unidade padrão de medida, o hectare global (gha) (Andrade, 2006). Wackernagel et al. (2005) expuseram dois fatores de conversão que padronizam a produtividade dos hectares em unidades de áreas globais: Fator de Equivalência e Fator de Produção.

O fator de equivalência representa a produtividade média mundial de um determinado tipo de terra bioprodutiva, dividida pela produtividade média mundial de todos os tipos de terra bioprodutiva. A unidade do fator de equivalência é denominada hectare global (gha), que é igual a um hectare com a mesma produtividade média dos 11,2 bilhões de hectares bioprodutivos na Terra (Andrade, 2006).

O resultado da pegada ecológica (PE) de uma determinada região pode auxiliar nas tomadas de decisão do poder público e nas ações coletivas da população, de modo a beneficiar a própria sociedade e os ecossistemas na busca da sustentabilidade. A problemática da sustentabilidade assume um papel central na reflexão sobre as dimensões do desenvolvimento e das alternativas que se configuram. O impacto da sociedade contemporânea sobre o meio ambiente tem tido consequências cada vez mais complexas, quer em termos quantitativos, quer em termos qualitativos (Jacobi, 2003). Quanto maior o consumo de recursos e a geração de resíduos, maior o tamanho da pegada para sustentar o sistema. A metodologia da Pegada Ecológica concentra-se principalmente nas atividades humanas que dependem dos serviços naturais ou que comprometem essa habilidade de fornecimento de serviços.

Este capítulo apresenta o cálculo da PE de duas bacias hidrográficas localizadas na região hidrográfica 6 do estado de Santa Catarina. A bacia do rio Cubatão, que é responsável pela maior parte do abastecimento público e industrial do município de Joinville, terceiro produto interno bruto (PIB) do sul do país, e a bacia do rio Cachoeira, receptora dos efluentes domésticos e industriais do mesmo município. Para o cálculo da pegada ecológica de cada bacia utilizaram-se diferentes metodologias que levaram em consideração a população de cada bacia. Para a bacia do rio Cubatão a PE foi calculada utilizando questionários individuais, enquanto para a PE da bacia do rio Cachoeira utilizaram-se dados oriundos de prestadores de serviços. A análise desses dados permitiu comparações entre diferentes padrões de uso e consumo de recursos naturais nas bacias hidrográficas.

NOÇÕES PRELIMINARES

Muitos são os fenômenos naturais que afetam e alteram as condições ambientais da Terra. Mas a partir do século XIX as interações do ser humano com a biosfera passaram a ser a fonte primária dessas alterações, contribuindo para mudanças globais que transformaram as condições de vida no planeta. As alterações ambientais provenientes das interações do ser humano ocorrem de forma semelhante, porém, em escalas diferentes em quase todos os lugares do globo. Assim, a capacidade de suporte e a renovação dos ecossistemas naturais não conseguem acompanhar a desenfreada ocupação dos espaços e a crescente urbanização.

Em virtude do ritmo de vida acelerado imposto pelo atual modelo de desenvolvimento, perde-se a possibilidade de reflexão e percepção da degradação ambiental, e o conforto da vida moderna confere uma sensação poderosa de independência (água nas torneiras, alimentos disponíveis nos supermercados etc.), devidamente reforçada pela mídia e autenticada por alguns processos de educação (Dias, 2002). Por muito tempo viveu-se com a ideia de que a natureza é uma fonte permanente de recursos.

Os recursos naturais vistos como fartamente disponíveis e sem custos sempre foram explorados de forma excessiva. O modo de vida dos seres humanos desestabiliza os sistemas que asseguram a vida na Terra, contribuindo para um panorama de perda crescente de habitats (Liu, Li e Ly, 2017) e de qualidade de vida, quer pela degradação generalizada dos centros urbanos onde está a maioria das populações, quer pela brutal apropriação e destruição do patrimônio ambiental (Dias, 2002).

É essencial compreender os fatores que causam alterações nos ecossistemas e nos serviços que eles prestam para delinear intervenções que assegurem impactos positivos e minimizem os negativos (ONU, 2005). No Brasil, vários municípios considerados de grande importância econômica são verdadeiros exemplos de implantação de sistemas de desenvolvimento urbano inadequados do ponto de vista ambiental e de qualidade de vida. A situação ambiental das bacias hidrográficas dos rios Tietê (São Paulo), Guaíba (Porto Alegre), Paraíba do Sul (cujo rio nasce no estado paulista e corta o Rio de Janeiro) e a do Alto São Francisco, em Minas Gerais, constituem significativos exemplos de municípios com essas características.

Os principais poluentes dos recursos hídricos são os efluentes domésticos e industriais lançados sem tratamento adequado, as chuvas com impurezas da atmosfera ou do solo, o lixo urbano jogado nas vias públicas, os pesticidas e fertilizantes utilizados na agricultura, os detergentes empregados para remoção de gorduras e os materiais provenientes de erosão causada por desmatamento. Tais poluentes provocam desde o consumo de oxigênio dissolvido na água e eutrofização até contaminação por microrganismos patogênicos e por compostos e elementos químicos (Philippi Jr e Martins, 2005). Mais recentemente, os microplásticos têm tomado posição de destaque nos debates internacionais (Li, Liu e Chen, 2017; Silva et al., 2018).

Assim, no âmbito da gestão de bacias hidrográficas, encontra-se uma infinidade de problemas, o deficitário planejamento das cidades, que tem levado à maior impermeabilização do solo, inexistência de tratamento adequado do esgoto e correta destinação do lixo, falta de conservação das faixas de mata ciliar que beiram os rios, entre outros fatores que vêm contribuindo para um caos bioecossocial (urbano e rural) das bacias hidrográficas. Nesse contexto, o enfrentamento da falta de qualidade e quantidade da água já é um problema crucial de sustentabilidade das atuais gerações e se agravará para as próximas.

O entendimento da bacia hidrográfica como eixo norteador dos planos de meio ambiente das cidades possibilita o resgate da história local ambiental, propiciando uma visão integrada dos fatores naturais e antrópicos que conduzem a transformações ambientais. Esse entendimento faz com que se perceba que o gerenciamento ambiental adequado dos recursos hídricos passa primeiramente pela percepção e modo de utilização que o ser humano faz deles. A conquista desse conhecimento faz-se na necessária sintonia entre o conhecimento científico adquirido e o senso comum próprio das sociedades em geral. O indicador do progresso na gestão ambiental necessária à manutenção e recuperação dos recursos hídricos mundiais será baseado na intensidade de transmissão, avaliação e retorno do conhecimento da bacia hidrográfica (Ruffino e Santos, 2002).

O envolvimento participativo da comunidade favorece estratégias de conservação e recuperação ambiental de áreas degradadas (Church e Prokopy, 2017). Ruffino e Santos (2002) consideram que o conceito de bacia hidrográfica tem levado à rápida produção de novos pensamentos e novas práticas baseadas na visão holística do meio. A relevante colaboração do novo saber na produção de um senso crítico atinge, de maneira geral, a todos na sociedade, gerando uma demanda por mudanças e alterações de ordem técnica, econômica, social, ambiental e também ética.

As atividades não sustentáveis, com fins de lucro imediato, que não computam os custos ambientais e sociais, repassando-os a terceiros, são as principais causas de ameaças à qualidade ambiental em uma bacia hidrográfica, o que gera problemas ambientais diversos e interconectados que resultarão em sérios prejuízos econômicos e sociais para a bacia hidrográfica (Pires, Santos e Del Prette, 2002). O desenvolvimento industrial trouxe uma crescente capacidade de transportar e controlar a água, mas também possibilitou uma crescente capacidade de consumir, desperdiçar e poluir mais. Em grande parte do mundo a humanidade ultrapassa cada vez mais as fronteiras da sustentabilidade ecológica, cria ameaças ao desenvolvimento humano atual e custos que as gerações de amanhã terão de pagar (Lee, Nunez e Cruz, 2018).

O gerenciamento de bacias hidrográficas está diretamente relacionado ao planejamento e uso dos recursos naturais, integrando os processos e as atividades humanas no cotidiano. A sustentabilidade de um sistema, nos âmbitos político, social, econômico ou ecológico, é permeada pela exploração e gestão adequada dos recursos naturais, principalmente o gerenciamento das bacias hidrográficas (Lorandi e Cançado, 2002). A falta de preparo na manutenção e preservação de nossos recursos naturais (sobretudo os recursos hídricos), bem como de prudência e consciência ecológica global, aliada a um modelo de crescimento não controlado e à falta de planejamento das ações antrópicas, mostram-se como fatores preponderantes da ocorrência da maioria dos problemas ambientais (Lorandi e Cançado, 2002).

A Lei n. 9.433, de 8 de janeiro de 1997, que institui a Política Nacional de Recursos Hídricos e cria o Sistema Nacional de Gerenciamento de Recursos Hídricos, baseia-se em fundamentos como: a bacia hidrográfica é a unidade territorial para implementação da Política Nacional de Recursos Hídricos e atuação do Sistema Nacional de Gerenciamento de Recursos Hídricos; a gestão dos recursos hídricos deve ser descentralizada e contar com a participação do poder público, dos usuários e das comunidades.

As possibilidades de produção de conhecimento e reflexão a partir de uma unidade básica de estudo, no caso, a bacia hidrográfica, apresentam-se como necessárias e possíveis, haja vista o apelo formal e informal que se tem feito com relação aos recursos hídricos de maneira geral (Ruffino e Santos, 2002). Considerar um objeto de estudo como um sistema consiste no primeiro princípio do paradigma da complexidade, que representa um novo marco interpretativo, particularmente no estudo dos fenômenos no tocante ao meio ambiente. Essa abordagem permite interpretar a realidade em termos de relações com base em conceitos integradores, como é o conceito de bacia hidrográfica (Oliveira, 2002). A Política Nacional de Recursos Hídricos (Brasil, 1997) evidencia e pressupõe a participação organizada dos diferentes atores da sociedade no saber e no agir de forma efetiva na unidade hidrográfica, objetivando um mesmo bem comum, que é a qualidade e a disponibilidade de água às gerações presentes e futuras (Oliveira, 2002).

Embora a metodologia da Pegada Ecológica não forneça resultados matematicamente exatos, é extremamente útil para ampliar a consciência sobre a ligação entre o desenvolvimento e os desafios à sustentabilidade, fornecendo, assim, um forte incentivo para melhorar a contabilidade ecológica (Martine, 2007). A Pegada Ecológica, além de ser um importante indicador de sustentabilidade ambiental, pode contribuir com a gestão de bacias hidrográficas, tanto pela importante contribuição na educação ambiental como pelas possibilidades que aponta e que podem gerar ações estruturantes ou não estruturantes de grande relevância para a garantia de qualidade e quantidade dos recursos hídricos, em especial por sugerir novas formas de conduta aos indivíduos e à sociedade e por lidar com as realidades locais.

Assim, a determinação da Pegada Ecológica torna-se uma importante ferramenta para o desenvolvimento de ações de gestão de bacias hidrográficas pautadas num índice de sustentabilidade que aponta as fragilidades do sistema, fazendo com que se alcancem resultados com maior efetividade. A caracterização ambiental da bacia por meio de um indicador de sustentabilidade constitui um instrumento de gestão fundamental para decisões na esfera governamental e tem, como resultado, instrumentos suficientes para propor ações efetivas que possam promover melhoria da qualidade de vida aos moradores e usuários das bacias hidrográficas.

A PEGADA ECOLÓGICA, UM INDICADOR PARA A GESTÃO SUSTENTÁVEL DE BACIAS HIDROGRÁFICAS

De acordo com Scotto et. al., 2010, o ar e as águas têm sido encarados tradicionalmente como bens livres, o que não é exato, se considerarmos os altos custos que a poluição passada e presente acarretam para a sociedade. Os custos ambientais da atividade econômica só aparecem quando a capacidade assimilativa do meio ambiente é ultrapassada. Nas palavras de Scotto, Carvalho e Guimarães (2010), a natureza passa a ser um bem de capital numa economia ecológica de mercado. Corrêa e Teixeira (2007) afirmam que o uso de ferramentas para o monitoramento da gestão de recursos hídricos justifica-se pela importância da água, tanto para a sobrevivência dos seres humanos como para o equilíbrio do meio ambiente como um todo.

Assim, o desenvolvimento de indicadores na gestão de bacias hidrográficas busca mensurar como e quanto essa gestão está caminhando sob a ótica da sustentabilidade, observando os reflexos das ações na população que habita a localidade. No campo da gestão dos recursos hídricos, os objetivos ainda requerem implantação de instrumentos que visem à gestão integrada entre as esferas públicas e privadas. Segundo Bellen (2005), como qualquer outra ferramenta de gestão, os indicadores possuem uma série de limitações técnicas. A maioria dos indicadores relacionados à sustentabilidade não possui um sistema conceitual único; medem a aproximação da realidade, e não a realidade precisamente. Tayra e Ribeiro (2006), afirmam que em uma época em que há preocupação crescente sobre a saúde do ambiente, em particular, e sobre sustentabilidade, em geral, é importante que os formadores de política disponham de um indicador que comunique, de forma clara e efetiva, à opinião pública, informação concisa sobre tendências globais em sustentabilidade. Para Dahl (1997, *apud* Bellen, 2005), o processo de desenvolvimento de indicadores de sustentabilidade contribui para uma melhor compreensão do que seja exatamente sustentabilidade, posto que os processos de desenvolvimento e avaliação devam ser paralelos e complementares.

O trabalho com os indicadores de sustentabilidade pode ajudar a enxergar as ligações dos diferentes aspectos do desenvolvimento dentro dos vários níveis em que eles coexistem e apreciar a complexa interação entre as suas diversas dimensões. Se entendermos o problema da insustentabilidade da vida no planeta como sintoma de uma crise de civilização, dos fundamentos do projeto societário da modernidade, será possível compreender que a construção do futuro (sustentável) não pode apoiar-se em falsas certezas sobre a eficácia do mercado e da tecnologia, nem sequer da ecologia – para encontrar o equilíbrio entre crescimento econômico e preservação ambiental (Leff, 2006). A encruzilhada em que o milênio abre seu caminho é um convite à reflexão filosófica, à produção teórica e ao julgamento crítico sobre os fundamentos da modernidade, que permita gerar estratégias conceituais e praxeológicas que orientem um processo de reestruturação social. A complexidade ambiental e os processos de auto-organização geram sinergias positivas que abrem o caminho para uma sociedade sustentável, fundada numa nova racionalidade.

Todas as ações que fazem parte do nosso cotidiano ocasionam impactos ambientais; e configuram-se como sustentáveis as ações que consideram as relações econômicas, sociais, culturais e ambientais na sua concepção e execução. Sustentabilidade vem do latim "sustentare", que significa suster, sustentar, suportar, manter, resistir. Dessa forma, sustentável é tudo aquilo capaz de ser suportado, mantido (Siche et al., 2007). Mesmo sendo um conceito complexo, a sustentabilidade possui diferentes abordagens, mas em todas está intrínseco o conceito de equilíbrio da biosfera e do bem-estar da humanidade. É certo que o modelo de desenvolvimento utilizado até os dias atuais pela maior parte do planeta Terra não é sustentável, pois tem degradado boa parte dos biomas naturais que fornecem serviços ambientais de grande relevância, ou seja, essenciais ao nosso bem-estar (Siche et al., 2007). Assim, é importante destacar que a sustentabilidade está ligada à preservação dos recursos produtivos e à autorregulaçao do consumo desses recursos, garantindo e equilibrando as condições ambientais, econômicas e sociais.

Localmente, o principal desafio da sustentabilidade é melhorar a qualidade de vida, recuperando e usando de forma adequada os recursos renováveis; globalmente, o desafio é mudar o estilo de vida, vislumbrando a contenção do consumo, em especial nas áreas urbanas (Siche et al., 2007). Para alcançar a sustentabilidade de uma determinada região necessita-se de planejamento, e um planejamento eficaz necessita de conhecimento da realidade local. Os indicadores de sustentabilidade ambiental buscam conhecer e apresentar de forma mais simples, transparente e acessível as complexas interações que envolvem a gestão do ambiente. Os resultados gerados pelos indicadores possibilitam que a comunidade e tomadores de decisão se conscientizem do quadro social, econômico e ecológico que se apresentam (Carmo, 2008).

Indicadores de sustentabilidade para a área ambiental mostram-se essenciais em planejamentos urbanos e de bacias hidrográficas, criando condições mais favoráveis de desenvolvimento socioambiental. Segundo Philippi Jr, Malheiros e Aguiar (2005) e Siche et al. (2007), a função de um indicador é fornecer uma pista de um problema de grande importância ou tornar perceptível uma tendência que não está imediatamente visível, favorecendo maior dinamismo no processo de gestão, e é utilizado nas decisões políticas dos países e estratégicas empresariais, sob a premissa ambiental. Existe um número diversificado de ferramentas qualitativas e quantitativas desenvolvidas com o objetivo de monitorar a sustentabilidade ambiental.

Os novos paradigmas para o gerenciamento de recursos hídricos incluem, necessariamente, uma base de dados sustentada pela pesquisa científica, a fim de gerar as informações necessárias à tomada de decisões pelos gestores, bem como a interação contínua e permanente entre gerentes e pesquisadores da área básica, vital para a implantação de políticas públicas em nível municipal, regional, estadual e federal (Tundisi e Tundisi, 2011).

O planejamento e a gestão de recursos hídricos dependem de informações confiáveis, tanto no que diz respeito à demanda como à oferta de água. Esta última só poderá ser adequadamente estimada se existirem redes de monitoramento que gerem dados sobre variáveis que indiquem a quantidade disponível e a respectiva qualidade das águas Braga et al. (1997, *apud* Rebouças, Braga e Tundisi, 2006).

Em 1996, Mathis Wackernagel e Willian Rees apresentaram a ferramenta Ecological Footprint Method, também conhecida como pegada ecológica, ao lançarem o livro *Our ecological footprint*, no qual descrevem a metodologia e os resultados que o indicador pode revelar sobre um dos pilares do desenvolvimento sustentável, a dimensão ambiental. A Pegada Ecológica é uma ferramenta de contabilidade que nos permite calcular o consumo de recurso e exigências de assimilação de desperdícios de uma população definida ou a economia em termos de uma área de terra produtiva correspondente (Wackernagel e Rees, 1996).

A metodologia da pegada ecológica passou por análises e experiências e, com a publicação do livro *Sharing nature's interest: ecological footprints as an indicator of sustainability* (2000), de Nicky Chambers, Craig Simmons e Mathis Wackernagel, vários modelos de aplicação da ferramenta foram relatados e a pegada ecológica tornou-se um dos indicadores mais utilizados e difundidos mundialmente. O método tem sido adotado por entidades e pesquisadores, tais como Relatório Planeta Vivo, da World Wildlife Fund (WWF), e Relatório do Fundo para a População das Nações Unidas (Cervi e Carvalho, 2007).

Assim, a metodologia da pegada ecológica pode ser um importante instrumento de avaliação e gestão das problemáticas ambientais de regiões. A Terra com seus ecossistemas precisa produzir recursos, assimilar desperdícios e executar várias funções de apoio à vida. Qual é a área total de terra com ecossistemas terrestres diferentes necessária para suportar todas as atividades sociais e econômicas nas cidades? Conforme as atividades antrópicas apropriam-se das áreas produtivas do planeta e comprometem a sua quantidade e a qualidade ambiental, os espaços ecológicos necessários para a sobrevivência diminuem para todas as populações. Revelando quanta terra é exigida para suportar qualquer estilo de vida, o conceito da Pegada Ecológica demonstra a contínua dependência material que os humanos têm da natureza. Fornece, também, dados para saber quanto se deve reduzir do consumo, melhorar a tecnologia ou mudar o comportamento para alcançar a sustentabilidade (Wackernagel e Rees, 1996).

A facilidade humana de se adaptar aos problemas não deixa perceber a diminuição dos recursos renováveis e o limite dos não renováveis. E são os indicadores de sustentabilidade ambiental que elucidam as reais condições dos recursos naturais. A pegada ecológica ajuda a planejar a cidade para alcançar a sustentabilidade e a entender a deterioração ecológica e a desigualdade social dos dias atuais, bem como as escolhas políticas.

A pegada ecológica faz o desafio da sustentabilidade ficar mais transparente – as tomadas de decisão adotam um critério físico nas necessidades políticas, projetos ou opções tecnológicas de acordo com o impacto ecológico. Ela demonstra o impacto ecológico e social que o elevado consumo reflete em nossa região e introduz a dimensão moral da sustentabilidade (Wackernagel e Rees, 1996). Ela indica, ainda, que as cidades precisam ser gerenciadas por intermédio de mecanismos que sinalizem para o seu grau de dependência do capital natural externo e, por conseguinte, mostra qual a sua parcela de contribuição para a insustentabilidade da Terra (Carmo, 2008). A eficiência da Pegada Ecológica, como indicador de sustentabilidade ecológica, pode ser observada pela sua aplicação em diversos estudos de caso, principalmente em economias de países e cidades. Tal ferramenta pode ser aplicada em várias escalas: individual, familiar, regional, nacional e mundial (Andrade, 2006). Para o cálculo da pegada ecológica, precisa-se primeiramente estimar a média de consumo anual dos itens agregados de consumo regional ou nacional e dividir pelo tamanho da população (Wackernagel e Rees, 1996). Wackernagel e Rees (1996) sugerem que, para simplificar a coleta de dados dos itens de consumo, o pesquisador escolha aqueles com maior demanda e que possuam disponibilidades de dados suficientes para a realização dos cálculos. Os itens de consumo são agrupados em cinco categorias principais: alimentação, habitação, transporte, bens de consumo e serviços.

A PEGADA ECOLÓGICA COMO FERRAMENTA DE GESTÃO SUSTENTÁVEL DAS BACIAS HIDROGRÁFICAS DOS RIOS CUBATÃO E CACHOEIRA NA REGIÃO NORDESTE DE SANTA CATARINA

Apresentam-se neste item dois estudos de caso da pegada ecológica aplicados a duas importantes bacias contíguas, quais sejam: bacia hidrográfica do rio Cubatão e bacia hidrográfica do rio Cachoeira. A primeira é responsável pela maior parte do abastecimento público e industrial do município de Joinville, terceiro produto interno bruto (PIB) do sul do país, e a segunda é a receptora dos efluentes domésticos e industriais do mesmo município. Ambas integram o comitê de gerenciamento das bacias hidrográficas dos rios Cubatão e Cachoeira. Foram utilizadas diferentes ferramentas de cálculo considerando a densidade populacional das bacias. Na bacia do rio Cubatão utilizou-se a pegada individual por meio de aplicação de questionário, visto que 8,24% da população do município se encontra nessa área. Na bacia do rio Cachoeira, que abriga 49% da população, utilizaram-se dados macro dos elementos que compõem a pegada ecológica divididos pela população da bacia.

Bacia hidrográfica do rio Cachoeira (BHRC)

A bacia hidrográfica do rio Cachoeira (BHRC), localizada no município de Joinville (SC), está totalmente inserida na área urbana de Joinville, como pode ser observado na Figura 1 e drena uma área de 83,12 km², que representa 7,3% da área do município. O processo de ocupação da cidade de Joinville deu-se ao longo do rio Cachoeira e seus afluentes, e hoje a BHRC comporta 49% da população do município (242.575 habitantes).

A BHRC está totalmente inserida na área urbana de Joinville (Figura 1). Drena uma área de 83,12 km², que representa 7,3% da área do município. O rio Cachoeira, ao longo de seu curso, de 14,9 km de extensão, tem como afluentes principais: rio Alto Cachoeira; canal do rio Cachoeira; rio Morro Alto (ribeirão Ghifforn); riacho da rua Fernando Machado; nascentes de rio no Morro da Antarctica; rio Princesinha ou riacho do Bela Vista; rio Bom Retiro; rio Mirandinha; riacho Saguaçu ou riacho do Moinho; ribeirão Mathias; rio Jaguarão; rio Elling; rio Bucarein; riacho Cortume; rio Itaum-açu; rio Itaum-mirim e riacho Bupeva ou rio do Fátima (IPPUJ, 2009).

A bacia hidrográfica do rio Cachoeira sofre recorrentes inundações desde sua colonização em 1850, e, de acordo com Silveira et al. (2009), quando analisados 111 históricos de inundações no município de Joinville entre os anos de 1851-2008, percebeu-se que a bacia do rio Cachoeira teve a maior frequência dessas inundações, representando 30% das ocorrências.

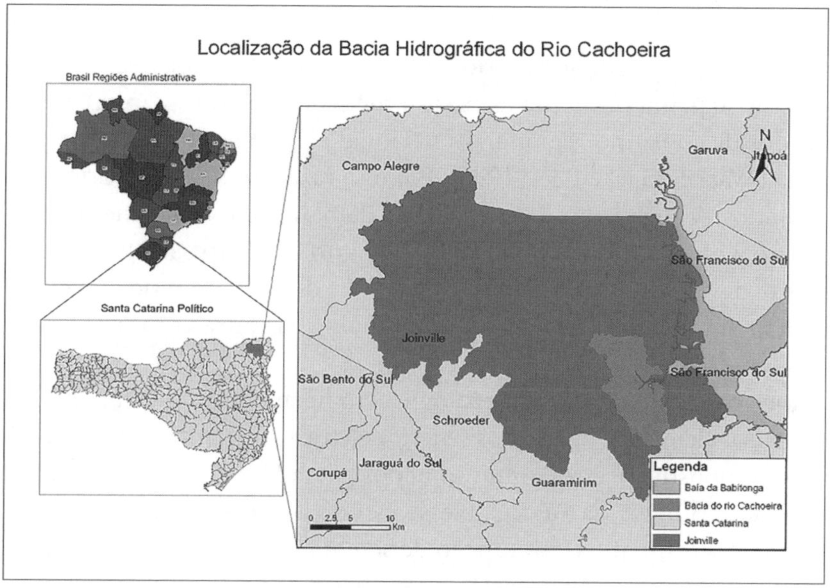

Figura 1 – Localização da bacia hidrográfica do rio Cachoeira.
Fonte: Centro de Cartografia Digital da Univille (2018).

Joinville, erguida em parte sobre o mangue, cresceu com as inundações como parte de sua história. O progresso não mudou a história, as inundações são cada vez mais frequentes e assustam moradores nos períodos de chuva e maré alta, quando o aumento do volume da água no rio Cachoeira se soma aos bueiros, às galerias entupidas e ao seu lento assoreamento, já mostrava o trabalho de Silveira et al. (2009).

A cobertura vegetal da bacia soma 13 km², concentrando-se nos morros, nas nascentes de seus afluentes, para as quais a legislação federal restringe a ocupação populacional. Em decorrência da alta ocupação, apresenta índices de área verde por habitante de 55 m²/hab (IPPUJ, 2015).

Para o cálculo da pegada ecológica da BHRC, atendendo à metodologia de Wackernagel e Rees (1996), foram utilizados os seguintes elementos de significância para a sustentabilidade ambiental da bacia:

- Consumo de energia elétrica;
- Consumo de água;
- Produção de resíduos sólidos;
- Consumo de combustível.

Conforme explicitado anteriormente, para o cálculo da pegada ecológica precisa-se primeiramente estimar a média de consumo anual dos itens agregados de consumo regional ou nacional e dividir pelo tamanho da população (Wackernagel e Rees, 1996). Por essa razão, os itens anteriores foram pesquisados. A pegada ecológica reflete a demanda das atividades humanas, enquanto a biocapacidade representa o quanto os recursos naturais têm capacidade de suprir. A pegada ecológica (PE) de cada item de consumo foi calculada em hectare (ha) e hectare global (gha) para comparações com outros estudos.

Após o cálculo da pegada ecológica em hectare e em hectare global de cada um dos elementos analisados (energia elétrica, água, produção de resíduos sólidos, combustível), estes foram somados para obter-se o valor aproximado da pegada ecológica da BHRC. Nesse estudo o valor da pegada ecológica torna-se uma estimativa, em função de serem analisados apenas quatro elementos que impactam ambientalmente a bacia.

Sendo:

A pegada ecológica da BHRC = PE energia elétrica ha (gha) + PE água ha (gha) + PE resíduos sólidos ha (gha) + PE combustível ha (gha)

O ano-base para o cálculo foi o de 2009, ano no qual se conseguiram todos os dados necessários, e os cálculos foram realizados com a atualização e fatores de conversão conforme Chambers, Simmons e Wackernagel (2000); Dias (2002); Wackernagel et al. (2005); ONU (2005).

A pegada ecológica (PE) de cada item de consumo foi calculada em hectare (ha) e hectare global (gha) para comparações com outros estudos. Após o cálculo da Pegada Ecológica em hectare e em hectare global de cada um dos elementos analisados (energia elétrica, água, produção de resíduos sólidos, combustível), estes foram somados para obter-se o valor aproximado da pegada ecológica da BHRC.

A pegada ecológica da bacia foi obtida pela soma dos resultados da pegada ecológica referente ao consumo de energia elétrica, consumo de água, produção de resíduos e consumo de combustível, e gerou o seguinte resultado:

Consumo de energia elétrica

O consumo de energia elétrica nas categorias residencial e comercial, do município de Joinville no ano de 2009, foi de 672.981.829 kWh, com uma população de 497.331 habitantes.

A pegada ecológica em hectare e em hectare global da BHRC para esse item de consumo encontra-se na Tabela 1.

Tabela 1 – Pegada ecológica da bacia hidrográfica do rio Cachoeira referente ao consumo de energia elétrica

(A) Consumo energia elétrica (kWh) de Joinville	672.981.829
(B) População de Joinville	497.331
Consumo energia elétrica (kWh) Joinville por habitante	1.353
(C) População BHRC	242.575
Consumo energia elétrica (kWh) BHRC	328.203.975
(D) Consumo energia elétrica (GJ) BHRC	1.171.564,78
(E) Pegada ecológica (ha) BHRC	11.715,64
(F) Pegada ecológica (gha) BHRC	16.101,89

Conforme Parente (2007), o consumo de energia elétrica nas mesmas categorias no município de Joinville no ano de 2005 foi de 540.912.095 kWh, com uma população de 487.085, o que representa 1.110 kWh de consumo por habitante. Comparando os dados populacionais entre 2005-2009 (IPPUJ, 2009), embora a população tenha aumentado apenas 2%, o consumo de energia elétrica cresceu aproximadamente 20%, observando-se que 49% dessa população vive na BHRC.

Consumo de água

O consumo de água, nas categorias residencial e comercial, do município de Joinville no ano de 2009 foi de 24.872.979 m^3.

A pegada ecológica em hectare e em hectare global da BHRC para esse item de consumo encontra-se na Tabela 2.

Tabela 2 – Pegada ecológica da bacia hidrográfica do rio Cachoeira referente ao consumo de água

(A) Consumo água (m^3) Joinville	24.872.979
(B) População de Joinville (hab)	497.331
Consumo água (m^3) Joinville por habitante	50,0129
(C) População BHRC (hab)	242.575
Consumo água (m^3) BHRC	12.131.885,76
(D) Consumo água (10^3m^3) BHRC	12.131,88
(E) Pegada ecológica (ha) BHRC	4.488,79
(F) Pegada ecológica (gha) BHRC	6.284,30

Em 2005, conforme Parente (2007), a média de consumo/ano era de 47,73 m^3 por pessoa. Em 2009, segundo dados fornecidos pela Companhia Águas de Joinville, a média anual foi de 50,01 m^3 por pessoa, representando um aumento do consumo de 5%.

A pegada ecológica referente ao consumo de água na BHRC evidencia que cerca de 50% da área total da bacia seria necessário para atender à demanda da população nesse item de consumo. Destaca-se que toda água para abastecimento da população da BHRC provém de outra bacia hidrográfica, ou seja, para atender ao consumo dessa população utilizam-se recursos naturais de outras bacias hidrográficas.

Produção de resíduos sólidos

Os dados de coleta de resíduo sólido na categoria residencial, do município de Joinville no ano de 2009, foi de 112.837 toneladas; destes, a coleta seletiva recolheu 3.801 toneladas. A pegada ecológica em hectare da BHRC e em hectare global para esse item encontra-se na Tabela 3.

Tabela 3 – Pegada ecológica da bacia hidrográfica do rio Cachoeira referente à produção de resíduos sólidos

(A) Resíduo sólido (t) Joinville	112.837
(B) População de Joinville (hab)	497.331
Resíduo sólido (t) Joinville por habitante	0,22
(C) População BHRC (hab)	242.575
Resíduo sólido (t) BHRC	55.037
(D) Total de CO_2 emitido (t)	18.345,66
(E) Pegada ecológica (ha) BHRC (CO_2+CH_4)	36.691,32
(F) Pegada ecológica (gha) BHRC (CO_2+CH_4)	51.367,84

Em 2005, o município de Joinville coletou 89.868 toneladas de resíduo domiciliar (Parente, 2007). Houve um aumento de 25% na produção de resíduos para o ano de 2009.

O resultado da pegada ecológica na BHRC referente à produção de resíduo evidenciou, assim como em outras regiões, que, além de dar um destino correto aos resíduos, reciclando, compostando, entre outras ações, se fazem urgentes ações para a reflexão quanto ao consumo excessivo, à recusa de bens desnecessários ou que se evitem produtos que não sejam biodegradáveis, a reutilização de materiais de consumo e, por conseguinte, a redução na geração de resíduos.

Consumo de combustível

A pegada ecológica em hectare e em hectare global para o item de consumo combustível (gasolina) está apresentada na Tabela 4.

Tabela 4 – Pegada ecológica da bacia hidrográfica do rio Cachoeira referente ao consumo de combustível

(A) Combustível (m^3) SC	1.451.703
(B) População de SC (hab)	6.249.682
Combustível (m^3) SC por habitante	0,2322
(C) População BHRC (hab)	242.575
Combustível (m^3) BHRC	56.325,91
(D) Combustível (L) BHRC	56.325.910
Total de CO_2 emitido	148.137,14
(E) Pegada ecológica (ha)	148.137,14
(F) Pegada ecológica (gha)	207.391,99

De acordo com dados do IPPUJ (2009), a frota de veículos no município de Joinville em 2005 era de 130.000 automóveis; no ano de 2009 a frota passou a ser 170.978, representando um aumento de 32%.

O resultado da Pegada Ecológica da BHRC nesse item de consumo mostra que a manutenção de uma cultura que incentiva e valoriza a propriedade do automóvel como símbolo de *status* e independência, e a operacionalização de um sistema de transporte público ineficiente, que não estimula sua utilização, podem justificar o alto consumo de gasolina automotiva (Andrade, 2006). Aliado a isso, o modelo de transporte urbano adotado no Brasil pós-guerra, motivado pela nascente indústria automobilística, apoiada em uma estrutura forte de *marketing*, levou grande parte da população a eleger como sonho de consumo o veículo próprio, muitas vezes em detrimento de outras necessidades, como a casa própria, a saúde ou a alimentação. Essa motivação autêntica ou induzida, gerou efeitos nefastos para o meio ambiente pelas emissões de CO_2 e pelos resíduos automotivos, como carcaças de veículos e pneus (Cervi, 2008).

Assim, a pegada ecológica da BHRC apresentada na Tabela 5 indica que a pegada ecológica total da BHRC é de 201.032,89 hectares, correspondendo a uma área 24 vezes maior que a área total da bacia, que é de 8.312 ha.

Tabela 5 – Pegada ecológica da bacia hidrográfica do rio Cachoeira

Itens analisados	PE (ha) BHRC	PE (gha) BHRC
Energia elétrica	11.715,64	16.401,89
Água	4.488,79	6.284,30
Resíduo sólido	36.691,32	51.367,84
Combustível	148.137,14	207.391,99
Total	201.032,89	281.446,02

Esse resultado indica que, para manter o padrão de consumo dos habitantes da BHRC, certamente se empregam recursos naturais de outras regiões, avançando o rastro dessa pegada para outras regiões ou ecossistemas.

Bacia hidrográfica do rio Cubatão

A bacia hidrográfica do rio Cubatão localiza-se na região nordeste de Santa Catarina, abrangendo áreas de dois municípios (Figura 2), os quais possuem as sedes administrativas fora da área da bacia: Joinville, com 396 km², ou seja, 80,5% da área total da bacia, e Garuva, com 96 km², isto é, 19,5% da área restante.

A área total da bacia é de 492 km², com uma extensão do canal principal de 88 km. Sua nascente está situada na Serra Queimada, na cota altimétrica de 1.100 m, e sua foz no estuário da baía da Babitonga. Todos os seus afluentes possuem suas nascentes na Serra do Mar, localizadas em cotas altimétricas elevadas, em geral acima de 700 m, sendo as únicas exceções as nascentes dos rios Mississipi e do Braço, situadas nas cotas de 250 m e 18 m, respectivamente.

A bacia hidrográfica do rio Cubatão é considerada uma importante bacia hidrográfica da região nordeste de Santa Catarina. Está localizada no contexto hidrográfico estadual das bacias do leste e constitui-se em um dos

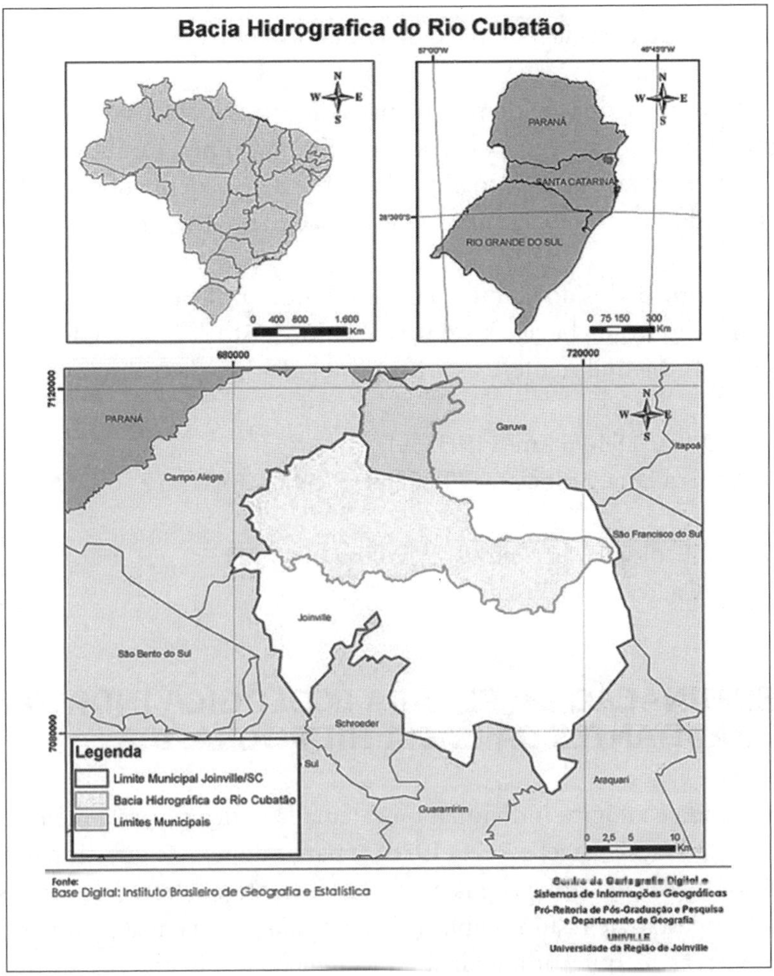

Figura 2 – Localização da bacia hidrográfica do rio Cubatão (norte).
Fonte: Laboratório de cartografia digital da Univille (2011).

principais contribuintes hídricos do complexo estuarino da baía da Babitonga, na qual se desenvolvem atividades pesqueira, de maricultura portuária e turística, entre outras.

O rio Cubatão é responsável por cerca de 75% do abastecimento de água de Joinville, a cidade mais populosa de Santa Catarina, cujo Produto Interno Bruto representa o terceiro do sul do país, principalmente em função de seu parque industrial, baseado nos setores metal-mecânico, polímeros e têxtil.

De acordo com o Plano Diretor de Recursos Hídricos da Bacia Hidrográfica do Rio Cubatão elaborado em 2006, os conflitos de uso da água na bacia são extração mineral, abastecimento público, reflorestamento, agricultura, geração de energia e diluição de efluentes, todos em relação ao abastecimento público.

Os tipos de ocupação do solo na bacia do rio Cubatão são: solo exposto, manguezal, rizicultura, água, urbano, capoeira/gramínea, campos de altitude, silvicultura e mata, este último ainda bastante denso, ocupando 350,17 km², considerando-se que a bacia em sua totalidade tem 492,34 km² (Oliveira et al., 2017).

Conforme dados do Comitê das bacias hidrográficas dos rios Cubatão e Cachoeira, dentro da bacia existem 103,82 km², isto é, 21,13% de áreas não protegidas ambientalmente, e as áreas protegidas são distribuídas em:

- APA Quiriri: 94,96 km² (19,33%)
- APA Serra Dna. Francisca: 292,52 km² (59,54%), com as unidades inclusas:
- Parque Ecológico Prefeito Rolf Colin: 4,04 km²
- RPPN Caetezal: 56,32 km

DETERMINAÇÃO DA PEGADA ECOLÓGICA INDIVIDUAL DOS HABITANTES DA BACIA HIDROGRÁFICA

A pegada ecológica individual foi calculada aplicando-se a metodologia adaptada de Wackernagel e Rees (1996), a partir do uso de questionário com conteúdos que avaliavam os itens moradia, alimentação, transporte, consumo e geração e gestão de resíduos aplicados à população da bacia. Foram obtidas as estimativas de quantidade da área requerida em hectares e número de planetas Terra necessários, caso cada habitante tivesse a mesma pegada, para prover a demanda por produtos e serviços que atendam às necessidades humanas. A pesquisa foi aprovada por comitê de ética em pesquisa e passou por ajustes de unidades de medida e dados geográficos. Ressalta-se que primeiramente foram elaboradas questões que pudessem traçar um perfil dos entrevistados.

As respostas do questionário foram transformadas em um valor numérico, cuja soma total foi interpretada conforme Tabela 6, refletindo no índice adaptado da Pegada Ecológica e no número de planetas Terra necessários quando o valor da Pegada Ecológica fosse semelhante para todos os indivíduos. Portanto, ao se dividir o número de hectares obtido pela pegada ecológica por 1,8 (estimativa de área produtiva disponível para cada pessoa) obtém-se o número de planetas para pegadas semelhantes (Cervi, 2008). Cada resposta das perguntas aplicadas no questionário sugere um diferente grau de impacto ao meio ambiente, em que as respostas que causam um maior dano são cotadas de forma numérica mais elevada do que as de menor impacto.

Os resultados obtidos foram interpretados fazendo-se a conversão total dos valores dos questionários segundo Ferreira et al. (2008), convertendo o valor obtido em hectares (ha). Essa conversão segue o contido na Tabela 6.

Tabela 6 – Interpretação do resultado da pegada ecológica

Total obtido	Pegada Ecológica	Planetas
até 75 pontos	menos que 2 ha	aprox. 1,1
entre 75 e 150	entre 2 e 4 ha	aprox. 1,6
entre 150 e 400	entre 4 e 6 ha	aprox. 2,7
entre 400 e 600	entre 6 e 8 ha	aprox. 3,8
entre 600 e 800	entre 8 e 10 ha	aprox. 5,0
maior que 800	maior que 10 ha	aprox. 5,5

Fonte: Cervi (2008).

Com base na Tabela 6 de interpretação de resultado de Cervi (2008), o cálculo efetuado nesse estudo é uma estimativa individual, e os questionários foram aplicados na população amostrada, a fim de caracterizar o índice da pegada na bacia do rio Cubatão, visualizando os diversos estilos de vida das comunidades nela inseridas. Para tanto, foi realizada a soma individual de cada questionário e aplicada à média para análise macro por segmento: da bacia como um todo, por gênero e por bairro; e o questionário dividiu-se nos segmentos de: moradia, alimentação, transporte, consumo e resíduos.

A população pesquisada foi a residente na bacia, que totaliza 42.501 habitantes, sendo utilizada uma amostra para a aplicação do questionário formada por 424 habitantes.

A amostragem foi realizada por bairros e teve sua distribuição calculada com um erro máximo de 4,74%. O tamanho total da população e as respectivas amostras calculadas estão apresentados na Tabela 7. Foi utilizada a base de dados da Secretaria Municipal de Saúde, motivada pelo fato de que os agentes comunitários têm um convívio diário com as comunidades e passam um retrato mais atualizado e confiável das medições de cálculo da população.

Tabela 7 – Distribuição da população e amostra da bacia hidrográfica do rio Cubatão (norte), Joinville, fevereiro de 2010

Bairros	Número de habitantes	Distribuição da amostra
Bairro Bom Retiro	2.999	38
Distrito Industrial Norte	2.205	22
Bairro Jardim Paraíso	15.965	153
Bairro Jardim Sofia	4.040	39
Pirabeiraba (1)	11.667	110
Zona Rural Pirabeiraba (2)	4.985	54
Vila Cubatão	640	8
TOTAL	42.501	424

(1) No bairro Pirabeiraba estão incluídas as áreas do rio Bonito e Dona Francisca.

(2) Na Zona Rural de Pirabeiraba estão incluídas as áreas: Estrada Laranjeiras, Quiriri, Rio Seco, Estrada do Isaac, Estrada Rio da Prata, Estrada do Pico, Estrada da Tromba, Estrada do Kunde ou Guilherme, Estrada Mildau e Estrada da Ilha.

Fonte: Fischer (2011).

O estudo realizado indica a contribuição da bacia do rio Cubatão para o impacto ecológico em escala mundial e seu impacto imediato na bacia por meio do cálculo da Pegada Ecológica. As estimativas de quantidade da área requerida em hectares e número de planetas Terra necessários, em hectare global, caso cada habitante tivesse a mesma pegada, estão apresentadas na Tabela 8.

Tabela 8 – Pegada ecológica da bacia do Rio Cubatão

Bacia do rio Cubatão	Pegada ecológica individual (hectares)	Número de planetas terra
Bacia do rio Cubatão (norte)	5,6	3,1

No somatório dos itens: moradia com 108 pontos, alimentação com 107 pontos, transporte com 92 pontos, consumo com 14 pontos, resíduos com 40 pontos, foi obtido o resultado de 361 pontos. Avaliando-se esse resultado conforme a tabela de interpretação de resultado (Tabela 6), tem-se que a Pegada Ecológica Individual da bacia está entre 4-6 hectares. Fracionando-se o valor de forma equivalente, pode-se dizer que a bacia tem uma Pegada Individual de 5,6 hectares que, em comparação com a média dos países, reflete um estágio intermediário de impacto em termos de comparação, pois observa-se que a pegada ecológica média no Brasil era de 2,2 hectares por pessoa para o mesmo ano, enquanto nos EUA era de 12,5 hectares por pessoa.

Mundialmente, estima-se que existam 1,8 hectares de área produtiva disponível para cada pessoa, mostrando a insustentabilidade do modelo mundial de desenvolvimento adotado por boa parte dos países (Cervi, 2008).

Em relação ao item moradia, a soma dos pontos resultou em 108: em 31,1% das casas residem 5 ou mais pessoas e 48,9% tem entre 3-4 moradores. Sobre o sistema de aquecimento da casa, a eletricidade é a resposta de 99,1% das famílias. O item que abordou a quantidade de torneiras na casa indicou que 71,2% das casas possuem de 3-5 torneiras e predominou em 97,9% a residência em casas.

Para o item alimentação, a soma resultou na média de 107 pontos. Destacaram-se os dados de 58,3% das famílias, comendo em torno de 7-10 refeições de carne ou peixe por semana, 97,2% dos entrevistados comem até 14 refeições feitas em casa por semana. Questionadas sobre a opção de compra de alimentos produzidos localmente, 65,3% das famílias aderem a essa tendência.

No item transporte, a soma resultou na média de 92 pontos: 72,4% possuem veículos, o deslocamento mostra que 28,8% dos entrevistados vão ao trabalho de bicicleta ou a pé e 24,1% utilizam van ou ônibus. Questionados sobre a distância percorrida com o veículo até o trabalho, 55,4% percorrem menos de 10 km, e 37,3% entre 10-30 km, mostrando uma tendência de distância reduzida entre a moradia e o local de trabalho. Em relação a viagens, 59,2% das famílias permaneceram na cidade de Joinville nas últimas férias e 29,5% viajaram pelo estado de Santa Catarina. Uma média de 21,2% das famílias costuma viajar de carro com mais frequência nos finais de semana, em contrapartida, 27,4% não viajou.

Na avaliação do item consumo, a soma resultou na média de 14 pontos, e 47,4% dos entrevistados fizeram de 1-3 compras significativas em 2009, mas, por outro lado, 40,3% não realizaram nenhuma compra. A pesquisa também indicou que 87% dos entrevistados se preocupam em comprar produtos eletrônicos de baixo consumo energético.

Para o item resíduos, a soma resultou na média de 40 pontos, dos quais 43,4% das famílias "sempre" se preocupam em reduzir a produção de resíduos, fato percebido na ação de 64,2% das famílias que promovem a separação e empacotamento do lixo seletivo. A compostagem de resíduos orgânicos ficou equilibrada, em que 40,6% "nunca" praticam a compostagem e 48,8% "sempre" praticam. Em relação à produção de lixo, 74,8% das famílias produzem até um saco de lixo (100 litros) por semana.

Com esse resultado, observa-se que existe uma realidade de consumo acima da média nacional, fato que leva a considerações cada vez mais frequentes em relação ao meio ambiente e à forma de consumo e utilização dos recursos naturais finitos. A bacia hidrográfica do rio Cubatão tem carência de atendimentos básicos, tais como: sistema de esgoto e coleta de lixo. Entretanto, tem um poder aquisitivo que permite um consumo que, ao mesmo tempo que pode significar "qualidade de vida" para esses habitantes, gera enorme pressão sobre o seu próprio ambiente.

CONSIDERAÇÕES FINAIS

A metodologia da pegada ecológica, no tocante ao levantamento do consumo de energia elétrica, consumo de água, produção de resíduo e consumo de combustível, bem como para o cálculo da pegada ecológica individual, revelou que a população das bacias hidrográficas dos rios Cachoeira e Cubatão, a primeira num ecossistema totalmente urbanizado, demanda uma área 24 vezes a área da própria bacia, com uma biocapacidade limitada em virtude do alto adensamento populacional, seu saldo ecológico extrapola os limites dos recursos naturais nessa mesma proporção; e a segunda, num ecossistema misto rural e urbano, demanda uma área 5,6 vezes a própria bacia.

Analisando a pegada ecológica de ambas, entende-se que as possíveis causas para tal resultado sejam a falta de planejamento urbano do município, excessiva concentração urbana, desenvolvimento econômico da região e suas atividades econômicas, sociais e agrícolas, que requerem mais recursos naturais do que os que as bacias podem fornecer.

Observa-se que esses resultados não devem levar à reflexão apenas a população residente das bacias, e que, embora os valores sejam estimados, seu resultado é impactante, pois mostra que essas populações já estão consumindo recursos naturais advindos de outras áreas. Dessa forma, percebe-se o quanto o modo de vida de uma determinada população implica na dinâmica de degradação dos ecossistemas.

A utilização da pegada ecológica como ferramenta para ações de gestão dos recursos hídricos mostra-se eficiente no sentido de permitir que a população perceba como o seu modo de vida pode comprometer o uso dos recursos naturais, interferindo na sustentabilidade das regiões, afetando os ecossistemas e comprometendo as gerações futuras.

Empregar a metodologia da pegada ecológica na gestão de bacias possibilita aos moradores e usuários o conhecimento do impacto que o seu modo de vida acarreta ao ambiente natural, além de contribuir para uma atitude reflexiva e proativa na medida em que fornece subsídios para uma mudança de comportamento que seja socioambientalmente responsável.

Medidas para que o desenvolvimento não cause o esgotamento total dos recursos naturais devem ser tomadas. Um dos mecanismos importantes que pode – e deve – aqui ser citado é a necessidade de atualização constante dos planos de bacias construídos de forma participativa para um maior comprometimento da população e organizações envolvidas diretamente com a bacia. Destaca-se ainda a necessidade de implementação dos instrumentos de gestão das bacias, tais como enquadramento, outorga de direito de uso da água e cobrança pelo uso de instrumentos contidos em lei e que visam a ordenar o uso de água.

A partir do resultado encontrado para ambas as bacias, permite-se dizer que a educação ambiental contínua e a implementação de políticas públicas de gestão dos recursos hídricos são essenciais para a tão almejada sustentabilidade, observando o foco dos problemas apontados pelos resultados em cada uma.

Após a avaliação pela pegada ecológica, é possível chegar às seguintes reflexões: é necessário cadenciar o consumo, adotar mecanismos de energia mais limpa, apoiar o transporte coletivo, incentivar o uso de produtos, tais como eletrônicos e eletrodomésticos, mais econômicos e duráveis e implementar coleta seletiva efetiva, entre outros, observando que a sustentabilidade almejada é consequência dos padrões da qualidade de vida adotados pela sociedade, bem como o seu modelo econômico de desenvolvimento.

REFERÊNCIAS

ANDRADE, B.B. *Turismo e sustentabilidade no município de Florianópolis: uma aplicação do método da Pegada Ecológica*. Florianópolis: Universidade Federal de Santa Catarina (UFSC), 2006.

BELLEN, H.M.V. *Indicadores de sustentabilidade*: uma análise comparativa. 2.ed. Rio de Janeiro: Editora FGV, 2005.

BRASIL. Lei n. 9.433, de 8 de janeiro de 1997. Institui a Política Nacional de Recursos Hídricos, cria o Sistema Nacional de Gerenciamento de Recursos Hídricos, regulamenta o inciso XIX do artigo 21 da Constituição Federal e altera o artigo 1º da Lei n. 8.001, de 13 de março de 1990, que modificou a Lei n. 7.990, de 28 de dezembro de 1989. Disponível em: <http://www.planalto.gov.br/ccivil_03/leis/L9433.htm>.

CARMO, A.O. *Pegada ecológica:* possibilidades e limitações a partir de sua aplicação para a cidade de Salvador-BA. Salvador: Universidade Federal da Bahia (UFBA), 2008.

CERVI, J.L. *A Pegada Ecológica da cidade do Rio de Janeiro*. 2008. Dissertação (Mestrado). Programa de Pós-Graduação da Escola Nacional de Ciências e Estatísticas, Rio de Janeiro.

CERVI, J.L.; CARVALHO, P.G.M. A pegada ecológica: breve panorama do estado das artes do indicador de sustentabilidade no Brasil. In: ENCONTRO NACIONAL DA ECOECO, 7. Fortaleza, 2007. Disponível em: http://www.ecoeco.org.br. Acesso em: 10 fev. 2010.

[CESCAR] COLETIVO EDUCADOR DE SÃO CARLOS, ARARAQUARA, JABOTICABAL E REGIÃO. *Pegada ecológica: conceito, cálculo e reflexão*. São Paulo: USP, 2008. Disponível em:

http://www.cdcc.sc.usp.br/CESCAR/Conteudos/30-06-07/Pegada_ecologica.pdf. Acesso em: 12 dez. 2008.

CHAMBERS, N.; SIMMONS, C.; WACKERNAGEL, M. *Sharing nature's interest: ecological footprints as an indicator of sustainability*. Londres: Earthscan Publications Ltd., 2000.

CHURCH, S.P.; PROKOPY, L.S. *The influence of social criteria in mobilizing watershed conservation efforts: A case study of a successful watershed in the Midwestern U.S, Land Use Policy*. Indiana (EUA). Purdue University. v. 61, p. 353-67, 2017, ISSN 0264-8377. Disponível em: https://doi.org/10.1016/j.landusepol.2016.11.030. Acesso em: 09 jun. 2018.

CORREA, M.A.; TEIXEIRA, B.A.N. Desenvolvimento de Indicadores de Sustentabilidade para a Gestão de Recursos Hídricos no Âmbito de Comitê de Bacia Hidrográfica. In: CONGRESSO BRASILEIRO DE ENGENHARIA SANITÁRIA E AMBIENTAL. 24. Belo Horizonte, MG, 2007. Disponível em: <http://www.saneamento.poli.ufrj.br/documentos/ 24CBES/IV-006.pdf>. Acesso em: 15 jun. 2017.

DIAS, G.F. *Pegada ecológica e sustentabilidade humana*. São Paulo: Gaia, 2002.

FERREIRA, A. et al. *Pegada Ecológica na escola superior de tecnologia da saúde de Coimbra* – Um indicador de sustentabilidade. Coimbra, Portugal. Escola Superior de Tecnologia da Saúde de Coimbra (ESTeSC). 2008. Disponível em: http://saudeambiental.net/wp-ontent/uploads/PEGADA_ECOLOGICA_ESTESC.pdf. Acesso em: 16 mar. 2012.

FISCHER, E.C.S. *Análise da sustentabilidade ambiental e biofísica da bacia hidrográfica do Rio Cubatão (Norte), Joinville-SC*, 2011. Dissertação (Mestrado). Programa de Pós-Graduação em Saúde e Meio Ambiente. Disponível em: http://univille.edu.br/community/mestrado_saude_meio_ambiente/VirtualDisk.html/downloadDirect/435555. Acesso em: 20 set. 2018.

[IPPUJ] PREFEITURA MUNICIPAL DE JOINVILLE. Joinville Cidade em dados 2015. Joinville, Brasil. 2015. Disponível em: https://www.joinville.sc.gov.br/wp-content/uploads/2016/01/joinville-cidade-em-dados-2015.pdf. Acesso em: 01 mar. 2018.

______. Joinville Cidade em dados 2009. Joinville, Brasil. Disponível em: https://www.joinville.sc.gov.br/wp-content/uploads/2016/01/joinville-cidade-em-dados-2009.pdf. Acesso em: 27 abr. 2010.

JACOBI, P.R. Educação ambiental, cidadania e sustentabilidade. *Cadernos de Pesquisa*, n. 118, São Paulo, março de 2003.

KRAFF D.; STEINMAN, A.D. Integrated watershed management in Michigan: Challenges and proposed solutions. *Journal of Great Lakes Research*, v. 44. Michigan, EUA. Issue 1, 2018, p. 197-207, 2017. ISSN 0380-1330. Disponível em: https://doi.org/10.1016/j.jglr.2017.10.007. Acesso em: 11 fev. 2019.

LEE, H.-H.; NUNEZ, M.; CRUZ, J. Competition for limited critical resources and the adoption of environmentally sustainable strategies. *European Journal of Operational Research*, v. 264, issue 3, p. 1130-43, 2018. ISSN 0377-2217. Disponível em: https://doi.org/10.1016/j.ejor.2017.07.022. Acesso em: 2 maio 2018.

LEFF, H. *Racionalidade ambiental: a reapropriação social da natureza*. Rio de Janeiro: Civilização Brasileira, 2006.

LI, J.; LIU, H.; CHEN J.P. Microplastics in freshwater systems: A review on occurrence, environmental effects, and methods for microplastics detection. Singapore. *Water Research*, v. 137, p. 362-74, 2017. ISSN 0043-1354. Disponível em: https://doi.org/10.1016/j.watres.2017.12.056. Acesso em: 17 abr. 2017.

LIU, H.; LI, W.; LV, G. The design of nature reserves in the face of habitat loss. Xinjiang, China. *Ecological Modelling*, v. 358, p. 50-58, 2017. ISSN 0304-3800. Disponível em: https://doi.org/10.1016/j.ecolmodel.2017.04.015. Acesso em: 11 fev. 2019.

LORANDI, R.; CANÇADO, C.J. *Parâmetros físicos para gerenciamento de bacias hidrográficas*. Bahia: Editora da UESC, 2002.

MARTINE, G. O lugar do espaço na equação população/meio ambiente. *Revista Brasileira de Estudos de População*, São Paulo, v. 24, n. 2, 2007.

OLIVEIRA, H.T. Potencialidades do uso educativo do conceito de bacia hidrográfica em programas de educação ambiental. In: SHIAVETTI, A.; CAMARGO, A. (eds.). *Conceitos de bacias hidrográficas: teorias e aplicações*. Ilhéus: Editus, 2002.

OLIVEIRA, T.M.N.; RIBEIRO, J.M.G.; BARROS, V.G. et al. Bacias hidrográficas da região de Joinville: gestão e dados. Joinville: Editora Univille; 2017. 94 p

[ONU] ORGANIZAÇÃO DAS NAÇÕES UNIDAS. *Ecossistemas e bem-estar humano:* relatório do grupo de trabalho da estrutura conceitual da avaliação ecossistêmica do milênio. Tradução de Renata Lúcia Bottini. São Paulo: Senac, 2005.

PARENTE, A. *Indicadores de sustentabilidade ambiental: um estudo do Ecological Footprint Method do município de Joinville-SC*. Biguaçu, Brasil: Universidade do Vale do Itajaí, 2007.

PAULISTA, G.; VARVAKIS, G.; MONTIBELLER-FILHO, G. Espaço emocional e indicadores de sustentabilidade. *Ambiente & Sociedade*, Campinas, v. 11, n. 1, 2008.

PHILIPPI JR, A.; MARTINS, G. Águas de abastecimento. In: PHILIPPI JR, A. (org.). *Saneamento, saúde e ambiente: fundamentos para um desenvolvimento sustentável*. Barueri: Manole, 2005.

PHILIPPI JR, A.; MALHEIROS, T.F.; AGUIAR, A.O. Indicadores de desenvolvimento sustentável. In: PHILIPPI JR, A. (org.). *Saneamento, saúde e ambiente: fundamentos para um desenvolvimento sustentável*. Barueri: Manole, 2005.

PIRES, J.S.R.; SANTOS, J.E.; DEL PRETTE, M.E. A utilização do conceito de bacia hidrográfica para a conservação dos recursos naturais. In: SHIAVETTI, A.; CAMARGO, A. (eds.). *Conceitos de bacias hidrográficas: teorias e aplicações*. Ilhéus: Editus, 2002.

REBOUÇAS, A.C.; BRAGA, B.; TUNDISI, J.G. *Águas Doces no Brasil: capital ecológico, uso e conservação*. 3.ed. São Paulo: Escrituras, 2006.

RUFFINO, P.H.P.; SANTOS, S.A. Utilização do conceito de bacia hidrográfica para capacitação de educadores. In: SHIAVETTI, A.; CAMARGO, A. (eds.). *Conceitos de bacias hidrográficas:* teorias e aplicações. Ilhéus: Editus, 2002.

SCOTTO, G.; CARVALHO, I.C.M.; GUIMARÃES, L.B. *Desenvolvimento Sustentável*. 5.ed. Petrópolis, RJ: Vozes, 2010.

SICHE, R. et al. Índices *versus* indicadores: precisões conceituais na discussão da sustentabilidade de países. *Ambiente e Sociedade*, Campinas, v.10, n. 2, 2007.

SILVA, A.B.; BASTOS, A.S.; JUSTINO, C.I.L. et al. Microplastics in the environment: Challenges in analytical chemistry – A review. *Analytica Chimica Acta*, Aveiro, Portugal, v. 1017, p. 1-19, 2018. ISSN 0003-2670. Disponível em: https://doi.org/10.1016/j.aca.2018.02.043. Acesso em: 01 jun. 2018.

SILVEIRA, W.N. et al. *História das inundações em Joinville, 1851-2008*. Curitiba: Organic Trading, 2009.

TAYRA, F.; RIBEIRO, H. Modelos de indicadores de sustentabilidade: síntese e avaliação crítica das principais experiências. *Saúde e Sociedade*, São Paulo, v. 15, n. 1, jan./abr. 2006.

TUNDISI, J.G.; TUNDISI, T.M.. *Recursos hídricos no século XXI*. São Paulo: Oficina de Textos, 2011.

WACKERNAGEL, M.; REES, W. *Our ecological footprint:* reducing human impact on the Earth. Canadá: New Society Publishers, 1996.

WACKERNAGEL, M. et al. *National footprint and biocapacity accounts 2005:* the underlying calculation method. 2005. Disponível em: www.footprintnetwork.org. Acesso em: 3 nov. 2009.

32 Diversas arenas da governança das bacias hidrográficas

Johann Köppel
Universidade Técnica de Berlim

Marianna Siegmund-Schultze
Universidade Técnica de Berlim

INTRODUÇÃO

No que diz respeito à gestão de bacias hidrográficas e sua governança, a relevância das abordagens intersetoriais e integradas é amplamente reconhecida. Entre outras coisas, Portman (2011) destacou a configuração pertinente da Diretiva Quadro da Água (Diretiva 2000/60/CE; CE, 2000) da União Europeia (UE), ampliando o escopo da proteção hídrica para todas as águas, incluindo águas de superfície e subsolo e apresentando à UE uma estrutura para a política hídrica anteriormente mais fragmentada em seus objetivos e ações. A integração foi ressaltada como um princípio básico para os regimes de gestão, como no caso de boas práticas de governança para bacias hidrográficas. Entretanto, criando uma unidade de governança funcional, exatamente como para as bacias e sub-bacias, várias outras possíveis unidades de governança se cruzam. Como Portman (ibid.) demonstra, essas unidades podem ser campos e disciplinas profissionais, unidades institucionais, administrativas e jurisdicionais, mas também fronteiras espaciais, temporais e físicas (p. ex., zonas ribeirinhas, ripárias e terrestres). A integração, por sua vez, subentende o "cruzamento de fronteiras" e abordagens híbridas, como a integração entre ciência e política ou entre ciências naturais e sociais (ver Figura 1; Portman, 2011).

Ao elaborar a norma de integração para o planejamento do espaço marinho (2011) e a gestão da zona costeira (2016), Portman abordou uma arena relativamente nova de política e governança. A gestão das bacias hidrográficas, por outro lado, refere-se a várias antigas tradições de governança e, portanto, dependência de trajetória, em muitos casos abordando até mesmo os primeiros esforços da humanidade na área de gestão de recursos: por exemplo, pesca, agricultura de irrigação, navegação, moinhos de água para atender à demanda de energia.

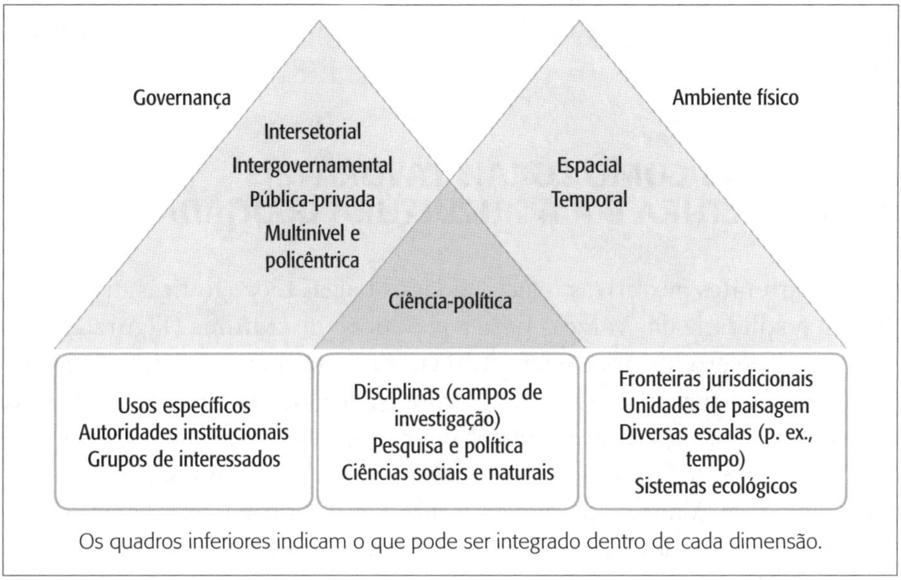

Figura 1 – Dimensões de integração
Fonte: adaptado de Portman (2011).

A seguir, discorremos sobre essa dependência de trajetória e a nossa principal hipótese questiona até que ponto a realização de uma gestão de bacias hidrográficas realmente integrada e sua governança podem ser substancialmente comprometidas diante do cenário de dependência de trajetória setorial. A dependência de trajetória pode ser sucintamente definida como "processos que não conseguem se livrar de seu passado, dificultando, desse modo, a prevalência do novo" (Köppel, 2016). Apresentamos narrativas centrais de abordagens estabelecidas ou mais recentes de gestão de bacias hidrográficas, tratando, inclusive, das arenas de governança contemporâneas. O contexto de nossos textos recorre ao projeto teuto-brasileiro INNOVATE, contribuindo para fechar a lacuna da política científica no caso da bacia do rio São Francisco, na região Nordeste do Brasil (Siegmund-Schultze et al., 2015; 2018). Ao mesmo tempo, não nos limitamos aos aspectos brasileiros dessas arenas e recorremos também a narrativas internacionais. Discutimos seis arenas de governança: 1) agricultura irrigada; 2) o legado dos projetos de desvio do rio e desenvolvimento urbano; 3) políticas de proteção contra inundações; 4) instalações energéticas e industriais 5) hidrovias e navegação; e 6) rios como ecossistemas. Nas Considerações finais, consideramos de extrema importância controlar e entender a dependência de trajetória pertinente e as narrativas em questão – como uma precondição importante para vencer as fronteiras no que tange à governança contemporânea e integrativa das bacias hidrográficas.

AS VÁRZEAS COMO LOCAIS FAVORÁVEIS À AGRICULTURA E A AGRICULTURA IRRIGADA

Importantes narrativas relacionadas às bacias hidrográficas dizem respeito à fertilidade das várzeas para a produção de culturas (Figura 2), um vasto reino de uso histórico e recente da terra. Concentramo-nos na arena de governança da agricultura irrigada, vemos a bacia do Nilo, por exemplo, e as várias bacias hidrográficas que envolvem condições semiáridas, seja em sub-bacias, segmentos planos ao longo da margem do rio ou em sua foz, no respectivo delta. A instalação do Vale Central da Califórnia, por exemplo, com seus amplos sistemas de irrigação, ainda serve como um importante modelo (Figura 3). Em tempos de graves secas, como nos anos 2012 a 2015 (Swain, 2015), o uso dominante da água no vale justamente para irrigação e cultivo de culturas destinadas à exportação, com a maior parte da produção de olea-

Figura 2 – Produção de maçãs nas margens do rio Columbia, estado de Washington, EUA.
Foto: J. Köppel.

ginosas exportada para a Ásia, por exemplo, desencadeou importantes discursos, com cortes simultâneos do abastecimento hídrico urbano nas regiões metropolitanas da Califórnia. Em alguns países asiáticos, a agricultura irrigada foi criada para tirar as pessoas da pobreza, enquanto a produtividade das culturas agrícolas geralmente fica aquém das expectativas dos doadores (Turral et al., 2010). A irrigação tradicional com água de superfície tem, cada vez mais, sido substituída por fontes de águas subterrâneas à custa do próprio produtor (ibid.), o que pode resultar em números cada menos confiáveis de disponibilidade hídrica em razão da ausência de registros do nível de retirada de águas subterrâneas por particulares.

Figura 3 – Agricultura irrigada no Vale do Salinas, Califórnia, EUA. O romance de John Steinbeck, "As vinhas da ira" (1939), abordou o tema da tempestade de areia (*dust bowl*), com a migração dos agricultores do meio-oeste para o Vale Central da Califórnia. *Foto:* J. Köppel.

No Brasil, a bacia do rio São Francisco ainda enfrenta planos de uma quantidade ainda maior de sistemas de irrigação, tomando-se por base narrativas sobre os mais extensos sistemas de agricultura irrigada e de agricultura de exportação da América do Sul. As uvas e mangas de mesa estão, por exemplo, entre as culturas frutíferas que apresentam taxas de evapotranspiração dois ou três vezes maiores do que a vegetação natural da caatinga na mesma parte Submédia do rio, embora também demonstrem alto retorno por m^3 de água (Teixeira et al., 2009). A região de Petrolina-Juazeiro é famosa pela agricultura comercial irrigada (Alcoforado de Moraes et al., 2018), tendo até mesmo iniciado o desenvolvimento de um aeroporto internacional para o transporte dos produtos. Após a pressão de grupos de agricultores, também foram estabelecidos sistemas de irrigação para a agricultura familiar (Figura 4) para compensar o alagamento de antigas terras de cultivo durante a formação do reservatório de Itaparica. Maneta et al. (2009) ressaltaram ainda a demanda hídrica e o respectivo fluxo na bacia do rio São Francisco com o aumento da irrigação, utilizando as simulações de Monte Carlo. Embora o consumo de água irrigada não seja considerado suficiente para afetar outras formas estratégicas de uso da água, como a hidroeletricidade, essa questão pode ser considerada de forma diferente mais recentemente, respondendo pelas severas secas e pelos recentes discursos desde então (Koch et al., 2018).

Figura 4 – Produção irrigada de sementes de cebola próximo ao rio São Francisco
Foto: M. Siegmund-Schultze.

No que diz respeito à política de irrigação nessa bacia hidrográfica, a agência de desenvolvimento do governo federal Codevasf tem promovido o aumento da irrigação. A agência foi criada por lei na década de 1970. Além dos grandes sistemas de irrigação pública em fase de planejamento e elaboração, a agência desenvolve também projetos de desvio hídrico, que supostamente atendem basicamente o abastecimento interno, enquanto os superávits hídricos são destinados para irrigação em bacias semiáridas vizinhas. Os programas federais de investimentos apoiam a expansão da irrigação (Alcoforado de Moraes et al., 2016). Além da expansão espacial da agricultura irrigada, encontra-se em fase de discussão a renovação da infraestrutura para maior eficiência do uso da água e redução das perdas hídricas, embora reste definir quem deverá arcar com os custos, o que tem retardado a implementação do projeto. Embora os usuários de recursos hídricos a partir de 4 L s^{-1} devam pagar pelo uso da água do rio São Francisco (a cobrança funciona mediante de uma outorga de uso da água emitida pela respectiva concessão), vários agricultores familiares participantes dos sistemas de irrigação pública ainda não estão pagando pelo consumo da água, da energia elétrica utilizada no bombeamento, nem dos custos de operação e gestão da infraestrutura. A Agência Nacional de Águas tem empreendido substanciais esforços no sentido de melhorar o cadastro nacional de usuários de recursos hídricos e testado meios de entender melhor a situação do uso da água, sobrevoando o rio principal para enxergar o tamanho das áreas irrigadas, verificando a consistência com as contas de energia elétrica, e analisando imagens remotas.

A Lei das Águas do Brasil, de 1997, promove a governança descentralizada e participativa das águas. O respectivo comitê da bacia do rio São Francisco foi um dos primeiros a ser criados e é formado por representantes organizados dos usuários de recursos hídricos (39%), do poder público (32%), da sociedade civil (24%) e das comunidades tradicionais (5%) (Siegmund-Schultze et al., 2015). As partes se reúnem duas vezes por ano, além das reuniões das diversas câmaras técnicas e quatro grupos regionais. Embora o comitê seja uma instituição participativa estabelecida de cima para baixo, essa é uma oportunidade única para que as diversas partes interessadas se reúnam e troquem ideias. A fixação do preço da água é uma das tarefas decisivas do comitê. O simples preço da água é baixo, até mesmo simbólico, enquanto os custos adicionais para levar a água ao lugar certo e no momento certo é que o oneram muito mais.

Em virtude da falta prolongada de água na bacia e da pequena margem para melhorias em um futuro próximo, a Agência Nacional de Águas organizou reuniões semanais com as partes interessadas em 2017 para rever a gestão de curto prazo e esclarecer as respectivas bases. Essas reuniões contaram com a participação do comitê e de sua agência executiva, bem como de representantes dos importantes sistemas de irrigação, hidroeletricidade e empresas fornecedoras de água potável, além de outros participantes. Resta saber se esse intercâmbio intensificado também desencadeará um procedimento mais combinado no processo decisório em médio e longo prazos. A dramática situação da disponibilidade hídrica estava, pelo menos, mantendo o tópico na lista das notícias a serem publicadas pelos diversos meios de comunicação. Portanto, a narrativa da irrigação abrange, por um lado, promessas de bem-estar e perspectivas econômicas, mas, por outro, crescentes vulnerabilidades e incertezas também.

O LEGADO DOS PROJETOS DE DESVIO DO RIO E DO DESENVOLVIMENTO URBANO

Nos Estados Unidos, os projetos ao longo do rio Colorado mudaram substancialmente a região Sudoeste do país, não apenas desencadeando a agricultura irrigada, mas também permitindo o crescimento de importantes regiões metropolitanas, como Denver, Las Vegas, Los Angeles, Phoenix e muitas outras, fornecendo água a 40 milhões de pessoas para uso dos municípios, o que inclui os dois maiores reservatórios dos Estados Unidos (lago Powell e lago Mead, Figura 5) e grandes desvios, com transferências de água inter e intra-bacias realizadas por aquedutos, túneis, tubulações e canais para uso agrícola, municipal e industrial (Rodrigues et al., 2015).

Figura 5 – A represa Hoover, próximo a Las Vegas, outrora a maior do mundo
Foto: J. Köppel.

A escassez de água e os discursos sobre transferência hídrica são muito importantes também no caso da região metropolitana de São Paulo, no Brasil, a maior concentração urbana e industrial da América Latina. O abastecimento da região metropolitana de São Paulo depende de uma transferência hídrica entre as bacias dos rios Piracicaba e Alto Tietê por meio do sistema de abastecimento da Cantareira; devido à seca que teve início em 2013/2014, um nível de precipitação notadamente baixo desencadeou uma redução abrupta da capacidade de fornecimento de água do sistema da Cantareira, suscitando a implementação de ações de emergência e a discussão de novos projetos de transferência (ibid.). Portanto, existe uma narrativa bastante icônica, fortemente associada ao homem, sobre o abastecimento doméstico feito pelo homem em regiões semiáridas com suas importantes conurbações. A governança pertinente está centrada nas políticas nacionais de recursos hídricos (Rodrigues et al., 2015), com seus importantes princípios (p. ex., a água como bem público), instrumentos (p. ex., outorgas) e instituições (p. ex., comitês das bacias hidrográficas). Um grande desafio, no entanto, sempre foi a elaboração de processos de participação razoáveis entre os possíveis receptores e doadores no caso das transferências de água inter e intra-bacias; os projetos de desvio nunca transcorrem com tranquilidade nesse cenário e os casos anteriormente estabelecidos, como o sistema de abastecimento de água da Cantareira (planejada na década de 1960 e concluída em 1973), suscitariam presumivelmente muito mais preocupações e discursos nos dias de hoje (Rodrigues et al., 2015; Andrade et al., 2011).

As transferências de água inter-bacias lidam com as questões das diversas comunidades envolvidas e afetadas. Gupta et al. (2008) revisaram e criaram importantes critérios de avaliação e aplicaram a abordagem ao projeto River Linking, na India, para identificar se essas transferências podem ser compatíveis com uma gestão integrada de recursos hídricos. Além disso, uma importante oportunidade de integração das políticas de transferência hídrica pode produzir relevantes abordagens de planejamento espacial, seja em nível estatal, regional ou metropolitano. Entretanto, como essas políticas ainda não foram adotadas de forma eficiente em países emergentes como o Brasil, não se pode esperar muito em termos de uma integração sofisticada de planejamento hídrico e espacial.

O recente projeto de desvio da bacia do rio São Francisco (Figura 6, transposição) foi idealizado em 1847 (Andrade et al., 2010) e depois ressurgiu para fornecer água à população da região semiárida. Hoje, no entanto, seu conceito de trazer água às pessoas parece um tanto defasado. Todavia, enormes obras de engenharia parecem despertar mais o interesse do público geral do que as soluções em pequena escala. Por fim, as políticas não estão livres de *lobby* e as diversas possíveis agendas precisam ser examinadas com mais atenção para que sejam assimiladas.

Figura 6 – Segmento do canal oriental do projeto de desvio do rio São Francisco
Foto: M. Siegmund-Schultze.

Os grandes projetos de desvio requerem financiamentos substanciais e tempo para serem construídos, o que desencadeia facilmente vivos debates sobre a adequabilidade desses projetos (Andrade et al., 2010). No caso do projeto de desvio do rio São Francisco, o discurso inicial tratou principalmente do posicionamento contra ou a favor das obras, antes de passar aos debates sobre quem gerenciaria o sistema e de que maneira (Siegmund-Schultze et al., 2018), deixando ainda certa margem para os debates sobre a maneira como a transferência hídrica poderia ser integrada ao desenvolvimento rural. Uma grande armadilha parece ter sido o fato de concentrar-se exclusivamente nas questões técnicas, deixando para iniciar o projeto da governança e da estrutura institucional em um estágio muito posterior (ibid.).

POLÍTICAS DE PROTEÇÃO CONTRA INUNDAÇÕES

Cenários contrastantes em termos de integração de gestão e governança de bacias hidrográficas envolvem abordagens de proteção contra inundações e sua incorporação às políticas de adaptação às mudanças climáticas. A Diretiva Europeia relativa às Inundações (CE, 2007) trata das medidas preventivas (planos de gestão do risco de alagamentos) e estabelece as medidas de implementação adequadas. Justamente em nível europeu, importantes janelas de oportunidades se abrem para uma ambiciosa integração entre a gestão do risco de inundações e os objetivos e medidas, graças à Diretiva Quadro da Água (CE, 2000) e à Diretiva Fauna-Flora-Habitats (CEE, 1992) da UE, da mesma forma quando se trata de esforços de restauração de rios e várzeas com a reabertura de pôlderes (Hein et al., 2015). Hein et al. (ibid.) ressaltaram a combinação desses diferentes objetivos da UE de aumentar a eficácia dos projetos de restauração e mapearam a área adequada das várzeas do rio Danúbio no tamanho de aproximadamente 8.000 km^2, com medidas de restauração, na realidade, restringidas pela aceitação das partes interessadas e pela disponibilidade de recursos. Assim que os perigos de grandes inundações se apresentam, no entanto, a situação oposta de implementação e melhoria dos aterros existentes apresenta uma narrativa mais forte e revela uma óbvia dependência de trajetória quando se aborda diretamente a questão da segurança humana.

A construção de barragens e sua subsequente operação podem alterar drasticamente os regimes de fluxo dos rios e minimizar seus extremos, como no caso do rio São Francisco (e alguns de seus afluentes). Embora a cultura agrícola com irrigação natural proporcionada pelas inundações tenha deixado de ser uma opção após a regulação desse tipo de inundação sazonal das margens dos rios, também as inundações devastadoras foram limitadas, principalmente pelo estabelecimento de regras para os níveis máximos de água, a fim de evitar que as cidades sejam alagadas. Se os assentamentos nas proximidades dos rios devem simplesmente ser proibidos ou se os rios devem ser domados pela construção de reservatórios é uma questão aberta ao debate. A segunda opção pode ganhar em relevância com a continuidade do crescimento populacional e a limitação de espaço. Embora em algumas regiões do mundo, juntamente com a concentração de pessoas nos grandes centros urbanos e o declínio da população em áreas remotas, algumas barragens hoje tenham se tornado ainda mais retiradas (ver seções a seguir).

O drama das grandes inundações, no entanto, é que esses eventos ocorrem de forma irregular, podendo fomentar agudas promessas de construção de barragens, que não são necessariamente cumpridas depois que a situação de perigo passa e os recursos financeiros são alocados para outros setores prioritários. As pessoas voltam a viver nesses lugares vulneráveis depois que a ameaça imediata parece ter passado. Um exemplo recente (2017) foram as enchentes na Zona da Mata Sul, no litoral de Pernambuco, após a queda de chuvas pesadas e persistentes. As massas de água inundaram assentamentos e destruíram casas, deixando, pelo menos, 10.000 pessoas desabrigadas. Depois das últimas pesadas inundações em 2010, apenas um dos cinco reservatórios prometidos havia sido construído em tempo, enquanto as pessoas continuavam morando nas áreas potencialmente afetadas pelas enchentes. Apesar de toda a controvérsia ambiental e social em torno da construção de barragens, essas barragens relativamente pequenas foram consideradas benéficas de um modo geral, pelo menos para a segurança da população local, aceitando-se a sua decisão em relação ao seu local de residência.

HIDRELÉTRICAS E OUTRAS INSTALAÇÕES ENERGÉTICAS E INDUSTRIAIS DE VÁRZEA VULNERÁVEIS

À exceção das localidades litorâneas (p. ex., Angra, no Brasil; Fukushima, no Japão), as várzeas e os rios representavam o destaque geográfico da expansão da energia nuclear no século XX, uma vez que as usinas de energia nuclear (e térmica) requerem ciclos substanciais de resfriamento de água, causando, entre outros, o aquecimento dos rios. O nexo energia-ambiente ribeirinho e a narrativa têm origem na implementação das usinas termoelétricas fósseis também, recorrendo a instalações de resfriamento de água e dependendo das hidrovias para produzir carvão, etc. às usinas, geralmente de origem internacional.

Outro nexo importante constitui a *commodity* hidroeletricidade (mineração, minérios, etc.) e o complexo industrial eletrointensivo. A história é importante e pode estar ligada a esses complexos, qual seja a atração da indústria de alumínio próximo a Portland, Oregon, utilizando hidroeletricidade do rio Columbia – ver a história e o fundamento da represa de Bonneville, por exemplo (Stein, 2015). O desenvolvimento da Sibéria após a revolução russa no século XX era propagado pelo *slogan* de Lenin "a energia soviética somada à eletricidade constitui o comunismo" (Carlin et al., 2013). Somente os grandes sistemas hidrográficos siberianos, com o Ob e o Lena, por exemplo, mereceram atenção por utilizar o potencial hidrelétrico para desenvolver setores industriais e importantes cidades para a Sibéria e explorar suas vastas *commodities*; ver Irkutsk, por exemplo, desenvolvida às margens do rio Angara, um escoadouro do lago Baikal, onde a cidade constitui um importante portão de entrada da Sibéria, abrigando o setor aeronáutico e uma fundição de alumínio.

Não é preciso dizer que somente o Brasil enfrenta situações semelhantes, tampouco o desenvolvimento da região amazônica, na região Norte do Brasil, no estado do Pará e nas hidrelétricas do rio Tocantins, por sua indústria de minério de ferro e bauxita (para a produção de alumínio). Isso vale também para a pretensa coevolução da tão debatida questão da represa de Belo Monte e da hidrelétrica do rio Xingu, no Pará, bem como da mina de ouro de Belo Sun, destinada a ser a maior do Brasil (Köppel, 2014; Bratman e Bená Dias, 2018). A respectiva governança cabe ao Ministério de Minas e Energia, em se tratando do nexo óbvio e considerando-se a Amazônia como o principal local de expansão para a mineração no Plano Nacional de Mineração 2030.

O principal crítico da hidroeletricidade e dos desenvolvimentos correlatos na Amazônia, Philipp Fearnside, ressalta o nexo hidroeletricidade-alumínio (Fearnside, 2015), comparando os baixos benefícios da pequena indústria (hidro)eletrointensiva local, um setor gerador de empregos voltado para a exportação, com o seu alto impacto ambiental e social, que faz da hidroeletricidade um insumo para as fundições de alumínio. Entretanto, pode-se afirmar, com segurança, que mudanças fundamentais se tornarão evidentes nas práticas de produção, por exemplo, no setor automotivo (e na aviação, etc.), o alumínio será substituído pela fibra de carbono. É cada vez mais duvidoso que os fortes impulsos de desenvolvimento do nexo alumínio-água-energia no século XXI ainda possa ser visto como uma estratégia útil para a sociedade como um todo.

A primeira (e muito pequena) usina hidrelétrica do rio São Francisco começou a funcionar em 1913, atendendo a uma fábrica de linhas de costura (Souza, 2012). A sequência de usinas hidrelétricas estabelecidas mais recentemente no mesmo segmento subcentral, semelhante a um desfiladeiro, não foram construídas essencialmente para servir de apoio ao setor em suas imediações diretas, mas para garantir o abastecimento energético da semiárida região Nordeste de um modo geral. Embora questionando inicialmente o tamanho da próxima usina hidrelétrica – sugerindo tratar-se de uma instalação demasiadamente grande naquela época, na década de 1940, e argumentando que o Sul do Brasil, uma região mais vibrante, deveria ser o local escolhido (ibid.), toda essa sequência de hidrelétricas hoje alimenta a rede interconectada de distribuição de energia elétrica para todo o território nacional. Todavia, as usinas geraram profundas mudanças locais, entre as quais, o surgimento de novos centros urbanos – Paulo Afonso é o principal exemplo nas proximidades da primeira hidrelétrica (ibid.). Esse efeito colateral coincide com a narrativa dos megaprojetos que melhor serviriam o progresso econômico, enquanto as desvantagens, como a invasão de territórios de comunidades tradicionais, são apresentadas como menores.

Embora este não seja o local adequado para uma análise substancial dos efeitos ambientais e sociais do represamento de nossos rios de forma cada vez mais global (Zarfl et al., 2015), não há dúvida de que diversos efeitos involuntários acompanham a trajetória das águas lóticas para as águas lênticas nos rios represados e seus reservatórios. Detendo-se à ictiofauna e a pesca, Agostinho et al. (2008) consideraram as alterações de forma abrangente como uma consequência do amplo represamento do Rio Paraná, no Brasil, no qual as represas modificam profundamente a composição das espécies de peixes, incluindo a desafiante questão das grandes espécies de peixes migratórias. Nogueira da Silva et al. (2018) demonstraram as consequências da aquicultura e sua introdução de novas espécies de peixes na bacia do rio São Francisco para a pesca artesanal e espécies endêmicas. Braulik et al. (2015) analisaram a condição, as ameaças e as opções de conservação do golfinho do rio Indus, no Paquistão e na Índia, destacando também grandes ameaças às interações das espécies fluviais com o desvio das águas e a fragmentação do habitat pelas represas.

Muito mais poderia ser feito em termos de benefícios relacionados às represas e reservatórios, mas também de outras desvantagens. Entretanto, é interessante notar quão pouco as possíveis lições aprendidas sobre os efeitos colaterais do represamento dos rios, de fato, modificaram a governança da hidroeletricidade até o momento. Ansar et al. (2014) perguntaram se ainda devemos construir mais represas de grande porte, considerando-se os custos reais do desenvolvimento de megaprojetos de hidroeletricidade, como no Brasil e na China, e constataram que as grandes hidrelétricas são demasiadamente onerosas em termos absolutos e requerem muito tempo para ser construídas e gerar retorno suficiente. Por outro lado, mesmo para o século XXI, Zarfl et al. (2015) afirmaram haver uma contínua expansão da construção de hidrelétricas, analisando em profundidade os investimentos futuros em questão, e identificando, pelo menos, 3.700 represas em fase de construção ou de planejamento em nível global. A fração do fluxo mundial de águas fluviais que atravessam uma ou mais represas antes de alcançar os oceanos pode subir para 90% até 2030 (van Cappellen e Maavara, 2016). Ao mesmo tempo, as represas fluviais modificam não apenas os fluxos hidrológicos, mas também, de forma substancial, a ciclagem de nutrientes. As grandes variações no fluxo de nutrientes em ambientes ribeirinhos geram extensas consequências. Normalmente funcionando como escoadouros de macronutrientes ao longo do sistema fluvial, as represas podem alterar fundamentalmente os padrões de limitação de nutrientes e a qualidade da água dos rios, das várzeas, dos lagos e das zonas costeiras (ibid.).

É a (pequena) hidrelétrica também que recorre a uma das mais antigas abordagens de produção de energia mecânica, com a geração da hidroeletricidade no início do século XIX (Abbasi e Abbasi, 2011). O estudo de Zarfl et al. (2015) chegou mesmo a concentrar-se apenas em represas com capacidade superior a 1 MW. Como a governança das grandes represas está embutida na maioria das fortes narrativas em nível nacional (segurança energética, etc.), mas os conflitos também, a pequena hidrelétrica geralmente segue igualmente "tranquila" sob a benéfica narrativa da energia renovável – mas o controle e a supervisão de seu desenvolvimento podem ser muito mais difíceis em função das implicações de sua governança, mas de seus impactos também (Kelley-Richards et al., 2017). Entretanto, a implantação de pequenas hidrelétricas também contribui para as modificações de nossos sistemas hidrográficos e precisam desenvolver-se de forma sensata, a fim de não contradizer a suposta crença em sua inocuidade ambiental (Abbasi e Abbassi, 2011). Por outro lado, a hidroeletricidade gerada por moinhos de água era utilizada há tempos, e os projetos de remoção das represas suscitaram preocupações na Nova Inglaterra, EUA, onde o desenvolvimento industrial da indústria têxtil dependia fortemente da hidroeletricidade no século XIX. A questão era que os opositores dos projetos de remoção das represas (para atender melhor às funções ecossistêmicas de seus rios novamente) alegavam que a história, a identidade e a estética paisagística eram substancialmente importantes: "Eliminando a represa, você está eliminando uma parte de mim" (Fox et al., 2016).

HIDROVIAS E NAVEGAÇÃO

Habersack et al. (2015) apresentaram uma abrangente narrativa sobre as consequências subsequentes da engenharia hidrográfica, concentrando-se no rio Danúbio como modelo. Com as cadeias de barragens, o regime fluvial de tantos rios em todo o mundo foi domado, ou seja, os fluxos hidráulico e ambiental são estabilizados. Do ponto de vista da engenharia fluvial, os benefícios em questão são uma produção hidrelétrica mais contínua, um controle de inundações mais gerenciável e, do ponto de vista histórico, sempre um fator determinante, permitindo melhores condições de navegabilidade. Entretanto, esses benefícios vêm juntamente com uma espécie de problemas maléficos, à medida que as represas modificam de forma substancial o fluxo dos rios, interrompem os processos fluviais e o fluxo de sedimentos (Dai et al., 2008) e, consequentemente, alteram a hidrodinâmica e a hidromorfologia dos rios.

Enquanto os sedimentos ficam aprisionados por trás das barragens e nos reservatórios, os segmentos de fluxo livre enfrentam uma falta de sedimentos, com subsequente tendência à erosão do leito do rio. Esse fenômeno pode provocar a interrupção dos braços laterais do rio, reduzindo o nível dos lençóis freáticos e, consequentemente, pondo em risco os habitats e espécies protegidos pela Diretiva Fauna-Flora-Habitats da UE, entre outras ocorrências. Por fim, Habersack et al. (ibid., p. 829) destacaram a necessidade de uma "abordagem holística de gestão de bacias hidrográficas válida para toda a bacia" e afirmaram uma relevante "falta de integração", no caso do rio Danúbio, de suas cabeceiras, na Alemanha, à sua foz, na Romênia, em direção ao mar Negro.

A subsequente dragagem de sedimentos permite que embarcações cada vez maiores e navios porta-contêineres contribuam não apenas para as alterações do estado hidrológico dos rios e estuários navegáveis. Discursos mais recentes sobre a dragagem dos estuários dos rios Weser e Elba, na Alemanha, concentraram-se nas implicações pertinentes da Diretiva Quadro da Água, da UE. Uma melhor dragagem para salvaguardar os navios porta-contêineres que se aproximam do porto de Hamburgo estaria de acordo no que tange à boa condição ecológica do rio Elba? De acordo com as decisões do Supremo Tribunal Alemão em consequência da jurisdição dos Tribunais de Justiça da UE, a avaliação de impacto da Diretiva Quadro da Água precisa ser conduzida em casos semelhantes, acrescida da avaliação obrigatória de impacto ambiental em razão da Diretiva de Avaliação de Impactos Ambientais (AIA) da UE (2014).

De um modo geral, pelo menos na Europa, a Diretiva Quadro da Água e a Diretiva Fauna-Flora-Habitats criaram um extenso sistema de "contragovernança", por assim dizer, impondo substanciais desafios às hidrovias e às agências de transporte responsáveis. Abordagens semelhantes foram adotadas nos Estados Unidos, por exemplo, em função das determinações pertinentes da Lei da Água Limpa, dos Estados Unidos, com as suas seções sobre dragagem. Só podemos especular, no entanto, se foram estabelecidas também no Brasil configurações de governança pertinentes para a integração da manutenção e, se for o caso, da melhoria, das hidrovias aos objetivos de uma boa condição ecológica fluvial.

A hidrovia do rio São Francisco, no Brasil, é bastante fragmentada, tanto em termos espaciais como temporais. A construção do reservatório de Três Marias (represa concluída em 1961), localizada no alto curso do rio, tinha como maior objetivo a regulação do fluxo de água para garantir a navegação. O próximo reservatório, bastante grande, Sobradinho (operação iniciada em

1979), recebeu uma eclusa, enquanto o reservatório seguinte, Itaparica (represa concluída em 1988), não. Este último está localizado na cabeceira de uma série de desfiladeiros. O baixo nível das águas associado à maior sedimentação, em função da seca multianual a partir de 2012, quase impediu a navegação de embarcações maiores nas seções normalmente navegáveis, enquanto a eclusa servia apenas alguns navios de turismo. Além disso, o Brasil visa ao transporte por rodovias e ferrovias, enquanto a principal região produtora de frutas para exportação no vale do São Francisco depende de um aeroporto. A importância histórica do rio como principal linha de transporte sofreu ampla reversão, conservando apenas uma relevância local com embarcações menores e balsas. Todavia, o comitê da bacia hidrográfica ainda reserva um assento para o setor de navegação como usuário das hidrovias. O declínio do setor pode ser temporário; as projeções de mudanças climáticas com secas prolongadas, no entanto, podem confirmar o cenário de declínio da navegação no futuro.

OS RIOS COMO ECOSSISTEMAS E FATORES DETERMINANTES DA GOVERNANÇA AMBIENTAL

As narrativas contemporâneas sobre os rios baseiam-se nos processos e serviços dos ecossistemas dos rios e das várzeas. As barragens fluviais, como no caso do recente planejamento e construção da barragem do rio Xingu, na Amazônia, geralmente são construídas ao longo de quedas d'água, como ilustrado na Figura 7. As corredeiras constituem, ao mesmo tempo, os locais preferidos para a pesca, como do salmão, no rio Columbia, onde a construção da Barragem de Dalles inundou uma excepcional localidade indígena de pesca (Harden, 1996). Os lagos artificiais, um legado dos rios represados, podem, ao mesmo tempo, constituir novos ecossistemas com grande riqueza de espécies (Figura 8) e ser, até mesmo, relevantes para a regulação da qualidade da água em determinados casos.

Uma política de referência relevante, com mecanismos de governança e exigência de cumprimento rigoroso e, até mesmo, supranacionais, consistiu na criação da Diretiva Quadro da Água, da UE (CE, 2000), definindo o estado ecológico como "a expressão da qualidade estrutural e funcional dos ecossistemas aquáticos" e centralizando, desse modo, a abordagem ecossistêmica (von Schiller et al., 2017). Ultrapassando as meras estratégias de fim-de-linha para combater a poluição (por meio de instalações de saneamento urbano e industrial, etc.) e as políticas anteriores relativas à qualidade da água

Figura 7 – As barragens fluviais geralmente são construídas ao longo de corredeiras e quedas d'água, eliminando as áreas tradicionais de pesca (Missouri Falls, EUA)
Foto: J. Köppel.

Figura 8 – Algumas partes menos gerenciadas do reservatório de Itaparica (Brasil) tornaram-se habitats ricos em espécies
Foto: M. Siegmund-Schultze.

que têm como foco os limiares para substâncias poluentes (como metais pesados ou sobrecarga de nutrientes e déficits de oxigênio), surgiu assim uma importante mudança de paradigma. Essa política em relação às águas de superfície (e de subsolo) também informou a Diretiva Quadro da Estratégia Marinha (CE, 2008), da UE, e a sua abordagem ecossistêmica. Além disso, como conceito de ligação da elaboração de políticas setoriais e governança exclusivamente para sistemas fluviais, a estrutura DPSIR para políticas ambientais foi promovida, entre outros, pela OCDE (Organização para a Cooperação e Desenvolvimento Econômico), com o seu modelo básico Pressão-Estado-Resposta que cria um sistema relevante de indicadores ambientais[1]. O conjunto principal de indicadores da Agência Europeia do Ambiente refere-se também à estrutura DPSIR[2].

A abordagem DPSIR considera os principais forças motrizes (*drivers*) das atividades econômicas ambientalmente relevantes, especifica as reais pressões (*pressures*) sobre o meio ambiente, reconhece o atual estado (*states*) dos ativos ambientais e indicadores pertinentes, descreve os consequentes impactos (*impacts*) à medida que o estado do meio ambiente se modifica, seja de forma gradativa ou significativa, e, por fim, conecta essas cadeias de efeitos causais ao reino da governança, ou seja, respostas (*responses*) pertinentes como atenuação ou restauração. Meybeck et al. (2007) cobriram respectivamente a narrativa da contaminação por metais pesados (Cd, Cr, Cu, Hg, Pb, Zn) na bacia do rio Sena, na França. Com a abordagem DPSIR, os autores abordaram os principais desenvolvimentos durante meio século de industrialização, mas também arenas da governança ambiental (1950-2000). O padrão (estado) de contaminação foi documentado com os sedimentos das várzeas e do leito do rio, bem como com a precipitação atmosférica e os depósitos resultantes de inundações (pressão). O Sena estava entre as bacias mais contaminadas com metais pesados e os impactos atingiram o seu nível máximo entre os anos de 1950 e 1970; mas a pressão real permanecia desconhecida em virtude da falta de conscientizaçao e da ausência de monitoramento. A mudança da produção industrial (p. ex., baterias) reduziu a poluiçao já nas décadas de 1950 e 1960, enquanto as normas nacionais de regulamentação da emissão de poluentes começaram em meados da década de 1970, e o monitoramento de metais, no início da década de 1980. Nos últimos 20 anos até a mudança do milênio e a criação da Diretiva Quadro da Água, da UE, a gestão de particulados contaminados trouxe também o tratamento de esgotos urbanos e de água industrial (portanto, respostas). Os indicadores de impacto, por exemplo, foram estabelecidos com base no teor de metais enriquecidos encontrado em mexilhões do estuário do Sena e em concentrações de água potável. De um modo geral, as respostas envolveram a implementação de um monitoramento adequado,

[1] http://www.oecd.org/env/environment-at-a-glance-19964064.htm

[2] https://www.eea.europa.eu/publications/technical_report_2005_1

programas de pesquisas e normas de boa condição com escalas de avaliação e limiares cada vez mais ambiciosos sob a tutela da UE.

O conceito foi utilizado também para preparar e implementar os passos necessários à obtenção de uma boa condição fluvial. A adoção desse tipo de abordagem de cadeia causal permitiu uma integração adequada entre rio e várzea, mesmo agravada pelas implicações para as águas costeiras. Pirrone et al. (2005) utilizaram o conceito DPSIR para a bacia do rio Pó, na Itália, e a sua zona costeira do mar Adriático, abrangendo importantes fluxos de nutrientes e seus fatores determinantes, e Karageorgis et al. (2005) para a bacia do rio Axios e o golfo de Thermaikos, na Grécia. O DPSIR proporcionou à aplicação da Diretiva Quadro da Água na UE um quadro estrutural de governança e orientação para a consequente implementação de relevantes programas de medidas.

A ascensão das políticas ambientais no final da década de 1960 e início da década de 1970 nos Estados Unidos levou a enredos perigosos no setor hídrico (queimadas do rio Cuyahoga, poluição dos Grandes Lagos, derramamento de óleo na costa de Santa Barbara, ver Köppel et al. 2014). Isso alavancou a primeira política ambiental integrada moderna, o NEPA (National Environmental Policy Act), cujo destaque é a avaliação do impacto ambiental de projetos, programas, planos e políticas de ações federais nos Estados Unidos. Divulgado em todo o mundo desde então, o papel das avaliações de impacto ambiental (AIA) para projetos passou a constituir uma narrativa fundamental no campo da tomada de decisões em relação às barragens e reservatórios fluviais no Brasil também. Diferentemente da UE, no Brasil, a falta de avaliações ambientais estratégicas (*Strategic Environmental Assessments – SEA*), isto é, avaliações de impacto relevantes para planos e programas, revela uma lacuna substancial no que diz respeito à gestão integrada de bacias hidrográficas. A questão é que, na UE, os programas de medidas estabelecidos pela Diretiva Quadro da Água para todas as vertentes são submetidos a uma avaliação ambiental estratégica, respectivamente, por exemplo, na Alemanha, para a bacia dos rios Reno, Danúbio e Elba. A principal referência ambiental pertinente no Brasil continua sendo o Conselho Nacional do Meio Ambiente, com suas resoluções, por exemplo, n. 357, de 2005, e subsequentes complementos, que definem e estabelecem limiares para as diferentes classes de qualidade da água. Mesmo assim, no entanto, o monitoramento dos parâmetros permanece fragmentado.

Existem outras arenas que estabelecem metas no que concerne à governança ambiental das bacias hidrográficas. Como a água constitui, em muitas partes do globo, um recurso escasso, que exige abordagens de alocação justa, a exploração das necessidades exploratórias no planejamento e na gestão dos recursos hídricos ensejou a adoção de abordagens inovadoras. Reisert et al. (2015), por exemplo, ressaltaram o planejamento colaborativo de bacias hidrográficas no estado de Washington, EUA. Kaspersen et al. (2016) destacaram a necessidade de integração das políticas de adaptação das bacias hidrográficas e mudanças climáticas, discorrendo sobre o relevante papel das medidas de restauração dos rios e várzeas. Hein et al. (2016) trataram dos desafios da governança supranacional para os projetos de restauração no âmbito da bacia do rio Danúbio (ICPDR[3]) e confirmaram o papel relevante dos comitês de bacias hidrográficas internacionais, como no caso das bacias do Reno (ICPR[4]) e do Elba (IKSE[5]) também.

O comitê da bacia do rio São Francisco se expandiu nos últimos 15 anos (ver a seção sobre agricultura irrigada). Os grupos de trabalho temáticos (Figura 9), alguns permanentes, outros *ad hoc*, apoiam o processo de tomada de decisões de seu diretório e plenário. A função deliberativa dos membros é moldada pelas narrativas apresentadas neste capítulo. Para citar apenas alguns, a legitimidade do desvio das águas da bacia hidrográfica inicial foi um tópico muito controverso. Discussões constantes dizem respeito ao papel prioritário da hidroeletricidade versus dar prioridade à recuperação e conservação da natureza. A discussão sobre o fluxo ambiental às vezes trata não apenas do ecossistema aquático, mas também das necessidades da população ribeirinha.

Por fim, no que diz respeito à restauração de rios, uma narrativa contemporânea, e principalmente uma arena de governança conduzida de baixo para cima, envolve projetos de remoção de represas, sobretudo nos Estados Unidos até agora. No contexto da narrativa icônica de Graf (1999) e do censo dos Estados Unidos como uma "nação de represas" e os seus impactos em larga escala, Bernhard et al. (2005) ressaltaram os esforços de recuperação dos rios nos Estados Unidos, e Castillo et al. (2016) contribuíram com uma síntese da recuperação dos cursos de água na Flórida. Outros autores discorreram sobre os respectivos detalhes dos ecossistemas ribeirinhos, da mesma forma que Null et al. (2014) no que concerne à recuperação do habitat dos peixes, enquanto Warrick et al. (2015) demonstraram a subsequente dinâmica do transporte de sedimentos para a bem documentada recuperação do rio Elwah, no estado de Washington, nos Estados Unidos.

---

[3] https://www.icpdr.org/main/

[4] https://www.iksr.org/?L=3

[5] http://www.ikse-mkol.org/en/

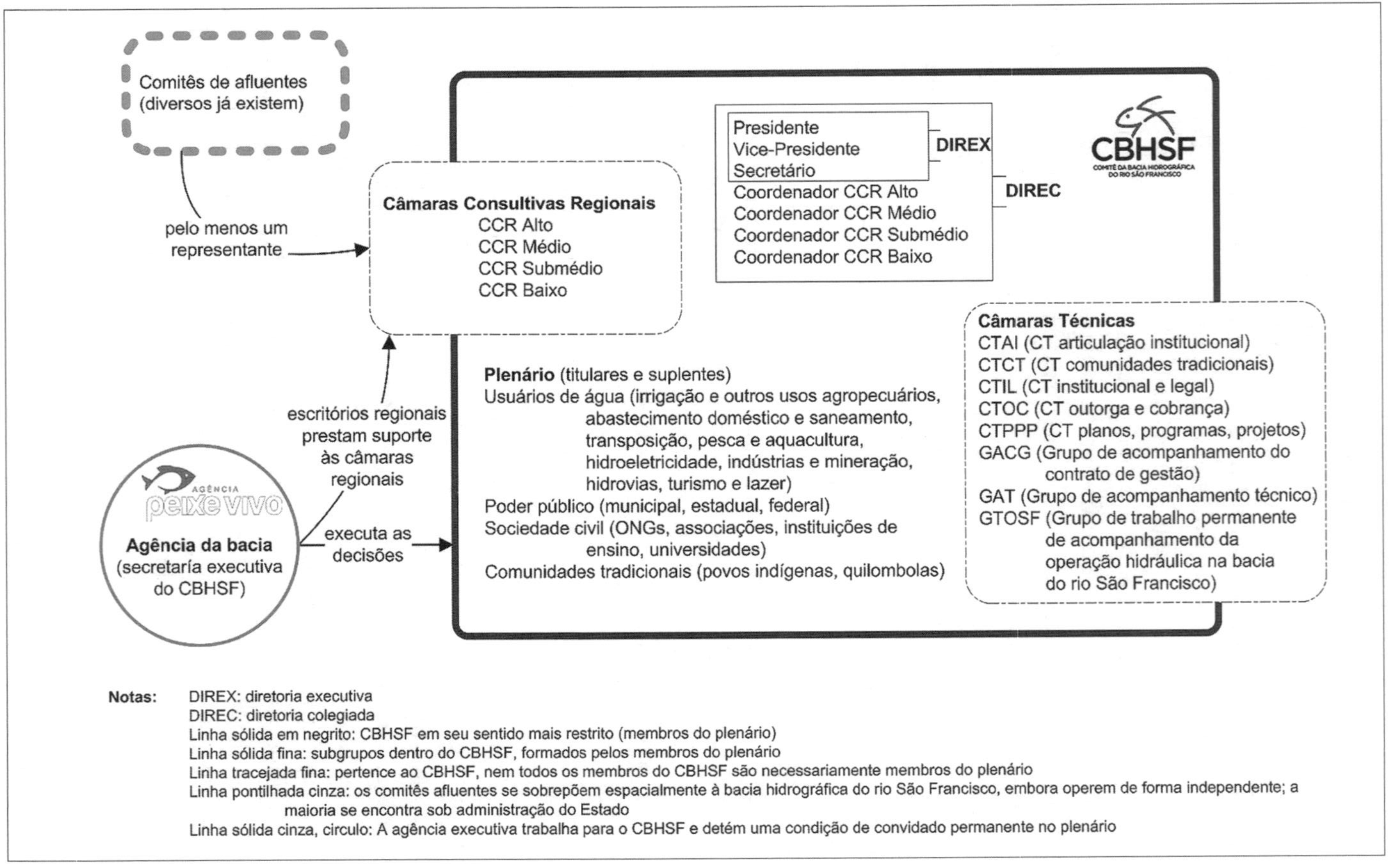

Figura 9 – Estrutura do comitê da bacia do rio São Francisco.
Fonte: Siegmund-Schultze et al., 2015, modificada.

CONSIDERAÇÕES FINAIS

Outras narrativas poderiam ter sido complementadas, da mesma forma que o grande desafio da corrupção para a governança, uma vez que somente os grandes projetos de infraestrutura tendem a uma falta de controle, quando os governos não apenas criam as políticas para os grandes projetos de desenvolvimento – como é o caso das hidrelétricas –, como, ao mesmo tempo, concedem os respectivos financiamentos e autorizações para tal. Além disso, o cuidadoso planejamento dos projetos combinados de hidroeletricidade e irrigação (ou desvio) gera outra importante narrativa, predominantemente em nível federal. A política do New Deal e os investimentos públicos nos Estados Unidos na década de 1930/40, por exemplo, criaram deliberadamente, na época, alguns dos maiores projetos de hidroeletricidade e reservatórios ao longo do Rio Columbia, como a Represa Grand Coulee (Figura 10), para vencer a recessão após a crise econômica mundial. O objetivo era fornecer água de irrigação a preços acessíveis aos pequenos agricultores, entre outros. (Harden, 1996, com o icônico título *"A river lost"*).

Figura 10 – Represa Grand Coulee, no Rio Columbia: lembrando Woody Guthrie, entre outros, contratado para compor a narrativa da construção ao longo do rio Columbia e entreter os operários à noite com suas canções.
Foto: J. Köppel.

Narrativas semelhantes acompanham os programas de reassentamento ao longo das barragens e reservatórios da bacia do rio São Francisco, e os "pontos de ruptura" relevantes da governança abrangem os pagamentos adequados da água, por exemplo (Rodorff et al., 2015; 2014). Uma narrativa substancial chegou até a receber atenção no que concerne à resistência e à desobediência civil. Os textos de Edward Abbey, sobretudo o seu romance *The Monkey Wrench Gang* (1975), ilustraram as vívidas rejeições do movimento ambiental e até mesmo visões de sabotagem contra o represamento dos rios dos EUA na década de 1970 e de seus principais símbolos, como a represa de Glen Canyon (do rio Colorado). Na Alemanha, mais recentemente, a navegação fluvial tem sido utilizada para o transporte de resíduos nucleares, não mais realizado apenas por via férrea, gerando importantes protestos ao longo dos rios também.

Entretanto, precisamos resumir a história e retornar à questão inicialmente levantada, ou seja, se as narrativas sobre a gestão do uso das águas e das terras das bacias hidrográficas podem ser um obstáculo à gestão integrada das bacias hidrográficas. Nas seções anteriores, vimos, por um lado, as diversas dependências de trajetória com os seus formatos de governança principalmente institucionais e setoriais. A aliança entre energia e mineração, por exemplo, pode atestar também a existência de um pilar forte, e geralmente predominante, na arena de governança das bacias hidrográficas, como indica o atual *boom* hidrelétrico em todo o mundo – apesar das lições aprendidas, como, por exemplo, as consequências hidráulicas, morfológicas e ecológicas do represamento dos rios.

Por outro lado, encontramos animadoras oportunidades para a criação de abordagens mais integradas, como as políticas comuns europeias em relação aos corpos de água doce e ao ecossistema marinho. Ao que parece, portanto, os organismos supranacionais ajudam a estabelecer normas comuns, uma vez que todas as partes autorizadas compartilham as mesmas normas. Ou, a partir do momento em que estivermos abertos à criação de políticas energéticas mais ambiciosas e de cenários mesclados e integrados de energia renovável (p. ex., energia hídrica, eólica e solar com a integração alinhada de suas redes de distribuição), um maior potencial de integração pode tornar-se óbvio (Koch et al., 2018). Não obstante, os exemplos de integração promissora do ponto de vista ecológico sempre podem representar um desafio pela perspectiva das demais dimensões da sustentabilidade, especialmente quando se trata de garantir justiça social e compatibilidade. Embora Harden (1996), por exemplo, lamente o rio Columbia como um rio "perdido" depois de todo o seu "represamento", o sistema de irrigação criado rendeu à região leste do estado de Washington muitos pomares e empregos (Figura 2).

Há muitas melhorias em vista no que diz respeito a uma abordagem de governança mais abrangente e suficientemente forte para enfrentar as justificativas da narrativa setorial. Entretanto, ainda há uma série de dificuldades a ser vencida no processo de aprendizado contínuo. No Brasil, vários comitês de bacias hidrográficas já foram criados. Todavia, ainda existem pontos cegos substanciais, como demonstram Souza Júnior et al. (2017), para a atual distribuição dos comitês afluentes do rio São Francisco. Além disso, os comitês de bacias hidrográficas existentes ainda não estão fazendo uso suficiente de suas funções inovadoras (Chinaque et al., 2017). É importante que se desencadeiem debates sobre o uso dos recursos naturais, mas os comitês podem fazer mais, por exemplo, moldar estrategicamente a implementação de políticas públicas mediante uma postura mais direta nas avaliações de impacto ambiental prescritas (ibid.). Além disso, a tão elogiada Diretiva Quadro da Água, da UE, apresenta deficiências, as quais, no entanto, se devem menos à Diretiva propriamente dita do que à sua aplicabilidade em nível nacional, especialmente ao negar a sua intenção sistêmica e integrativa e tentar melhorar todo um sistema por meio de ações isoladas e desconectadas (Voulvoulis et al., 2017).

Resta saber se a integração estruturada de formas diferentes requer também uma análise crítica, uma vez que a geminação de setores como hidrelétrica e mineração vem acompanhada de críticas substanciais. Além disso, a costumeira combinação de hidrovias com desenvolvimento de energia carbonífera e nuclear pode indicar, por exemplo, que a integração por si só não é garantia de boa governança. Enfim, não existe uma única abordagem de governança integrada. Pelo menos, no entanto, precisamos de mecanismos colaborativos de supervisão de abordagens de tomada de decisão e configurações de governança setoriais cumulativas, contraditórias e arbitrárias, seja em nível internacional, no Brasil ou na Alemanha. As narrativas setoriais podem mostrar-se persistentes e ser facilmente usadas como justificativas para decisões abrangentes. A parte interessada atenta deve questionar as agendas por trás de todas as narrativas e dependências de trajetória, explicitando a lógica e revelando os efeitos colaterais imanentes, a fim de promover uma arena mais transparente para a tomada de decisões integrativas.

REFERÊNCIAS

ABBASI, T.; ABBASI, S.A. Small hydro and the environmental implications of its extensive utilization. *Renewable and Sustainable Energy Reviews*, v. 15, n. 4, p. 2134–2143, 2011. doi: 10.1016/j.rser.2010.11.050.

ABBEY, E. *The Monkey Wrench Gang*. Lippincott Williams & Wilkins, 1975.

AGOSTINHO, A.A.; PELICICE, F.M.; GOMES, L.C. Dams and the fish fauna of the Neotropical region: impacts and management related to diversity and fisheries. *Brazilian Journal of Biology*, v. 68, p. 1119–1132, 2008. doi: 10.1590/S1519-69842008000500019.

ALCOFORADO DE MORAES, M.M.G.; RIBEIRO, M.R.; WATKINS, D.W. et al. Integrated economic models to support decisions on water pricing in biofuel production river basins: three case studies from Brazil. *Biofuels, Bioproducts & Biorefining*, v. 3, p. 255–269, 2016. doi:10.1002/bbb.1581.

ALCOFORADO DE MORAES, M.M.G.; BIEWALD, A.; CARNEIRO, A.C.G. et al. The impact of global change on economic values of water for Public Irrigation Schemes at the São Francisco River Basin in Brazil. *Regional Environmental Change*, v. 7, p. 1943–1955, 2018. doi: 10.1007/s10113-018-1291-0.

ANDRADE, J.G.P.; BARBOSA, P.S.F.; SOUZA, L.C.A. et al. Interbasin water transfers. The Brazilian experience and international case comparisons. *Water Resources Management*, v. 25, n. 8, p. 1915-1934, 2010. doi: 10.1007/s11269-011-9781-6.

ANSAR, A.; FLYVBJERG, B.; BUDZIER, A. et al. Should we build more large dams? The actual costs of hydropower megaproject development. *Energy Policy*, v. 69, p. 43-56, 2014. doi: 10.1016/j.enpol.2013.10.069.

BERNHARDT, E.S.; PALMER, M.A.; ALLAN, J.D. et al. Synthesizing U.S. river restoration efforts. *Science, v.* 308, n. 5722, p. 636–637, 2005. doi: 10.1126/science.1109769.

BRATMAN, E.; BENÁ DIAS, C. Development blind spots and environmental impact assessment: Tensions between policy, law and practice in Brazil's Xingu river basin. *Environmental Impact Assessment Review, v.* 70, p. 1-10, 2018. doi: 10.1016/j.eiar.2018.02.001.

BRAULIK, G.T.; NOUREEN, U.; ARSHAD, M. et al. Review of status, threats, and conservation management options for the endangered Indus River blind dolphin. *Biological Conservation, v.* 192, p. 30-41, 2015. doi: 10.1016/j.biocon.2015.09.008.

VAN CAPPELLEN, V.; MAAVARA, T. Rivers in the Anthropocene: global scale modification of riverine nutrient fluxes by damming. *Ecohydrology & Hydrobiology, v.* 16, n. 2, p. 106-111, 2016. doi: 10.1016/j.ecohyd.2016.04.001.

CARLIN, W.; SCHAFFER, M.; SEABRIGHT, P. Soviet power plus electrification: What is the long-run legacy of communism? *Explorations in Economic History, v.* 50, p. 116-147, 2013. doi: 10.1016/j.eeh.2012.07.003.

CASTILLO, D.; KAPLAN, D.; MOSSA, J. A synthesis of stream restoration efforts in Florida (USA). *River Research and Applications*, v. 32, n. 7, p. 1555-1565, 2016. doi: 10.1002/rra.3014.

CHINAQUE, F.F.; SANTOS, A.C.A.; MELO, I.B.N. et al. O papel dos comitês de bacia nos processos de licenciamento ambiental: um estudo de caso do comitê de bacia do rio Sorocaba Médio Tietê (SP). *Revista Ambiente & Água, v.* 12, n. 6, p. 1068–1081, 2017. doi: 10.4136/1980-993X.

[CE] COMISSÃO EUROPEIA. Directiva 2000/60/CE do Parlamento Europeu e do Conselho, de 23 de Outubro de 2000, que estabelece um quadro de acção comunitária no domínio da política da água. Jornal Oficial n. L 327 de 22/12/2000, p. 1-72, 2000.

______. Directiva 2007/60/CE do Parlamento Europeu e do Conselho, de 23 de Outubro de 2007, relativa à avaliação e gestão dos riscos de inundações. Jornal Oficial n. L 288 de 06/11/2007, p. 27-34, 2007.

______. Directiva 2008/56/CE do Parlamento Europeu e do Conselho, de 17 de Junho de 2008, que estabelece um quadro de acção comunitária no domínio da política para o meio marinho. Jornal Oficial n. L 164 de 25/06/2008, p. 19-40, 2008.

CEE (CONSELHO DAS COMUNIDADES EUROPEIAS). Directiva 1992/43/CEE do Conselho das Comunidades Europeias, de 21 de Maio de 1992, relativa à preservação dos *habitas* naturais e da fauna e flora selvagens. Jornal Oficial n. L 206 de 22/07/1992, p. 7-50, 1992.

DAI, S.B.; YANG, S.L.; CAI, A.M. Impacts of dams on the sediment flux of the Pearl River, southern China. *CATENA*, v. 76, n. 1, p. 36-43, 2008. doi: 10.1016/j.catena.2008.08.004.

FEARNSIDE, P.M. Environmental and social impacts of hydroelectric dams in Brazilian Amazonia: Implications for the aluminum industry. *World Development, v.* 77, p. 48-65, 2015. doi: 10.1016/j.worlddev.2015.08.015.

FOX, C.A.; MAGILLIGAN, F.J.; SNEDDON, C.S. "You kill the dam, you are killing a part of me": Dam removal and the environmental politics of river restoration. *Geoforum, v.* 70, p. 93-104, 2016. doi: 10.1016/j.geoforum.2016.02.013.

GRAF, W.L. Dam nation: A geographic census of American dams and their large-scale impacts. *Water Resources Research, v.* 35, n. 4, p. 1305-1311, 1999. doi: 10.1029/1999WR900016.

GUPTA, J.; VAN DER ZAAG, P. Interbasin water transfers and integrated water resources management: Where engineering, science and politics interlock. *Physics and Chemistry of the Earth, v.* 33, p. 28–40, 2008. doi: 10.1016/j.pce.2007.04.003.

HABERSACK, H.; HEIN, T.; STANICA, A. et al. Challenges of river basin management: Current status of, and prospects for, the River Danube from a river engineering perspective. *Science of The Total Environment, v.* 534, p. 828-845, 2016. doi: 10.1016/j.scitotenv.2015.10.123.

HARDEN, B. *A river lost. The life and death of the Columbia*. New York, London: Norton & Company, 1996.

HEIN, T.; SCHWARZ, U.; HABERSACK, H. et al. Current status and restoration options for floodplains along the Danube River. *Science of The Total Environment*, v. 543, Part A, p. 778-790, 2016. doi: 10.1016/j.scitotenv.2015.09.073.

KARAGEORGIS, A.P.; SKOURTOS, M.S.; KAPSIMALIS, V. et al. An integrated approach to watershed management within the DPSIR framework: Axios River catchment and Thermaikos Gulf. *Regional Environmental Change*, v. 5, n. 2-3, p. 138-160, 2005. doi: 10.1007/s10113-004-0078-7.

KASPERSEN, B.S.; JACOBSEN, T.V.; BUTTS, M.B. et al. Integrating climate change mitigation into river basin management planning for the water framework directive – a Danish case. *Environmental Science & Policy*, v. 55, Part 1, p. 141-150, 2016. doi: 10.1016/j.envsci.2015.10.002.

KELLEY-RICHARDS, S.; SILBER-COATS, N.; CROOTOF, A. et al. Governing the transition to renewable energy: A review of impacts and policy issues in the small hydropower boom. *Energy Policy*, v. 101, p. 251-264, 2017. doi: 10.1016/j.enpol.2016.11.035.

KOCH, H.; SILVA, A.L.C.; AZEVEDO, J.R.G. et al. Integrated hydro- and wind power generation: a game changer towards environmental flow in the Sub-Middle and Lower São Francisco river basin? *Regional Environmental Change*, v. 7, p. 1927–1942, 2018. doi: 10.1007/s10113-018-1301-2.

KÖPPEL, J. UVP an ihren Grenzen: der Belo-Monte-Staudamm, ein amazonischer Diskurs. *UVP-report*, v. 13, n. 4+5, p. 207-215, 2014.

_______. Energiewende – Pfadbruch oder Manifestierung des Ausgangspfades? In: RAMMERT, W.; WINDELER, A.; KNOBLAUCH, H. et al. (Eds.) *Innovationsgesellschaft heute*. Wiesbaden: Springer, p. 301-322, 2016.

KÖPPEL, J.; BURCHARTZ, L.; GARTMAN, V. et al. Forschungsfragen an die deutsche Umweltprüfung aus internationaler Perspektive: Schwerpunktthema. *UVP-report,* v. 28, n. 3+4, p. 171-178, 2014.

MANETA, M.P.; TORRES, M.O.; WALLENDER, W.W et al. Water demand and flows in the São Francisco River Basin (Brazil) with increased irrigation. *Agricultural Water Management*, v. 96, n. 8, p. 1191-1200, 2009. doi:10.1016/j.agwat.2009.03.008.

MEYBECK, M.; LESTEL, L.; BONTÉ, P. et al. Historical perspective of heavy metals contamination (Dc, Cr, Cu, Hg, Pb, Zn) in the Seine river basin (France) following a DPSIR approach (1950-2005). *Science of The Total Environment*, v. 375, p. 204-231, 2007. doi: 10.1016/j.scitotenv.2006.12.017.

NOGUEIRA DA SILVA, G.M.; CARVALHO, R.M.C.M.O.; EL-DEIR, A.C.A. et al. Artisanal fisheries of the Itaparica Reservoir, São Francisco River, Brazil: socioeconomic profile, environmental dynamics, and management recommendations. *Regional Environmental Change*, v. 7, p. 1889–1899, 2018. doi: 10.1007/s10113-018-1293-y.

NULL, S.E.; MEDELLÍN-AZUARA, J.; ESCRIVA-BOU, A. et al. Optimizing the dammed: Water supply losses and fish habitat gains from dam removal in California. *Journal of Environmental Management* , v.136, p. 121-131, 2014. doi: 10.1016/j.jenvman.2014.01.024.

PIRRONE, N.; TROMBINO, G.; CINNIRELLA, A. et al. The driver-pressure-state-impact-response (DPSIR) approach for integrated catchment-coastal biome management: preliminary application to the Po catchment-Adriatic Sea coastal zone. *Regional Environmental Change*, v. 5, n. 2-3, p. 111-137, 2005. doi: 10.1007/s10113-004-0092-9.

PORTMAN, M.E. Marine spatial planning: achieving and evaluating integration. *ICES Journal of Marine Science*, v. 68, n. 10, p. 2192-2200, 2011. doi: 10.1093/icesjms/fsr157.

_______. Environmental Planning for Oceans and Coasts: Methods, Tools, and Technologies. In: GARTELL, J.D.; JENSEN, R.R. (Eds.) *Geotechnologies and the Environment*, 2016.

REISERT, J.; RYAN, C.; KÖPPEL, J. Stakeholder participation in collaborative watershed planning in Washington State. *Journal of Environmental Assessment Policy and Management*, v. 17, n. 3, p. 1550027-1-23, 2015. doi:10.1142/S1464333215500271.

RODORFF, V.; SIEGMUND-SCHULTZE, M.; GOTTWALD, S. et al. Eficácia de programas de acompanhamento (follow-up) – 25 anos após a construção do reservatório de Itaparica no Nordeste brasileiro. In: THEODORO, H.D.; MATOS, F. (Eds.). *Governança e Recursos Hídricos: Experiências Nacionais e Internacionais de Gestão*. Belo Horizonte: D'Plácido, 2015, p. 199-218.

RODORFF, V.; SIEGMUND-SCHULTZE, M.; GOTTWALD, S. et al. Effektivität von Staudamm - Follow-up-Programmen – 25 Jahre nach dem Bau des Itaparica-Reservoirs in Nordost-Brasilien. *UVP-report,* v. 13, n. 4+5, p. 216-223, 2014.

RODRIGUES, D.B.B.; GUPTA, H.V.; SERRAT-CAPDEVILLA, A. et al. Contrasting American and Brazilian Systems for water allocation and transfers. *Journal of Water Resources Planning and Management*, v. 141 (7), p. 04014087.1-04014087.11, 2015. doi: 10.1061/(ASCE)WR.1943-5452.0000483.

VON SCHILLER, D.; ACUNA, V.; ARISTI, I. et al. River ecosystem processes: A synthesis of approaches, criteria of use and sensitivity to environmental stressors. *Science of The Total Environment*, v. 596-597, p. 465-480, 2017. doi: 10.1016/j.scitotenv.2017.04.081.

SIEGMUND-SCHULTZE, M.; RODORFF, V.; KÖPPEL, J. et al. Paternalism or participatory governance? Efforts and obstacles in implementing the Brazilian water policy in a large watershed. *Land Use Policy*, v. 48, p. 120-130, 2015. doi:10.1016/j.landusepol.2015.05.024.

SIEGMUND-SCHULTZE, M.; KÖPPEL, J.; SOBRAL, M.C. Unraveling the water and land nexus by inter- and transdisciplinary research: sustainable land management in a semi-arid watershed in Brazil's Northeast. *Regional Environmental Change,* v. 7, p. 2005–2017, 2018. doi: 10.1007/s10113-018-1302-1.

SOUZA, F. *Planejamento estratégico para o desenvolvimento local competitivo: o caso Paulo Afonso*. João Pessoa: Editora da UFPB, 2012.

SOUZA JÚNIOR, C.B.; SIEGMUND-SCHULTZE, M.; KÖPPEL, J. et al. Sinais de um problema crônico: a governança hídrica carece promover os comitês de bacias, coordenar planos e gerir informações. *Revista Água & Ambiente*, v. 12, n. 6, p. 1054-1067, 2017. doi: 10.4136/ambi-agua.2044.

STEIN, H. Fighting for Aluminum and for Itself: The Bonneville Power Administration, 1939-1949. *The Pacific Northwest Quarterly*, v. 99, n. 1 (Winter, 2007/2008), pp. 3-15, 2015.

SWAIN, D.L. A tale of two California droughts: Lessons amidst record warmth and dryness in a region of complex physical and human geography. *Geophysical Research Letters*, v. 42, n. 22, p. 9999-10,003, 2015. doi: 10.1002/2015GL066628.

TEIXEIRA, A.H.C; BASTIAANSSEN, W.G.M.; AHMAD, M.D. et al. Reviewing SEBAL input parameters for assessing evapotranspiration and water productivity for the Low-Middle São Francisco River Basin, Brazil. Part B: Application to the regional scale. *Agricultural and Forest Meteorology*, v. 149, p. 477-490, 2009.

TURRAL, H.; SWENDSEN, M.; FAURES, J.M. Investing in irrigation: Reviewing the past and looking to the future. *Agricultural Water Management*. V. 97, p. 551-560, 2010. doi:10.1016/j.agwat.2009.07.012.

[UE] UNIÃO EUROPEIA. Diretiva 2014/52/UE do Parlamento Europeu e do Conselho de 16 de Abril de 2014 que altera a Diretiva 2011/92/UE relativa à avaliação dos efeitos de determinados projetos públicos e privados no ambiente. Jornal Oficial n. L 124 de 25/04/2014, p. 1-18, 2014.

VOULVOULIS, N.; ARPON, K.D.; GIAKOUMIS, T. The EU Water Framework Directive: from great expectations to problems with implementation. *Science of The Total Environment*, v. 575, p. 358-366, 2017. doi: 10.1016/j.scitotenv.2016.09.228.

WARRICK, J.A.; BOUNTRY, J.A.; EAST, A.E. et al. Large-scale dam removal on the Elwha river, Washington, USA: Source-to-sink sediment budget and synthesis. *Geomorphology*, v. 246, p. 729-750, 2015. doi: 10.1016/j.geomorph.2015.01.010.

ZARFL, C.; LUMSDON, A.E.; BERLEKAMP, J. et al. A global boom in hydropower dam construction. *Aquatic Sciences*, v. 77, n. 1, p. 161-170, 2015. doi:10.1007/s00027-014-0377-0.

33 Estratégias e diretrizes para a alocação negociada de água: um modelo de gestão participativa

Josivan Cardoso Moreno
Gestor ambiental, Instituto de Gestão das Águas do Estado do Rio Grande do Norte, IGARN, e Associação Brasileira de Engenharia Sanitária e Ambiental, Abes-RN

INTRODUÇÃO

Este capítulo é dedicado à reflexão sobre cenários de desenvolvimento para a participação dos atores envolvidos nos processos de gestão e gerenciamento integrado de recursos hídricos, especificamente para a concepção, o planejamento e a execução de ações que visem ao uso sustentável das águas.

A área de desenvolvimento dos cenários e das diretrizes a serem propostas será a unidade de planejamento Bacia Hidrográfica, permeada por todas as complexidades de interesses no uso dos recursos hídricos, e que, principalmente, se estrutura em um ambiente mais que especial para o conhecimento de todos os aspectos que venham a se relacionar com a forma de alocar e, consequentemente, de usar a água disponível.

A disponibilidade hídrica permeará todos os cenários e estratégias para o desdobramento das diretrizes que serão apontadas, uma vez que em cada cenário o termômetro para a alocação se dará de acordo com o adensamento da demanda pela capacidade de oferta existente.

As ofertas hídricas vêm a cada dia diminuindo, o que decorre, principalmente, do crescimento das variadas demandas - cuja água é a base principal do desenvolvimento -, mas também pelas diversas formas de uso e ocupação das fontes hídricas, aspecto fortemente intensificado pelas ações antrópicas sem o devido respeito aos procedimentos técnicos de sustentabilidade.

As mudanças climáticas aparecem ultimamente como forte indicador desse quadro de redução da oferta de água pelas fontes hídricas. No entanto, vale refletir que, embora ocorram situações adversas climáticas, existem bacias hidrográficas em que, mesmo estando dentro da normalidade de recargas e aporte hídrico, a sustentabilidade da relação entre o uso e a quantidade necessária é irregular e não atende o imediato sistema e, muito menos, tem perspectiva para uma segurança hídrica em médio e longo prazos.

O sistema hídrico tem suas bases fortemente ligadas ao entendimento social, e esse conhecimento deve ser construído de forma clara e objetiva, pois é na participação dos usuários de águas nos processos decisórios de gestão que está a essência da sustentação do sistema que depende da água a ser alocada.

Sendo assim, é impossível refletir o processo de construção de marcos regulatórios de sistemas hídricos, que culminará na alocação negociada de água, se o diagnóstico de toda a bacia hidrográfica não estiver bem constituído. O diagnóstico reflete os aspectos físicos, econômicos e sociais, e para este último precisam ser identificados os níveis de participação social existentes e, assim, consolidar a participação máxima e efetiva dos usuários.

O desenvolvimento deste capítulo se dará com a reflexão da participação social na gestão e no gerenciamento dos recursos hídricos, sob a perspectiva de oferta e demandas hídricas. Também apresentará um Estudo de caso: integração e participação social - bacia hidrográfica do rio Piranhas Açu, como forma de constatação das práticas de um sistema integrado.

BACIAS HIDROGRÁFICAS, SUAS OFERTAS E DEMANDAS

As bacias hidrográficas constituem um mosaico espetacular de grandes e diversos desafios para a gestão de recursos hídricos, que atualmente e dependendo de sua localização – é compartilhada entre as esferas do governo federal e dos estados.

Por ser uma área onde as drenagens de água correm para um determinado curso de água, que em sua maioria é um rio, a formação de uma bacia hidrográfica é por sua natureza complexa. Tal complexidade decorre da agregação em seu território dos aspectos físicos geológicos às formas de ocupação e uso do solo.

A bacia hidrográfica também é afetada quando as atividades inseridas na área mudam a natureza de sua constituição, ou seja, são implantados sistemas que podem impactar positiva ou negativamente os sistemas de drenagem.

O mau uso e a modificação do sistema de drenagem hídrica afetam fortemente o bem-estar de toda a população que daquela água depende, e, por conseguinte, promovem mais desordenamento socioambiental, diminuindo ou até mesmo impedindo a execução de práticas e ações de sustentabilidade.

Assim, há que se refletir que, quanto mais modificamos os ambientes de nossas bacias hidrográficas, mas difícil se torna a condição para o gerenciamento da água. É importante que quaisquer modificações a serem implementadas nas áreas de uma bacia hidrográfica sejam analisadas sob a ótica da oferta atual e das demandas presentes e futuras.

Nesse contexto, pode-se fazer inclusive uma analogia ao uso de recursos financeiros, quando se busca fazer uma economia a fim de que que não falte para as nossas necessidades. Geralmente, planejamos usar menos com despesas em relação às receitas que recebemos. E tenta-se, ainda, assegurar uma reserva para outros momentos necessários. Assim, é insustentável explorar usos maiores em relação à capacidade de oferta de água existente em uma bacia hidrográfica. É preciso avaliar e atender aos princípios da capacidade de suporte para atender à demanda planejada.

Existem diferentes situações nas bacias hidrográficas para essa relação de oferta e demanda, até porque o uso da água está diretamente proporcional à necessidade da sociedade, seja para os usos prioritários, seja para os usos múltiplos.

Nas bacias hidrográficas cuja ocupação territorial tem menos adensamentos populacionais e nas quais as atividades econômicas têm menor intensidade, logicamente a gestão da água se constitui em uma ambientação mais favorável para a aplicação dos instrumentos. Já em bacias hidrográficas com grandes populações e atividades econômicas predominantes, o espaço de conflitos se instala muito rápido. Isso ocorre principalmente em regiões semiáridas e de vulnerabilidade hídrica instalada.

Pelo exposto anteriormente, deve-se então refletir com mais destaque sobre as águas no semiárido, que se tornam mais que especiais para o contexto do sistema de recursos hídricos, em que as estratégias de ação devem ser realmente diferenciadas, visto que não há possibilidade de implantar os instrumentos de forma igual à que ocorre em áreas com águas perenes.

Ainda é preciso esclarecer que, para uma gestão adequada da bacia hidrográfica, é preciso integrar todos os sistemas ao entorno (Figura 1). A gestão e o gerenciamento dos recursos hídricos, ao atuarem de forma isolada, não conseguem possibilitar a proteção e conservação no uso das águas. Portanto, unir os sistemas ambientais, urbanos e de recursos hídricos é condição essencial para a segurança hídrica, e, por conseguinte, da manutenção sustentável da bacia hidrográfica.

Ainda a respeito da integração, é preciso entender a interdependência nessas relações, haja vista que, tanto para a quantidade como para a qualidade da água da bacia hidrográfica, é preciso que os demais sistemas estejam operando adequadamente, a saber:

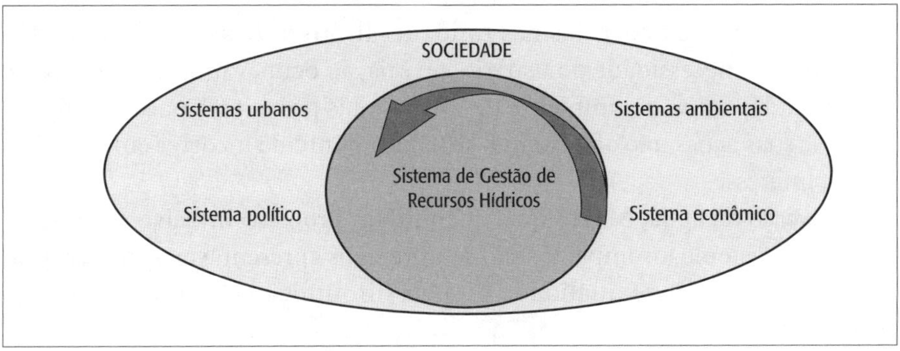

Figura 1 – Integração de sistemas.

1. Os serviços de saneamento devem ser prioritários para que, então, a qualidade da água não seja afetada.
2. O uso e a ocupação do solo da região devem ser bem planejados, atendendo às premissas de capacidade hídrica como estratégica para o desenvolvimento regional integrado.
3. As autorizações de intervenção e os monitoramentos ambientais são essenciais para prevenir interferências nos aspectos de gestão das águas.
4. A economia é um fator precursor para as intervenções e para a sustentabilidade dos sistemas hídricos. É necessário, neste caso, falar não somente de economia da sociedade, desenvolvimento social, mas sim da relação, sistema e manutenção do sistema. Torna-se salutar mensurar quanto custa manter o sistema hídrico da bacia hidrográfica e de que forma essa sustentação poderá ser viável.

- As estratégias políticas devem almejar a análise e as prioridades para atender às demandas da área de recursos hídricos, desde a estruturação dos organismos que compõem o sistema até as intervenções de manutenção e de emergências. Estas últimas, principalmente, para as bacias localizadas no semiárido, que por sua natureza sempre estão em risco.

As ocupações das bacias hidrográficas vêm afetando substancialmente a operação e manutenção do sistema de recursos hídricos. Isso ocorre porque o desordenamento dos sistemas urbanos vem ocorrendo frequentemente, e, por conseguinte, não permite à natureza da unidade seguir os fluxos predestinados. É evidente que nem todas as intervenções promovem impactos negativos à área, mas mudam os comportamentos singulares. E toda mudança gera adaptação que, por sua vez, pode até ser irreversível.

As mudanças ocorridas nas unidades hidrográficas, geralmente, são para prover a necessidade do usuário, ou seja, ao ocupar uma área o homem procura adaptar-se ao ambiente de forma mais proveitosa para si próprio, como se suas ações não afetassem o sistema a ponto de incorrer em prejuízos ao seu interesse.

No caso da água, é certo que, quando um processo invasivo chega a interferir no sistema, os impactos são sempre mais apresentáveis, pois são visíveis pela alteração de qualidade ou pela diminuição ou aumento na sua quantidade.

Esses aspectos anteriormente descritos são necessários para entender a relação da sociedade com o uso e a ocupação das áreas de bacias hidrográficas e, assim, promover a reflexão sobre a participação efetiva dos usuários de água na gestão dos recursos hídricos.

Há que se observar que a necessidade de convivências nos ambientes próximos de fontes hídricas é tradicional e vem ocorrendo por séculos, e que, com o crescimento populacional, também se diversificaram as necessidades, pois novas atividades surgiram, sobrepondo-se ao uso da água que anteriormente era mais destinado ao abastecimento humano e animal, bem como a produções primárias, para atender a processos industriais e outros usos múltiplos.

Eis então o início da instalação de possíveis conflitos no âmbito da bacia hidrográfica, até mesmo porque não se consegue cadastrar todos os usuários, uma vez que os sistemas gestores não têm capacidade e a sociedade não entende o papel dela no contexto da autodeclaração, como será melhor discutido no decorrer deste capítulo.

De fato, para a conservação da bacia hidrográfica e, por conseguinte, a proteção e manutenção dos recursos hídricos, faz-se necessário compatibilizar as ações de uso e ocupação do solo, de gestão ambiental e de participação social. Esses elementos integrados e bem implementados no processo de uso da bacia hidrográfica conseguirão criar as condições necessárias para o processo de gestão e alocação negociada de águas.

Ressalte-se que há distinção entre o uso da bacia hidrográfica e o uso das águas dessa bacia (Figura 2). Ao planejar o uso da bacia, deve-se observar a dinâmica de suporte existente para os fins que se queira usar a água, analisando seus aspectos quali-quantitativos.

Como apresentado na Figura 2, é uma decisão de prioridades os usos e a ocupação das bacias hidrográficas. Entretanto, uma vez ocupada, torna-se uma necessidade o uso da água, e então é transferida à gestão de recursos hídricos a competência de alocar os recursos de oferta hídrica existentes para as demandas instaladas, tanto para aquelas que se conhece como para aquelas que se instalam e que, mesmo à margem do sistema formal, utilizam a água para sua manutenção.

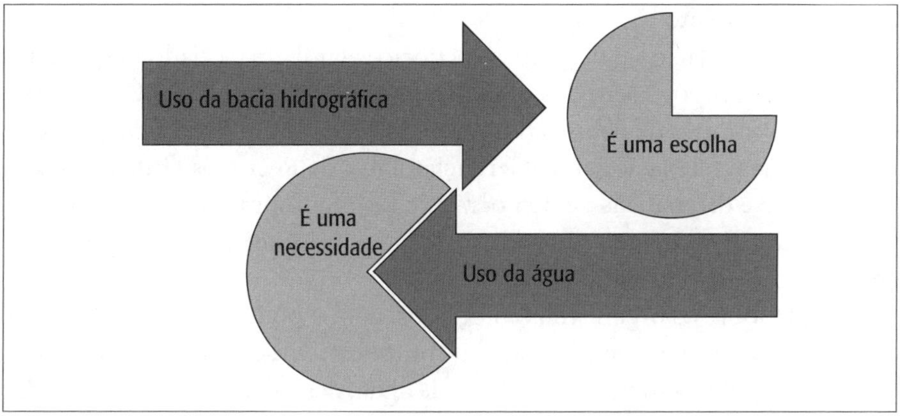

Figura 2 – Relação entre o uso da bacia hidrográfica e o uso da água.

O processo de ocupação é muito rápido e cresce exponencialmente, ao contrário da oferta hídrica da bacia, que é refletida pelo consumo. Quanto mais demanda, mais pressão ao sistema e menos água para ofertar. Sem falar que, excetuando-se o consumo humano e animal, que devem ser prioridades em momentos de crise hídrica, os demais usos são autorizados pela ordem de solicitação, até que o manancial atinja sua capacidade de suporte de outorga. Isso é a regra clara do "quem chegar primeiro leva".

É importante esclarecer que, em momentos de crise hídrica, a prioridade é o abastecimento humano e a dessedentação animal. E que, portanto, os demais usos outorgados passam a ter diversas vulnerabilidades do ponto de vista de gestão, inclusive impactando significativamente as produções e atividades diversas. Nessa afirmativa, correta e necessária, os grandes conflitos são instalados e há forte necessidade de aplicar a metodologia da alocação negociada de água, para atender de forma minimamente igualitária a todos os usos.

PARTICIPAÇÃO SOCIAL E A RELAÇÃO COM OS ATORES INSTITUCIONAIS

A Política Nacional de Recursos Hídricos, implementada por intermédio da Lei n. 9.433 de 08 de janeiro de 1997 (a Lei das Águas), vem atuar nos objetivos de assegurar à atual e às futuras gerações a necessária água em disponibilidade e qualidade para os usos diversos. Então, todas as premissas contidas nessa lei inferem que a gestão e o gerenciamento devem ocorrer na promoção da utilização racional e integrada dos recursos hídricos, visando ao desenvolvimento sustentável.

O Sistema Nacional de Recursos Hídricos também é criado pela Lei das Águas, e ele compõe, além dos organismos oficiais de gestão da União e dos estados, os Comitês de Bacias Hidrográficas. Este último é um colegiado que integra o Sistema Nacional de Gerenciamento de Recursos Hídricos, e sua composição é diversificada e democrática; assim, proporciona a melhoria da participação de todos os setores da sociedade que se relacionam com a água da bacia e que tenham interesse na gestão.

Ainda sobre os organismos colegiados, não se pode deixar de relacionar comentários sobre os membros que o compõem. A escolha desses representantes se dá pelos setores dos usuários de água, das organizações da sociedade civil e dos poderes públicos. Nesse caso é preciso ter muito cuidado para que os membros não tenham a dupla participação, ou seja, representar um setor, mas com efetiva participação em outro, uma vez que isso pode criar impacto negativo nas deliberações a serem aprovadas sobre a gestão das águas da bacia.

Eis então uma dificuldade, a de realmente ter os representantes que sejam unicamente do setor que representam. Um exemplo que pode ocorrer é quando um representante, empregado de uma empresa de abastecimento de água, ou seja, do setor de usuário, é também representante de uma organização social. Esse caso poderá, então, gerar ao membro do comitê determinados conflitos de intenção, não por distorção de comportamento profissional, mas até mesmo por vivenciar os dois interesses do sistema. Isso não é aconselhável.

As principais competências de um comitê são: aprovar o Plano de Recursos Hídricos da bacia e arbitrar conflitos pelo uso dos recursos hídricos. Também é de sua competência estabelecer mecanismos e sugerir os valores da cobrança pelo uso da água.

Há de se referir que, além das competências acima descritas, esses organismos colegiados também atuam de forma expressiva na mobilização e organização de arenas de discussões no âmbito do sistema de gestão e gerenciamento de recursos hídricos nas bacias hidrográficas. Muitas vezes, caso não houvesse a atuação ativa desses comitês, o sistema não teria condições, por meio de seus entes oficiais, de resolver os conflitos de água existentes.

A sociedade ainda está alheia ao sistema de recursos hídricos; sua participação, além da existente pelos comitês de bacias hidrográficas, é praticamente de expectadora dos serviços das empresas ou entidades de abastecimento de água. Isto é, não compreendem que participar do sistema é atuar na preservação e conservação do bem mais precioso e vital da vida: a água.

A população, muitas vezes, desconhece inclusive o papel de cada organismo que compõe esse sistema, uma vez que só reconhece a atividade do abastecimento de água - e sempre o aciona - quando abre as torneiras em suas casas, ambientes de trabalho e outros espaços e o recurso hídrico não está disponível.

Há expressivamente uma confusão de competências e de atividades, em que se sobressai a instituição que mais se aproxima da população. E, nesse caso, a instituição leva o bônus e ônus do sistema. Quando os abastecimentos de água estão em regularidade, a população fica totalmente omissa, não acompanha os procedimentos nem busca entender a relação de oferta e demanda. Já quando o sistema entra em colapso, por não ter feito parte no momento de regularidade, não sabe como se comportar para efetivamente requerer das instituições as resoluções dos problemas que, portanto, deveriam ser minimamente implantados.

A construção da participação social no sistema de recursos hídricos vem minimamente sendo efetivada, isso ocorre porque também é de desconhecimento social que integrar-se ao sistema como usuários é um dever que vem pela autodeclaração, e não simplesmente pela capacidade dos órgãos de realizar os cadastros de usuários ou as campanhas de fiscalizações.

Os organismos gestores de águas conhecem uma parcela muito pequena dos usuários de água, e o dinamismo da sociedade não permite a adequada atualização dos dados. Geralmente a demanda de água explorada é conhecida pelos grandes usuários que, por suas atividades econômicas de grande porte, precisam passar por sistemas de licenciamento ambientais que – quando integrados ao sistema de gestão e gerenciamento de recursos hídricos – inserem a outorga de direito de uso de recursos hídricos como requisito para ocorrência da análise e expedição do licenciamento.

Assim, nessas expressões é evidenciada a necessidade da realização das integrações dos sistemas de forma mais eficiente e de que as discussões e interpretações das matrizes de decisões sejam elaboradas de forma estratégica com a participação social, que antecipadamente deve ser munida de todos os conhecimentos necessários para a sua atuação.

Os sistemas, como já relacionados no item anterior e na Figura 1, devem ser acrescidos fortemente pela articulação da sociedade, como apresentado na Figura 3.

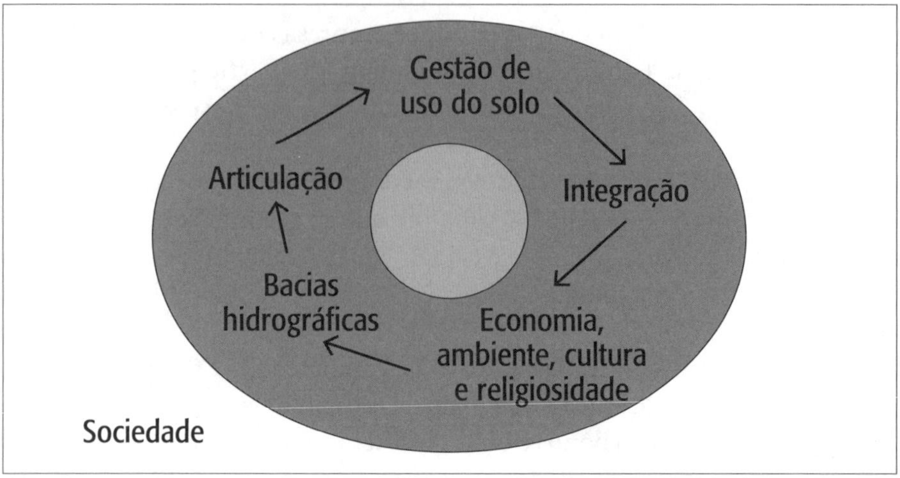

Figura 3 – Articulação e relações sociais.

METODOLOGIA PARA A ALOCAÇÃO NEGOCIADA DE ÁGUA

Nos contextos anteriormente apresentados, e por haver a necessidade de internalizar com mais intensidade a participação da sociedade na gestão e no gerenciamento das águas, a Agência Nacional de Águas vem adotando a realização de "alocações negociadas de água".

Essa ação vem fazendo grandes diferenças para o monitoramento e, principalmente, para a manutenção dos sistemas hídricos das bacias hidrográficas.

Ressalte-se que a maior efetivação dessa prática vem ocorrendo com mais força nas bacias hidrográficas do Nordeste, onde o semiárido e as consequências das secas extremas vem praticamente obrigando os órgãos do sistema a permanecerem em presença constante.

A alocação negociada de água atende os reservatórios superficiais, que independentemente de estarem secos ou com aportes hídricos regulares passam pela negociação dos usos de suas águas. Parece até contraditório, pois como fazer gestão de água quando não existe o recurso hídrico? Ocorre que a alocação gera disciplinamento do uso da água a partir do término de um período chuvoso até o fim do período subsequente.

A partir do momento em que a alocação se concretiza, todos os usuários da bacia hidrográfica ficam conhecendo as regras de uso da água, e, portanto, são fiscalizadas e monitoradas pelos órgãos e pela sociedade.

Para a realização do processo é muito importante que o comitê da bacia hidrográfica esteja preparado para a mobilização necessária, que ocorre desde a convocação de seus membros até os demais usuários interessados.

Pode-se afirmar que na alocação o comitê é o principal ator de desenvolvimento e articulação, ficando os órgãos técnicos do sistema com a responsabilidade de apresentar todos os dados referentes aos sistemas de recursos hídricos.

A depender do tamanho da bacia hidrográfica e da quantidade de reservatórios existentes é que se define todo o planejamento para a realização das etapas de construção da alocação negociada. Esse planejamento inicia-se pelo interesse em resolver e dirimir os conflitos que geralmente são gerados pela falta de água.

Vale expressar que a alocação não deve ser realizada somente quando a bacia hidrográfica passa por dificuldades com a situação hídrica, mas sim como instrumento de uso para a bacia hidrográfica visando à segurança hídrica para o presente e o futuro.

Cada alocação se torna uma estruturação da sociedade, feita por ela e com ela, para o pertencimento social e que, mesmo sendo um processo doloroso, quando em tempos de escassez, ao fim gera um retorno aos usuários significativo para a continuidade e a operação dos sistemas de abastecimento de água, neste caso, para os prioritários (abastecimento e dessedentação animal), como também beneficia os demais usos múltiplos, tão essenciais para o desenvolvimento integrado e regional.

As etapas de realização da alocação negociada de água são iniciadas muito antes dos órgãos do sistema buscarem atentar para a sua necessidade. Ocorre desde o momento em que os usuários passam a integrar o sistema, geralmente por força das circunstâncias de falta da água, e, então, gera na sociedade uma organização independente para, entre eles, verificarem os usos e tentar amenizá-los. Assim, de forma natural, se inicia o ordenamento da relação entre oferta e demanda, que oficialmente ocorre sob a operação do órgão gestor das águas.

Etapas para a alocação negociada de água

Com os conflitos em ascendência e cotidianos, que crescem cada vez mais quando as reservas hídricas vão se esgotando, os organismos oficiais do sistema são acionados. E então desencadeia-se o processo de articulação com os comitês de bacias hidrográficas, as reuniões de planejamento do processo, que posteriormente se concretiza nas reuniões dos reservatórios, ou seja, as reuniões de alocações.

Nessas reuniões são pactuados todos os passos de ordenamento para a aplicação do processo de alocação, desde a forma de convocação dos atores até as decisões de responsabilidades de cada ente do sistema integrado, além da formalização dos atos administrativos necessários.

Os atores envolvidos são todos os que compõem o sistema hídrico a ser alocado, a saber: o poder público, a sociedade civil, os usuários de água. Mesmo tendo suas representações no âmbito dos comitês, elas são ampliadas nessas convocações, para pertencimento e também para as decisões a serem tomadas.

A Figura 4 apresenta de forma simplificada as etapas estruturantes para a realização do processo de construção da alocação negociada de água.

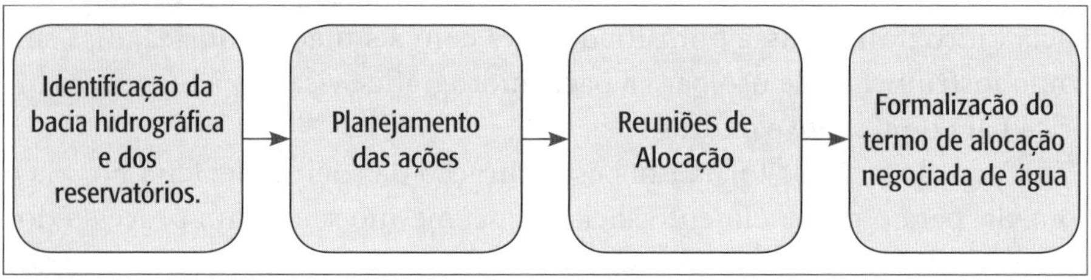

Figura 4 – Etapas estruturantes para a alocação negociada de água.

O cumprimento dessas etapas é fundamental para garantir a efetiva construção do processo de alocação negociada de água. Elas não são independentes entre si, mas, para que uma ocorra dependerá do bom resultado da execução da etapa anterior.

A seguir será detalhada cada etapa estruturante e as metas que deverão ser atendidas por elas, além dos objetivos e resultados que devem ser alcançados.

Identificação da bacia hidrográfica e dos reservatórios

Esta etapa se refere à identificação da bacia hidrográfica onde os reservatórios em que se pretende realizar as alocações negociadas de água estão inseridos. A importância de realização dessa identificação é investigar e diagnosticar características da bacia hidrográfica, como uso e ocupação do solo, aspectos sociais, econômicos e ambientais.

Também é neste momento que se avalia a evidência de conflitos pelo uso da água e suas localizações no entorno dos reservatórios hídricos.

Nesta etapa também deve-se avaliar a existência do comitê de bacia hidrográfica, como está a sua atuação e se ele será capaz de realizar os processos de articulação e mobilização necessários para as reuniões a serem feitas no âmbito de abrangência dos reservatórios.

A escolha dos reservatórios deve se dar a partir da sua classificação como estratégicos, ou seja, priorizados pela relação de capacidade de armazenamento de água (reserva hídrica) e a demanda requerida (número de usuários e volume de água) gerando, assim, uma avaliação da capacidade de suporte em proporção à água existente.

A etapa parece simples, mas o que ocorre é que nem todos os sistemas têm os dados já levantados, então é necessário um trabalho de campo para identificar os aspectos relevantes, principalmente em momentos de escassez hídrica, em que priorizar uma bacia hidrográfica em detrimento de outra torna-se evidente pela incapacidade dos organismos do sistema de atender a todas as solicitações de ação de emergência.

A Figura 5 mostra as atividades a serem efetivadas como fundamentais para cumprimento da meta de identificação da bacia hidrográfica e dos reservatórios estratégicos.

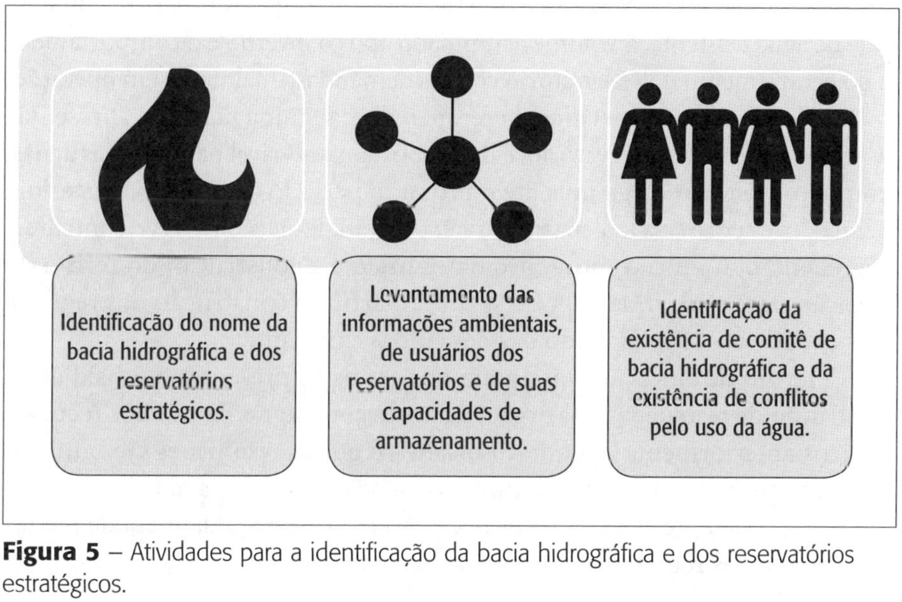

Figura 5 – Atividades para a identificação da bacia hidrográfica e dos reservatórios estratégicos.

O resultado desta etapa deve ser a identificação da bacia hidrográfica, com o levantamento de dados de todos os aspectos relevantes, incluindo, principalmente, o número e a identificação dos reservatórios estratégicos em que serão realizadas as alocações negociadas.

Planejamento das ações

Após o conhecimento sobre a bacia hidrográfica que contém os reservatórios estratégicos que serão alvos da alocação negociada de água, deve-se passar para o planejamento das ações. Esta etapa é a mais importante para definir bem a quantidade de reuniões que serão realizadas e o público que será mobilizado para a participação.

O comitê da bacia hidrográfica neste momento é o organismo mais importante do processo, uma vez que é o articulador entre os órgãos gestores e faz todo o processo de mobilização dos diversos usuários de água do sistema hídrico que será alocado.

Também se faz necessário construir a agenda, com datas e horários das reuniões que irão ocorrer e, para isso, a escolha do local que seja mais apropriado para as locomoções dos usuários, do espaço físico para a acomodação da reunião, bem como dos meios materiais e logísticos necessários.

Neste mesmo momento os órgãos gestores de recursos hídricos fazem as simulações necessárias para as apresentações nas reuniões. As simulações devem ser apresentadas de forma clara e objetiva, informando aos usuários a quantidade de água existente, o volume acumulado após o inverno e o comportamento do esvaziamento do reservatório com as demandas atualmente em operação.

O planejamento específico da reunião deve seguir a partir da apresentação da simulação do reservatório, e da proposta mais viável para uso das águas, sempre prevendo recarga nula até o próximo período de inverno. Posteriormente, deve ser aberta a plenária para exposição de suas dúvidas e contribuições e, então, o último momento da reunião é a construção do termo de alocação negociada, que já pode seguir a partir da construção das regras e restrições de uso, dependendo das demandas existentes.

O termo de alocação é assinado por todos os presentes e subsidiará a construção de resoluções dos órgãos gestores com regras de uso dos recursos hídricos anteriormente alocados. Ressalte-se que as resoluções são também apresentadas e discutidas em reuniões com os usuários de água.

A Figura 6 apresenta as ações necessárias à execução da meta de planejamento para as reuniões de alocação negociada de água.

Reuniões de alocações e formalização do termo de alocação negociada de água

As reuniões de alocações devem ocorrer preferencialmente em local que atenda à locomoção e participação do maior número de usuários do sistema.

Para tanto, a mobilização na etapa anteriormente mencionada deverá ser muito eficiente, a iniciar pela convocação dos membros do comitê da bacia hidrográfica que deverá participar de todas as reuniões previstas.

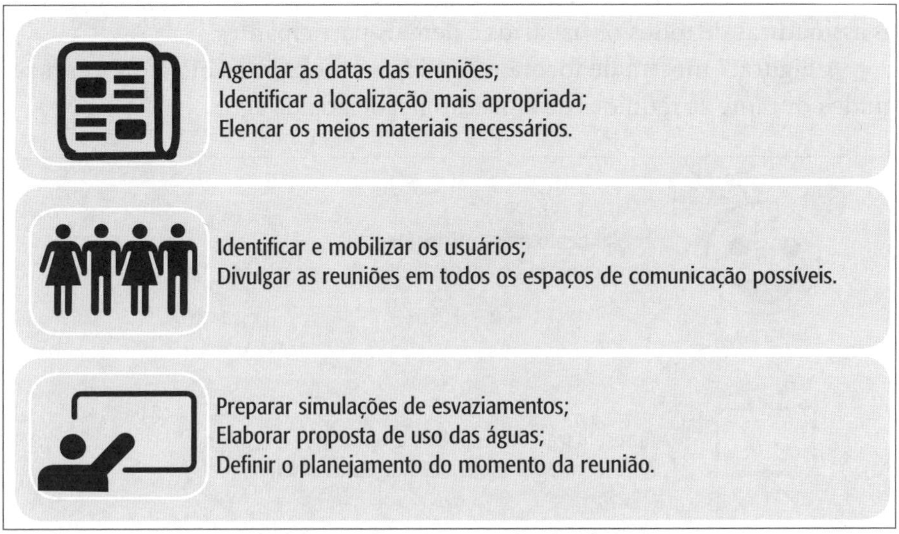

Figura 6 – Ações necessárias à execução da meta de planejamento para as reuniões.

A estrutura do local e os meios materiais devem atender minimamente ao que determina o conforto ambiental para realização de atividade de reuniões que possivelmente durarão de 4-8 horas de discussões.

A reunião deverá ser precedida de acolhimento, pelo comitê da bacia hidrográfica e dos demais órgãos que compõem o sistema, com a apresentação dos participantes, mesmo que seja breve, para não haver atrasos nos trabalhos a serem realizados.

O segundo momento da reunião deve se dar pela apresentação dos dados técnicos do sistema, abrangendo sua localização, situação do reservatório, número de usuários e simulação de esvaziamento. Durante a apresentação, uma pergunta não pode deixar de ser feita: até quando queremos chegar usando o reservatório com a água que temos?

Essa pergunta fará os usuários refletirem sobre o modo como estão usando a água e pensarem na possibilidade de redução, caso a simulação mostre que o volume de água existente não chegará a ofertar o recurso hídrico até o período chuvoso subsequente.

O próximo momento da reunião é a discussão dos pontos apresentados e as contribuições dos usuários, com suas exposições quanto à realidade vivida e suas experiências no momento atual.

Durante a reunião deverá ser formada a Comissão de Alocação Negociada de Água, que passará a acompanhar os compromissos firmados.

Ao fim da reunião é importante fazer a leitura do Termo de Alocação Negociada de Água, que será assinado pelos órgãos gestores de água e agregar as assinaturas de todos os usuários e demais participantes.

A Figura 7 mostra de forma resumida os momentos que devem ser seguidos durante as reuniões de alocação negociada de água.

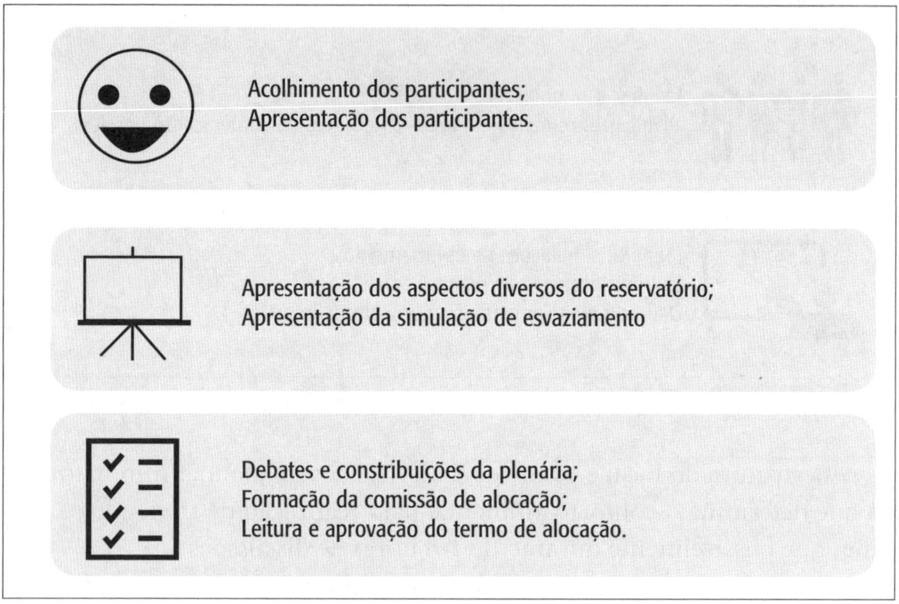

Figura 7 – Momentos das reuniões de alocação negociada de água.

É importante destacar que a alocação negociada só tem sucesso se outras ações forem realizadas em paralelo ao cumprimento dos termos acordados.

Entre as ações estão os avanços dos sistemas de infraestrutura hídrica, pois não há condições de dissociar o processo de gestão e gerenciamento da situação efetiva de eficiência da infraestrutura existente. Isso fica claro quando em momentos de escassez hídrica a gestão funciona pela aplicação dos seus instrumentos, minimizando os usos irregulares e, por conseguinte, aumentando a vida útil dos reservatórios que poderiam contribuir para o abastecimento de outras reservas na mesma bacia hidrográfica, ou até em outra, mas por falta de infraestruturas instaladas o transporte da água não ocorre.

Sob essa ótica e para melhor entender como uma intervenção que agregou a alocação negociada de água e a melhoria de ações emergenciais de infraestrutura pode ser considerada modelo de governança e boa prática em momento de seca extrema, a seguir será apresentado o estudo de caso da bacia hidrográfica do rio Piranhas-Açu, que está inserida no âmbito de dois estados, o Rio Grande do Norte (RN) e a Paraíba (PB), e que vem passando por grandes dificuldades pelas secas ocorridas durante cerca de 6 anos.

Ressalta-se que o registro das ações ocorre no período de 2016-2017, anos que foram mais expressivos quanto aos esvaziamentos dos reservatórios hídricos estratégicos daquela bacia hidrográfica.

Ainda cabe informar que este estudo de caso também foi registrado na *Revista Águas do Brasil*, um periódico que reúne temas sobre gestão e gerenciamento de recursos hídricos. O caso apresentado foi escolhido pela organização da revista pelo entendimento de que reflete uma ação prática de integração de sistemas e que as ações foram balizadas no cerne do desenvolvimento da participação legítima social.

ESTUDO DE CASO: INTEGRAÇÃO E PARTICIPAÇÃO SOCIAL – BACIA HIDROGRÁFICA DO RIO PIRANHAS-AÇU

Caracterização da área

Demonstrando-se como uma prática de ação desenvolvida pelos organismos que compõem o sistema nacional de recursos hídricos, o estudo de caso ora apresentado descreve um momento muito estratégico de intervenções ocorridas na bacia hidrográfica do rio Piranhas-Açu, que está inserida em um complexo sistema natural de ciclo de secas, fazendo a sociedade conviver com suas diversas necessidades, inteiramente dependentes das águas ali produzidas e armazenadas.

Essa bacia hidrográfica está inserida no território de dois estados, Paraíba (PB) e Rio Grande do Norte (RN). As chuvas ocorrem durante períodos curtos, certamente vulneráveis a anos de pluviosidade regular e anos de extremas secas.

O rio Piranhas-Açu é intermitente e tem sua alimentação totalmente dependente dos reservatórios de Coremas e Mãe D´água, ambos na Paraíba, além da barragem Armando Ribeiro Gonçalves que se localiza no Estado do Rio Grande do Norte. Naquele momento os reservatórios estavam em situações críticas quanto aos seus aportes hídricos de acumulação, como os dados atuais apresentados na Tabela 1.

Tabela 1 – Situação atual dos reservatórios

Reservatório	Volume (m^3)	Porcentagem (%)	Data de Leitura
Coremas	48.156.715,80	8,14	25/08/2017
Mãe D'água	28.877.900,50	5,08	25/08/2017
Armando Ribeiro Gonçalves	393.746.333	16,41	23/08/2017

Fonte: AESA e IGARN, 2017.

Essa bacia hidrográfica constitui um mosaico espetacular de grandes e diversos desafios para a gestão de recursos hídricos, que atualmente é compartilhada entre as esferas do governo federal e dos estados, por intermédio da Agência Nacional de Águas (ANA) e da Agência Executiva de Gestão de Águas (Aesa) e o Instituto de Gestão das Águas do Rio Grande do Norte (IGARN), respectivamente. Também não se pode deixar de mencionar a participação essencial do comitê da bacia hidrográfica do rio Piancó-Piranhas-Açu, colegiado que atua fortemente no sistema de gestão.

Os desafios ocorrem constantemente, uma vez que a bacia hidrográfica agrega importantes atividades econômicas, como a agropecuária, a fruticultura irrigada, a mineração e a aquicultura. Todas essas atividades econômicas dinamizam as regiões dos estados por onde passam as águas desse rio. Destaque para a fruticultura irrigada, que só para a região do Baixo Açu, no Rio Grande do Norte, chega a representar 25% do Produto Interno Bruto (PIB). Do outro lado da necessidade de água estão grandes cidades polos regionais, abastecidas por captações no leito do rio, como Patos, Cajazeiras e Sousa, na Paraíba; e Caicó, Assú, Mossoró e Macau, no Rio Grande do Norte.

Sendo assim, a união de esforços na gestão dessa importante bacia hidrográfica se faz essencial para que todos os cidadãos e cidadãs viventes e dependentes das águas daquele rio possam ter assegurado o direito às suas necessidades básicas, priorizando o abastecimento humano e a dessedentação animal.

É mister compreender que, nesse contexto de baixa disponibilidade hídrica, com rios intermitentes e altas demandas de água, principalmente para abastecimento humano e irrigação, a gestão da água na bacia passa por reflexões e conceitos ainda em construção, como a exemplo do abastecimento prioritário das cidades em detrimento das atividades do campo, e que, muitas vezes, não são atendidos para o abastecimento humano, mas sim urbano.

Todos esses aspectos relacionaram diversos cenários para resolução de conflitos, dos mais diversos tamanhos e intensidades, desde as alocações negociadas no âmbito do comitê até decisões técnicas restritivas e de estratégia emergencial, sob a condução do Grupo Técnico Operacional (GTO). Independentemente da arena de decisão, os encaminhamentos eram disseminados a todos os usuários por meio de variados mecanismos de comunicação, o que promovia – e promove – uma confiança para todos os atores envolvidos no processo de gestão. Sendo assim, conclui-se que as ações tomadas nestes últimos anos de seca na bacia promoveram uma relação de solidariedade e, principalmente, despiram as instituições e demais atores dos interesses individuais para atender às necessidades da coletividade, e - por força da necessidade e da escassez - compreender que o processo de gestão não tem modelo carimbado, mas se constrói com a união e o esforço recíproco dos envolvidos.

Atenuantes para as decisões e ações

As ações foram desenvolvidas de forma a promover uma interação institucional, e esta gerou uma sinergia entre os organismos gestores e demais atores do sistema que atendeu a uma engrenagem de interdependência sistêmica. Isto é, cada ator envolvido proporcionava ao outro uma demanda dependente de suas tomadas de decisão, como apresentado ilustrativamente na Figura 8.

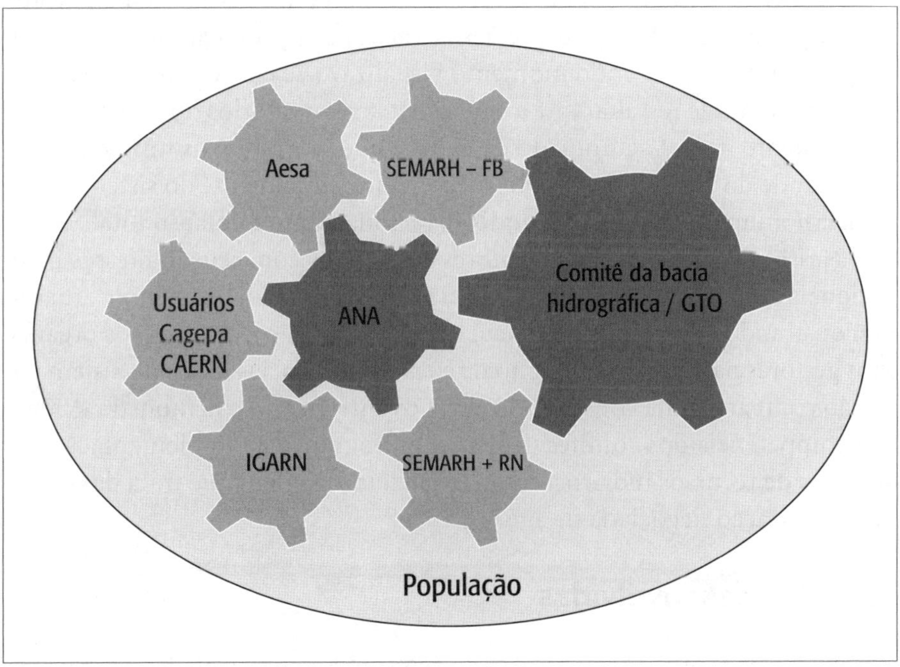

Figura 8 – Catraca de relação institucional.

Além da interação descrita, para que as tomadas de decisões realmente fossem concretizadas, os atores tinham, em suas relações diversas, o discernimento em premissas relacionadas com legislações vigentes (Lei das Águas, legislações institucionais e setoriais), a situação da crise financeira que vem atuando fortemente, e ainda persiste, para aumento das dificuldades da gestão e a fragilidade na governança das águas, que é um desafio constante.

Também foi importante nivelar os interessados e envolvidos no processo sobre a tradicional forma de dirimir conflitos de uso da água; a alternativa de abrir e fechar válvulas dispersoras não teria valia para um processo tão complexo. Isso foi comprovado pela necessidade de abertura da comporta de Mãe D´água para levar as águas às cidades da Paraíba e do Rio Grande do Norte.

A seca dos últimos seis anos foi a principal mola propulsora das ações emergenciais, em um momento em que os estados envolvidos se mostraram frágeis quanto às suas instituições gestoras, muitas vezes desprovidas de infraestrutura para ações básicas de gestão, como os monitoramentos e as fiscalizações. A própria ANA demonstrou que não estava preparada para atender a um momento tão especial como o que vivenciamos. Sendo assim, foram necessários muitos momentos de reflexões para que os três entes da gestão (ANA, IGARN e Aesa), em um esforço grandioso, unidos aos demais atores, e em especial o comitê, promovessem as ações que propiciaram a continuidade do sistema que a todo momento visualizava-se entrar em colapso.

Também vale ressaltar que a situação dos reservatórios do sistema estava em caimento de seu acumulado de água, e que, portanto, os municípios do Rio Grande do Norte e da Paraíba, dependentes totalmente do sistema, estariam em iminente processo de rodízio, racionamento e colapso total.

Nesse complexo sistema de atores envolvidos com seus interesses institucionais e singulares, o comitê da bacia hidrográfica foi fortemente atuante, demonstrando capacidade de articulação, mobilização e amparo aos organismos gestores para o cumprimento de suas competências legais no sistema de gestão compartilhada consolidado entre os entes. Aqui se demonstra evidente a competência dos comitês de bacias hidrográfica na implementação dos sistemas de recursos hídricos, como explicitado no item que trata das etapas para a alocação negociada de água.

As ações desenvolvidas

Para tentar operar o sistema de gestão com a efetiva eficiência, frente à infraestrutura existente na bacia hidrográfica naquele momento, diversas ações foram necessárias, uma se articulando com a outra, discutidas no âmbito do comitê e, assim, fazendo o sistema atender dentro de uma situação mínima, em que o principal conceito era manter a maior quantidade de água possível, durante o maior tempo permissível e chegando aos usuários.

Assim, entre as intervenções realizadas, podemos destacar algumas que foram imprescindíveis para o processo, que ocorreram desde a implantação de novas regras de gestão até a implantação de infraestruturas emergenciais, a saber:

Ações em gestão e gerenciamento de recursos hídricos

Resolução conjunta n. 640 de 18 de junho de 2015 da Agência Nacional de Águas (ANA), do Instituto de Gestão das Águas (IGARN) e da Agência Executiva de Gestão das Águas (Aesa)

A resolução teve por finalidade interromper quaisquer captações de águas superficiais para irrigação e outros usos, no trecho do rio Piancó a jusante do açude Coremas, na Paraíba, e rio Piranhas-Açu, no trecho compreendido entre a confluência com o rio Piancó e a Barragem Armando Ribeiro Gonçalves, no Rio Grande do Norte. Também foi necessário nessa Resolução interromper as captações de águas subterrâneas para irrigação e aquicultura, na faixa situada a 100 metros das margens dos dois rios, exceto as captações licenciadas e outorgadas pela Agência Executiva de Gestão das Águas do Estado da Paraíba (Aesa) e pelo Instituto de Gestão das Águas do Estado do Rio Grande do Norte (IGARN) que captam águas subterrâneas do cristalino.

É importante ressaltar que a Resolução só entrou em vigor após todos os usuários dos trechos atingidos serem informados, o que ocorreu por meio de reuniões sob responsabilidade do comitê.

Resolução Conjunta n. 1.202 de 26 de outubro de 2015 da Agência Nacional de Águas (ANA) e do Instituto de Gestão das Águas (IGARN)

Essa Resolução teve por finalidade estabelecer regras de restrição para captações de água localizadas nos açudes Armando Ribeiro Gonçalves e Pataxó, nos rios Açu e Pataxó e no canal do Pataxó, para usos múltiplos, exceto para abastecimento humano e dessedentação animal.

Aquicultores e irrigantes responsáveis por perímetros acima de 20 hectares tiveram que instalar dispositivos para registros dos volumes captados. O descumprimento das regras passou a ser passível de multa de até cinco mil ou embargo provisório ou definitivo de bombas.

Antes de fixar as regras nesse caso, ANA e IGARN realizaram reuniões com os usuários da região e receberam contribuições. Essa resolução também determinou que a Companhia de Águas e Esgotos do Rio Grande do Norte (CAERN) deverá adaptar suas captações de água no Açu e no Armando Ribeiro Gonçalves para níveis d'água inferiores aos que vêm sendo praticados.

As captações de águas subterrâneas no Vale do Rio Açu, a jusante do açude Armando Ribeiro Gonçalves, poderiam operar das 18h às 6h diariamente mediante autorização do IGARN.

Portaria n. 001/2016 de 07 de janeiro de 2016 do Instituto de Gestão das Águas (IGARN)

Essa portaria objetivou a suspensão de todos os usos de recursos hídricos no trecho entre a adução das águas da Barragem Armando Ribeiro Gonçalves para o canal do Pataxó e o ponto da captação da CAERN para o abastecimento da Adutora Sertão Central Cabugi, com exceção dos usos para consumo humano e dessedentação animal, até que o canal do Pataxó volte a operar com a vazão outorgada pela ANA de 1,05 m^3/s.

Campanhas de fiscalização

As campanhas de fiscalização passaram a ter intensidade após a instituição das Resoluções e Portaria anteriormente descritas. Então, no ano de 2016, principalmente, foram realizadas 9 campanhas de fiscalização, contabilizando um total de 126 vistorias, 5 sobrevoos.

Essas ações resultaram em 8 autos de interdição cautelar, 30 autos de infração, 14 embargos com lacração de bombas e 8 aplicações de multas.

As atividades de fiscalização ocorriam nos dois estados, com a participação dos órgãos gestores estaduais, AESA e IGARN, que colaboravam com a equipe da ANA. Quando da ausência dos fiscais da Agência Nacional, os dois órgãos estaduais realizavam as vistorias e emitiam àquela agência as denúncias qualificadas, que para o a ano de referência IGARN e Aesa emitiram 7(sete) e 8 (oito) denúncias, respectivamente.

A falta da água pela seca dos últimos anos, unida à intensificação das fiscalizações no ano de 2016, promoveu uma restrição e consequente diminuição dos sistemas de irrigação. Isso foi verificado por levantamento da ANA, quando apresentou que, de julho de 2014 ao mesmo mês de 2016, houve uma retração de área irrigada de 2062 ha para 58 ha nas captações do Coremas – Mãe D´água e dos rios Piancó e Piranhas.

Nesse mesmo contexto e ainda fruto das fiscalizações e restrições, foi possível identificar uma migração do manancial para irrigação, que tinha como fonte de captação o rio, para utilização de águas subterrâneas por meio de poços, constatação comprovada por registro de 82 poços encontrados durante as campanhas e sobrevoos.

As ações de fiscalizações ocorreram por campanhas planejadas, visando ao estudo de acompanhamento dos acordos firmados, e também em busca de ainda existirem usuários com novas captações durante todo o ano de 2017.

Intervenções na infraestrutura hídrica

Sacaria executada pela Companhia de Águas e Esgotos do Rio Grande do Norte (CAERN) para captação da adutora Manoel Torres

O sistema de captação da adutora Manoel Torres depende da alimentação do rio Piranhas após passar aproximadamente 10 (dez) quilômetros da divisa da Paraíba com o Rio Grande do Norte. Neste caso, a vazão do açude Coremas, à época de 3 (três) metros cúbicos por segundo, já tinha dificuldade em permanecer, uma vez que o reservatório vinha perdendo capacidade de defluência. Buscando atender à economia de água no sistema, foi preciso construir uma sacaria, em tempo emergencial, para que acumulasse pelo menos 10 dias de alimentação na captação da adutora e, assim, mantivesse o sistema, mesmo que em racionamento, funcionando para as cidades de Jardim de Piranhas, Timbaúba dos Batistas, São Fernando e Caicó.

Posteriormente, a sacaria passou a requerer maior manutenção, inclusive por interferência de usuários a jusante que se sentiram prejudicados, uma vez que a água represada já não banhava as suas áreas de captação.

Após algumas recomposições de sacos de areias, a CAERN resolveu melhorar a infraestrutura e passou a construir o barramento por alvenaria e sacos, o que melhorou substancialmente a captação e teve maior durabilidade quanto à ação das águas que vinham pelo rio e dos usuários, que indevidamente destruíam a sacaria.

A infraestrutura teve grande valia e até os dias atuais ainda continua reservando águas acumuladas pelo período de chuvas e pelo pouco fluxo que até os meses de abril e maio desse ano chegaram até a captação.

As Figuras 9 e 10, a seguir, mostram a intervenção pela construção do barramento por sacos de areia e após a construção dos barramentos com os sacos e recobertos com alvenaria de cimento, respectivamente.

Figura 9 – Sacaria de areia.
Foto: IGARN.

Figura 10 – Sacaria de areia revestida com alvenaria.
Foto: IGARN.

Adequação e melhoria nas captações dos reservatórios para os abastecimentos

Quando o reservatório de Coremas atingiu o volume crítico de 15 hm³, verificou-se a impossibilidade de abastecimento do rio, e, portanto, restava priorizar a cidade de Curemas. Nesse sentido, também foram realizadas intervenções de melhoria na captação, como apresenta a Figura 11.

Figura 11 – Adequação para abastecimento da cidade de Curemas/PB.
Fonte: ANA, 2016.

Já com a finalidade de alimentar o rio para a vazão máxima permissível, de modo que as águas chegassem às cidades da Paraíba e do Rio Grande do Norte, ocorreu a liberação da vazão pelo açude Mãe D´água. Essa intervenção foi uma das mais complexas de todo o processo, pois teve que realizar uma operação emergencial de adequação do barrilete anteriormente instalado, com derivações variadas, inclusive algumas delas sem a devida regularidade junto aos órgãos gestores. Também foi imperativa a realização da limpeza e desobstrução dos cursos d’água.

A adequação requereu uma forte força-tarefa, unindo todos os atores envolvidos (ANA, DNOCS, Aesa, IGARN, Cagepa, CAERN e CBH-PPA), além das relações em diversos momentos e por inúmeros conflitos que foram necessários solucionar para que não houvesse maiores impactos sociais no processo.

Essas obras foram essenciais para manter o sistema funcionando até os últimos meses do ano de 2107, cuja ajuda das chuvas, mesmo que irregulares, ainda aportou água ao sistema. Atualmente, o sistema dos dois reservatórios, Coremas e Mãe D´água, não mais atendem naturalmente a alimentar o sistema até a captação no RN, inclusive já com grandes dificuldades para as captações na divisa dos dois estados, especificamente no município de São Bento.

A Figura 12 apresenta as intensidades das intervenções realizadas na adequação do reservatório de Mãe D´água.

Esse estudo de caso deve ser entendido como uma boa prática na gestão e no gerenciamento de recursos hídricos que agregou os sistemas integrados, mas também reconhecido por ter possibilitado a prática efetiva de construção de modelos de gestão que, juntos, possibilitaram enfrentar um período de extrema seca no semiárido nordestino.

Figura 12 – Adequação de barrilete no reservatório de Mãe D'Água.
Fonte: ANA, 2016.

CONSIDERAÇÕES FINAIS

Após todos os processos ocorridos, algumas experiências mostraram que o planejamento de longo prazo é essencial para um melhor desempenho do sistema hídrico, principalmente visando à segurança hídrica e, mais que isso, à dignidade humana por ela ofertada. Porém, é mister lembrar que essa seca dos últimos seis anos vem gerar, além das consequências negativas à sociedade, um aprendizado particular, que é a construção coletiva da solidariedade em um semiárido, com toda a complexidade, em meio às demandas hídricas cada vez maiores e às mudanças climáticas acentuadas. E durante os processos de alocações negociadas de água fica evidenciada fortemente a agregação do valor humano quando se trata da busca em dirimir conflitos pelo uso da água.

O fortalecimento das instâncias deliberativas na gestão das águas se comporta como uma balança que equilibra os interesses, aqui destacam-se os comitês de bacias hidrográficas, que reúnem, mobilizam e atuam em parceria com os organismos gestores, que precisam de suas estruturações.

Maximizar as soluções em detrimento dos problemas é o desafio primordial, pois sistemas hídricos do semiárido estão em falhas constantes, e, portanto, o monitoramento é fundamental. Soluções inovadoras são necessárias, mas, em alguns casos, o mais simples pode ser a luz que falta.

Por fim, todo esse processo só pode ocorrer por homens, acima de tudo, de boa-fé e conhecedores das técnicas de gestão, estudiosos, usuários e organismos gestores, que se sentam à MESA... o que parece simples, de madeira ou outro tipo de insumo, mas é uma ideia formidável para que os humanos possam dialogar por igual e chegar a um consenso para o bem comum.

É mister, também, relatar que a realização da alocação negociada de água, seguindo os processos acima descritos, promove toda a articulação do sistema integrado de gestão e de gerenciamento de recursos hídricos. Isso é comprovado quando todos os atores envolvidos promovem o desencadeamento das tomadas de decisões estratégicas para atender às necessidades que são apresentadas.

A alocação negociada também promove a implantação dos instrumentos de gestão, como cadastramento de usuários, regularizações de obras hidráulicas e de direito de uso dos recursos hídricos, e, principalmente, fortalece o controle e o monitoramento no uso das águas, construindo, assim, elos que coordenam e fazem funcionar a integralidade do sistema de gestão e de gerenciamento de recursos hídricos.

REFERÊNCIAS

[AESA/IGARN] AGÊNCIA EXECUTIVA DE GESTÃO DE ÁGUAS/INSTITUTO DE GESTÃO DAS ÁGUAS DO RIO GRANDE DO NORTE. Disponível em: http://www.aesa.pb.gov.br/aesa-website/monitoramento/volume-diario/?tipo=atual .

______. Disponível em: http://sistemas.searh.rn.gov.br/monitoramentovolumetrico.

______. Portaria n. 001/2017, de 07 de janeiro de 2016.

______. Resolução Conjunta n. 1202 de 26 de outubro de 2015.

______. Resolução Conjunta n. 640 de 18 de junho de 2015 .

[ANA] AGÊNCIA NACIONAL DE ÁGUAS. Plano de recursos hídricos da bacia hidrográfica do rio Piancó-Piranhas-Açu/Agência Nacional de Águas. Brasília: ANA, 2016. Disponível em: http://piranhasacu.ana.gov.br/produtos/PRH_PiancoPiranhasAcu_ResumoExecutivo_30062016.pdf. Acesso em: 12 fev. 2019.

°BRASIL. Lei n. 9.433 de 8 de janeiro de 1997. Institui a Política Nacional de Recursos Hídricos, cria o Sistema Nacional de Gerenciamento de Recursos Hídricos, Brasília, DF.

Co-gestão hídrica: participação dos *stakeholders* na bacia hidrográfica do Tejo

34

Lia T. Vasconcelos
Arquiteta, MARE – FCT/UNL

Úrsula Caser
Geógrafa, Europëen Master em Mediação, MARE – FCT/UNL

INTRODUÇÃO

Um envolvimento intenso e ativo dos cidadãos na gestão dos recursos naturais constitui hoje um requisito obrigatório (ICPDR, 2018) e, ao mesmo tempo, um desafio para as áreas técnico-científicas. O objetivo é transformar os cidadãos em agentes mais informados, responsáveis e interventivos, guardiões ativos dos recursos existentes. Transformar os usuários de instrumento para agentes de mudança, envolvendo-os ativamente na gestão desses recursos, é fundamental se quisermos garantir a sustentabilidade a longo prazo. A sua concretização consegue-se mediante um processo participativo bem elaborado capaz de envolver e empoderar as partes interessadas em torno de um recurso específico, nesse caso, a água.

Aliás, no campo da gestão hídrica, a Diretiva-Quadro da Água (Diretiva 2000/60/CE) criou um novo compêndio de referências que clama pela ampliação do compromisso das partes interessadas e da sociedade civil, incentivando os Estados-membro da União Europeia a promover processos de participação genuinamente ativos que envolvam, de forma abrangente, todos os setores da sociedade.

O CONTEXTO

A Diretiva-Quadro da Água (Water Framework Directive) surgiu em 2000 e estabeleceu novas bases para a gestão hídrica e a proteção dos recursos hídricos. Essa Diretiva foi transposta para o sistema jurídico português pela Lei n. 58/2005, de 29 de dezembro (conhecida como Lei da Água) e pelo Decreto-Lei n. 77/2006, de 30 de março. Essa nova estrutura para o planejamento hídrico tem por objetivo proteger a água e garantir uma gestão sustentável desse recurso. Essa condição passou a ser uma obrigação do Estado coordenada pela autoridade nacional da água e da entidade gestora de recursos hídricos – Administração da Região Hidrográfica (ARH) – por meio de um sistema de planejamento integrado: os Planos de Gestão da Região Hidrográfica – PGRH, adaptados às características de cada bacia e região hidrográfica. Os planos constituem-se ferramentas de planejamento hídrico, como especificado na Diretiva-Quadro da Água e na Lei das Águas.

Os PGRH têm por objetivo fundamentar a gestão, a proteção e a valorização ambiental, social e econômica dos recursos hídricos, exigindo a participação dos cidadãos na elaboração, avaliação e revisão desses Planos de Gestão (arts. 26 e 84 a 86 da Lei n. 58/2005 de 29 de dezembro). Dentro desse contexto, ambos os dispositivos legais – a Diretiva-Quadro da Água e a Lei das Águas – enfatizam a importância de disponibilibilizar ao público todos os elementos relevantes para a elaboração, revisão e atualização dos PGRH em cada região hidrográfica, e estabelece períodos específicos para a participação nas fases decisivas do processo de planejamento. A ideia é coletar contribuições dos participantes durante todas as fases de desenvolvimento e incorporá-las nos Planos.

Diz-se que o apelo da Diretiva-Quadro da Água (Lei das Águas) à participação promove a transparência do processo decisório em virtude do maior envolvimento do público em questões que possam afetá-lo diretamente. Especificamente, a Diretiva-Quadro da Água faz menção ao "acesso do público à informação", ao seu "envolvimento na fase de consulta" e ao "envolvimento ativo" de todas as partes interessadas na produção, revisão e atualização regular dos PGRH.

A Diretiva-Quadro da Água não propõe formatos ou condições específicas para o processo participativo, deixando para cada Estado-membro a responsabilidade de desenvolver a sua própria estratégia. Entretanto, o documento delega aos Estados-membros a responsabilidade de disponibilizar ao público todas as informações constantes nos planos das bacias, inclusive as medidas de consulta a serem levadas em consideração e as questões significativas a serem abordadas, incentivando, desse modo, a coleta de contribuições. O principal objetivo do processo é a elaboração dos planos das bacias hidrográficas, diretamente ligados a cada unidade de gestão, neste caso, a região hidrográfica. Obviamente, a complexidade de um processo de planejamento consistente é grande devido à diversidade das partes interessadas, de interesses e dos possíveis processos de gestão. A diretiva anteriormente mencionada propõe também que as soluções desenvolvidas devem abordar as exigências locais e que as decisões finais "devem ser tomadas de modo a atender, o máximo possível, às necessidades locais na medida em que a água for afetada e utilizada". Acima de tudo, a prioridade deve ser "dada à ação no contexto da responsabilidade do Estado-membro mediante o desenvolvimento de programas de medidas rigorosamente ajustadas às condições regionais e locais" (Vasconcelos, 2004).

A Diretiva-Quadro da Água considera que a participação e a informação devem caminhar juntas e afirma que a participação depende de um processo adequado de informação ao público. Nesse sentido, a Diretiva-Quadro da Água refere-se não apenas aos documentos produzidos no contexto da diretiva, mas também às principais questões abordadas durante a elaboração do plano da bacia hidrográfica. De um modo geral, a Diretiva obviamente clama pela participação ativa dos agentes responsáveis, sensibilizando e orientando os participantes, no decorrer do processo participativo (Veiga et al, 2008). Além da Diretiva-Quadro da Água, existem vários acordos internacionais complementares – tal como a Convenção de Aahrus que reforça essas exigências – que tratam da disponibilidade de informações, da participação pública no processo decisório e do acesso à justiça nas questões ambientais (Vasconcelos e Fonseca, 2006).

APELO À PARTICIPAÇÃO PIONEIRA

Seguindo as exigências legais, o Estado português abriu um Concurso Público Internacional para a elaboração do PGRH do Rio Tejo, estruturado em cinco áreas temáticas. Em maio de 2010, a área de participação pública e avaliação ambiental estratégica, foi concedida à Biodesign, uma empresa de consultoria que subcontratou a nossa equipe – a wTeamUp – para o desenho e a facilitação da componente da participação pública presencial – os Fóruns.

Ávida por inovar no campo da participação pública para a elaboração de planos de gestão, a ARH considerou o processo de participação ativa no PGRH do Tejo uma prioridade, fornecendo-lhe recursos técnicos e financeiros especiais para permitir que uma equipe de especialistas qualificados o concretizasse. A ideia central consistia em implementar formas inovadoras de condução da participação durante todo o desenvolvimento do plano, oferecendo condições para experimentação e teste de metodologias participativas inovadoras que, mais tarde, pudessem ser ampliadas para o desenvolvimento participativo de planos para outras bacias hidrográficas.

A ideia girava em torno da necessidade de aproximar as esferas técnico-científicas da sociedade mais ampla (tais como: entidades públicas e privadas, instituições da sociedade civil, cidadãos interessados), trazendo para o processo uma diversificada gama de participantes-chave. Isso abriria o processo decisório para a incorporação de conhecimentos que estão distribuídos na sociedade para, desse modo, contribuir para soluções mais ajustadas e sólidas. Em suma, o objetivo geral consistia em articular e potencializar o conhecimento a partir de diversas perspectivas da sociedade, envolver aqueles que realmente utilizam os recursos hídricos e, desse modo, enriquecer o processo de planejamento e garantir uma gestão mais eficiente.

Para que isso acontecesse, o processo de participação para o PGRH do Tejo foi estruturado em três componentes.

1. **Participação ativa presencial** para contribuir de forma contínua para o desenvolvimento e aceitação do plano, operacionalizado principalmente por meio de fóruns abertos de responsabilidade da wTeamUp (www.wteamup.com), mas também integrando outras sessões (p. ex., seminários setoriais, reuniões do Conselho da Bacia).
2. **Participação on-line** apoiada por uma plataforma eletrônica para garantir amplo acesso e disseminar informações, bem como para coletar contribuições de forma mais intensa, abrindo novas frentes de acesso a um público mais abrangente (de responsabilidade do ISEGI – hoje Nova IMS – www.novaims.unl.pt/).
3. **Processo de comunicação de massa** com o objetivo de alcançar o grande público por meio de filmes, *outdoors*, *teasers*, folhetos, etc., fornecidos por diferentes empresas.

A nossa equipe – a wTeamUp – foi responsável pela primeira componente do PGRH do Tejo: a participação ativa presencial. Nesse sentido, o trabalho se realizou, em parte, pelos Fóruns, objeto de estudo central deste capítulo. Os Fóruns aconteceram por meio de sessões participativas abertas para o debates das questões relevantes do plano em três importantes etapas do processo e para coletar as contribuições dos participantes. Os Fóruns tiveram os seguintes objetivos:

- Capacitar os participantes a desenvolverem uma visão para um futuro comum. As estratégias cruciais foram a sensibilização e a conscientização para as realidades em que as comunidades locais vivem, a promoção da corresponsabilidade e a formação de agentes de mudança ativos e interventivos.

- Apoiar e informar as equipes técnicas envolvidas no desenvolvimento do plano. Essas equipes deveriam, por um lado, inteirar-se das sensibilidades e preocupações das comunidades locais num sentido mais amplo, e, por outro, alargar a perspectiva técnica com conhecimentos úteis da vida real.

Enquanto o primeiro objetivo visava um grupo mais alargado de interessados, o segundo concentrava-se mais na intensificação do entrelaçamento dos membros da equipe técnica com a sociedade civil, suas demandas, necessidades e preocupações.

Os Fóruns serviram como uma estratégia de operacionalização, constituindo-se sobretudo em um elemento sinérgico e revigorante para o processo de empoderamento das partes interessadas. Obviamente, a intervenção de profissionais externos independentes no projeto e na execução de todos os eventos e processos participativos desempenhou um papel fundamental.

ABORDAGEM TEÓRICA

O conceito de "participação" surgiu para "ampliar o direito reduzido de opinar" mediante o empoderamento da comunidade, compartilhando a ideia de que a imposição de decisões tomadas de cima para baixo sem o aval da sociedade leva ao fracasso (Christie e White, 2007). Por outro lado, o uso de uma abordagem informal de baixo para cima, conferindo às partes interessadas um papel-chave no processo (Berkes, 2009), tem mais probabilidade de alcançar um consenso e ser bem-sucedido (Ansell e Gash, 2008).

A participação ativa tem por principal finalidade garantir a colaboração interventiva e responsável de todas as partes interessadas. As estratégias de colaboração têm ganhado terreno na medida em que garantem meios de abordar as questões relacionadas aos sistemas socioecológicos, que, por sua vez, respondem à crescente demanda pela participação. Respaldado por duas ideias principais: o "intercâmbio social" e a "abordagem em rede", o conceito de colaboração provou contribuir para relações sociais mais duradouras, essenciais para a sustentabilidade a longo prazo (Nkhata et al., 2008). A ideia central é melhorar as mudanças relacionais que contribuem para dois tipos de capital: o "capital relacional" e a "conectividade". O montante de capital relacional é a reserva de atributos sociopsicológicos das relações sociais, que integram dois atributos: "confiança" e "compromisso". O grau de conectividade refere-se às relações sociais e à força dos elos das relações sociais, as quais podem se desdobrar em laços de parcerias, compartilhamento de atividades e recursos. Por exemplo, nas áreas de preservação natural, diz-se que as crescentes relações sociais desempenham um papel fundamental, uma vez que "dão lugar à conservação à medida que a conectividade relacional se expande e o capital relacional se consolida". Consequentemente, essas relações contribuem para transformar relações conflituosas em interações cooperativas (Nkhata et al., 2008). Emerge daí o estado de colaboração (Nkhata et al., 2008) e o conceito pode facilmente ser estendido a muitas áreas de potenciais conflitos ambientais ou de planejamento (gestão hídrica, produção de energia, etc.).

Convenção de Aahrus

A co-gestão ambiental tornou-se imperativa para um número cada vez maior de especialistas, e um crescente número de dispositivos legais visa direta ou indiretamente à sua promoção. Dentro desse contexto, o engajamento da sociedade civil é incentivado como uma maneira de garantir a sustentabilidade a longo prazo. A ideia básica é que a cidadania eficaz, ativa e responsável de todos é primordial para alcançar a sustentabilidade.

Entretanto, uma parte considerável dos especialistas técnicos contam com experiências frustradas com processos participativos (conduzidos de forma inadequada) e, por essa razão, consideram a participação como uma fonte de conflitos na sociedade, em vez de vê-la como uma contribuição para a solução (Petersen-Perlman 2017).

Existe muita controvérsia em torno de decisões públicas participativas, resultante da dificuldade de integrar efetiva e oportunamente as preocupações e os interesses dos afetados diretamente por tais decisões. Isso em geral contribui para a intensificação dos conflitos e a radicalização das posições, às vezes, praticamente impossibilitando a implementação de processos participativos nessa fase. Outras dificuldades frequentes derivam de situações em que: (1) o processo de tomada de decisões públicas não obedece ao envolvimento direto das populações potencialmente afetadas e negligencia, portanto, os direitos das partes interessadas desde as fases iniciais; e (2) há considerável resistência dos técnicos, por um lado (que veem a participação pública como uma interferência dispensável e um desafio para a sua qualificação técnica), e dos políticos, por outro (que consideram essa participação uma ameaça a seu poder adquirido, que deve ser evitada). E, por fim, (3) existem muitos mitos que persistem nas áreas políticas e/ou técnicas e dificultam a integração na componente da decisão social no processo, impedindo a possibilidade de intensificar e tirar partido da controvérsia (Vasconcelos, 2007).

No que concerne aos processos participativos de decisão pública, vigoram dois modelos de funcionamento com funções e regras distintas: o modelo instrumental racional e o modelo participativo interativo (Vasconcelos, 2007).

A questão é que a participação do cidadão está intimamente ligada à filosofia da democracia, da qual não tem como ser dissociada. Se o planejamento for considerado uma atividade política, então alguma forma de participação do cidadão parece ser necessária em um Estado democrático. Até agora, não houve consenso sobre o que seria uma forma de participação significativa, e os meios pelos quais se possa garantir a implementação bem-sucedida ainda estão por serem definidos. As opiniões divergem. Existe um pressuposto implícito entre os defensores da participação efetiva de que a participação aumenta a chance de realização do interesse público. Os planejadores devem ter o poder de propor decisões, mas simultaneamente serem obrigados a integrar o desejo e as demandas dos cidadãos nas suas propostas e soluções. Deve-se alcançar algum tipo de equilíbrio. Trata-se de um problema de liderança, organização, alternativas bem como de sistemas de responsabilidade e confiança (Day, 1997).

As reivindicações para a adoção da postura participativa – que podem ser traduzidas na ampliação do envolvimento do cidadão – justificam-se pela necessidade de envolver os usuários reais de um recurso no processo decisório a tal recurso concernente. Isso assegurará a inclusão dos diferentes tipos de conhecimento nas políticas propostas, garantindo uma implementação eficiente e eficaz atendendo adequadamente às necessidades dos usuários.

Com a virada deliberativa da década de 1990, a teoria da democracia passou de uma mera agregação de preferência a "um controle democrático por meio da comunicação que incentiva uma reflexão sobre a preferência sem coerção" (Dryzek, 2000). A ideia não é criar mais governo, mas operar em uma rede de instituições interdependentes. Essa mudança de perspectiva provou desempenhar um papel crucial para a contestação pública dos discursos. Uma maneira de contribuir para essa dinâmica é a criação e implementação de fóruns abertos ao público, planejados de modo a viabilizar debates interativos de ideias, de forma estruturada e facilitada que responda ao desafio levantado por eficiente (Bryson et al. 1992).

A participação social é de suma importância, visto que vivemos em um "mundo de poder compartilhado [...] sem um responsável específico", no qual as "instituições e entidades compartilham objetivos, atividades, recursos e poder ou autoridade visando à obtenção de vantagens coletivas e à minimização das perdas" (Bryson et al., 1992). Além disso, nas áreas de gestão organizacional e de políticas, os problemas em geral são altamente complexos. Rittel e Weber (1973) chamaram os problemas complexos de "problemas perversos", pois sempre subentende-se uma multiplicidade de possíveis soluções de acordo com a definição adotada para elas, razão pela qual a própria definição do problema exige um processo de formação de consenso. Aliás, a literatura especializada sugere que o modelo científico é inadequado nesses casos, uma vez que oferece regras para a solução dos problemas e não os define (Innes, 1990; Dryzek, 2000). Além disso, um dos aspectos frequentemente ignorado no processo decisório em contextos complexos é que as perspectivas, os fatos e as razões não são de natureza exclusivamente técnica. Consequentemente, as inúmeras opções políticas em geral exigem julgamento de valor, o que pode gerar muita controvérsia a médio ou longo prazo, quando tal juízo de valor não foi levado em consideração em um estágio anterior (Lake, 1987).

Conhecimentos significativos em situações deliberativas

De acordo com parte da literatura das ciências sociopolíticas, a realidade é socialmente construída (Berger e Luckmann, 1967) e o conhecimento socialmente construído é mais influente nos processos de decisão (Innes, 2000). Essa condição representa a perspectiva construtivista, partindo-se do princípio de que "a utilização do conhecimento é considerada um processo de construção, desconstrução e reconstrução de crenças em relação à verdade e utilidade dos achados de pesquisa" (Dunn, 1989). A busca por novos formatos de participação é essencial. Esses novos formatos devem promover a geração de capital social, intelectual e político (Innes et al, 1994; Gruber, 1994), permitindo o ajuste da perspectiva dos participantes. Esses espaços de diálogo geralmente produzem soluções inovadoras e, se bem-sucedidos, acabam contribuindo para a criação do capital institucional, o "projeto institucional sistemático" (Healey, 1997), mediante a introdução de novas regras e funções. Bryson et al. (1992) sugere que o "planejamento de políticas pode ser visto como o design e uso de fóruns, arenas e espaços de arbitragem, de forma intencional a fim de produzir os resultados desejados para uma política simbólica e substantiva".

Surge, assim, um novo desafio em termos de adequação dos processos institucionalmente definidos para a participação e o desenvolvimento da responsabilidade compartilhada entre as diferentes partes interessadas. Isso requer a abertura dos contextos operacionais, utilizando-se novas formas de envolvimento informado e ampliado, a fim de permitir a integração de valores e interesses dos *stakeholders* desde o início dos processos de tomada de decisão.

Envolvimento inadequado das partes interessadas

Parte dos especialistas pressupõe que a participação é unicamente um veículo de informação, e, por essa razão, as reuniões podem assumir um formato passivo, com uma baixa componente interativa e sem poder de deliberação. São, portanto, reuniões que visam à informação, e não à tomada conjunta de decisões.

Essa dinâmica de pouco envolvimento das partes interessadas no processo de decisão sobre as questões ambientais é recorrente em audiências e consultas públicas. Entretanto, a estratégia desse formato de reunião revelou-se inadequada para incorporar os interesses e aspirações das partes interessadas, uma vez que não garante integração suficiente dos diferentes tipos de conhecimento para evidenciar uma decisão consensual informada. Os métodos tradicionais são, portanto, limitados em sua capacidade de contribuir para o desenvolvimento de um senso de responsabilidade compartilhada entre as partes interessadas que visam à implementação das decisões.

Os processos de participação tradicionais que lidam com questões complexas e problemas perversos de planejamento e gestão ambiental têm gerado muita controvérsia. As grandes reuniões abertas não-estruturadas (com interação limitada) normalmente são realizadas somente no final do processo de planejamento. Como não há interação nessas reuniões, falta um fator essencial para a resolução de conflitos.

Por essa razão, defendemos a posição de que as abordagens participativas interativas, bem como a mediação de conflitos (Caser et al. 2017), são fundamentais para ampliar o envolvimento das partes interessadas nesses novos contextos. Além disso, um diálogo genuíno (no sentido proposto por Habermas, 1970, 1991) é essencial para o sucesso de um processo participativo. Obviamente, qualquer evento tem que ser, por um lado, moldado para a situação e o grau de envolvimento deve ser adequado a cada fase de planejamento, e por outro, facilitado de forma independente e profissional, a fim de permitir reuniões interativas estruturadas nas quais a participação das partes interessadas se dê de forma inclusiva, criativa e baseada no verdadeiro diálogo (Vasconcelos, 2000).

Em suma, a participação pública na gestão hídrica – como em qualquer área científica – tem uma estrutura conceitual e um conjunto de requisitos para garantir o seu sucesso.

Comunidades de Prática

O conceito de Comunidade de Prática (CdP) nasceu da teoria de sistemas e desenvolveu-se no âmbito do aprendizado social (Wenger, 2010; Lave, 1988; Bourdieu, 1977; Giddens, 1984; Foucault, 1980; Vygotsky, 1978). A Comunidade de Prática pode ser definida como "um grupo de pessoas que compartilham um ofício e/ou uma profissão" criada a partir de um sistema de aprendizagem social que, visto como um sistema, pode ser considerado em dois níveis: como "um sistema social simples" ou como "comunidades de prática inter-relacionadas" em sistemas sociais complexos (Wenger, 2010). Diz-se que quando as pessoas estão engajadas em atividades, conversações, reflexões conjuntas e outras formas de participação que exigem que eles produzam artefatos físicos e conceituais (palavras, ferramentas, conceitos, métodos, histórias, documentos, conexões com recursos e outras formas de reificação), nasce a "aprendizagem significativa" e o grupo se transforma em uma Comunidade de Prática (CdP). A multiplicação dessas CdP é fundamental para a criação gradativa de aprendizados emancipatórios dentro das comunidades locais.

FÓRUNS PARA O DIÁLOGO

O grupo de trabalho da Comissão Europeia, responsável pela emissão das diretrizes para os processos participativos previstos na Diretiva-Quadro da Água (Diretiva 2000/60/CE), defende que esses processos devem envolver ativamente os cidadãos, mas também constituir-se em oportunidade de aprendizado, a fim de desenvolver uma cidadania ativa e intervencionista. Com essa exigência sempre em mente, a equipe wTeamUp criou metodologias interativas estruturadas e divididas em fases para todos os eventos participativos. O objetivo das opções metodológicas é incentivar e potencializar a geração de contribuições eficazes por parte dos participantes, em um ambiente de trabalho estimulante que constantemente promova e fomente um diálogo informado e ampliado.

No presente capítulo, as autoras concentram-se especificamente nos Fóruns; entretanto, o processo participativo presencial, como um todo, foi muito mais complexo (Vasconcelos et al., 2012) e consistiu em várias outras sessões participativas, a saber: a) seminários setoriais com a participação exclusiva de técnicos, profissionais ou especialistas em planejamento (que integraram a equipe do PGRH do Rio Tejo) e convidados dos diversos setores de atividade; b) sessões de treinamento coordenadas pela wTeamUp para outros membros da equipe de desenvolvimento do plano; c) reuniões formais regulares, como as reuniões do conselho da região hidrográfica, que seguem um calendário planejado por antecipação. A Figura 1 sintetiza as sessões participativas realizadas no escopo da construção do PGRH do Rio Tejo. Todos esses eventos podem ser considerados como participação presencial, alguns com um formato mais passivo e outros mais ativos; entretanto, todos seguem normalmente as formalidades determinadas e o protocolo definido para a administração pública.

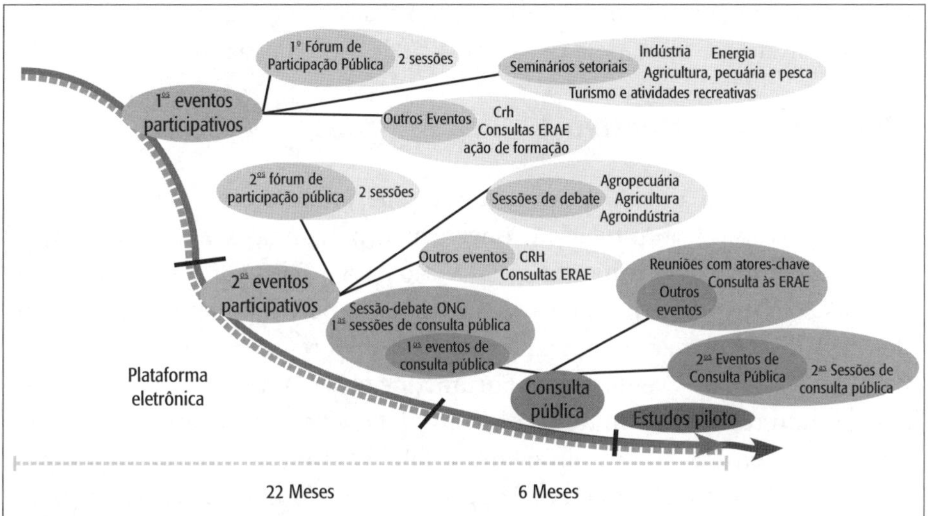

Figura 1 – Estratégia de participação pública ativa.
Fonte: http://sniamb.apambiente.pt/infos/geoportaldocs/Planos/PGRH5TEJO/PP%5CP-GRHTejo_partecomplementa. Acesso em: 16 Abr. 2017.

Houve três momentos emblemáticos de participação pública, programados e conduzidos pela wTeamUp: o primeiro período de eventos participativos ocorreu de novembro a dezembro de 2010, o segundo conjunto de intervenções foi de março a abril de 2011 e, por fim, o terceiro período, essencialmente a fase de consulta pública do plano (que exigiu um mínimo de 6 meses) aconteceu de agosto de 2011 a fevereiro de 2012.

A wTeamUp foi responsável pelo projeto metodológico customizado e pela facilitação de todos os fóruns, desenvolvendo uma sequência de elementos metodológicos estruturados e altamente interativos para todos os eventos (Caser e Vasconcelos, 2013). O objetivo geral consistia em criar formatos capazes de incentivar e potencializar a geração de contribuições efetivas de todos os participantes em um ambiente de trabalho estimulante. Todos os fóruns deveriam ter uma dinâmica que propiciasse aos participantes oferecer uma substancial e diversificada gama de contribuições. A opção metodológica, por conseguinte, deveria permitir e incentivar um diálogo genuíno, aberto, informado e ampliado e, consequentemente, a criação e o desenvolvimento conjunto de ideias e propostas.

Nas próximas seções, as autoras conduzem o leitor pelos três momentos de participação, descrevendo as metodologias desenvolvidas e as sessões facilitadas, concentrando-se nos Fóruns. Entretanto, todos os eventos participativos presenciais, além dos Fóruns, são citados nas figuras ao longo do texto, a fim de dar uma ideia mais holística de todo o processo.

Momento participativo 1

A principal finalidade das duas sessões que, juntas, formaram o 1º Fórum de Participação Ativa intitulado "Convergência para uma visão comum – Tejo 2030" foi construir, em conjunto, uma "Visão para o Tejo 2030". Vislumbrou-se um espaço aberto de debate, envolvendo todos os participantes presentes (um dos desafios foi obviamente fazer a sociedade civil responder ao convite para participar). Os dois eventos desse Fórum, que observaram a mesma metodologia, foram realizados em locais distintos dentro da área geográfica da bacia do Rio Tejo: em 23 de novembro em Castelo Branco (15 participantes) e em Almeirim, 25 de novembro (com 33 participantes). Ambos os eventos tiveram a duração de 3 horas, sendo realizados no horário das 18h às 21h a fim de garantir a participação das pessoas após o trabalho. As atividades desses eventos estão sintetizadas no Quadro 1. Os públicos-alvo foram, em cada caso, as comunidades locais das duas regiões escolhidas da bacia do Rio Tejo.

Quadro 1 – Eventos participativos (Fase 1) em Castelo Branco (23 de novembro de 2010) e Almeirim (25 de novembro de 2010), Portugal

	EVENTOS PARTICIPATIVOS (Fase 1)	
1º Fórum Participação pública ativa	Seminários setoriais	Outros eventos participativos
Castelo Branco 23 de novemtro de 2010 Escola Superior de Educação do Politécnico (18h-21h)	Agricultura, pecuária e pesca 30 de novembro de 2010	Ação de treinamento 8 de novembro de 2010

(continua)

Quadro 1 – Eventos participativos (Fase 1) em Castelo Branco (23 de novembro de 2010) e Almeirim (25 de novembro de 2010), Portugal (*continuação*)

	EVENTOS PARTICIPATIVOS (Fase 1)	
Castelo Branco 23 de novemtro de 2010 Escola Superior de Educação do Politécnico (18h-21h)	**Indústria** 30 de novembro de 2010	**5ª Reunião** Conselho da Região Hidrográfica 28 de outubro de 2010
Almeirim 25 de novembro de 2010 Complexo Desportivo dos Bombeiros Voluntários (18h-21h)	**Turismo e atividades de lazer** 2 de dezembro de 2010	**6ª Reunião** Conselho da Região Hidrográfica 14 de dezembro de 2010
	Energia 2 de dezembro de 2010	

As metodologias utilizadas para esse primeiro fórum foram baseadas principalmente em diferentes tipos de *brainstorming*. Começaram com a identificação de fatores relevantes para a gestão da bacia do Rio Tejo, passando, em seguida, ao desenvolvimento de ações destinadas a tratar desses fatores e culminando, por fim, na construção conjunta de macrocenários, que servem como *input* direto dos participantes para o planejamento.

Após as inscrições, a sessão de abertura teve início com o videoclipe promocional "Claro como água" desenvolvido pela equipe de comunicação para apresentar o tema, e chama a atenção para a importância do recurso "água" em suas diversas perspectivas. Após o vídeo, os participantes ouviram as apresentações sobre a estrutura do PGRH, sobre as equipes técnicas de trabalho, as informações disponíveis e como acessá-las. Além disso, eles receberam informações de como envolver-se ativamente no processo e lhes foi oferecida uma visão geral sobre a metodologia planejada para o processo de participação.

Em seguida, os participantes trabalharam em grupos com os fatores relevantes para a gestão da bacia do rio Tejo, desenvolvendo uma análise SWOT sobre as condições atuais do Rio Tejo e as iniciativas/ações necessárias para a "adoção" do Rio Tejo como "O Tejo deles para 2030".

Os participantes foram desafiados a selecionar um cenário (vetor unidimensional) desejável para o Tejo em 2030, podendo escolher entre os vários apresentados e defendidos por especialistas da equipa técnica – Agro Tejo, Tejo Turístico, Eco Tejo, Tejo Econômico, Eletro Tejo. Finalmente, se pretendiam ainda um "outro Tejo" podiam colocá-lo na caixa de "outros". A Figura 2 ilustra o painel disponibizado aos participantes para que pudessem selecionar o cenário mais apropriado na sua opinião. Esta votação foi feita antes da sessão e repetida no fim. Apresentam-se os resultados das votações antes e depois da sessão de participação, o que demonstra mudanças de opinião dos participantes após terem tido a oportunidade de debater as várias questões com os seus pares.

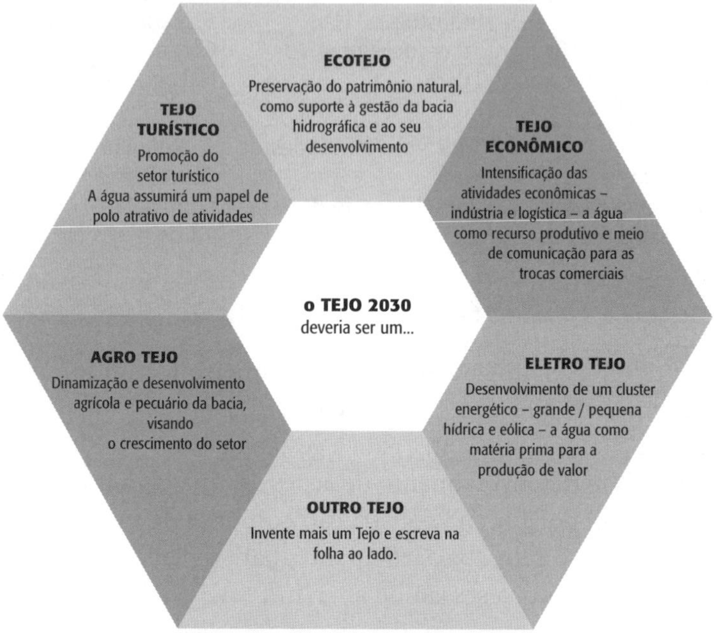

CASTELO BRANCO (ANTES)	CASTELO BRANCO (DEPOIS)
Agro Tejo - 5	Agro Tejo - 5
Tejo Turístico -3	Tejo Turístico -4
Eco Tejo - 7	Eco Tejo - 12
Tejo Econômico - 2	Tejo Econômico - 5
Eletro Tejo - 2	Eletro Tejo - 0
Outro Tejo – 2	Outro Tejo – 2
TOTAL 21	TOTAL 28

Figura 2 – Vetores unidimensionais: preferência demonstrada pelos participantes antes e depois da sessão.

Por fim, os grupos apresentaram seus resultados aos demais participantes durante uma sessão plenária. Todos os resultados foram transcritos para um relatório disponibilizado ao público.

Uma das reivindicações dos defensores da participação pública ativa é a criação de espaços de aprendizagem em que as pessoas, por meio do diálogo e da confrontação de ideias, da prática e do conhecimento, formem suas opiniões. A Figura 2 revela a votação dos participantes nas situações apresentadas nas fases inicial e final das sessões. Como se pode ver, houve uma mudança nos resultados da votação, sugerindo que os participantes reviram seus pontos de vista durante a sessão.

Os cenários preferidos – escolhidos pelos participantes – demonstraram forte preferência pelo Eco Tejo. A preservação do patrimônio natural do rio foi, portanto, o aspecto privilegiado pela maioria dos votantes, seguido pelo Tejo Turístico e pelo Tejo Econômico. Esse resultado serviu de base e direcionamento estratégico para o trabalho técnico dos planejadores, evidenciando, ao mesmo tempo, a visão de "Tejo 2030".

Em seguida, na Figura 3, apresentam-se os vários momentos de trabalho de grupo, bem como as planilhas utilizadas para a coleta dos contributos.

Figura 3 – Trabalhos em grupo e planilhas de trabalho utilizadas (exemplo).

Para ilustrar a diversidade das metodologias/técnicas para o primeiro momento de participação, apresentamos a seguir um conjunto delas relacionado em ordem alfabética. Para o primeiro Fórum, a equipe utilizou os seguintes elementos da "caixa de ferramentas do Fórum":

Construção colaborativa de cenários	Desenvolvimento conjunto de cenários pelos participantes
Formação coletiva de consenso	Elaboração de acordo coletivo

Combinação de interesses	Exploração e combinação de interesses e necessidades comuns, complementares e competitivos, facilitando a convergência
Priorização conjunta	Seleção dos aspectos relevantes pelos participantes
Formação de visão	Formação de visão coletiva em relação aos diferentes aspectos do plano, garantindo a coerência e o ajuste à realidade e expressando as expectativas futuras e a identificação dos vetores estratégicos a serem considerados

Momento participativo 2

As sessões do 2º Fórum de Participação Ativa objetivaram "identificar e validar as tendências das atividades setoriais das sub-bacias da bacia do Tejo" e "a identificação de problemas e definição de medidas" em um espaço aberto ao debate.

Quadro 2 – Eventos participativos (Fase 2) em Odivelas (15 de março de 2011) e Coruche (17 de março de 2011), Portugal.

	EVENTOS PARTICIPATIVOS (Fase 2)	
2º Fórum Participação pública ativa	**Sessões de debate**	**Outros eventos participativos**
Odivelas 15 de março de 2011 Auditório Municipal (16h-19h)	**Agricultura** 05 de abril de 2011	**7ª Reunião** Conselho da Região Hidrográfica 31 de março de 2011
	Agroindústria e agropecuária 05 de abril de 2011	
Coruche 17 de março de 2011 Observatório do Sobreiro e da Cortiça (16h-19h)		

Na etapa em que se ocorreu o 2º Fórum foram realizados sessões específicas de debates temáticos e outros eventos participativos (Quadro 2) que alimentaram o plano com contribuições adicionais.

Novamente, os dois eventos do 2º Fórum utilizaram a mesma metodologia, embora diferente do momento de participação 1, e foram outra vez realizados em duas regiões distintas dentro da área geográfica da bacia do Rio Tejo. Nota-se que as regiões diferiram daquelas escolhidas para o primeiro Fórum, a fim de cobrir melhor toda a bacia do Rio Tejo. O segundo Fórum foi realizado em 15 de março em Odivelas (22 participantes) e em 17 de março em Coruche (29 participantes). Tal como o primeiro Fórum, o segundo também teve duração de 3 horas, tendo sido realizado das 16h às 19h, portanto, mais cedo que as sessões anteriores de modo a atender à solicitação dos participantes do primeiro Fórum. Os públicos-alvo foram, em cada caso, as comunidades locais das regiões escolhidas da bacia hidrográfica.

Nesse segundo Fórum, os participantes foram convidados durante a fase inicial a "percorrer a galeria de cartazes técnicos", passando por todos os trabalhos já realizados pelas diversas equipes técnicas, com especial atenção à caracterização da bacia do Rio Tejo em diferentes setores.

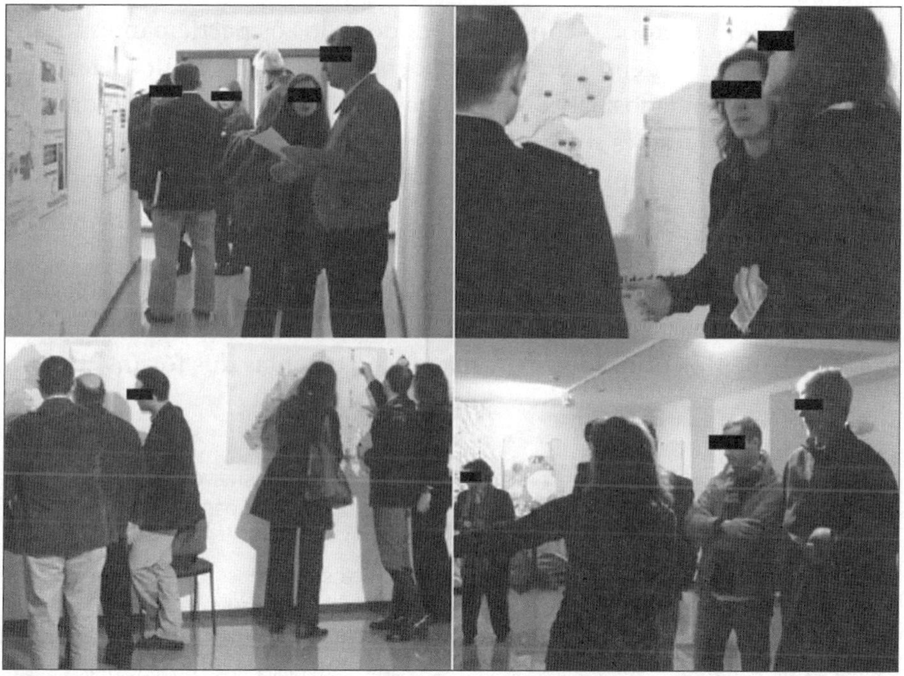

Figura 4 – Visita ao Plano – Participantes percorrendo a galeria de cartazes técnicos em Odivelas (15 de março de 2011) e Coruche (17 de março de 2011), Portugal.

A opção por esta metodologia num formato de percurso de galeria visou forçar a presença das equipes das componentes biofísicas (e.g., águas superficiais, águas subterrâneas, geologia) ao longo de toda a sessão, culminando no feedback na sessão final dos trabalhos, oferecendo respostas às perguntas iniciais dos participantes. A ideia-chave era conseguir, dessa forma, ultrapassar o funcionamento de setorização frequente nestes projetos e criar dinâmicas de cruzamento de fluxos de informação, quer com os participantes, quer entre as próprias equipes, priveligiando um diálogo mais transversal e multidisciplinar.

Em seguida, os participantes trabalharam em grupos que se concentraram nas diferentes sub-bacias identificadas para o Rio Tejo. A tarefa específica consistiu em validar os "Prováveis cenários para 2015, 2021 e 2027" propostos pela equipe técnica responsável pelo desenvolvimento do plano. Os participantes foram convidados também a selecionar, a partir de uma lista predefinida, as medidas a serem adotadas diante dos cenários validados por eles e foram desafiados a compartilhar as suas reflexões com os demais participantes.

Ao final do evento, as contribuições de todos os participantes foram coletadas, a saber, a identificação das tendências e a validação dos setores de atividade recomendados para serem desenvolvidos nas sub-bacias hidrográficas definidas. Questões subjacentes a essas considerações foram os futuros cenários do plano e os problemas e medidas identificados. Todas essas contribuições deveriam ser integradas ao programa de medidas que seria proposto pelas equipes técnicas em etapa seguinte do PGRH.

Para ilustrar a diversidade de metodologias/técnicas utilizadas no segundo momento de participação, apresentamos uma listagem por ordem alfabética. Os elementos utilizados da "caixa de ferramentas dos fóruns" foram, neste caso:

Criação colaborativa de soluções conjuntas	Desenvolvimento interativo de soluções conjuntas pelos participantes (em subgrupos)
Visita ao plano – percurso pela galeria	Passeio pelos trabalhos já desenvolvidos, com o respaldo de cartazes com a explicação e os esclarecimentos dos técnicos
Validação de cenários	Seleção colaborativa dos cenários mais desejáveis entre os propostos, justificativa conjunta da seleção e explicação sobre a percepção das tendências evolutivas

Técnicas de comunicação/informação	Desenvolvimento dos formatos e materiais adequados para uma comunicação eficaz acessível a todos os participantes
Técnicas de mediação de conflito	Combinação articulada entre os participantes em caso de divergência crescente

Momento participativo 3

O 3º momento da participação pública refere-se à consulta pública do PGRH. Uma consulta pública em Portugal requer a disponibilização da proposta ao público durante, pelo menos, 6 meses. Os dois Fóruns realizados anteriormente tiveram por objetivo apresentar o conteúdo do plano e promover o envolvimento das partes interessadas e da população em geral na análise da gestão dos recursos hídricos proposta. Obviamente, um diálogo aberto entre a sociedade civil e a administração foi fundamental para incentivar um intenso debate dos problemas e a busca conjunta por soluções.

Todas as sessões de consulta pública começaram com uma apresentação do plano, setor a setor. Durante cada apresentação temática, os participantes foram incentivados a contribuir com seus comentários e perguntas, anotando-os nas planilhas de trabalho elaboradas especificamente para esse fim. Após esta apresentação e enquanto as equipes técnicas se debruçaram sobre as perguntas recolhidas, os participantes trabalharam em grupo e analisaram desafios específicos. A sessão terminava com a apresentação dos trabalhos de grupo e o feedback das equipes técnicas a uma parte das perguntas coletadas no início da sessão. Um vez que não era possível responder a todas as perguntas exaustivamente, a equipe técnica se comprometeu a elaborar respostas para todas elas e colocá-las no site do projeto, de forma acessível aos participantes.

As primeiras sessões ocorreram em 2011 em Ourém (duas sessões consecutivas no dia 9 de novembro) e em Ponte de Sor (duas sessões consecutivas no dia 10 de novembro). As sessões tiveram como objetivo a coleta de contribuições junto aos participants e a discussão das medidas propostas pela equipe técnica para as sete áreas temáticas propostas para se pensar a gestão da bacia do Rio Tejo, quais sejam: 1) Estrutura legal e institucional; 2) Quantidade de água; 3) Gerenciamento de riscos e avaliação do domínio hídrico; 4) Qualidade da água; 5) Monitoramento, pesquisa e conhecimento; 6) Comunicação e governança; 7) Quadro econômico e financeiro.

Durante esse período – e paralelamente aos fóruns – realizou-se uma série de outros eventos participativos (Quadro 3) que alimentaram o plano com contribuições adicionais.

Quadro 3 – Eventos participativos (Fase 3) – Sessões do primeiro evento em Ourém (9 de novembro de 2011) e Ponte de Sor (10 de novembro de 2011) e sessões do segundo evento em Tomar (13 de fevereiro de 2012) e Vila Franca de Xira (14 de fevereiro de 2012), Portugal

EVENTOS PARTICIPATIVOS (Fase 3) *Agosto de 2011 – Fevereiro de 2012*		
Sessões do primeiro evento de consulta pública	**Sessões do segundo evento de consulta pública**	**Outros eventos participativos**
Ourém 9 de novembro de 2011 Cine Teatro (14h30-18h/18h30-20h40)	**Tomar** 13 de fevereiro de 2012 Complexo Desportivo Municipal (14h30-18h)	**Debate** **Movimento Pró-Tejo** **"Navegar contra a indiferença"** 24 de setembro de 2011
Ponte de Sor 10 de novembro de 2011 Centro de Artes e Cultura (14h30-18h/18h30-20h40)	**Vila Franca de Xira** 14 de fevereiro de 2012 Sobralinho Palace (14h30-18h)	**Consulta ONG** Liga para a Proteção da Natureza 20 de outubro de 2011(18h-21h)
		Reunião setorial com BCSD Portugal 16 de novembro de 2011
		Seminário APRH **Águas de subsolo nos planos de gestão da bacia hidrográfica** 18 de novembro de 2011
		Debate **Movimento Pró-Tejo** **"Reivindicações em relação ao plano de gestão da região da bacia"** 20 de novembro de 2011
		Reunião com o Conselho Consultivo do Meio Ambiente e da Água da Confederação dos Agricultores Portugueses 30 de novembro de 2011
		Sessões de trabalho com a participação do **Prof. Edmilson Teixeira** 09-13 de janeiro de 2012

(continua)

Quadro 3 – Eventos participativos (Fase 3) – Sessões do primeiro evento em Ourém (9 de novembro de 2011) e Ponte de Sor (10 de novembro de 2011) e sessões do segundo evento em Tomar (13 de fevereiro de 2012) e Vila Franca de Xira (14 de fevereiro de 2012), Portugal (*continuação*)

EVENTOS PARTICIPATIVOS (Fase 3) *Agosto de 2011 – Fevereiro de 2012*		
		Comunicados/documentos 11º Congresso da Água Avaliação da água em um contexto de crise 06-08 de fevereiro de 2012
		9ª/10ª/11ª Reuniões Conselho da Região Hidrográfica

As segundas sessões de consulta pública realizaram-se no período de dezembro de 2011 a fevereiro de 2012. Mais uma vez, os participantes tiveram que se pronunciar em relação às medidas propostas para o PGRH da bacia do Rio Tejo, respondendo às sete áreas temáticas. Do ponto de vista metodológico, cada participante foi encorajado a refletir sobre duas áreas geográficas distintas daquelas que tinha selecionado para as primeiras sessões (do segundo evento). A preparação detalhada dos resultados, divulgação e organização foram reajustadas de acordo com os resultados e feedbacks das primeiras sessões.

Duas sessões foram organizadas e conduzidas, sendo uma em Tomar (13 de fevereiro de 2012) e uma Vila Franca de Xira (14 de fevereiro de 2012). As duas sessões contaram com um total de 53 participantes.

Como antes, as sessões começaram com uma apresentação do plano, setor a setor. Em vez de um debate imediato sobre as apresentações, os participantes foram, novamente, convidados a trabalhar em grupos. Cada grupo analisou as medidas propostas no plano para duas áreas temáticas. Os participantes tiveram também a oportunidade de identificar e propor novas mediadas que considerassem importantes. Por fim, cada grupo selecionou as três medidas que, a seu ver, apresentavam o melhor custo-benefício.

A esse momento de trabalho seguiu-se uma sessão plenária, na qual os membros da equipe técnica puderam verificar os comentários dos participantes anotados durante suas apresentações iniciais e acrescentar novas questões ao debate.

Para ilustrar a diversidade de metodologias/técnicas utilizadas no terceiro momento de participação, seguem relacionadas por ordem alfabética. Os elementos da "caixa de ferramentas dos fóruns" utilizados nesses eventos foram:

Brainstorming coletivo interativo	Geração conjunta de ideias para criar um conjunto de interesses e identificar os interesses dominantes dos grupos
Formação colaborativa de soluções conjuntas	Desenvolvimento de soluções conjuntas pelos participantes
Técnicas de comunicação/informação	Desenvolvimento de formatos e materiais adequados para uma comunicação eficaz acessível a todos os participantes

De modo semelhante aos primeiros eventos, durante esse período, os outros eventos participativos realizados paralelamente multiplicaram o *input* recebido, a fim de englobar a opinião de partes interessadas cruciais até então não consultadas, como as organizações não governamentais (ONGs) pertinentes (como registrado no Quadro 3, coluna 3). É importante ressaltar que, durante esse período, várias sessões de trabalho (09-13 de janeiro de 2012) contaram com um participante externo brasileiro, especialista em gestão participativa dos recursos hídricos. Isso favoreceu a avaliação geral aprofundada do processo participativo, mais especificamente a avaliação do desempenho das metodologias selecionadas pela equipe da participação e das consequentes ações propostas.

Nas sessões participativas presenciais, foi coletado um total de 415 contribuições, e 138 delas constituem medidas novas (ARH, 2012). Apesar do indiscutível valor dos indicadores quantitativos para uma avaliação do processo participativo (tais como número de eventos, convites enviados, partes interessadas/participantes envolvidos, contribuições e produtos construídos ao longo do processo), a riqueza e o sucesso do processo deriva-se da ativação do potencial transformador da sociedade gerado por esse tipo de processo. Esses fatores provaram ser passíveis de avaliação por meio de mudança gradativa, mas eficaz, das ideias, dos valores e atitudes dos participantes, e da capacidade de transformar esses participantes em agentes sociais mais responsáveis e intervencionistas em relação à gestão dos recursos hídricos.

A avaliação final do processo por todas as equipes de trabalho mostrou as vantagens e desvantagens dessa maneira inovadora de organização de uma consulta pública (ARH, 2012):

Vantagens

- Desenvolvimento de um processo participativo sólido, estruturado e contínuo.
- Criação de um conjunto de metodologias diversificadas para as atividades durante as sessões (a "caixa de ferramentas do fórum").
- Boa distribuição da carga e da estratégia de trabalho entre a equipe técnica do plano e a equipe da participação pública.
- Criação de ambientes de trabalho estimulantes com debates vigorosos e participação intensa.
- Elaboração de uma participação efetiva e de contribuições significativas e que possam ser implementadas ao PGRH.
- Inclusão genuína e verdadeira dos participantes no processo decisório, determinada pelo respeito às suas ideias. Os efeitos colaterais foram a reflexão e o esclarecimento das opiniões dos participantes, bem como a intensificação de suas motivações para participar em outros eventos semelhantes.
- Capacitação dos participantes como agentes ativos para a divulgação de informações.
- Envolvimento ativo dos municípios em que as sessões foram realizadas, bem como das regiões circunvizinhas.

Desvantagens

- Desmotivação de setores da população em relação às iniciativas de participação pública.
- A natureza profundamente técnica e ampla do plano tornou-o excessivamente abstrato para um número significativo de pessoas sem envolvimento direto.
- Falta de interesse/conhecimento de alguns setores da sociedade civil em relação às estratégias desejáveis de proteção, gestão e governança dos recursos hídricos.

Como vimos, a avaliação anteriormente descrita refere-se à autoavaliação das equipes. Entretanto, um elemento-chave desse tipo de processo são os participantes. Apresentamos a seguir suas opiniões.

As opiniões dos participantes

Durante todo o processo participativo, a principal preocupação da equipe foi com o sucesso contínuo do processo. Por essa razão, todas as sessões foram monitoradas por meio de um formulário de avaliação para coletar as impressões e preocupações dos participantes e, desse modo, permitir os ajustes metodológicos e melhorias necessários. Baseado na avaliação dos diversos Fóruns, apresentamos a seguir alguns aspectos relevantes que revelam aprendizagem e mudanças nas perspectivas dos participantes, ou outras mudanças interessantes.

As avaliações realizadas sempre no fim das sessões durante todo o período de consulta revelam que 100% dos participantes gostaram de fazer parte das sessões, 87% consideraram que suas ideias foram respeitadas e 94% voltariam, com prazer, a participar em sessões semelhantes. Ao perguntar aos participantes "do que você mais gostou?", obtivemos as seguintes respostas (seleção exemplificativa sem qualquer ordem específica):

- Conhecimento da existência de novas ferramentas
- A maneira ativa e amigável como os temas foram debatidos
- Trabalho em grupo
- A metodologia prática e interativa do Fórum
- A colaboração interativa entre os diversos grupos
- Participação direta dos intervenientes, o discurso direto
- Metodologia de procedimento
- A forma de animação
- Disciplina
- Tipo de ação
- Plenário e discussão de ideias
- Dinâmica
- Oportunidade de ouvir as sensibilidades dos outros setores

Isso mostra como os participantes avaliaram positivamente a dinâmica criada e o diálogo aberto, bem como a oportunidade de influenciar diretamente o processo de planejamento. Ficou claro que os participantes ficaram satisfeitos com a metodologia e a interação.

Outra pergunta foi: "Qual a mais-valia do processo para você? Por quê?" As seguintes respostas podem servir de ilustração (seleção exemplificativa sem qualquer ordem específica):

- Visão global da bacia hidrográfica por meio das sessões de apresentação
- Melhor conhecimento e entendimento dos fatores que contribuem para a degradação dos recursos hídricos
- Aquisição de conhecimento em relação aos pontos de vista de intervenientes muito diversos. Isso é muito importante para as tarefas de trabalho em minha profissão

(continua)

(*continuação*)

- Esclarecimento de cada tópico, embora tratado de forma muito superficial
- Troca de ideias e conhecimento de outras realidades
- Melhor conhecimento do plano hidrográfico
- Conhecimento dos procedimentos e metodologias de uma discussão pública
- Promoção de uma reflexão sobre os tópicos
- Troca de experiências
- Troca de impressões
- Conhecimento da diversidade de opiniões dos intervenientes
- Insight mais profundo das opiniões dos diversos setores
- Oportunidade de conhecer as opiniões e a percepção dos diferentes participantes

Pelas respostas, ficou óbvio que houve um processo de aprendizagem efetivo durante os fóruns, uma vez que os participantes geralmente se referem a questões como: conhecimento, troca de conhecimento, oportunidade de ouvir as opiniões e reflexões dos outros, etc.

Lições aprendidas e algumas orientações

O processo participativo como um todo, tendo os fóruns como elemento central, foi também uma oportunidade de aprendizagem para a equipe que o coordenou. Por essa razão, compartilhamos aqui algumas das lições aprendidas, que surgiram como forma de desenvolvimento das melhores práticas para o futuro.

Complexidade

É fundamental que a equipe considere a complexidade do processo durante toda a elaboração do plano e na escolha de cada uma das metodologias usadas em cada etapa, uma vez que projetos como este são multissetoriais, multipropósito e multiescala.

- Multissetorial: processo que envolve participantes de diversos campos de atividade, propiciando a interação entre seus conhecimentos e competências.
- Multipropósito: processo que leva em consideração os aspectos sociais, físicos e econômicos de um problema, visando à integração dos diferentes objetivos dos participantes e almejando soluções adequadas.
- Multiescala: processo que busca utilizar e envolver simultaneamente diferentes escalas espaciais.

Gestão profissional de processos

A gestão profissional de processos é indispensável, uma vez que não existe "receita" para a criação e condução de um projeto de intervenção complexo desse tipo. Além disso, existe um conjunto de requisitos procedimentais como condições básicas para o sucesso:

- *Gestão adaptativa flexível*: durante a elaboração ou condução do processo, a equipe tem que garantir a flexibilidade, devendo estar pronta a adaptar-se e de adaptar o desenho do processo bem como o uso de metodologias específicas de forma criativa a contextos diversificados ou espontaneamente a mudanças inesperadas.
- *Facilitadores profissionais externos*: a qualificação em uma facilitação sólida é primordial em virtude do conhecimento metodológico e da competência necessários para lidar com estruturas procedimentais complexas e participantes difíceis. Além disso, por serem externos ao conteúdo, as partes interessadas e os participantes uma equipe facilitadora profissional garante a sua independência e neutralidade quanto aos conteúdos, análises, propostas e soluções porventura elaboradas durante o processo. Esse é um elemento essencial para a construção da confiança entre os participantes em relação ao processo.

Todos os conhecimentos são relevantes

O conhecimento técnico por si só não garante a melhor solução, especialmente quando se trata de problemas complexos e perversos, como a gestão sustentável de um recurso natural, tendo a água como exemplo. Aproveitar ao máximo os conhecimentos presentes na sociedade e trazê-los para o processo decisório contribui para soluções mais completas e sólidas. É importante ter em mente que:

- O conhecimento técnico multidisciplinar é, sem dúvida, fundamental em todas as fases, mas, obviamente, é apenas uma parte do todo. Existem muitos outros tipos de conhecimento, que podem ser trazidos para o processo pelos participantes, que geralmente desempenham um papel importante na busca de soluções adequadas.
- Em geral, as soluções baseadas exclusivamente no conhecimento técnico carecem de aceitação pública, apresentam baixa sustentabilidade e podem gerar conflitos.

- As soluções sustentáveis amplamente aceitáveis e passíveis de implementação somente podem ser desenvolvidas quando todos os tipos de conhecimento (técnico e não-técnico) são abordados.
- Os agentes de decisão e planejadores políticos atuam em esferas muito específicas, distantes do nível local, e geralmente não têm familiaridade com as ideias circulantes no seio da sociedade mais ampla.
- Não é de se esperar que a sociedade civil participe com uma base técnica, mas sim, que ela traga para o processo experiências de vida de longo prazo e interesses e necessidades concretas do cotidiano da vida real.

As partes interessadas não são egocêntricas

Existe uma ideia generalizada de que as partes interessadas são egocêntricas e só defendem os seus próprios interesses. A experiência mostra no entanto que isso não é verdade e que, com o avançar do processo, se cria uma identidade coletiva que acaba por privilegiar o bem comum. Além disso, os interessados trazem uma grande variedade de interesses, necessidades e valores para o processo. Eles têm o direito legítimo de querer que seus interesses sejam satisfeitos. Acontece que, em um processo participativo consistente, os envolvidos descobrem quase sempre interesses e necessidades comuns e complementares, o que ajuda a chegarem a consensos parciais quanto a decisões de planejamento. No decorrer do processo, os interesses coletivos tendem muitas vezes a se sobrepor aos interesses individuais.

A comunicação é essencial

O desenvolvimento dos processos participativos não consegue ser bem-sucedido sem uma estratégia de comunicação ativa e eficiente que alcance os grupos e pessoas essenciais e extremamente necessários no processo, os chamados grupos-alvo. A comunicação para a mobilização é um desafio decisivo. A qualidade de qualquer processo participativo depende de uma boa estratégia de mobilização e da sua implementação bem-sucedida. É necessário usar todos os canais de comunicação, de forma competente e complementar, é preciso aproveitar os métodos tradicionais e as redes sociais existentes (tais como a família, grupos de amigos, colegas, etc.) e utilizar eficientemente todas as mídias sociais (Facebook, Instagram, Twitter e outras). Entretanto, as autoridades políticas do alto escalão ainda por vezes não estão familiarizadas com esses possíveis canais de comunicação e podem hesitar em usar as mídias sociais. Por essa razão, é de suma importância convencê-las a inovar nesse sentido, mostrando como estratégias deste gênero podem ser úteis e ter um baixo custo. A melhor forma de garantir esse uso é incluir um membro jovem e ágil na equipe, com qualificação em mídia digital e social e experiência para implementar esse tipo de promoção e mobilização.

Nos processos com participação pública ativa, desde de sua fase inicial, deve se tratar o processo, o problema e as pessoas separadamente. Entretanto, o desafio consiste no enlace competente e nas proporções certas dessas três perspectivas no decorrer do processo, a fim de criar uma dinâmica processual colaborativa bem-sucedida.

- Processo: o facilitador é o dono do processo e deve ser independente da questão em debate e neutro e equidistante em relação aos participantes, garantindo a todos no processo o mesmo "tempo de intervenção".
- Pessoas: por um lado, a dinâmica do debate tem que ser suficientemente confrontativa, mas, por outro, deve evitar uma escalada descontrolada dos conflitos. O equilíbrio das intervenções dos participantes, estabelecido e mantido de maneira profissional, permite um aprendizado mútuo sobre os pontos de vista e atitudes de cada um, ajudando os participantes a modificar sua atitude discursiva do "eu" *versus* "você" para "nós todos juntos temos esse problema em comum".
- Problema: a facilitação externa é essencial para fazer com que as partes interessadas se concentrem exclusivamente no conteúdo em discussão. A estratégia de elaboração do processo visa a gerar reflexões inclusivas e conjuntas em todas as fases ("nós, juntos, temos um problema a resolver"). Se bem-sucedida, a oportunidade para a expressão de antagonismo emocional ou para a escalada de conflitos será cada vez menor.

A separação e o enlace do processo, das pessoas e do(s) problema(s), em um ritmo adequado, permite que os políticos, os técnicos, as partes interessadas institucionalizadas e a sociedade civil instruam-se uns aos outros sobre o seu múltiplo e diverso espectro de pontos de vista, valores e emoções e apoiem uma dinâmica de grupo que permita a todos os participantes envolvidos identificar interesses comuns compatíveis e concorrentes. Essa condição será fundamental para que todos trabalhem com entusiasmo por uma solução comum.

CONSIDERAÇÕES FINAIS

Um processo de planejamento participativo inovador foi minuciosamente desenvolvido e implementado de forma estruturada através de um conjunto de fóruns de participação no contexto do Plano de Gestão da Região Hidrográfica para a bacia do Rio Tejo. Recorreu-se ao suporte de um conjunto de técnicas/metodologias customizadas e desenvolvidas especificamente para cada evento. Cada fórum, método e elemento metodológico buscou objetivos específicos e lidou com o conteúdo em discussão de forma inclusiva, criativa e adequada. Consequentemente, desenvolveu-se uma "caixa de ferramentas da metodologia participativa", um compêndio de intervenções ajustáveis para produzir o resultado final almejado, privilegiando a promoção de contribuições dos participantes dentro de um contexto construtivo. Produziram-se relatórios com extensos registros dos trabalhos e resultados dos fóruns.

Além disso, a criação das metodologias para as diversas fases de desenvolvimento do plano para a bacia do Rio Tejo sempre esteve atenta a uma possível ampliação e adaptação a outros contextos. Portanto, o conjunto de metodologias/técnicas presenciais desenvolvido para a implementação da participação pública ativa agora se encontra disponível para ser adaptado e reproduzido em outras situações.

A promoção de processos participativos genuínos, sólidos e elaborados de maneira profissional, desde as fases iniciais do desenvolvimento do plano, *empoderou* os participantes envolvidos e abriu o processo, permitindo a criação de um sentido de propriedade, confiança, legitimação e corresponsabilidade, além de contribuir decisivamente também para a apropriação do Plano por parte dos participantes e, consequentemente, das comunidades locais.

Mais que tudo, este processo foi marcante para os vários envolvidos, sejam eles especialistas, representantes institucionais, empresários, cidadãos, etc, pois gerou espaços de diálogo e aprendizagem que a todos enriqueceu. Podemos mesmo dizer que, no longo prazo, um processo destes tem um papel transformador no âmbito individual e coletivo dos envolvidos, e mesmo da própria sociedade. Serão processos que privilegiam essas dinâmicas de forma consistentes que poderão vir a constituir um pilar fundamental para a concretização dos Objetivos do Desenvolvimento Sustentável (ODS) e da Agenda 2030 que está hoje na mesa.

AGRADECIMENTOS

À Carolina Araújo pela revisão crítica do texto.

À Fundação para a Ciência e tecnologia por ter parcialmente financiado esta investigação através do apoio ao MARE – Programa Estratégico – UID/MAR/04292/2019.

REFERÊNCIAS

ANSELL, C.; GASH, A. Collaborative governance in theory and practice. *Journal of Public Administration Research and Theory Advance*, 18, pp. 543-571, 2008.

ARH. Plano de gestão da região hidrográfica do Tejo; Parte complementar B Participação Pública, Relatório, Agosto 2012. Disponível em: http://sniamb.apambiente.pt/infos/geoportaldocs/Planos/PGRH5-TEJO/PP%5CPGRHTejo_partecomplementa.

BERGER, P. L.; LUCKMANN, T. *The social construction of reality. A treatise in the sociology of knowledge*. Nova York: Doubleday Press, 1967.

BERKES, F. Evolution of co-management: role of knowledge generation, bridging organizations and social learning. *Journal of Environmental Management*, 90, 1692-1702, 2009.

BOURDIEU, P. *Outline of a Theory of Practice*. Cambridge University Press, 1977.

BRYSON, J.M.; CROSBY, B.C. Leadership for the Common Good. Tackling problems in a shared-power world. San Francisco: Jossey-Bass, 1992.

CASER, U.; VASCONCELOS, L. Mediation – How to promote better decisions in Spatial Planning. In: 1st International Meeting – Geography & Politics, Policies and Planning. *Publicações Electrónicas*, n. 1, Porto, 2013, p. 157-166;.

CASER, U.; CEBOLA, C.; VASCONCELOS, L; FERRO, F. Environmental Mediation: an Instrument for Collaborative Decision Making in Territorial Planning. *Finisterra LII*, 104, S. 109-120; 2017, Lissabon – doi: 10.18055/Finis6969.

CHRISTIE, P.; WHITE, A. Best practices in governance and enforcement of marine protected areas: an overview. In: FAO Expert Workshop on Marine Protected Areas and Fisheries Management: Review of Issues and Considerations. Roma: FAO, 2007.

DAY, D. Citizen Participation in the Planning Process: An essentially contested concept? *Journal of Planning Literature*, vol.11, n.3, Fev 1997.

DRYZEK, J.S. *Deliberative Democracy and Beyond. Liberals, Critics, Contestations*. Cambridge, England: Cambridge University Press, 2000.

DUNN, W. Reconciling Divergent Models of Research Utilization. *Knowledge in Society: The International Journal of Knowledge Transfer*, vol 2:3, pp.3-5, Fall 1989.

FOUCAULT. *The Foucault Reader* (edited by Paul Rabinow). Power/knowledge. Selected Interviews and Other Writings. 1972-1977. Michel Foucault. Edited by Colin Gordon. New York: Pantheon BookS, 1980.

GIDDENS, A. *The Constitution of Society: Outline of the Theory of Structuration*. California: University of California Press, 1984. 402 p.

GRUBER, J. Coordinating Growth Management through Consensus Building: Incentives and Generation of Social, Intellectual and Political Capital. Working paper 617, April, 1994. Institute of Urban and regional Development, University of California at Berkeley, USA.

HABERMAS, J. Towards a theory of communicative competence. *Inquiry*, 13(1-4):360-375, 1970.

______. A reply. In: HONNETH, A.; HANS, J. (eds.). *Communicative Action: Essays on Jürgen Habermas's The Theory of Communicative Action*. Trad.: Jeremy Gaines e Doris L. Jones. Cambridge, Massachusetts: MIT Press, 1991. pp. 214-264.

HEALEY, P. *Collaborative Planning. Shaping Places in Fragmented Societies*. Londres: MacMillan Press, 1997.

[ICPDR] INTERNATIONAL COMMISSION FOR THE PROTECTION OF THE DANUBE RIVER. WFD & FD Public Participation Plan. Document Number IC209 revised. Vienna:2018. Disponível em: www.icpdr.org/main/sites/default/files/nodes/documents/wfd-efd_public_participation_schedule.pdf. Acesso em: 13 fev.2019.

INNES, J.; BOOHER, D. Collaborative Policy Making: Governance through Dialogue. In: *Deliberative Policy Analysis: Understanding Governance in the Network Society*. Cambridge, MA: Cambridge University Press, 2000.

INNES, J.; GRUBER, J.; NEUMAN, M. et al. Coordinating Growth and Environmental Management through Consensus Building. In: Policy Research Program Report, California Policy Seminar, University of California, USA, 1994.

INNES, J. *Knowledge and Public Policy. The search for meaningful indicators*. 2.ed. New Jersey: Transaction Publishers, 1990.

LAKE, R.W. *Resolving Locational Conflict*. Center for Urban Policy Research, Rutgers – The State University of New Jersey, USA, 1987.

LAVE, J. *Cognition in Practice: Mind, mathematics, and culture in everyday life*. Cambridge, UK: Cambridge University Press, 1988.

NKHATA, A.B.; BREEN, C.M.; FREIMUND, W.A. Resilient social relationships and collaboration in the management of social-ecological systems. *Ecology and Society Journal,* 13:2, 2008.

PETERSEN-PERLMAN, J. D., VEILLEUX, JE. C. & WOLF, A. T. International water conflict and cooperation: challenges and opportunities, Water International, 2017 DOI: 10.1080/02508060.2017.1276041

RITTEL, H.W.J.; WEBBER, M.M. Dilemmas in a General Theory of Planning. *Policy Sciences*. 4:155-169, 1973.

VASCONCELOS, L.T. Participatory governance in complex projects. In: M. SOBRAL; G. GUNKEL (eds.). *Reservoir and River Basin Management*. Berlim: Technical University of Berlin, 2007. pp. 114-124.

______. Gestão participada da água – uma experiência para promover a integração da informação. In: Proceedings IV CONGRESO IBÉRICO DE GESTIÓN Y PLANIFICACIÓN DEL AGUA, Ciencia, técnica y ciudadanía, claves para una gestión sostenible del agua. Dez 8-12, 2004, Turtosa, Espanha.

______. New Ways in Shaping Local Agendas – the Experience in Implementing Sustainability at the Municipal Level, ACSP Nov 2-5, 2000, Atlanta, Georgia, USA.

VASCONCELOS, L.T.; CASER, U.; ADELINO, A.N. et al. (2012). Participação Pública Activa no plano de gestão da região hidrográfica do Tejo – responsabilidade colectiva da água, 11º Congresso da Água – valorizar a água num contexto de incerteza, organizado por Associação Portuguesa dos Recursos Hídricos no Centro de Congressos do Hotel Porto Palácio, sito na Av. da Boavista, Porto, 6-8 Fevereiro 2012.

VASCONCELOS, L.; FONSECA, S. [Coord.] (2006). TAIDIS – Cidadania Ambiental, Informação e Participação no contexto da Convenção de Aahrus, FLAD, Lisbon, June 2006 (ISBN 972-8654-20-0)

VEIGA, B.; CHAINHO, P.G.A.; VASCONCELOS, L.T. A Directiva-Quadro da Água enquanto elemento potenciador dos processos de participação pública: casos de Portugal e França. In: 5º Congresso Luso-Moçambicano de Engenharia, 2-4 de Setembro de 2008, Maputo.

VYGOTSKY, L. Interaction Between Learning and Development. In: GAUVAIN E COLE (eds). *Readings on the Development of Children*. New York: Scientific, 1978.

WENGER, E. (2010) Communities of Practice and Social Learning Systems: the career of a concept (Chapter 11, pp 179-195). In: BLACKMORE, C. (ed.) *Social Learning Systems and Communities of Practice*. Springer Science & Business Media, 2010. 247 pgs.

Legislação

Lei n. 58/2005, de 29 de dezembro (conhecida como Lei das Águas).

Decreto-lei n. 77/2006 de 30 de março.

Diretiva-Quadro da Água (Diretiva 2000/60/CE) http://ec.europa.eu/environment/water/water-framework/index_en.html.

35 Bacias hidrográficas compartilhadas no Brasil e na Península Ibérica: buscando consensos via mecanismos de resolução de conflitos

Márcia Maria Rios Ribeiro
Engenheira civil, UFCG

Alcides Leite de Amorim
Engenheiro civil, UFPB e MP-PB

José Gomes Ferreira
Sociólogo, Universidade de Lisboa e UFRN

Luísa Schmidt
Socióloga, Universidade de Lisboa

INTRODUÇÃO

Os vários conflitos relacionados à utilização da água são, reconhecidamente, agravados quando esse recurso é compartilhado por dois ou mais países ou por unidades administrativas diferentes em um mesmo país. As bacias hidrográficas compartilhadas têm merecido importante destaque nas políticas hídricas por serem indutoras de conflitos mas, também, por criarem possibilidades para alcançar consensos. As consequências políticas, institucionais, econômicas e sociais de um mau gerenciamento em uma bacia transfronteiriça podem ser muito complexas. Essa é uma das razões pelas quais a literatura tem discutido mais extensivamente questões em torno de bacias compartilhadas entre países, dando menor atenção a bacias que atravessam estados de uma mesma nação. Gerenciar bacias compartilhadas em um mesmo país pode ser uma tarefa mais simples, embora acirrados conflitos também possam surgir. Assim, elementos de um caso podem ser um aprendizado para o outro e vice-versa.

Independentemente da escala em questão – seja envolvendo países, seja estados de um país – importa refletir sobre as razões que geram os conflitos hídricos. O principal motivo, apontado para a origem desses conflitos, é a escassez hídrica (quantitativa ou qualitativa). Entretanto, vários autores têm discutido sobre o fato de que mais do que causada pela escassez hídrica, a crise da água é uma crise de governança (Akmouch e Correia, 2016; OECD, 2011, 2015; Agudo, 2010). Ela é, portanto, "consequência da convergência da insustentabilidade dos ecossistemas, da iniquidade e pobreza derivada do atual modelo socioeconômico e de uma crise de governança, que impede que se encontrem soluções e se dê resposta à degradação acelerada dos recursos" (Agudo, 2013: 16).

Ohlsson (1999, 2000) apresenta importante conceituação para essa discussão por considerar dois tipos de escassez de recursos (naturais e sociais): i) escassez de primeira ordem, resultado das condições hidrológicas e/ou das pressões exercidas pelo crescimento da demanda (recursos de primeira ordem) e, ii) escassez de segunda ordem, derivada da incapacidade da sociedade em encontrar recursos sociais (recursos de segunda ordem) adequados para lidar com as consequências da escassez de primeira ordem. Assim, o autor faz distinção entre: i) conflito de primeira ordem, originado pela competição por recursos escassos na ausência ou inadequação de normas que gerenciem a escassez de primeira ordem e, ii) conflito de segunda ordem, causado não diretamente pela escassez de recursos naturais de primeira ordem mas, de forma indireta, pela falha na introdução do tipo correto e da quantidade suficiente de medidas de gerenciamento (os recursos de segunda ordem) adotados para superar a escassez de primeira ordem.

A escassez de recursos sociais, discutida em Ohlsson (1999, 2000) e, posteriormente, por outros autores (Vieira; Ribeiro, 2010) é, portanto, uma escassez de governança de água. Assim, é necessário considerar o denominado mito da "escassez hídrica" discutido, inclusive, por organizações como a Organização para a Cooperação e Desenvolvimento Econômico (OECD, 2011), que entende que o aspecto crítico que deve ser considerado nessas situações é o da governança da água. A mesma Organização propôs, recentemente, doze princípios de governança da água (OECD, 2015) organizados em três dimensões: efetividade, eficiência e confiança/engajamento. Nessa terceira categoria, um dos princípios é o de "encorajar arcabouços para a governança de água a fim de ajudar a gerenciar os *trade-offs* entre os usuários de água, áreas rurais e urbanas e as gerações futuras" (OECD, 2015 – Princípio 11). Nesta perspectiva, arcabouços de governança adequados são possibilidades para a construção de consensos quando da ocorrência de conflitos.

O conflito pelo uso da água (uma categoria dos conflitos sociais) não é, necessariamente, sinônimo de confronto. O conflito social, tal como é visto pelas Ciências Sociais e em particular pela Sociologia, tem a sua origem na estrutura social e integra a dinâmica das sociedades. Está intimamente ligado à estruturação das relações de poder, à sua legitimação e das posições daí resultantes de acordo com o contexto em que se processa, legitimando-se pelo reconhecimento e visibilidade pública dos atores sociais. Trata-se de um processo interativo com um importante papel na mudança social e uma oportunidade para resolver divergências, em princípio, insolúveis, apresentando-se como um momento de ruptura e uma oportunidade para a formação de alianças entre indivíduos ou grupos.

Neste capítulo, os mecanismos de resolução de conflitos em duas bacias hidrográficas (de diferentes escalas políticas, institucionais e geográficas) são discutidos: i) uma no semiárido do Brasil, a bacia hidrográfica do rio Piranhas-Açu, repartida entre os estados da Paraíba e do Rio Grande do Norte e, ii) outra na Península Ibérica, a bacia hidrográfica do rio Tejo, transfronteiriça entre Portugal e Espanha. A seleção dessas bacias se dá pela importância que ambas assumem para as respectivas regiões nas quais se localizam.

As informações geradas nesta pesquisa são úteis aos sistemas institucionais de gerenciamento de recursos hídricos de ambas as bacias e seus atores-chave, assim como são de interesse, também, aos pesquisadores envolvidos na temática. As questões abordadas, à luz dos exemplos das bacias dos rios Piranhas-Açu e Tejo, são comuns a outras bacias compartilhadas que enfrentam desafios semelhantes, podendo, portanto, contribuir para o entendimento dos seus conflitos e para a busca de mecanismos que promovam seus consensos.

CONFLITOS SOCIAIS, AMBIENTAIS E HÍDRICOS

A temática do conflito tem sido abordada, sobretudo, como sinônimo de confronto e de disputa. Porém, como afirmamos anteriormente, conflito social não é necessariamente confronto físico, ainda que possa fazer parte do repertório e das táticas de protesto de alguns grupos. A noção de conflito social diz respeito à divergência de opinião entre grupos com diferentes posições sobre determinado tema, assumindo-se o conflito social como estímulo para a interação social e como propulsor da mudança, em um processo em que conflito e consenso ocupam os mesmos territórios, em um debate com origem em sociólogos clássicos, que enfatizam os conflitos da vida social e usam-nos para explicar a mudança social. As suas propostas permitem explicar a necessidade social de ordem e integração, constituindo-se o conflito como eixo central da mudança e parte da dinâmica social (Baltazar, 2007). O seu significado tem oscilado tanto como expressão basilar da resistência das classes populares contra a tentativa das classes dirigentes em impor o seu modo de agir sobre a organização social e sobre as práticas sociais e culturais, como forma de luta na sociedade moderna para adquirir direitos e justiça social. Através dessa luta se mobilizam grupos social ou politicamente marginalizados, dando visibilidade às suas reivindicações. Uma intervenção que acontece a partir de mecanismos e espaços institucionalizados de decisão e resolução da própria sociedade, e que obriga que a análise dos conflitos seja realizada nos universos socioculturais em que ocorrem (Ferreira, 2016).

Para Karl Marx, organização e mudança social são categorias intrínsecas à sociedade. O conflito tem origem na dialética do materialismo e na luta de classes, considerada pelo autor como o motor da história. Marx enfatizou a natureza contraditória da sociedade, em que as desigualdades na distribuição dos meios de produção geram uma contradição em níveis socioeconômicos e criam as condições para a transformação da sociedade, colocando frente a frente as pessoas sem os meios de produção com as que controlam a produção e detêm o poder, em um processo em que o proletariado é compelido historicamente a entrar em conflito com quem detém os meios de produção, uma intervenção que faz parte da sua condição (Turner, 1975; Alexander, 1998). Dahrendorf (1992) criticou a proposta de Marx, por não cobrir a complexidade das sociedades contemporâneas nem os seus conflitos, os quais foram agora deslocados da esfera da produção e passaram a ter origem na estrutura social (Romero, 1989; Adorno, 1998). Segundo Dahrendorf (1992), a sociedade não pode existir sem conflito e consenso, considerados como pré-requisitos um do outro, contexto em que o conflito é um fato social universal e necessário, a força motriz que se resolve com a mudança social e não somente no "antagonismo entre burgueses e proletários" (Dias Junior, 2010, p. 202).

Simmel (2010) afirma que a vida em sociedade é pautada pela existência de constantes conflitos, os quais se destacam entre as possíveis formas de interação social entre indivíduos e grupos sociais e como uma oportunidade de mudança. Para o autor, o conflito destina-se a resolver dualismos divergentes, ou seja, a resolver a tensão entre oponentes, sem que isso signifique que se chegou a uma situação insolúvel (Simmel, 2010). O autor chama a atenção para o fato de ser irreal a existência da absoluta harmonia do grupo, pois a sociedade está sempre em permanente confronto dualista. Tal como o universo necessita de amor e ódio, o mesmo é dizer, de forças de atração e repulsa; a sociedade, para atingir algum equilíbrio, necessita de determinada quantidade de harmonia e desarmonia, de associação e exclusão, de tendências favoráveis e desfavoráveis.

Na década de 1950, Coser (1956) definiu conflito social como um processo interativo e uma forma de socialização, que pode consolidar um grupo mal estruturado e fortalecer a organização social de uma sociedade ou grupo à beira da desintegração. Para Coser (1956), nenhum grupo pode ser completamente harmonioso, pois isso equivaleria a destitui-lo de dinâmica e de estrutura. No seu entendimento, não é a harmonia que caracteriza os grupos e as sociedades, mas sim o conflito, ao intervir na consolidação e na própria formação desses grupos, que são, ao mesmo tempo, o resultado da associação e dissociação, do conflito e da cooperação. No entanto, Coser (1956, 1977) não rejeita a hipótese do conflito ser disfuncional em algumas situações, possibilidade que acontece em estruturas sociais em que não há tolerância suficiente ou onde o conflito não se encontra institucionalizado. Tem-se, assim, que a ameaça não decorre necessariamente do conflito, mas da rigidez das próprias estruturas.

Os conflitos ambientais são um tipo particular de conflito social, destacando-se por serem essencialmente conflitos de valor e definição de significado, por vezes centrando-se na proteção dos recursos naturais ou contra a apropriação do meio ambiente comum, do uso e significado do território, e opondo o interesse público a interesses privados (Acselrad, 2004, 2014; Ferreira, 1999). Ainda que não sejam necessariamente de natureza econômica, os conflitos ambientais podem ser localizados ou surgir de uma situação de contradição estrutural própria da economia capitalista, cuja produção se orienta para o crescimento econômico, em uma lógica contrária à preservação do ambiente e promoção da justiça ambiental (Martinez-Alier, 2007; Ferreira, 2016).

Cronologicamente, a transformação dos problemas ambientais em problemas sociais, ocorrida a partir do final da década de 1960, repercutiu-se na emergência e na intensidade dos conflitos ambientais ao oferecer aos participantes uma oportunidade decisiva no confronto político dos temas em disputa. O aumento de frequência dos conflitos se deve, por um lado, às dificuldades na implementação das políticas que regulam o acesso e uso dos recursos naturais, e que impeçam a degradação dos ecossistemas, da qualidade de vida e saúde pública das populações; e, por outro lado, às dinâmicas sociais e econômicas associadas, na medida em que os conflitos surgem vinculados à realidade social, econômica e política da região ou país em que se desenvolvem (Dietz et al., 1989).

Dentre os conflitos ambientais, grande interesse tem se voltado para os conflitos de recursos hídricos. A água é simultaneamente território de conflito e de consenso, como afirma Durand (2003, p. 22): "a água reúne e a água divide". Os consensos da água têm sido estudados sobretudo em uma perspectiva lúdica dos seus usos, que se podem traduzir através da noção de "flúvio-felicidade" proposta por Martinez-Gil (2010), mas a água é também o território dos lazeres (Ferreira, 2016), com valor instrumental e lúdico (Schmidt, 2003). Entre os conflitos pela água destacam-se aqueles pelo acesso, usos e gestão, resultantes do descompasso entre a demanda e a oferta (Campos e Fracalanza, 2010); dentre esses citam-se os conflitos entre o abastecimento urbano e a irrigação (Rêgo et al., 2015, 2017) e entre a geração de energia elétrica nos reservatórios das usinas hidrelétricas e os demais usos múltiplos da água (Galvão e Bermann, 2015); conflitos focados na escassez e nas cheias (Pereira e Cuellar, 2015); conflitos contra a privatização e na defesa da água e esgotamento sanitário como direitos humanos fundamentais (Castro, 2006, 2009; Castro et al., 2015; Agudo, 2010, 2013); conflitos contra a poluição (Ferreira, 2016); conflitos contra a construção de grandes infraestruturas (Fleury e Almeida, 2013; Wateau, 2010); conflitos pela água no meio urbano (Castro, 2010) e conflitos internacionais (Vlachos e Correia, 2000; Sereno, 2012; Comair et al., 2013, Nanni, 2016; Amorim, 2016).

Do ponto de vista sociológico, Castro (2006, 2009) ressalta a existência de diferenças na compreensão do próprio significado de conflito da água, podendo variar conforme os pesquisadores ou técnicos de instituições públicas que analisam o problema, com estes últimos a recorrerem historicamente a fatores físico-naturais e técnico-administrativos para prever e explicar estes conflitos. Por outro lado, Castro (2006, 2009) enquadra os conflitos em um processo mais amplo de disputa pelos direitos de cidadania, em que as lutas pela água se ligam a lutas sociais mais amplas, que incluem a proteção dos ecossistemas, a luta pela posse da terra e a defesa dos direitos dos seres humanos pelo acesso a água potável em quantidade suficiente e o acesso aos serviços relacionados com a água, aqui se incluindo igualmente o acesso aos serviços de drenagem e tratamento de esgotos.

Os conflitos ambientais são, portanto, e essencialmente, conflitos de valor, transversais a todas as classes e condições sociais. Em particular, os conflitos em torno da água são conflitos pela disputa de direitos cívicos e pela abolição de desigualdades, em que a água é simultaneamente território do conflito e de consenso, promotora dos direitos humanos e valores de cidadania. Para resolvê-los, mecanismos têm sido propostos e aplicados em diversas partes do mundo.

MECANISMOS DE RESOLUÇÃO DE CONFLITOS HÍDRICOS

A literatura é rica na discussão sobre mecanismos de resolução de conflitos, seja na discussão teórica sobre tais mecanismos ou na aplicação dos mesmos a casos reais. De Bruyne e Fischhender (2013) identificam quatro tipos de mecanismos de resolução de conflitos: i) os mais informais, como negociação e mediação e, ii) os mais formais, como arbitragem e adjudicação. Vieira e Ribeiro (2010) acrescentam a esses quatro tipos de mecanismos, os métodos de soluções institucionais e os métodos e modelos baseados na Teoria dos Jogos. Os mecanismos de resolução de conflitos, portanto, podem incluir: regras legais; consulta e participação públicas; mecanismos de preços; estabelecimento de autoridades, em nível de bacias, com poder de decisão em casos de conflitos. Os comitês de bacia no Brasil ilustram bem esse último caso. Esses mecanismos são concebidos por diferentes áreas do conhecimento como economia, direito internacional, relações internacionais e teoria de negociação (Dinar et al., 2007). Princípios de equidade e acordos de cooperação são elementos essenciais para a resolução dos conflitos hídricos.

Para o caso de rios internacionais, a utilização do princípio da equidade, definido em 1997 na Convenção das Nações Unidas Sobre o Direito Relativo à Utilização dos Cursos de Água para Fins Diversos dos de Navegação (Serra, 2006), é de grande importância, sendo inclusive já utilizado em decisões da Corte Internacional de Justiça (Mcintyre, 2013). Brooks e Trottier (2010) afirmam que, para se alcançar um consenso em torno da água, vários princípios devem ser adotados, dentre eles o do uso equitativo e razoável, contido na referida Convenção. Outros cinco princípios são citados por aqueles autores: definição de direito sobre a água; igualdade de direitos e responsabilidades; prioridade à gestão da demanda; aceitação de formas locais de gestão; monitoramento contínuo da quantidade e qualidade de toda água compartilhada e mediação de usos, demandas e práticas conflitantes. A reflexão dos autores é feita a partir da análise da situação de utilização de água por israelenses e palestinos. Chazournes (2009) também cita a aplicação do princípio da equidade e, ainda, dos princípios da obrigação de cooperar, da razoabilidade e da prevenção dos efeitos nocivos aos estados vizinhos. Tais princípios foram utilizados no Acordo de 1995, sobre a Cooperação para o Desenvolvimento Sustentável da Bacia do Rio Mekong, envolvendo Tailândia, Camboja, Vietnam e Laos (Caubet, 2006; Dinar et al., 2007).

Argentina, Bolívia, Brasil, Paraguai e Uruguai firmaram em 1969 o Tratado da Bacia do Prata, com o objetivo de promover o desenvolvimento harmônico e a integração da bacia (Barreira et al., 2007; Broch, 2008). Considerando o acordo de alocação de água e energia na Bacia do Syr Darya, Teasley e Mckinney (2011) concluem que a situação mais benéfica para todos os países da bacia (Quirguistão, Tajiquistão, Uzbequistão e Cazaquistão) é a consideração dos acordos de cooperação firmados. Analisando o Líbano e a Síria (bacia do rio Orontes), Comair et al. (2013) ressaltam o conceito de repartição de benefícios e de hidrodiplomacia. Na hidrodiplomacia deve haver um diálogo multilateral em vários níveis, como também a noção de responsabilidade coletiva da comunidade internacional. Assim, a água deve ser elemento de negociação e cooperação ente os países.

Na Europa Central, é longa a história da cooperação internacional na bacia do rio Danúbio, que desde 1856 possui um tratado que garantiu a livre navegação no rio. Em 1994, 14 países assinaram a Convenção para a Proteção do rio Danúbio, tendo em vista a gestão sustentável da bacia hidrográfica deste rio, vindo a partir de 2000 a cooperar no sentido da aplicação da Diretiva Quadro da Água (DQA). O mesmo aconteceu com a bacia do rio Reno, os estados que a integram criaram a Comissão Internacional para a Proteção do Reno (WISE, 2008). No caso específico de Portugal e Espanha, a solução dos conflitos entre esses países pelo uso das águas das bacias transfronteiriças foi a Convenção de Albufeira (1998), que definiu, entre outros pontos, a vazão de fronteira entre os dois países (Sereno, 2012). A Convenção de Albufeira é objeto de estudo desta pesquisa e encontra-se detalhada em seção específica.

Uma das experiências africanas em cooperação hídrica se dá na região do Chifre da África (Djibuti, Eritréia, Etiópia, Quênia, Somália, Sudão do Sul, Sudão e Uganda). Sessenta por cento dessa região é árida ou semiárida. A IGAD (Autoridade Intergovernamental para o Desenvolvimento) foi estabelecida em 1986 como uma organização de integração regional endereçada aos problemas das secas na região. A IGAD está apoiando a negociação de um protocolo regional para os recursos hídricos cuja primeira versão inspirou-se no Acordo de Cooperação da bacia do rio Nilo. Esse protocolo considerará os acordos já existentes (incluindo questões de águas subterrâneas) e intenciona harmonizar as leis e os arranjos nacionais já existentes (Nanni, 2016).

No caso brasileiro, para se formular mecanismos de resolução de conflitos em bacias hidrográficas, é preciso considerar que a Constituição Federal (CF) de 1988 atribuiu à União e aos estados o domínio desse recurso. O artigo 20 da CF estabelece como bens da União, dentre outros, os rios e quaisquer correntes de água que banhem mais de um Estado. O artigo 26 estabelece como bem dos estados as águas superficiais ou subterrâneas, fluentes, emergentes e em depósito em seu território, ressalvadas as decorrentes de obras da União. Assim, rios que cruzam mais de um Estado pertencem ao domínio da União e serão compartilhados entre os estados.

Para algumas bacias hidrográficas no Brasil, com conflitos potenciais ou em curso, foram estabelecidas regras específicas para a utilização dos seus recursos hídricos. Essas regras recebem a denominação de Marco Regulatório e foram formalizadas pela Agência Nacional de Águas (ANA) em bacias interestaduais. Como afirmado em ANA (2016a, p. 83), "O Marco Regulatório pode ser entendido como um conjunto de regras gerais sobre o uso da água em um corpo hídrico, definidas pelas autoridades outorgantes com a participação dos usuários de recursos hídricos, que passa a valer como um marco referencial de regularização dos usos da água do corpo hídrico". O primeiro acordo desse tipo foi estabelecido para a Bacia do rio Piranhas-Açu, em 2004 (ANA, 2004a; Braga et al., 2004), e é objeto de análise desta pesquisa.

Outros marcos regulatórios encontram-se formalizados em bacias interestaduais do país, destacando-se o processo vivenciado na Bacia do rio Verde Grande (entre os estados da Bahia e Minas Gerais). O Comitê de Bacia legitimou o marco regulatório através de deliberação, e a ANA emitiu a Resolução n. 802/2008, que o formaliza. Foi a primeira vez que um comitê de bacia pactuou regras objetivas de restrição de uso de água (Amorim et al., 2015).

No Brasil, comitês de bacia fazem parte do Sistema Nacional de Gerenciamento de Recursos Hídricos, instituído através da Política Nacional de Recursos Hídricos (PNRH) – Lei n. 9.433/1997 (Brasil, 1997). Eles são constituídos por representantes da sociedade civil, usuários da água e poder público. A Lei n. 9.433/1997 entendeu, no seu artigo 38, inciso II que "Compete aos Comitês de Bacia Hidrográfica, no âmbito de sua área de atuação: arbitrar, em primeira instância administrativa, os conflitos relacionados aos recursos hídricos". Assim, a resolução dos conflitos em bacias hidrográficas brasileiras foi endereçada, em primeira instância, aos comitês de bacias.

Nas seções que se seguem, apresentam-se os casos de estudo da pesquisa. Discutem-se dois mecanismos adotados para a resolução de conflitos: o Marco Regulatório da Bacia Hidrográfica do rio Piranhas-Açu, no Brasil, e a Convenção de Albufeira, assinada entre Portugal e Espanha, e sua aplicação à Bacia Hidrográfica do rio Tejo. Ambos os mecanismos podem ser classificados como regras específicas para a utilização dos recursos hídricos. Para alcançar tais regras, outro mecanismo se fez presente nas duas bacias: a negociação entre as partes envolvidas.

A BACIA HIDROGRÁFICA DO RIO PIRANHAS-AÇU E O MARCO REGULATÓRIO

A bacia hidrográfica do rio Piranhas-Açu, localizada no semiárido brasileiro, é formada por um rio de domínio da União e vários afluentes de domínio dos estados da Paraíba e do Rio Grande do Norte. A gestão nessa bacia deve ser compartilhada entre a União e estes dois estados. Para o caso da

Bacia do rio Piranhas-Açu, o Comitê da Bacia acompanhou a elaboração de seu plano de recursos hídricos, tendo-o aprovado em 2016 (ANA, 2016b).

Localizam-se nesta bacia dois grandes reservatórios, que são importantes para o desenvolvimento socioeconômico da região: o sistema de reservatório Curema-Mãe d'Água, que pereniza o rio Piranhas, e o reservatório Engenheiro Armando Ribeiro Gonçalves, que pereniza o rio Açu, localizados nos estados da Paraíba e Rio Grande do Norte, respectivamente (Figura 1). Os principais usos da água na bacia são para irrigação (65,7%), aquicultura (23,6%), abastecimento humano (7,6%), industrial (1,6%) e pecuária (1,5%) (ANA, 2016b).

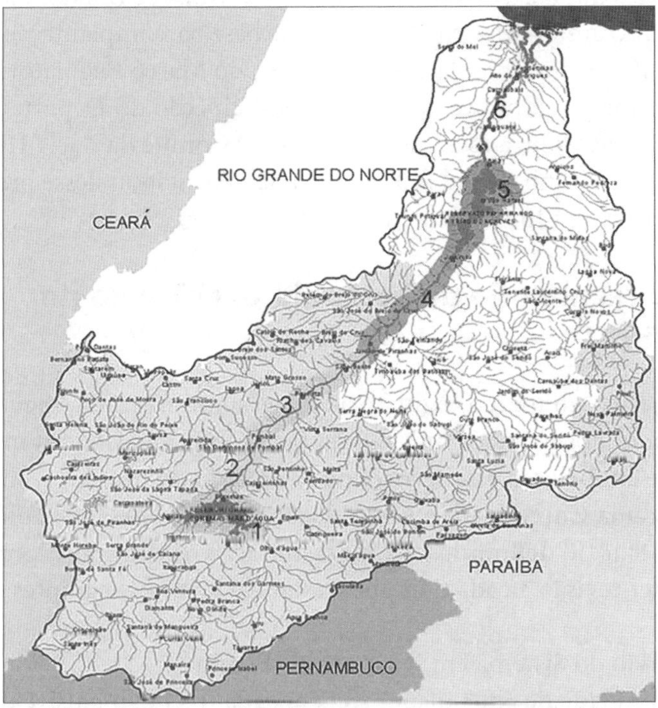

Figura 1 – Bacia Hidrográfica do rio Piranhas-Açu – Sistema de reservatório Curema-Açu.
Fonte: adaptado de ANA (2004b)

Nesta bacia destaca-se o conflito ocorrido em 2003 entre seus usuários, motivado pelo uso intensivo das águas no Sistema Curema-Açu (Figura 1), sobretudo para irrigação e carcinicultura (no trecho a jusante da barragem Armando Ribeiro Gonçalves, localizada no Rio Grande Norte), e entre o poder público dos estados da Paraíba e do Rio Grande do Norte. A intensidade desse uso teve reflexo no aumento dos pedidos de outorga que ultrapassava a capacidade de regularização dos sistemas hídricos da bacia, obrigando a intervenção da União junto aos estados para que fosse promovida uma gestão cooperativa e compartilhada dos recursos hídricos da bacia. Dessa articulação resultou a definição de uma estratégia conjunta dos Estados e da União, para o encaminhamento da proposta do Plano de Regularização e Ordenamento dos Usos dos Recursos Hídricos da Bacia Hidrográfica do rio Piranhas-Açu (Braga, 2008; Nogueira, 2006).

Institucionalmente, a resposta a este conflito ficou conhecida como o Marco Regulatório da Bacia do rio Piranhas-Açu ou Marco Regulatório do Sistema Curema-Armando Ribeiro Gonçalves. Esse foi o primeiro acordo celebrado entre a ANA, como representante da União, e Estados da Federação para dirimir conflito desse tipo, servindo de base para implantação em outras bacias de rios de domínio da União. No caso do Marco Regulatório da Bacia do rio Piranhas-Açu houve, também, a participação do Departamento Nacional de Obras Contra as Secas (DNOCS). O Comitê da Bacia Hidrográfica do rio Piancó-Piranhas-Açu (CBH-PPA) não participou desse processo, por ainda não estar em funcionamento.

O marco regulatório da bacia hidrográfica do rio Piranhas-Açu

O objetivo do marco regulatório é a gestão integrada, regularização e ordenamento dos recursos hídricos da Bacia. Tratou-se de um instrumento formal que estabeleceu as diretrizes de orientação do uso dos recursos hídricos no Sistema Curema-Açu. A Resolução ANA n. 687/2004 concretizou o marco regulatório definindo o prazo de duração de dez anos, com a possibilidade de ter revisão a cada dois anos, estabelecendo os seguintes critérios:

- A divisão do Sistema em seis trechos (Figura 1);
- A quantidade de água disponível em cada trecho, inclusive definindo a quantidade para cada tipo de uso (irrigação, abastecimento humano, piscicultura, industrial, etc.);
- A vazão mínima a cruzar a divisa entre os estados da Paraíba e do Rio Grande do Norte, sendo 1,5 m^3/s nos primeiros cinco anos (2004-2009) e de 1,0 m^3/s nos cinco anos seguintes (2009-2014);
- Os critérios de outorga ou dispensa do uso de água, visando à regularização dos usuários;
- A definição dos usos dispensados de outorga (captação inferior a 0,5 l/s = 1,8 m^3/h);

- A promoção de campanha de regularização de usuários do Sistema;
- A criação de uma rede de monitoramento quantitativo e qualitativo para dar suporte às ações de fiscalização e ao cumprimento do Marco Regulatório.

Um dos pontos mais importantes no marco regulatório foi a definição da vazão mínima na divisa entre os estados da Paraíba e do Rio Grande do Norte. Inicialmente, a Paraíba propôs uma vazão de 0,8 m³/s e o Rio Grande do Norte de 1,5 m³/s (Nogueira, 2006). Para a fixação dos valores máximos disponíveis para alocação e da vazão de fronteira, as partes envolvidas se utilizaram do cadastro de usuários do sistema Curema-Açu, determinando a demanda em cada trecho e as projeções de demandas de 5 e 10 anos construídas por cada Estado. Nas reuniões preparatórias foram negociados os valores máximos alocáveis por trechos e usos, considerando as vazões regularizadas dos reservatórios Curema-Mãe d'Água/PB – número 1 da Figura 1 (7,9 m³/s com 95% de garantia; AESA, 2006) e Armando Ribeiro Gonçalves/RN – número 5 da Figura 1 (19,4 m³/s com 90% de garantia; MIN, 2000). Após o fim da vigência do marco, em 2014, as discussões sobre as vazões passaram a ser incorporadas ao Plano de Bacia.

A regularização dos usos pela ANA se deu por: (i) declaração de dispensa de outorga para usuários (as vazões de captações e derivações iguais ou inferiores a 0,5 l/s); (ii) outorga coletiva para cada trecho, contendo a relação dos usuários outorgados daquele trecho e (iii) outorga individual (empreendimentos cuja vazão máxima de captação seja superior a 50,0 l/s; empreendimentos cujo proprietário seja um agente público; e empreendimentos cujos pedidos de outorga já tenham sido ou venham a ser autuados na ANA).

Para a negociação e implementação deste mecanismo, foram estabelecidos o Grupo de Articulação Interinstitucional (GAI) e o Grupo Técnico Operacional (GTO), incluindo as atividades de regularização, monitoramento quali-quantitativo e fiscalização. Na perspectiva de assegurar a participação dos usuários na gestão do referido sistema hídrico, criou-se o Grupo de Acompanhamento do Marco Regulatório (Gamar), formado por 40 usuários de água dos sistemas, escolhidos em assembleias na bacia durante uma campanha de regularização dos usos. O Gamar deveria acompanhar o cumprimento do Marco Regulatório, das ações dos órgãos gestores, os dados de qualidade e quantidade de água e promover junto com os órgãos gestores e os demais usuários regularizados a alocação negociada de água (Braga, 2008). Apesar de suas atribuições bem definidas, na prática, o GTO e o Gamar ficaram sem exercer atividades, notadamente pelo fato de os anos seguintes serem úmidos. Além disso, as revisões do marco regulatório e seus parâmetros, previstas a cada dois anos, não foram realizadas, e os totais alocáveis por uso e por trecho paralisaram o processo de regularização dos usos, uma vez que a falta de flexibilização impedia a utilização da água por outro tipo de usuário, mesmo havendo disponibilidade no trecho (Amorim et al., 2016).

O plano da bacia e o "novo" marco regulatório

A discussão para a revisão do marco regulatório foi retomada quando da elaboração do plano da bacia (ANA, 2016b) e em face da escassez hídrica que afetava o semiárido nordestino desde 2012. Essa escassez obrigou a ANA a elaborar diversas resoluções que restringem e regulamentam o uso da água nos vários trechos. O marco regulatório foi alterado em 2013, após reunião entre a ANA e a Secretaria de Estado do Meio Ambiente e dos Recursos Hídricos do Rio Grande do Norte, onde se acordou que não seria necessário exigir a demanda por uso, permanecendo apenas a demanda por trecho. Posteriormente houve outra alteração, através do GTO, onde ficou acordado que a vazão na divisa entre os estados não necessariamente deveria ser de 1,0 m^3/s, mas suficiente para atender a cidade de Jardim de Piranhas.

Em junho de 2016, o plano da bacia do rio Piranhas-Açu foi aprovado pelo comitê de bacia do rio Piancó-Piranhas-Açu e trouxe várias mudanças nas regras do "novo" marco regulatório, especificamente nos seguintes aspectos (ANA, 2016b):

- os sistemas hídricos existentes na bacia, de acordo com as suas tipologias (sistemas integrados ou sistemas isolados);
- o estabelecimento de pontos de controle que permitam monitoramento da vazão/nível necessários para o atendimento às demandas;
- a determinação de estados hidrológicos, aos quais serão associados níveis de restrição ao uso da água, bem como ações de gestão definidas pelos órgãos gestores de recursos hídricos;
- a unificação dos critérios de outorga de uso da água pelos órgãos gestores de recursos hídricos, estabelecidos em resolução específica;
- o arranjo institucional estabelecido para os distintos sistemas hídricos.

Os sistemas integrados Curema-Mãe d'Água e Engenheiro Armando Ribeiro Gonçalves (Açu) são formados por grandes reservatórios e seus respectivos vales perenizados. Os demais reservatórios estratégicos da bacia formam vários sistemas isolados. Esses sistemas hídricos proporcionam o uso múltiplo da água e procuram garantir a prioridade ao uso humano. Para atendimento da demanda, o estabelecimento de pontos de controle para o monitoramento da vazão ou nível do reservatório é necessário, sobretudo, para a captação para abastecimento humano ou estabelecimento de condições de entrega na divisa entre os dois estados (ANA, 2016b).

De acordo com os estados hidrológicos dos reservatórios, serão estabelecidas vazão máxima de defluência e restrição de uso, assim como as ações para garantir o atendimento às demandas necessárias previstas. Para esse controle, o Marco Regulatório exigirá um arranjo institucional para a sua implementação, devendo contemplar a atuação do GTO, do Comitê de Bacia e das Comissões de Açudes, de acordo com as atribuições que serão estabelecidas em resolução específica. Outro ponto importante a destacar é a unificação dos critérios de outorga de uso de água pelos gestores de recursos hídricos, corrigindo a situação que vem ocorrendo atualmente na bacia por critérios diferentes utilizados pelos estados e a União (ANA, 2016b).

A BACIA HIDROGRÁFICA DO RIO TEJO E A CONVENÇÃO DE ALBUFEIRA

A bacia hidrográfica do rio Tejo é uma região hidrográfica internacional com uma área de aproximadamente 81.310 km², dos quais 25.666 km² (32%) estão em território português e 55.644 km² (68%) em território espanhol. A demarcação hidrográfica da Bacia do rio Tejo é apresentada na Figura 2. A região hidrográfica do rio Tejo ocupa 28% do território português e engloba 94 municípios, demonstrando a importância hidrológica, demográfica, social e econômica dessa região. Na Espanha, a bacia hidrográfica do rio Tejo se estende por cinco comunidades autônomas (Extremadura, Madrid, Castilla--León, Aragón e Castilla-La Mancha), abrangendo um total de 12 províncias (Badajoz, Cárceres, Madrid, Salamanca, Ávila, Soria, Teruel, Segovia, Cuenca, Guadalajare, Toledo e Ciudad Real) (Portugal, 2013; Espanha, 2014). No território português, o Tejo deságua na região de Lisboa, constituindo-se como o maior estuário da Europa Ocidental; existem 34 aproveitamentos hídricos com capacidade de armazenamento superior a 1 hm³, totalizando o volume de 2.485 hm³ (Portugal, 2013; Espanha, 2014). Do lado espanhol, existem mais de 40 grandes barragens com mais de 10 hm³, com capacidade total de armazenamento de 11.000 hm³ (Ferreira, 2011).

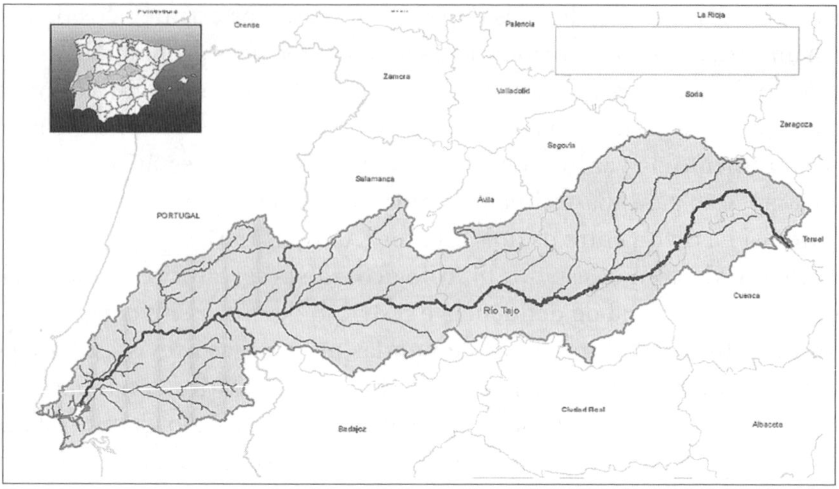

Figura 2 – Demarcação hidrográfica internacional da Bacia do rio Tejo
Fonte: Espanha (2015, p. 10).

Em Portugal, a análise do consumo da água é feita pelo tipo de uso, podendo este ser dividido em: usos urbanos (27%), agricultura (65%), pecuária (menos de 1%), indústria (6%) e golfe (menos de 1%) (Portugal, 2013). Para os usos não consuntivos, a análise é dividida em três tipos: produção de energia, usos recreativos e aquicultura e pesca (Portugal, 2013). Para a Espanha, as demandas não consuntivas estão relacionadas ao uso de centrais hidroelétricas, aquicultura, navegação e atividades náuticas, enquanto para as demandas consuntivas são considerados os seguintes usos: urbanos, agrário, industrial e energético. A demanda de água no rio Tejo, na parte espanhola, é de aproximadamente 5.000 hm^3/ano, sendo 38% para irrigação, 21% para uso urbano e industrial, 16% para uso ambiental e 25% para refrigeração. Uma das características apresentadas na Bacia é que as maiores demandas estão localizadas onde os recursos são escassos (Amorim, 2016).

Conflitos na bacia hidrográfica do rio Tejo

Portugal e Espanha têm uma história antiga de cooperação na utilização dos rios transfronteiriços, desde a assinatura do Tratado de Limites de 1864, que serviu para a demarcação das fronteiras entre ambos os países (Leitão; Henriques, 2002; Sereno, 2012). O Convênio de 11 de agosto de 1927 foi o primeiro acordo que tinha como objetivo o aproveitamento hidroelétrico do trecho internacional do rio Douro. Com esse convênio foi criada uma comissão internacional como órgão administrativo intergovernamental, com função consultiva, decisória e fiscalizadora, mantendo-se nos demais convênios. Posteriormente foi assinado o convênio de 16 de julho de 1964 para regular o aproveitamento hidroelétrico dos trechos internacionais do rio Douro, sendo considerado apenas como uma extensão do âmbito geográfico do anterior, já que abrangeu, além do Douro, os seus afluentes. Em seguida foi assinado o convênio de 29 de maio de 1968, com o objetivo de regular o aproveitamento hidráulico dos trechos internacionais dos rios Minho, Lima, Tejo, Guadiana, Chança e seus afluentes. Nesse convênio, além da finalidade de um acordo sobre hidroelétricas, também foram abordados temas como irrigação e abastecimento de água para a população (Serra, 2006; Sereno, 2012).

Até o ano de 1993, o governo português não aparentava preocupação com relação à utilização das águas dos rios internacionais que compartilhava com a Espanha. Nesse ano, a apresentação da proposta de Lei do Plano Hidrológico Nacional, ao prever diversas obras hidráulicas e transposição de bacias na Espanha, gerou grande controvérsia com Portugal, que não tinha conhecimento prévio das intenções do país vizinho. Por outro lado, o governo espanhol convivia com uma série de conflitos entre as comunidades autônomas em protesto contra as transposições previstas. Em termos de relações bilaterais, iniciou-se um período de mal-estar entre os dois países, que os obrigou a reconhecer a necessidade de estabelecerem um novo acordo para atender aos novos usos, que não foram contemplados nos acordos anteriores, assim como satisfazer a necessidade de proteção ambiental (Sereno, 2012).

A necessidade de um novo acordo era visível, devido às insuficiências e limitações dos acordos existentes e à necessidade de se adotar uma atitude cooperativa e não de mera coexistência pacífica (relacionada apenas como partilha de recursos). Assim, em 30 de novembro de 1998 foi assinado o novo acordo entre Portugal e Espanha, que passou a ser designado como "Convenção sobre Cooperação para a Protecção e o Aproveitamento Sustentável das Águas das Bacias Hidrográficas Luso-Espanholas", ou apenas Convenção de Albufeira (Portugal; Espanha, 1998), por ser assinado nessa cidade portuguesa, onde o regime das vazões e da manutenção dos caudais ecológicos na transição fronteiriça foram as questões mais sensíveis (Sereno, 2012; Amorim, 2016).

A convenção de Albufeira

Diferentemente do que ocorreu nos acordos anteriores, em que as partes se comprometeram em evitar reter vazões que prejudicassem o potencial hidroelétrico ou hidráulico do outro país, a Convenção de Albufeira (Portugal; Espanha, 1998) impôs à Espanha uma vazão mínima para Portugal (Sereno, 2012). A Convenção de Albufeira abrange as cinco bacias hidrográficas compartilhadas entre Portugal e Espanha (Minho, Lima, Douro, Tejo e Guadiana), onde os únicos preceitos específicos para cada bacia se encontram no protocolo Adicional, anexo à Convenção que trata dos valores da vazão (Portugal; Espanha, 1998; Amorim, 2016). Em fevereiro de 2008, foi aprovado um protocolo de revisão da Convenção de Albufeira e Protocolo Adicional, garantindo os caudais mínimos que devem entrar em Portugal em cada bacia, anual, trimestral e semanal (podendo até ser diário como no caso da Bacia do rio Guadiana). A Convenção se destaca pelo seu caráter inovador como mecanismo de governança e antecipação dos conflitos entre estados-membros da União Europeia, antes da aprovação da Diretiva Quadro da Água que, em 2000, veio estabelecer a gestão compartilhada de bacias internacionais.

Para a implementação da Convenção de Albufeira foram instituídos dois órgãos de cooperação, a Conferência das Partes (CP) e a Comissão para a Aplicação e o Desenvolvimento da Convenção de Albufeira (CADC). O primeiro para intervenção de caráter político e como segunda instância para questões não solucionadas no outro órgão; o segundo, com caráter técnico tanto na sua composição quanto nas atribuições (Sereno, 2012). A CADC é o órgão instituído para a resolução de conflitos das questões relativas à interpretação e aplicação da Convenção, sendo a CP a responsável por essa resolução em segunda instância.

A eficácia da Convenção de Albufeira depende do bom funcionamento dos organismos de cooperação criados para sua implementação, especificamente, a CP e a CADC. Deve observar-se que Portugal e Espanha definiram esses organismos para todas as bacias internacionais, independentemente de semelhanças ou não entre elas, diferenciando apenas quando se tratar dos regimes das vazões pois, hidrologicamente, existem várias diferenças. A escolha de apenas uma Convenção com os mesmos organismos para todas as bacias demonstra a preocupação dos países em resolver a questão de recursos hídricos compartilhados em nível nacional, centralizado, independente dos interesses regionais.

A Convenção estabelece, através do artigo 21, que a CP deve ser composta por representantes indicados pelos Governos das Partes (Portugal e Espanha), sendo presidida por um ministro de cada país ou alguém delegado por ele. A reunião dependerá de decisão das Partes e tem o objetivo de avaliar e resolver as questões que não foram acordadas no âmbito da CADC.

A CADC é composta por duas delegações paritárias, uma portuguesa e outra espanhola, com no máximo nove membros que são designados pelos Governos das Partes, cujo chefe da delegação recebe a denominação de Presidente. Em plenário, a CADC deve se reunir pelo menos uma vez por ano, ou de forma subsidiária pelas Subcomissões e/ou Grupos de Trabalhos (GTs), ou fórum de audiência pública. As tomadas de decisões devem ser feitas pelas partes por unanimidade (uma das partes pode vetar a proposta da outra) e os efeitos serão produzidos após dois meses se não for solicitada formalmente a sua reapreciação ou o envio à CP. A CADC tem uma estrutura bicéfala, de caráter governamental, cujos membros de ambas as delegações são técnicos dos organismos responsáveis pela gestão dos recursos hídricos internacionais. Em Portugal, a Presidência é assumida por um embaixador do Ministério dos Negócios Estrangeiros, e a Vice-Presidência, por um técnico do Ministério do Ambiente. Na Espanha, a Presidência é assumida por um técnico do Ministério do Ambiente e a Vice-Presidência por um Representante do Ministério de Assuntos Exteriores e Cooperação, demonstrando a importância diplomática dada por Portugal e a técnica pela Espanha. Existe um Secretariado Técnico em cada Delegação, como também quatro Grupos de Trabalhos (GT): GT do Regime de Caudais, Secas e Situações de Emergência; GT de Permuta de Informação e Participação Pública; GT de Segurança das Infraestruturas e Cheias e GT da DQA e Qualidade da Água (Amorim, 2016).

A Convenção de Albufeira instituiu a CADC (artigo 22) como órgão privilegiado de resolução das questões relativas à interpretação e aplicação da Convenção, demonstrando que, em uma primeira fase, procura-se resolver de forma pacífica, por intermédio de organismos próprios e por via consensual, os conflitos relacionados aos rios compartilhados entre Portugal e Espanha. Na impossibilidade de se resolver as questões por esse meio, um método de resolução de conflitos é descrito no artigo 26º da Convenção, em que as Partes deverão tentar chegar a uma solução por negociação ou qualquer outro método diplomático de solução de litígios aceitos por elas. Transcorrido um ano, sem ter sido encontrada solução para o litígio, este será submetido a um Tribunal Arbitral.

O Tribunal Arbitral é composto de três membros, sendo um nomeado por cada uma das partes e o terceiro nomeado por comum acordo pelos dois escolhidos. Caso uma das partes não faça a nomeação do seu membro no prazo de três meses, a designação caberá ao Presidente do Tribunal Internacional de Justiça. A decisão do Tribunal Arbitral será adotada por maioria e será de acordo com as normas de direito internacional e da própria Convenção.

O FUNCIONAMENTO DOS MECANISMOS DE RESOLUÇÃO DE CONFLITOS

A escolha de duas bacias hidrográficas compartilhadas e a análise dos conflitos relacionados aos recursos hídricos permitiu compreender várias questões inerentes à gestão de água neste tipo de bacias hidrográficas, apesar das diferenças socioeconômicas e culturais existentes e de diferentes tradições históricas na resolução de conflitos hídricos.

Nesta pesquisa, além do fato de os conflitos se apresentarem como indutores na efetivação de acordos, verifica-se a existência de vários fatores que influenciam o funcionamento de mecanismos de resolução de conflitos: a experiência na formulação de acordos; a utilização de regras flexíveis; a criação de instituições permanentes para acompanhamento dos acordos; o fortalecimento das instituições que atuam na gestão de recursos hídricos; a unidade de planejamento adotada.

A análise do conflito institucional entre Portugal e Espanha, motivado pela gestão das vazões na Bacia Hidrográfica do Tejo, comprova a tese de que os conflitos são indutores na efetivação de acordos e propulsores de mudança. A Convenção de Albufeira foi assinada após a ocorrência de um conflito entre Portugal e Espanha por causa de desentendimento devido ao Plano Hidrológico espanhol de 1993, o qual previa a construção de várias infraestruturas de transposições no território espanhol e ignorava a localização de Portugal, após a fronteira. O conflito pelo uso da água na Bacia Hidrográfica do rio Piranhas-Açu, ocorrido em 2003, deu início ao entendimento entre os estados da Paraíba e Rio Grande do Norte, com a intervenção da ANA e do DNOCS, que promoveu a formalização da Resolução n. 687/2004 (Marco Regulatório).

Verifica-se, assim, que os conflitos não podem ser vistos apenas na perspectiva negativa, já que os dois mecanismos analisados (Marco Regulatório e Convenção de Albufeira) foram construídos após a ocorrência de divergências entre os usuários de água, o que corrobora com os ensinamentos de Bates (2001), em que os conflitos são inevitáveis, pois a sociedade vive permanentemente em conflitualidade; de Barron et al. (2004), que consideram que eles são necessários, já que o progresso humano e social é afirmado a partir dos conflitos; e de Coser (1956), em que os conflitos têm uma função criadora e integradora, em que os grupos são afirmados pela oposição.

É importante observar a experiência dos países envolvidos na criação desses mecanismos, já que a probabilidade de surgirem problemas imprevisíveis é inversamente proporcional à quantidade de acordos firmados. Essa afirmação pode ser constatada com a análise dos mecanismos estudados, em que Portugal e Espanha possuem um histórico de acordos relacionados aos recursos hídricos que data desde o Tratado de Limites, celebrado em 1854, passando pelos convênios de 1927, 1964 e 1968, até chegar à Convenção de Albufeira (1998) e seu Protocolo Adicional de 2008. Os dois casos muito se diferenciam nesse aspecto e não se intenciona comparar as realidades, que são distintas por razões históricas. Com a Política Nacional de Recursos Hídricos aprovada em 1997, é natural que União e estados brasileiros estejam efetuando seu processo de implementação. Destaca-se, nesse processo, que o Marco Regulatório da Bacia do rio Piranhas-Açu (2004) foi o primeiro acordo no Brasil formalizado pela ANA (criada em 2000) para tratar conflitos em bacias interestaduais.

Um mecanismo de resolução de conflitos hídricos com regras flexíveis para alocação de água entre os envolvidos é algo vantajoso. A Convenção de Albufeira possui regras flexíveis para disciplinar situações extraordinárias, o que permite mitigar a vazão que passa nos pontos de medição. Devido a essa flexibilização, foi alterada por meio do Protocolo Adicional de 2008, que modificou o regime das vazões nos pontos de monitoramento, acrescentando, para a Bacia do rio Tejo, valores de medição trimestrais e semanais, além do anual originalmente estabelecido. Essa alteração melhorou as condições para o monitoramento das vazões mínimas estabelecidas na Convenção. Diferentemente ao acordo luso-espanhol, o marco regulatório definiu regras rígidas, ao estabelecer vazões máximas por trechos e finalidade de uso, o que dificultou a gestão de recursos hídricos, já que nesses trechos a água alocada para uma finalidade não poderia ser transferida para outra. Outra regra rígida foi a que definiu a vazão que deveria passar na divisa entre os dois Estados, não prevendo situações críticas que pudessem mitigar os valores de vazão acordados. Essa rigidez dificultou o funcionamento do Marco Regulatório.

Não menos importante é o fato de existirem, ou não, instituições permanentes para o acompanhamento dos acordos. Para que os mecanismos possam funcionar e suas normas serem cumpridas, há a necessidade de serem criadas instituições permanentes capazes de monitorar, fiscalizar e promover ações proativas para evitar, minimizar ou solucionar conflitos pelo uso da água. Na Península Ibérica, a Convenção de Albufeira instituiu dois órgãos de cooperação com vista à persecução de seus objetivos, a CP (Conferência das Partes) e a CADC (Comissão para a Aplicação e o Desenvolvimento da Convenção de Albufeira). Este último, constituído por delegações técnicas dos dois países, é considerado o órgão privilegiado de resolução das questões relativas à interpretação e aplicação da Convenção. O caso da bacia do rio

Piranhas-Açu deve ser analisado à luz da Política Nacional de Recursos Hídricos. O marco regulatório foi instituído em um momento em que o CBH-PPA ainda não havia sido instalado. Assim, o marco não foi pactuado no âmbito daquele comitê e não teve o seu acompanhamento por parte dele. Por outro lado, o GTO (Grupo Técnico Operacional) e o Gamar (Grupo de Acompanhamento do Marco Regulatório), instituições criadas para promover a formulação e o desenvolvimento do marco regulatório, só funcionaram no início da vigência do acordo. Da data da formulação do marco regulatório (03/12/2004) até a data de reativação do GTO (03/07/2013), houve acomodação natural dos gestores da Bacia em função do período úmido verificado na região. Essa acomodação foi mais um motivo que dificultou o funcionamento do marco regulatório.

Associado ao aspecto anterior, o fortalecimento das instituições responsáveis pelo gerenciamento dos recursos hídricos é outro ponto importante para uma boa gestão de recursos hídricos e funcionamento dos mecanismos de resolução de conflitos. O cumprimento das normas da Convenção de Albufeira é devido, principalmente, à existência de uma instituição, em funcionamento, criada com essa finalidade, que vem monitorando e fiscalizando as vazões que devem passar nos pontos de monitoramento. Esse funcionamento evita a intervenção de instituições que atuam indiretamente no sistema de gestão de água. Para o caso da Bacia do rio Piranhas-Açu, são instituições do Sistema Nacional de Gerenciamento de Recursos Hídricos (SINGREH) as responsáveis pela sua gestão. Tratando-se de bacia de rio de domínio da União, é a Agência Nacional de Águas o seu órgão gestor. Entretanto, existem complexidades nesta gestão, uma vez que sub-bacias estaduais em bacias de rio de domínio da União possuem como órgãos gestores as respectivas agências estaduais. A acomodação referida no parágrafo anterior, causada pelos anos úmidos, foi um dos fatores do funcionamento não adequado dessas instituições. Entretanto, como os conflitos possibilitam pensar em novos caminhos, o "novo" marco regulatório, conceitualmente inserido no Plano da Bacia do rio Piranhas-Açu, foi aprovado pelo CBH-Piancó-Piranhas-Açu. Assim, para esta bacia, mais um mecanismo de resolução de conflitos se apresenta: o da participação pública.

A bacia hidrográfica como unidade de planejamento é aspecto que merece atenção. A falta de experiência de Portugal e Espanha em construir planos de bacias em conjunto impôs a cada país a elaboração do plano correspondente à porção da bacia localizada em seu território. A confecção de um único plano de bacia, tal como defende e impõe a DQA aprovada pela União Europeia em 2000 e transposta para o direito português em 2005, permitirá que as autoridades de recursos hídricos pensem a bacia como um todo, analisando questões que vão além da alocação de água. Esse caminho tem sido seguido na bacia hidrográfica do rio Piranhas-Açu e demais bacias brasileiras compartilhadas, uma vez que a Política Nacional de Recursos Hídricos determina a bacia hidrográfica como unidade de planejamento de gerenciamento dos recursos hídricos brasileiros.

CONSIDERAÇÕES FINAIS

Para o caso da bacia hidrográfica do rio Tejo, o mecanismo de resolução de conflitos – a Convenção de Albufeira – exigiu, obrigatoriamente, a participação dos dois estados nas suas esferas mais altas. O fato de os acordos serem internalizados como cruciais na relação entre estados aumenta a atenção sobre estes e, por consequência, aumenta a sua eficácia enquanto mecanismos específicos de resolução de conflitos, devendo ser analisados em uma perspectiva estratégica de relações entre estados. Esse é um contexto que se aplica, também, ao Brasil quando da assinatura de tratados internacionais, sendo o Tratado do rio da Prata um exemplo já bem documentado na literatura. Mas essa situação não se aplica às bacias interestaduais brasileiras, compartilhadas entre estados.

Para o caso brasileiro estudado, o mecanismo para resolução proposto (marco regulatório) contou com a coordenação de uma agência nacional, gestora da bacia, e envolveu dois estados da federação. O fim da vigência do marco regulatório em 2004 e o plano da bacia (aprovado em 2016 pelo CBH-PPA) representam uma nova fase para a gestão dos conflitos em torno dela. Pelo fato de ter plano de bacia aprovado pelo CBH-PPA, o mecanismo de resolução de conflitos da bacia do rio Piranhas-Açu deixa de ser um acordo em nível governamental (o marco regulatório) e passa a se constituir em um mecanismo de participação pública através do qual a instância de base do Sistema Nacional de Gerenciamento de Recursos Hídricos, o comitê de bacia, exerce uma das atribuições que lhe é remetida pela Política Nacional de Recursos Hídricos: a de árbitro, em primeira instância, dos conflitos supracitados.

Pela diferença das escalas políticas, institucionais e geográficas das duas bacias, este estudo não teve como objetivo fazer uma comparação entre os dois mecanismos de resolução adotados. O que se pretendeu foi analisar como os conflitos são endereçados, independentemente de escalas. Ao final da pesquisa conclui-se que, assim como afirmado por Simmel (2010), o objetivo dos acordos derivados do conflito é resolver dualismos divergentes, firmando-se nessa oposição pequenos acordos que permitem que determinado conflito possa ser potencialmente resolvido, podendo ressurgir de novo ou ser gerador de novos conflitos, já que a sociedade vive em permanente tensão e é esta que lhe permite avançar. Um avanço que precisa acontecer, sempre, independentemente do lado do Atlântico em que se situe a bacia hidrográfica.

AGRADECIMENTOS

Márcia Ribeiro agradece o apoio da Capes para a realização de estágio sênior no exterior (Processo n.0426/2016) e ao Australian Rivers Institute (Austrália) por recebê-la em 2016-2017, período no qual este capítulo foi escrito. Alcides Amorim agradece à Capes/PDSE – Programa Institucional de Bolsas de Doutorado Sanduíche no Exterior pela bolsa concedida para realizar doutorado sanduíche no Instituto de Ciências Sociais da Universidade de Lisboa (2015). Todos os autores agradecem ao CNPq pelo financiamento do projeto "Conflitos e Participação Pública na Gestão Hídrica no Brasil e em Portugal" (Processo n. 484689/2012-6) no qual se insere a pesquisa apresentada neste capítulo.

REFERÊNCIAS

ACSELRAD, H. Meio Ambiente e Justiça: estratégias argumentativas e ação coletiva. In: ACSELRAD, H.; HERCULANO, S.; PÁDUA, J. A. (Org.). *Justiça ambiental e cidadania*. Rio de Janeiro: Relume Dumará: 23-40. 2004.

______. Disputas cognitivas e exercício da capacidade crítica: o caso dos conflitos ambientais no Brasil. *Sociologias* 16.35. 2014.

ADORNO, S. Conflitualidade e violência: reflexões sobre a anomia na contemporaneidade. Tempo Social; *Rev. Sociol.* USP. v. 10, n. 1, p. 19-47, 1998.

[AESA] AGÊNCIA EXECUTIVA DE GESTÃO DAS ÁGUAS DO ESTADO DA PARAÍBA. *Plano Estadual de Recursos Hídricos*. João Pessoa. 2006.

AGUDO, P. A. I. *Typology and roots of conflicts over water in the world*. Jaume Declòs (coord.). Water, a right, not a commodity. Civil Society proposals for a public model of water services. Engineering without Borders. Calatunha, 11-36. 2010. Disponível em: https://esf-cat.org/wp-content/uploads/2017/03/water_a_right_not_a_commodity.pdf. Acesso em 29 mar. 2019.

______. Lo público y lo privado en la gestión del agua. In: VIII Congresso Ibérico de Gestão e Planeamento da Água. Lisboa, Fundação Calouste Gulbenkian. Fundação Nova Cultura da Água. Saragoça. 2013.

AKMOUCH, A; CORREIA, F. N. The 12 OECD principles on water governance – When science meets policy. *Utilities Policy*, v. 43, Part A, p. 14-20, 2016.

ALEXANDER, J. Ação Coletiva, Cultura e Sociedade Civil. Secularização, atualização, inversão, revisão e deslocamento do modelo clássico dos movimentos sociais. *Revista Brasileira de Ciências Sociais*, v. 13, n. 37, 1998.

AMORIM, A. L. *Mecanismos de resolução de conflitos em bacias hidrográficas compartilhadas: o caso das Bacias dos rios Piranhas-Açu (Brasil) e Tejo (Península Ibérica)*. Tese (Doutorado).

Programa de Pós-Graduação em Recursos Naturais. Universidade Federal de Campina Grande (UFCG). Campina Grande. 2016.

AMORIM, A. L.; RIBEIRO, M. M. R.; BRAGA, C. F. C. Conflitos em bacias hidrográficas compartilhadas: o caso da bacia do rio Piranhas-Açu/PB-RN. *RBRH- Revista Brasileira de Recursos Hídricos*, v. 21, n. 1, 36-45, 2016.

[ANA] AGÊNCIA NACIONAL DE ÁGUAS. Convênio de Integração entre a ANA, os estados da Paraíba e Rio Grande do Norte e o DNOCS. Brasília: Ministério do Meio Ambiente, Agência Nacional de Águas, 2004a.

______. Nota Técnica 414/Superintendência de Outorga e Cobrança. Marco Regulatório da Bacia do rio Piranhas-Açu. Brasília: Ministério do Meio Ambiente, Agência Nacional de Águas, 2004b.

______. Conjuntura dos recursos hídricos no Brasil: *Informe 2016*. Brasília: Ministério do Meio Ambiente, Agência Nacional de Águas, 2016a.

______. Plano de Recursos Hídricos da Bacia Hidrográfica do rio Piranhas-Açu. Brasília: Ministério do Meio Ambiente, Agência Nacional de Águas, 2016b.

BALTAZAR, M. S. *(Re) Pensar a sociologia dos conflitos:* a disputa paradigmática entre a paz negativa e/ou a paz positiva. Nação e Defesa. 2007.

BARREIRA, A.; OCAMPO, P.; RECIO, E. *Medio Ambiente y Derecho Internacional: Una Guia Práctica*. Caja Madrid. Instituto Internacional de Derecho y Medio Ambiente. Madrid, Spain, 2007.

BARRON, P.; SMITH, C. Q.; WOOLCOCK, M. Understanding Local Level Conflict in Developing Countries: Theory, Evidence and Implications from Indonesia. Social Development papers. *Conflict prevention & reconstruction*. Paper n. 19. Washington, D. C.: World Bank. 2004.

BATES, R. H. *Prosperity and violence: the political economy of development*. New York: W. W. Norton & Co., 2001.

BRAGA, C. F. C. *Modelagem de preferência e consenso na gestão de recursos hídricos*. Tese (Doutorado). Programa de Pós-Graduação em Recursos Naturais. Universidade Federal de Campina Grande (UFCG). Campina Grande, 2008.

BRAGA, C. F. C.; DINIZ, L. S.; GAJULLI, R.; SILVA, L. M. C.; NOGUEIRA, G. M. F. et al. Construção do Marco Regulatório do Sistema Curema-Açu. In: Simpósio de Recursos Hídricos do Nordeste, 7., 2004, São Luiz. *Anais*... São Luiz: ABRH, 2004.

BRASIL. Lei n. 9.433/1997. Institui a Política Nacional de Recursos Hídricos, cria o Sistema Nacional de Gerenciamento de Recursos Hídricos. Presidência da República. Casa Civil. Brasília: 8 de janeiro de 1997. Disponível em: <http://www.planalto.gov.br/ccivil_03/leis/L9433.htm>. Acesso em: 27 mai. 2018.

BROCH, S. A. O. *Gestão Transfronteiriça de Águas: O Caso da Bacia do Apa*. 2008. Tese (Doutorado). Centro de Desenvolvimento Sustentável. Universidade de Brasília. Brasília. 2008.

BROOKS, D., TROTTIER, J. Confronting water in an Israeli-Palestinian peace agreement. *Journal of Hydrology*, v. 382 (1-4), 103-114. 2010.

CAMPOS, V. N. O.; FRACALANZA, A. P. Governança das águas no Brasil: conflitos pela apropriação da água e a busca da integração como consenso. *Ambiente & Sociedade*, 13.2, 365-382. 2010.

CASTRO, J. E. *O estudo interdisciplinar dos conflitos pela água no meio urbano:* uma contribuição da sociologia. Desenvolvimento e conflitos ambientais. Belo Horizonte: Editora UFMG, 2010.

______. Luta pela água na América Latina. In: *Desafios do Desenvolvimento*. Ipea. n. 51, 2009.

______. *Water, power and citizenship:* social struggle in the Basin of Mexico. Oxford: Palgrave Macmillan/St. Antony's College, 2006.

CASTRO, J. E; HELLER, L.; MORAIS, M. P. (Editores). *O Direito à água como política pública na América Latina: uma exploração teórica e empírica*. Brasília: Ipea, 2015.

CAUBET, C. G. *A água doce nas relações internacionais*. Barueri, SP: Manole, 2006.

CHAZOURNES, L. B. *Freshwater and international Law:* the interplay between universal, regional and basin perspectives. Paris: Unesco, 2009.

COMAIR, G. F.; MCKINNEY, D. C.; SCOULLOS, M. J.; FLINKER, R. H.; ESPINOZA, G. E. Transboundary cooperation in international basins: Clarification and experiences from the Orontes river basin agreement: Part 1. *Environmental Science & Policy*, v. 31, p. 133-140. 2013.

COSER, L. Conclusion. In: COSER, L. *The functions of social conflict.* Glencoe, IL. Free Press, 1956. p. 151-157.

______. Estrutura e conflito. In: BLAU, P. M. (org.). *Introdução ao estudo da estrutura social.* Rio de Janeiro: Zahar Editores, 1977. p. 231-240.

DAHRENDORF, R. *O conflito social moderno: um ensaio sobre a política da liberdade.* São Paulo: Edusp, 1992.

DE BRUYNE, C.; FISCHHENDLER, I. Negotiating conflict resolution mechanisms for transboundary water treaties: A transaction cost approach. *Global Environmental Change,* v. 23, 6, p. 1841-1851, 2013.

DIAS JUNIOR, A. C. Classe, política e conflito social no capitalismo: a contribuição de Ralf Dahrendorf. *Mediações-Revista de Ciências Sociais*, v. 15, 2, p. 202-218, 2010.

DIETZ, T.; STERN, P. C.; RYCROFT, R. W. Definitions of conflict and the legitimation of resources: The case of environmental risk. *Sociological Forum*, v. 4, n. 1, p. 47-70, 1989.

DINAR, A.; DINAR, S.; McCAFFREY, S.; McKINNEY, D. *Bridges over water – understanding transboundary water conflict, negotiation and cooperation.* Singapore: World Scientific Publishing Co. Pte. Ltd. Toh Tuck Link, 2007.

DURAND, J-Y. A diluição do consenso: a água, de "fonte de vida" a "património colectivo". *Etnográfica*, vol. VII, n. I, p. 15-31, 2003.

ESPANHA. Gobierno de España. *Propuesta de proyecto de plan hidrológico de cuenca de la parte española de la demarcación hidrográfica del Tajo.* Madrid: Ministerio de Agricultura, Alimentación y Medio Ambiente; Confederación Hidrográfica del Tajo, dic. 2014.

______. Gobierno de España. *Plan hidrológico de la parte española de la demarcación hidrográfica del Tajo.* Madrid: Ministerio de Agricultura, Alimentación y Medio Ambiente. Confederación Hidrográfica del Tajo. Diciembre de 2015.

FERREIRA, J. G. *Saneamento básico. Factores sociais no insucesso da despoluição da bacia do rio Lis.* Saarbrücken: Novas Edições Académicas, 2016.

FERREIRA, L. C. Conflitos sociais contemporâneos: considerações sobre o ambientalismo brasileiro. *Ambiente & Sociedade,* 5, 35-54. 1999.

FERREIRA, M. T. Qualidade ecológica na bacia hidrográfica do Tejo: uma perspectiva integrada. *Anales del Congreso Ibérico sobre Gestión y Planificación del Agua*, 7, 2011. Talavera de la Reina, FNCA, 2011.

FLEURY, L. C.; ALMEIDA, J. P. A construção da Usina Hidrelétrica de Belo Monte: conflito ambiental e o dilema do desenvolvimento. *Ambiente & Sociedade,* v. 16, n. 4, p. 141-158, 2013.

GALVÃO, J.; BERMANN, C. Crise hídrica e energia: conflitos no uso múltiplo das águas. *Estudos Avançados*, v. 29, n. 84, p. 43-68, 2015.

LEITÃO, A. E.; HENRIQUES, A. G. Gestão dos recursos hídricos em Portugal nos últimos 25 anos: deriva histórica, tendências actuais e perspectivas futuras. *RBRH – Revista Brasileira de Recursos Hídricos*, v. 7, n. 4, p. 23-37. 2002.

MARTÍNEZ-ALIER, J. *O ecologismo dos pobres*: conflitos ambientais e linguagens de valoração. São Paulo: Contexto, 2007.

MARTINEZ-GIL, F. J. *Una nueva cultura del agua y de la vida. La experiencia fluviofeliz.* Saragoça: Fundación Nueva Cultura del Agua, 2010.

MCINTYRE, O. Utilization of shared international freshwater resources – the meaning and role of "equity" in international water law. *Water International,* v. 38, n. 2, 2013.

[MIN] MINISTÉRIO DA INTEGRAÇÃO NACIONAL. Secretaria de Infraestrutura Hídrica. *Relatório de operação integrada dos açudes – Tomo I:* IR. V/6. RT. GH. 003. Brasília: MIS/SIH, 2000.

NANNI, M. Water challenges in the IGAD region: towards new legal frameworks for cooperation. *Water International*, v. 41, n. 4, p. 635-651, 2016.

NOGUEIRA, G. M. F. *Conflitos e negociação em recursos hídricos:* uma abordagem comportamental das decisões. Tese (Doutorado). Programa de Pós-Graduação em Recursos Naturais. Campina Grande: Universidade Federal de Campina Grande (UFCG), 2006.

[OECD] ORGANISATION FOR ECONOMIC CO-OPERATION AND DEVELOPMENT. *Water governance in OECD countries: a multi-level approach*. OECD Studies on Water. Paris: OECD Publishing, 2011.

______. *OECD Principles on water governance.* Welcomed by Ministers at the OECD Ministerial Council Meeting on 4 June 2015. Directorate for Public Governance and Territorial Development, Organization for Economic Cooperation and Development, Paris. Disponível em: <http://www.oecd.org/gov/regional-policy/OECDPrinciples-on-Water-Governance-brochure.pdf>. 2015.

OHLSSON, L. *Environment, scarcity and conflict – A study of Malthusian concerns.* PhD Thesis. Department of Peace and Development Research. University of Göterborg, Göterborg, Sweden, 1999.

______. *The turning of a screw–social adaptation to water scarcity.* In: FALKENMARK, M.; LUNDQUIST, J.; OHLSSOM, L. (eds). New Dimensions in Water Security (Part 3). Rome, Italy, FAO/AGLW, 2000.

PEREIRA, G. R.; CUELLAR, M. D. Z. Conflitos pela água em tempos de seca no Baixo Jaguaribe, Estado do Ceará. *Estudos Avançados*, 29.84, p. 115-137, 2015.

PORTUGAL. Ministério da Agricultura, do Mar, do Ambiente e do Ordenamento do Território. Agência Portuguesa do Ambiente. Plano de Gestão da Região Hidrográfica do Tejo: Parte 2 – caracterização e diagnóstico da região hidrográfica: relatório técnico. Lisboa, 2013.

PORTUGAL; ESPANHA. Convenção sobre a Cooperação para a Protecção e o Aproveitamento Sustentável das Águas das Bacias Hidrográficas Luso-Espanholas. Albufeira, 30 nov. 1998. Disponível em: <http://www.cadc-albufeira.eu/pt/documentos/> (versão portuguesa) e em <http://www.cadc-albufeira.eu/es/documentos/> (versão espanhola). Acesso em: 27 mai. 2018.

RÊGO, J. C.; GALVÃO. C. O.; ALBUQUERQUE, J. do P. T.; RIBEIRO, M. M. R.; NUNES, T. H. C. A gestão de recursos hídricos e a transposição de águas do rio São Francisco para o Açude Epitácio Pessoa – Boqueirão. In: Simpósio Brasileiro de Recursos Hídricos, 22, Florianópolis. Anais... Florianópolis: ABRH, 2017.

RÊGO, J. C.; GALVAO, C. O.; RIBEIRO, M. M. R; ALBUQUERQUE, J. do P. T.; NUNES, T. H. C. *A crise do abastecimento de Campina Grande*: atuações dos gestores, usuários, poder público, imprensa e população. In: Simpósio Brasileiro de Recursos Hídricos, 21, Brasília. Anais... Brasília: ABRH, 2017.

ROMERO, J. J. B. Moderna teoria do conflito e da violência concorrentes para o esclarecimento da fenomenologia da defesa. *IDN – Revista Nação e Defesa*, Instituto da Defesa Nacional, XIV, 51, 87-105. 1989.

SCHMIDT, L. O *Ambiente no ecrã – emissões e demissões no serviço público televisivo*. Lisboa: Imprensa de Ciências Sociais, 2003.

SERENO, A. *O regime jurídico das águas internacionais:* o caso das regiões hidrográficas luso-espanholas. Lisboa: Fundação Calouste Gulbenkian; Fundação para a Ciência e Tecnologia, 2012.

SERRA, P. C. O regime de caudais nas convenções luso-espanholas de rios transfronteiriços. In: CANOTILHO, J. J. G. (Org.). *O regime jurídico internacional dos rios transfronteiriços.* Coimbra: Coimbra Editora, 2006. p. 9-73.

SIMMEL, G. *El conflicto. Sociología del antagonismo.* Madrid: Sequitur, 2010.

TEASLEY, R. L.; MCKINNEY, D. C. Calculating the benefits of transboundary river basin cooperation: Syr Darya Basin. *Journal of Water Resources Planning and Management,* v. 137, n. 6, p. 481-490, 2011.

TURNER, J. H. Marx and Simmel Revisited: Reassessing the Foundations of Conflict Theory. *Social Forces*, v. 53, n. 4, p. 618-627, 1975.

VIEIRA, Z. M. C. L.; RIBEIRO, M. M. R. A methodology for first- and second-order water conflict resolution. *Water Policy*, v. 12, p. 851-870, 2010.

VLACHOS, E.; CORREIA, F. N. *Shared water systems and transboundary issues with special emphasis on the Iberian Peninsula.* Proceedings of the Conference held at FLAD in Lisbon. Lisboa: Fundação Luso-americana para o Desenvolvimento, 2000.

WATEAU, F. Contester un barrage: anthropologie d'un processus de gestion sociale à Alqueva (Portugal). In: Schneier-Madanes, G. (Ed.). *L'eau mondialisée*: la gouvernance en question. Editions La Découverte, 2010. p. 271-284.

[WISE] WATER INFORMATION SYSTEM FOR EUROPE. *Unir forças pelas águas partilhadas da Europa.* Coordenação nas regiões hidrográficas internacionais. Nota sobre a Água 1. Comissão Europeia/DG Ambiente. 2008. Disponível em: <http://ec.europa.eu/environment/water/participation/pdf/waternotes/WATER%20INFO%20NOTES%201%20-%20PT.pdf>. Acesso em: 14 mar. 2017.

36 Planejamento de capacitação para a gestão das águas baseado no modelo de competências: uma proposta para comitês de bacia hidrográfica

Taciana Neto Leme
Bióloga, Agência Nacional de Águas, ANA

Celina Maria Lopes Ferreira
Bióloga, Agência Nacional de Águas, ANA

Flávia Carneiro da Cunha Oliveira
Química, Agência Nacional de Águas, ANA

A água é um bem essencial à vida. Ela nos serve de muitas maneiras e está presente em todas as nossas atividades. Para garantir o direito de todos a esse bem natural tão importante é fundamental assegurar sua gestão de forma adequada. A gestão das águas doces é o conjunto de ações destinadas a regular e controlar o uso desse recurso, garantindo a sua proteção em conformidade com as leis e normas (Brasil, 1997). No Brasil, a lei que estabeleceu a Política Nacional de Recursos Hídricos, ou seja, que indica os fundamentos, objetivos, instrumentos e diretrizes para a gestão das águas é a Lei Federal n. 9.433/1997, conhecida como Lei das Águas (Brasil, 1997).

A complexidade dos instrumentos de gestão de recursos hídricos, definidos na Lei das Águas, e a diversidade de instituições e de atribuições dos entes do Sistema Nacional de Gerenciamento de Recursos Hídricos – SINGREH apontam para uma necessidade urgente de formação de técnicos e profissionais especializados para atuarem nas diversas frentes de trabalho, tais como: gestão sustentável de sistemas hídricos, gestão da qualidade de água, gestão de eventos críticos e usos múltiplos, elaboração de balanços hídricos e planos de bacia, concessão e administração de outorgas, fiscalização dos usos, mediação de conflitos, alocação negociada de água e implantação da cobrança.

Essa demanda por competências técnicas nas mais diversas áreas relacionadas à gestão e ao aproveitamento dos recursos hídricos é decorrência direta do ambiente de regulação que se introduziu no setor. O processo de implementação da política tem impulsionado a criação de novas instituições, requisitando mão-de-obra, mobilizando agentes públicos e privados, modelando instrumentos técnicos (econômicos e regulatórios), estabelecendo preceitos e valores para a mediação de conflitos.

Este capítulo tem como objetivo apresentar uma proposta de planejamento de ações de capacitação no âmbito da bacia hidrográfica a partir do modelo de competências. Para isso, será relatada a experiência do Projeto DesenvolveRH: desenvolvimento de pessoas para a gestão de recursos hídricos baseado em competências, conduzido pela Agência Nacional de Águas em parceria com representantes do SINGREH. Essa metodologia de planejamento foi desenvolvida nos anos de 2016 e 2017 e está prevista uma revisão após quatro anos de implementação.

O SISTEMA NACIONAL DE GERENCIAMENTO DE RECURSOS HÍDRICOS – SINGREH

A Lei das Águas estabeleceu a gestão descentralizada e participativa como um dos seus fundamentos e instituiu o SINGREH, no qual instituições públicas e instâncias colegiadas atuam, de forma complementar, em três diferentes esferas: a de bacia hidrográfica, a estadual e a federal. Esse arranjo institucional propiciou o envolvimento de inúmeros agentes que lidam com a água. A representação esquemática do SINGREH pode ser observado na Figura 1.

Diagnóstico feito pela Organização para a Cooperação e Desenvolvimento Econômico (OCDE, 2015) indica que as capacidades das instâncias executivas do SINGREH (órgãos gestores dos estados e agências de água) bem como das suas instâncias colegiadas (conselhos de recursos hídricos e comitês de bacia) são limitadas, o que tem comprometido a implementação da política de recursos hídricos.

Nas instâncias colegiadas particularmente ainda há grandes assimetrias de informações entre os setores representados, o que fragiliza a qualidade dos processos decisórios. Fica evidenciada, portanto, a necessidade de se promover processos continuados e permanentes de desenvolvimento de capacidades voltadas aos desafios dos diferentes atores do SINGREH.

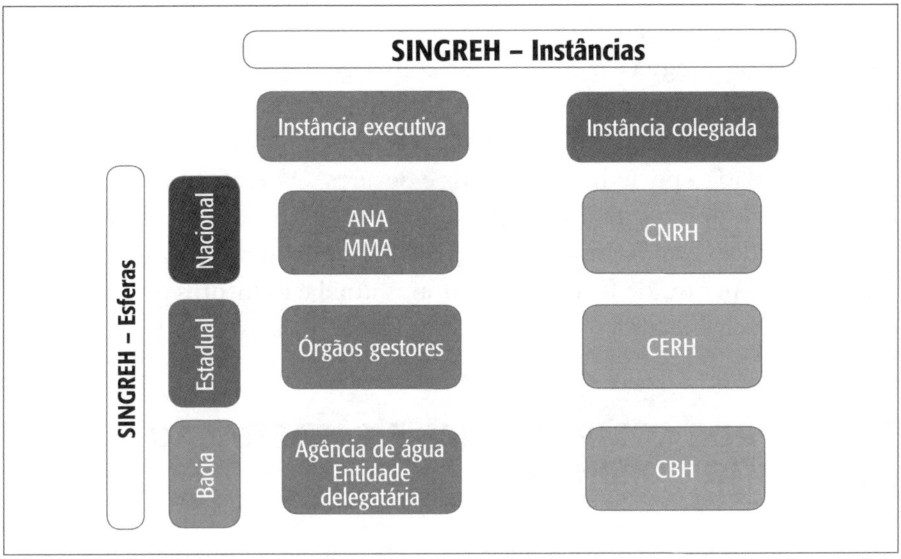

Figura 1 – Representação esquemática do Sistema Nacional de Gerenciamento de Recursos Hídricos – SINGREH.

Fonte: ANA, 2017.

Além disso, o senso comum da sociedade de que a água é um recurso abundante não contribui para que atitudes e práticas de conservação sejam incorporadas pela população nem que seja cobrada uma atuação competente das autoridades responsáveis pela gestão da água. A Academia Brasileira de Ciências (ABC, 2014) afirma que um dos principais motivos para a crise hídrica é a falta de articulação e ações consistentes na governabilidade dos recursos hídricos. Nesse sentido, a OCDE (2015) afirma ser estratégico promover e fomentar iniciativas educacionais que contribuam para a construção de uma nova cultura da água.

Diante desse cenário é que se reforça que a capacitação de profissionais e a promoção de processos educacionais da sociedade em geral são fatores preponderantes para consolidar o modelo de gestão das águas no Brasil, surgindo como um importante instrumento para o fortalecimento do SINGREH.

Os processos educacionais para uma nova cultura da água devem permear todas as instâncias de formação de pessoas, passando pela educação básica, nível técnico, superior e pós-graduação, bem como em instâncias não formais de ensino (Leme e Lopes Ferreira, 2015). É a educação que pode transformar a mentalidade da cultura de abundância e desperdício da água em uma atitude de responsabilidade e compromisso com a gestão de um recurso natural limitado.

Para a participação efetiva no processo de gestão da água, todos os cidadãos, usuários de água e o governo são convocados a agir. Para tal, devem ter acesso aos conhecimentos e habilidades que os tornem competentes nesse processo, cada qual na sua área de atuação, seja como integrante do SINGREH ou como cidadão portador de direitos e deveres. O desafio, portanto, é planejar e executar a formação de pessoas a partir de novas referências que permitam lidar com as complexidades dos sistemas atuais, capazes de aplicar seus conhecimentos de forma a assegurar, à atual e às futuras gerações, água em quantidade e qualidade adequada aos respectivos usos.

GESTÃO POR COMPETÊNCIAS E CAPACITAÇÃO NO ÂMBITO DO SINGREH

O referencial de competências propicia uma nova forma de planejar e executar processos formativos. O termo "competência" pertencia essencialmente à linguagem jurídica, relacionada à faculdade atribuída a alguém ou a uma instituição para apreciar e julgar certas questões. Por extensão, a expressão competência veio a designar o reconhecimento social sobre a capacidade de alguém para pronunciar-se a respeito de determinado assunto e, mais tarde, passou a ser utilizado também para qualificar o indivíduo capaz de realizar certo trabalho (Isambert-Jamati, 1997 *apud* Freitas e Brandão, 2006). Abordagens mais modernas associam competência ao desempenho. Para Carbone et al. (2006), a competência não é somente o conjunto de conhecimentos, habilidades e atitudes necessários para exercer determinada atividade, mas também o desempenho expresso em comportamentos e realizações decorrentes da aplicação deste conjunto.

Na administração pública, gestão por competência é definida como a "gestão da capacitação orientada para o desenvolvimento do conjunto de conhecimentos, habilidades e atitudes necessárias ao desempenho das funções dos servidores, visando ao alcance dos objetivos da instituição" (Decreto Federal n. 5.707, de 23 de fevereiro de 2006). Assim, o conceito de competência aqui se relaciona às capacidades, ou seja, aos conhecimentos, habilidades e atitudes (C, H, A) mobilizadas para as entregas esperadas dos indivíduos para que se alcancem os resultados institucionais (Fernandes, 2013) .

Dessa maneira, de modo inverso, pode-se dizer que a partir das entregas esperadas é possível mapear quais são os conhecimentos, habilidades e atitudes necessárias ou esperadas dos indivíduos para que ele contribua com o alcance dos resultados institucionais.

O desenvolvimento dessas capacidades ocorre por meio da aprendizagem, seja ela natural ou induzida, formal ou informal (Sonnentag et al., 2004 *apud* Brandão, 2009). No caso da gestão das águas, é possível desenvolver capacidades de forma planejada para a obtenção de resultados desejáveis. Para tanto, deve-se estruturar um plano de capacitação visando ampliar a capacidade individual para assumir atribuições e responsabilidades em níveis crescentes de complexidade e estimular o autodesenvolvimento e o aprendizado contínuo do servidor (Carbone et al., 2006). Esse plano pode abranger desde métodos formais como treinamentos estruturados, presenciais ou a distância, como métodos não formais tais como visitas técnicas, estágios, grupos de trabalho, rotação de equipes, tutorial (*coaching*) e autodesenvolvimento (Kalil Pires et al., 2005; Fernandes, 2013).

Projeto desenvolveRH

O ano de 2015 marcou o início da experiência da Agência Nacional de Águas – ANA na utilização do modelo de gestão por competências para elaboração do seu plano de capacitação, que atende não apenas a instituição, mas todo o conjunto de instituições que constituem o SINGREH (Figura 1). Esse projeto, o DesenvolveRH (desenvolvimento de pessoas para a gestão de recursos hídricos baseado em competências), foi preparado em parceria com a Fundação Dom Cabral, instituição sem fins lucrativos com padrão e atuação internacionais de desenvolvimento e capacitação de gestores públicos e privados.

O DesenvolveRH surgiu como uma resposta à demanda de todas as Unidades da Federação por apoio no planejamento de ações de capacitação em seus sistemas estaduais de recursos hídricos. Assim, o DesenvolveRH teve como principal objetivo contribuir com o fortalecimento das capacidades do SINGREH, através do envolvimento de diversos atores desse Sistema e da capacitação de técnicos dos órgãos gestores nesse novo referencial de planejamento de capacitação. Além disso, o projeto foi concebido para pautar o planejamento das ações de capacitação da ANA baseado nesse modelo de gestão por competência, para o novo ciclo 2016-2019.

A ANA foi criada em 17 de julho de 2000 como a entidade federal, integrante do SINGREH, que tem a responsabilidade de implementar a Política Nacional de Recursos Hídricos e regular o uso da água. Entre outras atribuições legais, cabe destacar o dispositivo da sua lei de criação que estabelece a atribuição de estimular a pesquisa e capacitação de recursos humanos para a gestão de recursos hídricos (XV, art. 4º, Lei Federal n. 9.984/2000).

No âmbito do planejamento estratégico da ANA, entre os resultados esperados está o SINGREH fortalecido e implementado de forma integrada e sustentável, para o qual as ações de capacitação contribuem diretamente. Para o alcance desse resultado esperado, o desafio a ser superado é o de fortalecimento da capacidade técnica e do poder decisório dos entes do SINGREH e da sua representatividade, com vistas à efetiva atuação no processo de gestão. Para fazer frente a esse desafio, no final de 2011 foi feito um grande pacto entre a ANA e os estados, conhecido como Pacto Nacional pela Gestão das Águas.

Em 2013, foi criado o Programa de Consolidação do Pacto Nacional pela Gestão das Águas – Progestão, um programa de incentivo financeiro, mediante o alcance de metas. Pelas metas pactuadas, os 26 Estados e o Distrito Federal, todos signatários do Progestão, necessitam elaborar um programa de capacitação para o sistema estadual em temas afetos à gestão de recursos hídricos. Portanto, se buscou a parceria com a Fundação Dom Cabral para orientar a construção coletiva – juntamente com os estados, comitês de bacias hidrográficas interestaduais e conselhos estaduais – de um programa de desenvolvimento de pessoas baseado na metodologia de gestão por competências.

Em 2016, a ANA também criou o Programa Nacional de Fortalecimento dos Comitês de Bacias Hidrográficas – Procomitês, com o objetivo geral de contribuir para o aperfeiçoamento da atuação dos comitês de bacias hidrográficas e sua consolidação como espaços efetivos de formulação das políticas de recursos hídricos, em consonância com os fundamentos da descentralização e da participação, preconizados pela Política Nacional de Recursos Hídricos. Um dos componentes principais para a implementação do Procomitês é a capacitação para o aperfeiçoamento da representatividade e do exercício de representação nos colegiados, enfatizando aspectos como a redução das assimetrias de conhecimento, motivação e organização entre os diferentes setores e segmentos. O Programa também estabeleceu como uma de suas diretrizes que a oferta de capacitação para os seus beneficiários será orientada pelo DesenvolveRH, estruturando trilhas de aprendizagem compatíveis com os diferentes estágios de atuação de cada Comitê e considerando as competências requeridas de seus membros. Sendo assim, uma das metas do Procomitês também é a elaboração de plano de capacitação específico baseado em competências.

O Projeto DesenvolveRH parte do Plano Nacional de Desenvolvimento por Competências do SINGREH disponibiliza uma solução educacional a partir de trilhas formativas baseadas em entregas e capacidades.

CAPACITAÇÃO NA ESFERA DE BACIA HIDROGRÁFICA

Segundo a Lei das Águas, a bacia hidrográfica é a unidade territorial para implementação da Política Nacional de Recursos Hídricos e para a atuação do SINGREH. A gestão das bacias assume cada vez mais importância à medida que a degradação ambiental impacta na disponibilidade de recursos hídricos (Jacobi e Francalanza, 2005). Sendo assim, a ABC (2014) recomenda que o foco dos programas de formação em recursos hídricos seja dirigido para bacias hidrográficas.

Embora o projeto DesenvolveRH considere todo o SINGREH (Figura 1), este capítulo se propõe a descrever o processo adotado, etapas e resultados obtidos para a esfera de bacia hidrográfica, com foco no comitê de bacia hidrográfica (CBH) na instância colegiada.

As etapas do trabalho são apresentadas na Figura 2.

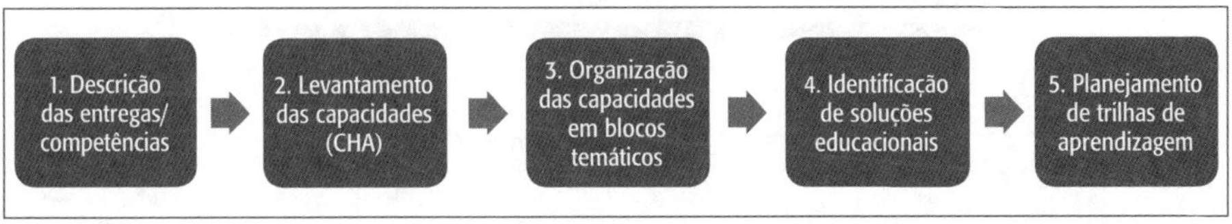

Figura 2 – Representação esquemática das etapas do Projeto DesenvolveRH.
Fonte: ANA, 2017.

Na primeira etapa, foram descritas as entregas ou competências dos atores dos CBH, ou seja: presidente, membros do colegiado ou de câmaras técnicas/ grupos de trabalho. Essa etapa foi elaborada de forma conjunta com os demais atores do SINGREH. O mapeamento foi feito de forma coletiva, por meio de quatro oficinas presenciais envolvendo mais de 80 pessoas, representando diretores e servidores da ANA e outras instituições como Ministério do Meio Ambiente, Conselhos Nacional e Estaduais de Recursos Hídricos, representantes dos 27 órgãos gestores estaduais de recursos hídricos, dos comitês de bacias hidrográficas interestaduais e das Entidades Delegatárias (ED). Além disso, foram feitas apresentações e coleta de sugestões em diferentes contextos como no plenário do Conselho Nacional de Recursos Hídricos, na 15ª Edição do Encontro Nacional de Comitês de Bacia Hidrográficas, ocorrido em Salvador, bem como foi aberto um canal no site da ANA para o acolhimento de propostas.

O resultado dessa etapa foi a identificação de onze grandes entregas/ competências para as instâncias executivas e nove entregas para as instâncias colegiadas do SINGREH, conforme apresentado na Figura 3.

Figura 3 – Competências técnicas (entregas) do SINGREH.
Fonte: ANA, 2017.

Para cada entrega, elaborou-se uma descrição geral, que foi detalhada com descritor específico, de acordo com a função do indivíduo na instituição (nível de complexidade). O Quadro 1 apresenta um exemplo desse trabalho para a entrega de planos e enquadramento de recursos hídricos no CBH.

Um CBH é constituído por indivíduos que atuam de forma diferente devido à posição que ocupam na sua estrutura organizacional. A entrega de cada um desses atores é diferente, como pode ser observado no Quadro 1. O mesmo procedimento foi feito na instância executiva para a Entidade Delegatária (ED). O documento com todos os descritores das competências por nível de complexidade encontra-se emwww.capacitacao.ana.gov.br.

Realizado o levantamento das capacidades necessárias (conhecimentos e habilidades) para tornar possível a entrega por ator (função desempenhada no CBH e ED), pode ser identificado um conjunto diversificado de áreas de conhecimentos e de habilidades distintas necessárias para as devidas entregas. Percebeu-se, então, a necessidade de uma organização por temas visando ao planejamento das ações de capacitação e à composição das trilhas formativas. Assim, as capacidades foram organizadas em blocos temáticos de conhecimentos, denominados macrotemas, que agrupam temas, divididos ou não em tópicos, conforme representado no Quadro 2.

Quadro 1 – Descrição geral da Competência "Planos e enquadramento de recursos hídricos para Comitê de Bacia Hidrográfica", com os descritores específicos da competência para os níveis de Presidente, Membro de CBH e Membro de Câmara Técnica ou Grupo de Trabalho do CBH

<table>
<tr><th colspan="2">Planos e enquadramento de recursos hídricos</th></tr>
<tr><td colspan="2">Descrição Geral</td></tr>
<tr><td colspan="2">Consiste na elaboração, negociação, proposição e aprovação dos Planos de Recursos Hídricos e enquadramento dos corpos de água. Esta competência envolve:
1. Capacidade analítica, de articulação e engajamento para definição de diretrizes para os usos dos recursos hídricos por meio dos planos de recursos hídricos e enquadramento dos corpos de água.

Espera-se que o membro das instâncias colegiadas tenham estas competências:
a. Elabore e submeta para aprovação diretrizes para os usos.
b. Analise, articule, acompanhe, faça revisões e proponha adequações ao Plano de RH (Nacional, Estadual e de Bacia).</td></tr>
<tr><td>Presidente/Diretoria de Comitê</td><td>1. Articula o processo de elaboração e revisão do Plano de Recursos Hídricos e do Enquadramento.
2. Submete o Plano de Recursos Hídricos da Bacia Hidrográfica para deliberação da plenária.
3. Acompanha, avalia e apresenta em plenária a execução do Plano de Bacia Hidrográfica e do enquadramento.
4. Submete a proposta de enquadramento para deliberação do Conselho de Recursos Hídricos.</td></tr>
<tr><td>Membro de Comitê</td><td>1. Analisa e propõe diretrizes para os planos e o enquadramento.
2. Articula as representações e os interesses setoriais.
3. Contribui com a mobilização dos atores envolvidos.
4. Aprova em plenária o Plano de Recursos Hídricos da Bacia Hidrográfica.
5. Aprova em plenária a Proposta de enquadramento dos mananciais para envio ao Conselho.
6. Acompanha e sugere adequações à execução do Plano de Recursos Hídricos da bacia e do enquadramento.
7. Delibera sobre plano de aplicação de recursos orçamentários destinados à gestão de recursos hídricos.</td></tr>
</table>

(continua)

Quadro 1 – Descrição geral da Competência "Planos e enquadramento de recursos hídricos para Comitê de Bacia Hidrográfica", com os descritores específicos da competência para os níveis de Presidente, Membro de CBH e Membro de Câmara Técnica ou Grupo de Trabalho do CBH (*continuação*)

Planos e enquadramento de recursos hídricos	
Membro de Câmara Técnica ou Grupo de Trabalho (CT/GT)	1. Auxilia no levantamento de dados e informações. 2. Propõe diretrizes para o Plano e o enquadramento. 3. Acompanha a elaboração do Plano. 4. Articula as representações e os interesses setoriais. 5. Contribui com a mobilização dos atores envolvidos.

Fonte: ANA, 2017.

Quadro 2 – Representação do agrupamento temático utilizado na organização das capacidades

Macrotema 1	Tema específico 1	descritor de tópico específico (único nível)
	Tema específico 2	descritor de tópico específico – nível 1
		descritor de tópico específico – nível 2
	Tema específico 3	descritor de tópico específico – nível 1
		descritor de tópico específico – nível 2
Macrotema 1	Legislação sobre águas	Legislação sobre águas 1
		Legislação sobre águas 2
		Legislação sobre águas 3
	Direito administrativo	Direito administrativo 1
		Direito administrativo 2
	Direito constitucional	Direito constitucional

Essa organização gerou 11 grandes temas ou macrotemas, quais sejam: 1- Marco legal e regulação; 2- Governança, comunicação e participação social; 3- Hidrologia e qualidade da água; 4- SINGREH e instrumentos da política; 5- Programas e projetos; 6- Conservação, uso racional e sustentável da água; 7- Conhecimento instrumental de base; 8- Segurança de barragens; 9- Educação e capacitação; 10- Administração e finanças; 11- Gestão da informação sobre recursos hídricos (tecnologia da informação e sistemas de informação).

A partir desses macrotemas, foram elencados os temas específicos que geralmente agrupavam dois ou mais tópicos de conhecimento relacionado ao tema. Ao todo foram descritos 64 temas específicos e elaborados 104 descritores para os tópicos. O Quadro 3 ilustra o grau de detalhamento do trabalho para os descritores dos tópicos referentes ao tema específico Legislação sobre águas dentro do macrotema Marco legal e regulação. O descritor completo dos tópicos pode ser encontrado no sítio Capacitação para a Gestão das Águas (Site da Capacitação da Agência Nacional de Águas, disponível em: http://capacitação.ana.gov.br clique na Aba Planejamento).

Quadro 3 – Descritores dos três tópicos referentes ao tema específico "Legislação sobre águas" dentro do macrotema Marco Legal e Regulação

Tema	Descrição
Legislação sobre águas 1	Lei n. 9.433, de 1997, Constituição Federal (dominialidade – arts. 20 e 26; competências da União, estados, municípios, no tocante a recursos hídricos e meio ambiente – arts. 21, 22, 23, 24), Lei ANA (9984/2000): noção geral das legislações estaduais e normativos de agências, conselhos e comitês.
Legislação sobre águas 2	Aspectos históricos e fundamentos do direito de águas – (ex.: Decreto n. 24.643, de 1934 – Código de Águas). Estudo mais aprofundado de cada instrumento e organismo que compõem a estrutura do SINGREH (resoluções e regimentos; ex.: Lei n. 9.984, de 2000 – Lei de criação da ANA: noções gerais sobre natureza jurídica da ANA, suas competências, estrutura e fonte orçamentária); noções preliminares sobre as legislações estaduais (políticas estaduais e estruturas organizacionais e competências do órgão estadual) e normativos de agências, conselhos e comitês no tocante a recursos hídricos, com destaque para os regimentos internos dos principais CBHs de rios de domínio da União e dos estados e principais normativos da ANA, do Conselho Nacional de Recursos Hídricos – CNRH e do Conselho Estadual de Recursos Hídricos – CERH, que versam sobre dominialidade de RH e implementação dos instrumentos do Plano Nacional de Recursos Hídricos – PNRH e do Plano Estadual de Recursos Hídricos – PERH. Noções sobre direito internacional de águas.

(continua)

Quadro 3 – Descritores dos três tópicos referentes ao tema específico "Legislação sobre águas" dentro do macrotema Marco Legal e Regulação (*continuação*)

Tema	Descrição
Legislação sobre águas 3	Estudo comparativo das legislações estaduais e normativos de agências, conselhos e comitês no tocante a recursos hídricos. Noções sobre legislação ambiental brasileira sobre águas (Lei n. 12.651, de 2012 – Novo Código Florestal, Lei n. 6.938, de 1981 que versa sobre a Política Nacional do Meio Ambiente – PNMA, Lei n. 9.605, de 1998, sobre Crimes Ambientais). Estudo do PNRH e do PERH com foco no planejamento do uso de recursos hídricos, Gerenciamento de Recursos Hídricos e Controle Administrativo do uso dos recursos hídricos (Lei n. 7.661/1988).

Para fins de gestão do conhecimento e planejamento de ações de capacitação, é importante que as capacidades possam ser organizadas e classificadas. Segundo Batista et al. (2015), a taxonomia de conhecimento

> é uma técnica que possibilita a organização estrutural: i) informação; ii) documentos; e iii) bibliotecas de maneira consistente. A estrutura, ou arquitetura, ajuda as pessoas a navegar, armazenar e recuperar dados e informações necessários em toda a organização. A taxonomia permite organizar as informações e o conhecimento necessários de maneira intuitiva. Pode ser considerado um sistema de classificação para o capital intelectual da organização, além de indicar a experiência e o conhecimento das pessoas. A taxonomia pode também incluir metadados que permitem a gestão sistemática de dados ou informação.

Após a organização das capacidades por macrotemas, para cada um dos temas específicos e seus respectivos tópicos de conhecimentos descritos foram identificadas as soluções educacionais existentes. Entende-se por solução educacional qualquer material didático ou processo educacional que contribua para o desenvolvimento das capacidades nos indivíduos. Foram levantados cursos, apostilas, vídeos, publicações, aplicativos que a ANA tem utilizado nos processos formativos que promove. Um mesmo material pode contribuir para a aquisição de conhecimentos de diversos temas específicos. Esse processo permite identificar quanto cada um dos temas específicos tem ou não soluções educacionais já prontas. Dessa forma, é possível fazer análises, reconhecer lacunas e estabelecer prioridades no desenvolvimento de novas soluções educacionais.

Para planejar os processos formativos na esfera da bacia hidrográfica, foram identificadas as entregas relacionadas à função do indivíduo (nível de complexidade), no CBH e na ED, e os tópicos de conhecimentos associados.

Esse mapeamento visava orientar o desenho das trilhas de aprendizagem que serão construídas pelas instituições responsáveis pelos processos de planejamento de ações de educação e capacitação para a gestão de recursos hídricos, como a ANA, os órgãos gestores estaduais de recursos hídricos e as instituições parceiras de ensino e pesquisa.

Um exercício para o desenho de trilhas de aprendizagem foi feito para os comitês que participam do Procomitês. Segundo a classificação feita por esse programa, existem cinco níveis de CBHs, a saber: 1) Comitê Criado: prévia existência de Lei, Decreto Estadual, resolução do CERH ou outro normativo caracterizando sua criação; 2) Comitê Instalado: condição de comitê criado, além de regimento interno aprovado, processo eleitoral realizado, membros empossados e diretoria eleita, com mandatos vigentes, observados os normativos estaduais pertinentes; 3) Comitê Consolidado em funcionamento: condições de comitê instalado, além de regular funcionamento evidenciado ao menos pela realização das reuniões ordinárias regimentalmente previstas; 4) Comitê com Plano ou Enquadramento aprovado: condições de comitê consolidado em funcionamento, além de plano ou enquadramento aprovado na forma do regimento interno e dos normativos pertinentes no âmbito do estado; e 5) Comitê com Cobrança Implementada: condições de comitê com plano ou enquadramento aprovado, além de cobrança aprovada e implementada.

Para fins de planejamento de capacitação, considerou-se mais adequado a proposição de três trilhas de aprendizagens: i) a primeira agrupando os três primeiros níveis acima listados, ou seja, desde a criação até o funcionamento do CBH; ii) a segunda, para os CBHs que têm Plano ou Enquadramento de recursos hídricos aprovado; e iii) uma terceira, para os CBHs com Cobrança Implementada.

Para cada nível de implementação dos CBHs foi feita uma análise para identificar as entregas esperadas. O resultado obtido é apresentado na Figura 4.

Em seguida, foi feita uma associação entre as entregas e os conhecimentos necessários para a função de membro de CBH. As colunas do Quadro 4 podem ser consideradas os títulos dos tópicos de capacidades: eles compõem algo equivalente aos referenciais curriculares para compor as trilhas de aprendizagem para cada nível de implementação de CBH. Além dos referenciais curriculares, as trilhas devem conter as soluções educacionais recomendadas, algumas orientações gerais para percorrer essas trilhas e as indicações de pré-requisitos.

Vale destacar que as trilhas de aprendizagens, segundo Carbone et al. (2006), são caminhos alternativos e flexíveis para o desenvolvimento pessoal e profissional. Elas permitem que as pessoas regulem o seu processo formativo, escolhendo opções educativas personalizadas, respeitando ritmos, preferências e limites pessoais de cada um. As trilhas de aprendizagem apresentam aos indivíduos diferentes caminhos para o desenvolvimento de suas capacidades.

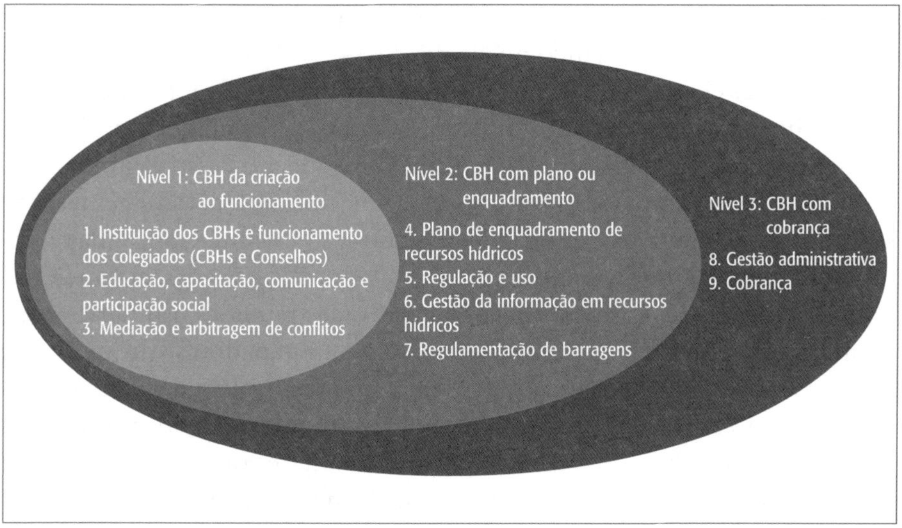

Figura 4 – Entregas específicas em cada nível de implementação de Comitê de Bacia.

As trilhas podem ser constituídas por soluções formais, como cursos, e não formais de desenvolvimento, como treinamentos em serviço, estágios, autodesenvolvimento, *coaching*. Para Carbone et al. (2006), é fundamental ter um sistema de desenvolvimento de competências inteligente, diverso, plural, superconectado e interligado, no qual o indivíduo aprenda com todas as coisas e pessoas à sua volta, sempre em tempo real, escolhendo a melhor opção de aprendizagem. Nesse sentido, o uso de objetos de aprendizagem, integrados à tecnologia, são vantajosos, segundo Izidio (2016), pois permitem a implementação imediata, desvencilha de entraves burocráticos de contratações, estabelecem cultura de aprendizagem contínua e aproveitamento dos recursos da organização, reduzindo, assim, de forma contundente os custos.

Quadro 4 – Títulos dos tópicos de capacidades por macrotema e por nível de CBH

Macrotema	Tópicos para CBH Nível 1*	Tópicos para CBH Nível 2**	Tópicos para CBH Nível 3***
Marco Legal e Regulação	Legislação sobre águas 1 Direito Administrativo Direito Constitucional (noções)	Legislação sobre águas 1, 2 e 3 Direito Administrativo Direito Constitucional Acesso à informação Regulação de Uso de Recursos Hídricos (noções)	Legislação sobre águas 1, 2 e 3 Direito Administrativo Direito Constitucional Acesso à informação Regulação de Uso de Recursos Hídricos (noções)
Governança, Comunicação e Participação Social	Comunicação Interpessoal Comunicação Institucional 1 Ciência Política 1 Gestão de Conflitos 1 Gestão Participativa 1 (2 e 3 para algumas pessoas) Governança 1 (2 para alguns territórios) Política Pública	Comunicação Interpessoal Comunicação Institucional 1 Ciência Política 1 e 2 Gestão de Conflitos 1 e 2 Gestão Participativa 1 e 2 (e 3 para algumas pessoas) Governança 1 (2 para alguns territórios) Política Pública	Comunicação Interpessoal Comunicação Institucional 1 Ciência Política 1 e 2 Gestão de Conflitos 1 e 2 Gestão Participativa 1 e 2 (e 3 para algumas pessoas) Governança 1 (2 para alguns territórios) Política Pública
Hidrologia e Qualidade da Água	Noções de Hidrologia e Qualidade da Água – Hidrologia 1 Monitoramento Hidrometereológico 1	Hidrologia 1 e 2 Monitoramento Hidrometereológico 1	Hidrologia 1 e 2 Monitoramento Hidrometereológico 1

(continua)

Quadro 4 – Títulos dos tópicos de capacidades por macrotema e por nível de CBH (*continuação*)

Macrotema	Tópicos para CBH Nível 1*	Tópicos para CBH Nível 2**	Tópicos para CBH Nível 3***
SINGREH e Instrumentos da Política	SINGREH 1 SINGREH 2 – CBH Cobrança 1 básico Outorga 1 Plano 1	SINGREH 1 SINGREH 2 – CBH Cobrança 1 básico Outorga 1 e 2 Plano 1 e 2 Sistemas de informações sobre recursos hídricos	SINGREH 1 SINGREH 2 – CBH Cobrança 1 e 2 Outorga 1 e 2 Plano 1 e 2 Sistemas de informações sobre recursos hídricos
Programas e Projetos	Gestão: programas e projetos 1	Gestão: programas e projetos 1 e 2 (elaboração, implementação, acompanhamento, monitoramento e avaliação de programas e projetos)	Gestão: programas e projetos 1 e 2 (elaboração, implementação, acompanhamento, monitoramento e avaliação de programas e projetos)
Conservação, Uso Racional e Sustentável da Água	Desenvolvimento sustentável Políticas setoriais e usos múltiplos – noções Conservação e manejo de bacias Gestão da água em ambientes rurais (noções) Gestão da água em ambientes urbanos (noções) Gestão territorial 1, 2 e 3 (específico para o território da bacia)	Desenvolvimento sustentável Políticas setoriais e usos múltiplos Conservação e manejo de bacias Gestão da água em ambientes rurais Gestão da água em ambientes urbanos Gestão territorial 1, 2 e 3 (específico para o território da bacia)	Desenvolvimento sustentável Políticas setoriais e usos múltiplos Conservação e manejo de bacias Gestão da água em ambientes rurais Gestão da água em ambientes urbanos Gestão territorial 1, 2 e 3 (específico para o território da bacia)

(*continua*)

Quadro 4 – Títulos dos tópicos de capacidades por macrotema e por nível de CBH (*continuação*)

Macrotema	Tópicos para CBH Nível 1*	Tópicos para CBH Nível 2**	Tópicos para CBH Nível 3***
Conhecimento Instrumental de Base	Redação básica Redes sociais e comunicação com representados	Redação básica Redes sociais e comunicação com representados	Redação básica Redes sociais e comunicação com representados
Segurança de Barragens	Noções gerais segurança de barragens	Noções gerais segurança de barragens	Noções gerais segurança de barragens
Educação e Capacitação	Educação ambiental e participação social 1 e 2	Educação ambiental e participação social 1 e 2	Educação ambiental e participação social 1 e 2
Administração e Finanças			Planejamento e Orçamento Público Licitações, Contratos, Convênios e instrumentos congêneres 1 Gestão Financeira e Orçamentária
Gestão da Informação sobre Recursos Hídricos (tecnologia da informação e sistemas de informação)	Noções de geoprocessamento e cartografia	Noções de geoprocessamento e cartografia Sistemas de informações sobre recursos hídricos	Noções de geoprocessamento e cartografia Sistemas de informações sobre recursos hídricos

***** CBH Nível 1 – engloba os 3 primeiros níveis da classificação do Procomitês, desde a criação até o funcionamento do CBH.

****** CBH Nível 2 – corresponde ao nível 4 da classificação do Procomitês, para CBHs que têm Plano ou Enquadramento de recursos hídricos aprovado.

******* CBH Nível 3 – corresponde ao nível 5 da classificação do Procomitês, para os CBHs com Cobrança Implementada.

Os conteúdos descritos como 1, 2 são relativos à complexidade dos temas.

Nesse contexto de planejamento de capacitação baseado em competências, cabe às instituições responsáveis modelar essas trilhas de aprendizagem apontando os referenciais curriculares de forma organizada, oferecendo soluções educacionais compatíveis e orientações gerais para que os indivíduos percorram suas trilhas a partir de suas necessidades. Cabe também identificar lacunas de capacidades recorrentes e estratégicas para o alcance efetivo das entregas, de modo a priorizá-las na oferta de soluções educacionais, sejam elas cursos, estágios, materiais autoinstrucionais etc.

Assim, o plano de capacitação de um CBH, para um determinado período, deverá conter: i) lacunas de capacidades que se pretende preencher para os membros do CBH; ii) as soluções educacionais disponíveis, aquelas a serem desenvolvidas e as soluções prioritárias ao longo dos anos; iii) orientações para percurso das trilhas; iv) parcerias para a implementação; v) recursos alocados e vi) monitoramento e avaliação do plano. É importante ressaltar que os planos de capacitação dos CBHs seguindo essa metodologia ainda estão em processo de elaboração e são peças importantes no âmbito do PROGESTÃO e do Procomitês.

Independentemente do planejamento de capacitação do CBH, esse modelo pressupõe um protagonismo dos indivíduos que devem buscar se apropriar das entregas que se esperam dele ao atuar nessa instância colegiada. Ir adiante e conhecer as capacidades que precisam ser desenvolvidas para que sua entrega à sociedade seja feita da melhor forma possível é uma etapa ainda mais importante. Na verdade, isso é válido para qualquer ator do SINGREH que queira aperfeiçoar continuamente seu desempenho no trabalho. Nesse sentido, considera-se valiosa a contribuição do projeto DesenvolveRH ao disponibilizar essas informações. Para as entidades responsáveis por elaborar esses planos, o conjunto obtido de entregas e capacidades é a base para subsidiar a modelagem do desenho das trilhas-

Tendo em vista que o processo de descrição de entregas e capacidades feito com o envolvimento dos representantes do SINGREH, com várias oficinas de trabalho realizadas ao longo do tempo possibilita que a metodologia baseada no modelo de competências seja incorporada e apropriada no desenho dos planos de capacitação dos sistemas de recursos hídricos dos estados. Considera-se que essa forma colaborativa de construção de conhecimento, além de produzir um produto mais rico, estimula o desenvolvimento de capacidades de quem participa do processo e promove um maior envolvimento e comprometimento com essa maneira de desenvolver pessoas para gestão dos recursos hídricos.

CONSIDERAÇÕES FINAIS

A literatura traz experiências de planejamento e implementação de ações de capacitação em uma organização. Nesses casos, a gestão por competências abrange todas as dimensões da gestão de pessoas, como seleção, planos de carreira, remuneração, desenvolvimento e avaliação (Monteiro e Moraes, 2006).

Tendo como foco em uma organização é possível direcionar as ações de capacitação e treinamentos dos indivíduos para seus objetivos. Pode-se também planejar o desenvolvimento contínuo das competências, de acordo com as estratégias futuras da organização e sua frequência de modo que as mesmas sejam revistas para não se tornarem obsoletas com o passar dos anos.

Não é possível seguir a mesma lógica do modelo quando utilizado em uma única organização para o SINGREH. Ele não se aplica, por exemplo, para todas as dimensões de gestão de pessoas como seleção, planos de carreira, avaliação, entre outros. Além disso, não é possível impor um modelo a organizações que são autônomas.

Para um sistema constituído de várias organizações autônomas é possível promover adaptações de modo a utilizar este modelo para construção de competências de modo geral, permitindo que cada instituição o complemente a partir de suas necessidades. Um modelo geral permite dar sinergia a um sistema nacional, em que as partes do sistema dialoguem com uma mesma linguagem. Permite também estabelecer trocas a partir de um mesmo referencial, além daconstrução de soluções gerais que alcançam boa parte dos atores do sistema, otimizando esforços e recursos disponíveis.

Por outro lado, reconhece-se que um modelo geral para todo o país não é suficiente para superar os gargalos de formação em gestão das águas. Assim, torna-se necessário e estratégico estimular a construção de planos de capacitação, nos níveis estaduais e de bacia, a partir do modelo geral em nível nacional.

Para um sistema composto por diversas instituições, como o SINGREH, com distintas atribuições e atores que contribuem de forma diferente para gestão das águas, é necessário se basear em preceitos distintos do planejamento convencional adotado por uma única instituição. É preciso prever formação em diferentes tipos e níveis de conteúdo para se conseguir o desenvolvimento de habilidades e conhecimentos das mais diversas áreas, incorporando estratégias de formação em todos os níveis e modalidades de ensino, ou seja, é preciso planejar a formação das pessoas a partir de referenciais flexíveis, dando autonomia aos sujeitos e promovendo a construção colaborativa de conhecimento.

Nesse sentido, o conceito de trilha de aprendizagem se enquadra no contexto do SINGREH, tanto do ponto de vista dos indivíduos como das instituições que compõem esse sistema. Do ponto de vista dos indivíduos que trazem bagagens diversas e, portanto, demandam desenvolvimento de capacidades distintas para entregarem aquilo que se espera dele no SINGREH. Por exemplo, embora seja esperado que todos os membros de CBH conheçam legislação sobre águas, esse tema pode ser desconhecido por alguns membros ou ser básico demais para outros. A trilha de aprendizagem é, portanto, pessoal.

Do ponto de vista das instituições que compõem o SINGREH, o planejamento de capacitação a partir de um mesmo referencial, como o descritivo das entregas e das capacidades, permite a modelagem de trilhas colaborativas de aprendizagem. A ideia é que, a partir de um conjunto inicial de soluções educacionais, diferentes parceiros possam interagir e contribuir com estas soluções educacionais produzidas de forma descentralizada e colaborativa.

Outro aspecto interessante é permitir que essas soluções educacionais possam ser avaliadas, de forma simples e visível a todos, de modo a contribuir com a formação e as escolhas de outros atores. Por exemplo, um vídeo comentado e bem avaliado pode interferir na escolha daquela solução educacional para outros indivíduos.

As trilhas de aprendizagem para a gestão das águas podem ter diferentes "portas de entrada" ou "pontos de partidas". Pode partir, por exemplo, dos temas de conhecimentos de interesse do indivíduo ou do seu papel/função no SINGREH e ou mesmo pelas entregas que se esperam dele. O papel das instituições responsáveis por planejar as ações de desenvolvimento de pessoas para a gestão das águas, nesse contexto, é de modelar as trilhas de aprendizagem, levando em consideração objetivos, fundamentos e diretrizes da Política de Recursos Hídricos e, ao mesmo tempo, contemplando a autonomia dos indivíduos.

REFERÊNCIAS

[ABC] ACADEMIA BRASILEIRA DE CIÊNCIAS. Recursos hídricos no Brasil: problemas, desafios e estratégias para o futuro. José Galizia Tundisi (coordenador). *Ciência e tecnologia para o desenvolvimento nacional: estudos estratégicos, 5*. Rio de Janeiro: ABC, 2014.76 p.

[ANA] AGÊNCIA NACIONAL DE ÁGUAS. *Planejamento das ações de capacitação baseado no modelo de Gestão por Competências*. Disponível em: <https://capacitacao.ead.unesp.br/index.php/planejamento-desenvolverh>. Acesso em 18 set. 2017.

BATISTA, F.F. et al. *Gestão do Conhecimento na Administração Pública*. Disponível em http://www.ipea.gov.br/portal/images/stories/PDFs/TDs/td_1095.pdf. Acesso em 10 jun. 2017.

BRANDÃO, H.P. *Aprendizagem, contexto, competência e desempenho: um estudo multinível.* Dissertação, Universidade de Brasília, Instituto de Psicologia Brasília, 2009. Disponível em http://repositorio.unb.br/handle/10482/8322.Acesso em 18 set. 2017.

BRASIL. Lei n. 12.651, de 25 de maio de 2012. Brasília: Novo Código Florestal, 2012. Disponível em: <http://www.planalto.gov.br/ccivil_03/_Ato2011-2014/2012/Lei/L12651.htm>. Acesso em 10 jun. 2017.

______. Lei n. 9.984, de 17 de julho de 2000. Brasília: Agência Nacional de Águas, 2000. Disponível em: <http://www.planalto.gov.br/ccivil_03/LEIS/L9984.htm>. Acesso em 10 jun. 2017.

______. Lei n. 9.433, de 8 de janeiro de 1997. *Política Nacional de Recursos Hídricos.* Brasília, 1997. Disponível em: http://www.planalto.gov.br/ccivil_03/LEIS/L9433.htm. Acesso em 10 jun. 2017.

______. Lei n. 6.938, de 31 de agosto de 1981. *Política Nacional de Meio Ambiente.* Brasília, 1981. Disponível em: <http://www.planalto.gov.br/ccivil_03/LEIS/L6938.htm>. Acesso em 10 jun. 2017.

______. Lei n. 9.605, de 12 de fevereiro de 1998. *Crimes Ambientais.* Brasília, 1998. Disponível em:<http://www.planalto.gov.br/ccivil_03/LEIS/L9605.htm> Acesso em 10 jun. 2017.

______. Lei nº 7661, de 16 de maio de 1988. *Plano Nacional de Gerenciamento Costeiro.* Brasília, 1988. Disponível em: <http://www.planalto.gov.br/CCIVIL_03/Leis/L7661.htm>. Acesso em 10 jun. 2017.

CARBONE, P.P. et al. *Gestão por competências e gestão do conhecimento.* 2. ed. Rio de Janeiro: FGV, 2006.

FERNANDES, B.H.R. *Gestão Estratégica de Pessoas com foco em Competências.* Rio de Janeiro: Campus, 2013.

FREITAS, I.A.; BRANDÃO, H.P. Trilhas de aprendizagem como estratégia de TD&E. *Treinamento, desenvolvimento e educação em organizações e trabalho: fundamentos para a gestão de pessoas,* 2006. p. 97-113,

IZIDIO, K. *Como montar o plano geral de capacitação de uma organização na modelagem trilhas de aprendizagem,* 2016. Disponível em: https://www.inteletto.com/single-post/2016/10/11/Como-montar-o-plano-geral-de-capacita%C3%A7%C3%A3o-de-uma-organiza%C3%A7%C3%A3o-na-modelagem-trilhas-de-aprendizagem. Acesso em 10 jun. 2017.

JACOBI, P..; FRANCALANZA, A.P. *Comitês de Bacias Hidrográficas no Brasil: Desafios de Fortalecimento da Gestão Compartilhada e Participativa,* 2005 Disponível em http://revistas.ufpr.br/made/article/view/7816. Acesso em 11 dez.2017.

KALIL PIRES, A. et al. *Gestão por Competências em organizações do governo: Mesa-redonda de pesquisa-ação,* 2005. Brasília: Escola Nacional de Administração Pública – ENAP. Disponível em: www.enap.gov.br. Acesso em 18 ago. 2009.

LEME, T.N.; LOPES-FERREIRA, C. *Construção de proposta de mestrado Profissional em Rede Nacional em Gestão e Regulação de Recursos Hídricos.* Brasília: Silusba, 2015.

MONTEIRO, J.C.; MORAIS, J.S. *Capacitação e gestão por competência no serviço público federal brasileiro: um balanço preliminar da experiência no Ministério da Justiça.* XI Congreso Internacional del CLAD sobre La Reforma del Estado y de La Administracion Pública. Guatemala, 2006. Disponível em: <http://www.clad.org.br.ve/fultext/0055341.pdf>. Acesso em 20 ago. 2009.

[OECD] ORGANIZATION FOR ECONOMIC CO-OPERATION AND DEVELOPMENT. *Governança dos Recursos Hídricos no Brasil.* Paris: OECD Publishing. Disponível em: http://dx.doi.org/10.1787/9789264238169-pt, 2015. Acesso em 11 dez. 2017.

37 O plano de segurança da água (PSA) no âmbito das bacias hidrográficas

Roseane Maria Garcia Lopes de Souza
Engenheira sanitarista, Centro de Referência em Segurança da Água, Cersa

Alejandro Dorado
Biólogo, Instituto de Estudos Avançados em Gestão Ambiental, Igambiental

Pedro Caetano Sanches Mancuso
Faculdade de Saúde Pública da Universidade de São Paulo FSP/USP

INTRODUÇÃO

Abastecimento de água para consumo

Como forma de destacar o enfoque dos recursos hídricos no setor de abastecimento de água potável, verifica-se, ao longo deste início do século XXI, que os sistemas de abastecimento realizam suas ações quanto à conformidade da água potável baseadas principalmente na prática do monitoramento laboratorial, para verificar a qualidade da água produzida e distribuída por um sistema de abastecimento.

Essa prática frequentemente lenta, custosa e ineficaz se traduz em incertezas em relaçãoa como atestar a confiabilidade da água, sob o ponto de vista de potabilidade e de ausência de doenças, retratando-se em:

- Altos custos de monitoramento da água bruta, tratada e distribuída.
- Dificuldades em correlacionar qualidade da água com incidências de doenças de transmissão e veiculação hídricas na população consumidora.
- Dificuldades em detectar outros organismos patogênicos, como vírus e protozoários patogênicos que causam doenças na população.
- Métodos ineficazes de monitoramento da qualidade da água, pois somente permitem verificar se a água era própria ou imprópria ao consumo, após ter sido já consumida pela população.

- Dificuldade em realizar análises mais complexas para detecção de alguns indicadores indesejáveis, constituintes microbiológicos, químicos e radiológicos.
- Execução de amostragem em função do número de habitantes com abastecimento, e não em função do volume de água produzido e distribuído.
- Quantidade insuficiente das amostras coletadas para garantir e certificar a qualidade da água, quando comparadas com o volume de água produzido e distribuído.
- Frequência de amostra, não garantindo os aspectos temporal, espacial, arranjo das redes, etc.

Embora o monitoramento seja uma etapa importante do processo de abastecimento de água, não é suficiente, já que a mensuração de risco à saúde pública deve ser baseada em planos de gestão de riscos e identificação de perigos no abastecimento de água potável, a fim de fornecer o benefício adicional de reduzir a probabilidade de contaminantes entre fornecimento e consumo.

A função dos planos de gestão dos riscos à saúde pública é incentivar a utilização de princípios de gestão de risco em todas as etapas de um sistema de abastecimento de água, desde a captação no manancial até a distribuição na torneira do consumidor, de modo a reduzir ainda mais o risco de contaminação.

Potabilidade de água para consumo

Na legislação brasileira, a água foi alçada à categoria de bem ambiental, uma vez que, como visto, é essencial à qualidade de vida, conforme disciplinado no artigo 225 da Constituição Federal (Brasil, 1988). Após a promulgação dessa lei, a preocupação com a qualidade da água para a presente e as futuras gerações, fez com que os legisladores e o próprio Executivo, dentro de sua competência, propusessem leis, decretos, resoluções e portarias para a consecução desse propósito (Dilguerian, 2015).

A Política Nacional de Recursos Hídricos (PNRH) regulamenta, em seu artigo 1º, que a água é um recurso natural limitado. Acresce a isso a ideia de que a água é dotada de valor econômico. Entre os objetivos da PNRH encontra-se o de assegurar à atual e às futuras gerações a necessária disponibilidade de água, em padrões de qualidade adequados aos seus respectivos usos (Brasil, 1997).

A Portaria MS n. 2.914 (Brasil, 2011) estabelece sobre os procedimentos de controle e vigilância da qualidade da água para consumo humano e seu padrão de potabilidade. Determina, ainda, que toda água destinada ao consumo humano, distribuída por meio de um sistema ou solução alternativa coletiva de abastecimento de água deve ser objeto de controle e vigilância da sua qualidade.

O Anexo XX da Portaria de Consolidação n.5/2017, do Ministério da Saúde, dispõe sobre os procedimentos de controle e de vigilância da qualidade da água para consumo humano e seu padrão de potabilidade. Seu principal objetivo é garantir a qualidade da água para consumo humano.

Assim, mediante a Portaria 5/2017 e seu Anexo, insere-se no Brasil o Plano de Segurança das Águas (PSA), com base nos conceitos e nas definições da Organização Mundial da Saúde (OMS), para identificar e priorizar riscos que possam surgir em um sistema de abastecimento de água, desde a captação da água bruta até a entrega no cavalete.

O Plano de Segurança da Água é um documento que descreve o método e as ações a desenvolver para a gestão de riscos de um sistema de abastecimento de água para consumo humano, contemplando aspectos referentes a captação, adução, tratamento, reservação e distribuição, além de indicar ações preventivas e corretivas de proteção à saúde coletiva e ao meio ambiente.

Nessa perspectiva, a implementação de PSA em mananciais de abastecimento, a identificação de perigos e a avaliação e gestão de riscos na escala da bacia hidrográfica constituem elementos essenciais para a implementação de estratégias em planos de gestão de bacias. Essa implementação deve ser realizada, preferencialmente, sob a supervisão de instituições de regulação para atingir da melhor forma os objetivos.

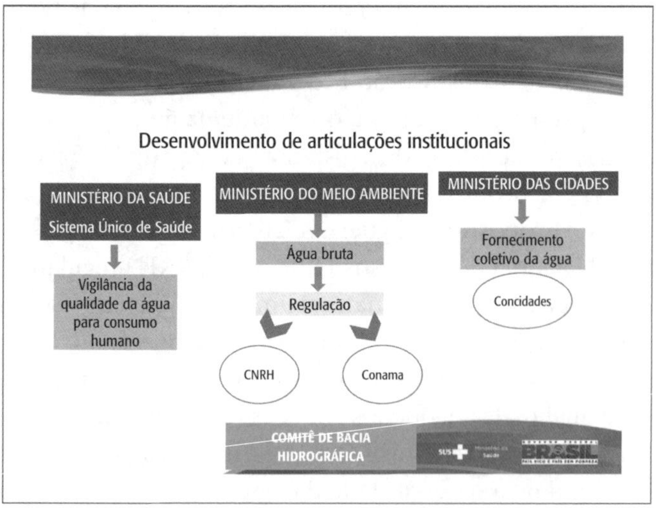

Figura 1 – Iniciativas para implementação do PSA no Brasil.
Fonte: Ministério da Saúde (2012).

Obviamente, para o sucesso da implementação do PSA é necessário o envolvimento dos diversos setores responsáveis pela atuação na bacia de captação até o consumidor, assim como a avaliação adequada dos usos múltiplos da água. Esse trabalho necessariamente é de natureza multidisciplinar e deve ser adaptado às realidades locais (comunidades rurais, pequenos centros urbanos e grandes cidades).

Neste capítulo discute-se a importância do PSA no âmbito das bacias hidrográficas, em particular as bacias dos rios Piracicaba, Capivari e Jundiaí (PCJ) e seu vínculo com a governança da água e os serviços ecossistêmicos.

O PLANO DE SEGURANÇA DA ÁGUA (PSA)

A segurança da água vem ganhando, nos últimos anos, importância no setor de saneamento, com mudanças de abordagem em que apenas o controle laboratorial, para garantir a qualidade da água, já não é mais suficiente. Assim, o controle do processo deve ser sistêmico e incorporar todas as fases do fornecimento de água, da captação ao consumidor final (WHO, 2011), para minimizar as fontes de contaminação pontual e difusa dos mananciais, eliminar a contaminação durante o processo de tratamento e prevenir a contaminação durante o armazenamento e distribuição da água tratada. Aqui se incorpora o conceito de múltiplas barreiras, por meioda avaliação sistemática do sistema de abastecimento e dos usos e ocupação do território na bacia hidrográfica, onde se localiza o manancial.

Assim, o PSA, como ferramenta de gerenciamento da qualidade da água, com base na prevenção de risco requer, conforme preconizado pela OMS, o desenvolvimento de planos de gestão que sejam capazes de proteger e controlar o processo de abastecimento da água. Esse processo associa e adapta ferramentas metodológicas de avaliação e gerenciamento de risco à saúde humana,bem como os sistemas de abastecimento de água, desde a captação até o consumidor.

Além disso, o PSA é uma importante ferramenta para a identificação de potenciais deficiências nos sistemas de abastecimento de água e para minimizar incidentes e estabelecer planos de contingência, a fim de dar respostas às falhas no sistema. Obviamente, incorpora a gestão de riscos com foco no consumidor. Dessa forma, o tripé composto pelas boas práticas, a análise de perigos e pontos críticos de controle (APPCC) e a análise de risco tornam-se a base que sustenta o PSA.

A responsabilidade pelo desenvolvimento do PSA é do operador do sistema ou solução alternativa coletiva de abastecimento de água e, no Brasil, é acompanhado pelo comitê de bacia hidrográfica da região onde atua. Além disso, o PSA deve ser acompanhado pelo setor da saúde.

Entre as obrigações, conforme o Anexo XX, Seção IV, Art. 13 inciso IV, o responsável pelo sistema deve "manter avaliação sistemática do sistema ou solução alternativa coletiva de abastecimento de água, sob a perspectiva dos riscos à saúde, com base nos seguintes critérios: a) ocupação da bacia contribuinte ao manancial; b) histórico das características das águas; c) características físicas do sistema; d) práticas operacionais; e) qualidade de água distribuída, conforme os princípios dos PSA recomendados pela OMS ou definidos em diretrizes vigentes no país".

Nesse sentido, a OMS publicou em 2012 um manual de aplicação do PSA para pequenas comunidades e áreas rurais. A publicação apresenta 6 diretrizes para desenvolver o PSA:

- Engajamento da comunidade e montagem da equipe para implementar o PSA;
- Descrição do sistema de abastecimento de água da comunidade;
- Identificação e avaliação de riscos e ameaças ao sistema e medidas de controle existentes;
- Desenvolvimento e implementação de um plano de melhoria contínua;
- Monitoramento e medidas de controle e verificação da eficácia do PSA;
- Revisão da documentação e melhoria de todos os aspectos da implementação do PSA.

A primeira etapa do processo, o engajamento da comunidade, vai ao encontro das atuais tendências nos processos de avaliação de desempenho socioambiental de projetos, já que sem o envolvimento de todas as partes interessadas o sucesso dos projetos fica comprometido e sua chance de implementação reduzida. Além disso, a montagem da equipe para elaborar o PSA deve incluir competências técnicas interdisciplinares para integrar os meios físico, biótico e socioeconômico.

A descrição do sistema de abastecimento é fundamental para a posterior identificação dos perigos a ele associados, em termos dos impactos potenciais sobre a qualidade da água (riscos biológicos, químicos, físicos e radiológicos) e sua posterior correlação com efeitos adversos à saúde humana (Anexo 1).

A fase seguinte (etapa 3) do PSA para áreas rurais ou pequenas comunidades implica a análise dos perigos em função do grau de risco. Essa etapa, normalmente, é executada com a elaboração de matrizes de interação (priorização de risco e análise de perigos e pontos críticos de controle). Assim, os eventos perigosos, com consequências mais severas, serão priorizados em detrimento daqueles com impactos menos significativos ou de ocorrência pouco provável (Vieira e Morais, 2005).

O desenvolvimento de um PSA para um manancial, baseado em metodologias de avaliação e gestão de riscos, depende significativamente da quantidade e da qualidade da informação relevante disponível.Especial atenção deve ser dada às informações das características da bacia hidrográfica como geologia, hidrologia, fatores ambientais, sanitários, físicos, enquadramento dos mananciais, quantidade e qualidade da água, proteção dos mananciais, das águas superficiais e subterrâneas.

Os riscos podem ser avaliados com o uso de técnicas qualitativas, semiqualitativas, quantitativas, semiquantitativas ou combinadas, dependendo da situação em foco. A Tabela 1 exemplifica uma matriz de tipo qualitativa para priorizar o risco associado, na qualse determina a probabilidade de ocorrência (risco frequente, pouco frequente ou raro) e suas consequência para a saúde humana (população abastecida pelo sistema) em uma escala de gravidade de riscos (insignificante, baixo, moderado, grave e muito grave (Vieira e Morais, 2005).

Tabela 1 – Exemplo de matriz qualitativa de priorização de risco

Ocorrência	Consequência				
	Insignificante	Baixa	Média	Grave	Muito grave
Certo	Baixo	Médio	Alto	Muito alto	Muito alto
Muito frequente	Baixo	Médio	Alto	Muito alto	Muito alto
Frequente	Baixo	Baixo	Médio	Alto	Muito alto
Pouco frequente	Baixo	Baixo	Médio	Alto	Muito alto
Raro	Baixo	Baixo	Baixo	Médio	Alto

Fonte: Adaptado de AS/NZS, 2004.

Já o Sistema de Análise de Perigos e Pontos Críticos de Controle (APPCC) é uma abordagem sistêmica para identificação de perigos que podem afetar a potabilidade da água. Sua base é a determinação de pontos de controle (PC) e pontos críticos de controle (PCC), para seu posterior monitoramento e medidas de intervenção quando necessárias. Esses PC, dentro do sistema de abastecimento, estabelecem-se em função da existência de perigos que podem ser monitorados de forma sistêmica e contínua (AS/NZS, 2004). Os PCC são aqueles que oferecem riscos à saúde e que também podem ser monitorados em forma contínua e sistemática, com a adoção de limites críticos, medidas de controle e onde não há barreiras que permitam reduzi-los a níveis toleráveis ou eliminá-los.

Também existem os chamados PCA (pontos críticos de atenção), definidos como aqueles ao longo dosistema de abastecimento que oferecem riscos à saúde e sobre os quais não é possível haver monitoramento, mas é possível estabelecer barreiras e/ou medidas de controle para prevenir, reduzir ou eliminar o perigo a níveis aceitáveis (AS/NZS, 2004). Finalmente, os Pontos de Atenção (PA) são pontos dentro do sistema onde existem um ou mais perigos com risco à saúde humana, nos quais não é possível adotar medidas de controle.

Assim, para cada perigo se devem identificar as medidas de controle para sua prevenção ou eliminação, ou redução a níveis aceitáveis. As medidas de controle devem ter como base o princípio das múltiplas barreiras em todo o sistema de abastecimento de água para consumo humano.

Já as múltiplas barreiras, segundo Mancuso (2003), conceito formalmente proposto na bibliografia especializada em 1984 por Willian Charles Lauer, foi concebido em razão da impossibilidade de identificar de forma adequada a enorme quantidade de compostos de alto risco, particularmente micropoluentes orgânicos que podem estar presentes em águas provenientes de mananciais previamente poluídos por efluentes sem tratamento.

Como consequência, o tratamento dessas águas é absolutamente impossível de ser feito por um único processo ou operação unitária, voltado exclusivamente para um determinado contaminante e que seja de confiabilidade total.

Nessas condições, Lauer (1984) propôs o emprego de processos e operações unitárias redundantes, ou seja, a responsabilidade pela remoção de um determinado contaminante não deve ser atribuída a uma única etapa de tratamento, senão por várias e de forma associada.

A Tabela 2, adaptada dos trabalhos de McEwen (1998), contribui para o entendimento desse conceito. Se um dado contaminante, como a DBO, for considerado, a tabela mostra que sua remoção pode ser feita por vários processos: tratamento biológico, tratamento biológico com remoção de nutrientes, remoção biológica de nitrogênio, coagulação, floculação, sedimentação com recarbonatação, carvão ativado granular e desmineralização com membranas.

Assim sendo, como alguns desses processos não foram especificamente desenvolvidos para a remoção de DBO, mas de alguma forma contribuem para tal, quando dois ou mais deles forem usados de forma associada, seu resultado contribui para a imposição de barreias redundantes para a remoção desse contaminante.

Tabela 2 – Processos e operações unitárias não convencionais que podem funcionar como múltiplas barreiras para alguns contaminantes

Contaminantes	1	2	3	4	5	6	7	8	9
SS (10)	X	X	X	X		X		X	
OD (11)								X	
DBO (12)	X	X	X	X			X	X	
TOC (13)	X	X					X	X	
VOC (14)	X	X	X		X		X	X	X
MP (15)	X	X		X				X	
NUT (16)		X	X	X				X	X
RAD (17)	X	X	X					X	
BIOL (18)	X	X		X	X	X		X	

Fonte: McEwen, 1998.

(1): tratamento biológico; (2): tratamento biológico com remoção de nutriente; (3): remoção biológica de nitrogênio; (4): coagulação, floculação e sedimentação com recarbonatação; (5): oxidação química com desinfecção; (6): carvão ativado granular; (7): filtração; (8): desmineralização com membranas; (9): arraste por *stripping;* (10): sólidos em suspensão; (11): oxigênio dissolvido; (12): demanda bioquímica de oxigênio; (13): carbono orgânico total; (14): compostos orgânicos voláteis; (15): metais pesados; (16): nutrientes; (17): material radioativo; (18): contaminantes biológicos.

Voltando às diretrizes do processo de elaboração do PSA, as etapas 4, 5 e 6 sobre melhoria contínua, derivada da gestão empresarial, pressupõem adotar uma prática com o objetivo de obter resultados cada vez melhores, eficientes e eficazes na obtenção do produto final. Nesse caso,a água da torneira, assim como os processos associados (abastecimento, tratamento e distribuição). Existem dentro dessa abordagem fatores fundamentais, como os culturais, com a incorporação desse conceito na gestão da água. Além disso, também é necessário um processo contínuo em que a melhoria se incorpora em todas as etapas do PSA. Obviamente, toda essa abordagem tem que ser compartilhada por todos os envolvidos na gestão.

Uma das primeiras etapas no processo de melhoria contínua, com base na ISO 9001, é o estabelecimento dos pontos focais onde podem ser gerados os melhores resultados no início do processo. Assim, a incorporação do PSA no âmbito da bacia hidrográfica, sua discussão com as partes interessadas e o estabelecimento de objetivos, metas e cronograma/orçamento surge como a primeira ação a ser aplicada. Já a medição com o estabelecimento de metas acessíveis seria a segunda etapa da adoção do processo de gestão.

A eficácia e monitoramento do PSA deverá levar em consideração aspectos técnicos e a padronização de processos. Se o objetivo do PSA é a potabilidade da água e ela não está totalmente garantida, significa que ainda não existe um controle total do processo. Em termos de um plano de melhoria contínua, no âmbito da gestão da qualidade, isso significa a incorporação de técnicas que mostrem o que deve ser feito (p.ex., ferramentas da qualidade, *PDCA*, *LeanManufacturing*, etc.).

Outrossim, o PSA exige mais. As ferramentas da qualidade são ótimas para elaborar planos de ação, que identificam as causas dos problemas e proporcionam caminhos para a proposta de soluções rápidas e eficientes. Porém, ainda estão fora as questões relacionadas aos interesses de cada um dos atores sociais envolvidos no processo. Aqui é onde entra a gestão da bacia hidrográfica, na qualse insere o sistema de abastecimento de água. E também onde entra o Comitê da Bacia Hidrográfica como figura fundamental para liderar o PSA no âmbito do manancial, em que o conhecimento técnico pode dialogar com decisões sobre o zoneamento territorial e o posterior ordenamento do uso e ocupação do solo.

A OMS (2009) também publicou 11 etapas para o desenvolvimento do PSA, para as áreas urbanas:

- montagem da equipe e eleição da metodologia para o desenvolvimento do PSA;
- descrição do sistema de abastecimento de água do manancial ao consumidor;
- identificação e avaliação de riscos que podem afetar o sistema de abastecimento;
- definiçãoe validação de medidas de controle, reavaliação e severidade de riscos;
- desenvolvimento, implantação e manutenção de um plano de melhoria;
- definição de medidas de monitoramento e controle;
- verificação da eficácia do PSA;
- preparação de procedimentos de gestão;
- desenvolvimento de programas de apoio;
- planejamento e desenvolvimento de revisões periódicas do PSA;
- revisão do PSA conforme incidentes.

Na comparação das tarefas entre as abordagens da OMS para pequenas comunidades (menores de 50.000 habitantes) e áreas urbanas, acima enunciadas, as etapas adicionais focam nos processos de revisões periódicas e na gestão do sistema (Figura 2). Assim, é possível a verificação constante do PSA, por meiode ações que devem ser tomadas e que determinam a operação normal e aquela em condições excepcionais (quando ocorrerem incidentes). Os planos de gestão, mediante protocolos de ações, também permitem a comunicação do risco à saúde humana e o suporte e validação/verificação periódica do Plano de Segurança da Água.

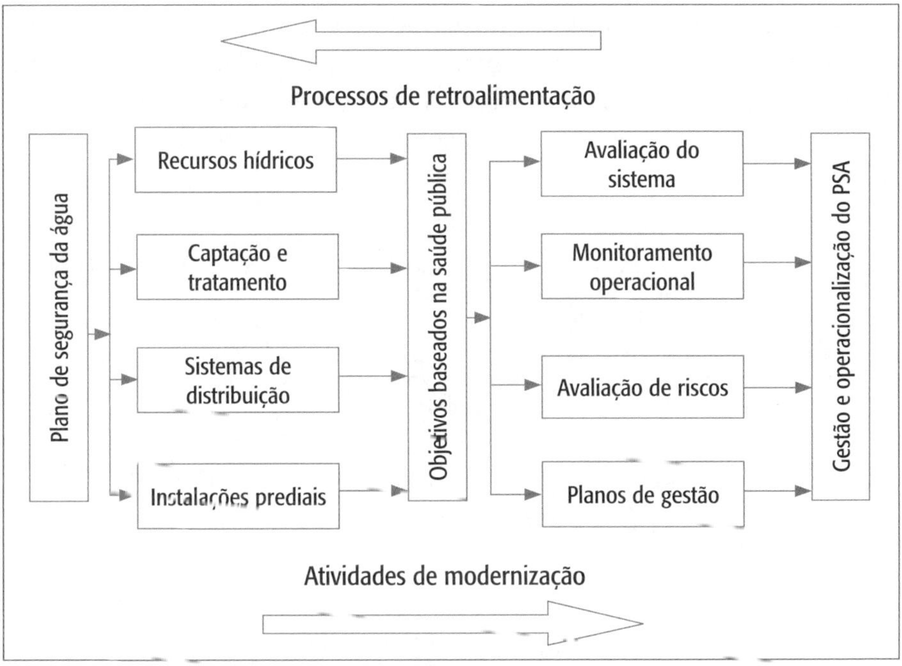

Figura 2 – Implantação, gestão e operacionalização do plano de segurança da água.
Fonte: adaptado de Sanasa, 2016.

Evidentemente, o gerenciamento de várias etapas do sistema de abastecimento de água para consumo humano é de responsabilidade compartilhada entre vários atores sociais. Assim, é fundamental que responsabilidades fiquem claras e definidas, para uma coordenação eficiente, em termos de planejamento e gerenciamento. Aqui é outro ponto onde se centra a ação do fórum de tomada de decisões sobre usos e ocupação do solo na bacia hidrográfica e os usos múltiplos da água.

A sequência das etapas (fases preliminares e etapas de avaliação, monitoramento e planos de gestão) já citadas pode ser resumida conforme a Figura 3.

Na proposta da OMS (áreas rurais/pequenas comunidades e áreas urbanas), atividades equivalentes que se relacionam com: i) a preparação, avaliação do sistema, ii) monitoramento, iii) comunicação e gestão e iv) melhoria contínua.

Verifica-se que essas visões da OMS apresentam ações de avaliação de riscos proativas, com elaboração de Planos de Contingência, que acompanham todo o sistema (da captação à torneira do consumidor) e compartilham várias similaridades com a ISO 22.000 (indústria alimentícia) e com a certificação HACCP (segurança alimentar). Porém, tanto a HACCP como a ISO 22.000 são em geral mais aplicáveis aos processos de produção de alimentos que para as ações de operação contínua, como são as atividades de produção de água potável.

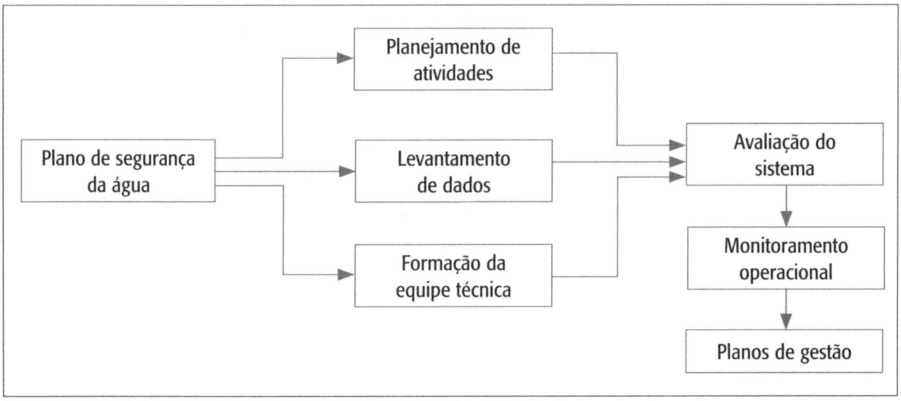

Figura 3 – Resumo das fases do plano de segurança da água
Fonte: adaptado de Brasil, 2012.

Por outro lado, por ser uma implementação das ações da Gestão da Qualidade (ISO 9000), há necessidade de ações contínuas, adoção de metas gradativas, que não necessariamente implicam o aumento dos custos operacionais.

De toda forma, para garantir um adequado PSA, deverá também ser estabelecido e implementado um processo de auditoria, que pode ser definido como uma avaliação independente e sistêmica que permita determinar a adequada implementação do PSA, sua eficácia, eficiência e integridade segundo a Auditoria de Planos de Segurança da Água (*Auditing Water Safety Plans*) (OMS, 2015).

Esse processo é bem diferente dos determinados pela OMS (ações 6 e 11 das etapas dos manuais anteriormente citados). Esse é um processo que deve ser executado por um agente externo, não envolvido com o desenvolvimento e aplicação do PSA. A auditoria do PSA pode formar parte de programas de agências reguladoras. Esse processo pode ser definido como a avaliação contínua e vigilante da saúde pública e a revisão da segurança e aceitabilidade de um fornecimento de água potável.

A auditoria, seja ela interna, externa, formal ou informal apoia a melhoria contínua do PSA e fornece um sistema de suporte contínuo para sua implementação, que é essencial para a sustentabilidade e sucesso do processo. Uma auditoria pode ter vários objetivos, incluindo apoio ao PSA, sua implementação e manutenção; a avaliação crítica da metodologia, adequação técnica e eficácia; e a confirmação de conformidades com os requisitos normativos (Dorado, 2018b). Assim, nesses momentos de desenvolvimento e aplicação do PSA nos municípios brasileiros, a auditoria independente começa a ser um ponto fundamental, que deve ser levado em consideração por todas as partes interessadas atuantes nesse processo.

Por outro lado, historicamente, com a promulgação da Lei n.9.433/1997, que institui a Política Nacional de Recursos Hídricos e estabelece a bacia hidrográfica como a unidade territorial para sua implementação e atuação do Sistema Nacional de Gerenciamento de Recursos Hídricos, o envolvimento do Comitê de Bacia Hidrográfica nas iniciativas de discussão e implantação do PSA é necessário, como vimos acima. Além disso, a gestão dos recursos hídricos deve ser descentralizada e deve contar com a participação dos usuários, as comunidades e o poder público, para se tornar aplicável.

A gestão dos recursos hídricos, dentro do paradigma da sustentabilidade socioambiental, deve apresentar ações para garantir o acesso à água, um bem de domínio público com valor econômico, em termos de quantidade e qualidade para o abastecimento humano, dentro da unidade territorial compreendida pela bacia hidrográfica (Brasil, 1997).

O Comitê de Bacia é um órgão colegiado de gestão de recursos hídricos, com atribuições de caráter normativo, consultivo e deliberativo e que englobam representantes de órgãos e entidades públicas, dos municípios contidos na bacia hidrográfica correspondente, dos usuários das águas e da sociedade civil e, assim, torna-se estratégico para a efetiva implantação do PSA no país (Brasil, 2012; Leal, 2012).

As iniciativas em andamento e concluídas sobre o PSA

Vários países contam com experiências de implementação do PSA (p.ex., Portugal, Honduras, Canadá, Austrália, Inglaterra, País de Gales, regiões da América Latina e do Caribe). No Brasil, foi iniciado em 2006 um projeto-piloto de implantação do PSA, fomentado pelo Ministério da Saúde e coordenado pela Universidade Federal de Viçosa/MG, com a colaboração do Serviço Autônomo de Água e Esgotos (SAAE – Viçosa) e da Secretaria de Vigilância em Saúde/MSMunicipal de Saúde. Esse estudo de caso foi desenvolvido de acordo comas recomendações preconizadas pela OMS e utilizou o método Análise dePerigos e Pontos Críticos de Controle (Brasil, 2012). Outras experiências foram implantadas na Bacia do PCJ, SP).

Outra iniciativa importante foi desenvolvida pelo Centro de Referência em Segurança da Água (Cersa), organização de investigação e desenvolvimento, que foi formado em parceria entre as Universidades de Minho/Escola de Engenharia (Portugal) e de São Paulo/Faculdade de Saúde Pública. O Cersa tem experiência em elaboração e implementação do PSA e desenvolveu atividades (CERSA, 2017), desde sua formação em 2015, sobre as diferentes necessidades dos planos de gestão de recursos hídricos no âmbito das bacias hidrográficas.

Já no contexto das bacias hidrográficas dos rios Piracicaba, Capivari e Jundiaí (PCJ) está em implementação um projeto inovador e pioneiro, chamado de Plano Municipal de Segurança da Água, da Câmara Técnica de Saúde Ambiental (CT-SAM), dos Comitês PCJ. Participam dessa iniciativa quatro municípios paulistas pilotos: Santa Bárbara d'Oeste, Santa Gertrudes, Cordeirópolis e Ipeúna. O projeto conta com várias fases: diagnóstico, elaboração, preparação, avaliação, monitoramento, gestão e validação. Também foram realizadas capacitações, visitas técnicas, oficinas e coleta de amostras de água em cada uma das quatro cidades com o laboratório móvel da Funasa (Fundação Nacional de Saúde). Com os quatro pilotos concluídos, a intenção é elaborar um termo de referência (TR) para todos os municípios que integram as bacias PCJ. Esse TR será único e cada sistema de abastecimento público deverá adaptá-lo à sua realidade. Todas essas experiências mostram resultados eficazes e necessidades de adequações às realidades locais.

A bacia hidrográfica como unidade de gestão para o PSA e seu vínculo com os serviços ecossistêmicos

Historicamente, a questão dos recursos hídricos, a partir da Agenda 21 e da EcoRio 92, teve como base a proteção da qualidade e do abastecimento de água (Ruhoff, 2004). Esse gerenciamento está diretamente relacionado com o processo de gestão ambiental, ou seja, o uso dos recursos naturais (uso da água e do solo).

Uma das formas de abordagem para a gestão dos recursos hídricos é a avaliação da pegada hídrica – PH (pegadas azul, verde e cinza) – como um indicador quantitativo da pressão antrópica sobre os recursos hídricos, sem ser uma avaliação de impacto ambiental. Esse indicador é composto pela PH azul, que avalia o uso consuntivo da água de fontes superficiais e subterrâneas; a PH verde, que é uma parcela das precipitações retidas no solo e é utilizada pela vegetação; e a PH cinza, o volume de água necessária para diluir a carga de poluentes originados pelas atividades humanas (Água Brasil, s/d).

Essa avaliação tem como base a sustentabilidade da região da bacia hidrográfica em relação às demandas de vazões ambientais, padrões de qualidade da água e alocação do recurso. Assim, qualquer redução da pegada hídrica contribuirá para a gestão eficiente da água.

Como resultado, fica evidente que os processos de planejamento de recursos hídricos, por meioda gestão de bacias hidrográficas, precisam incluir o levantamento e caracterização dos recursos naturais e dos assentamentos humanos, a formulação de objetivos e metas com base na vulnerabilidade desses recursos, a necessidade de alcançar o equilíbrio dos ecossistemas, a identificação e a implementação de planos de ação e seu posterior monitoramento.

Dessa forma, as mudanças no uso e na cobertura das terras nas bacias hidrográficas que modificam o acesso aos serviços ambientais (classificados em quatro grupos: provisão, regulação, manutenção e culturais, Figura 4) devem ser contemplados no processo de gestão dos recursos hídricos. As consequências dessas mudanças traduzem-se em impactos socioambientais, que precisam de métodos para sua detecção, avaliação e mitigação.

A compreensão dos mecanismos de interferência no meio ambiente produzidos por essas mudanças é uma das variáveis importantes que tem consequências diretas nas águas de abastecimento (Dorado, 2018a). Nesse sentido, o intenso processo de urbanização e exploração agrícola das bacias hidrográficas vem provocando vários impactos ambientais (p.ex., alteração da qualidade da água superficial e subterrânea, alteração da macrodrenagem e redução da cobertura vegetal das matas ciliares) (Bonato e Santos, 2008). Esse processo tem como uma das principais consequências os conflitos pelo uso do solo, no âmbito da bacia hidrográfica.

Serviços de provisão	Serviços de regulação	Serviços culturais
Produtos obtidos dos ecossistemas Ex.: alimentos, água potável, fibras, matérias-primas, recursos genéticos, combustíveis	*Benefícios obtidos da regulação de processos naturais* Ex.: qualidade do ar, da água e do solo, clima, ciclo hidrológico, saúde, prevenção de riscos naturais, polinização	*Benefícios imateriais obtidos dos ecossistemas* Ex.: recreação, turismo, valores éticos e espirituais, valores educacionais, religiosos e de inspiração, herança cultural
↑	↑	↑
	Serviços de suporte	
	Base para a produção e manutenção dos outros serviços	
Ex.: hábitat, ciclos biogeoquímicos, ciclo da água, produção primária, formação do solo		

Figura 4 – Classificação dos serviços ecossistêmicos (SE).
Fonte: Dorado, 2018a.

Trabalhos de identificação dos serviços ambientais nas bacias hidrográficas (Martini, 2016) mostram que a provisão de recursos hídricos (abastecimento, irrigação, geração de energia e navegação) tem uma estreita relação entre ecossistemas e corpos hídricos, sendo a bacia hidrográfica a unidade natural para a distribuição geográfica das diferentes categorias de serviços ambientais.

Além disso, os ecossistemas aquáticos são o suporte de outros serviços ambientais, tais como fornecimento de proteínas para consumo (animais e vegetais), purificação da água, regulação climática e ciclo hidrológico na escala da bacia, dando à água um caráter multifuncional em termos de provisão, regulação, manutenção e cultura (Grizzeti et al., 2016). Um dos métodos já testados para a avaliação desses SE, que são submetidos a várias pressões ambientais, em função dos objetivos dos diferentes atores sociais atuantes, foi adotado pela União Europeia, por meiodo Projeto MARS (2015), com a participação de 24 instituições de pesquisa do continente europeu.

O foco da análise do Projeto MARS convergiu paraas águas continentais, e a escala de trabalho abarcou desde pequenas bacias até o continente inteiro. Na primeira escala de abordagem (corpos d'água) foram tratadas questões vinculadas às funções específicas de suporte de SE e suas alterações sob as diferentes situações de perturbações introduzidas no ambiente. Já a escala continental permitiu identificar as tendências regionais das pressões sobre os serviços ambientais, mapeando áreas sensíveis (*hot spots*) e fornecendo diretrizes para a elaboração de políticas públicas eficazes para seu tratamento. Essa metodologia tem como base quatro etapas: i) delimitação e foco; ii) marco referencial com diagnóstico e relações entre o atual estado dos SE e as políticas públicas e pressões setoriais; iii) avaliação biofísica dos SE; iv) valoração econômica dos SE.

Por outro lado, a relação entre os SE e a gestão dos recursos hídricos é cada vez mais evidente (Cook e Spray, 2012) e, em muitos casos, confundida no mesmo conceito. Muitas inciativas trataram o uso dos SE no sentido de prover serviços de gestão integrados para o manejo dos recursos hídricos (Liu et al., 2013).

Também existem trabalhos que utilizaram o manejo dos recursos hídricos e os recursos ecossistêmicos em relação aos fatores múltiplos de perturbação, com o já comentado Projeto MARS (Hering et al., 2015). Todas essas iniciativas demonstram que os SE podem suportar o planejamento dos recursos hídricos com oportunidades de apoio mútuos. Porém, na atualidade-não há um sistema suficientemente maduro, na realidade brasileira, que permita a elaboração de um marco referencial para o manejo integrado, que inclua todas as variáveis citadas, vinculado à gestão da potabilidade da água para o consumo.

Existe uma grande variedade de questões potenciais para o fornecimento de água potável e serviços ambientas associados, que deveriam ser respondidas para obter uma adequada gestão dos recursos hídricos (Fig.5). Esses temas devem, necessariamente, ser parte da agenda de discussão na gestão da água, para que o sistema de gestão atual atinja a maturidade.

Em todas essas abordagens existe um reconhecimento sobre a inter-relação entre uso do solo e da água. Toda decisão ou tentativa de manejo dos solos é uma decisão sobre o manejo da água (Martin-Ortega et al., 2015). Assim, é necessária uma visão de planejamento e de gestão que englobe todos os aspectos dos ecossistemas e seus vínculos e que reconheça que as decisões para a água não devem ser colocadas isolada ou independentemente das pessoas que dependem desses ecossistemas. Observa-se que ainda faltam ferramentas eficazes que incorporem o conceito dos SE à governança do manejo dos recursos naturais.

Além disso, há uma necessidade constante e crescente deesforços que integrem o conhecimento social e ambiental. Embora isso já tenha sido comentado, ainda não está acontecendo na medida em que é necessário. Problemas cada vez mais complexos na gestão da água exigem tal integração do conhecimento de limites disciplinares, confrontando as diferenças e buscando soluções comuns. A capacitação interdisciplinar requer uma mudança do pensamento tradicional e adoção de uma abordagem mais integrada, com base na gestão para a sustentabilidade. A participação das partes interessadas, o envolvimento da administração pública e a comunicação intersetorial são fatores críticos que devem estar presentes na integração dos SE e a gestão dos recursos hídricos.

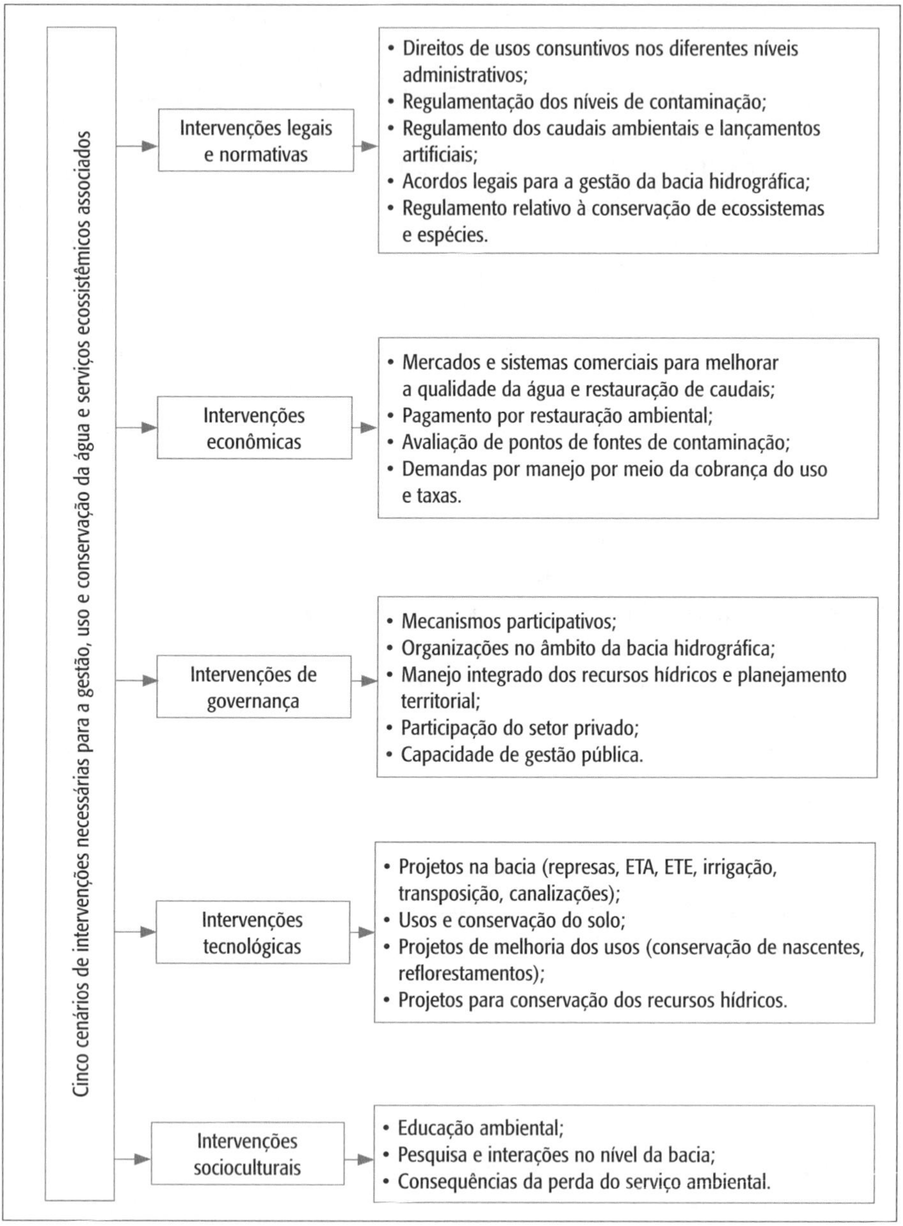

Figura 5 – Questões vinculadas aos serviços ecossistêmicos relacionados aos recursos hídricos continentais

Fonte: Adaptado de MA, 2005

É nesse ponto que se concentra outro quesito de importância dos comitês de bacias no Brasil, como o fórum de discussão entre todas as partes interessadas nos usos da água e do solo nesse espaço geográfico. É nesse fórum que podem ser aplicadas as diferentes metodologias para detectar, qualificar e quantificar os serviços ambientais provenientes dos recursos hídricos e, assim, elaborar as políticas públicas adequadas, que ofereçam respostas às diferentes pressões ambientais exercidas pelos diversosatores sociais envolvidos no processo.

A análise dos conflitos de interessedas partes interessadas, na escala da bacia hidrográfica, permite avaliar o marco legal e normativo que determina asrestrições de uso das terras e da água e a verdadeira dinâmica que se observa nessa unidade de gestão ambiental. A resposta dessa dinâmica não obedece necessariamente ao marco legal e sim a fatores socioeconômicos, como a falta de fiscalização e de políticas públicas que possibilitem o acesso aos recursos naturais por parte de setores sem força política.

Sob essa perspectiva, a identificação e análise da infraestrutura de saneamento ambiental, a distribuição regular de água potável, a coleta regular e a disposição final de resíduos sólidos, assim como a implantação da rede de microdrenagem para a coleta das águas pluviais ganham importância no âmbito da gestão dos recursos hídricos.

Em termos econômicos, trabalhos realizados sobre os serviços ecossistêmicos gerados nas bacias hidrográficas (Martini, 2016) mostram que a instauração de mecanismos para o pagamento desses serviços deu como resultado a obtenção de um instrumento de gestão dos recursos naturais, com crescente utilização por parte da administração pública. Os principais serviços ambientais (MA, 2005) envolvidos são de provisão, regulação e culturais por serem passíveis de precificação (FAO, 2011). Já os serviços de suporte (ver Fig.4, ciclo da água, p.ex.), são muito mais complexos para serem incorporados na lógica econômica do mercado (Dorado, 2018a).

Nesse sentido, o pagamento pelo serviço ambiental se insere na dinâmica de manutenção do serviço para sua preservação, por meio da precificação. Muitas iniciativas podem ser exemplificadas (preservação de nascentes, matas ciliares, etc.). Porém, todas inseridas no processo de mudançasno uso e ocupação do solo e no tratamento dos recursos naturais como capital de consumo (Dorado, 2018a).

Finalmente, o leque de opções para otimizar o bem-estar humano, em relação aos recursos hídricos passa, necessariamente, por uma adequação dos processos de governança e manejo de oferta e demanda associados. O balanço entre a provisão do serviço ambiental e sua manutenção implica mudanças fundamentais nas abordagens de gestão de água, em função das demandas associadas aos interesses das partes envolvidas.

Essa mudança tem uma ênfase que se desloca da busca do desenvolvimento contínuo de novas fontes de abastecimento de água, em direção à realocação de água entre diversos usos e gestão da demanda; recuperação dos custos de gerenciamento e pesquisa das atividades de conservação; operações e manutenção de sistemas de entrega de serviços de água e saneamento. Esses conceitos foram enunciados pelo *Global Water Partnership* (2000) para compatibilizar o desenvolvimento socioeconômico sem comprometer a sustentabilidade dos recursos naturais.

CONSIDERAÇÕES FINAIS

O futuro do PSA no âmbito das bacias hidrográficas

O planejamento ambiental de bacias hidrográficas é uma ferramenta eficaz para o gerenciamento de recursos hídricos, no âmbito de uma realidade de crescente pressão sobre os serviços ambientais fornecidos pela água. Como consequência desses impactos há uma necessidade de serem alcançadas políticas de sucesso para essa gestão, que satisfaçam a todos os atores sociais envolvidos e estejam em consonância com a capacidade de suporte ambiental, assim como seu posterior ordenamento territorial.

A inclusão da ferramenta Plano de Segurança da Água na gestão (comitê) das bacias hidrográficas é um grande desafio para a aplicabilidade no sistema de gestão integrada. A experiência no comitê dabacia dos rios Piracicaba, Capivari e Jundiaí – PCJ, com a implantação de pilotos de Plano Municipal de Segurança da Água e a proposta da criação da Política de Saúde Ambiental no âmbito da área de atuação, abraçando como política a implantação de Planos Municipais de Segurança da Água, deverá ser um marco referencial na gestão dos recursos hídricos.

Obviamente, o planejamento ambiental de bacias hidrográficas é uma ferramenta eficaz para o gerenciamento de recursos hídricos, no âmbito de uma realidade de crescente pressão sobre os serviços ambientais fornecidos pela água e devem envolver a todas as parte interessadas, assim como uma adequada avaliação da capacidade de suporte ambiental dando, assim, um eficaz ordenamento territorial.

Por outro lado, é necessária a implementação de uma política que permita a obtenção de dados sobre monitoramento fluviométrico e hidrológico, assim como o monitoramento detalhado do uso e da ocupação do solo para uma adequada avaliação por meiode indicadores, como a pegada hídrica.

Os planos de segurança da água devem incluir novos desafios, como controle de poluentes emergentes, monitoramento inteligente e integração da modelação matemática, bem como prever os riscos e impactos para a saúde de sistemas de abastecimento de água e de saneamento (estudos epidemiológicos) e a adaptação dos sistemas hídricos às alterações climáticas e às necessidades futuras de água.

Assim, em termos de abordagem, essa gestão deve incluir o estudo e o planejamento de recursos hídricos entre municípios e estados visando ao seu gerenciamento descentralizado, participativo e integrado, como estabelecido na Constituição Federal. Dessa forma, a gestão de bacias compartilhadas é um dos desafios para implementar os sistemas de gerenciamento de recursos hídricos no Brasil.

ANEXO 1

Lista de avaliação de atividades na captação
Presença e distribuição de atividades relacionadas ao manancial
Quais são as atividades contaminantes potenciais e como podem ser mitigadas?
Outros mecanismos de mitigação de impactos implementados

Lista de avaliação para caraterização da área na captação e no manancial
Quais são as características climáticas e hidrológicas locais?
Quais são os riscos mais relevantes na captação?
Existem riscos de alagamentos na captação (frequência e extensão)?
Quais são as características do manancial, seus usos e sua relação com riscos potenciais em relação à potabilidade da água?

Exemplo de planilha de levantamento de informações para o manancial (Fonte: adaptado de OMS, 2015)

Fonte potencial de poluição	**Atividade atual**		**Escala**				**Distância do manancial [m]**	**Pendente ao manancial**
	Sim	Não	Grande	Pequena	Local	Dispersa		Plano/ondulado/ íngreme/muito íngreme
Agricultura								
Pecuária								
Cultivos								
Confinamento de animais								
Plantio direto/ lavoura								
Estocagem e aplicação de fertilizantes								
Estocagem e aplicação de pesticidas								
Armazenamento e aplicação de estrume								
Aplicação de águas residuais ou lamas (ou ambos)								
Irrigação								
Corte raso								

(continua)

(continuação)

Fonte potencial de poluição	Atividade atual		Escala				Distância do manancial [m]	Pendente ao manancial
	Sim	Não	Grande	Pequena	Local	Dispersa		Plano/ondulado/ íngreme/muito íngreme
Agricultura								
Drenagem								
Animais selvagens								
Outro (especificar)								
Aquicultura								
Viveiros de peixes								
Sistemas integrados de aquicultura								
Sistemas de escoamento								
Sistemas de aquicultura de recirculação								
Sistemas de cultura de tanques-rede								
Outro (especificar)								
Assentamentos, águas residuais e pluviais								
Saneamento básico no local (regular)								
Saneamento básico no local (irregulares)								
Saneamento externo (combinado de águas residuais / escoamento de superfície)								
Saneamento externo (separado, ou seja, esgoto somente)								
Tratamento de águas residuais								
Utilização de lodo de águas residuais								
Águas residuais provenientes de residências familiares								

(continua)

(continuação)

Fonte potencial de poluição	Atividade atual		Escala				Distância do manancial [m]	Pendente ao manancial
	Sim	Não	Grande	Pe-quena	Local	Dis-persa		Plano/ondulado/íngreme/muito íngreme
Assentamentos, águas residuais e pluviais								
Águas residuais provenientes de atividades comerciais/industriais								
Águas residuais provenientes de atividades médicas (p. ex., hospitais)								
Cemitérios								
Atividades de construção, liberando o sedimento (potencialmente poluído)								
Outro (especificar)								
Comércio, indústria, mineração								
Processamento de alimentos (incluindo matadouros)								
Têxteis								
Fábricas de curtumes								
Óleo/petróleo (incluindo garagens)								
Processamento de metais								
Mineração								
Atividades militares								
Embalses (p.ex., energia hidrelétrica)								
Outro (especificar)								
Tráfego								
Caminhos principais								
Trilhos								
Aeroportos/aeródromos								

(continua)

(continuação)

Fonte potencial de poluição	Atividade atual		Escala				Distância do manancial [m]	Pendente ao manancial
	Sim	Não	Grande	Pe-quena	Local	Dis-persa		Plano/ondulado/íngreme/muito íngreme
Tráfego								
Tráfego fluvial								
Linhas de transmissão (especificar)								
Atividades anteriores (p. ex., postos, oficinas)								
Outra (especificar)								
Atividades recreativas								
Esportes aquáticos								
Balneabilidade								
Pesca								
Atividades turístico-recreativas (p. ex., piqueniques, trilhas, observação de aves, ciclovias, etc.)								
Infraestrutura recreativa								
Outras (especificar)								

REFERÊNCIAS

ÁGUA BRASIL. Pegada hídrica das bacias hidrográficas. Resumo Executivo. Brasília: WWF/ ANA/Fundação Banco do Brasil/ Ministério do Meio Ambiente, s/d.72p.

AS/NZS. Risk Management 4.360:2004. Sydney/ Wellington: Standards Australia/Standards New Zealand, 2004.30p.

BONATO, F.; SANTOS, L.J.C. 2008. Análise de bacias hidrográficas em meio urbano. Estudo de caso: Bacia hidrográfica do Ribeirão dos Padilhas – Curitiba (PR). *Revista Eletrônica Multidisciplinar FACEAR*, s.n. ISSN 2316-2317.

BRASIL. Constituição Federal Constituição da República Federativa do Brasil. Brasília, DF: Senado Federal: Centro Gráfico, 1988. 292 p.

______. Presidência da República. Casa Civil. Subchefia para Assuntos Jurídicos. Lei n. 9.433 de 08 de janeiro de 1997. Institui a Política Nacional de Recursos Hídricos, cria o Sistema Nacional de Gerenciamento de Recursos Hídricos, regulamenta o inciso XIX do art. 21 da Constituição Federal, e altera o art. 1º da Lei n. 8.001, de 13 de março de 1990, que modificou a Lei n. 7.990, de 28 de dezembro de 1989.

______. Ministério da Saúde. Plano de segurança da água: garantindo a qualidade e promovendo a saúde. Um olhar do SUS. Brasília (DF): MS/SVS, 2012. 60p.

______. Ministério da Saúde. Portaria n. 2914, de 12 de dezembro de 2011. Procedimentos de controle e de vigilância da qualidade da água para consumo humano e seu padrão de potabilidade.

[CERSA] CENTRO DE REFERÊNCIA EM SEGURANÇA DA ÁGUA. I Fórum de Diálogo Intersetorial. Subsídios para a Legislação Nacional de Água para Consumo Humano. São Paulo 29 a 30 de junho de 2017. Ceap/FSP/USP, Cersa, Portal Saneamento Básico, Igambiental, 2017.

COOK, B.R.; SPRAY, C.J. Ecosystem services and integrated water resources management: different paths to the same end? In: *J. Environ. Manage.* 109:93-100, Oct. 30, 2012.

DILGUERIAN, M.G. O Plano de Segurança da água e seu impacto jurídico no Brasil. In: FONSECA, M.A.B.P (ed.); BENSOUSSAN, F.H. (org.). *Plano de Segurança na visão de especialistas* [livro eletrônico]. São Paulo: Setri, 2015.

DORADO, A.J. Serviços ecossistêmicos no contexto periurbano. In: PHILIPPI JR., A.; BRUNA, G.C. (orgs.). *Gestão Urbana e Sustentabilidade*. Barueri, São Paulo: Manole, 2018a; p.536-561.

______. O Plano de Segurança das Águas (PSA) e o processo de auditoria independente na sua implementação.2018b. Disponível em: https://www.linkedin.com/pulse/ o-plano-de-seguran%C3%A7a-das-%C3%A1guas-psa-e-processo-auditoria-dorado/. Acesso em: 13 fev. 2019.

[FAO] FOOD AND AGRICULTURE ORGANIZATION. Payments for ecosystem services and food security. Rome: FAO, 2011; 300p.

GLOBAL WATER PARTNERSHIP. Integrated water resources management. Technical Advisory Committee background. Paper N. 4. Global Water Partnership Technical Advisory Committee, Stockholm, Sweden.

GRIZZETI, B.; LANZANOVA, D.; LIQUETE, C. et al. Assessing water ecosystem services for water resource management. In: *Environmental Science & Policy*. 61:194-203. Elsevier, 2016. Disponível em: https://doi.org/10.1016/j.envsci.2016.04.008.

HERING, D.; CARVALHO, L.; ARGILLIER, C. et al. Managing aquatic ecosystems and water resources under multiple stress – An introduction to the MARS project. In: *Sci. Total Environ.* 503:10-21, 2015. doi: 10.1016/j.scitotenv.2014.06.106.

ISENBURG, A. *Implementação do Plano de Segurança da Água pela Sanasa*. Campinas: Sanasa, 2016.

LEAL, A.C. Planejamento Ambiental de bacias hidrográficas como instrumento para o gerenciamento de recursos hídricos. In: *Entre-Lugar*, ano 3. (6):65-84, 2012. Dourados (MS).

LIU, S.; CROSSMAN, N.D.; NOLAN, M. et al. Bringing ecosystem services into integrated water resources management. In: *J. Environ. Manage*, 129:92-102. Nov. 15, 2013.

MANCUSO, P.C.S. Conceito de reúso de água. In: MANCUSO, P.C.S.; SANTOS, H.F. *Reúso de Água*. Barueri, São Paulo: Manole, 2003.

MARS PROJECT. Managing aquatic ecosystems and water resources under multiple stress. 2015. Disponível em: http://www.mars-project.eu/. Acesso em: 13 fev. 2019.

MARTINI, L.C.P. Serviços ambientais gerados nas principais bacias hidrográficas do estado de Santa Catarina. In: *Rega*, Porto Alegre.13(2):142-159, 2016.

[MA] MILLENIUM ECOSYSTEM ASSESSMENT. *Ecosystem and human well-being: a framework for assessment.* Washington (DC): Island Press, 2005.

MARTIN-ORTEGA, J.; FERRIER, R.C.; GODON, I.J. et al.*Water ecosystem services: a global perspective*. United Kingdom: Cambridge University Press/Unesco, 2015; 187p.

MCEWEN, B. Indirect potable reuse of reclaimed water. In: *Wastewater reclamation and reuse.* Lancaster, Pennsylvania, USA: Techonomic Publication, 1998.

MINISTÉRIO DA SAÚDE. Secretaria de Vigilância da Saúde. Plano de Segurança da Água no Brasil. Apresentação. Congresso dos Engenheiros da Língua Portuguesa, I, 2012. Lisboa, 18 de outubro de 2012. Disponível em: https://docplayer.com.br/1328402-Plano-de-seguranca-da--agua-no-brasil.html. Acesso em: 07 fev. 2019.

LAUER, W.C. et al. 1984. Denver potable water reuse project. Current status. In: Water Reuse Symposium, 3º Proceedings. San Diego, Ca. USA, 1: p. 316-336.

[OMS] ORGANIZAÇÃO MUNDIAL DA SAÚDE. 2015. A practical guide to auditing water safety plans. Disponível em: http://www.who.int/water_sanitation_health/publications/auditing-water-safety-plans/en/. Acesso em: 13 fev. 2019.

[OPS] ORGANIZAÇÃO PAN-AMERICANA DA SAÚDE. Plano de Segurança da Água no Brasil. 2009.Disponível em: https://www.paho.org.

RUHOFF, A.L. Gerenciamento de recursos hídricos em bacias hidrográficas: modelagem ambiental com a simulação de cenários preservacionistas. Santa Maria (RS), 2004. Dissertação (Mestrado. Programa de Pós-graduação em Geomática). Universidade Federal de Santa Maria.

VIEIRA, J.M.P.; MORAIS, C. *Manual para a elaboração de planos de segurança da água para consumo humano.* Minho: Instituto Regulador de Águas e Resíduos, Universidade do Minho. 175p. (Série Guias Técnicos, 7). Nd. edition. Volume 1, 2005.

[WHO] WORLD HEALTH ORGANIZATION. Guidelines for drinking-water quality (4th Ed.) Malta: WHO, 2011. 564p.

Índice remissivo

T

U

V

Z

ANEXO

Dos Editores e Autores

Dos Editores

Arlindo Philippi Jr – Engenheiro civil pela UFSC, sanitarista e de segurança do trabalho pela USP. Mestre em Saúde Ambiental e doutor em Saúde Pública pela USP. Pós-doutorado em Estudos Urbanos e Regionais pelo MIT-EUA. Livre-docente em Política e Gestão Ambiental pela USP. Na Capes, foi membro do Conselho Técnico Científico do Ensino Superior, membro do Conselho Superior, coordenador da Área Interdisciplinar e da Área de Ciências Ambientais, bem como diretor de avaliação. Exerceu funções de direção na Cetesb, no Ibama e na Secretaria do Verde e Meio Ambiente da Cidade de São Paulo. Integrante do Programa Ano Sabático do Instituto de Estudos Avançados da USP no período de 2017-2018, com a pesquisa "Experimentações Urbanas na Perspectiva de Novas Ideias e Soluções Sustentáveis para as Cidades". É professor titular do Departamento de Saúde Ambiental, tendo sido chefe do departamento e presidente da comissão de pós-graduação da Faculdade de Saúde Pública da USP. Também foi pró-reitor e adjunto de pós-graduação e prefeito (Campus Capital) da USP.

Maria do Carmo Sobral – Engenheira civil pela UFPE, especialista em Planejamento Urbano e Regional pela Universität Dortmund, Alemanha, mestre em Engenharia Civil – Recursos Hídricos, pela University of Waterloo, Canadá. Doutora em Planejamento Ambiental pela TU, Berlim, Alemanha. Pós-doutorado em Tecnologia Ambiental pela TU, Berlim, Alemanha; em Gestão de Recursos Hídricos pelo Instituto de Educação para Água – IHE-Unesco, Holanda; e em Planejamento Urbano e Ambiental pela Universidade Metropolitana de Oslo-OSLOMET, Noruega. Na Capes, foi membro do Conselho Técnico Científico do Ensino Superior, coordenadora da comissão de Meio Ambiente e Agrárias da Área Interdisciplinar e da Área de Ciências Ambientais, bem como coordenadora geral de projetos da Diretoria de Relações Internacionais. Exerceu funções de direção na Fundação de Desenvolvimento da Região Metropolitana do Recife (Fidem), na Agência Pernambucana de Meio Ambiente (CPRH) e na Secretaria Estadual de Ciência, Tecnologia e Meio Ambiente (SECTMA). É professora titular do departamento de Engenharia Civil e Ambiental, tendo sido subchefe do departamento e coordenadora do programa de pós-graduação em Meio Ambiente e Desenvolvimento (Prodema) da UFPE.

Dos Autores

Adilson Pinheiro – Engenheiro Civil pela UFSC. Mestre em Recursos Hídricos e Saneamento pelo Instituto de Pesquisas Hidráulicas da UFRGS. Doutor em Física e Química Ambiental pelo Institut National Polytechnique de Toulouse. Pós-doutorado no Institut de Mécaniques de Fluides de Toulouse e Cemagref. Professor da Fundação Universidade Regional de Blumenau (Furb). Presidente da Associação Brasileira de Recursos Hídricos, biênio 2018-2019. Foi editor chefe da *Revista Brasileira de Recursos Hídricos* e *Revista de Gestão de Água da América Latina*, e diretor de publicações da ABRH na gestão 2014-2015. Tem atuado como consultor Ad Hoc da Finep, Capes, da área de avaliação de Ciências Ambientais, CNPq e fundações de apoio à pesquisa de vários estados.

Alcides Leite de Amorim – Engenheiro Civil, bacharel em Direito, especialista em Direito Econômico e mestre em Engenharia Civil pela UFPB. Doutor em Recursos Naturais pela UFCG, com um período (sanduíche) no Instituto de Ciências Sociais da Universidade de Lisboa. Professor associado do curso de Direito da UFPB e promotor de justiça do Ministério Público do Estado da Paraíba.

Alejandra Daniela Mendizábal Cortes – Bacharel em Ciências menção Biologia pela Universidade de Chile. Mestre em Economia do Meio Ambiente e dos Recursos Naturais (UABCS, México) e doutora em Ciências pela USP. Atualmente é diretora da área técnica na empresa Consultoría y Logística Ambiental S. C. (BCS, México). Experiência em consultoria ambiental e em modelos e indicadores de sustentabilidade.

Alejandro Dorado – Biólogo pela Universidade de Buenos Aires. Mestre em ecologia pelo IB/USP, doutorado e pós-doutorado em Saúde Pública pela FSP/USP. Foi consultor da FAO, Comunidade Europeia, Embrapa e perito do Ministério Público Federal e da Justiça do Estado do Paraná. Foi coordenador de pesquisas ambientais em diversas ONGs e atualmente é presidente do Instituto de Estudos Avançados em Gestão Ambiental e auditor líder internacional em ISO 14.000. Atua também como especialista em avaliações socioambientais de diligência prévia de grandes projetos de infraestrutura no Brasil e na América Latina.

Alessandra Maciel de Lima Barros – Graduada em Engenharia Civil, mestre e doutora em Tecnologia Ambiental e Recursos Hídricos pela UFPE. Engenheira sênior II da Diretoria de Planejamento do Operador Nacional do Sistema Elétrico (ONS), desde 2008.

Ana Cristina Petry – Bióloga pela Universidade do Vale do Rio dos Sinos, com mestrado e doutorado em Ciências Ambientais pela Universidade Estadual de Maringá. Desde 2006, atua como docente da Universidade Federal do Rio de Janeiro.

Ana Lucia Gerardi Spínola – Graduada em Ciências Biológicas pela UFSCar. Mestre em Engenharia Hidráulica e Saneamento pela USP e doutoranda no programa de pós-graduação em Ciência Ambiental do IEE/USP com período sanduíche na Université Laval, Québec, Canadá. Pesquisadora do grupo de estudos e acompanhamento de Governança Ambiental do IEE/USP. Foi professora dos cursos superiores de Gestão Ambiental e Engenharia Ambiental nas Faculdades Metropolitanas Unidas e do curso de Meio Ambiente no Senac.

Ana Paula Justi – Arquiteta e urbanista pela Universidade Positivo. Especialista em Gerenciamento de Obras pela UTFPR e mestre em Gestão Ambiental pela UP. Foi Professora de projeto arquitetônico na UTFPR e no Centro Universitário Campo Real. Atua há mais de dez no desenvolvimento de projetos arquitetônicos.

Antonio Donato Nobre – Graduado em Agronomia pela USP. MSc em Biologia Tropical pelo Instituto Nacional de Pesquisas da Amazônia e PhD em Earth System Sciences (Biogeochemistry) pela University of New Hampshire. Atualmente é pesquisador titular do Instituto Nacional de Pesquisas da Amazônia e pesquisador visitante no Centro de Ciência do Sistema Terrestre, do Instituto Nacional de Pesquisas Espaciais. Foi membro do Comitê Científico Superior do Global Carbon Project (IGBP-GCP) e do Comitê do Global Canopy Program (GCP-WFO).

Ariane Silva Cardoso – Bióloga. Especialista em Gestão Ambiental e Recursos Hídricos. Mestre em Desenvolvimento e Meio Ambiente e doutoranda em Engenharia Civil pela UFPE. Atua como pesquisadora no grupo de Gestão Ambiental, na área de ecotoxicologia, fitoplâncton e qualidade da água. Trabalhou como técnica no Instituto de Tecnologia de Pernambuco e na Empresa Água e Terra Consultoria e Planejamento Ambiental.

Arlindo Philippi Jr – Engenheiro civil pela UFSC, sanitarista e de segurança do trabalho pela USP. Mestre em Saúde Ambiental e doutor em Saúde Pública pela USP. Pós-doutorado em Estudos Urbanos e Regionais pelo MIT-EUA. Livre-docente em Política e Gestão Ambiental pela USP. Na Capes, foi membro do Conselho Técnico Científico do Ensino Superior, membro do Conselho Superior, coordenador da Área Interdisciplinar e da Área de Ciências Ambientais, bem como diretor de avaliação. Exerceu funções de direção na Cetesb, no Ibama e na Secretaria do Verde e Meio Ambiente da Cidade de São Paulo. Integrante do Programa Ano Sabático do Instituto de Estudos Avançados da USP no período de 2017-2018, com a pesquisa "Experimentações Urbanas na Perspectiva de Novas Ideias e Soluções Sustentáveis para as Cidades". É professor titular do Departamento de Saúde Ambiental, tendo sido chefe do departamento e presidente da comissão de pós-graduação da Faculdade de Saúde Pública da USP. Também foi pró-reitor e adjunto de pós-graduação e prefeito (Campus Capital) da USP.

Bruna Lopes Coêlho – Engenheira ambiental, mestra em Inovação Tecnológica e doutoranda no programa de pós-graduação em Ciências da Engenharia Ambiental (PPG-SEA) pela USP. Docente na Universidade Federal do Triângulo Mineiro, membro-diretora da Associação de Profissionais de Engenharia Ambiental (APEA TMAPS) e conselheira no Conselho Municipal de Meio Ambiente (Comam) da Secretaria de Meio Ambiente de Uberaba.

Carlos Alberto Cioce Sampaio – Administrador pela PUC-SP. Mestre e doutor em Planejamento e Gestão Organizacional para o Desenvolvimento Sustentável pela UFSC, com estágio sanduíche em Economia Social na EHESS (França). Pós-doutorado em Ecossocioeconomia pela UACH (Chile), Cooperativismo Empresarial pela U. Mondragon e em Ciências Ambientais pela WSU (EUA). É professor dos programas de pós-graduação em Desenvolvimento Regional na Furb, Gestão Ambiental, na UP e Meio Ambiente e Desenvolvimento na UFPR. Pesquisador de Produtividade/CNPq. Foi coordenador e coordenador adjunto da área de Ciências Ambientais da Capes. Membro do Conselho Técnico Superior (CTC) ampliado da Capes entre 2016 e 2018.

Carlos Alberto Perdigão Pessoa – Engenheiro Civil pela UFC, com mestrado em Hidráulica e Saneamento pela Escola de Engenharia de São Carlos da USP. Pertencente ao quadro de especialistas em recursos hídricos da Agência Nacional de Águas desde 2003. Nos últimos cinco anos vem trabalhando como coordenador na Superintendência de Planejamento de Recursos Hídricos da Agência.

Carlos Eduardo Menezes da Silva – Biólogo e tecnólogo em Gestão Ambiental. Mestre em Desenvolvimento e Meio Ambiente pelo Prodema/UFPE, doutorando em Economia pela UnB; certificado em Valoração e Pesquisas Domiciliares pelo Centro Agronômico Tropical de Investigação e Ensino da Costa Rica (Catie), e em Gestão Ambiental pela Universidade da Califórnia/Berkeley. Professor do Instituto Federal de Educação, Ciência e Tecnologia de Pernambuco.

Carlos Eduardo Morelli Tucci – Engenheiro civil, com mestrado em Recursos Hídricos e Saneamento Ambiental pela UFRGS. Doutorado em Recursos Hídricos pela Colorado State University. Atualmente é professor colaborador do Instituto de Pesquisas Hidráulicas da UFRGS e sócio-proprietário e diretor da Rhama Consultoria Ambiental Ltda. Foi presidente da Rede de Capacitação em Recursos Hídricos no Brasil (Capnet), do comitê editorial da *Revista de Gestão da América Latina* e do comitê editorial da Associação Brasileira de Recursos Hídricos. Foi professor titular da Feevale. Em 2011 recebeu o prêmio International Hydrology Prize dado pela IAHS International Association of Hydrologic Science em conjunto com a Unesco e OMM das Nações Unidas.

Celina Maria Lopes Ferreira – Graduada e mestra em Ciências Biológicas pela UFRJ. Doutora em Ciências da Engenharia Ambiental pela USP. Atualmente é especialista em Recursos Hídricos da Agência Nacional de Águas e tem desenvolvido trabalhos na área de capacitação e educação para o Sistema Nacional de Gerenciamento de Recursos Hídricos.

Charles Carneiro – Engenheiro agrônomo. Mestre em Ciência do Solo pela UFPR, especialização em Gestão Integrada de Lagos pelo ILEC (Japão). Doutor em Geologia – Geoquímica de Águas pela UF. Pós-doutor em Engenharia e Ciência da Água pela Unesco-IHE

(Holanda). Atualmente, é professor de mestrado no Instituto Superior de Economia e Administração do Mercosul – Isae/FGV e gerente de resíduos sólidos da Companhia de Saneamento do Paraná (Sanepar). Teve vários projetos premiados nacionalmente: Von Martius, Expressão de Ecologia, Bramex Ambiental e PNQS/Abes (2004), WWF Brasil (2005), Congresso/Abes (2015) e Revista Amanhã/Fundação Dom Cabral (2016).

Claudia Ricardo de Oliveira – Graduação em geografia pela UFPE. Tecnóloga em Gestão Ambiental pelo IFPE. Mestre e doutoranda em Engenharia Civil, área de Tecnologia Ambiental e Recursos Hídricos pela UFPE.

Cleverson V. Andreoli – Engenheiro agrônomo. Mestre em Ciências do Solo e doutor em Meio Ambiente e Desenvolvimento. É professor do programa de mestrado em Governança e Sustentabilidade do Isae. Diretor da empresa de consultoria ambiental Andreoli Eng. Associados. É assessor científico do Senar – PR para o programa de educação a distância de Conservação de Solo e Água e do programa integrado de pesquisa em Manejo e Conservação de Solo e Água do estado do Paraná. Por 22 anos foi professor na UFPR. Foi engenheiro de pesquisa e gerente da Assessoria de Pesquisa e Desenvolvimento da Companhia de Saneamento do Paraná, onde trabalhou por 35 anos.

Cyntya Eustáquio de Sousa – Graduada em Ciências Biológicas pela UFPB e técnica em Recursos Naturais pelo IFPB. Mestre em Desenvolvimento e Meio ambiente pelo Prodema – UFPB. É especialista no Controle e Gestão da Qualidade de Alimentos e bebidas, trabalhando como microbiologista nesta área.

Demian da Silveira Barcellos – Engenheiro ambiental e mestre em Gestão Urbana pela PUC-PR, com estágio sanduíche em Gestão de Fármacos em Rios Urbanos na Glasgow Caledonian University/Reino Unido. Doutorando em Gestão Urbana pela PUC-PR, com estágio sanduíche em Gestão Integrada dos Recursos Hídricos na Deakin University/ Austrália, com ênfase no controle da poluição por substâncias médicas na água.

Denise Lemke Carletto – Pedagoga, mestre em Saúde e Meio Ambiente pela Universidade da Região de Joinville, doutora em Educação pela Universidade do Vale do Itajaí. Atualmente é analista de pesquisa e extensão na Agência de Inovação e Transferência de Tecnologia da Univille.

Denise Taffarello – Graduação em Ciências Biológicas e mestre em Biotecnologia pela USP. Doutora em Engenharia Hidráulica e Saneamento e pós-doutoranda pela Escola de Engenharia de São Carlos/USP. Foi Diretora técnica 2 da Coordenadoria de Recursos Hídricos e concursada na Secretaria de Estado do Meio Ambiente de SP. Co-organizadora do livro *Experiências de Pagamentos por Serviços Ambientais no Brasil* (Banco Mundial e SMA-SP) e tradutora do *Water Footprint Assessment Manual.*

Edgar Gaya Banks Machado – Possui graduação em Engenharia Florestal e especialização em Geoprocessamento pela Universidade de Brasília. Desde 2012, ocupa o cargo de especialista em Recursos Hídricos na Agência Nacional de Águas, com atuação na coordenação de planos de recursos hídricos.

Eduardo Mario Mendiondo – Engenheiro de Recursos Hídricos da Facultad de Ingeniería y Ciencias Hídrica, da Universidad Nacional del Litoral, Argentina (FICH-UNL), com mestrado e doutorado em Recursos Hídricos e Saneamento Ambiental pela UFRGS. Pesquisador visitante do Fachgebietes Wasserbau und Wasserwirtschaft (WaWi) e pós-doc sênior do Center for Environmental Systems Research da University of Kassel, Alemanha (CESR/Kassel). Participou de iniciativas junto a Unesco – IHP sobre Educação e a WMO/ Intercomparison of Flood Forecasting Models. Professor doutor da Escola de Engenharia de São Carlos/USP. Foi coordenador geral do Centro Nacional de Monitoramento e Alertas de Desastres Naturais do Ministério de Ciência, Tecnologia, Inovação e Comunicações (Cemaden/MCTIC) e inaugurou o primeiro laboratório-atelier interdisciplinar – The WADI Lab (Water-Adaptive Design & Innovation).

Elaine Cristine Scheunemann Fischer – Economista, pós-graduada em Gestão Empresarial e mestre em Saúde e Meio Ambiente pela Univille. Atua desde de 2001 como secretária executiva do comitê de bacia dos rios Cubatão e Cachoeira. Desenvolve pesquisas nas linhas de gestão de recursos hídricos e educação ambiental.

Érica Pellegrini Caramaschi – Graduada em Ciências Biológicas pela Faculdade de Ciências Médicas e Biológicas de Botucatu. Mestre e doutora em Ecologia e Recursos Naturais pela UFScar. É professora associada da UFRJ e credenciada nos programas de pós-graduação em Ecologia e em Ciências Ambientais e Conservação da mesma universidade.

Érika Alves Tavares Marques – Bióloga. Especialista em Gestão e Controle Ambiental. Mestre em Tecnologia Ambiental e doutora em Desenvolvimento e Meio Ambiente. Membro de diversas comissões na Companhia Brasileira de Trens Urbanos, dentre elas a Comissão Interna de Prevenção de Acidentes e o Comitê de Sustentabilidade. Pesquisadora no Grupo de Gestão Ambiental na UFPE na área de qualidade da água.

Fabiana de Nadai Andreoli – Graduação em Engenharia Civil e mestrado em Engenharia Ambiental pela Ufes. Doutorado em Educação pela PUC-PR. Coordenou o curso de engenharia Ambiental da PUC-PR por 10 anos. Atua como professora na PUC-PR em cursos de especializações e nas graduações de arquitetura e engenharias. Avaliadora no Programa Senar-Agrinho. Auditora e consultora ambiental. Sócia da empresa CEA (Consultoria em Engenharia Ambiental)

Felipe Alcantara de Albuquerque – Gestor, biólogo e cientista ambiental pela UFPE. Mestrado e doutorado em Engenharia Civil pela UFPE. Docente do Instituto Federal de Educação, Ciência e Tecnologia de Pernambuco, vinculado ao grupo de infraestrutura e saneamento. Membro do grupo de recursos hídricos (GRH), no qual desenvolve trabalhos na área de tecnologia ambiental e recursos hídricos.

Flavia Carneiro da Cunha Oliveira – Graduação em Química, mestrado e doutorado em Química Analítica pela UnB. Atualmente é especialista em recursos hídricos da Agência Nacional de Águas. Tem desenvolvido trabalhos na área de planejamento estratégico da ANA, além de ser ponto focal da Agência em assuntos relacionados à mudanças climáticas.

Francisco de Assis de Souza Filho – Engenheiro Civil pela UFC, mestre em Engenharia Hidráulica e Saneamento pela EESC/USP e doutor em Engenharia Civil pela Poli/USP. É professor da UFC, tendo sido coordenador do programa de pós-graduação em Recursos Hídricos, Saneamento e Geotecnia. É pesquisador nível 1 do CNPq e coordenador adjunto da Áreas de Engenharias I da Capes. Foi do Comitê de Assessoramento de Engenharia e Ciências Ambientais do CNPq, presidente da Associação Brasileira de Recursos Hídricos, funcionário da Companhia de Gestão dos Recursos Hídricos e presidente da Fundação Cearense de Meteorologia e Recursos Hídricos.

Francisco de Assis Esteves – Graduação em Biologia pela UFRJ e doutorado pelo Max-Plack Insitut für Limnologie – Universitat Kiel (Christian-Albrechts). Atualmente é vice-diretor geral do núcleo em Ecologia e Desenvolvimento Socioambiental de Macaé (Nupem/UFRJ) do qual foi fundador. É professor titular e membro do conselho universitário da UFRJ.

Frank Jaspers – Professor associado de Governança da Água, Água e Direito Ambiental no Instituto IHE Delft (Holanda) para Educação em Água. Tem uma formação combinada em Direito e Engenharia Civil. Trabalhou 15 anos em 4 continentes como gerente de água e, posteriormente, 20 anos como cientista e como consultor do Ministério de Relações Exteriores da Holanda.

Fred F. Hattermann – PhD pela Universidade de Potsdam/Alemanha. Pesquisador sênior do Instituto Potsdam para Pesquisa de Impacto Climático, onde estuda os impactos das mudanças globais nos recursos hídricos, nos extremos e na vegetação em escala regional e continental. Parte de seu trabalho é a análise integrada dos cenários de clima e uso da terra e como eles influenciam o nexo da água (balanços hídricos regionais, agricultura, produção de energia e qualidade da água das bacias hidrográficas).

Gerald Norbert Souza da Silva – Engenheiro civil pela Universidade Bauhaus Weimar (Alemanha). Mestrado em Engenharia Urbana e Ambiental pela UFPB e em Engenharia Civil pela Universidade Bauhaus Weimar. Doutorado em Engenharia Civil pela UFPE. Atualmente é professor adjunto na UFCG. Trabalhou 9 anos na Agência Executiva de Gestão das Águas (Aesa) como Gerente Executivo de Operação de Mananciais.

Gérsica Moraes Nogueira da Silva – Bióloga e tecnóloga em Gestão Ambiental. Mestre em Ecologia e doutoranda em Engenharia Civil na UFPE, onde atua como pesquisadora no grupo de gestão ambiental, na área de Recursos Hídricos. Atua como consultora e docente na área de qualidade de água e usos múltiplos dos recursos hídricos, com ênfase em conservação da biodiversidade aquática e atividades pesqueiras.

Gonzalo Álvaro Vázquez Fernandez – Engenheiro agrônomo pela UFRRJ, com mestrado em Sensoriamento Remoto pela Instituto Nacional de Pesquisas Espaciais. Pertencente ao quadro de especialistas em Geoprocessamento da Agência Nacional de Águas desde 2006. Atualmente na coordenação de planos de recursos hídricos, tem trabalhado com bases geográficas e acompanhamento de planos de recursos hídricos.

Günter Gunkel – Professor na Universidade Técnica de Berlim desde 1980, trabalha no campo da limnologia, e tem sido professor visitante em várias universidades (Quito/Equador, Lima/Peru, Oruro/Bolívia Recife/Brasil e El Gouna/Egipto). Seu trabalho centra-se no registo e avaliação do estado ecológico dos corpos de água, incluindo foco nos lagos tropicais. Mais pesquisas focam em ecotoxicologia aquática, filtragem de margens para a produção de água potável e remediação de lagos e rios.

Hagen Koch – PhD pela na Universidade Técnica de Brandenburg/Alemanha. Pesquisador sênior do Instituto Potsdam para Pesquisa de Impacto Climático. Os principais focos de seu trabalho são os impactos da mudança global na escala regional e a análise dos efeitos em diferentes setores, por exemplo, abastecimento de água e geração de eletricidade. Em 2017 foi professor visitante da UFPE.

Harry Alberto Bollmann – Doutor em recursos hídricos e saneamento ambiental pela UFRGS. Professor titular da PUC-PR. Fellow do LEAD Institute International desde 1994, atuando em temas correlacionados ao Meio Ambiente e Desenvolvimento Sustentável. É também co-editor da *Urbe – Revista Brasileira de Gestão Urbana* da PUC-PR.

Inga Jacobs-Mata – Cientista política e PhD em Relações Internacionais pela Universidade de St. Andrews/Escócia. Especialista em governança de recursos hídricos com 12 anos de experiência em gestão de pesquisa e pesquisa em governança transfronteiriça de recursos hídricos (particularmente governança cooperativa na África), comunicação científica e impacto e absorção de pesquisas. Foi gerente executiva de desenvolvimento de negócios e de marketing e comunicações na Comissão de Pesquisa da Água. Líder do grupo de pesquisa do grupo integrado de soluções de água dentro da área de competência de água da CSIR.

Jana Rangel Silveira – Graduanda em Ciências Biológicas pela UFRJ, no Núcleo em Ecologia e Desenvolvimento Socioambiental de Macaé, atuando em pesquisas de inventário e ecologia de mamíferos de médio e grande porte.

Janaina Maria Oliveira de Assis – Graduação em Geografia, mestrado em Desenvolvimento e Meio Ambiente e doutorado em Engenharia Civil pela UFPE. Pós-doc do programa de pós-graduação em Engenharia Civil, área de concentração em Tecnologia Ambiental e Recursos Hídricos da UFPE. Bolsista Facepe.

Johann Köppel – Professor titular na Universidade Técnica de Berlim, diretor do Grupo de Investigação de Avaliação e Planejamento Ambiental e reitor da Faculdade de Planejamento, Construção e Meio Ambiente, onde ensina avaliação do impacto ambiental, avaliação ambiental estratégica e planejamento ambiental. Foca na implementação sustentável de energias renováveis, na governança ambiental e no co-desenvolvimento de políticas de proteção climática e de biodiversidade.

José Antônio Aleixo da Silva – Graduação em Agronomia pela UFRPE. Mestre em Ciência Florestal pela UFV e PhD em Biometria e Manejo Florestal pela University of Georgia. Post-doctor e professor visitante da University of Georgia e da Technische Universität Berlin. É professor titular da UFRPE. Foi secretário regional da Sociedade Brasileira para o Progresso da Ciência (SBPC), membro do conselho e da diretoria dessa mesma instituição. Presidente eleito da Academia Pernambucana de Ciências, membro da Academia Pernambucana de Ciência Agronômica, da Academia Brasileira de Ciência Agronômica e sócio benemérito da Associação Pernambucana de Engenharia Florestal.

José Gomes Ferreira – Sociólogo, com doutorado em Ciências Sociais, pelo Instituto de Ciências Sociais da Universidade de Lisboa. Tem atuado na área ambiental em Portugal e no Brasil em pesquisas sobre a temática do conflito ambiental, em particular da água, energia eólica, justiça socioambiental, governança, seca e gestão de recursos hídricos no semiárido e da transposição do rio São Francisco. É professor da UFRN.

José Roberto Gonçalves de Azevedo – Possui doutorado e pós-doutorado em Engenharia Civil pela University of Southampton. Atualmente é professor da UFPE. Tem experiência em Engenharia Civil na área de Recursos Hídricos, com ênfase em Hidráulica e Hidrologia.

Josivan Cardoso Moreno – Graduado em Controle Ambiental pelo IFRN e mestre em Engenharia Sanitária e Ambiental pela UFRN. É diretor presidente do Instituto de Gestão das Águas do Estado do Rio Grande do Norte e diretor nacional da Abes pela Região Nordeste. Coordenador do Fórum Nacional de Organismos Gestores de Recursos Hídricos e da Câmara Temática de Recursos Hídricos da Abes. É Vice-Presidente do CONERH-RN.

Jussara Cabral Cruz – Engenheira Civil pela UFRGS, mestre em Engenharia Civil pela UFRJ e doutora em Recursos Hídricos e Saneamento Ambiental pela UFRGS. Professora Titular da UFSM. Atual conselheira da Associação Brasileira de Recursos Hídricos. Foi diretora, vice-presidente, presidente e representante regional pelo Rio Grande do Sul da ABRH; presidente da Fundação Moa – Estudos e Pesquisas para a Proteção e Desenvolvimento Ambiental; membro do Conselho Mundial da Água; conselheira do CNRH/MMA, presidente da CTPNRH/CNRH e membro do CMCH/MCTI.

Larissa Gischewski Guimarães – Graduada em Ciências Biológicas pela Unifal-MG, mestre em Ciências Ambientais e Conservação pela UFRJ. Experiência na área de Ciências Ambientais como analista ambiental do laboratório de qualidade da água da Empresa Pública de Saneamento Básico de Macaé, RJ (Esane). Atualmente presta serviços como analista ambiental pela Kempetro, nas áreas de licenciamento e monitoramento ambiental para a Petrobrás em Macaé (RJ).

Lia T. Vasconcelos – Doutora em Engenharia do Ambiente, docente da FCT- UNL e pesquisadora do MARE. Centra sua pesquisa em processos decisórios inovadores e novas formas de governança colaborativa em políticas públicas. Pesquisadora e fundadora do WTeam up Participation and Empowerment. Coordenadora do projecto MARGov, e da componente participativa do MARLISCO FP7 – Consciencialização social e corresponsabilidade face ao lixo marinho, reconhecido com o RRI (Research Responsible Innovation). Responsável pelas metodologias colaborativas do Urban WINS (H2020) e Ocean Wise (Interreg Atlantic Area 2014-2020) ambos para a gestão de resíduos.

Ligie Elena Dall'Agnol Acevedo – Bióloga e mestre em Gestão Ambiental pela Universidade Positivo. Formada em Kundalini Yoga pelo Nanak Ashram – Instituto de Kundalini Yoga e Desenvolvimento Integral. Atualmente é coordenadora de projetos no Nanak Ashram. Tem experiência com desenvolvimento de diferentes linhas de projetos que abrangem meio ambiente, cultura, espiritualidade e desenvolvimento integral. Executou atividades de manejo de unidades de conservação, participou de atividades de recuperação de áreas degradadas no Brasil e na Índia.

Luana Ferreira Gomes de Paiva – Graduada em Engenharia Civil, mestre em Tecnologia Ambiental e Recursos Hídricos, doutoranda em Tecnologia Ambiental e Recursos Hídricos pela UFPE. Engenheira Sênior II de Recursos Hídricos no Centro de Operação Nordeste do Operador Nacional do Sistema Elétrico (ONS).

Luciana Aparecida Zago de Andrade – Graduação em Ciências Biológicas, especialização em Ecologia e doutorado em Ecologia pela UnB. É especialista em Recursos Hídricos da Agência Nacional de Águas, atuando como coordenadora de planos de recursos hídricos.

Luís Eduardo G. Grisotto – Ecólogo e engenheiro ambiental, especialista em Gestão Ambiental, mestre e doutor em Saúde Pública pela FSP/USP. Ex-conselheiro, coordenador da Câmara Técnica de Recursos Hídricos e atual diretor da Abes/SP. Diretor na Cobrape e gerente PMP, com atuação em estudos, planos e projetos de saneamento e infraestrutura, auditorias, licenciamento ambiental e gerenciamento de empreendimentos. Coordenou o Atlas do Abastecimento Urbano de Água, junto à ANA, e atuou em diversos planos de saneamento e recursos hídricos.

Luísa Schmidt – Socióloga, pesquisadora no Instituto de Ciências Sociais da Universidade de Lisboa, onde coordena o Observa – Observatório de Ambiente, Território e Sociedade. Integra o comitê científico do programa doutoral interdisciplinar em Alterações Climáticas e Políticas de Desenvolvimento Sustentável; é membro do Conselho Nacional de Ambiente e Desenvolvimento Sustentável e do European Environment Advisory Council.

Márcia Maria Guedes Alcoforado de Moraes – Graduação em Engenharia Elétrica, mestrado em Engenharia de Sistemas e doutorado em Economia pela UFPE, com estágio no International Food Police Research Institute. Pós-doutora em Engenharia Civil e Ambiental pela University of Illinois at Urbana-Champaign UIUC/EUA. Atualmente é professora da UFPE.

Márcia Maria Rios Ribeiro – Engenheira civil pela UFPB. Tem doutorado em Recursos Hídricos e Saneamento Ambiental pela UFRGS com um período sanduíche na University of East Anglia. Foi pesquisadora visitante no Instituto de Ciências Sociais da Universidade de Lisboa e na Griffith University (Austrália). É professora na UFCG.

Márcio de Araújo Silva – Graduação em Ciências Biológicas, mestrado em Ciências Ambientais e Florestais e doutorado em Biologia Animal pela UFRRJ. Especialista em Recursos Hídricos da Agência Nacional de Águas (ANA). Tem experiência na elaboração de estudos de planejamento, que incluem os planos de recursos hídricos e as diretrizes necessárias para a aplicação dos recursos financeiros da União em obras e serviços de regularização, alocação e distribuição de água e controle da poluição de água.

Marcos José Nogueira de Souza – Geógrafo. Mestre e doutor em Geografia Física pela USP. Atualmente, é professor titular aposentado pela UFC. Foi consultor técnico da Fundação Cearense de Meteorologia e Recursos Hídricos (Funceme), da Companhia de Pesquisa de Recursos Minerais, Ministério do Meio Ambiente e da Empresa Brasileira de Pesquisa Agropecuária. Coordenou inúmeros projetos de análise ambiental, zoneamento econômico-ecológico, manejo de unidades de conservação (áreas de proteção ambiental – APAs – nos estados do Ceará, Rio Grande do Norte e Piauí) e desertificação.

Maria Carmen Lemos – Professora titular e diretora associada de pesquisa na Faculdade de Meio Ambiente e Sustentabilidade na Universidade de Michigan. Pesquisadora visitante sênior de Políticas Públicas no Centro Udall para Estudos de Políticas Públicas na Universidade do Arizona, EUA. Mestrado e doutorado em Ciência Política pelo Massachusetts Institute of Technology, MIT. Foi Professora Pesquisadora (James Martin 21st Century

School Professor Fellow) no Environmental Change Institute da Universidade de Oxford, Reino Unido. Sua pesquisa foca em políticas ambientais na América Latina e Estados Unidos.

Maria Cristina Basílio Crispim da Silva – Graduação em Ciências Biológicas pela UFPB, doutorado em Ecologia e Biossistemática pela Universidade de Lisboa, pós-doutorado na área de Ecologia Aplicada. Atualmente é professora da UFPB. Tem experiência na área de Ecologia, com ênfase em ecologia de ecossistemas.

Maria do Carmo Sobral – Engenheira civil pela UFPE, especialista em Planejamento Urbano e Regional pela Universität Dortmund, Alemanha, mestre em Engenharia Civil – Recursos Hídricos, pela University of Waterloo, Canadá. Doutora em Planejamento Ambiental pela TU, Berlim, Alemanha. Pós-doutorado em Tecnologia Ambiental pela TU, Berlim, Alemanha; em Gestão de Recursos Hídricos pelo Instituto de Educação para Água – IHE-Unesco, Holanda; e em Planejamento Urbano e Ambiental pela Universidade Metropolitana de Oslo-OSLOMET, Noruega. Na Capes, foi membro do Conselho Técnico Científico do Ensino Superior, coordenadora da comissão de Meio Ambiente e Agrárias da Área Interdisciplinar e da Área de Ciências Ambientais, bem como coordenadora geral de projetos da Diretoria de Relações Internacionais. Exerceu funções de direção na Fundação de Desenvolvimento da Região Metropolitana do Recife (Fidem), na Agência Pernambucana de Meio Ambiente (CPRH) e na Secretaria Estadual de Ciência, Tecnologia e Meio Ambiente (SECTMA). É professora titular do departamento de Engenharia Civil e Ambiental, tendo sido subchefe do departamento e coordenadora do programa de pós-graduação em Meio Ambiente e Desenvolvimento (Prodema) da UFPE.

Marianna Siegmund-Schultze – PhD e livre-docente, é uma cientista agrícola. Trabalha nas interfaces da socioeconomia, uso e conservação de recursos naturais, sistemas adaptativos complexos e governança. Como professora convidada no Brasil, ministrou cursos sobre governança ambiental. Foi gerente científica de um projeto de pesquisa entre Brasil e Alemanha sobre gestão sustentável da terra e água.

Marília Regina Costa Castro – Graduação em Agronomia, licenciatura em Ciências Agrícolas e mestrado em Ciência do Solo pela UFRPE. Doutorado em Engenharia Civil pela UFPE e post-doctor pela Technische Universität Berlin. Atualmente é professora do IFPE, onde foi pró-reitora de extensão. Tem experiência na área de Engenharia Agrícola e Sanitária.

Marisete Dantas de Aquino – Engenheira de Pesca. Doutora em Meio Ambiente pela École des Hautes Études – Paris, França. Professora titular do departamento de Engenharia Hidráulica e Ambiental da Universidade Federal do Ceará.

Maurício Dziedzic – Graduado em Engenharia Civil pela UFPR, com mestrado em Engenharia de Recursos Hídricos e Ambiental pela UFPR e doutorado em Civil Engineering, Fluid Mechanics and Hydraulics – University of Toronto. Atualmente é professor titular da Universidade Positivo, onde atua como coordenador do programa de pós-graduação em Gestão Ambiental (mestrado e doutorado). Coordenou a implantação do curso de graduação em Engenharia Civil da Universidade Positivo.

Mauricio Mussi Molisani – Biólogo pela Universidade Estadual do Norte Fluminense Darcy Ribeiro e doutor em Geoquímica Ambiental pela UFF. Atualmente é professor da

UFRJ, atuando no Núcleo em Ecologia e Desenvolvimento Socioambiental de Macaé (Nupem), onde desenvolve pesquisas nas áreas de ecologia de ecossistemas, ciclos biogeoquímicos e contaminação ambiental de ecossistemas aquáticos.

Miguel Mansur Aisse – Engenheiro Civil pela UFPR, mestre pela Escola de Engenharia de São Carlos/USP, doutor pela Escola Politécnica/USP. Foi professor titular do curso de Engenharia Ambiental e professor permanente do programa de pós-graduação PPGTU, da PUC-PR; professor titular do departamento de Hidráulica e Saneamento e atualmente é professor permanente do programa de pós-graduação PPGERHA, da UFPR.

Ngowenani Nohayi – Graduação em Ciências Sociais pela Universidade de Fort Hare. Tem diploma de Honra em Sociologia do Desenvolvimento e atualmente está cursando mestrado na Universidade de Johannesburgo em Estudos de Desenvolvimento. Sua formação inclui Sociologia Ambiental, Psicologia e Filosofia.

Nikki Funke – Pesquisador sênior da Unidade de Recursos Naturais e Meio Ambiente do Conselho de Pesquisas Científicas e Industriais (CSIR). Mestrado em Ciência Política pela Universidade de Pretória e especialização nas seguintes áreas: análise da governança, dinâmicas políticas e legislativas dos setores de água e meio ambiente, formulação de políticas nos setores de água e meio ambiente da África do Sul e, especificamente, os papéis dos cientistas e da ciência.

Pablo Rodrigues Gonçalves – Professor associado da Universidade Federal do Rio de Janeiro, atuando no Núcleo em Ecologia e Desenvolvimento Socioambiental de Macaé (Nupem), onde desenvolve pesquisas nas áreas de sistemática, evolução e conservação de mamíferos neotropicais.

Patrícia Bilotta – Graduada pela UFSCar, mestre e doutora em Engenharia Hidráulica e Saneamento pela EESC/USP, especialista em Projetos Sustentáveis e de Mitigação das Mudanças Climáticas pela UFPR e especialista em Sistemas de Informação Geográfica pela PUC-MG. Professora titular do programa de mestrado e doutorado em Gestão Ambiental da Universidade Positivo em Curitiba/PR. Membro titular do Fórum Paranaense e do Fórum Curitiba de Mudanças Climáticas.

Pedro Caetano Sanches Mancuso – Engenheiro industrial modalidade química, pela Faculdade de Engenharia Industrial da Universidade Católica, com especialização em Administração de Empresas pela Escola de Administração de Empresas de São Paulo, da FGV. Tem mestrado e doutorado em Saúde Pública pela FSP/USP. Atualmente é professor sênior do departamento de Saúde Ambiental da FSP/USP e membro da direção do Centro de Referência em Segurança da Água (Cersa).

Pedro Roberto Jacobi – Graduação em Educação. Professor titular do programa de pós-graduação em Ciência Ambiental/Instituto de Energia e Ambiente, da USP. Pesquisador do Instituto de Energia e Ambiente e coordenador do grupo de acompanhamento e estudos de Governança Ambiental/IEE/USP. Editor da revista *Ambiente e Sociedade*. Presidente do Conselho do Iclei (Governos Locais pela Sustentabilidade) Brasil, desde 2011. Coordenador do Grupo de Estudos Meio Ambiente e Sociedade do IEA/USP. Membro do conselho do Greenpeace Brasil.

Rafael Kopschitz Xavier Bastos – Engenheiro civil pela UFJF. Especialização em Engenharia de Saúde Pública pela Escola Nacional de Saúde Pública/Fundação Oswaldo Cruz. PhD em Public Health Engineering – Universidade de Leeds, UK. Professor titular do curso de Engenharia Ambiental da Universidade Federal de Viçosa. Consultor do Ministério da Saúde, da Organização Pan-Americana da Saúde e da Organização Mundial da Saúde.

Rebecca Moreira Dziedzic – Graduada em Engenharia Civil pela Universidade Positivo, com doutorado em Civil and Environmenal Engineering – University of Toronto. Tem experiência desenvolvendo ferramentas para avaliar o desempenho de infraestrutura nos setores público e privado (por exemplo, campus universitário, barragens, sistemas de distribuição de água, sistemas de transporte) e propondo recomendações para sua melhoria. Atualmente é consultora sênior em Gestão de Infraestrutura na AECOM em Burnaby, Canadá.

Renata Maria Caminha Mendes de Oliveira Carvalho – Engenharia agrônoma pela UFRPE. Mestre em Gestão e Políticas Ambientais e doutora em Engenharia Civil pela UFPE. Coordenadora do programa de pós-graduação em Gestão Ambiental e do curso superior de tecnologia em Gestão Ambiental do Instituto Federal de Educação, Ciência e Tecnologia de Pernambuco (IFPE). Produção científica em gestão e planejamento ambiental, gestão de bacias hidrográficas, indicadores de sustentabilidade e agricultura familiar.

Roberto Nascimento de Farias – Biólogo e mestre em Ecologia pela UFRS. Atualmente é doutorando no programa de pós-graduação em Ciências Ambientais e Conservação da UFRJ. Atua na interface entre Ecologia de Paisagem, Ecologia de Ecossistemas e Limnologia e busca entender a relação sociedade-natureza e como as alterações na paisagem influenciam na estrutura e no funcionamento dos ecossistemas aquáticos continentais.

Rodrigo Martins Moreira – Gestor Ambiental, doutor em Ciências da Engenharia Ambiental e professor do curso de Gestão Ambiental da Universidade Estadual de Mato Grosso do Sul – Unidade Universitária de Coxim. Conselheiro municipal da Secretaria Municipal de Desenvolvimento Sustentável de Coxim, conselheiro do Convênio Intermunicipal para Desenvolvimento Sustentável da Bacia Hidrográfica do Rio Taquari.

Rosa Maria Formiga-Johnsson – Doutora e mestre em Ciências e Técnicas Ambientais pela Université de Paris-Est (França) e engenheira civil pela UFG. Desde 2006, é professora da UERJ. Foi diretora de gestão das águas e do território do INEA-RJ (Instituto Estadual do Ambiente); superintendente de Segurança Hídrica da SEA-RJ (Secretaria de Estado do Ambiente); e consultora e pesquisadora-associada do Laboratório de Hidrologia da Coppe/UFRJ.

Rosana Mendes Evangelista – Graduação em Comunicação Social – Publicidade e Propaganda e bacharelado e licenciatura em Geografia pela UnB; especialização em Educação Ambiental pela Universidade Católica de Brasília – UCB. Desde 2006, atua profissionalmente como especialista em Recursos Hídricos da Agência Nacional de Águas (ANA), com experiência em gestão e planejamento de recursos hídricos.

Roseane Maria Garcia Lopes de Souza – Engenheira sanitarista pela UFPA. Pós-graduação em Engenharia Ambiental pela Faculdade de Saúde Pública da USP e em Perícia e Auditoria Ambiental pelo Ipen. Atuou por 30 anos no setor público em saúde ambiental e atualmente consultora na área de Saúde Coletiva e Saúde Ambiental.

Saulo José Nascimento Cisneiros – Graduado em Engenharia Elétrica pela Escola de Engenharia da UFPE, mestrado em Engenharia de Sistemas de Potência pela Escola Federal de Engenharia de Itajubá. Iniciou sua carreira na CHESF, onde exerceu várias funções e cargos. Na Eletrobrás, foi gerente do Centro Nacional de Operação de Sistemas e diretor de Projetos Especiais. No ONS, foi gerente executivo de quatro áreas e hoje está como representante regional Norte/Nordeste em Recife. É "Distinguished Member" do CIGRÉ, foi "Special Reporter" na Sessão Bienal de 2006 em Paris e recebeu o "Technical Committee Award" neste mesmo ano. É sócio honorário do CIGRE-Brasil, onde foi 2º vice-presidente e atualmente é diretor técnico.

Sérgio Rodrigues Ayrimoraes Soares – Engenheiro civil e mestre em Tecnologia Ambiental pela UnB. Especialista da Agência Nacional de Águas (ANA). Atualmente é superintendente de planejamento de recursos hídricos, sendo responsável pela coordenação de planos de recursos hídricos, gestão da informação e por estudos setoriais sobre infraestrutura hídrica e usos múltiplos da água. Tem experiência profissional e acadêmica nas áreas de Saneamento e Gestão de Recursos Hídricos.

Suetônio Mota – Engenheiro civil e sanitarista. Doutor em Saúde Ambiental pela USP. Professor titular do departamento de Engenharia Hidráulica e Ambiental da Universidade Federal do Ceará. Membro da Academia Cearense de Ciências e da Academia Cearense de Engenharia.

Suzana Maria Gico Lima Montenegro – Graduada em Engenharia Civil pela UFPE, mestrado em Engenharia Civil – Hidráulica e Saneamento – pela Escola de Engenharia de São Carlos/USP, PhD em Civil Engineering – University of Newcastle Upon Tyne. Realizou pós-doutorado no Centre for Ecology and Hydrology – Wallingford e estágio sênior na Ecole Nationale des Travaux Publics de L'Etat, ENTPE, França. foi diretora de regulação e monitoramento da Agência Pernambucana de Águas e Clima (Apac).

Taciana Neto Leme – Bacharel em Ciências Biológicas pela USP. Mestrado em Educação pela Faculdade de Educação da USP. Especialista em Educação Ambiental pela Faculdade de Saúde Pública da USP e em Política Pública pela Faculdade Metropolitana de Belo Horizonte. Vem trabalhando com educação, capacitação, formação de pessoas há 14 anos no Governo Federal, no Ministério do Meio Ambiente, Ciência e Tecnologia e atualmente na Agência Nacional de Águas (ANA). Especialista em Recursos Hídricos, coordenou a capacitação para o Sistema Nacional de Gerenciamento de Recursos Hídricos na ANA nos últimos seis anos.

Tadeu Fabrício Malheiros – Graduação em Engenharia Civil e Ambiental e doutorado em Saúde Pública pela USP. Professor na Escola de Engenharia de São Carlos da USP e coordenador do programa de pós-graduação mestrado profissional em rede nacional para ensino das Ciências Ambientais. É assessor da Superintendência de Gestão Ambiental da USP. Tem experiência na área de Engenharia Ambiental, com ênfase em Saúde Ambiental e Sustentabilidade.

Talitha Grahl Stortz – Graduanda em Engenharia Civil pela Universidade do Estado de Santa Catarina (Udesc).

Therezinha Maria Novais de Oliveira – Engenheira sanitarista pela UFSC, mestre e doutora em Engenharia de Produção pela UFSC, pós-doc na Universidade do Porto.

Pró-reitora de pesquisa e pós-graduação na Univille e professora no curso de pós-graduação em Saúde e Meio Ambiente e nos cursos de Engenharia Ambiental e Sanitária e Biologia Marinha. Atua no comitê de gerenciamento das bacias hidrográficas dos Rios Cubatão e Cachoeira, em Joinville, SC, há 19 anos.

Úrsula Caser – Geógrafa. Mestrado europeu em Mediação. Trabalha como mediadora de conflitos complexos multiparte (ambiental, empresarial, comunitária), facilitadora de processos de planejamento público e formadora. Tem acreditações profissionais de mediadora do CEDR e do IMI. Colaboradora da wTeamUp e sócia-gerente da empresa Mediatedomain, Ltda.

Virgínia Grace Barros – Engenheira sanitarista pela UFSC, mestre em Engenharia Ambiental pela Furb e doutora em Ciências Ambientais pela Universidade de Veneza. Professora efetiva da Udesc, na graduação e mestrado em Engenharia Civil. Possui experiência na área de Hidrogeoquímica Isotópica e atua no comitê de gerenciamento das bacias hidrográficas dos rios Cubatão e Cachoeira, em Joinville, SC, há 12 anos.

Vládia Pinto Vidal de Oliveira – Geóloga. Professora da Universidade Federal do Ceará. Pesquisadora do CNPq. Especialização em Gerenciamento Costeiro (Labomar/UFC) e em desertificação pelo IADIZA/Argentina e UNEP/Rússia. Doutora em Engenharia Agronômica (Universidade de Almería-Espanha). Coordenou o programa de pós-graduação Prodema-UFC (mestrado) e doutorado em Desenvolvimento e Meio Ambiente em REDE. Atualmente, é vice-coordenadora do doutorado em Desenvolvimento e Meio Ambiente em REDE na UFC. Editora chefe na revista eletrônica *Rede – Prodema*.

Werônica Meira de Souza – Doutorado em Recursos Naturais pela UFCG. Mestrado em Meteorologia/Climatologia pela UFPB. Graduação em Meteorologia pela UFPB. Professora da UAG/UFRPE, coordenadora do programa de pós-graduação em Ciências Ambientais (mestrado Acadêmico) da UAG/UFRPE.

William Bonino Rauen – Engenheiro mecânico e mestre em Engenharia Ambiental pela Ufes. Doutor em Engenharia Ambiental pela Universidade de Cardiff. Foi professor da Escola de Engenharia da Universidade de Cardiff, junto ao Instituto de Meio Ambiente e Sustentabilidade, e do programa de pós-graduação em Gestão Ambiental da Universidade Positivo. Desde 2015 é professor da Universidade Federal do Paraná.

William Severi – Engenheiro de pesca. Mestre e doutor em Ecologia e Recursos Naturais. Professor titular da Universidade Federal Rural de Pernambuco. Tem experiência na área de recursos pesqueiros e engenharia de pesca, com ênfase em recursos pesqueiros marinhos e de águas interiores, atuando principalmente nos seguintes temas: limnologia de reservatórios, qualidade da água em ambientes de cultivo, ictiologia marinha e de água doce.

William T. Stringfellow – Bacharel em Saúde Ambiental pela Universidade da Geórgia. Mestre em Microbiologia (Ecologia Aquática) pelo Instituto Politécnico e Universidade Estadual da Virgínia. PhD em Ciências Ambientais e Engenharia (programa de apoio: Fisiologia Microbiana e Genética), pela Universidade da Carolina do Norte. Atualmente participa da criação de um programa de pós-graduação em Engenharia com foco em Engenharia Ecológica. Professor emérito da Escola de Engenharia e Ciências da Computação – Universidade do Pacífico.